Química Orgânica

4ª edição

Paula Yurkanis Bruice

Química Orgânica
4ª edição

Tradução técnica

Débora Omena Futuro
(coordenação)
Doutora em ciências (química orgânica) pela Universidade Federal do Rio de Janeiro – NPPN
Professora adjunta da Faculdade de Farmácia – UFF

Alessandra Leda Valverde
Doutora em ciências (química orgânica) pela Universidade Federal do Rio de Janeiro – NPPN
Professora da Faculdade de Farmácia da Universidade Estácio de Sá

Carlos Magno Rocha Ribeiro
Doutor em ciências (química orgânica) pela Universidade de São Paulo – São Paulo
Professor adjunto do Instituto de Química da UFF

Estela Maris Freitas Muri
Doutora em ciências (química orgânica) pela Universidade Federal do Rio de Janeiro – IQ
Professora adjunta da Faculdade de Farmácia – UFF

Maria Behrens
Doutora em ciências naturais (química orgânica) pela Universidade de Hanover – Alemanha
Farmacêutica responsável pela produção dos fitoterápicos *Phyto Brasil*® do Centro de Tecnologia Agroecológica
de Pequenos Agricultores – AGROTEC

Thelma de Barros Machado
Doutora em ciências (química orgânica) pela Universidade Federal do Rio de Janeiro – NPPN
Professora adjunta da Faculdade de Farmácia – UFF

Supervisão e revisão

Débora Omena Futuro
Alessandra Leda Valverde
Carlos Magno Rocha Ribeiro

@ 2006 by Pearson Education do Brasil
© 2004, 2001, 1998, 1995 by Pearson Education, Inc.
Tradução autorizada da edição original em inglês Organic Chemistry, 4th de BRUICE, Paula Yurkanis,
publicada pela Pearson Education Inc, sob o selo Prentice Hall.

Todos os direitos reservados. Nenhuma parte desta publicação poderá ser
reproduzida ou transmitida de qualquer modo ou por qualquer outro meio,
eletrônico ou mecânico, incluindo fotocópia, gravação ou qualquer outro tipo de sistema de
armazenamento e transmissão de informação, sem prévia autorização, por escrito, da Pearson Education do Brasil.

Gerente editorial: Roger Trimer
Editora sênior: Sabrina Cairo
Editora de desenvolvimento: Marileide Gomes
Editora de texto: Sheila Fabre
Preparação: Alessandra Miranda de Sá
Revisão: Ângela Cruz
Capa: Marcelo da Silva Françozo sobre o projeto original de Maureen Eide
Foto da capa: Vincent Van Gogh (1853–1890), *Garden in Autumm*, também conhecido
como *The Public Park*. © 2006 by Giraudon/Art Resource, NY
Editoração Eletrônica: ERJ Composição Editorial e Artes Gráficas Ltda.

Dados Internacionais de Catalogação na Publicação (CIP)
(Câmara Brasileira do Livro, SP, Brasil)

Bruice, Paula Yurkanis
 Química orgânica, quarta edição, volume 1 / Paula Yurkanis
Bruice. — São Paulo : Pearson Prentice Hall, 2006.

 Título original: Organic chemistry, fourth edition
 Vários tradutores.
 ISBN 978-85-7605-004-9

 1. Química orgânica I. Título.

06-1214 CDD-547

Índices para catálogo sistemático:
1. Química orgânica 547

Printed *in Brazil by Reproset RPPZ 216272*

Direitos exclusivos cedidos à
Pearson Education do Brasil Ltda.,
uma empresa do grupo Pearson Education
Avenida Francisco Matarazzo, 1400
Torre Milano – 7o andar
CEP: 05033-070 -São Paulo-SP-Brasil
Telefone 19 3743-2155
pearsonuniversidades@pearson.com

Distribuição
Grupo A Educação
www.grupoa.com.br
Fone: 0800 703 3444

*Para Meghan, Kenton e Alec, com amor e imenso respeito,
e para Tom, meu melhor amigo.*

Informações úteis

Quanto mais forte o ácido, mais rapidamente ele doa um próton; quanto mais forte o ácido, menor o seu pK_a. (1.17)

Quanto mais forte o ácido, mais fraca é sua base conjugada. (1.16)

A força do ácido depende da estabilidade da base formada quando o ácido doa seu próton — quanto mais estável a base, mais forte seu ácido conjugado. (1.18)

Quanto mais forte o ácido, mais fraca sua base conjugada. (1.16)

Seguindo períodos da tabela periódica: quanto mais eletronegativo o átomo ligado ao hidrogênio, mais forte é o ácido; eletronegatividade: F > O > N > C. (1.18)

Seguindo o grupo da tabela periódica: quanto maior o átomo ligado ao hidrogênio, mais forte é o ácido. (1.18)

Uma substância existirá primeiro em sua forma ácida (com seu próton) em uma solução mais ácida que seu pK_a, e em sua forma básica (sem seu próton) em uma solução que seja mais básica que seu pK_a. (1.20)

O maior caráter *s* em um orbital dá ao átomo: o menor comprimento de ligação, a ligação mais forte, o maior ângulo de ligação e a maior eletronegatividade. (1.14, 6.9)

Eletronegatividade: $sp > sp^2 > sp^3$ (6.9)

Átomos e moléculas ricos em elétrons são atraídos para átomos ou moléculas deficientes em elétrons, isto é, o nucleófilo é atraído pelo eletrófilo. (3.6)

Substituintes alquila estabilizam alcenos, carbocátions e radicais. (4.2, 4.10, 4.11)

Em uma reação de adição nucleofílica, o eletrófilo liga-se ao carbono sp^2 ligado ao maior número de hidrogênios. (4.4)

Estabilidade de carbocátion: 3° > benzil = alil = 2° > 1° > metil > vinil (4.2, 7.7)

Estabilidade de carbânion: 1° > 2° > 3° (10.2)

Estabilidade de radical: benzil ≈ alil > 3° > 2° > 1° > metil ≈ vinil (4.10, 7.8)

Estabilidade de alceno: quanto menor o número de hidrogênios ligados ao carbono sp^2, mais estável o alceno. (4.11)

Uma molécula quiral tem imagem especular não superponível. (5.4)

Uma substância com um ou mais carbonos assimétricos poderá ser oticamente ativa, a não ser que seja uma substância meso. (5.10)

Uma reação regiosseletiva forma mais um isômero constitucional que outro. (4.4, 5.18)

Uma reação estereosseletiva forma mais um estereoisômero que outro. (5.18)

Em uma reação estereoespecífica, cada reagente estereoisomérico forma um produto estereoisomérico diferente ou um conjunto de produtos estereoisoméricos diferente. (5.18)

A energia de ressonância é uma medida da estabilidade de certa substância com elétrons deslocalizados comparada com a mesma substância ao possuir elétrons localizados. (7.6)

Quanto maior a estabilidade prevista do contribuinte de ressonância, mais ele contribui para a estrutura do híbrido de ressonância. (7.5)

Estabilidade do dieno: conjugado > isolado > acumulado (8.3)

O produto termodinâmico é o produto mais estável; ele predomina quando a reação é reversível. O produto cinético é o produto formado mais rapidamente; ele predomina quando a reação é irreversível. (8.7)

Quanto mais reativa for a espécie, menos seletiva ela será. (9.4)

Quanto mais fraca a base, melhor ela é como grupo de saída. (10.3)

Bases fortes são bons nucleófilos, exceto se os átomos que atacam forem muito diferentes em tamanho e a reação for realizada em um solvente prótico. (10.3)

Se um reagente na etapa determinante da velocidade estiver carregado, o aumento da polaridade do solvente diminuirá a velocidade de reação. Se nenhum dos reagentes na etapa determinante da velocidade estiver carregado, o aumento da polaridade do solvente aumentará a velocidade de reação. (10.10)

Em uma reação de eliminação com um bom grupo de saída, o hidrogênio é removido do carbono β ligado ao menor número de hidrogênios. Em uma reação de eliminação com um grupo de saída pobre, o hidrogênio é removido do carbono β ligado ao maior número de hidrogênios. (11.2, 21.5)

Para ser aromática, uma substância deve ser cíclica, planar e ter uma nuvem ininterrupta de elétrons π. A nuvem deve conter um número ímpar de pares de elétrons π. (15.1); se a nuvem contiver um número ímpar de par de elétrons π, a substância é antiaromática. (15.5)

Todos os substituintes que ativem o anel benzênico para substituição eletrofílica são orientadores orto–para. Os halogênios também são orientadores orto–para. Todos os substituintes (exceto os halogênios) que desativem o anel benzênico para substituição eletrofílica são orientadores meta. (16.3, 16.4)

Um derivado de ácido carboxílico passará por uma reação de reação de substituição nucleofílica acílica desde que o último grupo ligado ao intermediário tetraédrico não seja uma base mais fraca que o grupo que estava ligado ao grupo acila do reagente. (17.5)

Não há reagentes orgânicos, intermediários ou produtos carregados negativamente em soluções ácidas e não há reagentes orgânicos, intermediários ou produtos carregados positivamente em soluções alcalinas. (17.11)

A redução aumenta o número de ligações C—H ou diminui o número de ligações C—O, C—N ou C—X. A oxidação diminui o número de ligações C—H ou aumenta o número de ligações C—O, C—N ou C—X. (4.8, 20.0)

O estado fundamental HOMO e o estado excitado HOMO têm simetrias opostas. (7.11, 29.2)

Quadros interessantes

Max Karl Ernst Ludwig Planck (1.2)

Albert Einstein (1.2)

Diamante, grafite e buckminsterfulerenos: substâncias que contêm apenas átomos de carbono (1.8)

Água — Substância única (1.11)

Sangue: solução-tampão (1.20)

Derivação da equação de Henderson–Hasselbalch (1.20)

Hidrocarbonetos altamente tensionados (2.11)

Von Baeyer e o ácido barbitúrico (2.11)

Interconversão cis–trans na visão (3.4)

Algumas observações sobre setas curvas (3.6)

A diferença entre $\Delta G^{\dagger}$ e E_a (3.7)

Cálculo de parâmetros cinéticos (p. 140)

Boro e Diboro [CF TRA.](4.9)

Os enantiômeros da talidomida (5.15)

Drogas quirais (5.15)

Amida de sódio e sódio (6.9)

Química do etino ou *foward pass*? (6.12)

O sonho de Kekulé (7.1)

Como uma lesma banana sabe o que comer [Cf TRAD.] (8.1)

Luz ultravioleta e protetores solares (8.9)

Antocianinas: uma classe de substâncias coloridas (8.12)

Combustíveis fósseis: fonte de energia problemática (9.0)

Octanagem (9.0)

Ciclopropano (9.7)

Café descafeinado e o medo do câncer (9.8)

Conservantes alimentares (9.8)

O concorde e a redução de ozônio (9.9)

Substâncias sobreviventes (10.0)

Por que carbono em vez de silício? (10.4)

Efeito da solvatação (10.10)

Adaptação do meio ambiente (10.10)

S-adenosilmetionina: antidepressivo natural (10.11)

Investigando a ocorrência natural de haletos orgânicos (11.10)

O teste de Lucas (12.1)

Álcool dos cereais e álcool da madeira (12.1)

Desidratações biológicas (12.5)

Anestésicos (12.6)

Benzo[a]pireno e o câncer (12.8)

Os limpadores de chaminés e o câncer (12.8)

Um antibiótico ionóforo (12.9)

Gás mostarda (12.10)

Antídoto para um gás de guerra (12.10)

A origem da lei de Hooke (13.10)

Nikola Tesla (14.1)

Buckballs e Aids (15.2)

A toxicicidade do benzeno (15.8)

Tiroxina (15.10)

Carbocátions primários (15.14)

Cultos do peiote (16.0)

Avaliação da toxicidade (16.0)

Nitrosaminas e câncer (16.12)

Descoberta da penicilina (17.4)

Dálmatas: não tente brincar com a mãe natureza (17.4)

Aspirina (17.10)

Fabricando sabão (17.13)

Pílula natural de dormir (17.15)

Penicilina e resistência a drogas (17.16)

Uso clínico da penicilina (17.16)

Impulsos nervosos, paralisia e inseticidas (17.20)

Polímeros sintéticos (17.21)

Butanodiona: substância desagradável (18.1)

Identificação não espectrométrica de aldeídos e cetonas (18.6)

Preservação de espécies biológicas (18.7)

β-caroteno (18.10)

Adição a carbonilas catalisada por enzimas (18.11)

Sintetizando substâncias orgânicas (18.12)

Drogas semi-sintéticas (18.12)

Quimioterapia do câncer (18.13)

Interconversão cis-trans catalisada por enzima (18.15)

Síntese da aspirina (19.8)

Reação de Hunsdiecker (19.17)

Álcool contido no sangue (20.2)

O papel de hidratos na oxidação de alcoóis primários (20.2)

Tratando alcoólicos com antabuse (20.11)

Antídoto não usual (20.11)

Síndrome fetal do álcool (20.11)

Química da fotografia (20.12)

Substância útil de gosto ruim (21.5)

Porfirina, bilirrubina e icterícia (21.11)

Medindo níveis de glicose sangüínea de diabéticos (22.6)

Glicose/dextrose (22.9)

Intolerância à lactose (22.17)

Galactosemia (22.17)

Por que o dentista está certo (22.18)

Controle de pulgas (22.18)

Heparina (22.19)

Vitamina C (22.19)

A maravilha da descoberta (22.21)

Aminoácidos e doenças (23.2)

Amolecedores de água: exemplos de cromatografia de troca (23.5)

Cabelo: liso ou encaracolado? (23.7)

Estrutura primária e evolução (23.11)

Peptídeos β: tentativa de melhorar a natureza (23.13)

Prêmio Nobel (24.3)

Vitamina B_1 (25.0)

Deficiência de niacina (25.2)

Ataques cardíacos: avaliação dos danos (25.6)

Fenilcetonúria: Falha congênita de metabolismo (25.6)

As primeiras drogas antibacterianas (25.8)

Brócolis demais (25.9)

Ácidos graxos ômega (26.1)

Olestra: sem gordura e com sabor (26.3)

Baleias e ecolocação (26.3)

Esclerose múltipla e bainha de mielina (26.4)

Chocolate é uma comida saudável? (26.4)

O colesterol e as doenças do coração (26.9)

Tratamento clínico do alto colesterol (26.9)

Estrutura do DNA: Watson, Crick, Franklin e Wilkens (27.0)

Anemia celular falciforme (27.13)

Antibióticos que agem pela inibição da tradução (27.13)

Impressão digital do DNA (27.15)

Planejamento de um polímero (28.7)

Luz fria (29.4)

Drogas órfãs (30.13)

Sumário

Prefácio xvii
Para o estudante xxv
Destaques do *Química orgânica, quarta edição* xxvi
Sobre a autora xxx

PARTE 1: Introdução ao estudo de substâncias orgânicas 1

1 Estrutura eletrônica e ligação • Ácidos e bases 2

1.1 Estrutura de um átomo 3
1.2 Distribuição de elétrons em um átomo 4
1.3 Ligações iônica, covalente e polar 7
1.4 Representação da estrutura 13
1.5 Orbitais atômicos 17
1.6 Introdução à teoria do orbital molecular 19
1.7 Ligação em metano e etano: ligações simples 24
1.8 Ligação no eteno: uma ligação dupla 28
1.9 Ligação em etino: uma ligação tripla 30
1.10 Ligação no cátion metila, no radical metila e no ânion metila 31
1.11 Ligação na água 32
1.12 Ligação na amônia e no íon amônio 33
1.13 Ligação em haletos de hidrogênio 35
1.14 Resumo: hibridização de orbital, comprimento de ligação, força de ligação e ângulos de ligação 36
1.15 Momentos de dipolo de moléculas 38
1.16 Uma introdução a ácidos e bases 39
1.17 Ácidos e bases orgânicas; pK_a e pH 40
1.18 O efeito da estrutura no pK_a 44
1.19 Uma introdução à deslocalização de elétrons e ressonância 49
1.20 O efeito do pH na estrutura de uma substância orgânica 50
1.21 Ácidos e bases de Lewis 53
Resumo 54 ▪ Palavras-chave 55 ▪ Problemas 56
Estratégia para resolução de problema 47
Quadros principais: Albert Einstein 5 ▪ Max Karl Ernst Ludwing Planck 5 ▪ Diamante, grafite e Buckminsterfulerenos: substâncias que contêm apenas átomos de carbono 30 ▪ Água — uma substância única 33 ▪ Derivação da equação de Henderson–Hasselbalch 51 ▪ Sangue: uma solução tampão 52

2 Introdução às substâncias orgânicas: nomenclatura, propriedades físicas e representação estrutural 60

2.1 Nomenclatura de substituintes alquila 63
2.2 Nomenclatura de alcanos 67
2.3 Nomenclatura de cicloalcanos 70

2.4	Nomenclatura de haletos de alquila 72
2.5	Nomenclatura de éteres 73
2.6	Nomenclatura de alcoóis 74
2.7	Nomenclatura de aminas 77
2.8	Estruturas de haletos de alquila, alcoóis, éteres e aminas 79
2.9	Propriedades físicas de alcanos, haletos de alquila, alcoóis, éteres e aminas 81
2.10	Conformações de alcanos: rotação em torno da ligação carbono–carbono 87
2.11	Cicloalcanos: tensão no anel 91
2.12	Conformações do ciclo-hexano 93
2.13	Conformações de ciclo-hexanos monossubstituídos 96
2.14	Conformações de ciclo-hexanos dissubstituídos 99
2.15	Conformações em anéis fundidos 102

Resumo 102 ■ Palavras-chave 103 ■ Problemas 104
Estratégia para resolução de problema 84, 101
Quadros principais: Hidrocarbonetos altamente tensionados 92 ■ Von Baeyer e o ácido barbitúrico 93

PARTE 2: Hidrocarbonetos, estereoquímica e ressonância 109

3 Alcenos: estrutura, nomenclatura e introdução à reatividade • Termodinâmica e cinética 111

3.1	Fórmula molecular e grau de insaturação 112
3.2	Nomenclatura de alcenos 113
3.3	Estrutura dos alcenos 115
3.4	Isomeria cis–trans 116
3.5	Nomenclatura E,Z 118
3.6	Como os alcenos reagem. Setas curvas 121
3.7	Termodinâmica e cinética 125

Resumo 136 ■ Palavras-chave 137 ■ Problemas 137
Quadros principais: Interconversão cis–trans na visão 118 ■ Algumas observações sobre setas curvas 124 ■ A diferença entre $\Delta G^{\ddagger}$ e E_a 132 ■ Cálculo de parâmetros cinéticos 139

4 Reações de alcenos 140

4.1	Adição de haletos de hidrogênio 141
4.2	Estabilidade de carbocátion 142
4.3	Estrutura do estado de transição 144
4.4	Regiosseletividade de reações de adição eletrofílica 145
4.5	Adição de água e adição de alcoóis 150
4.6	Rearranjo de carbocátions 153
4.7	Adição de halogênios 156
4.8	Oximercuração–redução e Alcoximercuração–redução 160
4.9	Adição de borano: hidroboração–oxidação 161
4.10	Adição de radicais. Estabilidade relativa de radicais 166
4.11	Adição de hidrogênio. Estabilidade relativa de alcenos 169
4.12	Reações e síntese 172

Resumo 174 ■ Resumo das reações 174 ■ Palavras-chave 175 ■ Problemas 176
Estratégia para resolução de problema 148, 165
Quadros principais: Borano e diborano 162

5 Estereoquímica: arranjo dos átomos no espaço; estereoquímica de reações de adição 180

5.1	Isômeros cis–trans 181
5.2	Quiralidade 181
5.3	Carbonos assimétricos, centros quirais e estereocentros 182
5.4	Isômeros com um carbono assimétrico 183
5.5	Desenhando enantiômeros 184
5.6	Nomeando enantiômeros: o sistema de nomenclatura R,S 185

5.7	Atividade óptica 190	
5.8	Pureza óptica e excesso enantiomérico 193	
5.9	Isômeros com mais de um carbono assimétrico 194	
5.10	Substâncias meso 198	
5.11	Sistema R,S de nomenclatura para isômeros com mais de um carbono assimétrico 202	
5.12	Reações de substâncias que contenham um carbono assimétrico 207	
5.13	Configuração absoluta do (+)-gliceraldeído 208	
5.14	Separando enantiômeros 209	
5.15	Discriminação de enantiômeros por moléculas biológicas 211	
5.16	Hidrogênios enantiotópicos, hidrogênios diastereotópicos e carbonos pró-quirais 213	
5.17	Centros de quiralidade de nitrogênio e fósforo 215	
5.18	Estereoquímica de reações: regiosseletividade, estereosseletividade e reações estereoespecíficas 216	
5.19	Estereoquímica de reações de adição eletrofílica de alcenos 217	
5.20	Estereoquímica de reações catalisadas por enzimas 228	

Resumo 228 ■ Palavras-chave 129 ■ Problemas 230
Estratégia para resolução de problemas 200, 205, 225
Quadro principal: Enantiômeros da talidomida 213 ■ Drogas quirais 213

6 Reações de alcinos • Introdução a sínteses em várias etapas 235

6.1	Nomenclatura de alcinos 236
6.2	Propriedades físicas de hidrocarbonetos insaturados 237
6.3	Estrutura dos alcinos 238
6.4	Como os alcinos reagem 239
6.5	Adição de haletos de hidrogênio e adição de halogênios 240
6.6	Adição de água 243
6.7	Adição de borano: hidroboração–oxidação 244
6.8	Adição de hidrogênio 246
6.9	Acidez de um hidrogênio ligado a um carbono hibridizado sp 247
6.10	Síntese usando íons acetilídeos 249
6.11	Planejando uma síntese I: Introdução à síntese em várias etapas 250
6.12	Uso comercial do etino 254

Resumo 255 ■ Resumo das reações 256 ■ Palavras-chave 257 ■ Problemas 257
Estratégia para resolução de problema 249
Quadros principais: Amida de sódio e sódio 248 ■ Química do etino ou *foward pass* 255

7 Deslocalização eletrônica e ressonância • Mais sobre a teoria do orbital molecular 260

7.1	Elétrons deslocalizados: a estrutura do benzeno 261
7.2	As ligações do benzeno 264
7.3	Contribuintes de ressonância e híbridos de ressonância 264
7.4	Desenhando contribuintes de ressonância 266
7.5	Estabilidades previstas dos contribuintes de ressonância 270
7.6	Energia de ressonância 272
7.7	Estabilidade dos cátions alílico e benzílico 275
7.8	Estabilidade dos radicais alílico e benzílico 276
7.9	Algumas conseqüências químicas da deslocalização de elétrons 277
7.10	O efeito da deslocalização de elétrons sobre o pK_a 279
7.11	Descrição de estabilidade por orbital molecular 282

Resumo 289 ■ Palavras-chave 290 ■ Problemas 290
Estratégia para resolução de problema 274
Quadro principal: O sonho de Kekulé 263

8 Reações de dienos • Espectroscopia na região do ultravioleta e do visível 298

8.1	Nomenclatura de alcenos com mais de um grupamento funcional 295
8.2	Isômeros configuracionais de dienos 297
8.3	Estabilidades relativas de dienos 297
8.4	Como os dienos reagem 300
8.5	Reações de adição eletrofílica de dienos isolados 300

8.6	Reações de adição eletrofílica de dienos conjugados 301
8.7	Controle termodinâmico *versus* controle cinético de reações 304
8.8	Reação de Diels–Alder: uma reação de adição 1,4 308
8.9	Espectroscopia na região do ultravioleta e do visível 317
8.10	Lei de Lambert–Beer 319
8.11	Efeito da conjugação sobre o $\lambda_{máx}$ 320
8.12	O espectro no visível e a cor 322
8.13	Utilização da espectroscopia no UV/VIS 324

Resumo 325 ■ Resumo das reações 326 ■ Palavras-chave 326 ■ Problemas 327
Estratégia para resolução de problema 320
Quadros principais: Como uma lesma banana sabe o que comer 296 ■ Luz ultravioleta e protetores solares 319 ■ Antocianinas: uma classe de substâncias coloridas 323

9 Reações de alcanos • Radicais 332

9.1	Baixa reatividade dos alcanos 333
9.2	Cloração e bromação de alcanos 334
9.3	Fatores que determinam a distribuição do produto 336
9.4	O princípio da reatividade–seletividade 338
9.5	Substituição radicalar de hidrogênios benzílico e alílico 342
9.6	Estereoquímica de reações de substituição radicalar 344
9.7	Reações de substâncias cíclicas 345
9.8	Reações radicalares em sistemas biológicos 347
9.9	Radicais e ozônio estratosférico 349

Resumo 350 ■ Resumo das reações 351 ■ Palavras-chave 351 ■ Problemas 352
Estratégia para resolução de problema 341
Quadros principais: Octanagem 333 ■ Combustíveis fósseis: fonte problemática de energia 333 ■ Ciclopropano 346 ■ Café descafeinado e o medo do câncer 347 ■ Conservantes alimentares 348 ■ O concorde e a redução de ozônio 350

PARTE 3 Reações de substituição e de eliminação 355

10 Reações de substituição de haletos de alquila 356

10.1	Como haletos de alquila reagem 357
10.2	Mecanismo de uma reação s_N2 358
10.3	Fatores que afetam as reações s_N2 363
10.4	Reversibilidade de uma reação s_N2 368
10.5	O mecanismo de uma reação s_N1 371
10.6	Fatores que afetam reações s_N1 374
10.7	Mais sobre a estereoquímica de reações s_N2 e s_N1 376
10.8	Haletos benzílicos, haletos alílicos, haletos vinílicos e haletos de arila 378
10.9	Competição entre reações S_N2 e S_N1 381
10.10	Regra do solvente em reações S_N1 e S_N2 384

Resumo 391 ■ Resumo das reações 392 ■ Palavras-chave 392 ■ Problemas 392
Estratégia para resolução de problema 383, 384
Quadros principais: Substâncias sobreviventes 361 ■ Por que carbono no lugar de silício? 371 ■ Efeito de solvatação 386 ■ Adaptação do meio ambiente 388 ■ S-adenosilmetionina: um antidepressivo natural 391

11 Reações de eliminação de haletos de alquila • Competição entre substituição e eliminação 396

11.1	Reação E2 396
11.2	Regiosseletividade da reação E2 398
11.3	Reação E1 404
11.4	Competição entre as reações E2 e E1 407
11.5	Estereoquímica das reações E2 e E1 408
11.6	Eliminação de substâncias cíclicas 412
11.7	Efeito isotópico cinético 416

11.8	Competição entre substituição e eliminação 417	
11.9	Reações de substituição e eliminação em síntese 420	
11.10	Reações de eliminação consecutivas 422	
11.11	Reações intermoleculares *versus* intramoleculares 423	
11.12	Planejando uma síntese II: Abordando o problema 424	

Resumo 427 ■ Resumo das reações 428 ■ Palavras-chave 429 ■ Problemas 429
Estratégia para resolução de problema 407
Quadros principais: Investigando a ocorrência natural de haletos orgânicos 397

12 Reações de alcoóis, éteres, epóxidos e substâncias que contêm enxofre • Substâncias organometálicas 433

12.1	Reações de substituição de alcoóis 433
12.2	Aminas não sofrem reações de substituição 436
12.3	Outros métodos de conversão de alcoóis em haletos de alquila 437
12.4	Conversão de alcoóis em ésteres sulfonados 439
12.5	Reações de eliminação de alcoóis: desidratação 441
12.6	Reações de substituição de éteres 447
12.7	Reações de epóxidos 450
12.8	Óxidos de areno 453
12.9	Éteres de coroa 458
12.10	Tióis, sulfetos e sais de sulfônio 460
12.11	Substâncias organometálicas 462
12.12	Reações de acoplamento 466

Resumo 469 ■ Resumo das reações 470 ■ Palavras-chave 472 ■ Problemas 473
Estratégia para resolução de problema 446
Quadros principais: O teste de Lucas 435 ■ Álcool dos cereais e álcool da madeira 437 ■ Desidratações biológicas 449 ■ Anestésicos 449 ■ Os limpadores de chaminés e o câncer 457 ■ Benzo[a]pireno e o câncer 457 ■ Antibiótico ionóforo 459 ■ Gás mostarda 461 ■ Antídoto para um gás de guerra 461

PARTE 4 Identificação de substâncias orgânicas 479

13 Espectrometria de massas e espectroscopia no infravermelho 479

13.1	Espectrometria de massas 481
13.2	O espectro de massas • Fragmentação 483
13.3	Isótopos na espectrometria de massas 485
13.4	Determinação de fórmulas moleculares: espectrometria de massas de alta resolução 487
13.5	Fragmentação em grupos funcionais 487
13.6	Espectroscopia e espectro eletromagnético 494
13.7	Espectroscopia no infravermelho 496
13.8	Bandas de absorção características no infravermelho 499
13.9	Intensidade das bandas de absorção 499
13.10	Posição das bandas de absorção 500
13.11	Bandas de absorção de C—H 505
13.12	O formato das bandas de absorção 508
13.13	Ausência de bandas de absorção 509
13.14	Vibrações inativas no infravermelho 511
13.15	Identificando o espectro no infravermelho 511

Resumo 514 ■ Palavras-chave 515 ■ Problemas 515
Quadro principal: A origem da lei de Hooke 501

14 Espectroscopia de RMN 524

14.1	Introdução à espectroscopia de RMN 524
14.2	RMN com transformada de Fourier 526
14.3	Blindagem 528
14.4	Número de sinais no espectro de RMN ^{1}H 529
14.5	Deslocamento químico 530

14.6 Posições relativas dos sinais de RMN ^{1}H   532
14.7 Valores característicos de deslocamentos químicos   534
14.8 Integração dos sinais de RMN   536
14.9 Anisotropia diamagnética   538
14.10 Desdobramento dos sinais   539
14.11 Mais exemplos de espectros de RMN ^{1}H   543
14.12 Constantes de acoplamento   549
14.13 Diagramas de desdobramento   552
14.14 Dependência do tempo da espectroscopia de RMN   555
14.15 Prótons ligados ao oxigênio e ao nitrogênio   556
14.16 Uso do deutério na espectroscopia de RMN ^{1}H   558
14.17 Resolução dos espectros de RMN ^{1}H   559
14.18 Espectroscopia de RMN ^{13}C   560
14.19 Espectros de RMN ^{13}C DEPT   566
14.20 Espectroscopia de RMN em duas dimensões   567
14.21 Imagens de ressonância magnética   569
Resumo   570   ■   Palavras-chave   571   ■   Problemas   571
Estratégia para resolução de problema   550
Quadro principal: Nikola Tesla (1856–1943)   527

Apêndices A1

I   Propriedades físicas de substância orgânica   A-1
II   Valores de pk_a A-8
III   Deduções de leis da velocidade   A-10
IV   Resumo de métodos usados para sintetizar determinado grupo funcional   A-13
V   Resumo de métodos empregados para a formação de ligações carbono–carbono   A-17
VI   Tabelas espectroscópicas   A-18

Respostas dos problemas solucionados   R-1

Glossário   G-1

Créditos das fotos   C-1

Índice remissivo   I-1

Prefácio

Ao professor

O princípio norteador ao escrever este livro foi criar um texto cujo foco fosse o estudante, apresentando o assunto de maneira a encorajá-lo a pensar sobre o que já aprendeu, para que pudesse aplicar esse conhecimento em um novo contexto. Alguns estudantes vêem a química orgânica como um curso que têm de suportar simplesmente porque esta é uma das disciplinas de estudo. Outros podem ter a impressão de que aprender química orgânica é como aprender uma 'língua' estrangeira — uma coleção diversificada de moléculas e reações —, a língua de um país que nunca visitarão. Espero, contudo, que durante o aprendizado de química orgânica, os estudantes percebam que esse é um assunto que se desdobra e cresce, permitindo que usem o que aprenderam no começo do curso para prever o que virá depois. Desfazendo a impressão de que o estudo de química orgânica requer necessariamente a memorização de moléculas e reações, este livro fala a respeito de características comuns e conceitos unificantes, e enfatiza princípios que podem ser aplicados de maneira contínua. Meu desejo é que os estudantes aprendam como aplicar, em um novo contexto, o que já foi assimilado, com base no raciocínio, a fim de determinar uma solução — mais do que memorizar uma miríade de fatos. Desejo também encorajar os estudantes a perceber que a química orgânica é parte integrante da biologia, bem como de nossa vida cotidiana.

Com base nos comentários feitos por colegas e estudantes que utilizaram edições anteriores, o livro está cumprindo os objetivos a que se propõe. Por mais que me alegre em ouvir do corpo docente que os estudantes vêm obtendo notas maiores que nunca nas provas, nada é mais gratificante do que ouvir isso dos próprios estudantes. Muitos deles generosamente têm atribuído a este livro o sucesso alcançado em química orgânica — desconsiderando o próprio esforço empenhado para atingir tal êxito. E sempre parecem surpresos quando se descobrem apaixonados pela disciplina. Também costumo ouvir dos meus estudantes de medicina que o livro lhes forneceu compreensão sobre o assunto a ponto de acharem a seção de química orgânica do Medical College Admission Test (MCAT) a parte mais fácil.

Na tentativa de tornar esta quarta edição ainda mais útil aos estudantes, apoiei-me nos comentários construtivos de muitos deles. Por isso, sou-lhes extremamente grata. Também mantenho um diário com questões que estudantes trazem à minha sala. Essas questões me permitiram saber quais seções no livro precisavam ser esclarecidas e quais respostas no Guia de Estudos e no Manual de Soluções[1] precisavam de explicações mais detalhadas. O importante é que essa análise revelou-me onde novos problemas poderiam reduzir a possibilidade de que estudantes, utilizando a nova edição, fizessem as mesmas perguntas. Uma vez que leciono para classes grandes, tenho genuíno interesse em prever confusões potenciais antes que elas ocorram. Nesta edição, muitas seções foram reescritas para otimizar a leitura e a compreensão. Uma variedade de novos problemas, apresentada ao longo dos capítulos ou ao final deles, ajudará os estudantes a dominar a química orgânica por meio da resolução de problemas. Há novos quadros explicativos, para mostrar aos estudantes a importância da química orgânica, além de notas adicionais à margem, para que os estudantes se lembrem de conceitos e princípios importantes.

Espero que você ache a quarta edição ainda mais interessante para seus alunos. Como sempre, estou ansiosa para ouvir seus comentários — os positivos são mais agradáveis, porém os críticos são mais úteis.

---

[1] Para a edição brasileira, o Guia de Estudo e o Manual de Soluções estão disponíves em inglês no site do livro: www.prenhall.com/bruice_br (N. do E.).

A abordagem de grupo funcional com uma organização mecanística que une síntese e reatividade

Este livro é organizado de modo a desencorajar a memorização mecânica. A apresentação de grupos funcionais é organizada em torno de similaridades mecanísticas — adições eletrofílicas, substituições de radicais, substituições nucleofílicas, eliminações, substituições aromáticas eletrofílicas, substituições nucleofílicas de grupos acila e adições nucleofílicas. Essa organização permite que grande quantidade de material seja compreendida com base em princípios unificantes de reatividade.

Em vez de discutir a síntese de um grupo funcional quando a respectiva reatividade for discutida — reações que geralmente pouco têm a ver uma com a outra — discuto a síntese das substâncias que são formadas como resultado da reatividade do grupo funcional. No Capítulo 4, por exemplo, os estudantes vão aprender as reações de alcenos, mas este ainda não é o momento para se deterem na síntese de alcenos. Em vez disso, estudam a síntese de haletos de alquila, alcoóis, éteres e alcanos — substâncias que se formam quando os alcenos reagem. Como os alcenos são sintetizados a partir de reações de haletos de alquila e alcoóis, a síntese de alcenos será analisada quando as reações de haletos de alquila e alcoóis forem discutidas. Unir reatividade de um grupo funcional à síntese de substâncias resultantes da reatividade do grupo funcional evita que o aluno tenha de memorizar listas de reações sem nenhuma relação com o tema. Essa abordagem resulta em certa economia de tempo na apresentação, o que permite que mais material seja visto.

Embora seja difícil para os estudantes memorizar diferentes modos de se preparar certo grupo funcional, além de talvez ser um tanto contraproducente para o aprendizado de química orgânica, é útil ter uma compilação de reações que permitam chegar a determinado grupo funcional para planejar uma síntese em várias etapas. Por essa razão, as diferentes reações que levam a um grupo funcional estão compiladas no Apêndice IV. À medida que os estudantes aprendem como planejar sínteses, eles passam a apreciar a importância de reações que modificam o esqueleto carbônico de uma molécula. Essas reações estão compiladas no Apêndice V.

Formato modular

Cada pessoa tem sua maneira de ensinar, por isso tentei fazer o livro tão modular quanto possível. Os capítulos de espectroscopia (capítulos 13 e 14)[2] foram organizados para que pudessem ser estudados a qualquer momento. Para os que preferem ensinar espectroscopia no início do curso — ou em um curso experimental à parte — há uma tabela dos grupos funcionais no início do Capítulo 13. Para os que preferem discutir primeiro a química do grupo carbonila no curso, a Parte 6 (substâncias carboniladas e aminas) pode ser estudada antes da Parte 5 (substâncias aromáticas). Acredito que a maioria dos professores abordará os primeiros 23 capítulos em um curso com duração de um ano e em seguida escolherão entre os capítulos restantes, dependendo da preferência pessoal e dos interesses dos estudantes matriculados. Aos estudantes cujos interesses estão centrados basicamente em ciências biológicas, os professores poderiam analisar, no volume 2, o Capítulo 24 (Catálise), o Capítulo 25 (Os mecanismos orgânicos das coenzimas — metabolismo), o Capítulo 26 (Lipídeos) e o Capítulo 27 (Nucleosídeos, nucleotídeos e ácidos nucleicos). Os professores que ministram cursos com ênfase em química ou engenharia podem optar por incluir o Capítulo 28 (Polímeros sintéticos) e o Capítulo 29 (Reações pericíclicas). O volume 2 termina com um capítulo sobre descoberta e planejamento de fármacos — tópico que, pela minha experiência, interessa aos estudantes o suficiente para que escolham lê-lo por conta própria, mesmo que o tema não seja tratado no curso.

Ênfase bioorgânica

Atualmente, muitos estudantes que aprendem química orgânica se interessam por ciências biológicas. E, por essa razão, a bioorgânica permeia todo o texto, para permitir que os estudantes vejam a química orgânica e a bioquímica não como assuntos separados, mas como partes de um conhecimento unificado. No momento em que os estudantes compreendem que coisas como deslocalização de elétrons, tendência a grupo de saída, eletrofilicidade e nucleofilicidade afetam as reações de substâncias orgânicas simples, eles podem também apreciar como esses mesmos fatores estão envolvidos nas reações de moléculas orgânicas mais complicadas, como enzimas, ácidos nucleicos e vitaminas. Descobri que o modo sucinto de apresentação empregado até o Capítulo 21 (como explicado anteriormente) tornou possível que mais tempo fosse dedicado aos tópicos bioorgânicos.

No volume 1, a bioorgânica é limitada essencialmente às últimas seções dos capítulos. Por conseqüência, o tema fica à disposição do estudante curioso, mas o professor não se sente obrigado a desenvolver tópicos bioorgânicos no curso. Depois da apresentação de estereoquímica de reações orgânicas, analisa-se, por exemplo, a estereosseletividade de reações enzimáticas. Após a discussão de haletos de alquila, abordam-se substâncias biológicas usadas para metilar substratos. Apresentam-se os métodos químicos usados para ativar ácidos carboxílicos e, posteriormente, explicam-se os

---

[2] Este livro está dividido em dois volumes, o volume 1 compreende os capítulos 1 a 14 e o volume 2, os capítulos 15 a 30. (N. do E.).

métodos que as células usam para ativar esses ácidos. Isso também ocorre com os exemplos de reações biológicas de condensação, mostrados só depois de se discutirem as reações de condensação.

No volume 2, os seis capítulos da Parte 7 (capítulos 22 a 27) destinam-se especificamente à química bioorgânica. Neles o conteúdo de química vai além do que se espera encontrar em um texto de bioquímica. O Capítulo 24, por exemplo, explica os vários modos de catálise que ocorrem em reações orgânicas para apresentar em seguida como eles são parecidos com os modos de catálise que ocorrem em reações enzimáticas. Tudo isso é apresentado de um modo que os estudantes possam compreender a rapidez, quase à velocidade da luz, em que ocorrem as reações enzimáticas. O Capítulo 25, sobre coenzimas, enfatiza o papel da vitamina B1 como um deslocalizador de elétrons; da vitamina K como base forte; da vitamina B12 como iniciador de radicais; da biotina como substância que pode transferir um grupo carboxila e também como as variadas reações da vitamina B6 são controladas pela sobreposição de orbitais p. O Capítulo 26, sobre lipídeos, analisa os mecanismos de formação de prostaglandinas (o que permite aos estudantes compreender como funciona a aspirina), a degradação de gorduras e biossíntese de terpenos. O Capítulo 27, sobre ácidos nucleicos, explica mecanisticamente tópicos como a função química do ATP, cujo papel não é fornecer um pulso mágico de energia capaz de provocar uma reação endotérmica, e sim proporcionar um caminho em que o grupo de saída seja suficientemente bom para que a reação não ocorra por causa de um grupo de saída desfavorável. Os estudantes aprendem que o DNA contém timina em vez de uracila, devido à hidrólise da imina, e vêem como as cadeias de DNA são sintetizadas em laboratório. Esses capítulos, portanto, não repetem o que será tratado em um curso de bioquímica, pelo contrário, unem duas disciplinas de modo que os estudantes possam perceber que o conhecimento de química orgânica é fundamental para a compreensão de processos biológicos.

Com a convicção de que o ato de aprender deve ser algo divertido, os assuntos que se relacionam à biologia são apresentados em quadros ilustrativos com apartes curiosos: por exemplo, por que os dálmatas são os únicos mamíferos que excretam ácido úrico; por que a vida se baseia no carbono e não no silício; por que um microorganismo aprendeu a usar lixo industrial como fonte de carbono; e a química associada ao SAMe, um produto que recebe muito destaque em estabelecimentos que comercializa produtos alimentícios saudáveis.

Ênfase básica e consistente em síntese orgânica

Os estudantes são apresentados à química sintética e à análise retrossintética logo no início deste livro (capítulos 4 e 6, respectivamente) para poderem usar essa técnica durante o curso e planejar sínteses em várias etapas. Ao longo do livro encontram-se distribuídas oito seções especiais sobre planejamento de sínteses, cada uma com enfoque diferente. Em uma seção, por exemplo, enfatiza-se a escolha apropriada de reagentes e condições de reação para maximizar o rendimento da molécula-alvo (Capítulo 11), em outra seção discute-se como fazer novas ligações carbono–carbono (Capítulo 19) e um pouco mais adiante focaliza-se o controle da estereoquímica (Capítulo 20). O uso de métodos combinatórios em síntese orgânica é descrito no Capítulo 30, cujo tema é a descoberta e o planejamento de fármacos.

Características pedagógicas

Notas à margem e quadros ilustrativos para atrair o aluno

Notas à margem e biografias são apresentadas ao longo do texto. As notas retomam os princípios importantes, enquanto as biografias fornecem dados tanto da história da química quanto das pessoas que contribuíram para essa história. Também foram criados quadros ilustrativos que permitem relacionar a química com a vida real, além de possibilitarem ao estudante uma ajuda extra.

Resumos e quadros explicativos que ajudam o estudante

Cada capítulo finaliza com um resumo, que ajuda os estudantes a sintetizar os pontos centrais do tema discutido, além de apresentar uma lista de termos-chave. Os capítulos que tratam de reações terminam com um resumo de reações. Quadros explicativos são encontrados ao longo do livro para ajudar os estudantes a focalizar os pontos que estão sendo analisados.

"Problemas", "Problemas resolvidos" e "Estratégias para resolução"

O livro contém mais de 1.600 problemas. As respostas a todos eles estão no Manual de Soluções, e muitas explicações, quando necessárias, podem ser encontradas no Guia de Estudo, ambos disponíveis em inglês no site do livro: www.pearson.com.br/bruice. Elaborei esse material com uma linguagem coerente à utilizada no texto. Os problemas propostos em cada capítulo são essencialmente exercícios de fixação que permitem aos estudantes testarem o aprendizado, antes de passarem para a seção seguinte. A parte "Soluções para os problemas selecionados" auxilia no desenvolvimento da perspicácia necessária para resolvê-los. No final do livro são fornecidas respostas curtas para os problemas marcados com losango, assim os estudantes podem testar rapidamente a compreensão do problema. A maioria dos capítulos contém pelo menos uma estratégia para resolução que ensina a abordar certos tipos de problemas. Por exemplo, a "Estratégia para resolução" do Capítulo 10 explica como é possível determinar se uma reação está mais apta a ocorrer por um mecanismo S_N1 ou S_N2. Cada estratégia para resolução de problema é seguida por um exercício que auxilia o estudante a pôr em prática os conhecimentos recém-adquiridos na resolução de problemas.

Há uma variação no grau de dificuldade dos problemas que estão no final de cada capítulo. No início do livro, eles têm o propósito de treinar os estudantes a integrar o conteúdo de todo o capítulo. Isso propicia um grande desafio, porque exige a utilização de tudo o que foi estudado no capítulo, em vez de testar o conhecimento apenas de seções individuais. À medida que os estudantes avançam, os problemas vão apresentando desafios que, freqüentemente, reforçam o aprendizado de conceitos vistos em capítulos anteriores. O resultado efetivo dessa experiência é o desenvolvimento progressivo da confiança e da habilidade para resolver problemas.

Suporte pela Internet

Os ícones WWW, dispostos nas margens das páginas, identificam recursos visuais disponíveis no site do livro, como moléculas 3-D e animações interativas. Esses itens são pertinentes ao material que está sendo discutido.

Arte gráfica rica com estruturas tridimensionais geradas em computador

As estruturas tridimensionais, nesta edição, continuam a ser apresentadas com a energia minimizada ao longo do texto para que os estudantes possam apreciar as formas tridimensionais de moléculas orgânicas. Além disso, há um encarte colorido para o entendimento de algumas figuras em que a cor se faz necessária.

Um olhar minucioso para a extensão e organização do livro

Este livro está dividido em dois volumes. O volume 1 compreende as partes 1 a 4 e o volume 2, as partes 5 a 8. Há um panorama no início de cada parte, assim os estudantes entendem, de antemão, o caminho que terão de percorrer. O primeiro capítulo da Parte 1 fornece um resumo do material necessário para recordar a química geral. As seções sobre ácidos e bases enfatizam a relação entre acidez e estabilidade da base conjugada, um tema bastante recorrente. Ácidos e bases são tratados ainda no Guia de Estudo (disponível em inglês no site do livro). No Capítulo 2, os estudantes aprendem como denominar as cinco classes de substâncias orgânicas — que serão o produto das reações nos capítulos imediatamente seguintes. O Capítulo 2 também abrange tópicos que são fundamentais para o estudo de reações e devem anteceder as análises de estruturas, conformações e propriedades físicas de substâncias orgânicas.

Os sete capítulos da Parte 2 tratam de hidrocarbonetos, estereoquímica e ressonância. O Capítulo 3 estabelece os fundamentos para o estudo de reações orgânicas, transmitindo o conhecimento de termodinâmica e cinética de que os estudantes vão precisar à medida que avançarem no curso. Para aqueles que pretendem propiciar aos estudantes um enfoque mais matemático, equações de velocidade podem ser obtidas no apêndice, e o Guia de Estudo (disponível em inglês no site do livro) contém uma seção em cálculo de parâmetros cinéticos. O Capítulo 3 apresenta o conceito de setas curvas, o Guia de Estudo (disponível em inglês no site do livro) contém um exercício extenso sobre o assunto. Pude constatar com meus alunos que este exercício é muito bom para deixá-los à vontade com um tópico que, embora pareça fácil, de algum modo deixa perplexo até mesmo os alunos mais esforçados, a menos que tenham prática suficiente.

Comecei com as reações de alcenos, devido à simplicidade do tema. Embora o Capítulo 4 examine ampla variedade de reações, todas elas possuem mecanismos semelhantes — um eletrófilo liga-se ao carbono sp^2 menos substituído e um nucleófilo liga-se ao outro carbono sp^2. As muitas reações diferem somente na natureza do eletrófilo e do nucleófilo. Uma vez que a química orgânica envolve sempre interações de eletrófilos e nucleófilos, faz sentido começar o estudo de reações orgânicas apresentando aos alunos uma variedade de eletrófilos e nucleófilos. No Capítulo 4 as reações são discutidas sem considerar as estereoquímicas, isto porque constatei que os estudantes obtêm melhores resultados quando se explica somente um novo conceito de cada vez. No Capítulo 5 são retomados os estudos sobre os isômeros introduzidos nos capítulos 2 e 3 (isômeros constitucionais e isômeros cis/trans). Depois disso, discutem-se os isômeros que resultam da presença de um centro de quiralidade — um tipo de centro estereogênico. Além disso, o suporte na internet oferece aos estudantes a oportunidade de manipular muitas moléculas em três dimensões. Agora que eles já estão familiarizados com isômeros e com reações de adição eletrofílicas, os dois tópicos são abordados juntos, no final do Capítulo 5, em que a esteroquímica das reações de adição tratadas no Capítulo 4 é apresentada. O Capítulo 6 trata de alcinos. Esse é um capítulo que fortalece a autoconfiança dos estudantes devido à sua similaridade com o conteúdo apresentado no Capítulo 4.

Compreender a deslocalização de elétrons é de importância vital em química orgânica, por isso o assunto é tratado em um capítulo específico (Capítulo 7), no qual se ampliam as explicações contidas na introdução a esse tópico (Capítulo 1). No Capítulo 8 analisam-se as reações de dienos, e isso permite que os estudantes apliquem o conceito de deslocalização de elétrons às reações de adição eletrofílica que aprenderam nos capítulos 4 e 6. O Capítulo 8 também apresenta a espectroscopia de UV/Vis e descreve como os químicos usam essa ferramenta para obter informação sobre estruturas, propriedades físicas e reatividade de certas substâncias orgânicas. No Capítulo 9 abordam-se as reações de alcanos. Como resultado, os estudantes aprendem que, devido à ausência de um grupo funcional, os alcanos são predominantemente não reativos. Isso revela a importância de um grupo funcional para a reatividade química.

A Parte 3 estuda reações de substituição e eliminação no carbono hibridizado sp^3. Em primeiro lugar, são discutidas as reações de substituição de haletos de alquila (Capítulo 10). No Capítulo 11 são analisadas as reações de eliminação de haletos de alquila para, logo depois, se considerar a competição entre substituição e eliminação. O Capítulo 12 trata de reações de substituição e eliminação no carbono hibridizado sp^3 quando um grupo diferente de determinado halogênio é o grupo de saída — reações de alcoóis, éteres, epóxidos, óxidos de arenos, tióis e sulfetos. Substâncias organometálicas e reações de acoplamento catalisadas por metais de transição são também introduzidas no Capítulo 12.

Os capítulos que compõem a Parte 4 discutem espectrometria de massas e espectroscopia de IV (Capítulo 13), assim como espectrometria de RMN (Capítulo 14). Cada técnica espectral é descrita como um tópico à parte para que possa ser estudada independentemente de outras a qualquer momento. O primeiro desses capítulos começa com uma tabela de grupos funcionais para os que querem tratar de espectroscopia antes de os estudantes serem iniciados em todos os grupos funcionais.

O tema da Parte 5 são as substâncias aromáticas. O Capítulo 15 discorre sobre aromaticidade e reações do benzeno. No Capítulo 16 são discutidas as reações de benzenos substituídos. Como nem todos os cursos de orgânica abrangem a mesma quantidade de material em um semestre, os capítulos 13 a 16 foram dispostos de maneira estratégica para ser estudados no final do primeiro semestre. Terminar um semestre antes do Capítulo 13, 14 ou 15, ou depois do Capítulo 16, não vai interferir no fluxo de informações.

A Parte 6 discute essencialmente a química de substâncias carboniladas. A princípio, alguns professores se mostraram céticos quanto a discutir ácidos carboxílicos e derivados antes de analisar aldeídos e cetonas. Contudo, após se sondarem as opiniões daqueles que tinham usado edições anteriores do livro, tornou-se consenso que essa é a ordem preferencial de abordagem. O Capítulo 17 inicia o estudo da química de carbonilados discutindo as reações de ácidos carboxílicos e seus derivados com oxigênio e nitrogênio como nucleófilos. Assim, os estudantes são iniciados na química de carbonilados aprendendo como os intermediários tetraédricos se desmembram. A primeira parte do Capítulo 18 analisa as reações de derivados de ácidos carboxílicos, aldeídos e cetonas com nucleófilos fortes (carbono e hidrogênio). Ao estudar todas essas substâncias carboniladas juntas, os alunos vêem como as reações de aldeídos e cetonas diferem das reações de derivados de ácidos carboxílicos. Portanto, quando passam a estudar a formação e hidrólise de iminas, enaminas e acetais na segunda parte do Capítulo 18, podem compreender esses mecanismos com bastante facilidade, uma vez que conhecem como se dá o desmembramento de intermediários tetraédricos.

Ao longo dos anos tenho experimentado isso nas aulas e acredito que esse seja o modo mais fácil e efetivo de ensinar química de carbonilados. Por isso, os Capítulos 17 e 18 podem ser trocados, contanto que as seções 18.4 e 18.5 sejam incluídas nos estudos do Capítulo 17. O Capítulo 19 aborda as reações no carbono alfa das substâncias carboniladas. O Capítulo 20 retoma as reações de redução e discute reações de oxidação. Pude constatar que os estudantes são muito mais receptivos a compreender reações de oxidação se elas forem apresentadas em bloco, e não uma de cada vez, quando se apresenta um novo grupo funcional. Como as reações de redução aparecem nos primeiros capítulos, os estudantes têm a oportunidade de ampliar o conhecimento dentro de uma estrutura que já conhecem. O Capítulo 21 recorda a matéria referente a aminas, que foi vista em capítulos anteriores — estrutura e propriedades físicas, propriedades ácido-base, nomenclatura, reatividade e síntese — e então passa a tratar tais tópicos em maior profundidade. O capítulo encerra com uma discussão de substâncias heterocíclicas.

A Parte 7 tem como enfoque tópicos bioorgânicos. A Parte 8 refere-se a polímeros sintéticos, reações pericíclicas e descoberta e planejamento de fármacos.

Mudanças nesta edição

Conteúdo e organização

Em resposta à contribuição de usuários e aos comentários de revisores, a abordagem da teoria do orbital molecular foi ampliada nesta edição. A teoria do orbital molecular, por exemplo, é usada para explicar por que haletos de alquila sofrem ataque pelo lado de trás, como são as reações das substâncias carbonílicas, por que amidas não são reativas, e assim por diante. Um novo capítulo sobre aminas e novas seções sobre tópicos, como reações de acoplamento com metal de transição e catálises assimétricas, foram incluídos para atender ao apelo geral. Muitas partes do texto foram reescritas com o propósito de facilitar a compreensão. Em particular, as seções sobre química de ácido-base, substâncias α,β-carboniladas e reações de Wittig e Diels–Alder foram expandidas e mais bem elucidadas. A introdução aos alcenos é agora tratada em dois capítulos. O Capítulo 3 introduz reações químicas, setas curvas e cinética e termodinâmica. O Capítulo 4 agora focaliza reações de adição eletrofílicas, e isso permite que os estudantes percebam que as muitas reações desse capítulo seguem, todas, mecanismos semelhantes: o eletrófilo é adicionado ao carbono sp^2, que está ligado ao maior número de hidrogênios, e o nucleófilo é adicionado ao outro carbono sp^2.

Seções em síntese

Esta edição tem oito seções sobre planejamento de sínteses, incluindo uma nova seção sobre controle da estereoquímica e uma outra que discute desconexões, sintons e equivalentes sintéticos. Há mais problemas em síntese e alguns estimulam os estudantes a abordar o problema com a utilização de análise retrossintética.

Elementos pedagógicos

A sugestão dos estudantes foi atendida e cada capítulo agora termina com um resumo. Os elementos pedagógicos têm sido bastante elogiados por alunos meus que os utilizaram no ano passado. Esta edição inclui mais quadros explicativos para auxiliar no aprendizado, especialmente ao mostrar etapas importantes em mecanismos. Em resposta aos comentários dos estudantes, o número de notas à margem, que recapitulam sucintamente pontos-chave e facilitam a revisão do conteúdo, também aumentou. Novos quadros de interesse aparecem nesta edição, incluindo tópicos como adaptação ao meio ambiente, ácidos graxos ômega e ainda outro sobre como uma lesma sabe o que deve comer.

Escolha dos problemas

Nesta revisão do livro, o foco são os problemas, tanto no decorrer do capítulo quanto ao final dele. São apresentados novos problemas resolvidos, novas estratégias de resolução de problemas, novos problemas elaborados para mostrar a reatividade geral dos grupos funcionais e novos problemas que ressaltam o fato de eletrófilos reagirem com nucleófilos. Entre os diversos tópicos em que novos problemas foram acrescentados, alguns incluem teoria do orbital molecular, equilíbrio ácido-base e estereoquímica. Muitos dos novos problemas referem-se à espectroscopia com o objetivo de intensificar a integração da espectroscopia em todo o curso.

Recursos adicionais

No site www.grupoa.com.br professores e alunos podem acessar os seguintes materiais adicionais. Para os professores o site oferece:

- apresentação em PowerPoint;
- exercícios de múltipla escolha (em inglês);
- manual de soluções em inglês.

e para os alunos

- exercícios práticos (em inglês);
- exercícios de múltipla escolha;
- recursos visuais (em inglês);
- guia de estudo (em inglês).

Agradecimentos

Tenho grande satisfação em agradecer os esforços dedicados de muitos amigos que tornaram este livro uma realidade. Sou especialmente grata pelos comentários e sugestões de Ron Magid da Universidade do Tennessee, cuja solicitude fez enorme diferença nesta edição. Foram mantidas as inúmeras contribuições de Ed Skibio, da Universidade do Estado de Arizona; Papadopoulos, da Universidade do Novo México; Ron Starkey, da Universidade de Wisconsin, Green Bay; e Francis Klein, da Universidade de Creighton. Agradecimentos em particular a David Yerzley, M.D., por sua assistência na seção sobre MRI; Warren Hehre, da Wavefunction, Inc., e Alan Shusterman, do Reed College, por seus conselhos em mapas de potencial eletrostático que aparecem no livro; John Perona, da Universidade da Califórnia, Santa Bárbara, que forneceu algumas das imagens moleculares usadas nesta edição; e a Jeremy Davis, que criou as ilustrações 23.11 e 24.4, que aparecem no volume 2. Outros, cuja contribuição foi importante para o desenvolvimento desta edição, são Heinz Roth, da Universidade de Rutgers, e Ron Kluger, da Universidade de Toronto. Também quero reconhecer o empenho de usuários de edições anteriores que generosamente cederam seu tempo para ajudar a elaborar um livro melhor. Meus agradecimentos especiais a Tom Petrus e Curt Anderson, da Universidade da Califórnia, Santa Bárbara; Bariey Hoddens e Perry Sheppard, da Universidade do Noroeste; Bárbara Schowen, da Universidade de Kansas; Jack Kirsch, da Universidade da Califórnia, Berkeley; Dim Lom, da Universidade do Oregon, Tom Tidwel, da Universidade de Toronto; Peter Wagner, da Universidade do Estado de Michigan; Paige Phillips, Instituto Politécnico da Virgínia e

Universidade Estadual; Bárbara Meyer, da Universidade do Estado da Califórnia, Fresno; George Klemans, da Bowling Green State University; Tom Nali, da Universidade Estadual de Vinona; Vincent Spaziano, da Universidade de Saint Louis; Paul Kropt, da Universidade da Carolina do Norte, Chapel Hill; Stanley Kudzin, da Universidade do Estado de Nova York, New Paltz. Também sou muito grata a meus alunos que, trabalhando nos problemas e procurando por erros, apontaram as seções que precisavam de maior clareza.

Os seguintes revisores tiveram papel de suma importância no desenvolvimento deste livro-texto.

Revisores do original da quarta edição (em inglês)
Merritt Andrus, *Brigham Young University*
Daniel Appella, *Northwestern University*
George Bandik, *University of Pittsburgh*
Daniel Blanchard, *Kutztown University*
Ron Blankespoor, *Calvin College*
Paul Buonora, *California State University, Long Beach*
Robert Chesnut, *Eastern Illinois University*
Michael Chong, *University of Watterloo*
Robert Coleman, *Ohio State University*
David Collard, *Georgia Institute of Technology*
Debbie Crans, *Colorado State University*
Malcolm Forbes, *University of North Carolina, Chapel Hill*
Deepa Godambe, *Harper College*
Fathi Halawish, *South Dakota State University*
Steve Hardinger, *University of California, Los Angeles*
Alvan Hengge, *Utah State University*
Steve Holmgren, *University of Montana*
Nichnole Jackson, *Odessa College*
Carl Kemnitz, *California State University, Bakersfield*
Keith Krumpe, *University of North Carolina, Asheville*
Michael Kurs, *Illinois State University*
Li, Yazhuo, *Clarkson University*
Janis Louie, *University of Utah*
Charles Lovelette, *Collumbus State University*
Ray Lutgring, *University of Evansville*
Janet Maxwell, *Angelo State University*
Mark McMills, *Ohio University*
Andrew Morehead, *University of Maryland*
John Olson, *Augustana University*
Brian Pagenkopf, *University of Texas, Austin*
Joanna Petridou, *Spokane Falls Community College*
Michael Rathke, *Michigan State University*
Christopher Roy, *Duke University*
Tomikazu Sasaki, *University of Washington*
David Soriano, *University of Pittsburgh*
Jon Stewart, *University of Florida*
John Taylor, *Rutgers University*
Carl Wamser, *Portland State University*
Marshall Werner, *Lake Superior State University*
Catherine Woytowicz, *George Washington University*
Zhaohui Sunny Zhou, *Washington State University*

Revisores críticos (da edição original em inglês)
Neil Allison, *University of Arkansas*
Joseph W. Bausch, *Villanova University*
Dana Chatellier, *University of Delaware*
Steven Fleming, *Brigham Young University*
Malcolm Forbes, *University of North Carolina, Chapel Hill*
Charlie Garner, *Baylor University*
Andrew Knight, *Loyola University*
Joe LeFevre, *State University of New York, Oswego*
Charles Liotta, *Georgia Institute of Technology*
Andrew Morehead, *University of Maryland*
Richard Pagni, *University of Tennessee*
Jimmy Rogers, *University of Texas, Arlington*
Richard Theis, *Oregon State University*
Peter J. Wagner, *Michigan State University*
John Williams, *Temple University*
Catherine Woytowicz, *George Washington University*

Revisores de acurácia (da edição original em inglês)
Bruce Banks, *University of North Carolina, Greensboro*
Debra Bautista, *Eastern Kentucky University*
Vladimir Benin, *University of Dayton*
Linda Betz, *Widener University*
Anthony Bishop, *Amherst College*
Phil Brown, *Brigham Young University*
Sushama Dandekar, *University of North Texas*
S. Todd Deal, *Georgia Southern University*
Michael Detty, *University of Buffalo*
Matthew Dintzner, *DePaul University*
Nicholas Drapela, *Oregon State University*
Jeffrey Elbert, *University of Northern Iowa*
Mark Forman, *Sainte Joseph's University*
Joe Fox, *University of Delaware*
Anne Gaquere, *State University of West Georgia*
Charles Garner, *Baylor University*
Scott Goodman, *Buffalo State College*
Steve Grahan, *St. John's University*
Christian Hamann, *Albright College*
Cliff Harris, *Albion College*
Alfred Hortmannn, *Washington University*
Floyd Klavetter, *Indiana University of Pennsylvania*
Thomas Lectka, *Johns Hopkins University*
Len MacGillivray, *University of Iowa*
Jerry Manion, *University of Central Arkansas*
Przemyslaw Maslak, *Pennsilvania State University*
Michael MacKinney, *Marquette University*
Alex Nickon, *Johns Hopkins University*
Patrick O'Connor, *Rutgers University*
Kenneth Overly, *Providence College*

Cass Parker, *Clark Atlanta University*
Marchland Philip, *University of North Texas*
Christopher Roy, *Duke University*
Susan Schelble, *University of Colorado, Denver*
Chris Spilling, *University of Missouri*
Janeth Stepanek, *Colorado College*

Revisores do original da edição anterior (em inglês)

Mahamed Asgar Ali, *Howard University*
Shelby R. Anderson, *Trinity College*
John Barbas, *Valdosta State University*
Rick Bolesta, *Mt. Hood Community College*
Joyce C. Brockwell, *Northwestern University*
Thomas A. Bryson, *University of South Carolina*
Paul Buonora, *University of Scranton*
George B. Clemans, *Bowling Green State University*
Barry A. Coddens, *Northwestern University*
John Cullen, *Monroe Community College*
Mark R. DeCamp, *University of Michigan, Dearborn*
Michael R. Detty, *State University of New York, Buffalo*
John DiCesare, *University of Tulsa*
Veljko Dragojlovic, *Nova Southeastern University*
Jeffrey Elbert, *South Dakota State University*
Jan M. Fleischer, *Earlham College*
Warren P. Giering, *Boston University*

Michael M. Haley, *University of Oregon*
James E. Hanson, *Seton Hall University*
David Harpp, *McGill University*
John Isidor, *Montclair State University*
Richard Johnson, *University of New Hampshire*
Dennis Lehman, *Harold Washington College*
William Loffredo, *East Stroudsberg University*
James W. Long, *University of Oregon*
Jerry Manion, *University of Central Arkansas*
Amanda Martin-Esker, *Northwestern University*
John N. Marx, *Texas Tech University*
Anthony Masulaitis, *Jersey City State College*
Bárbara J. Mayer, *California State University, Fresno*
Robert McClelland, *University of Toronto*
Gary W. Morrow, *University of Dayton*
Thomas W. Nalli, *Winona State University*
Abby Parrill, *University of Memphis*
Lawrence Principe, *Johns Hopkins University*
Michael Rathke, *Michigan State University*
J. Ty Redd, *Southern Utah University*
Todd Richmond, *The Claremont Colleges*
Antony Sky, *Lawrence Technical University*
Homer A. Smith, Jr., *University of Richmond*
Andrew B. Turner, *Saint Vicent College*
T. K. Vinod, *Western Illinois University*
Maria Vogt, *Bloomfield College*

Agradecimentos especiais aos que proporcionaram um valioso feedback à autora e/ou à editora:

Joseph Bausch, *Villanova University*
Josef Krause, *Niagara University*
Thomas Johnson, *Georgia University*

Sou profundamente grata ao empenho de Nicole Folchetti, editora da edição em inglês deste livro. Seu talento criativo e apoio foram fundamentais na elaboração deste livro. Ela me ajudou a tornar os prazos mais flexíveis do que eu merecia e encontrou os revisores que contribuíram para fazer este livro tão bom quanto ele poderia ser. Também quero agradecer às pessoas talentosas e dedicadas da Prentice Hall pelo esforço e dedicação para que esta obra se tornasse realidade. Muito obrigada a Ray Mullaney, editor-chefe de desenvolvimento, que me guiou com muita paciência. Sou profundamente grata a Carol Pritchard-Martinez, editora de desenvolvimento, que verificou cada palavra e cada figura inseridas nesta edição. Ela foi capaz de corrigir qualquer tipo de problema que meu texto apresentasse. Agradeço também a Fran Daniele, que, apesar do cronograma apertado, manteve o bom humor para conduzir o processo de produção desta nova edição. Minha gratidão se estende também a Paul Draper, editor de mídia, cujo talento levou à criação do Companion Website. Finalmente, gostaria de agradecer a David Theisen, diretor nacional de vendas. Seus esforços incansáveis, aliados à compreensão perspicaz do livro, contribuíram para que a obra despertasse a atenção de grande parte da comunidade de química orgânica.

Quero agradecer em particular aos maravilhosos e talentosos estudantes que, ao longo dos anos, me ensinaram a lecionar. Também quero agradecer aos meus filhos, com os quais talvez eu mais tenha aprendido.

Para tornar esta obra o mais agradável possível, são bem-vindos todos os comentários que me ajudem a atingir esse objetivo em futuras edições. Se você encontrar seções que possam ser elucidadas ou mais bem elaboradas, ou mesmo exemplos para ser acrescentados, por favor me comunique.

Por fim, os erros tipográficos desta edição foram cuidadosamente revisados. Os que permanecem são de minha responsabilidade. Se você encontrar erros, por favor, envie um e-mail para clientes@pearsoned.com para que possam ser corrigidos em futuras reimpressões.

PAULA YURKANIS BRUICE
Universidade da Califórnia, Santa Bárbara
pybruice@chem.ucsb.edu

Para o estudante

Bem-vindo à química orgânica! Você está prestes a embarcar em uma viagem excitante. O objetivo deste livro escrito para você — alguém que está se deparando com o assunto pela primeira vez — foi tornar sua viagem tão estimulante quanto prazerosa. Primeiro, você pode começar familiarizando-se com o livro. Seções como "Informações úteis" e "Quadros interessantes", assim como o conteúdo do encarte colorido, são recursos aos quais você pode recorrer diversas vezes durante o curso. "Resumo", "Palavras-chave" e "Resumo de reações", no final dos capítulos, além do "Glossário", que está no final do livro, são auxílios úteis ao estudo — aproveite-os! Veja também os "Apêndices" para saber o tipo de informação que pode ser encontrado lá. Os mapas de potencial eletrostático e os modelos moleculares, apresentados ao longo do livro, têm por finalidade permitir uma apreciação de como são as moléculas em três dimensões e como a carga eletrônica está distribuída dentro da molécula. Veja as notas à margem quando estiver lendo um capítulo — elas enfatizam pontos importantes.

Procure trabalhar todos os problemas dentro de cada capítulo. Eles servem como treinamento e o ajudam a verificar se o assunto foi assimilado. Alguns deles já estão resolvidos no texto. Outros — aqueles marcados com um losango — têm respostas curtas fornecidas no final do livro. Procure reconhecer a importância das "Estratégias para resolução" distribuídas por todo o texto. Elas fornecem sugestões práticas sobre o melhor modo de abordar tipos importantes de problemas. Leia-as cuidadosamente e recorra a elas quando estiver resolvendo os problemas ao final dos capítulos.

Empenhe-se ao máximo para resolver tantos problemas quanto puder. Quanto maior for o número de problemas resolvidos, mais familiarizado você ficará com o assunto e mais preparado estará para o conteúdo dos capítulos subseqüentes. Não se deixe frustrar com nenhum problema. Se não estiver apto a dar a resposta em um espaço de tempo razoável, consulte o o Guia de Estudo (disponível em inglês no site do livro), para aprender como deveria ter abordado o problema. Depois, retome o problema e tente resolvê-lo de novo, dessa vez por conta própria. Procure visitar a Sala Virtual do livro (sv.pearson.com.br).

Em química orgânica, o mais importante é ter em mente que: NÃO SE DEVE PERDER O RITMO. A química orgânica consiste de muitas etapas simples — é muito fácil dominar cada uma delas. Mas o assunto pode se tornar confuso caso não se acompanhe cada etapa.

Antes de muitas teorias e mecanismos serem desenvolvidos, a química orgânica era uma disciplina que se assimilava apenas pela memorização. Felizmente, hoje não é mais assim. Você encontrará muitos pontos de confluência que lhe permitirão usar o que aprendeu em uma situação para prever o que acontecerá em outras. Assim, ao ler o livro e estudar seus apontamentos, tente sempre entender por que cada coisa acontece. Se as razões pelas quais se dá a reatividade são compreendidas, então se torna possível prever a maioria das reações. A idéia errônea de que se deve memorizar centenas de reações não relacionadas com o assunto pode levá-lo a um cadafalso. Há simplesmente material demais para memorizar! Raciocínio, e não memorização, é o que proporciona a base necessária em que se deve assentar o material subseqüente. De vez em quando, alguma memorização será necessária. Determinadas regras fundamentais devem ser memorizadas, e você, certamente, terá de memorizar os nomes comuns de algumas substâncias orgânicas, mas isso não deverá ser um problema — afinal de contas, seus amigos têm nomes comuns e você consegue guardá-los.

Estudantes que cursam química orgânica para entrar em faculdades de medicina às vezes se perguntam por que as faculdades de medicina dão tanta ênfase ao desempenho em química orgânica. A importância da química orgânica não está somente no assunto exposto. Para dominar química orgânica é preciso ter compreensão minuciosa dos fundamentos e habilidade para usá-los na análise, classificação e previsão. Isso se compara ao estudo de medicina: um médico usa a compreensão de fundamentos para analisar, classificar e diagnosticar.

Boa sorte em seu estudo. Espero que você aproveite bem seu curso de química orgânica e aprenda a apreciar a lógica da disciplina. Se tiver qualquer comentário sobre o livro ou sugestões sobre como ele pode ser aprimorado para auxiliar os futuros estudantes da disciplina, eu adoraria saber. Comentários positivos são mais agradáveis, mas os críticos são mais úteis. Envie um e-mail para clientes@pearson.com.

PAULA YURKANIS BRUICE
pybruice@chem.ucsb.edu

Destaques de *Química orgânica* — quarta edição

Na quarta edição de *Química orgânica*, Paula Bruice acrescenta novo material e aprimora muitos elementos característicos, mas permanece fiel ao objetivo principal do texto — encorajar os estudantes a compreender o porquê da química orgânica. Os destaques da quarta edição são listados a seguir.

Organização e abordagem

- **Os grupos funcionais foram organizados em torno de similaridades mecanísticas**. Quando um grupo funcional é apresentado, discute-se a sua reatividade, mas não a sua síntese. Em vez disso, a síntese é discutida em termos dos produtos que são formados como resultado da reatividade do grupo funcional. Essa organização promove uma compreensão de princípios unificantes de reatividade, desencoraja a memorização pura e permite que mais material seja apresentado em um período de tempo mais curto. Para obter uma lista completa dos métodos que podem ser usados para sintetizar um grupo funcional particular, veja o Apêndice IV.

- **Uma forte característica bioorgânica por todo o texto** encoraja os estudantes a reconhecer que química orgânica e bioquímica não são assuntos distintos, mas duas partes de um conhecimento unificado. Esse material é encontrado em quadros de interesse especiais, seções específicas de capítulos e capítulos que focalizam tópicos bioorgânicos. Uma seção completa dos quadros de interesse especiais estão no início do livro.

- **Um novo capítulo sobre aminas** reúne informação importante sobre o assunto em um único lugar. Veja volume 2, Capítulo 21.

- **Alcenos**, previamente estudados no Capítulo 3, são agora vistos em dois capítulos para que se realize uma apresentação mais rigorosa desse importante grupo funcional. Veja Capítulos 3 e 4.

Ênfase na resolução de problemas

- **Problemas resolvidos** por todo o texto conduzem cuidadosamente os estudantes pelas etapas que envolvem a resolução de um tipo específico de problema.

- **Estratégia para resolução de problemas** em muitos capítulos ensinam os estudantes a abordar uma variedade de problemas, a organizar suas idéias e aprimorar as habilidades para resolvê-los. Toda estratégia é seguida de um exercício que permite aos estudantes pôr em prática a estratégia recém-discutida.

- **Problemas, novos e revisados, ao final dos capítulos**, entre os quais, muitos deles focalizam princípios gerais e conceitos que são especialmente difíceis para os estudantes.

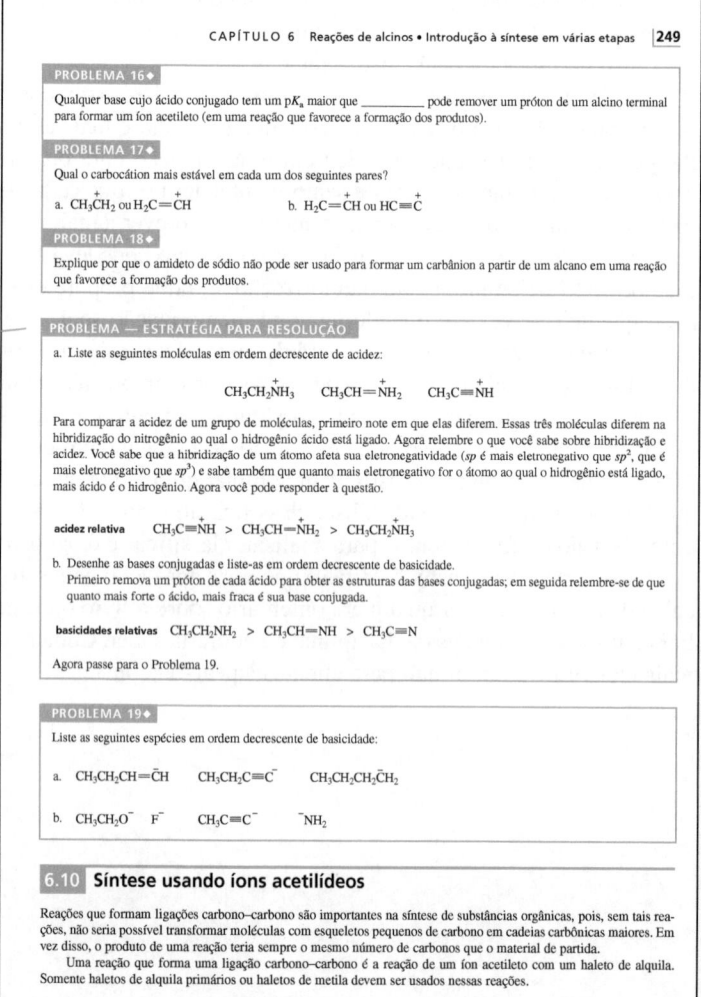

Pedagogia aprimorada

- Quase 120 **Quadros interessantes** por todo o texto tratam de bioorgânica e outros tópicos aplicados com o propósito de estimular o interesse pelo assunto que está sendo discutido.

- **Biografias** oferecem aos estudantes um panorama da história da química e das pessoas que contribuíram para a construção dessa história.

- Seções de **planejamento de síntese** aparecem por todo o texto e ajudam os estudantes a aprender como planejar eficientemente sínteses em várias etapas. Muitos problemas em diversas etapas incluem a síntese de substâncias que os estudantes reconhecem, como novocaína®, valium® e cetoprofeno.

- **Notas à margem**, que receberam 10 por cento de acréscimo nesta nova edição, enfatizam idéias centrais e lembram os estudantes de princípios importantes que os ajudam a entender conceitos no texto.

- **Balões explicativos**, em muito maior número nesta edição, esclarecem aos estudantes os aspectos importantes de uma reação ou de um gráfico.

- Seções que contêm **resumo de reações** listam reações analisadas no capítulo de revisão. Referências relacionadas ao tema facilitam a localização das seções que discutem tipos específicos de reações.

- **NOVIDADE!** Resumos ao final dos **capítulos** revisam os conceitos principais em um formato narrativo, porém conciso.

- **Palavras-chave.** Uma lista de termos importantes é apresentada ao final de cada capítulo e serve como uma referência adequada.

Luz ultravioleta e protetores solares

A exposição à luz ultravioleta estimula células especializadas na pele a produzir um pigmento negro conhecido como melanina, o que deixa a pele com aparência bronzeada. A melanina absorve luz UV, portanto ela nos protege dos efeitos prejudiciais do sol. Se mais luz UV do que a melanina é capaz de absorver incidir sobre a pele, essa luz irá queimá-la e poderá provocar reações fotoquímicas que resultarão em câncer de pele (Seção 29.6). A UV-A é a luz UV de menor energia (315 a 400 nm) e provoca os menores danos biológicos. Felizmente, a maior parte dos raios mais perigosos, luz UV de maior energia, a UV-B (290 a 315 nm) e a UV-C (180 a 290 nm), é filtrada pela camada de ozônio na estratosfera. Daí o porquê da grande preocupação sobre a aparente diminuição da camada de ozônio (Seção 9.9).

Aplicar um protetor solar pode proteger a pele contra a luz UV. Alguns protetores solares contêm um componente inorgânico, como o óxido de zinco, que reflete a luz quando ela atinge a pele. Outros contêm uma substância que absorve a luz UV. O PABA foi o primeiro protetor solar de absorção de UV disponível comercialmente. O PABA absorve a luz UV-B, mas não é muito solúvel em loções dermatológicas oleosas. Substâncias menos polares, como o Padimato O, são agora mais comumente utilizadas. Uma pesquisa recente mostrou que os protetores solares que absorvem apenas a luz UV-B não dão proteção adequada à pele contra o câncer; tanto a proteção contra UV-A quanto UV-B são necessárias. Giv Tan F absorve luz UV-B e luz UV-A, de modo que fornece melhor proteção.

A quantidade de proteção fornecida por um protetor solar em particular é indicada por seu FPS (Fator de Proteção Solar). Quanto maior o FPS, maior é a proteção.

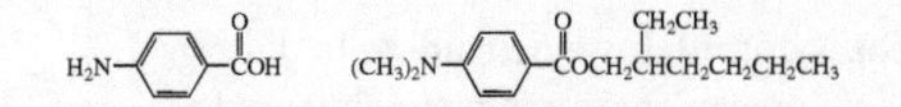

H_2N—⟨⟩—COH ácido *para*-aminobenzóico PABA

$(CH_3)_2N$—⟨⟩—$COCH_2CHCH_2CH_2CH_3$ CH_2CH_3 4-(dimetilamino)benzoato de 2-etil-hexila Padimato O

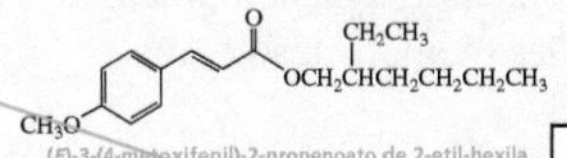

CH_3O—⟨⟩—CH=CH—CO—$OCH_2CHCH_2CH_2CH_3$ (*E*)-3-(4-metoxifenil)-2-propenoato de 2-etil-hexila Giv Tan F

6.11 Planejando uma síntese I: Introdução à síntese em várias etapas

Para cada reação que estudamos até agora, vimos *por que* a reação ocorre, *como* ela o ... mados. Uma boa maneira de revisar essas reações é planejar sínteses, pois assim você ... reações que foram aprendidas.

Os químicos sintéticos consideram tempo, custo e rendimento no planejamento d... nejada deve ter o menor número possível de etapas (reações seqüenciais), e cada etap... realização. Os dois químicos de uma companhia farmacêutica foram designados para... deles sintetizou-a em três simples etapas, enquanto o outro usou 20 etapas difíceis, qual... moção? Além disso, cada passo da síntese deve fornecer o melhor rendimento possív... dos materiais de partida deve ser considerado. Quanto mais substratos forem necessá... produto, mais cara será sua produção. Às vezes é preferível planejar uma síntese em... de partida não for caro, as reações forem fáceis e houver altos rendimentos em cada et... jar uma síntese com poucas etapas que requer materiais de partida caros e reações m...

Elias James Corey *inventou o termo "análise retrossintética". Ele nasceu em Massachusetts em 1928 e é professor de química da Universidade de Harvard. Recebeu o Prêmio Nobel de química em 1990 por sua contribuição para a química orgânica sintética.*

Se o mesmo número for obtido em ambas as direções, a cadeia é numerada na direção que fornece à ligação dupla o menor número.

Se ocorrer empate entre uma ligação dupla e uma ligação tripla, a ligação dupla adquire o menor número.

$CH_3CH=CH\overset{1\,2\,3\,\,4\,5\,6}{=}CCH_3$
2-hexen-4-ino
não 4-hexen-2-ino

$HC\overset{6\,\,5\,4\,\,3\,\,2\,\,1}{=}CCH_2CH_2CH=CH_2$
1-hexen-5-ino
não 5-hexen-1-ino

As prioridades relativas aos sufixos dos grupamentos funcionais estão apresentadas na Tabela 8.1. Se o sufixo do segundo grupamento funcional possuir uma prioridade maior do que o alceno, a cadeia é numerada na direção que estabelece o menor número possível ao grupamento funcional de maior prioridade.

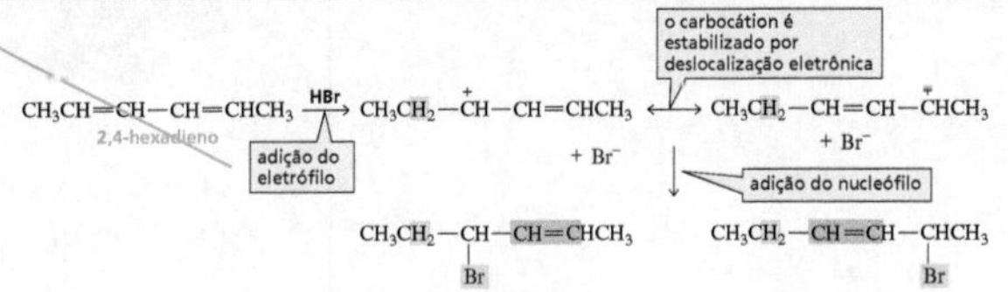

$CH_3CH=CH-CH=CHCH_3 \xrightarrow{HBr} CH_3CH_2-\overset{+}{CH}-CH=CHCH_3 \longleftrightarrow CH_3CH_2-CH=CH-\overset{+}{CH}CH_3$
2,4-hexadieno
adição do eletrófilo
o carbocátion é estabilizado por deslocalização eletrônica
$+ Br^-$ $+ Br^-$
adição do nucleófilo

$CH_3CH_2-CH-CH=CHCH_3$
$\quad\quad\quad\;\,Br$
4-bromo-2-hexeno
produto de adição 1,2

$CH_3CH_2-CH=CH-CHCH_3$
$\quad\quad\quad\quad\quad\quad\quad\,Br$
2-bromo-3-hexeno
produto de adição 1,4

Resumo

Os **dienos** são hidrocarbonetos com duas ligações duplas. As **ligações duplas conjugadas** são separadas por uma ligação simples. As **ligações duplas isoladas** são separadas por mais de uma ligação simples. As **ligações duplas acumuladas** são adjacentes umas às outras. Um dieno conjugado é mais estável do que um **dieno isolado**, o qual é mais estável que um dieno acumulado. O alqueno menos estável possui o maior valor de $-\Delta H°$. Um dieno pode ter um total de quatro isômeros configuracionais: *E-E*, *Z-Z*, *E-Z* e *Z-E*.

for processada sob condições brandas, sendo dessa forma irreversível, o produto principal será o produto cinético; se a reação for processada sob condições vigorosas, sendo dessa forma reversível, o produto principal será o produto termodinâmico. Quando a reação está sob **controle cinético**, as quantidades relativas dos produtos dependem das velocidades nas quais eles são formados; quando uma reação está sob **controle termodinâmico**, as quantidades relativas dos produtos dependem de suas estabilidades. Um **intermediário comum** é um intermediário que ambos

Palavras-chave

carbono alílico (p. 275)
carbono benzílico (p. 275)
cargas separadas (p. 270)
cátion alílico (p. 275)
cátion benzílico (p. 275)
combinação linear de orbitais atômicos (CLOA) (p. 283)
contribuinte de ressonância (p. 264)
deslocalização de elétrons (p. 272)

elétrons deslocalizados (p. 260)
elétrons localizados (p. 260)
energia de deslocalização (p. 272)
energia de ressonância (p. 272)
estrutura contribuinte de ressonância (p. 264)
estrutura de ressonância (p. 264)
híbrido de ressonância (p. 264)
orbital molecular antiligante (p. 282)

orbital molecular desocupado de menor energia (LUMO) (p. 285)
orbital molecular ligante (p. 282)
orbital molecular não-ligante (p. 285)
orbital molecular ocupado de menor energia (HOMO) (p. 285)
orbital molecular simétrico (p. 284)

xxvii

Visualização

Um dos maiores desafios lançados aos estudantes de química orgânica está na natureza abstrata do assunto. Para ajudá-los a visualizar melhor conceitos importantes, desenvolvemos um notável trabalho de arte no livro-texto e nas seções denominadas Molecule Gallery, encontradas no site do livro.

Mecanismos

- **Mecanimos completos e acurados.** Inclui centenas de mecanismos completos integrados ao texto, proporcionando uma compreensão precisa, não apenas memorização.

mecanismo para monobromação do etano

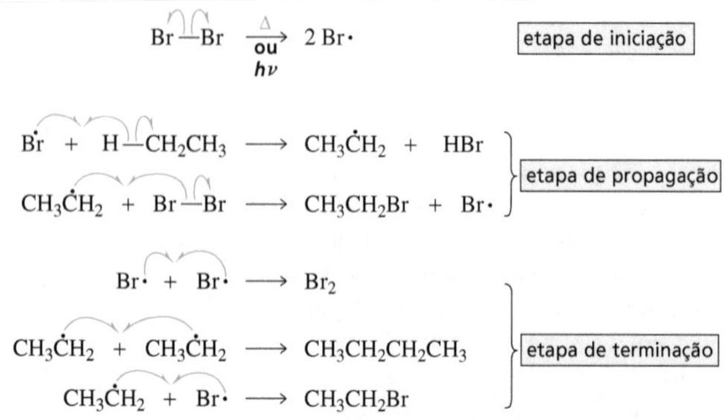

Br—Br → 2 Br· (Δ ou hν)
etapa de iniciação
Br· + H—CH₂CH₃ → CH₃ĊH₂ + HBr
CH₃ĊH₂ + Br—Br → CH₃CH₂Br + Br·
etapa de propagação
Br· + Br· → Br₂
CH₃ĊH₂ + CH₃ĊH₂ → CH₃CH₂CH₂CH₃
CH₃ĊH₂ + Br· → CH₃CH₂Br
etapa de terminação

Mapas de potencial eletrostático

- **Mapas de potencial eletrostático.** Encontrados ao longo do livro, ajudam os estudantes a visualizar a estrutura eletrônica de moléculas e átomos, dando-lhes um entendimento maior de por que e como as reações ocorrem, além de ajudá-los a compreender melhor por que certas moléculas e íons se comportam de certo modo.

CH₃CH₂CHCH₂CH₃
Cl
CH₃O⁻

H₃C H C=C H CH₂CH₃
H₃C CH₂CH₃ C=C H H

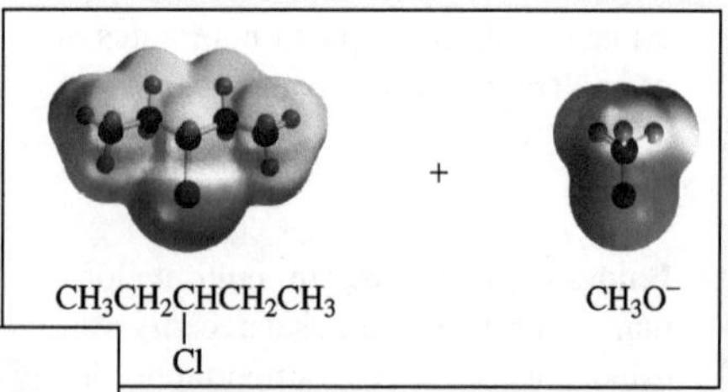

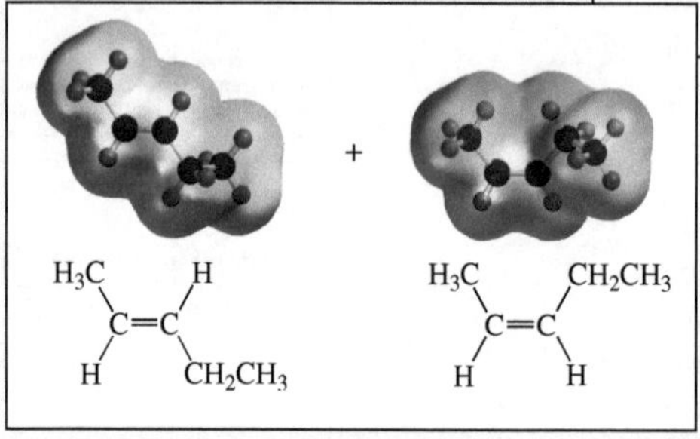

Arte molecular

- Estruturas tridimensionais, com a energia minimizada, aparecem ao longo do texto a fim de fornecer aos estudantes uma apreciação mais acurada sobre as 'formas' de moléculas orgânicas.

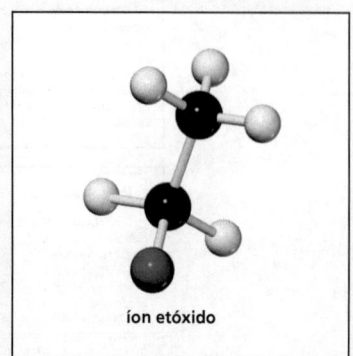

íon etóxido

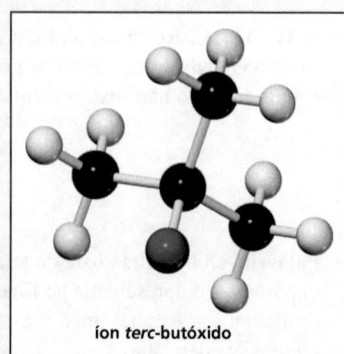

íon *terc*-butóxido

Recursos visuais

Companion Website

- **Galerias da animação (Animation Gallery)** destacam conceitos centrais em cada capítulo e ilustram mecanismos-chave. Os tutoriais freqüentemente permitem que os estudantes façam escolhas incorretas para depois explicar por que há uma resposta melhor. Disponíveis em inglês.

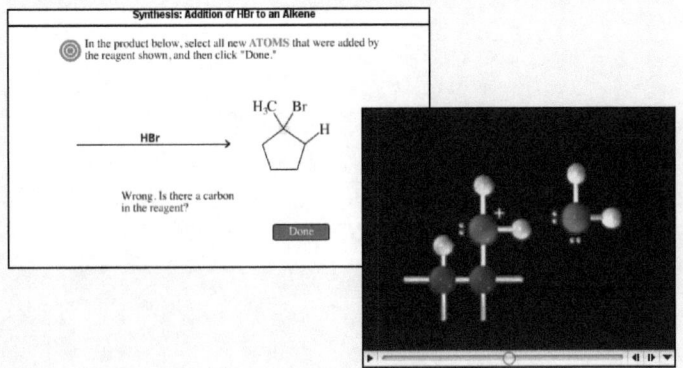

- **Galerias de moléculas (Molecule Gallery)** apresentam centenas de modelos moleculares 3-D de substâncias que se encontram no capítulo. Os estudantes podem girar modelos e compará-los, mudar sua representação e examinar superfícies de mapas de potencial eletrostático — uma maneira singular de aprender química orgânica na rede. Disponíveis em inglês.

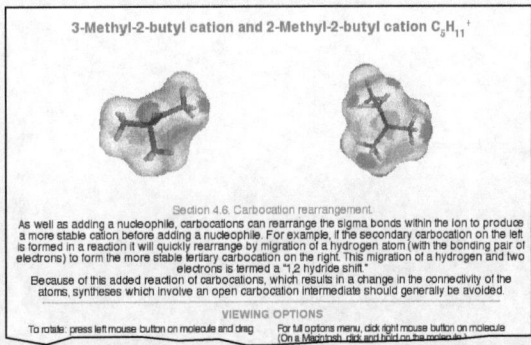

- **Exercícios práticos** oferecem 1.800 novos exercícios para que os estudantes possam testar sua compreensão do conteúdo. Cada questão inclui uma dica, uma referência relativa à leitura do texto e um feedback detalhado. Disponíveis em inglês.

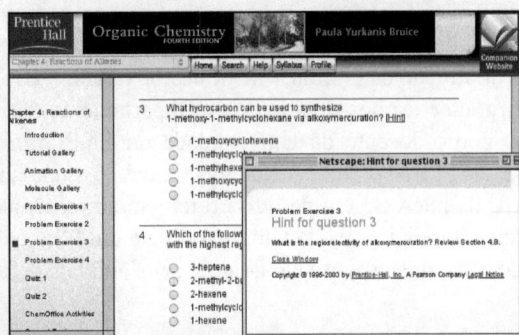

Sobre a autora

Paula Bruice e Zeus

    Paula Yurkanis Bruice foi criada em Massachusetts, na Alemanha e na Suíça, e se graduou na Girls' Latin School em Boston. É bacharel pelo Mount Holyoke College e PhD em química pela Universidade da Virgínia. Recebeu bolsa de estudo para pós-doutorado do National Institutes of Health (NIH) para estudar bioquímica na Escola de Medicina da Universidade da Virgínia e fez pós-doutorado no Departamento de Farmacologia da Escola de Medicina de Yale.

    É membro do corpo docente da Universidade da Califórnia, Santa Bárbara, onde obteve o prêmio Associated Students Teacher of the Year, o prêmio Academic Senate Distinguished Teaching e dois prêmios Mortar Board Professor of the Year. Sua área de interesse em pesquisa refere-se ao mecanismo e catálise de reações orgânicas, particularmente aquelas de importância biológica. Paula tem uma filha e um filho médicos e um filho advogado. Seus principais hobbies são ler romances de mistério/suspense e cuidar de seus animais de estimação (três cães, dois gatos e um papagaio).

PARTE UM

Introdução ao estudo de substâncias orgânicas

Os dois primeiros capítulos do texto apresentam uma variedade de tópicos que precisamos conhecer ao iniciar o estudo de substâncias orgânicas.

O **Capítulo 1** revisa os tópicos da química geral que serão importantes para o estudo da química orgânica. Ele inicia com uma descrição da estrutura dos átomos e depois prossegue com uma descrição das moléculas. A teoria do orbital molecular é introduzida. A química ácido-base, que é o ponto central para o entendimento de muitas reações orgânicas, é revisada. Veremos como a estrutura de uma molécula afeta a própria acidez, e como esta, em uma solução, influi na estrutura molecular.

Para discutir substâncias orgânicas, é necessário nomeá-las e, ao ler ou ouvir um nome, visualizar a respectiva estrutura. No **Capítulo 2**, aprenderemos como nomear cinco classes diferentes de substâncias orgânicas. Isso nos dará amplo entendimento das regras básicas utilizadas para nomear substâncias. Como as substâncias examinadas neste capítulo são reagentes ou produtos de muitas reações apresentadas nos próximos dez capítulos, teremos a oportunidade de rever a nomenclatura dessas substâncias no decorrer deste livro. As estruturas e propriedades físicas das substâncias serão comparadas e contrastadas, o que permite que o aprendizado sobre elas seja mais fácil do que se tais substâncias fossem apresentadas separadamente. Como a química orgânica é o estudo de substâncias que contêm carbono, a última parte do Capítulo 2 discute o arranjo espacial dos átomos em cadeias e anéis de átomos de carbono.

Capítulo 1
Estrutura eletrônica e ligação
• Ácidos e bases

Capítulo 2
Introdução a substâncias orgânicas: nomenclatura, propriedades físicas e representação da estrutura

1 Estrutura eletrônica e ligação • Ácidos e bases

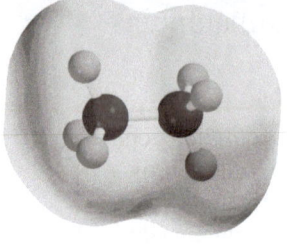
etano

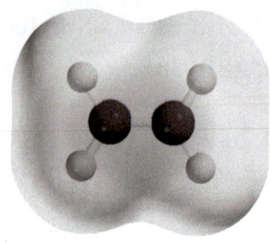
eteno

etino

Para se manterem vivos, desde cedo os seres humanos têm de ser capazes de distinguir entre dois tipos de materiais em seu mundo. "Você pode manter-se de raízes e grãos", alguém deve ter dito, "mas você não pode viver na sujeira. Você pode ficar aquecido queimando galhos de árvore, mas você não pode queimar pedras."

Por volta do século XVIII, os cientistas pensaram ter entendido a essência dessa diferença, e, em 1807, Jöns Jakob Berzelius deu nome aos dois tipos de materiais. Acreditava-se que substâncias derivadas de organismos vivos continham uma força vital imensurável — a essência da vida. Estas foram denominadas "orgânicas". Substâncias derivadas de minerais — e as quais faltava essa força vital — eram "inorgânicas".

Como os químicos não podem criar vida no laboratório, presumiram que não podiam criar substâncias com força vital. Com esse pensamento, pode-se imaginar como os químicos ficaram surpresos em 1828, quando Friedrich Wöhler produziu uréia — uma substância conhecidamente excretada pelos mamíferos — pelo aquecimento de cianato de amônio, um mineral inorgânico.

Jöns Jakob Berzelius (1779–1848) *não apenas inventou os termos "orgânico" e "inorgânico", como também o sistema de símbolos químicos utilizado até hoje. Ele publicou a primeira lista de pesos atômicos precisos e apresentou o conceito de que átomos carregam carga elétrica. Ele purificou ou descobriu os elementos cério, tório, titânio e zircônio.*

O químico alemão **Friedrich Wöhler (1800–1882)** *começou sua vida profissional como físico e depois se tornou professor de química na Universidade de Göttingen. Wöhler confirmou a descoberta de que duas substâncias químicas diferentes podem ter a mesma fórmula molecular. Também desenvolveu métodos de purificação do alumínio — o metal mais caro no mundo naquela época — e do berílio.*

$\overset{+}{NH_4} \overset{-}{OCN}$ cianato de amônio $\xrightarrow{\text{aquecimento}}$ $H_2N-\underset{\text{uréia}}{\overset{\overset{\displaystyle O}{\|}}{C}}-NH_2$

Pela primeira vez, uma substância "orgânica" tinha sido obtida de algo diferente de um organismo vivo e certamente sem a ajuda de nenhum tipo de força vital. Evidentemente, os químicos precisavam de uma nova definição para "substâncias orgânicas". **Substâncias orgânicas** foram assim definidas como *substâncias que contêm átomos de carbono.*

Por que uma ramificação inteira da química dedica-se ao estudo de substâncias que contêm carbonos? A química orgânica é estudada porque quase todas as moléculas que tornam a vida possível — proteínas, enzimas, vitaminas, lipídeos, carboidratos e ácidos nucléicos — contêm carbono; assim, reações químicas que ocorrem em sistemas vivos, incluindo o nosso próprio corpo, são reações orgânicas. A maioria das substâncias encontradas na natureza — aquelas que utilizamos para comida, medicamentos, roupas (algodão, lã, seda) e energia (gás natural, petróleo) — são igualmente orgânicas. Substâncias orgânicas importantes não são, entretanto, limitadas àquelas que encontramos na natureza. Os químicos têm adquirido conhecimento para sintetizar milhões de substâncias orgânicas nunca encontradas na natureza, incluindo tecidos sintéticos, plásticos, borracha sintética, medicamentos e até objetos como filme fotográfico e supercolas. Muitas das substâncias orgânicas previnem a escassez de produtos naturais. Por exemplo, estima-se que, se materiais sintéticos não estivessem disponíveis para roupas, todas as terras cultiváveis nos Estados Unidos teriam de ser usadas para a produção de algodão e lã somente para produzir matéria-prima suficiente para vestuário. Atualmente, há em torno de 16 milhões de substâncias orgânicas conhecidas, e muitas mais são possíveis.

O que torna o carbono tão especial? Por que há tantas substâncias que contêm carbono? A resposta está na posição do carbono na tabela periódica. O carbono está no centro do segundo período dos elementos. Os átomos à esquerda do carbono têm a tendência de doar elétrons, enquanto os átomos à direita têm a tendência de receber elétrons (Seção 1.3).

segundo período da tabela periódica

Como o carbono está no meio, ele não libera nem aceita elétrons prontamente, mas pode compartilhar elétrons com outros átomos. Conseqüentemente, o carbono é capaz de formar milhões de substâncias estáveis, com grande variedade de propriedades, simplesmente pelo compartilhamento de elétrons.

Quando estudamos química orgânica, avaliamos como substâncias orgânicas reagem. Quando uma substância orgânica reage, alguma ligação antiga se rompe e uma nova se forma. Ligações se formam quando dois átomos compartilham elétrons, e ligações se rompem quando dois átomos não mais compartilham elétrons. A facilidade com que uma ligação se forma ou se rompe depende em particular dos elétrons que são compartilhados, o que, por sua vez, depende dos átomos aos quais os elétrons pertencem. Portanto, se vamos estudar química orgânica do início, precisamos começar com um entendimento da estrutura de um átomo — quais elétrons um átomo tem e onde eles estão situados.

1.1 Estrutura de um átomo

Um átomo consiste de um núcleo pequeno e denso, rodeado por elétrons que são distribuídos por um volume espacial relativamente grande em volta do núcleo. O núcleo contém prótons carregados positivamente e nêutrons neutros, então ele é carregado positivamente. Como a quantidade de carga positiva em um próton é igual à quantidade de carga negativa em um elétron, um átomo neutro tem o mesmo número de prótons e elétrons. Átomos podem ganhar elétrons e tornarem-se carregados negativamente, ou podem perder elétrons para se tornarem carregados positivamente. Entretanto, o número de prótons em um átomo não muda.

Prótons e nêutrons têm aproximadamente a mesma massa e são aproximadamente 1.800 vezes mais pesados que um elétron. Isso significa que a maior parte da massa de um átomo está em seu núcleo. Porém, a maior parte do *volume* de um átomo é ocupada por seus elétrons, e nestes estará nosso foco, porque são os elétrons que formam as ligações químicas.

O **número atômico** de um átomo é igual ao número de prótons em seu núcleo. O número atômico é também o número de elétrons que rodeiam o núcleo de um átomo neutro. Por exemplo, o número atômico do carbono é 6, o que significa que um carbono neutro tem seis prótons e seis elétrons. Como o número de prótons em um átomo não muda, o número atômico de um elemento específico é sempre o mesmo — todos os carbonos têm o número atômico 6.

O **número de massa** de um átomo é a *soma* de seus prótons e nêutrons. Nem todos os carbonos têm o mesmo número de massa porque, apesar de todos terem o mesmo número de prótons, eles não têm o mesmo número de nêutrons. Por exemplo, 98,89% dos carbonos de ocorrência natural têm seis nêutrons — dando a eles número de massa 12 — e 1,11% tem sete nêutrons — dando a eles número de massa 13. Esses dois tipos diferentes de átomo de carbono (^{12}C e ^{13}C) são chamados **isótopos**. Isótopos têm o mesmo número atômico (isto é, mesmo número de prótons), mas diferente número de massa porque diferem no número de nêutrons. As propriedades químicas dos isótopos de determinado elemento são quase idênticas.

Carbonos que ocorrem na natureza também contêm quantidades mínimas de ^{14}C, que têm seis prótons e oito nêutrons. Esse isótopo do carbono é radioativo, decaindo com meia-vida de 5.730 anos. (A meia-vida é o tempo que a metade de um núcleo leva para decair.) Enquanto uma planta ou animal estão vivos, absorvem mais ^{14}C do que é excretado ou exalado. Quando morrem, não mais absorvem ^{14}C,

Louis Victor Pierre Raymond duc Broglie (1892–1987) *nasceu na França e estudou História na Sorbonne. Durante a Primeira Guerra Mundial, ele estava alojado na Torre Eiffel como engenheiro eletrônico. Intrigado pelo seu talento para a área de comunicação por rádio, retornou à escola depois da guerra, tornou-se PhD em física e lecionou teoria da física na Faculdade de Ciências na Sorbonne. Recebeu o Prêmio Nobel em física em 1929, cinco anos depois de sua graduação, pelo trabalho que mostrou que os elétrons têm propriedades tanto de partículas quanto de ondas. Em 1945, tornou-se consultor da French Atomic Energy Commissariat.*

que vai diminuindo no organismo lentamente. Por isso, a idade de uma substância orgânica pode ser determinada de acordo com a quantidade de ^{14}C que possui.

O **peso atômico** de um elemento de ocorrência natural é a média da massa atômica de seus átomos. Como uma *unidade de massa atômica (uma)* é definida como exatamente 1/12 da massa de ^{12}C, a massa atômica de ^{12}C é 12,0000 uma, a massa atômica do ^{13}C é 13,0034 uma. Portanto o peso atômico do carbono é 12,011 uma (0,9889 × 12,0000 + 0,0111 × 13,0034 = 12,011). O **peso molecular** é a soma dos pesos atômicos de todos os átomos da molécula.

> **PROBLEMA 1♦**
>
> O oxigênio tem três isótopos com número de massas 16, 17 e 18. O número atômico do oxigênio é 8. Quantos prótons e nêutrons cada um dos isótopos tem?

1.2 Distribuição de elétrons em um átomo

Erwin Schrödinger (1887–1961) *estava lecionando física na Universidade de Berlim quando Hitler subiu ao poder. Apesar de não ser judeu, Schrödinger deixou a Alemanha para retornar a sua Áustria — e a viu ser tomada pelos nazistas. Mudou-se para a School for Advanced Studies em Dublin e posteriormente para a Universidade de Oxford. Em 1933, dividiu o Prêmio Nobel em física com Paul Dirac, um professor de física da Universidade de Cambridge, pelo trabalho matemático em mecânica quântica.*

Um orbital nos indica a energia do elétron e a região do espaço em torno do núcleo onde um elétron é mais provavelmente encontrado.

Quanto mais próximo o orbital está do núcleo, menor é sua energia.

Os elétrons estão em contínuo movimento. Como tudo que se move, os elétrons têm energia cinética, que repele a força atrativa da carga positiva dos prótons; do contrário, puxariam a carga negativa do elétron para dentro do núcleo. Por muito tempo, os elétrons foram considerados partículas — "planetas" infinitesimais orbitando o núcleo de um átomo. Em 1924, entretanto, um físico francês chamado Louis de Broglie mostrou que os elétrons também tinham propriedades como as ondas. Fez isso combinando a fórmula desenvolvida por Einstein, que relaciona massa a energia, com a fórmula desenvolvida por Planck, que relaciona freqüência a energia. A verificação de que os elétrons tinham propriedades de ondas estimulou os físicos a sugerir um conceito matemático conhecido como mecânica quântica.

A **mecânica quântica** usa as mesmas equações matemáticas que descrevem o movimento da onda de uma corda de guitarra para caracterizar o movimento de um elétron em torno do núcleo. A versão mais aplicável da mecânica quântica para os químicos foi proposta por Erwin Schrödinger em 1926. De acordo com Schrödinger, o comportamento de cada elétron em um átomo ou molécula pode ser descrito por uma **equação de onda**. As soluções para a equação de Schrödinger são chamadas **funções de onda** ou **orbitais**. Elas nos revelam a *energia* de um elétron e a *região do espaço* em torno do núcleo onde é mais provável se encontrar um elétron.

De acordo com a mecânica quântica, o elétron em um átomo pode ser encontrado nas camadas concêntricas que rodeiam os núcleos. A primeira camada é a mais próxima do núcleo. A segunda fica longe do núcleo, e mais longe ficam a terceira camada e as de números maiores. Cada camada contém subcamadas conhecidas como **orbitais atômicos**. Cada orbital atômico tem forma e energia características e ocupa uma região característica no espaço, que é prevista pela equação de Schrödinger. Um ponto importante de se lembrar é que *quanto mais perto o orbital atômico está do núcleo, menor é sua energia*.

A primeira camada consiste apenas em um orbital atômico *s*; a segunda camada é formada pelos orbitais atômicos *s* e *p*; a terceira é composta dos orbitais atômicos *s*, *p* e *d*, e a quarta e outras camadas maiores são formadas dos orbitais atômicos *s*, *p*, *d* e *f* (Tabela 1.1).

Cada camada contém um orbital atômico *s*. A segunda e as camadas maiores — em adição aos seus orbitais *s* — contêm cada três orbitais atômicos *p degenerados*. **Orbitais degenerados** são os que têm a mesma energia. A terceira e quarta camadas — em adição aos seus orbitais atômicos *s* e *p* — também contêm cinco orbitais atômicos *d* degenerados, e a quarta e camadas maiores contêm sete orbitais atômicos *f* degenerados. Como podem co-existir no máximo dois elétrons em um orbital atômico (ver princípio da exclusão de Pauli a seguir), a primeira camada, com apenas um orbital atômico, não pode conter mais que dois elétrons. A segunda camada, com quatro orbitais atômicos — um *s* e três *p* — pode ter um total de oito elétrons. Dezoito elétrons podem habitar os nove orbitais atômicos —

um *s*, três *p* e cinco *d* — da terceira camada, e 32 elétrons podem ocupar os 16 orbitais atômicos da quarta camada. Ao estudar química orgânica, vamos nos preocupar primeiro com os átomos que têm elétrons apenas na primeira e na segunda camadas.

Albert Einstein

Albert Einstein (1879–1955) nasceu na Alemanha. Quando estava no Ensino Médio, os negócios de seu pai faliram e sua família mudou-se para Milão, Itália. Contudo, Einstein teve de ficar, porque a lei exigia o serviço militar após o término do Ensino Médio. Einstein queria se juntar à sua família na Itália. Seu professor de matemática escreveu uma carta dizendo que ele corria o risco de ter um colapso nervoso sem sua família e que também nada fora efetuado para dar continuidade a seus estudos. Conseqüentemente, Einstein foi convidado a sair da escola em razão de seu comportamento perturbado. Dizem que ele saiu por causa das más notas em latim e grego, mas suas notas nessas matérias eram boas.

Einstein estava visitando os Estados Unidos quando Hitler chegou ao poder. Ele aceitou uma posição no Institute for Advanced Study em Princeton e se tornou um cidadão americano em 1940. Apesar de ter sido pacifista por toda a vida, escreveu uma carta para o presidente Roosevelt alertando sobre o avanço ameaçador da pesquisa nuclear alemã. Isso levou à criação do Projeto Manhattan, que desenvolveu as bombas atômicas testadas no Novo México em 1945.

Tabela 1.1 Distribuição dos elétrons nas quatro primeiras camadas que rodeiam o núcleo

	Primeira camada	Segunda camada	Terceira camada	Quarta camada
Orbital atômico	*s*	*s, p*	*s, p, d*	*s, p, d, f*
Número de orbitais atômicos	1	1, 3	1, 3, 5	1, 3, 5, 7
Número máximo de elétrons	2	8	18	32

Max Karl Ernst Ludwing Planck

Max Planck (1858–1947) nasceu na Alemanha, filho de um professor de direito civil. Lecionou nas Universidades de Munique (1880–1889) e de Berlim (1889–1926). Duas de suas filhas morreram no parto e um de seus filhos foi morto em ação durante a Primeira Guerra Mundial. Em 1918, Planck recebeu o Prêmio Nobel de física pelo desenvolvimento da teoria do *quantum*. Tornou-se presidente da Kaiser Wilhelm Society of Berlin — depois nomeada Max Planck Society — em 1930. Planck percebeu que era seu dever permanecer na Alemanha durante a era nazista, mas nunca suportou o regime nazista. Desafortunadamente intercedeu com Hitler em nome de seus colegas judeus e, como conseqüência, foi forçado a deixar a presidência da Kaiser Wilhelm Society em 1937. Um segundo filho foi acusado de participar de um plano para matar Hitler e foi executado. Planck perdeu sua casa em ataques com bombas aliadas. Foi salvo pelas Forças Aliadas durante os dias que antecederam o fim da guerra.

A **configuração eletrônica no estado fundamental** de um átomo descreve o orbital ocupado pelos seus elétrons quando eles estão em orbitais disponíveis com menor energia. Se energia é dada ao átomo no estado fundamental, um ou mais elétrons podem passar para orbitais de maior energia. O átomo poderá estar em uma **configuração eletrônica no estado excitado**. A configuração eletrônica no estado fundamental de onze átomos pequenos é mostrada na Tabela 1.2. (Cada seta — quando aponta para cima ou para baixo — representa um elétron.) Os princípios a seguir são usados para determinar que orbitais os elétrons ocupam:

6 QUÍMICA ORGÂNICA

Quando adolescente, o austríaco **Wolfgang Pauli (1900–1958)** *escreveu artigos sobre relatividade que chamaram a atenção de Albert Einstein. Pauli foi lecionar física na Universidade de Hamburg e no Zurich Institute of Technology. Quando acabou a Segunda Guerra Mundial, ele imigrou para os Estados Unidos, onde integrou o Institute for Advanced Study em Princeton.*

Tutorial Gallery: Elétrons nos orbitais
www

Friedrich Hermann Hund (1896–1997) *nasceu na Alemanha. Foi professor de física em várias universidades alemãs, sendo a última a Universidade de Göttingen. Durante um ano foi professor visitante na Universidade de Harvard. Em fevereiro de 1996, a Universidade de Göttingen fez um simpósio em homenagem a seu centésimo aniversário.*

1. O **princípio aufbau** (*aufbau* é o termo em alemão para "construção") nos diz a primeira coisa que precisamos saber para conseguirmos determinar os elétrons para os vários orbitais atômicos. De acordo com esse princípio, um elétron sempre vai para um orbital disponível de menor energia. As energias relativas dos orbitais atômicos são as seguintes:

    $1s < 2s < 2p < 3s < 3p < 4s < 3d < 4p < 5s < 4d < 5p < 6s < 4f < 5d < 6p < 7s < 5f$

    Como o orbital atômico $1s$ está mais perto do núcleo, ele é menor em energia que o orbital atômico $2s$, que é menor em energia — e está mais próximo do núcleo — que o orbital atômico $3s$. Comparando orbitais atômicos do mesmo nível, observamos que o orbital atômico s é menor em energia que o orbital p, e o orbital atômico p é menor em energia que o orbital atômico d.

2. O **princípio da exclusão de Pauli** estipula que (a) não mais que dois elétrons podem ocupar cada orbital, e (b) os dois elétrons têm que ter spins opostos. Isso é chamado de princípio de exclusão porque determina que somente assim alguns elétrons podem ocupar toda a camada particular. Note na Tabela 1.2 que o spin em uma direção é designado por uma seta apontada para cima, e o spin na posição oposta, por uma seta apontada para baixo.
   A partir dessas duas regras, podemos designar os elétrons para orbitais atômicos que contêm um, dois, três, quatro ou cinco elétrons. O único elétron do átomo de hidrogênio ocupa um orbital atômico $1s$; o segundo elétron do átomo hélio completa o orbital atômico $1s$; o terceiro elétron do átomo lítio ocupa o orbital atômico $2s$; o quarto elétron do átomo berílio completa o orbital atômico $2s$. (A subscrição x, y e z distingue os três orbitais atômicos $2p$.) Como os três orbitais p são degenerados, o elétron pode ser posto em qualquer um deles. Antes de continuarmos com átomos maiores — aqueles que contêm seis ou mais elétrons — precisamos da regra de Hund.

3. A **regra de Hund** determina que, quando há orbitais degenerados — dois ou mais orbitais com a mesma energia —, um elétron vai ocupar um orbital vazio antes de ser emparelhado com outro elétron. Dessa maneira, a repulsão dos elétrons é minimizada. O sexto elétron de um átomo de carbono, portanto, vai para um orbital $2p$ vazio, em vez de emparelhar com um elétron já ocupando um orbital atômico $2p$. (Ver Tabela 1.2.) O sétimo elétron do átomo de nitrogênio vai para um orbital atômico $2p$ vazio, e o oitavo elétron de um átomo de oxigênio emparelha com um elétron ocupando um orbital atômico $2p$ em vez de ir para o orbital atômico $3s$ de maior energia.

Usando estas três regras, a localização dos elétrons dos elementos restantes pode ser designada.

PROBLEMA 2♦

O potássio tem número atômico 19 e um elétron desemparelhado. Qual orbital o elétron desemparelhado ocupa?

PROBLEMA 3♦

Escreva a configuração eletrônica para cloro (número atômico 17), bromo (número atômico 35) e iodo (número atômico 53).

Tabela 1.2 Configuração no estado fundamental de átomos pequenos

Átomo	Nome do elemento	Número atômico	1s	2s	$2p_x$	$2p_y$	$2p_z$	3s
H	Hidrogênio	1	↑					
He	Hélio	2	↑↓					
Li	Lítio	3	↑↓	↑				
Be	Berílio	4	↑↓	↑↓				
B	Boro	5	↑↓	↑↓	↑			
C	Carbono	6	↑↓	↑↓	↑	↑		
N	Nitrogênio	7	↑↓	↑↓	↑	↑	↑	
O	Oxigênio	8	↑↓	↑↓	↑↓	↑	↑	
F	Flúor	9	↑↓	↑↓	↑↓	↑↓	↑	
Ne	Neônio	10	↑↓	↑↓	↑↓	↑↓	↑↓	
Na	Sódio	11	↑↓	↑↓	↑↓	↑↓	↑↓	↑

1.3 Ligações iônica, covalente e polar

Tentando explicar por que os átomos formam ligações, G. N. Lewis propôs que *um átomo é mais estável se sua camada de valência for completa ou contiver oito elétrons e não tiver elétrons de maior energia*. De acordo com a teoria de Lewis, um átomo libera, aceita ou compartilha elétrons para alcançar a camada de valência completa ou uma camada de valência que contém oito elétrons. Essa teoria começou a ser chamada de **regra do octeto**.

O lítio (Li) tem um único elétron em seu orbital atômico 2s. Se ele perde este elétron, o átomo de lítio termina com a sua camada de valência completa — uma configuração estável. Remover um elétron de um átomo requer energia — chamada **energia de ionização**. O lítio tem energia de ionização relativamente baixa — a fim de alcançar uma camada de valência completa sem elétrons de maior energia, fazendo com que ela perca um elétron mais facilmente. O sódio (Na) tem um único elétron em seu orbital atômico 3s. Conseqüentemente, também tem energia de ionização relativamente baixa porque, quando perde um elétron, ele fica com a camada de valência com oito elétrons. Elementos (como lítio e sódio) que têm baixa energia de ionização são chamados **eletropositivos** — perdem elétrons e, em conseqüência, tornam-se cargas positivas. Os elementos da primeira coluna da tabela periódica são todos eletropositivos — cada um perde rapidamente um elétron porque têm um único elétron em sua última camada.

Elétrons em camadas internas (aquelas abaixo da última camada) são chamados **elétrons coração**. Elétrons coração não participam da ligação química. Elétrons da última camada são chamados **elétrons de valência**, e a última camada é chamada camada de valência. O carbono, por exemplo, tem dois elétrons coração e quatro elétrons de valência (Tabela 1.2).

Lítio e sódio têm um elétron de valência. Elementos da mesma coluna da tabela periódica têm o mesmo número de elétrons de valência; como o número de elétrons de valência é o fator majoritário para determinar as propriedades químicas de certo elemento, os que estiverem na mesma coluna da tabela periódica têm propriedades químicas semelhantes. Dessa maneira, o comportamento químico de um elemento depende da sua configuração eletrônica.

PROBLEMA 4

Compare a configuração eletrônica no estado fundamental dos seguintes átomos e confira a posição relativa dos átomos na Tabela 1.3 na página 10.

a. carbono e silício
b. oxigênio e enxofre
c. flúor e bromo
d. magnésio e cálcio

Quando desenhamos os elétrons em torno do átomo, como nas equações a seguir, elétrons coração não são mostrados, isso ocorre apenas com os elétrons de valência. Cada elétron de valência é apresentado como um ponto. Note que, quando o único elétron de valência do lítio ou do sódio é removido, o átomo resultante — agora chamado íon — carrega uma carga positiva.

$$Li\cdot \longrightarrow Li^+ + e^-$$
$$Na\cdot \longrightarrow Na^+ + e^-$$

O flúor tem sete elétrons de valência (Tabela 1.2). Como conseqüência, recebe rapidamente um elétron para ter a sua última camada com oito elétrons. Quando um átomo recebe um elétron, é liberada energia. Elementos da mesma coluna do flúor (por exemplo, cloro, bromo e iodo) também precisam de apenas um elétron para que sua última camada tenha oito elétrons, de modo que recebem prontamente um elétron. Elementos que recebem um elétron de maneira rápida são chamados **eletronegativos** — recebem um elétron facilmente e por isso se tornam carregados negativamente.

$$:\ddot{F}\cdot + e^- \longrightarrow :\ddot{F}:^-$$
$$:\ddot{C}l\cdot + e^- \longrightarrow :\ddot{C}l:^-$$

Ligações iônicas

Como o sódio libera e o cloro recebe um elétron facilmente, quando sódio metálico e gás cloro são misturados, cada átomo de sódio transfere um elétron para o átomo de cloro, e cloreto de sódio cristalino (sal de mesa) é formado como resultado. A carga positiva dos íons sódio e a carga negativa dos íons cloro são espécies independentes que se juntam pela atração das cargas opostas (Figura 1.1). Uma **ligação** é a força atrativa entre dois átomos. Forças atrativas entre cargas opostas são chamadas **atrações eletrostáticas**. Uma **ligação** que é o resultado de apenas atrações eletrostáticas é chamada de ligação iônica. Dessa forma, uma **ligação iônica** é produzida ao ocorrer *transferência de elétrons*, induzindo um átomo a se tornar um íon carregado positivamente e o outro a se tornar um íon carregado negativamente.

**Molecule Gallery:
Rede de cloreto de sódio**
www

Figura 1.1
(a) Cloreto de sódio cristalino.
(b) Os íons cloreto ricos em elétrons são vermelhos e os íons sódio pobres em elétrons são azuis. Cada íon cloreto é rodeado por seis íons sódio, e cada íon sódio é rodeado por seis íons cloreto. Ignore as "ligações" que mantêm as bolas unidas; estão lá apenas para manter o modelo sem destruí-lo. (Veja a figura em cores no encarte colorido.)

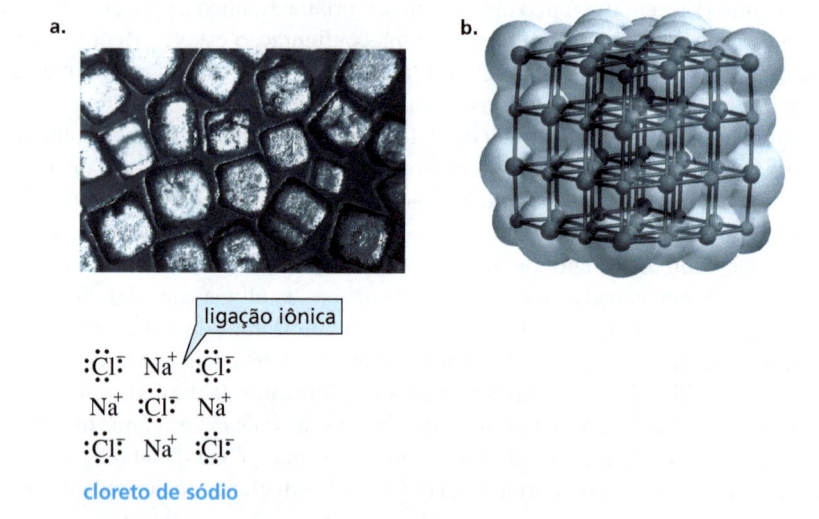

a.

b.

ligação iônica

:Cl:⁻ Na⁺ :Cl:⁻
Na⁺ :Cl:⁻ Na⁺
:Cl:⁻ Na⁺ :Cl:⁻

cloreto de sódio

O cloreto de sódio é um exemplo de substância iônica. **Substâncias iônicas** são formadas quando um elemento do lado esquerdo da tabela periódica (um elemento eletropositivo) transfere um ou mais elétrons para um elemento do lado direito da tabela periódica (elementos eletronegativos).

Ligações covalentes

Em vez de liberar ou receber um elétron, um átomo pode alcançar uma camada completa pelo compartilhamento de elétrons. Por exemplo, dois átomos de flúor podem cada um completar sua camada de oito elétrons pelo compartilhamento de elétrons de valência desemparelhados. A ligação formada como resultado do *compartilhamento de elétrons* é chamada **ligação covalente**.

ligação covalente

$$:\ddot{F}\cdot + \cdot\ddot{F}: \longrightarrow :\ddot{F}\!:\!\ddot{F}:$$

Dois átomos de hidrogênio podem formar uma ligação covalente pelo compartilhamento de elétrons. Como resultado da ligação covalente, cada átomo adquire estabilidade, completando sua última camada (com dois elétrons).

$$H\cdot \; + \; \cdot H \longrightarrow H:H$$

Da mesma forma, hidrogênio e cloro podem formar uma ligação covalente pelo compartilhamento de elétrons. Fazendo isso, o hidrogênio completa sua única camada, e o cloro atinge uma camada de valência de oito elétrons.

$$H\cdot \; + \; \cdot \ddot{\underset{..}{Cl}}: \longrightarrow H:\ddot{\underset{..}{Cl}}:$$

Um átomo de hidrogênio pode alcançar uma camada completamente vazia pela perda de um elétron. Essa perda resulta em um **íon hidrogênio** carregado positivamente. Um íon hidrogênio carregado positivamente é chamado **próton** porque o átomo de hidrogênio, ao perder seu elétron de valência, mantém apenas o núcleo do hidrogênio — que consiste de um único próton. Um átomo de hidrogênio pode alcançar sua última camada completa ganhando um elétron, formando, assim, um íon hidrogênio carregado negativamente, chamado **íon hidreto**.

$$H\cdot \longrightarrow H^+ \; + \; e^-$$
átomo hidrogênio   próton

$$H\cdot \; + \; e^- \longrightarrow H:^-$$
átomo hidrogênio   íon hidreto

Como o oxigênio tem seis elétrons de valência, ele precisa formar duas ligações covalentes para completar sua última camada com oito elétrons. O nitrogênio, com cinco elétrons de valência, precisa formar três ligações covalentes, e o carbono, com quatro elétrons de valência, precisa formar quatro ligações covalentes para completar sua última camada. Observe que todos os átomos em água, amônia e metano têm as respectivas últimas camadas completas.

$$2\,H\cdot \; + \; \cdot \ddot{\underset{..}{O}}: \longrightarrow H:\underset{\overset{|}{H}}{\ddot{\underset{..}{O}}}:$$
água

$$3\,H\cdot \; + \; \cdot \ddot{N}\cdot \longrightarrow H:\underset{\overset{|}{H}}{\ddot{N}}:H$$
amônia

$$4\,H\cdot \; + \; \cdot \ddot{C}\cdot \longrightarrow \overset{H}{\underset{H}{H:\ddot{C}:H}}$$
metano

Ligação covalente polar

Nas ligações covalentes F—F e H—H mostradas anteriormente, os átomos que compartilham os elétrons ligantes são idênticos. Entretanto, eles compartilham os elétrons igualmente; isto é, cada elétron passa tanto tempo na vizinhança de um átomo quanto na do outro, resultando em uma distribuição (apolar) regular de cargas. Tal ligação é chamada **ligação covalente apolar**.

Por outro lado, os elétrons ligantes no cloreto de hidrogênio, na água e na amônia são mais atraídos para um átomo do que para o outro porque os átomos que compartilham elétrons nessas moléculas são diferentes e têm eletronegatividades diferentes. **Eletronegatividade** é a tendência que um átomo tem de atrair para si elétrons que estão sendo compartilhados. Os elétrons compartilhados no cloreto de hidrogênio, na água e na amônia são mais atraídos para o átomo com a maior eletronegatividade. Isso resulta em uma distribuição polar de cargas. **Ligação covalente polar** é a ligação entre átomos de eletronegatividades diferentes. As eletronegatividades de alguns elementos são mostradas na Tabela 1.3. Observe que a eletronegatividade aumenta quando se vai da esquerda para a direita por um período da tabela periódica ou de baixo para cima em uma coluna.

Escultura de bronze de **Albert Einstein** *nos jardins da National Academy of Sciences em Washington, DC. A estátua mede 6,4 metros do topo da cabeça até a ponta dos pés e pesa 3,17 toneladas. Na mão esquerda, Einstein segura a equação matemática que representa suas três mais importantes contribuições para a ciência: o efeito fotoelétrico, a equivalência de energia e matéria, e a teoria da relatividade. A seus pés, o mapa do céu.*

QUÍMICA ORGÂNICA

Uma ligação covalente polar tem pequena carga positiva em um lado e pequena carga negativa em outro. Polaridade em uma ligação covalente é indicada pelos símbolos $\delta+$ e $\delta-$, que denotam carga parcial positiva e negativa, respectivamente. A extremidade negativa de uma ligação é a que tem o átomo mais eletronegativo. Quanto maior a diferença de eletronegatividade entre os átomos ligados, mais polar será a ligação.

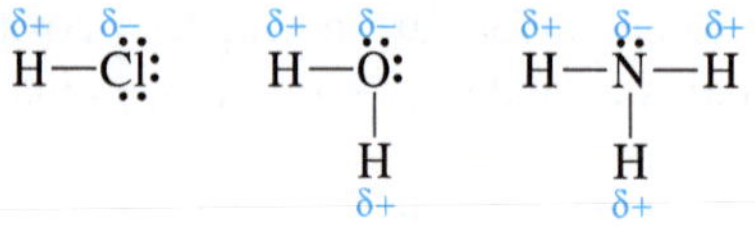

$$\overset{\delta+}{H}-\overset{\delta-}{\underset{..}{\overset{..}{Cl}}}: \qquad \overset{\delta+}{H}-\overset{\delta-}{\underset{\underset{\delta+}{H}}{\overset{..}{O}}}: \qquad \overset{\delta+}{H}-\overset{\delta-}{\underset{\underset{\delta+}{H}}{N}}-\overset{\delta+}{H}$$

A direção da ligação pode ser indicada por uma seta. Por convenção, a seta aponta na direção em que os elétrons são atraídos; portanto, a cabeça da seta está na extremidade negativa da ligação. Uma pequena linha perpendicular perto do final da seta marca a extremidade positiva da ligação.

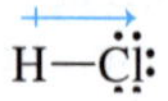

$$H-\underset{..}{\overset{..}{Cl}}:$$

Podemos pensar em ligações iônicas e ligações covalentes apolares como posicionadas em finais opostos de certa seqüência de tipos de ligações. Uma ligação iônica não envolve compartilhamento de elétrons. Uma ligação covalente apolar envolve compartilhamento equivalente. Ligações covalentes polares estão em algum ponto entre as duas, e quanto maior a diferença de eletronegatividade entre os átomos que formam a ligação, mais perto a ligação está do final iônico da seqüência. Ligações C—H são relativamente apolares, porque carbono e hidrogênio têm eletronegatividades semelhantes (diferença de eletronegatividade = 0,4; ver Tabela 1.3). Ligações N—H são relativamente polares (diferença de eletronegatividade = 0,9), mas não tão polares quanto ligações O—H (diferença de eletronegatividade = 1,4). A ligação entre íons sódio e cloreto está perto do final iônico da seqüência (diferença de eletronegatividade = 2,1), porém o cloreto de sódio não é tão iônico quanto o fluoreto de potássio (diferença de eletronegatividade = 3,2).

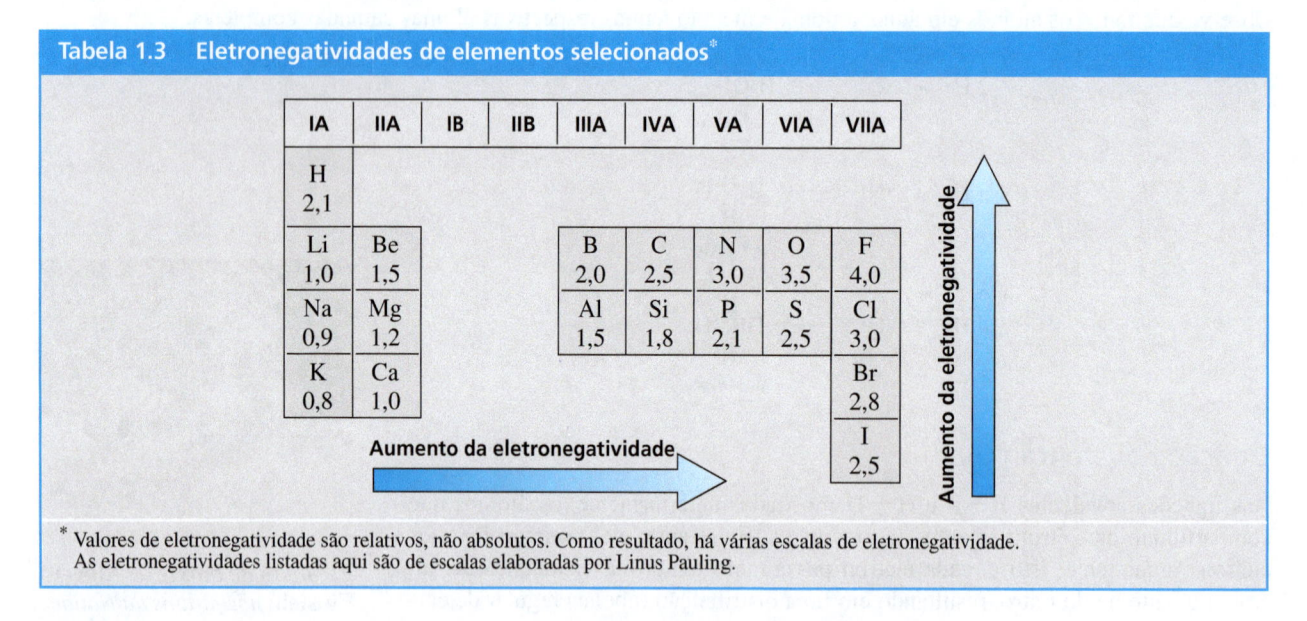

Tabela 1.3 Eletronegatividades de elementos selecionados*

IA	IIA	IB	IIB	IIIA	IVA	VA	VIA	VIIA
H 2,1								
Li 1,0	Be 1,5			B 2,0	C 2,5	N 3,0	O 3,5	F 4,0
Na 0,9	Mg 1,2			Al 1,5	Si 1,8	P 2,1	S 2,5	Cl 3,0
K 0,8	Ca 1,0							Br 2,8
								I 2,5

Aumento da eletronegatividade →
Aumento da eletronegatividade ↑

* Valores de eletronegatividade são relativos, não absolutos. Como resultado, há várias escalas de eletronegatividade. As eletronegatividades listadas aqui são de escalas elaboradas por Linus Pauling.

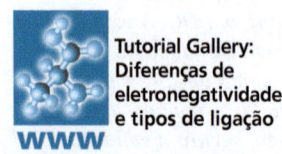

Tutorial Gallery: Diferenças de eletronegatividade e tipos de ligação
www

seqüência de tipos de ligação

ligação iônica	ligação covalente polar	ligação covalente apolar
K^+F^- Na^+Cl^-	O—H N—H	C—H, C—C

PROBLEMA 5◆

Qual dos seguintes itens tem
a. a ligação mais polar?
  NaI   LiBr
b. a ligação menos polar?
  Cl_2 KCl

É importante entender o conceito de polaridade de ligação para entender como as reações orgânicas ocorrem, porque uma regra central que governa a reatividade das substâncias orgânicas é a de que *átomos ou moléculas ricos em elétrons são atraídos por átomos ou moléculas deficientes em elétrons*. **Mapas de potencial eletrostático** (muitas vezes simplesmente chamados mapas de potencial) são modelos que mostram como a carga é distribuída na molécula sob o mapa. Dessa forma, tais mapas mostram que tipo de atração eletrostática um átomo ou molécula tem por outro átomo ou molécula, de modo que possamos usá-los para prever reações químicas. Os mapas de potencial eletrostático para LiH, H_2 e HF são mostrados a seguir. (Veja as figuras abaixo em cores no encarte colorido.)

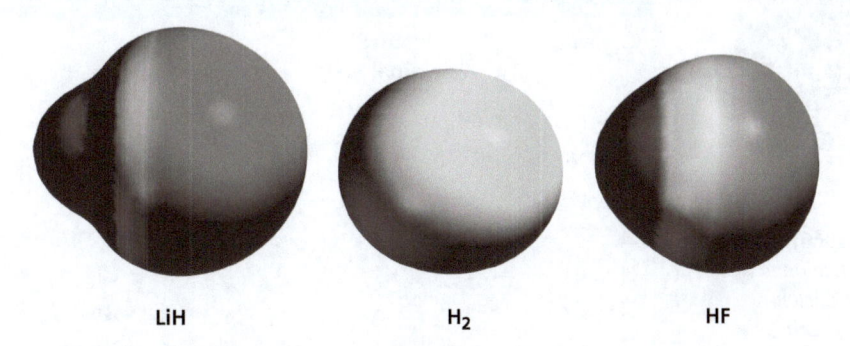

LiH H_2 HF

As cores em um mapa de potencial eletrostático indicam em que grau uma molécula, ou um átomo em uma molécula, atrai partículas carregadas. Vermelho — significa potencial eletrostático mais negativo — é usado para regiões que atraem moléculas carregadas mais positivamente; azul é usado para áreas com potencial eletrostático mais positivo, isto é, regiões que atraem mais fortemente moléculas carregadas negativamente. Outras cores indicam níveis intermediários de atração.

vermelho < laranja < amarelo < verde < azul

potencial eletrostático mais negativo   potencial eletrostático mais positivo

As cores em um mapa de potencial eletrostático também podem ser usadas para estimar a distribuição de cargas. Por exemplo, o mapa de potencial eletrostático para LiH indica que o átomo de hidrogênio é mais carregado negativamente que o átomo de lítio. Pela comparação dos três mapas, podemos dizer que o hidrogênio de LiH é mais carregado negativamente que o hidrogênio de H_2, e que o hidrogênio em HF é mais carregado positivamente que o hidrogênio em H_2.

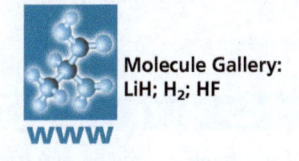

Molecule Gallery: LiH; H_2; HF

O tamanho e a forma da molécula também são determinados pelo número de elétrons na molécula e pela maneira como se movem. Como o mapa de potencial eletrostático marca aproximadamente a "borda" da nuvem eletrônica da molécula, o mapa nos diz algo sobre o tamanho relativo e a forma da molécula. Observe que determinado tipo de átomo pode ter diferentes tamanhos em diferentes moléculas. O hidrogênio carregado negativamente em LiH é maior do que o hidrogênio neutro em H_2, que, por sua vez, é maior que o hidrogênio carregado positivamente em HF.

> **PROBLEMA 6♦**
>
> Depois de observar os mapas de potencial eletrostático para LiH, HF e H_2, responda às seguintes questões:
> a. Que substâncias são polares?
> b. Por que LiH tem o maior hidrogênio?
> c. Que substâncias tem o hidrogênio mais carregado positivamente?

Uma ligação polar tem um **dipolo** — ela tem uma extremidade negativa e outra positiva. O tamanho de um dipolo é indicado pelo momento de dipolo, dado pela letra grega μ. O **momento de dipolo** de uma ligação é igual à grandeza da carga (*e*) no átomo (ou a carga parcial positiva ou a carga parcial negativa, porque elas usam a mesma grandeza) vezes a distância entre as duas cargas (*d*):

$$\text{momento de dipolo} = \mu = e \times d$$

Um momento de dipolo é descrito em uma unidade chamada **debye** (**D**) (pronuncia-se "de-bye"). Como a carga em um elétron é $4,80 \times 10^{-10}$ unidades eletrostáticas (ue) e a distância entre as cargas em uma ligação polar é na ordem

Peter Debye (1884–1966) *nasceu na Holanda. Lecionou nas universidades de Zürich (sucessor de Einstein), Leipzig e Berlim, mas retornou para sua terra natal em 1939 ao ser ordenado pelos nazistas que se tornasse cidadão alemão. Devido a uma visita a Cornell para dar uma palestra, decidiu ficar nos Estados Unidos e se tornou um cidadão norte-americano em 1946. Recebeu o Prêmio Nobel de química em 1936 pelo seu trabalho de momento de dipolo e propriedades das soluções.*

de 10^{-18} cm, o produto da carga e distância dá-se na ordem de 10^{-8} ue cm. O momento de dipolo de $1,5 \times 10^{-18}$ ue cm pode ser mais simplificado estipulando-o como 1,5 D. Os momentos de dipolo de alguns átomos mais encontrados em substâncias orgânicas estão listados na Tabela 1.4.

Tabela 1.4 Momentos de dipolo das ligações mais comumente encontradas

Ligação	Momento de dipolo (D)	Ligação	Momento de dipolo (D)
H—C	0,4	C—C	0
H—N	1,3	C—N	0,2
H—O	1,5	C—O	0,7
H—F	1,7	C—F	1,6
H—Cl	1,1	C—Cl	1,5
H—Br	0,8	C—Br	1,4
H—I	0,4	C—I	1,2

Em uma molécula com apenas uma ligação covalente, o respectivo momento de dipolo da molécula é idêntico ao momento de dipolo da ligação. Por exemplo, o momento de dipolo do cloreto de hidrogênio (HCl) é 1,1 D porque o momento de dipolo da única ligação H—Cl é 1,1 D. O momento de dipolo de uma molécula com mais de uma ligação covalente depende dos momentos de dipolo de todas as ligações na molécula e da sua geometria. Examinaremos os momentos de dipolo de moléculas com mais de uma ligação covalente na Seção 1.15 depois de termos aprendido sobre a geometria das moléculas.

PROBLEMA 7 **RESOLVIDO**

Determine a carga parcial negativa do átomo de oxigênio em uma ligação C═O. O comprimento da ligação é 1,22 Å[1] e o momento de dipolo é 2,30 D.

RESOLUÇÃO Se houvesse uma carga negativa completa no átomo de oxigênio, o momento de dipolo seria

$$(4,80 \times 10^{-10} \text{ ue}) (1,22 \times 10^{-8} \text{ cm}) = 5,86 \times 10^{-18} \text{ ue cm} = 5,86 \text{ D}$$

Sabendo que o momento de dipolo é 2,30 D, calculamos que a carga negativa parcial no oxigênio seja aproximadamente 0,4:

$$\frac{2,30}{5,86} = 0,39$$

PROBLEMA 8

Use os símbolos δ+ ou δ− para mostrar a direção da polaridade da ligação indicada em cada uma das seguintes substâncias (por exemplo, $\overset{\delta+}{H_3C}-\overset{\delta-}{OH}$).

a. HO—H
b. F—Br
c. H_3C—NH_2
d. H_3C—Cl
e. HO—Br
f. H_3C—MgBr
g. I—Cl
h. H_2N—OH

---

[1] O angstrom (Å) não é uma unidade do Sistema Internacional. Os que desejam aderir às unidades do SI podem convertê-lo em picômetros: 1 picômetro (pm) = 10^{-12} m; 1 Å = 10^{-10} m = 100 pm. Como o angstrom continua a ser usado por muitos químicos orgânicos, usaremos angstroms neste livro.

1.4 Representação da estrutura

Estruturas de Lewis

Os símbolos químicos que temos usado, nos quais os elétrons de valência são representados por pontos, são chamados **estruturas de Lewis**. Essas estruturas são úteis porque nos mostram que átomos são ligados juntos e nos deixam saber quando qualquer átomo possui *pares de elétrons livres* ou tem *carga formal*.

As estruturas de Lewis para H_2O, H_3O^+, HO^- e H_2O_2 são mostradas a seguir:

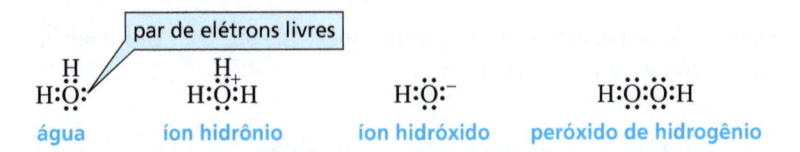

par de elétrons livres

H:Ö: H:Ö:H H:Ö:⁻ H:Ö:Ö:H
 H   H⁺
água íon hidrônio íon hidróxido peróxido de hidrogênio

Ao desenhar uma estrutura de Lewis, tenha certeza de que os átomos de hidrogênio estejam rodeados por apenas dois elétrons e que C, O, N e átomos de halogênio (F, Cl, Br, I) estejam rodeados por não mais que oito elétrons — a regra do octeto deve ser obedecida. Elétrons de valência não utilizados em ligações são chamados **elétrons não-compartilhados** ou **pares de elétrons livres**.

Uma vez que os átomos e elétrons estão no lugar, cada átomo deve ser examinado para ver quando uma carga pode ser designada para ele. Uma carga positiva ou negativa designada a um átomo é chamada *carga formal*; o átomo de oxigênio no íon hidrônio tem carga formal +1, e o átomo de oxigênio no íon hidróxido tem carga formal −1. Uma **carga formal** é a *diferença* entre o número de elétrons de valência que um átomo tem quando não está ligado a nenhum outro átomo e o número de elétrons que "possui" quando está ligado. Um átomo "possui" todos os seus pares de elétrons livres e metade de seus elétrons (compartilhados) em ligação.

Carga formal = número de elétrons de valência −
(número de elétrons livres + 1/2 do número de elétrons em ligação)

Por exemplo, um átomo de oxigênio tem seis elétrons de valência (Tabela 1.2). Na água (H_2O), o oxigênio "possui" seis elétrons (quatro elétrons livres e metade de quatro elétrons em ligação). Como o número de elétrons que ele "possui" é igual ao número de elétrons de valência (6 − 6 = 0), o átomo de oxigênio na água não tem carga formal. No íon hidrônio (H_3O^+) ele "possui" cinco elétrons: dois elétrons livres mais três (metade de seis) elétrons ligantes. Como o número de elétrons que ele "possui" é um a menos que o número de elétrons de valência (6 − 5 = 1), sua carga formal é +1. O oxigênio no íon hidróxido (HO^-) "possui" sete elétrons: seis elétrons livres mais um (metade de dois) elétron ligante. Como "possui" um elétron a mais que seus elétrons de valência (6 − 7 = −1), sua carga formal é −1. (Veja as figuras abaixo em cores no encarte colorido.)

O químico americano Gilbert Newton Lewis (1875–1946) nasceu em Weymouth, Massachusetts, e tornou-se PhD pela Harvard em 1899. Ele foi a primeira pessoa a preparar "água pesada", que tem átomos de deutério no lugar de átomos de hidrogênio usuais (D_2O versus H_2O). Em virtude de a água pesada poder ser usada como moderador de nêutrons, ela se tornou importante no desenvolvimento da bomba atômica. Lewis iniciou sua carreira como professor no Instituto de Tecnologia de Massachusetts e passou a integrar o corpo docente da Universidade da Califórnia, Berkeley, em 1912.

Animation Gallery:
Carga formal

www

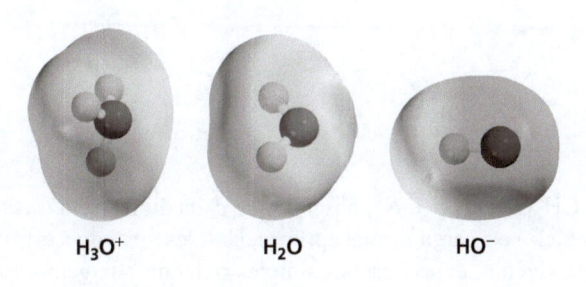

H_3O^+ H_2O HO^-

QUÍMICA ORGÂNICA

PROBLEMA 9◆

A carga formal é um dispositivo mercantil. Não indica necessariamente que o átomo tem maior ou menor densidade eletrônica que outro átomo em moléculas sem carga formal. Podemos observar isso examinando o mapa de potencial eletrostático para H_2O, H_3O^+ e HO^-.
a. Que átomo carrega a carga formal negativa no íon hidróxido?
b. Que átomo é mais negativo no íon hidróxido?
c. Que átomo carrega a carga formal positiva no íon hidrônio?
d. Que átomo é mais positivo no íon hidrônio?

Sabendo que o nitrogênio tem cinco elétrons de valência (Tabela 1.2), certifique-se de que a carga formal apropriada foi designada ao átomo de nitrogênio nas estruturas de Lewis a seguir:

     H:N̈:H   H:N̈:H⁺   H:N̈:⁻   H:N̈:N̈:H
       H   H   H   H H
  amônia   íon amônio   ânion amideto   hidrazina

O carbono tem quatro elétrons de valência. Pense por que o átomo de carbono nas estruturas de Lewis abaixo tem a carga formal indicada:

    H:C:H   H:C:H⁺   H:C:H⁻   H:C·H   H:C:C:H

metano   cátion metila   ânion metila   radical metila   etano
         um carbocátion um carbânion

Uma espécie que contém átomos de carbono carregados positivamente é chamada **carbocátion**, e uma espécie que contém carbono carregado negativamente é chamada **carbânion**. (Relembre que um *cátion* é um íon carregado positivamente e um *ânion* é um íon carregado negativamente.) Carbocátions eram formalmente chamados íons carbônios; tal termo pode ser visto em livros de química antigos. Uma espécie que contém um átomo com apenas um único elétron desemparelhado é chamada **radical** (também chamada **radical livre**). O hidrogênio tem um elétron de valência, e cada halogênio (F, Cl, Br, I) tem sete elétrons de valência, ficando as espécies a seguir com as cargas formais indicadas:

H⁺   H:⁻   H·   :B̈r:⁻   :B̈r·   :B̈r:B̈r: :C̈l:C̈l:

íon hidrogênio íon hidreto radical hidrogênio íon brometo radical bromo bromo cloro

Estudando as moléculas nesta seção, note que, quando os átomos não carregam carga formal ou elétron desemparelhado, o hidrogênio e os halogênios têm *uma* ligação covalente, o oxigênio sempre tem *duas* ligações covalentes, o nitrogênio sempre tem *três* e o carbono, *quatro*. Note que (exceto pelo hidrogênio) a soma do número de ligações e pares livres é quatro: os halogênios com uma ligação têm três pares livres; o oxigênio com duas ligações tem dois pares livres; e o nitrogênio com três ligações tem apenas um par livre. Átomos que têm mais ou menos ligações que o número necessário para um átomo neutro terão carga formal ou um elétron desemparelhado. Esses números são muito importantes para se lembrar quando estamos desenhando estruturas de substâncias orgânicas porque fornecem um método rápido para reconhecer se estamos cometendo um erro.

H—   :F̈— :C̈l—   :Ö—   —N̈—   —C̈—
          :Ï— :B̈r—
uma ligação uma ligação duas ligações três ligações quatro ligações

Nas estruturas de Lewis para CH_2O_2, HNO_3, CH_2O, CO_3^{2-} e N_2, observe que cada átomo tem o octeto completo (exceto o hidrogênio, que tem a última camada completa) e a carga formal apropriada. (Desenhando a estrutura de Lewis para a substância que tem dois ou mais átomos de oxigênio, evite ligações simples oxigênio–oxigênio. Essas são ligações fracas, e poucas substâncias as têm.)

CAPÍTULO 1 Estrutura eletrônica e ligação • Ácidos e bases | 15

$$H:\ddot{C}:\ddot{O}:H \qquad H:\ddot{O}:\overset{+}{N}:\ddot{O}:^- \qquad H:\ddot{C}:H \qquad ^-:\ddot{O}:C:\ddot{O}:^- \qquad :N::N:$$
(with :Ö: above C, N, C, C respectively)

Um par de elétrons compartilhados pode também ser mostrado como uma linha entre dois átomos. Compare as estruturas anteriores com as seguintes:

$$H-\overset{\overset{\ddot{O}}{\|}}{C}-\ddot{O}-H \qquad H-\ddot{O}-\overset{+}{N}-\ddot{O}:^- \qquad H-\overset{\overset{\ddot{O}}{\|}}{C}-H \qquad ^-:\ddot{O}-\overset{\overset{\ddot{O}}{\|}}{C}-\ddot{O}:^- \qquad :N\equiv N:$$

Suponha que lhe foi pedido que desenhasse uma estrutura de Lewis. Neste exemplo vamos usar HNO_2.

1. Determine o número total dos elétrons de valência (1 para H, 5 para N e 6 para cada O = 1 + 5 + 12 = 18).
2. Use o número de elétrons de valência para formar ligações e completar o octeto com elétrons livres.
3. Se depois que todos os elétrons tiverem sido designados algum átomo (outro que não o hidrogênio) não tiver o octeto completo, use o elétron livre para formar dupla ligação.
4. Assinale a carga formal para qualquer átomo cujo número de elétrons de valência não seja igual ao número de seus elétrons livres mais a metade de seus elétrons em ligação. (Nenhum dos átomos em HNO_2 tem carga formal.)

N não tem um octeto completo | use um par de elétrons para formar uma ligação dupla

$$H-\ddot{O}-\ddot{N}-\ddot{O}:$$

18 elétrons foram designados

ligação dupla

$$H-\ddot{O}-N=\ddot{O}:$$

pelo uso de um par de elétrons livres do oxigênio para formar uma ligação dupla, N conseguiu um octeto completo

Estruturas de Kekulé

Nas **estruturas de Kekulé**, os elétrons em ligação são desenhados como linhas, e os pares de elétrons livres são normalmente inteiramente omitidos, a menos que sejam necessários para chamar a atenção de alguma propriedade química da molécula. (Apesar de os pares de elétrons livres não serem mostrados, é preciso lembrar que átomos neutros de nitrogênio, oxigênio e halogênio sempre os têm: um par no caso do nitrogênio, dois no caso do oxigênio e três no caso do halogênio.)

$$H-\overset{\overset{O}{\|}}{C}-O-H \qquad H-C\equiv N \qquad H-O-N=O \qquad H-\overset{\overset{H}{|}}{\underset{\underset{H}{|}}{C}}-H \qquad H-\overset{\overset{H}{|}}{\underset{\underset{H}{|}}{C}}-N-H$$

Estruturas condensadas

Freqüentemente, estruturas são simplificadas pela omissão de alguma das ligações covalentes (ou todas) e pela lista dos átomos ligados a um carbono particular (ou nitrogênio ou oxigênio) perto deste, com subscrição para indicar o número daqueles átomos. Esse tipo de estrutura é chamada **estrutura condensada**. Compare as estruturas anteriores com as seguintes:

$$HCO_2H \qquad HCN \qquad HNO_2 \qquad CH_4 \qquad CH_3NH_2$$

Mais exemplos de estruturas condensadas e convenções mais utilizadas para criá-las são encontrados na Tabela 1.5. Observe que desde que nenhuma das moléculas na Tabela 1.5 tenha carga formal ou pares de elétrons livres, cada C tem quatro ligações, cada N tem três, cada O tem duas e cada H ou halogênio tem uma ligação.

Tabela 1.5 Estruturas de Kekulé e condensadas

Estrutura de Kekulé **Estruturas condensadas**

Átomos ligados ao carbono são mostrados à direita do carbono. Outros átomos que não sejam H podem ser mostrados pendurados no carbono.

$CH_3CHBrCH_2CH_2CHClCH_3$ ou $CH_3CHCH_2CH_2CHCH_3$ (com Br e Cl pendurados)

Grupos CH_2 repetidos podem ser mostrados entre parênteses.

$CH_3CH_2CH_2CH_2CH_2CH_3$ ou $CH_3(CH_2)_4CH_3$

Grupos ligados ao carbono podem ser mostrados (entre parênteses) à direita do carbono ou pendurados no carbono.

$CH_3CH_2CH(CH_3)CH_2CH(OH)CH_3$ ou $CH_3CH_2CHCH_2CHCH_3$ (com CH_3 e OH pendurados)

Grupos ligados ao carbono à direita mais afastados não são postos entre parênteses.

$CH_3CH_2C(CH_3)_2CH_2CH_2OH$ ou $CH_3CH_2CCH_2CH_2OH$ (com dois CH_3 pendurados)

Dois ou mais grupos considerados idênticos ligados ao "primeiro" átomo à esquerda podem ser mostrados (entre parênteses) à esquerda do átomo ou pendurado nele.

$(CH_3)_2NCH_2CH_2CH_3$ ou $CH_3NCH_2CH_2CH_3$ (com CH_3 pendurado)

$(CH_3)_2CHCH_2CH_2CH_3$ ou $CH_3CHCH_2CH_2CH_3$ (com CH_3 pendurado)

Um oxigênio duplamente ligado a um carbono pode ser mostrado pendurado no carbono ou à direita dele.

$CH_3CH_2\overset{O}{\overset{\|}{C}}CH_3$ ou $CH_3CH_2COCH_3$ ou $CH_3CH_2C(=O)CH_3$

$CH_3CH_2CH_2\overset{O}{\overset{\|}{C}}H$ ou $CH_3CH_2CH_2CHO$ ou $CH_3CH_2CH_2CH=O$

$CH_3CH_2\overset{O}{\overset{\|}{C}}OH$ ou $CH_3CH_2CO_2H$ ou CH_3CH_2COOH

$CH_3CH_2\overset{O}{\overset{\|}{C}}OCH_3$ ou $CH_3CH_2CO_2CH_3$ ou $CH_3CH_2COOCH_3$

> **PROBLEMA 10** **RESOLVIDO**
>
> Desenhe a estrutura de Lewis para cada um dos itens seguintes:
>
> a. NO_3^-
> b. NO_2^+
> c. NO_2^-
> d. CO_2
> e. HCO_3^-
> f. N_2
> g. $CH_3NH_3^+$
> h. $^+C_2H_5$
> i. $^-CH_3$
> j. $NaOH$
> l. NH_4Cl
> m. Na_2CO_3
>
> **RESOLUÇÃO PARA 10a** O único jeito de arranjar um N e três O, evitando ligações simples O—O, é pôr os três O em volta de N. O número total de elétrons de valência é 23 (5 para N e 6 para cada um dos três O). Como as espécies têm carga negativa, precisamos adicionar 1 ao número de elétrons de valência, para um total de 24. Depois usamos os 24 elétrons para formar ligações e completar o octeto com pares de elétrons livres. 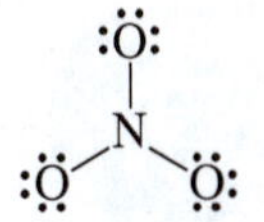
>
> Quando todos os elétrons forem designados, vemos que N não tem o octeto completo. Concluímos o octeto de N utilizando elétrons livres para formar ligações duplas. (Não faz nenhuma diferença qual átomo de oxigênio vamos escolher.) Quando checamos cada átomo para ver quando há carga formal, descobrimos que os O estão carregados negativamente e o N, positivamente, para uma carga formal total -1. 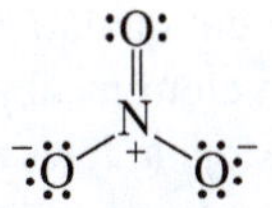
>
> **RESOLUÇÃO PARA 10b** O número total de elétrons de valência é 17 (5 para N e 6 para cada O). Como a espécie tem carga positiva, precisamos subtrair 1 do número de elétrons de valência, para um total de 16. Os 16 elétrons são usados para formar ligações e completar o octeto com pares de elétrons livres. 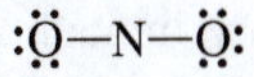
>
> Duas ligações duplas são necessárias para completar o octeto de N. N tem carga formal $+1$. 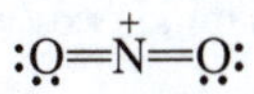
>
> **PROBLEMA 11**
>
> a. Desenhe duas estruturas de Lewis para C_2H_6O.
> b. Desenhe três estruturas para C_3H_8O.
> (*Dica*: as duas estruturas de Lewis na letra *a* são **isômeros constitucionais**; elas têm os mesmos átomos, mas com diferentes conexões. As três estruturas de Lewis na letra *b* também são isômeros constitucionais.)
>
> **PROBLEMA 12**
>
> Expanda as estruturas condensadas para mostrar as ligações covalentes e os pares de elétrons livres:
> a. $CH_3NHCH_2CH_3$
> b. $(CH_3)_2CHCl$
> c. $(CH_3)_2CHCHO$
> d. $(CH_3)_3C(CH_2)_3CH(CH_3)_2$

1.5 Orbitais atômicos

Vimos que os elétrons são distribuídos em diferentes orbitais atômicos (Tabela 1.2). Um **orbital** é uma região tridimensional em torno do núcleo onde há a probabilidade de se encontrar um elétron. Mas com que um orbital se parece? Cálculos matemáticos indicam que o orbital *s* é uma esfera com o núcleo em seu centro, e evidências experimentais sustentam essa teoria. O **princípio da incerteza de Heisenberg** afirma que a localização precisa e o momento de uma partícula atômica não podem ser determinados simultaneamente. Isso significa que nunca podemos dizer precisamente onde está um elétron — podemos apenas descrever sua provável localização. Assim, quando dizemos que um elétron ocupa um orbital atômico 1s, entendemos que há uma probabilidade superior a 90% de o elétron estar no espaço definido pela esfera.

Como a distância média do núcleo para um elétron é maior em um orbital atômico 2s do que para um elétron no orbital atômico 1s, o orbital atômico 2s é representado por uma esfera maior. Conseqüentemente, a densidade eletrônica média em um orbital atômico 2s é menor que a densidade eletrônica média em um orbital atômico 1s.

orbital atômico 1s   orbital atômico 2s   orbital atômico 2s
                          nodo não mostrado   nodo mostrado

Um elétron em um orbital atômico 1s pode estar em qualquer lugar dentro da esfera 1s, mas um orbital atômico 2s tem uma região onde a probabilidade de encontrar um elétron cai para zero. Isso é chamado **nodo**, ou, mais precisamente — desde que a ausência de densidade eletrônica esteja a determinada distância do núcleo —, **nodo radial**. Portanto, um elétron 2s pode ser encontrado em qualquer lugar dentro da esfera 2s — incluindo a região do espaço definida pela esfera 1s —, exceto no nodo.

Para entender como um nodo ocorre, precisamos lembrar que os elétrons têm propriedades tanto de partículas quanto de ondas. Um nodo é conseqüência das propriedades de onda de um elétron. Considere os dois tipos de ondas: propagadas e estacionárias. Ondas propagadas movem-se através do espaço; a luz é um exemplo de ondas propagadas. Uma onda estacionária, ao contrário, é confinada a um espaço limitado. Uma corda de violão vibrando é um exemplo de onda estacionária — a corda se move para cima e para baixo, mas não se propaga pelo espaço. Se formos escrever uma equação de onda para a corda do violão, a função de onda seria (+) na região acima, na qual a corda de violão está em repouso, e (−) na região abaixo, em que a corda está em repouso — as regiões estão em fases opostas. A região na qual a corda do violão não tem deslocamento transverso é chamada *nodo*. Um **nodo** é a região onde uma onda estacionária tem amplitude zero.

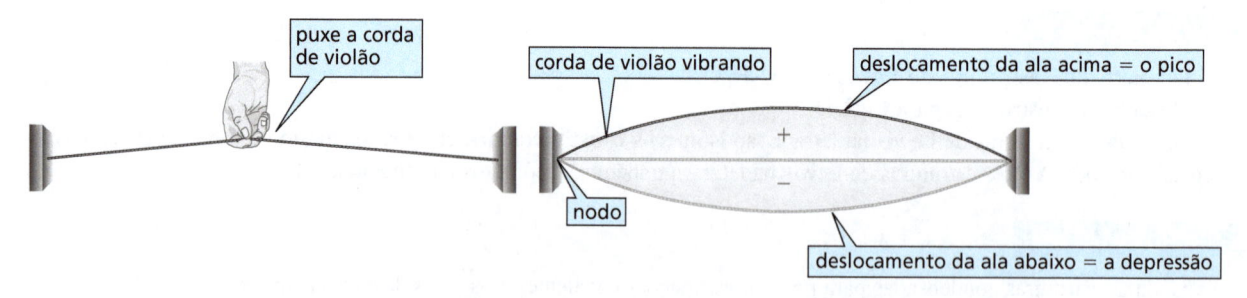

puxe a corda de violão   corda de violão vibrando   deslocamento da ala acima = o pico
                               nodo   deslocamento da ala abaixo = a depressão

Um elétron comporta-se como uma onda estacionária — diferente de onda criada por vibração de corda de violão —, mas é tridimensional. Isso significa que o nodo de um orbital atômico 2s é exatamente uma superfície — ela é esférica, dentro do orbital atômico 2s. Como a onda do elétron tem amplitude zero no nodo, a probabilidade de encontrar um elétron no nodo é zero.

Diferentemente dos orbitais s que parecem uma esfera, os orbitais atômicos p têm dois lobos. Geralmente os lobos são representados na forma de gotas de lágrimas, mas representações geradas em computador revelaram que eles têm mais a forma de uma maçaneta de porta. Como a corda de violão vibrando, os lobos estão em fases opostas, que podem ser designadas por sinais mais (+) e menos (−) ou por duas cores diferentes. (Neste contexto, + e − não indicam carga, apenas a fase do orbital.) O nodo de um orbital atômico p é um plano que passa pelo centro dos núcleos, dividindo em duas partes seus dois lobos. Isso é chamado **plano nodal**. A probabilidade de se encontrar um elétron no plano nodal é zero.

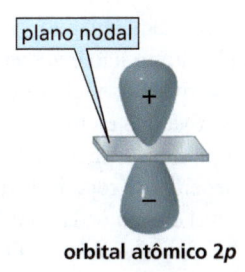

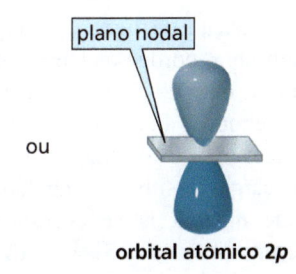

orbital atômico 2p   ou   orbital atômico 2p   orbital atômico 2p gerado pelo computador

plano nodal

Na seção 1.2, vimos que existem três orbitais atômicos *p* degenerados. O orbital p_x é simétrico ao eixo *x*, o orbital p_y é simétrico ao eixo *y*, e o orbital p_z, simétrico ao eixo *z*. Isso significa que cada orbital *p* é perpendicular aos outros dois orbitais *p*. A energia de um orbital atômico 2*p* é ligeiramente maior que a do orbital atômico 2*s*, porque a localização média de um elétron em um orbital atômico 2*p* é mais distante do núcleo.

> Orbitais degenerados são orbitais que têm a mesma energia.

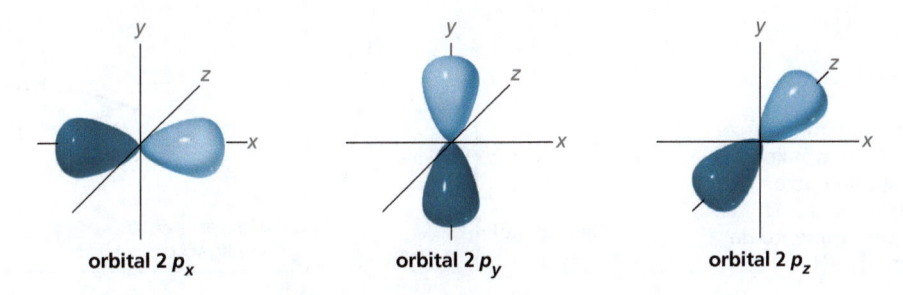

orbital 2 p_x orbital 2 p_y orbital 2 p_z

1.6 Introdução à teoria do orbital molecular

Como os átomos formam ligações covalentes para formar moléculas? O modelo de Lewis, que descreve como os átomos obtêm o octeto completo pelo compartilhamento de elétrons, nos diz apenas parte da história. Uma desvantagem do modelo é que ele considera os elétrons como partículas e não leva em conta suas propriedades de onda.

> Animation Gallery: Formação da ligação H_2

A **teoria do orbital molecular (OM)** combina a tendência dos átomos em completar o octeto pelo compartilhamento de elétrons (modelo de Lewis) com suas propriedades de onda, designando os elétrons para um volume do espaço chamado orbital. De acordo com a teoria do OM, ligações covalentes resultam da combinação de orbitais atômicos para formar **orbitais moleculares** — que pertencem a toda molécula em vez de a um simples átomo. Como um orbital atômico que descreve o volume no espaço em torno do núcleo de um átomo onde um elétron pode provavelmente ser encontrado, um orbital molecular descreve o volume no espaço em torno da molécula onde um elétron pode ser encontrado. Como os orbitais atômicos, orbitais moleculares têm tamanhos, formas e energias específicas.

Vamos olhar primeiro a ligação na molécula de hidrogênio (H_2). Como o orbital atômico 1*s* de um átomo de hidrogênio aproxima-se do orbital atômico 1*s* do segundo átomo hidrogênio, eles começam a se sobrepor. Uma vez que orbitais atômicos se movem para ficar mais perto, a quantidade de sobreposição aumenta até que os orbitais se combinem para formar um orbital molecular. A ligação covalente que é formada com a sobreposição de dois orbitais atômicos *s* é chamada **ligação sigma (σ)**. Uma ligação σ é cilindricamente simétrica — os elétrons na ligação são simetricamente distribuídos ao redor de uma linha imaginária conectando o centro dos átomos unidos pela ligação. (O termo σ vem do fato de que orbitais moleculares cilindricamente simétricos possuem simetria σ.)

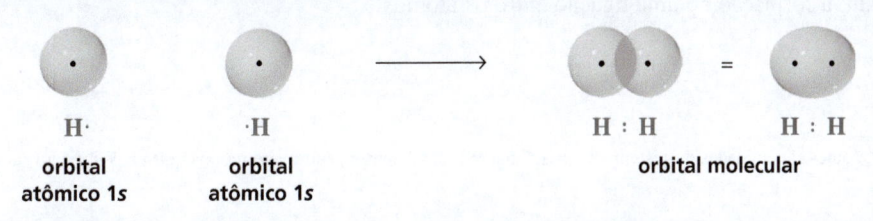

H·   ·H   →   H : H   =   H : H
orbital atômico 1*s*   orbital atômico 1*s*   orbital molecular

Estabilidade máxima corresponde à mínima energia.

Durante a formação da ligação, energia é liberada quando os dois orbitais começam a se sobrepor, porque o elétron em cada átomo não é apenas atraído pelo seu próprio núcleo, mas também pela carga positiva do núcleo do outro átomo (Figura 1.2). Desse modo, a atração da carga negativa dos elétrons pela carga positiva do núcleo é o que mantém os átomos unidos. Quanto mais os orbitais se sobrepõem, mais a energia diminui, até que os átomos fiquem tão próximos um do outro que suas cargas positivas no núcleo comecem a se repelir. A repulsão causa grande acréscimo de energia. Vemos que a estabilidade máxima (isto é, energia mínima) é alcançada quando os núcleos estão a certa distância um do outro. Tal distância é o **comprimento da ligação** da nova ligação covalente. O comprimento da ligação H—H é 0,74 Å.

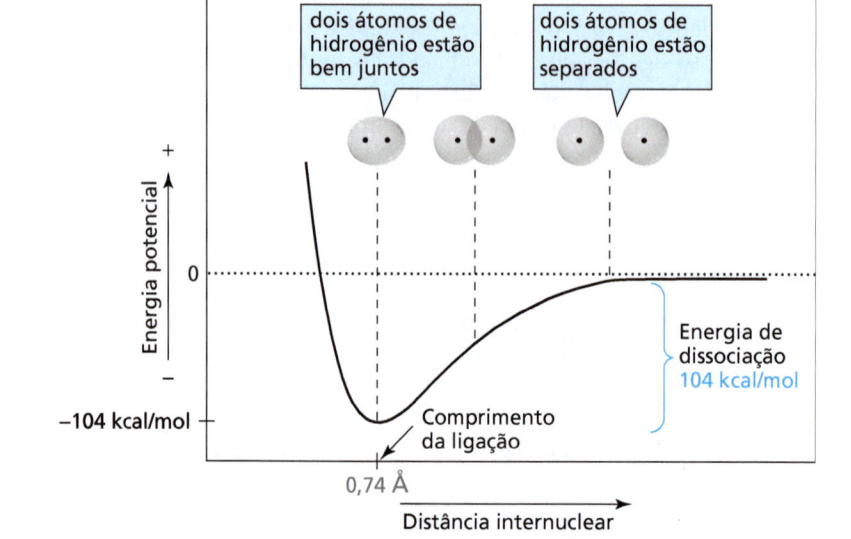

Figura 1.2 ▶
Mudança na energia que ocorre quando dois orbitais atômicos 1s se aproximam um do outro. A distância internuclear no mínimo de energia é o comprimento da ligação covalente H—H.

Como a Figura 1.2 mostra, energia é liberada quando uma ligação covalente se forma. Quando a ligação H—H se forma, 104 kcal/mol (ou 435 J/mol)[2] de energia é liberada. Quebrar a ligação requer precisamente a mesma quantidade de energia. Assim, a **força da ligação** — também chamada **energia de dissociação da ligação** — é a energia necessária para quebrar uma ligação, ou a energia liberada quando uma ligação é formada. Toda ligação covalente tem comprimento de ligação e força característicos.

Os orbitais são conservados — o número de orbitais moleculares formados precisa ser igual ao número de orbitais atômicos combinados. Descrevendo a formação de uma ligação H—H, entretanto, combinamos dois orbitais atômicos para formar um orbital molecular. Onde está o outro orbital molecular? Ele está presente, mas não contém elétrons.

Orbitais atômicos podem se combinar de duas maneiras diferentes: construtiva e destrutivamente. Eles podem combinar construindo, de maneira aditiva, como duas ondas luminosas ou ondas sonoras podem reforçar uma à outra (Figura 1.3). Este é chamado **orbital molecular ligante σ (sigma)**. Orbitais atômicos também podem se combinar de maneira destrutiva, cancelando um ao outro. O cancelamento é similar ao escuro causado quando duas ondas luminosas cancelam uma à outra ou ao silêncio que ocorre quando duas ondas sonoras cancelam uma à outra (Figura 1.3). Este tipo de interação destrutiva é chamada **orbital molecular antiligante σ***. Um orbital antiligante é indicado por um asterisco (*).

O orbital molecular ligante σ e o orbital molecular antiligante σ* são mostrados no diagrama de orbital molecular na Figura 1.4. Em um diagrama de OM, as energias são representadas como linhas horizontais; a linha abaixo é o nível de menor energia, a linha acima, de maior energia. Observamos que qualquer elétron no orbital ligante será mais facilmente encontrado entre os núcleos. Esse aumento de densidade eletrônica entre os núcleos é o que mantém os átomos unidos. Como há um nodo entre o núcleo no orbital molecular antiligante, quaisquer elétrons que estão naquele orbital são mais facilmente encontrados em qualquer lugar, exceto entre o núcleo; então um núcleo está mais exposto ao outro e estes serão forçados a se separar pela repulsão eletrostática. Sendo assim, elétrons que ocupam tal orbital prejudicam, mais do que ajudam, a formação de uma ligação entre os átomos.

---

[2] 1 kcal = 4,184 kJ. Joules são unidades do Sistema Internacional (SI) para energia, entretanto muitos químicos utilizam calorias. Usaremos ambos neste livro.

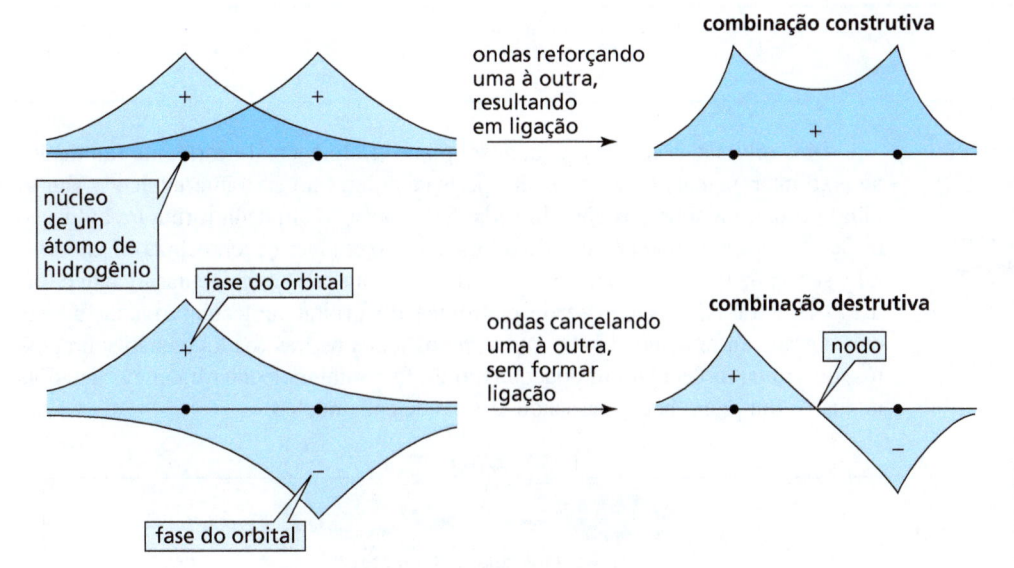

◀ **Figura 1.3**
As funções de onda de dois átomos de hidrogênio podem interagir para reforçar, ou aumentar, uma à outra (acima) ou podem interagir para cancelar uma à outra (abaixo). Observe que as ondas que interagem construtivamente estão em fase, enquanto as que interagem destrutivamente estão fora de fase.

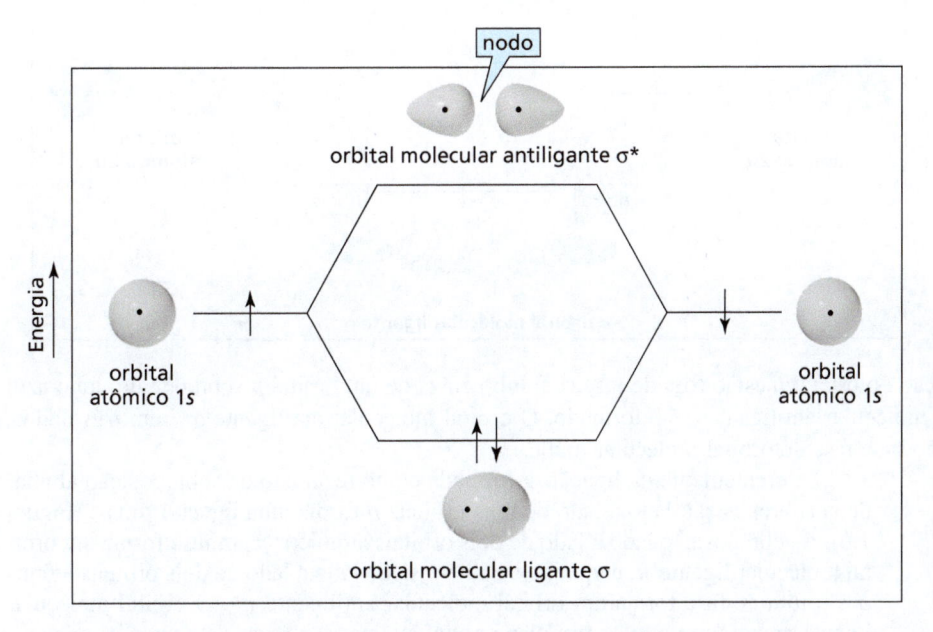

◀ **Figura 1.4**
Orbital atômico do H· e orbital molecular de H_2. Antes da formação da ligação covalente, cada elétron está em um orbital atômico. Depois da formação da ligação, ambos os elétrons estão no orbital molecular ligante. O orbital molecular antiligante está vazio.

O diagrama de OM mostra que o orbital molecular ligante é mais estável — é menor em energia — que um orbital atômico individual. Isso porque quanto mais núcleos um elétron "sente", mais estável ele é. O orbital molecular antiligante, com menor densidade eletrônica entre os núcleos, é menos estável — é maior em energia — que um orbital atômico.

Depois que o diagrama de OM é construído, os elétrons são designados aos orbitais moleculares. O princípio aufbau e o princípio de exclusão de Pauli, que se aplicam aos elétrons nos orbitais atômicos, também se aplicam aos orbitais moleculares: elétrons sempre ocupam orbitais disponíveis com menor energia, e não mais que dois elétrons podem ocupar um orbital molecular. Desse modo, os dois elétrons da ligação H—H ocupam o orbital molecular ligante de menor energia (Figura 1.4), onde são atraídos por ambos os núcleos carregados positivamente. É a atração eletrostática que dá à ligação covalente sua força. Por essa razão, quanto mais sobrepostos os orbitais atômicos, mais forte é a ligação covalente. A ligação covalente mais forte é formada pelos elétrons que ocupam os orbitais moleculares com menor energia.

O diagrama de OM na Figura 1.4 nos permite predizer que H_2^+ não seria tão estável quanto H_2 porque H_2^+ tem apenas um elétron no orbital molecular ligante. Também podemos predizer que He_2 não existe porque cada átomo de He levaria dois elétrons e He teria quatro elétrons — dois completando o orbital molecular ligante de menor energia e os dois restantes completando o orbital molecular antiligante de maior energia. Os dois elétrons no orbital molecular antiligante cancelariam a vantagem para a ligação ganha pelos dois elétrons no orbital molecular ligante.

> Quando dois orbitais atômicos se sobrepõem, dois orbitais moleculares são formados — um menor em energia e outro maior em energia que os orbitais atômicos.

PROBLEMA 13◆

Pense se He$_2^+$ existe ou não.

Sobreposição em fase forma OM ligante; sobreposição fora de fase forma OM antiligante.

Dois orbitais atômicos *p* podem sobrepor-se alinhados linearmente (alinhados ao eixo internuclear) ou lado a lado (perpendiculares ao eixo internuclear). Vamos olhar primeiro a sobreposição alinhada. Sobreposição alinhada forma uma ligação σ. Se os lobos em sobreposição do orbital *p* estão em fase (o lobo cinza de um orbital *p* sobrepõe um lobo cinza de outro orbital *p*), um orbital molecular ligante é formado (Figura 1.5). A densidade eletrônica do orbital molecular ligante σ está concentrada entre os núcleos, o que torna os lobos de trás (os lobos não sobrepostos) do orbital molecular um pouco menores. O orbital molecular ligante σ tem dois nodos — um plano nodal passando através de cada núcleo.

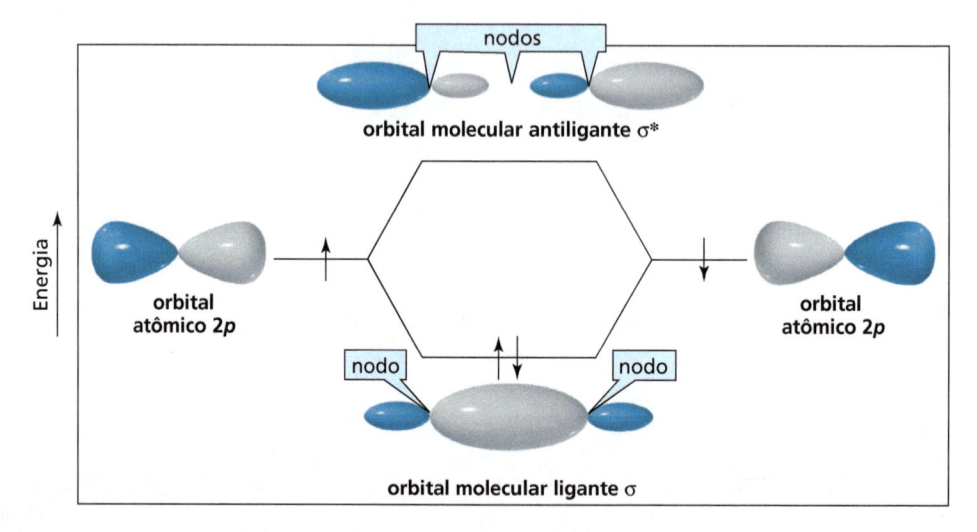

Figura 1.5 ▶ Sobreposição linear de dois orbitais *p* para formar um orbital molecular ligante σ e um orbital molecular antiligante σ*.

Se os lobos em sobreposição do orbital *p* estão fora de fase (um lobo cinza de um orbital *p* sobrepõe um lobo azul de outro orbital *p*), um orbital molecular antiligante σ* é formado. O orbital molecular antiligante σ* tem *três* nodos. (Observe que, depois de cada nodo, a fase do orbital molecular muda.)

Sobreposição lado a lado de dois orbitais atômicos *p* formam um orbital π. Todas as outras ligações covalentes em moléculas orgânicas são ligações σ.

Diferentemente da ligação σ formada como resultado da sobreposição alinhada, a sobreposição lado a lado de dois orbitais *p* forma uma **ligação pi** (π) (Figura 1.6). A sobreposição lado a lado de dois orbitais atômicos *p* em fase forma um orbital molecular ligante π, enquanto a sobreposição lado a lado de dois orbitais atômicos *p* fora de fase forma um orbital molecular antiligante π*. O orbital molecular ligante π tem um nodo — um plano nodal que passa através de ambos os núcleos. Um orbital molecular antiligante π* tem dois planos nodais. Observe que as ligações σ têm formato cilindricamente simétrico, mas as ligações π não.

Uma ligação σ é mais forte que uma ligação π.

A extensão da sobreposição é maior quando os orbitais *p* se sobrepõem linearmente do que quando se sobrepõem lado a lado. Isso significa que uma ligação σ, formada pela sobreposição de orbitais atômicos alinhados linearmente, é mais forte que uma ligação π, formada pela sobreposição lado a lado de orbitais atômicos *p*. Também significa que um orbital molecular ligante σ é mais estável que um orbital molecular ligante π porque quanto mais forte a ligação, mais estável ela é. A Figura 1.7 mostra o diagrama de orbital molecular de dois orbitais atômicos idênticos usando seus três orbitais atômicos degenerados para formar três ligações — uma ligação σ e duas ligações π.

Agora vamos ver o diagrama de orbital molecular para a sobreposição lado a lado do orbital *p* do carbono com um orbital *p* do oxigênio — os orbitais são os mesmos, mas pertencem a átomos diferentes (Figura 1.8). Quando os dois orbitais atômicos *p* se combinam para formar orbitais moleculares, eles o fazem assimetricamente. O orbital atômico do átomo mais eletronegativo contribui mais para o orbital molecular ligante, e o orbital atômico do átomo menos eletronegativo contribui mais para o orbital molecular antiligante. Isso significa que se formos colocar elétrons no OM ligante, eles estariam mais aptos a estar em volta do átomo de oxigênio que em volta do átomo de carbono. Assim, as teorias de Lewis e do orbital molecular nos dizem que os elétrons compartilhados pelo carbono e oxigênio não são compartilhados igualmente — o átomo de oxigênio de uma ligação carbono–oxigênio tem carga parcial negativa, e o átomo de carbono tem carga parcial positiva.

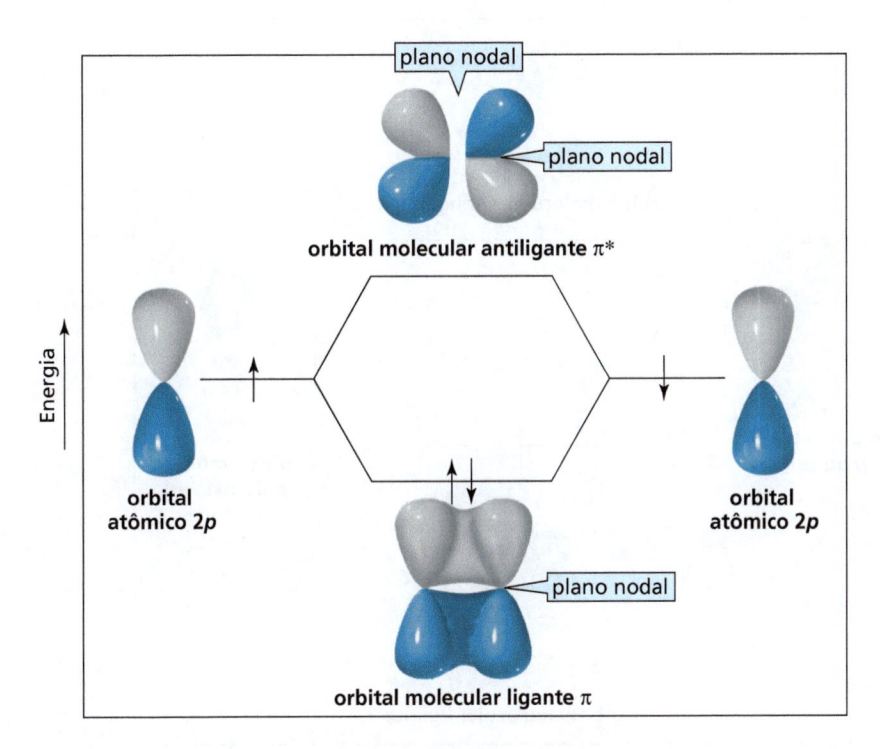

Figura 1.6
Sobreposição lado a lado de dois orbitais p paralelos para formar um orbital molecular ligante π e um orbital molecular antiligante π*.

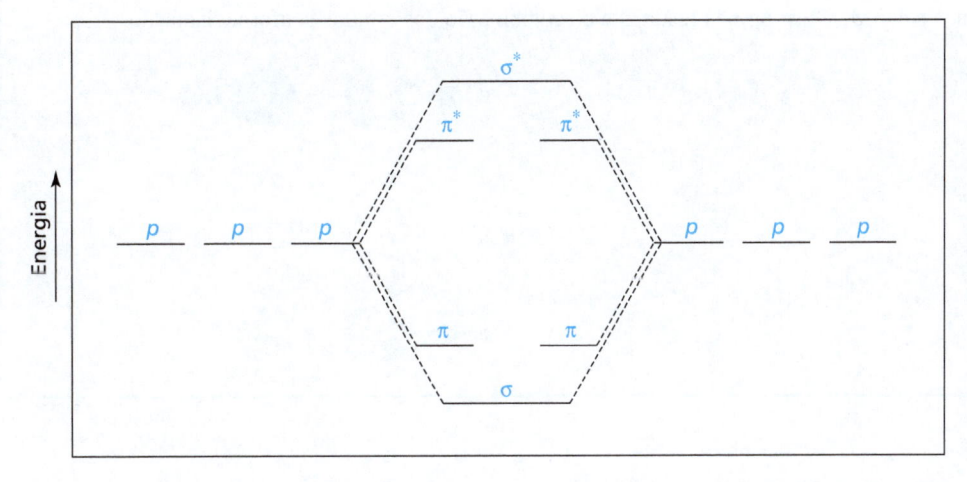

Figura 1.7
Orbitais p podem se sobrepor alinhados linearmente para formar orbitais moleculares ligantes σ e antiligantes σ*, ou podem se sobrepor lado a lado para formar orbitais moleculares ligantes π e antiligantes π*. As energias relativas dos orbitais moleculares são σ < π < π* < σ*.

Os químicos orgânicos acham que o conhecimento obtido pela teoria de OM, sobre elétrons de valência ocuparem orbitais moleculares ligantes e antiligantes, nem sempre fornece a informação precisa sobre as ligações nas moléculas. O **modelo da repulsão dos pares de elétrons na camada de valência (RPECV)** combina o conceito de Lewis de compartilhar elétrons e pares de elétrons livres com o conceito de orbitais atômicos e adiciona um terceiro princípio: *a minimização da repulsão dos elétrons*. Nesse modelo, átomos compartilham elétrons pela sobreposição de seus orbitais atômicos, e porque pares de elétrons se repelem, os elétrons ligantes e os pares de elétrons livres em torno de um átomo são posicionados o mais longe possível.

Como os químicos orgânicos geralmente pensam em reações químicas em termos da mudança que ocorre nas ligações das moléculas reagentes, o modelo RPECV freqüentemente fornece a forma mais fácil para visualizar a mudança química. Entretanto, o modelo não é adequado para algumas moléculas porque não é permitido para orbitais antiligantes. Usaremos ambos os modelos, OM e RPECV, neste livro. Nossa escolha dependerá de qual modelo fornece a melhor descrição para a molécula em discussão. Usaremos o modelo RPECV nas Seções 1.7-1.13.

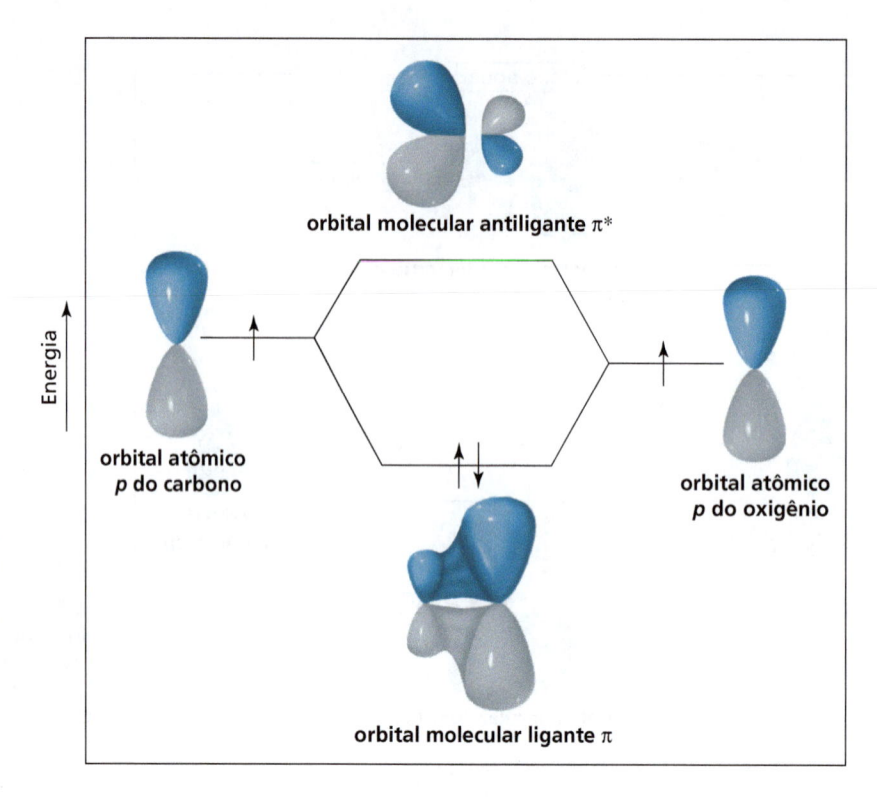

Figura 1.8 ▶ Sobreposição lado a lado de um orbital *p* de carbono com um orbital *p* de oxigênio para formar um orbital molecular ligante π e um orbital molecular antiligante π*.

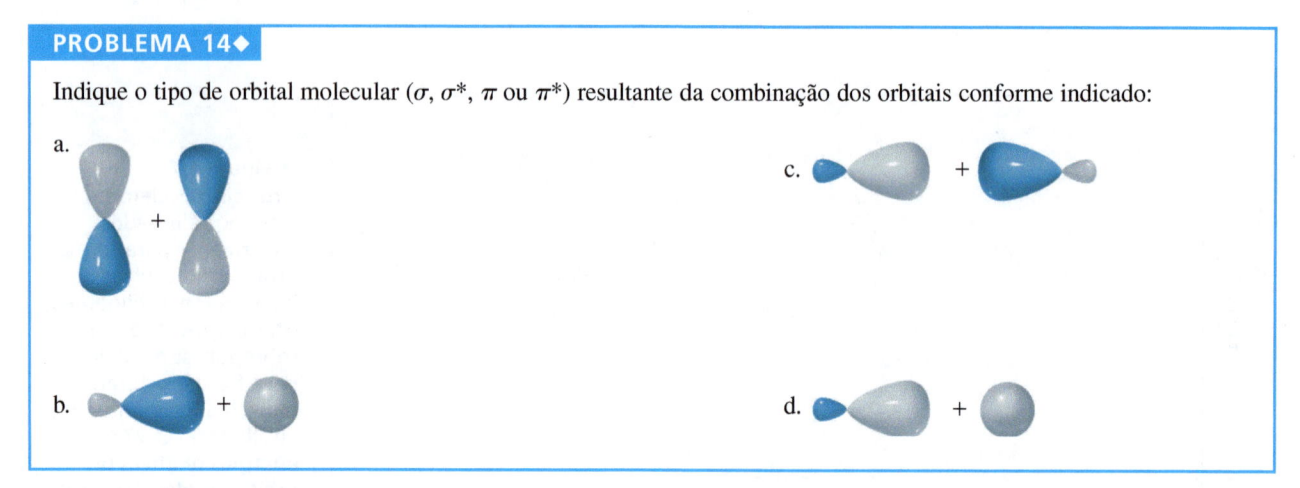

orbital molecular antiligante π*

Energia

orbital atômico *p* do carbono

orbital atômico *p* do oxigênio

orbital molecular ligante π

PROBLEMA 14◆

Indique o tipo de orbital molecular (σ, σ*, π ou π*) resultante da combinação dos orbitais conforme indicado:

a.

b.

c.

d.

1.7 Ligação em metano e etano: ligações simples

Começaremos a discussão de ligação em substâncias orgânicas observando a ligação do metano, uma substância com apenas um átomo de carbono. Depois iremos examinar a ligação em etano (uma substância com dois carbonos e uma ligação simples carbono–carbono), em eteno (uma substância com dois carbonos e uma ligação dupla carbono–carbono) e em etino (uma substância com dois átomos de carbono e uma ligação tripla carbono–carbono).

Depois, olharemos as ligações formadas por átomos diferentes do carbono que são comumente encontradas em substâncias orgânicas — ligações formadas por oxigênio, nitrogênio e halogênios. Como *os orbitais usados na formação da ligação determinam o ângulo da ligação na molécula*, veremos que, se conhecermos o ângulo da ligação em uma molécula, poderemos imaginar quais orbitais estão envolvidos na formação da ligação.

Ligação no metano

O metano (CH_4) tem quatro ligações covalentes C—H. Como todas as quatro ligações têm o mesmo comprimento e todos os ângulos de ligação são os mesmos (109,5°), podemos concluir que as quatro ligações no metano são idênticas.

CAPÍTULO 1 Estrutura eletrônica e ligação • Ácidos e bases | 25

Quatro maneiras diferentes de representar a molécula do metano são mostradas aqui. (Veja o mapa de potencial abaixo em cores no encarte colorido.)

fórmula em perspectiva do metano (109,5°)

modelo de bola e vareta do metano

modelo de bolas do metano

mapa de potencial eletrostático do metano

Na fórmula em perspectiva, as ligações no plano do papel são desenhadas como linhas sólidas; ligações saindo do plano do papel em direção ao examinador, como cunha sólida; e as ligações que saem atrás do plano do papel em relação ao examinador são desenhadas como cunha tracejada.

O mapa de potencial eletrostático do metano mostra que nem o carbono nem o hidrogênio carregam muita carga: não há nem áreas vermelhas, representando átomos carregados parcialmente negativos, nem áreas azuis, representando átomos carregados parcialmente positivos. (Compare este mapa com o mapa potencial da água). A ausência de átomos parcialmente carregados pode ser explicada pela eletronegatividade similar do carbono e do hidrogênio, que faz com que tais átomos compartilhem seus elétrons ligantes igualmente. O metano é uma **molécula apolar**.

Pode ser surpresa aprender que o carbono faz quatro ligações covalentes, já que sabemos que ele só tem dois elétrons na distribuição eletrônica da sua camada de valência (Tabela 1.2). Mas, se o carbono formasse apenas duas ligações covalentes, ele não completaria o seu octeto. Agora precisamos de uma outra explicação que descreva o carbono formando quatro ligações covalentes.

Se um dos elétrons no orbital $2s$ fosse promovido para o orbital atômico $2p$ vazio, a nova configuração eletrônica teria quatro elétrons desemparelhados; com isso, quatro ligações covalentes poderiam se formar. Vamos ver agora se tal fato é viável energeticamente.

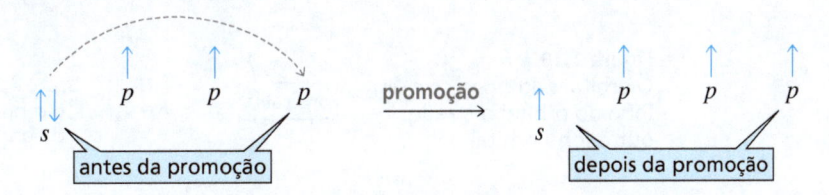

antes da promoção → promoção → depois da promoção

Como um orbital p é maior em energia que um orbital s, a promoção de um elétron de um orbital s para um orbital p requer energia. A quantidade de energia necessária é 96 kcal/mol. A formação de quatro ligações C—H libera 420 kcal/mol de energia porque a energia de dissociação de uma ligação simples C—H é 105 kcal/mol. Se o elétron não fosse promovido, o carbono poderia formar apenas duas ligações covalentes, que liberariam apenas 210 kcal/mol. Assim, pelo gasto de 96 kcal/mol (ou 402 kJ/mol) para promover um elétron, 210 kcal/mol extras são liberados. Em outras palavras, a promoção de um elétron é energeticamente vantajosa (Figura 1.9).

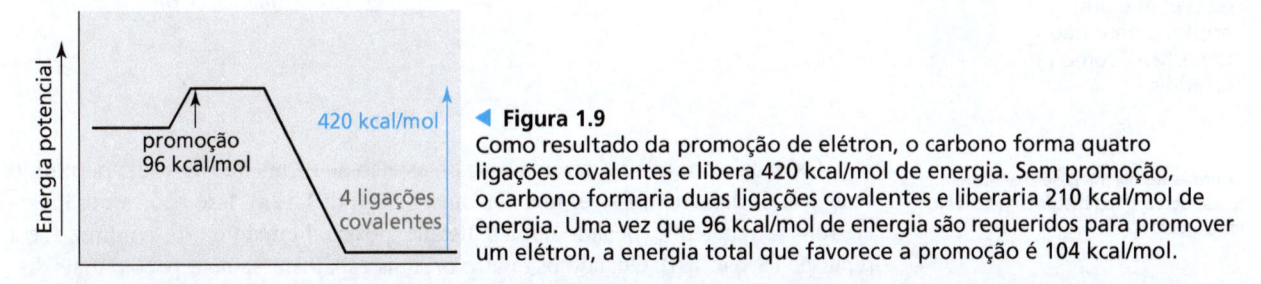

◄ **Figura 1.9**
Como resultado da promoção de elétron, o carbono forma quatro ligações covalentes e libera 420 kcal/mol de energia. Sem promoção, o carbono formaria duas ligações covalentes e liberaria 210 kcal/mol de energia. Uma vez que 96 kcal/mol de energia são requeridos para promover um elétron, a energia total que favorece a promoção é 104 kcal/mol.

Conseguimos explicar a observação de que o carbono forma quatro ligações covalentes, mas o que explica o fato de as quatro ligações C—H no metano serem iguais? Cada uma tem comprimento de ligação de 1,10 Å, e quebrar qualquer uma das ligações requer a mesma quantidade de energia (105 kcal/mol ou 439 kJ/mol). Se o carbono usou um orbital s e três orbitais p para formar as quatro ligações, a ligação formada com o orbital s seria diferente das três ligações formadas com os orbitais p. Como o carbono pode formar quatro ligações idênticas, usando um orbital s e três p? A resposta é que o carbono usa *orbitais híbridos*.

26 QUÍMICA ORGÂNICA

Linus Carl Pauling (1901–1994) *nasceu em Portland, Oregon. O laboratório na casa de um amigo acendeu o interesse de Pauling pela ciência. Ele tornou-se PhD pela Califórnia Institute of Technology e passou lá a maior parte de sua carreira. Recebeu o Prêmio Nobel de química em 1954 por seu trabalho em estrutura molecular. Como Einstein, Pauling foi um pacifista, e ganhou o Prêmio Nobel da Paz em 1964 pelo seu trabalho em prol do desarmamento nuclear.*

Orbitais híbridos são orbitais mistos, resultantes da combinação de orbitais. O conceito de orbitais combinantes, chamado **hibridização de orbitais**, foi proposto pela primeira vez por Linus Pauling em 1931. Se um orbital s e três orbitais p da segunda camada são combinados e depois distribuídos em quatro orbitais iguais, cada um dos quatro orbitais resultantes será uma parte s e três partes p. Esse tipo de orbital misto é chamado orbital sp^3 (determinado "s-p três", e não s-p ao cubo). (O sobrescrito 3 significa que três orbitais p são combinados com um orbital s para formar o orbital híbrido.) Cada orbital sp^3 tem 25% de caráter s e 75% de caráter p. Os quatro orbitais sp^3 são degenerados — eles têm a mesma energia.

Como um orbital p, um orbital sp^3 tem dois lobos. Os lobos diferem em tamanho; contudo, o orbital s adiciona-se a um lobo do orbital p e reduz o outro lobo do orbital p (Figura 1.10). A estabilidade de um orbital sp^3 reflete sua composição; ele é mais estável que um orbital p, mas não tão estável como um orbital s (Figura 1.11). O lobo maior do orbital sp^3 é usado na formação da ligação covalente.

Figura 1.10 ▶
O orbital s adiciona-se a um lobo do orbital p e reduz o outro lobo orbital p.

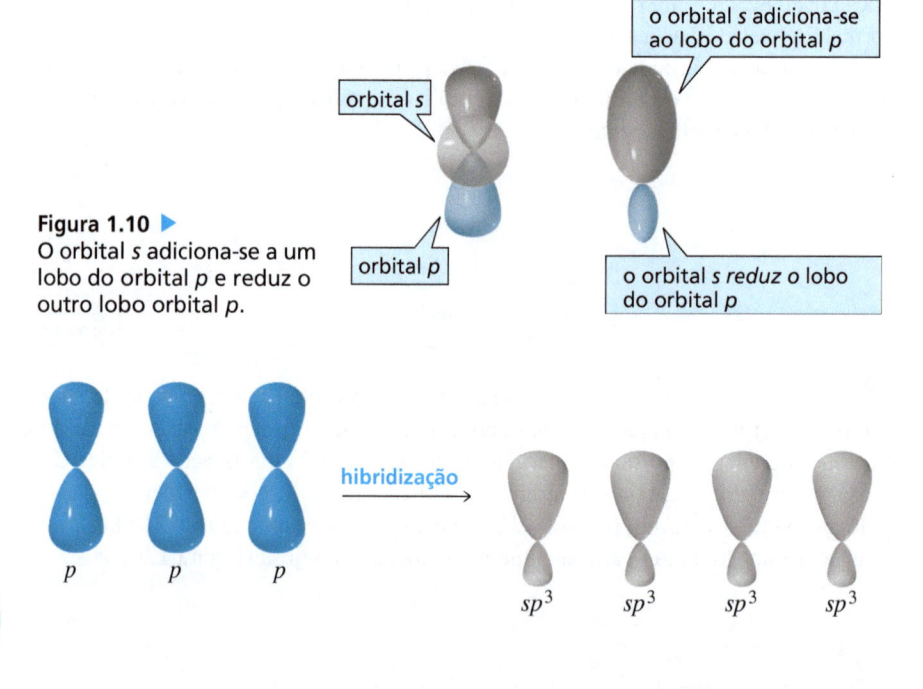

Figura 1.11 ▶
Um orbital s e três orbitais p hibridizam-se para formar quatro orbitais sp^3. Um orbital sp^3 é mais estável que um orbital p, mas não tão estável como um orbital s.

Os pares de elétrons se distribuem no espaço o mais distante possível um do outro.

Molecule Gallery: Metano
www

Os quatro orbitais sp^3 arranjam-se no espaço de forma que lhes seja permitido ficar o mais distante possível uns dos outros (Figura 1.12a). Isso ocorre porque os elétrons se repelem e, ficando o mais distante possível um do outro, minimiza-se a repulsão (Seção 1.6). Quando os quatro orbitais espalham-se no espaço o mais distante possível um do outro, eles apontam para o canto de um tetraedro regular (uma pirâmide com quatro faces de um triângulo eqüilátero). Cada ligação C—H no metano é formada pela sobreposição de um orbital sp^3 do carbono com o orbital s de um hidrogênio (Figura 1.12b). Isto explica por que as quatro ligações C—H são iguais.

Figura 1.12
(a) Os quatro orbitais sp^3 são orientados na direção do canto de um tetraedro, levando cada ângulo a ter 109,5°.

(b) Um desenho do orbital do metano, mostrando a sobreposição de cada orbital sp^3 do carbono com o orbital s de um hidrogênio. (Para simplificar, os lobos menores do orbital sp^3 não são mostrados.)

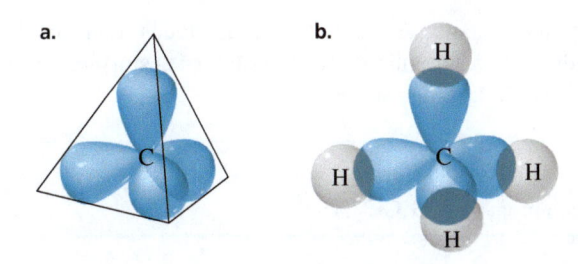

O ângulo formado entre duas ligações do metano é de 109,5°. Esse ângulo de ligação é chamado **ângulo de ligação tetraédrico**. Um carbono, como aquele no metano, que forma ligações usando quatro orbitais sp^3 equivalentes, é chamado **carbono tetraédrico**.

O postulado de orbitais híbridos pode parecer ser uma teoria inventada apenas para fazer as coisas adequadas — e é exatamente o que ela é. No entanto, é uma teoria que nos dá uma boa visualização da ligação em química orgânica.

> **Nota para o estudante**
>
> É importante entender como as moléculas se apresentam em três dimensões. Como você estudou cada capítulo, visite o site do livro em www.prenhall.com/bruice_br e olhe as representações tridimensionais das moléculas que podem ser encontradas na Molecule Gallery que acompanha o capítulo.

Ligação no etano

Os dois átomos de carbono no etano são tetraédricos. Cada carbono usa quatro orbitais sp^3 para formar quatro ligações covalentes:

$$\text{H}_3\text{C}-\text{CH}_3$$
etano

Um orbital sp^3 de um carbono sobrepõe um orbital sp^3 do outro carbono para formar a ligação C—C. Cada um dos três orbitais sp^3 restantes de cada carbono sobrepõe o orbital s do hidrogênio para formar uma ligação C—H. Assim, a ligação C—C é formada pela sobreposição $sp^3 - sp^3$, e cada ligação C—H é formada pela sobreposição $sp^3 - s$ (Figura 1.13). Cada ângulo de ligação no etano é aproximadamente um ângulo de ligação tetraédrico com 109,5°, e o comprimento da ligação C—C é 1,54 Å. O etano, como o metano, é uma molécula apolar.

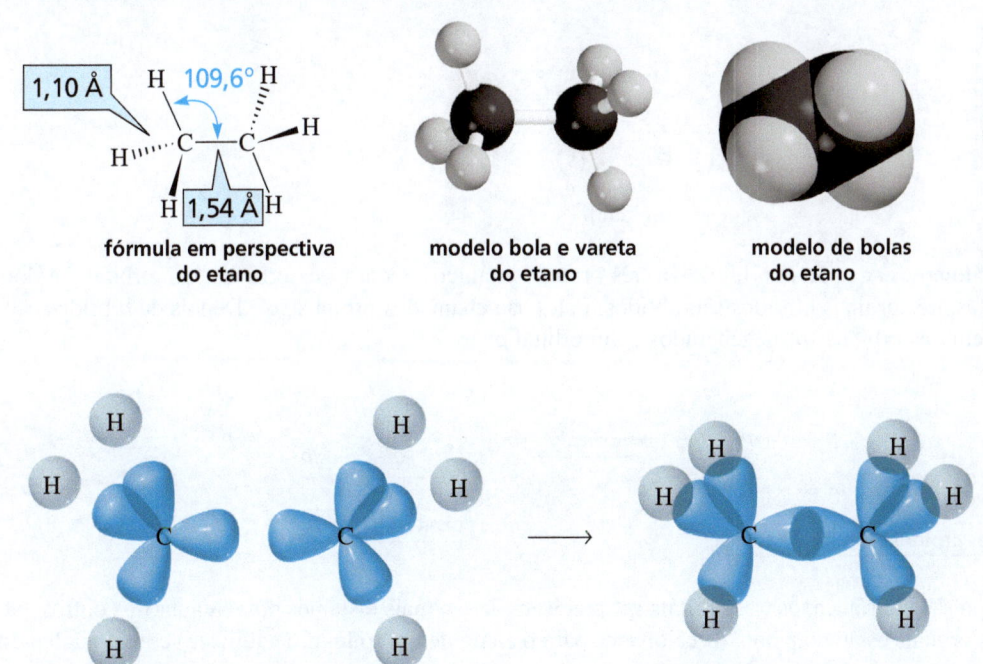

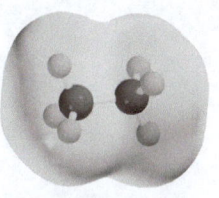

fórmula em perspectiva do etano

modelo bola e vareta do etano

modelo de bolas do etano

mapa de potencial eletrostático do etano

Figura 1.13
Ilustração do etano. A ligação C—C é formada pela sobreposição $sp^3 - sp^3$, e cada ligação C—H é formada pela sobreposição $sp^3 - s$. (Os lobos menores dos orbitais sp^3 não são mostrados.) Veja o mapa de potencial eletrostático em cores no encarte colorido.

Todas as ligações simples observadas em substâncias orgânicas são ligações sigma.

Todas as ligações no metano e etano são sigma (σ) porque todas são formadas pela sobreposição alinhada dos orbitais atômicos. Todas as **ligações simples** observadas em substâncias orgânicas são ligações sigma.

PROBLEMA 15◆

Quais são os orbitais usados para formar dez ligações covalentes no propano ($CH_3CH_2CH_3$)?

Molecule Gallery: Etano
www

O diagrama de OM que ilustra a sobreposição de um orbital sp^3 de um carbono com um orbital sp^3 de outro carbono (Figura 1.14) é semelhante ao diagrama de OM para sobreposição alinhada de dois orbitais p, o que não deve ser surpresa uma vez que orbitais sp^3 têm 75% de caráter p.

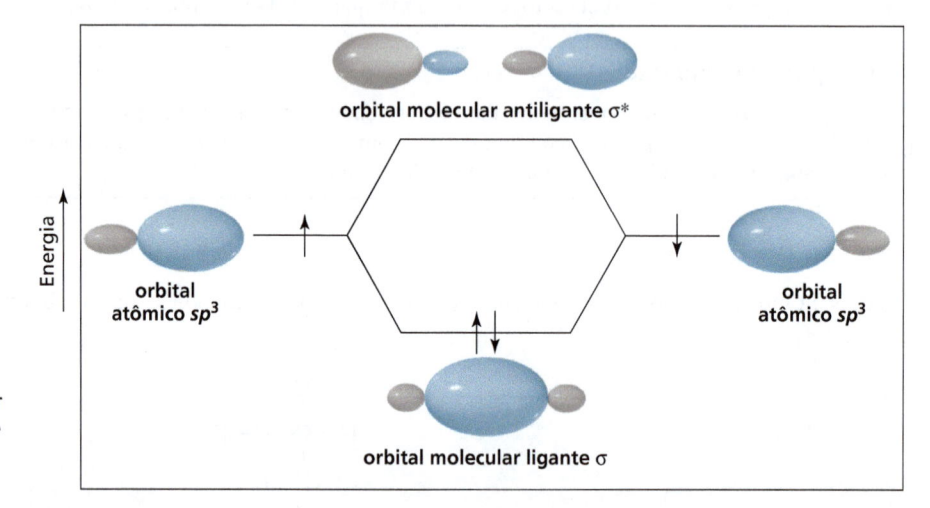

Figura 1.14 ▶
Sobreposição alinhada de dois orbitais sp^3 para formar um orbital molecular ligante σ e um orbital molecular antiligante σ^*.

1.8 Ligação no eteno: uma ligação dupla

Cada átomo de carbono no eteno (também chamado de etileno) forma quatro ligações, mas cada um é ligado apenas a três átomos:

eteno
(etileno)

Para se ligar a três átomos, cada carbono hibridiza três orbitais atômicos. Como três orbitais (um orbital s e dois orbitais p) são hibridizados, três orbitais híbridos são obtidos. Estes são chamados orbitais sp^2. Depois da hibridização, cada átomo de carbono tem três orbitais sp^2 degenerados e um orbital p:

três orbitais são hibridizados → hibridização → orbitais híbridos

Para minimizar a repulsão eletrônica, os três orbitais sp^2 precisam ficar o mais distantes possível uns dos outros. No entanto, os eixos dos três orbitais estão no plano, direcionados para o canto de um triângulo eqüilátero com o núcleo do carbono no centro. Isso significa que o ângulo é aproximadamente 120°. Como o átomo do carbono hibridizado em sp^2 está ligado a três átomos que definem um plano, ele é chamado **carbono trigonal planar**. O orbital p não hibridizado é perpendicular ao plano definido pelos eixos dos orbitais sp^2 (Figura 1.15).

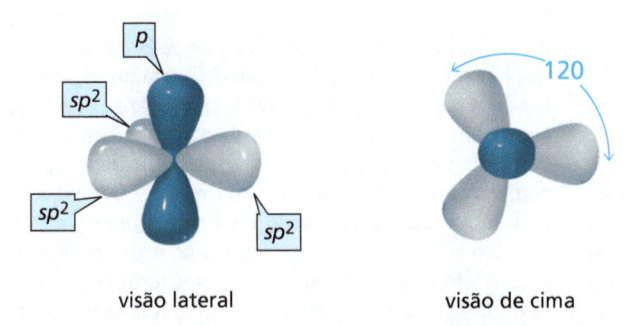

◀ **Figura 1.15**
Carbono hibridizado em sp^2. Os três orbitais sp^2 degenerados ficam no plano. O orbital p não hibridizado é perpendicular ao plano. (Os lobos menores dos orbitais sp^2 não são mostrados.)

Os carbonos no eteno formam duas ligações entre si chamadas **ligação dupla**. As duas ligações carbono–carbono na ligação dupla não são idênticas. Uma das ligações resulta da sobreposição de um orbital sp^2 de um carbono com o orbital sp^2 do outro carbono; esta é uma ligação sigma (σ) porque é formada pela sobreposição alinhada (Figura 1.16a). Cada carbono usa seus outros dois orbitais sp^2 para sobreposição com o orbital s do hidrogênio e formar as ligações C—H. A segunda ligação C—C resulta da sobreposição lado a lado de dois orbitais p não hibridizados. Essa sobreposição forma uma ligação pi (π) (Figura 1.16b). Assim, uma das ligações na ligação dupla é σ e a outra é π. Todas as ligações C—H são σ.

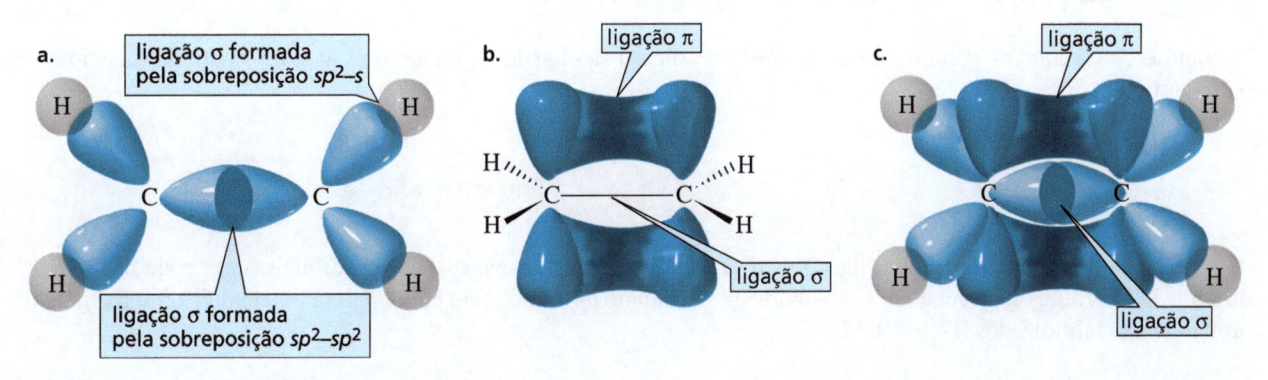

▲ **Figura 1.16** (a) Uma ligação C—C no eteno é uma ligação σ formada pela sobreposição de sp^2–sp^2, e as ligações C—H são formadas pela sobreposição sp^2–s. (b) A segunda ligação C—C é uma ligação π formada pela sobreposição lado a lado de um orbital p de um carbono com o orbital p do outro. (c) Há um acúmulo de densidade eletrônica acima e abaixo do plano que contém os dois átomos de carbono e os quatro de hidrogênio.

Os dois orbitais p que se sobrepõem para formar a ligação π precisam estar o mais paralelos possível um ao outro para a sobreposição ocorrer. Isso força o triângulo formado por um carbono e dois hidrogênios a ficar no mesmo plano, como o triângulo formado pelo outro carbono e dois hidrogênios. Isso significa que todos os seis átomos do eteno ficam no mesmo plano, e os elétrons no orbital p ocupam um volume do espaço acima e abaixo do plano (Figura 1.16c). O mapa do potencial eletrostático para o eteno mostra que ele é apolar com acúmulo de carga negativa (a área laranja) em cima dos dois carbonos. (Se você pudesse girar o mapa do potencial, um acúmulo de carga negativa seria observado no outro lado.)

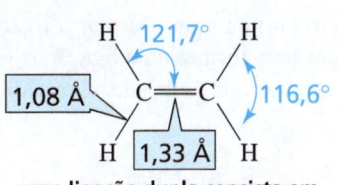

Moleculle Gallery: Eteno
www

uma ligação dupla consiste em uma ligação σ e uma ligação π

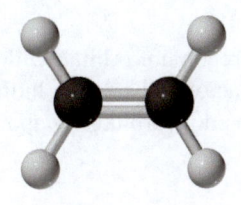

modelo bola e vareta do eteno

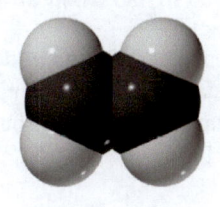

modelo de bolas do eteno

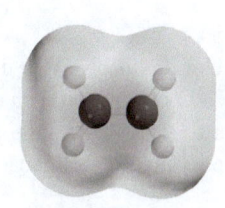

mapa de potencial eletrostático do eteno

Quatro elétrons mantêm os carbonos unidos em uma ligação dupla C—C; apenas dois elétrons ligam os átomos de carbono em uma ligação simples C—C. Isso significa que uma ligação dupla C—C é mais forte (174 kcal/mol ou 728 kJ/mol) e menor (1,33 Å) que uma ligação simples C—C (90 kcal/mol ou 377 kJ/mol, e 1,54 Å).

Diamante, grafite e Buckminsterfulerenos: substâncias que contêm apenas átomos de carbono

O diamante é a mais dura de todas as substâncias. Grafite, pelo contrário, é um sólido mais macio e escorregadio, e mais familiar para nós. Os dois materiais, apesar de terem propriedades físicas bem diferentes, contêm apenas átomos de carbono. As duas substâncias diferem somente na natureza da ligação carbono–carbono que os mantém unidos. Diamante consiste em uma rede tridimensional rígida de átomos, com cada carbono ligado a quatro outros carbonos via orbitais sp^3. Os átomos de carbono na grafite, por outro lado, são hibridizados em sp^2, então cada um se liga a apenas três outros átomos de carbono. O arranjo trigonal planar faz com que os átomos de carbono no grafite acomodem-se em planos, em camadas de lâminas que podem ser cisalhadas e se deslocam para as camadas vizinhas. Você pode comprovar isso ao escrever com um lápis: camadas de carbono destacam-se, deixando uma trilha fina de grafite. Há uma terceira substância encontrada na natureza que contém apenas átomos de carbono: buckminsterfulereno. Como o grafite, este contém apenas carbonos hibridizados em sp^2, mas, em vez de formar chapas planas, os carbonos sp^2 no buckminsterfulereno formam uma estrutura esférica. (Buckminsterfulereno será discutido mais detalhadamente na Seção 15.2.)

1.9 Ligação em etino: uma ligação tripla

Os átomos de carbono no etino (também chamado acetileno) são ligados a apenas dois átomos — um hidrogênio e um outro carbono:

$$H-C\equiv C-H$$
etino
(acetileno)

Como cada carbono forma duas ligações covalentes com dois átomos, apenas dois orbitais (um s e um p) são hibridizados. Dois orbitais sp degenerados são obtidos. Cada átomo de carbono no etino, portanto, tem dois orbitais sp e dois orbitais p não hibridizados (Figura 1.17).

Figura 1.17 ▶
Carbono hibridizado em sp. Os dois orbitais sp são orientados 180° distantes um do outro, perpendicular aos dois orbitais p não hibridizados. (Os lobos menores do orbital sp não são mostrados.)

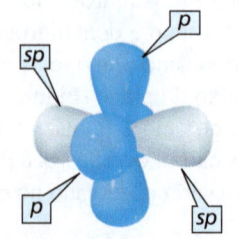

Um dos orbitais sp de cada carbono no etino sobrepõe um orbital sp do outro carbono para formar a ligação σ C—C. O outro orbital sp de cada carbono sobrepõe-se ao orbital s de um hidrogênio para formar uma ligação σ C—H (Figura 1.18a). Para minimizar a repulsão eletrônica, os dois orbitais sp apontam em direções opostas. Consequentemente, o ângulo da ligação é 180°.

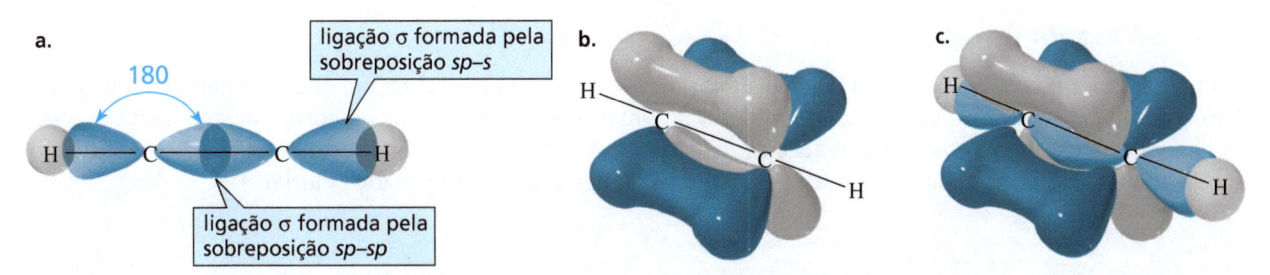

CAPÍTULO 1   Estrutura eletrônica e ligação • Ácidos e bases | 31

a. 180 — ligação σ formada pela sobreposição *sp–s* ; ligação σ formada pela sobreposição *sp–sp*

b.

c.

▲ **Figura 1.18**   (a) A ligação σ C—C no etino é formada pela sobreposição *sp–sp*, e as ligações C—H são formadas pela sobreposição *sp–s*. Os átomos de carbono e os átomos ligados a ele estão em linha reta. (b) As duas ligações π carbono–carbono são formadas pela sobreposição lado a lado do orbital *p* de um carbono com o orbital *p* do outro carbono. (c) A ligação tripla tem região eletrônica densa acima e abaixo, e na frente e atrás do eixo internuclear da molécula.

Os dois orbitais p não hibridizados são perpendiculares entre si, e ambos são perpendiculares ao orbital sp. Cada orbital p não hibridizado encaixa-se em uma sobreposição lado a lado com um orbital p paralelo no outro carbono, resultando na formação de duas ligações p (Figura 1.18b). O resultado total é uma ligação tripla. Uma ligação tripla consiste de uma ligação s e duas ligações p. Como os dois orbitais p não hibridizados em cada carbono são perpendiculares entre si, há uma região de alta densidade eletrônica acima e abaixo, e na frente e atrás, do eixo internuclear da molécula (Figura 1.18c). O mapa de potencial para o etino mostra que a carga negativa acumula-se no cilindro que envolve o contorno da forma oval da molécula.

Molecule Gallery: Etino
www

180°   1,06 Å
H—C≡C—H
1,20 Å

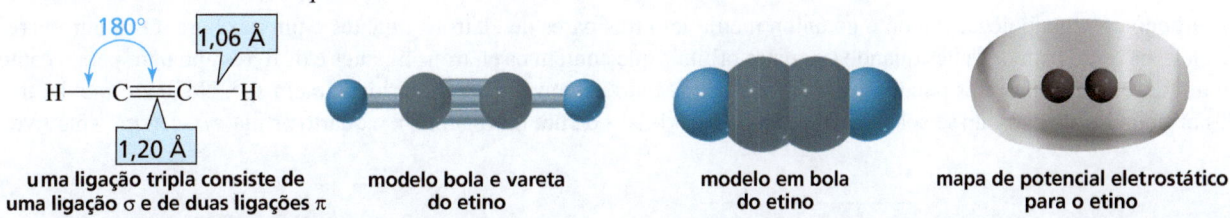

uma ligação tripla consiste de uma ligação σ e de duas ligações π

modelo bola e vareta do etino

modelo em bola do etino

mapa de potencial eletrostático para o etino

Como os dois átomos de carbono na ligação tripla são mantidos unidos por seis elétrons, uma ligação tripla é mais forte (231 kcal/mol ou 967 kJ/mol) e menor (1,20 Å) que uma ligação dupla. (Veja os mapas de potencial eletrostático desta página no encarte colorido.)

1.10   Ligação no cátion metila, no radical metila e no ânion metila

Nem todos os átomos de carbono formam quatro ligações. Um carbono com uma carga positiva, uma carga negativa, ou um elétron desemparelhado formam apenas três ligações. Agora veremos quais orbitais o carbono usa quando faz três ligações.

O cátion metila ($^+CH_3$)

O carbono carregado positivamente no cátion metila é ligado a três átomos, de modo que ele hibridiza três orbitais — um *s* e dois *p*. Portanto, ele forma suas três ligações covalentes usando orbitais sp^2. Seu orbital *p* não hibridizado fica vazio. O carbono carregado positivamente e os três átomos ligados a ele ficam no plano. O orbital *p* fica perpendicular ao plano.

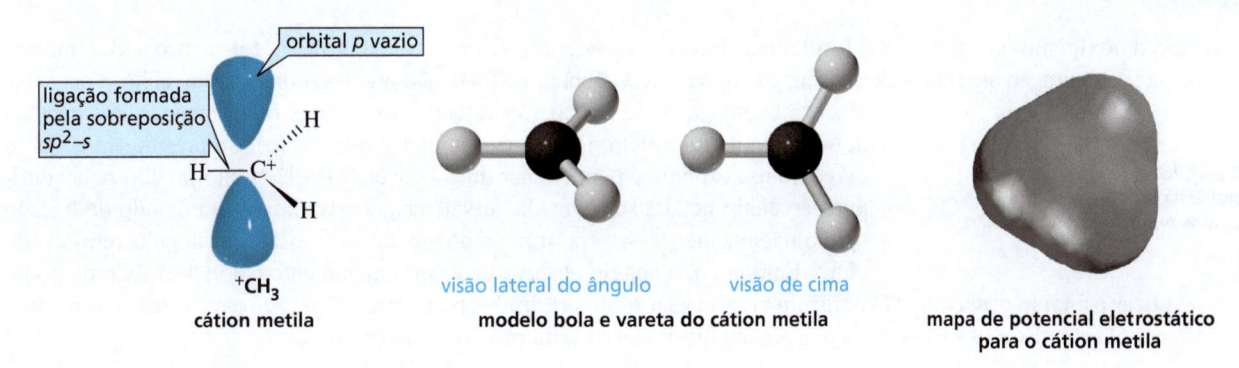

orbital *p* vazio

ligação formada pela sobreposição sp^2–s

H—C⁺—H
    H

$^+CH_3$
cátion metila

visão lateral do ângulo   visão de cima
modelo bola e vareta do cátion metila

mapa de potencial eletrostático para o cátion metila

O radical metila (·CH₃)

O átomo de carbono no radical metila também é hibridizado em sp^2. O radical metila difere do cátion metila por um elétron desemparelhado. Tal elétron está no orbital p. Observe a semelhança nos modelos bola e vareta do cátion metila e do radical metila. Os mapas potenciais, entretanto, são bem diferentes por causa da adição de um elétron no radical metila. (Veja os mapas de potencial eletrostático desta página no encarte colorido.)

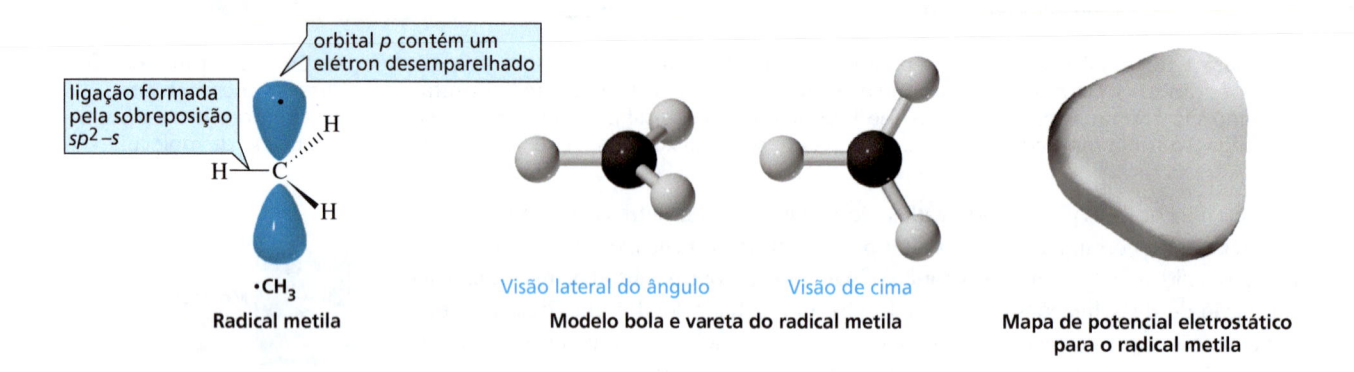

O ânion metila (:CH₃⁻)

O carbono carregado negativamente no ânion metila tem três pares de elétrons ligantes e um par livre. Os quatro pares de elétrons estão bem distantes quando os quatro orbitais que contêm os elétrons ligantes e os livres apontam para o canto de um tetraedro. Em outras palavras, um carbono carregado negativamente é hibridizado em sp^3. No ânion metila, três dos orbitais sp^3 do carbono se sobrepõem cada um ao orbital s de um hidrogênio, e o quarto orbital sp^3 segura o par livre.

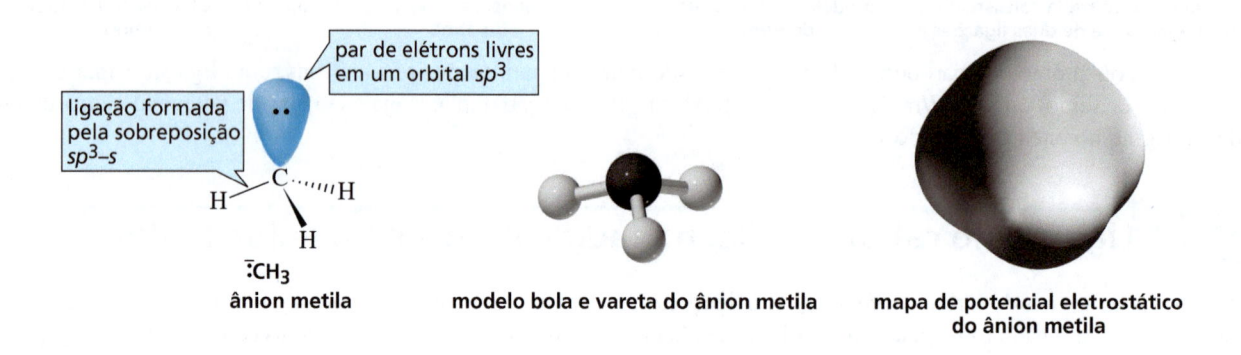

Compare os mapas do potencial para o cátion metila, o radical metila e o ânion metila.

1.11 Ligação na água

O átomo de oxigênio na água (H_2O) forma duas ligações covalentes. Como o oxigênio tem dois elétrons desemparelhados na configuração eletrônica da sua camada de valência (Tabela 1.2), ele não precisa promover um elétron para formar o número (dois) de ligações covalentes necessárias para alcançar uma camada de valência de oito elétrons (isto é, completar seu octeto). Se presumirmos que o oxigênio use orbitais p para formar duas ligações O—H, como predito pela configuração eletrônica da sua camada de valência, esperaríamos um ângulo de ligação aproximadamente de 90°, porque os dois orbitais p estão em ângulo reto um do outro. Entretanto, o ângulo observado experimentalmente é de 104,5°. Como podemos explicar o ângulo observado? O oxigênio precisa usar orbitais híbridos para formar ligações covalentes, assim como o carbono. O orbital s e os três orbitais p precisam hibridizar-se para produzir quatro orbitais sp^3.

> O ângulo de ligação em uma molécula indica quais orbitais são usados na formação da ligação.

CAPÍTULO 1 Estrutura eletrônica e ligação • Ácidos e bases | 33

Elétrons da segunda camada do oxigênio

$$s \quad p \quad p \quad p \xrightarrow{\text{hibridização}} sp^3 \quad sp^3 \quad sp^3 \quad sp^3$$

quatro orbitais hibridizados → orbitais híbridos

Água — uma substância única

Água é a substância mais abundante encontrada em organismos vivos. Suas propriedades inigualáveis permitiram à vida se originar e evoluir. Seu alto calor de fusão (o calor necessário para converter um sólido em líquido) protege organismos de congelamento em baixas temperaturas porque muito calor precisa ser removido da água para congelá-la. A alta capacidade de calor (o calor necessário para subir a temperatura de uma substância em dada quantidade) minimiza a troca de temperatura nos organismos, e o alto calor de vaporização (o calor necessário para converter um líquido em um gás) permite aos animais aquecerem-se com uma perda mínima de fluido corporal. Como a água líquida é mais densa que o gelo, este é formado na superfície da água, flutuando e isolando a água embaixo. Por isso oceanos e lagos não congelam de baixo para cima. É também por isso que plantas e animais aquáticos podem sobreviver enquanto oceanos e lagos vivem congelados.

Cada uma das duas ligações O—H é formada pela sobreposição de um orbital sp^3 do oxigênio com o orbital s de um hidrogênio. Um par livre ocupa cada um dos dois orbitais sp^3 restantes.

O ângulo de ligação na água é um pouco menor (104,5°) que o ângulo de ligação tetraédrico (109,5°) no metano, presumivelmente porque cada par livre "sente" apenas um núcleo, o que o faz mais difuso que o par ligante, que "sente" dois núcleos e é, portanto, relativamente confinado entre eles. Conseqüentemente, há mais repulsão entre pares de elétrons livres, causando a aproximação das ligações O—H e desta forma diminuindo o ângulo de ligação.

Molecule Gallery: Água
www

par de elétrons livres estão em um orbital sp^3

ligação é formada pela sobreposição de um orbital sp^3 do oxigênio com o orbital s do hidrogênio

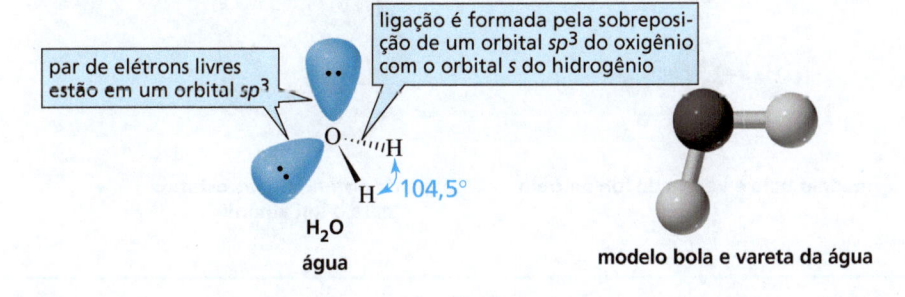

H₂O água — 104,5°

modelo bola e vareta da água

mapa de potencial eletrostático para a água

Compare o mapa de potencial eletrostático da água com o do metano. Água é uma molécula polar; metano é apolar. (Veja o mapa de potencial eletrostático no encarte colorido.)

PROBLEMA 16◆

Os ângulos de ligação em H_3O^+ são maiores que _____ e menores que_____.

1.12 Ligação na amônia e no íon amônio

Os ângulos de ligação observados experimentalmente na amônia são de 107,3°. Eles indicam que o nitrogênio também usa orbitais híbridos quando forma ligações covalentes. Como carbono e oxigênio, os orbitais s e p da segunda camada do nitrogênio hibridizam para formar quatro orbitais sp^3 degenerados.

Molecule Gallery: Amônia
www

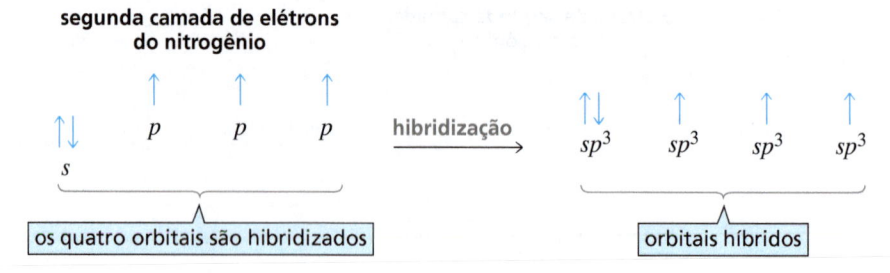

segunda camada de elétrons do nitrogênio

$\underset{s}{\uparrow\downarrow}$ $\underset{p}{\uparrow}$ $\underset{p}{\uparrow}$ $\underset{p}{\uparrow}$ $\xrightarrow{\text{hibridização}}$ $\underset{sp^3}{\uparrow\downarrow}$ $\underset{sp^3}{\uparrow}$ $\underset{sp^3}{\uparrow}$ $\underset{sp^3}{\uparrow}$

os quatro orbitais são hibridizados — orbitais híbridos

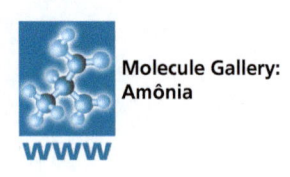

As ligações N—H na amônia são formadas pela sobreposição de um orbital sp^3 do nitrogênio com o orbital s do hidrogênio. O único par de elétrons livres ocupa um orbital sp^3. O ângulo de ligação (107,3°) é menor que o ângulo de ligação tetraédrico (109,5°) porque a repulsão eletrônica entre o par livre relativamente difuso e os pares ligantes é maior que a repulsão entre dois pares ligantes. Observe que os ângulos de ligação em NH_3 (107,3°) são maiores que os em H_2O (104,5°) porque o nitrogênio só tem um par livre, enquanto o oxigênio tem dois. (Os mapas de potencial eletrostático desta página podem ser visto em cores no encarte colorido.)

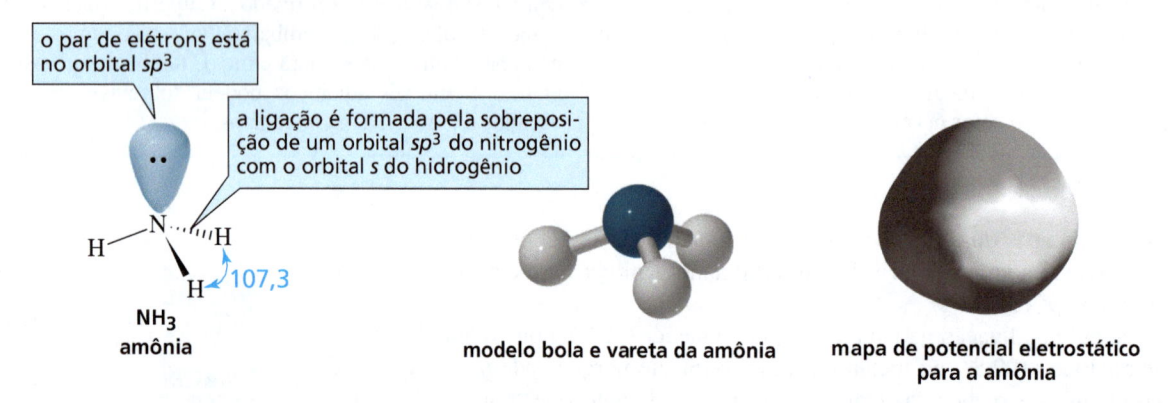

o par de elétrons está no orbital sp^3

a ligação é formada pela sobreposição de um orbital sp^3 do nitrogênio com o orbital s do hidrogênio

NH_3
amônia

modelo bola e vareta da amônia

mapa de potencial eletrostático para a amônia

Como o íon amônio ($^+NH_4$) tem quatro ligações N—H idênticas e nenhum par livre, todos os ângulos de ligação são de 109,5° — como os ângulos de ligação no metano.

$^+NH_4$
íon amônio

modelo bola e vareta do íon amônio

mapa de potencial eletrostático para o íon amônio

PROBLEMA 17◆
De acordo com o mapa de potencial eletrostático para o íon amônio, que átomo(s) é (são) mais carregado(s) positivamente?

PROBLEMA 18◆
Compare os mapas de potencial eletrostático para o metano, a amônia e a água. Qual é a molécula mais polar? Qual é a menos polar?

mapa de potencial eletrostático para o metano

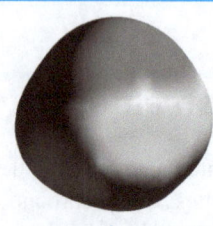

mapa de potencial eletrostático para a amônia

mapa de potencial eletrostático para a água

CAPÍTULO 1   Estrutura eletrônica e ligação • Ácidos e bases   35

1.13 Ligação em haletos de hidrogênio

Flúor, cloro, bromo e iodo são coletivamente conhecidos como halogênios. HF, HCl, HBr e HI são chamados haletos de hidrogênio. Ângulos de ligação não nos ajudarão a determinar os orbitais envolvidos em uma ligação hidrogênio–haleto, como eles fizeram com outras moléculas, porque haletos de hidrogênio só têm uma ligação. Sabemos, entretanto, que elétrons ligantes e pares de elétrons livres se posicionam para minimizar a repulsão eletrônica (Seção 1.6). Se os três pares de elétrons estivessem em orbitais sp^3, eles estariam mais distantes do que se um par estivesse no orbital s e os outros dois no orbital p. Por isso, presumiremos que a ligação hidrogênio–halogênio é formada pela sobreposição de um orbital sp^3 do halogênio com o orbital s do hidrogênio. (Veja o mapa de potencial eletrostático em cores no encarte colorido.)

H—F̈:
fluoreto de hidrogênio

modelo bola e vareta do fluoreto de hidrogênio

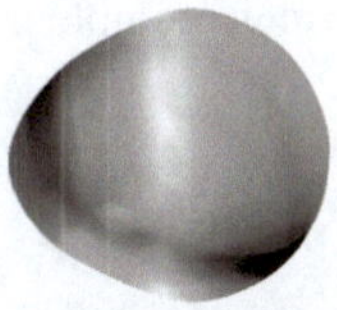

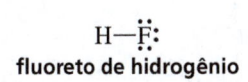

mapa de potencial eletrostático do fluoreto de hidrogênio

fluoreto de hidrogênio

cloreto de hidrogênio

brometo de hidrogênio

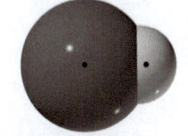

iodeto de hidrogênio

No caso do flúor, o orbital sp^3 usado na formação de ligação pertence à segunda camada de elétrons. No cloro, o orbital sp^3 pertence à terceira camada de elétrons. Como a distância média do núcleo é maior para um elétron na terceira camada que um elétron na segunda, a densidade eletrônica média é menor em um orbital $3sp^3$ que em um orbital $2sp^3$. Isso significa que a densidade eletrônica na região onde o orbital s do hidrogênio sobrepõe o orbital sp^3 do halogênio decresce com o aumento do tamanho do halogênio (Figura 1.19). Dessa forma, a ligação hidrogênio–halogênio fica maior e mais fraca quando o tamanho (peso atômico) do halogênio aumenta (Tabela 1.6).

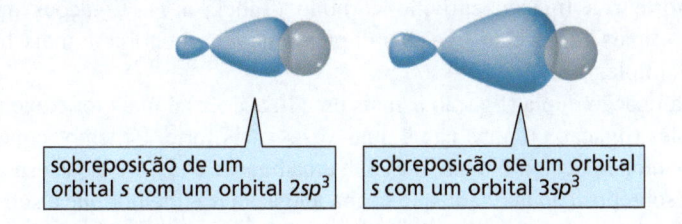

sobreposição de um orbital s com um orbital $2sp^3$

sobreposição de um orbital s com um orbital $3sp^3$

◀ **Figura 1.19**
Há uma densidade eletrônica maior na região de sobreposição de um orbital s com um orbital $2sp^3$ que na região de sobreposição de um orbital s com um orbital $3sp^3$.

Quanto menor a ligação, mais forte ela é.

Tabela 1.6 Comprimento e força da ligação hidrogênio–halogênio			
Haleto de hidrogênio	**Comprimento de ligação (Å)**	**Força de ligação**	
		kcal/mol	**kJ/mol**
H—F	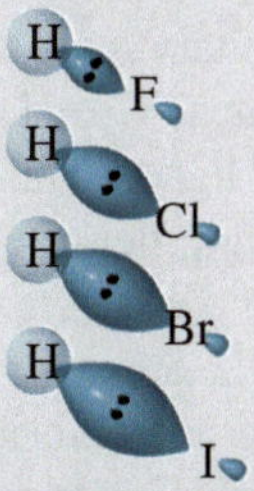 0,917	136	571
H—Cl	1,2746	103	432
H—Br	1,4145	87	366
H—I	1,6090	71	298

PROBLEMA 19◆

a. Preveja o comprimento e a força relativos das ligações Cl_2 e Br_2.
b. Preveja o comprimento e a força relativos das ligações HF, HCl e HBr.

1.14 Resumo: hibridização de orbital, comprimento de ligação, força de ligação e ângulos de ligação

A hibridização de um C, O ou N é $sp^{(3-\text{número de ligações } \pi)}$.

Todas as ligações simples são ligações σ. Todas as ligações duplas são compostas por uma ligação σ e uma ligação π. Todas as ligações triplas são compostas por uma ligação σ e duas ligações π. A maneira mais fácil para determinar a hibridização do átomo de carbono, oxigênio ou nitrogênio é olhar o número de ligações π que ele forma: se ele não forma ligação π, ele é hibridizado em sp^3; se ele forma uma ligação π, ele é hibridizado em sp^2; se ele forma duas ligações π, ele é hibridizado em sp. As exceções são carbocátion e radicais alquila, que são hibridizados em sp^2 — não porque eles formem uma ligação π, mas porque eles têm um orbital p vazio ou meio completo (Seção 1.10).

$$CH_3-\ddot{N}H_2 \qquad \begin{array}{c}CH_3\\ \diagdown\\ C=\ddot{N}-\ddot{N}H_2\\ \diagup\\ CH_3\end{array} \qquad CH_3-C\equiv N: \qquad CH_3-\ddot{\underset{..}{O}}H \qquad \begin{array}{c}\overset{\ddot{\cdot}\ddot{O}\cdot}{\underset{}{\parallel}}\leftarrow sp^2\\ CH_3\overset{C}{}\ddot{\underset{..}{O}}H\end{array} \qquad :\ddot{O}=C=\ddot{O}:$$

$sp^3 \quad sp^3 \qquad sp^3 \quad sp^2 \quad sp^2 \quad sp^3 \qquad sp^3 \quad sp \quad sp \qquad sp^3 \quad sp^3 \qquad sp^3 \quad sp^2 \quad sp^3 \qquad sp^2 \quad sp \quad sp^2$

Uma ligação π é mais fraca que uma ligação σ.

Comparando comprimentos e forças de uma ligação simples, dupla e tripla, vemos que quanto mais há ligações segurando os dois átomos de carbono, menor e mais forte é a ligação carbono–carbono (Tabela 1.7). Ligações triplas são menores e mais fortes que ligações duplas, que são menores e mais fortes que ligações simples.

Uma ligação dupla (ligação σ mais uma ligação π) é mais forte que uma ligação simples (ligação σ), mas não é duas vezes mais forte. Podemos concluir, portanto, que uma ligação π é mais fraca que uma ligação σ. Isso é o que esperaríamos, porque a sobreposição alinhada que forma a ligação σ é melhor que a sobreposição lado a lado que forma uma ligação π (Seção 1.6).

Quanto maior a densidade eletrônica na região de sobreposição dos orbitais, mais forte é a ligação.

Os dados na Tabela 1.7 indicam que uma ligação σ C—H é menor e mais forte que uma ligação σ C—C. Isso ocorre porque o orbital s do hidrogênio está mais perto do núcleo do que o orbital sp^3 do carbono. Conseqüentemente, os núcleos estão mais próximos em uma ligação formada pela sobreposição sp^3-s do que em uma ligação formada pela sobreposição sp^3-sp^3. Além disso, sendo uma ligação C—H menor, ela é mais forte que uma ligação C—C, uma vez que há densidade eletrônica maior na região de sobreposição de um orbital sp^3 com um orbital s do que na região de sobreposição de dois orbitais sp^3.

Quanto maior o caráter s, menor e mais forte é a ligação.

O comprimento e a força de uma ligação C—H dependem da hibridização do átomo de carbono a que o hidrogênio está ligado. Quanto maior o caráter s do orbital usado pelo carbono para fazer a ligação, menor e mais forte é a ligação — de novo, porque um orbital s está mais próximo do núcleo que um orbital p. Então uma ligação C—H formada por carbono hibridizado em sp (50% s) é menor e mais forte que uma ligação C—H formada por um carbono hibridizado em sp^2 (33,3% s), que, enfim, é menor e mais forte que uma ligação C—H formada por um carbono hibridizado em sp^3 (25%).

Quanto maior o caráter s, maior é o ângulo de ligação.

O ângulo de ligação também depende do orbital usado pelo carbono para formar a ligação. Quanto maior a quantidade do caráter s no orbital, maior o ângulo de ligação. Por exemplo, carbonos hibridizados em sp têm ângulos de ligação de 180°, carbonos hibridizados em sp^2 têm ângulos de ligação de 120°, e carbonos hibridizados em sp^3 têm ângulos de ligação de 109,5°.

CAPÍTULO 1 Estrutura eletrônica e ligação • Ácidos e bases

Tabela 1.7 Comparação dos ângulos de ligação e dos comprimentos e forças de ligações carbono–carbono e carbono–hidrogênio em etano, eteno e etino

Molécula	Hibridização do carbono	Ângulo de ligação	Comprimento de ligação C—C (Å)	Força de ligação C—C (kcal/mol)(kJ/mol)		Comprimento de ligação C—H (Å)	Força de ligação C—H (kcal/mol)(kJ/mol)	
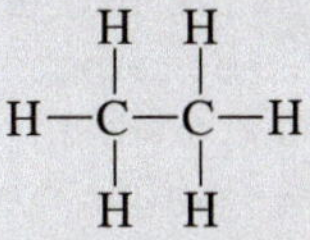 etano (H₃C—CH₃)	sp^3	109,5°	1,54	90	377	1,10	101	423
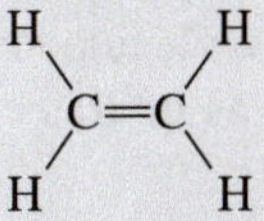 eteno (H₂C=CH₂)	sp^2	120°	1,33	174	720	1,08	111	466
etino (H—C≡C—H)	sp	180°	1,20	231	967	1,06	131	548

Talvez você se pergunte como um elétron "sabe" para qual orbital ele deve ir. Na verdade, os elétrons não sabem nada sobre orbitais. Eles simplesmente se arranjam em torno do átomo da maneira mais estável possível. São os químicos que usam o conceito de orbitais para explicar esse arranjo.

PROBLEMA 20◆

Qual das ligações em uma ligação dupla carbono–carbono tem sobreposição de orbital mais efetiva: a ligação σ ou a ligação π?

PROBLEMA 21◆

Por que é esperado que uma ligação σ C—C, formada pela sobreposição sp^2–sp^2, seja mais forte que uma ligação σ formada pela sobreposição sp^3–sp^3?

PROBLEMA 22

a. Qual é a hibridização de cada átomo de carbono na substância a seguir?

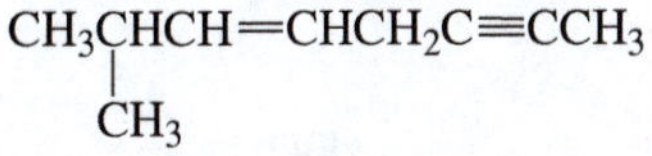

$$CH_3CHCH=CHCH_2C\equiv CCH_3$$
$$\underset{CH_3}{|}$$

b. Qual é a hibridização de cada átomo de carbono, oxigênio e nitrogênio nas substâncias seguintes?

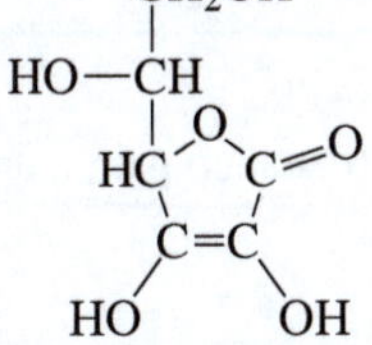

vitamina C 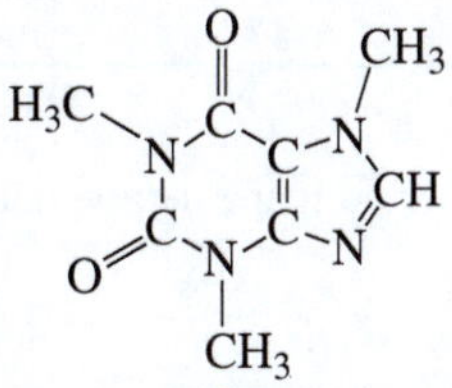   cafeína

PROBLEMA 23

Descreva os orbitais utilizados nas ligações e os ângulos de ligação nas substâncias seguintes. (*Dica*: ver Tabela 1.7.)

a. BeH_2 b. BH_3 c. CCl_4 d. CO_2 e. $HCOOH$ f. N_2

1.15 Momentos de dipolo de moléculas

Na Seção 1.3, vimos que para moléculas com uma ligação covalente, o momento de dipolo da ligação é idêntico ao momento de dipolo da molécula. Para moléculas que têm mais do que uma ligação covalente, a geometria da molécula tem que ser levada em consideração porque a *magnitude* e a *direção* do momento de dipolo da ligação individual (a soma vetorial) determinam o momento de dipolo total da molécula. Moléculas simétricas, portanto, não têm momento de dipolo. Por exemplo, observemos a molécula de dióxido de carbono (CO_2). Como o átomo de carbono é ligado a dois átomos, ele usa orbitais sp para formar ligações σ C—O. Os dois orbitais p restantes no carbono formam as duas ligações π. O momento de dipolo individual de cada ligação C—O cancela uma à outra — porque orbitais sp formam um ângulo de ligação de 180° — dando ao dióxido de carbono momento de dipolo zero D. Outra molécula simétrica é o tetracloreto de carbono (CCl_4). Os quatro átomos ligados ao carbono hibridizado em sp^3 são idênticos e projetados simetricamente para fora do átomo de carbono. Assim, como CO_2, a simetria da molécula leva o momento de dipolo das ligações a se cancelar. O metano também não tem momento de dipolo. (Veja as figuras em cores no encarte colorido.)

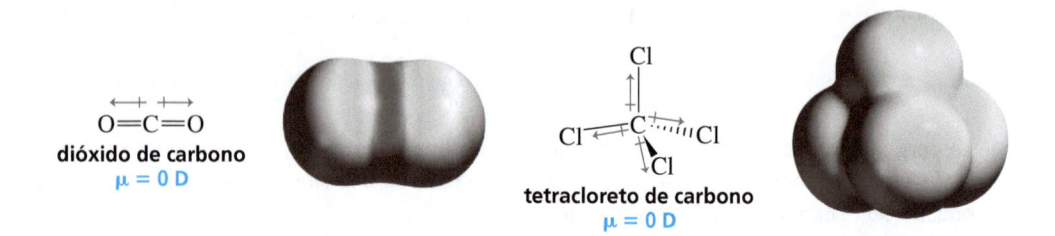

O═C═O
dióxido de carbono
$\mu = 0$ D

tetracloreto de carbono
$\mu = 0$ D

O momento de dipolo do clorometano (CH_3Cl) é maior (1,87 D) que o momento de dipolo da ligação C—Cl (1,5 D) porque os dipolos C—H são orientados, o que reforça o dipolo da ligação C—Cl — eles estão todos na mesma direção relativa. O momento de dipolo da água (1,85 D) é maior que o momento de dipolo de uma única ligação O—H (1,5 D) porque os dipolos das duas ligações O—H reforçam uma à outra. Os pares de elétrons livres também contribuem para o momento de dipolo. Da mesma forma, o momento de dipolo da amônia (1,47 D) é maior que o momento de dipolo de uma única ligação N—H (1,3 D).

clorometano
$\mu = 1,87$ D

água
$\mu = 1,85$ D

amônia
$\mu = 1,47$ D

PROBLEMA 24

Discuta as diferenças na forma e na cor do mapa de potencial eletrostático para a amônia e o íon amônio na Seção 1.12.

PROBLEMA 25 ◆

Quais das seguintes moléculas se espera que tenha momento de dipolo zero? Para responder aos itens g e h, talvez seja necessário responder ao Problema 23 a e b.

a. CH_3CH_3 c. CH_2Cl_2 e. $H_2C═CH_2$ g. $BeCl_2$
b. $H_2C═O$ d. NH_3 f. $H_2C═CHBr$ h. BF_3

1.16 Uma introdução a ácidos e bases

Inicialmente os químicos chamavam qualquer substância que tinha gosto azedo de ácido (do latim *acidus*, azedo). Alguns ácidos eram familiares, como ácido cítrico (encontrado no limão e em outras frutas cítricas), ácido acético (encontrado no vinagre) e ácido hidroclórico (presente no estômago ácido — o gosto azedo associado ao vômito). Substâncias que neutralizam ácidos, como cinza de madeira e outras cinzas de plantas, eram chamadas de bases, ou substâncias alcalinas (cinzas, em árabe, é *al kalai*). Limpadores de vidros e soluções designadas a desentupir esgotos são soluções alcalinas.

A definição de "ácido" e "base" que usamos hoje foi estabelecida por Brønsted e Lowry em 1923. Na definição de Brønsted–Lowry, um **ácido** é uma espécie que doa um próton, e **base** é uma espécie que aceita um próton. (Lembre-se de que íons hidrogênio carregados positivamente são também chamados prótons.) Na reação seguinte, o cloreto de hidrogênio (HCl) satisfaz a definição de Brønsted–Lowry de um ácido porque ele doa um próton para a água. A água satisfaz a definição de uma base porque ela aceita um próton do HCl e pode aceitar um próton porque tem um par de elétrons livres. Pares de elétrons livres também podem formar uma ligação covalente com um próton. Na reação inversa, H_3O^+ é um ácido porque ele doa um próton para Cl^-, e Cl^- é uma base porque aceita um próton do H_3O^+.

$$HCl + H_2O \rightleftharpoons Cl^- + H_3O^+$$
$$\text{ácido} \quad \text{base} \quad \text{base} \quad \text{ácido}$$

> **Johannes Nicolaus Brønsted (1879–1947)** *nasceu na Dinamarca e estudou engenharia antes de optar pela química. Foi professor de química na Universidade de Copenhagen. Durante a Segunda Guerra Mundial, ele se tornou conhecido por sua posição antinazista e, em 1947, foi eleito para o parlamento dinamarquês. Morreu antes de assumir a posição.*
>
> **Thomas M. Lowry (1874–1936)** *nasceu na Inglaterra, filho de um capelão do exército. Tornou-se PhD no Central Technical College. Ocupou a cadeira de química na Westminster Training College e, mais tarde, no Guy's Hospital em Londres. Em 1920, tornou-se professor de química na Universidade de Cambridge.*

De acordo com a definição de Brønsted–Lowry, qualquer espécie que tem um hidrogênio pode potencialmente agir como um ácido, e qualquer substância que possui um par de elétrons livres pode potencialmente agir como uma base. Ambos, ácido e base, têm que estar presentes em uma *reação de transferência de próton*, porque um ácido não pode doar um próton, a menos que uma base esteja presente para aceitá-lo. **Reações ácido–base** são freqüentemente chamadas **reações de transferência de próton**.

Quando uma substância perde um próton, a espécie resultante é chamada de sua **base conjugada**. Assim, Cl^- é a base conjugada de HCl, e H_2O é a base conjugada de H_3O^+. Portanto, HCl é o ácido conjugado de Cl^- e H_3O^+ é o ácido conjugado de H_2O.

Na reação que envolve amônia e água, a amônia (NH_3) é a base porque ela aceita um próton, e a água é o ácido porque doa um próton. Assim, HO^- é a base conjugada de H_2O e $^+NH_4$ é o ácido conjugado de NH_3. Na reação inversa o íon amônio ($^+NH_4$) é um ácido porque doa um próton, e o íon hidróxido (HO^-) é uma base porque aceita um próton.

$$NH_3 + H_2O \rightleftharpoons {}^+NH_4 + HO^-$$
$$\text{base} \quad \text{ácido} \quad \text{ácido} \quad \text{base}$$

Observe que a água pode se comportar como um ácido ou como uma base. Ela pode se comportar como um ácido porque ela tem um próton que pode ser doado, mas também pode se comportar como uma base porque tem um par de elétrons livres que pode aceitar um próton. Na Seção 1.17 veremos como saber se a água age como uma base na primeira reação desta seção e age como um ácido na segunda reação.

Acidez é a medida da tendência de uma substância em doar um próton. **Basicidade** é a medida da afinidade da substância por um próton. Um ácido forte é aquele que tem forte tendência em liberar o seu próton. Isso significa que sua base conjugada tem que ser fraca porque ela tem pouca afinidade com o próton. Um ácido fraco tem pouca tendência em doar seu próton. Assim, a importante relação a seguir existe entre um ácido e sua base conjugada: *Quanto mais forte um ácido, mais fraca é sua base conjugada*. Por exemplo, visto que HBr é um ácido mais forte que HCl, sabemos que Br^- é uma base mais fraca que Cl^-.

> Quanto mais forte o ácido, mais fraca é sua base conjugada.

40 | QUÍMICA ORGÂNICA

> **PROBLEMA 26◆**
>
> a. Dê o ácido conjugado de cada substância a seguir:
>   1. NH_3 2. Cl^- 3. HO^- 4. H_2O
> b. Dê a base conjugada de cada uma das seguintes substâncias:
>   1. NH_3 2. HBr 3. HNO_3 4. H_2O

> **PROBLEMA 27**
>
> a. Escreva uma equação com CH_3OH reagindo como um ácido com NH_3 e uma equação mostrando CH_3OH como uma base reagindo com HCl.
> b. Escreva uma equação mostrando NH_3 reagindo como um ácido com HO^- e uma equação mostrando-a reagindo como uma base com HBr.

1.17 Ácidos e bases orgânicas; pK_a e pH

Quando um ácido forte como cloreto de hidrogênio é dissolvido em água, quase toda a molécula se dissocia (quebra em íons), o que significa que os produtos são favorecidos no equilíbrio. Quando um ácido muito fraco, como ácido acético, é dissolvido em água, poucas moléculas se dissociam, então os reagentes são favorecidos no equilíbrio. Duas setas com meia farpa são usadas para designar equilíbrios de reação. Uma seta longa é desenhada para as espécies favorecidas no equilíbrio.

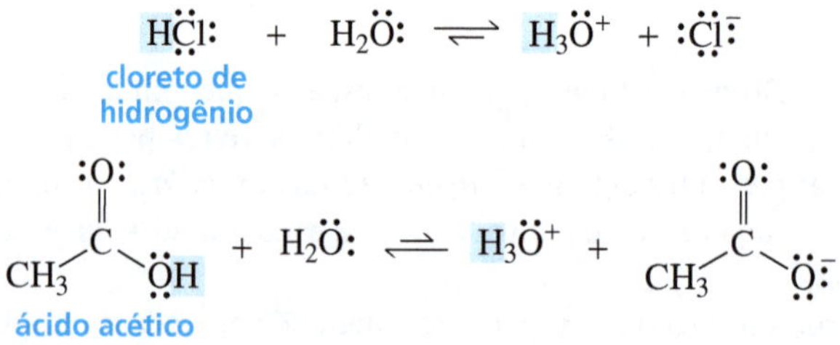

$$HCl + H_2O \rightleftharpoons H_3O^+ + Cl^-$$
cloreto de hidrogênio

$$CH_3COOH + H_2O \rightleftharpoons H_3O^+ + CH_3COO^-$$
ácido acético

A **constante de equilíbrio** da reação, K_{eq}, indica se uma reação reversível favorece reagentes ou produtos no equilíbrio. Lembre que colchetes são utilizados para indicar concentração em mol/litro (isto é, molaridade (M)).

$$HA + H_2O \rightleftharpoons H_3O^+ + A^-$$

$$K_{eq} = \frac{[H_3O^+][A^-]}{[H_2O][HA]}$$

O grau ao qual um ácido (HA) se dissocia é normalmente determinado em uma solução diluída, de modo que a concentração da água fica praticamente constante. A expressão de equilíbrio, portanto, pode ser reescrita usando uma nova constante chamada **constante de dissociação ácida**, K_a.

$$K_a = \frac{[H_3O^+][A^-]}{[HA]} = K_{eq}[H_2O]$$

A constante de dissociação ácida é a constante de equilíbrio multiplicada pela concentração molar da água (55,5 M). Quanto maior a constante de dissociação do ácido, mais forte é o ácido — que é sua maior tendência em liberar um próton. Cloreto de hidrogênio, com uma constante de dissociação ácida de 10^7, é um ácido mais forte que ácido acético, com uma constante de $1,74 \times 10^{-5}$. Por conveniência, a força de um ácido é geralmente indicada pelo seu valor de **pK_a** no lugar de seu valor de K_a, onde:

Quanto mais forte o ácido, menor o seu pK_a.

$$pK_a = -\log K_a$$

O pK_a do cloreto de hidrogênio é -7 e do ácido acético, um ácido bem mais fraco, é 4,76. Observe que quanto menor o pK_a, mais forte é o ácido.

ácido muito forte	p$K_a < 1$
ácidos moderadamente fortes	p$K_a = 1$–5
ácidos fracos	p$K_a = 5$–15
ácidos extremamente fracos	p$K_a > 15$

A menos que sob outros aspectos estabelecidos, os valores de pK_a neste texto indicam a força do ácido *em água*. Mais tarde (na Seção 10.10), veremos como o pK_a de um ácido é afetado quando o solvente é mudado.

O **pH** de uma solução indica a concentração de íons hidrogênio carregados positivamente na solução. A concentração pode ser indicada como [H$^+$] ou, como um íon hidrogênio solvatado em água, como [H$_3$O$^+$]. Quanto menor o pH, mais ácida é a solução.

$$pH = -\log[H_3O^+]$$

Soluções ácidas têm valores de pH menores que 7; soluções básicas têm pH maior que 7. Os valores de pH de algumas soluções comumente encontradas são mostrados na margem. O pH de uma solução pode mudar simplesmente pela adição de um ácido ou de uma base à solução.

Não confunda pH e pK_a: a escala de pH é usada para descrever a acidez de uma *solução*; o pK_a é característico de uma *substância* particular, assim como ponto de fusão ou ebulição — ele indica a tendência da substância em doar seu próton.

Solução	pH
	14
NaOH, 0,1M	13
Alvejante doméstico	
Amônia doméstica	12
	11
Leite de magnésia	10
Bórax	9
Carbonato de sódio ácido	
Clara de ovo, água do mar	8
Sangue humano, lágrima	7
Leite	
Saliva	
Chuva	6
Café	5
Tomate	4
Vinho	
Coca-cola, vinagre	3
Suco de limão	2
Suco gástrico	1
	0

PROBLEMA 28◆

a. Qual é o ácido mais forte, um com pK_a de 5,2 ou um com pK_a de 5,8?
b. Qual é o ácido mais forte, um com uma constante de dissociação ácida de $3,4 \times 10^{-3}$ ou um com uma constante de dissociação ácida de $2,1 \times 10^{-4}$?

PROBLEMA 29◆

Um ácido tem um K_a de $4,53 \times 10^{-6}$ em água. Qual é seu K_{eq}? ([H$_2$O] = 55,5 M)

A importância de ácidos e bases orgânicos se tornará clara quando discutirmos como e por que substâncias orgânicas reagem. Os ácidos orgânicos mais comuns são os ácidos carboxílicos — substâncias que têm um grupo COOH. Ácido acético e ácido fórmico são exemplos de ácidos carboxílicos. Ácidos carboxílicos têm valores de pK_a na faixa de aproximadamente 3 a 5. (Eles são ácidos moderadamente fortes.) Os valores de pK_a de ampla variedade de substâncias orgânicas são dados no Apêndice II.

ácido acético
pK_a = 4,76

ácido fórmico
pK_a = 3,75

Alcoóis — substâncias que têm um grupo OH — são ácidos orgânicos mais fracos, com valores de pK_a perto de 16. Metanol e etanol são exemplos de alcoóis.

CH₃OH CH₃CH₂OH
metanol etanol
pK_a = 15,5 pK_a = 15,9

Vimos que a água pode se comportar tanto como ácido quanto como base. Um álcool se comporta de forma similar: pode se comportar como um ácido e doar um próton, ou como uma base e aceitar um próton.

$$CH_3OH + HO^- \rightleftharpoons CH_3O^- + H_2O$$
ácido

$$CH_3OH + H_3O^+ \rightleftharpoons CH_3\overset{+}{O}H\,H + H_2O$$
base

Um ácido carboxílico pode se comportar como um ácido e doar um próton, ou como uma base e aceitar um próton.

$$CH_3-C(=O)-OH + HO^- \rightleftharpoons CH_3-C(=O)-O^- + H_2O$$
ácido

$$CH_3-C(=O)-OH + H_3O^+ \rightleftharpoons CH_3-C(=\overset{+}{O}H)-OH + H_2O$$
base

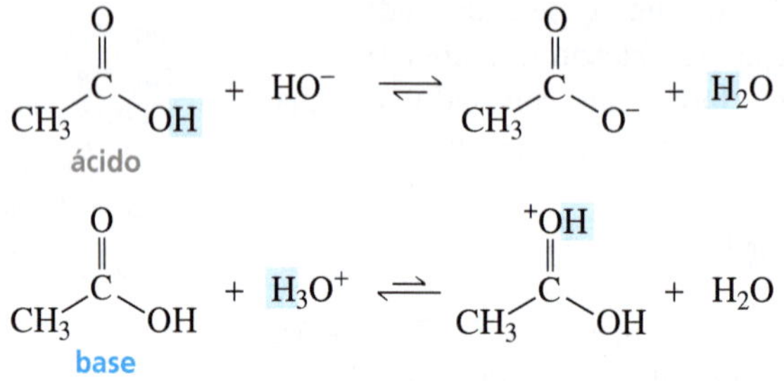

Uma substância *protonada* é aquela que ganha um próton adicional. Um álcool protonado ou um ácido carboxílico protonado é um ácido muito forte. Por exemplo, metanol protonado tem um pK_a de −2,5; etanol protonado tem um pK_a de −2,4 e ácido acético protonado tem um pK_a de −6,1.

CH₃$\overset{+}{O}$H H   CH₃CH₂$\overset{+}{O}$H H   CH₃-C(=$\overset{+}{O}$H)-OH
metanol protonado etanol protonado ácido acético protonado
pK_a = −2,5 pK_a = −2,4 pK_a = −6,1

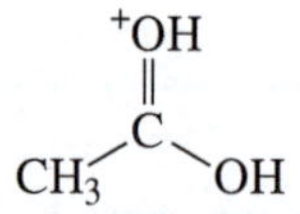

Uma amina pode se comportar como um ácido e doar um próton, ou como uma base e aceitar um próton. Substâncias com grupos NH₂ são aminas.

$$CH_3NH_2 + HO^- \rightleftharpoons CH_3\bar{N}H + H_2O$$
ácido

$$CH_3NH_2 + H_3O^+ \rightleftharpoons CH_3\overset{+}{N}H_3 + H_2O$$
base

Aminas, entretanto, têm valores de pK_a tão altos que raramente se comportam como um ácido. Amônia também tem pK_a alto.

CH₃NH₂ NH₃
metilamina amônia
pK_a = 40 pK_a = 36

Aminas são muito mais prováveis de agir como bases. De fato, aminas são as bases orgânicas mais comuns. Em vez de falar sobre a força de uma base em termos de seu valor de pK_b, é mais fácil falar sobre a força do ácido conjugado como indicado pelo valor de pK_a, lembrando que quanto mais forte o ácido, mais fraca é a sua base conjugada. Por exemplo, metilamina protonada é um ácido mais forte que etilamina protonada, ou seja, metilamina é uma base mais fraca que etilamina. Observe que os valores de pK_a de aminas protonadas estão em torno de 10 a 11.

CAPÍTULO 1   Estrutura eletrônica e ligação • Ácidos e bases   **43**

$$CH_3\overset{+}{N}H_3$$
metilamina protonada
pK_a = 10,7

$$CH_3CH_2\overset{+}{N}H_3$$
etilamina protonada
pK_a = 11,0

É importante saber os valores de pK_a aproximados de várias classes de substâncias discutidas. Uma maneira fácil de se lembrar deles é em unidades de cinco, como mostrado na Tabela 1.8. (R é usado quando o ácido carboxílico ou amina em particular, não é especificada.)

Tabela 1.8   Valores de pK_a aproximados

pK_a < 0	pK_a ~ 5	pK_a ~ 10	pK_a ~ 15
R$\overset{+}{O}$H$_2$ álcool protonado	R—C(=O)—OH ácido carboxílico	R$\overset{+}{N}$H$_3$ amina protonada	ROH álcool
R—C(=$^+$OH)—OH ácido carboxílico protonado			H$_2$O água
H$_3$O$^+$ água protonada			

Alcoóis protonados, ácidos carboxílicos protonados e água protonada têm valores de pK_a menores que 0, ácidos carboxílicos têm valores de pK_a em torno de 5, aminas protonadas têm valores de pK_a em torno de 10; e alcoóis e água têm valores de pK_a em torno de 15.

Memorize os valores aproximados de pK_a dados na Tabela 1.8.

Agora vamos ver como soubemos que a água age como uma base na primeira reação na Seção 1.16 e como um ácido na segunda reação. Para determinar quais dos reagentes serão ácidos, precisamos comparar os valores de seus pK_a: o pK_a do cloreto de hidrogênio é −7 e o da água, 15,7. Como o cloreto de hidrogênio é o ácido mais forte, ele doará um próton para a água. Água, dessa forma, é uma base nesta reação. Quando comparamos os valores de pK_a dos dois reagentes na segunda reação, vemos que o pK_a da amônia é 36 e o da água é 15,7. Neste caso, água é o ácido mais forte e doa seu próton para a amônia. Água, portanto, é um ácido nesta reação.

Ao determinar a posição de equilíbrio para uma reação ácido–base (isto é, quando reagentes ou produtos são favorecidos no equilíbrio), lembre-se de que o equilíbrio favorece *reações* de um ácido forte com uma base forte e a *formação* de um ácido e de uma base fracos. Em outras palavras, *fortes reagem para formarem fracos*. Assim, o equilíbrio estende-se do ácido forte em direção ao ácido fraco.

Fortes reagem para formarem fracos.

$$CH_3-C(=O)-OH + NH_3 \rightleftharpoons CH_3-C(=O)-O^- + \overset{+}{N}H_4$$
ácido forte   base forte   base fraca   ácido fraco
pK_a = 4,8   pK_a = 9,4

$$CH_3CH_2OH + CH_3NH_2 \rightleftharpoons CH_3CH_2O^- + CH_3\overset{+}{N}H_3$$
ácido fraco   base fraca   base forte   ácido forte
pK_a = 15,9   pK_a = 10,7

PROBLEMA 30

a. Para cada reação ácido–base na Seção 1.17, compare os valores de pK_a em cada lado das setas do equilíbrio e certifique-se de que a posição de equilíbrio está na direção indicada. (Os valores de pK_a necessários podem ser encontrados na Seção 1.17 ou no Problema 31.)
b. Faça a mesma coisa para o equilíbrio na Seção 1.16. (O pK_a da $^+$NH$_4$ é 9,4.)

44 QUÍMICA ORGÂNICA

O valor preciso da constante de equilíbrio pode ser calculado pela divisão do K_a do reagente ácido pelo K_a do produto ácido.

$$K_{eq} = \frac{K_a \text{ do reagente ácido}}{K_a \text{ do produto ácido}}$$

Assim, a constante de equilíbrio para a reação do ácido acético com a amônia é $4,0 \times 10^4$, e a constante de equilíbrio para a reação do etanol com metilamina é $6,3 \times 10^{-6}$. Os cálculos são como a seguir:

reação do ácido acético com a amônia:

$$K_{eq} = \frac{10^{-4,8}}{10^{-9,4}} = 10^{4,6} = 4,0 \times 10^4$$

Tutorial Gallery:
Reação ácido–base
www

reação do etanol com metilamina:

$$K_{eq} = \frac{10^{-15,9}}{10^{-10,7}} = 10^{-5,2} = 6,3 \times 10^{-6}$$

PROBLEMA 31◆

a. Qual é a base mais forte, CH_3COO^- ou $HCOO^-$? (O pK_a do CH_3COOH é 4,8; e o pK_a do $HCOOH$ é 3,8.)
b. Qual é a base mais forte, HO^- ou $^-NH_2$? (O pK_a da água é 15,7; o pK_a da NH_3 é 36.)
c. Qual é a base mais forte, H_2O ou CH_3OH? (O pK_a de H_3O^+ é −1,7; o pK_a de $CH_3OH_2^+$ é 2,5.)

PROBLEMA 32◆

Usando os valores de pK_a da Seção 1.17, coloque as forças das bases em ordem decrescente:

$$CH_3NH_2 \quad CH_3NH^- \quad CH_3OH \quad CH_3O^- \quad CH_3\overset{\overset{O}{\|}}{C}O^-$$

PROBLEMA 33◆

Calcule a constante de equilíbrio para as reações ácido-base dos pares de reagentes a seguir.

a. $HCl + H_2O$
b. $CH_3COOH + H_2O$
c. $CH_3NH_2 + H_2O$
d. $CH_3\overset{+}{N}H_3 + H_2O$

1.18 O efeito da estrutura no pK_a

Quanto mais fraca a base, mais forte é seu ácido conjugado.

Bases estáveis são bases fracas.

Quanto mais estável a base, mais forte é seu ácido conjugado.

A força de um ácido é determinada pela estabilidade de sua base conjugada, que é formada quando um ácido libera o seu próton. Quanto mais estável a base, mais forte é seu ácido conjugado. Uma base estável é a que prontamente suporta os elétrons anteriormente compartilhados com um próton. Em outras palavras, bases estáveis são bases fracas — elas não compartilham bem seus elétrons. Então podemos dizer: *quanto mais fraca a base, mais forte é seu ácido conjugado*, ou *quanto mais estável a base, mais forte é seu ácido conjugado*.

Os elementos do segundo período da tabela periódica são todos do mesmo tamanho, mas eles têm eletronegatividades bem diferentes. As eletronegatividades aumentam ao longo do período da esquerda para a direita. Dos átomos mostrados, o carbono é o menos e o flúor o mais eletronegativo.

CAPÍTULO 1 Estrutura eletrônica e ligação • Ácidos e bases

eletronegatividades relativas: C < N < O < F
    └─ mais eletronegativo

Se olharmos para as bases formadas quando hidrogênios são ligados a estes elementos, observamos que as estabilidades das bases aumentam da esquerda para a direita porque quanto mais eletronegativo o átomo for, melhor ele suporta sua carga negativa.

estabilidades relativas: $^-CH_3$ < $^-NH_2$ < HO^- < F^-
    └─ mais estável

O ácido forte é o que forma a base conjugada mais estável, então HF é o ácido mais forte e metano é o ácido mais fraco (Tabela 1.9).

acidez relativa: CH_4 < NH_4 < H_2O < HF
    └─ ácido mais forte

Tabela 1.9 Os valores de pK_a de alguns ácidos simples

CH_4	NH_3	H_2O	HF
pK_a = 50	pK_a = 36	pK_a = 15,7	pK_a = 3,2
		H_2S	HCl
		pK_a = 7,0	pK_a = −7
			HBr
			pK_a = −9
			HI
			pK_a = −10

Podemos concluir, portanto, que quando os átomos são semelhantes em tamanho, a substância mais ácida terá seu hidrogênio ligado ao átomo mais eletronegativo.

O efeito que a eletronegatividade do átomo ligado a um hidrogênio tem na acidez deste hidrogênio pode ser compreendido quando os valores de pK_a de alcoóis e aminas são comparados. Como o oxigênio é mais eletronegativo que o nitrogênio, um álcool é mais ácido que uma amina.

> Quando átomos são semelhantes em tamanho, o ácido mais forte terá seu próton ligado ao átomo mais eletronegativo.

CH_3OH CH_3NH_2
metanol metilamina
pK_a = 15,5 pK_a = 40

Do mesmo modo, um álcool protonado é mais ácido que uma amina protonada.

$CH_3\overset{+}{O}H_2$ $CH_3\overset{+}{N}H_3$
metanol protonado metilamina protonada
pK_a = −2,5 pK_a = 10,7

Comparando átomos com tamanhos bem diferentes, o *tamanho* do átomo é mais importante que sua *eletronegatividade*, determinando como este suporta a carga negativa. Por exemplo, quando descemos em uma coluna da tabela periódica, os elementos aumentam e as eletronegatividades *diminuem*, porém a estabilidade da base aumenta, de modo que a força do ácido conjugado *aumenta*. Assim, HI é o ácido mais forte dos haletos de hidrogênio, mesmo que o iodo seja o halogênio menos eletronegativo.

eletronegatividades relativas: F > Cl > Br > I

mais eletronegativo — maior

estabilidades relativas: F⁻ < Cl⁻ < Br⁻ < I⁻

mais estável

acidez relativa: HF < HCl < HBr < HI

ácido mais forte

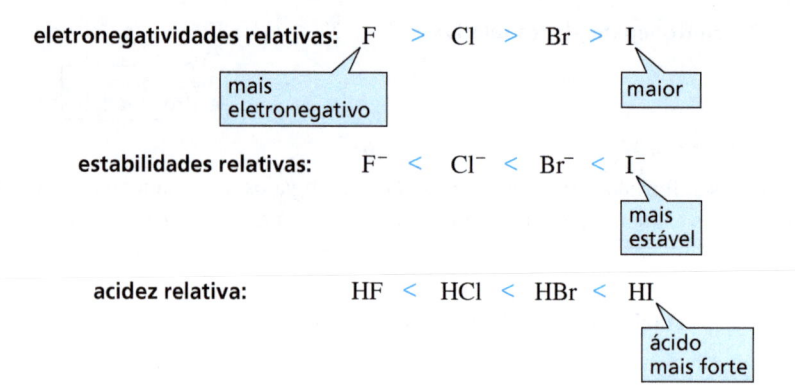

> Quando os átomos são muito diferentes em tamanho, o ácido mais forte terá seu próton ligado ao maior átomo.

Por que o tamanho de um átomo tem esse efeito significante na estabilidade da base e, portanto, na acidez do hidrogênio ligado a ele? Os elétrons de valência do F^- estão em um orbital $2sp^3$, os elétrons de valência do Cl^- estão em um orbital $3sp^3$, os de Br^- em um orbital $4sp^3$, e os de I^- em um orbital $5sp^3$. O volume no espaço ocupado por um orbital $3sp^3$ é significativamente maior que o volume ocupado por um orbital $2sp^3$ porque o orbital $3sp^3$ fica mais afastado do núcleo. Como sua carga negativa é distribuída sobre um volume grande no espaço, Cl^- é mais estável que F^-.

Desse modo, como o íon haleto cresce em tamanho, sua estabilidade aumenta porque sua carga negativa é distribuída sobre um volume grande no espaço — sua densidade eletrônica diminui. Portanto, HI é o ácido mais forte dos haletos de hidrogênio porque I^- é o íon haleto mais estável, mesmo o iodo sendo o menos eletronegativo dos halogênios (Tabela 1.9). Os mapas de potencial (veja-os em cores no encarte colorido) ilustram a grande diferença em tamanho dos íons haleto:

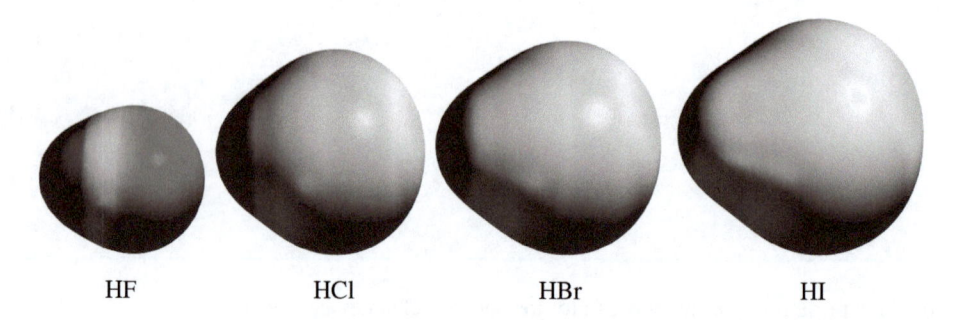

HF   HCl   HBr   HI

Em resumo, quando percorremos o período da tabela periódica, o orbitais têm aproximadamente o mesmo volume, por isso é a eletronegatividade do elemento que determina a estabilidade da base, e, assim, a acidez do próton ligado àquela base. Quando descemos em uma coluna da tabela periódica, os volumes dos orbitais aumentam. O aumento em volume leva a densidade eletrônica do orbital a diminuir. A densidade eletrônica do orbital é mais importante que a eletronegatividade na determinação da estabilidade da base, portanto, a acidez de seu ácido conjugado. Isto é, *quanto menor a densidade eletrônica, mais estável é a base conjugada e mais forte é seu ácido conjugado.*

Apesar de o próton ácido da cada um dos cinco ácidos carboxílicos estar ligado a um átomo de oxigênio, as cinco substâncias têm acidez diferentes:

CH_3COOH ICH_2COOH $BrCH_2COOH$ $ClCH_2COOH$ FCH_2COOH
$pK_a = 4{,}76$ $pK_a = 3{,}15$ $pK_a = 2{,}86$ $pK_a = 2{,}81$ $pK_a = 2{,}66$

Tal diferença indica que deve haver um fator — outro que a natureza do átomo ao qual o hidrogênio está ligado — que afeta a acidez.

Dos valores de pK_a dos cinco ácidos carboxílicos, observamos que, trocando um dos átomos de hidrogênio do grupo CH_3 por um átomo de halogênio, afeta-se a acidez da substância. (Químicos chamam isso de *substituição*, e o novo átomo é chamado *substituinte*.) Todos os halogênios são mais eletronegativos que o hidrogênio (Tabela 1.3). Um átomo eletronegativo de halogênio puxa os elétrons ligantes para si. Puxar elétrons por meio de uma ligação

CAPÍTULO 1 Estrutura eletrônica e ligação • Ácidos e bases

sigma (σ) é chamado **efeito indutivo por retirada de elétrons**. Se olharmos para a base conjugada de um ácido carboxílico, observamos que puxadores de elétrons por indução vão estabilizá-la pelo *decréscimo da densidade eletrônica* sobre o átomo de oxigênio. Estabilizar uma base aumenta a acidez de seu ácido conjugado.

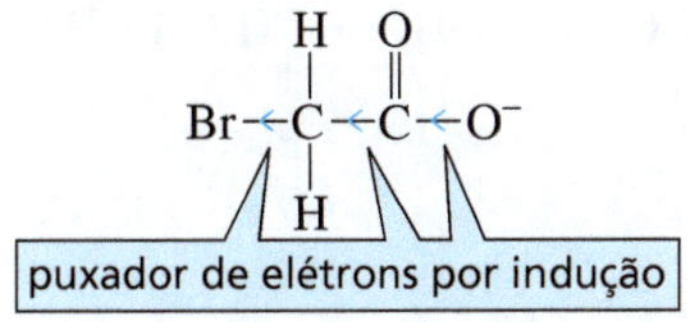

$$Br \leftarrow \overset{H}{\underset{H}{C}} \leftarrow \overset{O}{C} \leftarrow O^-$$

puxador de elétrons por indução

Como os valores de pK_a dos cinco ácidos carboxílicos mostram, o puxador de elétrons por indução aumenta a acidez de uma substância. Quanto maior o efeito puxador de elétrons (eletronegatividade) do substituinte halogênio, maior o aumento da acidez porque mais estabilizada será a sua base conjugada.

O efeito de um substituinte na acidez de uma substância diminui quando a distância entre os substituintes e o átomo de oxigênio aumenta.

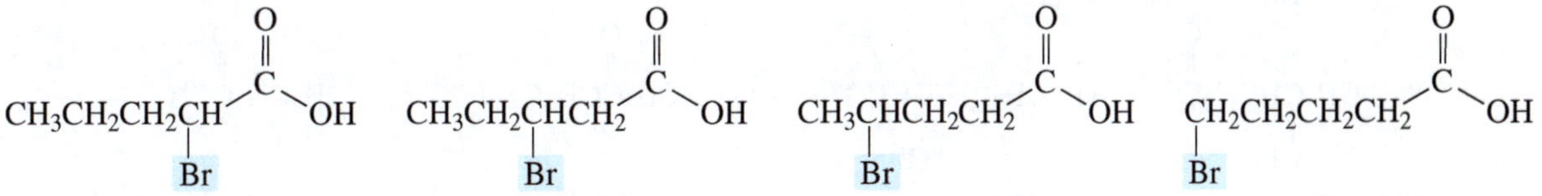

CH$_3$CH$_2$CH$_2$CH(Br)COOH   CH$_3$CH$_2$CH(Br)CH$_2$COOH   CH$_3$CH(Br)CH$_2$CH$_2$COOH   CH$_2$(Br)CH$_2$CH$_2$CH$_2$COOH
pK_a = 2,97   pK_a = 4,01   pK_a = 4,59   pK_a = 4,71

PROBLEMA — ESTRATÉGIA PARA RESOLUÇÃO

a. Qual é o ácido mais forte?

CH$_3$CHCH$_2$OH   ou   CH$_3$CHCH$_2$OH
       | |
       F   Br

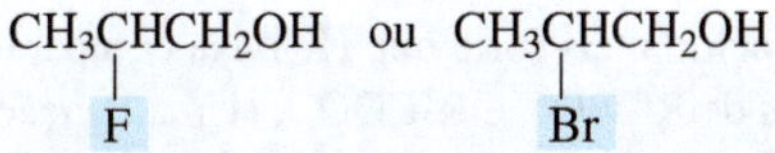

Quando você é questionado a comparar dois itens, preste atenção em como eles diferem; ignore onde eles são iguais. Essas duas substâncias diferem apenas no átomo de halogênio, que é ligado ao carbono do meio da molécula. Como o flúor é mais eletronegativo que o bromo, há um grande efeito indutivo por retirada de elétrons do átomo de oxigênio na substância fluorada. A substância fluorada, portanto, terá a base conjugada mais estável, portanto será o ácido mais forte.

b. Qual é o ácido mais forte?

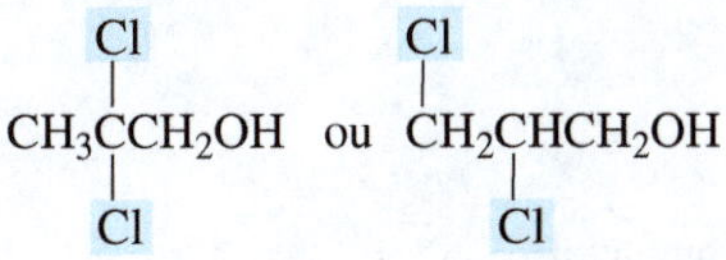

          Cl   Cl
          | |
CH$_3$CCH$_2$OH   ou   CH$_2$CHCH$_2$OH
          | |
          Cl   Cl

Essas duas substâncias diferem na posição de um dos átomos de cloro. Como o cloro na substância da esquerda é mais próximo da ligação O—H que o cloro na substância da direita, o efeito indutivo por retirada de elétrons será mais efetivo no átomo de oxigênio. Assim, a substância da esquerda terá a base conjugada mais estável, com isso será o ácido mais forte.

Agora continue no Problema 34.

PROBLEMA 34◆

Para cada uma das substâncias seguintes, indique qual é o ácido mais forte:

a. CH$_3$OCH$_2$CH$_2$OH   ou   CH$_3$CH$_2$CH$_2$CH$_2$OH

b. CH$_3$CH$_2$CH$_2\overset{+}{N}$H$_3$ ou   CH$_3$CH$_2$CH$_2\overset{+}{O}$H$_2$

c. CH$_3$OCH$_2$CH$_2$CH$_2$OH   ou   CH$_3$CH$_2$OCH$_2$CH$_2$OH

d. 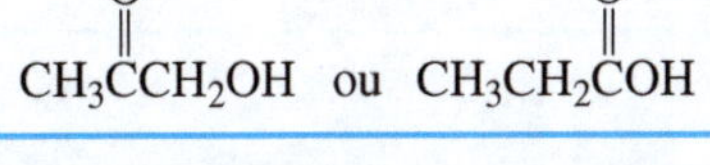 CH$_3\overset{O}{\overset{\|}{C}}CH_2$OH   ou   CH$_3CH_2\overset{O}{\overset{\|}{C}}$OH

PROBLEMA 35◆

Liste as substâncias a seguir em ordem decrescente de acidez:

$$\underset{\underset{F}{|}}{CH_3CHCH_2OH} \quad CH_3CH_2CH_2OH \quad \underset{\underset{Cl}{|}}{CH_2CH_2CH_2OH} \quad \underset{\underset{Cl}{|}}{CH_3CHCH_2OH}$$

PROBLEMA 36◆

Para cada uma das substâncias a seguir, indique qual é a base mais forte:

a. $\underset{\underset{Br}{|}}{CH_3CHCO^-}\overset{O}{\|}$ ou $\underset{\underset{F}{|}}{CH_3CHCO^-}\overset{O}{\|}$

c. $BrCH_2\overset{O}{\overset{\|}{C}}O^-$ ou $CH_3CH_2\overset{O}{\overset{\|}{C}}O^-$

b. $\underset{\underset{Cl}{|}}{CH_3CHCH_2CO^-}\overset{O}{\|}$ ou $\underset{\underset{Cl}{|}}{CH_3CH_2CHCO^-}\overset{O}{\|}$

d. $CH_3\overset{O}{\overset{\|}{C}}CH_2CH_2O^-$ ou $CH_3CH_2\overset{O}{\overset{\|}{C}}CH_2O^-$

PROBLEMA 37 RESOLVIDO

HCl é um ácido mais fraco que HBr. Então por que ClCH$_2$COOH é um ácido mais forte que BrCH$_2$COOH?

RESOLUÇÃO Para comparar a acidez entre HCl e HBr, precisamos comparar as estabilidades de Cl$^-$ e Br$^-$. Como sabemos que o tamanho é mais importante que a eletronegatividade na determinação da estabilidade, sabemos que Br$^-$ é mais estável que Cl$^-$. Dessa forma, HBr é um ácido mais forte que HCl. Na comparação da acidez entre dois ácidos carboxílicos, precisamos comparar as estabilidades de RCOO$^-$ e R'COO$^-$. (Uma ligação O—H é quebrada em ambas as substâncias.) Assim, o único fator a ser considerado é a eletronegatividade dos átomos que puxam os elétrons do átomo de oxigênio nas bases conjugadas. Como Cl é mais eletronegativo que Br, Cl tem maior efeito indutivo por retirada de elétrons. Por isso, é o melhor estabilizador da base formada quando o próton sai.

PROBLEMA 38◆

a. Quais dos íons haleto (F$^-$, Cl$^-$, Br$^-$ e I$^-$) é a base mais forte?
b. Qual é a base mais fraca?

PROBLEMA 39◆

a. Qual é o mais eletronegativo: oxigênio ou enxofre?
b. Qual é o ácido mais forte: H$_2$O ou H$_2$S?
c. Qual é o ácido mais forte: CH$_3$OH ou CH$_3$SH?

PROBLEMA 40◆

Usando a tabela de pK_a dada no Apêndice II, responda ao seguinte:
a. Qual é a substância orgânica mais ácida na tabela?
b. Qual é a substância orgânica menos ácida na tabela?
c. Qual é o ácido carboxílico mais ácido na tabela?
d. Qual é mais eletronegativo, um oxigênio hibridizado em sp^3 ou um oxigênio hibridizado em sp^2? (*Dica*: pegue uma substância no Apêndice II com um hidrogênio ligado a um oxigênio sp^2 e outro com o hidrogênio ligado a um oxigênio sp^3, e compare os seus valores de pK_a.)
e. Quais são as eletronegatividades relativas de átomos de nitrogênio hibridizados em sp^3, sp^2 e sp?
f. Quais são as eletronegatividades relativas de átomos de carbono hibridizado em sp^3, sp^2 e sp?
g. Quem é mais ácido, HNO$_3$ ou HNO$_2$? Por quê?

1.19 Uma introdução à deslocalização de elétrons e ressonância

Vimos que um ácido carboxílico tem pK_a em torno de 5, enquanto o de um álcool é em torno de 15. Pelo fato de um ácido carboxílico ser mais ácido que um álcool, sabemos que o ácido carboxílico tem base conjugada consideravelmente mais estável.

$$CH_3-\overset{\overset{O}{\|}}{C}-O-H \qquad CH_3CH_2O-H$$
$$pK_a = 4{,}76 \qquad\qquad pK_a = 15{,}9$$

Há dois fatores que levam a base conjugada de um ácido carboxílico ser mais estável que a base conjugada de um álcool. Primeiro, um íon carboxilato tem dois oxigênios ligados no lugar de dois hidrogênios do íon alcóxido. O efeito indutivo na retirada de elétron por esse oxigênio eletronegativo diminui a densidade eletrônica do íon. Segundo, a densidade eletrônica, além disso, é diminuída pela *deslocalização de elétrons*.

Quando um álcool perde um próton, a carga negativa reside em seu único átomo de oxigênio; os elétrons são *localizados*. Por outro lado, quando um ácido carboxílico perde um próton, a carga negativa é compartilhada por ambos os átomos de oxigênio porque os elétrons são *deslocalizados*. **Elétrons deslocalizados** não pertencem a um único átomo nem são confinados a uma ligação entre dois átomos. Elétrons deslocalizados são compartilhados por mais de dois átomos. As duas estruturas mostradas para a base conjugada do ácido são chamadas **contribuintes de ressonância**. Nem os contribuintes de ressonância representam a atual estrutura da base conjugada. A atual estrutura — chamada **híbrido de ressonância** — é um misto dos dois contribuintes de ressonância. A seta de duas cabeças entre os dois contribuintes de ressonância é usada para indicar que a atual estrutura é um híbrido. Observe que os dois contribuintes de ressonância diferem apenas na localização de seus elétrons π e pares de elétrons livres — todos os átomos ficam no mesmo lugar. No híbrido de ressonância, a carga negativa é compartilhada igualmente pelos dois átomos de oxigênio, e ambas as ligações carbono–oxigênio têm o mesmo comprimento — elas não são longas como uma ligação simples, mas são maiores que uma ligação dupla. Um híbrido de ressonância pode ser desenhado usando linhas pontilhadas para mostrar a deslocalização dos elétrons. (Veja figura abaixo, à esquerda.)

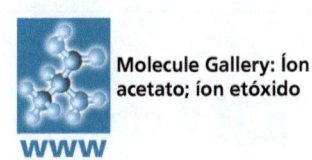

Os mapas de potencial eletrostático a seguir (figura à direita) mostram que há menos densidade eletrônica nos átomos de oxigênio no íon carboxilato (região laranja) que no átomo de oxigênio do íon alcóxido (região vermelha). (Veja os mapas em cores no encarte colorido.)

Molecule Gallery: Íon acetato; íon etóxido

Elétrons deslocalizados são compartilhados por mais de dois átomos.

Desse modo, a combinação do efeito indutivo por retirada de elétrons e a habilidade dos dois átomos em compartilhar a carga negativa diminuem a densidade eletrônica, fazendo com que a base conjugada do ácido carboxílico seja mais estável que a base conjugada do álcool.

Discutiremos deslocalização de elétrons com mais detalhes no Capítulo 7. Nesse momento, estaremos confortáveis com substâncias que têm apenas elétrons localizados, e depois poderemos explorar como elétrons deslocalizados afetam a estabilidade e a reatividade de substâncias orgânicas.

> **PROBLEMA 41**
>
> Qual substância você esperaria ser o ácido mais forte? Por quê?
>
> $$CH_3\overset{O}{\underset{}{C}}-O-H \quad ou \quad CH_3\overset{O}{\underset{O}{S}}-O-H$$

> **PROBLEMA 42♦**
>
> Desenhe formas de ressonância para as substâncias a seguir:
>
> a. carbonato b. nitrito (NO_2^+ structure)

1.20 O efeito do pH na estrutura de uma substância orgânica

Se dado ácido vai perder um próton em solução aquosa depende do pK_a do ácido e do pH da solução. A relação entre os dois é dada pela **equação de Henderson–Hasselbalch**. Esta é uma equação extremamente útil porque nos diz se uma substância vai existir em sua forma ácida (com seu próton retido) ou em sua forma básica (com seu próton removido) em determinado pH.

equação de Henderson–Hasselbalch

$$pK_a = pH + \log \frac{[HA]}{[A^-]}$$

A equação de Henderson–Hasselbalch nos diz que, quando o pH da solução for igual ao pK_a da substância que passa por dissociação, a concentração da substância em sua forma ácida [HA] vai igualar a concentração da substância em sua forma básica [A$^-$] (porque log 1 = 0). Se o pH da solução for menor que o pK_a da substância, esta existirá primeiro em sua forma ácida. Em outras palavras, *substâncias existem primeiro em suas formas ácidas em soluções que são mais ácidas que seus valores de pK_a e primeiro em suas formas básicas em soluções que são mais básicas que seus valores de pK_a*.

Uma substância existirá primeiro em sua forma ácida se o pH da solução for menor que seu pK_a.

Uma substância existirá primeiro em sua forma básica se o pH da solução for maior que o seu pK_a.

Se soubermos o pH da solução e o pK_a da substância, a equação de Henderson–Hasselbalch nos permite calcular precisamente o quanto uma substância estará em sua forma ácida, e o quanto estará em sua forma básica. Por exemplo, quando uma substância com um pK_a de 5,2 está em uma solução de pH 5,2, metade da substância estará na forma ácida e a outra metade na forma básica (Figura 1.20). Se o pH é uma unidade menor que o pK_a da substância (pH = 4,2), haverá 10 vezes mais substâncias presentes na forma ácida que na forma básica (porque log 10 = 1). Se o pH é duas unidades menor que o pK_a da substância (pH = 3,2), haverá 100 vezes mais substância presente na forma ácida que na básica (porque log 100 = 2). Se o pH é 6,2, haverá 10 vezes mais substância presente na forma básica que na ácida, e em pH = 7,2 haverá 100 vezes mais substância presente na forma básica que na ácida.

A equação de Henderson–Hasselbalch pode ser muito útil no laboratório quando substâncias precisam ser separadas uma da outra. Água e éter dietílico não são líquidos miscíveis e, desse modo, formarão duas camadas quando combinados. A camada etérea ficará em cima da camada aquosa mais densa. Substâncias carregadas são mais solúveis em água, enquanto substâncias neutras são mais solúveis em éter dietílico. Duas substâncias como um ácido carboxílico (RCOOH) com um pK_a de 5,0 e uma amina protonada (RNH_3^+) com um pK_a de 10,0, dissolvidas em uma mistura de água e éter dietílico, podem ser separadas pelo ajuste do pH da camada aquosa. Por exemplo, se o pH da camada aquosa é 2, o ácido carboxílico e a amina estarão ambos em suas formas ácidas porque o pH da água é menor que os pK_a de ambas as substâncias. A forma ácida de um ácido carboxílico é neutra, enquanto a forma ácida de uma amina é carregada. Portanto, o ácido carboxílico estará mais solúvel na camada etérea, enquanto a amina protonada estará mais solúvel na camada aquosa.

forma ácida   forma básica

$$RCOOH \rightleftharpoons RCOO^- + H^+$$

$$R\overset{+}{N}H_3 \rightleftharpoons RNH_2 + H^+$$

Para uma separação mais efetiva, será melhor se o pH da camada aquosa estiver pelo menos duas unidades distante dos valores de pK_a das substâncias a serem separadas. Com isso, a quantidade das substâncias em suas formas ácida e básica será pelo menos 100:1 (Figura 1.20).

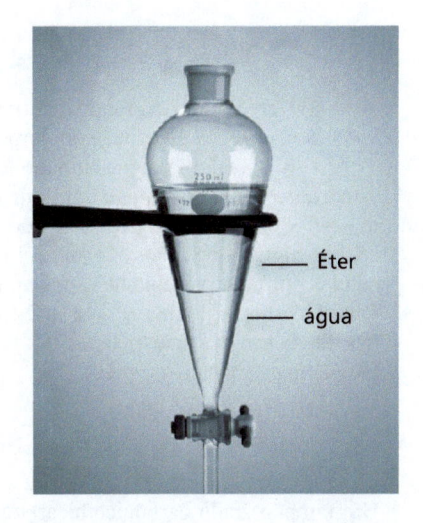

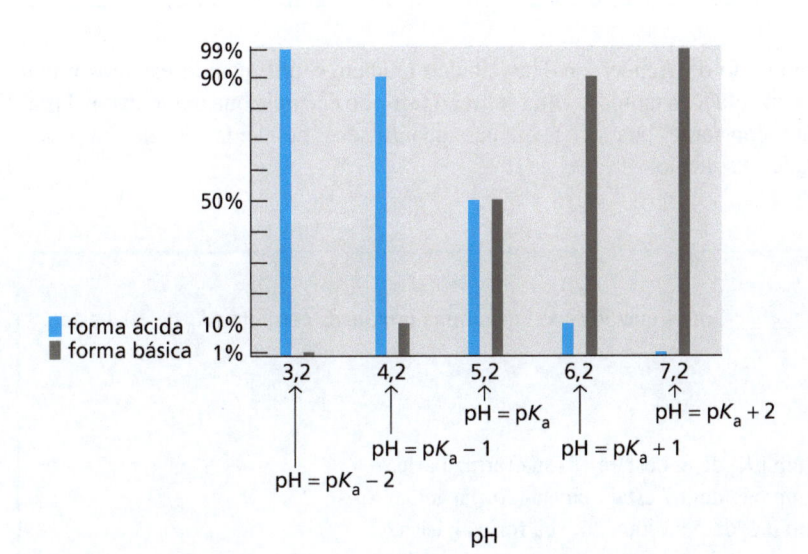

◀ **Figura 1.20**
Quantidade relativa de uma substância com pK_a de 5,2 em formas ácida e básica em diferentes valores de pH.

Derivação da equação de Henderson–Hasselbalch

A equação de Henderson–Hasselbalch pode ser derivada da expressão que define a constante de dissociação de ácidos:

$$K_a = \frac{[H_3O^+][A^-]}{[HA]}$$

Tirando o logaritmo de ambos os lados e depois, no próximo passo, multiplicando ambos os lados da equação por −1, obtemos:

$$\log K_a = \log[H_3O^+] + \log\frac{[A^-]}{[HA]}$$

e

$$-\log K_a = -\log[H_3O^+] - \log\frac{[A^-]}{[HA]}$$

Substituindo e lembrando que quando uma fração é invertida os sinais de seus log mudam, teremos

$$pK_a = pH + \log\frac{[HA]}{[A^-]}$$

Sangue: uma solução tampão

Sangue é o fluido que transporta oxigênio para todas as células do corpo humano. O pH normal do sangue humano é 7,35 a 7,45. Ocorrerá a morte se o pH do sangue diminuir para um valor menor que ~6,8 ou aumentar para um valor maior que ~8,0 por apenas alguns segundos. O oxigênio é carregado para as células por uma proteína no sangue chamada hemoglobina. Quando a hemoglobina se liga a O₂, ela perde um próton, que faz o sangue ficar mais ácido se ele não contiver um tampão para manter seu pH.

$$HbH^+ + O_2 \rightleftharpoons HbO_2 + H^+$$

Um tampão ácido carbônico/bicarbonato (H_2CO_3/HCO_3^-) é usado para controlar o pH do sangue. Um fator importante deste tampão é que o ácido carbônico se decompõe em CO_2 e H_2O:

$$CO_2 + H_2O \rightleftharpoons \underset{\text{ácido carbônico}}{H_2CO_3} \rightleftharpoons \underset{\text{bicarbonato}}{HCO_3^-} + H^+$$

Células precisam de constante fornecimento de O_2, com altos níveis requeridos durante períodos de exercícios árduos. Quando O_2 é consumido pelas células, o equilíbrio da hemoglobina é deslocado para a esquerda a fim de liberar mais O_2, então a concentração de H^+ diminui. Ao mesmo tempo, o metabolismo aumentado durante os exercícios produz grande quantidade de CO_2. Isso desloca o equilíbrio ácido carbônico/bicarbonato para a direita, que aumenta a concentração de H^+. Quantidades significativas de ácido lático também são produzidas durante o exercício, o que aumenta a concentração de H^+.

Receptores no cérebro respondem ao aumento da concentração de H^+ e desencadeiam um reflexo que aumenta a taxa de respiração. Isso aumenta a liberação de oxigênio para a célula e a eliminação de CO_2 por exalação. Ambos os processos diminuem a concentração de H^+ no sangue.

Tutorial Gallery: Efeito do pH na estrutura
www

A equação de Henderson–Hasselbalch também é útil quando estamos trabalhando com soluções tampão. Uma **solução tampão** é aquela que mantém o pH praticamente constante quando pequenas quantidades de ácido ou de base são adicionadas à solução.

PROBLEMA 43◆

Contanto que o pH seja maior que _____, mais que 50% de uma amina protonada com um pK_a de 10,4 estará em forma neutra, não protonada.

PROBLEMA 44   RESOLVIDO

a. Em que pH 99% de uma substância com um pK_a de 8,4 estará em sua forma básica?
b. Em que pH 91% de uma substância com um pK_a de 3,7 estará em sua forma ácida?
c. Em que pH 9% de uma substância com um pK_a de 5,9 estará em sua forma básica?
d. Em que pH 50% de uma substância com um pK_a de 7,3 estará em sua forma básica?
e. Em que pH 1% de uma substância com um pK_a de 7,3 estará em sua forma ácida?

RESOLUÇÃO PARA 44a Se 99% estiver na forma básica e 1%, na forma ácida, a equação de Henderson–Hasselbalch se torna

$$pK_a = pH + \log \frac{1}{99}$$

$$8,4 = pH + \log 0,01$$

$$8,4 = pH - 2,0$$

$$pH = 10,4$$

Há uma maneira mais fácil de obter a resposta: se aproximadamente 100 vezes mais substância estiver presente na forma básica que na ácida, o pH terá duas unidades mais básicas que o pK_a. Dessa forma, pH = 8,4 + 2,0 = 10,4.

RESOLUÇÃO PARA 44b Se 91% estiver na forma ácida e 9%, na forma básica, há aproximadamente 10 vezes mais substância presente na forma ácida. Portanto, o pH é uma unidade mais ácida que o pK_a. Assim, pH = 3,7 − 1,0 = 2,7.

CAPÍTULO 1   Estrutura eletrônica e ligação • Ácidos e bases   **53**

> **PROBLEMA 45♦**
>
> a. Indique quando um ácido carboxílico (RCOOH) com um pK_a de 5 estará mais carregado ou mais neutro em soluções com os seguintes valores de pH:
>   1. pH = 1   3. pH = 5   5. pH = 9   7. pH = 13
>   2. pH = 3   4. pH = 7   6. pH = 11
>
> b. Responda a mesma questão para uma amina protonada ($^+RNH_3$) com um pK_a de 9.
> c. Responda a mesma pergunta para um álcool (ROH) com um pK_a de 15.

> **PROBLEMA 46♦**
>
> Para cada substância em 1 e 2, indique o pH em que
>
> a. 50% da substância estará na forma que possui uma carga.
> b. mais de 99% da substância estará na forma que possui uma carga.
>
>   1. CH_3CH_2COOH (pK_a = 4,9)
>   2. $CH_3\overset{+}{N}H_3$ (pK_a = 10,7)

> **PROBLEMA 47**
>
> Para cada uma das substâncias a seguir, mostradas em sua forma ácida, desenhe a forma que vai predominar em uma solução com pH = 7:
>
> a. CH_3COOH (pK_a = 4,76)   f. $\overset{+}{N}H_4$ (pK_a = 9,4)
> b. $CH_3CH_2\overset{+}{N}H_3$ (pK_a = 11,0)   g. $HC\equiv N$ (pK_a = 9,1)
> c. H_3O^+ (pK_a = -1,7)   h. HNO_2 (pK_a = 3,4)
> d. CH_3CH_2OH (pK_a = 15,9)   i. HNO_3 (pK_a = -1,3)
> e. $CH_3CH_2\overset{+}{O}H_2$ (pK_a = -2,5)   j. HBr (pK_a = -9)

1.21 Ácidos e bases de Lewis

Em 1923, G. N. Lewis propôs novas definições para os termos "ácido" e "base". Ele definiu um ácido como uma espécie que aceita um par de elétrons e uma base como uma espécie que doa um par de elétrons. Todos os ácidos doadores de prótons se enquadram na definição de Lewis porque perdem um próton e o próton aceita um par de elétrons.

Base de Lewis: tem par, vai doar.

Ácido de Lewis: precisa de par de elétrons.

$$H^+ \; + \; :NH_3 \rightleftharpoons H-\overset{+}{N}H_3$$

ácido (aceita um par de elétrons)   base (doa um par de elétrons)

A definição de Lewis de ácidos é muito mais abrangente que a de Brønsted–Lowry porque não é limitada a substâncias que doam prótons. De acordo com a definição de Lewis, substâncias como cloreto de alumínio ($AlCl_3$), trifluoreto de boro (BF_3) e borano (BH_3) são ácidos porque têm orbitais de valência incompletos e podem aceitar um par de elétrons. Essas substâncias reagem com uma substância que tem pares de elétrons livres como um próton reage com a amônia, mas elas não são doadoras de prótons. Assim, a definição de Lewis de ácido inclui todos os ácidos doadores de prótons e alguns ácidos adicionais que não têm prótons. Em todo este texto, o termo "ácido" é usado para significar ácidos doadores de próton, e o termo **ácido de Lewis** é usado para se referir aos ácidos não doadores de prótons como $AlCl_3$ ou BF_3. Todas as bases são **bases de Lewis** porque têm um par de elétrons que podem compartilhar ou com um átomo como alumínio ou boro ou com um próton.

54 QUÍMICA ORGÂNICA

a seta curva indica de onde o par de elétrons inicia e onde ele termina

$$Cl_3Al + CH_3OCH_3 \rightleftharpoons Cl_3Al{-}\overset{+}{O}(CH_3)_2$$

tricloreto de alumínio
ácido de Lewis

éter dimetílico
base de Lewis

$$BH_3 + :NH_3 \rightleftharpoons H_3\overset{-}{B}{-}\overset{+}{N}H_3$$

borano
ácido de Lewis

amônia
base de Lewis

PROBLEMA 48

Qual é o produto de cada uma das reações abaixo:

a. $ZnCl_2 + CH_3OH \rightleftharpoons$

b. $FeBr_3 + Br^- \rightleftharpoons$

c. $AlCl_3 + Cl^- \rightleftharpoons$

d. $BF_3 + HCHO \rightleftharpoons$

PROBLEMA 49

Mostre como cada uma das substâncias a seguir reage com HO^-:

a. CH_3OH
b. $^+NH_4$
c. $CH_3\overset{+}{N}H_3$
d. BF_3
e. $^+CH_3$
f. $FeBr_3$
g. $AlCl_3$
h. CH_3COOH

Resumo

Substâncias orgânicas são substâncias que contêm carbono. O **número atômico** de um átomo é igual ao número de prótons em seu núcleo. O **número de massa** de um átomo é a soma de seus prótons e seus nêutrons. **Isótopos** têm o mesmo número atômico, mas diferente número de massa.

Um **orbital atômico** indica onde há a maior probabilidade de se encontrar um elétron. Quanto mais perto um orbital atômico está do núcleo, menor é sua energia. **Orbitais degenerados** têm a mesma energia. Elétrons são designados para os orbitais seguindo o **princípio aufbau**, o **princípio da exclusão de Pauli** e a **regra de Hund**.

A **regra do octeto** estabelece que um átomo vai doar, aceitar ou compartilhar elétrons para completar a sua camada de valência ou atingir uma camada de valência com oito elétrons. Elementos **eletropositivos** rapidamente perdem elétrons; elementos **eletronegativos** rapidamente adquirem elétrons. A **configuração eletrônica** de um átomo descreve os orbitais ocupados por seus elétrons. Elétrons nas camadas interiores são chamados **elétrons coração**; elétrons na camada mais externa são chamados **elétrons de valência**. **Pares de elétrons livres** são elétrons de valência que não são usados em ligação. Forças atrativas entre cargas opostas são chamadas **atrações eletrostáticas**. Uma **ligação iônica** é formada pela transferência de elétrons; uma **ligação covalente** é formada pelo compartilhamento de elétrons. Uma ligação covalente polar tem um **dipolo**, medido pelo **momento de dipolo**. O momento de dipolo de uma molécula depende das magnitudes e direções do momento de dipolo da ligação.

Estruturas de Lewis indicam quais átomos estão ligados uns aos outros e mostra **pares de elétrons livres** e **cargas formais**. Um **carbocátion** tem um átomo de carbono carregado positivamente, um **carbânion** tem um átomo de carbono carregado negativamente, e um **radical** tem um elétron desemparelhado.

De acordo com a **teoria do orbital molecular (OM)**, ligações covalentes resultam quando orbitais atômicos se combinam para formar **orbitais moleculares**. Orbitais atômicos se combinam para dar um **OM ligante** e um **OM antiligante** de maior energia. Ligações cilindricamente simétricas são chamadas **ligações simples (σ)**; **ligações pi (π)** são formadas pela sobreposição lado a lado de orbitais p. Força de ligação é medida pela **energia de dissociação da ligação**. Uma ligação σ é mais forte que uma ligação π. Todas as ligações **simples** nas substâncias orgânicas são ligações σ; uma **ligação dupla** consiste em uma ligação σ e uma ligação π, e uma **ligação tripla** é constituída por uma ligação σ e duas π. Ligações triplas são menores que ligações duplas, que são menores que ligações simples. Para formar quatro ligações, o carbono promove um elétron do orbital $2s$ para um orbital $2p$. C, N e O formam ligações usando **orbitais híbridos**. A **hibridização** do C, N ou O depende do número de ligações π que o átomo forma: nenhuma ligação π significa que o átomo é **hibridizado em sp^3**, uma ligação π indica que ele é **hibridizado em sp^2** e duas ligações π significam que ele é **hibridizado em sp**. As exceções são os carbocátions e os radicais alquila, que são hibridizados em sp^2. Quanto maior o caráter s no orbital usado para formar a ligação, mais forte e menor a ligação será e maior é o ângulo de ligação. Elétrons ligantes e pares livres em torno do átomo são posicionados o mais distantes possível.

Acidez é uma medida da tendência que uma substância tem em liberar um próton. **Basicidade** é uma medida da afinidade que uma substância tem por um próton. Quanto mais forte o ácido, mais fraca é sua base conjugada. A força de um ácido é dada pela **constante de dissociação ácida (K_a)**. Valores de pK_a aproximados são os seguintes: alcoóis protonados, ácidos carboxílicos protonados, água protonada < 0; ácidos carboxílicos ~5; aminas protonadas ~10; alcoóis e água ~15. O **pH** de uma solução indica a concentração de íons hidrogênio carregados positivamente na solução. Em **reações ácido-base**, o equilíbrio favorece reação do forte e formação do fraco.

A força de um ácido é determinada pela estabilidade de sua base conjugada: quanto mais estável a base, mais forte é seu ácido conjugado. Quando átomos são similares em tamanho, a substância mais ácida tem o hidrogênio ligado ao átomo mais eletronegativo. Quando os átomos são bem diferentes em tamanho, a substância mais ácida tem seu hidrogênio ligado ao maior átomo. **Efeito indutivo por retirada de elétrons** aumenta acidez; a acidez diminui com o aumento da distância entre o substituinte puxador de elétron e o grupo ionizante.

Elétrons deslocalizados são elétrons compartilhados por mais de dois átomos. Uma substância com elétrons deslocalizados tem **ressonância**. O **híbrido de ressonância** é um misto dos **contribuintes de ressonância**, que diferem apenas na localização de seus pares de elétrons livres e elétrons π.

A **equação de Henderson–Hasselbalch** fornece a relação entre pK_a e pH: uma substância existe primeiro em sua forma ácida em soluções mais ácidas que seu valor de pK_a e primeiro em sua forma básica em soluções mais básicas que seu valor de pK_a.

Palavras-chave

acidez (p. 39)
ácido (p. 39)
ácido conjugado (p. 39)
ácido de Lewis (p. 53)
ângulo de ligação tetraédrico (p. 27)
atração eletrostática (p. 8)
base (p. 39)
base conjugada (p. 39)
base de Lewis (p. 53)
basicidade (p. 39)
carbânion (p. 14)
carbocátion (p. 14)
carbono tetraédrico (p. 27)
carbono trigonal planar (p. 29)
carga formal (p. 13)
comprimento de ligação (p. 20)
configuração eletrônica no estado excitado (p. 5)
configuração eletrônica no estado fundamental (p. 5)

constante de dissociação ácida (K_a) (p. 40)
constante de equilíbrio (p. 40)
contribuintes de ressonância (p. 49)
debye (D) (p. 11)
dipolo (p. 11)
efeito indutivo por retirada de elétrons (p. 47)
eletronegatividade (p. 9)
eletronegativo (p. 8)
elétrons coração (p. 7)
elétrons de valência (p. 7)
elétrons deslocalizados (p. 49)
elétrons na camada de valência (RPECV) (p. 23)
elétrons não-compartilhados (p. 13)
eletropositivo (p. 7)
energia de dissociação da ligação (p. 20)
energia de ionização (p. 7)

equação de Henderson–Hasselbalch (p. 50)
equação de onda (p. 4)
estrutura condensada (p. 15)
estruturas de Kekulé (p. 15)
estruturas de Lewis (p. 13)
força da ligação (p. 20)
funções de onda (p. 4)
hibridização de orbitais (p. 26)
híbrido de ressonância (p. 49)
íon hidreto (p. 9)
íon hidrogênio (p. 9)
isótopos (p. 3)
ligação (p. 8)
ligação covalente (p. 8)
ligação covalente apolar (p. 9)
ligação covalente polar (p. 9)
ligação dupla (p. 29)
ligação iônica (p. 8)
ligação pi (π) (p. 22)
ligação sigma (σ) (p. 19)

ligação simples (p. 28)
ligação tripla (p. 31)
mapa de potencial eletrostático (p. 11)
mecânica quântica (p. 4)
modelo da repulsão dos pares de elétrons (p. 23)
molécula apolar (p. 25)
momento de dipolo (μ) (p. 11)
nodo (p. 18)
nodo radial (p. 18)
número atômico (p. 3)
número de massa (p. 3)
orbital (p. 4)
orbitais degenerados (p. 4)

orbital atômico (p. 5)
orbital híbrido (p. 26)
orbital molecular (p. 19)
orbital molecular antiligante (p. 20)
orbital molecular ligante (p. 20)
orbital molecular ligante sigma (σ) (p. 20)
pares de elétrons livres (p. 13)
peso atômico (p. 4)
pH (p. 41)
pK_a (p. 40)
peso molecular (p. 4)
plano nodal (p. 18)
princípio aufbau (p. 6)

princípio da exclusão de Pauli (p. 6)
princípio da incerteza de Heisenberg (p. 18)
próton (p. 9)
radial (p. 18)
reação ácido–base (p. 39)
reação de transferência de próton (p. 39)
regra de Hund (p. 6)
regra do octeto (p. 7)
ressonância (p. 49)
solução tampão (p. 52)
substância iônica (p. 8)
substância orgânica (p. 2)
teoria do orbital molecular (OM) (p. 19)

Problemas

50. Escreva as estruturas de Lewis para cada uma das espécies abaixo:
    a. H_2CO_3
    b. CO_3^{2-}
    c. H_2CO
    d. N_2H_4
    e. CH_3NH_2
    f. $CH_3N_2^+$
    g. CO_2
    h. NO^+
    i. H_2NO^-

51. Dê a hibridização do átomo central de cada uma das espécies a seguir, e diga se o arranjo em torno de sua ligação é linear, trigonal planar ou tetraédrico:
    a. NH_3
    b. BH_3
    c. $^-CH_3$
    d. $\cdot CH_3$
    e. $^+NH_4$
    f. $^+CH_3$
    g. HCN
    h. $C(CH_3)_4$
    i. H_3O^+

52. Desenhe a estrutura condensada de uma substância que contém apenas carbono e hidrogênio que tenha
    a. três carbonos hibridizados em sp^3.
    b. um carbono hibridizado em sp^3 e dois carbonos hibridizados em sp^2.
    c. dois carbonos hibridizados em sp^3 e dois carbonos hibridizados em sp.

53. Preveja o ângulo de ligação indicado:
    a. o ângulo de ligação C—N—H em $(CH_3)_2NH$
    b. o ângulo de ligação C—N—C em $(CH_3)_2NH$
    c. o ângulo de ligação C—N—C em $(CH_3)_2\overset{+}{N}H_2$
    d. o ângulo de ligação C—O—C em CH_3OCH_3
    e. o ângulo de ligação C—O—H em CH_3OH
    f. o ângulo de ligação H—C—H em $H_2C{=}O$
    g. o ângulo de ligação F—B—F em $^-BF_4$
    h. o ângulo de ligação C—C—N em $CH_3C{\equiv}N$
    i. o ângulo de ligação C—C—N em $CH_3CH_2NH_2$

54. Dê a carga formal apropriada para cada átomo:
    a. H—Ö:
    b. H—Ö·
    c. CH₃—N(CH₃)—CH₃ com CH₃
    d. H—N̈—H
    e. H—C̈—H
    f. H—N(H)(H)—B(H)(H)—H
    g. H—C̈—H com H abaixo
    h. CH₃—Ö—CH₃ com H

55. Desenhe a distribuição eletrônica no estado fundamental para:
    a. Ca
    b. Ca^{2+}
    c. Ar
    d. Mg^{2+}

56. Escreva a estrutura de Kekulé para cada uma das substâncias a seguir:
    a. CH_3CHO
    b. CH_3OCH_3
    c. CH_3COOH
    d. $(CH_3)_3COH$
    e. $CH_3CH(OH)CH_2CN$
    f. $(CH_3)_2CHCH(CH_3)CH_2C(CH_3)_3$

57. Mostre a direção do momento de dipolo em cada uma das ligações a seguir (use as eletronegatividades na Tabela 1.3):
    a. CH_3—Br
    b. CH_3—Li
    c. HO—NH_2
    d. I—Br
    e. CH_3—OH
    f. $(CH_3)_2N$—H

58. Qual é a hibridização do átomo indicado em cada uma das seguintes moléculas?
    a. $CH_3\overset{\downarrow}{C}H=CH_2$
    b. $CH_3\overset{O\leftarrow}{\underset{\|}{C}}CH_3$
    c. $CH_3\overset{\downarrow}{C}H_2OH$
    d. $CH_3\overset{\downarrow}{C}\equiv N$
    e. $CH_3\overset{\downarrow}{C}H=NCH_3$
    f. $CH_3\overset{\downarrow}{O}CH_2CH_3$

59. a. Qual das ligações indicadas de cada molécula é a menor?
    b. Indique a hibridização dos átomos de C, O e N em cada uma das moléculas.

    1. $CH_3\overset{\downarrow}{C}H=CH\overset{\downarrow}{C}\equiv CH$
    2. $CH_3\overset{\overset{O}{\|}\rightarrow}{C}CH_2\overset{\downarrow}{-}OH$
    3. $CH_3\overset{\downarrow}{N}H-CH_2CH_2\overset{\downarrow}{N}=CHCH_3$
    4. $\underset{H}{\overset{H\swarrow}{C}}=CHC\equiv\overset{\downarrow}{C}-H$
    5. $\underset{H}{\overset{H\swarrow}{C}}=CHC\equiv C-\underset{CH_3}{\overset{CH_3}{\underset{|}{\overset{|}{C}}}}-H$

60. Para cada substância a seguir, desenhe a forma em que ela predominará no pH = 3, pH = 6, pH = 10 e pH = 14:
    a. CH_3COOH
       pk_a = 4,8
    b. $CH_3CH_2\overset{+}{N}H_3$
       pk_a = 11,0
    c. CF_3CH_2OH
       pk_a = 12,4

61. Qual das moléculas a seguir tem ângulo de ligação tetraédrico?

    H_2O H_3O^+ $^+CH_3$ BF_3 NH_3 $^+NH_4$ $^-CH_3$

62. Os carbonos hibridizados em sp^2 e os átomos indicados estão no plano?

63. Dê os produtos das seguintes reações ácido-base e indique se reagentes ou produtos são favorecidos no equilíbrio (use os valores de pK_a que são dados na Seção 1.17):

    a. $CH_3\overset{O}{\underset{\|}{C}}OH + CH_3O^- \rightleftharpoons$
    b. $CH_3CH_2OH + {}^-NH_2 \rightleftharpoons$
    c. $CH_3\overset{O}{\underset{\|}{C}}OH + CH_3NH_2 \rightleftharpoons$
    d. $CH_3CH_2OH + HCl \rightleftharpoons$

64. Para cada molécula a seguir, indique a hibridização de cada átomo de carbono e dê os valores aproximados de todos os ângulos de ligação:
    a. $CH_3C\equiv CH$
    b. $CH_3CH=CH_2$
    c. $CH_3CH_2CH_3$

58 QUÍMICA ORGÂNICA

65. a. Estime o valor de pK_a dos ácidos a seguir sem usar uma calculadora (isto é, entre 3 e 4, entre 9 e 10 etc.):

   1. ácido nitroso (HNO$_2$), $K_a = 4{,}0 \times 10^{-4}$
   2. ácido nítrico (HNO$_3$), $K_a = 22$
   3. bicarbonato (HCO$_3^-$), $K_a = 6{,}3 \times 10^{-11}$
   4. cianeto de hidrogênio (HCN), $K_a = 7{,}9 \times 10^{-10}$
   5. ácido fórmico (HCOOH), $K_a = 2{,}0 \times 10^{-4}$

   b. Determine os valores de pK_a usando a calculadora.
   c. Qual é o ácido mais forte?

66. a. Liste os ácidos carboxílicos abaixo em ordem decrescente de acidez:

   1. CH$_3$CH$_2$CH$_2$COOH
      $K_a = 1{,}52 \times 10^{-5}$

   2. CH$_3$CH$_2$CHCOOH
      |
      Cl
      $K_a = 1{,}39 \times 10^{-3}$

   3. ClCH$_2$CH$_2$CH$_2$COOH
      $K_a = 2{,}96 \times 10^{-5}$

   4. CH$_3$CHCH$_2$COOH
      |
      Cl
      $K_a = 8{,}9 \times 10^{-5}$

   b. Como a presença de um substituinte eletronegativo como o Cl afeta a acidez de um ácido carboxílico?
   c. Como a localização do substituinte afeta a acidez de um ácido carboxílico?

67. Desenhe uma estrutura de Lewis para cada espécie a seguir:

   a. CH$_3$N$_2^+$ b. CH$_2$N$_2$ c. N$_3^-$ d. N$_2$O (arranjo NNO)

68. a. Para cada par das reações a seguir, indique qual tem a constante de equilíbrio mais favorável (ou seja, qual favorece mais os produtos):

   1. CH$_3$CH$_2$OH + NH$_3$ $\rightleftharpoons$ CH$_3$CH$_2$O$^-$ + $\overset{+}{\text{N}}$H$_4$
   ou
   CH$_3$OH + NH$_3$ $\rightleftharpoons$ CH$_3$O$^-$ + $\overset{+}{\text{N}}$H$_4$

   2. CH$_3$CH$_2$OH + NH$_3$ $\rightleftharpoons$ CH$_3$CH$_2$O$^-$ + $\overset{+}{\text{N}}$H$_4$
   ou
   CH$_3$CH$_2$OH + CH$_3$NH$_2$ $\rightleftharpoons$ CH$_3$CH$_2$O$^-$ + CH$_3\overset{+}{\text{N}}$H$_3$

   b. Qual das quatro reações tem a constante de equilíbrio mais favorável?

69. A substância a seguir tem dois isômeros:

   $$\text{ClCH}=\text{CHCl}$$

   Um isômero tem momento de dipolo 0 D, e o outro tem momento de dipolo 2,95 D. Proponha estruturas para os dois isômeros que sejam consistentes com estes dados.

70. Sabendo que pH + pOH = 14 e que a concentração de água em uma solução de água é 55,5 M, mostre que o pK_a da água é 15,7. (*Dica*: pOH = $-\log[\text{HO}^-]$.)

71. Água e éter dietílico são líquidos imiscíveis. Substâncias carregadas dissolvem-se em água e substâncias neutras dissolvem-se em éter. C$_6$H$_{11}$COOH tem um pK_a de 4,8 e C$_6$H$_{11}\overset{+}{\text{N}}H_3$ tem um pK_a de 10,7.

   a. Que pH a camada aquosa precisa ter para fazer com que as duas substâncias sejam dissolvidas nesta camada?
   b. Que pH a camada aquosa precisa ter para fazer com que o ácido dissolva na camada aquosa e a amina se dissolva na camada etérea?
   c. Que pH a camada aquosa precisa ter para fazer com que o ácido se dissolva na camada etérea e a amina se dissolva na camada aquosa?

CAPÍTULO 1 Estrutura eletrônica e ligação • Ácidos e bases

72. Como a mistura das substâncias abaixo poderia ser separada? Os reagentes disponíveis são água, éter, HCl 0,1 M e NaOH 0,1 M. (*Dica*: veja o Problema 71.)

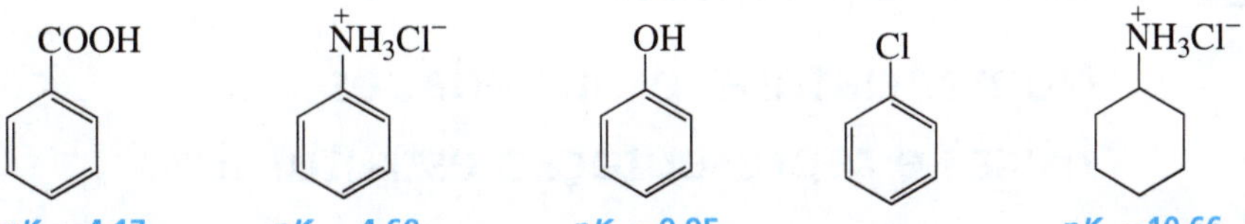

C$_6$H$_5$COOH	C$_6$H$_5$NH$_3^+$Cl$^-$	C$_6$H$_5$OH	C$_6$H$_5$Cl	C$_6$H$_{11}$NH$_3^+$Cl$^-$
pK_a = 4,17	pK_a = 4,60	pK_a = 9,95		pK_a = 10,66

73. Usando a teoria do orbital molecular, explique por que uma luz brilhante em Br$_2$ causa a sua quebra em dois átomos, mas luz brilhante em H$_2$ não quebra a molécula.

74. Demostre que $K_{eq} = \dfrac{K_a \text{ reagente ácido}}{K_a \text{ produto ácido}} = \dfrac{[\text{productos}]}{[\text{reagentes}]}$

75. Ácido carbônico tem um pK_a de 6,1 a temperatura fisiológica. O sistema tampão ácido carbônico/bicarbonato que mantém o pH do sangue a 7,3 é melhor que excesso de ácido ou base para neutralizar?

76. a. Se um ácido com pK_a de 5,3 está em uma solução aquosa de pH 5,7, qual porcentagem de ácido está presente na forma ácida?
    b. Em que pH 80% do ácido existe na forma ácida?

77. Calcule os valores de pH das seguintes soluções:
    a. uma solução de 1,0 M de ácido acético (pK_a = 4,76)
    b. uma solução de 0,1 M de metilamina protonada (pK_a = 10,7)
    c. uma solução contendo 0,3 M de HCOOH e 0,1 M de HCOO$^-$ (pK_a de HCOOH = 3,76)

Para ajudar nas respostas dos problemas 75-77, veja Special Topic I, no Guia de Estudo, disponível em inglês no site do livro.

2 Introdução às substâncias orgânicas

Nomenclatura, propriedades físicas e representação estrutural

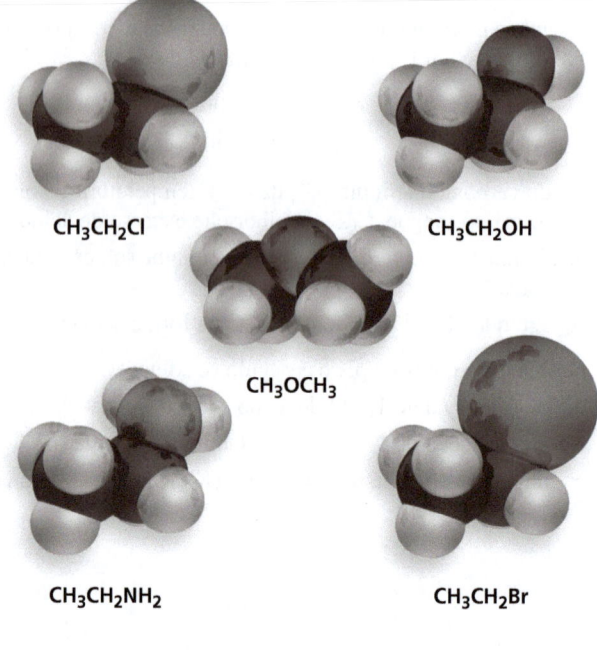

Este livro organiza a química orgânica de acordo como as substâncias orgânicas reagem. Estudando como as substâncias reagem, é imprescindível não se esquecer de que sempre que uma substância sofre uma reação, uma nova substância é sintetizada. Em outras palavras, enquanto estamos aprendendo como substâncias orgânicas reagem, estaremos simultaneamente aprendendo como sintetizar uma nova substância orgânica.

CH₃CH₂Cl CH₃CH₂OH CH₃OCH₃ CH₃CH₂NH₂ CH₃CH₂Br

Y ⟶ Z
Y está reagindo   Z está sendo sintetizado

As principais classes de substâncias que são sintetizadas pelas reações que estudaremos nos Capítulos 3 a 11 são alcanos, haletos de alquila, éteres, alcoóis e aminas. À medida que se aprende como se sintetiza uma substância, é preciso ser capaz de identificá-las pelos nomes; precisamos assim iniciar o estudo de química orgânica aprendendo como nomear as cinco classes de substâncias.

Inicialmente aprenderemos como nomear alcanos porque eles formam a base para os nomes da maioria das substâncias orgânicas. **Alcanos** são constituídos apenas por átomos de carbono e de hidrogênio e possuem apenas ligações simples. Substâncias que contêm somente carbono e hidrogênio são chamadas **hidrocarbonetos**, de modo que um alcano é um hidrocarboneto que tem unicamente ligações simples. Alcanos em que o carbono forma uma cadeia contínua sem ramificação são chamados **alcanos de cadeia linear**. Os nomes de vários alcanos de cadeia linear são dados na Tabela 2.1. É importante aprender, pelo menos, o nome dos dez primeiros.

A família dos alcanos mostrada na tabela é um exemplo de uma série homóloga. Uma **série homóloga** (do grego *homos*, "mesmo que") é uma família de substâncias em que cada membro difere do seguinte por um **grupo metileno** (CH_2). Os membros de uma série homóloga são chamados **homólogos**. Propano ($CH_3CH_2CH_3$) e butano ($CH_3CH_2CH_2CH_3$) são homólogos.

Se olharmos o número relativo de átomos de carbono e de hidrogênio nos alcanos listados na Tabela 2.1, veremos que a fórmula molecular geral para um alcano é C_nH_{2n+2}, onde n é qualquer número inteiro. Assim, se um alcano tem um átomo de carbono, ele terá quatro átomos de hidrogênio; tendo dois átomos de carbono, ele possuirá seis átomos de hidrogênio.

Vimos que o carbono faz quatro ligações covalentes e o hidrogênio forma apenas uma ligação covalente (Seção 1.4). Isso significa que só é possível uma estrutura para um alcano com fórmula molecular CH_4 (metano) e apenas uma estrutura para um alcano com fórmula molecular C_2H_6 (etano). Examinamos as estruturas dessas substâncias na Seção 1.7. Há também apenas uma estrutura para um alcano com a fórmula molecular C_3H_8 (propano).

Tabela 2.1   Nomenclatura e propriedades físicas de alcanos lineares

Número de carbonos	Fórmula molecular	Nome	Estrutura condensada	Ponto de ebulição (°C)	Ponto de fusão (°C)	Densidade* (g/mL)
1	CH_4	metano	CH_4	−167,7	−182,5	
2	C_2H_6	etano	CH_3CH_3	−88,6	−183,3	
3	C_3H_8	propano	$CH_3CH_2CH_3$	−42,1	−187,7	
4	C_4H_{10}	butano	$CH_3CH_2CH_2CH_3$	−0,5	−138,3	
5	C_5H_{12}	pentano	$CH_3(CH_2)_3CH_3$	36,1	−129,8	0,5572
6	C_6H_{14}	hexano	$CH_3(CH_2)_4CH_3$	68,7	−95,3	0,6603
7	C_7H_{16}	heptano	$CH_3(CH_2)_5CH_3$	98,4	−90,6	0,6837
8	C_8H_{18}	octano	$CH_3(CH_2)_6CH_3$	127,7	−56,8	0,7026
9	C_9H_{20}	nonano	$CH_3(CH_2)_7CH_3$	150,8	−53,5	0,7177
10	$C_{10}H_{22}$	decano	$CH_3(CH_2)_8CH_3$	174,0	−29,7	0,7299
11	$C_{11}H_{24}$	undecano	$CH_3(CH_2)_9CH_3$	195,8	−25,6	0,7402
12	$C_{12}H_{26}$	dodecano	$CH_3(CH_2)_{10}CH_3$	216,3	−9,6	0,7487
13	$C_{13}H_{28}$	tridecano	$CH_3(CH_2)_{11}CH_3$	235,4	−5,5	0,7546
⋮	⋮	⋮	⋮	⋮	⋮	⋮
20	$C_{20}H_{42}$	eicosano	$CH_3(CH_2)_{18}CH_3$	343,0	36,8	0,7886
21	$C_{21}H_{44}$	uneicosano	$CH_3(CH_2)_{19}CH_3$	356.5	40,5	0,7917
⋮	⋮	⋮	⋮	⋮	⋮	⋮
30	$C_{30}H_{62}$	triacontano	$CH_3(CH_2)_{28}CH_3$	449,7	65,8	0,8097

* Densidade é dependente da temperatura. As densidades dadas são as determinadas a 20 °C ($d^{20°}$).

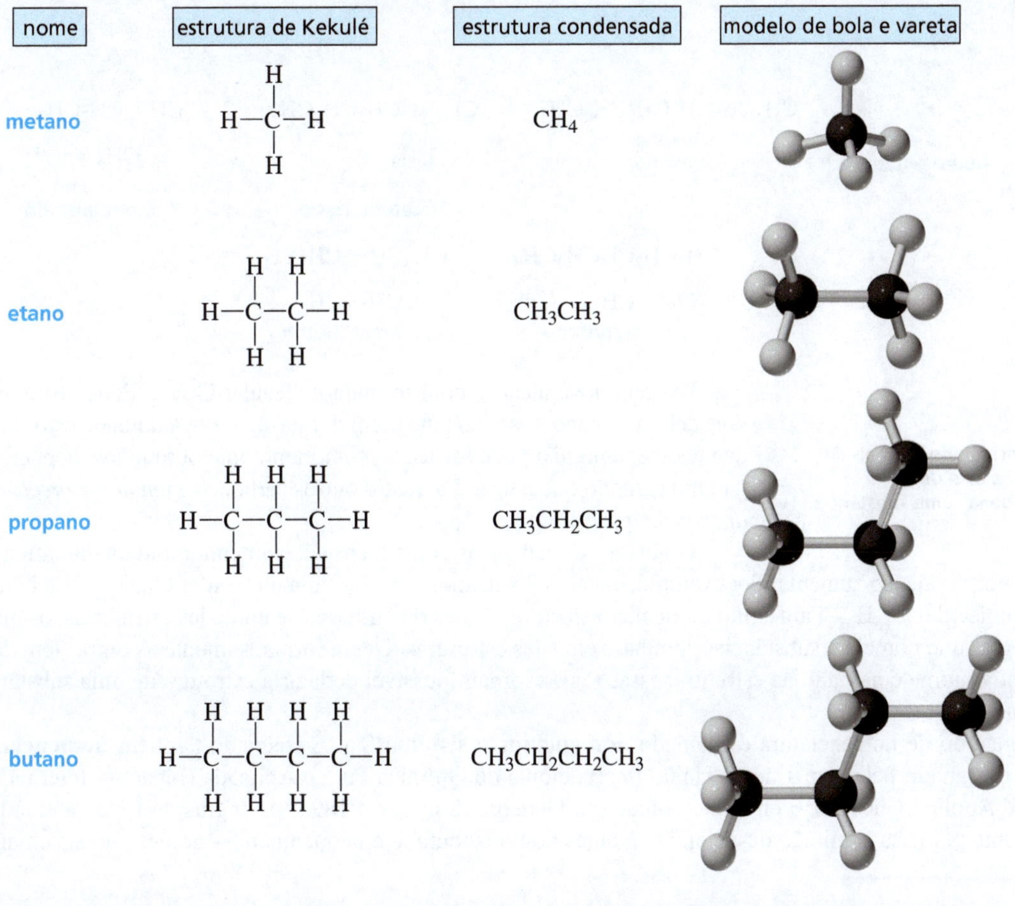

nome	estrutura de Kekulé	estrutura condensada	modelo de bola e vareta
metano	H−C(H)(H)−H	CH_4	
etano	H−C(H)(H)−C(H)(H)−H	CH_3CH_3	
propano	H−C(H)(H)−C(H)(H)−C(H)(H)−H	$CH_3CH_2CH_3$	
butano	H−C(H)(H)−C(H)(H)−C(H)(H)−C(H)(H)−H	$CH_3CH_2CH_2CH_3$	

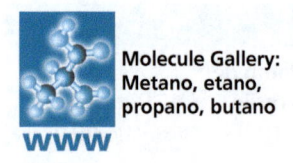

Molecule Gallery: Metano, etano, propano, butano
www

Quando o número de carbonos ultrapassa três em um alcano, o número de estruturas possíveis aumenta. Existem duas estruturas possíveis para um alcano com fórmula molecular C_4H_{10}. Além do butano — um alcano de cadeia linear — há um butano ramificado chamado isobutano. Ambas as estruturas preenchem o requisito de que todo carbono forma quatro ligações e cada hidrogênio forma apenas uma.

Substâncias como butano e isobutano, que têm a mesma fórmula molecular, mas diferem na ordem com que os átomos são conectados, são chamadas **isômeros constitucionais** — suas moléculas têm diferentes constituições. Na realidade, o isobutano recebeu este nome porque ele é um "isô"mero do butano. A unidade estrutural — um carbono ligado a um hidrogênio e dois grupos CH_3 — que existe no isobutano veio a ser chamada "iso". Assim, o nome isobutano diz que a substância é um alcano com quatro carbonos com uma unidade estrutural iso.

$CH_3CH_2CH_2CH_3$
butano

CH_3CHCH_3
|
CH_3
isobutano

CH_3CH-
|
CH_3
unidade estrutural "iso"

Existem três alcanos com a fórmula molecular C_5H_{12}. Pentano é o alcano de cadeia linear. Isopentano, como seu nome indica, tem uma unidade estrutural iso e cinco átomos de carbono. O terceiro isômero é chamado neopentano. A unidade estrutural com um carbono rodeado por outros quatro carbonos é chamada "neo".

$CH_3CH_2CH_2CH_2CH_3$
pentano

$CH_3CHCH_2CH_3$
|
CH_3
isopentano

$\quad\;\; CH_3$
$\quad\;\; |$
CH_3CCH_3
$\quad\;\; |$
$\quad\;\; CH_3$
neopentano

$\quad\;\; CH_3$
$\quad\;\; |$
CH_3CCH_2-
$\quad\;\; |$
$\quad\;\; CH_3$
unidade estrutural "neo"

Existem cinco isômeros constitucionais com a fórmula molecular C_6H_{14}. Agora somos capazes de nomear três deles (hexano, iso-hexano e neo-hexano), mas não podemos nomear os outros dois sem definir nomes para novas unidades estruturais.

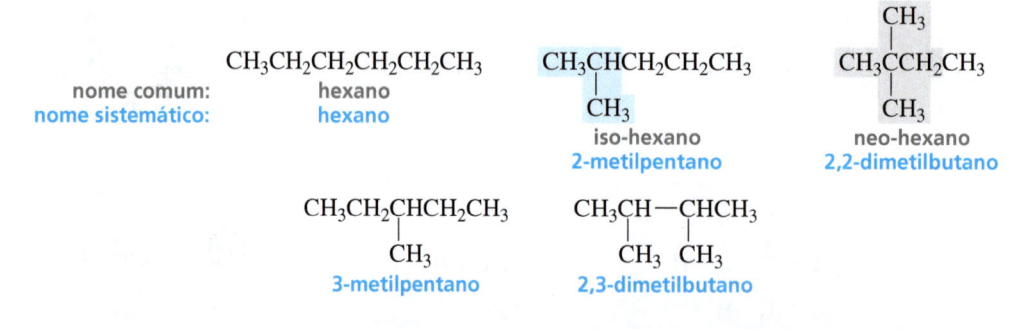

nome comum:
nome sistemático:

$CH_3CH_2CH_2CH_2CH_2CH_3$
hexano
hexano

$CH_3CHCH_2CH_2CH_3$
|
CH_3
iso-hexano
2-metilpentano

$\quad\;\; CH_3$
$\quad\;\; |$
$CH_3CCH_2CH_3$
$\quad\;\; |$
$\quad\;\; CH_3$
neo-hexano
2,2-dimetilbutano

$CH_3CH_2CHCH_2CH_3$
|
CH_3
3-metilpentano

$CH_3CH-CHCH_3$
| |
$CH_3\;\; CH_3$
2,3-dimetilbutano

Uma substância pode ter mais de um nome, mas este deve especificar apenas uma substância.

Existem nove alcanos com fórmula molecular C_7H_{16}. Podemos nomear apenas dois deles (heptano e iso-heptano) sem definir uma nova unidade estrutural. Observe que neo-heptano não pode ser usado como um nome porque três heptanos diferentes têm um carbono que é ligado a quatro outros carbonos e *um nome precisa especificar apenas uma substância*.

O número de isômeros constitucionais aumenta rapidamente quando o número de carbonos no alcano aumenta. Por exemplo, existem 75 alcanos com fórmula molecular $C_{10}H_{22}$ e 4.347 alcanos com a fórmula molecular $C_{15}H_{32}$. Para evitar ter de memorizar os nomes de milhares de unidades estruturais, os químicos elaboraram regras que nomeiam substâncias com base em suas estruturas. Dessa forma, somente as regras têm de ser aprendidas. Como o nome é baseado na estrutura, essas regras tornam possível deduzir a estrutura de uma substância a partir de seu nome.

Esse método de nomenclatura é chamado **nomenclatura sistemática**. É chamado também **nomenclatura Iupac** porque foi designado pela comissão da União Internacional de Química Pura e Aplicada (Iupac — International Union of Pure and Applied Chemistry) em uma reunião em Genebra, Suíça, em 1892. As regras da Iupac têm sido revisadas continuamente por essa comissão desde então. Nomes como isobutano e neopentano — nomes não sistemáticos — são chamados **nomes comuns** e mostrados em cinza neste texto. Os nomes sistemáticos ou "Iupac" são mostrados em azul. Antes de podermos entender como um nome sistemático é construído para um alcano, precisamos aprender como nomear substituintes alquila.

$$CH_3CH_2CH_2CH_2CH_2CH_2CH_3$$
nome comum: heptano
nome sistemático: heptano

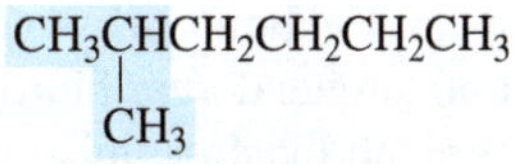

$$CH_3CHCH_2CH_2CH_2CH_3$$
$$|$$
$$CH_3$$
iso-heptano
2-metil-hexano

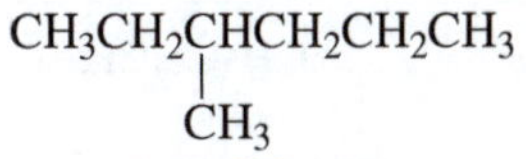

$$CH_3CH_2CHCH_2CH_2CH_3$$
$$|$$
$$CH_3$$
3-metil-hexano

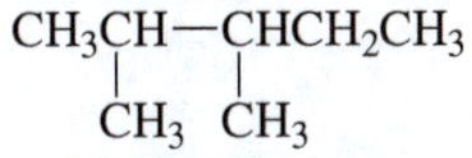

$$CH_3CH-CHCH_2CH_3$$
$$|\quad\quad|$$
$$CH_3\ CH_3$$
2,3-dimetilpentano

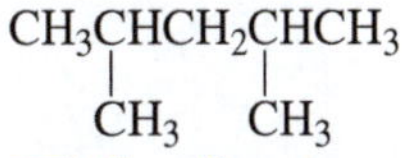

$$CH_3CHCH_2CHCH_3$$
$$|\quad\quad\quad|$$
$$CH_3\quad CH_3$$
2,4-dimetilpentano

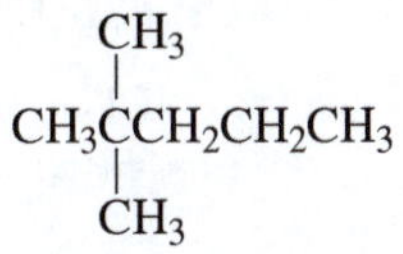

$$\quad\quad CH_3$$
$$\quad\quad |$$
$$CH_3CCH_2CH_2CH_3$$
$$\quad\quad |$$
$$\quad\quad CH_3$$
2,2-dimetilpentano

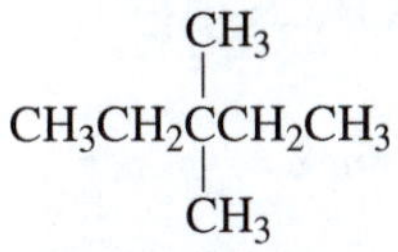

$$\quad\quad\quad CH_3$$
$$\quad\quad\quad |$$
$$CH_3CH_2CCH_2CH_3$$
$$\quad\quad\quad |$$
$$\quad\quad\quad CH_3$$
3,3-dimetilpentano

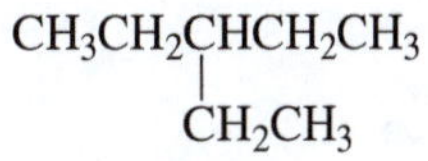

$$CH_3CH_2CHCH_2CH_3$$
$$\quad\quad\quad |$$
$$\quad\quad\quad CH_2CH_3$$
3-etilpentano

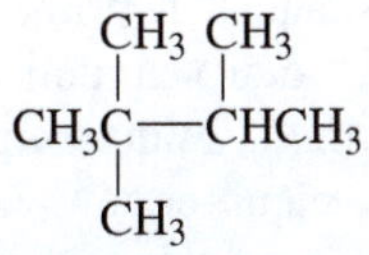

$$\quad\quad CH_3\ CH_3$$
$$\quad\quad |\quad\quad |$$
$$CH_3C-CHCH_3$$
$$\quad\quad |$$
$$\quad\quad CH_3$$
2,2,3-trimetilbutano

2.1 Nomenclatura de substituintes alquila

A retirada de um hidrogênio de um alcano resulta em um **substituinte alquila** (ou grupo alquila). Substituintes alquila são nomeados pela troca do sufixo "ano" do alcano por "ila". A letra "R" é usada para indicar qualquer grupo alquila.

$$CH_3\quad\quad CH_3CH_2-\quad\quad CH_3CH_2CH_2-\quad\quad CH_3CH_2CH_2CH_2-$$
grupo metila   grupo etila   grupo propila   grupo butila

$$R-$$
qualquer grupo alquila

Se um hidrogênio de um alcano é trocado por um OH, a substância se torna um **álcool**; se for trocado por um NH_2, a substância se torna uma **amina**; e se for trocado por um halogênio, se torna um **haleto de alquila**.

$$R-OH\quad\quad R-NH_2\quad\quad R-X\quad\quad \boxed{X = F, Cl, Br\ ou\ I}$$
álcool   amina   haleto de alquila

Um nome de grupo alquila seguido pelo nome da classe da substância (álcool, amina etc.) produz o nome comum da substância. Os exemplos seguintes mostram como os nomes dos grupos alquila são usados para construir nomes comuns:

$$CH_3OH\quad\quad CH_3CH_2NH_2\quad\quad CH_3CH_2CH_2Br\quad\quad CH_3CH_2CH_2CH_2Cl$$
álcool metílico   etilamina   brometo de propila   cloreto de butila

$$CH_3I\quad\quad CH_3CH_2OH\quad\quad CH_3CH_2CH_2NH_2\quad\quad CH_3CH_2CH_2CH_2OH$$
iodeto de metila   álcool etílico   propilamina   álcool butílico

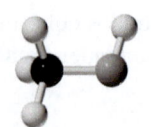

64 QUÍMICA ORGÂNICA

álcool metílico

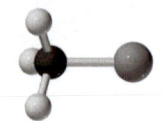

cloreto de metila

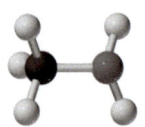

metilamina

Observe que há um espaço entre o nome do grupo alquila e o nome da classe da substância, exceto no caso de aminas.

Dois grupos alquila — um grupo propila e outro isopropila — contêm três átomos de carbono. Um grupo propila é obtido quando um hidrogênio é removido de um *carbono primário* do propano. **Carbono primário** é o carbono ligado a apenas um outro carbono. Um grupo isopropila é obtido quando um hidrogênio é removido de um *carbono secundário*. **Carbono secundário** é o carbono ligado a dois outros carbonos. Note que um grupo isopropila, como o nome indica, tem seus três átomos de carbono arranjados como uma unidade iso.

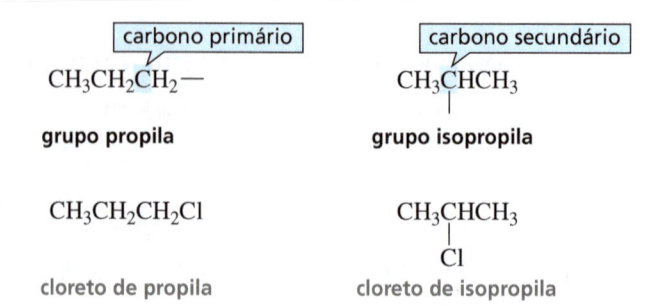

carbono primário
$CH_3CH_2CH_2-$
grupo propila

carbono secundário
CH_3CHCH_3
grupo isopropila

$CH_3CH_2CH_2Cl$
cloreto de propila

CH_3CHCH_3
$|$
Cl
cloreto de isopropila

Construa modelos das duas representações do cloreto de isopropila, certificando-se de que eles representam a mesma substância.

Estruturas moleculares podem ser desenhadas de maneiras diferentes. Cloreto de isopropila, por exemplo, é desenhado aqui de duas maneiras. Ambas representam a mesma substância. À primeira vista, as representações tridimensionais parecem ser diferentes: os grupos metila estão um ao lado do outro em uma estrutura e em ângulos retos na outra. No entanto, as estruturas são idênticas porque o carbono é tetraédrico. Os quatro grupos ligados ao carbono central — um hidrogênio, um cloro e dois grupos metila — apontam para o canto de um tetraedro. Se rodarmos o modelo tridimensional 90º à direita no sentido horário, poderemos ver que os dois modelos são os mesmos. (Podemos simular essa rotação no site do livro em www.prenhall.com/bruice_br, na seção Molecule Gallery, no Capítulo 2.)

Molecule Gallery: Cloreto de isopropila
www

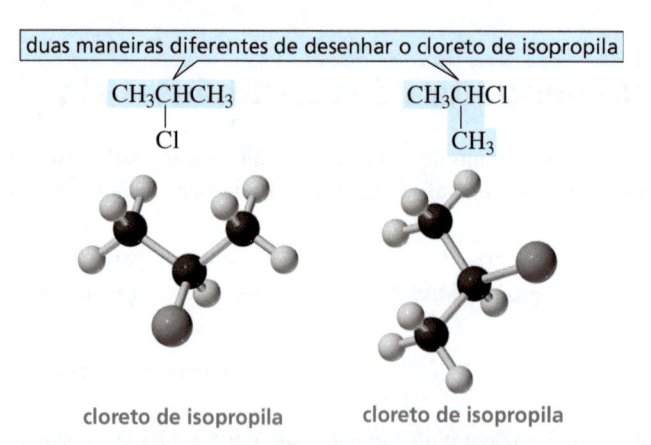

duas maneiras diferentes de desenhar o cloreto de isopropila

CH_3CHCH_3
$|$
Cl

CH_3CHCl
$|$
CH_3

cloreto de isopropila   **cloreto de isopropila**

Um carbono primário é ligado a um carbono; um carbono secundário, a dois; e um carbono terciário, a três carbonos.

Existem quatro grupos alquila que contêm quatro átomos de carbono. Os grupos butila e isobutila têm um hidrogênio removido de um carbono primário. Um grupo *sec*-butila tem um hidrogênio removido de um carbono secundário (*sec*-, geralmente abreviado *s*-, designado para carbono secundário), e um grupo *terc*-butila tem um hidrogênio removido de um carbono terciário (*terc*-, também abreviado *t*-, designado para terciário). Um **carbono terciário** é o que está ligado a três outros carbonos. Observe que o grupo isobutila é o único grupo com uma unidade iso.

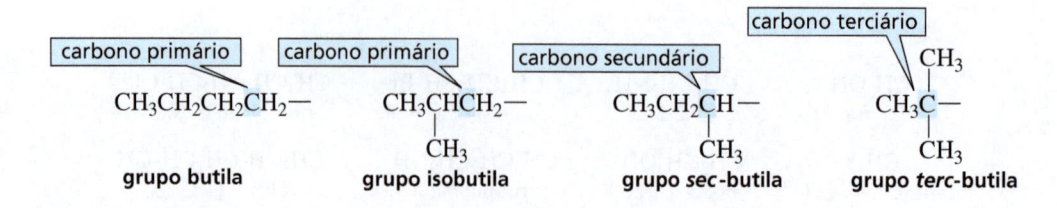

carbono primário
$CH_3CH_2CH_2CH_2-$
grupo butila

carbono primário
CH_3CHCH_2-
$|$
CH_3
grupo isobutila

carbono secundário
CH_3CH_2CH-
$|$
CH_3
grupo *sec*-butila

carbono terciário
CH_3
$|$
CH_3C-
$|$
CH_3
grupo *terc*-butila

CAPÍTULO 2 Introdução às substâncias orgânicas | 65

Um nome de um grupo alquila linear geralmente tem prefixo "*n*" (para "normal"), a fim de enfatizar que seus carbonos estão em uma cadeia não ramificada. Se o nome não tem um prefixo como "*n*" ou "iso", presume-se que o carbono esteja em uma cadeia não ramificada.

Tutorial Gallery: Nomenclatura de grupo alquila

$CH_3CH_2CH_2CH_2Br$ $CH_3CH_2CH_2CH_2F$

brometo de butila   fluoreto de pentila
ou   ou
brometo de *n*-butila   fluoreto de *n*-pentila

Como os carbonos, os hidrogênios em uma molécula também são referidos como primário, secundário e terciário. **Hidrogênios primários** estão ligados a carbonos primários, **hidrogênios secundários** estão ligados a carbonos secundários e **hidrogênios terciários** estão ligados a carbonos terciários.

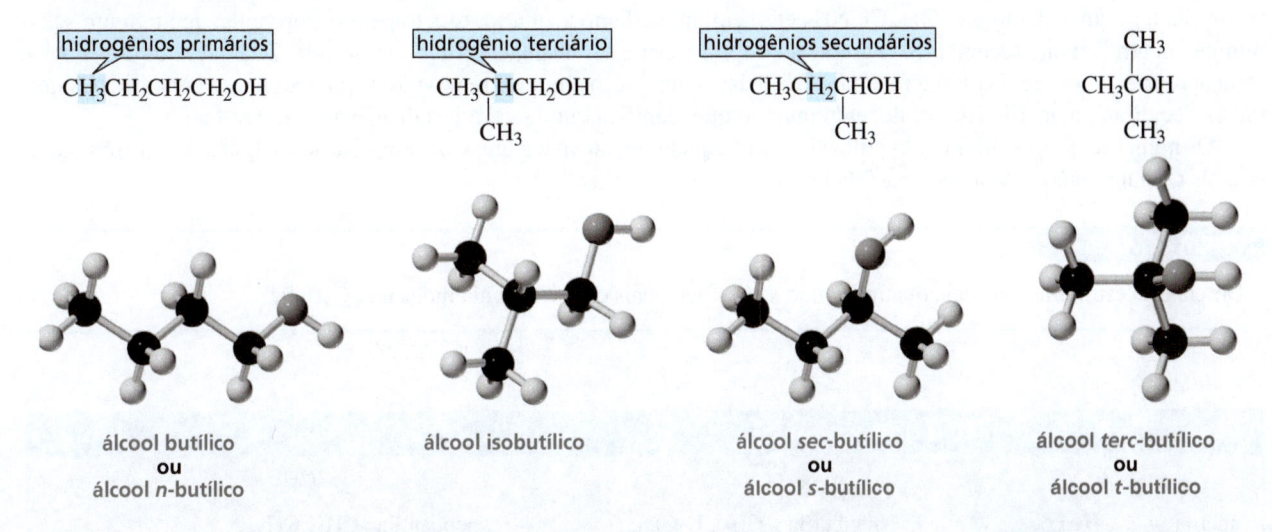

hidrogênios primários   hidrogênio terciário   hidrogênios secundários CH_3
$CH_3CH_2CH_2CH_2OH$ CH_3CHCH_2OH CH_3CH_2CHOH CH_3COH
                                  | | |
                                 CH_3 CH_3 CH_3

álcool butílico   álcool isobutílico   álcool *sec*-butílico   álcool *terc*-butílico
ou   ou   ou
álcool *n*-butílico   álcool *s*-butílico   álcool *t*-butílico

Como o nome químico precisa especificar apenas uma substância, a única vez que veremos o prefixo "*sec*" é em *sec*-butila. O nome "*sec*-pentila" não pode ser utilizado porque tem dois átomos de carbono secundários diferentes. Portanto, existem dois grupos alquila diferentes que resultam da remoção de um hidrogênio de um carbono secundário do pentano. Como o nome especifica duas substâncias diferentes, ele não é um nome correto.

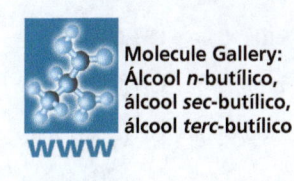

Molecule Gallery: Álcool *n*-butílico, álcool *sec*-butílico, álcool *terc*-butílico

> Ambos os haletos de alquila têm cinco átomos de carbono com um cloro ligado a um carbono secundário, sendo ambas as substâncias nomeadas cloreto de *sec*-pentila.

$CH_3CHCH_2CH_2CH_3$ $CH_3CH_2CHCH_2CH_3$
      | |
     Cl   Cl

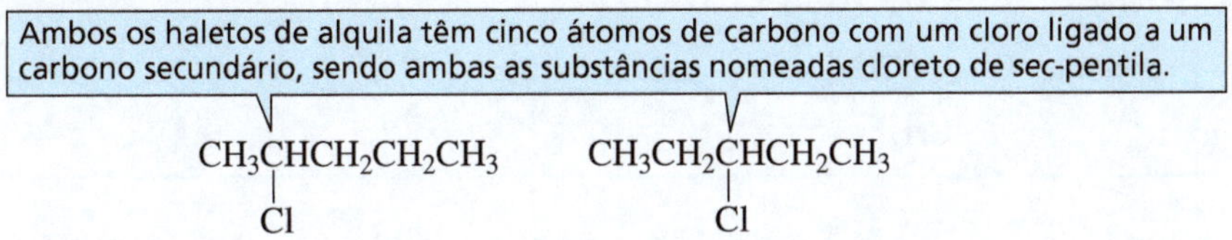

Tutorial Gallery: Grau de substituição alquila

O prefixo "*terc*" é encontrado em *terc*-butila e *terc*-pentila porque cada um dos nomes de substituintes descreve apenas um grupo alquila. O nome "*terc*-hexila" não pode ser usado porque descreve dois grupos alquila diferentes. (Em literatura antiga, talvez seja encontrado "amila" no lugar de "pentila" para designar grupo alquila com cinco carbonos.)

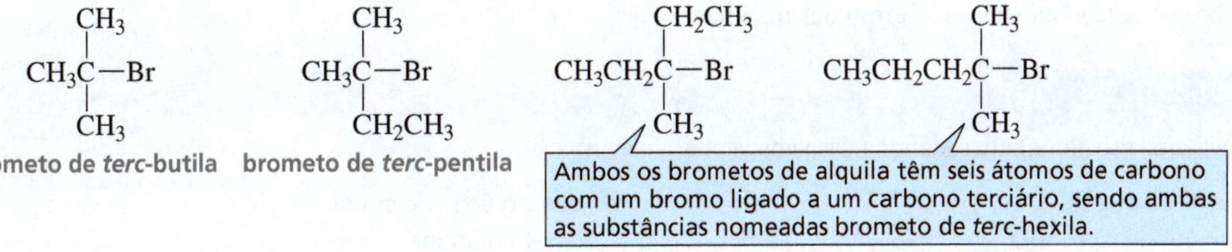

         CH_3 CH_3 CH_2CH_3 CH_3
         | | | |
CH_3C—Br CH_3C—Br CH_3CH_2C—Br $CH_3CH_2CH_2C$—Br
         | | | |
         CH_3 CH_2CH_3 CH_3 CH_3

brometo de *terc*-butila   brometo de *terc*-pentila

> Ambos os brometos de alquila têm seis átomos de carbono com um bromo ligado a um carbono terciário, sendo ambas as substâncias nomeadas brometo de *terc*-hexila.

Se examinarmos as estruturas seguintes, veremos que, sempre que o prefixo "iso" é usado, uma unidade iso estará em uma extremidade da molécula e qualquer grupo substituindo um hidrogênio estará na outra extremidade:

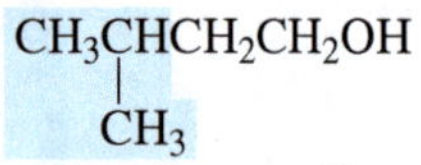

$$CH_3CHCH_2CH_2OH$$
$$|$$
$$CH_3$$
álcool isopentílico
ou
álcool isoamílico

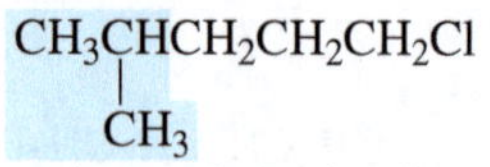

$$CH_3CHCH_2CH_2CH_2Cl$$
$$|$$
$$CH_3$$
cloreto de iso-hexila

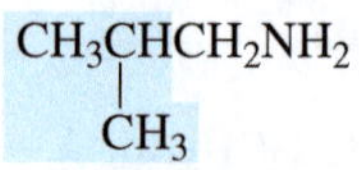

$$CH_3CHCH_2NH_2$$
$$|$$
$$CH_3$$
isobutilamina

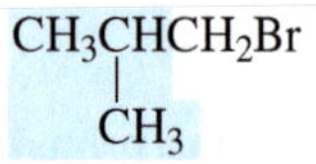

$$CH_3CHCH_2Br$$
$$|$$
$$CH_3$$
brometo de isobutila

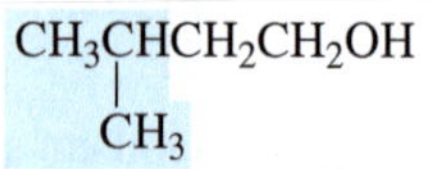

$$CH_3CHCH_2CH_2OH$$
$$|$$
$$CH_3$$
álcool isopentílico

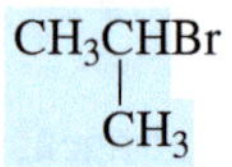

$$CH_3CHBr$$
$$|$$
$$CH_3$$
brometo de isopropila

Observe que um grupo iso tem uma metila no penúltimo carbono da cadeia. Note também que *todas* as substâncias isoalquila têm um substituinte (OH, Cl, NH$_2$ etc.) em um carbono primário, exceto para o isopropila, que tem um substituinte em um carbono secundário. O grupo isopropila poderia ser chamado grupo *sec*-propila. Qualquer dos dois nomes seria apropriado porque o grupo tem uma unidade iso, e um hidrogênio foi removido de um carbono secundário. Os químicos decidiram chamá-lo isopropila, entretanto, o que significa que "*sec*" é usado apenas para *sec*-butila.

Os nomes de grupos alquila são utilizados tão freqüentemente que é preciso memorizá-los. Alguns dos grupos alquila mais comuns estão compilados na Tabela 2.2.

PROBLEMA 1♦

Desenhe as estruturas e nomeie quatro isômeros constitucionais com a fórmula molecular C_4H_9Br.

Tabela 2.2 Nomes de alguns grupos alquila

metila	CH_3-	*sec*-butila	CH_3CH_2CH- $\|$ CH_3	neopentila	CH_3 $\|$ CH_3CCH_2- $\|$ CH_3
etila	CH_3CH_2-				
propila	$CH_3CH_2CH_2-$		CH_3	hexila	$CH_3CH_2CH_2CH_2CH_2CH_2-$
isopropila	CH_3CH- $\|$ CH_3	*terc*-butila	$\|$ CH_3C- $\|$ CH_3	iso-hexila	$CH_3CHCH_2CH_2CH_2-$ $\|$ CH_3
butila	$CH_3CH_2CH_2CH_2-$	pentila	$CH_3CH_2CH_2CH_2-$		
isobutila	CH_3CHCH_2- $\|$ CH_3	isopentila	$CH_3CHCH_2CH_2-$ $\|$ CH_3		

PROBLEMA 2♦

Qual das substâncias seguintes pode ser usada para verificar que o carbono é tetraédrico?

a. Brometo de metila não tem isômeros constitucionais.
b. Tetraclorometano não tem momento de dipolo.
c. Dibromometano não tem isômeros constitucionais.

PROBLEMA 3♦

Escreva uma estrutura para cada uma das substâncias a seguir:

a. álcool isopropílico
b. fluoreto de isopentila
c. iodeto de *sec*-butila
d. cloreto de neopentila
e. *terc*-butilamina
f. brometo de *n*-octila

CAPÍTULO 2 Introdução às substâncias orgânicas | 67

2.2 Nomenclatura de alcanos

A nomenclatura sistemática de um alcano é obtida utilizando-se as seguintes regras:
1. Determine o número de carbonos na cadeia contínua de carbono mais comprida. Tal cadeia é chamada **cadeia principal**. O nome que indica o número de carbonos da cadeia principal se torna o "último nome" do alcano. Por exemplo, uma cadeia principal com oito átomos de carbono seria chamada *octano*. A cadeia contínua mais comprida nem sempre é linear; algumas vezes pode-se caminhar em ziguezagues para se obter a cadeia contínua mais comprida.

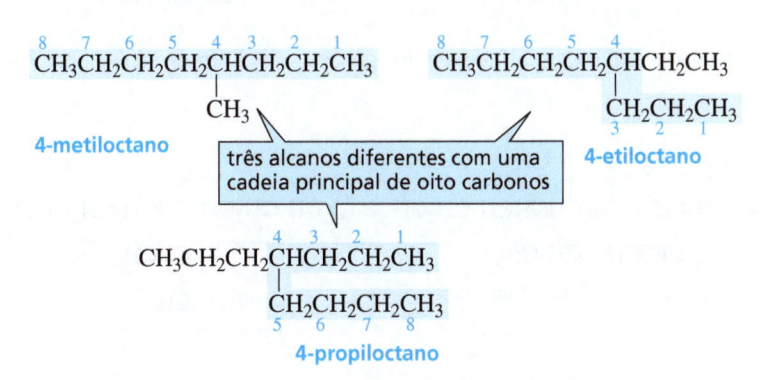

$$\overset{8}{C}H_3\overset{7}{C}H_2\overset{6}{C}H_2\overset{5}{C}H_2\overset{4}{C}H\overset{3}{C}H_2\overset{2}{C}H_2\overset{1}{C}H_3$$
$$|$$
$$CH_3$$
4-metiloctano

$$\overset{8}{C}H_3\overset{7}{C}H_2\overset{6}{C}H_2\overset{5}{C}H_2\overset{4}{C}H\overset{}{C}H_3$$
$$|$$
$$\overset{}{C}H_2\overset{}{C}H_2\overset{}{C}H_3$$
$$\overset{3}{} \overset{2}{} \overset{1}{}$$
4-etiloctano

três alcanos diferentes com uma cadeia principal de oito carbonos

$$CH_3CH_2CH_2\overset{4}{C}H\overset{3}{C}H_2\overset{2}{C}H_2\overset{1}{C}H_3$$
$$|$$
$$CH_2CH_2CH_2CH_3$$
$$\overset{5}{} \overset{6}{} \overset{7}{} \overset{8}{}$$
4-propiloctano

Primeiro determine o número de carbonos na cadeia contínua mais comprida.

2. O nome de qualquer substituinte alquila que está ligado à cadeia principal é citado antes do nome da cadeia principal, junto com um número para designar o carbono ao qual ele está ligado. A cadeia é numerada de modo a dar ao substituinte o menor número possível. O nome do substituinte e o nome da cadeia principal são unificados em uma palavra (ou separados por um hífen), e há um hífen entre o número e o nome do substituinte.

$$\overset{1}{C}H_3\overset{2}{C}H\overset{3}{C}H_2\overset{4}{C}H_2\overset{5}{C}H_3$$
$$|$$
$$CH_3$$
2-metilpentano

$$\overset{6}{C}H_3\overset{5}{C}H_2\overset{4}{C}H_2\overset{3}{C}H\overset{2}{C}H_2\overset{1}{C}H_3$$
$$|$$
$$CH_2CH_3$$
3-etil-hexano

Numere a cadeia para que o substituinte receba o menor número possível.

$$\overset{1}{C}H_3\overset{2}{C}H_2\overset{3}{C}H_2\overset{4}{C}H\overset{5}{C}H_2\overset{6}{C}H_2\overset{7}{C}H_2\overset{8}{C}H_3$$
$$|$$
$$CHCH_3$$
$$|$$
$$CH_3$$
4-isopropiloctano

Observe que apenas nomes sistemáticos têm números; nomes comuns nunca contêm números.

$$CH_3$$
$$|$$
$$CH_3CHCH_2CH_2CH_3$$

nome comum: **iso-hexano**
nome sistemático: **2-metilpentano**

Números são utilizados apenas para nomes sistemáticos, nunca para comuns.

3. Se mais de um substituinte estiver ligado à cadeia principal, a cadeia é numerada na direção que resultará no menor número possível no nome da substância. Os substituintes são listados em ordem alfabética (não numérica), com cada substituinte recebendo o número apropriado. No exemplo seguinte, o nome correto (5-etil-3-metil-octano) contém 3 como menor número, enquanto o nome incorreto (4-etil-6-metiloctano) contém 4 como menor número:

$$CH_3CH_2CHCH_2CHCH_2CH_2CH_3$$
$$|\qquad\quad|$$
$$CH_3\quad CH_2CH_3$$
5-etil-3-metiloctano
e não
4-etil-6-metiloctano
porque 3 < 4

Substituintes são listados em ordem alfabética.

68 | QUÍMICA ORGÂNICA

Se dois ou mais substituintes são iguais, os prefixos "di", "tri" e "tetra" são utilizados para indicar quantos substituintes idênticos a substância possui. Os números que indicam a localização dos substituintes idênticos são listados e separados por vírgula. Note que é preciso haver tantos números no nome quanto substituintes existirem.

Um número e uma palavra são separados por um hífen; números são separados por uma vírgula.

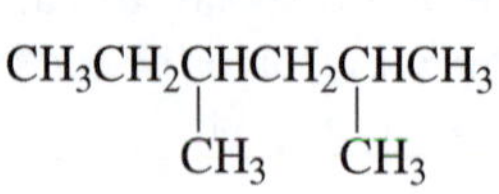

$$CH_3CH_2CHCH_2CHCH_3$$
           | |
          CH_3 CH_3

2,4-dimetil-hexano

$$CH_3CH_2CH_2C\text{—}CCH_2CH_3$$
com CH_3, CH_3 acima e CH_3, CH_3 abaixo

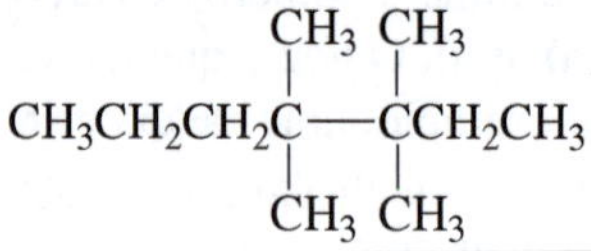

3,3,4,4-tetrametil-heptano

Os prefixos di, tri, tetra, *sec* e *terc* são ignorados na ordem alfabética dos grupos substituintes, mas os prefixos iso, neo e ciclo não.

Di, tri, tetra, *sec* e *terc* são ignorados na ordem alfabética.

Iso, neo e ciclo não são ignorados na ordem alfabética.

$$CH_3CH_2CCH_2CH_2CHCHCH_2CH_2CH_3$$
com CH_2CH_3, CH_3 acima e CH_2CH_3, CH_2CH_3 abaixo

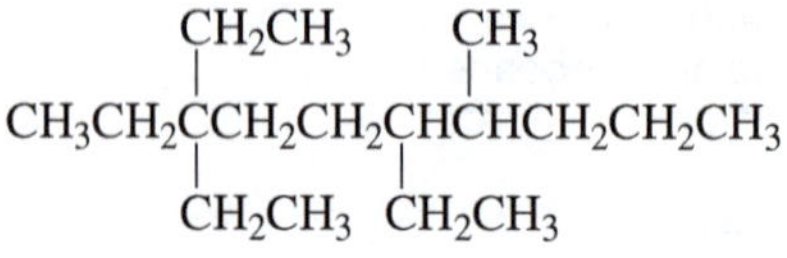

3,3,6-trietil-7-metildecano

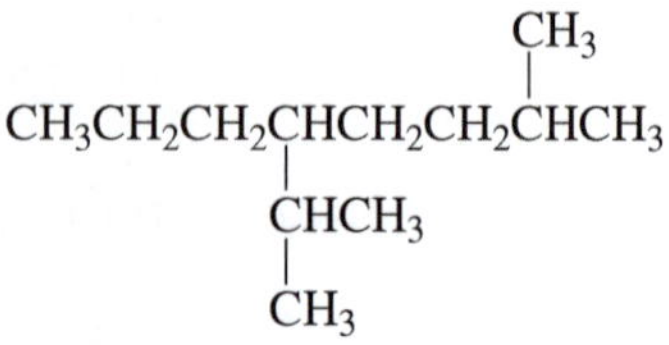

$$CH_3CH_2CH_2CHCH_2CH_2CHCH_3$$
com CH_3 acima e $CHCH_3$–CH_3 abaixo

5-isopropil-2-metiloctano

4. Quando ambas as direções levam ao menor número para um dos substituintes, a direção escolhida é a que fornece o menor número possível para um dos substituintes restantes.

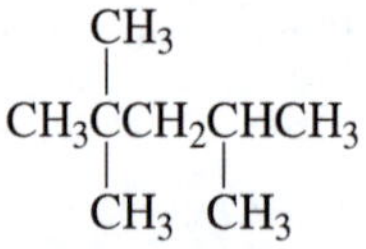

$$CH_3CCH_2CHCH_3$$
com CH_3 acima e CH_3, CH_3 abaixo

2,2,4-trimetilpentano
e não
2,4,4-trimetilpentano
porque 2 < 4

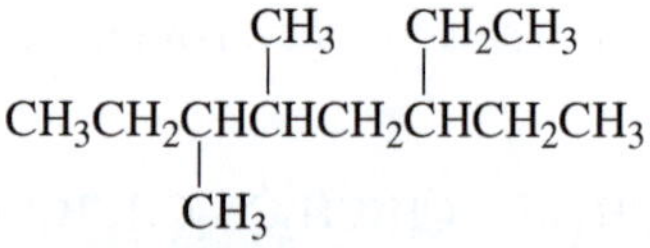

$$CH_3CH_2CHCHCH_2CHCH_2CH_3$$
com CH_3, CH_2CH_3 acima e CH_3 abaixo

6-etil-3,4-dimetiloctano
e não
3-etil-5,6-dimetiloctano
porque 4 < 5

5. Se o mesmo número de substituintes for obtido em ambas as direções, o primeiro grupo citado recebe o menor número.

Só se a mesma numeração for obtida em ambas as direções é que o primeiro grupo citado receberá o menor número.

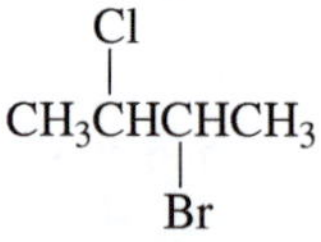

$$CH_3CHCHCH_3$$
com Cl acima e Br abaixo

2-bromo-3-clorobutano
e não
3-bromo-2-clorobutano

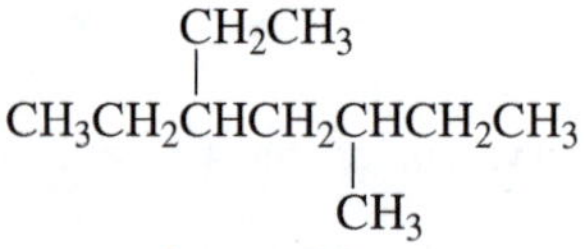

$$CH_3CH_2CHCH_2CHCH_2CH_3$$
com CH_2CH_3 acima e CH_3 abaixo

3-etil-5-metil-heptano
e não
5-etil-3-metil-heptano

6. Se uma substância tem mais que duas cadeias de mesmo comprimento, a cadeia principal será a que tiver o maior número de substituintes.

No caso de duas cadeias com o mesmo número de carbonos, escolha a que tiver mais substituintes.

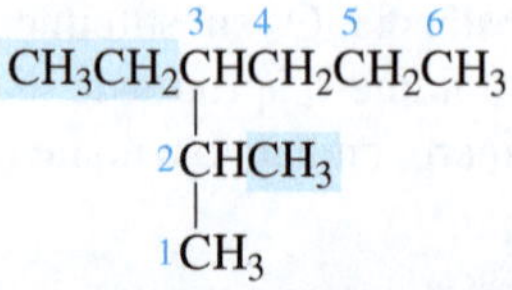

$$\overset{3}{C}H_3\overset{4}{C}H_2\overset{5}{C}HCH_2\overset{6}{C}H_2CH_3$$
com $^2CHCH_3$ e $^1CH_3$ abaixo

3-etil-2-metil-hexano (dois substituintes)

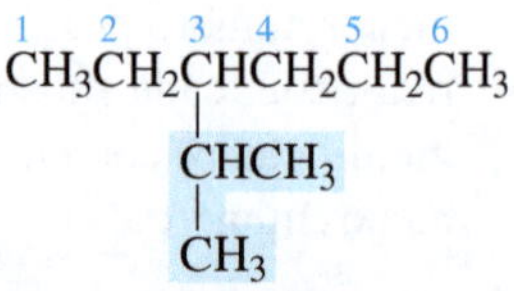

$$\overset{1}{C}H_3\overset{2}{C}H_2\overset{3}{C}HCH_2\overset{5}{C}H_2\overset{6}{C}H_3$$
com $CHCH_3$ e CH_3 abaixo

e não
3-isopropil-hexano (um substituinte)

7. Nomes como "isopropila", "*sec*-butila" e "*terc*-butila" são nomes de substituintes aceitáveis no sistema Iupac de nomenclatura, porém nomes sistemáticos para os substituintes são preferíveis. Nomes sistemáticos para os

substituintes são obtidos ao se numerar o substituinte alquila que se inicia no carbono que por sua vez está ligado à cadeia principal. Isso significa que o carbono que está ligado à cadeia principal é sempre o carbono número 1 do substituinte. Em uma substância como 4-(1-metil-etil)-octano, o nome do substituinte está entre parênteses; o número dentro do parênteses indica a posição do substituinte, enquanto o número fora do parênteses indica a posição na cadeia principal.

CH$_3$CH$_2$CH$_2$CH$_2$CHCH$_2$CH$_2$CH$_3$
    |
    ^{1}CHCH$_3$^{2}
    |
    CH$_3$

4-isopropiloctano
ou
4-(1-metil-etil)-octano

CH$_3$CH$_2$CH$_2$CH$_2$CHCH$_2$CH$_2$CH$_2$CH$_3$
    |
    CH$_2$CHCH$_3$$^{2\ 3}$
    ^{1}|
    CH$_3$

5-isobutildecano
ou
5-(2-metil-propil)-decano

Alguns substituintes têm apenas um nome sistemático:

CH$_2$CH$_2$CH$_3$
|
CH$_3$CH$_2$CH$_2$CH$_2$CHCH$_2$CHCH$_2$CH$_2$CH$_3$
                        |
                        CH$_3$CHCHCH$_3$$^{2\ 3}$
                        ^{1}|
                        CH$_3$

6-(1,2-dimetil-propil)-4-propildecano

CH$_3$ CH$_3$
| |^1
CH$_3$CHCHCH$_2$CHCH$_2$CHCH$_2$CH$_3$
| | | |
CH$_3$ CH$_2$CH$_2$CH$_2$CH$_2$CH$_3$
              ^{2} ^{3} ^{4}

2,3-dimetil-5-(2-metil-butil)-decano

Essas regras nos permitem nomear milhares de alcanos e eventualmente aprenderemos as regras adicionais necessárias para nomear outros tipos de substâncias. As regras são importantes se desejarmos procurar uma substância na literatura científica, porque normalmente ela estará listada pelo seu nome sistemático. No entanto, é necessário seguirmos com o aprendizado dos nomes comuns porque eles já existem há tanto tempo e são tão consagrados no vocabulário químico que acabam sendo muito utilizados em conversas científicas, além de serem sempre encontrados na literatura.

Tutorial Gallery: Nomenclatura básica de alcanos
www

Observe os nomes sistemáticos (os escritos em azul) para os hexanos e heptanos isoméricos no início deste capítulo para ter certeza de que entendeu como são construídos.

PROBLEMA 4◆

Desenhe as estruturas de cada substância a seguir:

a. 2,3-dimetil-hexano
b. 4-isopropil-2,4,5-trimetil-heptano
c. 4,4-dietildecano
d. 2,2-dimetil-4-propiloctano
e. 4-isobutil-2,5-dimetiloctano
f. 4-(1,1-dimetil)octano

PROBLEMA 5   RESOLVIDO

a. Desenhe 18 octanos isoméricos.
b. Dê a nomenclatura sistemática para cada isômero.
c. Quantos isômeros têm nome comum?
d. Quais isômeros contêm um grupo isopropila?
e. Quais isômeros contêm um grupo *sec*-butila?
f. Quais isômeros contêm um grupo *terc*-butila?

RESOLUÇÃO PARA 5a Inicie com o isômero com uma cadeia contínua de oito carbonos. Depois desenhe uma cadeia contínua com sete carbonos mais um grupo metila. A seguir, desenhe isômeros com a cadeia contínua com seis carbonos mais dois grupos metila ou uma etila. Depois desenhe isômero com cadeia contínua de cinco carbonos mais três metilas, ou uma metila e uma etila. Finalmente, desenhe uma cadeia contínua com quatro carbonos e quatro metilas. (Seremos capazes de explicar ao desenharmos estruturas duplicadas pela resposta de 3b, por que, se duas estruturas têm o mesmo nome sistemático, elas são a mesma substância.)

PROBLEMA 6◆

Dê o nome sistemático para as substâncias a seguir:

a. 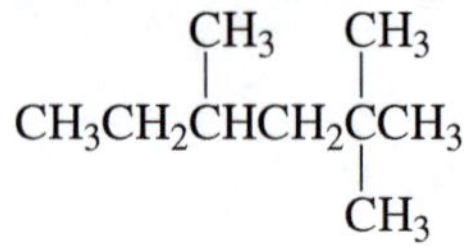 CH$_3$CH$_2$CHCH$_2$CCH$_3$ com CH$_3$, CH$_3$ acima e CH$_3$ abaixo

f. CH$_3$CH$_2$CH$_2$CHCH$_2$CH$_2$CH$_3$ com CH$_3$CHCH$_2$CH$_3$ abaixo

b. CH$_3$CH$_2$C(CH$_3$)$_3$

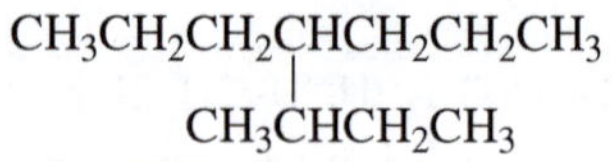

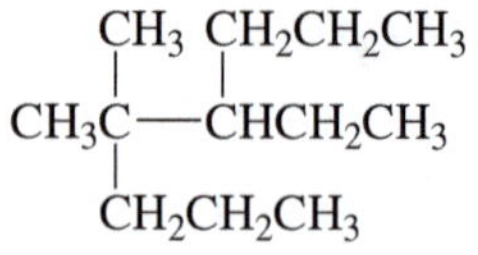

g. CH$_3$C—CHCH$_2$CH$_3$ com CH$_3$ e CH$_2$CH$_2$CH$_3$ acima e CH$_2$CH$_2$CH$_3$ abaixo

c. CH$_3$CH$_2$C(CH$_2$CH$_3$)$_2$CH$_2$CH$_2$CH$_3$

h. CH$_3$CH$_2$CH$_2$CH$_2$CHCH$_2$CH$_3$ com CH(CH$_3$)$_2$ abaixo

d. CH$_3$CHCH$_2$CH$_2$CHCH$_3$ com CH$_3$ acima e CH$_2$CH$_3$ abaixo

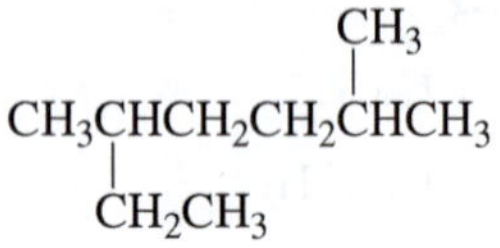

e. CH$_3$CH$_2$C(CH$_2$CH$_3$)$_2$CH(CH$_3$)CH(CH$_2$CH$_2$CH$_3$)$_2$

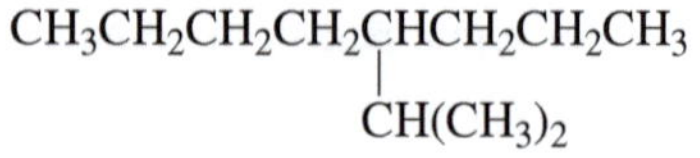

PROBLEMA 7

Desenhe a estrutura e dê a nomenclatura sistemática de uma substância com a fórmula molecular C$_5$H$_{12}$ que tem

a. apenas hidrogênios primários e secundários
b. apenas hidrogênios primários
c. um hidrogênio terciário
d. dois hidrogênios secundários

2.3 Nomenclatura de cicloalcanos

Cicloalcanos são alcanos com seus átomos de carbono arranjados em um anel. Por causa do anel, um cicloalcano tem dois hidrogênios a menos que um alcano acíclico (não cíclico) com o mesmo número de carbonos. Isso significa que a fórmula geral para um cicloalcano é C$_n$H$_{2n}$. Cicloalcanos são nomeados pela adição do prefixo "ciclo" ao nome do alcano, que expressa o número de átomos de carbono no anel.

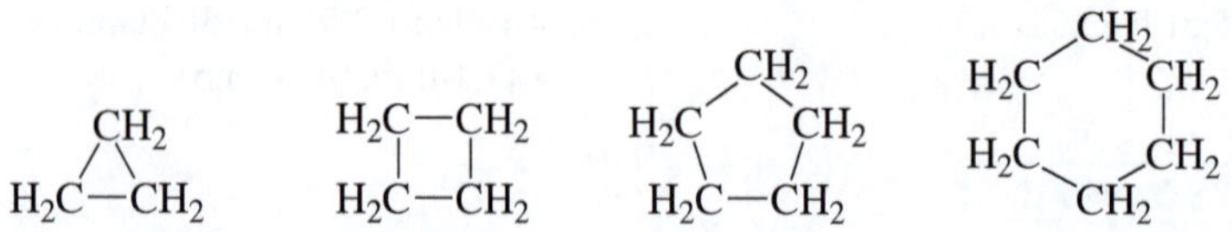

ciclopropano   ciclobutano   ciclopentano   ciclo-hexano

Cicloalcanos são quase sempre escritos como **fórmula de linha de ligação**. A fórmula de linha de ligação mostra as ligações carbono–carbono como linhas, mas não mostram os carbonos ou hidrogênios ligados aos carbonos. Átomos diferentes de hidrogênio e carbono ligados a outros átomos que não o carbono são mostrados. Cada vértice em uma fórmula de linha de ligação representa um carbono. Subentende-se que cada carbono está ligado ao número apropriado de hidrogênios para dar ao carbono quatro ligações.

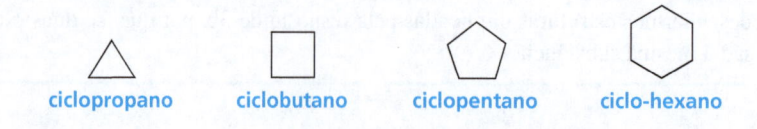

ciclopropano   ciclobutano   ciclopentano   ciclo-hexano

Moléculas acíclicas também são representadas por fórmulas de linha de ligação. Em uma fórmula de linha de ligação para uma molécula acíclica, as cadeias de carbono são representadas por linhas em ziguezague. Novamente, cada vértice descreve um carbono, presumindo-se que os carbonos estejam presentes no início e no final da linha.

butano **2-metil-hexano** **3-metil-4-propil-heptano** **6-etil-2,3-dimetilnonano**

As regras para nomear cicloalcanos lembram as regras para nomear alcanos acíclicos:

1. No caso de cicloalcanos com um substituinte alquila ligado, o anel é a cadeia principal, a menos que o substituinte tenha mais átomos de carbono que o anel. Neste caso, o substituinte é a cadeia principal, e o anel é nomeado como um substituinte. Não há necessidade de numerar a posição de um único substituinte.

> Se houver apenas um substituinte no anel, não dê número ao substituinte.

metilciclopentano **etilciclo-hexano** **1-ciclobutilpentano**

2. Se o anel tem dois substituintes, eles são citados em *ordem alfabética*, e o número 1 é dado ao substituinte citado primeiro.

1-metil-2-propilciclopentano **1-etil-3-metilciclopentano** **1,3-dimetilciclo-hexano**

3. Se houver mais que dois substituintes no anel, eles são citados em ordem alfabética. O substituinte que é dado à posição número 1 é o que resulta em um segundo substituinte que recebe o menor número possível. Se dois substituintes têm o mesmo número menor, o anel é numerado — ou no sentido horário ou no anti-horário — na direção que dê ao terceiro substituinte o menor número possível. Por exemplo, o nome correto da substância a seguir é 4-etil-2-metil-1-propilciclo-hexano, e não 5-etil-1-metil-2-propil-ciclo-hexano:

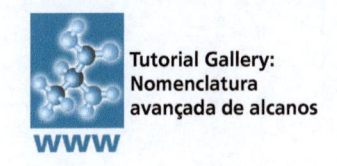

Tutorial Gallery:
Nomenclatura avançada de alcanos
www

4-etil-2-metil-1-propilciclo-hexano
e não
1-etil-3-metil-4-propilciclo-hexano
porque 2 < 3
e não
5-etil-1-metil-2-propilciclo-hexano
porque 4 < 5

1,1,2-trimetilciclopentano
e não
1,2,2-trimetilciclopentano
porque 1 < 2
e não
1,1,5-trimetilciclopentano
porque 2 < 5

72 QUÍMICA ORGÂNICA

PROBLEMA 8◆

Converta as estruturas condensadas a seguir em fórmulas de linha de ligação (lembre que estruturas condensadas mostram átomos, mas pouca, se houver alguma, ligação, enquanto a fórmula de linha de ligação mostra ligação, mas pouco, se houver algum, átomo):

a. $CH_3CH_2CH_2CH_2CH_2CH_2OH$

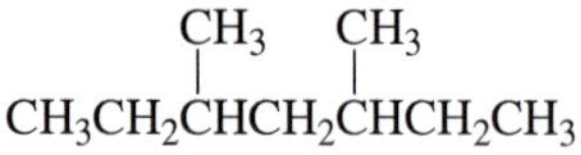

c. 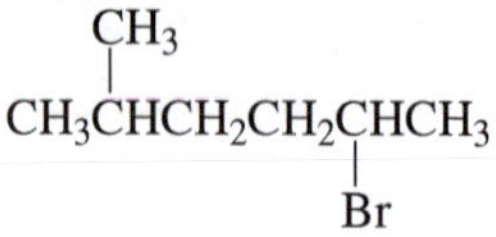 $CH_3CH(CH_3)CH_2CH_2CH(Br)CH_3$

b. $CH_3CH_2CH(CH_3)CH_2CH(CH_3)CH_2CH_3$

d. $CH_3CH_2CH_2CH_2OCH_3$

PROBLEMA 9◆

Dê o nome sistemático para cada uma das substâncias a seguir:

a. 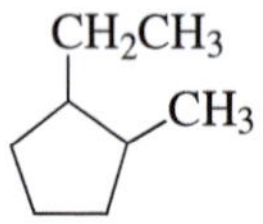 ciclopentano com CH₂CH₃ e CH₃

b. ciclobutano com CH₂CH₃

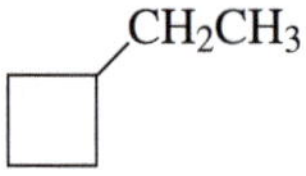

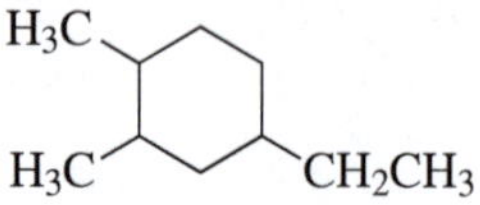

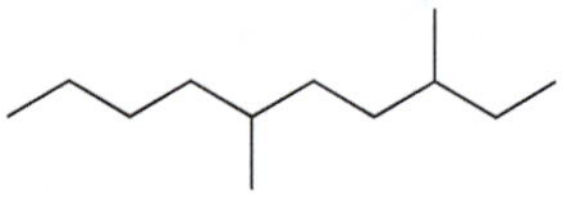

c. ciclohexano com H₃C, H₃C, CH₂CH₃

d. cadeia aberta ramificada

e. ciclopropano com $CH_3CHCH_2CH_2CH_3$

f. 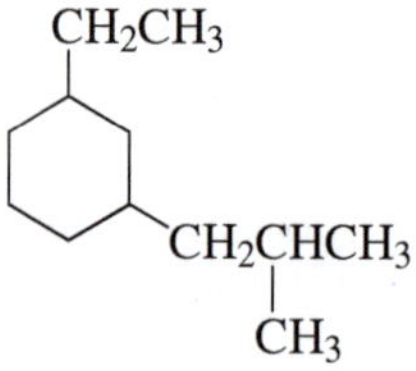 ciclohexano com CH_2CH_3 e CH_2CHCH_3 (CH_3)

g. 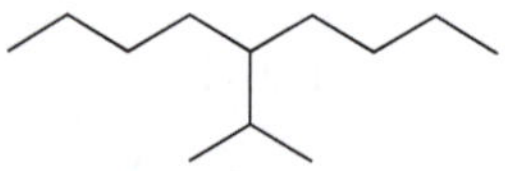 cadeia ramificada com isopropilo

h. 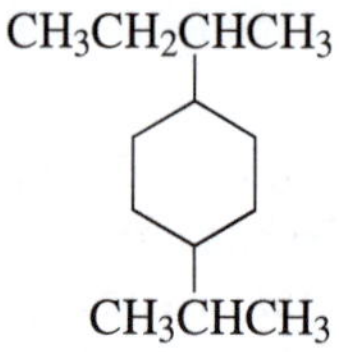 $CH_3CH_2CHCH_3$ em ciclohexano com CH_3CHCH_3

2.4 Nomenclatura de haletos de alquila

Haletos de alquila são substâncias em que um hidrogênio de um alcano foi trocado por um halogênio. Haletos de alquila são classificados como primário, secundário ou terciário, dependendo do carbono ao qual o halogênio estiver ligado. **Haletos de alquila primários** têm um halogênio ligado a um carbono primário; **haletos de alquila secundários** têm um halogênio ligado a um carbono secundário; e **haletos de alquila terciários** têm um halogênio ligado a um carbono terciário (Seção 2.1). Os pares de elétrons livres nos halogênios geralmente não são mostrados a não ser que precisem chamar a atenção para alguma propriedade química do átomo.

O número de grupos alquila ligados ao carbono ao qual o halogênio está ligado determina se um haleto de alquila é primário, secundário ou terciário.

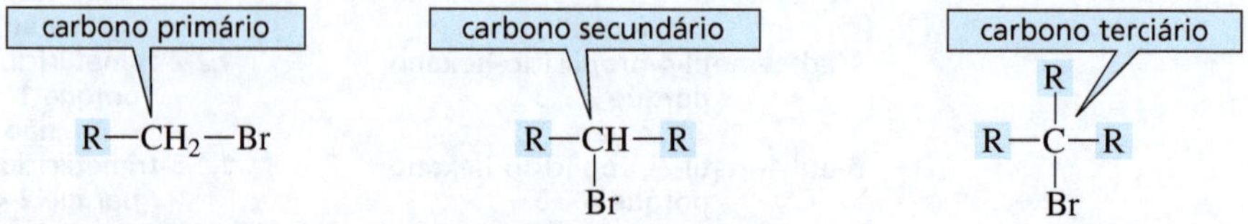

carbono primário
$R-CH_2-Br$
haleto de alquila primário

carbono secundário
$R-CH(Br)-R$
haleto de alquila secundário

carbono terciário
$R-C(R)(Br)-R$
haleto de alquila terciário

Os nomes comuns de haletos de alquila consistem no nome halogênio seguido pelo nome do grupo alquila — com o final "o" do nome do halogênio substituído por "eto" (isto é, fluoreto, brometo, iodeto).

	CH₃Cl	CH₃CH₂F	CH₃CHI │ CH₃	CH₃CH₂CHBr │ CH₃
nome comum:	cloreto de metila	fluoreto de etila	iodeto de isopropila	brometo de sec-butila
nome sistemático:	clorometano	fluorometano	2-iodopropano	2-bromobutano

No sistema Iupac, haletos de alquila são nomeados como alcanos substituídos. Os nomes do prefixo do substituinte são os nomes dos halogênios (isto é, flúor, cloro, bromo, iodo). Portanto, haletos de alquila são muitas vezes chamados de haloalcanos.

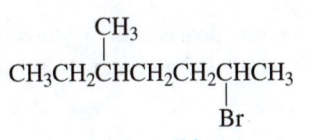

$$CH_3CH_2\underset{Br}{\overset{CH_3}{CH}}CH_2CH_2CHCH_3$$
2-bromo-5-metil-heptano

$$CH_3\underset{CH_3}{\overset{CH_3}{C}}CH_2CH_2CH_2CH_2Cl$$
1-cloro-5,5-dimetil-hexano

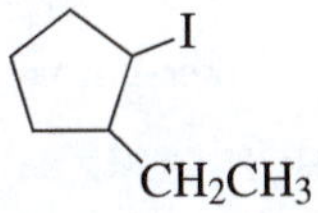

1-etil-2-iodociclopentano

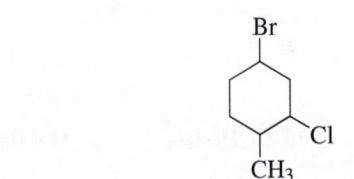

4-bromo-2-cloro-1-metilciclo-hexano

CH₃F fluoreto de metila

CH₃Cl cloreto de metila

CH₃Br brometo de metila

CH₃I iodeto de metila

PROBLEMA 10

Dê dois nomes para cada uma das substâncias a seguir e diga quando cada haleto de alquila é primário, secundário ou terciário:

a. CH₃CH₂CHCH₃
      │
      Cl

b. CH₃CHCH₂CH₂CH₂Cl
      │
      CH₃

c. [ciclo-hexano com Br]

d. CH₃CHCH₃
      │
      F

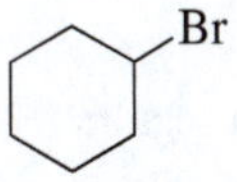

PROBLEMA 11

Desenhe as estruturas e forneça os nomes sistemáticos de a–c pela substituição de um cloro por um hidrogênio do metil-ciclo-hexano:

a. haleto de alquila primário b. haleto de alquila terciário c. três haletos de alquila secundários

2.5 Nomenclatura de éteres

Éteres são substâncias em que um oxigênio é ligado a dois substituintes alquila. Se os dois substituintes alquila são idênticos, o éter é um **éter simétrico**. Se os dois substituintes são diferentes, o éter é um **éter assimétrico**.

R—O—R
éter simétrico

R—O—R´
éter assimétrico

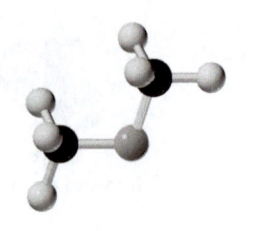

74 QUÍMICA ORGÂNICA

O nome comum de um éter consiste nos nomes de dois substituintes alquila (em ordem alfabética), precedidos pela palavra "éter". Os éteres menores são quase sempre chamados pelos nomes comuns.

$$CH_3OCH_2CH_3$$
éter etilmetílico

$$CH_3CH_2OCH_2CH_3$$
éter dietílico
muitas vezes chamado
éter etílico

$$CH_3CHCH_2OCCH_3$$ com CH$_3$ em cima e CH$_3$, CH$_3$ embaixo
éter *terc*-butilisobutílico

éter dimetílico

$$CH_3CHOCHCH_2CH_3$$
com CH$_3$ acima e CH$_3$ abaixo
éter *sec*-butilisopropílico

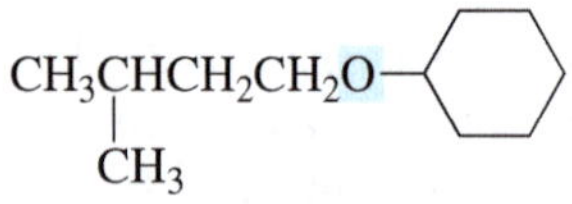

$$CH_3CHCH_2CH_2O{-}\text{ciclohexil}$$
com CH$_3$ abaixo
éter ciclo-hexilisopentílico

O sistema Iupac nomeia um éter como um alcano com um substituinte RO. Os substituintes são nomeados ao se trocar o final "ila" no nome do substituinte alquila por "oxi".

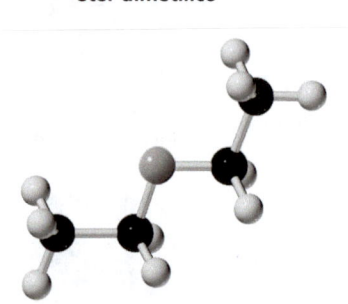

éter dietílico

Algumas vezes os químicos negligenciam o prefixo "di" quando nomeiam éteres simétricos. Tente não fazer desse descuido um hábito.

$$CH_3O{-}$$ metoxi

$$CH_3CH_2O{-}$$ etoxi

$$CH_3CHO{-}$$ com CH$_3$
isopropoxi

$$CH_3CH_2CHO{-}$$ com CH$_3$
sec-butoxi

$$CH_3CO{-}$$ com CH$_3$ acima e CH$_3$ abaixo
terc-butoxi

$$CH_3CHCH_2CH_3$$
|
$$OCH_3$$
2-metoxibutano

$$CH_3CH_2CHCH_2CH_2OCH_2CH_3$$
|
$$CH_3$$
1-etoxi-3-metilpentano

Tutorial Gallery: Nomenclatura de éteres
www

$$CH_3CHOCH_2CH_2CH_2CH_2OCHCH_3$$
com CH$_3$ abaixo de ambos os CH
1,4-diisopropoxibutano

PROBLEMA 12◆

a. Dê o nome sistemático (Iupac) para cada um dos éteres a seguir:

1. $CH_3OCH_2CH_3$

2. $CH_3CH_2OCH_2CH_3$

3. $CH_3CH_2CH_2CH_2CHCH_2CH_3$
   |
   OCH_3

4. $CH_3CH_2CH_2OCH_2CH_2CH_3$

5. $$CH_3CHOCHCH_2CH_3$$ com CH$_3$ acima e CH$_3$ abaixo

6. $CH_3CHOCH_2CHCH_3$ com CH$_3$ abaixo de cada CH

b. Todos estes éteres têm nome comum?
c. Quais são seus nomes comuns?

2.6 Nomenclatura de alcoóis

Alcoóis são substâncias em que um hidrogênio de um alcano foi substituído por um grupo OH. Os **alcoóis** são classificados como **primário**, **secundário** ou **terciário**, dependendo se o grupo OH está ligado a um carbono primário, secundário ou terciário — da mesma forma que os haletos de alquila são classificados.

R—CH₂—OH   R—CH—OH   R—C—OH
                    | |
                    R   R
                                     |
                                     R

álcool primário   álcool secundário   álcool terciário

O número de grupos alquila ligados ao carbono no qual o grupo OH está ligado determina se um álcool é primário, secundário ou terciário.

O nome comum para álcool consiste no nome do grupo alquila ao qual o grupo OH está ligado precedido da palavra "álcool".

CH₃CH₂OH   CH₃CH₂CH₂OH   CH₃CHOH   CH₃CCH₂OH
álcool etílico   álcool propílico | |
                                        CH₃   CH₃
                                  álcool isopropílico   (CH₃ acima)
                                                       álcool neopentílico

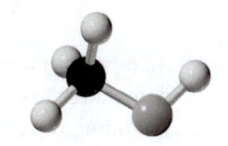

álcool metílico

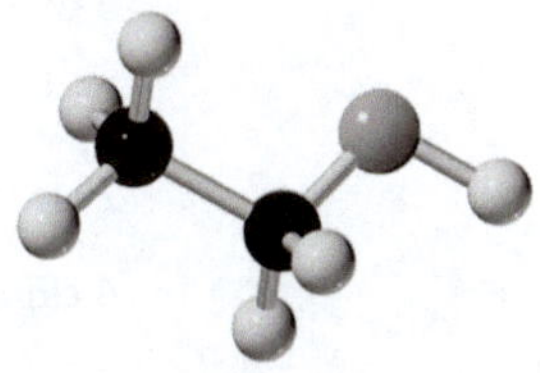

álcool etílico

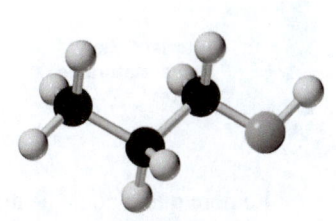

O **grupo funcional** é o centro da reatividade em uma molécula. Em um álcool, OH é o grupo funcional. O sistema Iupac usa um sufixo para denotar certos grupos funcionais. O nome sistemático de um álcool, por exemplo, é obtido quando se troca o final "o" do nome da cadeia principal pelo sufixo "ol".

CH₃OH   CH₃CH₂OH
metanol   etanol

Quando necessário, a posição do grupo funcional é indicada por um número que precede imediatamente o nome do álcool ou o sufixo. Os nomes mais recentes aprovados pela Iupac são os com número que precede imediatamente o sufixo. Entretanto, nomes cujo número precede o nome do álcool têm sido utilizado por muito tempo, sendo os mais prováveis de aparecerem na literatura, em garrafas de reagentes e em testes-padrão. Esses serão os que mais aparecerão neste livro.

álcool propílico

CH₃CH₂CHCH₂CH₃
       |
       OH
   3-pentanol
       ou
   pentan-3-ol

As regras seguintes são utilizadas para nomear uma substância que tem um sufixo para grupo funcional:

1. A cadeia principal é a cadeia contínua mais longa que *contém o grupo funcional*.
2. A cadeia principal é numerada na direção que dê o *menor número possível para o sufixo do grupo funcional*.

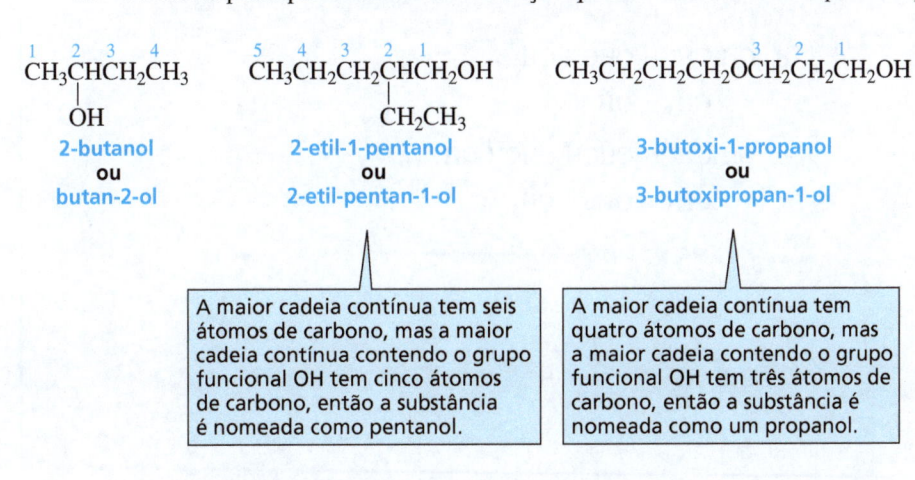

¹CH₃²CH³CH₂⁴CH₃   ⁵CH₃⁴CH₂³CH₂²CHCH₂OH¹   CH₃CH₂CH₂CH₂OCH₂CH₂CH₂OH
     | | ³   ²   ¹
     OH   CH₂CH₃
  2-butanol   2-etil-1-pentanol   3-butoxi-1-propanol
     ou   ou   ou
  butan-2-ol   2-etil-pentan-1-ol   3-butoxipropan-1-ol

Quando há apenas um substituinte, este recebe o menor número possível.

A maior cadeia contínua tem seis átomos de carbono, mas a maior cadeia contínua contendo o grupo funcional OH tem cinco átomos de carbono, então a substância é nomeada como pentanol.

A maior cadeia contínua tem quatro átomos de carbono, mas a maior cadeia contendo o grupo funcional OH tem três átomos de carbono, então a substância é nomeada como um propanol.

Quando há apenas um grupo funcional, o sufixo do grupo funcional recebe o menor número possível.

Quando há um grupo funcional e um substituinte, o sufixo do grupo funcional recebe o menor número possível.

3. Se há um sufixo de grupo funcional e um substituinte, o sufixo do grupo funcional recebe o menor número possível.

$$\underset{\text{3-bromo-1-propanol}}{\overset{123}{HOCH_2CH_2CH_2Br}} \qquad \underset{\text{4-cloro-2-butanol}}{\overset{4321}{ClCH_2CH_2\underset{OH}{CH}CH_3}} \qquad \underset{\text{4,4-dimetil-2-pentanol}}{\overset{54321}{CH_2\underset{CH_3}{\overset{CH_3}{C}}CH_2\underset{OH}{CH}CH_3}}$$

4. Se o mesmo número para o sufixo do grupo funcional for obtido em ambas as direções, a cadeia será numerada na direção que dê o menor número possível para o substituinte. Observe que não é necessário designar por um número o sufixo do grupo funcional em uma substância cíclica porque se presume que tal posição seja 1.

$$\underset{\substack{\text{2-cloro-3-pentanol}\\ \text{e não}\\ \text{4-cloro-3-pentanol}}}{CH_3\underset{Cl}{CH}\underset{OH}{CH}CH_2CH_3} \qquad \underset{\substack{\text{2-metil-4-heptanol}\\ \text{e não}\\ \text{6-metil-4-heptanol}}}{CH_3CH_2CH_2\underset{OH}{CH}CH_2\underset{CH_3}{CH}CH_3} \qquad \underset{\substack{\text{3-metil-ciclo-hexanol}\\ \text{e não}\\ \text{5-metilciclo-hexanol}}}{\text{(cyclohexane with CH}_3\text{ and OH)}}$$

5. Se houver mais que um substituinte, os substituintes são citados em ordem alfabética.

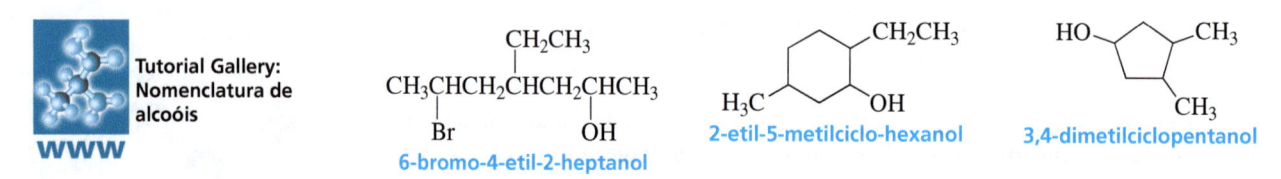

Tutorial Gallery: Nomenclatura de alcoóis
www

$$\underset{\text{6-bromo-4-etil-2-heptanol}}{CH_3\underset{Br}{CH}CH_2\underset{CH_2CH_3}{CH}CH_2\underset{OH}{CH}CH_3} \qquad \underset{\text{2-etil-5-metilciclo-hexanol}}{\text{(structure)}} \qquad \underset{\text{3,4-dimetilciclopentanol}}{\text{(structure)}}$$

Lembre que o nome de um substituinte é estabelecido *antes* do nome da cadeia principal, e o sufixo do grupo funcional é especificado *depois* do nome da cadeia principal.

[substituinte] [cadeia principal] [sufixo do grupo funcional]

PROBLEMA 13

Desenhe as estruturas para uma série homóloga de alcoóis que tem de um a seis átomos de carbono, dando em seguida a cada um os nomes comum e sistemático.

PROBLEMA 14◆

Dê o nome sistemático a cada uma das substâncias a seguir e indique se cada uma é um álcool primário, secundário ou terciário:

a. $CH_3CH_2CH_2CH_2CH_2OH$

b. (4-metilciclo-hexanol structure with HO and CH₃)

c. $CH_3\underset{OH}{\overset{CH_3}{C}}CH_2CH_2CH_2Cl$

d. $CH_3\underset{CH_3}{CH}CH_2\underset{OH}{CH}CH_2CH_3$

e. $CH_3\underset{CH_3}{CH}CH_2\underset{OH}{CH}CH_2\underset{CH_3}{CH}CH_2CH_3$

f. (cyclohexane with Cl, CH₃CH₂, and OH)

PROBLEMA 15◆

Escreva as estruturas de todos os alcoóis terciários com a fórmula molecular $C_6H_{14}O$ e dê o nome sistemático de cada um.

CAPÍTULO 2   Introdução às substâncias orgânicas   77

2.7 Nomenclatura de aminas

Aminas são substâncias em que um ou mais átomos de hidrogênio da amônia foram substituídos por grupos alquila. Aminas menores são caracterizadas pelo odor de peixe. O tubarão fermentado, um prato tradicional da Islândia, cheira exatamente como trietilamina. Existem aminas **primárias**, **secundárias** e **terciárias**. A classificação depende de quantos grupos alquila são ligados ao nitrogênio. As aminas primárias têm um grupo alquila ligado ao nitrogênio, as secundárias têm dois grupos alquila ligados e as terciárias têm três grupos alquila ligados.

NH_3 $R-NH_2$ $R-NH-R$ $R-NR-R$
amônia   amina primária   amina secundária   amina terciária

O número de grupos alquila ligados ao nitrogênio determina se a amina é primária, secundária ou terciária.

Observe que o número de grupos alquila *ligados ao nitrogênio* determina se uma amina é primária, secundária ou terciária. Para um haleto de alquila ou um álcool, por outro lado, o número de grupos alquila *ligados ao carbono* no qual o halogênio ou o OH estão ligados determina a classificação (Seções 2.4 e 2.6).

nitrogênio é ligado a um grupo alquila — $R-CR_2-NH_2$ — amina primária

carbono é ligado a três grupos alquila — $R-CR_2-Cl$ — haleto de alquila terciário

$R-CR_2-OH$ — álcool terciário

O nome comum de uma amina consiste no nome de grupo alquila ligado ao nitrogênio, em ordem alfabética, seguido por "amina". O nome inteiro é escrito como uma única palavra (diferente de nomes comuns de alcoóis, éteres e haletos de alquila, em que "álcool", "éter" e "haleto" são palavras separadas).

CH_3NH_2 $CH_3NHCH_2CH_2CH_3$ $CH_3CH_2NHCH_2CH_3$
metilamina   metilpropilamina   dietilamina

CH_3NCH_3 (CH_3) $CH_3NCH_2CH_2CH_2CH_3$ (CH_3) $CH_3CH_2NCH_2CH_2CH_3$ (CH_3)
trimetilamina   butildimetilamina   etilmetilpropilamina

O sistema Iupac utiliza um sufixo para denotar o grupo funcional amina. O final "o" do nome da cadeia principal é substituído por "amina" — similar à forma como os alcoóis são nomeados. Um número identifica o carbono ao qual o nitrogênio está ligado. O número pode aparecer antes do nome da cadeia principal ou antes de "amina". O nome de qualquer grupo alquila ligado ao nitrogênio é precedido por "*N*" (em itálico) para indicar que o grupo está ligado ao nitrogênio em vez de a um carbono.

$\overset{4}{C}H_3\overset{3}{C}H_2\overset{2}{C}H_2\overset{1}{C}H_2NH_2$

1-butanamina
ou
butan-1-amina

$\overset{1}{C}H_3\overset{2}{C}H_2\overset{3}{C}HCH_2\overset{5}{C}H_2\overset{6}{C}H_3$
    $|$
    $NHCH_2CH_3$

N-etil-3-hexanamina
ou
N-etil-hexan-3-amina

$\overset{3}{C}H_3\overset{2}{C}H_2\overset{1}{C}H_2NCH_2CH_3$
    $|$
    CH_3

N-etil-*N*-metil-1-propanamina
ou
N-etil-*N*-metilpropan-1-amina

Os substituintes — independentemente de quando estão ligados ao nitrogênio ou à cadeia principal — são listados em ordem alfabética e depois um número ou um "*N*" é designado para cada um. A cadeia é numerada na direção que dê o menor número possível para o sufixo do grupo funcional.

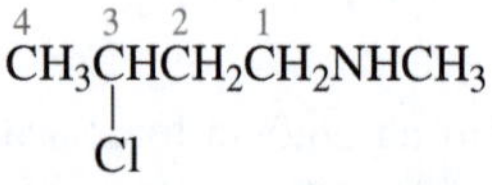

78 QUÍMICA ORGÂNICA

$$\underset{Cl}{\overset{4\ 3\ 2\ 1}{CH_3CHCH_2CH_2NHCH_3}}$$
3-cloro-*N*-metil-1-butanamina

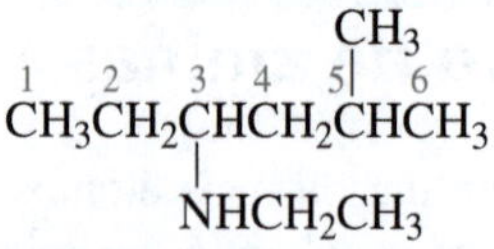

$$\underset{NHCH_2CH_3}{\overset{1\ 2\ 3\ 4\ 5\ 6}{CH_3CH_2CHCH_2CHCH_3}}\overset{CH_3}{|}$$
N-etil-5-metil-3-hexanamina

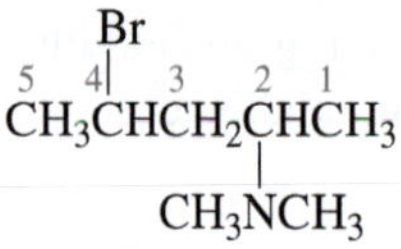

$$\underset{CH_3NCH_3}{\overset{5\ 4\ 3\ 2\ 1}{CH_3CHCH_2CHCH_3}}\overset{Br}{|}$$
4-bromo-*N*,*N*-dimetil-2-pentanamina

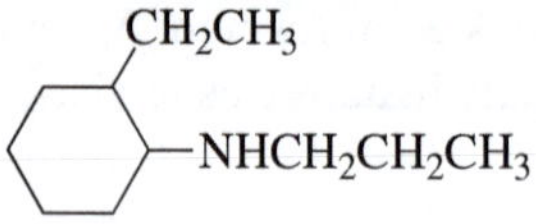

2-etil-*N*-propilciclo-hexanamina

Substâncias com nitrogênio ligado a quatro grupos alquila — desse modo dando ao nitrogênio uma carga formal positiva — são chamadas **sais de amônio quaternário**. Os nomes consistem em nomenclaturas dos grupos alquila em ordem alfabética seguidos por "amônio" (em uma palavra só) e precedidos do nome do contra-íon mais a preposição "de".

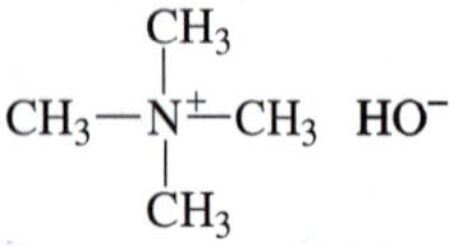

$$CH_3-\overset{CH_3}{\underset{CH_3}{\overset{|}{N^+}}}-CH_3\quad HO^-$$
hidróxido de tetrametilamônio

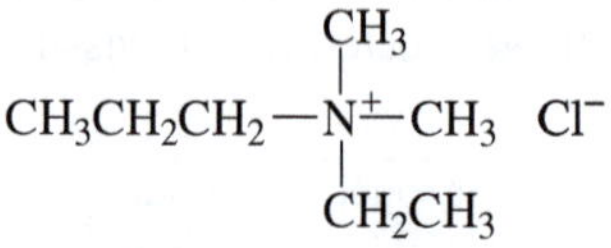

$$CH_3CH_2CH_2-\overset{CH_3}{\underset{CH_2CH_3}{\overset{|}{N^+}}}-CH_3\quad Cl^-$$
cloreto de etil-dimetil-propilamônio

A Tabela 2.3 resume as formas em que haletos de alquila, alcoóis e aminas são nomeados.

Tabela 2.3 Resumo de nomenclatura

	Nome sistemático	Nome comum
Haleto de alquila	alcano substituído CH_3Br bromometano CH_3CH_2Cl cloroetano	*haleto* mais grupo alquila ao qual o halogênio está ligado CH_3Br brometo de metila CH_3CH_2Cl cloreto de etila
Éter	alcano substituído CH_3OCH_3 metoximetano $CH_3CH_2OCH_3$ metoxietano	*éter* mais grupo alquila ligado ao oxigênio CH_3OCH_3 éter dimetílico $CH_3CH_2OCH_3$ éter etilmetílico
Álcool	sufixo do grupo funcional é *ol* CH_3OH metanol CH_3CH_2OH etanol	*álcool* mais grupo alquila ao qual o oxigênio está ligado CH_3OH álcool metílico CH_3CH_2OH álcool etílico
Amina	sufixo do grupo funcional é *amina* $CH_3CH_2NH_2$ etanamina $CH_3CH_2CH_2NHCH_3$ *N*-metil-1-propanamina	*amina* mais grupo alquila ligado ao nitrogênio $CH_3CH_2NH_2$ etilamina $CH_3CH_2CH_2NHCH_3$ metilpropilamina

PROBLEMA 16♦

Dê os nomes comum e sistemático para cada uma das substâncias a seguir:

a. $CH_3CH_2CH_2CH_2CH_2CH_2NH_2$

b. $CH_3CH_2CH_2NHCH_2CH_2CH_3$

c. 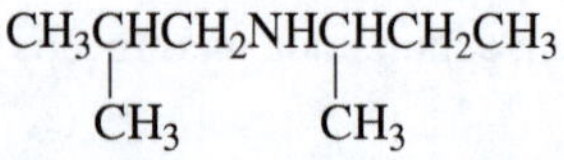 $\underset{CH_3\ \ \ \ \ CH_3}{CH_3CHCH_2NHCHCH_2CH_3}$

d. 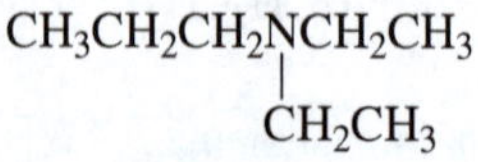 $\underset{CH_2CH_3}{CH_3CH_2CH_2NCH_2CH_3}$

e. 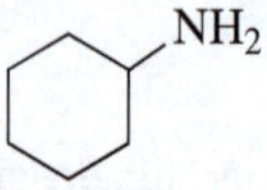 ciclo-hexil-NH_2

CAPÍTULO 2   Introdução às substâncias orgânicas

> **PROBLEMA 17♦**
>
> Desenhe as estruturas de cada uma das seguintes substâncias:
>
> a. 2-metil-*N*-propil-1-propanamina
> b. *N*-etiletanamina
> c. 5-metil-1-hexanamina
> d. metildipropilamina
> e. *N,N*-dimetil-3-pentanamina
> f. ciclo-hexiletilmetilamina

Tutorial Gallery:
Resumo de nomenclatura sistemática

> **PROBLEMA 18♦**
>
> Para cada uma das substâncias a seguir, dê o nome sistemático e o nome comum (para os que têm nomes comuns) e indique se a amina é primária, secundária ou terciária:
>
> a. $CH_3CHCH_2CH_2CH_2CH_2CH_2NH_2$
> |
> CH_3
>
> b. $CH_3CH_2CH_2NHCH_2CH_2CHCH_3$
> |
> CH_3
>
> c. $(CH_3CH_2)_2NCH_3$
>
> d. [estrutura de ciclo-hexano com substituintes CH_3, H_3C e NH_2]

2.8 Estruturas de haletos de alquila, alcoóis, éteres e aminas

A ligação C–X (onde X expressa um halogênio) de um haleto de alquila é formada pela sobreposição de um orbital sp^3 do carbono com um orbital sp^3 do halogênio (Seção 1.13). O flúor usa um orbital $2sp^3$; o cloro, um orbital $3sp^3$; o bromo, $4sp^3$; e iodo, um $5sp^3$. Como a densidade eletrônica de um orbital diminui com o aumento de seu volume, a ligação C–X fica maior e mais fraca com o aumento do tamanho do halogênio (Tabela 2.4). Observe que é a mesma tendência mostrada para a ligação H–X (Tabela 1.6).

Tabela 2.4   Comprimentos e forças das ligações carbono–halogênio

Interações dos orbitais	Comprimento das ligações	Força da ligação kcal/mol	kJ/mol
H_3C-F	1,39 Å	108	451
H_3C-Cl	1,78 Å	84	350
H_3C-Br	1,93 Å	70	294
H_3C-I	2,14 Å	57	239

Tutorial Gallery:
Grupos funcionais

80 QUÍMICA ORGÂNICA

O oxigênio em um álcool tem a mesma geometria que ele tem na água (Seção 1.11). De fato, uma molécula de álcool pode ser imaginada como uma molécula de água com um grupo alquila no lugar de um dos hidrogênios. O átomo de oxigênio em um álcool é hibridizado em sp^3, como ele é na água. Um dos orbitais sp^3 do oxigênio sobrepõe-se a um dos orbitais sp^3 de um carbono; um orbital sp^3 sobrepõe-se ao orbital s do hidrogênio e os dois orbitais sp^3 restantes contêm um par de elétrons livres cada um.

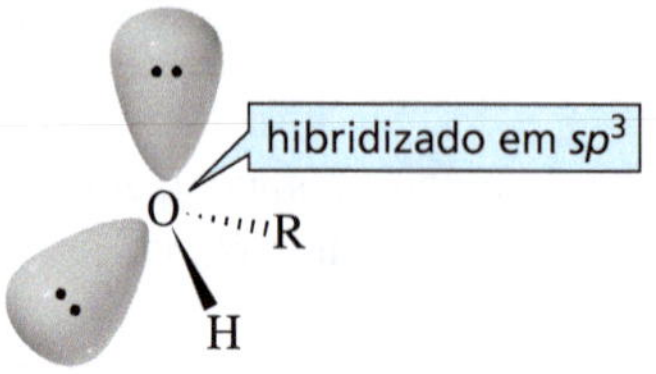

álcool — hibridizado em sp^3

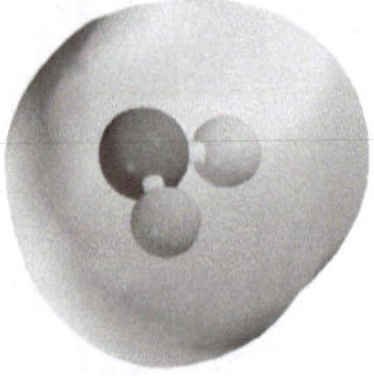

mapa de potencial eletrostático para o metanol

O oxigênio em um éter também tem a mesma geometria que tem na água. Uma molécula de éter pode ser imaginada como uma molécula de água com dois grupos alquila no lugar dos dois hidrogênios.

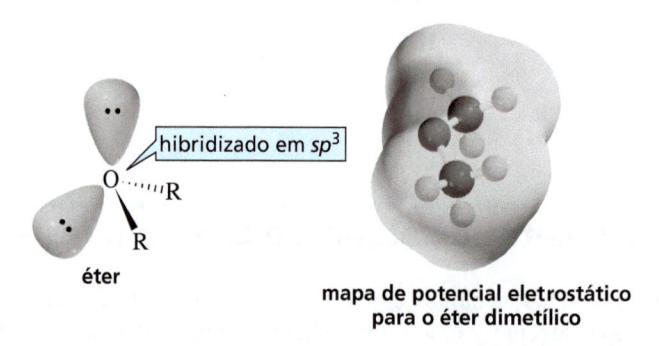

éter — hibridizado em sp^3

mapa de potencial eletrostático para o éter dimetílico

O nitrogênio de uma amina tem a mesma geometria que tem na amônia (Seção 1.12). Um, dois ou três hidrogênios podem ser trocados por grupos alquila. O número de hidrogênios trocados por grupos alquila determina se a amina é primária, secundária ou terciária (Seção 2.7). (Veja os mapas de potencial eletrostático no encarte colorido.)

Molecule Gallery: Metilamina, dimetilamina, trimetilamina
www

metilamina — amina primária
dimetilamina — amina secundária
trimetilamina — amina terciária

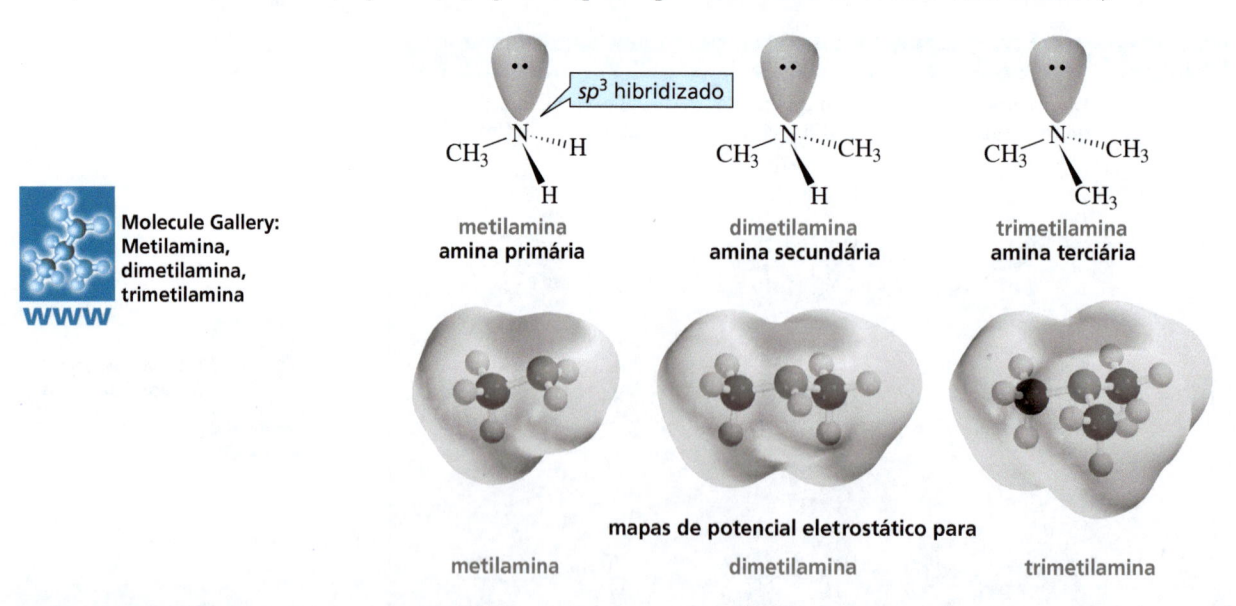

sp^3 hibridizado

mapas de potencial eletrostático para metilamina, dimetilamina, trimetilamina

PROBLEMA 19♦

Calcule o tamanho aproximado dos seguintes ângulos. (*Dica*: veja Seções 1.11 e 1.12.)

a. ângulo de ligação C—O—C em um éter
b. ângulo de ligação C—N—C em uma amina secundária
c. ângulo de ligação C—O—H em um álcool
d. ângulo de ligação C—N—C em um sal de amônio quaternário

2.9 Propriedades físicas de alcanos, haletos de alquila, alcoóis, éteres e aminas

Pontos de ebulição

O **ponto de ebulição (p.e.)** de uma substância é a temperatura em que sua forma líquida se torna um gás (vaporiza). Para que uma substância vaporize, as forças que mantêm as moléculas individuais unidas umas às outras precisam ser superadas. Isso significa que o ponto de ebulição de uma substância depende da força atrativa entre as moléculas individuais. Se as moléculas são mantidas unidas por forças fortes, muita energia será necessária para manter as moléculas separadas umas das outras e a substância terá um ponto de ebulição alto. Por outro lado, se as moléculas são mantidas unidas por forças fracas, apenas uma pequena quantidade de energia será necessária para separar as moléculas umas das outras e a substância terá um ponto de ebulição baixo.

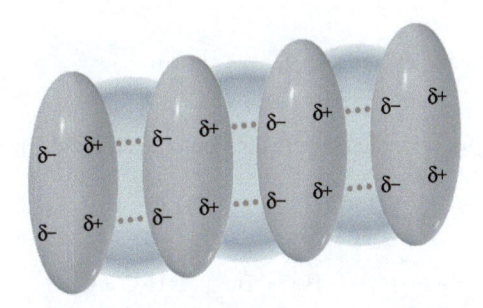

◀ **Figura 2.1**
Forças de Van der Waals são interações dipolo–dipolo induzidos.

Forças relativamente fracas mantêm as moléculas de alcano unidas. Os alcanos contêm apenas átomos de carbono e de hidrogênio. Como as eletronegatividades do carbono e do hidrogênio são semelhantes, as ligações em alcanos são apolares. Conseqüentemente, não há cargas parciais significativas em nenhum dos átomos em um alcano.

Entretanto, é apenas a distribuição de carga média sobre o alcanos que é neutra. Os elétrons estão em movimento contínuo, sendo que em algum instante a densidade eletrônica em um lado da molécula pode ser ligeiramente maior que no outro lado, dando à molécula um dipolo temporário.

Um dipolo temporário em uma molécula pode induzir um dipolo temporário em uma molécula próxima. Como resultado, o lado negativo de uma molécula termina adjacente ao lado positivo de outra molécula, como mostrado na Figura 2.1. Como os dipolos nas moléculas são induzidos, as interações entre as moléculas são chamadas **interações dipolo–dipolo induzido**. As moléculas de um alcano são mantidas unidas pelas interações dipolo–dipolo induzido, que são conhecidas como **forças de Van der Waals**. Forças de Van der Waals são as atrações intermoleculares mais fracas de todas.

Para que um alcano atinja seu ponto de ebulição, as forças de Van der Waals precisam ser superadas. A magnitude de uma força de Van der Waals que mantém moléculas de alcanos unidas depende da área de contato entre as moléculas. Quanto maior a área de contato, mais fortes as forças de Van der Waals e maior a quantidade de energia necessária para superar tais forças. Se olharmos a série homóloga de alcanos na Tabela 2.1, veremos que os pontos de ebulição dos alcanos aumentam com o aumento dos respectivos tamanhos. A relação é sustentada porque cada grupo metileno adicional aumenta a área de contato entre as moléculas. Os quatro alcanos menores têm pontos de ebulição abaixo da temperatura ambiente (a temperatura ambiente fica em torno de 25 °C); eles existem como gases à temperatura ambiente. O pentano (pe = 36,1 °C) é o menor alcano — que é um líquido — à temperatura ambiente.

Como a força de Van der Waals depende da área de contato entre as moléculas, as ramificações nas substâncias diminuem os respectivos pontos de ebulição porque elas reduzem a superfície de contato. Se pensarmos no pentano sem ramificações como um cigarro e no neopentano ramificado como uma bola de tênis, podemos ver que as ramificações diminuem a área de contato entre as moléculas: os cigarros fazem contato sobre uma área maior que duas bolas de tênis. Assim, se dois alcanos têm o mesmo peso molecular, o alcano mais ramificado terá o menor ponto de ebulição.

Johannes Diderik van der Waals (1837–1923) *foi um físico holandês. Ele nasceu em Leiden, filho de um carpinteiro, e foi em grande parte autodidata até que entrou na Universidade de Leiden, onde recebeu o título de PhD. Lecionou física na Universidade de Amsterdã de 1877 a 1903. Recebeu o Prêmio Nobel em 1910 por sua pesquisa nos estados líquido e gasoso da matéria.*

CH₃CH₂CH₂CH₂CH₃
pentano
p.e. = 36,1 °C

CH₃CHCH₂CH₃
|
CH₃
isopentano
p.e. = 27,9 °C

CH₃
|
CH₃CCH₃
|
CH₃
neopentano
p.e. = 9,5 °C

Os pontos de ebulição de substâncias em qualquer série homóloga aumentam com o peso molecular por causa do aumento nas forças de Van der Waals. Os pontos de ebulição de substâncias em uma série homóloga de éteres, haletos de alquila e aminas aumentam com o aumento do peso molecular. (Ver Apêndice I.)

Os pontos de ebulição de tais substâncias, entretanto, também são afetados pelo caráter polar da ligação C–Z (onde Z denota N, O, F, Cl ou Br) porque o nitrogênio, o oxigênio e os halogênios são mais eletronegativos que o carbono ao qual estão ligados.

$$R-\overset{\delta+}{\underset{|}{C}}-\overset{\delta-}{Z} \quad Z = N, O, F, Cl \text{ ou } Br$$

A magnitude da carga diferencial entre dois átomos ligados é indicada pelo momento de dipolo da ligação (Seção 1.3).

O momento de dipolo de uma ligação é igual à magnitude da carga em um dos átomos ligados vezes a distância entre os átomos ligados.

H_3C-NH_2 $H_3C-O-CH_3$ H_3C-I H_3C-OH
0,2 D   0,7 D   1,2 D   0,7 D

H_3C-F H_3C-Br H_3C-Cl
1,6 D   1,4 D   1,5 D

Moléculas com momentos de dipolo são atraídas umas pelas outras porque podem se alinhar de maneira que o final positivo de um dipolo fique adjacente ao dipolo negativo do outro. Essas forças eletrostáticas atrativas, chamadas **interações dipolo–dipolo**, são mais fortes que as forças de Van der Waals, porém não tão fortes quanto as ligações iônica ou covalente.

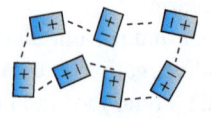

Éteres geralmente têm pontos de ebulição mais altos do que os alcanos de peso molecular comparável, uma vez que as interações de Van der Waals e de dipolo–dipolo precisam ser superadas para um éter atingir seu ponto de ebulição (Tabela 2.5).

Tabelas mais extensas de propriedades físicas podem ser encontradas no Apêndice I.

ciclopentano
p.e. = 49,3 °C

tetraidrofurano
p.e. = 65 °C

Tabela 2.5 Pontos de ebulição comparativos (°C)

Alcanos	Éteres	Alcoóis	Aminas
CH₃CH₂CH₃	CH₃OCH₃	CH₃CH₂OH	CH₃CH₂NH₂
−42,1	−23,7	78	16,6
CH₃CH₂CH₂CH₃	CH₃OCH₂CH₃	CH₃CH₂CH₂OH	CH₃CH₂CH₂NH₂
−0,5	10,8	97,4	47,8
CH₃CH₂CH₂CH₂CH₃	CH₃CH₂OCH₂CH₃	CH₃CH₂CH₂CH₂OH	CH₃CH₂CH₂CH₂NH₂
36,1	34,5	117,3	77,8

Como a tabela mostra, alcoóis têm pontos de ebulição bem maiores que alcanos ou éteres de peso molecular comparável, pois em adição às forças de Van der Waals e interações dipolo–dipolo da ligação C–O, eles podem formar **ligações de hidrogênio**. Uma ligação de hidrogênio é um tipo especial de interação dipolo–dipolo que ocorre entre um hidrogênio ligado a um oxigênio, um nitrogênio ou flúor e um par de elétrons livres de um oxigênio, um nitrogênio ou um flúor de outra molécula.

O comprimento de uma ligação covalente entre um oxigênio e um hidrogênio é 0,96 Å. A ligação de hidrogênio entre o oxigênio de uma molécula e o hidrogênio de outra é quase duas vezes mais longa (1,69–1,79 Å), que demonstra não ser uma ligação de hidrogênio tão forte quanto uma ligação covalente C–O. Uma ligação de hidrogênio, entretanto, é mais forte que interações dipolo–dipolo. As ligações de hidrogênio mais fortes são lineares — os dois átomos eletronegativos e o hidrogênio entre eles ficam em linha reta.

ligação de hidrogênio em água

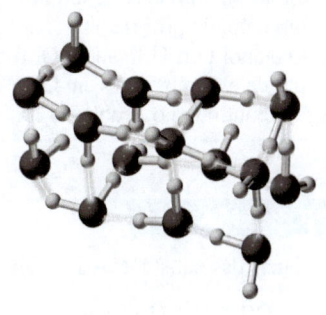

Apesar de cada ligação de hidrogênio individual ser fraca — requerendo cerca de 5 kcal/mol (ou 21 kJ/mol) para quebrá-la —, existem várias dessas ligações que mantêm moléculas de álcool juntas. A energia extra-requerida para quebrar tais ligações de hidrogênio é a razão de os alcoóis terem pontos de ebulição muito mais altos que seus alcanos ou éteres de peso molecular semelhantes.

O ponto de ebulição da água ilustra o efeito dramático que a ligação de hidrogênio tem em pontos de ebulição. A água tem peso molecular 18 e ponto de ebulição de 100 °C. O alcano que se aproxima mais em tamanho é o metano, com peso molecular 16. O metano atinge o ponto de ebulição a $-167,7$ °C.

Aminas primárias e secundárias também formam ligações de hidrogênio; as aminas têm pontos de ebulição maiores que os alcanos com peso molecular similar. O nitrogênio não é tão eletronegativo quanto o oxigênio, de modo que as ligações de hidrogênio entre moléculas de aminas são mais fracas que as ligações de hidrogênio entre moléculas de álcool. Uma amina, dessa forma, tem ponto de ebulição menor que um álcool com peso molecular semelhante (Tabela 2.5).

Como aminas primárias têm duas ligações N–H, a ligação de hidrogênio é mais significativa em aminas primárias que em secundárias. Aminas terciárias não podem formar ligações de hidrogênio entre as próprias moléculas porque não têm hidrogênio ligado ao nitrogênio. Conseqüentemente, se compararmos aminas com o mesmo peso molecular e de estruturas semelhantes, observaremos que as aminas primárias têm maiores pontos de ebulição que as secundárias, que por sua vez têm maiores pontos de ebulição que as aminas terciárias.

$$CH_3$$
$$CH_3CH_2CHCH_2NH_2$$
amina primária
p.e.= 97 °C

$$CH_3$$
$$CH_3CH_2CHNHCH_3$$
amina secundária
p.e.= 84 °C

$$CH_3$$
$$CH_3CH_2NCH_2CH_3$$
amina terciária
p.e.= 65 °C

PROBLEMA — ESTRATÉGIA PARA RESOLUÇÃO

a. Qual das substâncias a seguir vai formar ligações de hidrogênio entre suas moléculas:

   1. $CH_3CH_2CH_2OH$ 2. $CH_3CH_2CH_2SH$ 3. $CH_3OCH_2CH_3$

b. Qual das substâncias forma ligação de hidrogênio com um solvente como etanol?

Na resolução deste tipo de questão, inicie definindo a classe de substância que servirá ao que é pedido.

a. Uma ligação de hidrogênio é formada quando um hidrogênio que é ligado a O, N ou F de uma molécula interage com o par de elétrons livres em O, N ou F de outra molécula. Portanto, a substância que formará ligações de hidrogênio com ela mesma precisa ter um hidrogênio ligado a O, N ou F. Apenas a substância 1 é capaz de formar ligação de hidrogênio com ela própria.
b. O etanol tem H ligado a O, o que o torna capaz de formar ligações de hidrogênio com uma substância que tenha um par de elétrons livres em O, N ou F. As substâncias 1 e 3 serão capazes de formar ligação de hidrogênio com etanol.
Agora continue no Problema 20.

PROBLEMA 20♦

a. Quais das substâncias a seguir formarão ligações de hidrogênio entre suas moléculas?

   1. $CH_3CH_2CH_2COOH$ 4. $CH_3CH_2CH_2NHCH_3$
   2. $CH_3CH_2N(CH_3)_2$ 5. $CH_3CH_2OCH_2CH_2OH$
   3. $CH_3CH_2CH_2CH_2Br$ 6. $CH_3CH_2CH_2CH_2F$

b. Quais das substâncias anteriores formam ligação de hidrogênio com um solvente como etanol?

PROBLEMA 21

Explique por que

a. H_2O tem ponto de ebulição maior que CH_3OH (65 °C).
b. H_2O tem ponto de ebulição maior que NH_3 (−33 °C).
c. H_2O tem ponto de ebulição maior que HF (20 °C).

PROBLEMA 22♦

Liste as substâncias a seguir em ordem decrescente de ponto de ebulição:

Tanto as forças de Van der Waals quanto as interações dipolo–dipolo precisam ser superadas para que haletos de alquila entrem em ebulição. Quando o átomo de halogênio aumenta em tamanho, a nuvem eletrônica também aumenta. Como resultado, a área de contato das interações de Van der Waals e a *polarizabilidade* da nuvem eletrônica aumentam.

Polarizabilidade indica como uma nuvem eletrônica pode ser facilmente distorcida. Quanto maior o átomo, mais fracamente ele segura os elétrons em sua camada de valência e mais eles podem ser distorcidos. Quanto mais polarizado o átomo, mais forte são as interações de Van der Waals. Portanto, um fluoreto de alquila tem ponto de ebulição menor que um cloreto de alquila com o mesmo grupo alquila. Semelhantemente, cloretos de alquila têm pontos de ebulição menores que brometos de alquila, que têm pontos de ebulição menores que os iodetos de alquila (Tabela 2.6).

Tabela 2.6 Pontos de ebulição comparativos de alcanos e haletos de alquila (°C)

	Y				
	H	F	Cl	Br	I
CH_3-Y	−161,7	−78,4	−24,2	3,6	42,4
CH_3CH_2-Y	−88,6	−37,7	12,3	38,4	72,3
$CH_3CH_2CH_2-Y$	−42,1	−2,5	46,6	71,0	102,5
$CH_3CH_2CH_2CH_2-Y$	−0,5	32,5	78,4	101,6	130,5
$CH_3CH_2CH_2CH_2CH_2-Y$	36,1	62,8	107,8	129,6	157,0

CAPÍTULO 2 Introdução às substâncias orgânicas | 85

PROBLEMA 23

Liste as substâncias a seguir em ordem decrescente de ponto de ebulição:

a. $CH_3CH_2CH_2CH_2CH_2CH_2Br$ $CH_3CH_2CH_2CH_2Br$ $CH_3CH_2CH_2CH_2CH_2Br$

b. 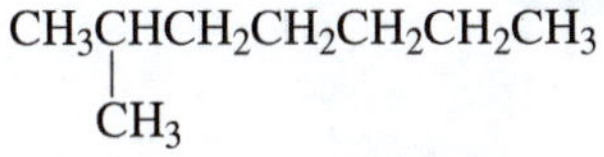 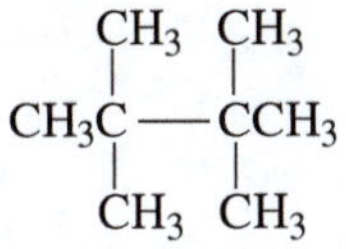 $CH_3CHCH_2CH_2CH_2CH_2CH_3$
$\quad\;\;|$
$\quad CH_3$

$$CH_3\underset{\underset{CH_3}{|}}{\overset{\overset{CH_3}{|}}{C}}-\underset{\underset{CH_3}{|}}{\overset{\overset{CH_3}{|}}{C}}CH_3$$

$CH_3CH_2CH_2CH_2CH_2CH_2CH_2CH_3$ $CH_3CH_2CH_2CH_2CH_2CH_2CH_2CH_2CH_3$

c. $CH_3CH_2CH_2CH_2CH_3$ $CH_3CH_2CH_2CH_2OH$ $CH_3CH_2CH_2CH_2Cl$
$CH_3CH_2CH_2CH_2CH_2OH$

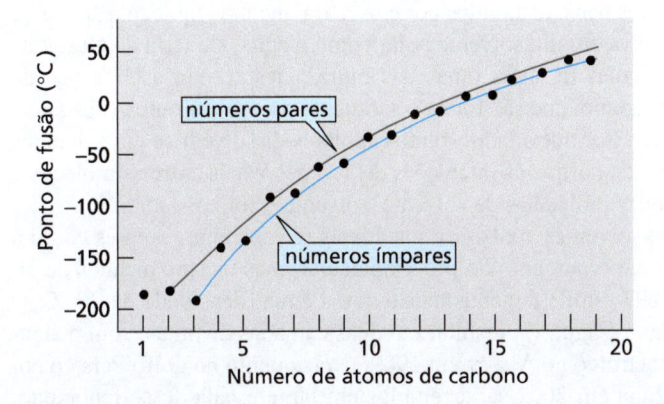

◀ **Figura 2.2**
Pontos de fusão de alcanos de cadeia linear. Alcanos com número par de átomos de carbono caem em uma curva de ponto de fusão que é maior que a curva de ponto de fusão de alcanos com número ímpar de átomos de carbono.

Pontos de fusão

O **ponto de fusão (pf)** é a temperatura na qual um sólido é convertido em um líquido. Se examinarmos os pontos de fusão de alcanos na Tabela 2.1, veremos que eles aumentam (com poucas exceções) em uma série homóloga quando o peso molecular aumenta. O aumento no ponto de fusão de uma substância é menos regular que o aumento no ponto de ebulição porque o *empacotamento* influencia o ponto de fusão de uma substância. **Empacotamento** é a propriedade que determina quanto uma molécula individual é bem acomodada em uma rede cristalina. Quanto mais compacta a acomodação, maior é a energia necessária para quebrar a rede cristalina e fundir a substância.

Na Figura 2.2, podemos ver que os pontos de fusão de alcanos com número par de átomos de carbono caem em uma curva regular (a linha cinza). Os pontos de fusão de alcanos com número ímpar de átomos de carbono também caem em uma curva regular (a linha azul). Entretanto, as duas curvas não se sobrepõem porque os alcanos com número ímpar de átomos de carbono se acomodam de forma menos compacta do que os com número par de átomos de carbono. Alcanos com número ímpar de átomos de carbono se acomodam de forma menos compacta porque os grupos metila no final das cadeias podem evitar os de outra apenas pelo aumento da distância entre cadeias. Conseqüentemente, moléculas de alcano com número ímpar de átomos de carbono têm atrações intermoleculares menores e, dessa forma, menores pontos de fusão.

Solubilidade

A regra geral que explica a **solubilidade** com base na polaridade de moléculas é que "semelhante dissolve semelhante". Em outras palavras, substâncias polares dissolvem em solventes polares e substâncias apolares dissolvem em solventes apolares. Tal fato ocorre porque um solvente polar como água tem carga parcial que pode interagir com as cargas parciais em uma substância polar. Os pólos negativos das moléculas do solvente cercam os pólos positivos do soluto polar e os pólos positivos das moléculas de solvente cercam os pólos negativos do soluto polar. Grupos de moléculas de solvente em torno das moléculas de soluto separam-nas umas das outras, o que faz com que se dissolvam. A interação entre um solvente e uma molécula ou um íon dissolvido naquele solvente é chamada **solvatação**.

Tutorial Gallery: Solvatação de substâncias polares
www

▲ Vazamento de 70 mil toneladas de petróleo em 1996 na costa de Gales.

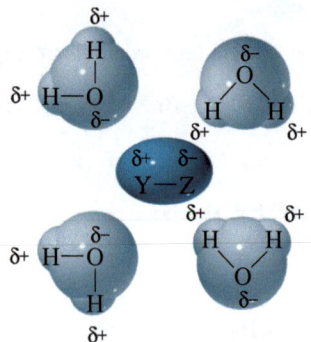

solvatação de uma substância polar
($Y^{\delta+} - Z^{\delta-}$) pela água

Como substâncias apolares não têm carga pura, solventes polares não são atraídos por elas. Para que uma molécula apolar se dissolva em um solvente polar como a água, ela teria de afastar as moléculas de água umas das outras, desfazendo as ligações de hidrogênio, que são fortes o suficiente para excluir uma substância apolar. Por outro lado, solutos apolares dissolvem-se em solventes apolares porque as interações de Van der Waals entre as moléculas de soluto e solvente são aproximadamente as mesmas entre as moléculas de solvente–solvente e soluto–soluto.

Alcanos são apolares, o que os leva a ser solúveis em solventes apolares e insolúveis em solventes polares como a água. As densidades dos alcanos (Tabela 2.1) aumentam com o aumento do peso molecular, mas mesmo alcanos de 30 carbonos como o triacontano (densidade de 20 °C = 0,8097 g/mL) é menos denso que a água (densidade de 20 °C = 0,9982 g/mL). Isso quer dizer que uma mistura de um alcano e água vai resultar em duas camadas distintas, com o alcano menos denso flutuando na superfície. O vazamento de petróleo no Alasca em 1989, o vazamento no golfo Pérsico em 1991 e até o maior vazamento da costa noroeste da Espanha em 2002 são exemplos em larga escala desse fenômeno. (Petróleo cru é primeiro uma mistura de alcanos).

Um álcool tem tanto um grupo alquila apolar quanto um grupo OH polar. Sendo assim, ele é uma molécula polar ou apolar? Ele é solúvel em um solvente apolar, ou é solúvel em água? A resposta depende do tamanho do grupo alquila. Quando o grupo alquila aumenta em tamanho, ele se torna a fração mais significativa da molécula de álcool, e a substância se torna cada vez menos solúvel em água. Em outras palavras, a molécula torna-se cada vez mais um alcano. Quatro átomos de carbono tendem a ser a linha divisória a temperatura ambiente. Alcoóis com menos de quatro átomos de carbono são solúveis em água, mas alcoóis com mais de quatro carbonos são insolúveis. Assim, um grupo OH pode arrastar aproximadamente três ou quatro átomos de carbono para a solução em água.

A linha divisória de quatro carbonos é apenas um guia aproximado porque a solubilidade de um álcool também depende da estrutura do grupo alquila. Alcoóis com grupos alquila ramificados são mais solúveis em água que alcoóis com grupos alquila sem ramificação com o mesmo número de carbonos, uma vez que ramificações reduzem ao mínimo a superfície de contato da porção apolar da molécula. Dessa forma, o álcool *terc*-butílico é mais solúvel em água do que o álcool *n*-butílico.

Da mesma forma, o átomo de oxigênio em um éter pode arrastar apenas cerca de três carbonos para a solução em água (Tabela 2.7). Vimos que o éter dietílico — um éter com quatro carbonos — não é solúvel em água.

Tabela 2.7	Solubilidades de éteres em água	
2 C's	CH_3OCH_3	solúvel
3 C's	$CH_3OCH_2CH_3$	solúvel
4 C's	$CH_3CH_2OCH_2CH_3$	ligeiramente solúvel (10 g/100 g H_2O)
5 C's	$CH_3CH_2OCH_2CH_2CH_3$	pouco solúvel (1,0 g/100 g H_2O)
6 C's	$CH_3CH_2CH_2OCH_2CH_2CH_3$	insolúvel (0,25 g/100 g H_2O)

Aminas com baixo peso molecular são solúveis em água porque podem formar ligações de hidrogênio com a água. Comparando as aminas com o mesmo número de carbonos, observamos que as aminas primárias são mais solúveis que as secundárias porque as primárias têm dois hidrogênios que podem fazer ligações de hidrogênio. As aminas terciárias, como as primárias e as secundárias, têm par de elétrons livres que podem aceitar ligações hidrogênio, mas, diferentemente das primárias e das secundárias, aquelas não têm hidrogênio para doar em ligações de hidrogênio. As aminas terciárias, portanto, são menos solúveis em água que as aminas secundárias com o mesmo número de carbonos.

Os haletos de alquila têm algum caráter polar, porém apenas os fluoretos de alquila têm um átomo que pode formar uma ligação de hidrogênio com a água. Isso significa que fluoretos de alquila são os haletos de alquila mais solúveis em água. Os outros haletos de alquila são menos solúveis em água que éteres ou alcoóis com o mesmo número de átomos de carbono (Tabela 2.8).

Tabela 2.8 Solubilidades de haletos de alquila em água

CH_3F	CH_3Cl	CH_3Br	CH_3I
muito solúvel	solúvel	ligeiramente solúvel	ligeiramente solúvel
CH_3CH_2F	CH_3CH_2Cl	CH_3CH_2Br	CH_3CH_2I
solúvel	ligeiramente solúvel	ligeiramente solúvel	ligeiramente solúvel
$CH_3CH_2CH_2F$	$CH_3CH_2CH_2Cl$	$CH_3CH_2CH_2Br$	$CH_3CH_2CH_2I$
ligeiramente solúvel	ligeiramente solúvel	ligeiramente solúvel	ligeiramente solúvel
$CH_3CH_2CH_2CH_2F$	$CH_3CH_2CH_2CH_2Cl$	$CH_3CH_2CH_2CH_2Br$	$CH_3CH_2CH_2CH_2I$
insolúvel	insolúvel	insolúvel	insolúvel

PROBLEMA 24♦

Coloque os grupos das substâncias em ordem decrescente de solubilidade em água:

a. $CH_3CH_2CH_2OH$ $CH_3CH_2CH_2CH_2Cl$ $CH_3CH_2CH_2CH_2OH$
   $HOCH_2CH_2CH_2OH$

b. ciclopentano com CH_3, ciclopentano com NH_2, ciclopentano com OH

PROBLEMA 25♦

Em quais dos solventes seguintes, o ciclo-hexano teria a menor solubilidade: 1-pentanol, éter dietílico, etanol ou hexano?

2.10 Conformações de alcanos: rotação em torno de ligação carbono–carbono

Vimos que uma ligação simples carbono–carbono (uma ligação σ) é formada quando um orbital sp^3 se sobrepõe a um orbital sp^3 de um segundo carbono (Seção 1.7). Como ligações σ são cilindricamente simétricas (isto é, simétricas em torno de uma linha imaginária que conecta os centros dos dois átomos unidos pela ligação σ), a rotação em torno de uma ligação simples carbono–carbono pode ocorrer sem nenhuma mudança na quantidade de sobreposição dos orbitais (Figura 2.3). Os diferentes arranjos espaciais dos átomos resultantes da rotação em torno de uma ligação simples são chamados **conformações**. Uma conformação específica é chamada **confôrmero**.

Quando a rotação ocorre em torno de uma ligação carbono–carbono do etano, pode resultar em duas conformações extremas — uma *conformação em oposição* e uma *conformação eclipsada*. Um número infinito de conformações entre esses dois extremos também é possível.

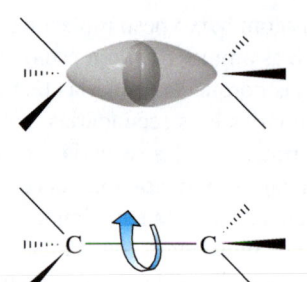

88 QUÍMICA ORGÂNICA

Figura 2.3 ▶
Uma ligação carbono–carbono é formada pela sobreposição de orbitais sp^3 cilindricamente simétricos. Portanto, a rotação em torno da ligação pode ocorrer sem mudança de quantidade de sobreposição dos orbitais.

As substâncias são tridimensionais, mas somos limitados à folha de papel bidimensional ao analisar suas estruturas. Fórmulas em perspectiva, projeções em cavalete e projeções de Newman são métodos químicos normalmente utilizados para representar no papel a ligação σ. Em uma **fórmula em perspectiva**, linhas sólidas são usadas para ligações que ficam no plano do papel, cunhas sólidas para ligações saindo do plano do papel e cunhas tracejadas para ligações que entram no plano do papel. Em uma **projeção em cavalete** estamos olhando a ligação carbono–carbono de um ângulo oblíquo. Em uma **projeção de Newman** estamos desprezando o comprimento de uma ligação carbono–carbono específica. O carbono em frente é representado por um ponto com três ligações em interseção e o carbono de trás, por um círculo. As três linhas saindo de cada carbono representam as outras três ligações. Na discussão das conformações dos alcanos, usaremos as projeções de Newman porque são mais fáceis de desenhar e são eficazes na representação da relação espacial dos substituintes nos dois átomos de carbono.

Melvin S. Newman (1908–1993)
nasceu em Nova York. Tornou-se PhD na Universidade de Yale em 1932 e foi professor de química na Universidade Estadual de Ohio de 1936 a 1973.

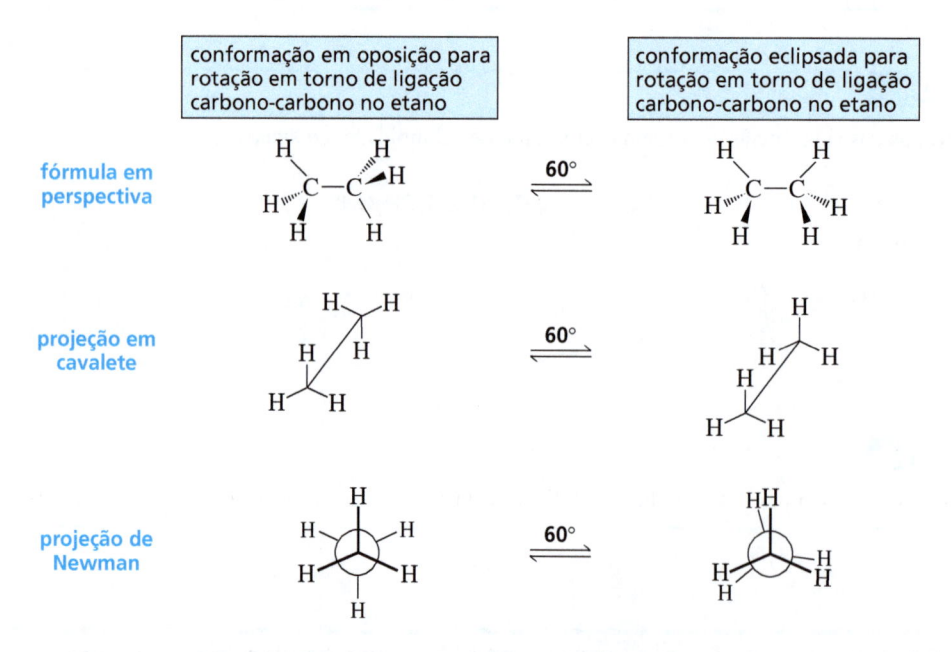

Os elétrons em uma ligação C—H vão repelir os elétrons de outra ligação C—H se as ligações estiverem muito próximas uma da outra. A **conformação em oposição**, portanto, é a conformação mais estável do etano porque as ligações C—H estão o mais distantes possível umas das outras. A **conformação eclipsada** é a conformação menos estável porque em nenhuma outra conformação as ligações C—H estão tão próximas. A energia extra da conformação eclipsada é chamada *tensão torsional*. **Tensão torsional** é o nome dado à repulsão sentida pelos elétrons ligantes de um substituinte quando passam perto dos elétrons de outro substituinte. A investigação de várias conformações de uma substância e as respectivas estabilidades relativas é chamada **análise conformacional**.

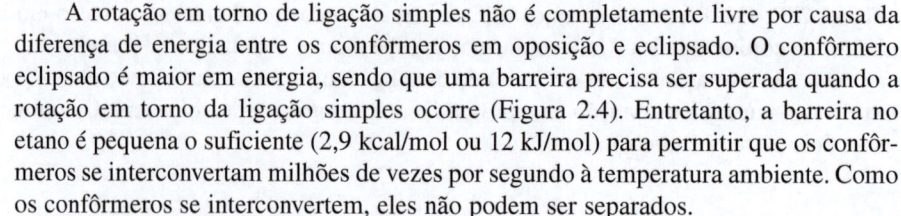

A rotação em torno de ligação simples não é completamente livre por causa da diferença de energia entre os confôrmeros em oposição e eclipsado. O confôrmero eclipsado é maior em energia, sendo que uma barreira precisa ser superada quando a rotação em torno da ligação simples ocorre (Figura 2.4). Entretanto, a barreira no etano é pequena o suficiente (2,9 kcal/mol ou 12 kJ/mol) para permitir que os confôrmeros se interconvertam milhões de vezes por segundo à temperatura ambiente. Como os confôrmeros se interconvertem, eles não podem ser separados.

Molecule Gallery:
Conformações em oposição e eclipsada do etano
www

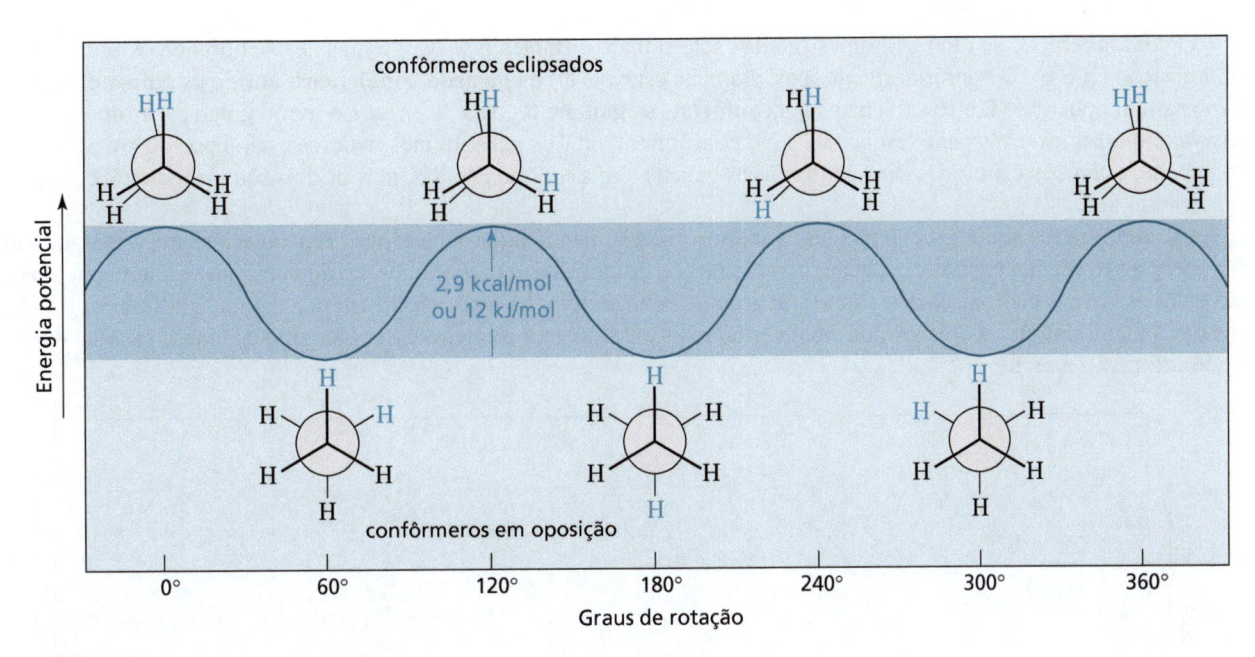

CAPÍTULO 2 Introdução às substâncias orgânicas

▲ Figura 2.4
Energia potencial do etano como função do ângulo de rotação em torno da ligação carbono–carbono.

A Figura 2.4 mostra a energia potencial de todos os confôrmeros do etano obtidos durante a rotação completa de 360°. Observe que os **confôrmeros em oposição** estão em energia mínima, enquanto os **confôrmeros eclipsados** estão em energia máxima.

O butano tem três ligações simples carbono–carbono e a molécula pode girar em torno delas. Na figura seguinte, confôrmeros em oposição e eclipsados são desenhados para a rotação em torno da ligação C-1—C-2:

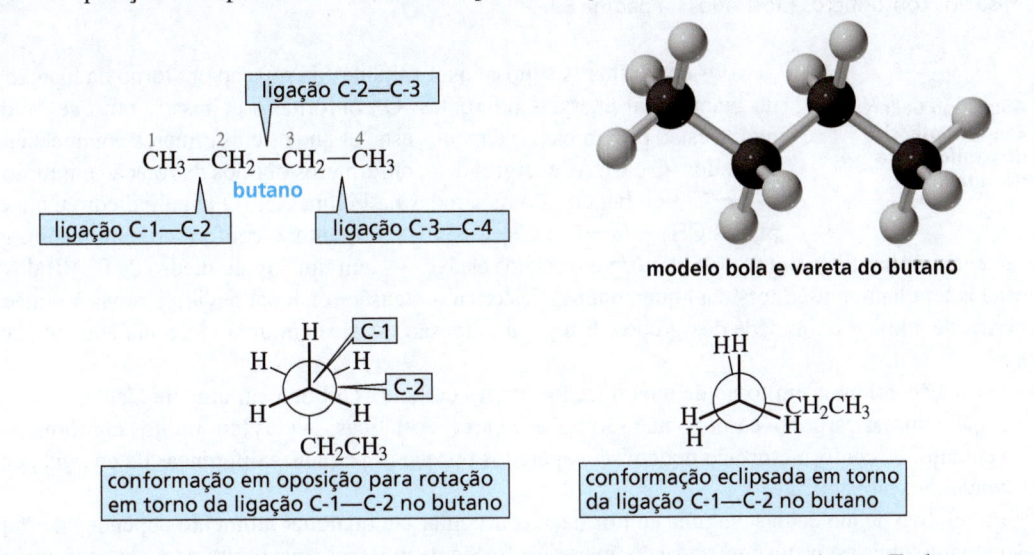

Observe que o carbono no primeiro plano na projeção de Newman tem o menor número. Embora os confôrmeros em oposição resultantes da rotação em torno da ligação C-1—C-2 tenham a mesma energia, os confôrmeros em oposição resultantes da rotação em torno da ligação C-2—C-3 não têm. Os confôrmeros em oposição para a rotação em torno da ligação C-2—C-3 no butano são mostrados a seguir.

O confôrmero D, no qual os grupos metila estão o mais distantes possível, é mais estável do que os outros dois em oposição (B e F). O confôrmero em oposição mais estável (D) é chamado **confôrmero anti**, e os outros dois confôrmeros em oposição (B e F) são chamados **confôrmeros gauche** ("goche"). (*Anti* é o termo grego para "oposto de"; *gauche* é o termo francês para "esquerda".) No confôrmero anti, os substituintes maiores estão opostos um ao outro; no gauche, estão adjacentes. Os dois confôrmeros gauche têm a mesma energia, mas os dois são menos estáveis que o confôrmero anti.

Os confôrmeros anti e gauche não têm a mesma energia devido à tensão estérica. **Tensão estérica** é a tensão (isto é, a energia extra) em uma molécula quando os átomos ou grupos estão tão próximos um do outro que resultam em repulsão entre as nuvens eletrônicas dos átomos ou grupos. Por exemplo, há mais tensão estérica em um confôrmero gauche que em um anti porque os dois grupos metila estão mais próximos no primeiro caso. Este tipo de tensão estérica é chamado **interação gauche**.

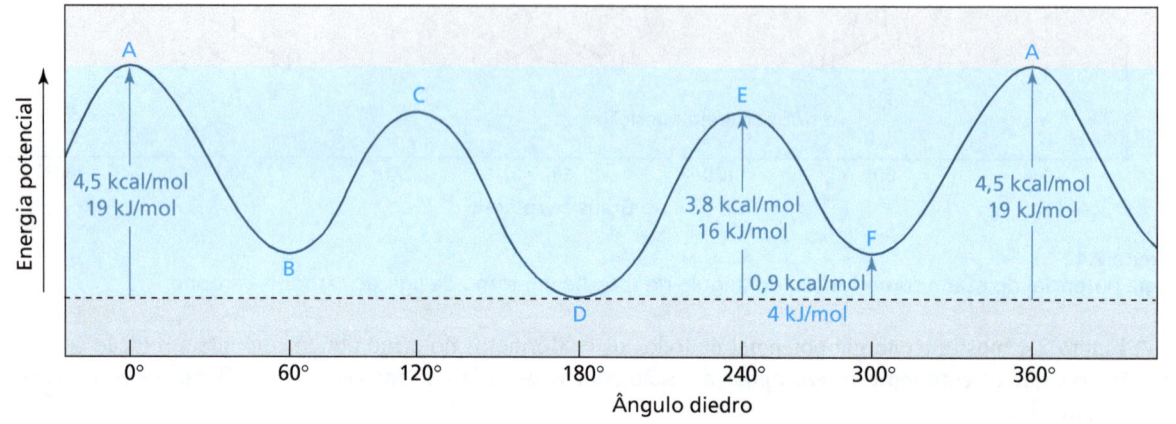

▲ **Figura 2.5**
Energia potencial do butano como função do ângulo de rotação em torno da ligação C-2—C-3. As letras azuis referem-se aos confôrmeros mostrados na página 89.

Os confôrmeros eclipsados resultantes da rotação em torno da ligação C-2—C-3 no butano têm energias diferentes. O confôrmero eclipsado em que os dois grupos metila estão próximos (A) é menos estável que os confôrmeros em que eles estão mais afastados (C e F). As energias dos confôrmeros obtidos da rotação em torno da ligação C-2—C-3 do butano são mostradas na Figura 2.5. (O ângulo diedro é aquele entre os planos CH_3—C—C e C—C—CH_3. Portanto, o confôrmero em que um grupo metila fica diretamente em frente do outro — o confôrmero menos estável — tem um ângulo diedro de 0°.) Todos os confôrmeros eclipsados têm tanto tensão torsional quanto tensão estérica — tensão torsional devido à repulsão ligação–ligação e tensão estérica devido à proximidade dos grupos. Em geral, a tensão estérica em uma molécula aumenta com o tamanho do grupo.

Como há rotação contínua em torno de uma ligação simples carbono–carbono em uma molécula, substâncias orgânicas com ligação simples carbono–carbono não são bolas e varetas estáticas — elas têm muitos confôrmeros interconvertíveis. No entanto, os confôrmeros não podem ser separados porque as pequenas diferenças de energia permitem que eles se interconvertam rapidamente.

O número relativo de moléculas em uma conformação particular em qualquer momento depende da estabilidade da conformação: quanto mais estável a conformação, maior é a fração da molécula que estará naquela conformação. Muitas moléculas, portanto, estão em conformação em oposição, e mais moléculas estão em conformação anti que em conformação gauche. A tendência em assumir uma conformação em oposição leva a cadeia de carbono a se orientar em forma de ziguezague, como mostrado pelo modelo bola e vareta do decano.

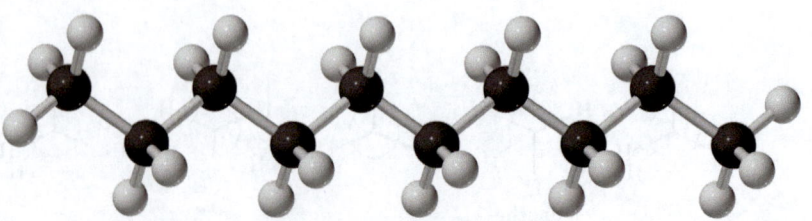

modelo bola e vareta do decano

PROBLEMA 26

a. Desenhe todos os confôrmeros em oposição e eclipsados que resultam da rotação em torno da ligação C-2—C-3 do pentano.
b. Desenhe um diagrama de energia potencial para a rotação da ligação C-2—C-3 do pentano ao longo de 360°, iniciando do confôrmero menos estável.

PROBLEMA 27◆

Usando projeções de Newman, desenhe os confôrmeros mais estáveis para os seguintes itens:

a. 3-metilpentano, considerando rotação em torno da ligação C-2—C-3
b. 3-metil-hexano, considerando rotação em torno da ligação C-3—C-4
c. 3,3-dimetil-hexano, considerando rotação em torno da ligação C-3—C-4

2.11 Cicloalcanos: tensão no anel

Inicialmente os químicos observaram que substâncias encontradas na natureza geralmente tinham anéis de cinco e seis membros. Substâncias com anéis de três e quatro membros foram encontradas com menor freqüência. Essa observação sugere que substâncias com anéis de cinco e seis membros sejam mais estáveis que as substâncias com anéis de três e quatro membros.

Em 1885, o químico alemão Adolf von Baeyer propôs que a instabilidade de anéis com três e quatro membros deve-se à tensão angular. Sabemos que, idealmente, um carbono hibridizado em sp^3 tem ângulo de ligação de 109,5°. (Seção 1.7). Baeyer sugeriu que a estabilidade de um cicloalcano pode ser calculada pela determinação de quão próximo o ângulo de um cicloalcano está do ângulo de ligação tetraédrico ideal de 109,5°. Os ângulos em um triângulo eqüilátero são de 60°. Os ângulos de ligação no ciclopropano, portanto, são comprimidos de um ângulo de ligação ideal de 109,5° para 60°, um desvio de 49,5°. Tal desvio de ângulo de ligação de um ângulo ideal causa uma tensão chamada **tensão angular**.

A tensão angular em um anel de três membros pode ser observada ao se olhar para a sobreposição dos orbitais para formar as ligações σ no ciclopropano (Figura 2.6). Ligações σ normais são formadas pela sobreposição de dois orbitais sp^3 que apontam diretamente um para o outro. No ciclopropano, a sobreposição dos orbitais não pode ser apontada diretamente um para o outro. Portanto, ela é menos efetiva do que uma ligação C—C normal. Como os orbitais ligantes C—C no ciclopropano não podem apontar diretamente um para o outro, eles têm um formato que lembra uma banana e, conseqüentemente, são algumas vezes chamados **ligações banana**. Em adição à tensão angular, anéis de três membros também possuem tensão torsional porque todas as ligações C—H adjacentes estão eclipsadas.

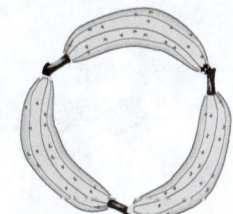

Os ângulos de ligação em um ciclobutano planar teriam de ser comprimidos de 109,5° para 90°, o ângulo associado com um anel planar de quatro membros. Seria esperado que o ciclobutano planar tivesse menos tensão angular que o ciclopropano porque os ângulos de ligação no ciclobutano estão distantes apenas 19,5° do ângulo de ligação ideal.

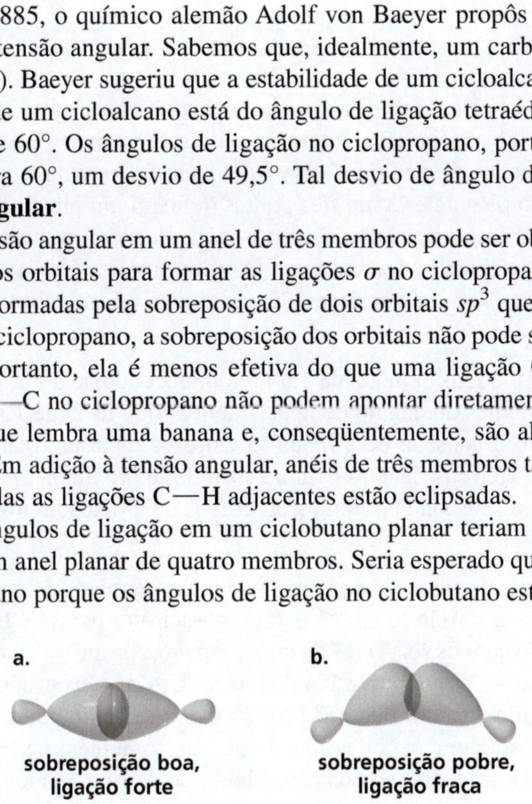

◀ Figura 2.6
(a) Sobreposição de orbitais sp^3 em uma ligação σ normal. (b) Sobreposição de orbitais sp^3 no ciclopropano.

a. sobreposição boa, ligação forte
b. sobreposição pobre, ligação fraca

ligações banana

PROBLEMA 28◆

Os ângulos de ligação em um polígono regular com n lados são iguais a

$$180° - \frac{360°}{n}$$

a. Qual é o ângulo de ligação em um octógono regular?
b. E em um nonágono regular?

Hidrocarbonetos altamente tensionados

Químicos orgânicos foram capazes de sintetizar alguns hidrocarbonetos cíclicos altamente tensionados como o biciclo[1.1.0]butano, cubano e prismano.[1] Philip Eaton, o primeiro a sintetizar o cubano, recentemente também sintetizou octanitrocubano–cubano com um grupo NO_2 ligado em cada um dos oito cantos. Espera-se que tal substância seja o explosivo conhecido mais poderoso.[2]

biciclo[1.1.0]butano   cubano   prismano

[1] O biciclo-[1.1.0]butano foi sintetizado por David Lemal, Frederic Menger e George Clark na Universidade de Wiscosin (*Journal of the American Chemical Society*, 1963, *85*, 2529). O cubano foi sintetizado por Philip Eaton e Thomas Cole, Jr., na Universidade de Chicago (*Journal of the American Chemical Society*, 1964, *86*, 3157). O prismano foi sintetizado por Thomas Katz e Nancy Acton na Universidade de Columbia (*Journal of the American Chemical Society*, 1973, *95*, 2738).
[2] Mao-Xi Zhang, Philip Eaton e Richard Gilardi, *Angew. Chem. Int. Ed.*, 2000, *39*(2), 401.

Baeyer previu que o ciclopentano seria o mais estável dos cicloalcanos porque os ângulos de ligação (108°) são próximos do ângulo tetraédrico ideal. Ele previu que o ciclo-hexano, com ângulos de 120°, seria menos estável e que o aumento do número de lados em cicloalcanos diminuiria a estabilidade.

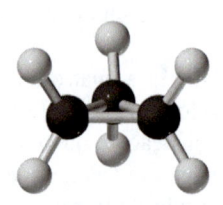

ciclopropano

ciclopentano "planar"
ângulo de ligação = 108°

ciclo-hexano planar
ângulo de ligação = 120°

ciclo-heptano planar
ângulo de ligação = 128,6°

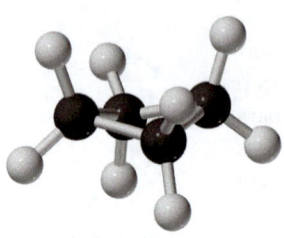

ciclobutano

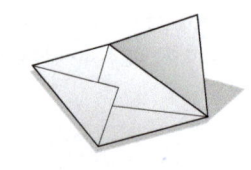

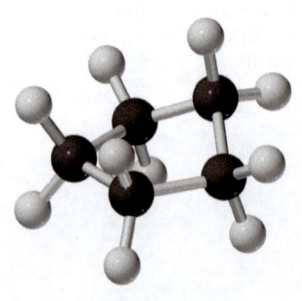

Ao contrário do que Bayer previu, o ciclo-hexano é mais estável que o ciclopentano; além disso, substâncias não se tornam cada vez menos estáveis quando o número de lados aumenta. O erro que Baeyer cometeu foi presumir que todas as moléculas cíclicas são planares. Como três pontos definem um plano, os carbonos do ciclopropano devem estar no plano. Os outros cicloalcanos, entretanto, não são planares. Substâncias cíclicas se torcem e se curvam a fim de obter uma estrutura que minimize os três tipos diferentes de tensão que podem desestabilizar uma substância cíclica:

1. *Tensão angular* é a tensão induzida em uma molécula quando os ângulos de ligação são diferentes do ângulo de ligação tetraédrico ideal de 109,5°.
2. *Tensão torsional* é causada pela repulsão entre os elétrons ligantes de um substituinte e os elétrons ligantes de um substituinte próximo.
3. *Tensão estérica* é causada por átomos ou grupos de átomos muito aproximados uns dos outros.

Embora o ciclobutano planar tivesse menos tensão angular que o ciclopropano, ele poderia ter maior tensão torsional porque possui oito pares de hidrogênios eclipsados, comparado com os seis pares do ciclopropano. Assim, o ciclobutano não é uma molécula planar — é uma molécula inclinada. Um de seus grupos metileno é inclinado a um ângulo em torno de 25° fora do plano definido pelos outros três átomos de carbono. Isso aumenta a tensão angular, mas o aumento é compensado pelo decréscimo da tensão torsional como resultado de os hidrogênios adjacentes não estarem eclipsados como estariam se estivessem em um anel planar.

Se o ciclopentano fosse planar, como Baeyer tinha previsto, ele essencialmente não teria tensão angular, mas dez pares de hidrogênios eclipsados estariam sujeitos a tensão torsional considerável. O ciclopentano dobra, permitindo que os hidrogênios fiquem quase em oposição. No processo, entretanto, ele adquire alguma tensão angular. A forma dobrada do ciclopentano é chamada *forma de envelope* porque seu formato lembra um envelope retangular com a aba levantada.

ciclopentano

Von Bayer e o ácido barbitúrico

Johann Friedrich Wilhelm Adolf von Baeyer (1835–1917) nasceu na Alemanha. Ele descobriu o ácido barbitúrico — o primeiro de um grupo de sedativos conhecidos como barbitúricos — em 1864 e batizou-o inspirado no nome de uma mulher chamada Bárbara. Não se sabe ao certo quem foi Bárbara. Alguns dizem que ela foi sua namorada, mas como Baeyer descobriu o ácido barbitúrico no mesmo ano que a Prússia derrotou a Dinamarca, alguns acreditam que o nome do ácido foi uma homenagem a Santa Bárbara, a santa padroeira da artilharia. Baeyer foi o primeiro a sintetizar o índigo, o corante utilizado na fabricação de jeans. Foi professor de química na Universidade de Strasbourg e por último na Universidade de Munique. Recebeu o Prêmio Nobel em química em 1905 por seu trabalho em química orgânica sintética.

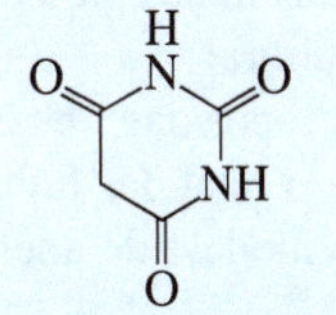

ácido barbitúrico

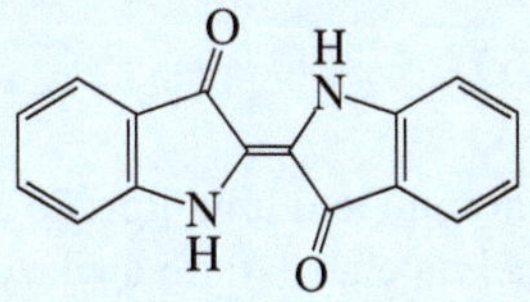

índigo

PROBLEMA 29♦

A eficácia de um barbitúrico como sedativo é relacionada à sua habilidade de penetrar as membranas apolares de uma célula. Qual dos barbitúricos a seguir você acha que é o sedativo mais efetivo?

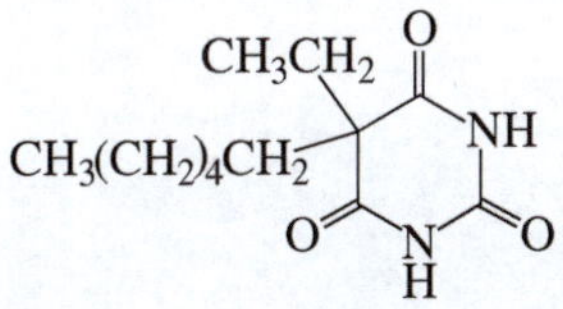

hexetal

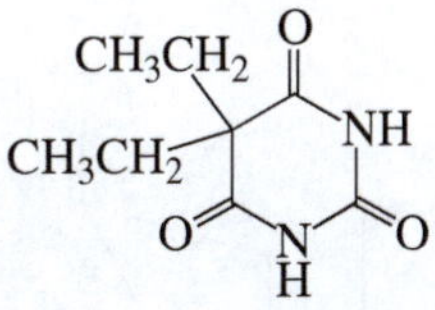

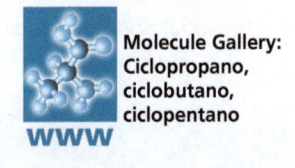

barbital

Molecule Gallery: Ciclopropano, ciclobutano, ciclopentano

www

2.12 Conformações do ciclo-hexano

As substâncias cíclicas mais comumente encontradas na natureza contêm anéis de seis membros porque eles podem existir em conformações que são completamente livres de tensão. Tal conformação é chamada **conformação em cadeira** (Figura 2.7). Na conformação em cadeira do ciclo-hexano, todos os ângulos de ligação têm 111°, que é bem próximo do ângulo de ligação tetraédrico ideal de 109,5°, e todos os hidrogênios adjacentes estão em oposição. O confôrmero em cadeira é tão importante que precisamos aprender como desenhá-lo:

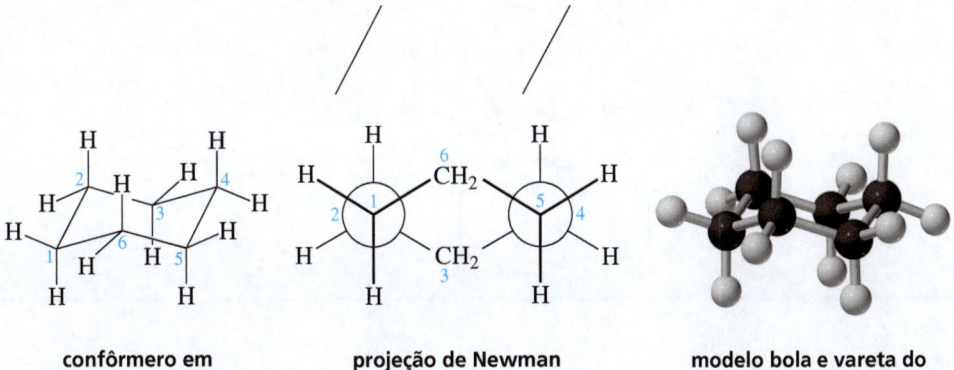

confôrmero em cadeira do ciclo-hexano

projeção de Newman do confôrmero em cadeira

modelo bola e vareta do confôrmero em cadeira do ciclo-hexano

◀ **Figura 2.7** Confôrmero em cadeira do ciclo-hexano, projeção de Newman do confôrmero em cadeira e modelo bola e vareta mostrando que todas as ligações estão em oposição.

1. Desenhe duas linhas paralelas de mesmo comprimento inclinadas para cima. Ambas as linhas precisam iniciar na mesma altura.
2. Conecte os topos das linhas com um V; o lado esquerdo do V precisa ser ligeiramente maior que o lado direito. Conecte o final das linhas com um V invertido; as linhas do V e do V invertido precisam ser paralelas. Isso completa o modelo de anel de seis membros.

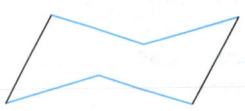

3. Cada carbono tem uma ligação axial e outra equatorial. As **ligações axiais** (linhas azuis) são verticais e alternadas acima e abaixo do anel. A ligação axial em um dos carbonos mais altos está para cima, o próximo está para baixo, o próximo para cima, e assim por diante.

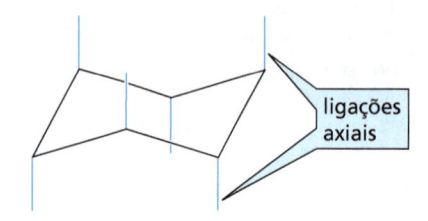

4. As **ligações equatoriais** (linhas azuis com bolas cinza) apontam para fora do anel. Como os ângulos das ligações são maiores que 90°, as ligações equatoriais estão em uma inclinação. As ligações axiais apontam para cima; as ligações equatoriais no mesmo carbono estão em um ângulo de inclinação para baixo. Se a ligação axial aponta para baixo, a ligação equatorial no mesmo carbono tem inclinação para cima.

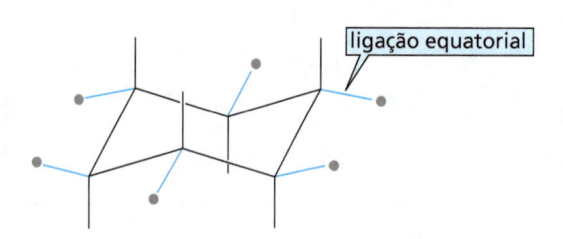

Observe que cada ligação equatorial está paralela a duas ligações do anel (dois carbonos acima) e paralela às ligações equatoriais opostas.

Lembre que o ciclo-hexano é visto em corte. As ligações de baixo do anel estão na frente e as ligações acima do anel, atrás.

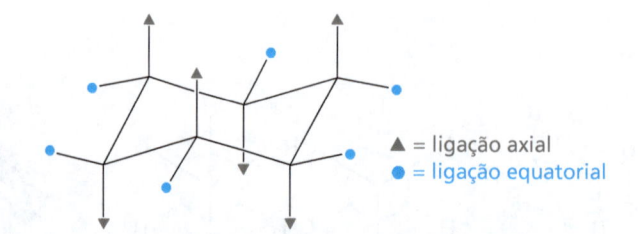

Molecule Gallery: ciclo-hexano em cadeira
WWW

▲ = ligação axial
● = ligação equatorial

PROBLEMA 30

Desenhe 1,2,3,4,5,6-hexametilciclo-hexano com:

a. todos os grupos nas posições axiais
b. todos os grupos nas posições equatoriais

Tabela 2.9 Calor de formação e energia de tensão total

	Calor de formação		Calor de formação "sem tensão"		Energia de tensão total	
	(kcal/mol)	(kJ/mol)	(kcal/mol)	(kJ/mol)	(kcal/mol)	(kJ/mol)
Ciclopropano	+12,7	53,1	−14,6	−61,1	27,3	114,2
Ciclobutano	+6,8	28,5	−19,7	−82,4	26,5	110,9
Ciclopentano	−18,4	−77,0	−24,6	−102,9	6,2	25,9
Ciclo-hexano	−29,5	−123,4	−29,5	−123,4	0	0
Ciclo-heptano	−28,2	−118,0	−34,4	−143,9	6,2	25,9
Ciclooctano	−29,7	−124,3	−39,4	−164,8	9,7	40,6
Ciclononano	−31,7	−132,6	−44,3	−185,4	12,6	52,7
Ciclodecano	−36,9	−154,4	−49,2	−205,9	12,3	51,5
Cicloundecano	−42,9	−179,5	−54,1	−226,4	11,2	46,9

Se presumirmos que o ciclo-hexano é completamente livre de tensão, poderemos calcular a energia de tensão total (tensão angular + tensão torsional + tensão estérica) de outro cicloalcano. Tomando o *calor de formação* do ciclo-hexano (Tabela 2.9) e dividindo por seis grupos CH_2 temos o valor de −4,92 kcal/mol (ou −20,6 kJ/mol) para um grupo CH_2 sem tensão (−29,5/6 = −4,92). (O **calor de formação** é o calor liberado quando uma substância é formada a partir de elementos sobre condições padrão.) Podemos agora calcular o calor de formação de um cicloalcano "sem tensão" multiplicando o número de grupos CH_2 em seu anel por −4,92 kcal/mol. A tensão total na substância é a diferença entre seu calor de formação "sem tensão" e seu calor de formação atual (Tabela 2.9). Por exemplo, o ciclopentano tem calor de formação "sem tensão" de (5)(−4,92) = −24,6 kcal/mol. Como seu calor de formação atual é −18,4 kcal/mol, o ciclopentano tem energia de tensão total de 6,2 kcal/mol [−18,4 − (−24,6) = 6,2]. (Multiplicando-se por 4,184 converte-se kcal em kJ.)

PROBLEMA 31◆
Calcule a energia de tensão total do ciclo-heptano.

O ciclo-hexano rapidamente se interconverte entre duas conformações em cadeira estáveis por causa da fácil rotação em torno das ligações carbono–carbono. Essa interconversão é conhecida como **oscilação de anel** (Figura 2.8). Quando os dois confôrmeros em cadeira se interconvertem, as ligações que estão em equatorial em uma cadeira se tornam axiais no outro confôrmero em cadeira, e vice-versa.

Ligações que são equatoriais em um confôrmero em cadeira estão em axial no outro confôrmero em cadeira.

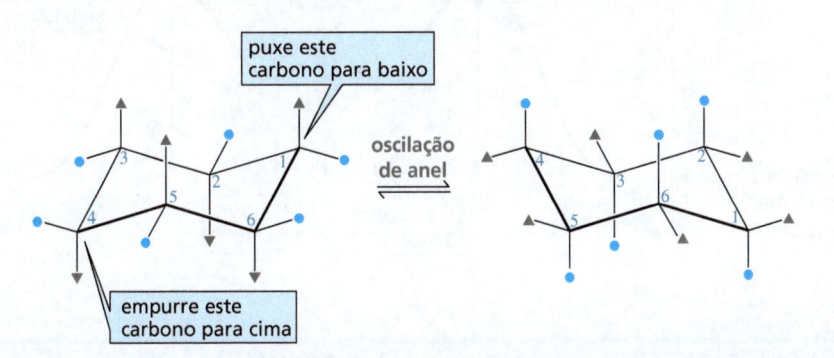

◀ **Figura 2.8**
As ligações que são axiais em um confôrmero em cadeira estão em equatorial no outro confôrmero em cadeira. As ligações que estão em equatorial em um confôrmero em cadeira estão em axial no outro.

O ciclo-hexano também pode existir em uma **conformação em bote**, como mostrado na Figura 2.9. Como o confôrmero em cadeira, o confôrmero em bote é livre de tensão angular. Entretanto, a conformação em bote não é tão estável quanto a conformação em cadeira porque algumas das ligações no confôrmero em bote estão eclipsadas, dando-lhe uma tensão torsional. Além disso, o confôrmero em bote é desestabilizado pela proximidade dos **hidrogênios-mastro** (os hidrogênios na "proa" e na "popa" do bote), que causam tensão estérica.

96 QUÍMICA ORGÂNICA

Molecule Gallery: ciclo-hexano em bote
www

confôrmero em bote do ciclo-hexano

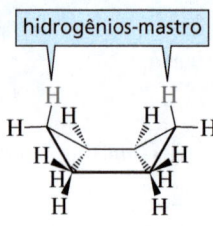

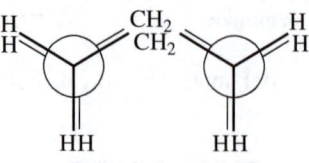

projeção de Newman do confôrmero em bote

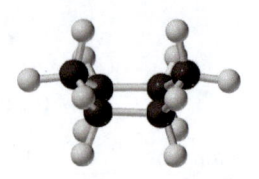

modelo bola e vareta do confôrmero em bote do ciclo-hexano

▲ **Figura 2.9**
Confôrmero em bote do ciclo-hexano, projeção de Newman do confôrmero em bote e modelo bola e vareta mostrando que algumas ligações estão eclipsadas.

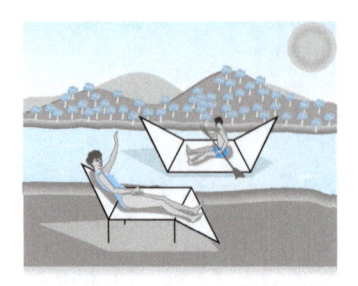

Construa um modelo de ciclo-hexano e converta um confôrmero em cadeira no outro. Ao fazer isso, puxe o carbono mais no topo para baixo e empurre o carbono mais abaixo para cima.

Consulte o site do livro em www.prenhall.com/bruice_br para ver as as representações tridimensionais dos confôrmeros do ciclo-hexano.

As conformações que o ciclo-hexano pode assumir quando interconverte de um confôrmero em cadeira para o outro são mostradas na Figura 2.10. Para converter de um confôrmero em bote para o confôrmero em cadeira, um carbono do topo do confôrmero em bote precisa ser puxado para baixo, tornando-se, então, o carbono mais baixo. Quando o carbono é puxado para baixo apenas um pouco, um **confôrmero bote torcido** (ou **bote inclinado**) é obtido. O confôrmero bote torcido é mais estável que o confôrmero em bote porque há menos formas eclipsadas; conseqüentemente, menos tensão torsional, e os hidrogênios-mastro afastam-se uns dos outros, aliviando assim um pouco a tensão estérica. Quando o carbono é puxado para baixo no ponto onde está no mesmo plano dos lados do bote, é obtido um confôrmero muito instável, o **confôrmero meia-cadeira**. Puxando o carbono um pouco mais para baixo, produz-se o *confôrmero em cadeira*. O gráfico na Figura 2.10 mostra a energia de uma molécula de ciclo-hexano quando se interconverte de um confôrmero em cadeira para outro; a barreira de interconversão é de 12,1 kcal/mol (50,6 kJ/mol). A partir desse valor pode ser calculado que o ciclo-hexano sofre 10^5 viradas de anel por segundo à temperatura ambiente. Em outras palavras, os dois confôrmeros em cadeira estão em rápido equilíbrio.

Como os confôrmeros em cadeira são os mais estáveis, a qualquer instante mais moléculas de ciclo-hexano estão em conformações em cadeira do que em qualquer outra conformação. Foi calculado que, para cada mil moléculas de ciclo-hexano em uma conformação em cadeira, não mais que duas moléculas estão na próxima conformação mais estável — a em bote torcido.

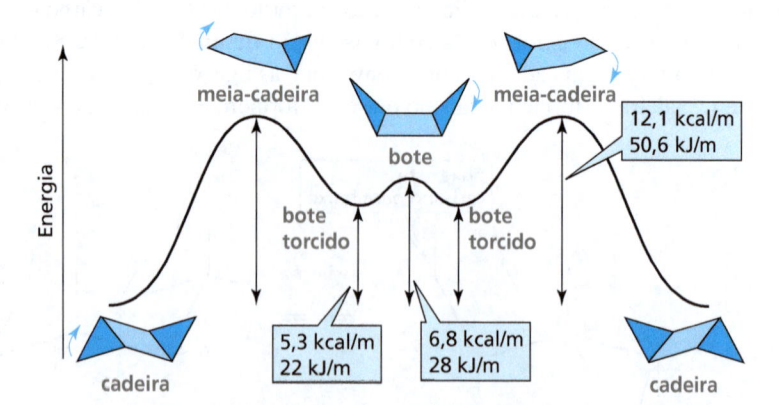

Figura 2.10 ▶
Confôrmeros do ciclo-hexano — e suas energias relativas — como um confôrmero em cadeira se interconvertendo no outro confôrmero em cadeira.

meia-cadeira · bote · meia-cadeira · 12,1 kcal/m · 50,6 kJ/m · bote torcido · bote torcido · 5,3 kcal/m · 22 kJ/m · 6,8 kcal/m · 28 kJ/m · cadeira · cadeira · Energia

2.13 Conformações de ciclo-hexanos monossubstituídos

Diferentemente do ciclo-hexano, que tem dois confôrmeros em cadeira equivalentes, os dois confôrmeros de um ciclo-hexano monossubstituído, como o metilciclo-hexano, não são equivalentes. O substituinte metila está em posição equatorial em um confôrmero e em posição axial no outro (Figura 2.11), uma vez que os substituintes presentes na posição equatorial em um confôrmero em cadeira estão em axial no outro (Figura 2.8).

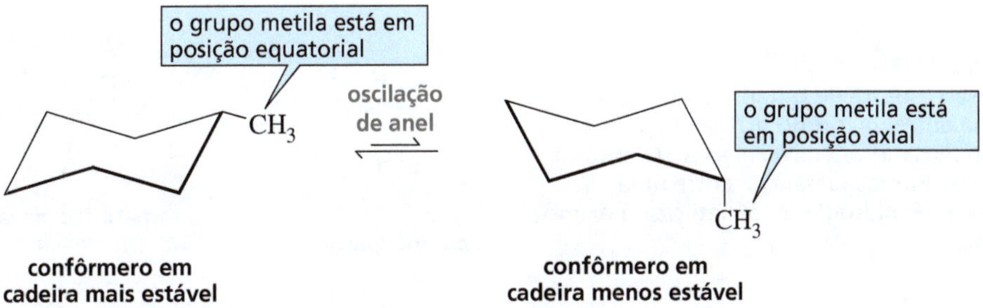

CAPÍTULO 2   Introdução às substâncias orgânicas | 97

confôrmero em cadeira mais estável — o grupo metila está em posição equatorial

oscilação de anel

confôrmero em cadeira menos estável — o grupo metila está em posição axial

▲ **Figura 2.11**
Um substituinte está em posição equatorial em um confôrmero em cadeira e em posição axial no outro. O confôrmero com o substituinte em equatorial é mais estável.

O confôrmero em cadeira com um substituinte metila em posição equatorial é o confôrmero mais estável porque um substituinte tem mais espaço e, portanto, menos interações estéricas quando está na posição equatorial. Isso pode ser mais bem compreendido ao se examinar a Figura 2.12, que mostra que quando um grupo metila está na posição equatorial, ele está anti aos carbonos C-3 e C-5. Assim, o substituinte estende-se para o espaço, distante do resto da molécula.

Em comparação, quando o grupo metila está na posição axial, ele está gauche com os carbonos C-3 e C-5 (neste caso, hidrogênios). Em outras palavras, as três ligações axiais no mesmo lado do anel estão paralelas entre si; qualquer substituinte em axial estará relativamente perto do substituinte em axial no outro carbono. Como as interações dos substituintes estão em posições relativas 1,3 umas das outras, tais interações estéricas desfavoráveis são chamadas **interações 1,3 diaxiais**. Se tomarmos poucos minutos para construir modelos, veremos que um substituinte tem mais espaço se estiver em posição equatorial do que se estiver em posição axial.

> Construa um modelo do metilciclo-hexano e converta seus confôrmeros em cadeira um no outro.

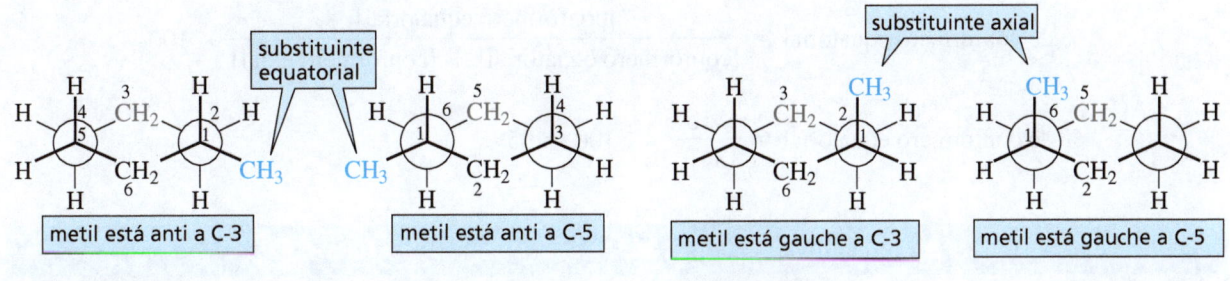

▲ **Figura 2.12**
Um substituinte em equatorial no carbono C-1 está anti aos carbonos C-3 e C-5.

▲ **Figura 2.13**
Um substituinte em axial no carbono C-1 está gauche aos carbonos C-3 e C-5.

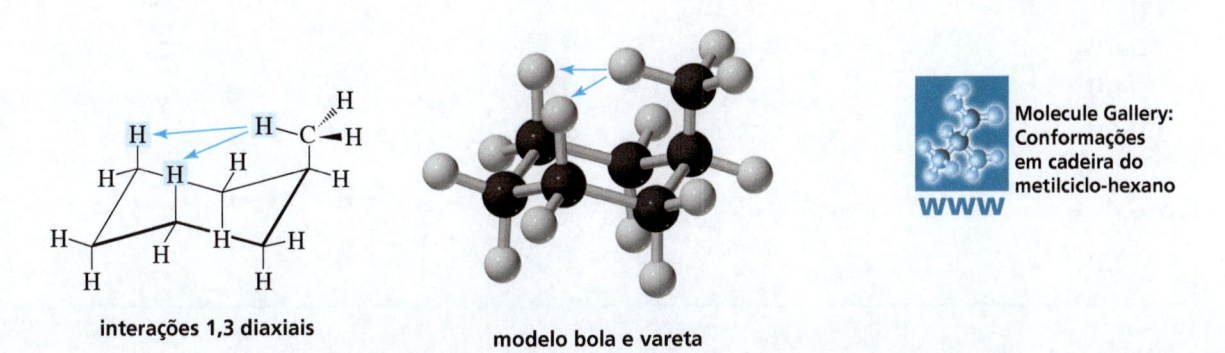

interações 1,3 diaxiais

modelo bola e vareta

Molecule Gallery: Conformações em cadeira do metilciclo-hexano
www

O confôrmero gauche do butano e o confôrmero substituído em axial do metilciclo-hexano são comparados na Figura 2.14. Observe que a interação gauche é a mesma em ambos — uma interação entre um grupo metila e um hidrogênio ligado a um carbono gauche ao grupo metila. O butano tem uma interação gauche e o metilciclo-hexano tem duas.

Figura 2.14 ▶
A tensão estérica de butano gauche é a mesma entre um grupo metila em axial e um de seus hidrogênios em axial. O butano tem uma interação gauche entre uma metila e um hidrogênio; o metilciclo-hexano tem duas.

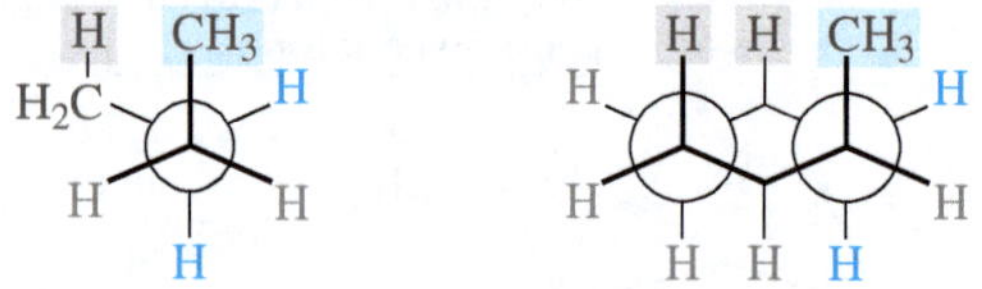

butano gauche

metilciclo-hexano axial

Na Seção 2.10, vimos que a interação gauche entre os grupos metila do butano levam o confôrmero gauche a ser 0,9 kcal/mol (3,8 kJ/mol) menos estável que o confôrmero anti. Como há duas interações gauche no confôrmero em cadeira do metilciclo-hexano quando o grupo metila está em posição axial, este confôrmero em cadeira é 1,8 kcal/mol (7,5 kJ/mol) menos estável que o confôrmero em cadeira com o grupo metila na posição equatorial.

Quanto maior o substituinte em um anel ciclo-hexano, mais o confôrmero com o substituinte na posição equatorial será favorecido.

Por causa da diferença na estabilidade dos dois confôrmeros em cadeira, a qualquer momento mais ciclo-hexanos monossubstituídos estarão no confôrmero em cadeira com o substituinte na posição equatorial do que no confôrmero em cadeira com o substituinte na posição axial. As quantidades relativas dos dois confôrmeros em cadeira dependem do substituinte (Tabela 2.10). O substituinte com o maior volume na área dos hidrogênios 1,3 diaxiais terá maior preferência pela posição equatorial porque apresentará interações 1,3 diaxiais fortes. Por exemplo, a constante de equilíbrio (K_{eq}) para os confôrmeros do metilciclo-hexano indica que 95% de suas moléculas têm o grupo metila na posição equatorial a 25 °C:

$$K_{eq} = \frac{[\text{confôrmero equatorial}]}{[\text{confôrmero axial}]} = \frac{18}{1}$$

$$\% \text{ de confôrmero equatorial} = \frac{[\text{confôrmero equatorial}]}{[\text{confôrmero equatorial}] + [\text{confôrmero axial}]} \times 100$$

$$\% \text{ de confôrmero equatorial} = \frac{18}{18 + 1} \times 100 = 95\%$$

Tabela 2.10 Constantes de equilíbrio para vários ciclo-hexanos monossubstituídos a 25 °C

Substituinte	Axial $\xrightleftharpoons{K_{eq}}$ Equatorial	Substituinte	Axial $\xrightleftharpoons{K_{eq}}$ Equatorial
H	1	CN	1,4
CH$_3$	18	F	1,5
CH$_3$CH$_2$	21	Cl	2,4
CH$_3$CH(CH$_3$)	35	Br	2,2
CH$_3$C(CH$_3$)(CH$_3$)	4.800	I	2,2
		HO	5,4

No caso do *terc*-butilciclo-hexano, no qual as interações 1,3 diaxiais são muito mais desestabilizantes porque um grupo *terc*-butila é maior que um grupo metila, 99,9% das moléculas têm o grupo *terc*-butila na posição equatorial.

PROBLEMA 32◆

O confôrmero em cadeira do fluorociclo-hexano é 0,25 kcal/mol (1,0 kJ/mol) mais estável se o substituinte flúor estiver na posição equatorial do que se estiver na posição axial. Quanto é mais estável o confôrmero anti do 1-fluoropropano comparado com um confôrmero gauche?

PROBLEMA 33◆

A partir dos dados da Tabela 2.10, calcule a porcentagem das moléculas do ciclo-hexanol que possui o grupo OH na posição equatorial.

PROBLEMA 34

O bromo é um átomo maior que o cloro, mas as constantes de equilíbrio na Tabela 2.10 indicam que o substituinte cloro tem maior preferência pela posição equatorial. Sugira uma explicação para este fato.

2.14 Conformações de ciclo-hexanos dissubstituídos

Se houver dois substituintes em um anel ciclo-hexano, ambos os substituintes precisam ser levados em consideração na determinação de qual dos dois confôrmeros em cadeira será mais estável. Vamos iniciar observando o 1,4-dimetilciclo-hexano. Inicialmente, observe que existem dois dimetilciclo-hexanos diferentes. Um tem os dois grupos metila *do mesmo lado* do anel ciclo-hexano; ele é chamado **isômero cis** (*cis* vem do latim e quer dizer "neste lado"). O outro tem os dois grupos metila em *lados opostos* do anel; é chamado **isômero trans** (*trans* vem do latim e quer dizer "transversal"). *cis*-1,4-dimetilciclo-hexano e *trans*-1,4-dimetilciclo-hexano são chamados **isômeros geométricos** ou **isômeros cis–trans**: Eles têm os mesmos átomos, que são ligados na mesma ordem, mas diferem no arranjo espacial dos átomos.

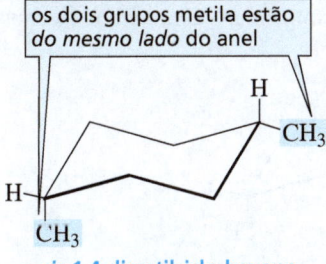

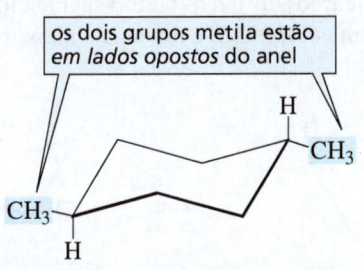

O isômero cis tem seus substituintes no mesmo lado do anel.

O isômero trans tem seus substituintes em lados opostos do anel.

cis-1,4-dimetilciclo-hexano

trans-1,4-dimetilciclo-hexano

Primeiro vamos determinar qual dos dois confôrmeros em cadeira do *cis*-1,4-dimetilciclo-hexano é mais estável. Um dos confôrmeros tem um grupo metila na posição equatorial e outro grupo metila na posição axial. O outro confôrmero em cadeira também tem um grupo metila na posição equatorial e o outro na posição axial. Portanto, ambos os confôrmeros em cadeira são igualmente estáveis.

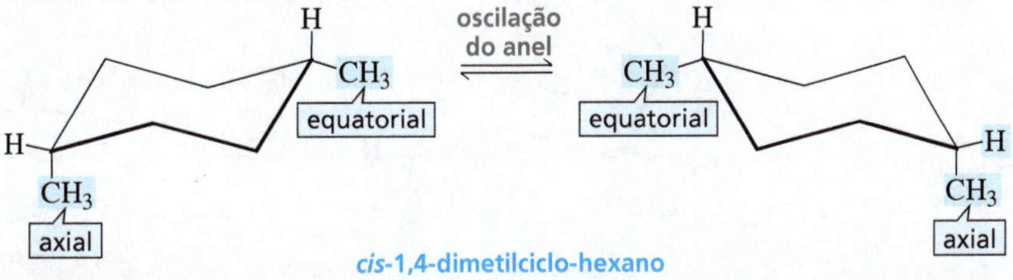

cis-1,4-dimetilciclo-hexano

No entanto, os dois confôrmeros em cadeira do *trans*-1,4-dimetilciclo-hexano têm estabilidades diferentes porque em um os dois grupos metila estão em posição equatorial e no outro, em posição axial.

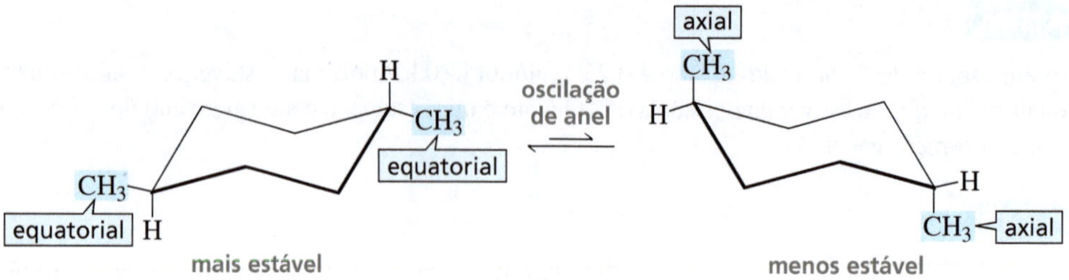

QUÍMICA ORGÂNICA

trans-1,4-dimetilciclo-hexano

O confôrmero em cadeira com os dois substituintes nas posições axiais tem quatro interações 1,3 diaxiais, levando-o a ser aproximadamente 4 × 0,9 kcal/mol = 3,6 kcal/mol (15,1 kJ/mol) menos estável que o confôrmero com os dois grupos substituintes nas posições equatoriais. Podemos, portanto, presumir que o *trans*-1,4-dimetilciclo-hexano existirá quase inteiramente na conformação diequatorial mais estável.

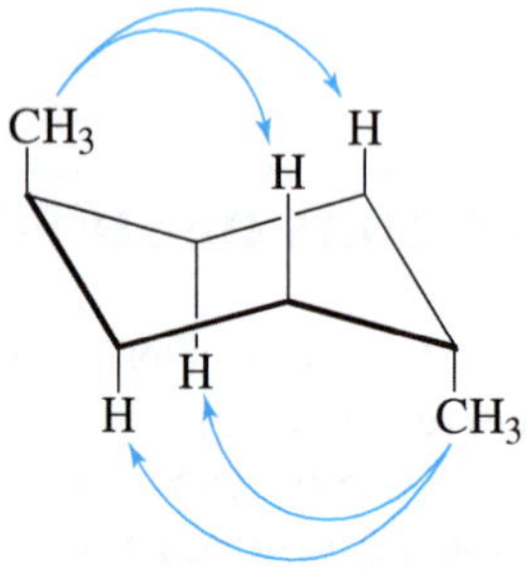

este confôrmero em cadeira tem quatro interações 1,3 diaxiais

Agora observemos os isômeros geométricos do 1-*terc*-butil-3-metilciclo-hexano. Ambos os substituintes do isômero *cis* estão em posições equatoriais em um confôrmero e em axiais no outro. O confôrmero com ambos os substituintes na posição equatorial é mais estável.

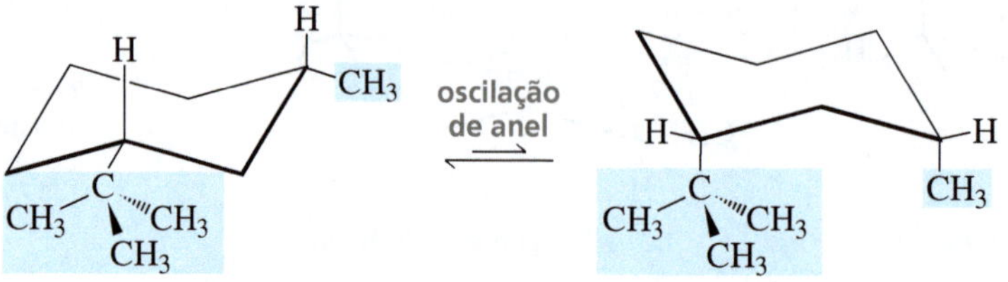

cis-1-*terc*-butil-3-metilciclo-hexano

Os dois confôrmeros do isômero *trans* têm um substituinte na posição equatorial e outro na posição axial. Como o grupo *terc*-butila é maior que o grupo metila, as interações 1,3 diaxiais serão mais fortes quando o grupo *terc*-butila estiver na posição axial. Dessa forma, o confôrmero com o grupo *terc*-butila na posição equatorial será mais estável.

Molecule Gallery:
trans-1-*terc*-butil-3-metilciclo-hexano
www

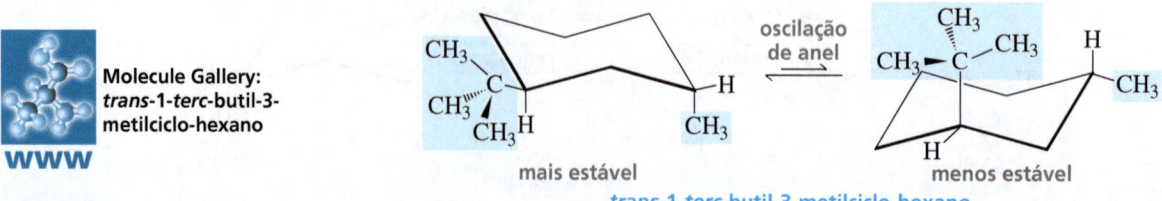

trans-1-*terc*-butil-3-metilciclo-hexano

PROBLEMA 35◆

Qual terá a maior porcentagem do confôrmero substituído em diequatorial, comparado com o confôrmero substituído em diaxial: *trans*-1,4-dimetilciclo-hexano ou *cis*-1-*terc*-butil-3-metilciclo-hexano?

PROBLEMA — ESTRATÉGIA PARA RESOLUÇÃO

O confôrmero do 1,2-dimetilciclo-hexano com um grupo metila na posição equatorial e com o outro na posição axial é o isômero *cis* ou o isômero *trans*?

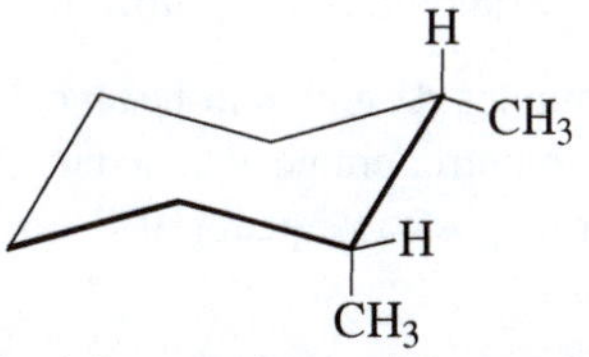

Este é o isômero *cis* ou o isômero *trans*?

Para resolver este problema precisamos determinar quando os dois substituintes estão do mesmo lado do anel (*cis*) ou em lados opostos (*trans*). Se as ligações assumidas pelos substituintes estiverem, ambas, apontando para cima ou para baixo, a substância é o isômero *cis*; se uma ligação estiver apontando para cima e a outra para baixo, a substância é o isômero *trans*.

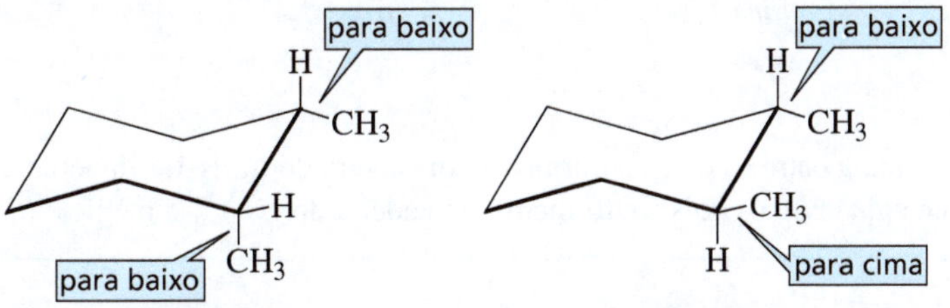

isômero *cis*   **isômero *trans***

O isômero que mais induz ao erro quando é desenhado em duas dimensões é o isômero *trans*-1,2-dissubstituído. À primeira vista, os grupos metila do *trans*-1,2-dimetilciclo-hexano parecem ser orientados na mesma direção, assim podemos pensar que a substância é o isômero *cis*. Uma inspeção mais detalhada, entretanto, mostra que uma ligação é apontada para cima e a outra para baixo, ficando claro que é o isômero *trans*. (Se construirmos um modelo da substância será fácil ver que ele é o isômero *trans*.)

Agora vamos ao Problema 36.

PROBLEMA 36♦

Determine se cada uma das substâncias seguintes é um isômero *cis* ou *trans*:

a.

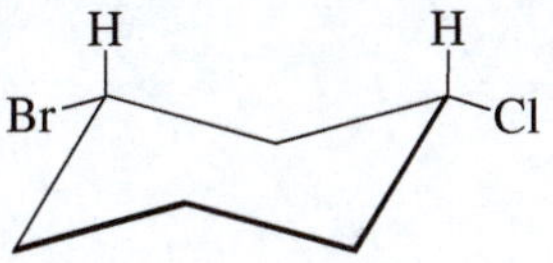

b.

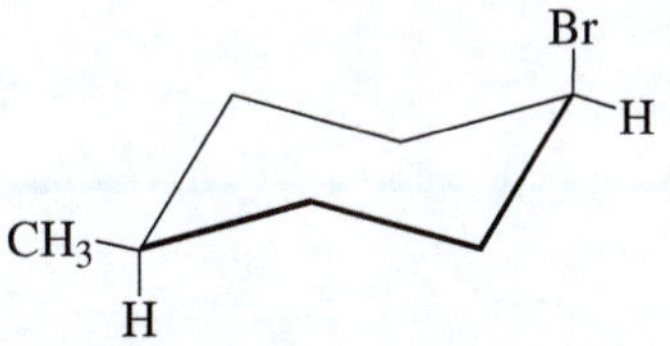

c.

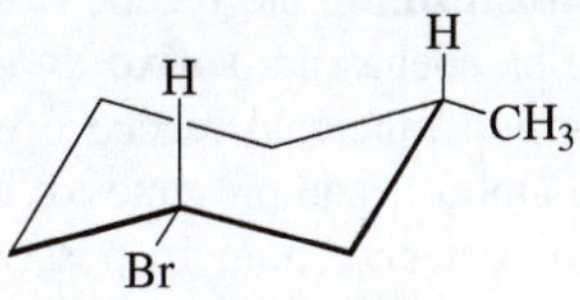

d.

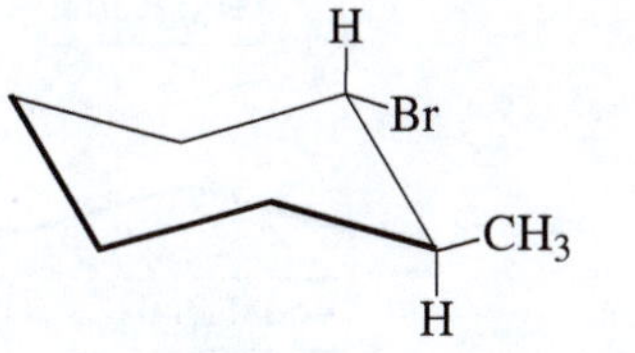

e.

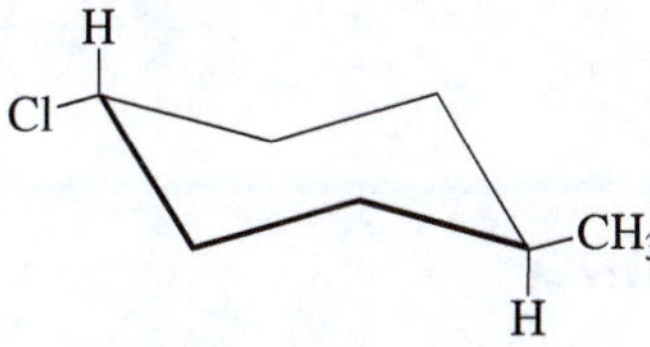

f.

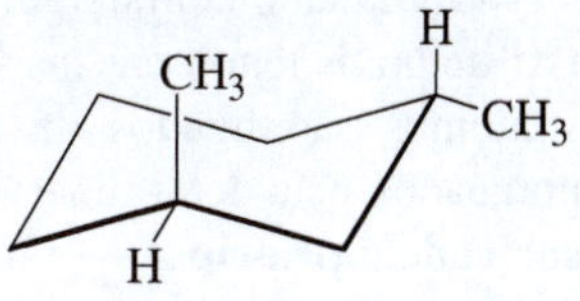

PROBLEMA 37 RESOLVIDO

a. Desenhe o confôrmero em cadeira mais estável do *cis*-1-etil-2-metilciclo-hexano.
b. Desenhe o confôrmero mais estável do *trans*-1-etil-2-metilciclo-hexano.
c. Qual é mais estável, *cis*-1-etil-2-metilciclo-hexano ou *trans*-1-etil-2-metilciclo-hexano?

RESOLUÇÃO PARA 37a Se os dois substituintes de um ciclo-hexano 1,2-dissubstituído estiverem do mesmo lado do anel, um precisa estar em posição equatorial e o outro, em posição axial. O confôrmero em cadeira mais estável é aquele em que o maior grupo (o grupo etila) vai estar na posição equatorial.

PROBLEMA 38◆

Para cada um dos ciclo-hexanos dissubstituídos, indique quando os substituintes nos dois confôrmeros em cadeira estiverem ambos na posição equatorial em um confôrmero em cadeira ou ambos em axial no outro *ou* um em equatorial e o outro em axial em cada um dos confôrmeros em cadeira:

a. *cis*-1,2-   c. *cis*-1,3-   e. *cis*-1,4-
b. *trans*-1,2- d. *trans*-1,3- f. *trans*-1,4-

PROBLEMA 39◆

a. Calcule a diferença de energia entre os dois confôrmeros em cadeira do *trans*-1,4-dimetilciclo-hexano.
b. Qual é a diferença de energia entre os dois confôrmeros em cadeira do *cis*-1,4-dimetilciclo-hexano?

2.15 Conformações em anéis fundidos

Quando dois anéis ciclo-hexano são fundidos, o segundo anel pode ser considerado como um par de substituintes ligados ao primeiro anel. Como em qualquer ciclo-hexano dissubstituído, os dois substituintes podem estar ou em *cis* ou em *trans*. Se os anéis de ciclo-hexano estão para baixo em suas conformações em cadeira, o isômero *trans* (com um substituinte ligado apontando para cima e o outro para baixo) terá ambos os substituintes na posição equatorial. O isômero *cis* terá um substituinte na posição equatorial e outro na axial. Anéis de ciclo-hexano **fundidos em *trans*** são, portanto, mais estáveis que anéis de ciclo-hexano **fundidos em *cis***.

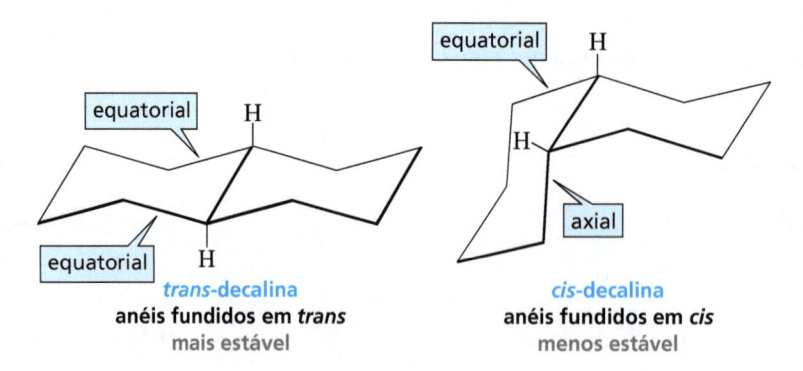

trans-decalina
anéis fundidos em *trans*
mais estável

cis-decalina
anéis fundidos em *cis*
menos estável

Resumo

Alcanos são hidrocarbonetos que contêm apenas ligações simples. Sua fórmula molecular geral é C_nH_{2n+2}. **Isômeros constitucionais** têm a mesma fórmula molecular, mas seus átomos são ligados de modo diferente. Alcanos são nomeados pela determinação do número de carbonos em sua **cadeia principal** — a maior cadeia contínua. **Substituintes** são listados em ordem alfabética, com um número para designar sua posição na cadeia. Quando há apenas um **substituinte**, ele recebe o menor número possível; quando há apenas um **sufixo de grupo funcional**, o sufixo do grupo funcional recebe o menor número possível; quando ambos estão presentes, o sufixo do grupo funcional recebe o menor número possível. O **grupo funcional** é o centro de reatividade da molécula.

Haletos de alquila e **éteres** são nomeados como alcanos substituídos. **Alcoóis** e **aminas** são nomeados por utilizar um sufixo para o grupo funcional. **Nomes sistemáticos** podem conter números; **nomes comuns** nunca. Uma substância pode ter mais de um nome, mas um nome precisa especificar apenas uma substância. Para saber se haletos de alquila e alcoóis são **primários**, **secundários** ou **terciários** veja se o X (halogênio) ou o grupo OH está ligado a um carbono primário, secundário ou terciário. Um **carbono primário** está ligado a um carbono; um **carbono secundário**, a dois carbonos; e um **carbono terciário**, a três carbonos. Se aminas são **primárias**, **secundárias** ou **terciárias** depende do número de grupos alquila ligados ao nitrogênio. Substâncias com quatro grupos alquila ligados ao nitrogênio são chamadas **sais de amônio quaternário**.

O oxigênio de um álcool tem a mesma geometria que teria na água; o nitrogênio de uma amina tem a mesma geometria que teria na amônia. Quanto maiores as forças atrativas entre as moléculas — **forças de van der Waals**, **interações dipolo–dipolo**, **ligações de hidrogênio** —, maior é o **ponto de ebulição** de uma substância. Uma **ligação de hidrogênio** é uma interação entre o hidrogênio ligado a O, N ou F e um par de elétrons livres de um O, N ou F de outra molécula. Os pontos de ebulição aumentam com o aumento do peso molecular do **homólogo**. As ramificações diminuem o ponto de ebulição. **Polarizabilidade** indica a facilidade com que uma nuvem eletrônica pode ser distorcida: átomos maiores são mais polarizáveis.

Substâncias polares dissolvem-se em **solventes polares** e **substâncias apolares** dissolvem-se em **solventes apolares**. A interação entre o solvente e uma molécula ou um íon dissolvido naquele solvente é chamada **solvatação**. O oxigênio de um álcool ou de um éter pode se arrastar em torno de três ou quatro carbonos para uma solução em água.

A rotação em torno de uma ligação C—C resulta em duas **conformações** extremas que rapidamente se interconvertem: **em oposição** e **eclipsada**. Um **confôrmero em oposição** é mais estável que um **confôrmero eclipsado** por causa da **tensão torsional** — repulsão entre os pares dos elétrons ligantes. Podem existir dois confôrmeros em oposição diferentes: o **confôrmero anti** é mais estável que o **confôrmero gauche** por causa da **tensão estérica** — repulsão entre as nuvens eletrônicas de átomos ou grupos. A tensão estérica em um confôrmero gauche é chamada **interação gauche**.

Anéis de cinco e seis membros são mais estáveis que anéis de três ou quatro devido à **tensão angular** que resulta de os ângulos de ligação desviarem-se do ângulo de ligação ideal de 109,5°. Em um processo chamado **oscilação de anel**, o ciclo-hexano rapidamente se interconverte entre duas conformações estáveis em cadeira. **Ligações** que estão em **axial** em um confôrmero em cadeira estarão em **equatorial** no outro confôrmero em cadeira, e vice-versa. O confôrmero em cadeira com um substituinte na posição equatorial é mais estável porque há mais espaço nesta posição. Um substituinte em posição axial experimenta **interações 1,3 diaxiais** desfavoráveis. No caso de ciclo-hexanos dissubstituídos, o confôrmero mais estável terá seus substituintes maiores na posição equatorial. O **isômero *cis*** tem dois substituintes no mesmo lado do anel; **um isômero *trans*** tem seus substituintes em lados opostos do anel. Isômeros *cis* e *trans* são chamados **isômeros geométricos** ou **isômeros *cis–trans***. Anéis de ciclo-hexano são mais estáveis se forem **fundidos em *trans*** do que **fundidos em *cis***.

Palavras-chave

alcano (p. 60)
alcano de cadeia linear (p. 60)
álcool (p. 63)
álcool primário (p. 74)
álcool secundário (p. 74)
álcool terciário (p. 74)
amina (p. 63)
amina primária (p. 77)
amina secundária (p. 77)
amina terciária (p. 77)
análise conformacional (p. 88)
cadeia principal (p. 67)
calor de formação (p. 95)
carbono primário (p. 64)
carbono secundário (p. 64)
carbono terciário (p. 64)
cicloalcano (p. 70)
conformação (p. 87)

conformação eclipsada (p. 88)
conformação em bote (p. 95)
conformação em cadeira (p. 93)
conformação em oposição (p. 88)
confôrmero (p. 87)
confôrmero bote torcido (p. 96)
confôrmero eclipsado (p. 89)
confôrmero em anti (p. 90)
confôrmero em bote inclinado (p. 96)
confôrmero em oposição (p. 89)
confôrmero gauche (p. 90)
confôrmero meia-cadeira (p. 96)
empacotamento (p. 85)
éter (p. 73)
éter assimétrico (p. 73)
éter simétrico (p. 73)
forças de Van der Waals (p. 81)
fórmula de linha de ligação (p. 70)

fórmula em perspectiva (p. 88)
fusão em *cis* (p. 102)
fusão em *trans* (p. 102)
grupo funcional (p. 75)
grupo metileno (CH_2) (p. 60)
haleto de alquila (p. 63)
haleto de alquila primário (p. 72)
haleto de alquila secundário (p. 72)
haleto de alquila terciário (p. 72)
hidrocarboneto (p. 60)
hidrogênio primário (p. 65)
hidrogênio secundário (p. 65)
hidrôgenio terciário (p. 65)
hidrogênio-mastro (p. 95)
homólogo (p. 60)
interação dipolo–dipolo induzido (p. 81)
interação gauche (p. 90)
interações 1,3 diaxiais (p. 97)

QUÍMICA ORGÂNICA

interações dipolo–dipolo (p. 82)
isômero *cis* (p. 99)
isômero *trans* (p. 99)
isômeros cis–trans (p. 99)
isômeros constitucionais (p. 62)
isômeros geométricos (p. 99)
ligação axial (p. 94)
ligação banana (p. 91)
ligação de hidrogênio (p. 83)

ligação equatorial (p. 94)
nome comum (p. 63)
nomenclatura Iupac (p. 62)
nomenclatura sistemática (p. 62)
oscilação de anel (p. 95)
polarizabilidade (p. 84)
ponto de ebulição (p.e.) (p. 81)
ponto de fusão (pf) (p. 85)
projeção de Newman (p. 88)

projeção em cavalete (p. 88)
sal de amônio quaternário (p. 78)
série homóloga (p. 60)
solubilidade (p. 85)
solvatação (p. 85)
substituinte alquila (p. 63)
tensão angular (p. 91)
tensão estérica (p. 90)
tensão torsional (p. 88)

Problemas

40. Escreva a fórmula estrutural de cada uma das substâncias a seguir:
    a. éter *sec*-butilterc-butílico
    b. álcool iso-heptílico
    c. *sec*-butilamina
    d. brometo de neopentila
    e. 1,1-dimetilciclo-hexano
    f. 4,5-diisopropilnonano
    g. trietilamina
    h. ciclopentilciclo-hexano
    i. 4-*terc*-butil-heptano
    j. 5,5-dibromo-2-metiloctano
    l. 1-metilciclopentanol
    m. 3-etoxi-2-metil-hexano
    n. 5-(1,2-dimetilpropil)nonano
    o. 3,4-dimetiloctano

41. Dê o nome sistemático para cada uma das substâncias a seguir:

    a. 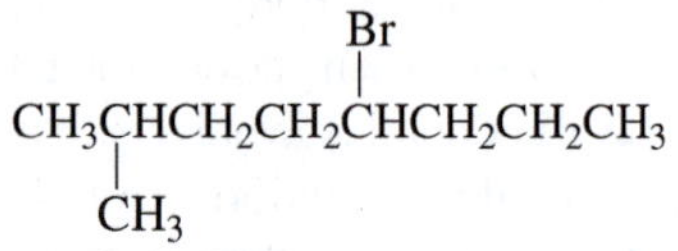 $CH_3CHCH_2CH_2CHCH_2CH_3$ com Br acima e CH_3 abaixo

    b. $(CH_3)_3CCH_2CH_2CH_2CH(CH_3)_2$

    c. 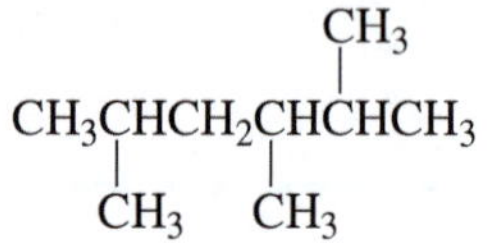 $CH_3CHCH_2CHCHCH_3$ com CH_3, CH_3, CH_3

    d. $(CH_3CH_2)_4C$

    e. $BrCH_2CH_2CH_2CH_2CH_2NHCH_2CH_3$

    f. 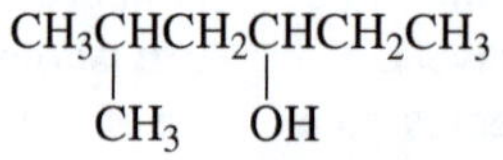 $CH_3CHCH_2CHCH_2CH_3$ com CH_3 e OH

    g. 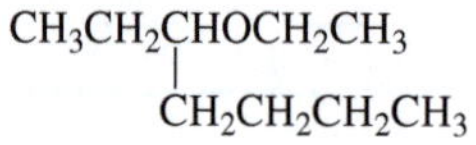 $CH_3CH_2CHOCH_2CH_3$ com $CH_2CH_2CH_2CH_3$

    h. 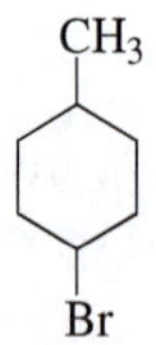 ciclo-hexano com CH_3 e Br

    i. 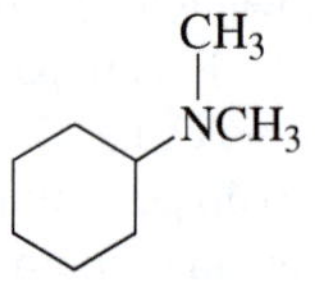 ciclo-hexano com NCH_3 e CH_3

    j. 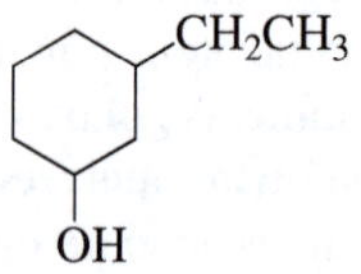 ciclo-hexano com CH_2CH_3 e OH

    l. $CH_3OCH_2CH_2CH_2OCH_3$

42. a. Quantos carbonos primários a estrutura seguinte tem?

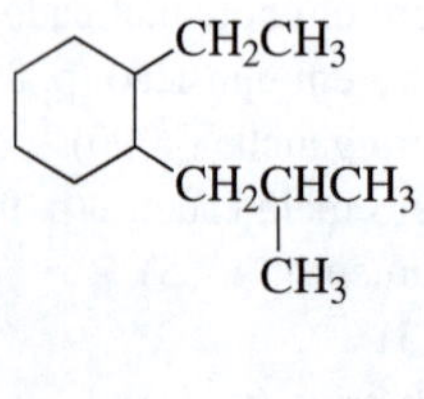

    ciclo-hexano com CH_2CH_3 e CH_2CHCH_3 com CH_3

    b. Quantos carbonos secundários a estrutura tem?
    c. Quantos carbonos terciários ela tem?

43. Qual dos confôrmeros do cloreto do isobutila é mais estável?

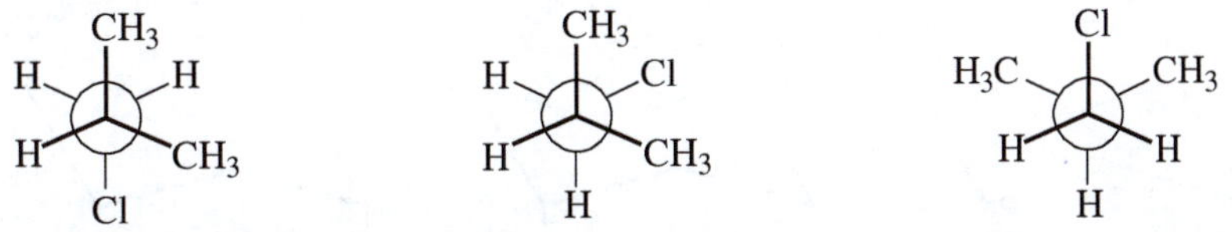

44. Desenhe a fórmula estrutural de um alcano que tenha
    a. seis átomos de carbono, todos secundários
    b. oito carbonos e apenas hidrogênios primários
    c. sete carbonos com dois grupos isopropila

45. Dê dois nomes para cada uma das substâncias a seguir:
    a. $CH_3CH_2CH_2OCH_2CH_3$
    b. $CH_3CHCH_2CH_2CH_2OH$
       $\quad\;\; |$
       $\quad\;\; CH_3$
    c. $CH_3CH_2CHCH_3$
       $\quad\quad\;\; |$
       $\quad\quad\;\; NH_2$
    d. $CH_3CH_2CHCH_3$
       $\quad\quad\;\; |$
       $\quad\quad\;\; Cl$
    e. $CH_3CHCH_2CH_2CH_3$
       $\quad\;\; |$
       $\quad\;\; CH_3$
    f. $\quad\;\; CH_3$
       $\quad\;\; |$
       CH_3CBr
       $\quad\;\; |$
       $\quad\;\; CH_2CH_3$
    g. 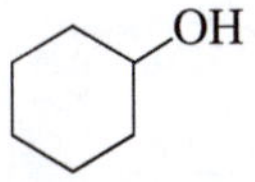 ciclohexanol (OH em ciclohexano)
    h. 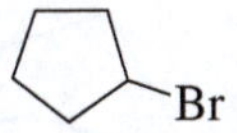 bromociclopentano
    i. CH_3CHNH_2
       $\quad\;\; |$
       $\quad\;\; CH_3$
    j. $CH_3CH_2CH(CH_3)NHCH_2CH_3$

46. Qual dos pares das substâncias a seguir tem:
    a. maior ponto de ebulição: 1-bromopentano ou 1-bromo-hexano?
    b. maior ponto de ebulição: cloreto de pentila ou cloreto de isopentila?
    c. maior solubilidade em água: 1-butanol ou 1-pentanol?
    d. maior ponto de ebulição: 1-hexanol ou 1-metoxipentano?
    e. maior ponto de fusão: hexano ou iso-hexano?
    f. maior ponto de ebulição: 1-cloropentano ou 1-pentanol?
    g. maior ponto de ebulição: 1-bromopentano ou 1-cloropentano?
    h. maior ponto de ebulição: éter dietílico ou álcool butílico?
    i. maior densidade: heptano ou octano?
    j. maior ponto de ebulição: álcool isopentílico ou isopentilamina?
    l. maior ponto de ebulição: hexilamina ou dipropilamina?

47. Ansaid® e Motrin® pertencem ao grupo de drogas conhecidas como antiinflamatórios não-esteroidais. Ambos são ligeiramente solúveis em água, mas um deles é um pouco mais solúvel que o outro. Qual das duas drogas tem a maior solubilidade em água?

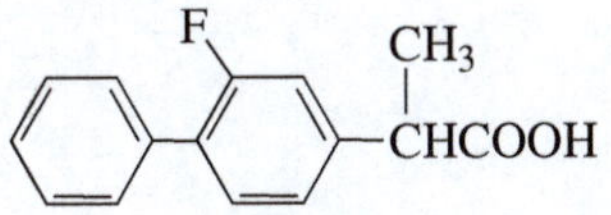

    Ansaid®

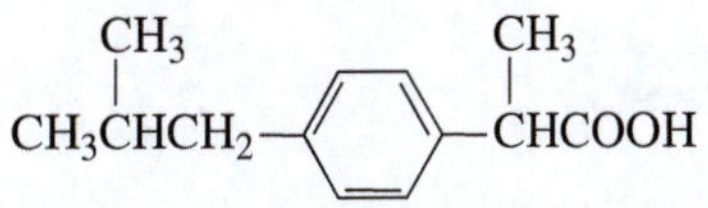

    Motrin®

48. Foram dadas a Al Kane fórmulas estruturais de várias substâncias e lhe foi pedido que desse nomes sistemáticos a elas. Quantas Al nomeou corretamente? Corrija os itens errados.
    a. 4-bromo-3-pentanol
    b. 2,2-dimetil-4-etil-heptano
    c. 5-metilciclo-hexanol
    d. 1,1-dimetil-2-ciclo-hexanol
    e. 5-(2,2-dimetil-etil)-nonano
    f. brometo de isopentila
    g. 3,3-diclorooctano
    h. 5-etil-2-metil-hexano
    i. 1-bromo-4-pentanol
    j. 3-isopropil-octano
    l. 2-metil-2-isopropil-heptano
    m. 2-metil-N,N-dimetil-4-hexanamina

49. Qual dos seguintes confôrmeros tem maior energia?

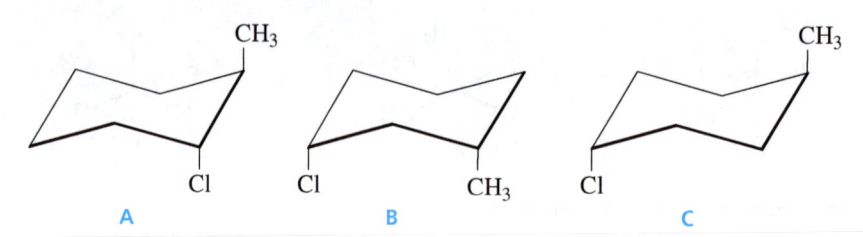

A   B   C

50. Dê nome sistemático para todos os alcanos cuja fórmula molecular seja C_7H_{16} que não tenham hidrogênios secundários.

51. Desenhe as substâncias a seguir em fórmula de linha de ligação:

    a. 5-etil-2-metiloctano
    b. 1,3-dimetilciclo-hexano
    c. 2,3,3,4-tetrametil-heptano
    d. propilciclopentano
    e. 2-metil-4-(1-metil-etil)-octano
    f. 2,6-dimetil-4-(2-metil-propil)-decano

52. Para a rotação em torno da ligação C-3—C-4 do 2-metil-hexano:

    a. Desenhe a projeção de Newman para o confôrmero mais estável.
    b. Desenhe a projeção de Newman para o confôrmero menos estável.
    c. Em torno de que outra ligação carbono–carbono pode ocorrer rotação?
    d. Quantas das ligações carbono–carbono na substância têm conformação em oposição que sejam todas igualmente estáveis?

53. Quais das estruturas seguintes representam um isômero *cis*?

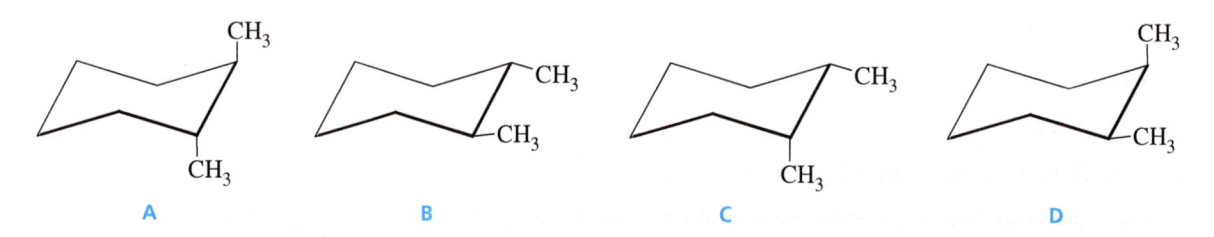

A   B   C   D

54. Desenhe todos os isômeros que tenham fórmula molecular $C_5H_{11}Br$. (*Dica*: Existem oito isômeros.)

    a. Dê o nome sistemático a cada isômero.
    b. Dê o nome comum a cada isômero que tenha um.
    c. Quantos isômeros não têm nomes comuns?
    d. Quantos isômeros são haletos de alquila primários?
    e. Quantos isômeros são haletos de alquila secundários?
    f. Quantos isômeros são haletos de alquila terciários?

55. Dê o nome sistemático para cada uma das substâncias a seguir:

    a.
    b.
    c.
    d.
    e.
    f.
    g.
    h.

56. Desenhe os confôrmeros em cadeira para cada substância e indique qual confôrmero é mais estável:

    a. *cis*-1-etil-3-metilciclo-hexano
    b. *trans*-1-etil-2-isopropilciclo-hexano
    c. *trans*-1-etil-2-metilciclo-hexano
    d. *trans*-1-etil-3-metilciclo-hexano
    e. *cis*-1-etil-3-isopropilciclo-hexano
    f. *cis*-1-etil-4-isopropilciclo-hexano

57. Por que os alcoóis de pesos moleculares baixos são mais solúveis em água do que os com pesos moleculares maiores?

58. O confôrmero mais estável da *N*-metilpiperidina é mostrado na p. 107.

    a. Desenhe outro confôrmero em cadeira.
    b. Qual ocupa mais espaço: o par de elétrons livres ou o grupo metila?

N-metilpiperidina

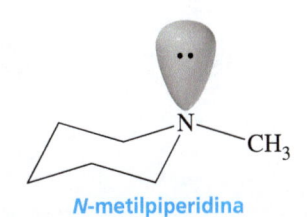

59. Quantos éteres têm a fórmula molecular $C_5H_{12}O$? Dê a fórmula estrutural e o nome sistemático a cada um. Quais são os nomes comuns?

60. Desenhe o confôrmero mais estável na molécula a seguir:

61. Dê o nome sistemático para as substâncias a seguir:

   a. $CH_3CH_2CHCH_2CH_2CHCH_3$
       $\quad\quad\;\;\;|\quad\quad\quad\;\;\;|$
       $\quad\quad\;\;NHCH_3\quad\;CH_3$

   b. $CH_3CH_2CHCH_2CHCH_2CH_3$
       $\quad\quad\quad\;\;|\quad\quad\;\;|$
       $\quad\quad\quad CHCH_3\;\;CH_3$ (com CH3 acima de CHCH3)
       $\quad\quad\quad\;\;|$
       $\quad\quad\quad CH_3$

   c. $CH_3CHCHCH_2CH_2CH_2Cl$
       $\quad\;\;|\;\;\;|$
       $CH_2CH_3\;Cl$

   d. $CH_3CH_2CH_2CH_2CHCH_2CH_2CH_3$
       $\quad\quad\quad\quad\quad\quad\;\;|$
       $\quad\quad\quad\quad\quad CH_3CCH_2CH_3$
       $\quad\quad\quad\quad\quad\quad\;\;|$
       $\quad\quad\quad\quad\quad\quad CH_3$

   e. $CH_3CH_2CH_2CH_2CH_2CHCH_2CHCH_2CH_3$
       $\quad\quad\quad\quad\quad\quad\quad\;\;|\quad\quad\;\;|$
       $\quad\quad\quad\quad\quad\quad\quad CH_2\quad CH_2CH_3$
       $\quad\quad\quad\quad\quad\quad\quad\;\;|$
       $\quad\quad\quad\quad\quad\quad CH_3CCH_3$
       $\quad\quad\quad\quad\quad\quad\quad\;\;|$
       $\quad\quad\quad\quad\quad\quad\;\;CH_2CH_3$

62. Calcule a diferença de energia entre os dois confôrmeros em cadeira do *trans*-1,2-dimetilciclo-hexano.

63. A forma mais estável da glicose (açúcar no sangue) é um anel de seis membros em conformação em cadeira com cinco substituintes, todos em posição equatorial. Desenhe a forma mais estável da glicose colocando os grupos OH nas posições apropriadas no confôrmero em cadeira.

glicose

64. Explique os seguintes fatos:
   a. 1-hexanol tem ponto de ebulição maior que o 3-hexanol.
   b. Éter dietílico tem solubilidade muito limitada em água, mas tetra-hidrofurano é essencialmente solúvel em água.

tetraidrofurano

65. Observou-se que um dos confôrmeros do *cis*-1,3-dimetilciclo-hexano é 5,4 kcal/mol (ou 23 kJ/mol) menos estável que o outro. Quanta tensão estérica faz uma interação 1,3 diaxial entre os dois grupos metila introduzidos no confôrmero?

66. Calcule a quantidade de tensão estérica em cada um dos confôrmeros em cadeira do 1,1,3-trimetilciclo-hexano. Qual confôrmero predominaria no equilíbrio?

Hidrocarbonetos, estereoquímica e ressonância

PARTE DOIS

Cinco dos próximos sete capítulos tratam de reações de hidrocarbonetos — substâncias que contêm apenas carbonos e hidrogênios. Os outros dois capítulos discutem tópicos tão importantes para o estudo das reações orgânicas que a cada um foi reservado um capítulo especial. O primeiro deles trata de estereoquímica e o segundo, da deslocalização de elétrons e ressonância.

O **Capítulo 3** começa com a discussão de estrutura e nomenclatura de alcenos — *hidrocarbonetos que contêm ligações duplas carbono–carbono*. Nele são apresentados alguns princípios fundamentais que governam as reações das substâncias orgânicas. Será possível aprender a representar por meio de setas curvas como os elétrons se movem durante o curso de uma reação e como ligações covalentes são formadas e rompidas. Este capítulo também discute os princípios de termodinâmica e cinética — princípios centrais para o entendimento de como e quando as reações orgânicas ocorrem.

Os compostos orgânicos podem ser classificados em famílias, e, felizmente, os componentes dessas famílias reagem da mesma maneira. No **Capítulo 4**, será possível, então, aprender como as famílias de substâncias conhecidas por alcenos reagem e quais produtos são formados em tais reações. Embora diversos tipos de reações sejam discutidos, será possível observar como todas seguem caminhos reacionais semelhantes.

No **Capítulo 5** discute-se estereoquímica. Nele será possível aprender os diferentes tipos de isômeros que podem ser encontrados nas substâncias orgânicas. Será ainda possível revisar as reações que foram discutidas no Capítulo 4 e determinar se os produtos preparados com aquelas reações podem existir na forma de isômeros e, nesse caso, quais isômeros são formados.

Capítulo 3
Alcenos: estrutura, nomenclatura e introdução à reatividade • Termodinâmica e cinética

Capítulo 4
Reações de alcenos

Capítulo 5
Estereoquímica: o arranjo de átomos no espaço; a estereoquímica das reações de adição

Capítulo 6
Reações de alcinos • Introdução a sínteses em múltiplas etapas

Capítulo 7
Deslocalização de elétrons e ressonância • Mais sobre a Teoria de Orbitais Moleculares

Capítulo 8
Reações de dienos • Ultravioleta e espectroscopia no visível

Capítulo 9
Reações de alcanos • radicais

O **Capítulo 6** trata das reações dos alcinos–*hidrocarbonetos que contêm ligações triplas carbono–carbono*. Como alcenos e alcinos têm ligações π reativas, você descobrirá que suas reações apresentam muitas similaridades. Este capítulo também lhe apresentará algumas técnicas químicas que usam o planejamento de síntese de substâncias orgânicas. Assim você terá a primeira oportunidade de planejar sínteses em múltiplas etapas.

No **Capítulo 7**, você pode aprender mais sobre a deslocalização de elétrons e o conceito denominado ressonância — tópicos que foram apresentados no Capítulo 1. Isso lhe mostrará como a deslocalização dos elétrons afeta algumas propriedades às quais está familiarizado — acidez, estabilidade de carbocátions e radicais, além de reações de alcenos.

No **Capítulo 8**, você aprenderá sobre as reações de dienos–*hidrocarbonetos que possuem duas ligações duplas carbono–carbono*. Você verá ainda que, se as duas ligações duplas em um dieno estiverem suficientemente distantes, a maioria das reações que ocorrem são as mesmas que para os alcenos (Capítulo 4). No entanto, se as ligações duplas estiverem separadas por apenas uma ligação simples, a deslocalização de elétrons (Capítulo 7) se torna importante fator nas reações dessas substâncias. Note como este capítulo combina muitos dos conceitos e teorias apresentados nos capítulos anteriores.

O **Capítulo 9** aborda a reação dos alcanos–*hidrocarbonetos que contêm apenas ligações simples*. No capítulo 8, você aprendeu que, quando uma substância orgânica reage, a ligação mais fraca na molécula é aquela que quebra primeiro. Alcanos, contudo, têm apenas ligações fortes. Sabendo disso, você pode prever de maneira precisa que alcanos sofrem reações apenas em condições extremas.

3 Alcenos
Estrutura, nomenclatura e introdução à reatividade
Termodinâmica e cinética

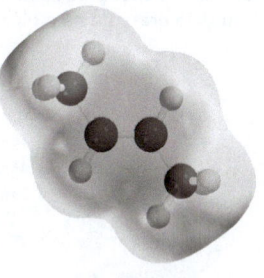

isômero *E* do 2-buteno

isômero *Z* do 2-buteno

No Capítulo 2, você aprendeu que alcanos são hidrocarbonetos que contêm somente ligações *simples* carbono–carbono. Hidrocarbonetos que apresentam em sua estrutura ligações *duplas* carbono–carbono são chamados **alcenos**. Os primeiros químicos observaram que uma substância oleosa era formada quando o eteno ($H_2C═CH_2$), o alceno mais simples, reagia com cloro. Tendo como base essa observação, os alcenos foram chamados *olefinas* (formadores de óleos).

Os alcenos apresentam importante papel em biologia. Eteno, por exemplo, funciona como um hormônio em plantas — uma substância que controla o crescimento de plantas e outras mudanças em seus tecidos. O eteno afeta a germinação de sementes, a maturação de flores e o amadurecimento das frutas.

Os insetos se comunicam liberando feromônios — substâncias químicas que outros insetos da mesma espécie detectam com suas antenas. Existem feromônios sexuais, de alerta e nasais, além de outros, entre os quais muitos deles são alcenos. Interferir na habilidade de os insetos emitirem ou receberem sinais químicos é maneira segura para o meio ambiente controlar a população de insetos. Por exemplo, armadilhas com substâncias sintéticas que têm atrativo sexual são usadas tanto para capturar quanto para destruir insetos, como as moscas da fruta e o besouro. Muitos dos sabores e fragrâncias produzidos por certas plantas também pertencem à família dos alcenos.

▲ Eteno é o hormônio que causa o amadurecimento do tomate.

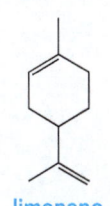

limoneno
encontrado em óleos de limão e laranja

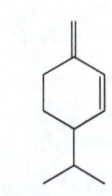

β-felandreno
encontrado em óleo de eucalipto

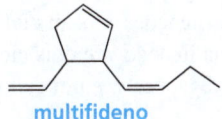

multifideno
atraente sexual de algas pardas

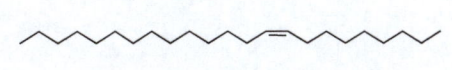

muscalure
atraente sexual da mosca do cavalo

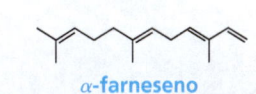

α-farneseno
encontrado na camada de cera das cascas das maçãs

Molecule Gallery: Limoneno, β-felandreno, multifideno

www

111

3.1 Fórmula molecular e grau de insaturação

No Capítulo 2, você aprendeu que a fórmula molecular geral para alcanos não-cíclicos é C_nH_{2n+2}. Também foi visto que a fórmula molecular geral para os alcanos cíclicos é C_nH_{2n} porque a estrutura cíclica possui dois hidrogênios a menos. As substâncias não-cíclicas são chamadas **acíclicas** ("*a*" é "não" em grego).

A fórmula molecular geral para um hidrocarboneto é C_nH_{2n+2}, menos dois hidrogênios para cada ligação π ou ciclo presente na molécula.

A fórmula molecular geral para *alcenos acíclicos* é C_nH_{2n} porque, como resultado da ligação dupla carbono–carbono, um alceno tem dois hidrogênios a menos do que os alcanos com o mesmo número de átomos de carbonos. Assim, a fórmula molecular geral para os alcenos cíclicos deve ser C_nH_{2n-2}. Podemos, portanto, estabelecer a seguinte regra: *A fórmula molecular geral para um hidrocarboneto é C_nH_{2n+2}, menos dois hidrogênios para cada ligação π e/ou ciclos na molécula.*

$$CH_3CH_2CH_2CH_2CH_3 \quad CH_3CH_2CH_2CH=CH_2$$
alcano alceno alcano cíclico alceno cíclico
C_5H_{12} C_5H_{10} C_5H_{10} C_5H_8
C_nH_{2n+2} C_nH_{2n} C_nH_{2n} C_nH_{2n-2}

Portanto, se conhecemos a fórmula molecular de um hidrocarboneto, podemos determinar quantos ciclos e/ou ligações π determinado hidrocarboneto possui porque, para cada *dois* hidrogênios que são perdidos na fórmula molecular C_nH_{2n+2}, um hidrocarboneto tem uma ligação π ou um ciclo. Por exemplo, uma substância com a fórmula molecular C_8H_{14} necessita de quatro hidrogênios para tornar-se C_8H_{18} ($C_8H_{2\times8+2}$). Conseqüentemente, a substância tem pelo menos (1) duas ligações duplas, (2) um anel e uma ligação π, (3) dois ciclos, ou (4) uma ligação tripla. Lembre-se de que uma ligação tripla consiste em duas ligações π e uma σ (Seção 1.9).

Várias substâncias com fórmula molecular C_8H_{14}

$$CH_3CH=CH(CH_2)_3CH=CH_2 \quad CH_3(CH_2)_5C\equiv CH$$

Como alcanos contêm o número máximo possível de ligações carbono–hidrogênio — isto é, estão saturados com hidrogênios — eles são chamados de **hidrocarbonetos saturados**. Ao contrário, alcenos são chamados de **hidrocarbonetos insaturados**, porque eles possuem menos hidrogênios do que o máximo esperado. O número total de ligações π e ciclos em um alceno é chamado de **grau ou número de insaturação**.

$$CH_3CH_2CH_2CH_3 \quad CH_3CH=CHCH_3$$
hidrocarboneto saturado hidrocarboneto insaturado

PROBLEMA 1 ♦   RESOLVIDO

Determine a fórmula molecular para cada caso a seguir:

a. um hidrocarboneto com 5 carbonos com uma ligação π e um ciclo
b. um hidrocarboneto com 4 carbonos com duas ligações π, sem ciclo
c. um hidrocarboneto com 10 carbonos com uma ligação π e dois ciclos
d. um hidrocarboneto com 8 carbonos com três ligações π e um ciclo

RESOLUÇÃO PARA 1a Para cada hidrocarboneto com 5 carbonos, sem ligação π e sem ciclos, $C_nH_{2n+2} = C_5H_{12}$. Um hidrocarboneto com 5 carbonos com um grau de insaturação 2 tem quatro hidrogênios a menos porque dois hidrogênios são subtraídos para cada ligação π ou ciclo presente na molécula. A respectiva fórmula molecular é C_5H_8.

PROBLEMA 2 ♦   RESOLVIDO

Determine o grau de insaturação para os hidrocarbonetos com as fórmulas moleculares a seguir:

a. $C_{10}H_{16}$ b. $C_{20}H_{34}$ c. C_8H_{16} d. $C_{12}H_{20}$ e. $C_{40}H_{56}$

RESOLUÇÃO PARA 2a Para um hidrocarboneto com 10 carbonos, com uma ligação π e sem ciclos, $C_nH_{2n+2} = C_{10}H_{22}$. Assim, um carbono com fórmula molecular $C_{10}H_{16}$ tem a menos seis hidrogênios. Seu grau de insaturação é 3.

CAPÍTULO 3   Alcenos: termodinâmica e cinética   **113**

> **PROBLEMA 3**
>
> Determine o grau de insaturação e desenhe as estruturas possíveis para substâncias com as seguintes fórmulas moleculares:
>
> a. C_3H_6 b. C_3H_4 c. C_4H_6

3.2 Nomenclatura de alcenos

A nomenclatura sistemática (Iupac) de alcenos é obtida substituindo-se a terminação "ano" do correspondente alcano por "eno". Por exemplo, um alceno com dois carbonos é chamado de eteno e um alceno com três carbonos é chamado de propeno. Eteno é também freqüentemente chamado pelo nome comum de etileno.

nomenclatura sistemática:	$H_2C=CH_2$	$CH_3CH=CH_2$	ciclopenteno	ciclo-hexeno
nomenclatura comum:	eteno	propeno		
	etileno	propileno		

Os nomes de muitos alcenos precisam de um número para indicar a posição da ligação dupla (os quatro nomes citados anteriormente não precisam, porque não há ambiguidade). As regras da Iupac que foram aprendidas no Capítulo 2 aplicam-se aos alcenos, como a seguir:

1. A cadeia contínua mais longa que contém o grupo funcional (neste caso, a ligação dupla carbono–carbono) é numerada na direção que der o menor número ao sufixo do grupo funcional. Por exemplo, 1-buteno significa que a ligação dupla está entre o primeiro e o segundo carbono do buteno; 2-hexeno significa que a ligação dupla está entre o segundo e o terceiro carbono do hexeno.

   > **Numere a cadeia contínua mais longa que contém o grupo funcional que dá o menor número possível ao sufixo do grupo funcional.**

   $$\overset{4}{C}H_3\overset{3}{C}H_2\overset{2}{C}H=\overset{1}{C}H_2 \qquad \overset{1}{C}H_3\overset{2}{C}H=\overset{3}{C}H\overset{4}{C}H_3 \qquad \overset{1}{C}H_3\overset{2}{C}H=\overset{3}{C}H\overset{4}{C}H_2\overset{5}{C}H_2\overset{6}{C}H_3$$
   1-buteno   2-buteno   2-hexeno

   $$\overset{6}{C}H_3\overset{5}{C}H_2\overset{4}{C}H_2\overset{3}{C}H_2\overset{2}{C}CH_2CH_2CH_3$$
   $$\underset{CH_2}{\overset{\parallel}{\;}}$$
   2-propil-1-hexeno

   > a maior cadeia contínua possui oito carbonos, mas a maior cadeia contínua que contém o grupo funcional tem seis carbonos; assim, o nome da substância apresenta a palavra hexeno

   Observe que 1-buteno não apresenta um nome comum. Você deve estar atento, pois pode chamá-lo de butileno, uma vez que é análogo ao "propileno" para o propeno, mas butileno não é um nome apropriado. Um nome pode ser ambíguo, e "butileno" pode significar 1-buteno ou 2-buteno.

2. O nome de um substituinte é citado antes do nome da cadeia carbônica contínua mais longa que contém o grupo funcional, junto com o número que designa o carbono ao qual o substituinte está ligado. Note que a cadeia ainda é numerada na direção que dê o menor número possível ao sufixo do grupo funcional.

   $$\overset{1}{C}H_3\overset{2}{C}H=\overset{3}{C}H\overset{4}{\underset{\underset{CH_3}{|}}{C}}H\overset{5}{C}H_3 \qquad \overset{3}{C}H_3\overset{}{\underset{\underset{\overset{2}{C}H_2\overset{1}{C}H_3}{|}}{C}}=\overset{4}{C}H\overset{5}{C}H_2\overset{6}{C}H_2\overset{7}{C}H_3$$
   4-metil-2-penteno   3-metil-3-hepteno

   $$CH_3CH_2CH_2CH_2CH_2O\overset{4}{C}H_2\overset{3}{C}H_2\overset{2}{C}H=\overset{1}{C}H_2$$
   4-pentoxi-1-buteno

   > **Substituintes são citados em ordem alfabética.**

3. Se uma cadeia possui mais de um substituinte, eles são citados em ordem alfabética, usando-se a mesma regra para a ordem que foi explicada na Seção 2.2. (Os prefixos *di*, *tri*, *sec* e *terc* devem ser ignorados quando os substituintes são postos em ordem alfabética, mas *iso*, *neo* e *ciclo* não são ignorados.) O número apropriado é então assinalado para cada substituinte.

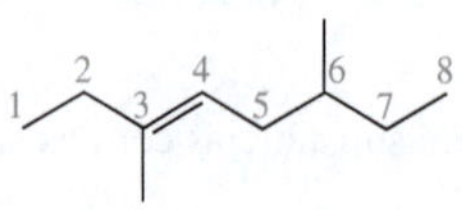

3,6-dimetil-3-octeno

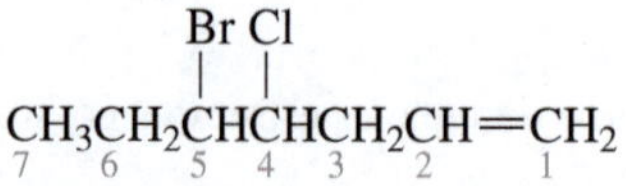

5-bromo-4-cloro-1-hepteno

$$CH_3CH_2\underset{7}{C}H\underset{6}{C}H\underset{5}{C}H\underset{4}{C}H\underset{3}{C}H=\underset{2}{C}H_2$$
com Br no C5 e Cl no C4

4. Se o mesmo número para o sufixo do grupo funcional no alceno for obtido para ambas as direções, o nome correto é o que contém o menor número para o substituinte. Por exemplo, 2,5-dimetil-4-octeno é um 4-octeno em que a cadeia mais longa é numerada da esquerda para a direita ou da direita para a esquerda. Se você numerar da esquerda para a direita, os substituintes estão na posição 4 e 7, mas se numerar da direita para a esquerda eles se apresentam na posição 2 e 5. Comparando os quatro números para substituintes, 2 é menor, sendo a substância chamada 2,5-dimetil-4-octeno, e *não* 4,7-dimetil-4-octeno.

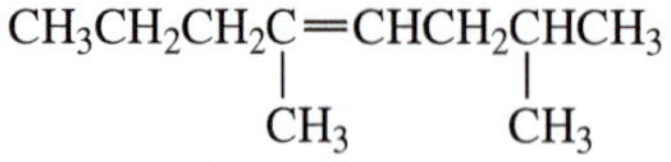

2,5-dimetil-4-octeno
e não
4,7-dimetil-4-octeno
porque 2 < 4

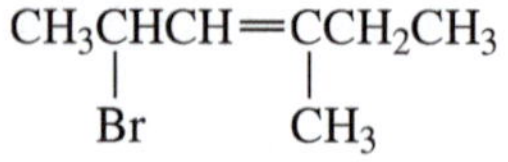

2-bromo-4-metil-3-hexeno
e não
5-bromo-3-metil-3-hexeno
porque 2 < 3

5. Em alcenos cíclicos, um número não é necessário para denotar a posição do grupo funcional, porque o ciclo é sempre numerado com as ligações duplas entre os carbonos 1 e 2.

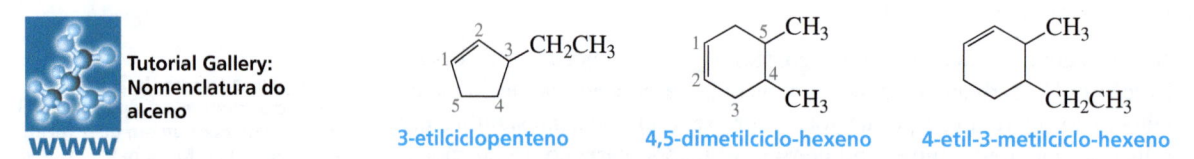

Tutorial Gallery: Nomenclatura do alceno
www

3-etilciclopenteno

4,5-dimetilciclo-hexeno

4-etil-3-metilciclo-hexeno

Em ciclo-hexenos, a ligação dupla está entre os carbonos C-1 e C-2, não importando que se desloque pelo anel no sentido horário ou anti-horário. Então, você deve mover ao redor do anel na direção que o substituinte leve o menor número, e *não* na direção que resultaria na menor soma dos números dos substituintes. Por exemplo, 1,6-diclorociclo-hexeno *não* é chamado 2,3-diclorociclo-hexeno porque 1,6-diclorociclo-hexeno tem o menor número de substituinte (1); observe que ele não apresenta a menor soma de números de substituintes (1 + 6 = 7 *versus* 2 + 3 = 5).

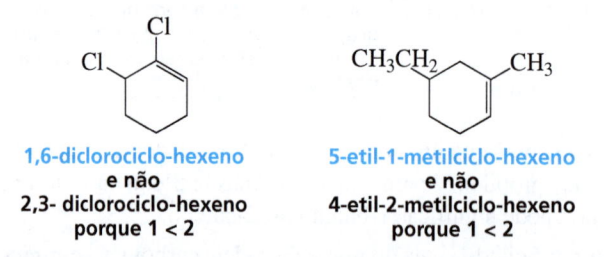

1,6-diclorociclo-hexeno
e não
2,3- diclorociclo-hexeno
porque 1 < 2

5-etil-1-metilciclo-hexeno
e não
4-etil-2-metilciclo-hexeno
porque 1 < 2

6. Se ambas as direções levam ao mesmo número para o sufixo do grupo funcional e o mesmo menor número(s) para um ou mais substituintes, os substituintes são ignorados e a direção é alterada para a que fornece o menor número para o substituinte que resta.

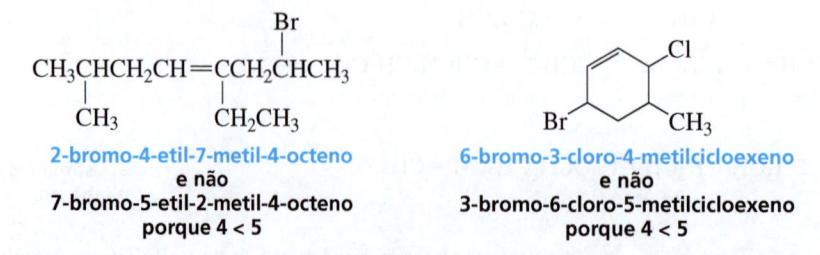

2-bromo-4-etil-7-metil-4-octeno
e não
7-bromo-5-etil-2-metil-4-octeno
porque 4 < 5

6-bromo-3-cloro-4-metilcicloexeno
e não
3-bromo-6-cloro-5-metilcicloexeno
porque 4 < 5

Os carbonos sp^2 de um alceno são chamados **carbonos vinílicos**. O carbono sp^3 que está adjacente ao carbono vinílico é chamado **carbono alílico**.

CAPÍTULO 3 Alcenos: termodinâmica e cinética | **115**

$$RCH_2-CH=CH-CH_2R$$

carbonos vinílicos (CH=CH)
carbonos alílicos (RCH_2, CH_2R)

Dois grupos que contêm uma ligação dupla carbono–carbono podem usar nomes comuns — o **grupo vinílico** e o **grupo alílico**. O grupo vinílico é o menor grupo possível que contém o carbono vinílico; o grupo alílico é o menor grupo possível que contém o carbono alílico. Quando "alil" for usado na nomenclatura, o substituinte deve estar ligado ao carbono alílico.

$H_2C=CH-$
grupo vinílico

$H_2C=CHCH_2-$
grupo alílico

$H_2C=CHCl$
nomenclatura sistemática: **cloroeteno**
nome comum: cloreto de vinila

$H_2C=CHCH_2Br$
3-bromo-propeno
brometo de alila

Tutorial Gallery:
Nomes comuns de grupos alquílicos
www

PROBLEMA 4♦

Desenhe a estrutura para cada uma das seguintes substâncias:

a. 3,3-dimetilciclopenteno
b. 6-bromo-2,3-dimetil-2-hexeno
c. éter etivinílico
d. álcool alílico

PROBLEMA 5♦

Dê o nome Iupac para cada uma das seguintes substâncias:

a. $CH_3CHCH=CHCH_3$
      $\;\;\;\;\;|$
      $\;\;\;\;CH_3$

b. $CH_3CH_2C=CCHCH_3$
      $\;\;\;\;\;\;\;\;\;|\;\;\;|$
      $\;\;\;\;\;\;\;CH_3\;Cl$
      (com CH_3 no C superior)

c. Br-ciclopenteno

d. $BrCH_2CH_2CH=CCH_3$
      $\;\;\;\;\;\;\;\;\;\;\;\;\;\;|$
      $\;\;\;\;\;\;\;\;\;\;\;CH_2CH_3$

e. ciclohexeno com CH_3 nas posições apropriadas

f. $CH_3CH=CHOCH_2CH_2CH_2CH_3$

3.3 Estrutura dos alcenos

A estrutura do menor alceno (eteno) está descrita na Seção 1.8. Outros alcenos apresentam estruturas similares. Cada carbono da ligação dupla em um alceno possui três orbitais sp^2 que se encontram em um plano com ângulos de 120°. Cada um dos orbitais sp^2 apresenta sobreposições com outros orbitais de outros átomos para formarem ligações σ. Assim, uma das ligações carbono–carbono da ligação dupla é uma ligação σ, formada pela sobreposição de um orbital sp^2 de um carbono com outro orbital sp^2 do outro carbono. A segunda ligação carbono–carbono na ligação dupla (a ligação π) é formada pela sobreposição lado a lado do orbital p remanescente do carbono sp^2. Uma vez que três pontos determinam um plano, cada carbono sp^2 e os dois átomos ligados por ligações simples se encontram no mesmo plano. Para ocorrer uma sobreposição máxima entre orbitais, os dois orbitais p devem estar paralelos entre si. Dessa maneira, todos os seis átomos do sistema da dupla ligação se encontram no mesmo plano.

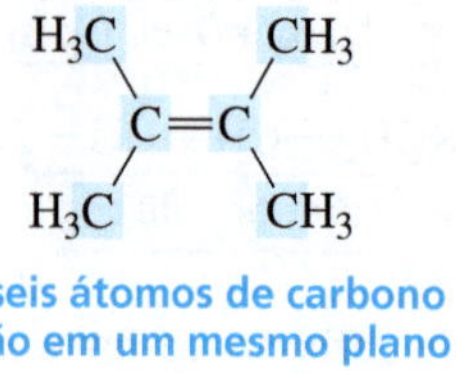

116 QUÍMICA ORGÂNICA

os seis átomos de carbono estão em um mesmo plano

É importante lembrar que a ligação π representa as nuvens que se encontram acima e abaixo do plano definido pelos dois carbonos sp^2 e os quatro átomos ligados a eles.

Molecule Gallery: 2,3-dimetil-2-buteno
www

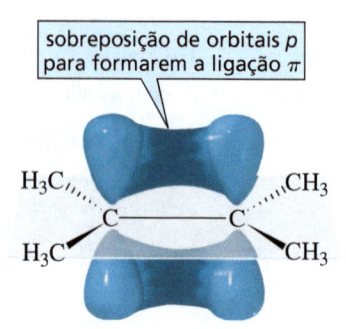

sobreposição de orbitais p para formarem a ligação π

PROBLEMA 6◆

Para cada uma das substâncias mostradas a seguir, diga quantos átomos de carbonos estão ligados em um mesmo plano:

a. 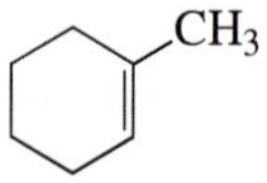 b. 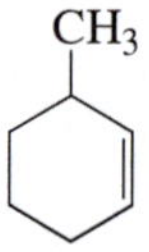 c. 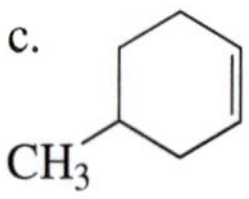 d.

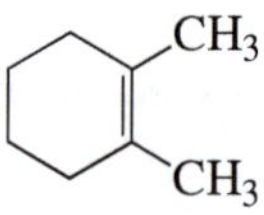

3.4 Isomeria cis–trans

Como os dois orbitais p que formam a ligação π devem estar paralelos para se encontrarem em sobreposição máxima, a rotação livre da ligação dupla não ocorre. Se a rotação ocorresse, os dois orbitais p poderiam não apresentar sobreposição perfeita e a ligação π poderia se quebrar (Figura 3.1). A barreira rotacional em torno da ligação dupla é de 63 kcal/mol. Compare esta barreira rotacional com a barreira rotacional (2,9 kcal/mol) em torno da ligação simples carbono–carbono (Seção 2.10).

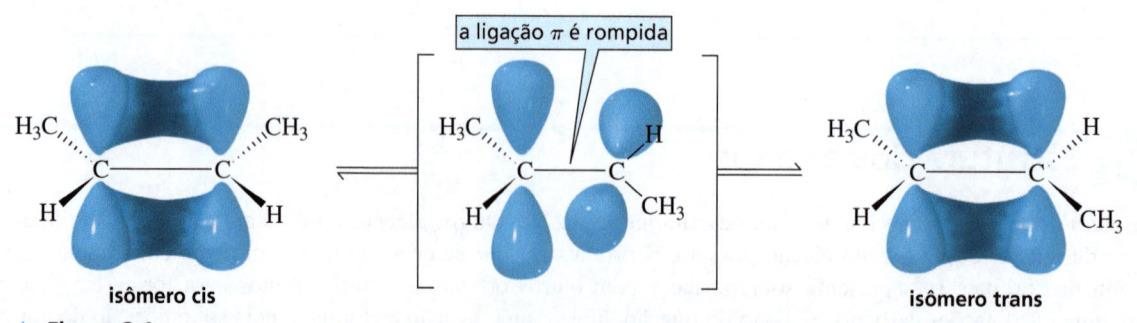

a ligação π é rompida

isômero cis   isômero trans

▲ Figura 3.1
A rotação em torno da ligação dupla carbono–carbono pode romper a ligação π.

Devido à existência de uma barreira rotacional em torno da ligação carbono–carbono, um alceno como o 2-buteno pode existir sob duas formas distintas: os hidrogênios ligados aos carbonos sp^2 podem estar ligados do mesmo lado ou em lados opostos da ligação dupla. O isômero que apresenta os hidrogênios no mesmo lado da ligação dupla é chama-

CAPÍTULO 3   Alcenos: termodinâmica e cinética   **117**

do **isômero cis**, e o isômero com os hidrogênios em lados opostos na ligação dupla é chamado **isômero trans**. Um par de isômeros como *cis*-2-buteno e *trans*-2-buteno são chamados **isômeros cis–trans** ou **isômeros geométricos**. Esse caso deve lembrá-lo dos isômeros cis–trans de ciclo-hexanos 1,2-dissubstituídos encontrados na Seção 2.13 — o isômero cis apresentava os substituintes no mesmo lado do ciclo e o isômero trans possuía os substituintes em lados opostos do ciclo. Os isômeros cis–trans têm a mesma fórmula molecular, mas diferem na forma como os átomos estão arranjados no espaço (Seção 2.14). Os mapas de potencial eletrostático abaixo podem ser vistos em cores no encarte colorido.

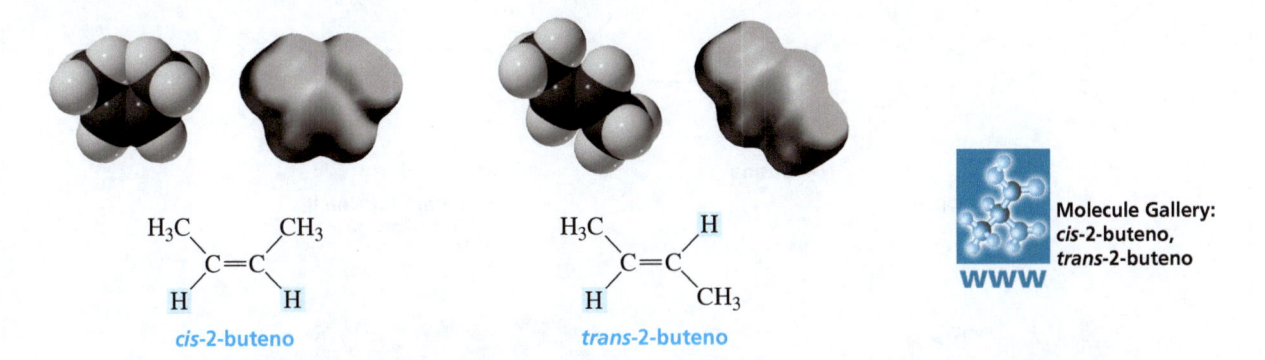

$$\underset{\textit{cis}\text{-2-buteno}}{\overset{H_3C\qquad CH_3}{\underset{H\qquad H}{C=C}}} \qquad \underset{\textit{trans}\text{-2-buteno}}{\overset{H_3C\qquad H}{\underset{H\qquad CH_3}{C=C}}}$$

Molecule Gallery:
cis-2-buteno,
trans-2-buteno
www

Se um dos carbonos sp^2 da ligação dupla estiver ligado a dois substituintes iguais, só existe uma estrutura possível para o alceno. Em outras palavras, isômeros cis e trans não são possíveis para alcenos que apresentam substituintes idênticos ligados a um dos carbonos da ligação dupla.

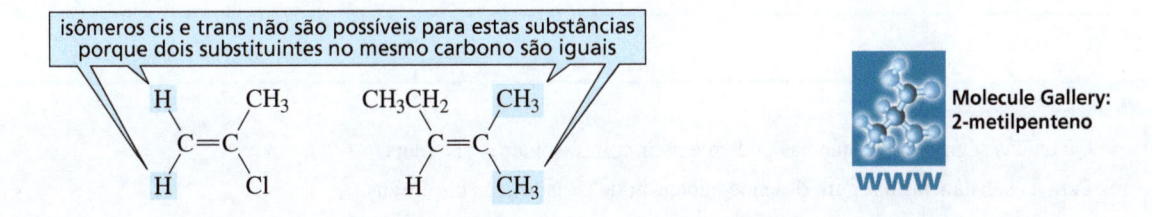

isômeros cis e trans não são possíveis para estas substâncias porque dois substituintes no mesmo carbono são iguais

$$\overset{H\qquad CH_3}{\underset{H\qquad Cl}{C=C}} \qquad \overset{CH_3CH_2\qquad CH_3}{\underset{H\qquad CH_3}{C=C}}$$

Molecule Gallery:
2-metilpenteno
www

Devido à barreira rotacional em torno da ligação dupla, isômeros cis e trans não podem se interconverterem (exceto sob condições extremas suficientes para superar a barreira rotacional e quebrar a ligação π). Esse fato significa que eles podem ser separados um do outro. Em outras palavras, os dois isômeros são substâncias diferentes com distintas propriedades físicas, com diferentes pontos de ebulição e momentos de dipolo. Note que *trans*-2-buteno e *trans*-2-dicloro-eteno possuem momentos de dipolo (μ) zero porque os momentos dipolares das ligações se cancelam (Seção 1.15).

cis-2-buteno
p.e. = 3,7° C
μ = 0,33 D

trans-2-buteno
p.e. = 0,9° C
μ = 0 D

cis-1,2-dicloroeteno
p.e. = 60,3° C
μ = 2,95 D

trans-1,2-dicloroeteno
p.e. = 47,5° C
μ = 0 D

Os isômeros cis e trans podem se interconverterem (sem a presença de reagentes) somente quando a molécula absorve calor suficiente ou energia luminosa para causar a quebra da ligação π, porque uma vez que a ligação π é quebrada a rotação pode ocorrer em torno da ligação σ restante (Seção 2.10). Interconversão cis–trans, então, não é um processo prático de laboratório.

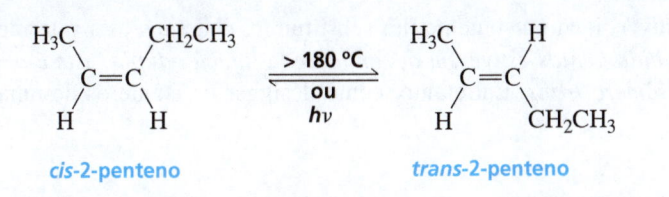

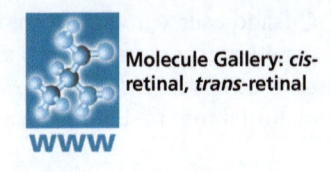

cis-2-penteno $\underset{h\nu}{\overset{>180°C \text{ ou}}{\rightleftharpoons}}$ *trans*-2-penteno

Molecule Gallery: *cis*-retinal, *trans*-retinal
www

118 QUÍMICA ORGÂNICA

Interconversão cis–trans na visão

Quando a rodopsina absorve luz, a ligação dupla se interconverte entre as formas cis e trans. Este é um importante processo na visão (Seção 26.7).

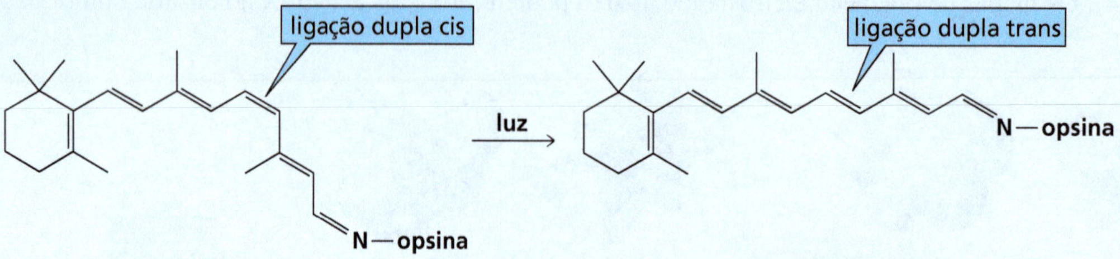

rodopsina — ligação dupla cis — N—opsina

luz →

metarodopsina II (*trans*-rodopsina) — ligação dupla trans — N—opsina

OPSINA

OPSINA

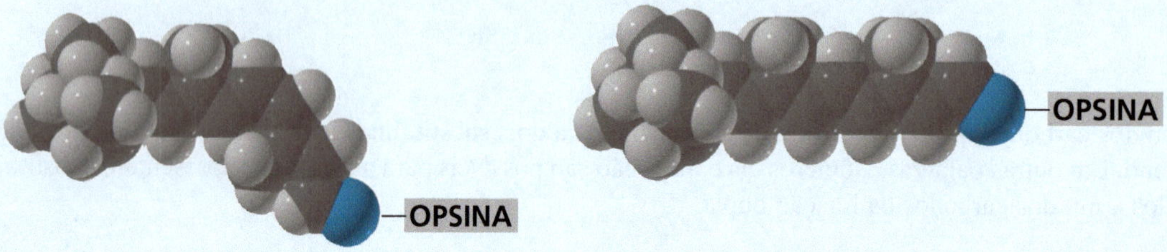

PROBLEMA 7◆

a. Quais das seguintes substâncias podem existir como isômeros cis–trans?

b. Para as substâncias a seguir, desenhe e identifique os isômeros cis e trans.

1. $CH_3CH = CHCH_2CH_3$
2. $CH_3C = CHCH_3$
   $\quad\; |$
   $\;\;CH_3$
3. $CH_3CH = CHCH_3$
4. $CH_3CH_2CH = CH_2$

PROBLEMA 8◆

Quais das seguintes substâncias apresentam momento de dipolo zero?

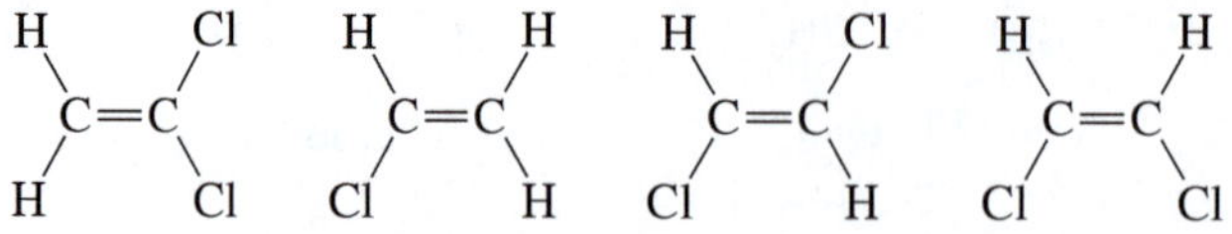

A: H, Cl / C=C / H, Cl
B: H, H / C=C / Cl, Cl
C: H, Cl / C=C / Cl, H
D: H, H / C=C / Cl, Cl

3.5 Nomenclatura *E,Z*

Quando cada carbono sp^2 de um alceno estiver ligado a somente um substituinte, podemos usar o termo cis e trans para designar a estrutura do alceno. *Se os hidrogênios estiverem de um lado da ligação dupla, este é o isômero cis; caso estejam em lados opostos, este é o isômero trans*. Entretanto, como designar os isômeros de uma substância como 1-bromo-2-cloropropeno?

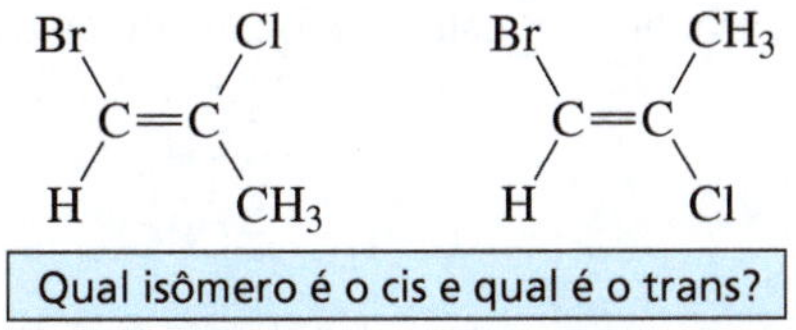

CAPÍTULO 3 Alcenos: termodinâmica e cinética

$$\begin{array}{c} \text{Br} \quad \text{Cl} \\ \text{C}=\text{C} \\ \text{H} \quad \text{CH}_3 \end{array} \qquad \begin{array}{c} \text{Br} \quad \text{CH}_3 \\ \text{C}=\text{C} \\ \text{H} \quad \text{Cl} \end{array}$$

Qual isômero é o cis e qual é o trans?

Para uma substância como 1-bromo-2-cloropropeno, o sistema cis–trans de nomenclatura não pode ser usado porque existem quatro substituintes diferentes nos carbonos vinílicos. O sistema *E,Z* de nomenclatura foi criado para esse tipo de situação.[1]

A nomenclatura em um isômero no sistema *E,Z* se inicia determinando as prioridades relativas dos grupos ligados a um carbono sp^2 e então ao outro carbono sp^2 (as regras para assinalamento de prioridades relativas serão explicadas a seguir). Se os grupos de maior prioridade estiverem no mesmo lado da ligação dupla, o isômero tem a configuração *Z* (*Z* é *zusammen*, "junto" em alemão). Caso os grupos de maior prioridade estejam em lados opostos da ligação dupla, o isômero tem configuração *E* (*E* é *entgegen*, "oposto" em alemão).

> O isômero *Z* apresenta os grupos de maior prioridade no mesmo lado.

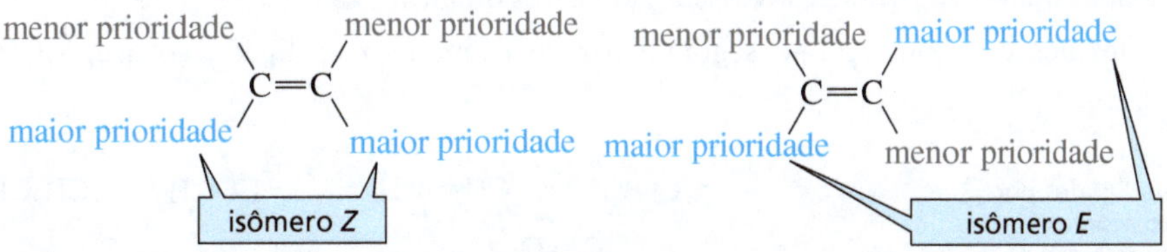

isômero *Z* / isômero *E*

As prioridades relativas para os grupos ligados aos carbonos sp^2 são determinadas com a utilização das seguintes regras:

- **Regra 1.** As prioridades relativas dos dois grupos ligados a um carbono sp^2 dependem do número atômico dos átomos que estão ligados diretamente ao carbono sp^2. O maior número atômico é o de maior prioridade.

  Por exemplo, na substância a seguir, um dos carbonos sp^2 está ligado a Br e a H:

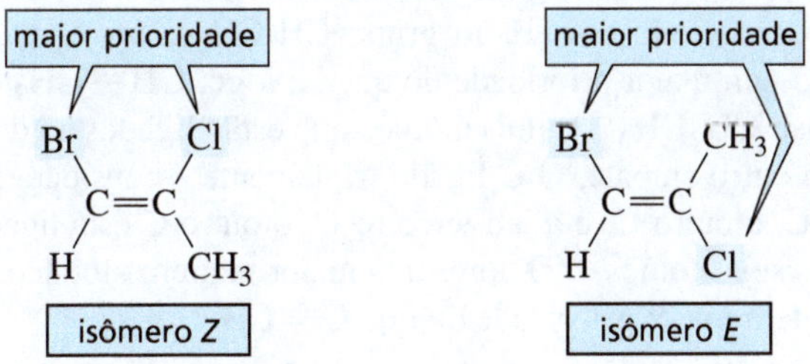

isômero *Z* / isômero *E*

Br tem número atômico maior do que H, assim **Br** tem maior prioridade do que **H**. O outro carbono sp^2 está ligado a Cl e a C. O Cl tem número atômico maior, assim **Cl** tem maior prioridade do que **C** (observe que você pode usar o número atômico de C, mas não a massa do grupo CH$_3$ porque as prioridades estão baseadas nos números atômicos, e *não* nas massas dos grupos). O isômero da esquerda tem os grupos de maior prioridade (Br e Cl) no mesmo lado da ligação dupla, assim, este é o **isômero Z**. O isômero da direita tem os grupos de maior prioridade nos lados opostos da ligação dupla; desse modo, este é o **isômero E**.

> O maior número atômico do átomo ligado ao carbono sp^2 corresponde à maior prioridade do substituinte.

- **Regra 2.** Caso os dois substituintes ligados ao carbono sp^2 se iniciem com o mesmo átomo ligado a C da dupla (há um empate), deve-se continuar o movimento para fora do ponto de ligação e considerar o número atômico dos átomos que estão ligados aos átomos "empatados".

---

[1] A Iupac prefere as designações *E* e *Z* porque podem ser usadas para todos os isômeros dos alcenos. Muitos químicos, por outro lado, continuam usando a designação cis e trans para moléculas mais simples.

120 QUÍMICA ORGÂNICA

Nas seguintes substâncias, um dos carbonos sp^2 está ligado em ambos os casos a Cl e a C do grupo CH_2Cl:

Se os átomos ligados ao carbono sp^2 são os mesmos, os átomos ligados no carbono em que houve o "empate" devem ser comparados: aquele com maior número atômico será o grupo com maior prioridade.

isômero Z   isômero E

Cl tem o número atômico maior do que C, assim o grupo Cl apresenta maior prioridade. Ambos os átomos ligados ao outro carbono sp^2 são C (do grupo CH_2OH e do grupo $CH(CH_3)_2$), de modo que há um empate nesse ponto. O C do grupo CH_2OH está ligado a **O**, a **H** e a outro **H**, e o C do grupo $CH(CH_3)_2$ está ligado a **C**, a outro **C** e a **H**. Desses seis átomos, o O tem o maior número atômico. Sendo assim, o grupo **CH_2OH** apresenta maior prioridade que o grupo **$CH(CH_3)_2$** (observe que não se pode somar os números atômicos; deve-se apenas usar o átomo que possua o maior número atômico). Os isômeros E e Z são os mostrados.

- **Regra 3.** Se um átomo está ligado duplamente com outro átomo, o sistema de prioridades trata como se estivesse usando ligações simples a dois daqueles átomos. Caso um átomo esteja ligado triplamente com outro átomo, o sistema de prioridades trata como se ele estivesse ligado a três do mesmo átomo.

Por exemplo, um dos carbonos sp^2 no seguinte par de isômeros está ligado ao grupo CH_2CH_3 e ao grupo $CH=CH_2$:

Se os átomos estiverem ligados por ligações duplas a outro átomo, considere como se eles estivessem ligados com ligações simples a outros dois átomos do mesmo elemento.

isômero Z   isômero E

Se um átomo estiver ligado por ligações triplas a outro átomo, considere como se eles estivessem ligados com ligações simples a outros três átomos do mesmo elemento.

Cancele os átomos que são idênticos nos dois grupos; use os átomos restantes para determinar o grupo com maior prioridade.

Uma vez que os átomos ligados ao carbono sp^2 são ambos C, há um empate. O primeiro carbono do grupo CH_2CH_3 está ligado a **C**, a **H** e a outro **H**. O primeiro carbono do grupo $CH=CH_2$ está ligado a H e ligado duplamente a C. Assim, é considerado como se estivesse ligado a **C**, a outro **C** e a **H**. Um carbono é cancelado nos dois grupos, restando dois H no grupo CH_2CH_3 e um C e um H no grupo $CH=CH_2$. O C tem maior prioridade do que H; logo, **$CH=CH_2$** apresenta maior prioridade do que **CH_2CH_3**. Os dois átomos que estão ligados ao outro carbono sp^2 são C, havendo outro empate. O C ligado triplamente é considerado como se estivesse ligado a **C**, a outro **C**, e a um terceiro **C**; o outro C está ligado a **O**, a **H** e a outro **H**. Desses seis átomos, o **O** apresenta maior número atômico, de modo que o grupo **CH_2OH** tem maior prioridade do que **C≡CH**.

- **Regra 4.** No caso de isótopos (átomos com o mesmo número atômico, mas diferente número de massa), o número de massa é usado para determinar a prioridade relativa.

Nas seguintes estruturas, por exemplo, um dos carbonos sp^2 está ligado a um deutério (D) e a um hidrogênio (H):

Tutorial Gallery: Nomenclatura E e Z
www

isômero Z   isômero E

Se os átomos possuem o mesmo número atômico, mas diferem no número de massa, o que apresenta maior massa tem a maior prioridade.

D e H possuem o mesmo número atômico, mas D tem número de massa maior, assim **D** tem maior prioridade do que **H**. Os C que estão ligados ao outro carbono sp^2 estão *ambos* ligados a **C**, a outro **C** e a **H**; deve-se seguir para o próximo átomo para desempatar a prioridade. O segundo átomo do carbono do grupo CH(CH₃)₂ está ligado a **H**, a outro **H** e a um terceiro **H**, já o segundo carbono do grupo **CH=CH₂** está ligado a **H**, a outro **H** e a C. Logo, **CH=CH₂** apresenta maior prioridade do que **CH(CH₃)₂**.

Observe que em todos os exemplos em nenhum momento se inclui o átomo ligado à ligação σ do átomo de origem. Na diferenciação entre os grupos CH(CH₃)₂ e CH=CH₂ no último exemplo, você, entretanto, inclui o átomo unido à ligação π do átomo de origem. No caso da ligação tripla, incluem-se os átomos ligados a ambas as ligações π do átomo de origem.

PROBLEMA 9♦

Desenhe e indique os isômeros *E* e *Z* para cada uma das seguintes substâncias:

1. CH₃CH₂CH=CHCH₃

2. 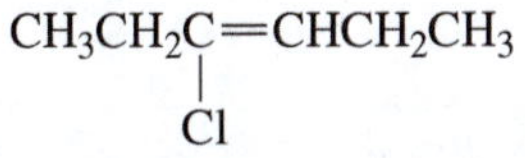 CH₃CH₂C=CHCH₂CH₃
   |
   Cl

3. 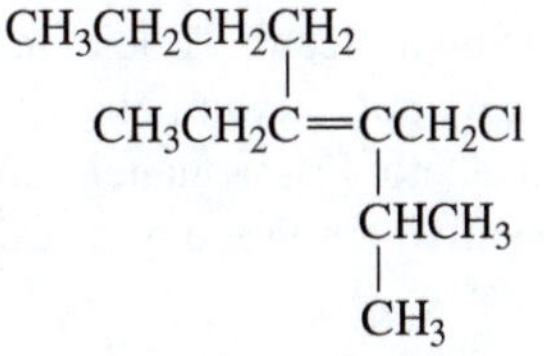 CH₃CH₂CH₂CH₂
           |
   CH₃CH₂C=CCH₂Cl
           |
          CHCH₃
           |
          CH₃

4. 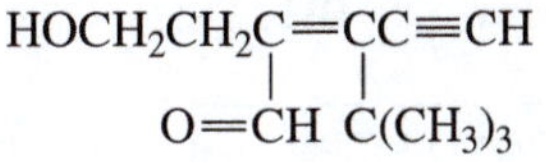 HOCH₂CH₂C=CC≡CH
               |
           O=CH C(CH₃)₃

PROBLEMA 10♦

Desenhe a estrutura de (Z)-3-isopropil-2-hepteno.

3.6 Como os alcenos reagem — setas curvas

Existem milhões de substâncias orgânicas. Se você tiver de memorizar como cada uma delas reage, o estudo de química orgânica lhe trará uma experiência terrível. Felizmente, as substâncias orgânicas podem ser divididas em famílias, e todos os membros das famílias reagem de maneira similar. O que determina a que família uma substância orgânica pertence é o seu grupo funcional. O **grupo funcional** é a unidade estrutural que age como centro de reatividade da molécula. Há uma tabela dos grupos funcionais mais comuns no encarte colorido. Você já está familiarizado com o grupo funcional de um alceno: a ligação dupla carbono–carbono. Todas as substâncias com a ligação dupla carbono–carbono reagem de maneira similar, seja uma substância simples como o eteno, seja uma molécula mais complexa como o colesterol.

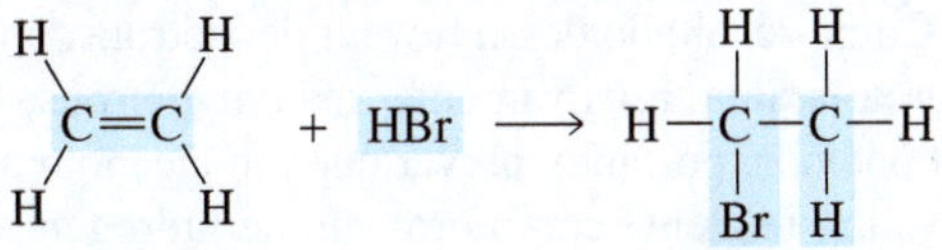

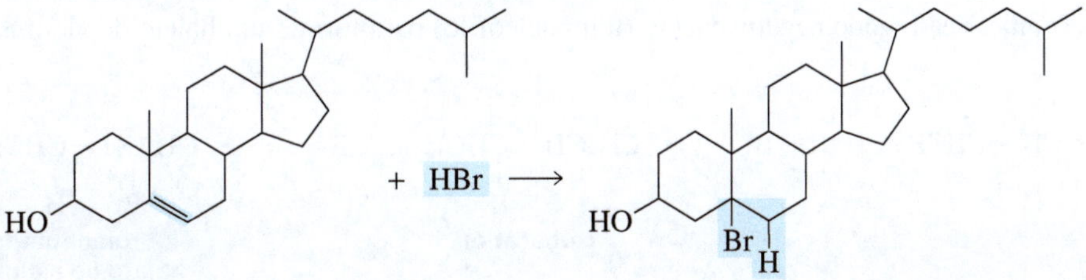

Para diminuir a necessidade de memorização, é necessário entender *por que* um grupo funcional reage segundo determinada maneira. Não é suficiente saber que uma substância com uma ligação dupla carbono–carbono reage com HBr para formar um produto no qual H e Br tomam o lugar da ligação π; precisamos entender *por que* a substância

QUÍMICA ORGÂNICA

reage com HBr. Em cada capítulo que discute a reatividade de determinado grupo funcional, veremos como a natureza deste grupo funcional nos leva a prever o tipo de reação que ocorrerá. Assim, ao se defrontar com uma reação que nunca tenha visto antes, e sabendo como a estrutura da molécula afeta sua reatividade, você será capaz de prever os produtos da reação.

Átomos e moléculas ricos em elétrons são atraídos para átomos ou moléculas deficientes em elétrons.

Em essência, a química orgânica discute a interação entre átomos ou moléculas ricas em elétrons e átomos e moléculas pobres em elétrons. São essas forças de atração que fazem as reações químicas ocorrerem. A seguir encontra-se importante regra que determina a reatividade de substâncias orgânicas: *átomos ou moléculas ricos em elétrons são atraídos por átomos ou moléculas pobres em elétrons*. Cada vez que estudar um grupo funcional, lembre-se de que as reações podem ser explicadas por essa regra simples.

Portanto, para entender como um grupo funcional reage deve-se primeiro aprender a reconhecer átomos e moléculas ricos e deficientes de elétrons. Um átomo ou molécula deficiente de elétron é chamado **eletrófilo**. Um eletrófilo pode ter um átomo que aceite um par de elétrons, ou pode ter um átomo com um elétron desemparelhado e, em decorrência, necessitar de um elétron para completar seu octeto. Dessa maneira, um eletrófilo procura elétrons. Literalmente, "eletrófilo" significa "gostar de elétrons" (*phile* é sufixo em grego que designa "gostar").

H^+ $CH_3\overset{+}{C}H_2$ BH_3 $\cdot\ddot{B}r\cdot$

estes são eletrófilos porque podem aceitar um par de elétrons

este é um eletrófilo porque está querendo um elétron

Um átomo ou molécula rico em elétrons é chamado **nucleófilo**. Um nucleófilo possui um par de elétrons que pode compartilhar. Alguns nucleófilos são neutros e outros são carregados negativamente. Uma vez que um nucleófilo tem elétrons para compartilhar e um eletrófilo está querendo elétrons, não seria surpresa se um atraísse o outro. Assim, a seguinte regra pode ser descrita: *um nucleófilo reage com um eletrófilo*.

Um nucleófilo reage com um eletrófilo.

$H\ddot{O}:^-$ $:\ddot{C}l:^-$ $CH_3\ddot{N}H_2$ $H_2\ddot{O}:$

estes são nucleófilos porque possuem pares de elétrons para compartilhar

Por um eletrófilo aceitar um par de elétrons, algumas vezes ele pode ser chamado *ácido de Lewis*. Pelo fato de um nucleófilo possuir um par de elétrons para compartilhar, algumas vezes ele é chamado *base de Lewis* (Seção 1.21).

Temos visto que uma ligação π é mais fraca do que uma ligação σ (Seção 1.14). A ligação π, portanto, é a ligação que se rompe mais facilmente quando um alceno reage. Também temos visto que a ligação π de um alceno consiste em uma nuvem de elétrons acima e abaixo da ligação σ. Como resultado dessa nuvem de elétrons, um alceno é uma molécula rica em elétrons — é um nucleófilo (observe a área laranja, relativamente rica em elétrons, no mapa de potencial eletrostático para *cis* e *trans*-2-buteno na Seção 3.4). Podemos, portanto, prever que um alceno reagirá com um eletrófilo e, no processo, a ligação π será quebrada. Assim, se um reagente como brometo de hidrogênio for adicionado a um alceno, o alceno reagirá com o hidrogênio carregado parcial e positivamente proveniente do brometo de hidrogênio, e um carbocátion será formado. Em uma segunda etapa de reação, o carbocátion carregado positivamente (um eletrófilo) reagirá com o íon brometo carregado negativamente (um nucleófilo) para formar um haleto de alquila.

$CH_3CH=CHCH_3$ + $\overset{\delta+}{H}-\overset{\delta-}{Br}$ ⟶ $CH_3\underset{+}{C}H-\underset{H}{\overset{|}{C}}HCH_3$ + Br^- ⟶ $CH_3\underset{Br}{\overset{|}{C}}H-\underset{H}{\overset{|}{C}}HCH_3$

carbocátion   2-bromobutano
                      haleto de alquila

A descrição de um processo etapa por etapa, no qual os reagentes (por exemplo, alceno + HBr) são transformados em produtos (por exemplo, haleto de alquila), é conhecido por **mecanismo de reação**. Para nos auxiliar a compreender um mecanismo, setas curvas são desenhadas para mostrar como os elétrons se movem, como uma nova ligação é formada e como ligações covalentes são quebradas. Em outras palavras, as setas curvas mostram quais ligações são formadas e quebradas. Como as setas curvas nos mostram de que forma os elétrons se movem, *elas são desenhadas de um centro rico em elétrons* (cauda da seta) *para um centro pobre em elétrons* (ponta da seta). Uma seta com duas farpas ⌒ representa o movimento simultâneo de dois elétrons (um par de elétrons). Uma seta com uma farpa ⌒ representa o movimento de um elétron. São chamadas setas "curvas" para distingui-las das setas de "reação"* usadas para ligar os reagentes dos produtos em uma reação química.

> **Setas curvas mostram o fluxo de elétrons; elas são desenhadas do centro rico em elétrons para o centro deficiente em elétrons.**
>
> **Uma seta com duas farpas significa o movimento de dois elétrons.**
>
> **Uma seta com uma farpa significa o movimento de um elétron.**

$$CH_3CH=CHCH_3 \;+\; \overset{\delta+}{H}-\overset{\delta-}{\ddot{B}\ddot{r}}: \;\longrightarrow\; CH_3\overset{+}{CH}-\underset{H}{CHCH_3} \;+\; :\ddot{B}\ddot{r}:^-$$

Para a reação do 2-buteno com HBr, uma seta é desenhada para mostrar que os dois elétrons da ligação π do alceno são atraídos para o hidrogênio com carga parcial positiva de HBr. O hidrogênio, entretanto, não está livre para aceitar o par de elétrons, porque ele ainda está ligado ao bromo, e o hidrogênio pode estar ligado a apenas um átomo de cada vez (Seção 1.4). Portanto, como os elétrons π do alceno se movem na direção do hidrogênio, a ligação H—Br se quebra, e o bromo fica com os elétrons da ligação. Observe que os elétrons π se desligam de um carbono, mas permanecem ligados ao outro. Assim, os dois elétrons que formalmente fazem parte da ligação π agora formam uma ligação σ entre o carbono e o hidrogênio proveniente de HBr. O produto dessa primeira etapa na reação é um carbocátion porque o carbono sp^2 que não formou uma ligação com o hidrogênio fica sem um par de elétrons π. Ele está, então, carregado positivamente.

Na segunda etapa de reação, um par de elétrons do íon brometo carregado negativamente forma uma ligação com o carbono carregado positivamente do carbocátion. Observe que as duas etapas de reação envolvem *a reação entre um eletrófilo e um nucleófilo.*

$$CH_3\overset{+}{CH}-\underset{H}{CHCH_3} \;+\; :\ddot{B}\ddot{r}:^- \;\longrightarrow\; CH_3\underset{:\ddot{B}\ddot{r}:}{CH}-\underset{H}{CHCH_3}$$

Somente a partir do conhecimento de que um eletrófilo reage com um nucleófilo e uma ligação π, que é a ligação mais fraca no alceno, somos capazes de prever que o produto de reação entre o 2-buteno e HBr é o 2-bromobutano. Globalmente, a reação envolve a *adição* de 1 mol de HBr e 1 mol de alceno. A reação, portanto, é chamada **reação de adição**. Uma vez que a primeira etapa da reação envolve a adição de um eletrófilo (H^+) ao alceno, a reação é chamada mais corretamente de **reação de adição eletrofílica**. As reações de adição eletrofílicas são reações características de alcenos.

Até este momento, pode-se imaginar que poderia ser mais fácil somente memorizar que o 2-bromobutano é produto de reação, sem tentar entender o mecanismo que explica por que o 2-bromobutano é o produto. Conscientize-se, entretanto, de que o número de reações que você encontra aumentará substancialmente, e será impossível memorizar todas elas. Se você se esforçar para entender o mecanismo de cada reação, os princípios unificados na química orgânica se tornarão mais aparentes, fazendo com que você domine o assunto mais facilmente e ele se torne muito mais interessante.

> **Será útil fazer os exercícios desenhando as setas curvas no Guia de Estudo/Special Topic III, disponível em inglês no site do livro.**

PROBLEMA 11◆

Quais das estruturas mostradas a seguir são eletrófilos e quais são nucleófilos?

$$H^- \qquad AlCl_3 \qquad CH_3O^- \qquad CH_3C\equiv CH \qquad CH_3\overset{+}{C}HCH_3 \qquad NH_3$$

---

* Alguns professores utilizam o termo *seta inteira ou convencional* para *seta curva com duas farpas*; e *meia seta* para *seta com uma farpa* (N. da T.).

Algumas observações sobre setas curvas

1. Certifique-se de que estão desenhadas na direção do fluxo dos elétrons e nunca no sentido contrário. Isso significa que a seta deverá sempre ser desenhada a partir da carga negativa e/ou na direção da carga positiva.

correto

$$CH_3-\overset{\overset{\displaystyle :\ddot{O}:^-}{|}}{\underset{\underset{\displaystyle CH_3}{|}}{C}}-\ddot{B}r: \longrightarrow CH_3-\overset{\overset{\displaystyle :\ddot{O}}{\|}}{\underset{\underset{\displaystyle CH_3}{|}}{C}} + :\ddot{B}r:^-$$

$$CH_3-\overset{+}{\underset{\underset{\displaystyle H}{|}}{\ddot{O}}}-H \longrightarrow CH_3-\ddot{\ddot{O}}-H + H^+$$

correto

incorreto

$$CH_3-\overset{\overset{\displaystyle :\ddot{O}:^-}{|}}{\underset{\underset{\displaystyle CH_3}{|}}{C}}-\ddot{B}r: \longrightarrow CH_3-\overset{\overset{\displaystyle :\ddot{O}}{\|}}{\underset{\underset{\displaystyle CH_3}{|}}{C}} + :\ddot{B}r:^-$$

$$CH_3-\overset{+}{\underset{\underset{\displaystyle H}{|}}{\ddot{O}}}-H \longrightarrow CH_3-\ddot{\ddot{O}}-H + H^+$$

incorreto

2. Setas curvas são desenhadas para indicar o movimento dos elétrons. Nunca use a seta curva para indicar o movimento de um átomo. Por exemplo, você não pode usar as setas como um laço para retirar um próton, como mostrado a seguir:

correto

$$\underset{\displaystyle CH_3CCH_3}{\overset{\displaystyle :\overset{+}{O}-H}{\|}} \longrightarrow \underset{\displaystyle CH_3CCH_3}{\overset{\displaystyle :\ddot{O}}{\|}} + H^+$$

incorreto

$$\underset{\displaystyle CH_3CCH_3}{\overset{\displaystyle :\overset{+}{O}-H}{\|}} \longrightarrow \underset{\displaystyle CH_3CCH_3}{\overset{\displaystyle :\ddot{O}}{\|}} + H^+$$

3. A seta parte da fonte de elétrons. Não deve partir de um átomo. No exemplo a seguir, a seta parte dos elétrons da ligação π, e não do átomo de carbono:

$$CH_3CH=CHCH_3 + H-\ddot{B}r: \longrightarrow CH_3\overset{+}{C}H-\underset{\underset{\displaystyle H}{|}}{C}HCH_3 + :\ddot{B}r:^-$$

correto

$$CH_3CH=CHCH_3 + H-\ddot{B}r: \longrightarrow CH_3\overset{+}{C}H-\underset{\underset{\displaystyle H}{|}}{C}HCH_3 + :\ddot{B}r:^-$$

incorreto

PROBLEMA 12◆

Use setas curvas para mostrar o movimento de elétrons em cada uma das seguintes etapas de reação:

a. $CH_3\overset{\overset{\displaystyle O}{\|}}{C}-O-H + H\ddot{O}:^- \longrightarrow CH_3\overset{\overset{\displaystyle O}{\|}}{C}-O^- + H_2\ddot{O}:$

c. $CH_3\overset{\overset{\displaystyle \ddot{O}:}{\|}}{C}OH + H-\underset{\underset{\displaystyle H}{|}}{\overset{+}{O}}-H \longrightarrow CH_3\overset{\overset{\displaystyle \overset{+}{\ddot{O}}H}{\|}}{C}OH + H_2O$

b. ⬡ + Br⁺ ⟶ ⬡—Br (com +)

d. $CH_3-\underset{\underset{\displaystyle CH_3}{|}}{\overset{\overset{\displaystyle CH_3}{|}}{C}}-Cl \longrightarrow CH_3-\underset{\underset{\displaystyle CH_3}{|}}{\overset{\overset{\displaystyle CH_3}{|}}{C^+}} + Cl^-$

3.7 Termodinâmica e cinética

Antes de entendermos como as mudanças energéticas ocorrem em uma reação tal como a adição de HBr a um alceno, devemos entender a *termodinâmica*, que descreve uma reação no equilíbrio, e fazer uma apreciação sobre *cinética*, que trata das velocidades de reação química.

Se considerarmos uma reação onde Y é convertido em Z, a *termodinâmica* da reação nos mostra as quantidades relativas de Y e Z que estão presentes quando a reação tiver o equilíbrio atingido, ao passo que a *cinética* da reação nos mostra com que rapidez Y é convertido em Z.

$$Y \rightleftharpoons Z$$

Diagrama de coordenadas de reações

O mecanismo de uma reação descreve as várias etapas que se acreditam ocorrer quando reagentes são convertidos em produtos. Um **diagrama da coordenada de reação** mostra as mudanças de energia que acontecem em cada uma das etapas do mecanismo. No diagrama de coordenada de reação, a energia total das espécies é perpendicular ao progresso da reação. A reação progride da esquerda para a direita como descrito na equação química: a energia dos reagentes é colocada no lado esquerdo do eixo x e a energia dos produtos é colocada no lado direito. Um típico diagrama de coordenada de reação está mostrado na Figura 3.2. O diagrama descreve a reação de A—B com C para formar A e B—C. Lembre-se de que *quanto mais estáveis as espécies, menores suas energias.*

> Quanto mais estáveis as espécies, menor sua energia.

$$\underbrace{A{-}B \; + \; C}_{\text{reagentes}} \rightleftharpoons \underbrace{A \; + \; B{-}C}_{\text{produtos}}$$

Como os reagentes são convertidos em produtos, a reação atinge um estágio de energia *máximo* chamado **estado de transição**. A estrutura do estado de transição encontra-se em algum lugar entre a estrutura do reagente e a estrutura dos produtos. As ligações que se quebram e que se formam, como os reagentes que se convertem em produtos, como são parcialmente quebradas e formadas, estão no estado de transição. Linhas pontilhadas são usadas para mostrar linhas parcialmente quebradas e formadas.

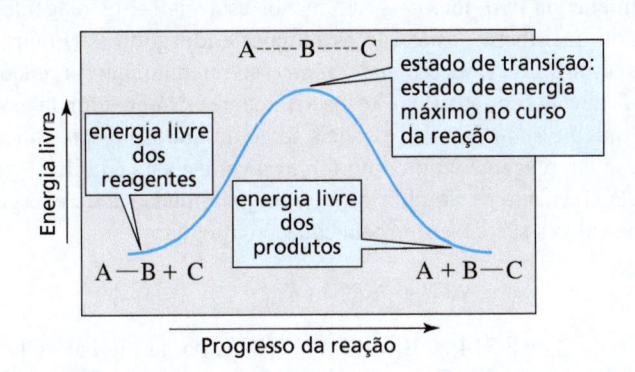

◀ **Figura 3.2**
Diagrama da coordenada de reação. As linhas pontilhadas no estado de transição indicam ligações que são parcialmente formadas e parcialmente quebradas.

Termodinâmica

O campo da química que descreve as propriedades de um sistema no equilíbrio é chamado **termodinâmica**. A concentração relativa dos reagentes e produtos no equilíbrio pode ser expressa numericamente em uma constante de equilíbrio, K_{eq} (Seção 1.17). Por exemplo, em uma reação na qual m moles de A reage com n moles de B para formar s moles de C e t moles de D, K_{eq} é igual à concentração relativa de produtos e reagentes no equilíbrio.

$$m\,A \; + \; n\,B \rightleftharpoons s\,C \; + \; t\,D$$

$$K_{eq} = \frac{[\text{produtos}]}{[\text{reagentes}]} = \frac{[C]^s [D]^t}{[A]^m [B]^n}$$

Quanto mais estável é a substância, maior sua concentração no equilíbrio.

A concentração relativa dos produtos e reagentes no equilíbrio depende de suas estabilidades relativas: *quanto mais estável é a substância, maior sua concentração no equilíbrio*. Dessa maneira, se os produtos são mais estáveis (*possuem a energia mais baixa*) do que os reagentes (Figura 3.3a), haverá concentração maior de produtos do que de reagentes no equilíbrio, e K_{eq} será maior do que 1. Por outro lado, se os reagentes forem mais estáveis do que os produtos (Figura 3.3b), haverá uma concentração maior dos reagentes do que de produtos no equilíbrio, e K_{eq} será menor do que 1.

Vários parâmetros termodinâmicos são usados para descrever uma reação. A diferença entre a energia livre dos produtos e a energia livre dos reagentes sob condições normais é chamada **energia livre de Gibbs** ($\Delta G°$). O símbolo ° indica condições normais — todas as espécies a uma concentração de 1 M, temperatura de 25 °C e a pressão de 1 atm.

$$\Delta G° = (\text{energia livre dos produtos}) - (\text{energia livre dos reagentes})$$

Figura 3.3 ▶
Diagrama da coordenada de reação para (a) uma reação em que os produtos são mais estáveis do que os reagentes (reação exergônica) e (b) uma reação em que os produtos são menos estáveis do que os reagentes (reação endergônica).

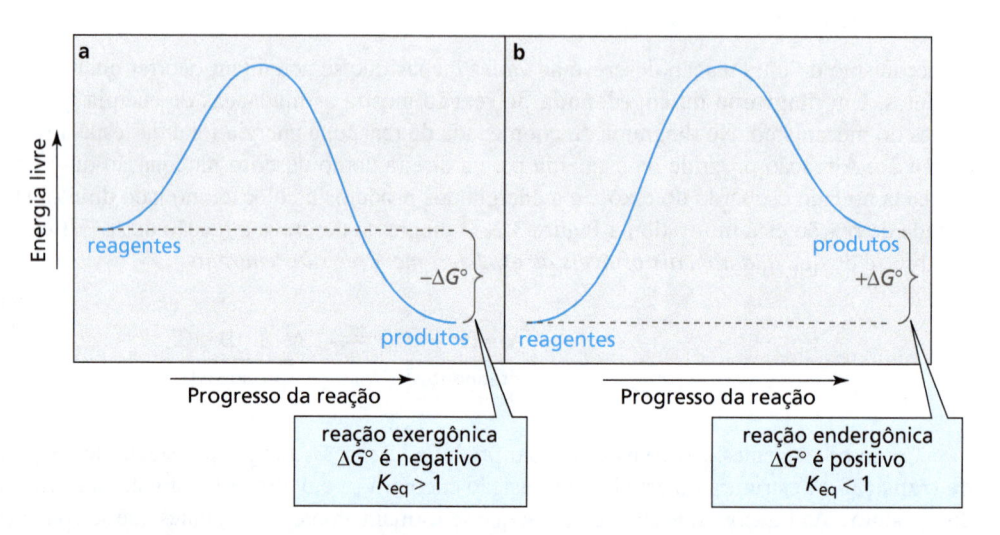

(a) reação exergônica, $\Delta G°$ é negativo, $K_{eq} > 1$

(b) reação endergônica, $\Delta G°$ é positivo, $K_{eq} < 1$

Por essa equação, podemos ver que o $\Delta G°$ será negativo se os produtos tiverem menor energia livre — são mais estáveis — do que os reagentes. Em outras palavras, a reação vai libertar mais energia do que consumir. Será uma **reação exergônica** (Figura 3.3a). Se os produtos tiverem energia livre maior — são menos estáveis —, os reagentes terão $\Delta G°$ positivo, e a reação vai consumir mais energia do que liberar; estas são as **reações endergônicas** (Figura 3.3b).

Quando os produtos são favoráveis no equilíbrio, $\Delta G°$ é negativo e K_{eq} é maior do que 1.

Quando os reagentes são favoráveis no equilíbrio, $\Delta G°$ é positivo e K_{eq} é menor do que 1.

(Observe que os termos *exergônico* e *endergônico* se referem àquelas reações que possuem um $\Delta G°$ negativo ou positivo, respectivamente). Não confunda esses termos com *exotérmico* e *endotérmico* (os quais serão definidos nos próximos capítulos). Portanto, se um reagente ou produto forem favoráveis no equilíbrio poderão ser indicados pela constante de equilíbrio (K_{eq}) ou pela mudança de energia livre ($\Delta G°$). Esses dois valores são descritos pela equação a seguir:

$$\Delta G° = -RT \ln K_{eq}$$

onde R é a constante de gás ($1{,}986 \times 10^{-3}$ kcal mol^{-1}K^{-1}, ou $8{,}314 \times 10^{-3}$ kJ mol^{-1}K^{-1}, porque 1 kcal = 4,184 kJ) e T é temperatura em graus Kelvin (K = °C + 273; portanto, 25 °C = 298 K). (Resolvendo o Problema 13, você verá que cada pequena diferença em $\Delta G°$ proporciona grande diferença na concentração relativa dos reagentes e produtos.)

PROBLEMA 13◆

a. Quais dos ciclo-hexanos monossubstituídos apresentados na Tabela 2.10 possuem $\Delta G°$ negativo para a conversão de um substituinte axial no confôrmero em cadeira para um substituinte equatorial no confôrmero em cadeira?

b. Qual dos ciclo-hexanos monossubstituídos possui o valor mais negativo de $\Delta G°$?

c. Qual dos ciclo-hexanos monossubstituídos apresenta a maior preferência pela posição equatorial?

d. Calcular $\Delta G°$ pra a conversão do "axial" metilcicloexano para o "equatorial" metilcicloexano a 25 °C.

PROBLEMA 14 — RESOLVIDO

a. $\Delta G°$ para a conversão do "axial" fluorociclo-hexano ao "equatorial" fluorociclo-hexano a 25 °C é $-0,25$ kcal/mol (ou $-1,05$ kJ/mol). Calcule o percentual de moléculas de fluorociclo-hexano que apresentam o substituinte flúor na posição equatorial.

b. Efetue o mesmo cálculo para o isopropilciclo-hexano (onde $\Delta G°$ a 25 °C é $-2,1$ kcal/mol, ou $-8,8$ kJ/mol).

c. Por que o isopropilciclo-hexano apresenta maior porcentagem para o confôrmero com o substituinte na posição equatorial?

RESOLUÇÃO PARA 14a

$$\text{fluorociclo-hexano (axial)} \rightleftharpoons \text{fluorociclo-hexano (equatorial)}$$

$$\Delta G° = -0,25 \text{ kcal/mol a } 25 \text{ °C}$$

$$\Delta G° = -RT \ln K_{eq}$$

$$-0,25 \frac{\text{kcal}}{\text{mol}} = -1,986 \times 10^{-3} \frac{\text{kcal}}{\text{mol K}} \times 298 \text{ K} \times \ln K_{eq}$$

$$\ln K_{eq} = 0,422$$

$$K_{eq} = 1,53 = \frac{[\text{fluorociclo-hexano}]_{equatorial}}{[\text{fluorociclo-hexano}]_{axial}} = \frac{1,53}{1}$$

Agora determinamos a porcentagem total para o equatorial:

$$\frac{[\text{fluorociclo-hexano}]_{equatorial}}{[\text{fluorociclo-hexano}]_{equatorial} + [\text{fluorociclo-hexano}]_{axial}} = \frac{1,53}{1,53 + 1} = \frac{1,53}{2,53} = 0,60 \text{ ou } 60\%$$

Josiah Willard Gibbs (1839–1903), *filho de um professor da Universidade de Yale, nasceu em New Haven, Connecticut. Em 1863, tornou-se o primeiro PhD em engenharia pela Universidade de Yale. Estudou mais tarde na França e Alemanha, e retornou a Yale para lecionar física matemática. O seu trabalho sobre energia livre recebeu pouca atenção por mais de 20 anos porque poucos químicos entenderam o tratamento matemático abordado e também pelo fato de Gibbs tê-lo publicado no Transactions of the Connecticut Academy of Sciences, um jornal pouco conhecido. Em 1950, foi eleito para o Hall da Fama americano.*

A energia livre de Gibbs em condições normais ($\Delta G°$) apresenta a entalpia ($\Delta H°$) e a entropia ($\Delta S°$) como componentes:

$$\Delta G° = \Delta H° - T\Delta S°$$

O termo **entalpia** ($\Delta H°$) corresponde ao calor liberado ou consumido durante o curso de uma reação. Os átomos são mantidos unidos pelos elétrons das ligações. O calor é liberado quando a ligação é formada, e o calor é consumido quando as ligações são quebradas. Então, $\Delta H°$ é a medida do processo de formação e quebra de ligação que ocorre quando reagentes são convertidos em produtos.

$$\Delta H° = \text{(energia das ligações quebradas)} - \text{(energia das ligações formadas)}$$

Se as ligações que são formadas em uma reação forem mais fortes do que as ligações que são quebradas, mais energia será liberada como resultado da formação da ligação do que consumida no processo de quebra de ligação, assim $\Delta H°$ será negativo. Uma reação com $\Delta H°$ negativo é chamada **reação exotérmica**. Se as ligações que são formadas forem mais fracas do que as que são quebradas, $\Delta H°$ será positivo. Uma reação com $\Delta H°$ positivo é chamada **reação endotérmica**.

A **entropia** ($\Delta S°$) é definida como o grau de desordem. É a medida de movimentação livre do sistema. Ao se restringir a energia de liberdade de movimento de uma molécula, sua entropia decresce. Por exemplo, em uma reação na qual duas moléculas se unem para formar uma molécula, a entropia do produto será menor do que a entropia dos reagentes porque duas moléculas individuais não podem se mover da mesma maneira de quando as duas estão unidas, formando uma. Nessas reações,

Entropia é o grau de desordem de um sistema.

A formação dos produtos com ligações mais fortes e com maior liberdade de movimento produz um valor negativo para $\Delta G°$.

$\Delta S°$ será negativa. Em uma reação na qual uma molécula simples é clivada para formar duas moléculas separadas, os produtos terão maior liberdade de movimento do que os reagentes, e $\Delta S°$ será positivo.

$\Delta S°$ = (liberdade de movimentação dos produtos) − (liberdade de movimentação dos reagentes)

> **PROBLEMA 15◆**
>
> a. Para qual reação $\Delta S°$ será mais significativo?
>   1. $A \rightleftharpoons B$ ou $A + B \rightleftharpoons C$
>   2. $A + B \rightleftharpoons C$ ou $A + B \rightleftharpoons C + D$
> b. Para qual reação $\Delta S°$ será positivo?

Uma reação com um $\Delta G°$ negativo tem constante de equilíbrio favorável ($K_{eq} > 1$); isto é, a reação é favorecida como está escrita da esquerda para a direita, pois os produtos são mais estáveis que os reagentes. Se você examinar a expressão para energia livre de Gibbs em condições normais, descobrirá que valores negativos de $\Delta H°$ e valores positivos de $\Delta S°$ contribuem para tornar $\Delta G°$ negativo. Em outras palavras, *a formação de produtos com ligações fortes e com maior liberdade de movimentação justifica $\Delta G°$ ser negativo.*

> **PROBLEMA 16◆**
>
> a. Para uma reação com $\Delta H° = -12$ kcal mol^{-1} e $\Delta S° = 0{,}01$ kcal mol^{-1}, calcule o valor de $\Delta G°$ e a constante de equilíbrio a (**1**) 30 °C e (**2**) 150 °C.
> b. Qual será a conseqüência para $\Delta G°$ quando T aumenta?
> c. Qual será a conseqüência para K_{eq} quando T aumenta?

Os valores de $\Delta H°$ são relativamente fáceis de calcular, de modo que os químicos orgânicos freqüentemente avaliam as reações usando apenas esse termo. Entretanto, pode-se ignorar o termo entropia somente se a reação envolver apenas pequena mudança na entropia, porque o termo $T\Delta S°$ será menor e o valor de $\Delta H°$ será muito próximo ao valor de $\Delta G°$. Ignorar o termo entropia pode ser prática prejudicial, entretanto, porque muitas reações orgânicas ocorrem com uma mudança significativa na entropia ou a altas temperaturas, então o termo $T\Delta S°$ apresenta grande importância. É permitido usar valores aproximados de $\Delta H°$ se uma reação ocorrer com constante de equilíbrio favorável, mas caso seja necessária uma medida precisa devem ser usados os valores de $\Delta G°$. Quando valores de $\Delta G°$ são usados para elaborar diagramas de coordenada de reação, o eixo *y* representa a energia livre; quando valores de $\Delta H°$ são usados, o eixo *y* representa o potencial de energia.

Os valores de $\Delta H°$ podem ser calculados pelas energias de dissociação das ligações (Tabela 3.1). Por exemplo, o valor de $\Delta H°$ para a adição de HBr ao eteno é calculado como mostrado a seguir:

A constante de gás R foi assim designada após os trabalhos de **Henri Victor Regnault (1810–1878)**, *o qual foi comissionado pelo Ministério Público francês em 1842 para rever todas as constantes físicas envolvidas no esboço e operação de equipamentos a vapor. Regnault ficou conhecido por seu trabalho sobre as propriedades térmicas dos gases. Mais tarde, enquanto estudava a termodinâmica de soluções diluídas, Van't Hoff descobriu que a constante R poderia ser usada para o equilíbrio químico.*

$$H_2C=CH_2 + H-Br \longrightarrow H_3C-CH_2Br$$

ligação que se quebra		ligação que se forma	
ligação do eteno	$DH° = 63$ kcal/mol	C—H	$DH° = 101$ kcal/mol
H—Br	$DH° = 87$ kcal/mol	C—Br	$DH° = 72$ kcal/mol
	$DH°_{total} = 150$ kcal/mol		$DH°_{total} = 173$ kcal/mol

$\Delta H°$ para a reação = $DH°$ das ligações que se quebram − $DH°$ das ligações que se formam

$= 150$ kcal/mol − 173 kcal/mol

$= -23$ kcal/mol

© 1980 por Sidney Harris, revista Science 80.

Tabela 3.1 Energia de dissociação homolítica de ligação Y — Z → Y· + ·Z

Ligação	DH° kcal/mol	DH° kJ/mol	Ligação	DH° kcal/mol	DH° kJ/mol
CH_3—H	105	439	H—H	104	435
CH_3CH_2—H	101	423	F—F	38	159
$CH_3CH_2CH_2$—H	101	423	Cl—Cl	58	242
$(CH_3)_2CH$—H	99	414	Br—Br	46	192
$(CH_3)_3C$—H	97	406	I—I	36	150
			H—F	136	571
CH_3—CH_3	90,1	377	H—Cl	103	432
CH_3CH_2—CH_3	89,0	372	H—Br	87	366
$(CH_3)_2CH$—CH_3	88,6	371	H—I	71	298
$(CH_3)_3C$—CH_3	87,5	366			
			CH_3—F	115	481
H_2C=CH_2	174	728	CH_3—Cl	84	350
HC≡CH	231	966	CH_3CH_2—Cl	85	356
			$(CH_3)_2CH$—Cl	85	356
HO—H	119	497	$(CH_3)_3C$—Cl	85	356
CH_3O—H	105	439	CH_3—Br	72	301
CH_3—OH	92	387	CH_3CH_2—Br	72	301
			$(CH_3)_2CH$—Br	74	310
			$(CH_3)_3C$—Br	73	305
			CH_3—I	58	243
			CH_3CH_2—I	57	238

S. J. Blanksby e G. B. Ellison. *Acc. Chem. Res.*, 2003, *36*, 255.

A energia de dissociação de ligação é indicada pelo termo especial $DH°$. Recorde, da Seção 2.3, que a barreira rotacional em volta da ligação π do eteno é de 63 kcal/mol. Em outras palavras, são necessários 63 kcal/mol para quebrar a *ligação* π.

O valor de −23 kcal/mol de $\Delta H°$ — calculado ao se subtrair $\Delta H°$ para as ligações que são formadas do $\Delta H°$ das ligações que se quebram — indica que a adição de HBr do eteno é uma reação exotérmica. Mas isso significa que $\Delta G°$ para a reação é também negativo? Em outras palavras, é uma reação exergônica e também exotérmica? Uma vez que $\Delta H°$ tem valor negativo (−23 kcal/mol), pode-se presumir que $\Delta G°$ é também negativo. Se o valor de $\Delta H°$ for próximo a zero, não se pode presumir que $\Delta H°$ tenha o mesmo sinal de $\Delta G°$.

Lembre-se de que duas aproximações são feitas quando valores de $\Delta H°$ são usados para prever valores de $\Delta G°$. A primeira é que a mudança na entropia é pequena na reação, fazendo com que $T\Delta S°$ seja próximo a zero e, portanto, o valor de $\Delta H°$ muito próximo ao valor de $\Delta G°$; a segunda é que a reação ocorre em fase gasosa.

Molecule Gallery: Cátion do lítio hidratado
www

Quando reações ocorrem em solução, que é o caso da maioria das reações orgânicas, as moléculas dos solventes podem interagir com os reagentes e com os produtos. Os solventes polares se agrupam ao redor de uma carga (seja ela uma carga formal, seja parcial) no reagente ou no produto, de modo que os pólos negativos das moléculas do solvente envolvem a carga positiva, e os pólos positivos das moléculas do solvente envolvem a carga negativa. A interação entre um solvente e espécies (uma molécula ou um íon) em solução é chamada **solvatação**.

solvatação da carga positiva pela água

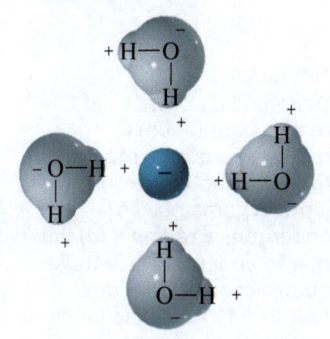

solvatação da carga negativa pela água

A solvatação pode ter grande efeito nos $\Delta H°$ e $\Delta S°$ da reação. Por exemplo, em uma reação na qual um reagente polar é solvatado, o $\Delta H°$ para quebrar a interação dipolo–dipolo entre o solvente e o reagente deve ser considerado. A solvatação de um reagente polar ou de um produto polar por um solvente polar ainda pode reduzir muito a livre movimentação das moléculas dos solventes, afetando assim o valor do $\Delta S°$.

> **PROBLEMA 17◆**
>
> a. Usando as energias de dissociação das ligações da Tabela 3.1, calcule $\Delta H°$ para a adição de HCl ao eteno.
> b. Calcule $\Delta H°$ para a adição de H_2 ao eteno.
> c. As reações são exotérmicas ou endotérmicas?
> d. Você espera que as reações sejam exergônicas ou endergônicas?

Cinética

O conhecimento de que determinada reação é exergônica ou endergônica não lhe indicará com que rapidez ela ocorre. Como o $\Delta G°$ de uma reação nos indica somente a diferença de estabilidade entre os reagentes e produtos, não nos indica nada sobre a barreira energética de uma reação, que é o "topo" de energia que deve ser atingido pelos reagentes para serem convertidos em produtos. Quanto mais alta a barreira energética, menor a velocidade da reação. **Cinética** é o campo da química que estuda a velocidade da reação química e os fatores que afetam a velocidade.

A barreira energética de uma reação, indicada na Figura 3.4 por $\Delta G^{\ddagger}$, é chamada **energia livre de ativação**. É a diferença entre a energia livre do estado de transição e a energia livre dos reagentes:

$$\Delta G^{\ddagger} = \text{(energia livre do estado de transição)} - \text{(energia livre dos reagentes)}$$

Quanto menor o $\Delta G^{\ddagger}$, mais rápido é a reação. Dessa maneira, *qualquer coisa que desestabilize os reagentes ou estabilize o estado de transição fará com que a reação seja mais rápida*.

Como $\Delta G°$, $\Delta G^{\ddagger}$ tem um componente entalpia e outro componente entropia. Observe que qualquer quantidade que se refere ao estado de transição está representada pela dupla "adaga" em sobrescrita (‡).

$$\Delta G^{\ddagger} = \Delta H^{\ddagger} - T\Delta S^{\ddagger}$$
$$\Delta H^{\ddagger} = \text{(entalpia do estado de transição)} - \text{(entalpia dos reagentes)}$$
$$\Delta S^{\ddagger} = \text{(entropia do estado de transição)} - \text{(entropia dos reagentes)}$$

Algumas reações exergônicas apresentam pequena energia livre de ativação que, entretanto, pode ocorrer à temperatura ambiente (Figura 3.4a). Ao contrário, algumas reações exergônicas apresentam energias livre de ativação que são tão altas que a reação não pode ocorrer sem a adição de energia superior às proporcionadas pelas condições térmicas (Figura 3.4b). Reações endergônicas podem ter também baixa energia de ativação, como na Figura 3.4c, ou alta energia livre de ativação, como na Figura 3.4d.

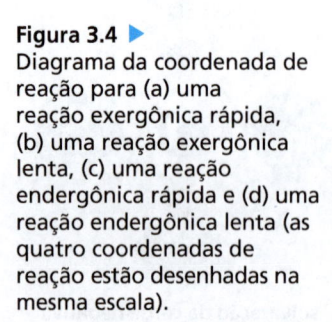

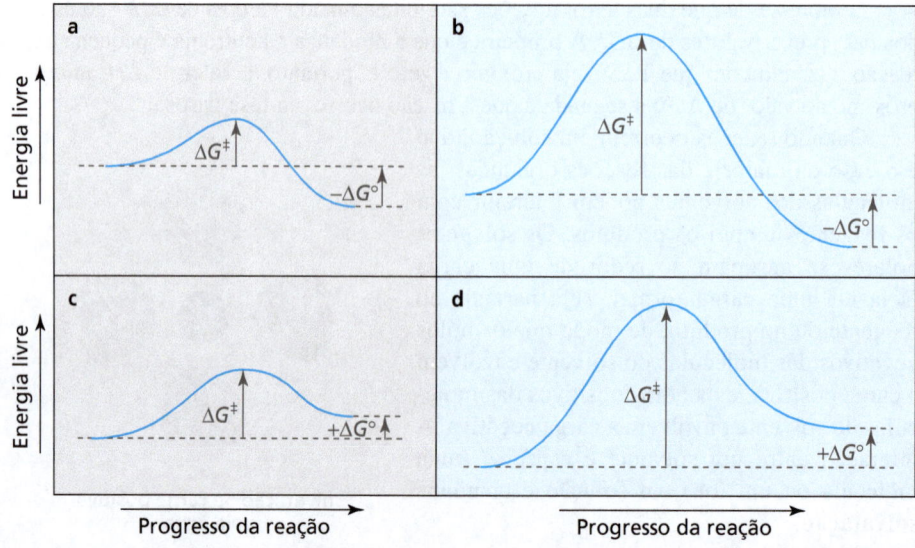

Figura 3.4 ▶
Diagrama da coordenada de reação para (a) uma reação exergônica rápida, (b) uma reação exergônica lenta, (c) uma reação endergônica rápida e (d) uma reação endergônica lenta (as quatro coordenadas de reação estão desenhadas na mesma escala).

Observe que $\Delta G°$ está relacionado à *constante de equilíbrio* da reação, enquanto $\Delta G^{\ddagger}$ está relacionado à *velocidade* da reação. A **estabilidade termodinâmica** de uma substância é indicada por $\Delta G°$. Se $\Delta G°$ é negativo, por exemplo, o produto é *termodinamicamente estável* se comparado ao reagente, e caso $\Delta G°$ seja positivo, o produto é *termodinamicamente instável* se comparado ao reagente. A **estabilidade cinética** de uma substância é indicada pelo $\Delta G^{\ddagger}$. Se $\Delta G^{\ddagger}$ for grande para uma reação, a substância é *cineticamente estável* porque não sofre reação rápida. Se $\Delta G^{\ddagger}$ for pequeno, a substância vai ser *cineticamente instável* — ela sofre reação rápida. Geralmente, quando os químicos usam o termo "estabilidade", eles estão se referindo à estabilidade termodinâmica.

PROBLEMA 18♦

a. Qual das reações na Figura 3.4 apresenta um produto termodinamicamente estável?
b. Qual das reações na Figura 3.4 apresenta o produto cinético mais estável?
c. Qual das reações na Figura 3.4 apresenta o produto cinético menos estável?

PROBLEMA 19

Desenhe o diagrama de coordenada de reação para cada reação em que:

a. o produto é termodinamicamente e cineticamente instável.
b. o produto é termodinamicamente instável e cineticamente estável.

A velocidade de uma reação química é a velocidade na qual as substâncias reagentes são consumidas ou na qual os produtos são formados. A velocidade da reação depende dos seguintes fatores:

1. *Do número de colisões que ocorre entre as moléculas dos reagentes em dado período de tempo.* O maior número de colisões indica reação mais rápida.
2. *Da fração de colisões que ocorre com energia suficiente para que as moléculas dos reagentes vençam a barreira de energia.* Se a energia livre de ativação for baixa, um número maior de colisões favorecerá mais a reação do que se a energia de ativação for maior.
3. *Da fração de colisões que ocorrem com orientação adequada.* Por exemplo, o 2-buteno e HBr reagirão somente se as moléculas colidirem com o hidrogênio de HBr que se aproxima da ligação π do 2-buteno. Se a colisão ocorrer com o grupo metílico do 2-buteno, não ocorrerá reação, apesar da energia de colisão.

$$\text{velocidade de reação} = \begin{pmatrix} \text{número de colisões} \\ \text{por unidade de tempo} \end{pmatrix} \times \begin{pmatrix} \text{fração com} \\ \text{energia suficiente} \end{pmatrix} \times \begin{pmatrix} \text{fração com} \\ \text{orientação adequada} \end{pmatrix}$$

O aumento da concentração dos reagentes resulta em um aumento na velocidade porque aumenta o número de colisões que ocorrem em determinado período de tempo. O aumento da temperatura na qual a reação é realizada também causa um aumento na velocidade de reação porque aumenta tanto a freqüência de colisão (moléculas que se movem mais rápido se colidem mais facilmente) quanto o número de colisões que têm energia suficiente para que as moléculas de reagentes ultrapassem a barreira de energia.

Para uma reação na qual uma única molécula do reagente A é convertida em uma molécula do produto B, a velocidade de reação é proporcional à concentração de A. Se a concentração de A for duplicada, a velocidade de reação será dobrada; se a concentração de A for triplicada, a velocidade de reação será triplicada, e assim por diante. Como a velocidade dessa reação é proporcional à concentração de somente *um* reagente, ela é chamada **reação de primeira ordem**.

$$A \longrightarrow B$$
$$\text{velocidade} \propto [A]$$

Podemos trocar o sinal de proporcionalidade ($\propto$) pelo sinal de igual caso seja usada a constante de proporcionalidade k, a qual é chamada **constante de velocidade**. A constante de velocidade de uma reação de primeira ordem é chamada **constante velocidade de primeira ordem**.

$$\text{velocidade} = k[A]$$

Uma reação cuja velocidade dependa da concentração de *dois* reagentes é chamada **reação de segunda ordem**. Se a concentração de A ou de B for duplicada, a velocidade de reação será dobrada; se a concentração tanto de A quanto de

B forem dobradas, a velocidade de reação será quadruplicada, e assim por diante. Nesse caso, a constante de velocidade k é chamada **constante de velocidade de segunda ordem**.

$$A + B \longrightarrow C + D$$
$$\text{velocidade} = k[A][B]$$

Uma reação na qual duas moléculas de A se combinam para formar uma molécula de B é chamada reação de segunda ordem: se a concentração de A for dobrada, a velocidade da reação será quadruplicada.

$$A + A \longrightarrow B$$
$$\text{velocidade} = k[A]^2$$

Quanto menor a constante de velocidade, mais lenta é a reação.

O químico sueco, **Svante August Arrhenius (1859–1927),** *tornou-se doutor pela Universidade de Uppsala. Ameaçado de receber baixa nota em sua dissertação porque os examinadores não entenderam a dissociação de íons, ele enviou seu trabalho a vários cientistas, que o defenderam. Sua dissertação lhe rendeu o Prêmio Nobel de química em 1903. Ele foi o primeiro a descrever o efeito estufa, prevendo que a concentração de dióxido de carbono (CO_2) na atmosfera aumentaria a temperatura na superfície da Terra (Seção 9.0).*

Não confunda *constante de velocidade* de uma reação (k) com a *velocidade* de uma reação. A *constante de velocidade* se refere a quão facilmente se pode alcançar o estado de transição (com que facilidade se atinge a barreira de energia). Barreiras energéticas baixas estão associadas com constantes de velocidades grandes (Figura 3.4a e 3.4c), ao passo que barreiras energéticas altas possuem constantes de velocidade pequenas (figuras 3.4b e 3.4d). A *velocidade* de reação é a medida da quantidade de produto que é formado por unidade de tempo. As equações anteriores mostram que a *velocidade* é o produto entre a *constante de velocidade e da concentração(ões)* dos reagentes. *Assim, as velocidades de reação dependem da concentração, ao passo que as constantes de reação são independentes da concentração.* Entretanto, quando comparamos duas reações para observar qual das duas reage mais rapidamente, devemos comparar as constantes de velocidade, e não a dependência das concentrações da reação (o Apêndice III explica como as constantes de velocidade são determinadas).

Embora as constantes de velocidade sejam independentes das concentrações, elas dependem da temperatura. A **equação de Arrhenius** relaciona a constante de velocidade de reação com a energia de ativação experimental e a temperatura na qual a reação ocorre. Uma boa regra para memorizar é que um aumento de 10 °C na temperatura dobrará a constante de velocidade da reação e, portanto, dobrará a velocidade de reação.

Equação de Arrhenius:

$$k = Ae^{-E_a/RT}$$

onde k é a constante de velocidade, E_a é a energia de ativação experimental, R é a constante de gás ($1,986 \times 10^{-3}$ kcal mol^{-1} K^{-1}, ou $8,314 \times 10^{-3}$ kJ mol^{-1} K^{-1}), T é a temperatura absoluta (K) e A é o fator de freqüência. O fator de freqüência explica a fração de colisões que ocorrem com orientação apropriada para a reação. O termo $e^{-E_a/RT}$ corresponde à fração de colisões que apresentam um mínimo de energia (E_a) necessária para reagir. Tranformando em logaritmo ambos os lados da equação de Arrhenius, obtemos:

$$\ln k = \ln A - \frac{E_a}{RT}$$

O Problema 43, página 139, mostra como essa equação é usada para calcular os parâmetros cinéticos.

A diferença entre $\Delta G^{\ddagger}$ e E_a

Não confunda *energia livre de ativação*, $\Delta G^{\ddagger}$, com **energia experimental de ativação**, E_a, na equação de Arrhenius. A energia livre de ativação ($\Delta G^{\ddagger} = \Delta H^{\ddagger} - T\Delta S^{\ddagger}$) tem dois componentes, a entalpia e a entropia, ao passo que a energia experimental de ativação ($E_a = \Delta H^{\ddagger} + RT$) tem somente um componente, a entalpia, e a componente entropia está implícita no termo A na equação de Arrhenius. Portanto, a energia experimental de ativação é uma barreira de energia aproximada para a reação. A barreira de energia real da reação é dada pelo $\Delta G^{\ddagger}$ porque algumas reações são dadas pela mudança na entalpia e outras, pela mudança na entropia, mas principalmente pela mudança tanto na entalpia quanto na entropia.

PROBLEMA 20 RESOLVIDO

A 30 °C, a constante de velocidade de segunda ordem para a reação de cloreto de metila e HO⁻ é $1{,}0 \times 10^{-5}\ M^{-1}s^{-1}$.

a. Qual é a velocidade de reação quando $[CH_3Cl] = 0{,}10\ M$ e $[HO^-] = 0{,}10\ M$?
b. Se a concentração de cloreto de metila decrescer para 0,01 M, que efeito isso terá na constante de *velocidade* da reação?
c. Se a concentração de cloreto de metila decrescer para 0,01 M, que efeito isso terá na constante de *velocidade* da reação?

RESOLUÇÃO PARA 20a A velocidade de reação é dada por

$$\text{velocidade} = k[\text{cloreto de metila}][HO^-]$$

Substituindo a constante de velocidade dada e as concentrações dos reagentes produz-se

$$\text{velocidade} = 1{,}0 \times 10^{-5} M^{-1}s^{-1}\ [0{,}10\ M][0{,}10\ M]$$

$$= 1{,}0 \times 10^{-7}\ Ms^{-1}$$

PROBLEMA 21♦

A constante de velocidade para a reação pode ser aumentada _____ da estabilidade dos reagentes ou _____ da estabilidade do estado de transição.

PROBLEMA 22♦

A partir da equação de Arrhenius, presuma como

a. o aumento da energia de ativação experimental afetará a constante de velocidade de reação.
b. o aumento da temperatura afetará a constante de velocidade de reação.

Como a constante de velocidade para as reações está correlacionada à constante de equilíbrio? No equilíbrio, a velocidade do avanço da reação deve ser igual à velocidade de reação no sentido contrário porque as quantidades de reagentes e produtos não estão mudando:

$$A \underset{k_{-1}}{\overset{k_1}{\rightleftharpoons}} B$$

avanço da reação = reação reversa

$$k_1[A] = k_{-1}[B]$$

Portanto,

$$K_{eq} = \frac{k_1}{k_{-1}} = \frac{[B]}{[A]}$$

Por essa equação, podemos observar que a constante de equilíbrio para a reação pode ser determinada a partir das concentrações relativas dos reagentes e produtos no equilíbrio ou a partir das constantes de velocidade relativa para o avanço da reação e a reação reversa. A reação mostrada na Figura 3.3a tem grande constante de equilíbrio porque os produtos são muito mais estáveis do que os reagentes. Podemos também dizer que ela tem grande constante de equilíbrio porque a constante de velocidade do avanço da reação é muito maior do que a constante de velocidade da reação reversa.

PROBLEMA 23♦

a. Qual reação tem maior constante de equilíbrio: a que possui constante de velocidade de 1×10^{-3} para reações em avanço e constante de velocidade 1×10^{-5} para uma reação reversa ou a que possui constante de velocidade de 1×10^{-2} para reação em avanço e uma constante de velocidade de 1×10^{-3} para a reação reversa?
b. Se as duas reações partem com uma concentração de reagentes de 1 M, qual reação formará o produto mais rapidamente?

134 QUÍMICA ORGÂNICA

Diagrama da coordenada da reação para a adição de HBr ao 2-buteno

Vimos que a adição de HBr ao 2-buteno é uma reação em duas etapas (Seção 3.6). A estrutura do estado de transição para cada uma das etapas é mostrada a seguir com a utilização de colchetes. Observe que as ligações que se quebram e as ligações que se formam durante o andamento da reação são parcialmente quebradas e parcialmente formadas no estado de transição — indicado pelas linhas pontilhadas. De maneira similar, átomos que se tornam carregados ou perdem sua carga durante o andamento de reação estão parcialmente carregados no estado de transição. Os estados de transição aparecem entre colchetes com a dupla "adaga" em sobrescrito.

Tutorial Gallery:
Mecanismo: Adição de HBr a um alceno
www

$$CH_3CH=CHCH_3 + HBr \longrightarrow \left[\begin{array}{c} \overset{\delta+}{CH_3CH} \text{---} CHCH_3 \\ | \\ H \\ | \\ \overset{\delta-}{Br} \end{array} \right]^{\ddagger} \longrightarrow CH_3\overset{+}{C}HCH_2CH_3 + Br^-$$

estado de transição

$$CH_3\overset{+}{C}HCH_2CH_3 + Br^- \longrightarrow \left[\begin{array}{c} \overset{\delta+}{CH_3CHCH_2CH_3} \\ | \\ \overset{\delta-}{Br} \end{array} \right]^{\ddagger} \longrightarrow \begin{array}{c} CH_3CHCH_2CH_3 \\ | \\ Br \end{array}$$

estado de transição

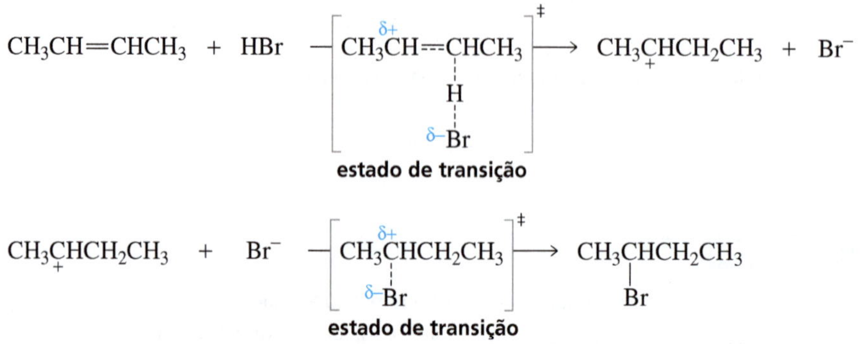

Um diagrama da coordenada de reação pode ser desenhado para cada uma das etapas da reação (Figura 3.5). Na primeira etapa, o alceno é convertido em carbocátion, que é menos estável do que os reagentes. A primeira etapa é endergônica ($\Delta G°$ é positivo). Na segunda etapa da reação, o carbocátion reage com o nucleófilo para formar o produto que é mais estável do que o reagente carbocátion. Essa etapa, portanto, é exergônica ($\Delta G°$ é negativo).

Figura 3.5 ▶
Diagrama da coordenada de reação para as duas etapas da adição de HBr ao 2-buteno: (a) primeira etapa; (b) segunda etapa.

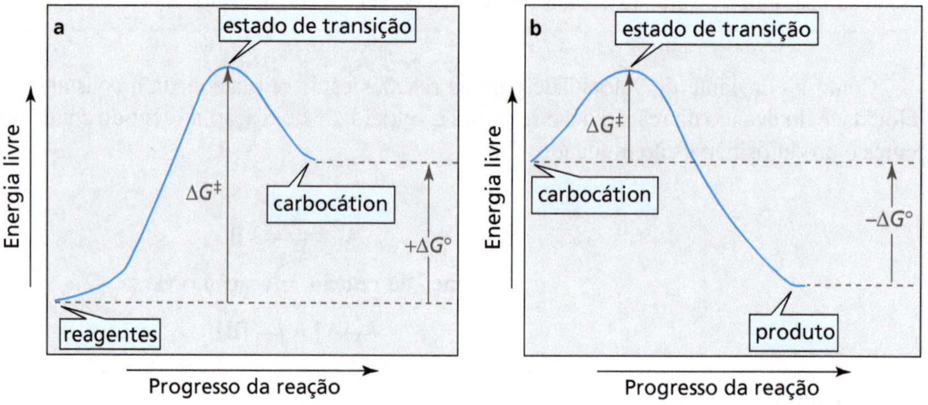

Como o produto da primeira etapa é o reagente na segunda etapa, podemos englobar os dois diagramas de coordenadas de reação para obter um diagrama de coordenada de reação global (Figura 3.6). O $\Delta G°$ para a reação global é a diferença entre a energia dos produtos finais e a energia dos reagentes iniciais. A figura mostra que $\Delta G°$ para a reação global é negativo. Portanto, a reação global é exergônica.

As espécies químicas que são os produtos de uma etapa da reação e que são os reagentes para a etapa seguinte são chamadas **intermediários**. O carbocátion intermediário na reação é também instável para ser isolado; entretanto, algumas reações possuem intermediários mais estáveis que podem ser isolados. O **estado de transição**, ao contrário, representa as estruturas de maior energia que estão envolvidas na reação. Elas existem por pouco tempo e não podem ser isoladas. Não confunda estado de transição com intermediários: *estados de transição apresentam ligações parcialmente formadas, porém os intermediários apresentam ligações completamente formadas.*

O estado de transição tem ligações parcialmente formadas.
Os intermediários têm ligações completamente formadas.

Podemos observar pelo diagrama da coordenada de reação que a energia livre de ativação para a primeira etapa de reação é maior do que a energia livre de ativação da segunda etapa. Em outras palavras, a constante de velocidade para a primeira etapa é menor do que a constante de velocidade da segunda etapa. Esse fato é o que se poderia esperar, uma vez que as moléculas na primeira etapa de reação devem colidir com energia suficiente para quebrar as ligações covalentes, ao passo que ligações não são quebradas na segunda etapa.

A etapa de reação que apresenta o estado de transição no mais alto ponto na coordenada de reação é chamada **etapa determinante da velocidade** ou **etapa limitante da velocidade**. A etapa determinante controla a velocidade global da reação porque a velocidade global não pode exceder a velocidade da etapa determinante. Na Figura 3.6, a etapa determinante é a primeira etapa — adição do eletrófilo (o próton) ao alceno.

O diagrama de coordenada de reação também pode ser usado para explicar por que determinada reação forma um produto em particular, mas não outros. Veremos o primeiro exemplo desse fato na Seção 4.3.

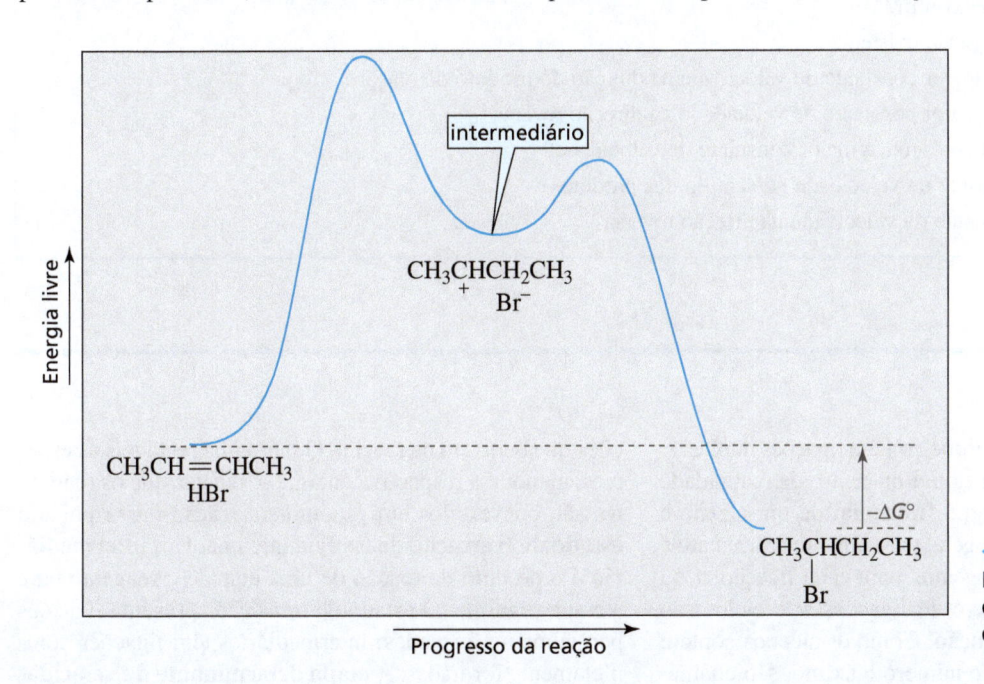

◀ **Figura 3.6**
Diagrama da coordenada de reação para a adição de HBr ao 2-buteno.

PROBLEMA 24

Desenhe o diagrama de coordenada da reação para as duas etapas de reação nas quais a primeira etapa é endergônica, a segunda etapa é exergônica e a reação global é endergônica. Mostre reagentes, produtos, intermediários e estados de transição.

PROBLEMA 25 ◆

a. Qual etapa da reação a seguir apresenta a maior energia de ativação?

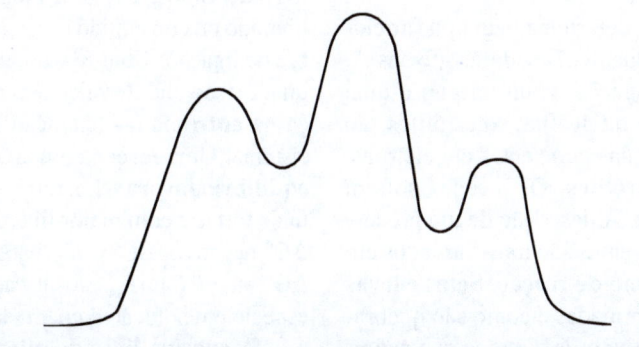

b. O primeiro intermediário formado está mais apto a se reverter aos reagentes ou a formar os produtos?
c. Qual das etapas na seqüência de reação é a determinante da velocidade?

PROBLEMA 26♦

Desenhe o diagrama da coordenada de reação para a reação a seguir, na qual C é mais estável e B é o menos estável das três espécies, e o estado de transição que vai de A para B é mais estável do que o estado de transição que vai de B para C:

$$A \underset{k_{-1}}{\overset{k_1}{\rightleftarrows}} B \underset{k_{-2}}{\overset{k_2}{\rightleftarrows}} C$$

a. Quantos intermediários existem?
b. Quantos estados de transição existem?
c. Qual etapa apresenta a maior constante de velocidade na direção do produto de reação?
d. Qual etapa apresenta a maior constante de velocidade na direção reversa?
e. Das quatro etapas, qual apresenta a maior constante de velocidade?
f. Qual é a etapa determinante da velocidade no sentido dos produtos?
g. Qual é a etapa determinante da velocidade na direção reversa?

Resumo

Alcenos são hidrocarbonetos que contêm ligações duplas. A ligação dupla é o **grupo funcional** ou centro de reatividade do alceno. O **sufixo do grupo funcional** de um alceno é "eno". A fórmula molecular geral para um hidrocarboneto é C_nH_{2n+2}, menos dois hidrogênios para cada ligação π ou ciclo na molécula. O número de ligações π e ciclos são chamados **grau de insaturação**. Como os alcenos contêm menos hidrogênios do que o número máximo, são chamados **hidrocarbonetos insaturados**.

Como a rotação é restrita em volta da ligação dupla, um alceno pode existir na forma de **isômeros cis** e **trans**. O isômero **cis** apresenta os hidrogênios no mesmo lado da ligação dupla; o isômero **trans** tem seus hidrogênios em lados opostos da ligação dupla. O **isômero Z** apresenta os grupos de maior prioridade no mesmo lado da ligação dupla; já o **isômero E** apresenta os grupos de maior prioridade em lados opostos da ligação dupla. As prioridades relativas dependem do número atômico dos átomos ligados diretamente aos carbonos sp^2.

Todas as substâncias com determinado **grupo funcional** reagem de maneira semelhante. Devido às nuvens de elétrons acima e abaixo da ligação π, um alceno é uma molécula rica em elétrons, ou **nucleófila**. Nucleófilos são atraídos por átomos ou moléculas deficientes em elétrons, que são conhecidos por **eletrófilos**. Os alcenos sofrem **reações de adição eletrofílica**. A descrição de um processo etapa por etapa na qual reagentes são transformados em produtos é chamada **mecanismo de reação**. **Setas curvas** mostram como ligações são formadas e como são quebradas, bem como a direção do fluxo de elétrons que acompanham essas mudanças.

A **termodinâmica** descreve uma **reação** no equilíbrio; a **cinética** descreve com que rapidez a reação ocorre. O **diagrama da coordenada de reação** mostra as alterações que ocorrem na reação. Quanto mais estáveis as espécies, menor é a respectiva energia. Uma vez que os reagentes são convertidos em produtos, a reação passa por um **estado de transição** de energia máxima. Um **intermediário** é o produto de reação de uma etapa e o reagente para a etapa seguinte. O estado de transição apresenta ligações parcialmente formadas; intermediários têm ligações completamente formadas. A **etapa determinante da velocidade** tem o estado de transição como o maior ponto na coordenada de reação.

As concentrações relativas de reagentes e produtos no equilíbrio são fornecidas pela constante de equilíbrio K_{eq}. Quanto mais estável for a substância, maior será sua concentração no equilíbrio. Se os produtos forem mais estáveis do que os reagentes, K_{eq} é > 1, $\Delta G°$ é negativo e a reação é **exergônica**; se os reagentes são mais estáveis do que os produtos, K_{eq} é < 1, $\Delta G°$ é positivo e a reação é **endergônica**. $\Delta G° = \Delta H° - T\Delta S°$; $\Delta G°$ é a alteração da energia livre de Gibbs. $\Delta H°$ é a mudança na **entalpia** — o calor liberado ou consumido como resultado da formação ou quebra de ligação. Uma **reação exotérmica** tem $\Delta H°$ negativo; uma reação endotérmica tem $\Delta H°$ positivo. $\Delta S°$ é a mudança na **entropia** — alteração no grau de desordem de um sistema. Uma reação com $\Delta G°$ negativo tem **constante de equilíbrio favorável**: a formação de produtos com ligações mais fortes e com maior liberdade de movimento leva a um $\Delta G°$ negativo. $\Delta G°$ e K_{eq} estão relacionados pela fórmula $\Delta G° = -RT \ln K_{eq}$. A interação entre um solvente e uma espécie em solução é chamada **solvatação**.

A **energia livre de ativação**, $\Delta G^{\ddagger}$, é a barreira energética de uma reação. É a diferença entre a energia livre dos reagentes e a energia livre do estado de transição. Quanto menor for $\Delta G^{\ddagger}$, mais rápida será a reação. Qualquer efeito que desestabilize os reagentes ou estabilize o estado de transição torna a reação mais rápida. A **estabilidade cinética** é dada por $\Delta G^{\ddagger}$; a **estabilidade termodinâmica** é dada por $\Delta G°$. A **velocidade** de uma reação depende da concentração dos reagentes, da temperatura e da constante de velocidade. A **constante de velocidade**, que é dependente da concentração, indica com que facilidade será atingido o estado de transição. Uma **reação de primeira ordem** depende da concentração de um reagente; a **reação de segunda ordem**, da concentração de dois reagentes.

Palavras-chave

acíclica (p. 112)
alceno (p. 111)
carbono alílico (p. 114)
carbono vinílico (p. 114)
cinética (p. 130)
constante de velocidade (p. 131)
constante de velocidade de primeira ordem (p. 131)
constante de velocidade de segunda ordem (p. 132)
diagrama da coordenada de reação (p. 125)
eletrófilo (p. 122)
energia experimental de ativação (p. 132)
energia livre de ativação (p. 130)
energia livre de Gibbs (p. 126)
entalpia (p. 127)

entropia (p. 127)
equação de Arrhenius (p. 132)
estabilidade cinética (p. 131)
estabilidade termodinâmica (p. 131)
estado de transição (p. 125)
etapa determinante de velocidade (p. 135)
etapa limitante de velocidade (p. 135)
grau de insaturação (p. 112)
grupo alílico (p. 115)
grupo funcional (p. 121)
grupo vinílico (p. 115)
hidrocarboneto insaturado (p. 112)
hidrocarboneto saturado (p. 112)
intermediário (p. 134)
isômero *cis* (p. 117)

isômero *E* (p. 119)
isômero *trans* (p. 117)
isômero *Z* (p. 119)
isômeros *cis–trans* (p. 117)
isômeros geométricos (p. 117)
mecanismo de reação (p. 122)
nucleófilo (p. 122)
reação de adição (p. 123)
reação de adição eletrofílica (p. 123)
reação de primeira ordem (p. 131)
reação de segunda ordem (p. 131)
reação endergônica (p. 126)
reação endotérmica (p. 127)
reação exergônica (p. 126)
reação exotérmica (p. 127)
solvatação (p. 129)
termodinâmica (p. 125)

Problemas

27. Dê o nome sistemático para cada uma das seguintes substâncias:

    a. $CH_3CH_2CHCH=CHCH_2CH_2CHCH_3$ com Br nos carbonos indicados

    b. H_3C e CH_2CH_3 em um carbono; CH_3CH_2 e $CH_2CH_2CHCH_3$ (com CH_3) no outro carbono da dupla $C=C$

    c. ciclopenteno com CH_3 e CH_3

    d. H_3C e CH_2CH_3 em um carbono; H_3C e $CH_2CH_2CH_2CH_3$ no outro carbono da dupla $C=C$

28. Dê a estrutura de hidrocarbonetos que contêm seis átomos de carbono e
    a. três hidrogênios vinílicos e dois hidrogênios alílicos.
    b. três hidrogênios vinílicos e um hidrogênio alílico.
    c. três hidrogênios vinílicos e nenhum hidrogênio alílico.

29. Desenhe a estrutura de cada substância mostrada a seguir:
    a. (*Z*)-1,3,5-tribromo-2-penteno
    b. (*Z*)-3-metil-2-hepteno
    c. (*E*)-1,2-dibromo-3-isopropil-2-hexeno
    d. brometo de vinila
    e. 1,2-dimetilciclopenteno
    f. dialilamina

30. a. Dê as estruturas e os nomes sistemáticos para todos os alcenos com fórmula molecular C_6H_{12}, ignorando a isomeria *cis–trans*. (*Dica*: existem 13.)
    b. Qual das substâncias tem isômeros *E* e *Z*?

31. Nomeie as seguintes substâncias:

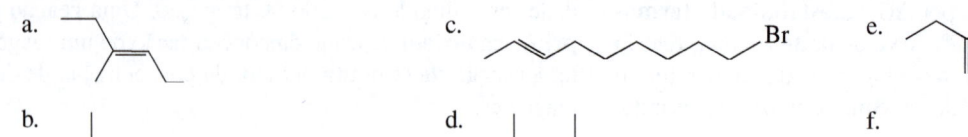

   a., b., c., d., e., f.

32. Desenhe as setas curvas para mostrar o fluxo de elétrons responsáveis pela transformação dos reagentes em produtos:

$$H-\ddot{O}:^- + H-\underset{H}{\overset{H}{C}}-\underset{Br}{\overset{H}{C}}-H \longrightarrow H_2O + \underset{H}{\overset{H}{C}}=\underset{H}{\overset{H}{C}} + Br^-$$

33. Em uma reação em que o reagente A está em equilíbrio com o produto B a 25 °C, quais são as quantidades relativas de A e B presentes no equilíbrio se $\Delta G°$ a 25 °C for:

   a. 2,72 kcal/mol?
   b. 0,65 kcal/mol?
   c. −2,72 kcal/mol?
   d. −0,65 kcal/mol?

34. Vários estudos têm demonstrado que o β-caroteno, um precursor da vitamina A, pode prevenir o câncer. O β-caroteno tem fórmula molecular $C_{40}H_{56}$ e contém dois ciclos e nenhuma ligação tripla. Quantas ligações duplas ele tem?

35. Diga dentre cada uma das seguintes substâncias quais apresentam as configurações E ou Z.

   a., b., c., d.

36. Esqualeno, um hidrocarboneto com fórmula molecular $C_{30}H_{50}$, é obtido do fígado de tubarão (squalus é "tubarão" em latim). Se o esqualeno é uma substância acíclica, quantas ligações π ele tem?

37. Assinale as prioridades relativas para cada um dos substituintes:

   a. —Br, —I, —OH, —CH_3
   b. —CH_2CH_2OH, —OH, —CH_2Cl, —$CH=CH_2$
   c. —$CH_2CH_2CH_3$, —$CH(CH_3)_2$, —$CH=CH_2$, —CH_3
   d. —CH_2NH_2, —NH_2, —OH, —CH_2OH
   e. —$COCH_3$, —$CH=CH_2$, —Cl, —$C\equiv N$

38. Molly Kule foi um técnico de laboratório que pediu a seu supervisor que o ajudasse a rotular os nomes na coleção de alcenos que mostrava as estruturas apenas nos rótulos. Quantos Molly rotulou corretamente? Corrija os nomes errados.

   a. 3-penteno
   b. 2-octeno
   c. 2-vinilpentano
   d. 1-etil-1-penteno
   e. 5-etilciclo-hexeno
   f. 5-cloro-3-hexeno
   g. 5-bromo-2-penteno
   h. (E)-2-metil-1-hexeno
   i. 2-metilciclopenteno
   j. 2-etil-2-buteno

39. Tendo o seguinte diagrama de coordenada de reação para a reação de A para fornecer D, responda às seguintes questões:

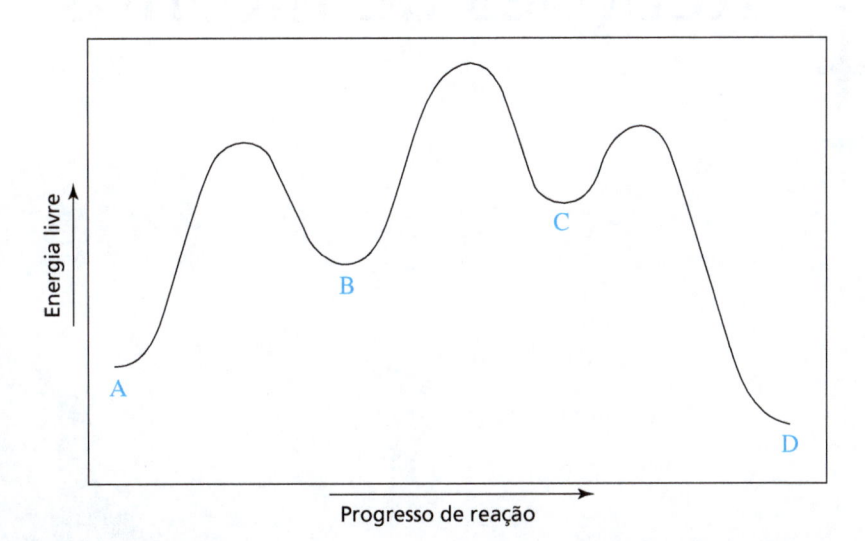

a. Quantos intermediários existem na reação?
b. Quantos estados de transição existem?
c. Qual é a etapa mais rápida da reação?
d. Qual é a mais estável? A ou D?
e. Qual é o reagente da etapa determinante da velocidade?
f. A primeira etapa é uma reação exergônica ou endergônica?
g. A reação global é exergônica ou endergônica?

40. a. Qual é a constante de equilíbrio de uma reação que ocorre a 25 °C (298 K) com $\Delta H° = 20$ kcal/mol e $\Delta S° = 25$ kcal K^{-1}mol^{-1}?
    b. Qual é a constante de equilíbrio da mesma reação quando ocorrer a 125 °C?

41. a. Para uma reação que ocorre a 25 °C, qual deve ser o valor de $\Delta G°$ para causar alteração na constante de equilíbrio por um fator de 10?
    b. Quanto deve mudar $\Delta H°$ se $\Delta S° = 0$ kcal K^{-1}mol^{-1}?
    c. Quanto deve mudar $\Delta S°$ se $\Delta H° = 0$ kcal/mol?

42. Sabendo que o confôrmero barco torcido do ciclo-hexano é 3,8 kcal/mol (ou 15,9 kJ/mol) mais alto em energia livre do que o confôrmero em cadeira, calcule a porcentagem de confôrmeros barco torcido presentes em uma amostra de ciclo-hexano a 25 °C. Você concorda com o estabelecido na Seção 2.12 sobre o número relativo de moléculas nestes dois confôrmeros?

Cálculo de parâmetros cinéticos

Visando calcular E_a, $\Delta H^\ddagger$ e $\Delta S^\ddagger$ para uma reação, as constantes de velocidade de reação devem ser obtidas em diversas temperaturas:

- E_a pode ser obtida a partir da equação de Arrhenius pela inclinação obtida de ln k versus $1/T$ porque

$$\ln k_2 - \ln k_1 = -E_a/R\left(\frac{1}{T_2} - \frac{1}{T_1}\right)$$

- A uma dada temperatura, $\Delta H^\ddagger$ pode ser determinada a partir de E_a porque $\Delta H^\ddagger = E_a - RT$.

- $\Delta G^\ddagger$, em kJ/mol, pode ser determinado pela seguinte equação, na qual relaciona $\Delta G^\ddagger$ com a constante de velocidade a uma dada temperatura:

$$-\Delta G^\ddagger = RT \ln \frac{kh}{Tk_B}$$

Nesta equação, h é a constante de Planck (6,62608 × 10^{-34} Js) e k_B é a constante de Boltzmann (1,38066 × 10^{-23} JK^{-1}).

- A entropia de ativação pode ser determinada por meio de outros dois parâmetros pela fórmula $\Delta S^\ddagger = (\Delta H^\ddagger - \Delta G^\ddagger)/T$.

Use essa informação para resolver o Problema 43.

43. As constantes de velocidade para uma reação foram determinadas em cinco temperaturas. A partir dos dados a seguir, calcule a energia experimental de ativação e depois calcule $\Delta G^\ddagger$, $\Delta H^\ddagger$, e $\Delta S^\ddagger$ para uma reação a 30 °C:

Temperatura	Constante de velocidade observada
31,0 °C	2,11 × 10^{-5} s^{-1}
40,0 °C	4,44 × 10^{-5} s^{-1}
51,5 °C	1,16 × 10^{-4} s^{-1}
59,8 °C	2,10 × 10^{-4} s^{-1}
69,2 °C	4,34 × 10^{-4} s^{-1}

4 Reações de alcenos

Vimos que um alceno como o 2-buteno sofre **reações de adição eletrofílica** com HBr (Seção 3.6). A primeira etapa da reação tem uma adição relativamente lenta do próton eletrofílico ao alceno nucleofílico para formar o carbocátion como intermediário. Na segunda etapa, o carbocátion intermediário está carregado positivamente (um eletrófilo) e reage rapidamente com o íon brometo carregado negativamente (um nucleófilo). (Veja a figura em cores no encarte colorido.)

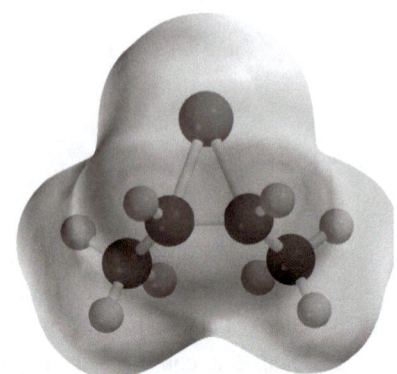

íon bromônio cíclico

$$\diagdown\mkern-6mu C\!\!=\!\!C\mkern-6mu\diagdown + H\!-\!\ddot{B}r\!: \xrightarrow{lento} -\underset{+}{\overset{|}{C}}\!-\!\underset{H}{\overset{|}{C}}\!- + :\!\ddot{B}r\!:^{-} \xrightarrow{rápido} -\underset{:\ddot{B}r:}{\overset{|}{C}}\!-\!\underset{H}{\overset{|}{C}}\!-$$

carbocátion intermediário

Neste capítulo, consideraremos grande variedade de reações de alcenos. Veremos que algumas das reações formam carbocátions intermediários como o que se forma quando HBr reage com um alceno, algumas formam outros tipos de intermediários e outras não formam nenhum intermediário. Inicialmente, as reações discutidas neste capítulo podem parecer ligeiramente diferentes entre si, porém vocês verão que elas ocorrem por meio de mecanismos similares. Assim, ao estudar cada reação, observe os fatores que todas as reações têm em comum: *a disponibilidade relativa dos elétrons π contidos na ligação dupla carbono–carbono que são atraídos por um eletrófilo. Assim, cada reação se inicia com a adição de um eletrófilo a um dos carbonos* sp^2 *do alceno e se conclui com a adição de um nucleófilo ao outro carbono* sp^2. O resultado é a quebra da ligação π, e o carbono sp^2 forma novas ligações σ com o eletrófilo e o nucleófilo.

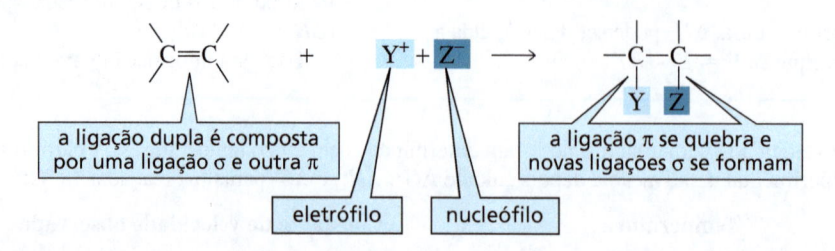

$$\diagdown\mkern-6mu C\!\!=\!\!C\mkern-6mu\diagdown + Y^+ + Z^- \longrightarrow -\underset{Y}{\overset{|}{C}}\!-\!\underset{Z}{\overset{|}{C}}\!-$$

a ligação dupla é composta por uma ligação σ e outra π

eletrófilo   nucleófilo

a ligação π se quebra e novas ligações σ se formam

Essa reatividade faz do alceno uma importante classe de substâncias orgânicas porque pode ser usado para sintetizar grande variedade de outras substâncias. Por exemplo, haletos de alquila, alcoóis, éteres e alcanos podem ser sintetizados a partir de alcenos em reações de adição eletrofílica. O tipo de produto obtido depende somente do *eletrófilo* e do *nucleófilo* usado na reação de adição.

CAPÍTULO 4 Reações de alcenos

4.1 Adição de haletos de hidrogênio

Se o reagente eletrofílico que se adiciona a um alceno for um haleto de hidrogênio (HF, HCl, HBr ou HI), o produto de reação será um haleto de alquila:

$$CH_2=CH_2 + HCl \longrightarrow CH_3CH_2Cl$$
eteno — cloreto de etila

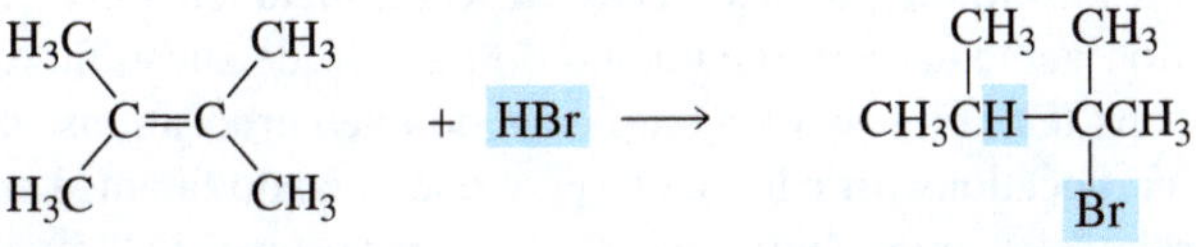

2,3-dimetil-2-buteno + HBr → 2-bromo-2,3-dimetilbutano

ciclo-hexeno + HI → iodo-ciclo-hexano

Tutorial Gallery: Sintético: Adição de HBr a um alceno
www

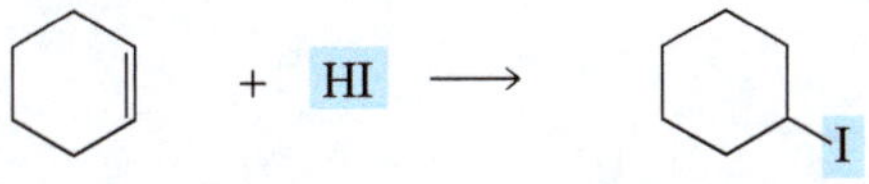

Como os alcenos nas reações anteriores possuem os mesmos substituintes em ambos os carbonos sp^2, é fácil determinar o produto de reação: o eletrófilo (H^+) se adiciona a um dos carbonos sp^2, e o nucleófilo (X^-) se adiciona ao outro carbono sp^2. Não faz nenhuma diferença em qual carbono o eletrófilo se liga porque será obtido o mesmo produto em qualquer caso.

Mas o que acontece se o alceno não tiver os mesmos substituintes nos dois carbonos sp^2? Qual carbono sp^2 se ligará com o hidrogênio? Por exemplo, a adição de HCl ao 2-metilpropeno fornece cloreto de *terc*-butila ou cloreto de isobutila?

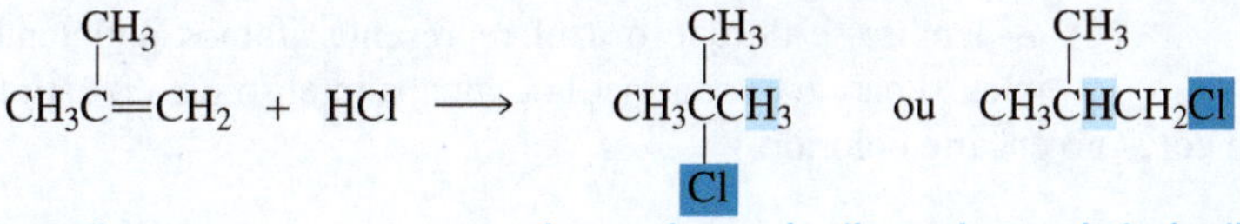

$$CH_3C=CH_2 + HCl \longrightarrow CH_3CCH_3 \text{ ou } CH_3CHCH_2Cl$$

2-metilpropeno — cloreto de *terc*-butila — cloreto de isobutila

Para responder a essa questão, precisamos observar o **mecanismo de reação**. Lembre-se de que a primeira etapa da reação — a adição de H^+ a um carbono sp^2 para formar tanto o cátion *terc*-butila ou cátion isopropila — é a etapa determinante da velocidade (Seção 3.7). Se houver alguma diferença na velocidade de formação desses dois carbocátions, aquele que se formar mais rapidamente será o produto preferencial na primeira etapa. Além disso, como a formação do carbocátion é a velocidade determinante, o carbocátion específico que é formado na primeira etapa determina o produto final da reação. Assim sendo, caso o cátion *terc*-butila seja formado, ele reagirá rapidamente com Cl^- para formar o cloreto de *terc*-butila. Por outro lado, se o cátion isobutila for formado, ele reagirá rapidamente com Cl^- para formar o cloreto de isopropila. O único produto produzido pela reação é o cloreto de *terc*-butila, de modo que sabemos que o cátion *terc*-butila é formado mais rapidamente do que o cátion isobutila.

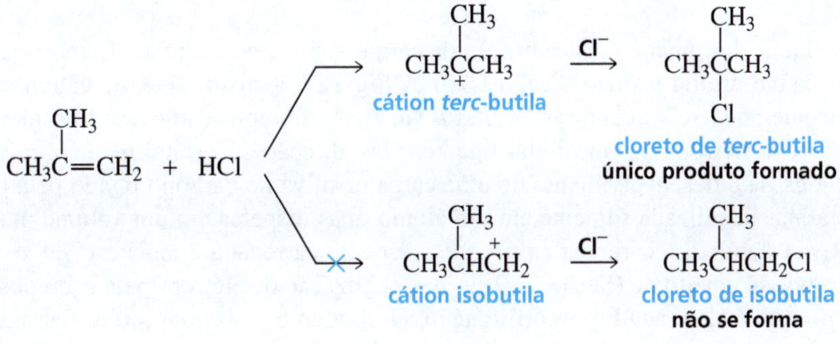

$$CH_3C=CH_2 + HCl \longrightarrow$$

cátion *terc*-butila $\xrightarrow{Cl^-}$ cloreto de *terc*-butila
único produto formado

cátion isobutila $\xrightarrow{Cl^-}$ cloreto de isobutila
não se forma

142 | QUÍMICA ORGÂNICA

A questão agora é saber por que o cátion *terc*-butila é formado mais rapidamente do que o cátion isobutila? Para responder a essa questão, precisamos verificar quais são os fatores que afetam a estabilidade dos carbocátions e, portanto, a facilidade com que são formados.

4.2 Estabilidade de carbocátion

Os carbocátions são classificados de acordo com o número de substituintes que estão ligados ao carbono carregado positivamente: um **carbocátion primário** tem apenas um substituinte, um **carbocátion secundário** tem dois e um **carbocátion terciário** tem três. A estabilidade do carbocátion aumenta com o aumento do número de substituintes ligados ao carbono carregado positivamente. Assim, carbocátions terciários são mais estáveis do que carbocátions secundários, e carbocátions secundários são mais estáveis do que carbocátions primários. Observe que, quando falamos em estabilidade de carbocátions, falamos de suas estabilidades *relativas*: carbocátions não são espécies estáveis; até mesmo o carbocátion terciário mais estável não é suficientemente estável para ser isolado.

estabilidades relativas de carbocátions

mais estável → R—C⁺(R)(R) > R—C⁺(R)(H) > R—C⁺(H)(H) > H—C⁺(H)(H) ← menos estável

carbocátion terciário — carbocátion secundário — carbocátion primário — cátion metila

Quanto maior o número de substituintes alquila ligados ao carbono carregado positivamente, mais estável o carbocátion é.

Por que a estabilidade de um carbocátion aumenta com o aumento do número de substituintes ligados ao carbocátion carregado positivamente? Grupos alquila diminuem a concentração da carga positiva no carbono — e diminuindo a concentração da carga positiva aumenta a estabilidade do carbocátion. Observe que o azul — lembre-se de que o azul representa átomos deficientes de elétrons — é mais intenso para o cátion metila e menos intenso para o cátion *terc*-butila mais estável. (Veja as figuras abaixo em cores no encarte colorido.)

Estabilidade de carbocátion: 3° > 2° > 1°

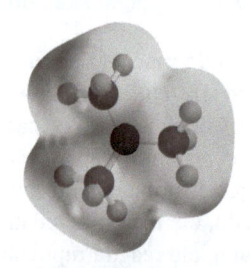

mapa de potencial eletrostático para o cátion *terc*-butila

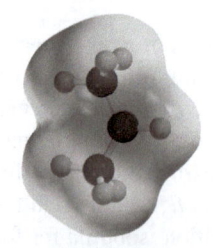

mapa de potencial eletrostático para o cátion isopropila

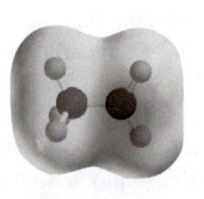

mapa de potencial eletrostático para o cátion etila

mapa de potencial eletrostático para o cátion metila

Como os grupos alquila diminuem a concentração da carga positiva no carbono? Lembre-se de que a carga positiva no carbono significa um orbital *p* vazio (Seção 1.10). A Figura 4.1 mostra que, no cátion etila, o orbital de uma ligação σ C—H adjacente pode se sobrepor ao orbital *p* vazio. A sobreposição desse tipo não é possível no cátion metila. A movimentação de elétrons de um orbital ligante σ em direção do orbital *p* vazio do cátion etila diminui a carga no carbono sp^2 e causa o desenvolvimento de uma carga positiva no carbono ligado pela ligação σ. Portanto, a carga positiva não está mais localizada somente em um átomo, mas dispersa em um volume maior do espaço. A dispersão da carga positiva estabiliza o carbocátion porque a espécie carregada é mais estável se a carga está dispersa (deslocalizada) sobre mais de um átomo (Seção 1.19). A deslocalização de elétrons pela sobreposição do orbital ligante σ com um orbital *p* vazio é chamada **hiperconjugação**. O diagrama de orbital molecular simples na Figura 4.2 é outra maneira de explicar quando se alcança a estabilização pela sobreposição de um orbital ligante σ C—H completo com um orbital *p* vazio.

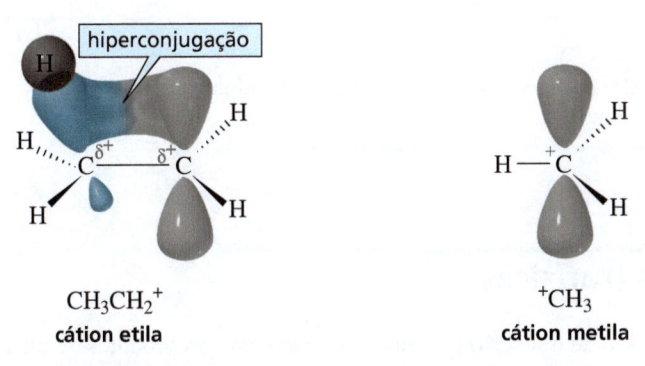

CAPÍTULO 4   Reações de alcenos   **143**

CH₃CH₂⁺
cátion etila

⁺CH₃
cátion metila

▲ **Figura 4.1**
Estabilização de carbocátion pela hiperconjugação:
os elétrons de uma ligação C—H adjacente no cátion etila
se dispersam pelo orbital *p* vazio. A hiperconjugação não
pode ocorrer em um cátion metila.

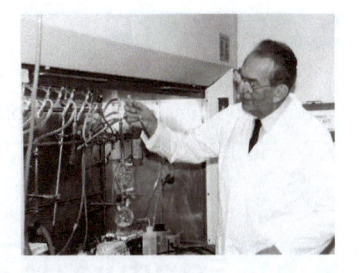

George Olah *nasceu na Hungria em 1927 e tornou-se doutor pela Universidade de Tecnologia de Budapeste em 1949. A revolução húngara o fez emigrar para o Canadá em 1956, onde ele trabalhou como cientista na Dow Chemical Company até entrar para o corpo docente da Case Western Reserve University em 1965. Em 1977, tornou-se professor de química na Universidade do Sul da Califórnia. Em 1994, recebeu o Prêmio Nobel por seu trabalho sobre carbocátions.*

A hiperconjugação só ocorre se o orbital ligante σ e o orbital *p* vazio tiverem uma orientação apropriada. A orientação adequada é facilmente alcançada porque há rotação livre ao redor da ligação σ carbono–carbono (Seção 2.10). No caso de um cátion *terc*-butila, nove orbitais de ligação σ C—H podem potencialmente se sobrepor ao orbital *p* vazio do carbono carregado positivamente. O cátion isopropila tem seis desses orbitais, e o cátion etila tem três. Portanto, há maior estabilização por hiperconjugação no cátion terciário *terc*-butila do que no cátion secundário isopropila, e maior estabilização no cátion secundário isopropila do que no cátion primário etila.

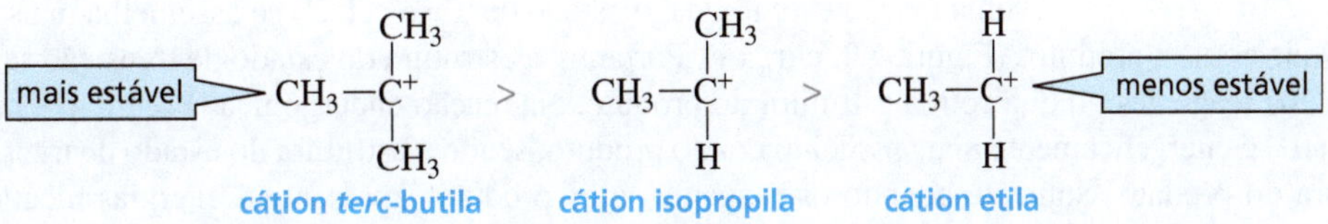

$$\text{mais estável} \quad CH_3-\overset{CH_3}{\underset{CH_3}{C^+}} \quad > \quad CH_3-\overset{CH_3}{\underset{H}{C^+}} \quad > \quad CH_3-\overset{H}{\underset{H}{C^+}} \quad \text{menos estável}$$

cátion *terc*-butila   cátion isopropila   cátion etila

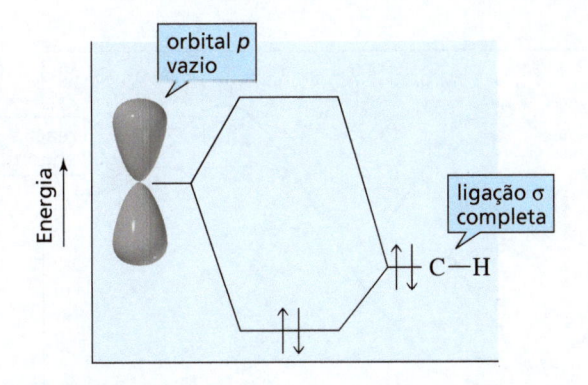

◀ **Figura 4.2**
Diagrama de orbital molecular que mostra
a estabilização alcançada pela sobreposição
dos elétrons de uma ligação C—H completa
com um orbital *p* vazio.

PROBLEMA 1◆

Coloque os carbocátions em ordem decrescente de estabilidade.

a. $CH_3CH_2\overset{+}{C}(CH_3)CH_3$ (with CH₃ above) $CH_3CH_2\overset{+}{C}HCH_3$ $CH_3CH_2CH_2\overset{+}{C}H_2$

b. $CH_3\overset{|}{C}HCH_2\overset{+}{C}H_2$ (Cl below) $CH_3CHCH_2\overset{+}{C}H_2$ (CH₃ below) $CH_3\overset{|}{C}HCH_2\overset{+}{C}H_2$ (F below)

144 | QUÍMICA ORGÂNICA

> **PROBLEMA 2♦**
> a. Quantos orbitais ligantes C—H são capazes de se sobrepor ao orbital *p* vazio no cátion metila?
> b. Qual é mais estável, o cátion metila ou o cátion etila?

4.3 Estrutura do estado de transição

É importante saber algo sobre a estrutura do estado de transição quando se deseja prever os produtos de uma reação. Na Seção 3.7, você viu que a estrutura do estado de transição encontra-se entre as estruturas dos reagentes e a estrutura dos produtos. Mas o que queremos dizer com "entre"? A estrutura do estado de transição encontra-se *exatamente* no meio do caminho entre as estruturas dos reagentes e produtos (como em II no diagrama mostrado a seguir) ou se parece mais com os reagentes do que com os produtos (como em I), ou mais com os produtos do que com os reagentes (como em III)?

George Simms Hammond
nasceu no Maine em 1921. Tornou-se B.S. do Bates College em 1943 e PhD pela Universidade de Harvard em 1947. Foi professor de química na Universidade do Estado de Iowa e no Instituto de Tecnologia da Califórnia e pesquisador na Allied Chemical Co.

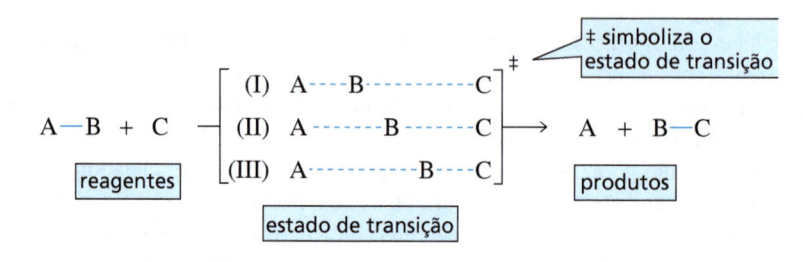

A—B + C ⟶ [(I) A----B·········C ; (II) A------B------C ; (III) A·········B----C]‡ ⟶ A + B—C

‡ simboliza o estado de transição

reagentes — estado de transição — produtos

De acordo com o **postulado de Hammond**, *o estado de transição é mais semelhante em estrutura à espécie a qual ele é mais semelhante em energia*. No caso de uma reação exergônica, o estado de transição (I) se assemelha mais em energia com os reagentes do que com os produtos (Figura 4.3, curva I). Portanto, a estrutura do estado de transição se assemelha mais com a estrutura dos reagentes do que com a estrutura do produto. Na reação endergônica (Figura 4.3, curva III), o estado de transição (III) é energeticamente mais parecido com o produto, sendo a estrutura do estado de transição mais semelhante à estrutura do produto. Somente quando os reagentes e os produtos apresentam energias idênticas (Figura 4.3, curva II) devemos esperar que a estrutura do estado de transição (II) esteja exatamente no meio do caminho entre as estruturas do reagente e do produto.

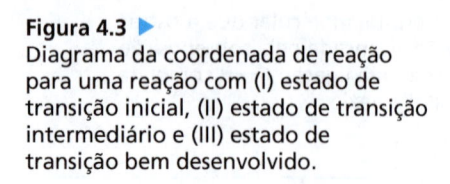

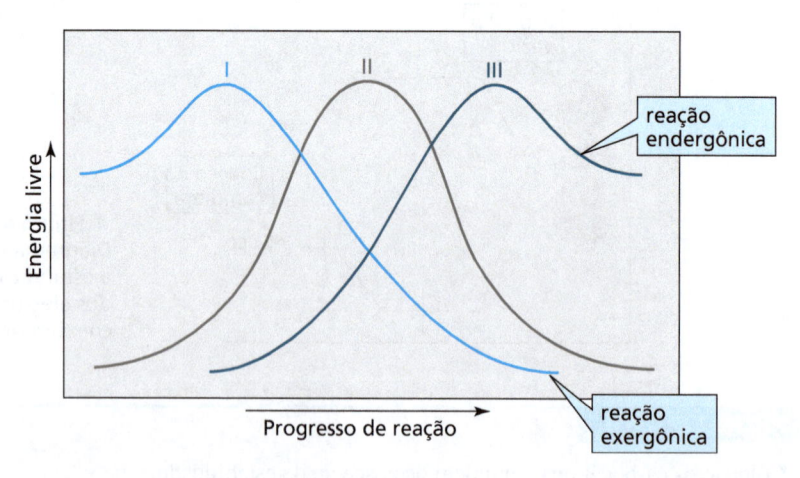

Figura 4.3 ▶
Diagrama da coordenada de reação para uma reação com (I) estado de transição inicial, (II) estado de transição intermediário e (III) estado de transição bem desenvolvido.

Agora podemos compreender por que o cátion *terc*-butila é formado mais rapidamente do que o cátion isobutila quando 2-metilpropeno reage com HCl. Como a formação de um carbocátion é uma reação endergônica (Figura 4.4), a estrutura do estado de transição será mais parecida com a estrutura do produto — no caso, o carbocátion. Isso significa que o estado de transição terá quantidade significativa de carga positiva no carbono. Sabemos que o cátion *terc*-butila (carbocátion terciário) é mais estável do que o cátion isobutila (carbocátion primário). Os mesmos valores que estabilizam o carbocátion formado carregado positivamente estabilizam o estado de transição parcialmente carregado positivamente. Portanto, o estado de transição que leva ao cátion *terc*-butila é mais estável do que o estado de transição que leva ao cátion isobutila. Como a quantidade de carga positiva no estado de transição não é tão grande quanto a quantidade de

CAPÍTULO 4 Reações de alcenos **145**

carga positiva no carbocátion formado, a diferença das estabilidades dos dois estados de transição não é tão grande quanto a diferença das estabilidades dos dois carbocátions formados (Figura 4.4).

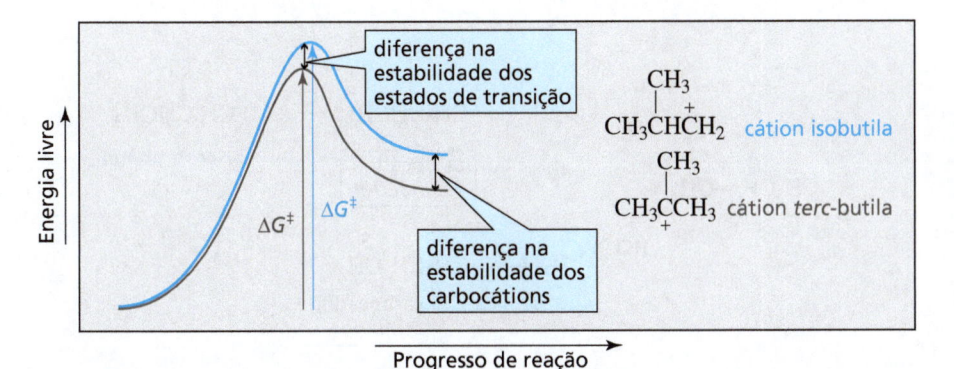

Figura 4.4
Diagrama da coordenada de reação para a adição de H^+ ao 2-metilpropeno para formar o cátion isobutila primário e o cátion *terc*-butila terciário.

Vimos que a velocidade de reação é determinada pela energia livre de ativação, que é a diferença entre a energia livre do estado de transição e a energia livre do reagente (Seção 3.7). Quanto mais estável for o estado de transição, menor será a energia livre de ativação, e, portanto, mais rápida a reação. Como a energia livre de ativação para a formação do cátion *terc*-butila é menor do que para a formação do cátion isobutila, o cátion *terc*-butila será formado mais rapidamente. Então, em uma reação de adição eletrofílica, o carbocátion mais estável será formado mais rapidamente.

Como a formação do carbocátion é a etapa determinante da velocidade da reação, as velocidades relativas de formação de dois carbocátions determinam as quantidades relativas dos produtos que serão formados. Se a diferença das velocidades for pequena, os dois produtos se formarão, mas o produto majoritário será o formado pela reação do nucleófilo com o carbocátion mais estável. Se a diferença das velocidades for suficientemente grande, o produto formado pela reação do nucleófilo com o carbocátion mais estável será o único produto a ser obtido. Por exemplo, quando HCl se adiciona ao 2-metilpropeno, as velocidades de formação de dois possíveis carbocátions intermediários — um primário e outro terciário — são suficientemente diferentes para fazer com que o cloreto de *terc*-butila seja o único produto da reação.

$$CH_3C(CH_3)=CH_2 + HCl \longrightarrow CH_3CCl(CH_3)CH_3 \quad CH_3CH(CH_3)CH_2Cl$$

2-metilpropeno — único produto formado — não se forma

PROBLEMA 3◆

Para cada um dos seguintes diagramas da coordenada de reação, diga se a estrutura do estado de transição é mais parecida com a estrutura dos reagentes ou com a estrutura dos produtos:

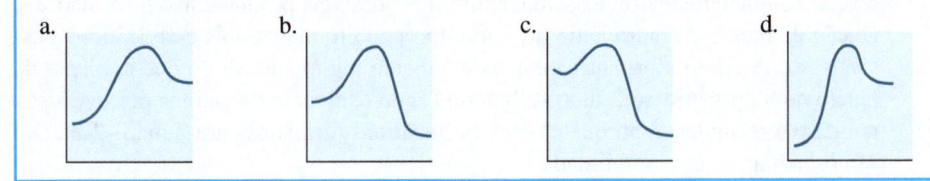

a.   b.   c.   d.

4.4 Regiosseletividade das reações de adição eletrofílica

Quando um alceno com substituintes diferentes em seus carbonos sp^2 sofre uma reação de adição eletrofílica, o eletrófilo pode se adicionar a dois carbonos sp^2 diferentes. Acabamos de ver que o produto majoritário da reação é o obtido pela adição de um eletrófilo no carbono sp^2, que resultará na formação do carbocátion mais estável (Seção 4.3). Por exemplo, quando o propeno reage com HCl, o próton pode se adicionar ao carbono número 1 (C-1) para formar um carbocátion secundário, ou pode se adicionar ao carbono número dois (C-2) para formar um carbocátion primário.

146 QUÍMICA ORGÂNICA

O carbocátion secundário é formado mais rapidamente porque é mais estável do que o carbocátion primário (carbocátions primários são tão instáveis que se formam somente com grande dificuldade). O produto de reação, portanto, é o 2-cloropropano.

O carbono sp^2 que não se liga ao próton é o carbono que está carregado positivamente no carbocátion.

$$CH_3\overset{2}{CH}=\overset{1}{CH_2} \xrightarrow{HCl} CH_3\overset{+}{CH}CH_3 \text{ (carbocátion secundário)} \xrightarrow{Cl^-} CH_3\underset{Cl}{CH}CH_3 \text{ (2-cloropropano)}$$

$$CH_3CH_2\overset{+}{CH_2} \text{ (carbocátion primário)}$$

O produto majoritário obtido da adição de HI ao 2-metil-2-buteno é o 2-iodo-2-metilbutano; somente uma pequena quantidade de 2-iodo-3-metilbutano é obtida. O produto majoritário obtido da adição de HBr ao 1-metilciclo-hexeno é o 1-bromo-1-metilciclo-hexano. Em ambos os casos, o carbocátion terciário mais estável é formado mais rapidamente do que o carbocátion secundário menos estável, sendo o produto majoritário de cada reação o que resulta da formação do carbocátion terciário.

$$\underset{\text{2-metil-2-buteno}}{CH_3CH=C(CH_3)CH_3} + HI \longrightarrow \underset{\substack{\text{2-iodo-2-metilbutano}\\\text{produto majoritário}}}{CH_3CH_2C(CH_3)(I)CH_3} + \underset{\substack{\text{2-iodo-3-metilbutano}\\\text{produto minoritário}}}{CH_3CH(CH_3)CH(I)CH_3}$$

1-metilciclo-hexeno + HBr ⟶ 1-bromo-1-metil-ciclo-hexano (produto majoritário) + 1-bromo-2-metil-ciclo-hexano (produto minoritário)

Os dois produtos diferentes em cada uma dessas reações são chamados *isômeros constitucionais*. **Isômeros constitucionais** têm a mesma fórmula molecular, mas diferem na maneira como seus átomos estão conectados. Uma reação (como as que foram mostradas) na qual dois ou mais isômeros constitucionais podem ser obtidos como produtos, mas um deles predomina, é chamada **reação regiosseletiva**.

Regiosseletividade é a formação preferencial de um isômero constitucional sobre outro.

Existem graus de regiosseletividade: uma reação pode ser *moderadamente regiosseletiva*, *altamente regiosseletiva* ou *completamente regiosseletiva*. Em uma reação completamente regiosseletiva, um dos possíveis produtos não é formado. A adição de haleto de hidrogênio ao 2-metilpropeno (onde os dois carbocátions possíveis são terciário e primário) é mais altamente regiosseletiva do que a adição de haleto de hidrogênio ao 2-metil-2-buteno (onde os dois carbocátions possíveis são terciário e secundário) porque os dois carbocátions formados para 2-metil-2-buteno são semelhantes em estabilidade.

A adição de HBr ao 2-penteno não é regiosseletiva. Como a adição de um próton tanto em um carbono sp^2 quanto em outro produzem carbocátions secundários, ambos os carbocátions intermediários têm a mesma estabilidade, assim ambos serão formados igualmente com a mesma facilidade. Serão formadas, portanto, quantidades aproximadamente iguais dos dois haletos de alquila.

$$\underset{\text{2-penteno}}{CH_3CH=CHCH_2CH_3} + HBr \longrightarrow \underset{\text{2-bromopentano}}{CH_3CH(Br)CH_2CH_2CH_3} + \underset{\text{3-bromopentano}}{CH_3CH_2CH(Br)CH_2CH_3}$$

Vimos agora que, se quisermos prever o produto majoritário de uma reação de adição eletrofílica, devemos inicialmente determinar as estabilidades relativas de dois possíveis carbocátions intermediários. Em 1865, quando os carbocátions e suas estabilidades relativas ainda não eram conhecidos, Vladimir Markovnikov publicou um trabalho no qual descreveu uma maneira de prever o produto majoritário obtido na adição de haleto de hidrogênio a um alceno assimétrico. Seu enunciado é conhecido como **regra de Markovnikov**: "Quando um haleto de hidrogênio se adiciona a um alceno assimétrico, a adição ocorre de modo que o halogênio se ligue ao átomo de carbono da dupla ligação do alceno que contenha o menor número de hidrogênio". Como H^+ é a primeira espécie a se adicionar ao alceno, muitos químicos reescreveram a regra de Markovnikov do seguinte modo: "*O* **hidrogênio** *se adiciona ao carbono* sp^2 *que está ligado ao maior número de hidrogênios*". Embora Markovnikov tenha criado sua regra apenas para a adição de haleto de hidrogênio, atualmente os químicos a usam para todas as reações de adição que envolvam a adição de hidrogênio a um carbono sp^2. Com o estudo das reações de alcenos neste capítulo, você verá que nem todas seguem a regra de Markovnikov. Aquelas que o fazem — que são as que adicionam hidrogênio ao carbono sp^2 que está ligado ao maior número de hidrogênios — são chamadas **reações de adição de Markovnikov**. Aquelas que não seguem a regra de Markovnikov — que são as que não adicionam hidrogênio ao carbono sp^2 que está ligado ao maior número de hidrogênios — são chamadas **reações de adição anti-Markovnikov**.

Após entendermos o mecanismo das reações de alcenos, podemos elaborar uma regra que se aplica a *todas* as reações de adição eletrofílica: *o* **eletrófilo** *se adiciona ao carbono* sp^2 *que está ligado ao maior número de hidrogênios*. Essa é a regra que você deve lembrar porque todas as reações de adição eletrofílica a seguem; a regra lhe mostrará que não será necessário memorizar quais reações seguem ou não a regra de Markovnikov.

> O eletrófilo se adiciona ao carbono sp^2 que está ligado ao maior número de hidrogênios.

Utilizar a regra na qual o eletrófilo se adiciona ao carbono sp^2 ligado ao maior número de hidrogênios é simplesmente uma maneira rápida de determinar as estabilidades relativas de intermediários que poderão ser formados na etapa determinante da velocidade da reação. Você obterá a mesma resposta se identificar o produto majoritário de uma reação de adição usando a regra ou se for identificá-lo determinando a estabilidade relativa dos carbocátions. Na reação a seguir, por exemplo, H^+ é o eletrófilo:

$$CH_3CH_2\overset{2}{C}H=\overset{1}{C}H_2 + HCl \longrightarrow CH_3CH_2CHClCH_3$$

Com isso podemos dizer que H^+ se adiciona preferencialmente a C-1 porque C-1 está ligado a dois hidrogênios, enquanto C-2 está ligado a somente um hidrogênio. Ou podemos dizer que H^+ se adiciona a C-1 porque resulta na formação de um carbocátion secundário, o qual é mais estável do que o carbocátion primário que seria formado se H^+ se adicionasse a C-2.

PROBLEMA 4♦

Qual será o produto majoritário obtido para a adição de HBr a cada uma das seguintes substâncias:

a. $CH_3CH_2CH=CH_2$

b. $CH_3CH=CCH_3$ com CH_3 ligado ao segundo carbono

c. 1-metilciclopenteno

d. $CH_2=CCH_2CH_2CH_3$ com CH_3 ligado ao segundo carbono

e. metilenociclohexano

f. $CH_3CH=CHCH_3$

Vladimir Vasilevich Markovnikov (1837–1904), *filho de um oficial do exército, nasceu na Rússia. Foi professor de química em Kazan Odessa e na Universidade de Moscou. Ao sintetizar ciclos que continham quatro e sete carbonos, refutou a teoria de que o carbono só poderia formar ciclos com cinco e seis elementos.*

PROBLEMA — ESTRATÉGIA PARA RESOLUÇÃO

a. Qual alceno deve ser usado para sintetizar o 3-bromo-hexano?

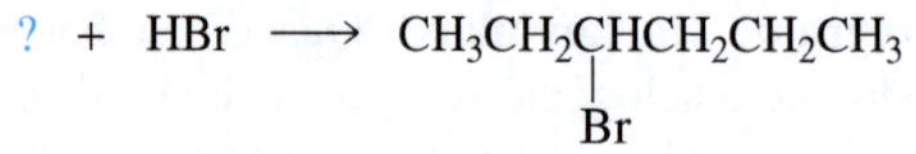

$$? + HBr \longrightarrow CH_3CH_2\underset{\underset{\text{3-bromo-hexano}}{Br}}{C}HCH_2CH_2CH_3$$

O melhor caminho para responder a esse tipo de pergunta é iniciar listando todos os alcenos que poderiam ser usados. Como você quer sintetizar um haleto de alquila que tem um bromo substituinte na posição C-3, o alceno deve ter um carbono sp^2 nessa posição. Dois alcenos se enquadram nesta descrição: 2-hexeno e 3-hexeno.

$$CH_3CH=CHCH_2CH_2CH_3 \qquad CH_3CH_2CH=CHCH_2CH_3$$
$$\text{2-hexeno} \qquad\qquad\qquad \text{3-hexeno}$$

Como existem duas possibilidades, precisamos determinar a seguir se há alguma vantagem em usar uma ou outra. A adição de H^+ ao 2-hexeno pode formar dois carbocátions diferentes. Como os dois são carbocátions secundários, apresentam a mesma estabilidade; portanto, quantidades aproximadamente iguais de cada um serão formadas. Como resultado, metade dos produtos será 3-bromo-hexano e metade, 2-bromo-hexano.

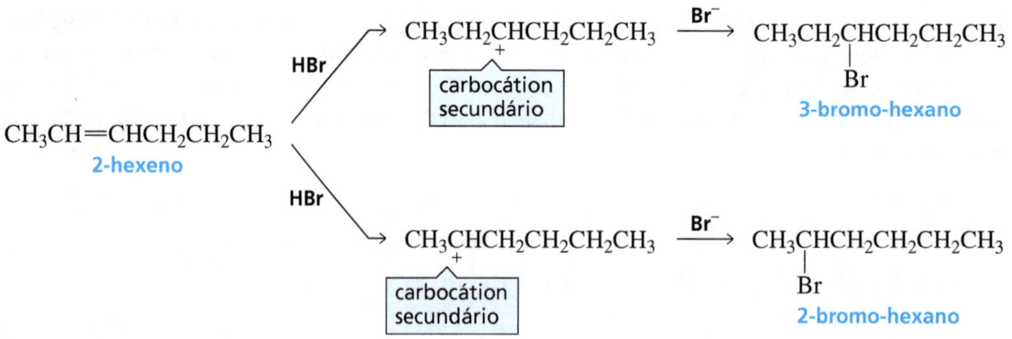

$$CH_3CH=CHCH_2CH_2CH_3 \text{ (2-hexeno)}$$

com HBr formando dois carbocátions secundários, levando a 3-bromo-hexano e 2-bromo-hexano.

A adição de H^+ a cada um dos carbono sp^2 do 3-hexeno, por outro lado, forma os mesmos carbocátions porque o alceno é simétrico. Portanto, todos os produtos serão o desejado 3-bromo-hexano.

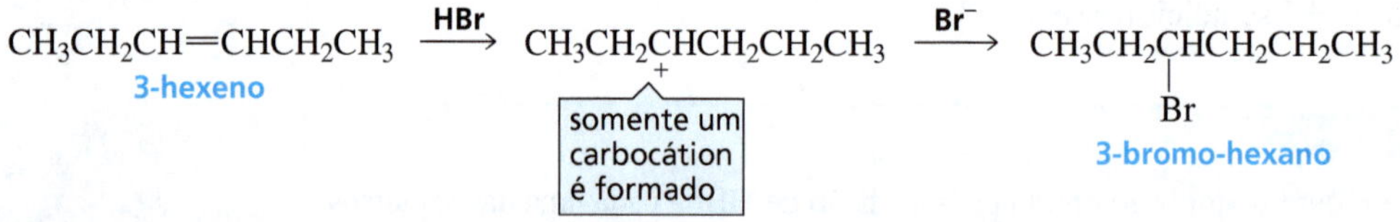

$$CH_3CH_2CH=CHCH_2CH_3 \xrightarrow{HBr} CH_3CH_2\overset{+}{C}HCH_2CH_2CH_3 \xrightarrow{Br^-} CH_3CH_2\underset{Br}{C}HCH_2CH_2CH_3$$
$$\text{3-hexeno} \qquad\qquad \text{somente um carbocátion é formado} \qquad\qquad \text{3-bromo-hexano}$$

Como todo haleto de alquila formado a partir do 3-hexeno é o 3-bromo-hexano, mas somente metade dos haletos de alquila formados a partir do 2-hexeno é o 3-bromo-hexano, o 3-hexeno é o melhor alceno a ser usado para preparar o 3-bromo-hexano.

b. Qual alceno deverá ser usado para sintetizar o 2-bromopentano?

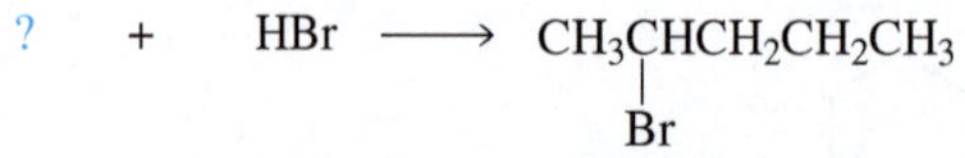

$$? + HBr \longrightarrow CH_3\underset{\underset{\text{2-bromopentano}}{Br}}{C}HCH_2CH_2CH_3$$

Tanto o 1-penteno como o 2-penteno podem ser usados porque ambos têm um carbono sp^2 na posição C-2.

$$CH_2=CHCH_2CH_2CH_3 \qquad CH_3CH=CHCH_2CH_3$$
$$\text{1-penteno} \qquad\qquad\qquad \text{2-penteno}$$

Quando H⁺ se adiciona ao 1-penteno, um dos carbocátions que poderão ser formados é secundário e o outro é primário. Um carbocátion secundário é mais estável do que um carbocátion primário, tão instável que poucos, ou nenhum, serão formados. Então, o 2-bromopentano será o único produto de reação.

$$CH_2=CHCH_2CH_2CH_3 \xrightarrow{HBr} \begin{array}{l} CH_3\overset{+}{C}HCH_2CH_2CH_3 \xrightarrow{Br^-} CH_3CHCH_2CH_2CH_3 \\ \phantom{CH_3\overset{+}{C}HCH_2CH_2CH_3 \xrightarrow{Br^-} CH_3CH} | \\ \phantom{CH_3\overset{+}{C}HCH_2CH_2CH_3 \xrightarrow{Br^-} CH_3CH} Br \\ \phantom{CH_3\overset{+}{C}HCH_2CH_2CH_3 \xrightarrow{Br^-} CH_3} \text{2-bromopentano} \end{array}$$

1-penteno; com a seta HBr inferior marcada como não formando $CH_2CH_2CH_2CH_2CH_3$.

Quando H⁺ se adiciona ao 2-penteno, por outro lado, cada um dos dois carbocátions que pode ser formado é secundário. Ambos são igualmente estáveis, de modo que poderão ser formados em quantidades iguais. Somente metade dos produtos formados na reação será o 2-bromopentano. A outra metade será o 3-bromopentano.

$$CH_3CH=CHCH_2CH_3 \xrightarrow{HBr} \begin{array}{l} CH_3\overset{+}{C}HCH_2CH_2CH_3 \xrightarrow{Br^-} CH_3CHCH_2CH_2CH_3 \text{ (2-bromopentano)} \\ CH_3CH_2\overset{+}{C}HCH_2CH_3 \xrightarrow{Br^-} CH_3CH_2CHCH_2CH_3 \text{ (3-bromopentano)} \end{array}$$

Como todo haleto de alquila formado a partir do 1-penteno é o 2-bromopentano, mas somente metade do haletos de alquila formados a partir do 2-penteno é o 2-bromopentano, o 1-penteno é o melhor alceno a ser usado para preparar o 2-bromopentano.

Em seguida, continue a responder às questões do Problema 5.

PROBLEMA 5◆

Qual alceno deve ser usado para sintetizar cada um dos seguintes brometos de alquila?

a. $CH_3\underset{Br}{\overset{CH_3}{\underset{|}{\overset{|}{C}}}}CH_3$ com grupo CH_3 também no carbono central

b. ciclohexil–$CH_2\underset{Br}{\overset{|}{C}H}CH_3$

c. ciclohexil–$\underset{Br}{\overset{CH_3}{\underset{|}{\overset{|}{C}}}}CH_3$

d. ciclohexil–$\underset{Br}{\overset{CH_2CH_3}{\underset{|}{\overset{|}{C}}}}$ (com outro substituinte no anel)

Tutorial Gallery:
Mecanismo: Adição de HBr a um alceno
www

PROBLEMA 6◆

Em qual dos seguintes alcenos a adição de HBr é mais altamente regiosseletiva?

a. $CH_3CH_2\underset{}{\overset{CH_3}{\underset{}{\overset{|}{C}}}}=CH_2$ ou $CH_3\overset{CH_3}{\underset{}{\overset{|}{C}}}=CHCH_3$

b. metilenociclohexano ou 1-metilciclohexeno

4.5 Adição de água e de alcoóis

Adição de água

Quando água é adicionada a um alceno, nenhuma reação ocorre porque não há eletrófilo presente para dar início à reação de adição do nucleófilo ao alceno. A ligação O—H da água é muito forte — a água é também um ácido muito fraco — para permitir que a água aja como um eletrófilo para essa reação.

$$CH_3CH=CH_2 + H_2O \longrightarrow \text{não há reação}$$

Se, entretanto, um ácido (por exemplo, H_2SO_4 ou HCl) for adicionado à solução, uma reação poderá ocorrer porque o ácido fornece um eletrófilo. O produto de reação é um álcool. A adição de água a uma molécula é chamada **hidratação**, o que torna possível dizer que um alceno será *hidratado* na presença de água e ácido.

$$CH_3CH=CH_2 + H_2O \underset{}{\overset{H^+}{\rightleftharpoons}} \underset{\text{2-propanol}}{CH_3\underset{OH}{CH}-\underset{H}{CH_2}}$$

H_2SO_4 ($pK_a = -5$) e HCl ($pK_a = -7$) são ácidos fortes, por isso se dissociam quase completamente em solução aquosa (Seção 1.17). O ácido que participa na reação, portanto, está mais apto para ser um íon hidrônio (H_3O^+).

$$H_2SO_4 + H_2O \rightleftharpoons \underset{\text{íon hidrônio}}{H_3O^+} + HSO_4^-$$

Tutorial Gallery: Mecanismo: Adição de água a um alceno
www

As primeiras duas etapas do mecanismo para a adição de água catalisada por ácido a um alceno são essencialmente as mesmas etapas do mecanismo para a adição de haleto de hidrogênio a um alceno: o eletrófilo (H^+) se adiciona ao carbono sp^2 que está ligado ao maior número de hidrogênios, e o nucleófilo (H_2O) se adiciona ao outro carbono sp^2.

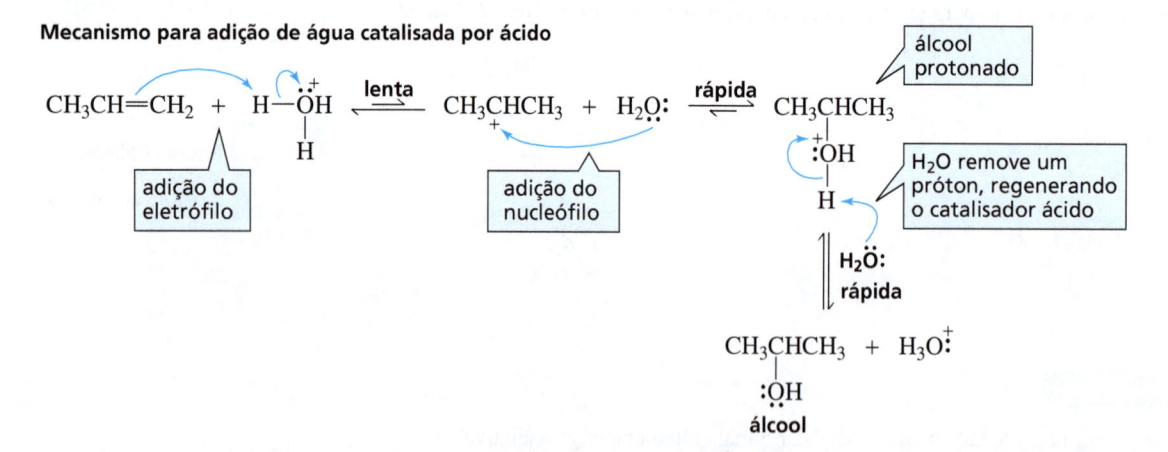

Mecanismo para adição de água catalisada por ácido

$$CH_3CH=CH_2 + H-\overset{+}{\underset{H}{O}}H \underset{\text{adição do eletrófilo}}{\overset{\text{lenta}}{\rightleftharpoons}} \underset{\text{adição do nucleófilo}}{CH_3\overset{+}{C}HCH_3 + H_2\ddot{O}:} \overset{\text{rápida}}{\rightleftharpoons} \underset{\text{álcool protonado}}{CH_3\overset{+}{C}HCH_3 \atop \underset{H}{:\ddot{O}H}}$$

H_2O remove um próton, regenerando o catalisador ácido

$$\updownarrow H_2\ddot{O}: \text{ rápida}$$

$$\underset{\text{álcool}}{CH_3\underset{:\ddot{O}H}{CHCH_3} + H_3\overset{+}{O}:}$$

Como visto na Seção 3.7, a adição do eletrófilo a um alceno é relativamente lenta, e a adição subseqüente do nucleófilo ao carbocátion ocorre rapidamente. A reação do carbocátion com um nucleófilo é tão rápida que o carbocátion se combina com qualquer nucleófilo com o qual colidir primeiro. Nas reações anteriores de hidratação, havia dois nucleófilos em solução: água e o contraíon do ácido (por exemplo, Cl^-) que foi usado para iniciar a reação. (Observe que HO^- não é um nucleófilo nessa reação porque não há concentração apreciável de HO^- em solução ácida.)[1] Como a concentração de água é muito maior do que a concentração do contraíon, é muito mais provável que o carbocátion colida com a água. O produto da colisão é um álcool protonado. Como o pH da solução é maior do que o pK_a do álcool protonado

---

[1] A um pH de 4, por exemplo, a concentração de HO^- é 1×10^{-10} M, ao passo que a concentração de água em solução aquosa diluída é 55,5 M.

(lembre-se de que um álcool protonado é um ácido muito forte; veja seções 1.17 e 1.19), o álcool protonado perde um próton, e o produto final da reação de adição é um álcool. O diagrama da coordenada de reação é mostrado na Figura 4.5.

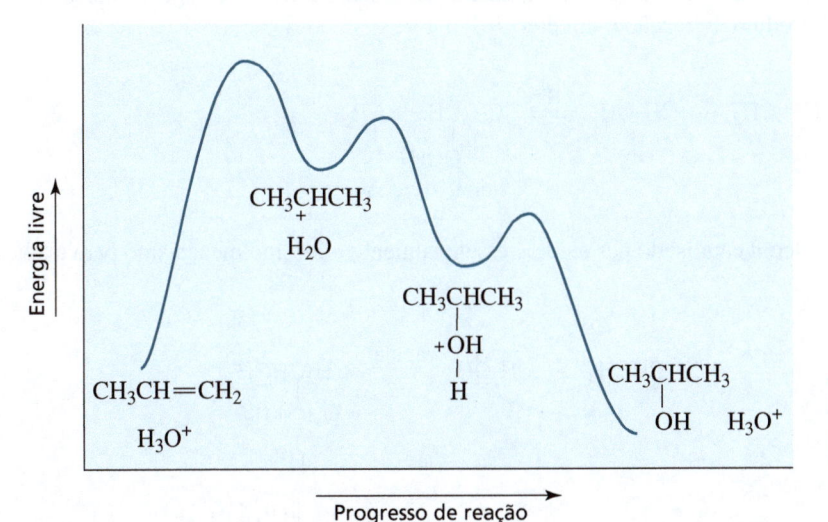

◀ **Figura 4.5**
Diagrama da coordenada de reação para a adição de água a um alceno catalisada por ácido.

Um próton se adiciona a um alceno na primeira etapa, mas um próton retorna à mistura reacional na etapa final. De modo geral, o próton não é consumido. Uma espécie que aumenta a velocidade de reação e não é consumida durante o andamento de uma reação é chamada **catalisador**. Os catalisadores aumentam a velocidade de reação pela diminuição da energia de ativação da reação (Seção 3.7). Os catalisadores *não* afetam a constante de equilíbrio de uma reação. Em outras palavras, um catalisador aumenta a *velocidade* na qual um produto é formado, mas não afeta a *quantidade* de produto formado. O catalisador na hidratação de um alceno é um ácido, portanto a reação é conhecida como **reação catalisada por ácido**.

Tutorial Gallery:
Sintético: Adição de água a um alceno
www

PROBLEMA 7◆

O pK_a de um álcool protonado é aproximadamente $-2,5$, e o pK_a de um álcool é aproximadamente 15. Portanto, se o pH de uma solução for maior do que _____ e menor do que _____, mais do que 50% de 2-propanol (o produto da reação prévia) estará neutro, em forma não protonada.

PROBLEMA 8◆

Use a Figura 4.5 para responder às seguintes questões sobre a hidratação de um alceno catalisada por ácido:

a. Quantos estados de transição existem?

b. Quantos intermediários existem?

c. Qual é mais estável, o álcool protonado ou o álcool neutro?

d. Dentre as seis etapas nas direções de produto e reversa, qual é a mais rápida?

PROBLEMA 9

Dê o produto majoritário obtido na hidratação catalisada por ácidos de cada um dos seguintes alcenos:

a. $CH_3CH_2CH_2CH=CH_2$

c. $CH_3CH_2CH_2CH=CHCH_3$

b. (ciclohexeno)

d. (ciclohexilideno)$=CH_2$

Adição de alcoóis

Os alcoóis reagem com alcenos da mesma maneira que a água. De maneira semelhante à adição de água, a adição de um álcool requer a catálise de um ácido. O produto de reação é um éter.

$$CH_3CH=CH_2 + CH_3OH \xrightarrow{H^+} CH_3CH-CH_2$$
$$\underset{\text{2-metoxipropano}}{\overset{|\qquad\;\;|}{OCH_3\; H}}$$

O mecanismo para a adição de um álcool catalisado por ácido é essencialmente o mesmo mecanismo para a adição de água catalisada por ácido:

$$CH_3CH=CH_2 + H-\overset{+}{\underset{|}{O}}CH_3 \underset{\text{lenta}}{\rightleftharpoons} CH_3\overset{+}{C}HCH_3 + CH_3\ddot{O}H \underset{\text{rápida}}{\rightleftharpoons} CH_3CHCH_3$$
$$\underset{H}{|}$$

$$CH_3CHCH_3$$
$$|$$
$$\overset{+}{:}OCH_3$$
$$|$$
$$H$$

$$\Big\Updownarrow CH_3\ddot{O}H \text{ rápida}$$

$$CH_3CHCH_3 + CH_3\overset{+}{\ddot{O}}H$$
$$\underset{\text{éter}}{|\qquad\qquad\quad|}$$
$$:\ddot{O}CH_3\qquad H$$

PROBLEMA 10

a. Dê o produto majoritário para cada uma das seguintes reações:

$$\text{1. } CH_3\underset{\underset{CH_3}{|}}{C}=CH_2 + HCl \longrightarrow$$

$$\text{3. } CH_3\underset{\underset{CH_3}{|}}{C}=CH_2 + H_2O \xrightarrow{H^+}$$

$$\text{2. } CH_3\underset{\underset{CH_3}{|}}{C}=CH_2 + HBr \longrightarrow$$

$$\text{4. } CH_3\underset{\underset{CH_3}{|}}{C}=CH_2 + CH_3OH \xrightarrow{H^+}$$

b. O que todas as reações têm em comum?
c. O que torna as reações diferentes?

PROBLEMA 11

Como poderiam ser preparadas as seguintes substâncias usando um alceno como material de partida?

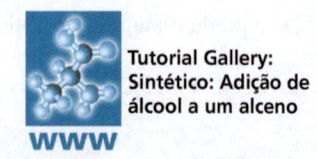

a. ⬡—OCH₃

b. $CH_3O\underset{\underset{CH_3}{|}}{\overset{\overset{CH_3}{|}}{C}}CH_3$

c. $CH_3CH_2O\underset{\underset{CH_3}{|}}{C}HCH_2CH_3$

d. $CH_3\underset{\underset{OH}{|}}{C}HCH_2CH_3$

e. cyclopentanol (OH em ciclopentano)

f. $CH_3CH_2\underset{\underset{OH}{|}}{C}HCH_2CH_3$

Tutorial Gallery:
Sintético: Adição de álcool a um alceno
www

CAPÍTULO 4 Reações de alcenos | **153**

> **PROBLEMA 12**
>
> Proponha um mecanismo para a seguinte reação (lembre-se de usar setas curvas quando for mostrar o mecanismo):
>
> $$CH_3CHCH_2CH_2OH + CH_3C=CH_2 \overset{H^+}{\rightleftharpoons} CH_3CHCH_2CH_2OCCH_3$$
> $$\quad\;\;|\qquad\qquad\qquad\;\;|\qquad\qquad\qquad\;\;|\qquad\quad|$$
> $$\quad\;CH_3\qquad\qquad\quad CH_3\qquad\qquad\quad CH_3\;\;\;CH_3$$
>
> (com um CH₃ adicional acima do C final do produto)

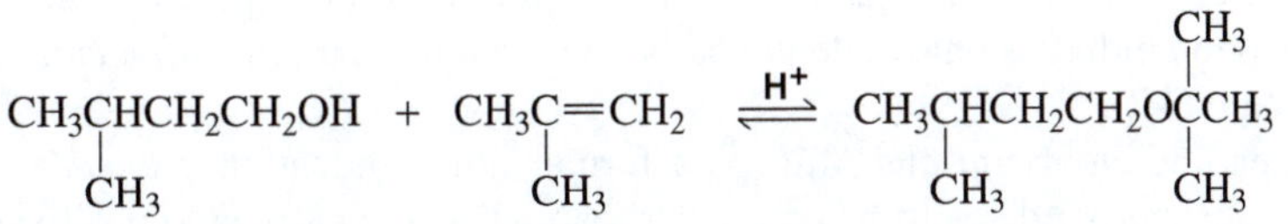

4.6 Rearranjo de carbocátions

Algumas reações de adição eletrofílica fornecem produtos que claramente não resultariam de uma adição de um eletrófilo ao carbono sp^2 ligado ao maior número de hidrogênios e a adição de um nucleófilo no outro carbono sp^2. Por exemplo, a adição de HBr ao 3-metil-1-buteno forma o 2-bromo-3-metilbutano (produto minoritário) e o 2-bromo-2-metilbutano (produto majoritário). O 2-bromo-3-metilbutano é o produto que você poderia esperar para a adição de H^+ ao carbono sp^2 ligado ao maior número de hidrogênios e Br^- no outro carbono sp^2. O 2-bromo-2-metilbutano é um produto "inesperado", embora seja o produto majoritário da reação.

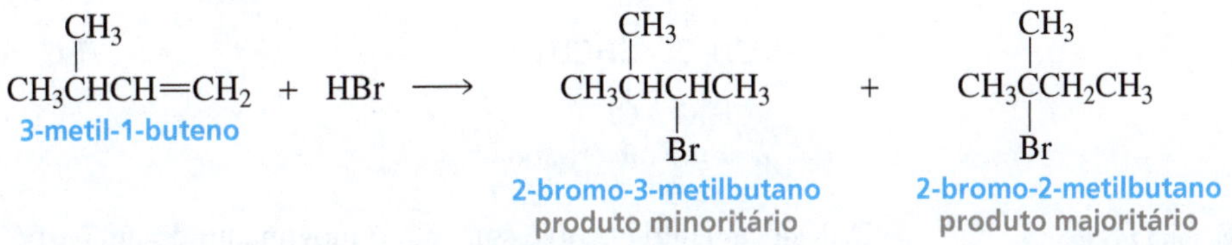

$$CH_3CHCH=CH_2 + HBr \longrightarrow CH_3CHCHCH_3 + CH_3CCH_2CH_3$$

3-metil-1-buteno   2-bromo-3-metilbutano (produto minoritário)   2-bromo-2-metilbutano (produto majoritário)

Em outro exemplo, a adição de HCl ao 3,3-dimetil-1-buteno forma tanto o 3-cloro-2,2-dimetilbutano (produto "esperado") quanto o 2-cloro-2,3-dimetilbutano (produto "não esperado"). Novamente, o produto não esperado é o produto obtido em maior porcentagem.

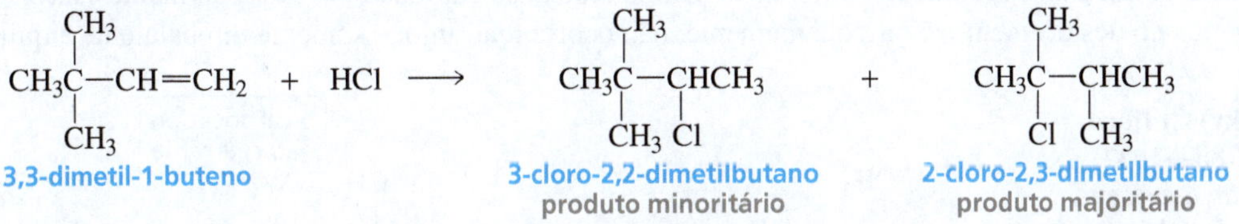

$$CH_3C-CH=CH_2 + HCl \longrightarrow CH_3C-CHCH_3 + CH_3C-CHCH_3$$

3,3-dimetil-1-buteno   3-cloro-2,2-dimetilbutano (produto minoritário)   2-cloro-2,3-dimetilbutano (produto majoritário)

F. C. Whitmore foi o primeiro a sugerir que o produto inesperado era resultado de um *rearranjo* de carbocátions intermediários. Não são todos os carbocátions que se rearranjam. De fato, nenhum dos carbocátions que vimos até o momento se rearranjam. Os carbocátions se rearranjam somente quando se tornam mais estáveis como resultado do rearranjo. Por exemplo, quando um eletrófilo se adiciona ao 3-metil-1-buteno, um carbocátion *secundário* é formado inicialmente. Entretanto, um carbocátion secundário tem um hidrogênio que pode se deslocar com o seu par de elétrons para o carbono adjacente carregado positivamente, gerando um carbocátion *terciário* mais estável.

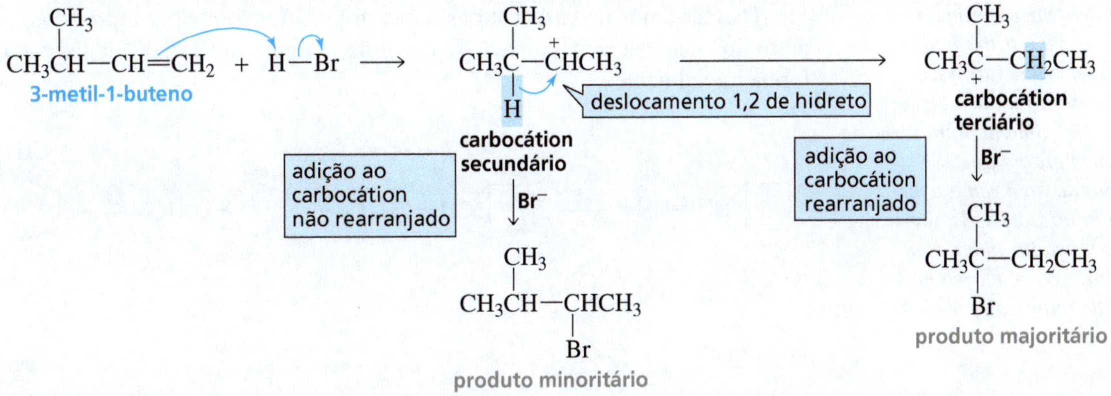

$$CH_3CH-CH=CH_2 + H-Br \longrightarrow CH_3C-CHCH_3 \xrightarrow{\text{deslocamento 1,2 de hidreto}} CH_3C-CH_2CH_3$$

3-metil-1-buteno   carbocátion secundário   carbocátion terciário

adição ao carbocátion não rearranjado → $CH_3CH-CHCH_3$ com Br — produto minoritário

adição ao carbocátion rearranjado → $CH_3C-CH_2CH_3$ com Br — produto majoritário

154 QUÍMICA ORGÂNICA

Como resultado de um **rearranjo de carbocátion**, dois haletos de alquila são formados — um da adição do nucleófilo a um carbocátion não rearranjado e um da adição a um carbocátion rearranjado. O produto majoritário é o que se originou de um rearranjo. Como a mudança de um hidrogênio com seu par de elétrons está envolvida no rearranjo, é chamada deslocamento de hidreto (lembre-se de que H:⁻ é um íon hidreto). Mais especificamente é chamado **deslocamento 1,2 de hidreto** porque o íon hidreto se move de um carbono para outro carbono *adjacente* (observe que não significa que ele se move de C-1 para C-2).

O 3,3-dimetil-1-buteno adiciona um eletrófilo para formar um carbocátion *secundário*. Nesse caso, um grupo metila pode se deslocar com seu par de elétrons para o carbono adjacente carregado positivamente para formar o carbocátion *terciário* mais estável. Esse tipo de deslocamento é chamado **deslocamento 1,2 de metila** (poderia ser chamado deslocamento 1,2 de metídeo para ser análogo a deslocamento 1,2 de hidreto, mas, por alguma razão, não recebe essa denominação).

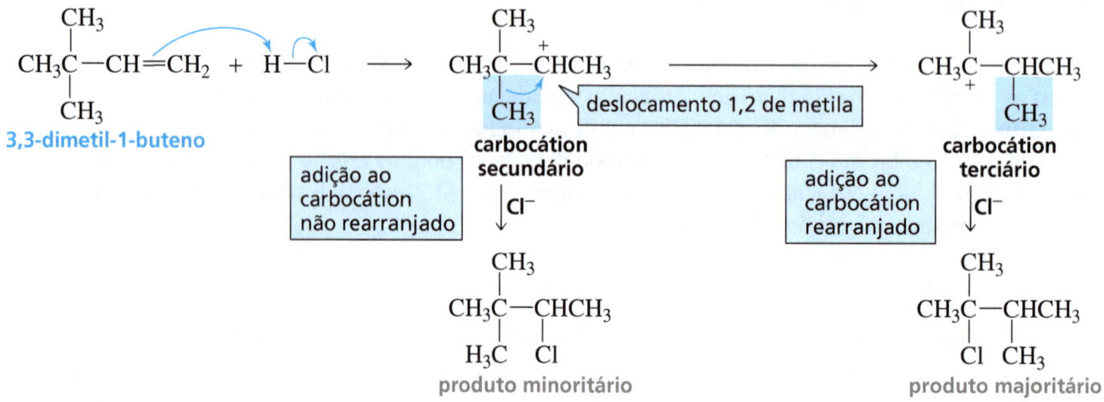

> **O rearranjo envolve uma troca no modo em que os átomos estão conectados.**

O deslocamento envolve somente o movimento de uma espécie de um carbono para outro carbono adjacente e deficiente de elétrons; os deslocamentos 1,3 normalmente não ocorrem. Além disso, se um rearranjo de carbocátion não levar a um carbocátion mais estável, o rearranjo de carbocátion não ocorrerá. Por exemplo, quando um próton se adicionar ao 4-metil-1-penteno, um carbocátion secundário vai se formar. Um deslocamento 1,2 de hidreto formará carbocátions secundários diferentes. Como ambos os carbocátions são igualmente estáveis não há vantagem energética no deslocamento. Conseqüentemente, não ocorre rearranjo, e somente um haleto de alquila é formado.

Frank (Rocky) Clifford Whitmore (1887–1947) *nasceu em Massachusetts. Tornou-se PhD pela Universidade de Harvard e foi professor de química nas Universidades Estaduais de Minnesota, Nortwestern e Pensilvânia. Whitmore nunca dormiu uma noite inteira; quando estava cansado, dormia durante uma hora. Conseqüentemente, tinha a fama de ser um trabalhador incansável; vinte horas de trabalho por dia, para ele, era comum. Geralmente tinha trinta estudantes graduados trabalhando ao mesmo tempo em seu laboratório. Escreveu livros avançados que foram considerados um marco no campo de química orgânica.*

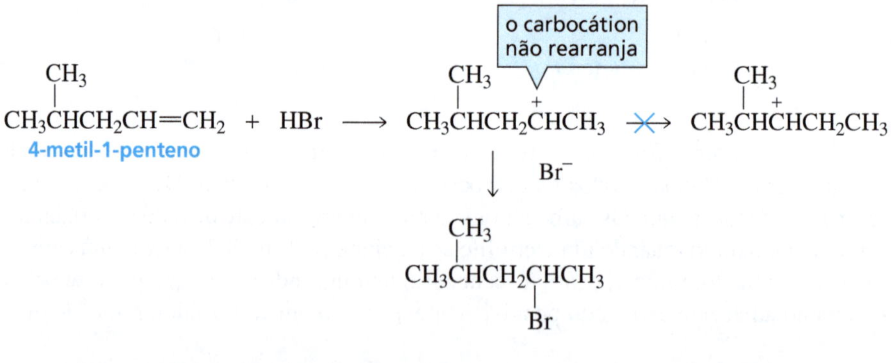

Os rearranjos de carbocátions também podem ocorrer por *expansão de ciclos*, outro tipo de deslocamento 1,2. No exemplo a seguir, um carbocátion secundário se forma inicialmente:

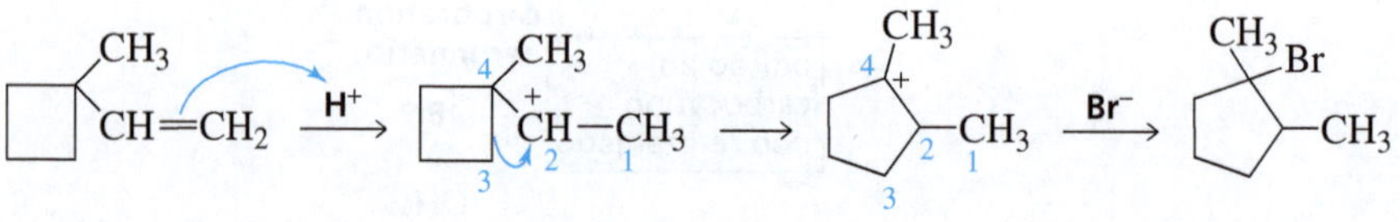

A expansão de ciclos leva ao carbocátion mais estável — o terciário é mais estável do que o secundário, e um ciclo de cinco membros tem tensão angular menor do que um ciclo de quatro membros (Seção 2.11).

Nos capítulos subseqüentes, você estudará outras reações que envolvem a formação de carbocátions intermediários. Tenha em mente que, *quando uma reação levar à formação de um carbocátion, você deve checar sua estrutura para verificar a possibilidade de rearranjo.*

PROBLEMA 13 RESOLVIDO

Quais dos seguintes carbocátions você esperaria que se rearranjasse?

a. 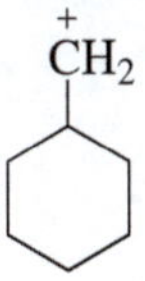 ciclohexil-$\overset{+}{C}H_2$

b. 1-metilciclohexil catión (terciário)

c. 2-metilciclohexil catión (secundário)

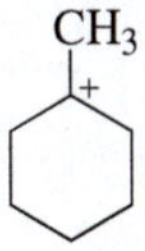

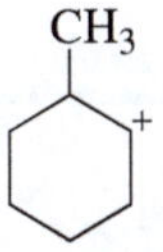

d. $CH_3CH_2\overset{+}{C}HCH_3$

e. $CH_3\overset{\ \ CH_3}{\underset{}{C}H}\overset{+}{C}HCH_3$

RESOLUÇÃO

a. Este carbocátion se rearranjará porque um deslocamento 1,2 de hidreto converterá um carbocátion primário em um carbocátion terciário.

$$H\overset{\frown}{\ }\overset{+}{C}H_2 \text{ (cicloexila)} \longrightarrow \overset{CH_3}{\underset{+}{\ }} \text{(cicloexila)}$$

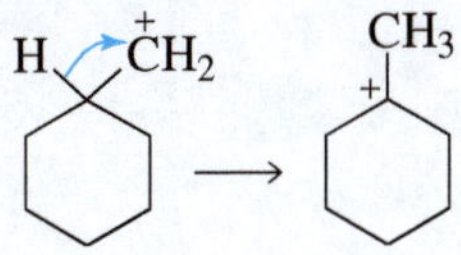

b. Este carbocátion não vai se rearranjar porque ele é terciário e sua estabilidade não pode melhorar com o rearranjo de carbocátion.

c. Este carbocátion vai se rearranjar porque um deslocamento 1,2 de hidreto converterá um carbocátion secundário a um carbocátion terciário.

$$\overset{CH_3\ \ H}{\underset{+}{\ }} \text{(cicloexila)} \longrightarrow \overset{CH_3}{\underset{+}{\ }} \text{(cicloexila)}$$

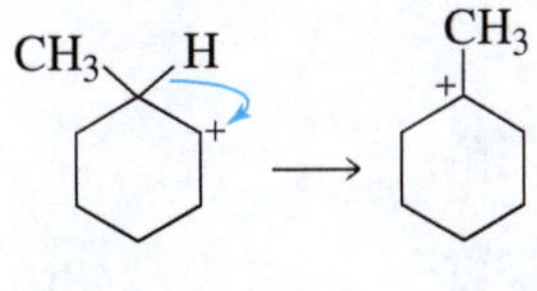

d. Este carbocátion não vai se rearranjar porque é um carbocátion secundário e um rearranjo de carbocátion levaria a outro carbocátion secundário.

e. Este carbocátion vai se rearranjar porque um deslocamento 1,2 de hidreto converterá um carbocátion secundário em um terciário.

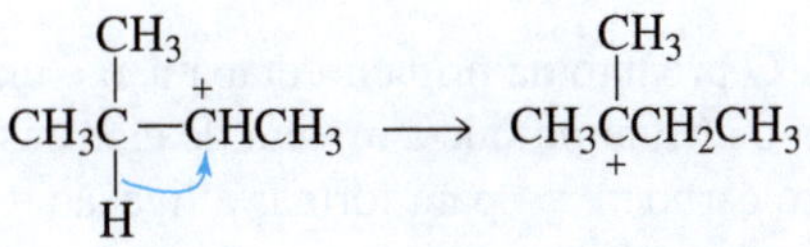

$$\overset{CH_3}{\underset{H}{CH_3\overset{+}{C}-\overset{\frown}{C}HCH_3}} \longrightarrow \overset{CH_3}{CH_3\overset{}{C}CH_2CH_3}\ \underset{+}{}$$

156 QUÍMICA ORGÂNICA

> **PROBLEMA 14**
>
> Dê o(s) produto(s) majoritário(s) obtido(s) de uma reação de cada um dos seguintes alcenos com HBr:
>
> a. $CH_3CHCH=CH_2$
> $\quad\;\;|$
> $\quad\;\;CH_3$
>
> b. 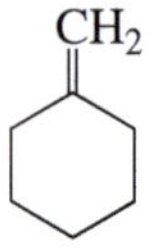 (metilenociclohexano)
>
> c. $CH_3CHCH_2CH=CH_2$
> $\quad\;\;|$
> $\quad\;\;CH_3$
>
> d. 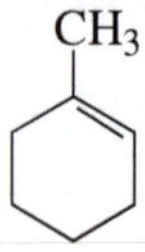 (1-metilciclohexeno)
>
> e. $CH_2=CHCCH_3$ com dois CH_3 no carbono quaternário
>
> f. 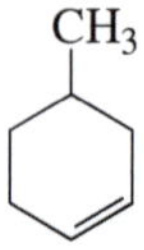 (4-metilciclohexeno)

Em qualquer reação que forme um carbocátion como intermediário, sempre verifique se o carbocátion vai se rearranjar.

4.7 Adição de halogênios

Os halogênios Br_2 e Cl_2 se adicionam a alcenos. Isso pode causar surpresa porque não aparece de imediato a existência de um eletrófilo — o qual é necessário para iniciar uma reação de adição eletrofílica.

$$CH_3CH=CH_2 + Br_2 \longrightarrow CH_3CH-CH_2$$
$$\qquad\qquad\qquad\qquad\qquad\quad |\quad\;\; |$$
$$\qquad\qquad\qquad\qquad\qquad\;\;Br\;\;Br$$

$$CH_3CH=CH_2 + Cl_2 \longrightarrow CH_3CH-CH_2$$
$$\qquad\qquad\qquad\qquad\qquad\quad |\quad\;\; |$$
$$\qquad\qquad\qquad\qquad\qquad\;\;Cl\;\;Cl$$

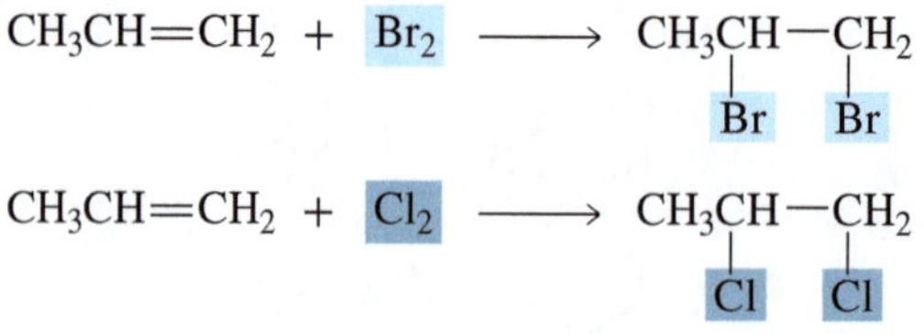

Entretanto, a ligação que une os dois átomos de halogênio é relativamente fraca (veja as energias de dissociação listadas na Tabela 3.1) e, portanto, facilmente rompida. Quando os elétrons π do alceno se aproximarem de uma molécula de Br_2 ou Cl_2, um dos átomos de halogênio aceitará os elétrons e liberará os elétrons compartilhados para o outro átomo de halogênio. Desse modo, em uma reação de adição eletrofílica, Br_2 se comporta como se fosse Br^+ e Br^-, e Cl_2 se comporta como se fosse Cl^+ e Cl^-.

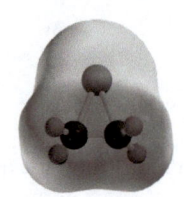

íon bromônio cíclico do eteno

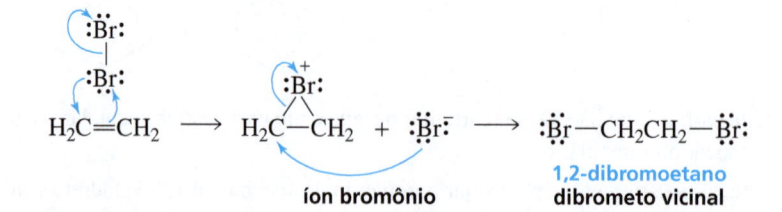

$$H_2C=CH_2 \longrightarrow H_2C\overset{+}{-}CH_2 + :\ddot{\underset{..}{Br}}:^- \longrightarrow :\ddot{\underset{..}{Br}}-CH_2CH_2-\ddot{\underset{..}{Br}}:$$

íon bromônio   **1,2-dibromoetano / dibrometo vicinal**

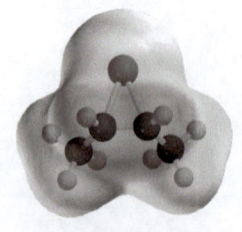

íon bromônio cíclico do cis-2-buteno

O produto da primeira etapa não é um carbocátion, contudo ele é um íon bromônio cíclico porque a nuvem de elétrons do bromo está suficientemente perto do outro carbono sp^2 para formar a ligação. O íon bromônio cíclico é mais estável do que o carbocátion poderia ser, desde que todos os átomos (exceto hidrogênio) no íon bromônio tenham octetos completos, ao passo que um carbono carregado positivamente do carbocátion não tem um octeto completo (para revisar a regra do octeto, veja a Seção 1.3). (Veja as figuras ao lado em cores no encarte colorido.)

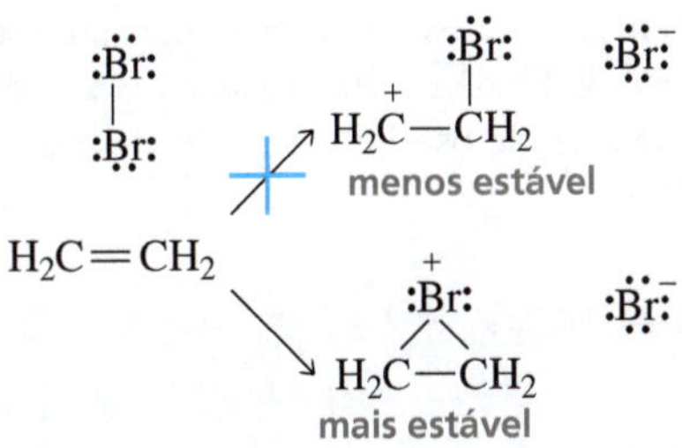

CAPÍTULO 4 Reações de alcenos

$$H_2C=CH_2 \longrightarrow \begin{array}{c} :\ddot{Br}: \\ | \\ H_2\overset{+}{C}-CH_2 \\ \text{menos estável} \end{array} \quad :\ddot{Br}:^-$$

$$\longrightarrow \begin{array}{c} :\overset{+}{Br}: \\ /\ \backslash \\ H_2C-CH_2 \\ \text{mais estável} \end{array} \quad :\ddot{Br}:^-$$

Na segunda etapa da reação, Br⁻ atacará um átomo de carbono do íon bromônio. Ele libera a tensão do anel de três membros e forma um *dibrometo vicinal*. O termo **vicinal** indica que os dois átomos de bromo estão em carbonos adjacentes (*vicinus* é "próximo" em latim). Os mapas de potencial eletrostático para íons bromônio cíclicos mostram que a região deficiente de elétrons (a área azul) abrange o carbono, embora a carga formal positiva esteja no átomo de bromo.

Quando Cl_2 se adiciona ao alceno, é formado um intermediário, o íon clorônio cíclico. O produto final da reação é um dicloreto vicinal.

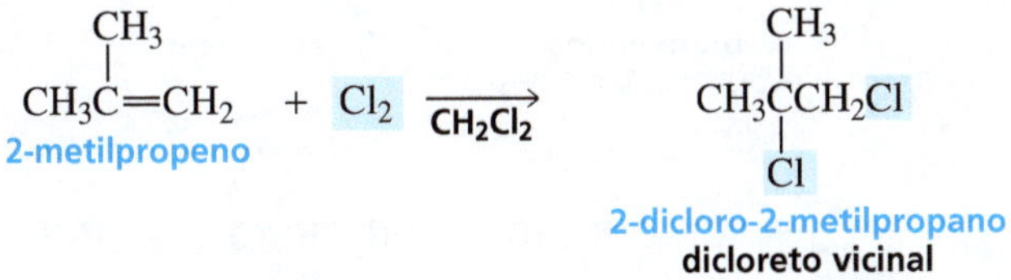

$$\begin{array}{c} CH_3 \\ | \\ CH_3C=CH_2 \end{array} + Cl_2 \xrightarrow{CH_2Cl_2} \begin{array}{c} CH_3 \\ | \\ CH_3CCH_2Cl \\ | \\ Cl \end{array}$$

2-metilpropeno → 2-dicloro-2-metilpropano **dicloreto vicinal**

Como não é formado carbocátion quando Br_2 ou Cl_2 se adiciona a um alceno, não ocorrem rearranjos de carbocátion nessas reações.

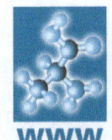

$$\begin{array}{c} CH_3 \\ | \\ CH_3CHCH=CH_2 \end{array} + Br_2 \xrightarrow{CH_2Cl_2} \begin{array}{c} CH_3 \\ | \\ CH_3CHCHCH_2Br \\ | \\ Br \end{array}$$

3-metil-1-buteno → 1,2-dibromo-3-metilbutano **um dibrometo vicinal**

o esqueleto de carbono não rearranja

> **Molecule Gallery:** Íon bromônio cíclico do *cis*-2-buteno
>
> **Tutorial Gallery:** Mecanismo: Adição de halogênio a alcenos

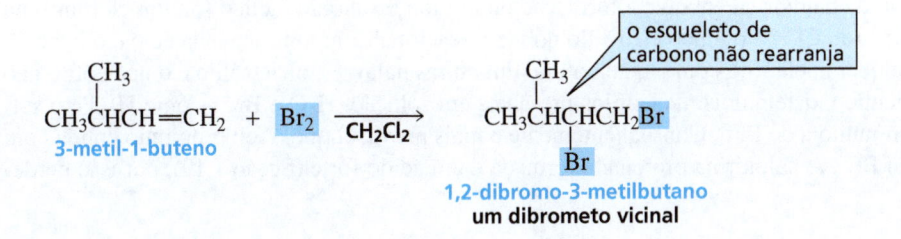

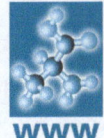

PROBLEMA 15◆
Qual seria o produto obtido na reação anterior se HBr tivesse sido usado no lugar de Br_2?

PROBLEMA 16
a. Qual a diferença entre a primeira etapa na reação do eteno com Br_2 e a primeira etapa na reação do eteno com HBr?

b. Para entender por que Br⁻ ataca um átomo de carbono do íon bromônio mais do que um íon bromônio carregado positivamente, desenhe o produto que seria obtido se Br⁻ *realmente* atacasse o átomo de bromo.

As reações de alcenos com Br_2 ou Cl_2 são geralmente efetuadas misturando o alceno e o halogênio em um solvente inerte, como o diclorometano (CH_2Cl_2), que facilmente dissolve os dois reagentes, mas não participa da reação. As reações a seguir ilustram como as reações orgânicas são geralmente escritas. Os reagentes são colocados do lado esquerdo da seta de reação, enquanto os produtos são colocados do lado direito da seta. As condições reacionais, como solventes, temperatura ou qualquer catalisador necessário, são escritas acima e/ou abaixo da seta. Algumas reações são escritas colocando somente os reagentes orgânicos (que contêm carbono) do lado esquerdo da seta e escrevendo o(s) outro(s) reagente(s) acima ou abaixo da seta.

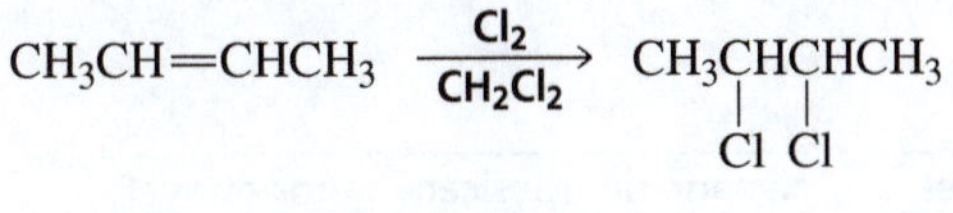

$$CH_3CH=CHCH_3 \xrightarrow[CH_2Cl_2]{Cl_2} \begin{array}{c} CH_3CHCHCH_3 \\ |\ \ | \\ Cl\ \ Cl \end{array}$$

> **Tutorial Gallery:** Sintético: Adição de halogênios a alcenos

F₂ e I₂ são halogênios, mas não podem ser usados como reagentes em reações de adição eletrofílica. O flúor reage explosivamente com alcenos, assim a adição de F₂ não é uma reação de uso sintético. A adição de I₂ a um alceno é uma reação termodinamicamente desfavorável: os diiodetos vicinais são instáveis à temperatura ambiente, se decompondo ao alceno e a I₂.

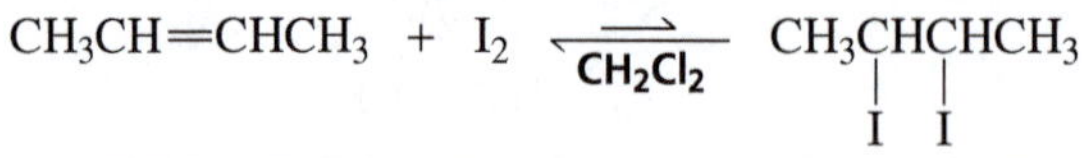

$$CH_3CH=CHCH_3 + I_2 \underset{CH_2Cl_2}{\rightleftarrows} CH_3CHCHCH_3 \text{ (com I, I)}$$

Se H₂O em vez de CH₂Cl₂ for usado como solvente, o produto majoritário da reação será uma haloidrina vicinal. A **haloidrina** (ou, mais especificamente, uma bromoidrina ou cloroidrina) é uma molécula orgânica que contém um grupamento halogênio e um grupamento OH. Em uma haloidrina vicinal, os grupamentos halogênio e OH estão ligados em carbonos vizinhos.

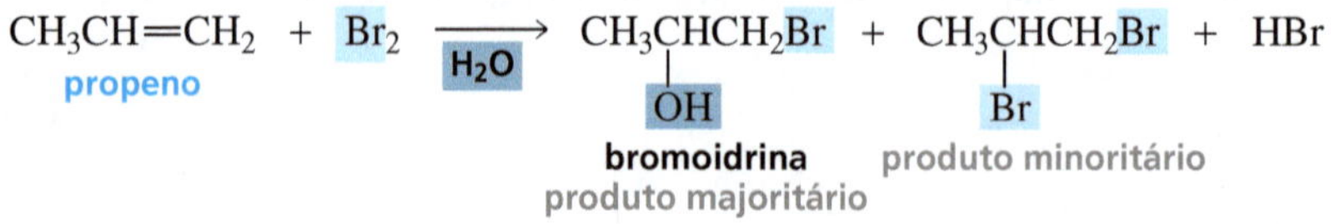

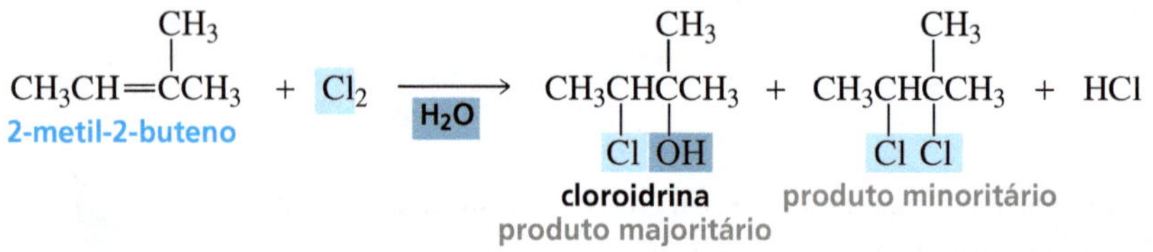

$$CH_3CH=CH_2 + Br_2 \xrightarrow{H_2O} CH_3CHCH_2Br + CH_3CHCH_2Br + HBr$$
propeno — OH (bromoidrina, produto majoritário) — Br (produto minoritário)

$$CH_3CH=CCH_3\,(CH_3) + Cl_2 \xrightarrow{H_2O} CH_3CHCCH_3\,(CH_3) + CH_3CHCCH_3\,(CH_3) + HCl$$
2-metil-2-buteno — Cl OH (cloroidrina, produto majoritário) — Cl Cl (produto minoritário)

O mecanismo para a formação da haloidrina envolve a formação de um íon bromônio cíclico (ou íon clorônio) na primeira etapa de reação porque Br⁺ (ou Cl⁺) é o único eletrófilo no meio reacional. Em uma segunda etapa, o íon bromônio reage rapidamente com qualquer nucleófilo com o qual colida. Em outras palavras, o eletrófilo e o nucleófilo não precisam vir de uma mesma molécula. Existem dois nucleófilos presentes em solução: H₂O e Br⁻. Como H₂O é o solvente, sua concentração excede em muito a de Br⁻. Conseqüentemente é mais provável que o íon bromônio colida com uma molécula de água do que com Br⁻. A haloidrina protonada formada é um ácido forte (Seção 1.19), por isso perderá um próton.

mecanismo para formação de haloidrina

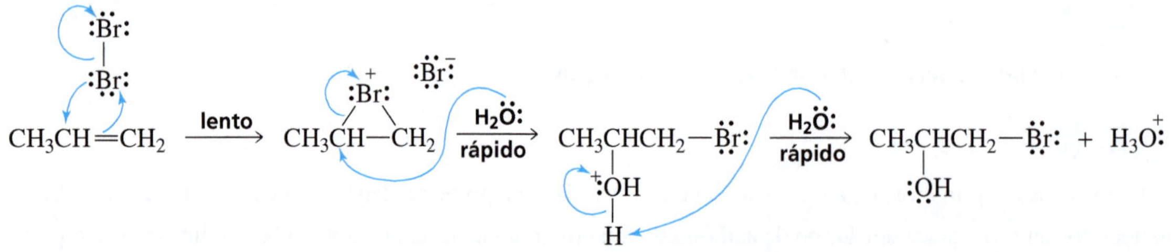

$$CH_3CH=CH_2 \xrightarrow{\text{lento}} CH_3CH-CH_2 \text{ (Br⁺ cíclico, Br⁻)} \xrightarrow[\text{rápido}]{H_2\ddot{O}:} CH_3CHCH_2-\ddot{B}r: \text{ (⁺OH−H)} \xrightarrow[\text{rápido}]{H_2\ddot{O}:} CH_3CHCH_2-\ddot{B}r: + H_3O^+ \text{ (:OH)}$$

Como podemos explicar a regiosseletividade da reação de adição anterior? O eletrófilo (Br⁺) ficará ligado, no final da reação, ao carbono sp^2 ligado ao maior número de hidrogênios porque, no estado de transição para a segunda etapa de reação, a quebra da ligação C−Br ocorreu para um grau maior do que tinha a formação da ligação C−O. Como resultado, há uma carga parcial positiva no carbono que é atacada pelo nucleófilo.

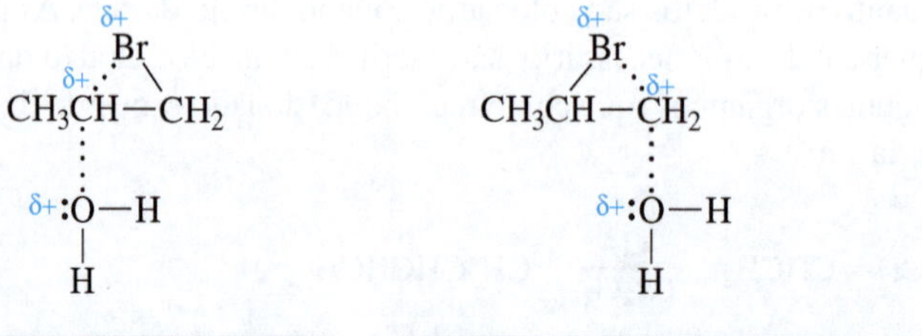

$$\overset{\delta+}{Br}\overset{\delta+}{Br}$$
$$CH_3\overset{\delta+}{CH}-CH_2 CH_3CH-\overset{\delta+}{CH_2}$$
$$\overset{\delta+}{:O}-H \overset{\delta+}{:O}-H$$
$$H H$$

| estado de transição mais estável | estado de transição menos estável |

CAPÍTULO 4 Reações de alcenos 159

Portanto, o estado de transição mais estável é alcançado ao se adicionar o nucleófilo ao carbono sp^2 mais substituído — o que está ligado ao *menor número de hidrogênios* — porque a carga parcial positiva estará no carbono secundário em vez de estar no carbono primário. Então, essa reação também segue a regra geral para as reações de adição eletrofílica: o eletrófilo se adiciona ao carbono sp^2 que estiver ligado ao maior número de hidrogênios. Nesse caso o eletrófilo é Br^+.

Quando nucleófilos diferentes de água são adicionados ao meio reacional, eles também alteram o produto de reação, assim como a água altera o produto de adição de Br_2 de um dibrometo vicinal a uma bromoidrina vicinal. Como a concentração do nucleófilo adicionado será maior do que a concentração do íon haleto gerado a partir de Br_2 ou Cl_2, o nucleófilo adicionado será o nucleófilo mais apropriado a participar na segunda etapa da reação (íons como Na^+ e K^+ não formam ligações covalentes, portanto não reagem com substâncias orgânicas. Servem somente como contraíons para espécies carregadas negativamente; a presença deles é geralmente ignorada ao se escrever equações químicas).

> Não memorize os produtos das reações de adição a alcenos. Tente, para cada reação, se perguntar, "Qual é o eletrófilo?" e "Qual é o nucleófilo presente em maior concentração?"

$$CH_3CH=\overset{\overset{CH_3}{|}}{C}CH_3 + Cl_2 + CH_3OH \longrightarrow CH_3CH\underset{\underset{Cl\ OCH_3}{|\ \ \ |}}{\overset{\overset{CH_3}{|}}{C}}CH_3 + HCl$$

$$CH_3CH=CH_2 + Br_2 + NaCl \longrightarrow CH_3\underset{\underset{Cl}{|}}{C}HCH_2Br + NaBr$$

PROBLEMA 17

Existem dois nucleófilos em cada uma das seguintes reações:

a. $CH_2=\overset{\overset{CH_3}{|}}{C}-CH_3 + Cl_2 \xrightarrow{CH_3OH}$

b. $CH_2=CHCH_3 + 2\,NaI + HBr \longrightarrow$

c. $CH_3CH=CHCH_3 + HCl \xrightarrow{H_2O}$

d. $CH_3CH=CHCH_3 + HBr \xrightarrow{CH_3OH}$

Para cada reação, explique por que existe maior concentração de determinado nucleófilo em relação a outro. Qual será o produto majoritário para cada reação?

PROBLEMA 18

Por que Na^+ e K^+ são incapazes de formar ligações covalentes?

PROBLEMA 19◆

Qual seria o produto de adição de I–Cl ao 1-buteno? (*Dica*: o cloro é mais eletronegativo do que o iodo — Tabela 1.3).

Tutorial Gallery: Sintético: Reação de haloidrina
www

PROBLEMA 20◆

Qual seria o produto majoritário obtido da reação de Br_2 com 1-buteno se a reação fosse efetuada em

a. diclorometano?

b. água?

c. álcool etílico?

d. álcool metílico?

4.8 Oximercuração–redução e alcoximercuração–redução

Na Seção 4.5, você aprendeu que a água se adiciona a alcenos se um catalisador ácido estiver presente. Essa é a maneira industrial de um alceno ser convertido em álcool. Entretanto, sob condições laboratoriais normais, a água é adicionada a alcenos pelo processo conhecido como **oximercuração–redução**. A adição de água por oximercuração-redução tem duas vantagens sobre a adição catalisada por ácidos: ela não requer condições ácidas que sejam danosas a muitas moléculas orgânicas, e como os carbocátions intermediários não são formados, não ocorrem rearranjos de carbocátion.

Na oximercuração, o alceno é tratado com acetato de mercúrio em tetraidrofurano (THF). Quando a reação com o reagente estiver completada, o boroidreto de sódio é adicionado ao meio reacional (os números 1 e 2 na frente dos reagentes e acima e abaixo das setas na equação química indicam duas seqüências de reação; o segundo reagente não é adicionado enquanto o primeiro reagente não tiver sido consumido).

$$R-CH=CH_2 \xrightarrow[\text{2. NaBH}_4]{\text{1. Hg(OAc)}_2, \text{H}_2\text{O/THF}} R-\underset{OH}{CH}-CH_3$$

Na primeira etapa do mecanismo de oximercuração, o mercúrio eletrofílico do acetato de mercúrio se adiciona à ligação dupla. (Dois dos elétrons 5d do mercúrio são mostrados.) Como não ocorre rearranjo de carbocátion, podemos concluir que o produto de adição da reação é um íon cíclico mercuriônio em vez de um carbocátion. A reação é análoga à adição de Br_2 a um alceno que forma um íon bromônio cíclico.

mecanismo para a oximercuração

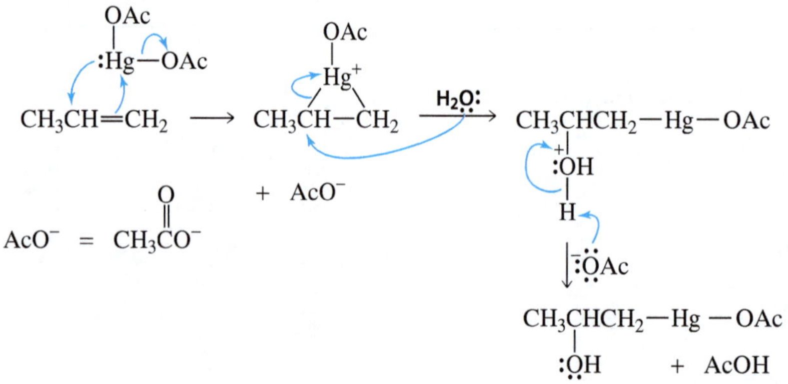

Na segunda etapa de reação, a água ataca o carbono mais substituído do íon mercuriônio — o que está ligado ao menor número de hidrogênios — pela mesma razão que ataca o carbono mais substituído do íon bromônio na reação de formação de haloidrina (Seção 4.7). Assim sendo, o ataque ao carbono mais substituído leva ao estado de transição mais estável.

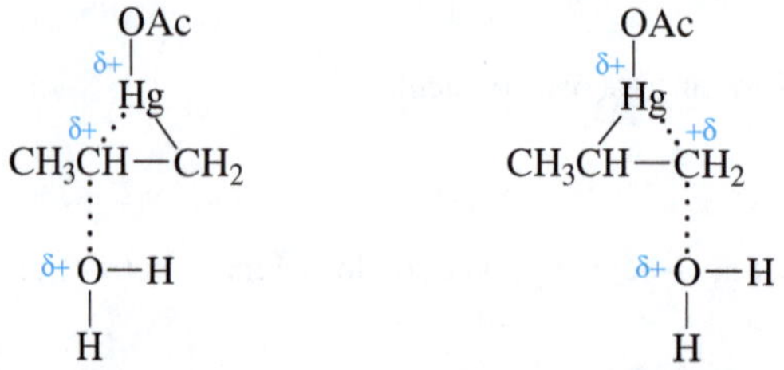

| estado de transição mais estável | estado de transição menos estável |

O boroidreto de sódio ($NaBH_4$) converte a ligação C—Hg na ligação C—H. Uma reação que aumenta o número de ligações C—H, ou diminui o número de ligações C—O, C—N ou C—X em uma substância (onde X representa um halogênio), é chamada **reação de redução**. Conseqüentemente, a reação com boroidreto de sódio é uma reação de redução. O mecanismo de uma reação de redução não é muito compreendido, embora seja conhecido que um intermediário é um radical.

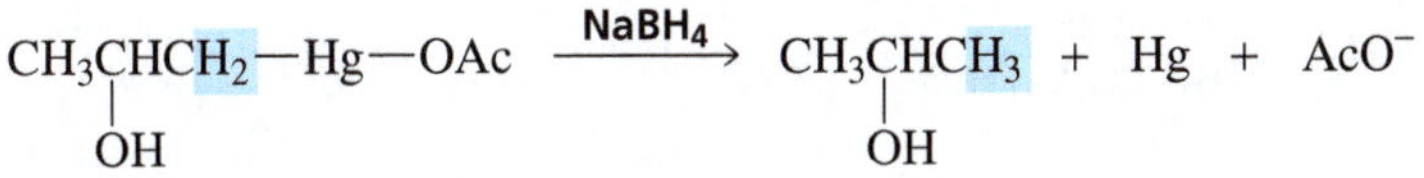

CAPÍTULO 4   Reações de alcenos

$$CH_3CHCH_2-Hg-OAc \xrightarrow{NaBH_4} CH_3CHCH_3 + Hg + AcO^-$$
$$\quad\;\;|\qquad\qquad\qquad\qquad\qquad\quad\;|$$
$$\quad\;OH\qquad\qquad\qquad\qquad\qquad\;OH$$

A redução aumenta o número de ligações C—H ou diminui o número de ligações C—O, C—N ou C—X.

A reação total (oximercuração–redução) forma o mesmo produto que seria obtido em uma reação de adição de água catalisada por ácidos: o hidrogênio se adiciona ao carbono sp^2 ligado ao maior número de hidrogênios, e o OH se adiciona ao outro carbono sp^2.

Vimos que os alcenos reagem com alcoóis na presença de um catalisador ácido para formar éteres (Seção 4.5). Assim como a adição de água trabalha melhor na presença de acetato de mercúrio do que na presença de um ácido forte, a adição de um álcool ocorre melhor na presença de acetato de mercúrio (ocorre ainda melhor em trifluoro-acetato de mercúrio, $Hg(O_2CCF_3)_2$). Essa reação é chamada **alcoximercuração–redução**.

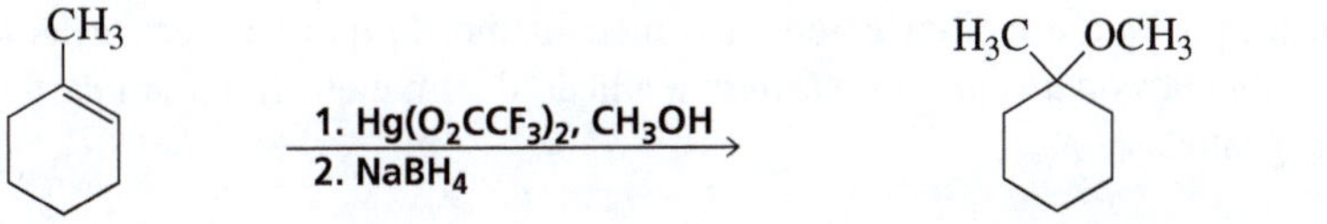

1-metilciclo-hexeno $\xrightarrow[\text{2. NaBH}_4]{\text{1. Hg(O}_2\text{CCF}_3)_2,\ \text{CH}_3\text{OH}}$ 1-metoxi-1-metilciclo-hexano
éter

Os mecanismos para a oximercuração e a alcoximercuração são idênticos; a única diferença é que a água é o nucleófilo na oximercuração e o álcool é o nucleófilo na alcoximercuração. Portanto, o produto de oximercuração–redução é um álcool, enquanto o produto da alcoximercuração–redução é um éter.

PROBLEMA 21

Como as substâncias a seguir poderiam ser sintetizadas a partir de um alceno?

a. 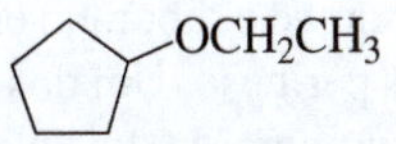 ciclopentil-OCH$_2$CH$_3$

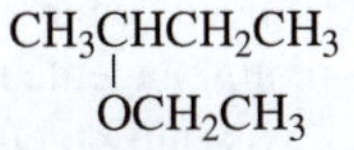

b. 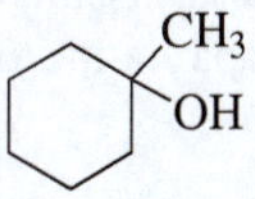 1-metilciclo-hexan-1-ol

c. $CH_3CHCH_2CH_3$
   $\quad\;\;|$
   OCH_2CH_3

d. 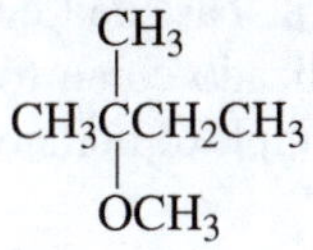 CH_3
   $\;\;|$
   $CH_3CCH_2CH_3$
   $\;\;|$
   OCH_3

Tutorial Gallery:
Mecanismo:
Oximercuração–redução
www

Tutorial Gallery:
Sintético:
Oximercuração–redução
www

PROBLEMA 22

Como as seguintes substâncias poderiam ser preparadas a partir de 3-metil-1-buteno?

a. 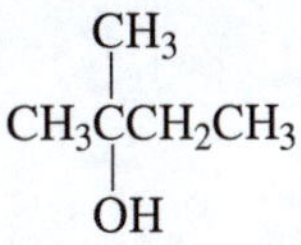 CH_3
   $\;\;|$
   $CH_3CCH_2CH_3$
   $\;\;|$
   OH

b. 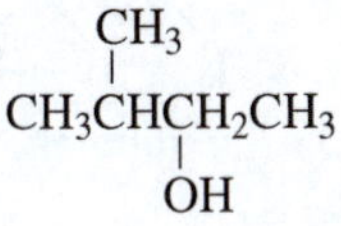 CH_3
   $\;\;|$
   $CH_3CHCH_2CH_3$
   $\qquad\;|$
   $\qquad OH$

4.9   Adição de borano: hidroboração–oxidação

Um átomo, ou uma molécula, não tem de ser carregado positivamente para ser um eletrófilo. O borano (BH_3), uma molécula neutra, é um eletrófilo porque o boro apresenta apenas seis elétrons compartilhados em sua camada de valência. Dessa maneira, alcenos se submetem a reações de adição eletrofílica com boranos que servem como um eletrófilo. Quando a reação de adição termina, uma solução aquosa de hidróxido de sódio e peróxido de hidrogênio é adicionada ao meio reacional, e o produto resultante é um álcool. A adição de borano a um alceno, seguida da reação com o íon hidróxido e peróxido de hidrogênio, é chamada **hidroboração–oxidação**. A reação total foi publicada primeiro por H. C. Brown em 1959.

Herbert Charles Brown *nasceu em Londres em 1921 e foi para os Estados Unidos com os pais aos dois anos de idade. Tornou-se PhD pela Universidade de Chicago e foi professor de química na Universidade de Pardue desde 1947. Devido aos seus estudos de substâncias orgânicas que contêm boro, recebeu o Prêmio Nobel de química junto com G. Wittig.*

162 QUÍMICA ORGÂNICA

$$CH_2=CH_2 \xrightarrow[\text{2. } HO^-, H_2O_2, H_2O]{\text{1. } BH_3/THF} \underset{H \quad OH}{CH_2-CH_2}$$
álcool

O álcool que é formado em uma reação de hidroboração-oxidação de um alceno apresenta os grupos H e OH em carbonos opostos, se comparado com o álcool formado de uma adição de água (Seção 4.5). Em outras palavras, a reação viola a regra de Markovnikov. Assim, hidroboração-oxidação é uma reação de adição anti-Markovnikov. Entretanto, você verá que a regra geral para a reação de adição eletrofílica não é violada: *o eletrófilo se adiciona ao carbono* sp^2 *que está ligado ao maior número de hidrogênios*. A reação viola a regra de Markovnikov porque tal regra estabelece onde os hidrogênios se adicionam, o que torna a regra aplicável somente se o eletrófilo for um hidrogênio. A reação não viola a regra geral porque, como você verá, H^+ não é o eletrófilo na hidroboração–oxidação; BH_3 é o eletrófilo e H^- é o nucleófilo. Esse fato demonstra por que é melhor entender o mecanismo do que memorizar as regras. *A primeira etapa no mecanismo de todas as reações de alcenos é a mesma*: a adição de um eletrófilo a um carbono sp^2 que estiver ligado ao maior número de hidrogênios.

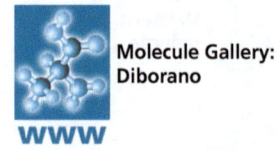

$$CH_3CH=CH_2 \xrightarrow[\text{2. } HO^-, H_2O_2, H_2O]{\text{1. } BH_3/THF} CH_3CH_2CH_2OH$$
propeno   **1-propanol**

$$CH_3CH=CH_2 \xrightarrow[H_2O]{H_2SO_4} \underset{OH}{CH_3CHCH_3}$$
propeno   **2-propanol**

Molecule Gallery: Diborano
www

Uma vez que o diborano (B_2H_6) — a fonte de BH_3 — é um gás inflamável, tóxico e explosivo, uma solução de borano — preparada dissolvendo-se o diborano em um éter, como o THF — é um reagente mais conveniente e menos perigoso. Um dos pares de elétrons livres do oxigênio no éter satisfaz a necessidade do boro de dois elétrons adicionais: o éter é uma base de Lewis e o borano é um ácido de Lewis. Assim, o reagente atualmente utilizado como fonte de BH_3, para a primeira etapa da hidroboração–oxidação, é o complexo borano–THF.

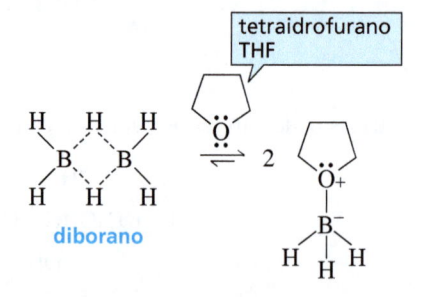

Animation Gallery: Complexo Borano–THF
www

Para entender por que a hidroboração–oxidação do propeno forma o 1-propanol, devemos observar o mecanismo da reação. O átomo de boro do borano é deficiente de elétrons, de modo que o borano é o eletrófilo que reage com o alceno nucleofílico. Como o boro aceita os elétrons π e forma uma ligação com um carbono sp^2, ele doa um íon hidreto

Borano e diborano

O borano existe como um gás incolor chamado diborano. O diborano é um **dímero** — uma molécula formada pela junção de duas moléculas idênticas. Como o boro está rodeado por apenas seis elétrons, ele tem a tendência de adquirir um par de elétrons adicional. Dois átomos de boro, portanto, compartilham os dois elétrons na ligação hidrogênio–boro em "meias ligações" incomuns. As ligações hidrogênio–boro no diborano são mostradas com linhas pontilhadas para indicar que a ligação está constituída com menos de dois elétrons normais.

para o outro carbono sp^2. Em todas as reações de adição que temos visto até este momento, o eletrófilo se adiciona ao alceno na primeira etapa e o nucleófilo se adiciona ao intermediário carregado positivamente na segunda etapa. Ao contrário, a adição do boro eletrofílico e do íon hidreto nucleofílico se passa em uma etapa. Portanto, não é formado um intermediário.

$$CH_3CH=CH_2 \quad \longrightarrow \quad CH_3CH-CH_2$$
$$H-BH_2 \qquad\qquad\qquad H \quad\ BH_2$$
$$\textbf{alquilborano}$$

A adição de borano a um alceno é um exemplo de uma reação *concertada*. Uma **reação concertada** é a reação na qual todas as ligações que se formam e que se rompem ocorrem em uma única etapa. A adição do borano a um alceno também é um exemplo de uma reação *pericíclica* (*pericíclica* significa "em torno do círculo"). Uma **reação pericíclica** é uma reação que ocorre como resultado de um rearranjo cíclico de elétrons.

O boro eletrofílico se adiciona ao carbono sp^2 ligado ao maior número de hidrogênios. Os eletrófilos que observamos previamente (por exemplo, H^+) também se adicionam ao carbono sp^2 ligado ao maior número de hidrogênios para formar o carbocátion intermediário mais estável. Dado que um intermediário não é formado nessa reação concertada, como podemos explicar a regiosseletividade da reação? Por que o boro se adiciona preferencialmente ao carbono sp^2 ligado ao maior número de hidrogênios?

Se examinarmos os dois estados de transição possíveis para a adição de borano, veremos que a ligação C—B é formada em maior grau do que uma ligação C—H. Conseqüentemente, o carbono sp^2 que não está ligado ao boro tem carga parcial positiva. A carga parcial positiva está no carbono secundário se o boro se adicionar ao carbono sp^2 ligado ao maior número de hidrogênios. A carga parcial positiva está no carbono primário se o boro se adicionar ao outro carbono sp^2. Portanto, embora um carbocátion intermediário não seja formado, um estado de transição com um intermediário "parecido com carbocátion" é obtido. Por isso, a adição de borano e a adição de um eletrófilo como H^+ se passa no mesmo carbono sp^2 pela mesma razão: para formar o carbocátion no estado de transição ou "parecido com carbocátion" no estado de transição.

adição de BH_3		adição de HBr	
estado de transição mais estável	estado de transição menos estável	estado de transição mais estável	estado de transição menos estável

O alquilborano formado na primeira etapa da reação reage com outra molécula de alceno para formar um dialquilborano, o qual reage ainda com outra molécula de alceno para formar o trialquilborano. Em cada uma dessas reações, o boro se adiciona ao carbono sp^2 ligado ao maior número de hidrogênios e o íon hidreto nucleofílico se adiciona ao outro carbono sp^2.

$$CH_3CH=CH_2 + R-BH_2 \longrightarrow CH_3CH-CH_2-BH-R$$
$$\textbf{alquilborano} \qquad\qquad H$$
$$\textbf{dialquilborano}$$

$$CH_3CH=CH_2 + R-BH \longrightarrow CH_3CH-CH_2-B-R$$
$$\qquad\qquad R \qquad\qquad H \qquad R$$
$$\textbf{dialquilborano} \quad \textbf{trialquilborano}$$

O alquilborano (RBH_2) é uma molécula mais volumosa do que o BH_3 porque R é um substituinte maior do que o H. O dialquilborano com dois grupos R (R_2BH) é mais volumoso do que o alquilborano. Assim, existem agora duas razões para o alquilborano e o dialquilborano se adicionarem ao carbono sp^2 que está ligado ao maior número de hidrogênios: primeiro, para alcançar o *estado de transição mais estável parecido com carbocátion*, e segundo, porque há *mais espaço* nesse carbono para um grupo volumoso se ligar. **Efeitos estéricos** são efeitos de "espaço–preenchimento".

164 QUÍMICA ORGÂNICA

Impedimento estérico se refere aos grupos volumosos no sítio de reação que podem dificultar a aproximação de reagentes. O impedimento estérico associado ao alquilborano — e particularmente ao dialquilborano — causa a adição ao carbono sp^2 que está ligado ao maior número de hidrogênios, porque este é, dos dois carbonos sp^2, o que possui menor impedimento estérico. Portanto, em cada uma das três adições sucessivas ao alceno, o boro se adiciona ao carbono sp^2 que está ligado ao maior número de hidrogênios e o H^- se adiciona ao outro carbono.

Quando a reação de hidroboração termina, soluções aquosas de hidróxido de sódio e peróxido de hidrogênio são adicionadas ao meio reacional. Observe que o íon hidróxido e o íon hidroperóxido são reagentes na reação.

$$HOOH + HO^- \rightleftharpoons HOO^- + H_2O$$

O final da reação resulta na troca do boro pelo grupamento OH. Uma vez que ao trocar o boro pelo grupamento OH tem-se uma *reação de oxidação*, a reação total é chamada hidroboração–oxidação. Uma **reação de oxidação** aumenta o número de ligações C—O, C—N ou C—X em uma substância (onde X representa um halogênio) ou diminui o número de ligações C—H.

A oxidação diminui o número de ligações C—H ou aumenta o número de ligações C—O, C—N ou C—X.

$$R-B(R)(R) \xrightarrow{HO^-, H_2O_2, H_2O} 3\ R-OH + BO_3^{3-}$$

O mecanismo da reação de oxidação mostra que o íon hidroperóxido (uma base de Lewis) reage com R_3B (um ácido de Lewis). Então, um deslocamento 1,2 de alquila desloca um íon hidróxido. Essas duas etapas são repetidas duas vezes. A seguir, um íon hidróxido (uma base de Lewis) reage com $(RO)_3B$ (um ácido de Lewis), e um íon alcóxido é eliminado. A protonação do íon alcóxido forma o álcool. Essas três etapas são repetidas mais duas vezes.

Vimos que na reação total de hidroboração–oxidação, 1 mol de BH_3 reage com 3 mols de alceno para formar 3 mols de álcool. O OH termina no carbono sp^2 que estava ligado ao maior número de hidrogênios porque ele entrou no lugar do boro, o qual era o eletrófilo original na reação.

$$3\ CH_3CH=CH_2 + BH_3 \xrightarrow{THF} (CH_3CH_2CH_2)_3B \xrightarrow[H_2O]{HO^-,\ H_2O_2} 3\ CH_3CH_2CH_2OH + BO_3^{3-}$$

Tutorial Gallery:
Sintético: Hidroboração–oxidação
www

Como os carbocátions intermediários não são formados na reação de hidroboração, não ocorrem rearranjos de carbocátions.

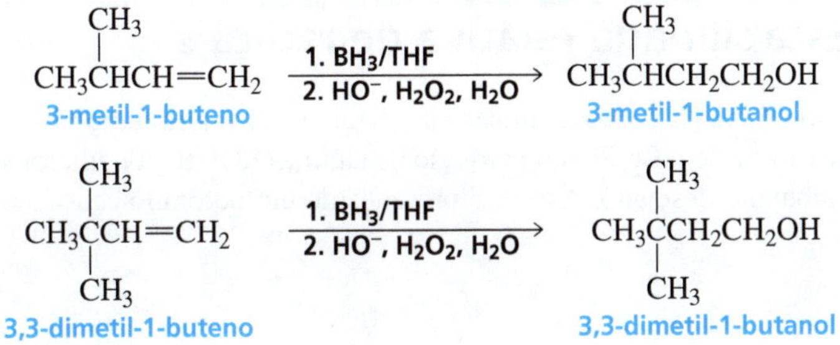
CH3
CH3CHCH=CH2
1. BH3/THF
2. HO−, H2O2, H2O
CH3CHCH2CH2OH
3-metil-1-buteno
3-metil-1-butanol
CH3CCH=CH2
CH3CCH2CH2OH
3,3-dimetil-1-buteno
3,3-dimetil-1-butanol

Tutorial Gallery:
Mecanismo:
Hidroboração–
oxidação
www

PROBLEMA 23◆

Quantos mols de BH_3 são necessários para reagir com 2 mols de 1-penteno?

PROBLEMA 24◆

Qual produto seria obtido da hidroboração-oxidação dos seguintes alcenos?

a. 2-metil-2-buteno

b. 1-metilciclo-hexeno

PROBLEMA — ESTRATÉGIA PARA RESOLUÇÃO

Um **carbeno** é uma espécie que contém carbono pouco comum. Ele tem um carbono com um par de elétrons livres e um orbital vazio. O orbital vazio torna o carbeno altamente reativo. O carbeno mais simples, o metileno (:CH_2), é gerado com o aquecimento do diazometano. Proponha um mecanismo para a seguinte reação:

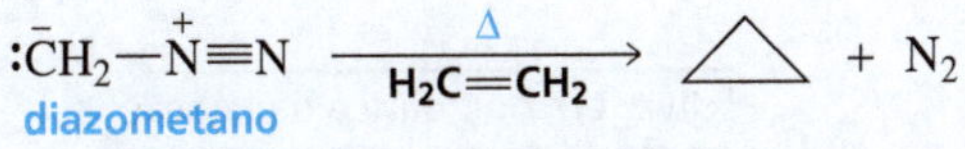
Δ
H2C=CH2
+ N2
diazometano

A informação dada é suficiente para se escrever o mecanismo. Primeiro porque, conhecendo a estrutura do metileno, você pode notar que ele pode ser gerado pela quebra da ligação C—N do diazometano. Segundo porque, uma vez que o metileno tem um orbital vazio, ele é um eletrófilo e, portanto, reagirá com eteno (um nucleófilo). Porém, a questão é: qual nucleófilo reage com o outro carbono sp^2 do alceno? Como você sabe que o ciclopropano é o produto de reação, também sabe que o nucleófilo deve ser o par de elétrons livres do metileno.

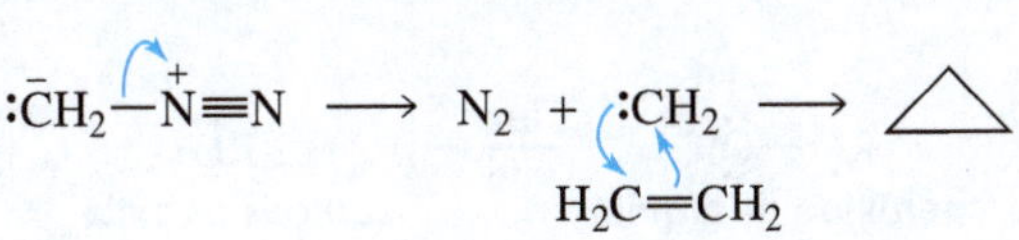

(*Observação*: diazometano é um gás que deve ser manipulado com muito cuidado porque é explosivo e tóxico.)

Em seguida continue no Problema 25.

PROBLEMA 25

Proponha um mecanismo para a seguinte reação.

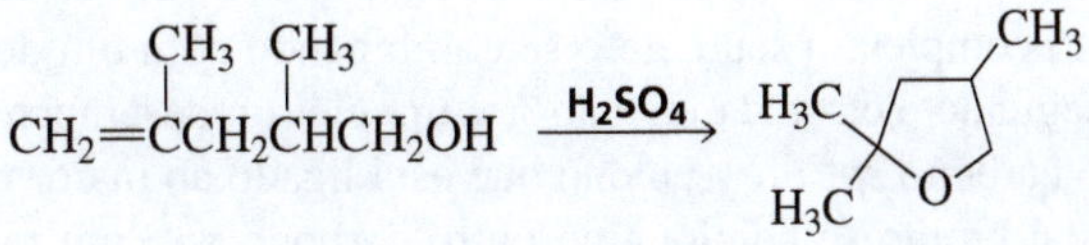
CH3 CH3
CH2=CCH2CHCH2OH
H2SO4
CH3
H3C
H3C
O

4.10 Adição de radicais • Estabilidade relativa de radicais

A adição de HBr ao 1-buteno forma 2-bromobutano. E se você quiser sintetizar o 1-bromobutano? A formação de 1-bromobutano requer uma adição anti-Markovnikov de HBr. Se um peróxido de alquila (ROOR) for adicionado ao meio reacional, o produto de reação será o 1-bromobutano desejado. Assim, a presença de um peróxido causa a adição *anti-Markovnikov* de HBr.

$$CH_3CH_2CH=CH_2 + HBr \longrightarrow CH_3CH_2\overset{Br}{\underset{|}{C}}HCH_3$$
1-buteno   2-bromobutano

$$CH_3CH_2CH=CH_2 + HBr \xrightarrow{peróxido} CH_3CH_2CH_2CH_2Br$$
1-buteno   1-bromobutano

Um peróxido reverte a ordem de adição porque altera o mecanismo da reação uma vez que leva a um Br•, que é um eletrófilo. A regra de Markovnikov não é seguida porque se aplica somente quando o eletrófilo for um hidrogênio. A regra geral — na qual o eletrófilo se adiciona ao carbono sp^2 ligado ao maior número de hidrogênios — é seguida, entretanto, porque Br• é o eletrófilo quando HBr se adiciona a um alceno na presença de um peróxido.

No caso de uma ligação se romper e dois de seus elétrons ficarem em um dos átomos, o processo é chamado **clivagem heterolítica da ligação** ou **heterólise**. No caso de uma ligação se quebrar e cada um dos átomos reter um dos elétrons da ligação, o processo é chamado **clivagem homolítica da ligação** ou **homólise**. Lembre que uma seta com duas farpas significa o movimento de dois elétrons, enquanto uma seta com uma farpa — algumas vezes chamado de isca de peixe, anzol — significa o movimento de um elétron.

Estabilidade de radical: terciário > secundário > primário

Seta com duas farpas significa o movimento de dois elétrons.

clivagem heterolítica da ligação
$$H-\ddot{\underset{..}{Br}}: \longrightarrow H^+ + :\ddot{\underset{..}{Br}}:^-$$

clivagem homolítica da ligação
$$H-\ddot{\underset{..}{Br}}: \longrightarrow H\cdot + \cdot\ddot{\underset{..}{Br}}:$$

Um peróxido de alquila pode ser usado para inverter a ordem de adição de H e Br em um alceno. O peróxido de alquila contém uma ligação simples oxigênio–oxigênio que é facilmente rompida homoliticamente na presença de luz ou calor para formar *radicais*. Um **radical** (também chamado **radical livre**) é uma espécie com um elétron desemparelhado.

$$R\ddot{\underset{..}{O}}-\ddot{\underset{..}{O}}R \xrightarrow[\Delta]{luz\ ou} 2\ R\ddot{\underset{..}{O}}\cdot$$
peróxido de alquila   radicais alcoxila

Um radical é altamente reativo porque necessita de um elétron para completar seu octeto. O radical alcoxila completa seu octeto ao remover um elétron da molécula de HBr, formando um radical bromo.

$$R-\ddot{\underset{..}{O}}\cdot + H-\ddot{\underset{..}{Br}}: \longrightarrow R-\ddot{\underset{..}{O}}-H + \cdot\ddot{\underset{..}{Br}}:$$
                                                                    radical
                                                                    bromo

Um radical bromo agora necessita de um elétron para completar o seu octeto. Como a ligação dupla de um alceno é rica em elétrons, o radical bromo completa o seu octeto se combinando com um dos elétrons da ligação π do alceno para formar a ligação C—Br. O segundo elétron da ligação π é um elétron desemparelhado no radical alquila formado. Se o radical bromo se adiciona ao carbono sp^2 do 1-buteno que está ligado ao maior número de hidrogênios, é formado um radical secundário. Se o radical bromo se adiciona ao outro carbono sp^2, um radical alquila primário é formado. Assim como os carbocátions, os radicais são estabilizados por grupos alquila doadores de elétrons; logo, um **radical alquila terciário** é mais estável do que **um radical alquila secundário**, que é mais estável do que um **radical alquila primário**. O radical bromo, portanto, se adiciona ao carbono sp^2 que estiver ligado ao maior número de hidrogênios; desse modo, forma-se o radical secundário que é mais estável (neste caso). O radical alquila que é formado retira um átomo de hidrogênio de outra molécula de HBr para gerar como produto uma molécula de haleto de alquila e outro radical bromo. Como a primeira espécie que se adiciona ao alceno é um radical (Br·), a adição de HBr na presença de peróxido é chamada **reação de adição radicalar**.

$$:\ddot{B}r\cdot + CH_2=CHCH_2CH_3 \longrightarrow CH_2\dot{C}HCH_2CH_3$$
$$\qquad\qquad\qquad\qquad\qquad\qquad\qquad |$$
$$\qquad\qquad\qquad\qquad\qquad\qquad\quad :\ddot{B}r:$$
$$\qquad\qquad\qquad\qquad\qquad\text{radical alquila}$$

Seta com uma farpa significa o movimento de um elétron.

$$CH_2\dot{C}HCH_2CH_3 + H-\ddot{B}r: \longrightarrow CH_2-CHCH_2CH_3 + \cdot\ddot{B}r:$$
$$\;|\qquad\qquad\qquad\qquad\qquad\qquad\quad |\quad\;\; |$$
$$Br\qquad\qquad\qquad\qquad\qquad\qquad\; Br\; H$$

Quando HBr reage com um alceno na ausência de peróxido, o eletrófilo — a primeira espécie a se adicionar ao alceno — é H^+. Na presença de peróxido, o eletrófilo é Br·. Em ambos os casos, o eletrófilo se adiciona ao carbono sp^2 que estiver ligado ao maior número de hidrogênios, assim, as duas reações seguem a regra geral para reações de adição eletrofílica: *o eletrófilo se adiciona ao carbono* sp^2 *que estiver ligado ao maior número de hidrogênios*.

Como a adição de HBr na presença de peróxidos forma um radical intermediário no lugar de um carbocátion intermediário, o intermediário não se rearranja. Radicais não se rearranjam tão facilmente quanto os carbocátions.

$$\qquad CH_3 \qquad\qquad\qquad\qquad\qquad\qquad CH_3$$
$$\qquad |\qquad\qquad\qquad\qquad\qquad\qquad\quad |$$
$$CH_3CHCH=CH_2 + HBr \xrightarrow{\text{peróxido}} CH_3CHCH_2CH_2Br$$
$$\text{3-metil-1-buteno}\qquad\qquad\qquad\;\;\text{1-bromo-3-metilbutano}$$

o esqueleto carbônico não se rearranja

Radicais intermediários não rearranjam.

Como mencionado, as estabilidades relativas de radicais alquila primário, secundário e terciário apresentam a mesma ordem de estabilidade relativa dos carbocátions primário, secundário e terciário. Entretanto, as diferenças energéticas entre os radicais são bem menores do que entre os carbocátions.

mais estável
$$R \qquad\qquad R \qquad\qquad H \qquad\qquad H$$
$$|\qquad\qquad\;\; |\qquad\qquad\;\; |\qquad\qquad\;\; |$$
$$R-\dot{C}\cdot > R-\dot{C}\cdot > R-\dot{C}\cdot > H-\dot{C}\cdot$$
$$|\qquad\qquad\;\; |\qquad\qquad\;\; |\qquad\qquad\;\; |$$
$$R \qquad\qquad H \qquad\qquad H \qquad\qquad H$$
radical terciário   radical secundário   radical primário   radical metila

menos estável

As estabilidades relativas de radicais alquila primário, secundário e terciário são refletidas no estado de transição dos quais são formados (Seção 4.3). Conseqüentemente, o radical mais estável requer menos energia para ser obtido. Esse fato explica por que o radical bromo se adiciona ao carbono sp^2 do alceno que estiver ligado ao maior número de hidrogênios para formar o radical alquila secundário, em vez de se adicionar ao outro carbono sp^2 para formar um radical alquila primário. O radical secundário é mais estável do que o radical primário; portanto, a barreira energética para a sua formação é menor.

O mecanismo mostrado a seguir para a adição de HBr a um alceno na presença de peróxido envolve sete etapas. As etapas podem ser divididas em etapa de iniciação, etapa de propagação e etapa de terminação:

1. $R\ddot{O}-\ddot{O}R \longrightarrow 2\,R\ddot{O}\cdot$

2. $R\ddot{O}\cdot + H-\ddot{B}r: \longrightarrow R\ddot{O}H + \cdot\ddot{B}r:$

etapas de iniciação

$$\qquad CH_3 \qquad\qquad\qquad\qquad CH_3$$
$$\qquad |\qquad\qquad\qquad\qquad\quad |$$
3. $\;CH_3C=CH_2 + \cdot\ddot{B}r: \longrightarrow CH_3\dot{C}-CH_2$
$$\qquad\qquad\qquad\qquad\qquad\qquad\qquad |$$
$$\qquad\qquad\qquad\qquad\qquad\qquad\;\; :\ddot{B}r:$$

$$\qquad CH_3 \qquad\qquad\qquad\qquad\qquad CH_3$$
$$\qquad |\qquad\qquad\qquad\qquad\qquad\quad |$$
4. $\;CH_3\dot{C}-CH_2 + H-\ddot{B}r: \longrightarrow CH_3C-CH_2 + \cdot\ddot{B}r:$
$$\qquad |\qquad\qquad\qquad\qquad\qquad\quad |\quad\;\; |$$
$$\quad :\ddot{B}r:\qquad\qquad\qquad\qquad\qquad H\;\; :\ddot{B}r:$$

etapas de propagação

5. $:\ddot{B}r\cdot + \cdot\ddot{B}r: \longrightarrow :\ddot{B}r-\ddot{B}r:$

6. $CH_3\underset{CH_3}{\overset{CH_3}{C}}CH_2Br + :\ddot{B}r\cdot \longrightarrow CH_3\underset{:\ddot{B}r:}{\overset{CH_3}{C}}CH_2Br$ } etapas de terminação

7. $2\ CH_3\underset{CH_3}{C}CH_2Br \longrightarrow BrCH_2\underset{CH_3}{\overset{CH_3}{C}}-\underset{CH_3}{\overset{CH_3}{C}}CH_2Br$

- **Etapas de iniciação.** A primeira etapa é uma **etapa de iniciação** porque gera radicais. A segunda etapa também é uma etapa de iniciação porque forma o radical propagador de cadeia (Br·).

- **Etapas de propagação.** As etapas 3 e 4 são **etapas de propagação**. Na etapa 3, um radical (Br·) reage para produzir outro radical. Na etapa 4, o radical produzido na primeira etapa de propagação reage para formar o radical (Br·), que foi o reagente na primeira etapa propagadora. As duas etapas de propagação são repetidas diversas vezes. Dessa maneira, a reação é chamada **reação radicalar em cadeia**. A etapa de propagação é a etapa que propaga a cadeia reacional.

- **Etapas de terminação.** As etapas 5, 6 e 7 são **etapas de terminação**. Na etapa de terminação, dois radicais se combinam produzindo uma molécula na qual todos os elétrons estão emparelhados, assim finalizando o papel dos radicais na reação radicalar em cadeia. Os dois radicais presentes no meio reacional podem se combinar na etapa de terminação, por isso as reações radicalares produzem mistura de produtos.

PROBLEMA 26

Escreva as etapas propagadoras que ocorrem quando HBr se adiciona ao 1-metilciclo-hexeno na presença de peróxido.

Um peróxido de alquila é um **iniciador radicalar** porque gera radicais. Sem um peróxido, a reação radicalar anterior não ocorreria. Qualquer reação que ocorre na presença de um radical iniciador, mas não ocorre na sua ausência, deve sempre levar a um mecanismo que envolva a formação de radicais como intermediários. Qualquer substância que pode sofrer homólise rapidamente — dissociar-se em radicais — pode agir como um iniciador radicalar. Exemplos de iniciadores radicalares são mostrados na Tabela 28.3, no volume 2.

Enquanto radicais iniciadores favorecem a ocorrência de reações radicalares, **inibidores radicalares** produzem o efeito contrário: eles capturam os radicais quando estes são formados, prevenindo reações que envolvem mecanismos radicalares. A maneira de os radicais inibidores capturarem os radicais será discutida mais adiante, na Seção 9.8.

Um peróxido não tem efeito na adição de HCl ou HI a um alceno. Na presença de um peróxido, a adição ocorre como na ausência de peróxido.

$$CH_3CH=CH_2 + \boxed{HCl} \xrightarrow{\text{peróxido}} CH_3\underset{Cl}{C}HCH_3$$

$$CH_3\underset{}{\overset{CH_3}{C}}=CH_2 + \boxed{HI} \xrightarrow{\text{peróxido}} CH_3\underset{I}{\overset{CH_3}{C}}CH_3$$

Por que o **efeito peróxido** é observado para a adição de HBr, mas não para a adição de HCl ou HI? Esta pergunta pode ser respondida ao se calcular o $\Delta H°$ para as duas etapas de propagação na reação radicalar em cadeia (usando as energias de dissociação da Tabela 3.1).

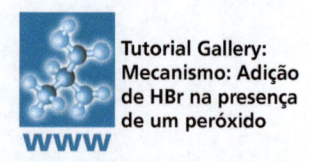

Para a adição radicalar de HCl, a primeira etapa de propagação é exotérmica e a segunda é endotérmica. Para uma adição radicalar de HI, a primeira etapa propagadora é endotérmica e a segunda é exotérmica. Somente na adição radicalar de HBr as duas etapas propagadoras são exotérmicas. Em uma reação radicalar, as etapas que propagam a reação em cadeia competem com as etapas que a terminam. As etapas terminais são sempre exotérmicas porque ocorre somente a formação de ligações (e não

Tutorial Gallery:
Mecanismo: Adição de HBr na presença de um peróxido
www

há quebra de ligações). Portanto, somente quando as duas etapas propagadoras são exotérmicas é que podem competir favoravelmente com as etapas terminais. Quando HCl ou HI se adiciona a um alceno na presença de um peróxido, qualquer reação iniciada é finalizada em vez de ser propagada porque a propagação não pode competir favoravelmente com as etapas de terminação. Conseqüentemente, as reações em cadeia não ocorrem, e teremos uma adição iônica (H^+ seguido por Cl^- ou I^-).

Cl· + CH_2=CH_2 ⟶ $ClCH_2\dot{C}H_2$ $\Delta H° = 63 - 85 = -22$ kcal/mol (ou -91 kJ/mol) ◁ exotérmica

$ClCH_2\dot{C}H_2$ + HCl ⟶ $ClCH_2CH_3$ + Cl· $\Delta H° = 103 - 101 = +2$ kcal/mol (ou $+8$ kJ/mol)

Br· + CH_2=CH_2 ⟶ $BrCH_2\dot{C}H_2$ $\Delta H° = 63 - 72 = -9$ kcal/mol (ou -38 kJ/mol) ◁ exotérmica

$BrCH_2\dot{C}H_2$ + HBr ⟶ $BrCH_2CH_3$ + Br· $\Delta H° = 87 - 101 = -14$ kcal/mol (ou -59 kJ/mol) ◁

I· + CH_2=CH_2 ⟶ $ICH_2\dot{C}H_2$ $\Delta H° = 63 - 57 = +6$ kcal/mol (ou $+25$ kJ/mol)

$ICH_2\dot{C}H_2$ + HI ⟶ ICH_2CH_3 + I· $\Delta H° = 71 - 101 = -30$ kcal/mol (ou -126 kJ/mol) ◁ exotérmica

4.11 Adição de hidrogênio • Estabilidade relativa de alcenos

Na presença de um catalisador metálico como platina, paládio ou níquel, o hidrogênio (H_2) se adiciona à ligação dupla de um alceno para formar um alcano. Sem o catalisador, a barreira energética para a reação seria enorme porque a ligação H—H é muito forte (Tabela 3.1). O catalisador diminui a energia de ativação rompendo a ligação H—H. Platina e paládio são usados em estado finamente dividido e adsorvidos em carvão (Pt/C, Pd/C). O catalisador de platina é freqüentemente usado na forma de PtO_2, o qual é conhecido como catalisador de Adams.

CH_3CH=$CHCH_3$ + H_2 $\xrightarrow{Pt/C}$ $CH_3CH_2CH_2CH_3$
2-buteno   butano

$CH_3C(CH_3)$=CH_2 + H_2 $\xrightarrow{Pd/C}$ $CH_3CH(CH_3)CH_3$
2-metilpropeno   2-metilpropano

ciclo-hexeno + H_2 $\xrightarrow{Ni}$ ciclo-hexano

A adição de hidrogênio é conhecida por **hidrogenação**. Como as reações anteriores requerem um catalisador, elas são exemplos de **hidrogenação catalítica**. Os catalisadores metálicos são insolúveis no meio reacional e, portanto, são classificados como **catalisadores heterogêneos**. Um catalisador heterogêneo pode facilmente ser separado do meio reacional por filtração. Logo, ele pode ser reciclado, o que é uma propriedade importante, uma vez que o catalisador metálico tende a ser muito caro.

Os detalhes do mecanismo da hidrogenação catalítica não são completamente compreendidos. Sabemos que o hidrogênio é adsorvido na superfície do metal e que o alceno se complexa com o metal sobrepondo seus orbitais p aos orbitais vazios do metal. As quebras das ligações π do alceno e a ligação σ do H_2, bem como a formação das ligações σ C—H, ocorrem na superfície do metal. O alcano produzido se difunde da superfície do metal ao ser formado (Figura 4.6).

Roger Adams (1889–1971)
nasceu em Boston. Tornou-se PhD pela Universidade de Harvard e foi professor de química na Universidade de Illinois. Ele e Sir Alexander Todd (Seção 27.1, volume 2) esclareceram a estrutura do tetraidrocabinol (THC), o princípio ativo na planta marijuana. A pesquisa de Adams mostrou que o teste normalmente usado naquela época pelo Federal Bureau of Narcotics para detectar maconha era realmente usado para detectar uma substância inócua presente na mistura.

170 QUÍMICA ORGÂNICA

moléculas de hidrogênio se aderem à superfície do catalisador e reagem com os átomos do metal

o alceno se aproxima da superfície do catalisador

a ligação π entre os dois carbonos é trocada por duas ligações σ C—H

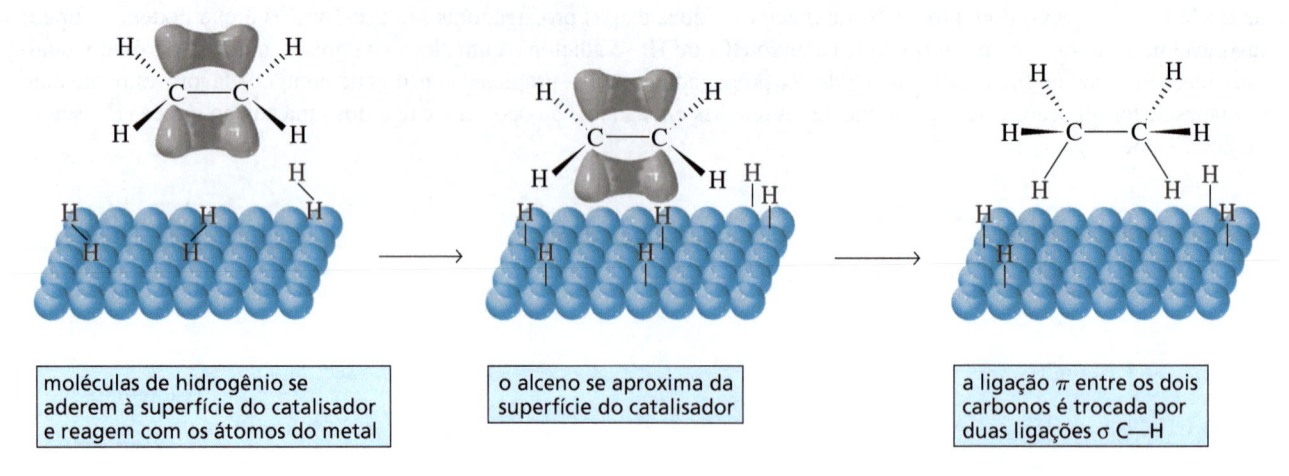

▲ **Figura 4.6** Hidrogenação catalítica de um alceno.

O calor liberado na reação de hidrogenação é chamado **calor de hidrogenação**. É comum fornecer um valor positivo. As reações de hidrogenação, portanto, são exotérmicas (apresentam um valor negativo de $\Delta H°$). Desse modo, o calor de hidrogenação é o valor positivo do $\Delta H°$ de reação.

	calor de hidrogenação	$\Delta H°$ kcal/mol	kJ/mol
$CH_3C=CHCH_3$ (com CH_3) + H_2 $\xrightarrow{Pt/C}$ $CH_3CHCH_2CH_3$ (com CH_3) **2-metil-2-buteno**	26,9 kcal/mol	–26,9	–113
$CH_2=CCH_2CH_3$ (com CH_3) + H_2 $\xrightarrow{Pt/C}$ $CH_3CHCH_2CH_3$ (com CH_3) **2-metil-1-buteno**	28,5 kcal/mol	–28,5	–119
$CH_3CHCH=CH_2$ (com CH_3) + H_2 $\xrightarrow{Pt/C}$ $CH_3CHCH_2CH_3$ (com CH_3) **3-metil-1-buteno**	30,3 kcal/mol	–30,3	–127

Como não sabemos o mecanismo preciso da reação de hidrogenação, não podemos desenhar o diagrama da coordenada de reação para ela. Podemos, entretanto, desenhar um diagrama que mostre as energias relativas dos reagentes e produtos (Figura 4.7). Nas três reações de hidrogenação mostradas anteriormente, são formados alcanos como produtos de reação, sendo a energia do *produto* a mesma para cada reação. As três reações, portanto, apresentam diferentes calores de hidrogenação; dessa maneira, os três *reagentes* devem ter diferentes energias. Por exemplo, 3-metil-1-buteno libera o maior calor, portanto ele deve ser o *menos* estável (tem maior energia) dos três alcenos. Ao contrário, o 2-metil-2-buteno libera o menor calor; logo, deve ser o *mais* estável dos três alcenos. Observe que quanto maior a estabilidade da substância, mais baixa é a sua energia e menor é seu calor de hidrogenação.

O alceno mais estável tem o menor calor de hidrogenação.

Se você observar as estruturas dos três alcenos que são reagentes na Figura 4.7, verá que o alceno mais estável tem dois substituintes alquila ligados a um carbono sp^2, e um substituinte alquila ligado ao outro carbono sp^2, perfazendo um total de três substituintes alquila (três grupos metila) ligados aos dois carbonos sp^2. O alceno de estabilidade intermediária tem um total de dois substituintes alquila (um grupo metila e um grupo etila) ligado aos seus carbonos sp^2, e o menos estável dos três alcenos tem apenas um substituinte alquila (um grupo isopropila) ligado aos carbonos sp^2. É visível que o substituinte alquila ligado aos carbonos sp^2 do alceno tem efeito estabilizador. Podemos, portanto, estabelecer o seguinte: *quanto maior o número de substituintes ligados aos carbonos* sp^2 *do alceno, maior é sua estabilidade* (alguns estudantes podem achar mais fácil observar o número de hidrogênios ligados aos carbonos sp^2. Em termos de hidrogênios, o estabelecido é: *quanto menor o número de hidrogênios ligados aos carbonos* sp^2 *do alceno, maior é sua estabilidade*).

CAPÍTULO 4 Reações de alcenos   171

menos estável — CH$_3$
CH$_3$CHCH=CH$_2$ CH$_2$=CCH$_2$CH$_3$ (CH$_3$)   CH$_3$C=CHCH$_3$ (CH$_3$) — mais estável

Potencial energético

$\Delta H° = -30,3$ kcal/mol $\Delta H° = -28,5$ kcal/mol $\Delta H° = -26,9$ kcal/mol

CH$_3$
CH$_3$CHCH$_2$CH$_3$

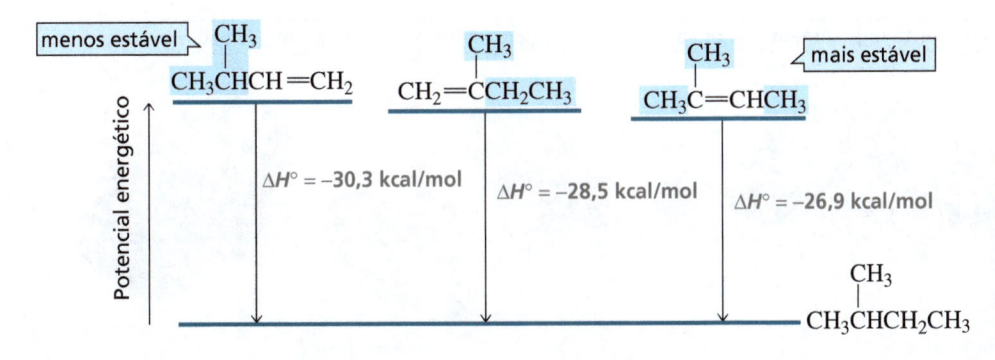

◀ **Figura 4.7**
Níveis de energia relativa (estabilidades) de três alcenos que podem ser hidrogenados cataliticamente ao 2-metilbutano.

Estabilidades relativas dos alcenos com substituintes alquila

mais estável

$R_2C=CR_2$ > $R_2C=CHR$ > $R_2C=CH_2$, $RHC=CHR$ > $RHC=CH_2$ menos estável

Quanto menor o número de hidrogênios ligados aos carbonos sp^2 de um alceno, mais estáveis eles são.

Substituintes alquila estabilizam alcenos e carbocátions.

PROBLEMA 27◆

O mesmo alcano é obtido a partir da reação de hidrogenação catalítica dos alcenos A e B. O calor de hidrogenação do alceno A é 29,8 kcal/mol (125 kJ/mol), e o calor de hidrogenação do alceno B é 31,4 kcal/mol (131 kJ/mol). Qual alceno é mais estável?

PROBLEMA 28◆

a. Qual das seguintes substâncias é mais estável?

(três estruturas de cicloexeno com substituintes CH$_2$CH$_3$)

b. Qual é a menos estável?
c. Qual tem o menor calor de hidrogenação?

A platina e o paládio são metais caros, por isso, depois que **Paul Sabatier (1854–1941)** *acidentalmente descobriu que o níquel, um metal muito barato, podia catalisar reações de hidrogenação, tornou-se fácil o processo industrial em larga escala para a hidrogenação. A conversão de óleos de plantas em margarinas é uma reação de hidrogenação. Sabatier nasceu na França e foi professor na Universidade de Tolouse. Recebeu o Prêmio Nobel de química em 1912 com Victor Grignard.*

O *trans*-2-buteno e o *cis*-2-buteno têm dois grupos alquila ligados aos seus carbonos sp^2, porém o *trans*-2-buteno possui um calor de hidrogenação menor. Isso significa que o isômero trans, no qual os substituintes maiores estão mais afastados, é mais estável do que o isômero cis, em que os substituintes maiores estão mais próximos.

	calor de hidrogenação	$\Delta H°$ kcal/mol	kJ/mol
trans-2-buteno + H$_2$ →(Pd/C) CH$_3$CH$_2$CH$_2$CH$_3$	27,6	−27,6	−115
cis-2-buteno + H$_2$ →(Pd/C) CH$_3$CH$_2$CH$_2$CH$_3$	28,6	−28,6	−120

Quando os substituintes volumosos estão do mesmo lado da molécula, as respectivas nuvens de elétrons podem interferir entre si, causando uma tensão na molécula e tornando-a menos estável. Você viu na Seção 2.11 que esse tipo de tensão é chamada *impedimento estérico*. Quando os substituintes volumosos estão em lados opostos da molécula, suas nuvens de elétrons não podem interagir, e a molécula tem impedimento estérico menor. (Veja as figuras a seguir em cores no encarte colorido.)

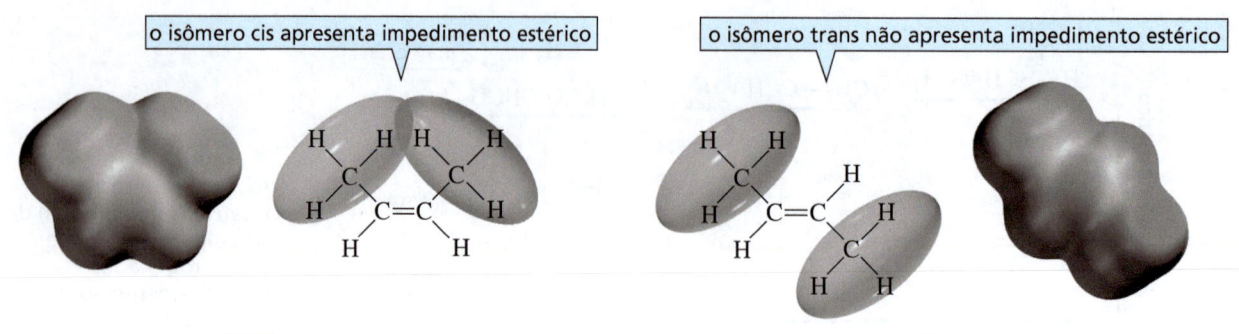

172 | QUÍMICA ORGÂNICA

o isômero cis apresenta impedimento estérico

o isômero trans não apresenta impedimento estérico

cis-2-buteno

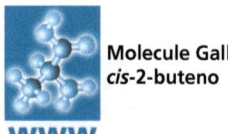

trans-2-buteno

Molecule Gallery:
cis-2-buteno
www

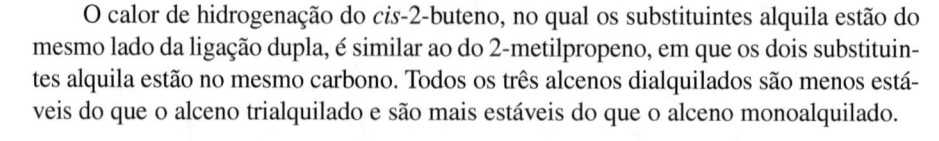

Molecule Gallery:
trans-2-buteno
www

O calor de hidrogenação do *cis*-2-buteno, no qual os substituintes alquila estão do mesmo lado da ligação dupla, é similar ao do 2-metilpropeno, em que os dois substituintes alquila estão no mesmo carbono. Todos os três alcenos dialquilados são menos estáveis do que o alceno trialquilado e são mais estáveis do que o alceno monoalquilado.

Estabilidades relativas de alcenos dialquilados

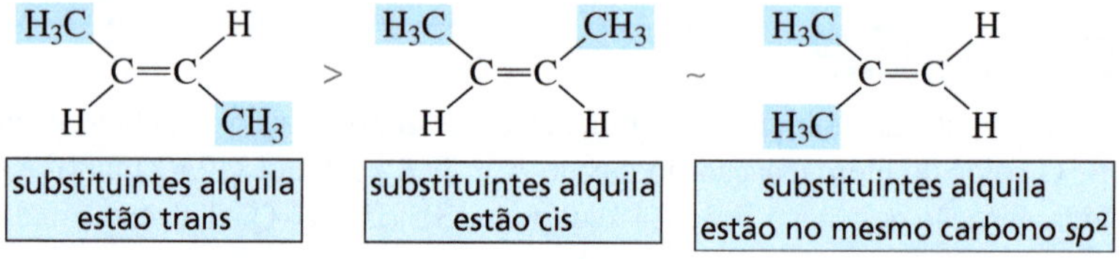

H_3C, H / $C=C$ / H, CH_3 > H_3C, CH_3 / $C=C$ / H, H ~ H_3C, H / $C=C$ / H_3C, H

| substituintes alquila estão trans | substituintes alquila estão cis | substituintes alquila estão no mesmo carbono sp^2 |

PROBLEMA 29◆

Ponha em ordem decrescente de estabilidade as seguintes substâncias:

trans-3-hexeno, *cis*-3-hexeno, 1-hexeno, *cis*-2,5-dimetil-3-hexeno

4.12 Reações e síntese

Este capítulo preocupou-se com as reações de alcenos. Você viu por que alcenos reagem, os tipos de reagentes com os quais ele reage, o mecanismo pelo qual as reações ocorrem e os produtos que são formados. É importante lembrar que, quando estiver estudando reações, você está estudando simultaneamente a síntese. Quando se aprende que a substância A reage com determinado reagente para formar a substância B, se está aprendendo não apenas sobre a reatividade de A, mas também sobre a maneira em que B pode ser sintetizado.

$$A \longrightarrow B$$

Por exemplo, você viu que os alcenos podem se adicionar a muitos reagentes diferentes e que, como resultado das adições desses reagentes, substâncias como haletos de alquila, dialetos vicinais, haloidrinas, alcoóis, éteres e alcanos são sintetizados.

Embora tenha visto como os alcenos reagem e aprendido sobre os tipos de substâncias que são sintetizadas quando os alcenos sofrem reações, você ainda não viu como os alcenos são sintetizados. As reações de alcenos envolvem a *adição* de átomos (ou grupos de átomos) ao carbono sp^2 da ligação dupla. As reações que levam a sínteses de alcenos são exatamente o oposto — envolvem a *eliminação* de átomos (ou grupos de átomos) de dois carbonos sp^3 adjacentes.

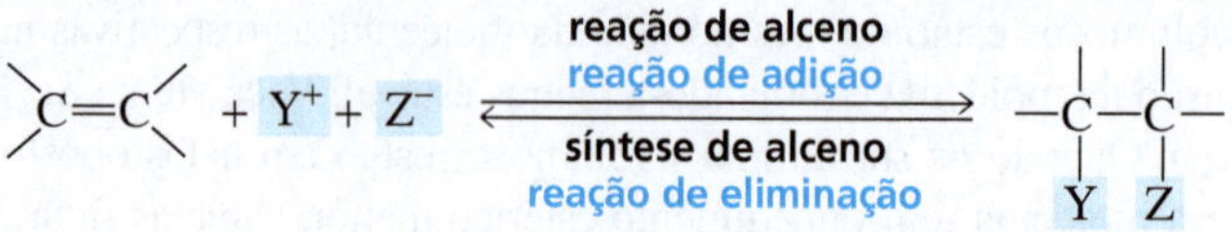

$$\ce{>C=C< + Y+ + Z- <=>[\text{reação de alceno}][\text{síntese de alceno}] -\underset{Y}{C}-\underset{Z}{C}-}$$

reação de alceno
reação de adição

síntese de alceno
reação de eliminação

CAPÍTULO 4 Reações de alcenos **173**

Você aprenderá como os alcenos são sintetizados ao estudar as substâncias que sofrem reações de eliminação. As várias reações que resultam na síntese de alcenos estão listadas no Apêndice IV.

PROBLEMA 30 RESOLVIDO

Partindo de um alceno, indique como cada uma das seguintes substâncias podem ser sintetizadas:

a. 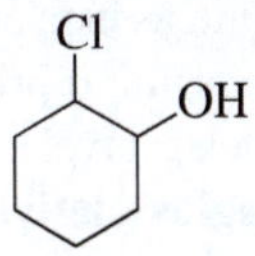 ciclo-hexano com Cl e OH em carbonos adjacentes

b. 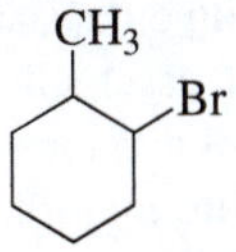 ciclo-hexano com CH$_3$ e Br em carbonos adjacentes

c. 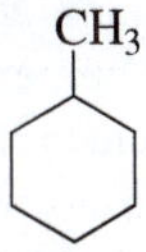 metilciclo-hexano

RESOLUÇÃO

a. O único alceno que pode ser usado para a síntese é o ciclo-hexeno. Para se conseguir os substituintes desejados no anel, o ciclo-hexeno deve reagir com Cl$_2$ em solução aquosa na qual o nucleófilo será a água.

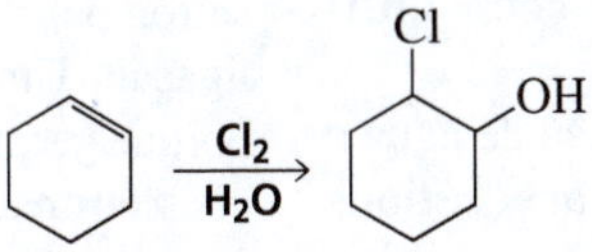

ciclo-hexeno $\xrightarrow{\text{Cl}_2 / \text{H}_2\text{O}}$ 2-cloro-ciclo-hexanol

b. O alceno que deve ser usado aqui é o 1-metilciclo-hexeno. Para se conseguir os substituintes nas posições desejadas, o eletrófilo na reação deve ser o bromo radicalar. Portanto, os reagentes necessários para reagir com o 1-metilciclo-hexeno são HBr e um peróxido.

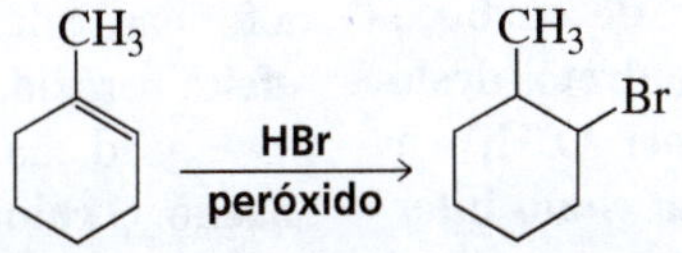

1-metilciclo-hexeno $\xrightarrow{\text{HBr, peróxido}}$ 1-metil-2-bromociclo-hexano

c. Na tentativa de sintetizar um alcano a partir de um alceno, o alceno deve sofrer uma reação de hidrogenação catalítica. Vários alcenos podem ser usados para esta síntese.

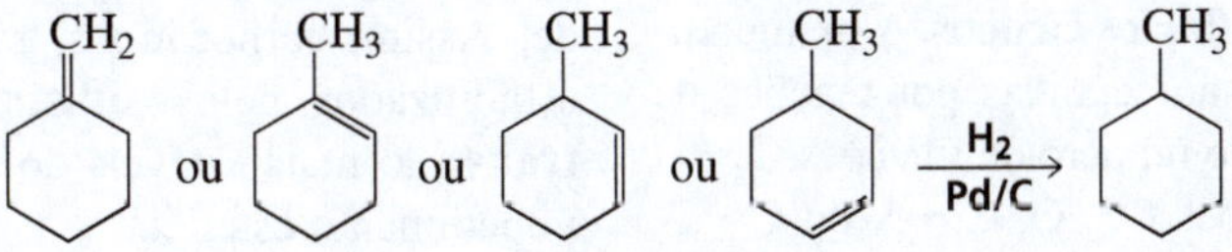

metilenociclo-hexano ou 1-metilciclo-hexeno ou 3-metilciclo-hexeno ou 4-metilciclo-hexeno $\xrightarrow{\text{H}_2 / \text{Pd/C}}$ metilciclo-hexano

PROBLEMA 31

Por que o 3-metilciclo-hexeno não é usado como material de partida no Problema 30b?

PROBLEMA 32

Partindo de um alceno, indique como cada uma das seguintes substâncias podem ser sintetizadas:

a. CH$_3$CHOCH$_3$
   |
   CH$_3$

b. CH$_3$CH$_2$CHCHCH$_3$
         | |
         Br   Br

c. ciclo-hexano-CH$_2$OH

d. ciclo-hexano com CH$_3$O e CH$_3$ no mesmo carbono

e. ciclo-hexano com Br e CH$_3$ no mesmo carbono

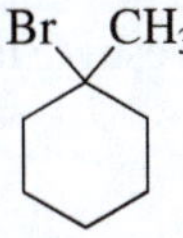

f. 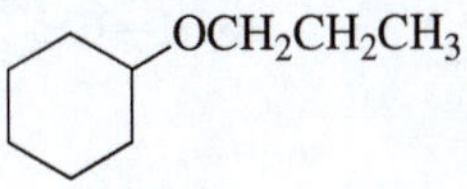 ciclo-hexano-OCH$_2$CH$_2$CH$_3$

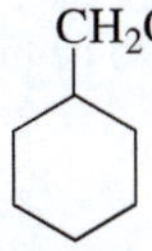

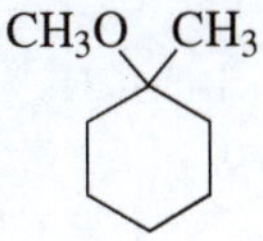

Resumo

Alcenos sofrem **reações de adição eletrofílica**. Cada reação parte da adição de um eletrófilo a um carbono sp^2 e finaliza com a adição de um nucleófilo ao outro carbono sp^2. Em todas as reações de adição eletrofílica o *eletrófilo* se adiciona ao carbono sp^2 ligado ao maior número de hidrogênios. A **regra de Markovnikov** estabelece que o hidrogênio se adiciona ao carbono sp^2 ligado ao maior número de hidrogênios. Enquanto todas as reações de adição fazem com que o eletrófilo se ligue ao carbono sp^2 ligado ao maior número de hidrogênios, estas reações não seguem a regra de Markovnikov, porque o eletrófilo não é um hidrogênio. A **hidroboração-oxidação** e a **adição de HBr** na presença de **peróxidos** são adições **anti-Markovnikov**.

A adição de haletos de hidrogênio e adição de água e de álcool, catalisadas por ácidos, formam **carbocátions como intermediários**. A **hiperconjugação** favorece a formação de **carbocátions terciários** por serem mais estáveis do que os **carbocátions secundários**, os quais são mais estáveis do que os **carbocátions primários**. Um carbocátion se rearranjará se ele se transformar em mais estável como resultado do rearranjo. **Rearranjos de carbocátions** ocorrem pelo **deslocamento 1,2 de hidreto**, **deslocamento 1,2 de metila** e **expansão de anel**. O HBr na presença de um peróxido forma um **radical como intermediário**. Os radicais intermediários não se rearranjam. A **hidroboração–oxidação** é uma **reação concertada** e não forma um **intermediário**.

A **oximercuração**, a **alcoximercuração** e a adição de Br_2 e Cl_2 formam **intermediários cíclicos**. A oximercuração e a alcoximercuração são seguidas por reações de redução. A **redução** aumenta o número de ligações C—H e diminui o número de ligações C—O, C—N ou C—X (onde X representa um halogênio). A **hidroboração** é seguida por uma reação de oxidação. A **oxidação** diminui o número de ligações C—H ou aumenta o número de ligações C—O, C—N ou C—X (onde, mais uma vez, X representa o halogênio).

O **postulado de Hammond** estabelece que o **estado de transição** é mais similar estruturalmente às espécies as quais ele se assemelha energeticamente. Assim, o produto mais estável terá o estado de transição mais estável e levará ao produto majoritário da reação. A **regiosseletividade** é a formação preferencial de um **isômero constitucional** em relação a outro.

Na **clivagem heterolítica** de ligação, uma ligação se quebra, e os dois elétrons da ligação ficam com um dos átomos; em uma **clivagem homolítica** de ligação, uma ligação se rompe, e cada um dos dois átomos retém um elétron da ligação. Um peróxido de alquila é um **radical iniciador** porque gera radicais. **Reações de adição radicalar** são **reações em cadeia** com **etapas de iniciação**, **propagação** e **terminação**. Os radicais são estabilizados por grupos doadores de elétrons. Portanto, um **radical alquila terciário** é mais estável do que um **radical alquila secundário**, que é mais estável do que um **radical alquila primário**. Um **peróxido** inverte a ordem de adição de H e Br porque causa a formação de Br•, no lugar de H^+, para ser o eletrófilo. O **efeito** peróxido é observado apenas para a adição de HBr.

A adição de H_2 em uma reação é chamada **hidrogenação**. O **calor de hidrogenação** é o calor liberado na reação de hidrogenação. Quanto *maior* a estabilidade de uma substância, *mais baixa* é sua *energia* e menor é seu *calor de hidrogenação*. O maior número de grupos alquila ligados ao carbono sp^2 de um alceno aumenta a sua estabilidade. Assim, carbocátions, radicais alquila e alcenos são estabilizados pelos **substituintes alquila**. Os **alcenos trans** são mais estáveis do que os **alcenos cis** devido ao impedimento estérico.

As reações de adição eletrofílica a alcenos levam à **síntese** de **haletos de alquila**, **dialetos vicinais**, **haloidrinas**, **alcoóis**, **éteres** e **alcanos**.

Resumo de reações

Como você revisou as reações de alcenos, memorize os fatores que são comuns a elas: a primeira etapa de cada reação é a adição de um eletrófilo ao carbono sp^2 do alceno que estiver ligado ao maior número de hidrogênios.

1. Reações de adição eletrofílica

    a. Adição de haletos de hidrogênio (H^+ é o eletrófilo; Seção 4.1)

$$RCH=CH_2 + HX \longrightarrow RCHCH_3$$
$$|$$
$$X$$

HX = HF, HCl, HBr, HI

b. Adição de brometo de hidrogênio na presença de peróxido (Br• é o eletrófilo; Seção 4.10)

$$RCH=CH_2 + HBr \xrightarrow{peróxido} RCH_2CH_2Br$$

c. Adição de halogênio (Br$^+$ ou Cl$^+$ é o eletrófilo; Seção 4.7)

$$RCH=CH_2 + Cl_2 \xrightarrow{CH_2Cl_2} RCHCH_2Cl$$
$$\qquad\qquad\qquad\qquad\qquad |$$
$$\qquad\qquad\qquad\qquad\qquad Cl$$

$$RCH=CH_2 + Br_2 \xrightarrow{CH_2Cl_2} RCHCH_2Br$$
$$\qquad\qquad\qquad\qquad\qquad |$$
$$\qquad\qquad\qquad\qquad\qquad Br$$

$$RCH=CH_2 + Br_2 \xrightarrow{H_2O} RCHCH_2Br$$
$$\qquad\qquad\qquad\qquad\qquad |$$
$$\qquad\qquad\qquad\qquad\qquad OH$$

d. Adição de água e álcool catalisada por ácidos (H$^+$ é o eletrófilo; Seção 4.5)

$$RCH=CH_2 + H_2O \xrightleftharpoons{H^+} RCHCH_3$$
$$\qquad\qquad\qquad\qquad\qquad |$$
$$\qquad\qquad\qquad\qquad\qquad OH$$

$$RCH=CH_2 + CH_3OH \xrightleftharpoons{H^+} RCHCH_3$$
$$\qquad\qquad\qquad\qquad\qquad\qquad |$$
$$\qquad\qquad\qquad\qquad\qquad\qquad OCH_3$$

e. Adição de água e alcoóis: oximercuração–redução e alcoximercuração–redução (Hg é o eletrófilo e é substituído pelo H na segunda etapa; Seção 4.8)

$$RCH=CH_2 \xrightarrow[\text{2. NaBH}_4]{\text{1. Hg(OAc)}_2, H_2O, THF} RCHCH_3$$
$$\qquad\qquad\qquad\qquad\qquad\qquad |$$
$$\qquad\qquad\qquad\qquad\qquad\qquad OH$$

$$RCH=CH_2 \xrightarrow[\text{2. NaBH}_4]{\text{1. Hg(O}_2CCF_3)_2, CH_3OH} RCHCH_3$$
$$\qquad\qquad\qquad\qquad\qquad\qquad |$$
$$\qquad\qquad\qquad\qquad\qquad\qquad OCH_3$$

f. Hidroboração–oxidação (B é o eletrófilo e é substituído na segunda etapa por OH; Seção 4.9)

$$RCH=CH_2 \xrightarrow[\text{2. HO}^-, H_2O_2, H_2O]{\text{1. BH}_3/THF} RCH_2CH_2OH$$

2. Adição de hidrogênio (H• é o eletrófilo; Seção 4.11).

$$RCH=CH_2 + H_2 \xrightarrow{Pd/C, Pt/C, ou Ni} RCH_2CH_3$$

Palavras-chave

alcoximercuração–redução (p. 161)
calor de hidrogenação (p. 170)
carbeno (p. 165)
carbocátion primário (p. 142)
carbocátion secundário (p. 142)
carbocátion terciário (p. 142)
catalisador (p. 151)
catalisador heterogêneo (p. 169)
clivagem heterolítica da ligação (p. 166)
clivagem homolítica da ligação (p. 166)

deslocamento 1,2 de hidreto (p. 154)
deslocamento 1,2 de metila (p. 154)
dímero (p. 162)
efeito estérico (p. 163)
efeito peróxido (p. 168)
eletrófilo (p. 147)
etapa de iniciação (p. 168)
etapa de propagação (p. 168)
etapa de terminação (p. 168)
haloidrina (p. 158)

heterólise (p. 166)
hidratação (p. 150)
hidroboração–oxidação (p. 161)
hidrogenação (p. 169)
hidrogenação catalítica (p. 169)
hiperconjugação (p. 142)
homólise (p. 166)
impedimento estérico (p. 164)
inibidor radicalar (p. 168)
iniciador radicalar (p. 168)

isômeros constitucionais (p. 146)
mecanismo de reação (p. 141)
oximercuração–redução (p. 160)
postulado de Hammond (p. 144)
radical (p. 166)
radical alquila primário (p. 166)
radical alquila secundário (p. 166)

radical alquila terciário (p. 166)
radical livre (p. 166)
reação catalisada por ácido (p. 151)
reação concertada (p. 163)
reação de adição eletrofílica (p. 140)
reação de adição de Markovnikov (p. 147)

reação de adição radicalar (p. 167)
reação de redução (p. 160)
reação pericíclica (p. 163)
reação radicalar em cadeia (p. 168)
reação regiosseletiva (p. 146)
rearranjo de carbocátion (p. 154)
regra de Markovnikov (p. 147)

Problemas

33. Dê o produto majoritário para cada uma das seguintes reações:

a. [ciclohexeno com substituinte CH₂CH₃] + HBr ⟶

b. $CH_2=\underset{\underset{\displaystyle }{\,}}{\overset{\overset{\displaystyle CH_3}{|}}{C}}CH_2CH_3$ + HBr ⟶

c. [ciclohexano com substituinte CH=CH₂] + HBr ⟶

d. $CH_3CH_2\underset{\underset{\displaystyle CH_3}{|}}{\overset{\overset{\displaystyle CH_3}{|}}{C}}CH=CH_2$ + HBr ⟶

34. Identifique o eletrófilo e o nucleófilo em cada uma das seguintes etapas de reação. A seguir desenhe setas curvas para ilustrar a formação e quebra de ligações no processo.

a. $CH_3\overset{+}{C}HCH_3$ + :Ċl:⁻ ⟶ $CH_3\underset{\underset{\displaystyle :\ddot{C}l:}{|}}{C}HCH_3$

b. $CH_3CH=CH_2$ + :B̈r· ⟶ $CH_3\overset{\cdot}{C}HCH_2\ddot{B}r:$

c. $CH_3\underset{\underset{\displaystyle CH_3}{|}}{\overset{\overset{\displaystyle CH_3}{|}}{\overset{+}{C}}}$ + $CH_3\ddot{O}H$ ⟶ $CH_3\underset{\underset{\displaystyle CH_3}{|}}{\overset{\overset{\displaystyle CH_3}{|}}{C}}-\underset{\underset{\displaystyle H}{}}{\overset{+}{\ddot{O}}}CH_3$

35. Qual seria o produto majoritário da reação 2-metil-2-buteno com cada um dos seguintes reagentes?
    a. HBr
    b. HBr + peróxido
    c. HI
    d. HI + peróxido
    e. ICl
    f. H₂/Pd
    g. Br₂ + excesso de NaCl
    h. Hg(OAc)₂, H₂O; seguido por NaBH₄
    i. H₂O + traços de HCl
    j. Br₂/CH₂Cl₂
    l. Br₂/H₂O
    m. Br₂/CH₃OH
    n. BH₃/THF; seguido por H₂O₂/HO⁻
    o. Hg(O₂CCF₃)₂ + CH₃OH; seguido por NaBH₄

36. Qual das seguintes substâncias é mais estável?

3,4-dimetil-2-hexeno; 2,3-dimetil-2-hexeno; 4,5-dimetil-2-hexeno

Qual você esperaria ter o maior calor de hidrogenação? Qual você esperaria ter o calor de hidrogenação mais baixo?

CAPÍTULO 4   Reações de alcenos   **177**

37. Quando o 3-metil-1-buteno reage com HBr, dois haletos de alquila são formados: 2-bromo-3-metilbutano e 2-bromo-2-metilbutano. Proponha um mecanismo que explique a formação desses produtos.

38. O Problema 30 do Capítulo 3 perguntou quais são as estruturas de todos os alcenos com fórmula molecular C_6H_{12}. Use aquelas estruturas para responder às seguintes perguntas:
    a. Qual das substâncias é a mais estável?
    b. Qual das substâncias é a menos estável?

39. Desenhe setas curvas para mostrar o fluxo de elétrons responsáveis para a conversão de reagentes em produtos.

   a. 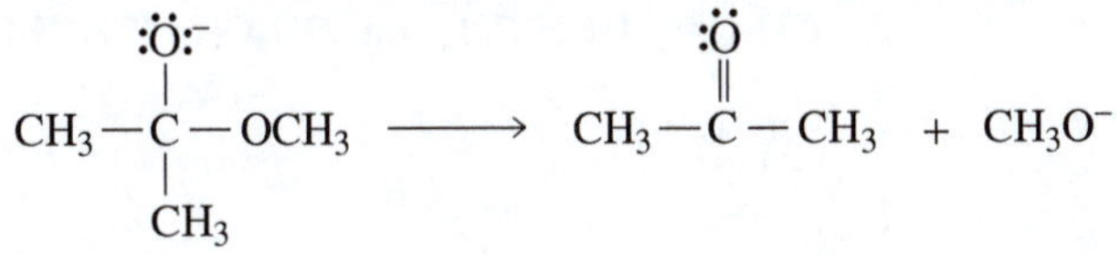 $CH_3-\underset{\underset{CH_3}{|}}{\overset{\overset{:\ddot{O}:^-}{|}}{C}}-OCH_3 \longrightarrow CH_3-\overset{\overset{:\ddot{O}}{\|}}{C}-CH_3 + CH_3O^-$

   b. $CH_3C\equiv C-H + {:}\ddot{N}H_2 \longrightarrow CH_3C\equiv C^- + \ddot{N}H_3$

   c. $CH_3CH_2-Br + CH_3\ddot{\underset{..}{O}}:^- \longrightarrow CH_3CH_2-\ddot{O}CH_3 + Br^-$

40. Dê os reagentes que seriam necessários para realizar as seguintes sínteses:

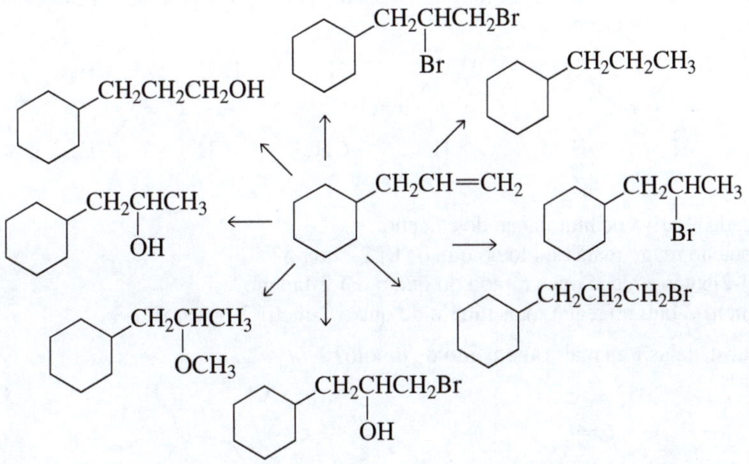

    [esquema de sínteses com ciclohexano e substituintes: CH₂CH₂CH₂OH, CH₂CHCH₂Br com Br, CH₂CH₂CH₃, CH₂CHCH₃ com OH, CH₂CH=CH₂ (centro), CH₂CHCH₃ com Br, CH₂CHCH₃ com OCH₃, CH₂CH₂CH₂Br, CH₂CHCH₂Br com OH]

41. Para cada um dos pares de ligações, qual apresenta maior força? Explique brevemente sua resposta.
    a. $CH_3{-}Cl$ ou $CH_3{-}Br$
    b. $CH_3CH_2CH_2{-}H$ ou CH_3CHCH_3 com H
    c. $CH_3{-}CH_3$ ou $CH_3{-}CH_2CH_3$
    d. $I{-}Br$ ou $Br{-}Br$

42. Dê os produtos majoritários para cada uma das seguintes reações:
    a. ciclohexeno $\xrightarrow{HCl}$
    b. ciclohexeno $\xrightarrow{Br_2/CH_3OH}$
    c. metilciclohexeno $\xrightarrow{H_2O}$
    d. metilciclohexeno $\xrightarrow{H^+/H_2O}$
    e. ciclohexeno $\xrightarrow{HBr/peróxido}$
    f. metilciclohexeno $\xrightarrow{HBr}$
    g. ciclohexeno $\xrightarrow{Cl_2/H_2O}$
    h. ciclohexeno $\xrightarrow{Cl_2/CH_2Cl_2}$
    i. metilciclohexeno $\xrightarrow{H^+/CH_3OH}$
    j. metilciclohexeno $\xrightarrow{HCl/peróxido}$

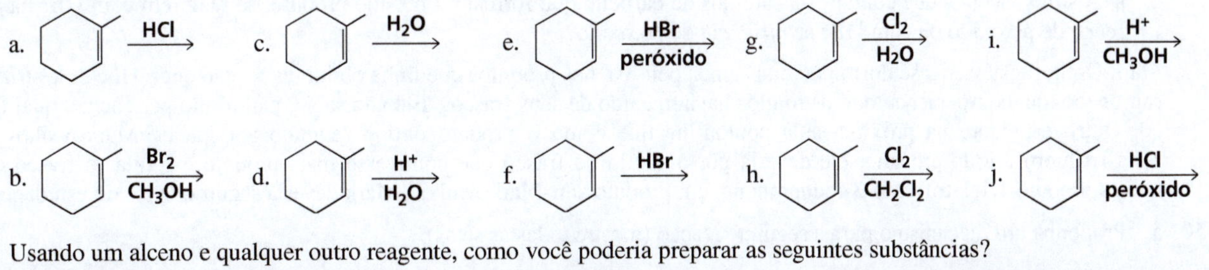

43. Usando um alceno e qualquer outro reagente, como você poderia preparar as seguintes substâncias?
    a.  ciclohexano
    b. $CH_3CH_2CH_2\underset{\underset{Cl}{|}}{C}HCH_3$
    c. 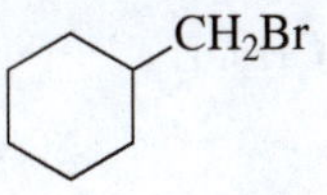 ciclohexil-CH_2Br
    d. 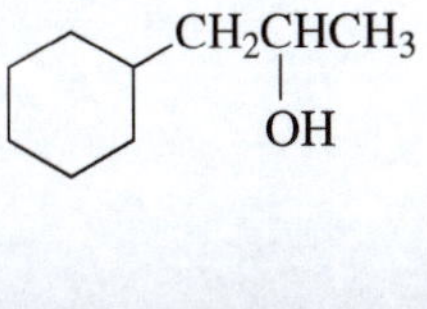 ciclohexil-CH_2CHCH_3 com OH
    e. $CH_3CH_2\underset{\underset{Br}{|}}{C}H\underset{\underset{OH}{|}}{C}HCH_2CH_3$
    f. $CH_3CH_2\underset{\underset{Br}{|}}{C}H\underset{\underset{Cl}{|}}{C}HCH_2CH_3$

178 QUÍMICA ORGÂNICA

44. Existem dois alcenos que reagem com HBr para fornecer 1-bromo-1-metilcicloexano.
    a. Identifique os alcenos.
    b. Os dois alcenos forneceriam os mesmos produtos se reagissem com HBr/peróxido?
    c. Com HCl?
    d. Com HCl/peróxido?

45. Para cada um dos seguintes pares, indique qual dos dois é mais estável:

    a. $CH_3\overset{CH_3}{\underset{+}{C}}CH_3$ ou $CH_3\overset{+}{C}HCH_2CH_3$

    e. $CH_3\overset{CH_3}{\underset{|}{C}}=CHCH_2CH_3$ ou $CH_3CH=\overset{CH_3}{\underset{|}{C}}HCHCH_3$

    b. $CH_3\overset{CH_3}{\underset{|}{\underset{CH_3}{\overset{|}{C}}}}\dot{C}H_2$ ou $CH_3\dot{C}HCH_2CH_3$

    f. (cicloexeno com CH₃) ou (cicloexeno com CH₃)

    c. $CH_3\overset{+}{C}HCH_3$ ou $CH_3\overset{+}{C}HCH_2Cl$

    g. $CH_3\overset{+}{C}HCHCH_3$ $\underset{Cl}{|}$ ou $CH_3\overset{+}{C}HCH_2CH_2$ $\underset{Cl}{|}$

    d. $CH_3CH_2CH_2\dot{C}HCH_3$ ou $CH_3CH_2CH_2CH_2\dot{C}H_2$

46. A constante de velocidade de segunda ordem (em unidades de $M^{-1}s^{-1}$) para a hidratação catalisada por ácido a 25 °C é dada para cada um dos seguintes alcenos:

$\underset{H}{\overset{H_3C}{>}}C=CH_2$	$\underset{H}{\overset{H_3C}{>}}C=\underset{H}{\overset{CH_3}{<}}$	$\underset{H}{\overset{H_3C}{>}}C=\underset{CH_3}{\overset{H}{<}}$	$\underset{H}{\overset{H_3C}{>}}C=\underset{CH_3}{\overset{CH_3}{<}}$	$\underset{H_3C}{\overset{H_3C}{>}}C=\underset{CH_3}{\overset{CH_3}{<}}$
$4{,}95 \times 10^{-8}$	$8{,}32 \times 10^{-8}$	$3{,}51 \times 10^{-8}$	$2{,}15 \times 10^{-4}$	$3{,}42 \times 10^{-4}$

    a. Calcule a velocidade relativa de hidratação dos alcenos.
    b. Por que o (Z)-2-buteno reage mais rápido do que o (E)-2-buteno?
    c. Por que o 2-metil-2-buteno reage mais rápido do que o (Z)-2-buteno?
    d. Por que o 2,3-dimetil-2-buteno reage mais rápido do que o 2-metil-2-buteno?

47. Qual das seguintes substâncias tem maior momento de dipolo?

    a. $\underset{H}{\overset{Cl}{>}}C=\underset{Cl}{\overset{H}{<}}$ ou $\underset{H}{\overset{H}{>}}C=\underset{Cl}{\overset{H}{<}}$

    c. $\underset{H}{\overset{Cl}{>}}C=\underset{CH_3}{\overset{H}{<}}$ ou $\underset{H}{\overset{Cl}{>}}C=\underset{H}{\overset{CH_3}{<}}$

    b. $\underset{H}{\overset{Cl}{>}}C=\underset{CH_3}{\overset{H}{<}}$ ou $\underset{H}{\overset{Cl}{>}}C=\underset{H}{\overset{H}{<}}$

48. a. Qual seria o alceno com cinco carbonos que formaria o mesmo produto se reagissem com HBr na *presença* de um peróxido ou com HBr na *ausência* de um peróxido?
    b. Dê os três alcenos que contêm seis átomos de carbono que formam o mesmo produto, se reagirem com HBr na *presença* de peróxido ou com HBr na *ausência* de peróxido?

49. Mark Onikoff estava quase dormindo, mas ainda pensava nos produtos que tinha obtido da reação entre HI e 3,3,3-trifluoropropeno, quando percebeu que os rótulos haviam caído de seus frascos. Ele não sabia qual rótulo pertencia a qual frasco. Outro estudante na próxima aula contou-lhe que como o produto obtido segundo a regra de Markovnikov era 1,1,1-trifluoro-2-iodo-propano, ele deveria pôr o rótulo no frasco que contivesse mais produto e rotular o frasco com menos produto 1,1,1-trifluoro-3-iodopropano, um produto anti-Markovnikov. Mark deveria seguir o aviso do estudante?

50. a. Proponha um mecanismo para a seguinte reação (mostre todas as setas):

    $$CH_3CH_2CH=CH_2 + CH_3OH \xrightarrow{H^+} CH_3CH_2\underset{\underset{OCH_3}{|}}{C}HCH_3$$

    b. Qual é a etapa determinante da velocidade?
    c. Qual é o eletrófilo na primeira etapa?

d. Qual é o nucleófilo na primeira etapa?
e. Qual é o eletrófilo na segunda etapa?
f. Qual é o nucleófilo na segunda etapa?

51. a. Qual o produto obtido da reação entre HCl e 1-buteno? E da com 2-buteno?
b. Qual das duas reações tem a maior energia de ativação?
c. Qual dos dois alcenos reage mais rapidamente com HCl?
d. Qual substância reage mais rapidamente com HCl, o (Z)-2-buteno ou o (E)-2-buteno?

52. a. Quantos alcenos você poderia tratar com H_2/Pt na tentativa de preparar metilciclopentano?
b. Qual dos alcenos é mais estável?
c. Qual dos reagentes tem o menor calor de hidrogenação?

53. a. Proponha um mecanismo para a seguinte reação:

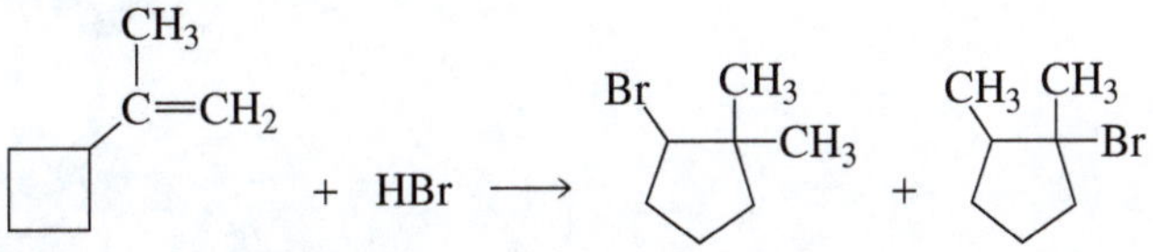

b. O carbocátion inicialmente formado é primário, secundário ou terciário?
c. O carbocátion rearranjado é primário, secundário ou terciário?
d. Por que ocorre o rearranjo?

54. Quando a seguinte substância é hidratada na presença de ácido, o alceno que não reagiu se encontra com o átomo de deutério retido.

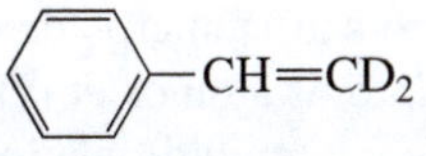

O que o estabelecido anteriormente indica sobre o mecanismo de hidratação?

55. Proponha um mecanismo para cada uma das seguintes reações:

a.

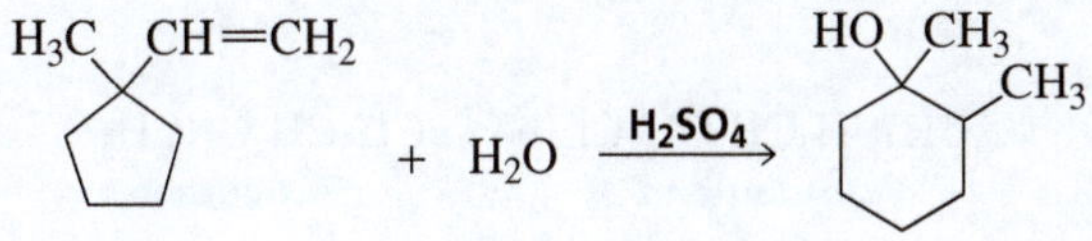

b.

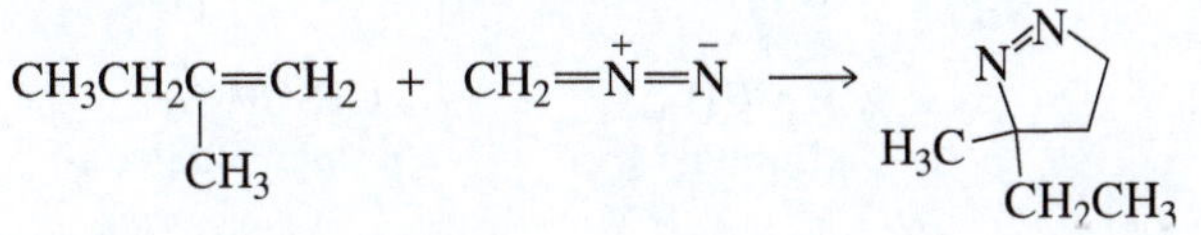

c.

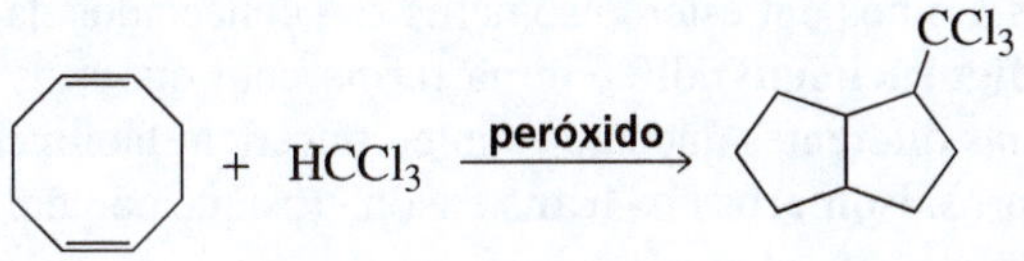

56. a. O diclorocarbeno pode ser gerado ao se aquecer clorofórmio com HO^-. Proponha um mecanismo para a reação.

$$CHCl_3 + HO^- \xrightarrow{\Delta} Cl_2C: + H_2O + Cl^-$$
clorofórmio   diclorocarbeno

b. O diclorocarbeno também pode ser gerado ao se aquecer trifluoroacetato de sódio. Proponha um mecanismo para a reação.

$$Cl_3CCO^-Na^+ \xrightarrow{\Delta} Cl_2C: + CO_2 + Na^+Cl^-$$
tricloroacetato de sódio

5 Estereoquímica
Arranjo dos átomos no espaço; estereoquímica de reações de adição

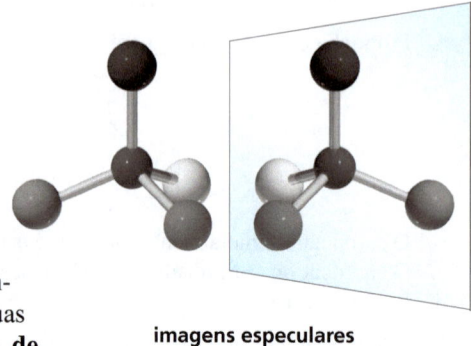

imagens especulares não superponíveis

Substâncias que têm a mesma fórmula molecular, mas não são idênticas, são chamadas **isômeros**. Os isômeros dividem-se em duas classes: *isômeros de constituição* e *estereoisômeros*. **Isômeros de constituição** diferem na maneira com que seus átomos estão conectados (Seção 2.0). Por exemplo, etanol e éter dimetílico são isômeros de constituição, pois têm a mesma formula molecular, C_2H_6O, no entanto os átomos em cada substância estão conectados de forma diferente. O oxigênio no etanol está ligado a um carbono e a um hidrogênio, enquanto o oxigênio no éter dimetílico está ligado a dois carbonos.

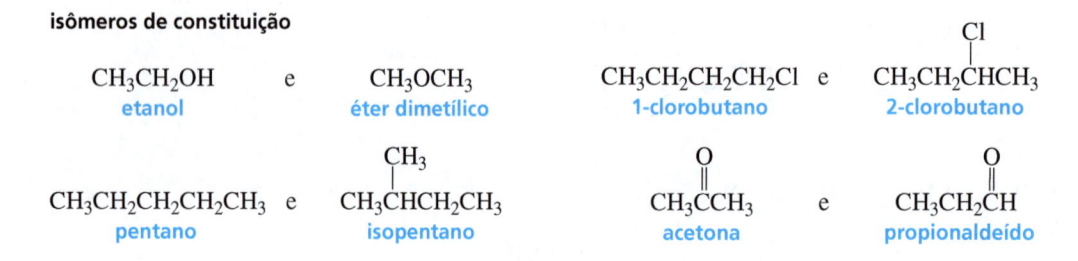

isômeros de constituição

CH_3CH_2OH e CH_3OCH_3
etanol — éter dimetílico

$CH_3CH_2CH_2CH_2Cl$ e $CH_3CH_2CHClCH_3$
1-clorobutano — 2-clorobutano

$CH_3CH_2CH_2CH_2CH_3$ e $CH_3CH(CH_3)CH_2CH_3$
pentano — isopentano

CH_3COCH_3 e CH_3CH_2CHO
acetona — propionaldeído

Ao contrário dos átomos nos isômeros constitucionais, os átomos em estereoisômeros são conectados da mesma maneira. **Estereoisômeros** (também chamados **isômeros configuracionais**) diferem na forma com que seus átomos estão organizados no espaço. Os estereoisômeros são substâncias diferentes que não se interconvertem facilmente. Por essa razão, podem ser separados. Há dois tipos de estereoisômeros: **isômeros cis–trans** e isômeros que contêm centros quirais.

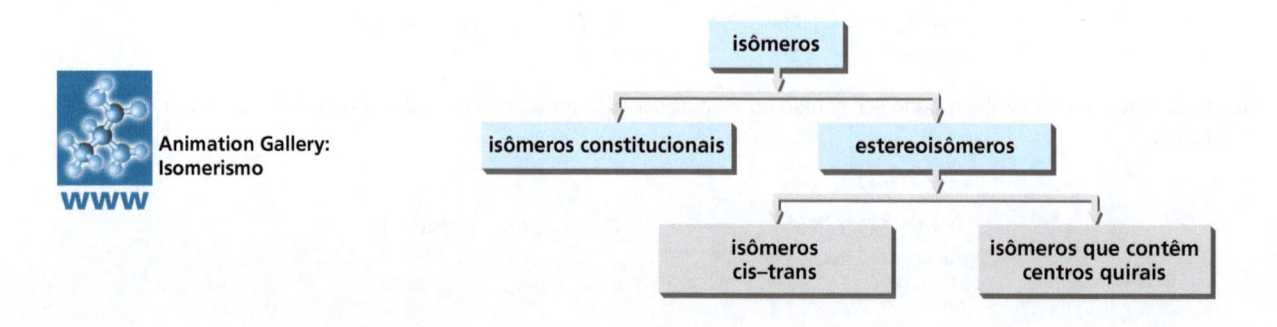

Animation Gallery: Isomerismo

isômeros
├── isômeros constitucionais
└── estereoisômeros
    ├── isômeros cis–trans
    └── isômeros que contêm centros quirais

CAPÍTULO 5 Estereoquímica | 181

PROBLEMA 1◆

a. Desenhe três isômeros constitucionais com a fórmula molecular C_3H_8O.
b. Quantos isômeros constitucionais você pode desenhar para $C_4H_{10}O$?

5.1 Isômeros cis–trans

Os isômeros cis–trans (também chamados **isômeros geométricos**) resultam de rotação limitada (Seção 3.4). A rotação limitada pode ser causada tanto por uma ligação dupla quanto por uma estrutura cíclica. Como resultado dessa rotação limitada sobre uma ligação dupla, um alceno como o 2-penteno pode existir como isômeros cis e trans. O **isômero cis** tem os hidrogênios *do mesmo lado* na ligação dupla, enquanto o **isômero trans** tem os hidrogênios *em lados opostos* na ligação dupla.

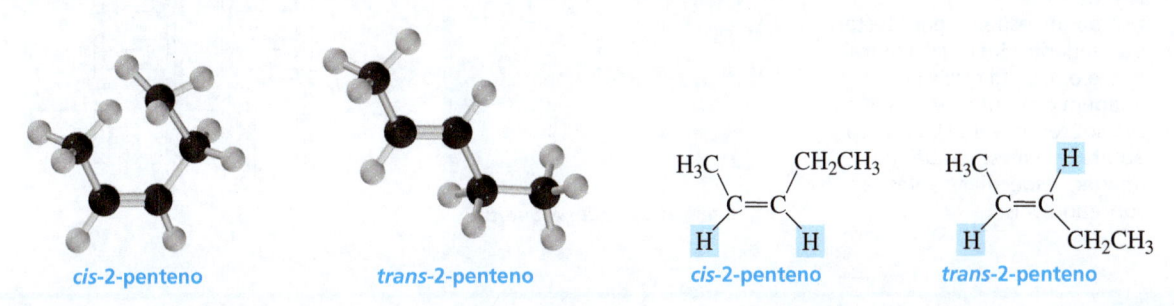

cis-2-penteno   *trans*-2-penteno   *cis*-2-penteno   *trans*-2-penteno

Substâncias cíclicas também podem ter isômeros cis e trans (Seção 2.14). O isômero cis tem os hidrogênios do mesmo lado do anel, enquanto o isômero trans tem os hidrogênios em lados opostos do anel.

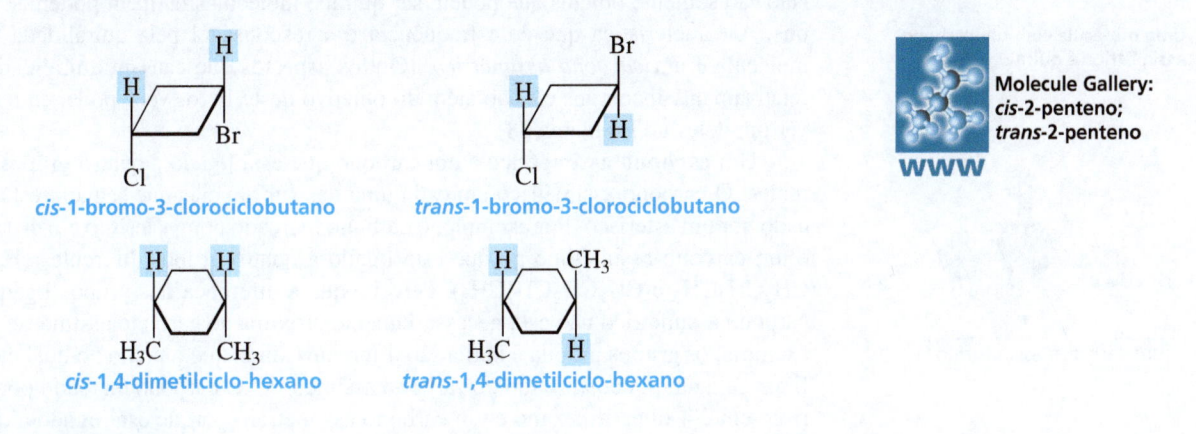

cis-1-bromo-3-clorociclobutano   *trans*-1-bromo-3-clorociclobutano

cis-1,4-dimetilciclo-hexano   *trans*-1,4-dimetilciclo-hexano

Molecule Gallery:
cis-2-penteno;
trans-2-penteno

PROBLEMA 2

Desenhe os isômeros cis e trans para as seguintes substâncias:

a. 1-etil-3-metilciclobutano
b. 2-metil-3-hepteno
c. 1-bromo-4-clorociclo-hexano
d. 1,3-dibromociclobutano

5.2 Quiralidade

Por que você não pode calçar o sapato direito no pé esquerdo? Por que não pode calçar a luva direta na mão esquerda? Porque mãos, pés, luvas e sapatos têm formas direita e esquerda. Um objeto que tem forma direita e forma esquerda é chamado **quiral**. "Quiral" vem da palavra grega *cheir*, que significa "mão".

182 QUÍMICA ORGÂNICA

Um objeto quiral tem *imagem especular não sobreponível*. Em outras palavras, sua imagem especular não é o que parece ser. Uma mão é quiral porque quando você olha para sua mão esquerda num espelho não é a mão esquerda que você vê, e sim a mão direita (Figura 5.1). Ao contrário, uma cadeira não é quiral — ela aparece igual no espelho. Objetos que não são quirais são conhecidos como **aquirais**. Um objeto aquiral tem *imagem especular sobreponível*. Como alguns exemplos de outros objetos aquirais podemos apresentar: mesa, garfo e copo.

PROBLEMA 3◆

a. Dê o nome de cinco letras maiúsculas que sejam quirais.   b. Dê o nome de cinco letras maiúsculas que sejam aquirais.

Figura 5.1 ▶
Uso de um espelho para testar quiralidade. Um objeto quiral não é o mesmo que sua imagem especular — eles não são sobreponíveis. Um objeto aquiral é o mesmo que sua imagem especular — eles são sobreponíveis.

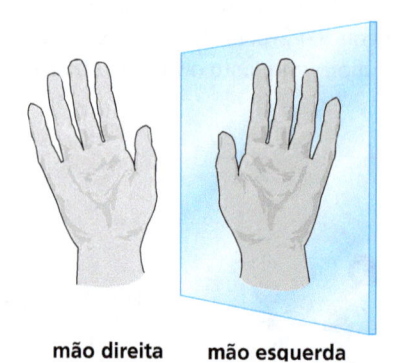

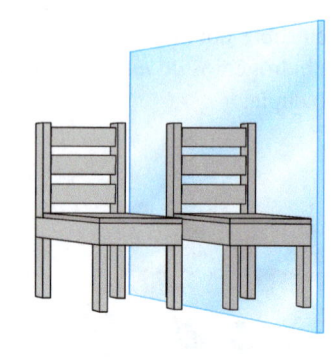

mão direita   mão esquerda

5.3 Carbonos assimétricos, centros quirais e estereocentros

Uma molécula com um carbono assimétrico é quiral.

um carbono assimétrico

Não são somente objetos que podem ser quirais; moléculas também podem ser quirais. A característica que com frequência é a responsável pela quiralidade numa molécula é um *carbono assimétrico*. (Outros aspectos que causam quiralidade são relativamente incomuns e estão além do objetivo deste livro. Você pode, entretanto, ver um deles no Problema 88).

Um **carbono assimétrico** é um carbono que está ligado a quatro grupos diferentes. O carbono assimétrico em cada uma das substâncias que seguem está indicado por um asterisco. Por exemplo, o carbono marcado com asterisco em 4-octanol é um carbono assimétrico porque está ligado a quatro grupos diferentes (H, OH, $CH_2CH_2CH_3$ e $CH_2CH_2CH_2CH_3$). Perceba que a diferença nos grupos ligados ao carbono assimétrico não está necessariamente próxima ao carbono assimétrico. Por exemplo, os grupos propila e butila são diferentes ainda que o ponto no qual eles difiram seja um pouco afastado do carbono assimétrico. O carbono marcado por asterisco em 2,4-dimetil-hexano é um carbono assimétrico porque está ligado a quatro grupos diferentes — metila, etila, isobutila e hidrogênio.

$CH_3CH_2CH_2\overset{*}{C}HCH_2CH_2CH_3$ $CH_3\overset{*}{C}HCH_2CH_3$ $CH_3\overset{|}{C}HCH_2\overset{*}{C}HCH_2CH_3$
  | | | |
  OH   Br CH_3 CH_3
4-octanol   **2-bromobutano**   **2,4-dimetil-hexano**

Note que os únicos carbonos que podem ser carbonos assimétricos são carbonos hibridizados em sp^3, carbonos hibridizados em sp^2 e sp não podem ser assimétricos porque não podem ter quatro grupos ligados a eles.

Um carbono assimétrico é também conhecido como **centro quiral**. Veremos que outros átomos além do carbono, como nitrogênio e fósforo, podem ser centros quirais — quando estão ligados a quatro átomos ou grupos diferentes (Seção 5.17). Em outras palavras, um carbono assimétrico é somente um tipo de centro quiral. Um centro quiral também pertence a um vasto grupo conhecido como *estereocentros*. Os estereocentros serão definidos na Seção 5.5.

Tutorial Gallery: Identificação de átomos de carbono assimétrico
www

CAPÍTULO 5 Estereoquímica **183**

PROBLEMA 4◆

Qual das seguintes substâncias tem carbonos assimétricos?

a. CH$_3$CH$_2$CHCH$_3$
          |
          Cl

b. CH$_3$CH$_2$CHCH$_3$
          |
          CH$_3$

c. CH$_3$CH$_2$CCH$_2$CH$_2$CH$_3$
           |
       (CH$_3$ acima)
           |
          Br

d. CH$_3$CH$_2$OH

e. CH$_3$CH$_2$CHCH$_2$CH$_3$
             |
             Br

f. CH$_2$=CHCHCH$_3$
              |
              NH$_2$

PROBLEMA 5 RESOLVIDO

A tetraciclina é chamada antibiótico de amplo espectro porque é ativa contra grande variedade de bactérias. Quantos carbonos assimétricos a tetraciclina possui?

RESOLUÇÃO Primeiro localize todos os carbonos hibridizados em sp^3 da tetraciclina. (Eles estão numerados em azul.) Somente carbonos hibridizados em sp^3 podem ser carbonos assimétricos porque um carbono assimétrico deve ter quatro grupos diferentes ligados a ele. A tetraciclina tem nove carbonos hibridizados em sp^3. Quatro deles (#1, #2, #5 e #8) não são carbonos assimétricos porque não estão ligados a quatro grupos diferentes. A tetraciclina, portanto, tem cinco carbonos assimétricos.

tetraciclina

5.4 Isômeros com um carbono assimétrico

Uma substância com um carbono assimétrico, como o 2-bromobutano, pode existir como dois diferentes estereoisômeros. Os dois isômeros são análogos à mão direita e à esquerda. Imagine um espelho entre os dois isômeros; observe como eles são as imagens especulares um do outro. Os dois isômeros são imagens especulares não sobreponíveis — eles são moléculas diferentes.

CH$_3$C*HCH$_2$CH$_3$
      |
      Br

2-bromobutano

Animation Gallery:
Imagem especular
não sobreponível
www

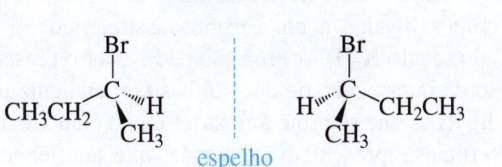

dois isômeros de 2-bromobutano
enantiômeros
espelho

184 QUÍMICA ORGÂNICA

Pare e se convença de que os dois isômeros de 2-bromobutano não são idênticos pela construção de modelos de bola e vareta usando bolas de quatro cores diferentes para representar os quatro grupos diferentes ligados ao carbono assimétrico. Tente sobrepor as estruturas.

Moléculas de imagem especular não sobreponível são chamadas **enantiômeros** (do grego *enantion*, que significa "oposto"). Os dois estereoisômeros de 2-bromobutano são enantiômeros. Uma molécula que tem imagem especular não sobreponível, como um objeto que tem imagem especular não superponível, é quiral. Cada um dos enantiômeros é quiral. Uma molécula que tem imagem especular sobreponível, como um objeto que tem uma imagem especular sobreponível, é aquiral. Para ver se uma molécula aquiral é sobreponível a sua imagem especular (isto é, se são moléculas idênticas) gire mentalmente a molécula aquiral no sentido horário. Note que a quiralidade é uma propriedade da molécula toda.

Uma molécula quiral tem imagem especular não sobreponível.

Uma molécula aquiral tem imagem especular sobreponível.

molécula quiral | imagem especular não sobreponível
enantiômeros

molécula aquiral | imagem especular sobreponível
moléculas idênticas

PROBLEMA 6◆

Quais das substâncias do Problema 4 podem existir como enantiômero?

5.5 Desenhando enantiômeros

Químicos desenham enantiômeros usando tanto *fórmulas em perspectiva* ou *projeções de Fischer*.

> Este livro foi escrito de modo que lhe permita usar tanto fórmulas em perspectiva quanto projeções de Fischer. A maioria dos químicos usa fórmulas de projeção em perspectiva. Se você escolher usar fórmulas em perspectiva, pode ignorar todas as projeções de Fischer neste livro.

Fórmulas em perspectiva mostram duas das ligações do carbono assimétrico no plano do papel, uma ligação como uma cunha sólida projetada para fora do papel e a quarta ligação como uma cunha tracejada estendendo-se para trás do papel. Você pode desenhar o primeiro enantiômero ao pôr os quatro grupos ligados ao carbono assimétrico em qualquer ordem. Desenhe o segundo enantiômero desenhando a imagem especular do primeiro enantiômero.

fórmulas em perspectiva dos enantiômeros de 2-bromo-butano

A cunha sólida representa a ligação que se projeta para fora do plano do papel, próximo ao observador.

A cunha tracejada representa a ligação que se projeta para trás do plano do papel, longe do observador.

Esteja certo de que, ao desenhar uma fórmula em perspectiva, que as duas ligações no plano do papel sejam adjacentes uma à outra; nem a cunha sólida nem a tracejada devem ser desenhadas entre elas.

Um atalho — chamado **projeção de Fischer** — para mostrar o arranjo tridimensional de grupos ligados a um carbono assimétrico foi inventado por Emil Fischer no final do século XVII. A projeção de Fischer representa um carbono assimétrico no ponto de intersecção de duas linhas perpendiculares; linhas horizontais representam as ligações que se projetam para fora do plano do papel perto do observador e linhas verticais representam as ligações que se estendem para trás do papel longe do observador. A cadeia de carbono sempre é desenhada verticalmente com o C-1 no topo da cadeia.

CAPÍTULO 5 Estereoquímica | 185

projeções de Fischer dos
enantiômeros de 2-bromobutano

Na projeção de Fischer as linhas horizontais se projetam para fora do plano do papel em direção ao observador, e as linhas verticais se estendem para trás do plano do papel, para longe do observador.

Para desenhar enantiômeros usando a projeção de Fischer, desenhe o primeiro com o arranjo dos quatro átomos ou grupos ligados ao carbono assimétrico em qualquer ordem. Desenhe o segundo enantiômero intercambiando-se dois átomos ou grupos. Não importa quais dois você mudará. (Faça modelos para se assegurar de que isso é verdade.) É melhor intercambiar os grupos nas duas ligações horizontais porque os enantiômeros vão parecer imagens especulares no papel.

Observe que permutando dois átomos ou grupos você tem o enantiômero — se estiver desenhando fórmulas em perspectiva ou projeções de Fischer. Intercambiando dois átomos ou grupos uma segunda vez, você volta à molécula original.

Um **estereocentro** (ou centro estereogênico) é um átomo em que o intercâmbio de dois grupos produz um estereoisômero. Por isso, ambos os *carbonos assimétricos* — onde a troca de dois grupos produz um enantiômero e os carbonos onde a permuta de dois grupos converte um isômero *cis* a outro isômero *trans* (ou isômero Z em um isômero E) — são estereocentros.

Emil Fischer (1852–1919)
nasceu numa vila próxima a Colônia, na Alemanha. Tornou-se químico contra a vontade de seu pai, um comerciante de sucesso que gostaria de ver o filho no negócio da família. Foi professor de química na Universidade de Erlangen, Würzburg, e de Berlim. Em 1902 recebeu o Prêmio Nobel de química por seu trabalho a respeito de açúcares. Durante a Primeira Guerra Mundial, organizou a produção química da Alemanha. Dois de seus três filhos morreram na guerra.

PROBLEMA 7◆

Desenhe enantiômeros para cada uma das substâncias usando:

a. fórmulas em perspectiva
b. projeções de Fischer

1. $CH_3\overset{Br}{\underset{|}{C}H}CH_2OH$
2. $ClCH_2CH_2\overset{CH_3}{\underset{|}{C}H}CH_2CH_3$
3. $CH_3\overset{CH_3}{\underset{|}{C}H}\overset{}{\underset{|}{C}H}CH_3$ com OH

5.6 Nomeando enantiômeros: o sistema de nomenclatura R,S

Precisamos de um modo para nomear os estereoisômeros individuais de uma substância como o 2-bromobutano de maneira que saibamos de qual estereoisômero estamos falando. Em outras palavras, precisamos de um sistema de nomenclatura que indique a **configuração** (arranjo) dos átomos ou grupos do carbono assimétrico. Químicos usam as letras *R* e *S* para indicar a configuração de um carbono assimétrico. Para qualquer par de enantiômeros com um carbono assimétrico, um deles terá a **configuração R** e o outro terá a **configuração S**. O sistema *R,S* foi inventado por Cahn, Ingold e Prelog.

Vamos primeiro dar uma olhada em como podemos determinar a configuração de uma substância se tivermos um modelo tridimensional da substância.

Robert Sidney Cahn (1899–1981) *nasceu na Inglaterra e tornou-se mestre da Universidade de Cambridge e doutor em filosofia natural na França. Foi editor do* Journal of the Chemical Society *(Londres).*

186 QUÍMICA ORGÂNICA

**Sir Christopher Ingold
(1893–1970)** *nasceu em Ilford, Inglaterra, e foi nomeado cavaleiro pela rainha Elizabeth II. Foi professor de química na Leeds University (1924–1930) e no University College em Londres (1930–1970).*

Vladimir Prelog (1906–1998) *nasceu em Sarajevo, Bósnia. Em 1929 tornou-se doutor em engenharia do Instituto de Tecnologia em Praga, Tchecoslováquia. Lecionou na Universidade de Zagreb de 1935 a 1941, quando fugiu para a Suíça pouco antes da invasão do exército alemão. Foi professor no Swiss Federal Institute of Technology (ETH). Por seu trabalho, que contribuiu para a compreensão de como organismos vivos realizam reações químicas, dividiu o Prêmio Nobel de química em 1975 com John Cornforth.*

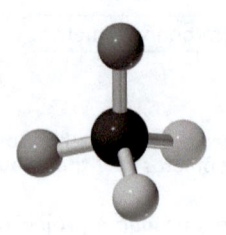

1. *Classifique os grupos (ou átomos) ligados ao carbono assimétrico em ordem de prioridade.* O número atômico dos átomos diretamente ligados ao carbono assimétrico determina as prioridades relativas. Quanto maior o número atômico, maior a prioridade. (Isso deveria lembrá-lo do meio de as prioridades relativas serem determinadas para o sistema de nomenclatura *E,Z* porque o sistema de prioridades foi originalmente desenvolvido para o sistema de nomenclatura *R,S* e posteriormente, emprestado para o sistema *E,Z*.) Talvez você queira revisar a Seção 3.5 para relembrar como prioridades relativas são determinadas antes de continuar com o sistema *R,S*.

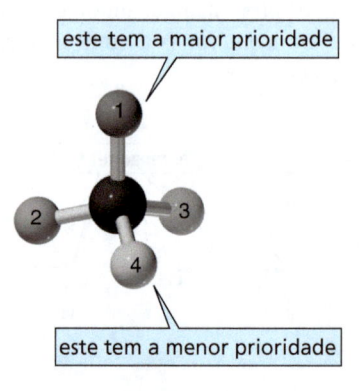

2. *Oriente a molécula de modo que o grupo (ou átomo) com menor prioridade (4) esteja apontando para longe de você. Depois desenhe uma seta imaginária do grupo (ou átomo) com maior prioridade (1) para o grupo (ou átomo) com a próxima prioridade (2).* Se a seta apontar para o sentido horário, o carbono assimétrico tem a configuração *R* (*R* vem de *rectus,* em latim, que significa "direito"). Se a seta aponta para o sentido anti-horário, a assimetria do carbono tem configuração *S* (*S* vem de *sinistro,* em latim, que quer dizer "esquerdo".).

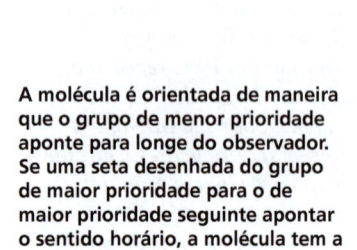

A molécula é orientada de maneira que o grupo de menor prioridade aponte para longe do observador. Se uma seta desenhada do grupo de maior prioridade para o de maior prioridade seguinte apontar o sentido horário, a molécula tem a configuração R.

volta para a esquerda

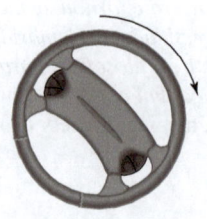

volta para a direita

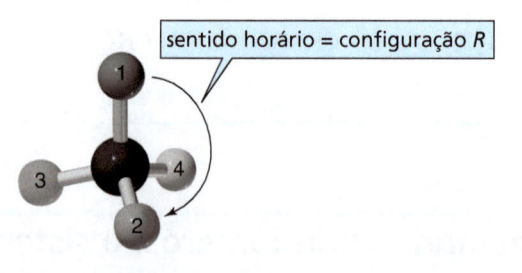

Se você esquecer qual é qual, imagine-se dirigindo um carro e girando o volante no sentido horário para fazer uma volta para a direita ou no sentido anti-horário para girar para a esquerda.

Se for capaz de visualizar facilmente correlações espaciais, as duas regras anteriormente mencionadas são tudo que você precisa para determinar se o carbono assimétrico de uma molécula escrita em um pedaço de papel bidimensional tem configuração *R* ou *S*. Basta girar mentalmente a molécula de modo que o grupo (ou átomo) com a menor prioridade (4) esteja direcionado para longe de você, depois desenhar uma seta imaginária do grupo (ou átomo) de maior prioridade para o grupo (ou átomo) de prioridade seguinte.

Se você tem problemas ao visualizar correlações espaciais e não tem acesso a um modelo, a regra seguinte lhe permitirá determinar a configuração do carbono assimétrico sem ter que girar mentalmente a molécula.

Primeiro vejamos como você pode determinar a configuração de uma substância desenhada como uma fórmula em perspectiva. Por exemplo, vamos determinar qual dos enantiômeros do 2-bromobutano tem a configuração *R* e qual tem a configuração *S*.

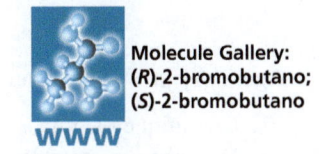

enantiômeros de 2-bromobutano

Molecule Gallery:
(*R*)-2-bromobutano;
(*S*)-2-bromobutano

1. Classifique os grupos (ou átomos) que estão ligados ao carbono assimétrico em ordem de prioridade. No par de enantiômeros a seguir, o bromo tem a maior prioridade (1), o grupo etila tem a segunda maior prioridade (2), o grupo metila é o próximo (3), e o hidrogênio tem a menor prioridade (4). (Revise a Seção 3.5 se não entendeu como essas prioridades são determinadas.)

2. Se o grupo (ou átomo) de menor prioridade está ligado com uma cunha tracejada, desenhe uma seta do grupo (ou átomo) de maior prioridade (1) para o grupo (ou átomo) com a maior prioridade seguinte (2). Se a seta aponta no sentido horário a substância tem a configuração *R*; se ela aponta para o sentido anti-horário, a substância tem configuração *S*.

(*S*)-2-bromobutano   (*R*)-2-bromobutano

3. Se o grupo de menor prioridade NÃO está ligado a uma cunha tracejada, então proceda como no passo #2 (anterior): desenhe uma seta do grupo (ou átomo) com a maior prioridade (1) para o grupo com a maior prioridade seguinte (2). Como você trocou dois grupos, agora está determinando a configuração do enantiômero da molécula original. Então se a seta aponta para o sentido horário, o enantiômero (com os grupos trocados) tem configuração *R*, o que significa que a molécula original tem configuração *S*. Ao contrário, se a seta aponta para um sentido anti-horário, o enantiômero (com os grupos trocados) tem configuração *S*, o que significa que a molécula original tem configuração *R*.

Sentido horário especifica *R* se o substituinte de menor prioridade estiver na cunha tracejada.

troca
CH_3 e H

qual é sua configuração?

essa molécula tem configuração *R*; portanto, ela tinha a configuração *S* antes de os grupos serem trocados

4. Você pode desenhar a seta do grupo 1 para o grupo 2 passando pelo grupo de menor prioridade (4), mas nunca a desenhe passando pelo grupo seguinte de menor prioridade (3).

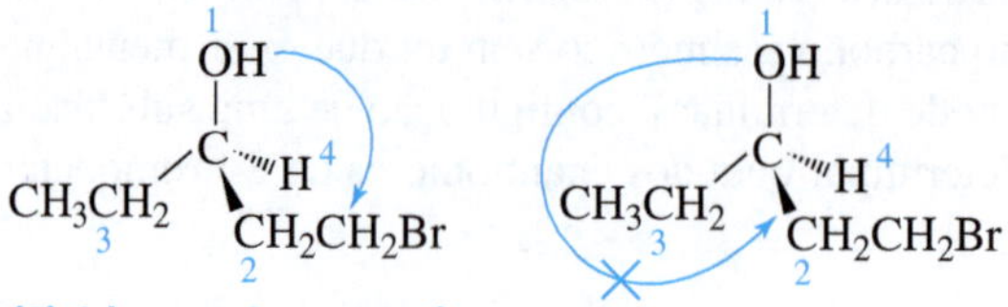

188 QUÍMICA ORGÂNICA

(R)-1-bromo-3-pentanol

Agora vejamos como determinar a configuração de uma substância desenhada como uma projeção de Fischer.

1. Classifique os grupos ou átomos que estão ligados ao carbono assimétrico em ordem de prioridade.
2. Desenhe uma seta do grupo (ou átomo) com maior prioridade (1) para o grupo ou átomo com a próxima maior prioridade (2). Se a seta apontar para o sentido horário, o enantiômero é *R*; se ela apontar para o sentido anti-horário, o enantiômero tem a configuração *S*, *contanto que o grupo de menor prioridade (4) esteja na ligação vertical.*

Sentido horário especifica *R* se o substituinte de menor prioridade estiver na ligação vertical.

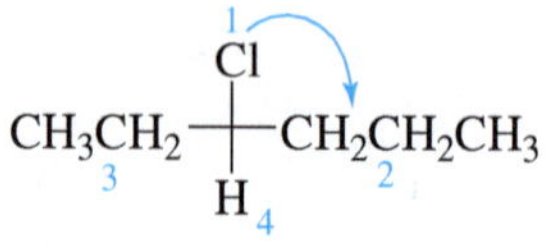

(R)-3-cloro-hexano 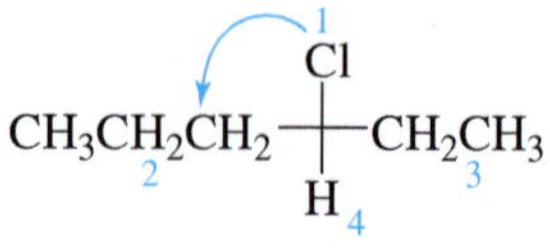   (S)-3-cloro-hexano

3. Se o grupo (ou átomo) com a menor prioridade estiver na *ligação horizontal*, a resposta que você recebe da direção da seta será oposta à resposta correta. Por exemplo, se a seta apontar no sentido horário, sugerindo que o carbono assimétrico tem configuração *R*, ele na realidade tem configuração *S*; se a seta apontar no sentido anti-horário, sugerindo que o carbono assimétrico tem configuração *S*, ele na realidade tem configuração *R*. No exemplo seguinte o grupo com a menor prioridade está na ligação horizontal, portanto o sentido horário significa configuração *S*, e não configuração *R*.

Sentido horário especifica *S* se o substituinte de menor prioridade estiver na ligação horizontal.

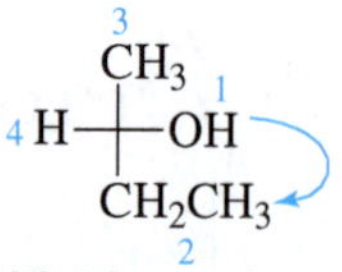

(S)-2-butanol 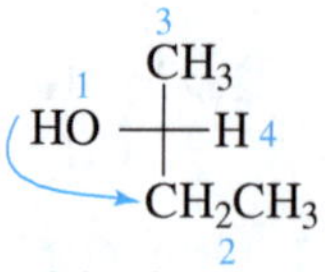   (R)-2-butanol

4. Você poderá desenhar a seta do grupo 1 para o grupo 2 passando pelo grupo (ou átomo) com menor prioridade (4), mas nunca a desenhe passando pelo grupo seguinte de menor prioridade (3).

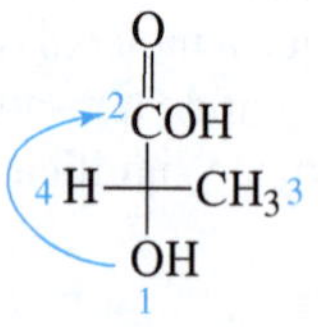

(S)-ácido lático 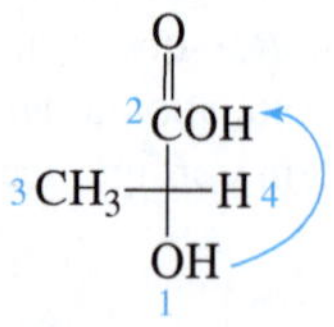   (R)-ácido lático

É fácil dizer quando duas moléculas são enantiômeros (não sobreponíveis) ou moléculas idênticas (sobreponíveis) se você tem modelos moleculares das moléculas — apenas veja se os modelos se sobrepõem. Se, no entanto, estiver trabalhando com estruturas num pedaço de papel bidimensional, a maneira mais fácil para determinar se as duas moléculas são enantiômeros ou moléculas idênticas é pela determinação das suas configurações. Se uma tem configuração *R* e a outra tem configuração *S*, elas são enantiômeros. Se ambas têm configuração *R* ou configuração *S*, elas são moléculas idênticas.

Quando se comparam duas projeções de Fischer para ver se são as mesmas ou se são diferentes, nunca gire uma 90° ou de uma vez, porque esse é um jeito fácil de obter uma resposta errada. A projeção de Fischer pode ser girada 180° no plano do papel, mas esse é o único modo de movê-la sem perigo de uma resposta errada.

PROBLEMA 8♦

Indique se cada uma das seguintes estruturas tem configuração *R* ou *S*:

a. CH₃—C(CH(CH₃)₂)(⋯CH₂CH₃)(CH₂Br)

c. (estrutura com HO em cunha)

b. CH₃CH₂—C(CH₂Br)(⋯CH₂CH₂Cl)(OH)

d. (estrutura com Cl em cunha)

PROBLEMA 9♦ RESOLVIDO

As estruturas seguintes são moléculas idênticas ou um par de enantiômeros?

a. HO—C(CH₃)(⋯H)(CH₂CH₂CH₃)   e   CH₃CH₂CH₂—C(OH)(⋯CH₃)(H)

b. CH₃—C(CH₂Br)(⋯Cl)(CH₂CH₃)   e   CH₃CH₂—C(Cl)(⋯CH₃)(CH₂Br)

c. H—C(CH₂Br)(⋯OH)(CH₃)   e   HO—C(H)(⋯CH₃)(CH₂Br)

d. CH₃—|—CH₂CH₃ (Cl em cima, H embaixo)   e   H—|—Cl (CH₃ em cima, CH₂CH₃ embaixo)

RESOLUÇÃO DE 9a A primeira estrutura apresentada na parte (a) tem configuração *S*, e a segunda estrutura tem a configuração *R*. Como elas têm configurações opostas, as estruturas representam um par de enantiômeros.

PROBLEMA 10♦

Determine prioridades relativas para os seguintes grupos:

a. —CH₂OH   —CH₃   —CH₂CH₂OH   —H
b. —CH=O   —OH   —CH₃   —CH₂OH
c. —CH(CH₃)₂   —CH₂CH₂Br   —Cl   —CH₂CH₂CH₂Br
d. —CH=CH₂   —CH₂CH₃   —C₆H₅   —CH₃

PROBLEMA 11♦

Indique se cada uma das estruturas seguintes tem configuração *R* ou *S*:

a. CH₃CH₂—|—CH₂Br (CH(CH₃)₂ em cima, CH₃ embaixo)

c. CH₃—|—H (Br em cima, CH₂CH₃ embaixo)

b. HO—|—H (CH₂CH₃ em cima, CH₂OH embaixo)

d. CH₃—|—CH₂CH₂CH₃ (CH₂CH₂CH₂CH₃ em cima, CH₂CH₃ embaixo)

5.7 Atividade óptica

*Nascido na Escócia, **William Nicol (1768–1851)** foi professor da Universidade de Edimburgo. Desenvolveu o primeiro prisma que produzia luz plano-polarizada. Desenvolveu também métodos de produzir finos cortes de materiais para uso em estudos microscópicos.*

Joseph Achille Le Bel (1847–1930), *químico francês, herdou a fortuna de sua família, o que lhe permitiu estabelecer o próprio laboratório. Ele e Van't Hoff independentemente chegaram à razão para a atividade óptica de certas moléculas. Apesar da explicação de Van't Hoff ter sido mais precisa, os dois cientistas receberam créditos pelo trabalho.*

▲ Quando a luz é filtrada através de duas lentes polarizadas a um ângulo de 90° um do outro, nenhuma luz é transmitida através delas.

Enantiômeros compartilham muitas das mesmas propriedades — eles têm o mesmo ponto de ebulição, o mesmo ponto de fusão e a mesma solubilidade. De fato, todas as propriedades físicas dos enantiômeros são as mesmas, com exceção das que se originam de como os grupos ligados ao carbono assimétrico estão organizados no espaço. Uma das propriedades que os enantiômeros não compartilham é a maneira com que interagem com a luz polarizada.

O que é luz polarizada? A luz normal consiste em ondas eletromagnéticas que oscilam em todas as direções. **Luz plano-polarizada** (ou simplesmente luz polarizada), no entanto, oscila somente em um único plano que passa através do caminho de propagação. A luz polarizada é produzida pela passagem de um feixe de luz normal através de um polarizador como uma lente polarizadora ou um prisma de Nicol.

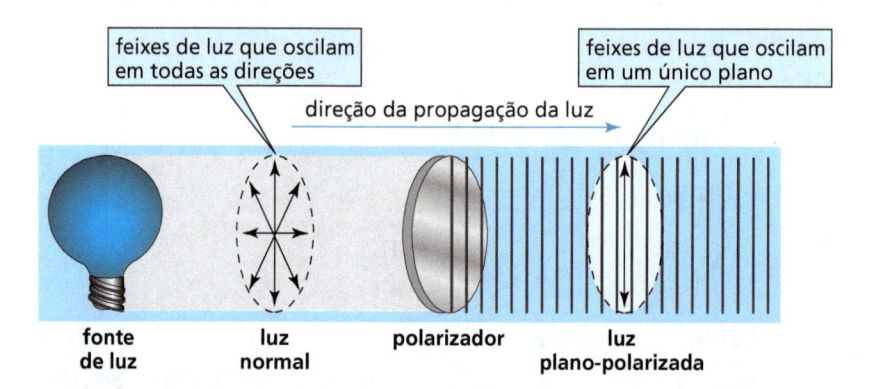

Você pode experimentar o efeito das lentes polarizadoras com óculos de sol polarizados. Os óculos de sol polarizados permitem somente oscilação em um plano simples para passar por eles, de modo que bloqueiam reflexos (clarão) com maior eficiência que os óculos de sol não polarizados.

Em 1815, o médico Jean-Baptiste Biot descobriu que certas substâncias orgânicas de ocorrência natural, como a cânfora e o óleo de turpentina, são capazes de girar o plano de polarização. Ele percebeu que algumas substâncias giravam o plano de polarização no sentido horário e outras no sentido anti-horário, enquanto outras não alteravam o plano de polarização. Previu que a habilidade de girar o plano de polarização era atributo de alguma assimetria nas moléculas. Van't Hoff e Le Bel determinaram mais tarde que a assimetria molecular estava associada a substâncias que continham um ou mais carbonos assimétricos.

Quando a luz polarizada passa através de uma solução de moléculas aquirais, a luz emerge da solução com seu plano de polarização inalterado. *Uma substância aquiral não gira o plano de polarização. É opticamente inativa.*

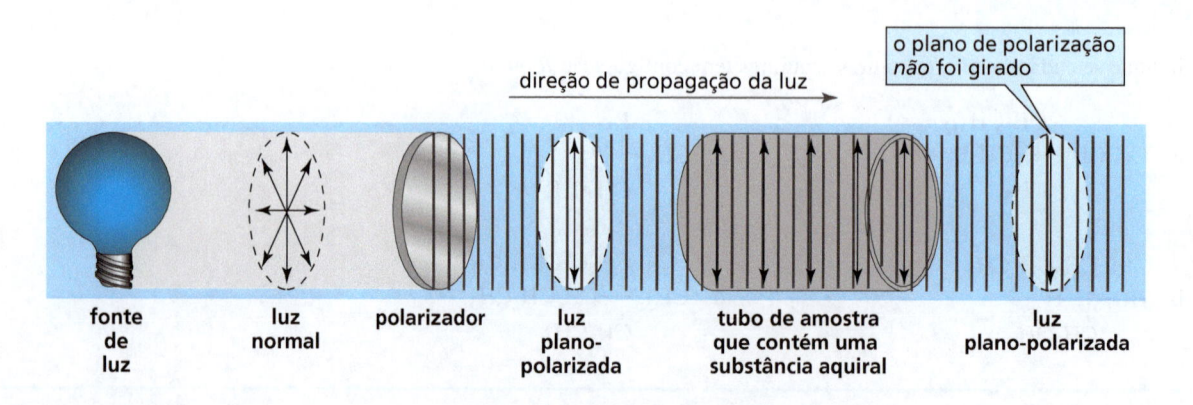

Entretanto, quando a luz polarizada atravessa uma solução de uma substância quiral, a luz emerge com seu plano de polarização modificado. Desse modo, *uma substância quiral gira o plano de polarização*. Uma substância quiral rodará o plano de polarização no sentido horário ou anti-horário. Se um dos enantiômeros girar o plano de polarização no sentido horário, sua imagem especular girará o plano de polarização exatamente no mesmo valor do sentido anti-horário.

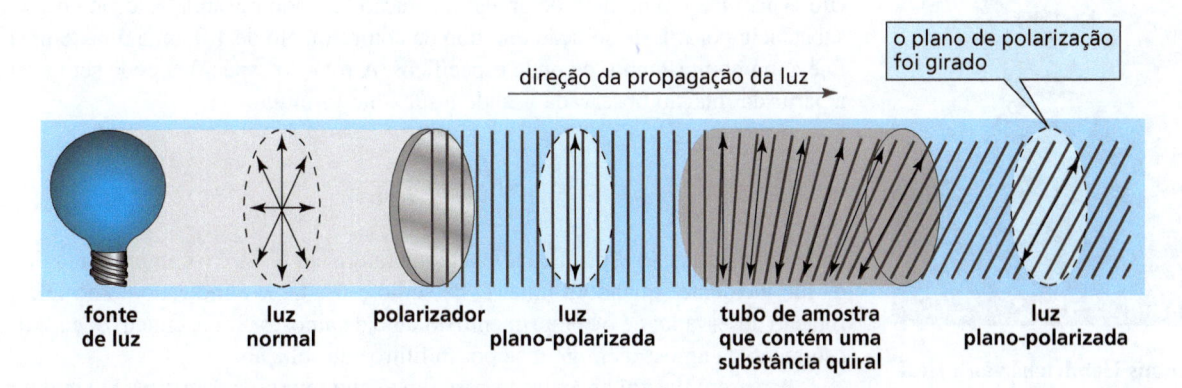

Uma substância que altera o plano de polarização é conhecida por ser **opticamente ativa**. Em outras palavras, substâncias quirais são opticamente ativas e substâncias aquirais são **opticamente inativas**.

Se uma substância opticamente ativa gira o plano de polarização no sentido horário, é chamada **dextrorrotatória**, indicada por (+). Se uma substância opticamente ativa gira o plano de polarização no sentido anti-horário, é chamada **levorrotatória**, indicada por (−). *Dextro* e *levo* são prefixos latinos de "para a direita" e "para a esquerda", respectivamente. Às vezes as letras minúsculas *d* e *l* são usadas em vez de (+) e (−).

Não confunda (+) e (−) com *R* e *S*. Os símbolos (+) e (−) indicam a direção em que uma substância opticamente ativa gira o plano de polarização, enquanto *R* e *S* indicam o arranjo dos grupos em torno de um carbono assimétrico. Algumas substâncias com a configuração *R* são (+) e outras são (−).

> Algumas moléculas com a configuração *R* são (+) e outras moléculas com configuração *R* são (−).

O grau que uma substância opticamente ativa gira o plano de polarização pode ser medido com um instrumento chamado **polarímetro** (Figura 5.2). Como o valor da rotação vai variar com o comprimento de onda utilizado, a fonte de luz para um polarímetro deve produzir luz monocromática (comprimento de onda único). A maioria dos polarímetros usa luz de um arco de sódio (chamado linha D de sódio; comprimento de onda = 589 nm). Em um polarímetro, a luz monocromática atravessa o polarizador e emerge como luz polarizada. Assim, a luz polarizada passa através de um tubo de amostra vazio (ou cheio com um solvente opticamente inativo) e sai com seu plano de polarização inalterado. A luz passa a seguir através do analisador, que é um segundo polarizador montado em uma ocular com mostrador que marca os graus. Quando o polarizador é usado, o analisador é girado até que os olhos do observador vejam total escuridão. Nesse ponto o analisador está a um ângulo reto do primeiro polarizador, portanto nenhuma luz passa. Essa marcação do analisador corresponde à rotação zero.

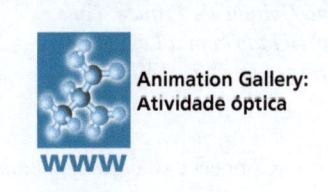

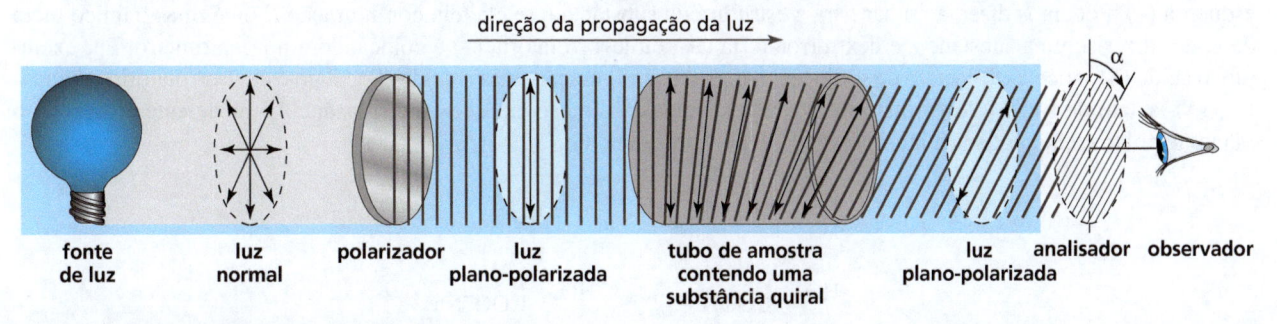

▲ **Figura 5.2** Esquema de um polarímetro.

A amostra a ser analisada é depois colocada no tubo de amostra. Se a amostra é opticamente ativa, ela gira o plano de polarização. O analisador não bloqueará mais toda a luz; a luz alcança os olhos do observador. O observador, portanto, girará o analisador novamente até que nenhuma luz passe. O grau que o analisador foi girado pode ser lido no mostrador e representa a diferença entre a amostra opticamente inativa e a amostra opticamente ativa. Isso é chamado **rotação observada** (α); ela é medida em graus. A rotação observada depende do número de moléculas opticamente ativas que a luz encontra na amostra. Esta depende da concentração da amostra e do comprimento do tubo de amostra. A rotação observada também depende da temperatura e do comprimento de onda da fonte de luz.

Cada substância opticamente ativa tem rotação específica característica. A **rotação específica** é o número de graus de rotação causado por uma solução de 1,0 g da substância por mL de solução em tubo de comprimento de 1,0 dm a uma temperatura e a um comprimento de onda específicos. A rotação específica pode ser calculada a partir da rotação observada usando a seguinte fórmula:

$$[\alpha]_\lambda^T = \frac{\alpha}{l \times c}$$

onde $[\alpha]$ é a rotação específica; T é a temperatura em °C, λ é o comprimento de onda da luz incidente (quando a linha D de sódio é usada, λ é indicado como D); α é a rotação observada; l é o comprimento do tubo de amostra em decímetros; e c é a concentração da amostra em gramas por mililitros de solução.

Por exemplo, foi encontrado para um enantiômero de 2-metil-1-butanol a rotação específica de +5,75°. Como sua imagem especular gira o plano de polarização esse mesmo valor, mas na direção oposta, a rotação específica do outro enantiômero deve ser −5,75°.

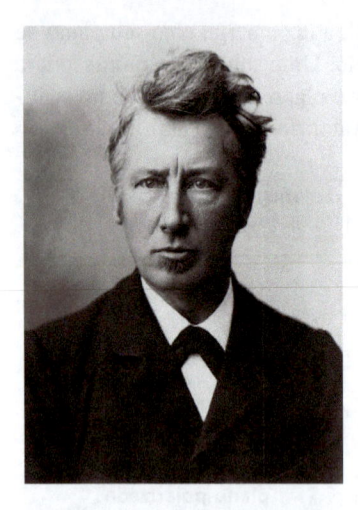

(R)-2-metil-1-butanol   (S)-2-metil-1-butanol
$[\alpha]_D^{20\,°C} = +5{,}75°$ $[\alpha]_D^{20\,°C} = -5{,}75°$

Jacobus Hendricus van't Hoff (1852–1911), *químico holandês, foi professor de química da Universidade de Amsterdã e mais tarde da Universidade de Berlim. Recebeu o primeiro Prêmio Nobel de química (1901) por seu trabalho de soluções.*

Nascido na França, **Jean-Baptise Biot (1774–1862)** *foi preso por fazer parte de um movimento de rua durante a Revolução Francesa. Tornou-se professor de matemática na Universidade de Beauvais e mais tarde, professor de física no Collège de France. Foi premiado com a Legião de Honra por Luís XVIII.*

PROBLEMA 12◆

A rotação observada para 2,0 g de uma substância em 50 mL de solução em tubo de polarímetro de 50 cm de comprimento é +13,4°. Qual a rotação específica da substância?

Conhecer se uma molécula quiral tem configuração *R* ou *S* não nos diz em que direção a substância gira o plano de polarização, pois algumas substâncias de configuração *R* giram o plano para a direita (+) e outras giram o plano para a esquerda (−). Podemos dizer, ao olhar para a estrutura da substância, se ela tem configuração *R* ou *S*, mas o único meio de poder dizer se uma substância é dextrorrotatória (+) ou levorrotatória (−) é colocando-a no polarímetro. Por exemplo, o ácido (*S*)-lático e (*S*)-lactato de sódio têm a mesma configuração, mas o ácido (S)-lático é dextrorrotatório, enquanto o (*S*)-lactato de sódio é levorrotatório. Quando sabemos a direção em que uma substância opticamente ativa roda o plano de polarização, podemos incorporar (+) ou (−) ao seu nome.

ácido (S)-(+)-lático   (S)-(−)-lactato de sódio

PROBLEMA 13◆

a. O ácido (*R*)-lático é dextrorrotatório ou levorrotatório?
b. O (*R*)-lactato de sódio é dextrorrotatório ou levorrotatório?

CAPÍTULO 5 Estereoquímica | **193**

Uma mistura de porções iguais dos dois enantiômeros — tanto ácido (R)-(−)-lático quanto o ácido (S)-(+)-lático — é chamada **mistura racêmica** ou **racemato**. Misturas racêmicas não giram a luz plano-polarizada. Elas são opticamente inativas porque para toda molécula em uma mistura racêmica que gira o plano de polarização numa direção, há uma molécula de imagem especular que gira o plano na direção contrária. Como resultado, a luz emerge da mistura racêmica com seu plano de polarização inalterado. O símbolo (±) é usado para especificar uma mistura racêmica. Assim, (±)-2-bromobutano indica uma mistura de (+)-2-bromobutano e uma quantidade igual de (−)-2-bromobutano.

PROBLEMA 14♦

(S)-(+)-glutamato monossódico (MSG) é uma substância usada para realçar o sabor de muitos alimentos. Algumas pessoas têm reações alérgicas ao MSG (dor de cabeça, dor torácica e sensação generalizada de fraqueza). *Fast-food* freqüentemente contém quantidades substanciais de MSG, que também é bastante usado em comida chinesa. MSG tem rotação específica de +24°.

$$\text{(S)-(+)-glutamato monossódico}$$

a. Qual é a rotação específica de (R)-(−)-glutamato monossódico?
b. Qual é a rotação específica da mistura racêmica do MSG?

5.8 Pureza óptica e excesso enantiomérico

Se uma amostra em particular é constituída de um único enantiômero ou de uma mistura de enantiômeros, pode ser determinada pela *rotação específica observada*. Por exemplo, uma amostra **enantiomericamente pura** — o que significa que apenas um enantiômero está presente — de (S)-(+)-2-bromobutano terá *rotação específica observada* de +23,1°, porque a *rotação específica* de (S)-(+)-2-bromobutano é de +23,1°. Se, no entanto, uma amostra de 2-bromobutano tiver rotação específica observada de 0°, saberemos que a amostra é uma mistura racêmica. Se a rotação específica observada for positiva, contudo menor que +23,1°, podemos dizer que temos uma mistura de enantiômeros e que a mistura contém mais do enantiômero com configuração S que o enantiômero com configuração R. Pela rotação específica observada podemos calcular a **pureza óptica (p.o.)** de uma mistura.

$$\text{pureza óptica} = \frac{\text{rotação específica observada}}{\text{rotação específica do enantiômetro}}$$

Por exemplo, se uma amostra de 2-bromobutano tem rotação específica observada de +9,2°, sua pureza ótica é 0,40. Em outras palavras, ela é 40% opticamente pura — 40% da mistura consiste em um excesso de um único enantiômero.

$$\text{pureza óptica} = \frac{+9,2°}{+23,1°} = 0,40 \text{ ou } 40\%$$

Pela razão de a rotação específica observada ser positiva, sabemos que a solução contém excesso de (S)-(+)-2-bromobutano. O **excesso enantiomérico (e.e.)** nos diz quanto excesso de (S)-(+)-2-bromobutano está na mistura. Enquanto a substância for quimicamente pura, o excesso enantiomérico e a pureza óptica serão os mesmos.

$$\text{excesso enantiomérico} = \frac{\text{excesso de um único enantiômero}}{\text{mistura inteira}} \times 100\%$$

$$= \frac{40}{100} = 40\%$$

Se a mistura tem excesso enantiomérico de 40%, então 40% da mistura é excesso do enantiômero S e 60% é mistura racêmica. Metade da mistura racêmica mais a quantidade de excesso do enantiômero S igualam-se à quantidade de enantiômero S presente na mistura. Portanto, 70% da mistura é o enantiômero S (1/2 × 60 + 40) e 30% é o enantiômero R.

194 QUÍMICA ORGÂNICA

PROBLEMA 15◆

Ácido (+)-mandélico tem rotação específica de +158°. Qual seria a rotação específica observada para cada uma das seguintes misturas?

a. 25% do ácido (−)-mandélico e 75% de ácido (+)-mandélico.
b. 50% do ácido (−)-mandélico e 50% de ácido (+)-mandélico.
c. 75% do ácido (−)-mandélico e 25% de ácido (+)-mandélico.

PROBLEMA 16◆

Naproxeno, uma droga antiinflamatória não-esteroidal, é o ingrediente ativo no Aleve. O naproxeno tem rotação específica de +66° em clorofórmio. Uma preparação comercial resulta numa mistura que é 97% opticamente pura.

a. O naproxeno tem configuração R ou S?
b. Qual o percentual de cada enantiômero obtido da preparação comercial?

PROBLEMA 17   RESOLVIDO

Para uma solução preparada pela mistura de 10 mL de uma solução a 0,10 M do enantiômero R e 30 mL de uma solução a 0,10 M do enantiômero S foi encontrada uma rotação específica observada de +4,8°. Qual é a rotação específica de cada um dos enantiômeros?

RESOLUÇÃO

Um milimol (10,0 mL × 0,10 M) (mmol) do enantiômero R está misturado com 3 mmol (30,0 ml × 0,10 M) do enantiômero S; 1 mmol do enantiômero R mais 1 mmol do enantiômero S formarão 2 mmol de uma mistura racêmica. Haverá 2 mmol de enantiômero S sobrando. Portanto, 2 mmol dos 4 mmol são excesso de enantiômero S (2/4 = 0,50). A solução é 50% pura opticamente.

$$\text{pureza óptica} = 0,50 = \frac{\text{rotação específica observada}}{\text{rotação específica para o enantiômetro}}$$

$$0,50 = \frac{+4,8°}{x}$$

$$x = +9,6°$$

O enantiômero S tem rotação específica de +9,6°; o enantiômero R tem rotação específica de −9,6°.

5.9   Isômeros com mais de um carbono assimétrico

Muitas substâncias orgânicas têm mais de um carbono assimétrico. Quanto mais carbonos assimétricos uma substância tiver, mais estereoisômeros serão possíveis para a substância. Se sabemos quantos carbonos assimétricos uma substância tem, podemos calcular o número máximo de estereoisômeros para aquela substância: *uma substância pode ter o máximo de 2^n estereoisômeros* (contanto que não tenha nenhum outro estereocentro), *onde n é igual ao número de carbonos assimétricos*. Por exemplo, 3-cloro-2-butanol tem dois carbonos assimétricos. Por essa razão, ele pode ter quatro ($2^2=4$) estereoisômeros. Os quatro estereoisômeros são vistos tanto como fórmulas em perspectiva quanto como projeções de Fischer.

$$CH_3\overset{*}{C}H\overset{*}{C}HCH_3$$
$$||$$
$$ClOH$$

3-cloro-2-butanol

enantiômeros eritro   enantiômeros treo

fórmulas em perspectiva dos estereoisômeros de 3-cloro-2-butanol (em oposição)

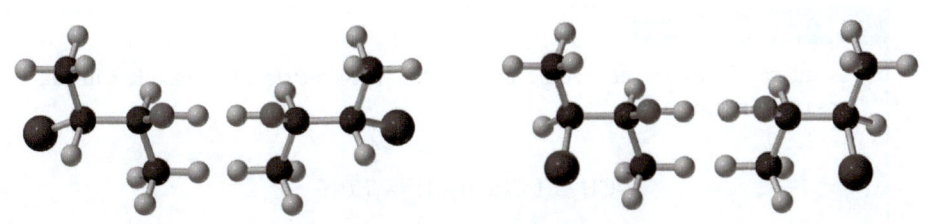

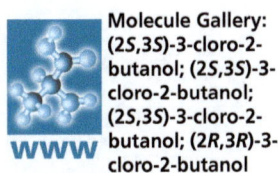

estereoisômeros do 3-cloro-2-butanol

Molecule Gallery:
(2*S*,3*S*)-3-cloro-2-butanol; (2*S*,3*S*)-3-cloro-2-butanol; (2*S*,3*S*)-3-cloro-2-butanol; (2*R*,3*R*)-3-cloro-2-butanol

1	2	3	4
enantiômeros eritro		enantiômeros treo	

projeções de Fischer dos estereoisômeros de 3-cloro-2-butanol

Os quatro estereoisômeros do 3-cloro-2-butanol constituem-se de dois pares de enantiômeros. Os estereoisômeros **1** e **2** são imagens especulares não sobreponíveis. Eles, portanto, são enantiômeros. Os estereoisômeros **3** e **4** também são enantiômeros. Os estereoisômeros **1** e **3** não são idênticos e não são imagens especulares. Tais estereoisômeros são chamados diastereoisômeros. **Diastereoisômeros** são estereoisômeros que não são enantiômeros. Os números **1** e **4**, **2** e **3**, **2** e **4** também são diastereoisômeros. (Isômeros cis–trans também são considerados diastereoisômeros, pois são estereoisômeros que não são enantiômeros.)

> Diastereoisômeros são estereoisômeros que não são enantiômeros.

Os enantiômeros têm propriedades físicas idênticas (exceto pelo modo com que interagem com a luz polarizada) e propriedades químicas idênticas — eles reagem na mesma razão com dado reagente aquiral. Diastereoisômeros têm propriedades químicas diferentes (diferentes pontos de fusão, diferentes pontos de ebulição; diferentes solubilidades, diferentes rotações específicas etc.) e diferentes propriedades químicas — eles reagem com o mesmo reagente aquiral em proporções diferentes.

Quando projeções de Fischer são esboçadas para estereoisômeros com dois carbonos assimétricos adjacentes (como os do 3-cloro-2-butanol), os enantiômeros com grupos similares no mesmo lado da cadeia de carbono são chamados **enantiômeros eritro** (Seção 22.3). Aqueles com grupos similares em lados opostos são chamados **enantiômeros treo**. Portanto, **1** e **2** são os enantiômeros eritro de 3-cloro-2-butanol (os hidrogênios estão do mesmo lado), enquanto **3** e **4** são os enantiômeros treo. Em cada uma das projeções de Fischer mostradas aqui, as ligações horizontais projetam-se para fora do papel perto do observador, e as ligações verticais estendem-se para trás do papel, longe do observador. Os grupos podem girar livremente em torno das ligações simples carbono–carbono, mas projeções de Fischer mostram os estereoisômeros em suas conformações eclipsadas.

Uma projeção de Fischer não mostra a estrutura tridimensional de uma molécula; ela representa a molécula em uma conformação eclipsada relativamente instável. A maioria dos químicos, por essa razão, prefere usar fórmulas de projeção em perspectiva, pois elas mostram a estrutura tridimensional da molécula em uma conformação estável, em oposição, de modo que fornecem uma representação da estrutura mais exata. Quando fórmulas em perspectiva são desenhadas para mostrar os estereoisômeros em sua forma menos estável eclipsada, pode ser facilmente visto — como as projeções de Fischer eclipsadas mostram — que os isômeros eritro têm grupos similares do mesmo lado. Usaremos tanto fórmulas em perspectiva quanto projeções de Fischer para representar o arranjo dos grupos ligados a um carbono assimétrico.

1	2	3	4
enantiômeros eritro		enantiômeros treo	

fórmulas em perspectiva dos estereoisômeros de 3-cloro-2-butanol (eclipsado)

196 QUÍMICA ORGÂNICA

PROBLEMA 18

A substância a seguir tem somente um carbono assimétrico. Por que ela tem quatro estereoisômeros?

$$CH_3CH_2\overset{*}{C}HCH_2CH=CHCH_3$$
$$|\;$$
$$Br$$

PROBLEMA 19◆

a. Os estereoisômeros com dois carbonos assimétricos são chamados _____ se a configuração de ambos os carbonos assimétricos em um dos isômeros for oposta à configuração do carbono assimétrico no outro isômero.

b. Os estereoisômeros com dois carbonos assimétricos são chamados _____ se a configuração de ambos os carbonos assimétricos em um dos isômeros for a mesma configuração do carbono assimétrico no outro isômero.

c. Os estereoisômeros com dois carbonos assimétricos são chamados _____ se um dos carbonos assimétricos tiver a mesma configuração nos dois isômeros e o outro carbono assimétrico tiver configuração oposta nos dois isômeros.

PROBLEMA 20◆

a. Quantos carbonos assimétricos tem o colesterol?
b. Qual é o número máximo de estereoisômeros que o colesterol pode ter?
c. Quantos desses estereoisômeros são encontrados na natureza?

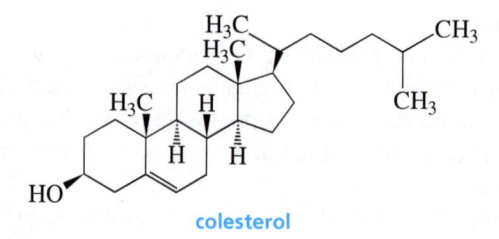

colesterol

PROBLEMA 21

Desenhe os estereoisômeros do 2,4-dicloro-hexano. Indique o par de enantiômeros e o par de diastereoisômeros.

O 1-bromo-2-metilciclopentano também tem dois carbonos assimétricos e quatro estereoisômeros. Como a substância é cíclica, os substituintes podem estar ou na configuração cis ou na trans. O isômero cis existe como par de enantiômeros e o isômero trans ocorre como um par de enantiômeros.

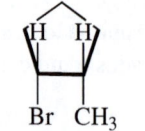

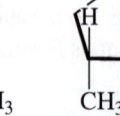

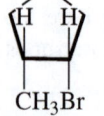

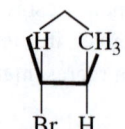

cis-1-bromo-2-metilciclopentano   *trans*-1-bromo-2-metilciclopentano

O 1-bromo-3-metilciclobutano não tem nenhum carbono assimétrico. O carbono C-1 tem um bromo e um hidrogênio ligado a ele, mas seus outros dois grupos (—CH$_2$CH(CH$_3$)CH$_2$—) são idênticos; o carbono C-3 tem um grupo metila e um hidrogênio ligados a ele, mas seus outros dois grupos (—CH$_2$CH(Br)CH$_2$—) são idênticos. Como a substância não tem um carbono com quatro diferentes grupos ligados a ela, só terá dois estereoisômeros, o isômero cis e o isômero trans. Os isômeros cis e trans não têm enantiômeros.

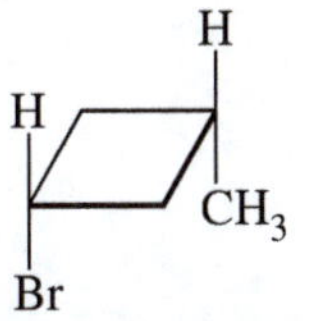

CAPÍTULO 5 Estereoquímica

cis-1-bromo-3-metilciclobutano

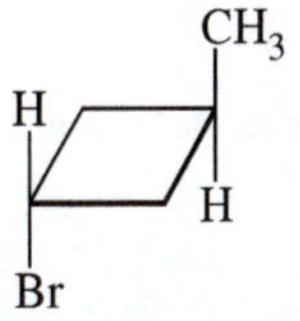

trans-1-bromo-3-metilciclobutano

A substância 1-bromo-3-metilciclo-hexano tem dois carbonos assimétricos. O carbono que está ligado a um hidrogênio e a um bromo está também ligado a dois grupos diferentes que contêm carbonos (—$CH_2CH(CH_3)CH_2CH_2CH_2$— e —$CH_2CH_2CH_2CH(CH_3)CH_2$—), por isso ele é um carbono assimétrico. O carbono que está ligado a um hidrogênio e a um grupo metila também está ligado a dois grupos diferentes que contêm carbonos, de modo que ele também é um carbono assimétrico.

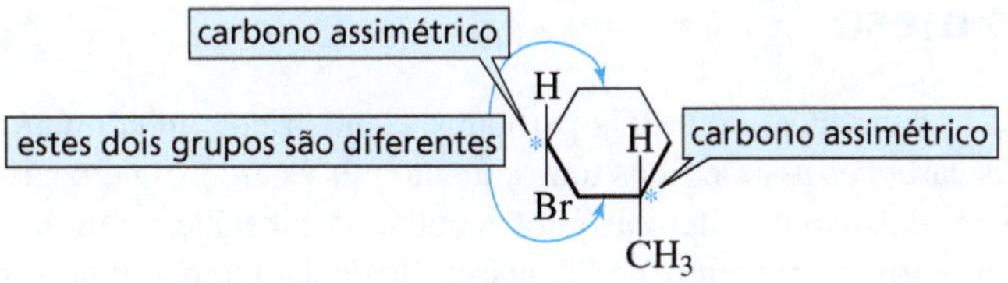

Como a substância tem dois carbonos assimétricos, ela tem quatro estereoisômeros. Os enantiômeros podem ser desenhados para o isômero cis e os enantiômeros podem ser desenhados para o isômero trans.

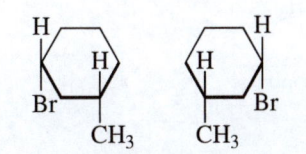

cis-1-bromo-3-metilciclo-hexano

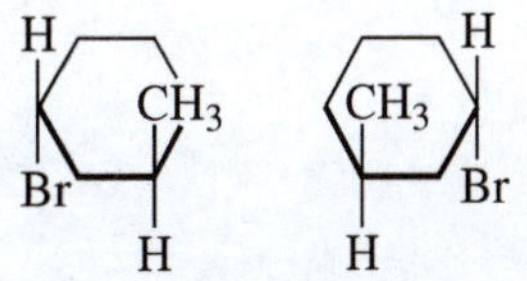

trans-1-bromo-3-metilciclo-hexano

A substância 1-bromo-4-metilciclo-hexano não tem carbonos assimétricos. Portanto, a substância tem somente um isômero cis e um isômero trans.

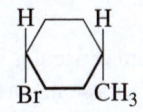

cis-1-bromo-4-metilciclo-hexano

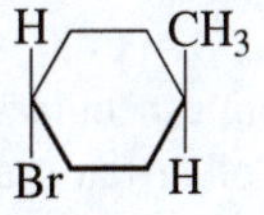

trans-1-bromo-4-metilciclo-hexano

PROBLEMA 22

Desenhe todos os enantiômeros possíveis para cada uma das seguintes substâncias:

a. 2-cloro-3-hexanol
b. 2-bromo-4-cloro-hexano
c. 2,3-dicloropentano
d. 1,3-dibromopentano

PROBLEMA 23

Desenhe os estereoisômeros do 1-bromo-3-clorociclo-hexano.

PROBLEMA 24◆

De todos os cicloctanos que têm um substituinte cloro e um substituinte metila, qual deles não terá nenhum carbono assimétrico?

QUÍMICA ORGÂNICA

PROBLEMA 25

Desenhe um diasteroisômero para cada uma das seguintes estruturas.

a. 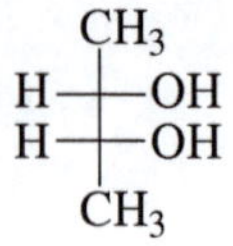
```
    CH₃
H ——— OH
H ——— OH
    CH₃
```

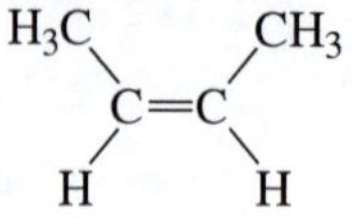

b. 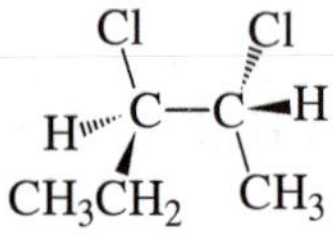
```
    Cl    Cl
     \   /
   H""C — C◄H
     /   \
  CH₃CH₂  CH₃
```

c.
```
 H₃C      CH₃
    \    /
     C = C
    /    \
   H      H
```

d. 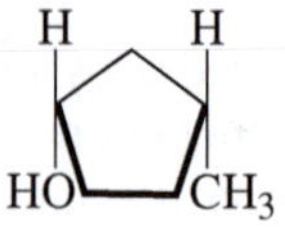
```
      H    H
       \  /
    ┌────┐
   /      \
  HO      CH₃
```

5.10 Substâncias meso

Nos exemplos que vimos, cada substância com dois carbonos assimétricos tinha quatro estereoisômeros. Entretanto, algumas substâncias com dois carbonos assimétricos têm somente três estereoisômeros. Essa é a razão por que enfatizamos na Seção 5.9 que o número *máximo* de estereoisômeros que uma substância com n carbonos assimétricos pode ter (desde que não tenha nenhum outro estereocentro) é 2^n, apesar de declarado que uma substância com n carbonos assimétricos tem 2^n estereoisômeros.

Um exemplo de uma substância com dois carbonos assimétricos que tem somente três estereoisômeros é o 2,3-dibromobutano.

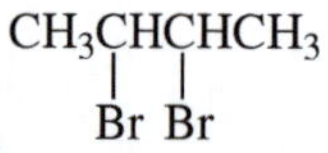

$$CH_3CHCHCH_3$$
$$\quad\;\; |\;\;\; |$$
$$\quad\;\; Br\; Br$$

2,3-dibromobutano

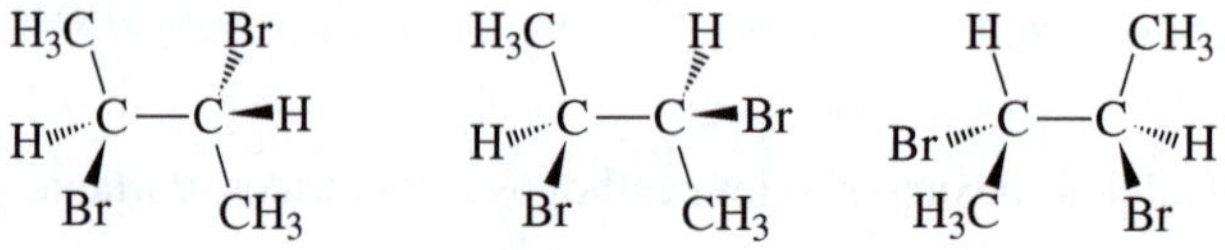

fórmulas em perspectiva dos estereoisômeros do 2,3-dibromobutano (em oposição)

O isômero que falta é a imagem especular de **1** porque **1** e sua imagem especular são a mesma molécula. Isso pode ser visto mais claramente se você olhar tanto as fórmulas em perspectiva, desenhadas em sua conformação eclipsada, como as projeções de Fischer.

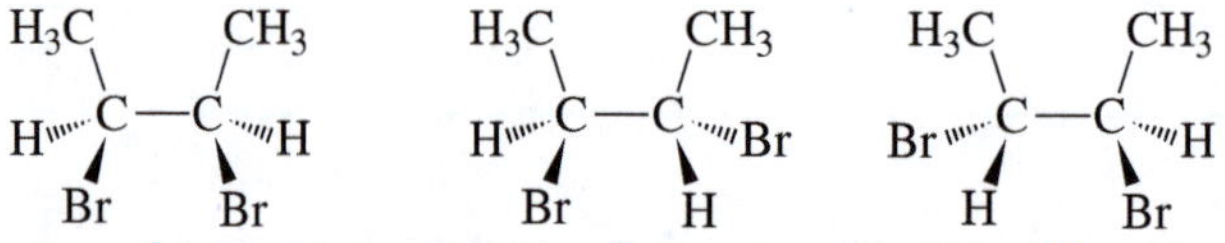

fórmulas em perspectiva dos estereoisômeros do 2,3-dibromobutano (eclipsadas)

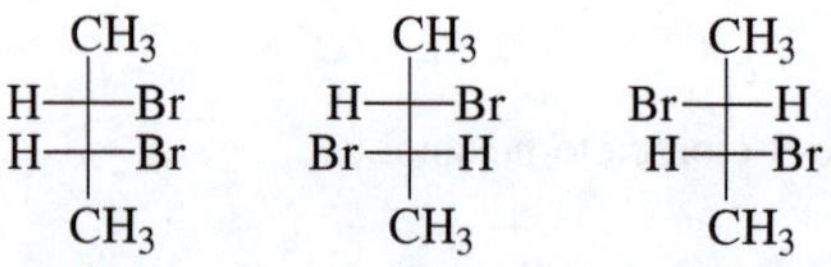

projeções de Fischer dos estereoisômeros do 2,3-dibromobutano

CAPÍTULO 5 Estereoquímica | **199**

É óbvio que **1** e sua imagem especular são idênticas quando vistas na fórmula em perspectiva na conformação eclipsada. Para se convencer de que a projeção de Fischer de **1** e sua imagem especular são idênticas, gire a imagem especular em 180°. (*Lembre-se, você pode mover projeções de Fischer somente por rotação de 180° no plano do papel.*)

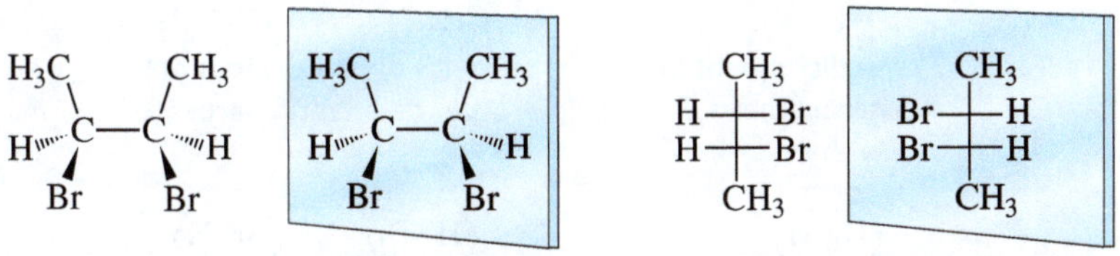

imagem especular
sobreponível

imagem especular
sobreponível

O estereoisômero **1** é chamado *substância meso*. Embora uma **substância meso** tenha carbonos assimétricos, ela é uma molécula aquiral porque sua imagem especular é sobreponível. *Mesos*, em grego, quer dizer "meio". Uma substância meso é aquiral; quando luz polarizada passa por uma solução de substância meso, o plano de polarização não é alterado. Uma substância meso pode ser reconhecida pelo fato de ter dois ou mais carbonos assimétricos e um plano de simetria. *Se uma substância tem um plano de simetria, ela não será opticamente ativa mesmo que tenha carbonos assimétricos.* Um plano de simetria corta a molécula ao meio e uma metade é a imagem especular da outra metade. O estereoisômero **1** tem um **plano de simetria**, o que significa que ele *não* tem imagem especular não sobreponível — também não tem um enantiômero.

Uma substância meso tem dois ou mais carbonos assimétricos e um plano de simetria. Uma substância meso é aquiral. Uma substância quiral não pode ter um plano de simetria.

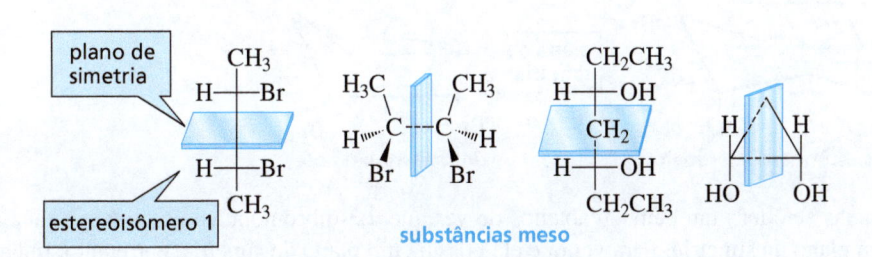

plano de simetria

estereoisômero 1

substâncias meso

Animation Gallery:
Plano de simetria

www

É fácil reconhecer se uma substância com dois carbonos assimétricos tem um estereoisômero que é uma substância meso — os quatro átomos ou grupos ligados a um dos carbonos assimétricos são idênticos aos quatro átomos ou grupos ligados ao outro carbono assimétrico. Uma substância com os mesmos quatro átomos ou grupos ligados a dois carbonos assimétricos diferentes terá três estereoisômeros: um será uma substância meso e os outros dois serão enantiômeros.

Se duas substâncias com dois carbonos assimétricos têm os mesmos quatro grupos ligados a cada carbono assimétrico, um de seus estereoisômeros será uma substância meso.

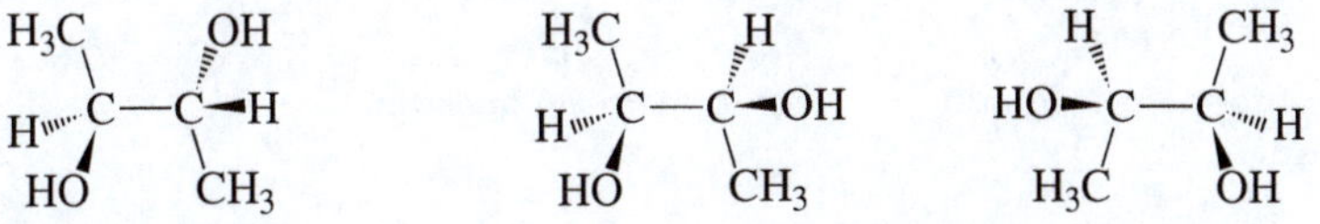

substância meso

enantiômeros

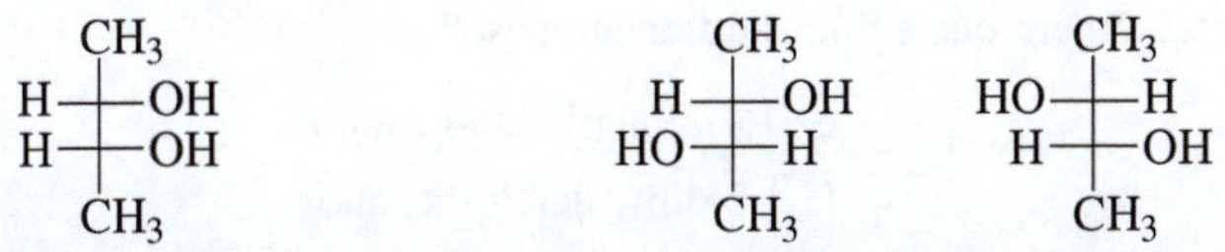

substância meso

enantiômeros

Molecule Gallery: *cis*-1,3-dimetilciclopentano e sua imagem especular

www

No caso das substâncias cíclicas, o isômero cis será a substância meso e o isômero trans existirá como enantiômeros.

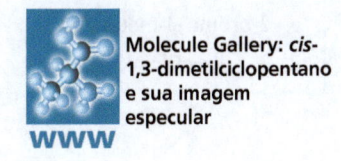

cis-1,3-dimetilciclopentano
substância meso

trans-1,3-dimetilciclopentano
par de enantiômeros

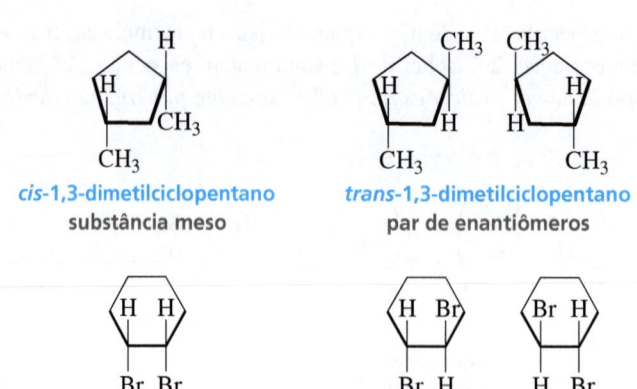

cis-1,2-dibromociclo-hexano
substância meso

trans-1,2-dibromociclo-hexano
par de enantiômeros

A estrutura anterior para o *cis*-1,2-dibromociclo-hexano sugere que a substância tem um plano de simetria. O ciclo-hexano, no entanto, não é um hexágono planar — ele existe preferencialmente na conformação em cadeira, e o confôrmero de *cis*-1,2-dibromociclo-hexano não tem plano de simetria. Somente o confôrmero em bote, muito pouco estável, do *cis*-1,2-dibromociclo-hexano, tem um plano de simetria. Assim, o *cis*-1,2-dibromociclo-hexano é uma substância meso? A resposta é sim. Enquanto qualquer confôrmero de uma substância tem um plano de simetria, a substância é aquiral, e uma substância aquiral com dois carbonos assimétricos é uma substância meso.

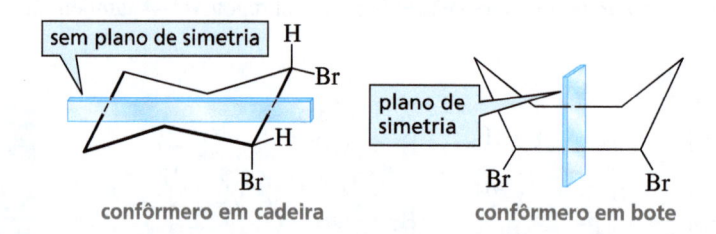

sem plano de simetria
confôrmero em cadeira

plano de simetria
confôrmero em bote

Isso é válido para substâncias acíclicas também. Acabamos de ver que 2,3-dibromobutano é uma substância aquiral meso porque ela tem um plano de simetria. Para ver que ela possuía um plano de simetria, entretanto, tínhamos que olhar para o confôrmero eclipsado relativamente instável. O confôrmero mais estável em oposição não tem um plano de simetria. O 2,3-dibromobutano ainda assim é uma substância meso, porque tem um confôrmero que tem um plano de simetria.

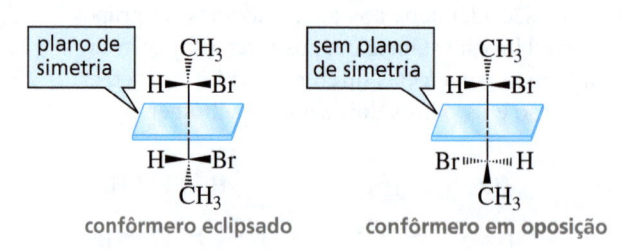

plano de simetria
confôrmero eclipsado

sem plano de simetria
confôrmero em oposição

PROBLEMA — ESTRATÉGIA PARA RESOLUÇÃO

Quais das seguintes substâncias têm um estereoisômero que é uma substância meso?

a. 2,3-dimetilbutano
b. 3,4-dimetil-hexano
c. 2-bromo-3-metilpentano
d. 1,3-dimetilciclo-hexano
e. 1,4-dimetilciclo-hexano
f. 1,2-dimetilciclo-hexano
g. 3,4-dietil-hexano
h. 1-bromo-2-metilciclo-hexano

Verifique cada substância e veja se ela tem os requisitos necessários para ter um estereoisômero que seja uma substância meso. Isto é, ela tem dois carbonos assimétricos com os mesmos quatro substituintes ligados em cada carbono assimétrico? As substâncias A, E e G *não* têm um estereoisômero que seja uma substância meso, pois elas não têm nenhum carbono assimétrico.

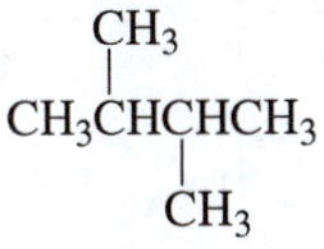

$$\underset{\underset{\text{A}}{CH_3}}{\underset{|}{CH_3CHCHCH_3}}\underset{\text{E}}{}\underset{\underset{\text{G}}{CH_2CH_3}}{\underset{|}{CH_3CH_2CHCHCH_2CH_3}}$$

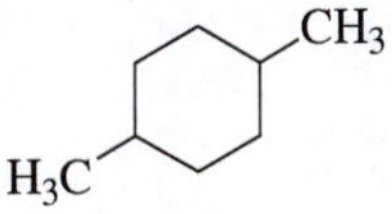

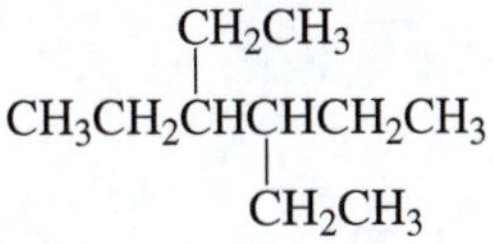

As substâncias C e H têm cada uma dois carbonos assimétricos. Elas não têm um estereoisômero que seja uma substância meso, pois os carbonos assimétricos *não* estão ligados aos mesmos quatro substituintes.

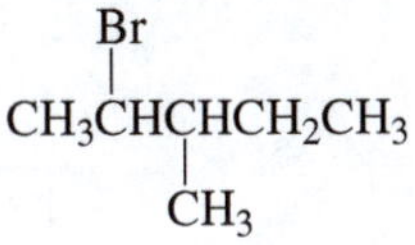

$$\underset{\underset{\text{C}}{CH_3}}{\overset{\overset{Br}{|}}{CH_3CHCHCH_2CH_3}}\underset{\text{H}}{}$$

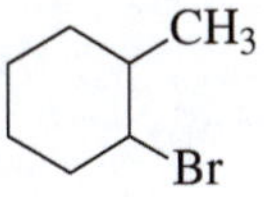

As substâncias B, D e F têm um estereoisômero que é uma substância meso — elas têm dois carbonos assimétricos e cada um está ligado aos mesmos quatro átomos ou grupos.

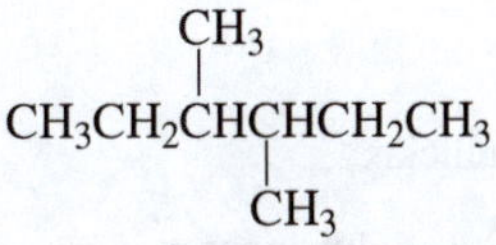

$$\underset{\underset{\text{B}}{CH_3}}{\overset{\overset{CH_3}{|}}{CH_3CH_2CHCHCH_2CH_3}}\underset{\text{D}}{}\underset{\text{F}}{}$$

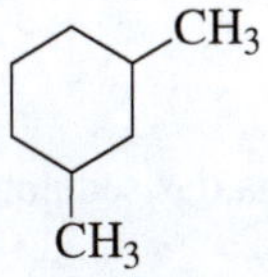

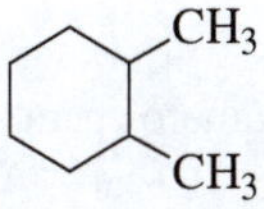

O isômero que é uma substância meso é aquele com um plano de simetria quando uma substância acíclica é desenhada na sua conformação eclipsada (B), ou quando uma substância cíclica é desenhada com o anel planar (D e F).

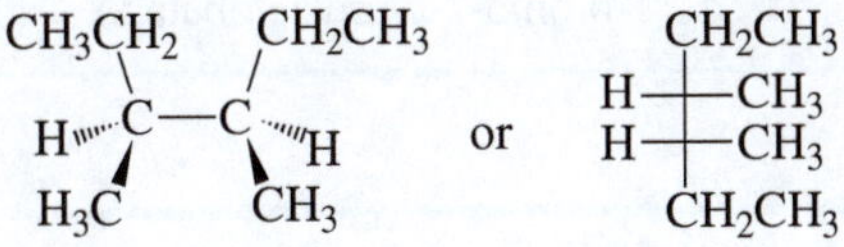

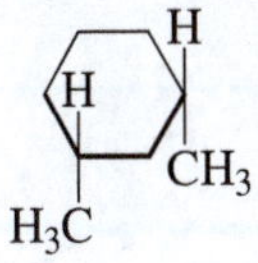

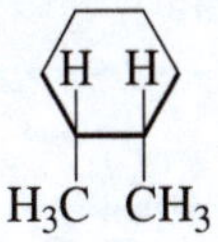

Passe em seguida para o Problema 26.

PROBLEMA 26◆

Qual das seguintes substâncias tem um estereoisômero que é uma substância meso?

a. 2,4-dibromo-hexano

b. 2,4-dibromopentano

c. 2,4-dimetilpentano

d. 1,3-diclorociclo-hexano

e. 1,4-diclorociclo-hexano

f. 1,2-diclorociclobutano

202 QUÍMICA ORGÂNICA

PROBLEMA 27 — RESOLVIDO

Qual das seguintes substâncias é quiral?

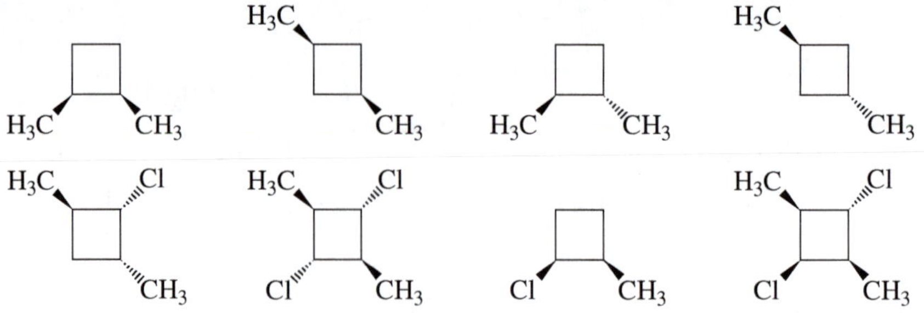

[Estruturas de ciclobutanos substituídos dispostas em duas linhas]

RESOLUÇÃO Para ser quiral uma molécula não deve ter plano de simetria. Portanto, somente as seguintes substâncias são quirais.

[Três estruturas de ciclobutanos quirais]

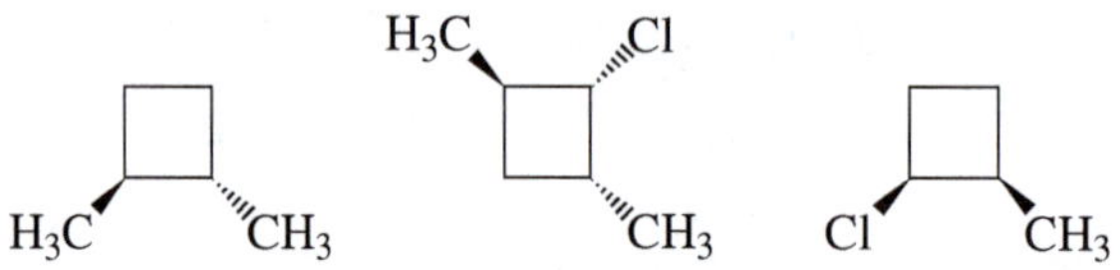

Na primeira linha da lista de substâncias, somente a terceira é quiral. A primeira, a segunda e a quarta substâncias têm cada uma delas um plano de simetria. Na segunda linha da lista de substâncias a primeira e a terceira substâncias são quirais. A segunda e a quarta substâncias têm cada uma um plano de simetria.

PROBLEMA 28

Desenhe todos os estereoisômeros para cada uma das seguintes substâncias:

a. 1-bromo-2-metilbutano
b. 1-cloro-3-metilpentano
c. 2-metil-1-propanol
d. 2-bromo-1-butanol
e. 3-cloro-3-metilpentano
f. 3-bromo-2-butanol
g. 3,4-dicloro-hexano
h. 2,4-dicloropentano
i. 2,4-dicloro-heptano
j. 1,2-diclorociclobutano
l. 1,3-diclorociclo-hexano
m. 1,4-diclorociclo-hexano
n. 1-bromo-2-clorociclobutano
o. 1-bromo-3-clorociclobutano

5.11 Sistema *R,S* de nomenclatura para isômeros com mais de um carbono assimétrico

Se uma substância tem mais de um carbono assimétrico, as etapas usadas para determinar se um carbono assimétrico tem configuração *R* ou *S* devem ser aplicadas para cada um dos carbonos assimétricos individualmente. Como exemplo, vamos nomear um dos estereoisômeros do 3-bromo-2-butanol.

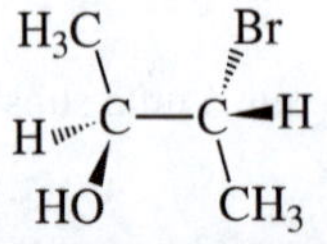

[Estrutura do estereoisômero do 3-bromo-2-butanol]

estereoisômero do 3-bromo-2-butanol

Primeiro, determinaremos a configuração no C-2. O grupo OH tem a maior prioridade, o carbono C-3 (o carbono ligado a Br, C e H) tem a prioridade seguinte, CH_3 é o próximo, e H tem a menor prioridade. Pela razão de o grupo com a menor prioridade estar ligado a uma cunha tracejada, podemos desenhar imediatamente uma seta do grupo com maior prioridade para o grupo de prioridade subseqüente. Como a seta aponta para o sentido anti-horário, a configuração de C-2 é S.

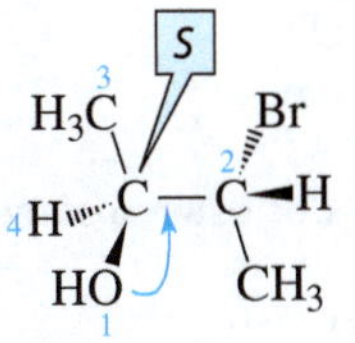

Agora precisamos determinar a configuração de C-3. Como o grupo de menor prioridade (H) não está ligado a uma cunha tracejada, devemos colocá-lo lá temporariamente pela troca de dois grupos.

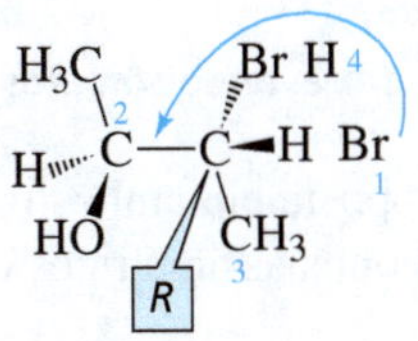

A seta que sai do grupo de maior prioridade (Br) para o grupo de prioridade subseqüente (o carbono ligado a O, C e H) aponta para o sentido anti-horário, sugerindo que ele tem configuração S. No entanto, devido à troca de dois grupos antes de desenharmos a seta, C-3 tem a configuração oposta — ele tem configuração R. Assim, o isômero é chamado (2S,3R)-3-bromo-2-butanol.

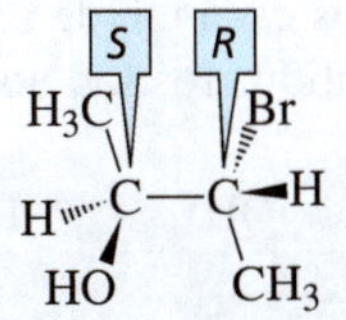

(2S,3R)-3-bromo-2-butanol

Projeções de Fischer com dois carbonos assimétricos podem ser nomeadas de maneira similar. Ao se aplicar simplesmente as etapas para cada carbono assimétrico que você aprendeu para projeções de Fischer com um carbono assimétrico. Para C-2, a seta do grupo com maior prioridade para o grupo com a prioridade de valor imediatamente menor aponta no sentido horário, sugerindo que ele tem configuração R. Mas, devido ao grupo de menor prioridade estar na ligação horizontal, podemos concluir que C-2 tem configuração S (Seção 5.6).

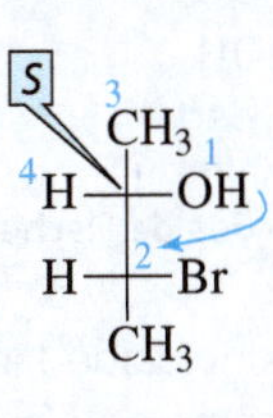

Ao repetir essas etapas para C-3 descobriremos que ele tem configuração R. O isômero, portanto, é chamado (2S,3R)-3-bromo-2-butanol.

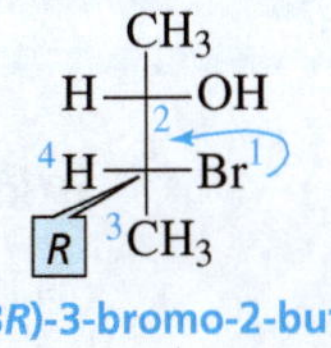

(2S,3R)-3-bromo-2-butanol

Os quatro estereoisômeros do 3-bromo-2-butanol são nomeados como mostrado aqui. Gaste alguns minutos para verificar a nomenclatura dessas substâncias.

(2S,3R)-3-bromo-2-butanol   (2R,3S)-3-bromo-2-butanol   (2S,3S)-3-bromo-2-butanol   (2R,3R)-3-bromo-2-butanol

fórmulas em perspectiva dos estereoisômeros do 3-bromo-2-butanol

(2S,3R)-3-bromo-2-butanol   (2R,3S)-3-bromo-2-butanol   (2S,3S)-3-bromo-2-butanol   (2R,3R)-3-bromo-2-butanol

projeções de Fischer dos estereoisômeros do 3-bromo-2-butanol

Veja que os enantiômeros têm configuração oposta em ambos os carbonos assimétricos, enquanto os diastereoisômeros têm a mesma configuração em um dos carbonos assimétricos e configuração oposta no outro.

PROBLEMA 29

Desenhe e dê o nome dos quatro estereoisômeros do 1,3-dicloro-2-butanol usando:

a. fórmulas em perspectiva   b. projeções de Fischer

O ácido tartárico tem três estereoisômeros, pois cada um de seus dois carbonos assimétricos tem os mesmos quatro substituintes. A substância meso e o par de enantiômeros são nomeados como a seguir:

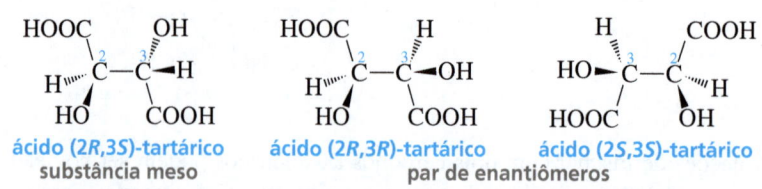

ácido (2R,3S)-tartárico
substância meso

ácido (2R,3R)-tartárico

ácido (2S,3S)-tartárico
par de enantiômeros

fórmulas em perspectiva dos estereoisômeros do ácido tartárico

Tutorial Gallery:
Identificação de estereoisômeros com múltiplos carbonos assimétricos
www

ácido (2R,3S)-tartárico
substância meso

ácido (2R,3R)-tartárico

ácido (2S,3S)-tartárico
par de enantiômeros

projeções de Fischer dos estereoisômeros do ácido tartárico

As propriedades físicas dos três estereoisômeros do ácido tartárico estão relacionadas na Tabela 5.1. A substância meso e qualquer um dos enantiômeros são diastereoisômeros. Veja que as propriedades físicas dos enantiômeros são as mesmas, enquanto as propriedades dos diastereoisômeros são diferentes. Observe também que as propriedades físicas da mistura racêmica diferem das propriedades físicas dos enantiômeros.

Tabela 5.1	Propriedades físicas dos estereoisômeros do ácido tartárico		
	Ponto de fusão, °C	$[\alpha]_D^{25\,°C}$	Solubilidade, g/100 g H_2O a 15 °C
Ácido (2R,3R)-(+)-tartárico	170	+11,98°	139
Ácido (2S,3S)-(−)-tartárico	170	−11,98°	139
Ácido (2R,3S)-tartárico	140	0°	125
Ácido (±)-tartárico	206	0°	139

CAPÍTULO 5 Estereoquímica | 205

PROBLEMA 30◆

O cloranfenicol é um antibiótico de amplo espectro, particularmente usado contra febre tifóide. Qual a configuração de cada carbono assimétrico do cloranfenicol?

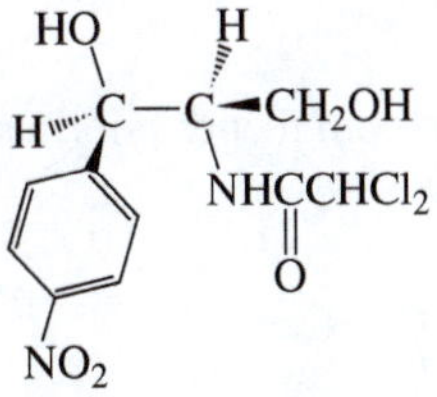

HO   H
 \\ /
 C—C—CH$_2$OH
H/   \\NHCCHCl$_2$
            ‖
            O

cloranfenicol

(com grupo p-NO$_2$-C$_6$H$_4$)

PROBLEMA — ESTRATÉGIA PARA RESOLUÇÃO

Desenhe fórmulas em perspectiva para as seguintes substâncias:

a. (R)-2-butanol
b. (2S,3R)-3-cloro-2-pentanol

a. Primeiro desenhe a substância — ignorando a configuração do carbono assimétrico — assim você saberá quais grupos estão ligados ao carbono assimétrico.

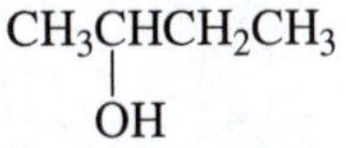

CH$_3$CHCH$_2$CH$_3$ 2-butanol
     |
     OH

Desenhe as ligações em torno do carbono assimétrico.

Ponha o grupo com a menor prioridade na cunha tracejada. E o grupo com maior prioridade, em outra ligação.

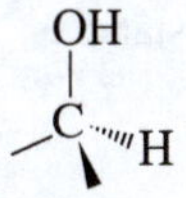

   OH
   |
   C⋯⋯H

Como foi pedido que você desenhasse o enantiômero R, desenhe uma seta no sentido horário a partir do grupo com maior prioridade para a próxima ligação disponível e coloque o grupo com a prioridade seguinte nesta ligação.

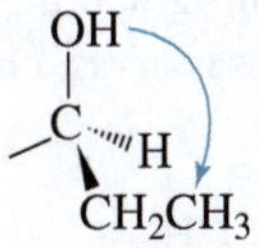

   OH
   |
   C⋯⋯H
   |
   CH$_2$CH$_3$

Ponha o substituinte que resta na última ligação disponível.

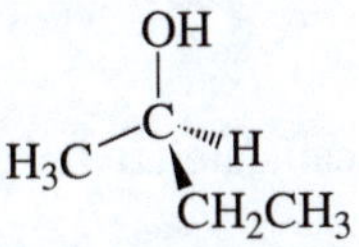

         OH
         |
   H$_3$C—C⋯⋯H   (R)-2-butanol
         |
         CH$_2$CH$_3$

b. Primeiro desenhe a substância, ignorando a configuração do carbono assimétrico.

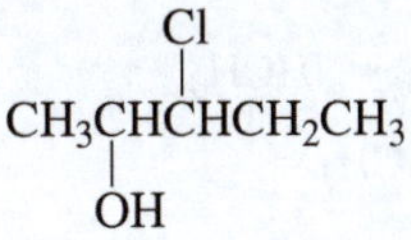

        Cl
        |
CH$_3$CHCHCH$_2$CH$_3$ 3-cloro-2-pentanol
        |
        OH

Desenhe as ligações em torno dos carbonos assimétricos.

$$\text{···C—C···}$$

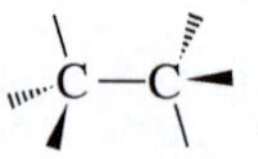

Para cada um dos carbonos assimétricos, ponha o grupo com menor prioridade na cunha tracejada.

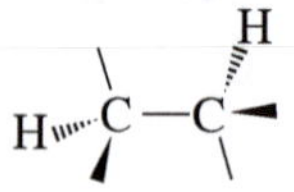

$$\text{H····C—C····H}$$

Para cada carbono assimétrico, ponha o grupo com maior prioridade na ligação cuja seta aponta o sentido horário (se quiser a configuração *R*) ou anti-horário (se desejar a configuração *S*) para o grupo com a prioridade seguinte.

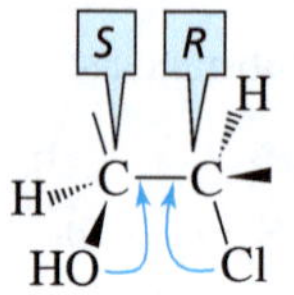

$$\boxed{S} \quad \boxed{R}$$
$$\text{H····C—C····H}$$
$$\text{HO} \quad \text{Cl}$$

Ponha os substituintes nas últimas ligações disponíveis.

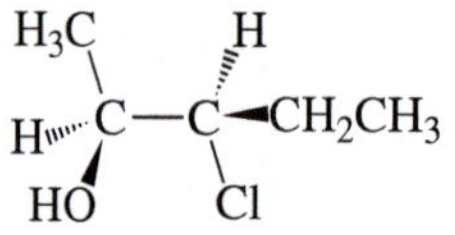

$$\underset{\text{HO}}{\overset{\text{H}_3\text{C}}{\text{H····C}}} - \underset{\text{Cl}}{\overset{\text{H}}{\text{C····CH}_2\text{CH}_3}} \quad \text{(2S,3R)-3-cloro-2-pentanol}$$

Passe em seguida para o Problema 31.

PROBLEMA 31

Desenhe fórmulas em perspectiva para as seguintes substâncias:

a. (*S*)-3-cloro-1-pentanol
b. (2*R*,3*R*)-2,3-dibromopentano
c. (2*S*,3*R*)-3-metil-2-pentanol
d. (*R*)-1,2-dibromobutano

PROBLEMA 32◆

Por muitos séculos, os chineses usaram extratos de um grupo de ervas conhecido como efedra no tratamento de asma. Químicos foram capazes de isolar uma substância dessas ervas, chamada efedrina, um potente dilatador da passagem de ar pelos pulmões.

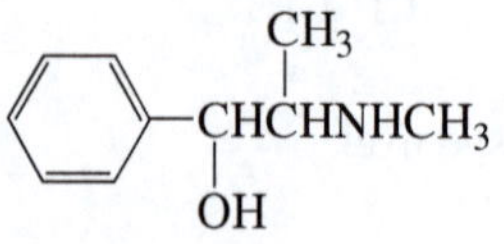

$$\text{C}_6\text{H}_5-\underset{\text{OH}}{\text{CH}}-\underset{\text{CH}_3}{\overset{\text{CH}_3}{\text{CH}}}\text{NHCH}_3 \quad \text{efedrina}$$

a. Quantos estereoisômeros são possíveis para a efedrina?
b. O estereoisômero mostrado a seguir é um dos farmacologicamente ativos. Qual a configuração de cada carbono assimétrico?

$$\underset{\text{H}}{\overset{\text{C}_6\text{H}_5}{\text{HO····C}}}-\underset{\text{CH}_3}{\overset{\text{H}}{\text{C····NHCH}_3}}$$

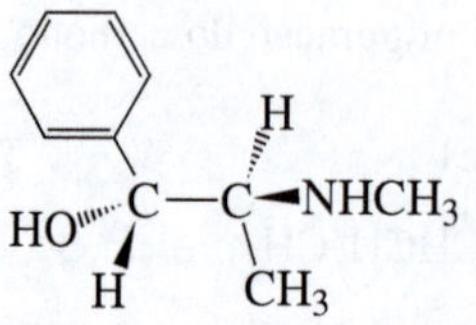

PROBLEMA 33◆

Dê o nome das seguintes substâncias:

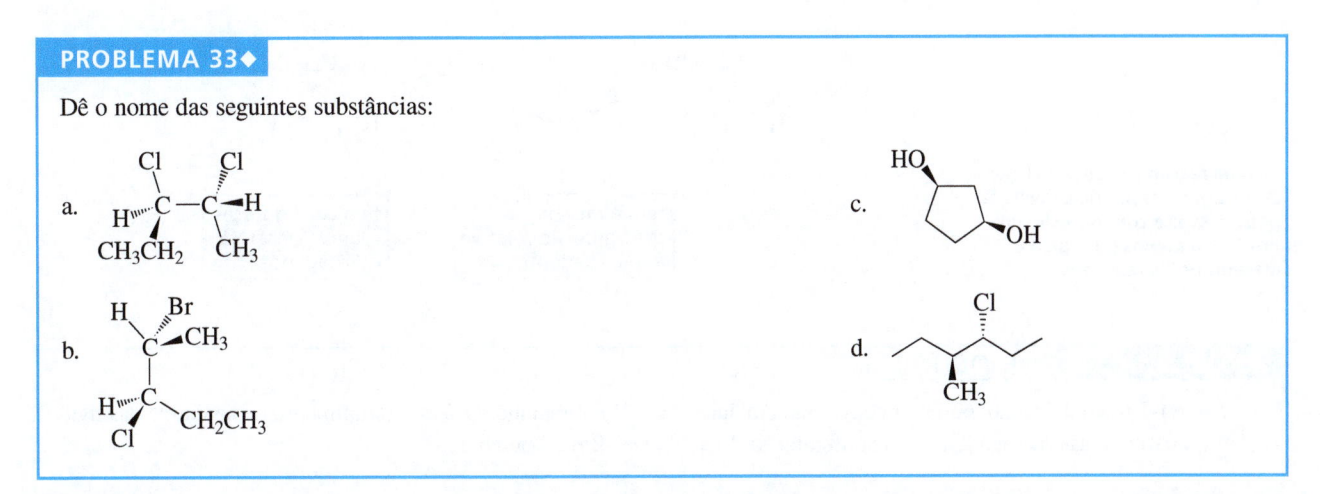

a. [estrutura: H—C(Cl)(CH₂CH₃)—C(Cl)(H)—CH₃]

b. [estrutura: C com H, Br, CH₃, e C com H, Cl, CH₂CH₃]

c. [ciclopentano com HO e OH em cis]

d. [estrutura com Cl e CH₃ em carbonos adjacentes]

5.12 Reações de substâncias que contenham um carbono assimétrico

Quando uma substância que contém um carbono assimétrico sofre uma reação, o que ocorre à configuração do carbono assimétrico depende da reação. Se a reação não rompe nenhuma das ligações do carbono assimétrico, as posições relativas dos grupos ligados ao carbono assimétrico não mudarão. Por exemplo, se (S)-1-cloro-metil-hexano reagir com íon hidróxido, OH substitui Cl. O reagente e o produto têm a mesma **configuração relativa** porque a reação não rompe nenhuma das ligações do carbono assimétrico.

(S)-1-cloro-3-metil-hexano → HO⁻ → (S)-3-metil-1-hexanol

Se a reação não rompe uma ligação do carbono assimétrico, o reagente e o produto terão as mesmas configurações relativas.

Uma palavra de advertência: se os quatro grupos ligados ao carbono assimétrico mantêm as suas posições relativas não significa necessariamente que um reagente *S* sempre produzirá um produto *S* como ocorreu na reação anterior. No exemplo seguinte os grupos mantêm suas posições relativas durante a reação. Portanto, o reagente e o produto têm as mesmas configurações relativas. Entretanto, o reagente tem a configuração *S*, enquanto o produto tem a configuração *R*. Embora os grupos mantenham suas posições relativas, as prioridades — como definido pelas regras de Cahn–Ingold–Prelog — mudaram (Seção 5.5). A mudança nas prioridades — não a mudança na posição dos grupos — é o que leva o reagente *S* tornar-se um produto *R*.

(S)-3-metil-hexeno → H₂, Pd/C → (R)-3-metil-hexano

O reagente e o produto desse exemplo têm a mesma configuração relativa, mas eles têm diferentes **configurações absolutas** — o reagente tem a configuração *S*, enquanto o produto tem a configuração *R*. A configuração atual é chamada configuração absoluta para indicar que a configuração é mais bem conhecida em sentido absoluto que em sentido relativo. Conhecer a *configuração absoluta* de uma substância significa que você sabe se ela tem a configuração *R* ou *S*. Saber que duas substâncias têm a mesma *configuração relativa* significa que elas têm a mesma posição relativa de seus substituintes.

Já vimos que se a reação não rompe nenhuma das ligações do carbono assimétrico, o reagente e o produto terão a mesma configuração relativa. Ao contrário, se a reação *rompe* uma ligação do carbono assimétrico, o produto pode ter a mesma configuração relativa do reagente ou pode ter a configuração relativa oposta. Qual dos produtos é realmente formado depende do mecanismo da reação. Por essa razão, não podemos prever qual será a configuração dos produtos, a menos que saibamos o mecanismo da reação.

208 QUÍMICA ORGÂNICA

Se uma reação rompe uma ligação do carbono assimétrico, você não pode prever a configuração do produto a menos que saiba o mecanismo da reação.

$$\underset{Y}{\overset{CH_2CH_3}{CH_3\text{—}C\text{—}H}} \xrightarrow{Z^-} \underset{Z}{\overset{CH_2CH_3}{CH_3\text{—}C\text{—}H}} + \underset{Z}{\overset{CH_2CH_3}{H\text{—}C\text{—}CH_3}} + Y^-$$

tem a mesma configuração relativa que o reagente

tem configuração relativa oposta à do reagente

PROBLEMA 34 RESOLVIDO

O (S)-(−)-2-metil-1-butanol pode ser convertido em ácido (+)-2-metilbutanóico sem o rompimento de nenhuma das ligações do carbono assimétrico. Qual é a configuração do ácido (−)-2-metilbutanóico?

$$\underset{(S)\text{-}(-)\text{-2-metil-1-butanol}}{\overset{CH_2OH}{CH_3CH_2\text{—}C\text{—}H}} \qquad \underset{\text{ácido }(+)\text{-2-metilbutanóico}}{\overset{COOH}{CH_3CH_2\text{—}C\text{—}H}}$$

RESOLUÇÃO Sabemos que o ácido (+)-2-metilbutanóico tem a configuração relativa mostrada porque ela foi formada do (S)-(−)-2-metil-1-butanol sem o rompimento de nenhuma das ligações do carbono assimétrico. Por essa razão, sabemos que o ácido (+)-2-metilbutanóico tem a configuração S. Podemos concluir, portanto, que o ácido (−)-2-metil-butanóico tem a configuração R.

PROBLEMA 35◆

O estereoisômero de 1-iodo-2-metilbutano com a configuração S gira o plano da luz polarizada no sentido anti-horário. A reação seguinte resulta num álcool que gira o plano da luz polarizada no sentido horário. Qual é a configuração do (—)-2-metil-1-butanol?

$$\overset{CH_2I}{CH_3\text{—}C\text{—}H} + HO^- \longrightarrow \overset{CH_2OH}{CH_3\text{—}C\text{—}H} + I^-$$
$$\phantom{CH_3\text{—}C}CH_2CH_3 \phantom{CH_3\text{—}C}CH_2CH_3$$

5.13 Configuração absoluta do (+)-gliceraldeído

O gliceraldeído tem um centro quiral e, por essa razão, tem dois estereoisômeros. Sua configuração absoluta não era conhecida até 1951. Antes disso, os químicos não sabiam se (+)-gliceraldeído tinha conformação R ou S, embora tivessem decidido arbitrariamente que ele tinha a configuração R. Eles tinham 50% de chance de estarem certos.

$$\underset{(R)\text{-}(+)\text{-gliceraldeído}}{\overset{HC=O}{HO\text{—}C\text{—}H}} \qquad \underset{(S)\text{-}(-)\text{-gliceraldeído}}{\overset{HC=O}{H\text{—}C\text{—}OH}}$$

As configurações de muitas substâncias orgânicas foram "determinadas" pela sua síntese a partir do (+)- ou (−)-gliceraldeído ou pela sua conversão em (+)- ou (−)-gliceraldeído, sempre usando reações que não rompiam nenhuma das ligações do carbono assimétrico. Por exemplo, o ácido (−)-lático poderia ser relacionado ao (+)-gliceraldeído através das reações a seguir. Desse modo, presumiu-se que a configuração do ácido (−)-lático era como a mostrada a seguir. Como se presumiu que o (+)-gliceraldeído era o enantiômero R, as configurações determinadas para essas moléculas eram configurações relativas, não configurações absolutas. Elas eram relativas ao (+)-gliceraldeído e foram baseadas na suposição de que o (+)-gliceraldeído tinha a configuração R.

$$\underset{\underset{\text{(+)-gliceraldeído}}{}}{\overset{HC=O}{\underset{CH_2OH}{HO-C-H}}} \xrightarrow{HgO} \underset{\underset{\text{ácido (–)-glicérico}}{}}{\overset{COOH}{\underset{CH_2OH}{HO-C-H}}} \xleftarrow{\underset{H_2O}{HNO_2}} \underset{\underset{\text{(+)-isoserina}}{}}{\overset{COOH}{\underset{CH_2NH_3}{HO-C-H}}} \xrightarrow{\underset{HBr}{NaNO_2}} \underset{\underset{\substack{\text{ácido (–)-3-bromo-2-}\\\text{hidroxipropanóico}}}{}}{\overset{COOH}{\underset{CH_2Br}{HO-C-H}}} \xrightarrow{\underset{H^+}{Zn}} \underset{\underset{\text{ácido (–)-lático}}{}}{\overset{COOH}{\underset{CH_3}{HO-C-H}}}$$

Em 1951, os químicos alemães J. M. Bijvoet, A. F. Peerdeman e A. J. van Bommel, usando cristalografia de raio X e uma nova técnica conhecida como dispersão anômala, determinaram que o sal de rubídio e sódio do ácido tartárico tinha a configuração R,R. Como o ácido (+)-tartárico poderia ser sintetizado a partir do (−)-gliceraldeído, esse último tinha de ser o enantiômero S. A suposição de que (+)-gliceraldeído tinha a configuração R era correta!

$$\underset{\text{(–)-gliceraldeído}}{\overset{HC=O}{\underset{S}{HO-\vert-H}\atop CH_2OH}} \xrightarrow{\text{várias etapas}} \underset{\text{ácido (+)-tartárico}}{\overset{R}{\underset{R}{H-\vert-OH\atop HO-\vert-H}\atop COOH}\overset{COOH}{}}$$

O trabalho desses químicos forneceu imediatamente a configuração absoluta para todas as substâncias cujas configurações relativas foram determinadas, relacionando-as com o (+)-gliceraldeído. Portanto, o ácido (−)-lático tem a configuração mostrada anteriormente. Se o (+)-gliceraldeído fosse o enantiômero S, o ácido (−)-lático teria a configuração oposta.

PROBLEMA 36◆

Qual é a configuração absoluta das seguintes substâncias?

a. ácido (−)-glicérico
b. (+)-isoserina
c. (−)-gliceraldeído
d. ácido (+)-lático

PROBLEMA 37◆

Qual das seguintes afirmações é verdadeira?

a. Se duas substâncias tiverem a mesma configuração relativa, elas terão a mesma configuração absoluta.
b. Se duas substâncias tiverem a mesma configuração relativa e você souber a configuração absoluta de qualquer uma delas, poderá determinar a configuração absoluta da outra.
c. Se duas substâncias tiverem a mesma configuração relativa, você poderá determinar a configuração absoluta de somente uma delas.
d. Um reagente R sempre forma um produto S.

5.14 Separando enantiômeros

Os enantiômeros não podem ser separados por técnicas comuns de separação como destilação fracionada ou cristalização porque eles têm pontos de ebulição e de solubilidade idênticos, razão pela qual destilam ou cristalizam simultaneamente. Louis Pasteur foi o primeiro a separar um par de enantiômeros com sucesso. Enquanto trabalhava com cristais de tartarato de amônio e sódio, ele notou que os cristais não eram idênticos — alguns cristais eram destros e outros canhotos. Separando meticulosamente os dois tipos de cristais com uma pinça, descobriu que a solução dos cristais destros girava a luz plano-polarizada no sentido horário, enquanto a solução de cristais canhotos girava a luz plano-polarizada no sentido anti-horário.

$$\underset{\substack{\text{tartarato de amônio e sódio}\\\text{cristais canhotos}}}{\overset{COO^-Na^+}{\underset{COO^-\overset{+}{N}H_4}{HO-\vert-H\atop H-\vert-OH}}} \qquad \underset{\substack{\text{tartarato de amônio e sódio}\\\text{cristais destros}}}{\overset{COO^-Na^+}{\underset{COO^-\overset{+}{N}H_4}{H-\vert-OH\atop HO-\vert-H}}}$$

O químico e microbiologista francês **Louis Pasteur** **(1822–1895)** *foi o primeiro a demonstrar que micróbios causam doenças específicas. Ele foi convidado pela indústria de vinho francesa a descobrir por que o vinho geralmente se tornava azedo quando envelhecido. Ele mostrou que microrganismos levam o suco de uva a fermentar, produzindo vinho, e levam o vinho a se tornar azedo lentamente. Ao aquecer suavemente o vinho após a fermentação, um processo chamado pasteurização, matam-se os organismos; sendo assim, eles não podem azedar o vinho.*

Pasteur tinha somente 26 anos nessa época e não era conhecido nos meios científicos. Ele ficou preocupado com a precisão de suas observações porque, poucos anos antes, um químico orgânico alemão bem conhecido, Eilhardt Mitscherlich, tinha noticiado que cristais do mesmo sal são todos idênticos. Pasteur informou imediatamente seus achados a Jean-Baptiste Biot e depois repetiu o experimento para que ele pudesse observar. Biot ficou convencido de que Pasteur tinha separado com sucesso os enantiômeros de tartarato de amônio e sódio. A experiência de Pasteur também criou um novo termo químico. Ácido tartárico é obtido de uvas, por isso também foi chamado de ácido racêmico (*racemus*, em latim, significa "cacho de uvas"). Quando Pasteur descobriu que o ácido tartárico era realmente uma mistura de enantiômeros, ele a chamou de "mistura racêmica". A separação de enantiômeros é chamada **resolução de uma mistura racêmica**.

Mais tarde os químicos reconheceram como Pasteur teve sorte. O tartarato de amônio e sódio forma cristais assimétricos somente sob determinadas condições — justamente as condições que Pasteur tinha empregado. Sob outras condições, são formados os cristais simétricos que fizeram Mitscherlich se equivocar. Mas, para citar Pasteur, "a oportunidade favorece a mente preparada".

A separação de enantiômeros manual, como Pasteur fez, não é um método utilizado universalmente para resolver uma mistura racêmica, pois poucas substâncias formam cristais assimétricos. O método mais comumente utilizado é converter enantiômeros em diastereoisômeros. Os diastereoisômeros podem ser separados, pois têm propriedades físicas diferentes. Depois da separação, os diastereoisômeros são convertidos nos enantiômeros originais.

Por exemplo, uma vez que um ácido reage com uma base para formar um sal, a mistura racêmica de ácido carboxílico reage com uma base opticamente pura de ocorrência natural (um único enantiômero) para formar dois sais diastereoisoméricos. Morfina, estricnina e brucina são exemplos de bases quirais de ocorrência natural normalmente usadas com esse propósito. A base quiral existe como enantiômero puro porque, quando uma substância quiral é sintetizada em um sistema vivo, geralmente só um enantiômero é formado (Seção 5.20). Se um ácido-*R* reage com uma base-*S*, um sal-*R,S* será formado; quando um ácido-*S* reage com uma base-*S*, um sal-*S,S* será formado.

Eilhardt Mitscherlich **(1794–1863)**, *químico alemão, primeiro estudou medicina, então viajou à Ásia — uma maneira de satisfazer seu interesse pelas línguas orientais. Mais tarde ficou fascinado por química. Foi professor de química na Universidade de Berlim e escreveu um famoso livro-texto de química que foi publicado em 1829.*

CAPÍTULO 5 Estereoquímica **211**

Um dos carbonos assimétricos no sal-*R,S* é idêntico ao carbono assimétrico do sal-*S,S*, e o outro carbono assimétrico no sal-*R,S* é imagem especular de um carbono assimétrico do sal-*S,S*. Portanto, os sais são diastereoisômeros e têm propriedades físicas diferentes, por isso podem ser separados. Após a separação, podem ser convertidos de volta em ácidos carboxílicos por adição de um ácido forte como HCl. A base quiral pode ser separada do ácido carboxílico e usada novamente.

Enantiômeros podem ser separados também por uma técnica chamada **cromatografia**. Nesse método, a mistura a ser separada é dissolvida em um solvente e a solução passa através de uma coluna empacotada com um material que tende a absorver substâncias orgânicas. Se a coluna cromatográfica for acondicionada com material *quiral*, pode-se supor que os dois enantiômeros se deslocarão através da coluna em ordens diferentes, pois terão afinidades distintas pelo material quiral — exatamente como a mão direita prefere a luva direita — de modo que um enantiômero sairá da coluna antes do outro. O material quiral é um exemplo de uma **sonda quiral** — ele pode distinguir entre enantiômeros. Um polarímetro é outro exemplo de sonda quiral (Seção 5.7). Na próxima seção veremos dois tipos de moléculas biológicas que são sondas quirais — enzimas e receptores; as duas são proteínas.

▲ Cristais de hidrogeno tartarato de potássio. É incomum o fato de as uvas produzirem grandes quantidades de ácido tartárico, uma vez que a maioria das frutas produz o ácido cítrico.
© Dr. Jeremy Burgess/Science Photo Library/Photo Researchers, Inc.

5.15 Discriminação de enantiômeros por moléculas biológicas

Enzimas

Enantiômeros podem ser separados facilmente se forem submetidos a condições reacionais nas quais somente um deles reaja. Os enantiômeros têm as mesmas propriedades químicas, portanto reagem com agentes aquirais na mesma razão. Dessa maneira, o íon hidróxido (um reagente aquiral) reage com o (*R*)-2-bromobutano na mesma proporção que reage com o (*S*)-2-bromobutano. Entretanto, moléculas *quirais* reconhecem somente um enantiômero; se uma síntese for executada usando um reagente quiral ou um catalisador quiral, somente um enantiômero sofrerá a reação. Um exemplo de **catalisador quiral** é uma *enzima*. A **enzima** é uma proteína que catalisa uma reação química. A enzima D-aminoácido oxidase, por exemplo, catalisa somente reações do enantiômero *R* e deixa o enantiômero *S* intacto. O produto de uma reação de catálise enzimática pode ser facilmente separado do enantiômero que não reagiu. Se você imaginar uma enzima como uma luva de mão direita, e os enantiômeros como um par de mãos, a enzima liga-se caracteristicamente a um enantiômero porque somente a mão direita serve na luva direita.

> Um reagente aquiral reage identicamente com os dois enantiômeros. Uma meia, que é aquiral, calça ambos os pés.
>
> Um reagente quiral reage de forma diferente com cada enantiômero. Um sapato, que é quiral, calça somente um pé.

$$\underset{\text{enantiômero } R}{\overset{\text{COO}^-}{\underset{H}{\overset{|}{C}}}\overset{}{\underset{NH_2}{\Bigg\backslash}}R} + \underset{\text{enantiômero } S}{\overset{\text{COO}^-}{\underset{H}{\overset{|}{C}}}\overset{H_2N}{\underset{}{\Bigg/}}R} \xrightarrow{\text{D-aminoácido oxidase}} \underset{\substack{\text{enantiômero } R \\ \text{oxidado}}}{\overset{^-\text{OOC}}{\underset{R}{\overset{}{C}}}=NH} + \underset{\substack{\text{enantiômero } S \\ \text{intacto}}}{\overset{\text{COO}^-}{\underset{H}{\overset{|}{C}}}\overset{H_2N}{\underset{}{\Bigg/}}R}$$

O problema de ter que separar enantiômeros pode ser evitado se se efetuar uma síntese que forma um enantiômero preferencialmente. Catálises quirais não-enzimáticas estão sendo desenvolvidas para que um enantiômero seja sintetizado em quantidade bem maior que o outro. Se a reação ocorrer com reagente que não tem carbono assimétrico e formar um produto com carbono assimétrico, será formada uma mistura racêmica dos produtos. Por exemplo, a hidrogenação catalítica do 2-etil-1-penteno forma quantidades iguais dos dois enantiômeros, pois H_2 pode ser facilmente adicionado igualmente às duas faces da ligação dupla (Seção 5.18).

$$\underset{\text{CH}_3\text{CH}_2\text{CH}_2}{\overset{\text{CH}_3\text{CH}_2}{\underset{}{\Bigg\backslash}}}C=CH_2 \xrightarrow{\underset{\text{Pd/C}}{H_2}} \underset{\substack{(R)\text{-3-metil-hexano} \\ 50\%}}{\overset{\text{CH}_3\text{CH}_2}{\underset{\text{CH}_3}{\overset{|}{C}}\overset{}{\underset{H}{\Bigg\backslash}}}\text{CH}_3\text{CH}_2\text{CH}_2} + \underset{\substack{(S)\text{-3-metil-hexano} \\ 50\%}}{\overset{\text{CH}_3\text{CH}_2}{\underset{H}{\overset{|}{C}}\overset{\text{CH}_3\text{CH}_2\text{CH}_2}{\underset{}{\Bigg/}}}\text{CH}_3}$$

212 QUÍMICA ORGÂNICA

Se, entretanto, o metal é complexado a uma molécula orgânica quiral, H_2 será adicionado a somente uma face da ligação dupla. Um catalisador quiral destes — usando Ru(II) como metal e BINAP (2,2′-bis(difenilfosfino)-1,1′-binaftila) como molécula quiral — foi utilizado para sintetizar o (S)-naproxeno, o ingrediente ativo do Aleve e várias outras drogas antiinflamatórias não-esteroidais legais, em mais de 98% de excesso enantiomérico.

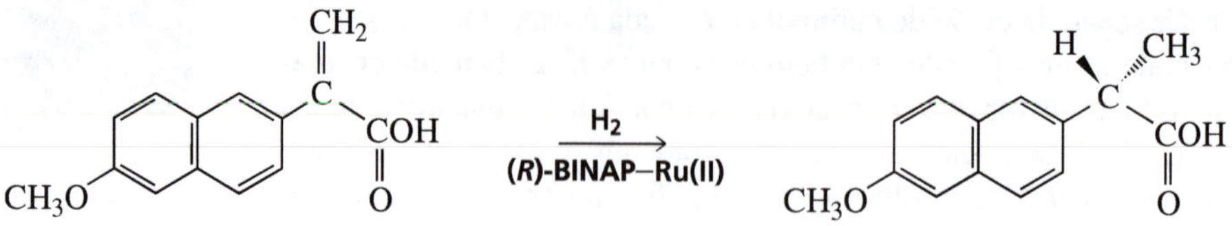

(S)-naproxeno
>98% ee

PROBLEMA 38◆

Qual percentual de naproxeno é obtido como enantiômero S na síntese anterior?

Receptores

Um receptor é uma proteína que se liga a uma molécula em particular. Como o receptor é quiral, ele se ligará a um enantiômero melhor do que a outro. Na Figura 5.3 o receptor liga-se ao enantiômero R, mas não se liga ao enantiômero S.

Como o receptor reconhece somente um enantiômero, diferentes propriedades fisiológicas podem estar associadas a cada enantiômero. Receptores localizados no exterior da célula nervosa do nariz, por exemplo, são capazes de perceber e diferenciar cerca de 10 mil cheiros a que estão expostos. A (R)-(—)-carvona é encontrada no óleo de hortelã e a (S)-(+)-carvona é o constituinte principal do óleo da semente de alcavaria. A razão destes dois enantiômeros terem odores tão diferentes é que cada um se adapta a um receptor diferente.

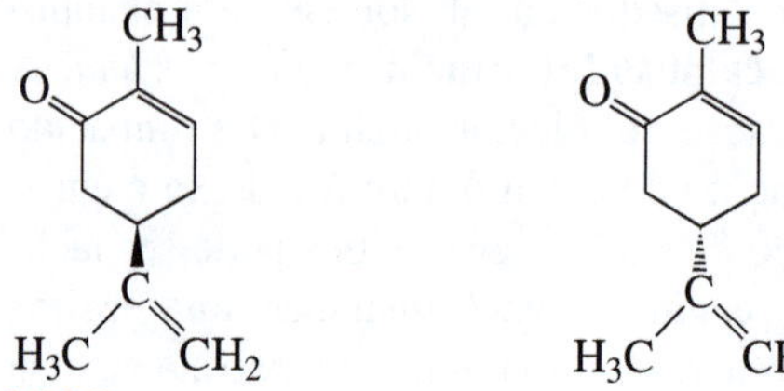

(R)-(−)-carvona
óleo de hortelã
$[\alpha]_D^{20\,°C} = -62{,}5°$

(S)-(+)-carvona
óleo da semente de alcavaria
$[\alpha]_D^{20\,°C} = +62{,}5°$

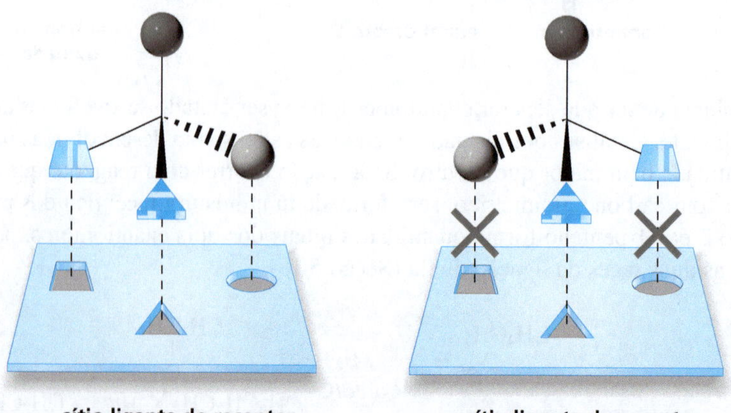

enantiômero R   enantiômero S

Figura 5.3 ▶
Diagrama esquemático que mostra como um enantiômero é ligado por um receptor. Um enantiômero se liga a um sítio e o outro não.

sítio ligante do receptor   sítio ligante do receptor

Muitas drogas exercem atividades fisiológicas pela ligação a receptores celulares. Se a droga tem um carbono assimétrico, o receptor pode se ligar preferencialmente a um dos enantiômeros. Conseqüentemente, enantiômeros podem ter as mesmas atividades fisiológicas, diferentes graus da mesma atividade ou atividades muito diferentes.

Enantiômeros da talidomida

A talidomida foi aprovada para uso como sedativo na Europa e Canadá em 1956. Mas não recebeu aprovação para uso nos Estados Unidos devido a alguns efeitos colaterais neurológicos observados. O isômero dextrorrotatório tinha propriedades sedativas maiores, mas a droga comercial era uma mistura racêmica. Contudo, não se identificou que o isômero levorrotatório era altamente teratogênico — ele causa defeitos de nascença terríveis — até que fosse noticiado que mulheres que ingeriram a droga, durante os três primeiros meses de gravidez, deram à luz bebês com inúmeros defeitos, tais como membros defeituosos. Finalmente foi determinado que o isômero dextrorrotatório também possuía atividade teratogênica branda e que ambos os enantiômeros racemizavam *in vivo*. Desse modo, não fica claro que se fosse dado àquelas mulheres somente o isômero dextrorrotatório tal fato teria diminuído a seriedade dos defeitos de nascença. A talidomida foi aprovada recentemente — com restrições — para o tratamento de lepra, assim como de melanomas.

Drogas quirais

Até muito recentemente, a maioria das drogas eram comercializadas como misturas racêmicas devido ao alto custo de separação de enantiômeros. Em 1992 o FDA (Food and Drug Administration — instituição americana que regulamenta o uso de medicamentos e alimentos naquele país) estabeleceu uma política que encorajava as companhias farmacêuticas a usar os avanços recentes em técnicas de sínteses e separação para desenvolver drogas com um único enantiômero. Agora um terço de todas as drogas vendidas são enantiômeros puros. Um novo tratamento para a asma utiliza um enantiômero puro chamado Singulair. Os antidepressivos Zoloft® e Paxil® (enantiômeros puros) estão reduzindo o mercado do Prozac® (um racemato). O exame de uma droga com enantiômero puro é simples, pois se a droga é vendida como um racemato o FDA requer que ambos os enantiômeros sejam testados. Testes mostraram que a (S)-(+)-cetamina é um analgésico quatro vezes mais potente que a (R)-(−)-cetamina e, ainda mais importante, o distúrbio dos efeitos colaterais parecem estar associados somente ao enantiômero (R)-(−). A atividade do ibuprofeno, analgésico popular comercializado como Advil®, Nuprin® e Motrin®, reside principalmente no enantiômero (S)-(+). O FDA tem algumas preocupações com a aprovação de drogas como enantiômeros puros devido à possibilidade de overdose das drogas. As pessoas que estão tomando duas pílulas poderiam tomar somente uma? O vício de heroína pode ser mantido com o (−)-α-acetilmetadol por um período de 72 horas quando comparado com as 24 horas da metadona racêmica. Isso significa visitas menos freqüentes à clínica, e uma única dose pode ser dada ao viciado por um final de semana inteiro. Outra razão para o aumento das drogas enantiomericamente puras é que as companhias farmacêuticas podem estender a patente pelo desenvolvimento de uma droga como um enantiômero puro que foi comercializado anteriormente como racemato.

5.16 Hidrogênios enantiotópicos, hidrogênios diastereotópicos e carbonos pró-quirais

Se um carbono está ligado a dois hidrogênios e a dois grupos diferentes, os dois hidrogênios são chamados **hidrogênios enantiotópicos**. Por exemplo, os dois hidrogênios (H_a e H_b) em um grupo CH_2 do etanol são hidrogênios enantiotópicos, pois os dois outros grupos ligados ao carbono (CH_3 e OH) não são idênticos. Ao se trocar um hidrogênio enantiotópico por deutério (ou qualquer outro átomo ou grupo diferente de CH_3 e OH), forma-se uma molécula quiral.

214 QUÍMICA ORGÂNICA

$$CH_3-\underset{H_b}{\overset{H_a}{C}}-OH$$

hidrogênio enantiotópico → H_a
hidrogênio enantiotópico → H_b

O carbono ao qual os hidrogênios enantiotópicos estão ligados é chamado **carbono pró-quiral**, pois ele se tornará centro de quiralidade (um carbono assimétrico) se um dos hidrogênios for trocado por deutério (ou qualquer outro átomo ou grupo diferente de CH_3 e OH). Se o hidrogênio H_a for trocado por deutério, o carbono assimétrico terá a configuração R. Portanto, o hidrogênio H_a é chamado **hidrogênio pró-R**. Do mesmo modo, o hidrogênio H_b é chamado **hidrogênio pró-S** porque, se ele for substituído por deutério, o carbono assimétrico terá configuração S. A molécula que contém um carbono pró-quiral é chamada molécula pró-quiral, pois iria se tornar uma molécula quiral se um dos hidrogênios enantiotópicos fosse trocado.

carbono pró-quiral → H_a ← hidrogênio pró-R
$$CH_3-\!\!\!\!-OH$$
H_b ← hidrogênio pró-S

Os hidrogênios pró-R e pró-S são quimicamente equivalentes; eles têm a mesma reatividade e não podem ser distinguidos por reagentes quirais. Por exemplo, quando o etanol é oxidado por clorocromato de piridínio (PCC) a acetaldeído, um dos hidrogênios enantiotópicos é removido. (PCC será discutido no volume 2, Seção 20.2.) Por essa razão os dois hidrogênios são quimicamente equivalentes: metade do produto resulta da remoção do hidrogênio H_a e a outra metade resulta da remoção do hidrogênio H_b.

$$CH_3-\underset{H_b}{\overset{H_a}{C}}-OH \xrightarrow[\text{piridina}]{PCC} CH_3-\underset{}{\overset{O}{C}}-H_b + CH_3-\underset{}{\overset{O}{C}}-H_a$$
50%   50%

Os hidrogênios enantiotópicos, entretanto, não são quimicamente equivalentes para reagentes quirais. Uma enzima pode distinguir entre eles, pois uma enzima é quiral (Seção 5.15). Por exemplo, quando a oxidação do etanol a acetaldeído é catalisada pela enzima álcool desidrogenase, somente um dos hidrogênios enantiotópicos (H_a) é removido.

$$CH_3-\underset{H_b}{\overset{H_a}{C}}-OH \xrightarrow{\text{álcool desidrogenase}} CH_3-\underset{}{\overset{O}{C}}-H_b$$
100%

Se um carbono é ligado a dois hidrogênios, e ao trocar cada um deles, um após o outro, por deutério (ou outro grupo) forma-se um par de diastereoisômeros, os hidrogênios são chamados **hidrogênios diastereotópicos**.

hidrogênios diastereotópicos

$$\begin{array}{c} CH_3 \\ H_a\!\!-\!\!|\!\!-\!\!H_b \\ H\!\!-\!\!|\!\!-\!\!Br \\ CH_3 \end{array}$$

H_a e H_b são hidrogênios diastereotópicos

troca de H_a por um D →
$$\begin{array}{c} CH_3 \\ D\!\!-\!\!|\!\!-\!\!H_b \\ H\!\!-\!\!|\!\!-\!\!Br \\ CH_3 \end{array}$$

troca de H_b por um D →
$$\begin{array}{c} CH_3 \\ H_a\!\!-\!\!|\!\!-\!\!D \\ H\!\!-\!\!|\!\!-\!\!Br \\ CH_3 \end{array}$$

diastereoisômeros

Diferente dos hidrogênios enantiotópicos, os hidrogênios diastereotópicos não têm a mesma reatividade com reagentes aquirais. Por exemplo, no Capítulo 11 veremos que pelo fato de o *trans*-2-buteno ser mais estável que o *cis*-2-buteno (Seção 4.11), a remoção do H_b e Br para formar *trans*-2-buteno ocorre mais rapidamente do que a remoção de H_a e Br para formar *cis*-2-buteno.

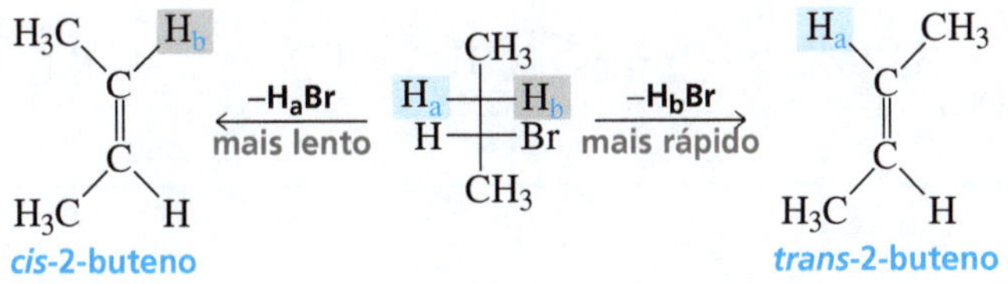

PROBLEMA 39◆

Diga se os hidrogênios H_a e H_b de cada uma das seguintes substâncias são enantiotópicos, diastereotópicos ou nenhum deles.

a. 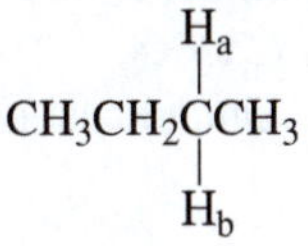 $CH_3CH_2\underset{H_b}{\overset{H_a}{C}}CH_3$

b. (ciclohexano com Br, H_a, H_b)

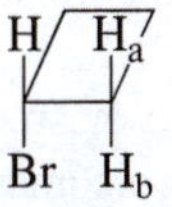

c. 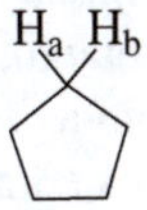 (ciclopentano com H_a, H_b)

d. 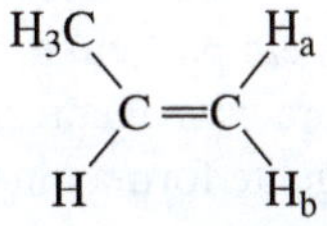 H_3C, H_a / $C=C$ / H, H_b

5.17 Centros de quiralidade de nitrogênio e fósforo

Outros átomos além dos carbonos assimétricos podem ser centros quirais. Quando um átomo como nitrogênio ou fósforo tem quatro grupos ou átomos diferentes ligados a ele, e tem uma geometria tetraédrica, ele é um centro quiral. Uma substância com um centro quiral pode existir como enantiômeros, e os enantiômeros podem ser separados.

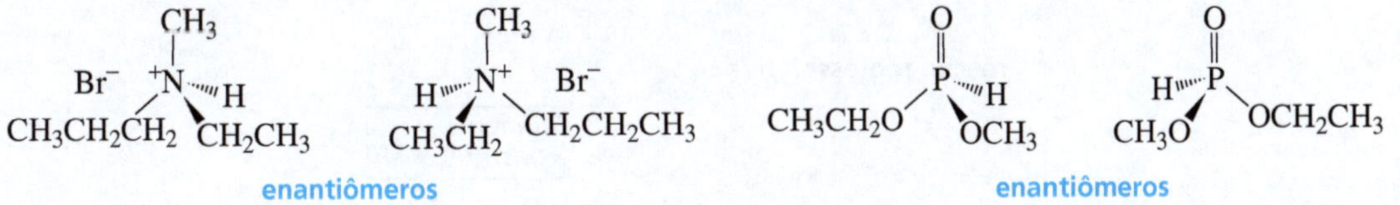

enantiômeros   enantiômeros

Se um dos quatro "grupos" ligados ao nitrogênio é um par de elétrons livre, o enantiômero não pode ser separado, pois ele se interconverte rapidamente à temperatura ambiente. Isso é chamado **inversão de amina** (Seção 21.2). Uma forma de representar a inversão de amina é compará-la a um guarda-chuva que se vira totalmente em tempestades de vento.

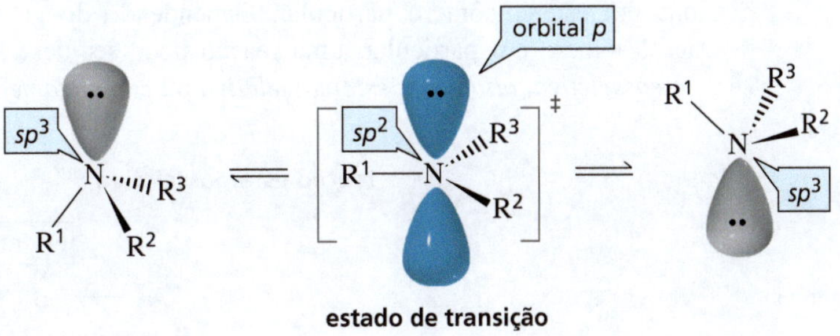

estado de transição

PROBLEMA 40

A substância A tem dois estereoisômeros, mas as substâncias B e C existem como substâncias únicas. Explique.

$$\underset{A}{\overset{CH=CH_2}{\underset{CH_2CH_3}{H_3C-\overset{+}{N}-H}}} \quad Cl^- \qquad \underset{B}{\overset{CH=CH_2}{\underset{CH_3}{H_3C-\overset{+}{N}-H}}} \quad Cl^- \qquad \underset{C}{\underset{CH=CH_2}{H_3C-\overset{\cdot\cdot}{N}-H}}$$

5.18 Estereoquímica de reações: regiosseletividade, estereosseletividade e reações estereoespecíficas

No Capítulo 4 vimos que alcenos sofrem reações de adição nucleofílicas e os diferentes tipos de reagentes que se adicionam a alcenos. Também examinamos o processo, passo a passo, em que cada reação ocorre (o mecanismo de reação) e determinamos quais produtos eram formados. Entretanto, não consideramos a estereoquímica das reações.

Estereoquímica é a área da química que lida com as estruturas moleculares em três dimensões. Quando estudamos a estereoquímica de uma reação, estamos preocupados com as seguintes questões:

1. Se um produto de reação pode existir como dois ou mais estereoisômeros, a reação produz um estereoisômero puro, um grupo de estereoisômeros em particular ou todos os estereoisômeros possíveis?
2. Se estereoisômeros são possíveis para os reagentes, todos os estereoisômeros reagem para formar o mesmo produto estereoisomérico, ou cada reagente forma um estereoisômero ou um grupo diferente de estereoisômeros?

Antes de examinarmos a estereoquímica das reações de adição eletrofílica, precisamos nos tornar familiarizados com alguns termos usados na descrição da estereoquímica de uma reação.

Na Seção 4.4 vimos que uma reação **regiosseletiva** é aquela na qual dois *isômeros constitucionais* podem ser obtidos como produtos, contudo um é obtido em quantidade maior do que o outro. Em outras palavras, uma reação regiosseletiva é seletiva para um isômero constitucional particular. Recordemos que uma reação pode ser *moderadamente regiosseletiva, altamente regiosseletiva* ou *completamente regiosseletiva* dependendo da quantidade relativa do isômero constitucional formado na reação.

> Reação regiosseletiva forma mais de um isômero constitucional do que de outro.

reação regiosseletiva

$$A \longrightarrow \underbrace{B + C}_{\text{isômeros constitucionais}}$$

é formado mais B do que C

Estereosseletivo é um termo similar, mas se refere à formação preferencial de um *estereoisômero* em vez de um *isômero constitucional*. Se a reação que gera uma ligação dupla carbono–carbono ou um carbono assimétrico em um produto forma um estereoisômero preferencialmente a outro, ela é uma reação estereosseletiva. Em outras palavras, ela seleciona um estereoisômero particular. Dependendo do grau de preferência por um estereoisômero em particular, uma reação pode ser descrita como *moderadamente estereosseletiva, altamente estereosseletiva* ou *completamente estereosseletiva*.

> Tutorial Gallery: Termos comuns em estereoquímica
> www

> Uma reação estereosseletiva forma mais um enantiômero em particular do que outro.

reação estereosseletiva

$$A \longrightarrow \underbrace{B + C}_{\text{estereoisômeros}}$$

é formado mais B do que C

Uma reação é **estereoespecífica** se o reagente pode existir como enantiômero e cada reagente estereoisomérico leva a um produto estereoisomérico diferente ou a um grupo de produtos enantioméricos diferente.

reação estereoespecífica

estereoisômeros ⟨ A ⟶ B ⟩ estereoisômeros
            C ⟶ D

> Numa reação estereoespecífica cada estereoisômero forma um produto estereoisomérico diferente ou um grupo diferente de produtos estereoisoméricos.

Na reação anterior, o estereoisômero A forma o estereoisômero B, mas não forma D; assim, a reação é estereosseletiva, além de ser estereoespecífica. *Todas as reações estereoespecíficas são também reações estereosseletivas. Todas as reações estereosseletivas não são estereoespecíficas*, pois existem reações estereosseletivas em que o reagente não tem uma ligação dupla carbono–carbono ou um carbono assimétrico, portanto não pode existir como estereoisômero.

> Uma reação estereoespecífica também é estereosseletiva.
> Uma reação estereosseletiva não é necessariamente estereoespecífica.

5.19 Estereoquímica de reações de adição eletrofílica de alcenos

Agora que você está familiarizado com reações de adição eletrofílica e com estereoisômeros, podemos combinar os dois tópicos e analisar a estereoquímica das reações de adição eletrofílica. Em outras palavras, analisaremos os estereoisômeros que são formados nas reações de adição eletrofílica que foram discutidas no Capítulo 4.

No Capítulo 4 vimos que, quando um alceno reage com um reagente eletrofílico como HBr, o produto majoritário da reação de adição é o que se obtém da adição do eletrófilo (H^+) ao carbono hibridizado em sp^2 ligado ao maior número de hidrogênios e do nucleófilo (Br^-) ao outro carbono hibridizado em sp^2. Por exemplo, o produto majoritário obtido da reação do propeno com HBr é 2-bromopropano. Esse produto em particular não tem estereoisômeros porque não tem carbono assimétrico. Portanto, não temos que ficar preocupados com a estereoquímica dessa reação.

$$CH_3CH=CH_2 \xrightarrow{HBr} CH_3\overset{+}{C}HCH_3 \longrightarrow CH_3CHCH_3$$
                                                                      |
                                                                      Br

propeno Br^- 2-bromopropano
                                                             produto majoritário

Se, no entanto, a reação origina um produto com um carbono assimétrico, precisamos saber quais estereoisômeros serão formados. Por exemplo, a reação de HBr com o 1-buteno forma o 2-bromobutano, uma substância com um carbono assimétrico. Qual é a configuração do produto? Obteremos o estereoisômero *R*, o estereoisômero *S*, ou ambos?

carbono assimétrico

$$CH_3CH_2CH=CH_2 \xrightarrow{HBr} CH_3CH_2\overset{+}{C}HCH_3 \longrightarrow CH_3CH_2CHCH_3$$
                                                                                |
                                                                                Br

1-buteno Br^- 2-bromobutano

Na discussão da estereoquímica de reações de adição eletrofílica, veremos primeiro as reações que formam um produto com um carbono assimétrico. Depois observaremos reações que formam um produto com dois carbonos assimétricos.

Reações de adição que formam um carbono assimétrico

Quando um reagente que não tem carbono assimétrico sofre uma reação que forma um produto com *um* carbono assimétrico, o produto será uma mistura racêmica. Por exemplo, a reação de 1-buteno com HBr forma quantidades idênticas de (*R*)-2-bromobutano e (*S*)-2-bromobutano. Conseqüentemente, uma reação de adição eletrofílica que forma uma substância com um carbono assimétrico de um reagente sem nenhum carbono assimétrico não é estereosseletiva porque não seleciona um estereoisômero em particular. E por que isso acontece?

Você verá por que uma mistura racêmica é obtida se examinar a estrutura do carbocátion formado na primeira etapa da reação. O carbono carregado positivamente é hibridizado em sp^2, portanto os três átomos aos quais ele é ligado ficam em um plano (Seção 1.10). Quando o íon bromo se aproxima do carbono carregado positivamente acima do plano, um enantiômero é formado, mas quando ele se aproxima por baixo do plano outro enantiômero é formado. Como o íon bromo tem igual acesso a ambos os lados do plano, quantidades iguais dos enantiômeros *R* e *S* são obtidas da reação.

Revisão de adição de HBr: veja Tutorial Gallery do Capítulo 3

WWW

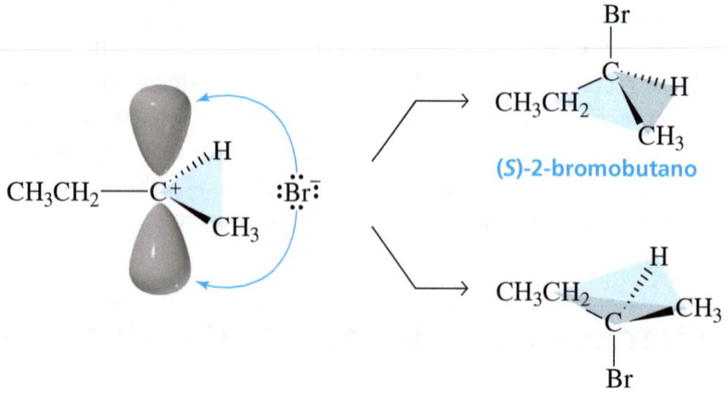
CH₃CH₂
H
CH₃
:Br:
Br
CH₃CH₂
H
CH₃
H
CH₃CH₂
CH₃
Br

(*S*)-2-bromobutano

(*R*)-2-bromobutano

PROBLEMA 41◆

a. A reação do 2-buteno com HBr é regiosseletiva?
b. É estereosseletiva?
c. É estereoespecífica?
d. A reação do 1-buteno com HBr é regiosseletiva?
e. É estereosseletiva?
f. É estereoespecífica?

Quando HBr se adiciona a 2-metil-1-buteno na presença de um peróxido, o produto tem um carbono assimétrico. Portanto, podemos prever que quantidades iguais dos enantiômeros *R* e *S* serão formadas.

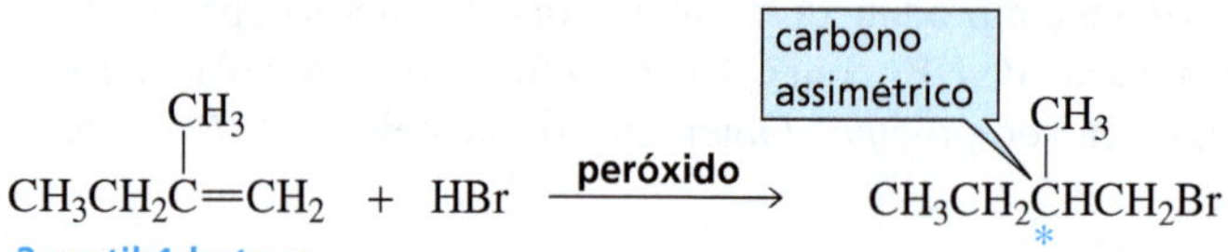
carbono assimétrico
CH₃
CH₃CH₂C═CH₂ + HBr
peróxido
CH₃
CH₃CH₂CHCH₂Br

2-metil-1-buteno

1-bromo-2-metilbutano

O produto é uma mistura racêmica porque o carbono no intermediário radicalar que carrega um elétron desemparelhado é hibridizado em sp^2. Isso significa que os três átomos ligados a ele estão todos no mesmo plano (Seção 1.10). Conseqüentemente, quantidades iguais do enantiômero *R* e do enantiômero *S* serão obtidas porque HBr tem acesso igual a ambos os lados do radical. (Embora o elétron desemparelhado seja mostrado no lobo superior do orbital *p*, ele na verdade está distribuído igualmente nos dois lobos.)

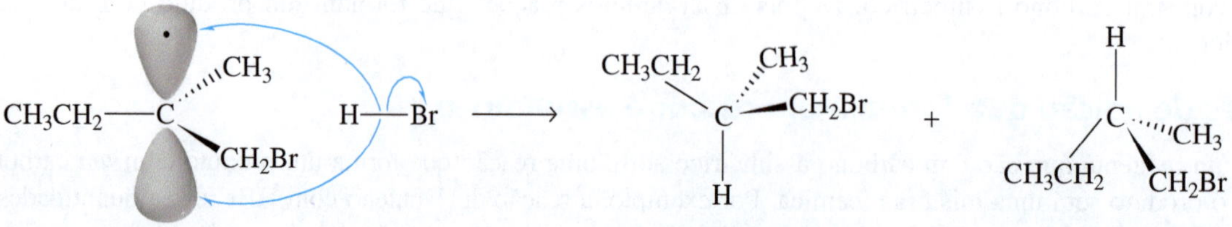
CH₃CH₂
CH₃
CH₂Br
H—Br
CH₃CH₂
CH₃
CH₂Br
H
+
H
CH₃
CH₃CH₂
CH₂Br

(*R*)-1-bromo-2-metil-butano

(*S*)-1-bromo-2-metil-butano

CAPÍTULO 5 Estereoquímica **219**

PROBLEMA 42

Quais estereoisômeros são obtidos de cada uma das seguintes reações?

a. $CH_3CH_2CH_2CH=CH_2 \xrightarrow{HCl}$

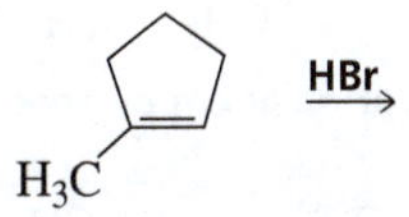

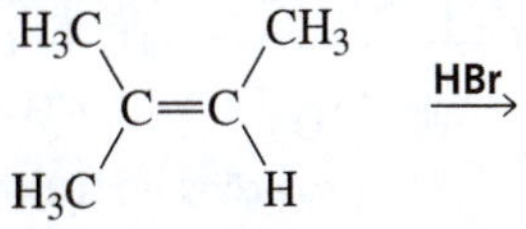

b. 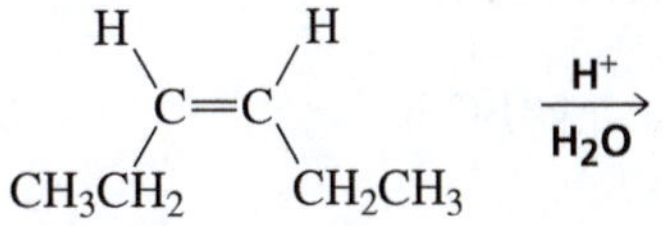
$$\underset{CH_3CH_2}{\overset{H}{}}C=C\underset{CH_2CH_3}{\overset{H}{}} \xrightarrow[H_2O]{H^+}$$

c.
$$\underset{H_3C}{\overset{H_3C}{}}C=C\underset{CH_2CH_2CH_3}{\overset{CH_3}{}} \xrightarrow[Pt/C]{H_2}$$

d. (1-metilciclopenteno) $\xrightarrow{HBr}$

e.
$$\underset{H_3C}{\overset{H_3C}{}}C=C\underset{H}{\overset{CH_3}{}} \xrightarrow{HBr}$$

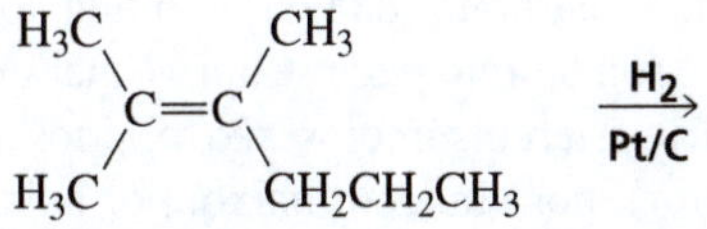

f. 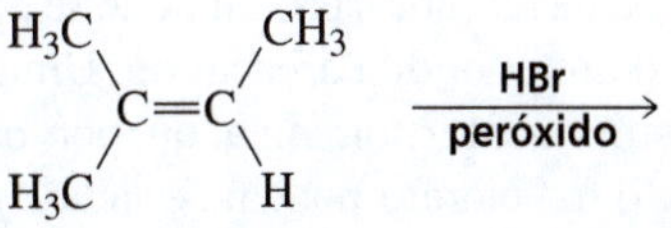
$$\underset{H_3C}{\overset{H_3C}{}}C=C\underset{H}{\overset{CH_3}{}} \xrightarrow[peróxido]{HBr}$$

Se a reação cria um carbono assimétrico na substância que já tem um carbono assimétrico (e é um enantiômero puro daquela substância), um par de diastereoisômeros será formado. Por exemplo, vejamos a seguinte reação. Como nenhuma das ligações do carbono assimétrico no reagente é quebrada durante a adição de HBr, a configuração deste carbono não é modificada. O íon bromo pode se aproximar do carbocátion intermediário planar tanto por cima quanto por baixo no processo de criação do novo carbono assimétrico, de modo que resulta em dois estereoisômeros. Os estereoisômeros são diastereoisômeros porque um carbono assimétrico tem a mesma configuração em ambos os isômeros e o outro tem configurações opostas nos dois isômeros.

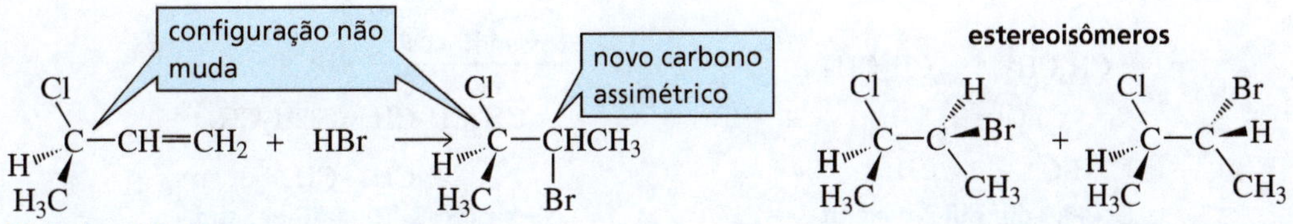

(R)-3-cloro-1-buteno + HBr → [configuração não muda] [novo carbono assimétrico] → **estereoisômeros** (diastereoisômeros)

Como os produtos da reação anterior são diastereoisômeros, os estados de transição que conduzem a eles também são diastereisoméricos. Os dois estados de transição, portanto, não terão a mesma estabilidade e diferentes quantidades dos dois diastereoisômeros serão formadas. A reação é estereosseletiva — um estereoisômero será formado em maior quantidade do que o outro.

Reações de adição que formam produtos com dois carbonos assimétricos

Quando o reagente que não tem um carbono assimétrico passa por uma reação que forma um produto com dois carbonos assimétricos, os estereoisômeros que são formados dependem do mecanismo da reação.

1. Reações de adição que formam um carbocátion intermediário ou um radical intermediário

Se dois carbonos assimétricos são criados como resultado de uma reação de adição que forma um carbocátion intermediário, quatro estereoisômeros podem ser obtidos como produtos.

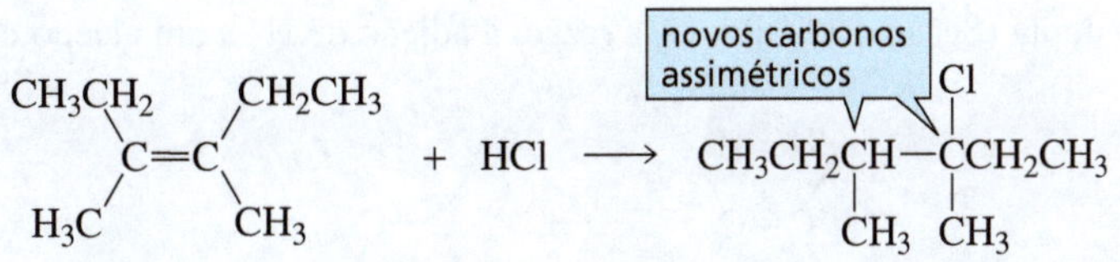

cis-3,4-dimetil-3-hexeno + HCl → 3-cloro-3,4-dimetil-hexano [novos carbonos assimétricos]

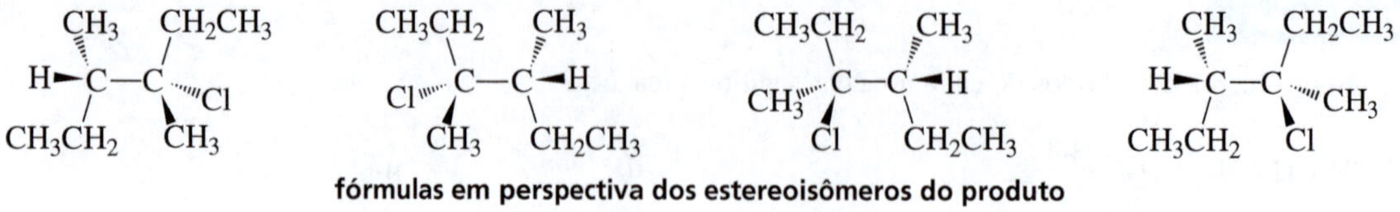

220 QUÍMICA ORGÂNICA

fórmulas em perspectiva dos estereoisômeros do produto

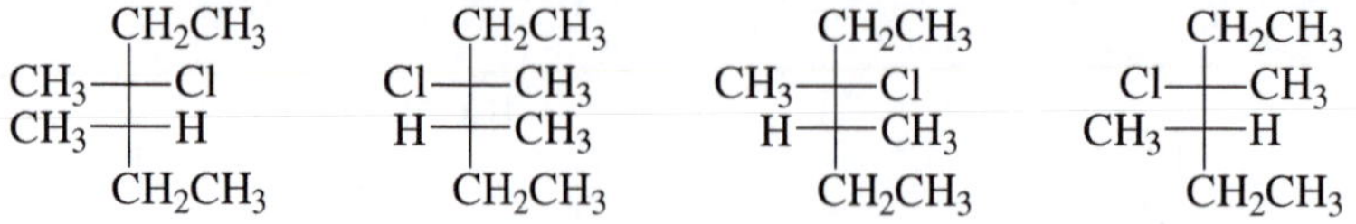

projeções de Fischer dos estereoisômeros do produto

Na primeira etapa da reação, o próton pode se aproximar do plano que contém os carbonos da ligação dupla do alceno na parte superior ou inferior do carbocátion. Uma vez formado o carbocátion, o íon cloreto pode se aproximar do carbono carregado positivamente por cima ou por baixo. Como resultado, quatro estereoisômeros são obtidos como produtos: o próton e o íon cloreto podem ser adicionados ambos por cima/por cima, por cima/por baixo, por baixo/por cima, ou por baixo/por baixo. Quando dois substituintes são adicionados pelo mesmo lado da ligação dupla, a adição é chamada **adição sin**. Quando dois substituintes são adicionados em lados opostos da ligação dupla, a adição é chamada **adição anti**. Tanto a adição syn quanto a anti ocorrem em reações de adição a alcenos que passam por meio de um carbocátion intermediário. Como os quatro estereoisômeros formados pelo alceno cis são idênticos aos quatro estereoisômeros formados pelo alceno trans, a reação não é estereoespecífica.

Do mesmo modo, se dois carbonos assimétricos são criados como resultado de uma reação de adição que forma um intermediário radical; quatro estereoisômeros podem ser formados porque tanto a adição sin quanto a anti são possíveis. E como os estereoisômeros formados pelo isômero cis são iguais aos formados pelo isômero trans, a reação não é estereoespecífica — em uma reação estereoespecífica os isômeros cis e trans formam estereoisômeros diferentes.

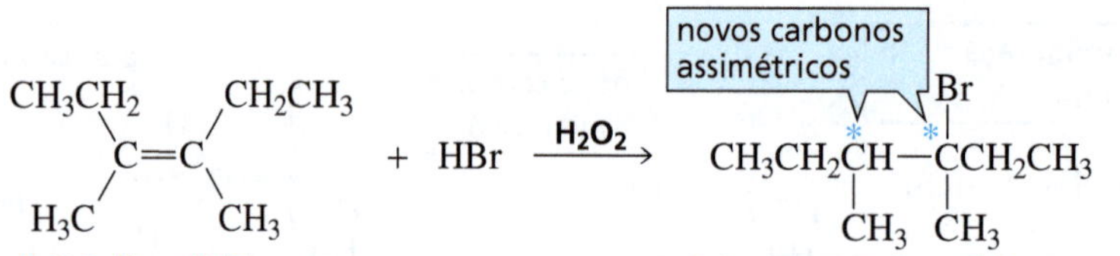

cis-3,4-dimetil-3-hexeno + HBr $\xrightarrow{H_2O_2}$ 3-bromo-3,4-dimetil-hexano

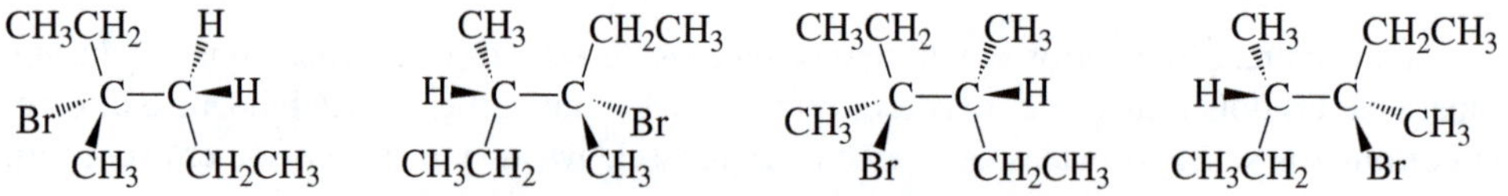

novos carbonos assimétricos

fórmulas em perspectiva dos estereoisômeros do produto

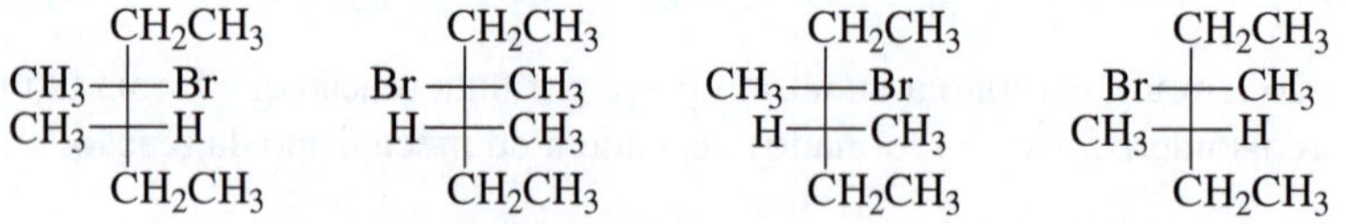

projeções de Fischer dos estereoisômeros do produto

2. Estereoquímica de adição de hidrogênio

Na hidrogenação catalítica, os alcenos estão sobre uma superfície do metal catalisador e ambos os hidrogênios adicionam-se ao mesmo lado da ligação dupla (Seção 4.11). Por essa razão, a adição de H_2 a um alceno é uma reação de adição sin.

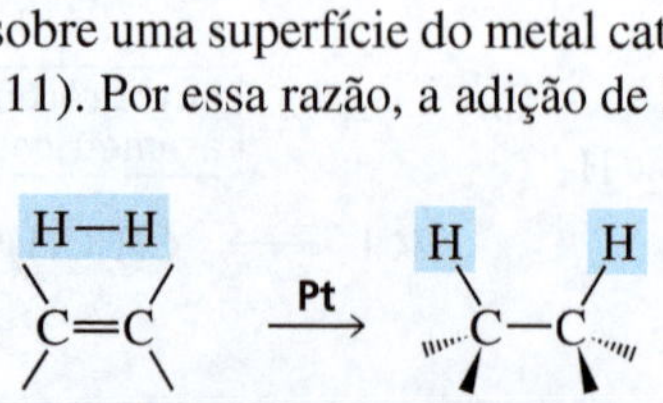

adição de H_2 é uma adição sin

Se a adição de hidrogênio a um alceno forma um produto com dois carbonos assimétricos, apenas dois dos quatro estereoisômeros possíveis são obtidos, pois somente a adição sin pode ocorrer. (Os outros dois estereoisômeros teriam vindo da adição anti.) Um estereoisômero resulta da adição de ambos os hidrogênios por cima do plano da ligação dupla, e o outro estereoisômero resulta da adição de ambos os hidrogênios por baixo do plano. O par de estereoisômeros particular que é formado depende de o reagente ser um *cis*-alceno ou um *trans*-alceno. Adição sin de H_2 a um *cis*-alceno forma somente enantiômeros eritro. (Na Seção 5.8, vimos que enantiômeros eritro são aqueles com grupos idênticos do mesmo lado da cadeia de carbonos nos confôrmeros eclipsados.)

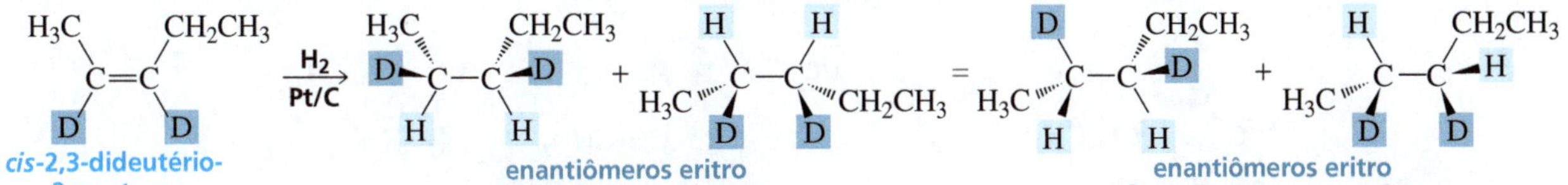

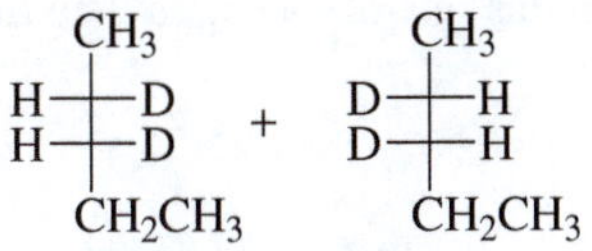

Se cada um dos dois carbonos assimétricos está ligado aos mesmos quatro substituintes, uma substância meso será obtida no lugar dos enantiômeros eritro.

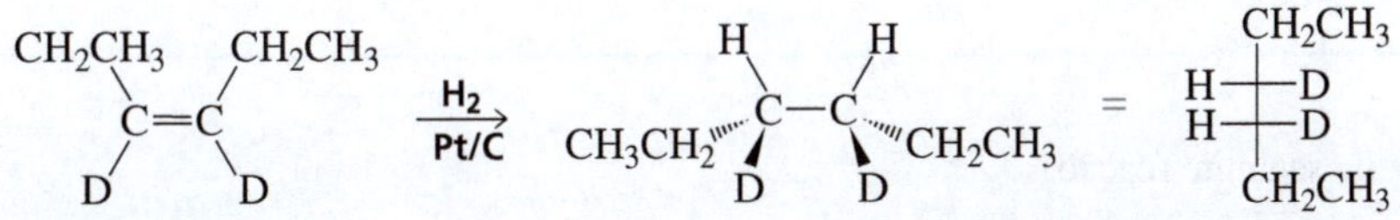

Se você tem problemas em determinar a configuração de um produto, faça um modelo.

Por outro lado, a adição sin de H_2 a um *trans*-alceno forma somente o enantiômero treo. Desse modo, a adição de hidrogênio é uma reação estereoespecífica — o produto obtido da adição do isômero cis é diferente do produto obtido da adição do isômero trans. Também é uma reação estereosseletiva porque todos os isômeros possíveis não são formados; por exemplo, somente os enantiômeros treo são formados na reação seguinte.

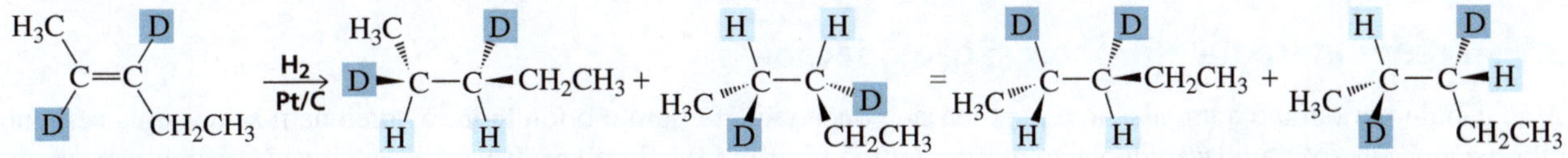

Os alcenos cíclicos com menos de oito carbonos no anel, assim como o ciclopenteno e o ciclo-hexeno, podem existir somente na configuração *cis*, pois eles não têm carbonos suficientes para incorporar uma ligação dupla trans. Portanto, não é necessário usar a designação *cis* com seus nomes. Ambos os isômeros, cis e trans, são possíveis para anéis que contêm oito ou mais carbonos; entretanto, a configuração de uma substância deverá ser especificada em seu nome.

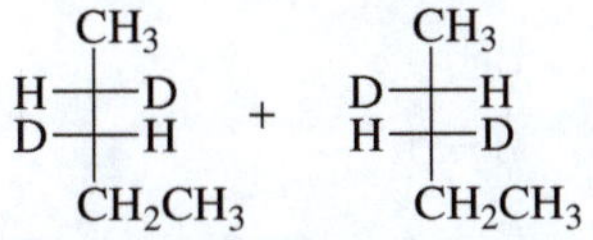

cis-ciclooteno   *trans*-ciclooteno

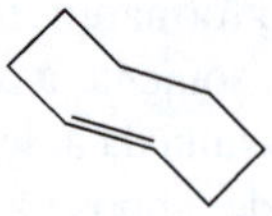

Portanto, a adição de H₂ a um alceno cíclico com anel menor que oito átomos forma somente os enantiômeros cis.

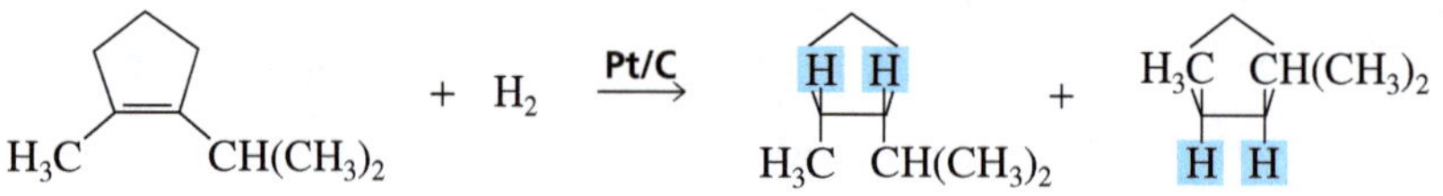

$$H_3C-C=C-CH(CH_3)_2 + H_2 \xrightarrow{Pt/C} \text{produtos}$$

1-isopropil-2-metil-ciclopenteno

Cada um dos dois carbonos assimétricos no produto das reações a seguir está ligado aos mesmos quatro substituintes. Portanto, a adição sin forma uma substância meso.

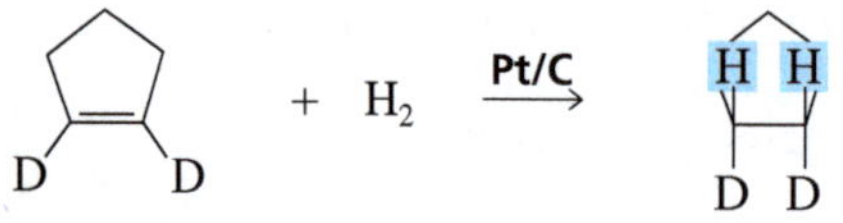

1,2-dideutério-ciclopenteno + H₂ $\xrightarrow{Pt/C}$ produto

PROBLEMA 43

a. Quais estereoisômeros são formados na seguinte reação?

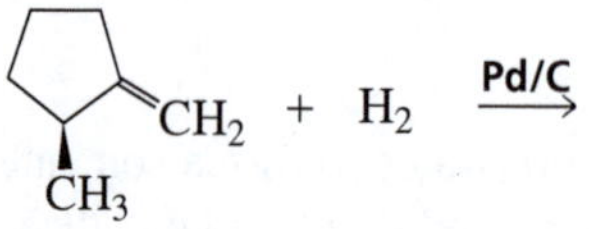

(ciclopentano com =CH₂ e CH₃) + H₂ $\xrightarrow{Pd/C}$

b. Qual estereoisômero é formado em maior rendimento?

3. Estereoquímica de hidroboração–oxidação

A adição de um borano a um alceno é uma reação concertada. O boro e o íon hidreto adicionam-se aos dois carbonos hibridizados em sp^2 da ligação dupla ao mesmo tempo (Seção 4.9). Como as duas espécies ligam-se simultaneamente, devem ligar-se do mesmo lado da ligação dupla. Assim a adição de borano a um alceno, como a adição de hidrogênio, é uma adição sin.

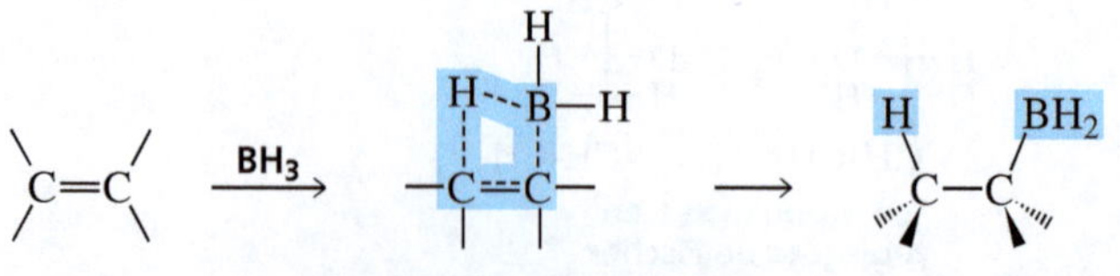

$$C=C \xrightarrow{BH_3} \text{[estado de transição]} \rightarrow \text{produto}$$

adição sin de borano

Quando o alquilborano é oxidado pela reação com peróxido de hidrogênio e íon hidróxido, o grupo OH termina na mesma posição do grupo boro que ele substituiu. Conseqüentemente, a reação de hidroboração–oxidação geral ascende a uma adição sin de água à ligação dupla carbono–carbono.

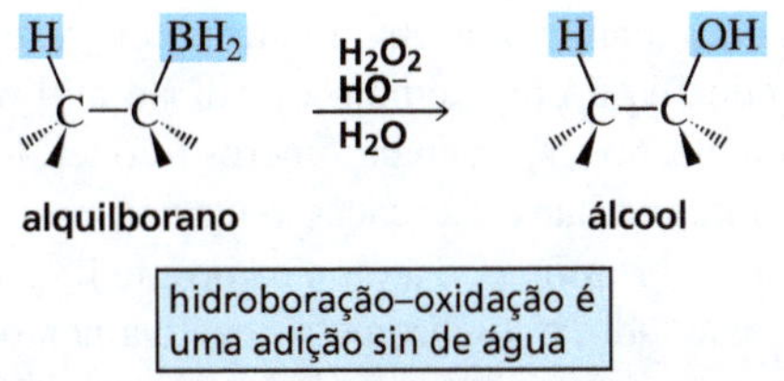

CAPÍTULO 5 Estereoquímica **223**

$$\underset{\text{alquilborano}}{\overset{H}{\underset{\ }{C}}}-\overset{BH_2}{\underset{\ }{C}} \xrightarrow[H_2O]{\overset{H_2O_2}{HO^-}} \underset{\text{álcool}}{\overset{H}{\underset{\ }{C}}}-\overset{OH}{\underset{\ }{C}}$$

hidroboração–oxidação é uma adição sin de água

Por ocorrer somente adição sin, a hidroboração–oxidação é estereosseletiva — somente dois dos quatro estereoisômeros possíveis são formados. Como você viu ao analisarmos a adição de H_2 a um cicloalceno, a adição sin resulta na formação de apenas um par de enantiômeros que tem os grupos adicionados do mesmo lado do anel.

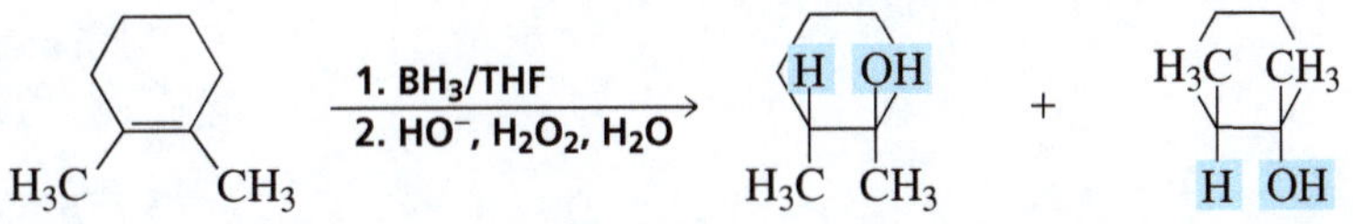

PROBLEMA 44♦

Quais estereoisômeros seriam obtidos pela hidroboração–oxidação das seguintes substâncias?

a. ciclo-hexeno

b. 1-etilciclo-hexeno

c. 1,2-dimetilciclopenteno

d. *cis*-2-buteno

4. Reações de adição que formam um íon bromônio intermediário

Se dois carbonos assimétricos são criados como resultado de uma reação de adição que forma um íon bromônio intermediário, somente um par de enantiômeros será formado. Em outras palavras, a adição de Br_2 é uma reação estereosseletiva. A adição de Br_2 ao alceno cis forma somente o enantiômero treo.

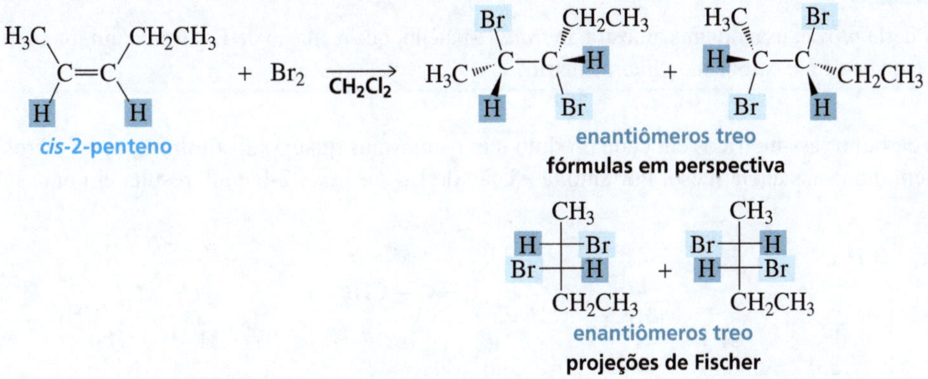

cis-2-penteno + Br_2 $\xrightarrow{CH_2Cl_2}$ **enantiômeros treo**
fórmulas em perspectiva

enantiômeros treo
projeções de Fischer

Da mesma maneira, a adição de Br_2 a um alceno trans produz somente os enantiômeros eritro. Como os isômeros cis e trans formam produtos diferentes, a reação é tanto estereoespecífica como estereosseletiva.

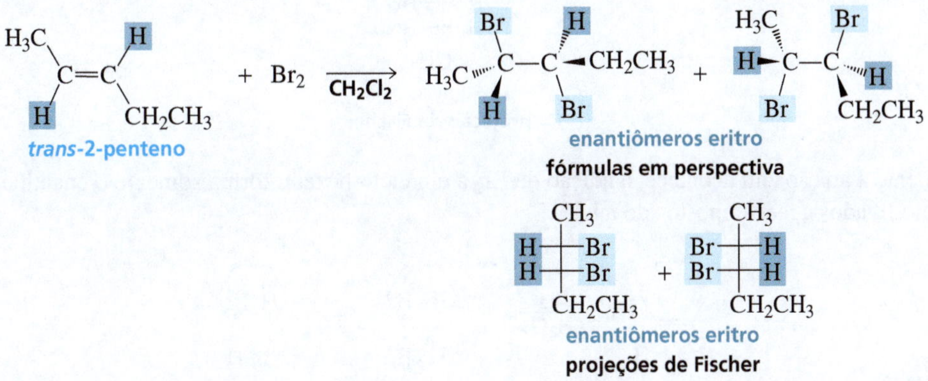

trans-2-penteno + Br_2 $\xrightarrow{CH_2Cl_2}$ **enantiômeros eritro**
fórmulas em perspectiva

enantiômeros eritro
projeções de Fischer

Como a adição de Br₂ ao alceno cis resulta em enantiômeros treo, sabemos que adição de Br₂ é um exemplo de adição anti porque, se a adição sin tivesse ocorrido com um alceno cis, os enantiômeros treo teriam sido formados. A adição de Br₂ é anti, pois o intermediário da reação é um íon bromônio cíclico (Seção 4.7). Uma vez formado o íon bromônio, o átomo de bromo ligado em ponte bloqueia aquele lado do íon. Como resultado, o íon brometo negativamente carregado deve aproximar-se pelo lado oposto (seguindo as setas azuis ou as setas cinza). Portanto, os dois átomos de bromo adicionam-se a lados opostos da ligação dupla. Como somente a adição anti pode ocorrer, apenas dois dos quatro estereoisômeros possíveis são obtidos. (Veja a figura a seguir em cores no encarte colorido.)

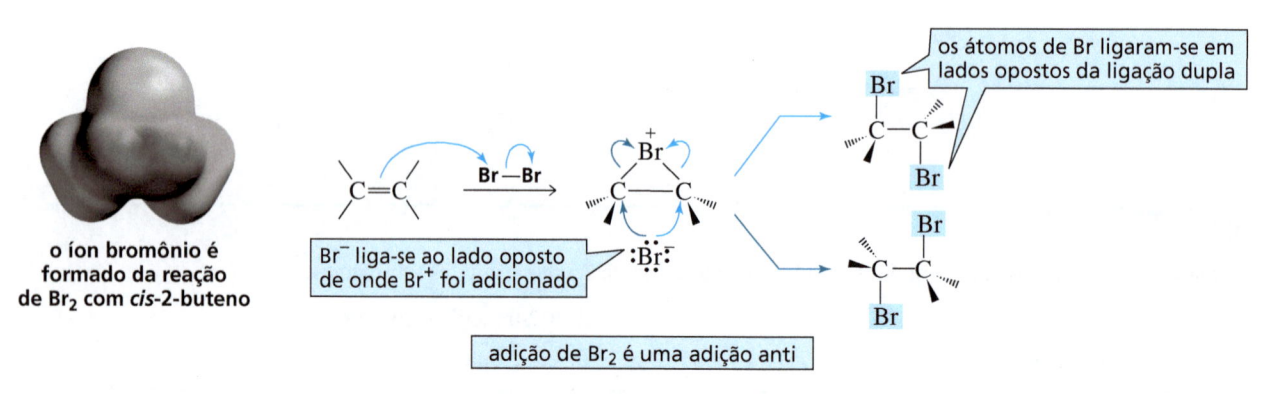

PROBLEMA 45

Reação de 2-etil-1-penteno com Br₂, com H₂/Pt ou com BH₃ seguido de HO⁻ + H₂O₂ conduz a uma mistura racêmica. Explique por que uma mistura racêmica é obtida em cada caso.

PROBLEMA 46

Como você poderia provar, usando uma amostra de *trans*-2-buteno, que a adição de Br₂ forma um íon bromônio intermediário cíclico em vez de um carbocátion intermediário?

Se os dois carbonos assimétricos em cada produto têm os mesmos quatro substituintes, os isômeros eritro são idênticos e constituem uma substância meso. Portanto, a adição de Br₂ ao *trans*-2-buteno resulta em uma substância meso.

Como somente a adição anti acontece, a adição de Br₂ a um ciclo-hexeno forma somente o enantiômero que tem os átomos de bromo ligados a lados opostos do anel.

Uma maneira de determinar quais estereoisômeros são obtidos de muitas reações que criam um produto com dois carbonos assimétricos é o método mnemônico **CIS-SIN-ERITRO**, que é fácil de lembrar, pois todos os três termos significam "do mesmo lado". Você não pode mudar apenas um termo, mas pode mudar quaisquer outros dois. (Por exemplo, **TRANS-ANTI-ERITRO**, **TRANS-SIN-ERITRO** e **CIS-ANTI-TREO** são permitidos, mas **TRANS-SIN-ERITRO** não.) Portanto, se você tem um reagente trans, que passa por adição de Br_2 (que é anti), os produtos eritro serão obtidos. Esse método mnemônico funcionará para todas as reações que têm um produto cuja estrutura possa ser descrita por eritro ou treo.

Um resumo da estereoquímica dos produtos obtidos por reações de adição de alcenos é dado na Tabela 5.2.

Tabela 5.2 Estereoquímica de reações de adição a alcenos

Reação	Tipo de adição	Estereoisômeros formados
Reações de adição que criam um carbono assimétrico no produto		1. Se o reagente não tem carbono assimétrico, um par de enantiômeros será obtido (quantidades iguais dos isômeros *R* e *S*). 2. Se o reagente tem um carbono assimétrico, quantidades diferentes do par de diastereoisômeros serão obtidas.
Reações de adição que criam dois carbonos assimétricos no produto		
Reagentes de adição que formam um carbocátion ou radical intermediário	sin e anti	Quatro estereoisômeros podem ser obtidos[a] (os isômeros cis e trans formam os mesmos produtos)
Adição de H_2 Adição de borano	sin	cis ⟶ enantiômeros eritro[a] trans ⟶ enantiômeros treo
Adição de Br_2	anti	cis ⟶ enantiômeros treo trans ⟶ enantiômeros eritro[a]

[a] Se os dois carbonos assimétricos têm os mesmos substituintes, uma substância meso será obtida em vez do par de enantiômeros eritro.

PROBLEMA — ESTRATÉGIA PARA RESOLUÇÃO

Dê a configuração dos produtos obtidos das seguintes reações:

a. 1-buteno + HCl
b. 1-buteno + HBr + peróxido
c. 3-metil-3-hexeno + HBr + peróxido
d. *cis*-3-hepteno + Br_2
e. *trans*-3-hepteno + Br_2
f. *trans*-3-hexeno + Br_2

Comece desenhando os produtos, sem se preocupar com sua configuração, para verificar se a reação criou algum carbono assimétrico. A seguir determine a configuração dos produtos, prestando atenção na configuração do reagente, em quantos carbonos assimétricos são formados e no mecanismo da reação. Comecemos pelo item a.

a. CH₃CH₂CHCH₃
         |
         Cl

O produto tem um carbono assimétrico, por isso quantidades iguais dos enantiômeros *R* e *S* serão formados.

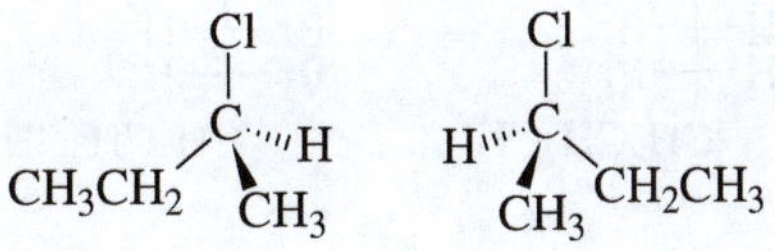

b. CH₃CH₂CH₂CH₂Br

O produto não tem um carbono assimétrico, portanto ele não tem estereoisômeros.

c. 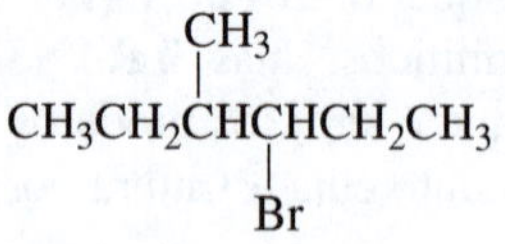 $\underset{\underset{Br}{|}}{CH_3CH_2CH}\underset{}{\overset{\overset{CH_3}{|}}{CH}}CH_2CH_3$

Dois carbonos assimétricos foram criados no produto. Como a reação forma um intermediário radicalar, dois pares de enantiômeros são formados.

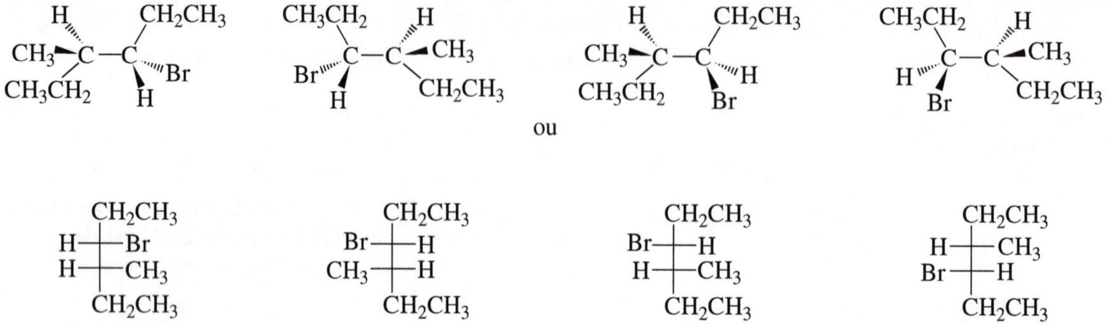

[estruturas tridimensionais e projeções de Fischer dos quatro estereoisômeros]

ou

d. 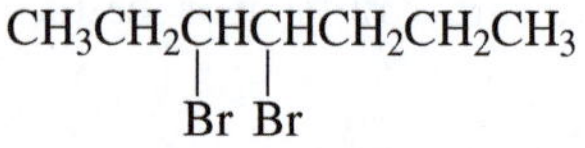 $CH_3CH_2\underset{\underset{Br}{|}}{CH}\underset{\underset{Br}{|}}{CH}CH_2CH_3$

Dois carbonos assimétricos foram criados no produto. Como o reagente é cis e a adição de Br_2 é anti, os enantiômeros treo são formados.

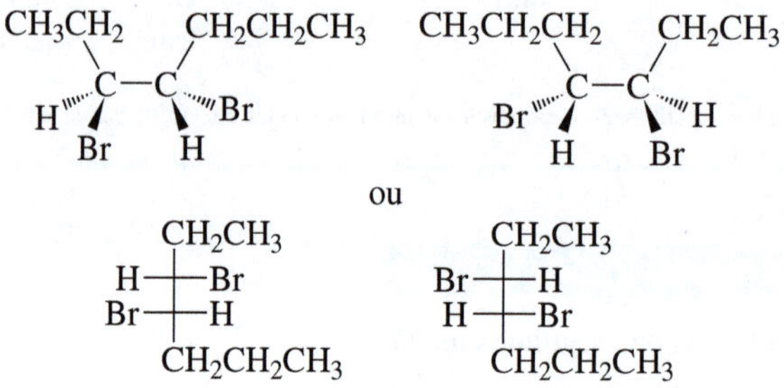

[estruturas tridimensionais e projeções de Fischer]

ou

e. $CH_3CH_2\underset{\underset{Br}{|}}{CH}\underset{\underset{Br}{|}}{CH}CH_2CH_3$

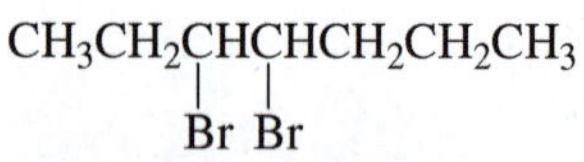

Dois carbonos assimétricos foram criados no produto. Como o reagente é trans e a adição de Br_2 é anti, os enantiômeros eritro são formados.

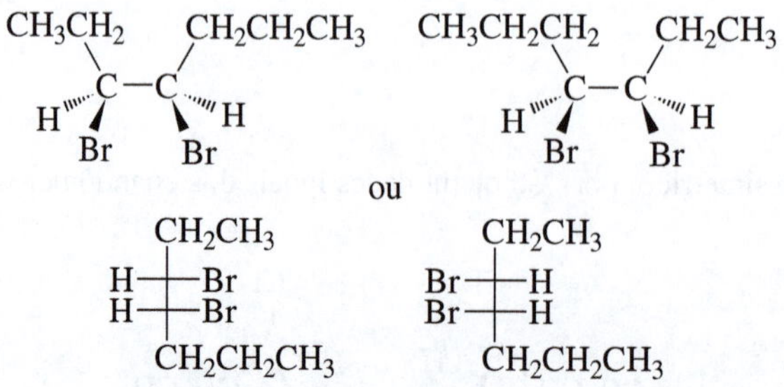

[estruturas tridimensionais e projeções de Fischer]

ou

f. 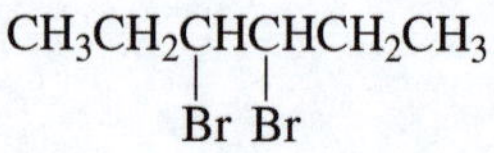 $CH_3CH_2\underset{\underset{Br}{|}}{CH}\underset{\underset{Br}{|}}{CH}CH_2CH_3$

Dois carbonos assimétricos foram criados no produto. Como o reagente é trans e a adição de Br_2 é anti, seriam esperados os enantiômeros eritro. Entretanto, os dois carbonos assimétricos estão ligados aos mesmos quatro grupos, de modo que o produto eritro é uma substância meso. Nesse caso somente um estereoisômero é formado.

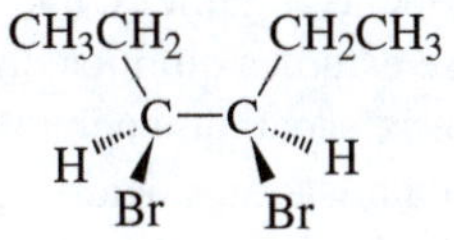

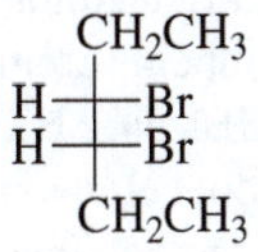

Agora continue no Problema 47.

PROBLEMA 47

Dê a configuração dos produtos obtidos das seguintes reações:

a. *trans*-2-buteno + HBr + peróxido

b. (Z)-3-metil-2-penteno + HBr

c. (Z)-3-metil-2-penteno + HBr + peróxido

d. *cis*-3-hexeno + HBr

e. *cis*-2-penteno + Br_2

f. 1-hexeno + Br_2

PROBLEMA 48

Quando Br_2 adiciona a um alceno com diferentes substituintes em cada um dos dois carbonos hibridizados em sp^2, tais como o *cis*-2-hepteno, são obtidas quantidades iguais dos dois enantiômeros treo, mesmo que seja mais fácil Br^- atacar o átomo de carbono menos impedido estericamente do íon bromônio. Explique por que quantidades iguais dos estereoisômeros são obtidas.

PROBLEMA 49

a. Quais produtos poderiam ser obtidos da adição de Br_2 ao ciclo-hexano se o solvente for H_2O em vez de CH_2Cl_2?

b. Proponha um mecanismo para a reação.

PROBLEMA 50

Quais estereoisômeros você esperaria obter de cada uma das seguintes reações?

a. 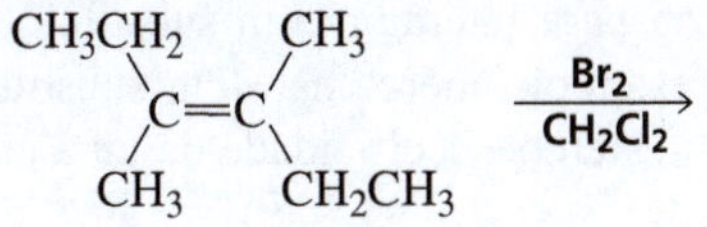 (alceno) $\xrightarrow{Br_2 / CH_2Cl_2}$

b. 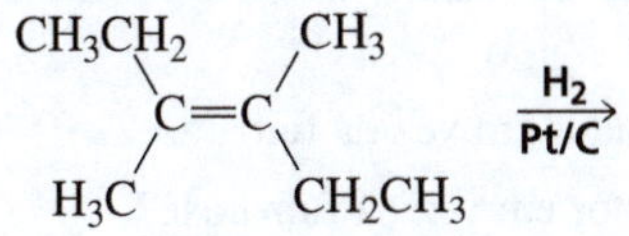 (alceno) $\xrightarrow{H_2 / Pt/C}$

c. (ciclopenteno) $\xrightarrow{Br_2 / CH_2Cl_2}$

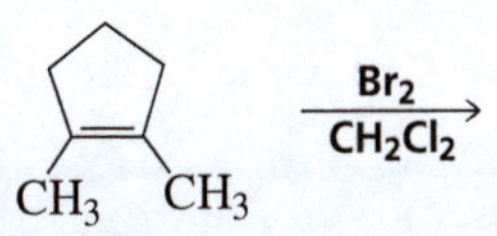

d. 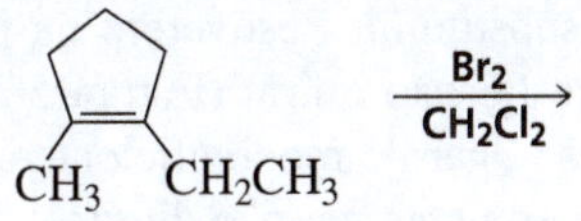 (ciclopenteno) $\xrightarrow{Br_2 / CH_2Cl_2}$

e. 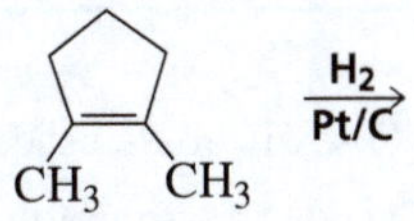 (ciclopenteno) $\xrightarrow{H_2 / Pt/C}$

f. 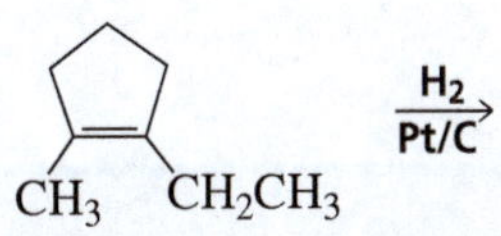 (ciclopenteno) $\xrightarrow{H_2 / Pt/C}$

PROBLEMA 51◆

a. Qual é o produto majoritário obtido da reação do propeno com Br_2 mais excesso de Cl^-?

b. Indique as quantidades relativas dos estereoisômeros obtidos.

5.20 Estereoquímica de reações catalisadas por enzimas

A química associada a organismos vivos é chamada **bioquímica**. Quando você estuda bioquímica, estuda as estruturas e as funções das moléculas encontradas no mundo biológico e as reações envolvidas na síntese e degradação dessas moléculas. Como as substâncias de organismos vivos são substâncias orgânicas, não surpreende o fato de muitas reações encontradas na química orgânica também serem vistas quando se estuda a química dos sistemas biológicos. Células vivas não contêm moléculas como Cl_2, HBr ou BH_3, portanto não seria esperado encontrar a adição de tais reagentes a alcenos em sistemas biológicos. Contudo, células possuem água e catalisadores ácidos, por isso alguns alcenos encontrados nos sistemas biológicos sofrem adição de água catalisada por ácido (Seção 4.5).

Pelo estudo na estereoquímica de reações catalisadas por enzimas, **Sir John Cornforth** *recebeu o Prêmio Nobel de química em 1975 (dividido com Vladimir Prelog. Nascido na Austrália em 1917, estudou na Universidade de Sydney e tornou-se PhD em Oxford. Sua maior pesquisa foi feita no laboratório do Britain's Medical Research Council e nos laboratórios do Shell Research Ltd. Tornou-se cavaleiro em 1977.*

Trabalho fundamental em estereoquímica de reações catalisadas por enzimas foi realizado por **Frank H. Westheimer**. *Ele nasceu em Baltimore em 1912 e graduou-se na Universidade de Harvard. Westheimer trabalhou na faculdade da Universidade de Chicago e depois retornou à Harvard como professor de química.*

As reações orgânicas que ocorrem em sistemas biológicos são catalisadas por enzimas. Reações catalisadas por enzimas são quase sempre completamente estereosseletivas. Em outras palavras, enzimas catalisam reações que formam somente um único estereoisômero. Por exemplo, a enzima fumarase, que catalisa a adição de água ao fumarato, forma somente (*S*)-malato — o enantiômero *R* não é encontrado.

fumarato + H_2O →(fumarase) (*S*)-malato

Uma catálise enzimática forma somente um estereoisômero porque o sítio de ligação da enzima é quiral. O sítio de ligação quiral restringe a entrega de reagentes para somente um lado do grupo funcional do reagente. Conseqüentemente, só um estereoisômero é formado.

Reações catalisadas por enzimas também são estereoespecíficas; uma enzima catalisa a reação de apenas um estereoisômero. Por exemplo, a fumarase catalisa a adição de água ao fumarato (o isômero trans), mas não ao maleato (o isômero cis).

maleato + H_2O →(fumarase) não há reação

Uma enzima é capaz de diferenciar entre dois reagentes estereoisoméricos, pois seu sítio de ligação é quiral. A enzima se ligará somente ao estereoisômero cujos substituintes estiverem na posição certa para interagir com substituintes no sítio de ligação quiral (Figura 5.3). Outros estereoisômeros não têm substituintes nas posições apropriadas; eles não podem se ligar de modo eficiente à enzima. A estereoespecificidade de uma enzima pode ser comparada à luva direita que cabe somente na mão direita.

PROBLEMA 52

a. Qual seria o produto da reação de fumarato e H_2O se H^+ fosse usado como catalisador em vez da fumarase?
b. Qual seria o produto da reação de maleato e H_2O se H^+ fosse usado como catalisador em vez da fumarase?

Resumo

Estereoquímica é um campo da química que trata da estrutura da molécula em três dimensões. Substâncias que têm a mesma fórmula molecular mas não são idênticas são chamadas **isômeros**; eles dividem-se em duas classes: isômeros constitucionais e estereoisômeros. **Isômeros constitucionais** diferem no modo como seus átomos estão conectados. **Estereoisômeros** diferem no modo como seus átomos estão organizados no espaço. Há dois tipos de estereoisômeros: **isômeros cis–trans** e isômeros que têm centros de quiralidade.

Uma molécula **quiral** tem imagem especular não sobreponível. Uma molécula **aquiral** tem imagem especular sobreponível. A característica que mais freqüentemente causa a quiralidade é um **carbono assimétrico**. Um carbono assimétrico é um carbono ligado a quatro grupos ou átomos diferentes. Um carbono assimétrico é também chamado **centro de quiralidade**. Átomos de nitrogênio e fósforo podem ser centros quirais. Moléculas de imagem especular não sobreponíveis são chamadas **enantiômeros**. **Diastereoisômeros** são estereoisômeros que não são enantiômeros. Enantiômeros têm propriedades físicas e químicas idênticas; diastereoisômeros têm propriedades físicas e químicas diferentes. Um reagente aquiral reage de forma idêntica com os dois enantiômeros; um reagente quiral reage de forma diferente com cada enantiômero. Uma mistura de quantidades iguais dos dois enantiômeros é chamada **mistura racêmica**.

Um **estereocentro** é um átomo onde a troca de dois grupos produz um estereoisômero: carbonos assimétricos — onde a troca de dois grupos produz um enantiômero — e os carbonos onde a troca de dois grupos converte um isômero cis em isômero trans (ou um isômero *E* em isômero *Z*) — também são estereocentros. As letras *R* e *S* indicam a **configuração** em torno do carbono assimétrico. Se uma molécula tem a configuração *R* e a outra *S*, elas são enantiômeros; se ambas têm configuração *R* ou *S*, elas são idênticas.

Substâncias quirais são **opticamente ativas** — elas giram o plano da luz polarizada; substâncias aquirais são **opticamente inativas**. Se um enantiômero gira o plano de polarização no sentido horário (+), sua imagem especular girará o plano de polarização, a mesma quantidade, no sentido anti-horário (−). Cada substância opticamente ativa tem rotação específica característica. Uma **mistura racêmica** é opticamente inativa. Uma **substância meso** tem dois ou mais carbonos assimétricos e um plano de simetria; ela é uma substância aquiral. Uma substância que tem os mesmos quatro grupos ligados a dois carbonos assimétricos diferentes terá três estereoisômeros, uma substância meso e um par de enantiômeros. Se uma reação não rompe nenhuma das ligações do carbono assimétrico, o reagente e o produto terão a mesma **configuração relativa** — seus substituintes terão as mesmas posições relativas. A **configuração absoluta** é a configuração atual. Se uma reação rompe uma ligação do carbono assimétrico, a configuração do produto será dependente do mecanismo de reação.

Uma reação **regiosseletiva** opta por um isômero constitucional em particular; uma reação **estereosseletiva** seleciona determinado **estereoisômero**. Uma reação é **estereoespecífica** se os reagentes podem existir como estereoisômeros e cada reagente estereoisomérico leva a um produto estereoisomérico diferente ou a um conjunto de produtos estereoisoméricos diferentes. Quando um reagente que não tem carbono assimétrico forma um produto com um carbono assimétrico, o produto será uma mistura racêmica.

Na **adição sin** os dois substituintes adicionam-se ao mesmo lado da ligação dupla; na **reação anti** eles se ligam em lados opostos da ligação dupla. Tanto a adição sin quanto a anti ocorrem em reações de adição eletrofílica que acontecem através de um carbocátion ou um intermediário radicalar. Hidroboração–oxidação é sobretudo uma adição sin de água. A adição de Br_2 é uma reação de adição anti. Uma reação catalisada por enzima forma somente um estereoisômero; uma enzima catalisa a reação de apenas um estereoisômero.

Palavras-chave

adição anti (p. 220)
adição sin (p. 220)
aquiral (p. 182)
bioquímica (p. 228)
carbono assimétrico (p. 182)
carbono pró-quiral (p. 214)
catalisador quiral (p. 211)
centro de quiralidade/centro quiral (p. 182)
configuração (p. 185)
configuração absoluta (p. 207)
configuração *R* (p. 185)
configuração relativa (p. 207)
configuração *S* (p. 185)
cromatografia (p. 211)
dextrorrotatório (p. 191)
diastereoisômero (p. 195)
enantiomericamente puro (p. 193)
enantiômero (p. 184)
enantiômeros eritro (p. 195)

enantiômeros treo (p. 195)
enzima (p. 211)
estereocentro (p. 185)
estereoespecífico (p. 217)
estereoisômeros (p. 180)
estereoquímica (p. 216)
estereosseletivo (p. 216)
excesso enantiomérico e.e. (p. 193)
fórmulas em perspectiva (p. 184)
hidrogênio pró-*R* (p. 214)
hidrogênio pró-*S* (p. 214)
hidrogênios diastereotópicos (p. 214)
hidrogênios enantiotópicos (p. 213)
inversão de amina (p. 215)
isômero cis (p. 181)
isômeros (p. 180)
isômeros cis–trans (p. 180)
isômeros configuracionais (p. 180)
isômeros de constituição (p. 180)

isômeros geométricos (p. 181)
isômeros trans (p. 181)
levorrotatório (p. 191)
luz plano-polarizada (p. 190)
mistura racêmica (p. 193)
opticamente ativo (p. 191)
opticamente inativo (p. 191)
plano de simetria (p. 199)
polarímetro (p. 191)
projeção de Fischer (p. 184)
pureza óptica p.o. (p. 193)
quiral (p. 181)
racemato (p. 193)
regiosseletivo (p. 216)
resolução de mistura racêmica (p. 210)
rotação específica (p. 192)
rotação observada (p. 191)
sonda quiral (p. 211)
substância meso (p. 199)

Problemas

53. Negligenciando os estereoisômeros, dê as estruturas de todas as substâncias com a fórmula molecular C_5H_{10}. Quais delas podem existir como estereoisômeros?

54. Desenhe todos os estereoisômeros possíveis para cada uma das substâncias a seguir. Relate se nenhum estereoisômero for possível.
   a. 1-bromo-2-clorociclo-hexano
   b. 2-bromo-4-metilpentano
   c. 1,2-diclorociclo-hexano
   d. 2-bromo-4-cloropentano
   e. 3-hepteno
   f. 1-bromo-4-clorociclo-hexano
   g. 1,2-dimetilciclopropano
   h. 4-bromo-2-penteno
   i. 3,3-dimetilpentano
   j. 3-cloro-1-buteno
   l. 1-bromo-2-clorociclobutano
   m. 1-bromo-3-clorociclobutano

55. Nomeie cada uma das seguintes substâncias usando designações R,S e E,Z (Seção 3.5) quando necessário:

56. Mevacor™ é usado clinicamente para reduzir os níveis séricos de colesterol. Quantos carbonos assimétricos têm o Mevacor™?

57. Indique se cada um dos pares de substâncias a seguir são idênticos ou enantiômeros, diastereoisômeros, ou isômeros constitucionais:

e. 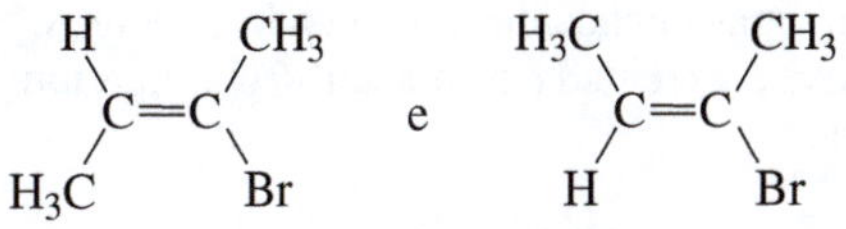 H₃C\C=C/CH₃ com H em baixo à esquerda e Br à direita (cis); e H₃C\C=C/CH₃ com H à direita, Br à esquerda (outra configuração)

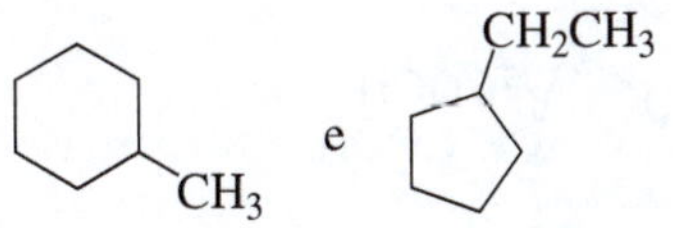

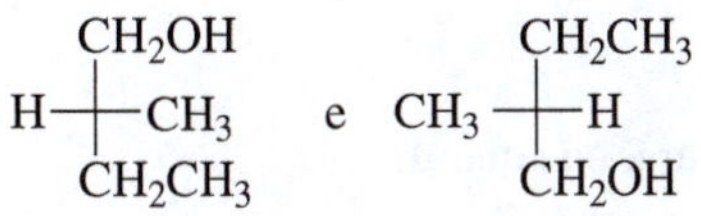

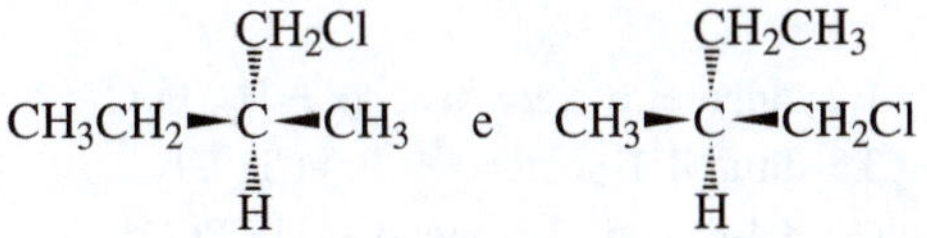

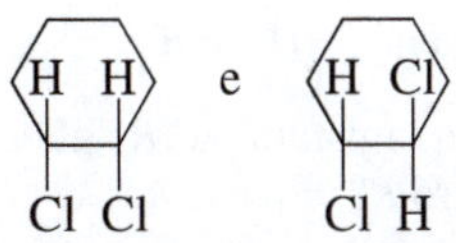

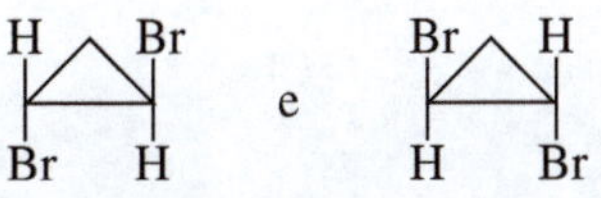

l. 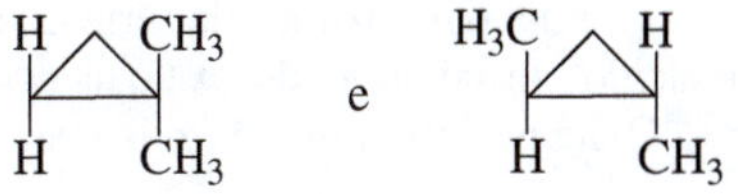 ciclopropano com H, CH₃ (cima) e H, CH₃ (baixo) ; e H₃C, H (cima) e H, CH₃ (baixo)

f. metilciclo-hexano e etilciclopentano

m. 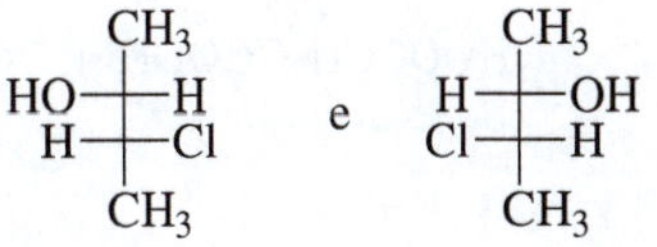 Projeções de Fischer:
CH₃ / HO—H / H—Cl / CH₃   e   CH₃ / H—OH / Cl—H / CH₃

g. CH₂OH / H—CH₃ / CH₂CH₃   e   CH₂CH₃ / CH₃—H / CH₂OH

n. 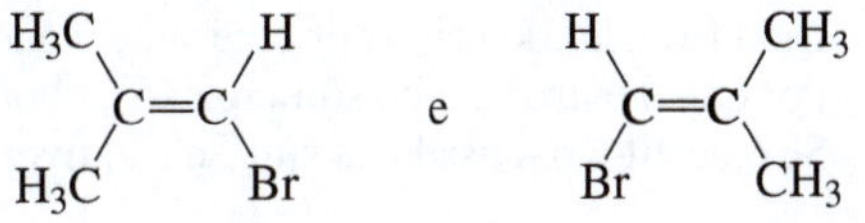 H₃C\C=C/H com H₃C e Br; e H\C=C/CH₃ com Br e CH₃

h. CH₃CH₂—C(H)(CH₂Cl)—CH₃ e CH₃—C(H)(CH₂Cl)—CH₂CH₃ (com cunhas)

o. 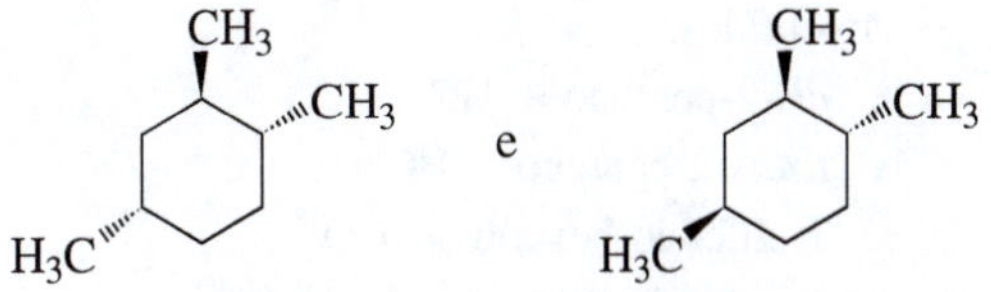 ciclo-hexano com CH₃, CH₃, H₃C substituintes (dois estereoisômeros)

i. ciclo-hexeno com H,H / Cl,Cl e H,Cl / Cl,H

p. 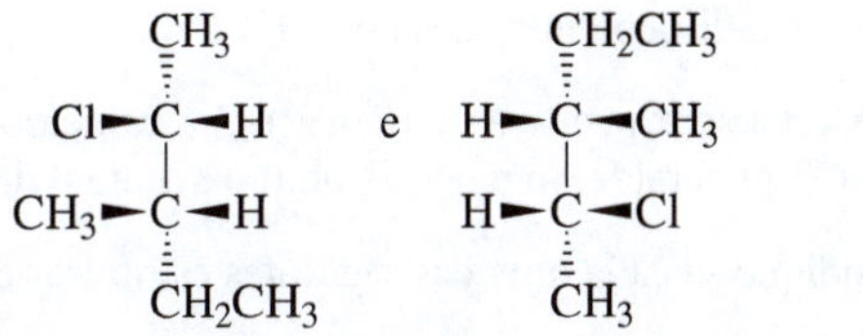 CH₃ / Cl—H / CH₃—H / CH₂CH₃   e   CH₂CH₃ / H—CH₃ / H—Cl / CH₃

j. ciclopropano com H,Br / Br,H e Br,H / H,Br

q. 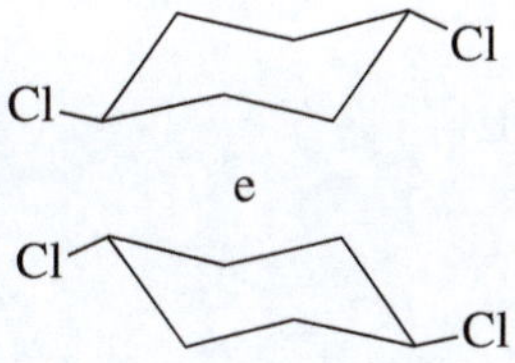 ciclo-hexano com Cl nas posições 1,4 (dois confôrmeros/isômeros)

---

58. a. Dê o(s) produto(s) que seriam obtidos da reação de *cis*-2-buteno e *trans*-2-buteno com cada um dos seguintes reagentes. Se os produtos podem existir como estereoisômeros, apresente quais estereoisômeros são obtidos.

1. HCl
2. BH₃/THF seguido de HO⁻, H₂O₂
3. HBr + peróxido
4. Br₂ em CH₂Cl₂
5. Br₂ + H₂O
6. H₂/Pt/C
7. HCl + H₂O
8. HCl + CH₃OH

b. Com quais reagentes os dois alcenos reagem originando produtos diferentes?

59. Quais das substâncias a seguir têm um estereoisômero aquiral?
   a. 2,3-diclorobutano
   b. 2,3-dicloropentano
   c. 2,3-dicloro-2,3-dimetilbutano
   d. 1,3-diclorociclopentano
   e. 1,3-dibromociclobutano
   f. 2,4-dibromopentano
   g. 2,3-dibromopentano
   h. 1,4-dimetilciclo-hexano
   i. 1,2-dimetilciclopentano
   j. 1,2-dimetilciclobutano

60. Dê os produtos e suas configurações obtidas da reação de 1-etilciclo-hexeno com os seguintes reagentes:
   a. HBr
   b. HBr + peróxido
   c. H₂, Pt/C
   d. BH₃/THF seguido de HO⁻, H₂O₂
   e. Br₂/CH₂Cl₂

61. Citrato sintase, uma das enzimas da série de reações catalisadas por enzimas conhecidas como ciclo de Krebs, catalisa a síntese de ácido cítrico do ácido oxaloacético e acetil-CoA. Se a síntese é executada com acetil-CoA, que tem carbono radiotivo (^{14}C) na posição indicada, o isômero mostrado aqui será obtido.

$$HOOCCH_2\overset{O}{\overset{\|}{C}}COOH + {}^{14}CH_3\overset{O}{\overset{\|}{C}}SCoA \xrightarrow{\text{citrato sintase}} \underset{\text{ácido cítrico}}{HO-\overset{^{14}CH_2COOH}{\underset{CH_2COOH}{C}}-COOH}$$

ácido oxaloacético   acetil-CoA

a. Qual isômero do ácido cítrico é sintetizado, R ou S?
b. Por que o outro estereoisômero não é obtido?
c. Se o acetil-CoA usado na síntese não tiver ^{14}C, o produto da reação será quiral ou aquiral?

62. Dê os produtos das seguintes reações. Se os produtos podem existir como estereoisômeros, mostre quais estereoisômeros são obtidos.
    a. cis-2-penteno + HCl
    b. trans-2-penteno + HCl
    c. 1-etilciclo-hexeno + H_3O^+
    d. 1,2-dietilciclo-hexeno + H_3O^+
    e. 1,2-dimetilciclo-hexeno + HCl
    f. 1,2-dideutério-ciclo-hexeno + H_2, Pt/C
    g. 3,3-dimetil-1-penteno + Br_2/CH_2Cl_2
    h. (E)-3,4-dimetil-3-hepteno + H_2, Pt/C
    i. (Z)-3,4-dimetil-3-hepteno + H_2, Pt/C
    j. 1-cloro-2-etilciclo-hexeno + H_2, Pt/C

63. A rotação específica de (R)-(+)-gliceraldeído é +8,7°. Se a rotação específica observada da mistura de (R)-gliceraldeído e (S)-gliceraldeído é +1,4°, qual percentual de gliceraldeído está presente como enantiômero R?

64. Indique se cada uma das seguintes estruturas é (R)-2-clorobutano ou (S)-2-clorobutano. (Use modelos, se necessário.)

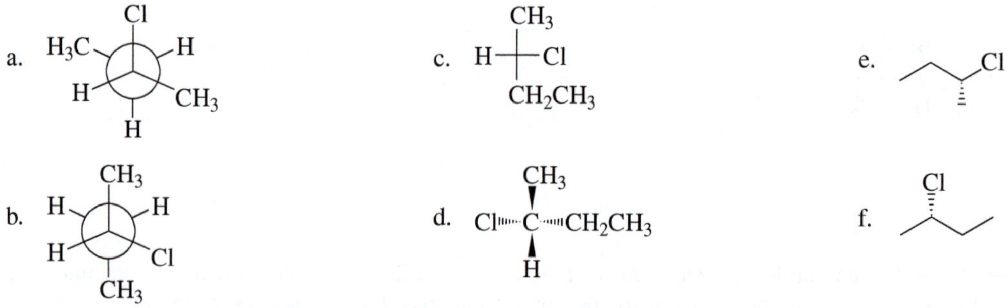

65. A solução de uma substância desconhecida (3,0 g da substância em 20 mL de solução), quando colocada no tubo do polarímetro de 2,0 dm de comprimento, obteve uma rotação do plano da luz polarizada de 1,8° no sentido anti-horário. Qual é a rotação específica da substância?

66. Butaclamol é um potente antipsicótico que tem sido usado clinicamente no tratamento da esquizofrenia. Quantos carbonos assimétricos têm o Butaclamol™?

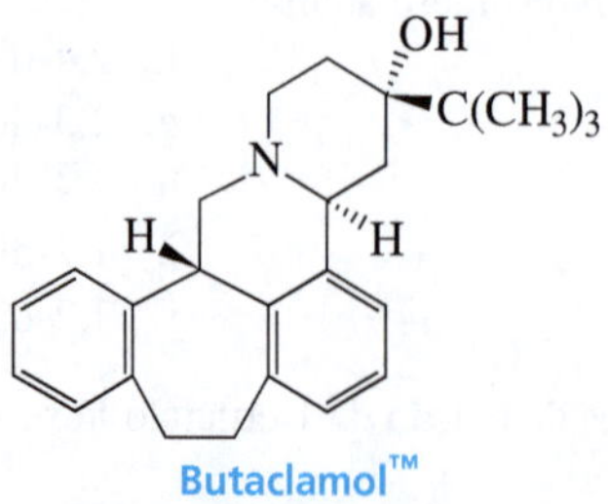

67. Quais dos seguintes objetos são quirais?
    a. uma caneca com DAD escrito de um lado;
    b. uma caneca com MOM escrito de um lado;
    c. uma caneca com DAD escrito no lado oposto à asa;
    d. uma caneca com MOM escrito no lado oposto à asa;
    e. um automóvel;
    f. um cálice de vinho;
    g. uma unha;
    h. um parafuso.

68. Explique como *R* e *S* estão relacionados com (+) e (−).

69. Dê os produtos das seguintes reações. Se os produtos podem existir como estereoisômeros, mostre quais deles são obtidos.
    a. *cis*-2-penteno + Br$_2$/CH$_2$Cl$_2$
    b. *trans*-2-penteno + Br$_2$/CH$_2$Cl$_2$
    c. 1-buteno + HCl
    d. 1-buteno + HBr + peróxido
    e. *trans*-3-hexeno + Br$_2$/CH$_2$Cl$_2$
    f. *cis*-3-hexeno + Br$_2$/CH$_2$Cl$_2$
    g. 3,3-dimetil-1-penteno + HBr
    h. *cis*-2-buteno + HBr + peróxido
    i. (Z)-2,3-dicloro-2-buteno + H$_2$, Pt/C
    j. (E)-2,3-dicloro-2-buteno + H$_2$, Pt/C
    l. (Z)-3,4-dimetil-3-hexeno + H$_2$, Pt/C
    m. (E)-3,4-dimetil-3-hexeno + H$_2$, Pt/C

70. a. Desenhe todos os estereoisômeros possíveis para a substância a seguir.

    HOCH$_2$CH—CH—CHCH$_2$OH
         | | |
         OH   OH   OH

    b. Quais isômeros são opticamente inativos (não girarão a luz plano-polarizada)?

71. Indique a configuração dos carbonos assimétricos das seguintes moléculas:

    a., b., c.

72. a. Desenhe todos os isômeros da fórmula molecular C$_6$H$_{12}$ que contém um anel ciclobutano. (*Dica*: existem sete.)
    b. Nomeie as substâncias sem especificar a configuração de nenhum dos carbonos assimétricos.
    c. Identifique:
       1. isômeros constitucionais
       2. estereoisômeros
       3. isômeros cis–trans
       4. substâncias quirais
       5. substâncias aquirais
       6. substâncias meso
       7. enantiômeros
       8. diastereoisômeros

73. Uma substância tem rotação específica de −39,0°. Uma solução da substância (0,187 g/mL) tem rotação observada de −6,52° quando colocada em um tubo de polarímetro de 10 cm de comprimento. Qual é o percentual de cada enantiômero na solução?

74. Desenhe as estruturas de cada uma das moléculas a seguir:
    a. (*S*)-1-bromo-1-clorobutano
    b. (2*R*,3*R*)-2,3- dicloropentano
    c. um isômero aquiral de 1,2-dimetil-ciclo-hexano
    d. um isômero quiral do 1,2-dibromociclobutano
    e. dois isômeros aquirais de 3,4,5-trimetil-heptano

75. Os enantiômeros de 1,2-dimetil-aziridina podem ser separados mesmo que um dos "grupos" ligado ao nitrogênio seja um par de elétrons livres. Explique.

enantiômeros de 1,2-dimetil-aziridina

76. Dos produtos possíveis de monobromação mostrados na reação a seguir, circule aquele que não seria formado.

77. Encontrou-se para uma amostra de ácido (*S*)-(+)-lático pureza óptica de 72%. Quanto do isômero *R* está presente na amostra?

78. A substância a seguir é opticamente ativa?

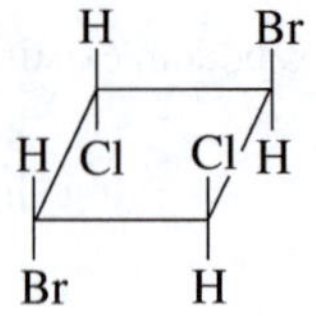

79. Dê os produtos das seguintes reações e suas configurações:

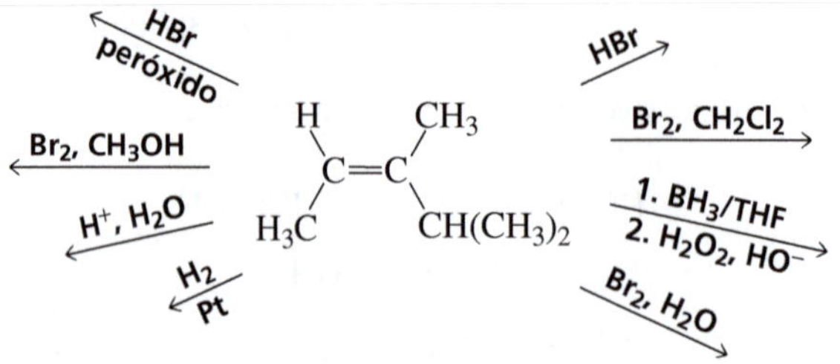

80. a. Usando a notação cunha e traço desenhe os nove estereoisômeros de 1,2,3,4,5,6-hexaclorociclo-hexano.
    b. Dos nove estereoisômeros identifique um par de enantiômeros.
    c. Desenhe a conformação mais estável do estereoisômero mais estável.

81. Sherry O. Eismer decidiu que a configuração de um carbono assimétrico de um açúcar como a D-glicose poderia ser determinada rapidamente atribuindo-se a configuração R ao carbono assimétrico com um grupo OH do lado direito e a configuração S para um carbono assimétrico com o grupo OH do lado esquerdo. Ela está correta? (Veremos no Capítulo 22 que o "D" em D-glicose significa que o grupo OH no carbono assimétrico mais abaixo é à direita.)

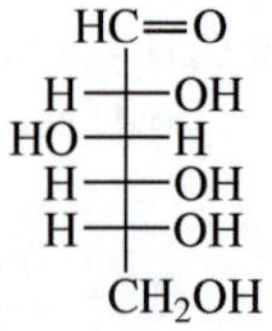

82. O ciclo-hexeno existe somente na forma cis, enquanto o ciclodeceno existe tanto na forma cis quanto trans. Explique. (*Dica*: modelos moleculares são úteis para este problema.)

83. Quando o fumarato reage com D_2O na presença da enzima fumarase, somente um isômero do produto é formado. Sua estrutura é mostrada. A enzima catalisa uma adição sin ou anti de D_2O?

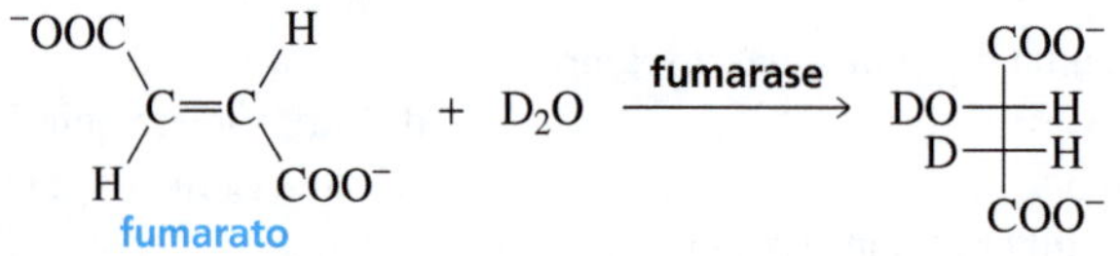

84. Dois estereoisômeros são obtidos da reação de HBr com (*S*)-4-bromo-1-penteno. Um dos estereoisômeros é opticamente ativo e o outro não. Dê as estruturas dos estereoisômeros, indicando sua configuração absoluta e explicando a diferença de suas propriedades ópticas.

85. Quando (*S*)-(+)-1-cloro-2-metilbutano reage com cloro, um dos produtos formados é (–)-1,4-dicloro-2-metilbutano. Esse produto tem a configuração *R* ou *S*?

86. Indique a configuração dos carbonos assimétricos nas seguintes moléculas:

    a. 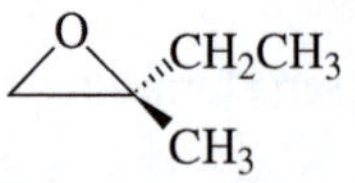   b. 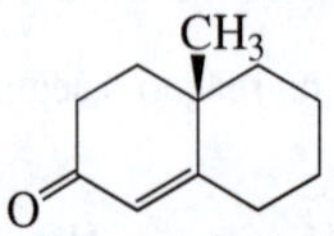   c.

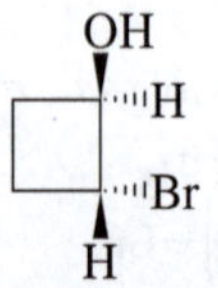

87. a. Desenhe os dois confôrmeros em cadeira de cada um dos estereoisômeros de *trans*-1-*terc*-butil-3-metilciclo-hexano.
    b. Para cada par indique qual confôrmero é mais estável.

88. a. As substâncias a seguir têm algum carbono assimétrico?
       1. $CH_2=C=CH_2$ 2. $CH_3CH=C=CHCH_3$
    b. Elas são quirais? (*Dica*: use modelos.)

6 Reações de alcinos • Introdução à síntese em várias etapas

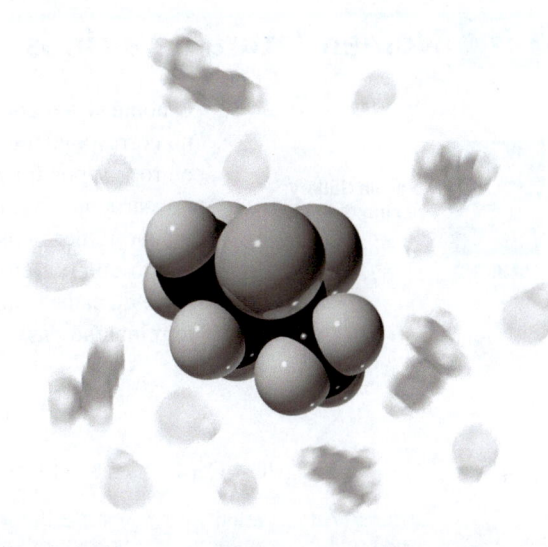

1-butino + 2HCl ⟶ 2,2-diclorobutano

Alcinos são hidrocarbonetos que contêm uma ligação tripla carbono–carbono. Devido a sua ligação tripla, um alcino tem quatro hidrogênios a menos que o alcano correspondente. Assim, a fórmula molecular geral para um alcino acíclico (não cíclico) é C_nH_{2n-2}, e para um alcino cíclico é C_nH_{2n-4}.

Existem poucos alcinos de ocorrência natural. Dentre exemplos, inclui-se a capilina, que possui atividade fungicida, ictiotereol, um convulsivante usado por índios da Amazônia em flechas envenenadas. Uma classe de substâncias de ocorrência natural chamada enedina tem apresentado poderosas propriedades antibióticas e anticâncer. Todas essas substâncias possuem um anel de nove ou dez membros que contêm duas ligações triplas separadas por uma ligação dupla. Algumas enedinas estão atualmente em testes clínicos.

capilina

ictiotereol

enedina

Poucas drogas contêm o grupo funcional alcino, mas elas não são substâncias de ocorrência natural. Existem somente porque químicos foram capazes de sintetizá-las. Seus nomes comerciais estão mostrados em verde. Os nomes comerciais são sempre patenteados e podem ser usados para fins comerciais somente pelo proprietário da marca comercial. (Seção 30.1, volume 2.)

Parsal® Sinovial®
parsalmida
analgésico

Eudatin® Supirdyl®
pargilina
anti-hipertensivo

Norquen® Ovastol®
mestranol
componente de contraceptivos orais

Acetileno (HC≡CH), o nome comum para o menor alcino, deve ser uma palavra familiar por causa da chama de oxiacetileno usada em soldas. O acetileno é fornecido para a chama a partir de um tanque de gás de alta pressão e o oxi-

236 QUÍMICA ORGÂNICA

gênio é fornecido por outro tanque. A queima do acetileno produz uma chama de alta temperatura capaz de fundir e vaporizar ferro e aço.

> **PROBLEMA 1◆**
>
> Qual é a fórmula molecular de um alcino cíclico com 14 carbonos e duas ligações triplas?

6.1 Nomenclatura de alcinos

Molecule Gallery:
1-hexino; 3-hexino
www

O nome sistemático de um alcino é obtido ao se substituir a terminação "ano" do alcano correspondente por "ino". Do mesmo modo como são nomeadas substâncias com outros grupos funcionais, a maior cadeia contínua que contém a ligação tripla carbono–carbono é numerada na direção que forneça ao sufixo do grupo funcional alcino o menor número possível. Se a ligação tripla estiver no fim da cadeia, o alcino é classificado como **alcino terminal**. Os alcinos com ligações triplas localizadas em outra parte da cadeia são chamados **alcinos internos**. Por exemplo, o 1-butino é um alcino terminal, ao passo que o 2-pentino é um alcino interno.

$$HC{\equiv}CH \qquad \overset{4}{C}H_3\overset{3}{C}H_2\overset{2}{C}{\equiv}\overset{1}{C}H \qquad \overset{1}{C}H_3\overset{2}{C}{\equiv}\overset{3}{C}\overset{4}{C}H_2\overset{5}{C}H_3 \qquad \overset{5}{C}H_2\overset{6}{C}H_3 \mid \overset{4}{C}H_3\overset{3}{C}H\overset{2}{C}{\equiv}\overset{1}{C}CH_3$$

Sistemático:	etino	1-butino	2-pentino	4-metil-2-hexino
Comum:	acetileno	etilacetileno	etilmetilacetileno	*sec*-butilmetilacetileno
		alcino terminal	**alcino interno**	

1-hexino
alcino terminal

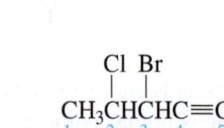

3-hexino
alcino interno

Na nomenclatura comum, os alcinos são nomeados como *acetilenos substituídos*. O nome comum é obtido citando os nomes dos grupos alquila, em ordem alfabética, que substituíram os hidrogênios do acetileno. Acetileno é um nome comum infeliz para o menor alcino, pois a sua terminação "eno" é característica de uma ligação dupla preferivelmente a uma ligação tripla.

Se o mesmo número para o sufixo do grupo funcional alcino for obtido contando a partir de ambas as direções da cadeia carbônica, o nome sistemático correto é o que apresenta o substituinte com o menor número. Se a substância possuir mais de um substituinte, estes são listados em ordem alfabética.

$$\overset{Cl}{\mid}\overset{Br}{\mid} \\ CH_3\overset{1}{C}H\overset{2}{C}H\overset{3}{C}H\overset{4}{C}{\equiv}\overset{5}{C}\overset{6}{C}H_2\overset{7}{C}H_2\overset{8}{C}H_3 \qquad \overset{CH_3}{\mid} \\ CH_3\overset{6}{C}H\overset{5}{C}{\equiv}\overset{4}{C}\overset{3}{C}H_2\overset{2}{C}H_2\overset{1}{Br}$$

3-bromo-2-cloro-4-octino
e *não* 6-bromo-7-cloro-4-octino
porque 2 < 6

1-bromo-5-metil-3-hexino
e *não* 6-bromo-2-metil-3-hexino
porque 1 < 2

O grupo propargila que contém uma ligação tripla é usado na nomenclatura comum. Analogamente ao grupo alila que contém uma ligação dupla, visto na Seção 3.2.

Um substituinte recebe o menor número possível somente se não houver sufixo do grupo funcional ou se o mesmo número para o sufixo do grupo funcional for obtido em ambas as direções.

$$HC{\equiv}CCH_2{-} \qquad H_2C{=}CHCH_2{-}$$
grupo propargila   **grupo alila**

$$HC{\equiv}CCH_2Br \qquad H_2C{=}CHCH_2OH$$
brometo de propargila   **álcool alílico**

PROBLEMA 2◆

Desenhe a estrutura para cada uma das seguintes substâncias.

a. 1-cloro-3-hexino
b. ciclooctino
c. isopropilacetileno
d. cloreto de propargila
e. 4,4-dimetil-1-pentino
f. dimetilacetileno

PROBLEMA 3◆

Desenhe as estruturas e dê o nome comum e sistemático para cada um dos sete alcinos com fórmula molecular C_6H_{10}.

PROBLEMA 4◆

Dê o nome sistemático para cada uma das seguintes substâncias:

a. $BrCH_2CH_2C{\equiv}CCH_3$
b. $CH_3CH_2CHC{\equiv}CCH_2CHCH_3$ (Br, Cl)
c. $CH_3OCH_2C{\equiv}CCH_2CH_3$
d. $CH_3CH_2CHC{\equiv}CH$ ($CH_2CH_2CH_3$)

PROBLEMA 5

Qual você esperaria ser mais estável: um alcino interno ou um alcino terminal? Por quê?

6.2 Propriedades físicas de hidrocarbonetos insaturados

Todos os hidrocarbonetos têm propriedades físicas similares. Em outras palavras, alcenos e alcinos apresentam propriedades físicas similares aos alcanos (Seção 2.9). Todos são insolúveis em água e solúveis em solventes com baixa polaridade, tal como o benzeno e o éter. Eles são menos densos que a água e, como em outras séries homólogas, têm pontos de ebulição que aumentam com o aumento do peso molecular (Tabela 6.1). Os alcinos são mais lineares que os alcenos e a ligação tripla é mais polarizável que a ligação dupla (Seção 2.9). Essas duas características conferem aos alcinos uma interação de Van der Waals mais forte. Como resultado, um alcino tem ponto de ebulição mais alto que um alceno que contenha o mesmo número de átomos de carbono.

Tabela 6.1 Pontos de ebulição dos menores hidrocarbonetos

	p.e. (°C)		p.e. (°C)		p.e. (°C)
CH_3CH_3 etano	−88,6	$H_2C{=}CH_2$ eteno	−104	$HC{\equiv}CH$ etino	−84
$CH_3CH_2CH_3$ propano	−42,1	$CH_3CH{=}CH_2$ propeno	−47	$CH_3C{\equiv}CH$ propino	−23
$CH_3CH_2CH_2CH_3$ butano	−0,5	$CH_3CH_2CH{=}CH_2$ 1-buteno	−6,5	$CH_3CH_2C{\equiv}CH$ 1-butino	8
$CH_3(CH_2)_3CH_3$ pentano	36,1	$CH_3CH_2CH_2CH{=}CH_2$ 1-penteno	30	$CH_3CH_2CH_2C{\equiv}CH$ 1-pentino	39
$CH_3(CH_2)_4CH_3$ hexano	68,7	$CH_3CH_2CH_2CH_2CH{=}CH_2$ 1-hexeno	63,5	$CH_3CH_2CH_2CH_2C{\equiv}CH$ 1-hexino	71
		$CH_3CH{=}CHCH_3$ cis-2-buteno	3,7	$CH_3C{\equiv}CCH_3$ 2-butino	27
		$CH_3CH{=}CHCH_3$ trans-2-buteno	0,9	$CH_3CH_2C{\equiv}CCH_3$ 2-pentino	55

238 QUÍMICA ORGÂNICA

Os alcenos internos têm pontos de ebulição mais altos do que os alcenos terminais. Similarmente, os alcinos internos têm pontos de ebulição mais altos do que os alcinos terminais. Note que o ponto de ebulição do *cis*-2-buteno é levemente maior do que o do *trans*-2-buteno porque o isômero cis possui um pequeno momento de dipolo, ao passo que o momento de dipolo do isômero trans é zero (Seção 3.4).

6.3 Estrutura dos alcinos

A estrutura do etino foi discutida na Seção 1.9. Cada carbono está hibridizado em *sp*, portanto cada um tem dois orbitais *sp* e dois orbitais *p*. Um orbital *sp* se sobrepõe ao orbital *s* de um hidrogênio e o outro se sobrepõe ao orbital *sp* do outro carbono. Uma vez que os orbitais *sp* estão orientados o mais longe possível um do outro para minimizar a repulsão eletrônica, o etino é uma molécula linear com ângulos de ligação de 180° (Seção 1.9). (Veja a figura abaixo em cores no encarte colorido).

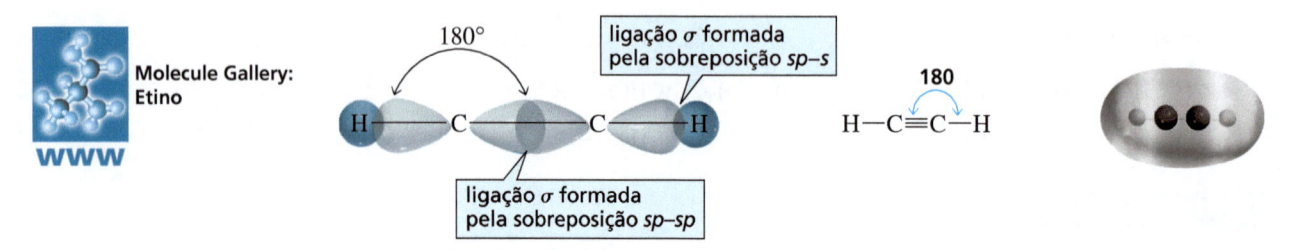

Molecule Gallery: Etino

ligação σ formada pela sobreposição *sp–s*

ligação σ formada pela sobreposição *sp–sp*

H—C≡C—H   180°

Uma ligação tripla é composta de uma ligação σ e duas ligações π.

Os dois outros orbitais *p* de cada carbono estão orientados em ângulos retos entre si em relação aos orbitais *sp* (Figura 6.1). Cada um dos dois orbitais *p* de um carbono se sobrepõe ao orbital *p* paralelo do outro carbono para formar duas ligações π. Um par de orbitais *p* sobrepostos resulta em uma nuvem de elétrons acima e abaixo da ligação σ, e o outro par resulta em uma nuvem de elétrons na frente e atrás da ligação σ. O mapa de potencial eletrostático do etino mostra que o resultado final pode ser imaginado como um cilindro de elétrons empacotado em torno da ligação σ.

Figura 6.1
(a) Cada ligação π de uma ligação tripla é formada pela sobreposição lado a lado de um orbital *p* de um carbono com o orbital *p* paralelo do carbono adjacente.
(b) Uma ligação tripla consiste em uma ligação σ formada pela sobreposição *sp–sp* (azul-turquesa) e duas ligações π formadas pela sobreposição *p–p* (azul e cinza).

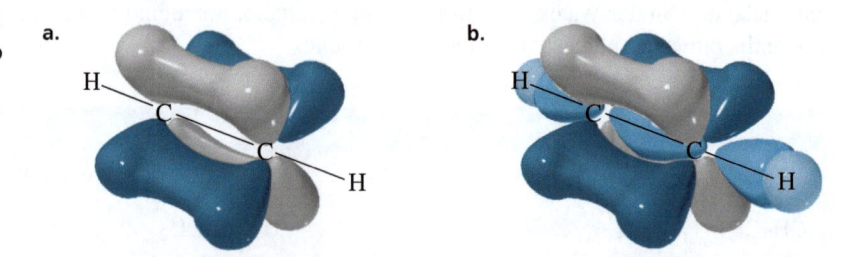

Vimos que uma ligação tripla carbono–carbono é menor e mais forte do que uma ligação dupla, que é menor e mais forte do que uma ligação simples. Vimos também que uma ligação π carbono–carbono é mais fraca do que uma ligação σ carbono–carbono (Seção 1.14). A fraqueza relativa da ligação π permite que os alcinos reajam facilmente. Como os alcenos, os alcinos são estabilizados por grupos alquila doadores de elétrons. Alcinos internos, conseqüentemente, são mais estáveis do que alcinos terminais. Vimos agora que *grupos alquila estabilizam alcenos, alcinos, carbocátions* e *radicais alquila*.

PROBLEMA 6◆

Que orbitais são usados para formar a ligação σ carbono–carbono entre os carbonos marcados?

a. $CH_3CH=CHCH_3$ d. $CH_3C\equiv CCH_3$ g. $CH_3CH=CHCH_2CH_3$

b. $CH_3CH=CHCH_3$ e. $CH_3C\equiv CCH_3$ h. $CH_3C\equiv CCH_2CH_3$

c. $CH_3CH=C=CH_2$ f. $CH_2=CHCH=CH_2$ i. $CH_2=CHC\equiv CH$

6.4 Como os alcinos reagem

Com uma nuvem de elétrons que envolve completamente a ligação σ, um alcino é uma molécula rica em elétrons. Em outras palavras, ele é um nucleófilo e por isso reagirá com eletrófilos. Por exemplo, se um reagente como HCl é adicionado a um alcino, a ligação π, relativamente fraca, quebrará porque os elétrons π serão atraídos para o próton eletrofílico. Na segunda etapa da reação, o carbocátion intermediário positivamente carregado reage rapidamente com o íon cloreto carregado negativamente.

$$CH_3C \equiv CCH_3 + H-\ddot{C}l: \longrightarrow CH_3\overset{+}{C}=CHCH_3 + :\ddot{C}l:^- \longrightarrow CH_3\overset{Cl}{\underset{|}{C}}=CHCH_3$$

Assim como os alcenos, os alcinos sofrem reações de adição eletrofílica. Veremos que os mesmos reagentes eletrofílicos que se adicionam a alcenos também o fazem a alcinos e que — de novo como os alcenos — a adição eletrofílica a um alcino *terminal* é regiosseletiva: quando um eletrófilo se adiciona a um alcino terminal, ele o faz no carbono sp que está ligado ao hidrogênio. As reações de adição de alcinos, entretanto, possuem uma característica que os alcenos não têm: devido ao fato de o produto de adição de um reagente eletrofílico a um alcino ser um alceno, uma segunda reação de adição pode ocorrer.

$$CH_3C\equiv CCH_3 \xrightarrow{HCl} CH_3\overset{Cl}{\underset{|}{C}}=CHCH_3 \xrightarrow{HCl} CH_3\overset{Cl}{\underset{\underset{Cl}{|}}{\underset{|}{C}}}CH_2CH_3$$

ocorre uma segunda reação de adição eletrofílica

Um alcino é *menos* reativo do que um alceno. Isso pode ser surpreendente à primeira vista, porque um alcino é menos estável do que um alceno (Figura 6.2). Entretanto, a reatividade depende do $\Delta G^{\ddagger}$, o qual depende da estabilidade do reagente *e* da estabilidade do estado de transição (Seção 3.7). Para um alcino ser menos estável e menos reativo do que um alceno, duas condições devem ser consideradas: o estado de transição da primeira etapa (a etapa limitante da velocidade) de uma reação de adição eletrofílica de um alcino deve ser menos estável do que o estado de transição da primeira etapa de uma reação de adição eletrofílica de um alceno, *e* a diferença de estabilidade dos estados de transição deve ser maior que a diferença de estabilidade dos reagentes para que $\Delta G^{\ddagger}_{alcino} > \Delta G^{\ddagger}_{alceno}$ (Figura 6.2).

Alcinos são menos reativos que alcenos em reações de adição eletrofílica.

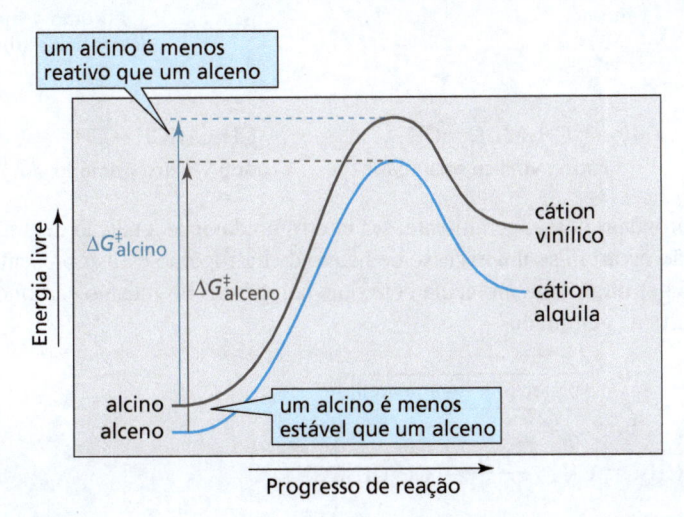

◀ **Figura 6.2**
Comparação das energias livres de ativação para a adição de um eletrófilo a um alcino e a um alceno. Pelo fato de um alcino ser menos reativo do que um alceno mediante adição eletrofílica, sabemos que o $\Delta G^{\ddagger}$ para a reação de um alcino é maior do que o $\Delta G^{\ddagger}$ para a reação de um alceno.

PROBLEMA 7◆

Em que circunstâncias você presume que o substrato menos estável será o mais reativo?

240 QUÍMICA ORGÂNICA

Molecule Gallery: Cátion vinílico www

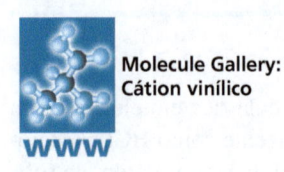

Por que o estado de transição da primeira etapa de uma reação de adição eletrofílica de um alcino é menos estável que de um alceno? O postulado de Hammond prevê que a estrutura do estado de transição se assemelhará à estrutura do intermediário (Seção 4.3). O intermediário formado quando um próton se adiciona a um alcino é um cátion vinílico, ao passo que o intermediário formado quando um próton se adiciona a um alceno é um cátion alquila. Um **cátion vinílico** tem carga positiva sobre o carbono vinílico. Ele é menos estável do que um cátion alquila similarmente substituído. Em outras palavras, um cátion vinílico primário é menos estável do que um cátion alquila primário, e um cátion vinílico secundário é menos estável que um cátion alquila secundário.

estabilidades relativas dos carbocátions

mais estável → R—C$^+$(R)(R) > R—C$^+$(R)(H) > RCH=C$^+$—R ≈ R—C$^+$(H)(H) > RCH=C$^+$—H ≈ H—C$^+$(H)(H) ← menos estável

carbocátion terciário / carbocátion secundário / cátion vinílico secundário / carbocátion primário / cátion vinílico primário / cátion metila

Um cátion vinílico é menos estável porque a carga positiva está sobre um carbono sp, o qual, segundo veremos, é mais eletronegativo do que um carbono sp^2 de um cátion alquila (Seção 6.9). Por essa razão, um cátion vinílico é menos capaz de suportar uma carga positiva. Adicionalmente, a hiperconjugação é menos efetiva na estabilização da carga em um cátion vinílico que em um cátion alquila (Seção 4.2).

6.5 Adição de haletos de hidrogênio e adição de halogênios

Tutorial Gallery: Adição de HCl a um alcino www

Acabamos de ver que um alcino é um nucleófilo e que na primeira etapa da sua reação com um haleto de hidrogênio, H$^+$ eletrofílico se adiciona ao alcino. Se o alcino for do tipo *terminal*, H$^+$ se ligará ao carbono sp ligado ao hidrogênio, porque o cátion vinílico secundário resultante é mais estável do que o cátion vinílico primário que seria formado se H$^+$ se adicionasse ao outro carbono sp. (Lembre-se de que grupos alquila estabilizam átomos de carbono carregados positivamente; Seção 4.2.)

O eletrófilo se adiciona ao carbono sp de um alcino terminal que está ligado ao hidrogênio.

$$CH_3CH_2C\equiv CH \xrightarrow{HBr} CH_3CH_2\overset{+}{C}=CH \xrightarrow{Br^-} CH_3CH_2\underset{Br}{C}=CH$$
1-butino → 2-bromo-1-buteno
alceno halossubstituído

$$CH_3CH_2\overset{+}{C}=CH_2 \qquad CH_3CH_2CH=\overset{+}{CH}$$
cátion vinílico secundário / cátion vinílico primário

Embora a adição de um haleto de hidrogênio possa, geralmente, ser interrompida após a adição de um equivalente[1] desse haleto, uma segunda reação de adição ocorrerá se um excesso de haleto de hidrogênio estiver presente. O produto da segunda reação de adição é um **dialeto geminal**, uma molécula com dois halogênios no mesmo carbono. "Geminal" vem do termo em latim *geminus*, que significa "geminado".

o eletrófilo se liga aqui
$$CH_3CH_2\underset{Br}{C}=CH_2 \xrightarrow{HBr} CH_3CH_2\underset{Br}{\overset{Br}{C}}CH_3$$
2-bromo-1-buteno → 2,2-dibromobutano
dialeto geminal

---
[1] Um equivalente significa o mesmo número de mols do outro reagente.

CAPÍTULO 6   Reações de alcinos • Introdução à síntese em várias etapas   **241**

Quando o segundo equivalente do haleto de hidrogênio se adiciona à ligação dupla, o eletrófilo (H^+) se liga ao carbono sp^2 ligado ao maior número de hidrogênios — como previsto pela regra que governa reações de adição eletrofílica (Seção 4.4). O carbocátion resultante é mais estável do que o carbocátion que seria formado se H^+ tivesse se adicionado ao outro carbono sp^2, porque o bromo pode dividir a carga positiva com o carbono compartilhando um dos seus pares de elétrons livres (Seção 1.19).

o bromo compartilha um par de elétrons não compartilhados com o carbono

$$CH_3CH_2\overset{+}{C}(\ddot{B}r)-CH_3 \longleftrightarrow CH_3CH_2C(=\overset{+}{\ddot{B}r})-CH_3$$

carbocátion formado pela adição do eletrófilo ao carbono sp^2 ligado ao maior número de hidrogênios

A adição de um haleto de hidrogênio a um alcino pode ser interrompida após a adição de um equivalente de HBr ou HCl, pois um alcino é mais reativo que o alceno halossubstituído, que é o produto da primeira reação de adição. O substituinte halogênio retira elétrons indutivamente (através da ligação σ), diminuindo, com isso, o caráter nucleofílico da ligação dupla.

Na descrição do mecanismo de adição de um haleto de alquila, mostramos que o intermediário é um cátion vinílico. Esse mecanismo pode não estar completamente correto. Um cátion vinílico secundário é quase tão estável quanto um carbocátion primário e, geralmente, carbocátions primários são muito instáveis para serem formados. Alguns químicos, portanto, acham que um *complexo-pi* é formado como um intermediário preferencialmente a um cátion vinílico.

$$\underset{\text{um complexo-pi}}{HC\equiv CH \cdots \overset{\delta+}{H}-\overset{\delta-}{Cl}}$$

Molecule Gallery: Complexo-pi
www

A idéia de um complexo-pi formado como intermediário é apoiada pela observação de que muitas (mas não todas) reações de adição de alcino são estereosseletivas. Por exemplo, a adição de HCl ao 2-butino forma somente (Z)-2-cloro-2-buteno, o que significa que só ocorre um adição anti de H e Cl. Claramente, a natureza do intermediário em reações de adição de alcinos não está completamente compreendida.

$$CH_3C\equiv CCH_3 \xrightarrow{HCl} \underset{(Z)\text{-2-cloro-2-buteno}}{\overset{H_3C}{\underset{H}{>}}C=C\overset{CH_3}{\underset{Cl}{<}}}$$

2-butino

A adição de um haleto de hidrogênio a um alcino *interno* forma dois dialetos geminais porque a adição inicial do próton pode ocorrer igualmente nos dois carbonos sp.

$$\underset{\text{2-pentino}}{CH_3CH_2C\equiv CCH_3} + \underset{\text{excesso}}{HCl} \longrightarrow \underset{\text{2,2-dicloropentano}}{CH_3CH_2CH_2CCl_2CH_3} + \underset{\text{3,3-dicloropentano}}{CH_3CH_2CCl_2CH_2CH_3}$$

Entretanto, se o mesmo grupo estiver ligado a cada um dos carbonos sp do alcino interno, somente um dialeto geminal será obtido.

$$\underset{\text{3-hexino}}{CH_3CH_2C\equiv CCH_2CH_3} + \underset{\text{excesso}}{HBr} \longrightarrow \underset{\text{3,3-dibromo-hexano}}{CH_3CH_2CH_2CBr_2CH_2CH_3}$$

QUÍMICA ORGÂNICA

Um peróxido de alquila tem o mesmo efeito na adição de HBr tanto a um alcino quanto a um alceno (Seção 4.10) — esse fato causa uma inversão na ordem de adição, pois na presença de peróxido o Br· torna-se o eletrófilo.

$$CH_3CH_2C≡CH + HBr \xrightarrow{peróxido} CH_3CH_2CH=CHBr$$
$$\text{1-butino} \qquad\qquad\qquad\qquad \text{1-bromo-1-buteno}$$

O mecanismo da reação é o mesmo para a adição de HBr a um alceno na presença de um peróxido. O peróxido é um iniciador radicalar e cria um radical bromo (um eletrófilo). Se for um alcino terminal, o bromo radicalar se adiciona ao carbono sp ligado ao hidrogênio; no caso de um alcino interno, o bromo radical pode se adicionar igualmente a ambos os carbonos sp. O radical vinílico resultante abstrai um átomo de hidrogênio do HBr e regenera o bromo radicalar. Dois radicais podem combinar-se em uma etapa de terminação.

mecanismo de adição de HBr na presença de um peróxido

$$RÖ-ÖR \longrightarrow 2\,RÖ·$$

$$RÖ· + H-Br: \longrightarrow RÖ-H + ·Br:$$

$$CH_3CH_2C≡CH + ·Br: \longrightarrow CH_3CH_2\overset{}{C}=CH$$
$$\qquad\qquad\qquad\qquad\qquad\qquad\qquad |$$
$$\qquad\qquad\qquad\qquad\qquad\qquad\qquad :Br:$$

$$CH_3CH_2C=CH + H-Br: \longrightarrow CH_3CH_2C=CHBr + ·Br:$$
$$\qquad\quad |\qquad\qquad\qquad\qquad\qquad\qquad\qquad\quad |$$
$$\qquad\quad Br \qquad\qquad\qquad\qquad\qquad\qquad\qquad\quad H$$

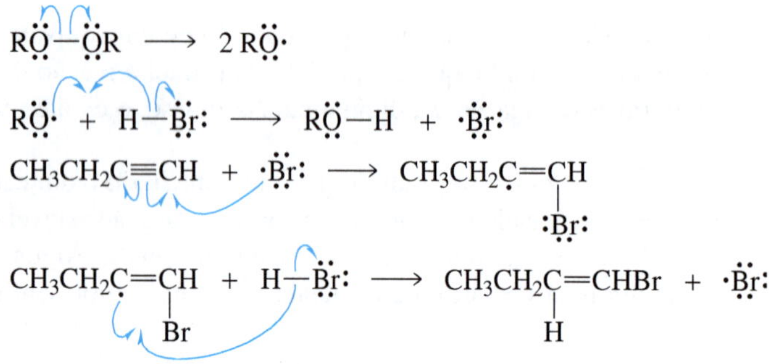

Os halogênios Cl_2 e Br_2 também se adicionam a alcinos. Na presença de um excesso de halogênio, uma segunda reação de adição pode ocorrer. Normalmente o solvente é CH_2Cl_2.

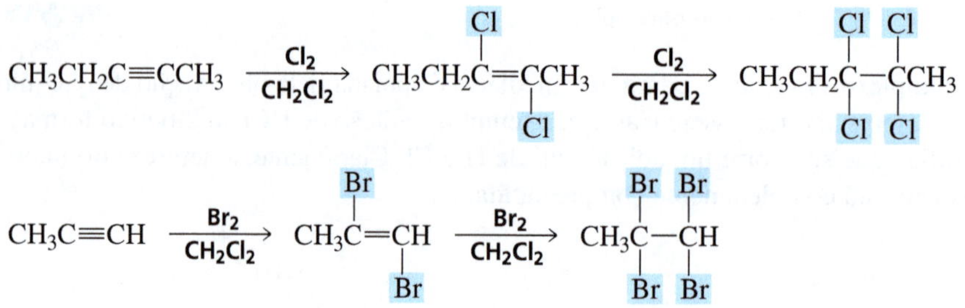

$$CH_3CH_2C≡CCH_3 \xrightarrow{Cl_2/CH_2Cl_2} CH_3CH_2\underset{Cl}{\overset{Cl}{C}}=CCH_3 \xrightarrow{Cl_2/CH_2Cl_2} CH_3CH_2\underset{Cl\ Cl}{\overset{Cl\ Cl}{C-C}}CH_3$$

$$CH_3C≡CH \xrightarrow{Br_2/CH_2Cl_2} CH_3\underset{Br}{\overset{Br}{C}}=CH \xrightarrow{Br_2/CH_2Cl_2} CH_3\underset{Br\ Br}{\overset{Br\ Br}{C-C}}H$$

PROBLEMA 8◆

Dê o produto majoritário de cada uma das seguintes reações:

a. $HC≡CCH_3 \xrightarrow{HBr/peróxido}$

b. $HC≡CCH_3 \xrightarrow{HBr}$

c. $HC≡CCH_3 \xrightarrow{excesso\ HBr}$

d. $CH_3C≡CCH_3 \xrightarrow{Br_2/CH_2Cl_2}$

e. $CH_3C≡CCH_3 \xrightarrow{excesso\ HBr}$

f. $CH_3C≡CCH_2CH_3 \xrightarrow{excesso\ HBr}$

PROBLEMA 9◆

A partir do seu conhecimento sobre estereoquímica de reações de adição de alceno, determine as configurações dos produtos que seriam obtidos da reação do 2-butino com os itens seguintes:

a. um equivalente de Br_2 em CH_2Cl_2

b. um equivalente de HBr + peróxido

6.6 Adição de água

Na Seção 4.5, vimos que alcenos sofrem adição de água catalisada por ácido. O produto da reação é um álcool.

$$CH_3CH_2CH=CH_2 + H_2O \xrightarrow{H_2SO_4} CH_3CH_2\underset{OH}{C}H-\underset{H}{C}H_2$$
$$\text{1-buteno} \qquad\qquad\qquad\qquad \text{2-butanol}$$

Os alcinos também sofrem adição de água catalisada por ácido. O produto da reação é um *enol*. Um **enol** tem uma ligação carbono–carbono e um grupo OH ligado a um dos carbonos sp^2. (A terminação "eno" significa ligação dupla e "ol" o OH. Quando as duas terminações estão juntas, o "o" final de "eno" é eliminado para evitar duas vogais consecutivas.)

$$CH_3C\equiv CCH_3 + H_2O \xrightarrow{H_2SO_4} \underset{\text{enol}}{CH_3\underset{OH}{C}=CHCH_3} \rightleftharpoons \underset{\text{cetona}}{CH_3\underset{O}{\overset{\|}{C}}-CH_2CH_3}$$

O enol sofre rapidamente um rearranjo formando uma cetona. Um carbono ligado duplamente a um oxigênio é chamado grupo **carbonila**. Uma **cetona** é uma substância que tem dois grupos alquila ligados a um grupo carbonila. Um **aldeído** é uma substância que tem, no mínimo, um hidrogênio ligado a um grupo carbonila.

$$\underset{\text{grupo carbonila}}{\overset{O}{\underset{}{\overset{\|}{C}}}} \qquad \underset{\text{cetona}}{R\overset{O}{\overset{\|}{C}}R} \qquad \underset{\text{aldeído}}{R\overset{O}{\overset{\|}{C}}H}$$

Uma cetona e um enol diferem somente na localização de uma ligação dupla e de um hidrogênio. A cetona e o enol são chamados **tautômeros ceto-enol**. **Tautômeros** são isômeros que estão em rápido equilíbrio. A interconversão de tautômeros é chamada **tautomerização**. Examinaremos o mecanismo dessa reação no volume 2, Capítulo 19. Por enquanto, o importante é lembrar que os tautômeros ceto e enol estão em equilíbrio em solução, e o tautômero ceto, por ser muito mais estável que o tautômero enol, predomina no equilíbrio.

$$\underset{\text{tautômero ceto}}{RCH_2-\overset{O}{\overset{\|}{C}}-R} \rightleftharpoons \underset{\text{tautômero enol}}{RCH=\underset{OH}{C}-R}$$
$$\text{tautomerização}$$

A adição de água a um alcino interno que possui o mesmo grupo ligado a cada um dos carbonos *sp* forma como produto uma única cetona. Mas, se os dois grupos não são idênticos, são formadas duas cetonas, pois a adição inicial do próton pode ocorrer em um ou outro carbono *sp*.

$$CH_3CH_2C\equiv CCH_2CH_3 + H_2O \xrightarrow{H_2SO_4} CH_3CH_2\overset{O}{\overset{\|}{C}}CH_2CH_2CH_3$$

$$CH_3C\equiv CCH_2CH_3 + H_2O \xrightarrow{H_2SO_4} CH_3\overset{O}{\overset{\|}{C}}CH_2CH_2CH_3 + CH_3CH_2\overset{O}{\overset{\|}{C}}CH_2CH_3$$

Os alcinos terminais são menos reativos do que os alcinos internos perante a adição de água. Os alcinos terminais reagirão com água se o íon mercúrico (Hg^+) for adicionado à mistura acídica. O íon mercúrio age como catalisador aumentando a velocidade de adição da reação.

$$CH_3CH_2C\equiv CH + H_2O \xrightarrow[HgSO_4]{H_2SO_4} \underset{\text{enol}}{CH_3CH_2\underset{OH}{C}=CH_2} \rightleftharpoons \underset{\text{cetona}}{CH_3CH_2\overset{O}{\overset{\|}{C}}-CH_3}$$

A primeira etapa na hidratação de um alcino catalisada pelo íon mercúrico é a formação de um íon mercurínio cíclico. (Dois elétrons do orbital atômico 5*d* ocupado do mercúrio são mostrados.) Isso deve lembrá-los dos íons bromônio e mercurínio formados como intermediários em reações de adição eletrofílica de alcenos (seções 4.7 e 4.8). Na segunda etapa da reação, a água ataca o carbono mais substituído do intermediário cíclico (Seção 4.8). O oxigênio perde um próton para formar um enol mercúrico, que rapidamente sofre um rearranjo formando uma cetona mercúrica. A perda do íon mercúrico forma um enol, o qual sofre um rearranjo formando uma cetona. Note que a adição total de água segue ambas as regras gerais para reações de adição nucleofílica e a regra de Markovnikov: o eletrófilo (H^+ no caso da regra de Markovnikov) se liga ao carbono *sp* ligado ao maior número de hidrogênios.

mecanismo de hidratação de um alcino catalisada pelo íon mercúrico

[Esquema do mecanismo reacional mostrando as etapas da hidratação]

PROBLEMA 10◆

Quais cetonas seriam formadas pela hidratação catalisada por ácido do 3-heptino?

PROBLEMA 11◆

Qual alcino seria o melhor reagente usado para a síntese de cada uma das seguintes cetonas?

a. CH_3CCH_3 (com O em ligação dupla ao C central)

b. $CH_3CH_2CCH_2CH_2CH_3$ (com O em ligação dupla ao C central)

c. CH_3C—ciclohexila (com O em ligação dupla ao C)

PROBLEMA 12◆

Desenhe todos os tautômeros enóis para cada cetona do Problema 11.

6.7 Adição de borano: hidroboração–oxidação

O borano se adiciona a alcinos da mesma forma que se adiciona a alcenos. Um mol de BH_3 reage com três mols do alcino para formar um mol do alceno borossubstituído (Seção 4.9). No final da reação, hidróxido de sódio aquoso e peróxido de hidrogênio são adicionados à mistura reacional. O resultado final, como no caso dos alcenos, é a substituição do boro por um grupo OH. O grupo enol sofre rearranjo imediatamente formando uma cetona.

CAPÍTULO 6   Reações de alcinos • Introdução à síntese em várias etapas   **245**

$$3\ CH_3C{\equiv}CCH_3\ +\ BH_3\ \xrightarrow{THF}\ \underset{\text{alceno borossubstituído}}{\overset{H_3C\ \ \ \ CH_3}{\underset{H\ \ \ \ B-R}{C{=}C}}\!\!\!\underset{R}{|}}\ \xrightarrow[H_2O]{HO^-,\ H_2O_2}\ 3\ \underset{\text{enol}}{\overset{H_3C\ \ \ \ CH_3}{\underset{H\ \ \ \ OH}{C{=}C}}}$$

$$\downarrow\!\uparrow$$

$$3\ CH_3CH_2\overset{O}{\overset{\|}{C}}CH_3$$

Molecule Gallery: Dissiamilborano
www

Para obter o enol como produto da reação de adição, somente um equivalente de BH_3 deve ser adicionado ao alcino. Em outras palavras, a reação tem que parar no alceno. No caso de alcinos internos, os substituintes do alceno borossubstituído previnem a ocorrência da segunda adição. Porém, há menos impedimento estérico em um alcino terminal, sendo mais difícil interromper a reação de adição na formação do alceno. Um reagente especial chamado dissiamilborano foi desenvolvido para o uso com alcinos terminais ("siamil" vem de secundário **iso amil**a; amila é o nome comum de um grupo alquila de cinco carbonos). Os grupos alquila volumosos do dissiamilborano impedem uma segunda adição ao alceno borossubstituído. Então, o borano pode ser usado para hidratar alcinos internos, mas o dissiamilborano é preferencialmente usado na hidratação de alcinos terminais.

$$CH_3CH_2C{\equiv}CH\ +\ \underset{\underset{\text{dissiamilborano}}{\text{bis(1,2-dimetil-propil)borano}}}{\left(\underset{CH_3CH-CH}{\overset{CH_3\ \ CH_3}{\vert\ \ \ \ \ \ \vert}}\right)_{\!2}\!BH}\ \longrightarrow\ \underset{H\ \ \ \ B\left(\underset{-CH-CHCH_3}{\overset{CH_3\ \ \ CH_3}{\vert\ \ \ \ \ \ \vert}}\right)_{\!2}}{\overset{CH_3CH_2\ \ \ \ H}{C{=}C}}\ \xrightarrow[H_2O]{HO^-,\ H_2O_2}\ \underset{\text{enol}}{\overset{CH_3CH_2\ \ \ \ H}{\underset{H\ \ \ \ OH}{C{=}C}}}$$

$$\downarrow\!\uparrow$$

$$CH_3CH_2CH_2\overset{O}{\overset{\|}{C}H}$$

A adição de borano (ou dissiamilborano) a um alcino terminal apresenta a mesma regiosseletividade observada na adição do borano a um alceno. O boro, com seu orbital vazio à procura de elétrons, se liga preferencialmente ao carbono *sp* ligado ao hidrogênio. Na segunda etapa da reação de hidroboração–oxidação, o boro é substituído por um grupo OH. A reação total é uma adição *anti-Markovnikov*, porque o hidrogênio *não* se liga ao carbono *sp* com mais átomos de hidrogênio. Na hidroboração–oxidação, H^+ não é o nucleófilo, mas sim a espécie H^-. A reação, todavia, segue a regra geral para reações de adição eletrofílica: o eletrófilo se liga ao carbono *sp* com mais átomos de hidrogênio. Conseqüentemente, a adição de água a um alcino terminal catalisada pelo íon mercúrico produz uma *cetona* (o grupo carbonila *não* está ligado ao carbono terminal), ao passo que hidroboração–oxidação de um alcino terminal produz um *aldeído* (o grupo carbonila *está* ligado ao carbono terminal).

BH₃

Dissiamilborano

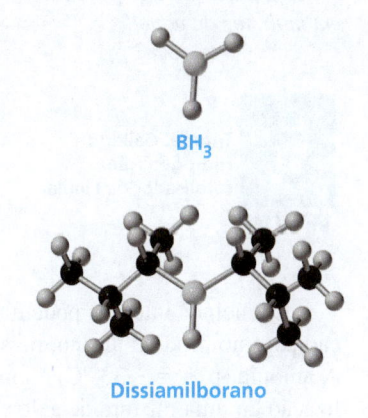

Adição de água a um alcino terminal produz uma cetona.

$$CH_3C{\equiv}CH\ \begin{array}{c}\xrightarrow[HgSO_4]{H_2O,\ H_2SO_4}\\ \\ \xrightarrow[\text{2. }HO^-,\ H_2O_2,\ H_2O]{\text{1. dissiamilborano}}\end{array}\ \begin{array}{c}\overset{OH}{\underset{}{CH_3\overset{|}{C}{=}CH_2}}\ \rightleftharpoons\ \underset{\text{cetona}}{CH_3\overset{O}{\overset{\|}{C}}CH_3}\\ \\ \overset{OH}{\underset{}{CH_3CH{=}\overset{|}{C}H}}\ \rightleftharpoons\ \underset{\text{aldeído}}{CH_3CH_2\overset{O}{\overset{\|}{C}}H}\end{array}$$

Hidroboração–oxidação de um alcino terminal produz um aldeído.

PROBLEMA 13◆

Dê os produtos de (1) adição de água catalisada pelo íon mercúrico e (2) hidroboração–oxidação para os itens seguintes:

a. 1-butino   b. 2-butino   c. 2-pentino

QUÍMICA ORGÂNICA

> **PROBLEMA 14◆**
>
> Existe somente um alcino que forma um aldeído quando é submetido a ambas as condições: adição de água catalisada por ácido ou por íon mercúrico. Identifique o alcino.

6.8 Adição de hidrogênio

$(CH_3COO^-)_2Pb^{2+}$
acetato de chumbo(II)

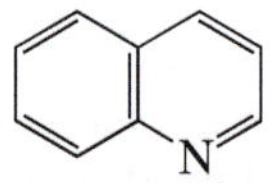

quinolina

O hidrogênio se liga a um alcino na presença de um catalisador metálico como paládio, platina ou níquel da mesma forma que se liga a um alceno (Seção 4.11). Dificilmente a reação é interrompida no produto alceno porque o hidrogênio se liga rapidamente a eles na presença desses catalisadores metálicos eficientes. O produto da reação de hidrogenação, portanto, é um alcano.

$$CH_3CH_2C{\equiv}CH \xrightarrow{H_2 / Pt/C} CH_3CH_2CH{=}CH_2 \xrightarrow{H_2 / Pt/C} CH_3CH_2CH_2CH_3$$
alcino   **alceno**   **alcano**

Herbert H. M. Lindlar *nasceu na Suíça em 1909 e tornou-se PhD pela Universidade de Bern. Trabalhou na Hoffmann-La Roche e Co. em Basel, Suíça, e foi o autor de muitas patentes. Sua última patente foi o desenvolvimento de um processo para isolamento do carboidrato xilose a partir do lixo produzido em moinhos de papel.*

A reação pode ser interrompida no produto alceno se um catalisador metálico "envenenado" (parcialmente desativado) for usado. O catalisador metálico parcialmente desativado mais usado é o catalisador de Lindlar, o qual é preparado pela precipitação de paládio em carbonato de cálcio e tratado com acetato de chumbo(II) e quinolina. Esse tratamento modifica a superfície do paládio, tornando-o muito mais efetivo na catálise da adição de hidrogênio a uma ligação tripla se comparado a uma ligação dupla.

Devido ao fato de o alcino ocupar a mesma superfície do catalisador metálico de onde são liberados os hidrogênios para a ligação tripla, ocorre somente uma adição sin de hidrogênio (Seção 5.19). Adição sin de hidrogênio para um alcino interno forma um *alceno cis*.

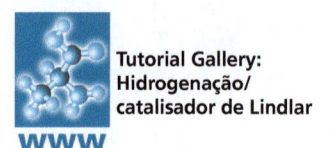

Tutorial Gallery:
Hidrogenação/
catalisador de Lindlar
www

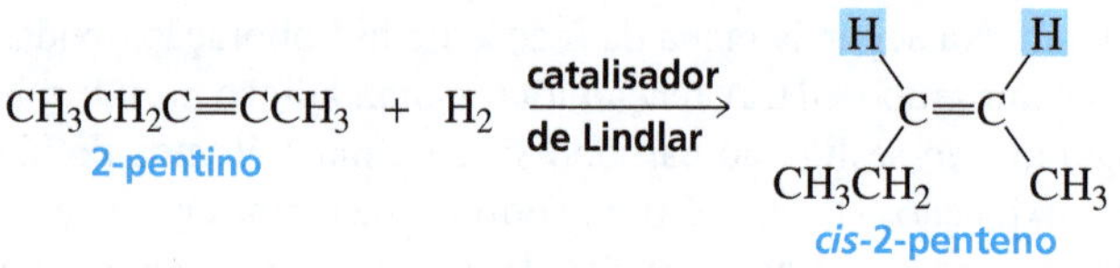

$$CH_3CH_2C{\equiv}CCH_3 + H_2 \xrightarrow{\text{catalisador de Lindlar}} \underset{\text{cis-2-penteno}}{\overset{\text{H} \quad\quad \text{H}}{\underset{CH_3CH_2 \quad CH_3}{C{=}C}}}$$
2-pentino

Os alcinos internos podem ser convertidos em *alcenos trans* ao se usar sódio (ou lítio) em amônia líquida. A reação pára no produto alceno, pois o sódio (ou lítio) reage mais rápido com ligações triplas do que com ligações duplas. A amônia (p.e. = −33 °C) é um gás à temperatura ambiente, por isso é transformada para o estado líquido com a utilização de uma mistura de gelo seco/acetona (p.e. = −78°C).

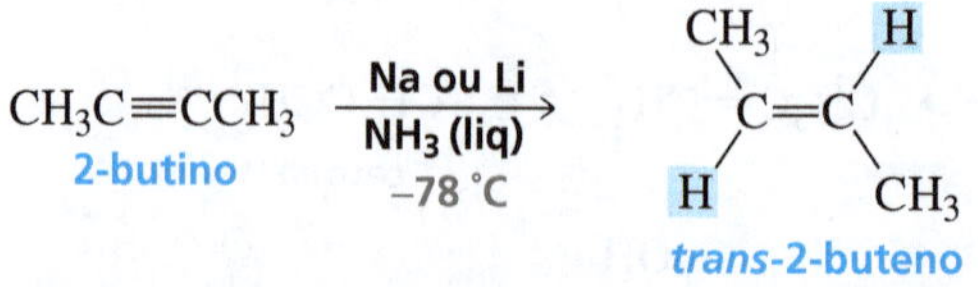

$$CH_3C{\equiv}CCH_3 \xrightarrow[-78\,°C]{\text{Na ou Li} / NH_3(\text{liq})} \underset{\text{trans-2-buteno}}{\overset{CH_3 \quad\quad H}{\underset{H \quad\quad CH_3}{C{=}C}}}$$
2-butino

O primeiro passo no mecanismo dessa reação é a transferência do elétron do orbital *s* do sódio (ou lítio) para um carbono *sp*, que formará um **ânion radical** — uma espécie com uma carga negativa e um elétron desemparelhado. (Lembre-se de que o sódio e o lítio têm forte tendência a perder o único elétron do orbital *s* da camada externa; Seção 1.3.) O ânion radical é uma base tão forte que pode remover um próton da amônia. O resultado é a formação de um **radical vinílico** — o elétron desemparelhado fica em um carbono vinílico. A transferência de outro elétron do sódio (ou lítio) para o radical vinílico forma um ânion vinílico. O ânion vinílico abstrai um próton de outra molécula de amônia. O produto é o alceno trans.

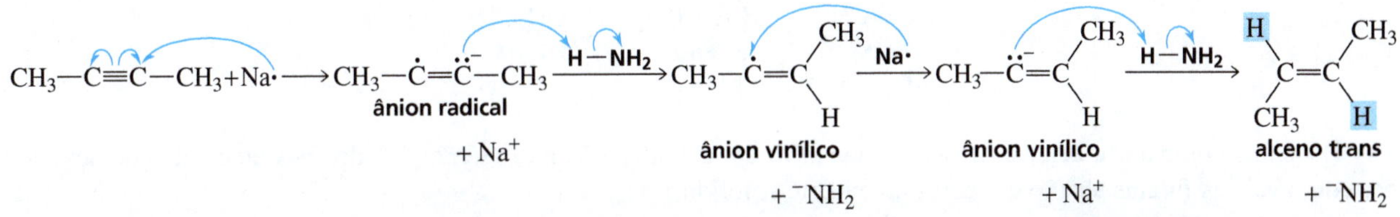

CAPÍTULO 6 Reações de alcinos • Introdução à síntese em várias etapas

$CH_3-C\equiv C-CH_3 + Na\cdot \longrightarrow CH_3-\overset{..}{C}=\overset{..}{C}-CH_3 \xrightarrow{H-NH_2} CH_3-\overset{..}{C}=C\overset{CH_3}{\underset{H}{}} \xrightarrow{Na\cdot} CH_3-\overset{..}{C}=C\overset{CH_3}{\underset{H}{}} \xrightarrow{H-NH_2} \overset{H}{\underset{CH_3}{}}C=C\overset{CH_3}{\underset{H}{}}$

ânion radical
+ Na⁺

ânion vinílico
+ ⁻NH₂

ânion vinílico
+ Na⁺

alceno trans
+ ⁻NH₂

O ânion vinílico pode apresentar ambas as configurações, cis e trans. Essas configurações estão em equilíbrio, mas o equilíbrio favorece a configuração trans mais estável, porque nessa configuração os grupos alquila volumosos estão afastados.

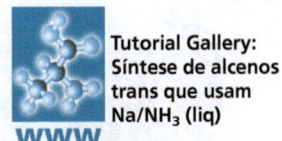

Tutorial Gallery:
Síntese de alcenos trans que usam Na/NH₃ (liq)
www

ânion vinílico trans
mais estável

ânion vinílico cis
menos estável

Molecule Gallery:
Ânions vinílicos cis e trans
www

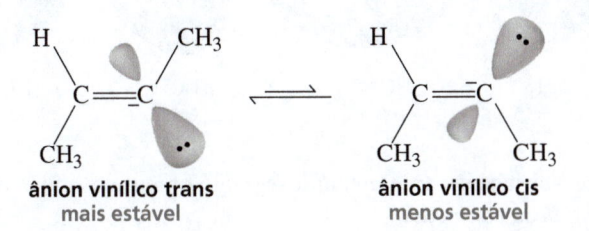

PROBLEMA 15◆

Com qual alcino você começaria e quais reagentes usaria se quisesse sintetizar:

a. pentano?   b. *cis*-2-buteno?   c. *trans*-2-penteno?   d. 1-hexeno?

6.9 Acidez de um hidrogênio ligado a um carbono hibridizado *sp*

Carbonos formam ligações covalentes não polares com hidrogênio porque carbono e hidrogênio, tendo eletronegatividades similares, compartilham os elétrons da ligação quase igualmente. Porém, nem todos os átomos de carbono têm a mesma eletronegatividade. Um carbono hibridizado em *sp* é mais eletronegativo que um carbono hibridizado em sp^2, o qual é mais eletronegativo que um carbono hibridizado em sp^3, que é levemente mais eletronegativo que um hidrogênio. (Capítulo 1, Problema 40 d, e, f.)

eletronegatividades relativas dos átomos de carbono

mais eletronegativo → $sp > sp^2 > sp^3$ ← menos eletronegativo

Carbonos hibridizados em *sp* são mais eletronegativos do que carbonos hibridizados em sp^2, os quais são mais eletronegativos do que carbonos hibridizados em sp^3.

Por que o tipo de hibridização afeta a eletronegatividade do átomo de carbono? A eletronegatividade é a capacidade do átomo de atrair os elétrons da ligação em sua direção. Assim, o átomo de carbono mais eletronegativo será aquele com os elétrons da ligação mais próximos do núcleo. A distância média de um elétron 2*s* a partir do núcleo é menor que a distância média de um elétron 2*p*. Conseqüentemente, os elétrons do orbital híbrido *sp* (50% de caráter *s*) estão mais próximos, em média, do núcleo que os do orbital sp^2 (33,3% de caráter *s*). Os elétrons sp^2 estão mais próximos do núcleo que elétrons sp^3 (25% de caráter *s*). O carbono hibridizado em *sp*, portanto, é o mais eletronegativo.

Na Seção 1.18 vimos que a acidez de um hidrogênio ligado a alguns elementos do segundo período depende da eletronegatividade do átomo ao qual o hidrogênio está ligado. Quanto maior a eletronegatividade do átomo, maior a acidez do hidrogênio — mais forte é o ácido. (Não esqueça: quanto mais forte for o ácido, menor é o seu pK_a.)

eletronegatividades relativas	N	<	O	<	F	← mais eletronegativo
acidez relativa	NH₃	<	H₂O	<	HF	← ácido mais forte
	pK_a = 36		pK_a = 15,7		pK_a = 3,2	

Devido a eletronegatividade dos átomos de carbono seguir a ordem $sp > sp^2 > sp^3$, o etino é um ácido mais forte que o eteno, que é um ácido mais forte que o etano.

HC≡CH   H₂C=CH₂   CH₃CH₃
etino   eteno   etano
pK_a = 25   pK_a = 44   pK_a = 50

Podemos comparar a acidez dessas substâncias com a acidez dos hidrogênios ligados aos elementos do segundo período. (Veja as figuras abaixo em cores no encarte colorido.)

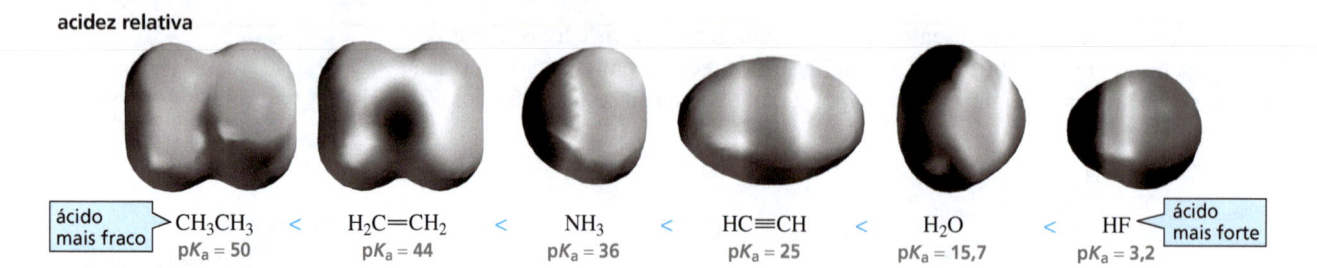

acidez relativa

ácido mais fraco → CH₃CH₃ < H₂C=CH₂ < NH₃ < HC≡CH < H₂O < HF ← ácido mais forte
pK_a = 50   pK_a = 44   pK_a = 36   pK_a = 25   pK_a = 15,7   pK_a = 3,2

As bases conjugadas correspondentes dessas substâncias apresentam a seguinte ordem de acidez relativa, porque *quanto mais forte for o ácido, mais fraca será sua base conjugada.*

basicidade relativa

base mais forte → CH₃CH₂⁻ > H₂C=CH⁻ > H₂N⁻ > HC≡C⁻ > HO⁻ > F⁻ ← base mais fraca

Quanto mais forte for o ácido, mais fraca será sua base conjugada.

Para remover um próton de um ácido (em uma reação que favorece fortemente a formação dos produtos), a base que remove o próton deve ser mais forte que aquela gerada pela remoção do próton (Seção 1.17). Em outras palavras, deve-se começar com uma base mais forte do que a que será formada. O íon amideto (⁻NH₂) pode abstrair um hidrogênio ligado a um carbono *sp* de um alcino terminal para formar um carbânion chamado **íon acetileto**, porque o íon amideto é uma base mais forte que o íon acetileto.

Para remover um próton de um ácido em uma reação que favorece a formação dos produtos, a base que remove o próton deve ser mais forte que a base que será gerada.

RC≡CH   +   ⁻NH₂   ⇌   RC≡C⁻   +   NH₃
ácido mais forte   íon amideto / base mais forte   íon acetileto / base mais fraca   ácido mais fraco

Se um íon hidróxido fosse usado para abstrair um hidrogênio ligado a um carbono *sp*, a reação favoreceria fortemente os substratos, porque o íon hidróxido é uma base muito mais fraca que o íon acetileto que seria formado.

RC≡CH   +   HO⁻   ⇌   RC≡C⁻   +   H₂O
ácido mais fraco   ânion hidróxido / base mais fraca   ânion acetileto / base mais forte   ácido mais forte

O íon amideto não pode remover um hidrogênio ligado a um carbono sp^2 ou sp^3. Somente um hidrogênio ligado a um carbono *sp* é suficientemente ácido para ser abstraído pelo íon amideto. Conseqüentemente, um hidrogênio ligado a um carbono *sp* é, algumas vezes, referido como hidrogênio "ácido". A propriedade "ácida" de alcinos terminais é um modo de diferenciar a sua reatividade dos alcenos. Cuidado: não interprete incorretamente o que dissemos sobre um hidrogênio ligado a um carbono *sp* ser "ácido". Ele é mais ácido que outros hidrogênios ligados a carbonos, mas é muito menos ácido que um hidrogênio de uma molécula de água. A água é uma substância cuja acidez é fraca (pK_a = 15,7).

Amida de sódio e sódio

Tome cuidado para não confundir amideto de sódio (Na⁺ ⁻NH₂) com sódio em amônia líquida. O amideto de sódio é uma base forte usada para abstrair um próton de um alcino terminal. O sódio é usado como fonte de elétrons na redução de um alcino interno para um alceno trans (Seção 6.8).

CAPÍTULO 6 Reações de alcinos • Introdução à síntese em várias etapas

PROBLEMA 16◆

Qualquer base cujo ácido conjugado tem um pK_a maior que _____ pode remover um próton de um alcino terminal para formar um íon acetileto (em uma reação que favorece a formação dos produtos).

PROBLEMA 17◆

Qual o carbocátion mais estável em cada um dos seguintes pares?

a. $CH_3\overset{+}{C}H_2$ ou $H_2C=\overset{+}{C}H$

b. $H_2C=\overset{+}{C}H$ ou $HC\equiv\overset{+}{C}$

PROBLEMA 18◆

Explique por que o amideto de sódio não pode ser usado para formar um carbânion a partir de um alcano em uma reação que favorece a formação dos produtos.

PROBLEMA — ESTRATÉGIA PARA RESOLUÇÃO

a. Liste as seguintes moléculas em ordem decrescente de acidez:

$$CH_3CH_2\overset{+}{N}H_3 \quad CH_3CH=\overset{+}{N}H_2 \quad CH_3C\equiv\overset{+}{N}H$$

Para comparar a acidez de um grupo de moléculas, primeiro note em que elas diferem. Essas três moléculas diferem na hibridização do nitrogênio ao qual o hidrogênio ácido está ligado. Agora relembre o que você sabe sobre hibridização e acidez. Você sabe que a hibridização de um átomo afeta sua eletronegatividade (sp é mais eletronegativo que sp^2, que é mais eletronegativo que sp^3) e sabe também que quanto mais eletronegativo for o átomo ao qual o hidrogênio está ligado, mais ácido é o hidrogênio. Agora você pode responder à questão.

acidez relativa $CH_3C\equiv\overset{+}{N}H \;>\; CH_3CH=\overset{+}{N}H_2 \;>\; CH_3CH_2\overset{+}{N}H_3$

b. Desenhe as bases conjugadas e liste-as em ordem decrescente de basicidade.
Primeiro remova um próton de cada ácido para obter as estruturas das bases conjugadas; em seguida relembre-se de que quanto mais forte o ácido, mais fraca é sua base conjugada.

basicidades relativas $CH_3CH_2NH_2 \;>\; CH_3CH=NH \;>\; CH_3C\equiv N$

Agora passe para o Problema 19.

PROBLEMA 19◆

Liste as seguintes espécies em ordem decrescente de basicidade:

a. $CH_3CH_2CH=\overset{-}{C}H \quad CH_3CH_2C\equiv C^- \quad CH_3CH_2CH_2\overset{-}{C}H_2$

b. $CH_3CH_2O^- \quad F^- \quad CH_3C\equiv C^- \quad {}^-NH_2$

6.10 Síntese usando íons acetilídeos

Reações que formam ligações carbono–carbono são importantes na síntese de substâncias orgânicas, pois, sem tais reações, não seria possível transformar moléculas com esqueletos pequenos de carbono em cadeias carbônicas maiores. Em vez disso, o produto de uma reação teria sempre o mesmo número de carbonos que o material de partida.

Uma reação que forma uma ligação carbono–carbono é a reação de um íon acetileto com um haleto de alquila. Somente haletos de alquila primários ou haletos de metila devem ser usados nessas reações.

$$CH_3CH_2C\equiv C^- + CH_3CH_2CH_2Br \longrightarrow CH_3CH_2C\equiv CCH_2CH_2CH_3 + Br^-$$
3-heptino

O mecanismo dessa reação é bem entendido. O bromo é mais eletronegativo do que o carbono e, como resultado, os elétrons da ligação C−Br não são igualmente compartilhados pelos dois átomos. Isso significa que a ligação C−Br é polar, com carga parcial positiva sobre o carbono e carga parcial negativa sobre o bromo. O íon acetileto carregado negativamente (um nucleófilo) é atraído para o carbono carregado positivamente (um eletrófilo) de um haleto de alquila. Os elétrons do íon acetileto se aproximam do carbono para formar uma nova ligação carbono–carbono, expulsando o bromo com os elétrons da ligação, pois o carbono não pode se ligar a mais de quatro átomos. Esse é um exemplo de uma *reação de alquilação*. Uma **reação de alquilação** liga um grupo alquila ao material de partida.

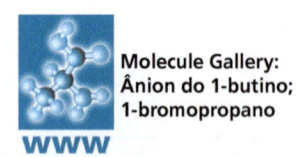

Molecule Gallery:
Ânion do 1-butino;
1-bromopropano
www

$$CH_3CH_2C\equiv\ddot{C}^- + CH_3CH_2CH_2\overset{\delta+}{-}\overset{\delta-}{Br} \longrightarrow CH_3CH_2C\equiv CCH_2CH_2CH_3 + Br^-$$

O mecanismo dessa reação e de reações similares serão discutidos em maiores detalhes no Capítulo 10. Agora veremos por que a reação funciona melhor com haletos de alquila primários e haletos de metila.

Ao simplesmente escolher um haleto de alquila de estrutura apropriada, os alcinos terminais podem ser convertidos em alcinos internos com o comprimento de cadeia desejado.

$$CH_3CH_2CH_2C\equiv CH \xrightarrow[\text{2. }CH_3CH_2CH_2CH_2CH_2Cl]{\text{1. NaNH}_2} CH_3CH_2CH_2C\equiv CCH_2CH_2CH_2CH_2CH_3$$
1-pentino   4-decino

PROBLEMA 20 | **RESOLVIDO**

Um químico quer sintetizar o 4-decino mas não consegue achar o 1-pentino, o material de partida usado na síntese descrita anteriormente. De que outra forma o 4-decino pode ser sintetizado?

RESOLUÇÃO Os carbonos *sp* do 4-decino estão ligados a um grupo propila e a um grupo pentila. Assim para obter o 4-decino, o íon acetilídeo do 1-pentino pode reagir com um haleto de pentila, ou o íon acetilídeo do 1-heptino pode reagir com um haleto de propila. Já que o 1-pentino não está mais disponível, o químico deve usar o 1-heptino e um haleto de propila.

$$CH_3CH_2CH_2CH_2CH_2C\equiv CH \xrightarrow[\text{2. }CH_3CH_2CH_2Cl]{\text{1. NaNH}_2} CH_3CH_2CH_2C\equiv CCH_2CH_2CH_2CH_2CH_3$$
1-heptino   4-decino

6.11 Planejando uma síntese I: Introdução à síntese em várias etapas

Para cada reação que estudamos até agora, vimos *por que* a reação ocorre, *como* ela ocorre e os produtos que são formados. Uma boa maneira de revisar essas reações é planejar sínteses, pois assim você será capaz de relembrar muitas reações que foram aprendidas.

Os químicos sintéticos consideram tempo, custo e rendimento no planejamento de sínteses. Uma síntese bem planejada deve ter o menor número possível de etapas (reações seqüenciais), e cada etapa deve envolver reações de fácil realização. Se dois químicos de uma companhia farmacêutica foram designados para preparar uma nova droga, e um deles sintetizou-a em três simples etapas, enquanto o outro usou 20 etapas difíceis, qual químico não receberia uma promoção? Além disso, cada passo da síntese deve fornecer o melhor rendimento possível do produto desejado e o custo dos materiais de partida deve ser considerado. Quanto mais substratos forem necessários para sintetizar um grama do produto, mais cara será sua produção. Às vezes é preferível planejar uma síntese que envolva várias etapas se o material de partida não for caro, as reações forem fáceis e houver altos rendimentos em cada etapa. Isso seria melhor que planejar uma síntese com poucas etapas que requer materiais de partida caros e reações mais difíceis ou com baixos rendimentos. Nesse momento você não sabe o custo dos reagentes ou o grau de dificuldade das reações, portanto por enquanto, ao planejar uma síntese, tente somente encontrar uma rota com menor número de etapas possível.

Os exemplos seguintes darão uma idéia do estudo necessário para o planejamento de uma síntese bem-sucedida. Esse tipo de problema aparecerá repetidamente ao longo deste livro, pois trabalhar com eles é uma boa forma de aprender química orgânica.

Exemplo 1. Começando com o 1-butino, como você faria a seguinte cetona? Você pode usar qualquer reagente orgânico ou inorgânico.

$$CH_3CH_2C\equiv CH \xrightarrow{?} CH_3CH_2\overset{O}{\underset{\|}{C}}CH_2CH_2CH_3$$
1-butino

Elias James Corey *inventou o termo "análise retrossintética". Ele nasceu em Massachusetts em 1928 e é professor de química da Universidade de Harvard. Recebeu o Prêmio Nobel de química em 1990 por sua contribuição para a química orgânica sintética.*

Muitos químicos acham que a maneira mais fácil de planejar uma síntese é trabalhar no sentido inverso ao da síntese. Em vez de olhar o material de partida e decidir como fazer a primeira etapa da síntese, deve-se ver o produto e decidir como fazer a última etapa. O produto é uma cetona. Nesse ponto a única reação que você sabe que forma uma cetona é a adição de água (na presença de um catalisador) a um alcino. Se o alcino usado na reação tem substituintes idênticos em cada um dos carbonos *sp*, somente uma cetona será obtida. Assim, o 3-hexino é o melhor alcino para ser usado na síntese da cetona desejada.

$$CH_3CH_2C\equiv CCH_2CH_3 \xrightarrow[H_2SO_4]{H_2O} CH_3CH_2\overset{OH}{\underset{|}{C}}=CHCH_2CH_3 \rightleftharpoons CH_3CH_2\overset{O}{\underset{\|}{C}}CH_2CH_2CH_3$$
3-hexino

O 3-hexino pode ser obtido a partir do material de partida pela remoção de um próton do carbono *sp*, seguido por uma alquilação. Para obter o produto desejado, um haleto de alquila com dois carbonos deve ser usado na reação de alquilação.

$$CH_3CH_2C\equiv CH \xrightarrow[2.\ CH_3CH_2Br]{1.\ NaNH_2} CH_3CH_2C\equiv CCH_2CH_3$$
1-butino 3-hexino

O planejamento de uma síntese que trabalha no sentido contrário, do produto para o substrato, não é simplesmente uma técnica ensinada aos estudantes de química orgânica. Ela é freqüentemente usada por químicos sintéticos experientes, que lhe deram um nome: **análise retrossintética**. Químicos usam setas abertas para indicar que estão trabalhando para trás. Normalmente, os reagentes usados em cada etapa não são incluídos até que a reação seja escrita para a frente. Por exemplo, a rota para a síntese da cetona previamente descrita pode ser obtida pela seguinte análise retrossintética.

análise retrossintética

$$CH_3CH_2\overset{O}{\underset{\|}{C}}CH_2CH_2CH_3 \Longrightarrow CH_3CH_2C\equiv CCH_2CH_3 \Longrightarrow CH_3CH_2C\equiv CH$$

Uma vez que a seqüência completa de reações foi elaborada pela análise retrossintética, o esquema sintético pode ser mostrado pela inversão das etapas e incluindo os reagentes necessários para cada passo.

síntese

$$CH_3CH_2C\equiv CH \xrightarrow[2.\ CH_3CH_2Br]{1.\ NaNH_2} CH_3CH_2C\equiv CCH_2CH_3 \xrightarrow[H_2SO_4]{H_2O} CH_3CH_2\overset{O}{\underset{\|}{C}}CH_2CH_2CH_3$$

QUÍMICA ORGÂNICA

Exemplo 2. Começando com o etino, como você prepararia o 1-bromopentano?

$$HC\equiv CH \xrightarrow{?} CH_3CH_2CH_2CH_2CH_2Br$$
etino → 1-bromopentano

Um haleto de alquila primário pode ser preparado a partir de um alceno terminal (usando HBr na presença de um peróxido). Um alceno terminal pode ser preparado a partir de um alcino terminal e este pode ser obtido a partir do etino e um haleto de alquila com número de carbonos apropriado.

análise retrossintética

$$CH_3CH_2CH_2CH_2CH_2Br \Longrightarrow CH_3CH_2CH_2CH=CH_2 \Longrightarrow CH_3CH_2CH_2C\equiv CH \Longrightarrow HC\equiv CH$$

Agora podemos escrever o esquema sintético.

síntese

$$HC\equiv CH \xrightarrow[\text{2. }CH_3CH_2CH_2Br]{\text{1. }NaNH_2} CH_3CH_2CH_2C\equiv CH \xrightarrow[\text{catalisador de Lindlar}]{H_2} CH_3CH_2CH_2CH=CH_2 \xrightarrow[\text{peróxido}]{HBr} CH_3CH_2CH_2CH_2CH_2Br$$

Exemplo 3. Como poderia ser preparado o 2,6-dimetil-heptano a partir de um alcino e um haleto de alquila? (O apóstrofo em R' significa que R e R' são grupos alquila diferentes.)

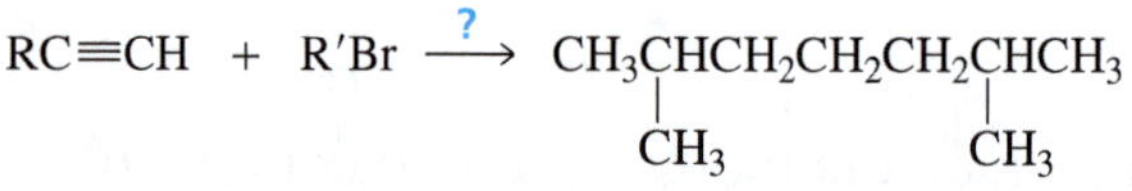

$$RC\equiv CH + R'Br \xrightarrow{?} CH_3\underset{CH_3}{\underset{|}{CH}}CH_2CH_2CH_2\underset{CH_3}{\underset{|}{CH}}CH_3$$

2,6-dimetil-heptano

O 2,6-dimetil-3-heptino é o único alcino que formará o alcano desejado por hidrogenação. Esse alcino pode ser dissociado em duas diferentes vias. Em um caso o alcino poderia ser preparado pela reação de um íon acetileto com um haleto de alquila primário (brometo de isobutila); em outro caso, o íon acetileto teria que reagir com um haleto de alquila secundário (brometo de isopropila).

análise retrossintética

$$CH_3\underset{CH_3}{\underset{|}{CH}}CH_2CH_2CH_2\underset{CH_3}{\underset{|}{CH}}CH_3 \Longrightarrow CH_3\underset{CH_3}{\underset{|}{CH}}CH_2C\equiv C\underset{CH_3}{\underset{|}{CH}}CH_3$$

$$\swarrow \qquad \searrow$$

$$CH_3\underset{CH_3}{\underset{|}{CH}}CH_2Br + HC\equiv C\underset{CH_3}{\underset{|}{CH}}CH_3 \quad \text{ou} \quad CH_3\underset{CH_3}{\underset{|}{CH}}Br + HC\equiv CCH_2\underset{CH_3}{\underset{|}{CH}}CH_3$$

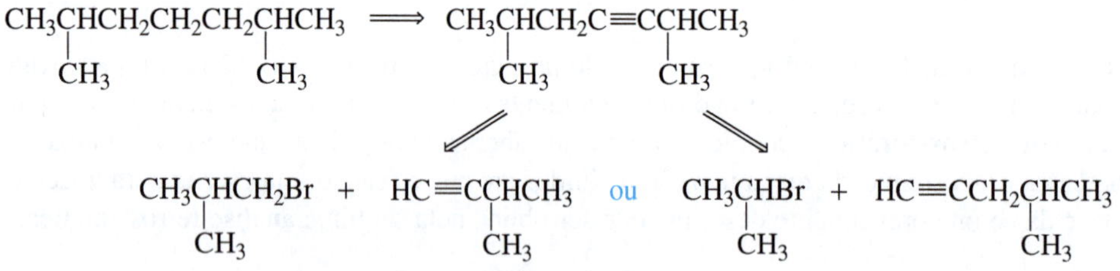

Sabendo que a reação de um íon acetileto com um haleto de alquila funciona melhor com haletos de alquila primários e haletos de metila, sabemos como proceder:

síntese

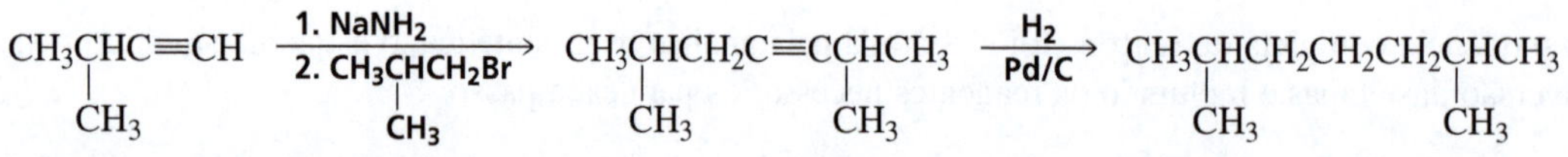

$$CH_3\underset{CH_3}{\underset{|}{CH}}C\equiv CH \xrightarrow[\text{2. }CH_3CHCH_2Br \atop CH_3]{\text{1. }NaNH_2} CH_3\underset{CH_3}{\underset{|}{CH}}CH_2C\equiv C\underset{CH_3}{\underset{|}{CH}}CH_3 \xrightarrow{H_2 \atop Pd/C} CH_3\underset{CH_3}{\underset{|}{CH}}CH_2CH_2CH_2\underset{CH_3}{\underset{|}{CH}}CH_3$$

Exemplo 4. Como você faria a seguinte síntese usando o material de partida fornecido?

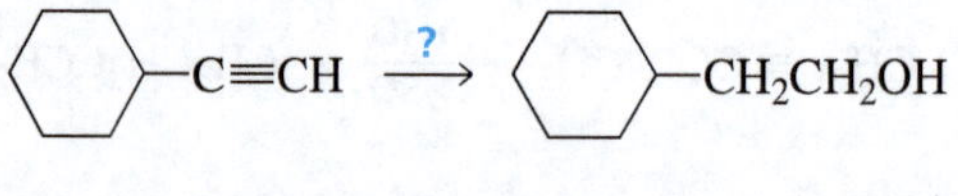

$$\text{C}_6\text{H}_{11}\text{-}C\equiv CH \xrightarrow{?} \text{C}_6\text{H}_{11}\text{-}CH_2CH_2OH$$

CAPÍTULO 6   Reações de alcinos • Introdução à síntese em várias etapas   **253**

Um álcool pode ser preparado a partir de um alceno e este pode ser preparado a partir de um alcino.

análise retrossintética

Ph—CH$_2$CH$_2$OH ⟹ Ph—CH=CH$_2$ ⟹ Ph—C≡CH

Você pode usar um dos dois métodos que conhece para converter um alcino em um alceno, pois esse alceno não tem isômeros cis–trans. A hidroboração–oxidação deve ser usada para converter o alceno no álcool desejado porque a adição de água catalisada por ácido não formaria este álcool.

síntese

Ph—C≡CH $\xrightarrow[\text{ou Na/NH}_3\text{ (liq)}]{\text{H}_2\text{/catalisador de Lindlar}}$ Ph—CH=CH$_2$ $\xrightarrow[\text{2. HO}^-,\text{ H}_2\text{O}_2,\text{ H}_2\text{O}]{\text{1. BH}_3}$ Ph—CH$_2$CH$_2$OH

Exemplo 5. Como você prepararia (*E*)-2-penteno a partir do etino?

HC≡CH $\xrightarrow{?}$ (*E*)-2-penteno

Um alceno trans pode ser obtido a partir de um alcino interno. O alcino necessário para sintetizar o alceno desejado pode ser preparado a partir do 1-butino e de um haleto de metila. O 1-butino pode ser preparado a partir do etino e de um haleto de etila.

análise retrossintética

(*E*)-CH$_3$CH$_2$CH=CHCH$_3$ ⟹ CH$_3$CH$_2$C≡CCH$_3$ ⟹ CH$_3$CH$_2$C≡CH ⟹ HC≡CH

síntese

HC≡CH $\xrightarrow[\text{2. CH}_3\text{CH}_2\text{Br}]{\text{1. NaNH}_2}$ CH$_3$CH$_2$C≡CH $\xrightarrow[\text{2. CH}_3\text{Br}]{\text{1. NaNH}_2}$ CH$_3$CH$_2$C≡CCH$_3$ $\xrightarrow[\text{Na}]{\text{NH}_3\text{ (liq)}}$ (*E*)-CH$_3$CH$_2$CH=CHCH$_3$

Exemplo 6. Como você prepararia o 3,3-dibromo-hexano a partir de reagentes que não contêm mais que dois átomos de carbono?

reagentes com 2 ou menos átomos de carbono $\xrightarrow{?}$ CH$_3$CH$_2$CBr$_2$CH$_2$CH$_2$CH$_3$

3,3-dibromo-hexano

Um dibrometo geminal pode ser preparado a partir de um alcino. O 3-hexino é o alcino desejado, pois formará um bromento geminal, uma vez que o 2-hexino formaria dois dibrometos geminais diferentes. O 3-hexino pode ser preparado a partir do 1-butino e do brometo de etila, já o 1-butino pode ser obtido com o uso de etino e brometo de etila.

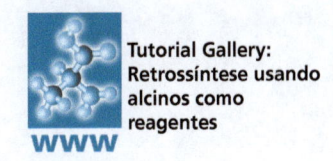

Tutorial Gallery:
Retrossíntese usando alcinos como reagentes
www

254 QUÍMICA ORGÂNICA

análise retrossintética

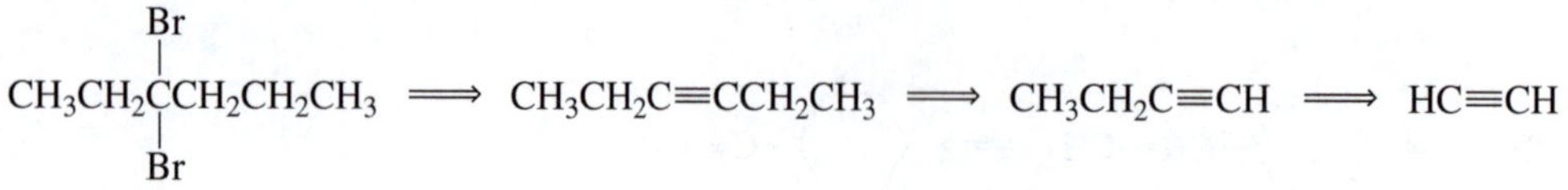

$$CH_3CH_2\underset{Br}{\overset{Br}{C}}CH_2CH_3 \implies CH_3CH_2C\equiv CCH_2CH_3 \implies CH_3CH_2C\equiv CH \implies HC\equiv CH$$

síntese

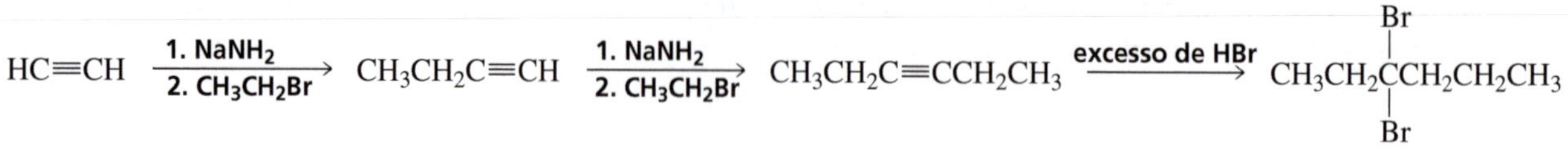

$$HC\equiv CH \xrightarrow{\text{1. NaNH}_2 \atop \text{2. CH}_3\text{CH}_2\text{Br}} CH_3CH_2C\equiv CH \xrightarrow{\text{1. NaNH}_2 \atop \text{2. CH}_3\text{CH}_2\text{Br}} CH_3CH_2C\equiv CCH_2CH_3 \xrightarrow{\text{excesso de HBr}} CH_3CH_2\underset{Br}{\overset{Br}{C}}CH_2CH_3$$

PROBLEMA 21

Começando com acetileno, como as seguintes substâncias poderiam ser sintetizadas?

a. $CH_3CH_2CH_2C\equiv CH$

b. $CH_3CH=CH_2$

c. 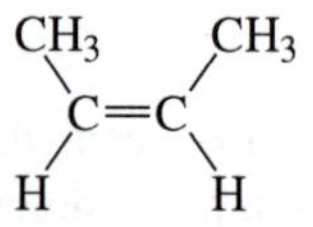 $\underset{H}{\overset{CH_3}{C}}=\underset{H}{\overset{CH_3}{C}}$

d. $CH_3CH_2CH_2CH_2\overset{O}{\underset{\|}{C}}H$

e. $CH_3\underset{Br}{CH}CH_3$

f. $CH_3\underset{Cl}{\overset{Cl}{C}}CH_3$

6.12 Uso comercial do etino

A maior parte do etino produzido comercialmente é usado como material de partida para a síntese de **polímeros** que encontramos diariamente, como pisos de vinil, tubos de plástico, Teflon e acrílicos. Polímeros são moléculas grandes obtidas pela junção de muitas moléculas pequenas. Essas moléculas pequenas usadas na preparação de polímeros são chamadas *monômeros*. Os mecanismos pelos quais monômeros são convertidos em polímeros serão discutidos no volume 2, Capítulo 28.

Poli(cloreto de vinila), o polímero produzido pela polimerização do cloreto de vinila, é conhecido como PVC. Cadeias lineares de poli(cloreto de vinila) são duras e um tanto quebradiças; poli(cloreto de vinila) ramificado é o vinil elástico e macio comumente usado como substituto para o couro e na manufatura, por exemplo, de sacos de lixo e cortinas de banheiro (volume 2, Seção 28.2). Poli(acrilonitrila) se parece com lã quando é transformada em fibras. É vendida sob o nome comercial Orlon® (Dupont), Creslan® (Sterling Fibers) e Acrilan® (Monsanto).

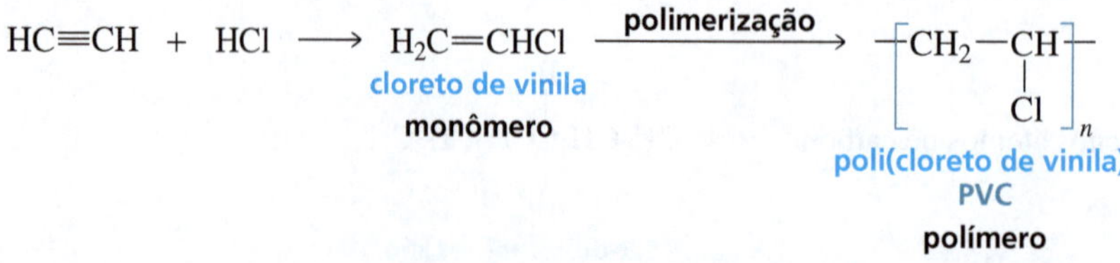

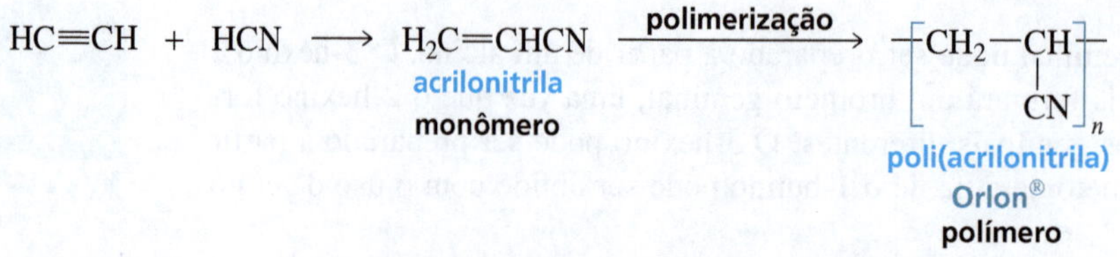

$$HC\equiv CH + HCl \longrightarrow \underset{\substack{\text{cloreto de vinila}\\\text{monômero}}}{H_2C=CHCl} \xrightarrow{\text{polimerização}} \underset{\substack{\text{poli(cloreto de vinila)}\\\text{PVC}\\\text{polímero}}}{\left[\begin{array}{c}CH_2-CH\\|\\Cl\end{array}\right]_n}$$

$$HC\equiv CH + HCN \longrightarrow \underset{\substack{\text{acrilonitrila}\\\text{monômero}}}{H_2C=CHCN} \xrightarrow{\text{polimerização}} \underset{\substack{\text{poli(acrilonitrila)}\\\text{Orlon}^®\\\text{polímero}}}{\left[\begin{array}{c}CH_2-CH\\|\\CN\end{array}\right]_n}$$

Química do etino ou *Foward Pass**

O padre Julius Arthur Nieuwland (1878–1936) fez muito nos primeiros trabalhos de polimerização do etino. Ele nasceu na Bélgica e fixou residência com seus pais em South Bend, Indiana, dois anos mais tarde. Tornou-se padre e professor de botânica e química na Universidade de Notre-Dame, onde Knute Rockne — o inventor do *forward pass* — trabalhou com ele como assistente de pesquisa. Rockne também ensinou química em Notre-Dame, mas quando recebeu uma oferta para ser técnico do time de futebol mudou de área, apesar dos esforços de padre Nieuwland em convencê-lo a continuar seu trabalho como cientista.

Knute Rockne com seu uniforme durante o ano em que foi capitão do time de futebol de Notre-Dame.

* *Forward pass* é o nome de uma jogada no futebol americano (N. da T.).

Resumo

Alcinos são hidrocarbonetos que contêm uma ligação tripla carbono–carbono. Pode-se imaginar uma ligação tripla como um cilindro de elétrons envolvidos em torno de um ligação σ. O sufixo do grupo funcional alcino é "ino". Um **alcino terminal** tem a ligação tripla no fim da cadeia; um **alcino interno** tem a ligação tripla localizada ao longo da cadeia. Alcinos internos, com dois substituintes alquila ligados ao carbono sp, são mais estáveis que alcinos terminais. Vimos que *grupos alquila estabilizam alcenos, alcinos, carbocátions* e *radicais alquila*.

Um alcino é *menos* reativo do que um alceno porque um **cátion vinílico** é menos estável do que um cátion alquila similarmente substituído. Como os alcenos, os alcinos sofrem reações de adição eletrofílica. Os mesmos reagentes que se ligam a alcenos o fazem com alcinos. A adição eletrofílica a um alcino *terminal* é regiosseletiva; em todas as reações de adição eletrofílica a alcinos terminais, o *eletrófilo* se liga ao carbono sp que está ligado ao hidrogênio, pois o intermediário formado — um cátion vinílico secundário — é mais estável que um cátion vinílico primário. Se um excesso de reagente estiver presente, os alcinos podem sofrer uma segunda reação de adição com haletos de hidrogênio e halogênios, pois o produto da primeira reação é um alceno. Um peróxido de alquila tem o mesmo efeito na adição de HBr a um alcino ou a um alceno — ele inverte a ordem de adição, pois a presença do peróxido transforma Br$^\cdot$ em eletrófilo.

Quando um alcino sofre adição de água catalisada por ácido, o produto da reação é um enol. O enol imediatamente sofre rearranjo formando uma cetona. A **cetona** é uma substância que tem dois grupos alquila ligados a um **grupo carbonila** (C=O). Um **aldeído** é uma substância que tem, no mínimo, um hidrogênio ligado a um grupo carbonila. A cetona e o enol são chamados **tautômeros ceto-enol**; eles diferem na localização de uma ligação dupla e de um hidrogênio. A interconversão de tautômeros é chamada **tautomerização**. O tautômero ceto predomina no equilíbrio. Alcinos terminais se ligam a água se o íon mercúrico for adicionado à mistura acídica. Na hidroboração–oxidação, H^+ não é o nucleófilo, mas sim a espécie $H:^-$. Consequentemente, a adição de água a um alcino terminal catalisada pelo íon mercúrico produz uma *cetona*, ao passo que a hidroboração–oxidação de um alcino terminal produz um *aldeído*.

O hidrogênio se liga a um alcino na presença de um catalisador metálico (Pd, Pt ou Ni) para formar um alcano. A adição de hidrogênio a um alcino terminal na presença do catalisador de Lindlar forma um *alceno cis*. Sódio em amônia líquida converte um alcino interno em um *alceno trans*.

A eletronegatividade diminui com a redução da porcentagem do caráter s de um orbital. Assim, as eletronegatividades dos átomos de carbono diminuem na ordem: $sp > sp^2 > sp^3$. O etino é, portanto, um ácido mais forte do que o eteno, e este é um ácido mais forte do que o etano. Um íon amideto pode remover um hidrogênio ligado a um carbono sp de um alcino terminal porque é uma base mais forte que o **íon acetileto** formado. O íon acetileto pode sofrer uma reação de alquilação com um haleto de metila ou um haleto de alquila primário para formar um alcino interno. Uma **reação de alquilação** liga um grupo alquila ao material de partida.

O planejamento de uma síntese que trabalha para trás é chamado **análise retrossintética**. Químicos usam setas abertas para indicar que estão trabalhando no sentido inverso ao da síntese. Os reagentes necessários em cada etapa não são incluídos até que a reação seja escrita de modo direto, para a frente.

A maior parte do etino produzido comercialmente é destinada à síntese de monômeros usados na síntese de polímeros. **Polímeros** são moléculas grandes que são obtidas pela junção de muitas moléculas pequenas chamadas monômeros.

Resumo das reações

1. Reações de adição eletrofílica
   a. Adição de haletos de hidrogênio (H^+ é o eletrófilo; Seção 6.5)

   $$RC\equiv CH \xrightarrow{HX} RC(X)=CH_2 \xrightarrow{\text{excesso de HX}} RC(X)_2-CH_3$$

   $$HX = HF, HCl, HBr, HI$$

   b. Adição de brometo de hidrogênio na presença de um peróxido ($Br^{\cdot}$ é o eletrófilo; Seção 6.5)

   $$RC\equiv CH + HBr \xrightarrow{\text{peróxido}} RCH=CHBr$$

   c. Adição de halogênios (Seção 6.5)

   $$RC\equiv CH \xrightarrow[CH_2Cl_2]{Cl_2} RC(Cl)=CHCl \xrightarrow[CH_2Cl_2]{Cl_2} RC(Cl)_2-CHCl_2$$

   $$RC\equiv CCH_3 \xrightarrow[CH_2Cl_2]{Br_2} RC(Br)=C(Br)CH_3 \xrightarrow[CH_2Cl_2]{Br_2} RC(Br)_2-C(Br)_2CH_3$$

   Tutorial Gallery: Termos comuns em reações de alcinos — www

   d. Adição de água/hidroboração-oxidação (seções 6.6 e 6.7)

   Alcino interno:
   $$RC\equiv CR' \xrightarrow[\substack{\text{ou}\\ 1.\ BH_3/THF\\ 2.\ HO^-, H_2O_2, H_2O}]{H_2O,\ H_2SO_4} RCCH_2R' + RCH_2CR'\ (\text{ambos com C=O})$$

   Alcino terminal:
   $$RC\equiv CH \xrightarrow[HgSO_4]{H_2O,\ H_2SO_4} RC(OH)=CH_2 \rightleftharpoons RCCH_3\ (C=O)$$

   $$RC\equiv CH \xrightarrow[2.\ HO^-, H_2O_2, H_2O]{1.\ \text{dissiamilborano}} RCH=CH(OH) \rightleftharpoons RCH_2CH\ (C=O)$$

2. Adição de hidrogênio (Seção 6.8)

   $$RC\equiv CR' + 2H_2 \xrightarrow{Pd/C,\ Pt/C\ \text{ou Ni}} RCH_2CH_2R'$$

   $$R-C\equiv C-R' + H_2 \xrightarrow{\text{catalisador de Lindlar}} \underset{R\quad R'}{\overset{H\quad H}{C=C}}\ (cis)$$

   $$R-C\equiv C-R' \xrightarrow{\substack{Na\ \text{ou}\ Li \\ NH_3\ (liq)}} \underset{H\quad R'}{\overset{R\quad H}{C=C}}\ (trans)$$

3. Remoção de um próton seguido por alquilação (seções 6.9 e 6.10)

   $$RC\equiv CH \xrightarrow{NaNH_2} RC\equiv C^- \xrightarrow{R'CH_2Br} RC\equiv CCH_2R'$$

Palavras-chave

alcino interno (p. 236)
alcino terminal (p. 236)
alcinos (p. 235)
aldeído (p. 243)
análise retrossintética (p. 255)
ânion-radical (p. 246)

cátion vinílico (p. 240)
cetona (p. 243)
dialeto geminal (p. 240)
enol (p. 246)
grupo carbonílico (p. 243)
íon acetilídeo (p. 248)

polímeros (p. 254)
radical vinílico (p. 246)
reação de alquilação (p. 250)
tautomerização (p. 243)
tautômeros (p. 243)
tautômeros ceto-enol (p. 243)

Problemas

22. Dê o produto majoritário obtido da reação de cada uma das seguintes substâncias com HCl:

    a. $CH_3CH_2C\equiv CH$ b. $CH_3CH_2C\equiv CCH_2CH_3$ c. $CH_3CH_2C\equiv CCH_2CH_2CH_3$

23. Desenhe a estrutura para cada um dos seguintes itens:
    a. 2-hexino
    b. 5-etil-3-octino
    c. metilacetileno
    d. vinilacetileno
    e. metoxietino
    f. sec-butil-terc-butilacetileno
    g. 1-bromo-1-pentino
    h. brometo de propargila
    i. dietilacetileno
    j. di-terc-butilacetileno
    l. ciclopentilacetileno
    m. 5,6-dimetil-2-heptino

24. Identifique o eletrófilo e o nucleófilo em cada uma das seguintes etapas reacionais. Depois desenhe setas curvas para ilustrar os processos de formação e quebra das ligações.

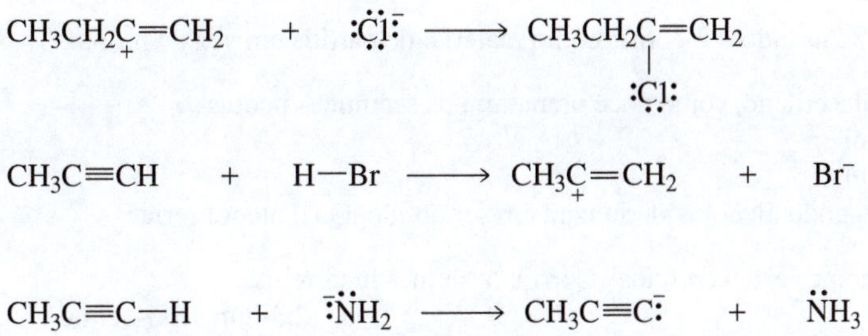

$$CH_3CH_2\overset{+}{C}=CH_2 \; + \; :\!\ddot{C}\!\underset{..}{l}\!:^- \longrightarrow CH_3CH_2C=CH_2$$
$$\qquad\qquad\qquad\qquad\qquad\qquad\qquad\quad |$$
$$\qquad\qquad\qquad\qquad\qquad\qquad\qquad :\!\ddot{C}\!\underset{..}{l}\!:$$

$$CH_3C\equiv CH \; + \; H-Br \longrightarrow CH_3\overset{+}{C}=CH_2 \; + \; Br^-$$

$$CH_3C\equiv C-H \; + \; :\!\ddot{N}\!H_2^- \longrightarrow CH_3C\equiv C:^- \; + \; \ddot{N}H_3$$

25. Dê os nomes sistemáticos para cada uma das seguintes estruturas:

    a. 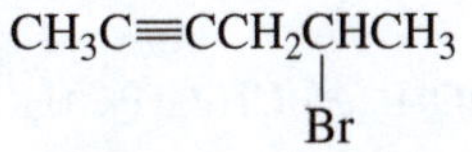 $CH_3C\equiv CCH_2CHCH_3$
            $\qquad\qquad\qquad |$
            $\qquad\qquad\quad Br$

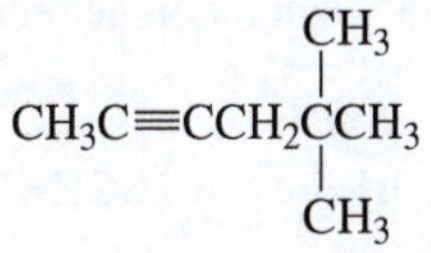

    b. 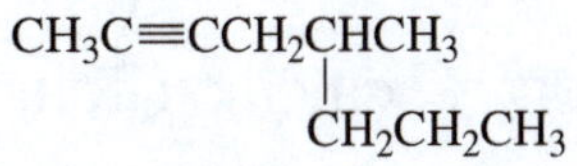 $CH_3C\equiv CCH_2CHCH_3$
            $\qquad\qquad\qquad |$
            $\qquad\qquad CH_2CH_2CH_3$

    c. $CH_3C\equiv CCH_2CCH_3$ (com CH$_3$ acima e CH$_3$ abaixo)

    d. 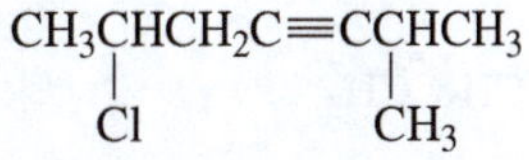 $CH_3CHCH_2C\equiv CCHCH_3$
          $\quad\; |\qquad\qquad\qquad |$
          $\quad Cl\qquad\qquad\quad CH_3$

26. Quais reagentes poderiam ser usados para realizar as seguintes sínteses?

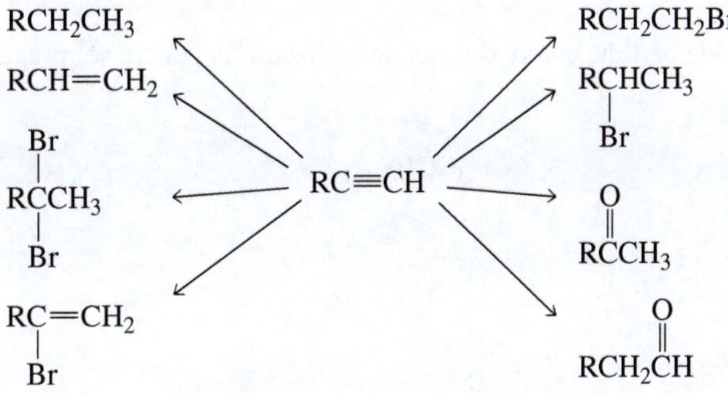

RCH_2CH_3
$RCH=CH_2$
$RCCH_3$ com Br
      $|$
      Br (gem dibromide, RCCH$_3$ with Br below)
$RC=CH_2$
      $|$
      Br

$\longleftrightarrow RC\equiv CH \longleftrightarrow$

RCH_2CH_2Br
$RCHCH_3$
      $|$
      Br
$RCCH_3$
   $\|$
   O
RCH_2CH
     $\|$
     O

258 QUÍMICA ORGÂNICA

27. Para Al Cino foram dadas as fórmulas estruturais de diversas substâncias e lhe foram pedidos os respectivos nomes sistemáticos. Quantas substâncias Al Cino nomeou corretamente? Corrija as que estão nomeadas incorretamente.
    a. 4-etil-2-pentino
    b. 1-bromo-4-heptino
    c. 2-metil-3-hexino
    d. 3-pentino

28. Desenhe as estruturas e dê os nomes sistemático e comum para os alcinos com fórmula molecular C_7H_{12}.

29. Como as seguintes substâncias poderiam ser sintetizadas, partindo de um hidrocarboneto que possui o mesmo número de átomos de carbono que o produto desejado?

    a. $CH_3CH_2CH_2CH_2\overset{\overset{O}{\|}}{C}H$
    b. $CH_3CH_2CH_2CH_2OH$
    c. $CH_3CH_2CH_2\overset{\overset{O}{\|}}{C}CH_2CH_2CH_2CH_3$
    d. $CH_3CH_2CH_2CH_2CH_2Br$

30. Quais reagentes você usaria para as seguintes sínteses?
    a. (Z)-3-hexeno a partir de 3-hexino
    b. (E)-3-hexeno a partir de 3-hexino
    c. hexano a partir de 3-hexino

31. Qual a fórmula molecular de um hidrocarboneto que possui 1 ligação tripla, 2 ligações duplas, 1 anel e 32 carbonos?

32. Qual será o produto majoritário da reação de 1 mol de propino com cada um dos seguintes reagentes?
    a. HBr (1 mol)
    b. HBr (2 mols)
    c. Br_2 (1 mol)/CH_2Cl_2
    d. Br_2 (2 mols)/CH_2Cl_2
    e. H_2SO_4 aquoso, $HgSO_4$
    f. dissiamilborano seguido por H_2O_2/HO^-
    g. HBr + H_2O_2
    h. excesso de H_2/Pt
    i. H_2/catalisador de Lindlar
    j. sódio em amônia líquida
    l. amideto de sódio
    m. produto do problema k seguido de 1-cloropentano

33. Responda ao Problema 32 usando o 2-butino como material de partida em vez de propino.

34. a. Partindo do isopropilacetileno, como você prepararia os seguintes alcoóis?
       1. 2-metil-2-pentanol
       2. 4-metil-2-pentanol
    b. Em cada caso um segundo álcool poderia também ser obtido. Qual álcool seria?

35. Quantos dos seguintes nomes estão corretos? Corrija os nomes incorretos.
    a. 4-heptino
    b. 2-etil-3-hexino
    c. 4-cloro-2-pentino
    d. 2,3-dimetil-5-octino
    e. 4,4-dimetil-2-pentino
    f. 2,5-dimetil-3-hexino

36. Quais dos seguintes pares são tautômeros ceto-enol?

    a. $CH_3CH_2CH=CHCH_2OH$ e $CH_3CH_2CH_2CH_2\overset{\overset{O}{\|}}{C}H$
    b. $CH_3\overset{\overset{OH}{|}}{C}HCH_3$ e $CH_3\overset{\overset{O}{\|}}{C}CH_3$
    c. $CH_3CH_2CH=CHOH$ e $CH_3CH_2CH_2\overset{\overset{O}{\|}}{C}H$
    d. $CH_3CH_2CH_2CH=CHOH$ e $CH_3CH_2CH_2\overset{\overset{O}{\|}}{C}CH_3$
    e. $CH_3CH_2CH_2\overset{\overset{OH}{|}}{C}=CH_2$ e $CH_3CH_2CH_2\overset{\overset{O}{\|}}{C}CH_3$

37. Usando o etino como produto de partida, como as seguintes substâncias podem ser preparadas?

    a. $CH_3\overset{\overset{O}{\|}}{C}H$
    b. $CH_3CH_2\overset{\overset{}{|}}{C}HCH_2Br$ com Br abaixo
    c. $CH_3\overset{\overset{O}{\|}}{C}CH_3$
    d. (estrutura de alceno)
    e. (estrutura de alceno)
    f. (estrutura de alcano)

38. Dê os estereoisômeros obtidos pela reação do 2-butino com os seguintes reagentes:
   a. 1. H₂ catalisador de Lindlar 2. Br₂/CH₂Cl₂
   b. 1. Na/NH₃(liq) 2. Br₂/CH₂Cl₂
   c. 1. Cl₂/CH₂Cl₂ 2. Br₂/CH₂Cl₂

39. Desenhe o tautômero ceto para cada um dos seguintes itens:

   a. CH₃CH=C(OH)CH₃
   b. CH₃CH₂CH₂C(OH)=CH₂
   c. (ciclohexeno)-OH
   d. 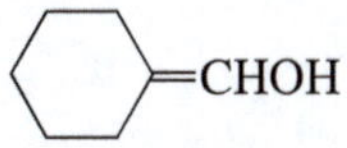 (ciclohexano)=CHOH

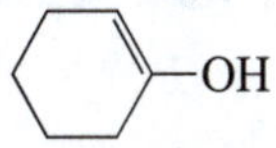

40. Mostre como cada uma das seguintes substâncias poderiam ser preparadas ao se usar o produto de partida dado, qualquer reagente inorgânico que fosse necessário e qualquer substância orgânica que não tenha mais que quatro átomos de carbono:

   a. HC≡CH ⟶ CH₃CH₂CH₂CH₂CCH₃ (com C=O)
   b. HC≡CH ⟶ CH₃CH₂CHCH₃ (com Br)
   c. HC≡CH ⟶ CH₃CH₂CH₂CHCH₃ (com OH)
   d. 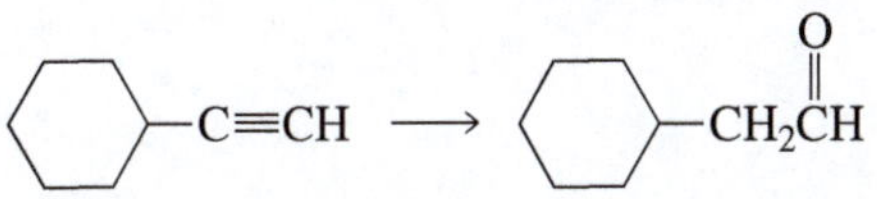 (ciclohexil)-C≡CH ⟶ (ciclohexil)-CH₂CH (com C=O)
   e. 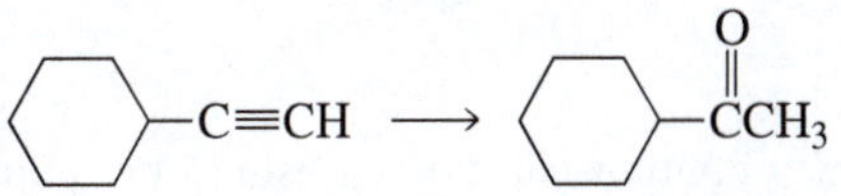 (ciclohexil)-C≡CH ⟶ (ciclohexil)-CCH₃ (com C=O)
   f. 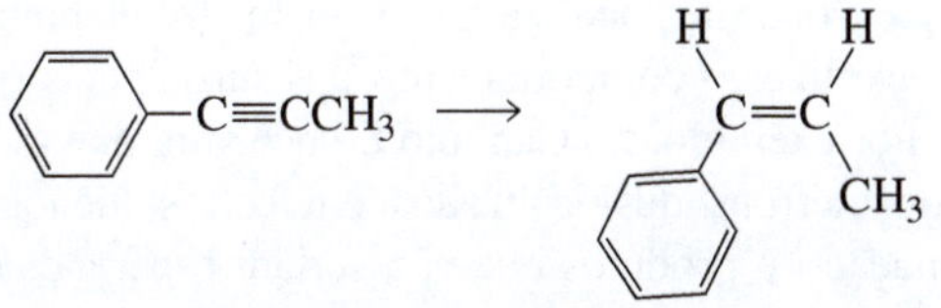 (fenil)-C≡CCH₃ ⟶ (fenil e CH₃ em cis, H e H)

41. A dra. Polly Meher estava planejando sintetizar o 3-octino pela adição do 1-bromobutano ao produto da reação do 1-butino com amida de sódio. Infelizmente, porém, ela esqueceu de comprar 1-butino. De que outro modo ela poderia preparar o 3-octino?

42. a. Explique por que um único produto puro é obtido da hidroboração–oxidação do 2-butino, considerando que dois produtos são obtidos da hidroboração–oxidação do 2-pentino.
    b. Dê o nome de dois outros alcinos internos que fornecerão somente um produto em uma reação de hidroboração–oxidação.

43. Dê as configurações dos produtos obtidos a partir das seguintes reações:

   a. CH₃CH₂C≡CCH₂CH₃ $\xrightarrow{\text{1. Na, NH}_3\text{(liq)}}_{\text{2. D}_2\text{, Pd/C}}$

   b. CH₃CH₂C≡CCH₂CH₃ $\xrightarrow{\text{1. H}_2\text{/catalisador de Lindlar}}_{\text{2. D}_2\text{, Pd/C}}$

44. Na Seção 6.4 foi dito que a hiperconjugação é menos eficiente na estabilização da carga de um cátion vinílico do que de um cátion alquila. Por que você acha que isso acontece?

7 Deslocalização eletrônica e ressonância • Mais sobre a teoria do orbital molecular

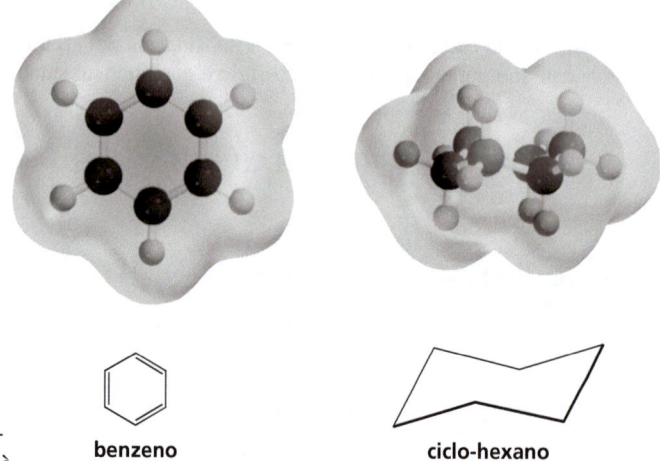

benzeno

ciclo-hexano

Com a continuação do seu estudo de química orgânica, você notará que o conceito de elétrons deslocalizados é visto freqüentemente para explicar o comportamento das substâncias orgânicas. Por exemplo, no Capítulo 8 você verá que a presença de elétrons deslocalizados em certos dienos leva à formação de produtos que não seriam esperados de acordo com o que se aprendeu sobre reações de adição eletrofílica nos capítulos 3 a 6. Deslocalização eletrônica é um conceito tão importante que este capítulo inteiro é dedicado a ele.

Elétrons restritos a uma região particular são chamados **elétrons localizados**. Elétrons localizados pertencem a um único átomo ou são limitados a uma ligação entre dois átomos.

$$CH_3-NH_2 \qquad CH_3-CH=CH_2$$
elétrons localizados elétrons localizados

Nem todos os elétrons estão limitados a um átomo ou a uma ligação simples. Muitas substâncias orgânicas contêm elétrons *deslocalizados*. **Elétrons deslocalizados** não pertencem a um único átomo nem estão limitados a uma ligação entre dois átomos, mas são compartilhados por três ou mais átomos. Você foi inicialmente apresentado aos elétrons deslocalizados na Seção 1.19, na qual foi visto que dois elétrons representados por um ligação π do grupo COO^- são compartilhados por três átomos — o carbono e os dois átomos de oxigênio. As linhas tracejadas indicam que os dois elétrons estão deslocalizados sobre três átomos.

$$CH_3C\begin{smallmatrix}O^{\delta-}\\O^{\delta-}\end{smallmatrix}$$
elétrons deslocalizados

Neste capítulo você aprenderá a reconhecer substâncias que contenham elétrons deslocalizados e a desenhar estruturas que representem a distribuição eletrônica em moléculas com esses elétrons. Você também será apresentado a algumas características especiais de substâncias que tenham elétrons deslocalizados. Com isso será capaz de entender a ampla faixa de efeitos que os elétrons deslocalizados têm sobre a reatividade de substâncias orgânicas. Começaremos olhando o benzeno, um composto cujas propriedades químicas não poderiam ser explicadas até reconhecerem que os elétrons, em substâncias orgânicas, poderiam estar deslocalizados. (Veja as figuras desta página em cores no encarte colorido.)

CAPÍTULO 7 Deslocalização eletrônica e ressonância • Mais sobre a teoria do orbital molecular   **261**

7.1 Elétrons deslocalizados: a estrutura do benzeno

A estrutura do benzeno confundiu desde cedo os químicos orgânicos. Eles sabiam que o benzeno tinha uma fórmula molecular de C_6H_6, uma substância incomumente estável, que não sofria reações de adição características dos alcenos (Seção 3.6). Eles sabiam também os seguintes fatos:

1. Quando um dos átomos de hidrogênio do benzeno é substituído por um átomo diferente, somente um produto é obtido.
2. Quando o produto substituído sofre uma segunda substituição, três produtos são obtidos.

$$C_6H_6 \xrightarrow{\text{substituição de um hidrogênio por um X}} \underbrace{C_6H_5X}_{\text{substância monossubstituída}} \xrightarrow{\text{substituição de um hidrogênio por um X}} \underbrace{C_6H_4X_2 + C_6H_4X_2 + C_6H_4X_2}_{\text{três substâncias dissubstituídas}}$$

Que tipo de estrutura poderíamos prever para o benzeno se soubéssemos o que os primeiros químicos sabiam? A fórmula molecular (C_6H_6) nos diz que o benzeno tem oito hidrogênios a menos que um alcano acíclico (não cíclico) com seis carbonos ($C_nH_{2n+2} = C_6H_{14}$). O benzeno, portanto, tem grau de insaturação de quatro (Seção 3.1). Isso significa que ele pode ser uma substância acíclica com quatro ligações π, uma substância cíclica com três ligações π, uma substância bicíclica com duas ligações π, uma substância tricíclica com uma ligação π ou uma substância tetracíclica.

Para cada dois hidrogênios faltando na fórmula molecular geral C_nH_{2n+2}, um hidrocarboneto tem uma ligação π ou um anel.

Uma vez que somente um produto é obtido quando qualquer um dos átomos de hidrogênio é substituído por outro átomo, sabemos que todos os hidrogênios devem ser idênticos. Duas estruturas que se encaixam nesses requerimentos são mostradas aqui:

$$CH_3C\equiv C-C\equiv CCH_3$$

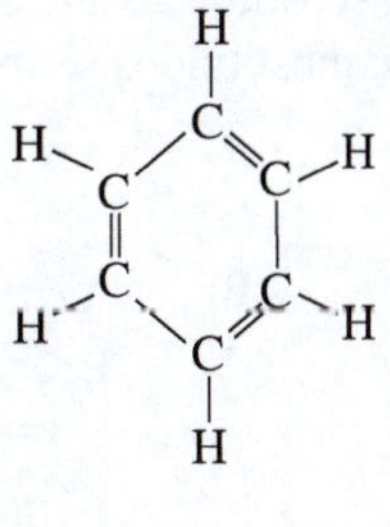

[estrutura cíclica do benzeno com 6 C-H]

Nenhuma dessas estruturas é coerente com a observação de que três substâncias são obtidas se um segundo hidrogênio for substituído com outro átomo. A estrutura acíclica fornece dois produtos dissubstituídos.

$$CH_3C\equiv C-C\equiv CCH_3 \xrightarrow{\text{substituição de 2 H's por Br's}} CH_3C\equiv C-C\equiv CCHBr \quad \text{e} \quad BrCH_2C\equiv C-C\equiv CCH_2Br$$
$$\qquad\qquad\qquad\qquad\qquad\qquad\qquad\qquad\qquad\qquad\qquad |$$
$$\qquad\qquad\qquad\qquad\qquad\qquad\qquad\qquad\qquad\qquad\quad Br$$

A estrutura cíclica, com ligações simples e ligações duplas levemente mais curtas e alternadas, fornece quatro produtos dissubstituídos — dois produtos, 1,3 e 1,4-dissubstituídos, e dois produtos 1,2-dissubstituídos — pois os dois substituintes podem estar localizados nos dois carbonos adjacentes ligados por uma ligação simples ou nos dois carbonos adjacentes ligados por uma ligação dupla.

262 QUÍMICA ORGÂNICA

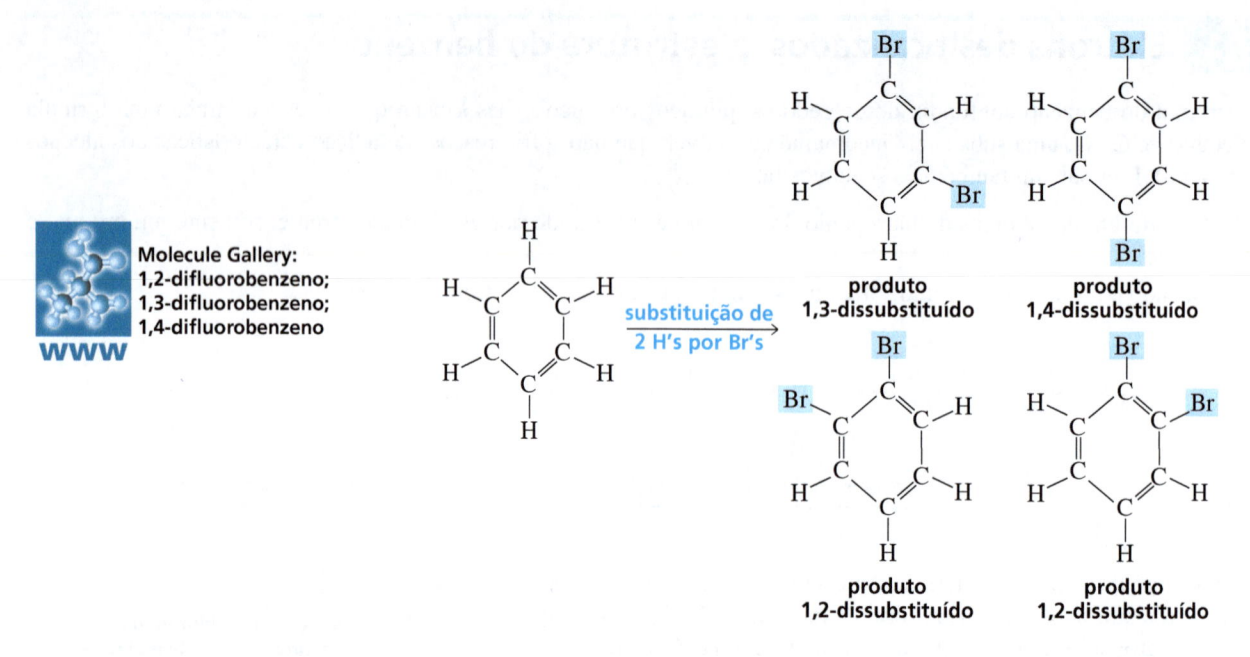

Molecule Gallery:
1,2-difluorobenzeno;
1,3-difluorobenzeno;
1,4-difluorobenzeno
www

benzeno —substituição de 2 H's por Br's→

produto 1,3-dissubstituído
produto 1,4-dissubstituído
produto 1,2-dissubstituído
produto 1,2-dissubstituído

Em 1865, o químico alemão Friedrich Kekulé sugeriu uma maneira de resolver esse dilema. Ele propôs que o benzeno não fosse uma substância única, mas uma mistura de duas substâncias em um rápido equilíbrio.

estruturas de Kekulé do benzeno

A proposta de Kekulé explicou por que somente três produtos dissubstituídos são obtidos quando um benzeno monossubstituído sofre uma segunda substituição. De acordo com Kekulé, existem, na verdade, quatro produtos dissubstituídos, mas os dois produtos 1,2-dissubstituídos se interconvertem tão rapidamente que não podem ser distinguidos e separados.

As estruturas de Kekulé do benzeno explicam sua fórmula molecular e o número de isômeros obtidos como resultado da substituição. Porém, falham na explicação da estabilidade incomum do benzeno e na observação de que as ligações duplas não sofrem as reações de adição características dos alcenos. Em 1901, foi confirmado que o benzeno possuía um anel de seis membros quando Paul Sabatier (Seção 4.11) descobriu que a hidrogenação do benzeno produzia ciclo-hexano. Isso, contudo, ainda não resolvia o enigma da estrutura do benzeno.

benzeno $\xrightarrow{H_2, Ni}_{150-250\ °C,\ 25\ atm}$ ciclo-hexano

As controvérsias sobre a estrutura do benzeno continuaram até 1930, quando novas técnicas de raios X e difração de elétrons produziram um resultado surpreendente: mostraram que o *benzeno é uma molécula planar e que as seis ligações carbono–carbono têm o mesmo comprimento*. O comprimento de cada ligação carbono–carbono é 1,39 Å, a qual é menor que uma ligação simples (1,54 Å), mas é maior que uma ligação dupla (1,33 Å; Seção 1.14). Em outras palavras, o benzeno não tem ligações duplas e simples alternadas.

O sonho de Kekulé

Friedrich August Kekulé von Stradonitz (1829–1896) nasceu na Alemanha. Entrou na Universidade de Giessen para estudar arquitetura, mas mudou para química após um curso sobre o assunto. Foi professor de química na Universidade de Heidelberg, na Universidade de Ghent na Bélgica e depois na Universidade de Bonn. Em 1890, fez um discurso improvisado na celebração do vigésimo quinto aniversário de seu primeiro artigo sobre a estrutura cíclica do benzeno. Nesse discurso, alegou que chegara às estruturas de Kekulé durante uma soneca em frente à lareira, enquanto trabalhava em um livro. Sonhou com cadeias de átomos de carbono curvando-se e movendo-se como uma cobra, quando, inesperadamente, a cabeça de uma cobra prendeu-se ao seu próprio rabo, formando um anel que girava. Recentemente, a veracidade dessa estória foi questionada por aqueles que indicaram não haver registro escrito do sonho no período em que ele o teve, em 1861, até o período em que o relatou, em 1890. Outros contam que sonhos não são o tipo de evidência que se publica em artigos científicos, apesar de não ser incomum para cientistas relatar momentos de criatividade por meio do subconsciente, quando não estavam pensando em ciência. Além disso, Kekulé advertiu contra a publicação de sonhos ao dizer: "Deixe-nos aprender a sonhar e talvez, então, aprenderemos a verdade. Mas deixe-nos também ter cautela em não publicar nossos sonhos até que sejam examinados pela mente alerta". Em 1895, tornou-se um nobre por meio do Imperador William II, que permitiu a adição de "von Stradonitz" ao seu nome. Os estudantes de Kekulé receberam três dos cinco primeiros prêmios Nobel de química: Van't Hoff em 1901 (página 192), Fischer em 1902 (página 185) e Baeyer em 1905 (página 93).

Friedrich August Kekulé von Stradonitz

Se todas as ligações carbono–carbono têm o mesmo comprimento, elas devem ter também o mesmo número de elétrons entre os átomos de carbono. Porém, isso só pode acontecer se os elétrons π do benzeno estiverem deslocalizados no anel, em vez de cada par de elétrons π estar localizado entre dois átomos de carbono. Para entender melhor o conceito de elétrons deslocalizados, veremos mais de perto as ligações do benzeno.

PROBLEMA 1♦

a. Quantos produtos monossubstituídos cada uma das seguintes substâncias teriam? (Note que cada substância tem a mesma fórmula molecular que o benzeno.)

1. $HC \equiv CC \equiv CCH_2CH_3$
2. $CH_2 = CHC \equiv CCH = CH_2$

b. Quantos produtos dissubstituídos cada uma das substâncias anteriores teriam? (Não incluir os estereoisômeros.)

c. Quantos produtos dissubstituídos cada uma das substâncias teriam se os estereoisômeros fossem incluídos?

PROBLEMA 2

Entre 1865 e 1890, outras estruturas possíveis para o benzeno foram propostas, duas das quais são mostradas aqui:

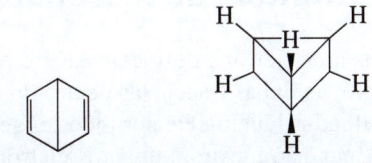

benzeno de Dewar   benzeno de Ladenburg

Considerando o que os químicos do século XIX sabiam sobre o benzeno, qual é a melhor proposta para a estrutura do benzeno, o de Dewar ou o de Ladenburg? Por quê?

Sir James Dewar (1842–1923), filho de um gerente de hotel, nasceu na Escócia. Depois de estudar sob as orientações de Kekulé, tornou-se professor da Universidade de Cambridge e em seguida da Royal Institution em Londres. O trabalho mais importante de Dewar foi na área de química de baixa temperatura. Ele usou frascos de parede dupla com um vácuo entre as paredes para reduzir a transmissão de calor. Esses frascos são hoje chamados de frascos de Dewar — mais conhecidos como garrafas térmicas pelos não-químicos.

Albert Ladenburg (1842–1911) *nasceu na Alemanha. Ele foi professor de química da Universidade de Kiel.*

7.2 As ligações do benzeno

O benzeno é uma molécula planar. Cada um dos seis átomos de carbono são hibridizados em sp^2. Um carbono hibridizado em sp^2 tem ângulos de ligação de 120° — idêntico ao tamanho dos ângulos de um hexágono planar. Cada um dos carbonos do benzeno usa dois orbitais sp^2 para se ligar aos dois outros carbonos; o terceiro orbital sp^2 se sobrepõe ao orbital s de um hidrogênio (Figura 7.1a). Cada carbono também tem um orbital p em ângulos retos aos orbitais sp^2. Pelo fato de o benzeno ser planar, os seis orbitais p são paralelos (Figura 7.1b). Os orbitais p estão próximos o suficiente para uma sobreposição lado a lado, ou seja, cada orbital p se sobrepõe aos orbitais p de ambos os carbonos adjacentes. Como resultado, a sobreposição de orbitais p forma duas nuvens contínuas de elétrons, uma acima e outra abaixo do plano do anel (Figura 7.1c). O mapa de potencial eletrostático mostra que todas as ligações carbono–carbono têm a mesma densidade eletrônica.

Molecule Gallery: Benzeno
www

Cada um dos seis elétrons π, assim, não estão localizados em um único carbono nem em uma ligação entre dois carbonos (como em um alceno). Ao contrário, cada elétron π é compartilhado por todos os seis carbonos. Os seis elétrons π estão deslocalizados — eles vagam livremente dentro das nuvens eletrônicas que existem acima e abaixo do anel de átomos de carbono. Conseqüentemente, o benzeno pode ser representado por um hexágono que contenha tanto linhas tracejadas quanto um círculo para simbolizar os seis elétrons π deslocalizados.

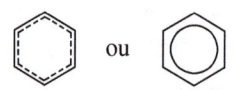

Esse tipo de representação deixa claro que não há ligações duplas no benzeno. Vemos agora que a estrutura de Kekulé para o benzeno estava bem próxima da estrutura correta. A estrutura real do benzeno é a estrutura de Kekulé com elétrons deslocalizados. (Veja as figuras abaixo em cores no encarte colorido.)

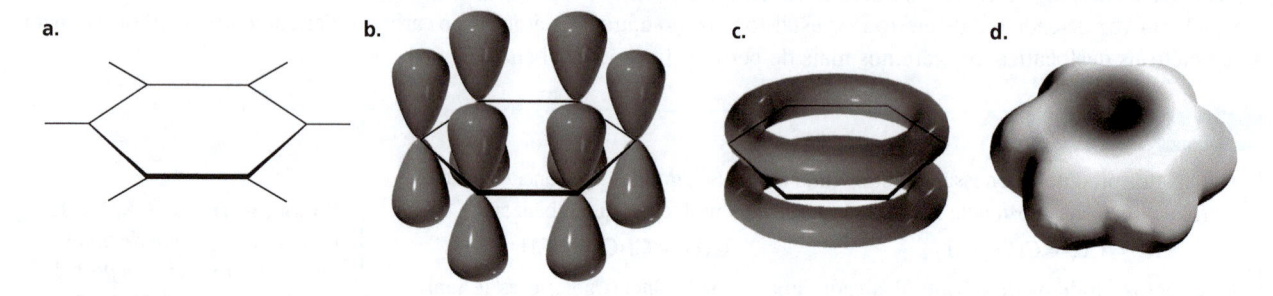

▲ **Figura 7.1**
(a) Ligações σ carbono–carbono e carbono–hidrogênio do benzeno.
(b) O orbital p em cada carbono do benzeno pode se sobrepor com dois orbitais p adjacentes.
(c) Nuvens de elétrons acima e abaixo do plano do anel de benzeno.
(d) Mapa de potencial eletrostático para o benzeno.

7.3 Contribuintes de ressonância e híbridos de ressonância

Uma desvantagem do uso de linhas tracejadas para representar elétrons deslocalizados é que elas não nos dizem quantos elétrons π estão presentes na molécula. Por exemplo, as linhas tracejadas dentro do hexágono, na representação do benzeno, indicam que os elétrons π estão compartilhados igualmente por todos os seis carbonos e que todas as ligações carbono–carbono têm o mesmo comprimento, mas não mostram quantos elétrons π estão no anel. Em decorrência disso, os químicos preferem usar estruturas com elétrons localizados para se aproximar da estrutura real que tem elétrons deslocalizados. A estrutura aproximada com elétrons localizados é chamada **contribuinte de ressonância**, **estrutura de ressonância** ou **estrutura contribuinte de ressonância**. A estrutura real com elétrons deslocalizados é chamada **híbrido de ressonância**. Note que é fácil ver que há seis elétrons π no anel de cada contribuinte de ressonância.

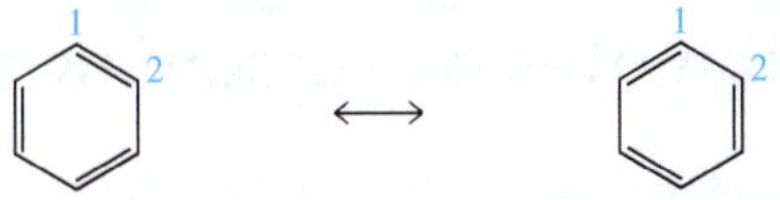

CAPÍTULO 7 Deslocalização eletrônica e ressonância • Mais sobre a teoria do orbital molecular   265

contribuinte de ressonância   contribuinte de ressonância

híbrido de ressonância

Os contribuintes de ressonância são interligados com uma seta de ponta dupla. Essa seta *não* significa que as estruturas estão em equilíbrio, mas sim que a estrutura verdadeira existe em algum lugar entre os contribuintes de ressonância. Contribuintes de ressonância são apenas um modo conveniente de mostrar os elétrons π; eles não demonstram nenhuma distribuição eletrônica real. Por exemplo, a ligação entre C-1 e C-2 do benzeno não é uma ligação dupla, apesar de o contribuinte de ressonância do lado esquerdo mostrar que sim. Também não é um ligação simples como representado pelo contribuinte de ressonância do lado direito. Nenhuma das estruturas contribuintes de ressonância representam acuradamente a estrutura do benzeno. A estrutura verdadeira — o híbrido de ressonância — é dada por uma média dos dois contribuintes de ressonância.

> Deslocalização eletrônica é representada por uma seta de ponta dupla (↔).
> Equilíbrio é representado por duas setas apontando em direções opostas (⇌).

A seguinte analogia ilustra a diferença entre contribuintes de ressonância e híbrido de ressonância. Imagine que você está tentando descrever para um amigo o que é um rinoceronte. Você poderia dizer que um rinoceronte é o resultado do cruzamento entre um unicórnio e um dragão. O unicórnio e o dragão não existem realmente, portanto são como contribuintes de ressonância. Eles não estão em equilíbrio: um rinoceronte não pula para trás e para frente entre os dois contribuintes de ressonância, uma hora se parecendo com um unicórnio e outra com um dragão. O rinoceronte é real, então ele é como o híbrido de ressonância. O unicórnio e o dragão são simplesmente meios de representar com o que a estrutura real, o rinoceronte, se parece. *Contribuintes de ressonância, como unicórnios e dragões, são imaginários, não são reais. Somente o híbrido de ressonância, o rinoceronte, é real.*

unicórnio
contribuinte de ressonância

dragão
contribuinte de ressonância

rinoceronte
híbrido de ressonância

A deslocalização eletrônica ocorre somente se todos os átomos que compartilham os elétrons deslocalizados estiverem no mesmo plano para que seus orbitais *p* possam se sobrepor efetivamente. Por exemplo, o ciclooctatetraeno não é planar; ele se apresenta com o formato de um bote. Uma vez que os orbitais *p* não se sobrepõem, cada par de elétrons π está localizado entre dois carbonos em vez de estar deslocalizado sobre todo o anel de oito átomos. (Veja a figura abaixo em cores no encarte colorido.)

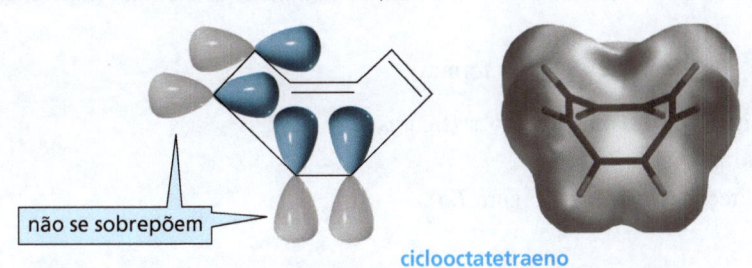

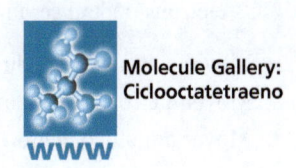

não se sobrepõem

ciclooctatetraeno

Molecule Gallery:
Ciclooctatetraeno
www

7.4 Desenhando contribuintes de ressonância

Vimos que uma substância orgânica com elétrons deslocalizados é geralmente representada como uma estrutura com elétrons localizados para que possamos saber quantos elétrons π estão presentes na molécula. Por exemplo, na representação do nitroetano observa-se uma ligação dupla e uma ligação simples nitrogênio–oxigênio.

$$CH_3CH_2-\overset{+}{N}\begin{smallmatrix}O\\O^-\end{smallmatrix}$$

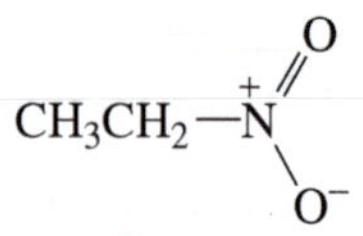

nitroetano

Porém, as duas ligações nitrogênio–oxigênio do nitroetano são idênticas; elas têm o mesmo comprimento de ligação. Uma descrição mais acurada da estrutura da molécula é obtida ao se desenhar os dois contribuintes de ressonância. Ambas as estruturas mostram a substância com uma ligação dupla e uma ligação simples nitrogênio–oxigênio, mas para mostrar que os elétrons estão deslocalizados a ligação dupla em um contribuinte é uma ligação simples no outro.

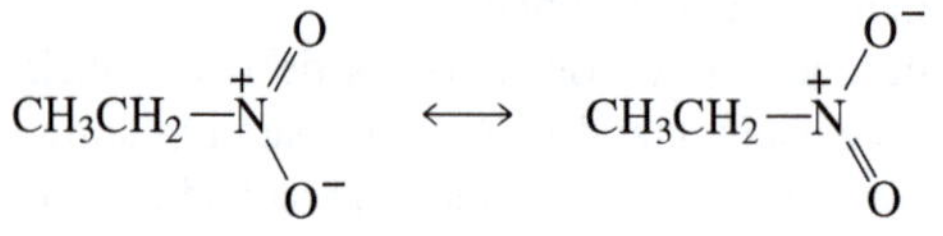

$$CH_3CH_2-\overset{+}{N}\begin{smallmatrix}O\\O^-\end{smallmatrix} \longleftrightarrow CH_3CH_2-\overset{+}{N}\begin{smallmatrix}O^-\\O\end{smallmatrix}$$

contribuinte de ressonância   **contribuinte de ressonância**

O híbrido de ressonância mostra que o orbital p do nitrogênio se sobrepõe ao orbital p de cada oxigênio. Em outras palavras, os dois elétrons são compartilhados pelos três átomos. O híbrido de ressonância também mostra que as duas ligações nitrogênio–oxigênio são idênticas e que a carga negativa é compartilhada pelos dois átomos de oxigênio. Apesar de os contribuintes de ressonância mostrarem onde reside a carga formal na molécula e fornecerem as ordens de ligação aproximadas, precisamos visualizar mentalmente a média entre os contribuintes de ressonância para estimar com o que a molécula verdadeira — o híbrido de ressonância — se parece.

Elétrons deslocalizados resultam da sobreposição de um orbital p com orbitais p de mais de um átomo adjacente.

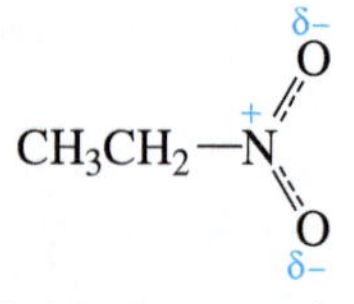

$$CH_3CH_2-\overset{+}{N}\begin{smallmatrix}O^{\delta-}\\O^{\delta-}\end{smallmatrix}$$

híbrido de ressonância

Regras para desenhar os contribuintes de ressonância

No desenho dessas estruturas, os elétrons em um contribuinte de ressonância são movidos para gerar o próximo contribuinte. Tenha sempre em mente as seguintes restrições:

1. Somente elétrons se movem. O núcleo dos átomos nunca se move.
2. Os únicos elétrons que podem se mover são os elétrons π (elétrons em ligações π) e elétrons não compartilhados.
3. O número total de elétrons em uma molécula não muda; também não o fazem os números de elétrons emparelhados e desemparelhados.

Os elétrons podem ser movidos de acordo com uma das seguintes formas:

1. Mover elétrons π em direção à carga positiva ou para uma ligação π (figuras 7.2 e 7.3).
2. Mover elétrons livres em direção à ligação π (Figura 7.4).
3. Mover um único elétron não ligante em direção à ligação π (Figura 7.5).

CAPÍTULO 7 Deslocalização eletrônica e ressonância • Mais sobre a teoria do orbital molecular   **267**

$$CH_3CH=CH-\overset{+}{C}HCH_3 \longleftrightarrow CH_3\overset{+}{C}H-CH=CHCH_3$$
contribuintes de ressonância

$$CH_3\overset{\delta+}{C}H=\!=\!=CH=\!=\!=\overset{\delta+}{C}HCH_3$$
híbrido de ressonância

$$CH_3CH=CH-CH=CH-\overset{+}{C}H_2 \longleftrightarrow CH_3CH=CH-\overset{+}{C}H-CH=CH_2 \longleftrightarrow CH_3\overset{+}{C}H-CH=CH-CH=CH_2$$
contribuintes de ressonância

$$CH_3\overset{\delta+}{C}H=\!=\!=CH=\!=\!=\overset{\delta+}{C}H=\!=\!=CH=\!=\!=\overset{\delta+}{C}H_2$$
híbrido de ressonância

contribuintes de ressonância

híbrido de ressonância

▲ **Figura 7.2**
Os contribuintes de ressonância são obtidos ao se moverem os elétrons π em direção à carga positiva.

contribuintes de ressonância

híbrido de ressonância

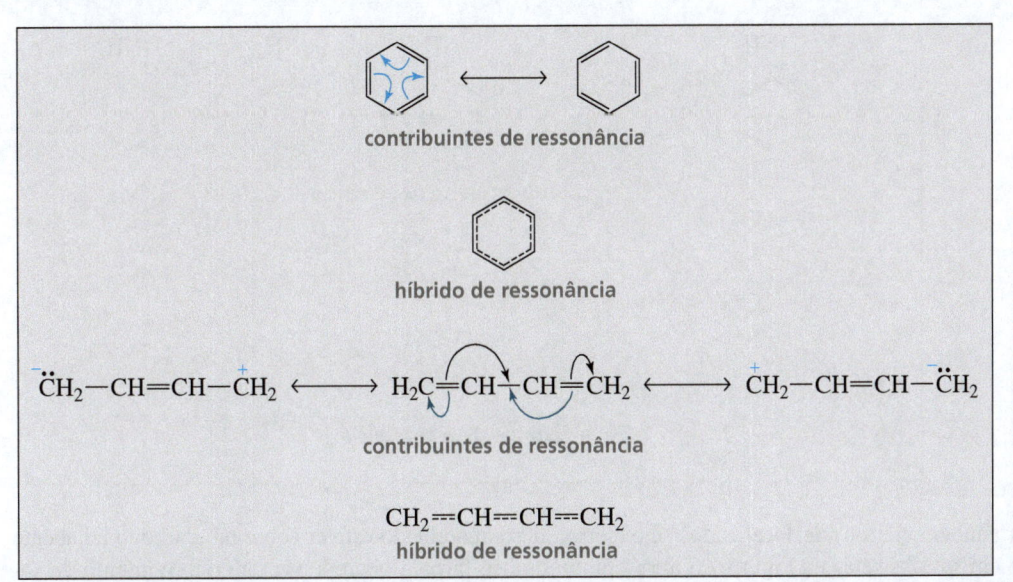

◀ **Figura 7.3**
Os contribuintes de ressonância são obtidos ao se moverem os elétrons π em direção à ligação π. (No segundo exemplo, as setas pretas levam ao contribuinte de ressonância da direita e as setas azuis levam ao contribuinte de ressonância da esquerda.)

$$\overset{-}{\ddot{C}}H_2-CH=CH-\overset{+}{C}H_2 \longleftrightarrow H_2C=CH-CH=CH_2 \longleftrightarrow \overset{+}{C}H_2-CH=CH-\overset{-}{\ddot{C}}H_2$$
contribuintes de ressonância

$$CH_2=\!=\!=CH=\!=\!=CH=\!=\!=CH_2$$
híbrido de ressonância

Note que, em todos os casos, os elétrons se movem em direção a um átomo hibridizado em sp^2. Lembre-se de que um carbono hibridizado em sp^2 é também um carbono com uma ligação dupla (podem-se acomodar os novos elétrons pela quebra da ligação π) ou um carbono que tem uma carga positiva ou um elétron desemparelhado (seções 1.8 e 1.10). Os elétrons não se movem em direção a um carbono hibridizado em sp^3, pois este não pode acomodar mais elétrons.

QUÍMICA ORGÂNICA

Uma vez que os elétrons não são adicionados nem removidos de uma molécula quando contribuintes de ressonância estão desenhados, cada contribuinte de ressonância deve ter a mesma carga líquida. Se uma estrutura de ressonância tem uma carga líquida de −1, todas as outras devem ter também cargas líquidas de −1; se a estrutura tem uma carga líquida de 0, todas as outras devem ter também cargas líquidas de 0. (Uma carga líquida de 0 não significa necessariamente que não há carga em nenhum dos átomos: uma molécula com uma carga positiva em um átomo e uma carga negativa em outro átomo tem uma carga líquida de 0.)

Figura 7.4
Os contribuintes de ressonância são obtidos ao se mover um par de elétrons livre em direção à ligação π.

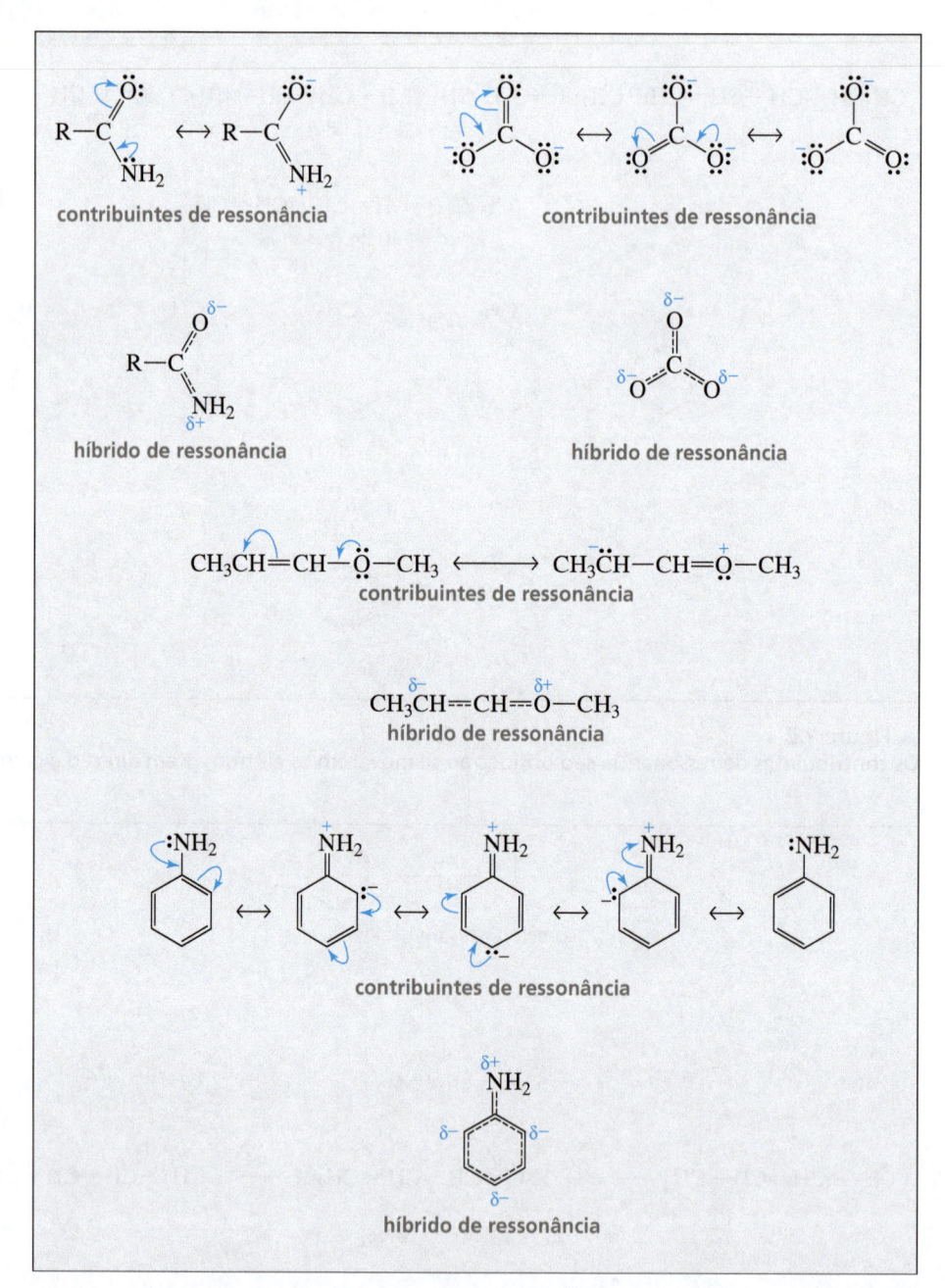

Tutorial Gallery: Desenho de contribuintes de ressonância

Radicais podem ter também elétrons deslocalizados se o elétron desemparelhado estiver sobre um carbono adjacente a um átomo hibridizado em sp^2. As setas na Figura 7.5 apresentam uma só farpa, pois representam o movimento de somente um elétron (Seção 3.6).

Uma maneira de reconhecer substâncias com elétrons deslocalizados é compará-las a substâncias similares nas quais todos os elétrons estão localizados. No exemplo seguinte, a substância da esquerda possui elétrons deslocalizados porque o par de elétrons livre do nitrogênio pode ser compartilhado com um carbono adjacente sp^2 (desde que a ligação π carbono–carbono possa ser quebrada):

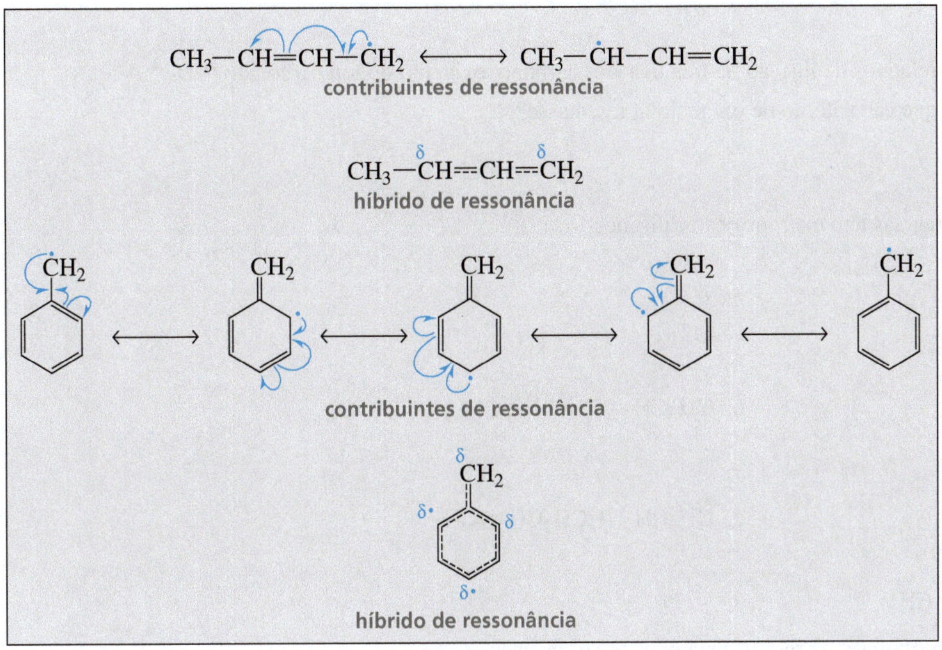

CAPÍTULO 7 Deslocalização eletrônica e ressonância • Mais sobre a teoria do orbital molecular **269**

◀ **Figura 7.5**
Estruturas de ressonância para um radical alílico e para o radical benzila.

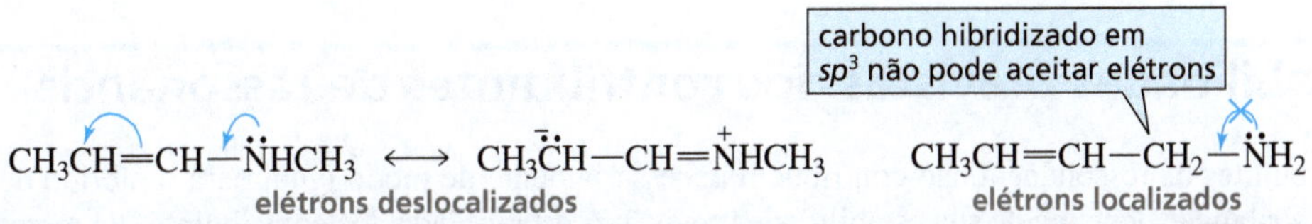

$CH_3-CH=CH-\dot{C}H_2 \longleftrightarrow CH_3-\dot{C}H-CH=CH_2$
contribuintes de ressonância

$CH_3 \overset{\delta}{-} CH = = CH \overset{\delta}{-} CH_2$
híbrido de ressonância

(contribuintes de ressonância — estruturas do radical benzila)

híbrido de ressonância

$CH_3CH=CH-\overset{..}{N}HCH_3 \longleftrightarrow CH_3\overset{-}{\overset{..}{C}}H-CH=\overset{+}{N}HCH_3$
elétrons deslocalizados

carbono hibridizado em sp^3 não pode aceitar elétrons

$CH_3CH=CH-CH_2-\overset{..}{N}H_2$
elétrons localizados

Contrariamente, todos os elétrons presentes na substância da direita são localizados. O par de elétrons livre do nitrogênio não pode ser compartilhado com o carbono sp^3 adjacente, pois o carbono não pode formar cinco ligações. A regra do octeto requer que os elementos da segunda coluna estejam cercados por não mais que oito elétrons; portanto, carbonos hibridizados em sp^3 não podem aceitar elétrons. Pelo fato de o carbono hibridizado em sp^2 possuir uma ligação π que pode ser quebrada, uma carga positiva ou um elétron desemparelhado, ele pode aceitar elétrons sem violar a regra do octeto.

O carbocátion mostrado à esquerda no próximo exemplo tem elétrons deslocalizados, pois os elétrons π podem se mover para o orbital p vazio do carbono sp^2 adjacente (Seção 1.10). Sabemos que esse carbono tem um orbital p vazio, pois ele tem carga positiva.

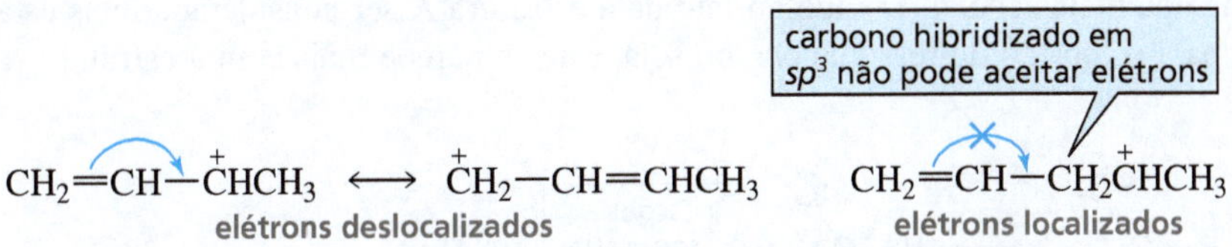

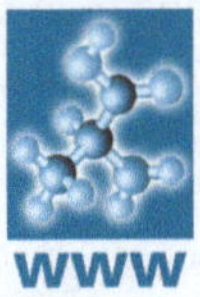

$CH_2=CH-\overset{+}{C}HCH_3 \longleftrightarrow \overset{+}{C}H_2-CH=CHCH_3$
elétrons deslocalizados

carbono hibridizado em sp^3 não pode aceitar elétrons

$CH_2=CH-CH_2\overset{+}{C}HCH_3$
elétrons localizados

Tutorial Gallery:
Elétrons localizados e deslocalizados
www

Os elétrons do carbocátion da direita estão localizados porque os elétrons π não podem se mover. O carbono para o qual eles se moveriam está hibridizado em sp^3 e esse tipo de carbono não pode aceitar elétrons.

O próximo exemplo mostra uma cetona com elétrons deslocalizados (esquerda) e uma cetona somente com elétrons localizados (direita):

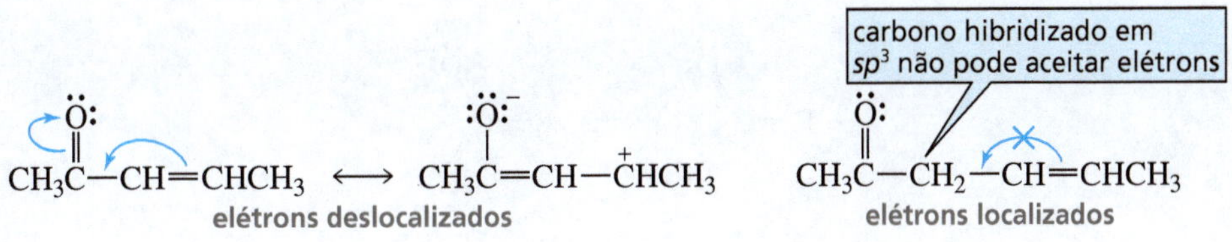

$CH_3\overset{\overset{\overset{..}{O}:}{\|}}{C}-CH=CHCH_3 \longleftrightarrow CH_3\overset{\overset{:\overset{..}{O}:^-}{|}}{C}=CH-\overset{+}{C}HCH_3$
elétrons deslocalizados

carbono hibridizado em sp^3 não pode aceitar elétrons

$CH_3\overset{\overset{\overset{..}{O}}{\|}}{C}-CH_2-CH=CHCH_3$
elétrons localizados

QUÍMICA ORGÂNICA

PROBLEMA 3◆

a. Preveja os comprimentos relativos de ligação de três ligações carbono–oxigênio do íon carbonato (CO_3^{-2}).

b. Que carga você esperaria que cada átomo de oxigênio apresentasse?

PROBLEMA 4

a. Quais das seguintes substâncias têm elétrons deslocalizados?

1. C₆H₅—NH₂ (anilina)

2. C₆H₅—CH₂NH₂

3. (pirano, com O⁺)

4. $CH_2={=}CHCH_2CH{=}CH_2$

5. (pirrol, N—H)

6. $CH_3CH{=}CHCH{=}\overset{+}{C}HCH_2$

7. $CH_3CH_2NHCH_2CH{=}CH_2$

b. Desenhe as estruturas contribuintes de ressonância para essas substâncias.

7.5 Estabilidades previstas dos contribuintes de ressonância

Todos os contribuintes de ressonância não contribuem necessariamente de modo igual para o híbrido de ressonância. O grau de cada contribuição depende de sua estabilidade prevista. A estabilidade dos contribuintes de ressonância não pode ser medida, pois estes não são reais. Por essa razão, tal estabilidade deve ser prevista com base em características moleculares que são encontradas em moléculas reais. *Quanto maior a estabilidade prevista do contribuinte de ressonância, mais ele contribui para o híbrido de ressonância; e quanto mais ele contribui para o híbrido de ressonância, mais o contribuinte é parecido com uma molécula real.* Os exemplos seguintes ilustram esses pontos.

> Quanto maior a estabilidade prevista do contribuinte de ressonância, mais ele contribui para a estrutura do híbrido de ressonância.

Os dois contribuintes de ressonância para um ácido carboxílico são chamados **A** e **B**. A estrutura **B** tem cargas separadas. Uma molécula com **cargas separadas** apresenta uma carga positiva e outra negativa que podem ser neutralizadas pelo movimento dos elétrons. Podemos prever que os contribuintes de ressonância com cargas separadas são relativamente instáveis, pois necessitam de energia para manter as cargas opostas separadas. A estrutura **A** não possui cargas separadas, podendo ser considerada mais estável. Devido ao fato de a estrutura **A** ser considerada mais estável que a estrutura **B**, ela contribui mais para o híbrido de ressonância, ou seja, este se parece mais com a estrutura **A** do que com a **B**.

$$R-C(=\ddot{O})-\ddot{O}H \quad \longleftrightarrow \quad R-C(-\ddot{\ddot{O}}{:}^{-})={\overset{+}{O}}H \quad \text{cargas separadas}$$

A **B**

ácido carboxílico

Os dois contribuintes de ressonância para o íon carboxilato são mostrados a seguir.

$$R-C(=\ddot{O})-\ddot{\ddot{O}}{:}^{-} \quad \longleftrightarrow \quad R-C(-\ddot{\ddot{O}}{:}^{-})=\ddot{O}$$

C **D**

íon carboxilato

CAPÍTULO 7   Deslocalização eletrônica e ressonância • Mais sobre a teoria do orbital molecular   **271**

As estruturas **C** e **D** são igualmente estáveis e por isso contribuem igualmente para o híbrido de ressonância.

Quando os elétrons podem se mover em mais de uma direção, sempre se movem em direção ao átomo mais eletronegativo. Por exemplo, a estrutura **G** do próximo exemplo resulta do movimento de elétrons π para o oxigênio — o átomo mais eletronegativo da molécula. A estrutura **E** resulta do movimento de elétrons π para longe do oxigênio.

$$\left[\begin{array}{c} {}^{+}\!\ddot{\mathrm{O}}\!: \\ | \\ \mathrm{CH_3\overset{}{C}\!=\!CH\!-\!\overset{..}{\overset{-}{C}}H_2} \end{array} \right] \quad\longleftrightarrow\quad \begin{array}{c} \ddot{\mathrm{O}}\!: \\ \| \\ \mathrm{CH_3\overset{}{C}\!-\!CH\!=\!CH_2} \end{array} \quad\longleftrightarrow\quad \begin{array}{c} :\!\ddot{\mathrm{O}}\!:^{-} \\ | \\ \mathrm{CH_3\overset{}{C}\!=\!CH\!-\!\overset{+}{C}H_2} \end{array}$$

$$\qquad\quad \mathbf{E} \qquad\qquad\qquad\qquad\qquad \mathbf{F} \qquad\qquad\qquad\qquad\qquad \mathbf{G}$$

E: contribuinte de ressonância obtido pelo movimento de elétrons π para longe do átomo mais eletronegativo — *contribuinte de ressonância insignificante*

G: contribuinte de ressonância obtido pelo movimento de elétrons π em direção ao átomo mais eletronegativo

Podemos presumir que a estrutura **G** terá somente uma pequena contribuição para o híbrido de ressonância porque possui cargas separadas, bem como um átomo com um octeto incompleto. A estrutura **E** também apresenta cargas separadas e um átomo com um octeto incompleto, mas a sua estabilidade prevista é ainda menor que a da estrutura **G** porque possui uma carga positiva em um oxigênio eletronegativo. Sua contribuição para o híbrido de ressonância é tão insignificante que não é preciso incluí-la como contribuinte de ressonância. O híbrido de ressonância, assim, se parece muito mais com a estrutura **F**.

Os contribuintes de ressonância obtidos pelo movimento de elétrons para longe do átomo mais eletronegativo devem ser mostrados somente quando esse for o único modo de movimento dos elétrons. Em outras palavras, um movimento de elétrons para longe do átomo mais eletronegativo é melhor do que nenhum movimento, pois a deslocalização eletrônica faz com que a molécula fique mais estável (Seção 7.6). Por exemplo, o único contribuinte de ressonância que pode ser desenhado para a molécula seguinte requer um movimento de elétrons para longe do oxigênio:

$$\mathrm{CH_2\!=\!CH\!-\!\ddot{\overset{..}{O}}CH_3} \quad\longleftrightarrow\quad \mathrm{{}^{-}\!\ddot{C}H_2\!-\!CH\!=\!\overset{+}{\ddot{O}}CH_3}$$

$$\qquad\qquad \mathbf{H} \qquad\qquad\qquad\qquad \mathbf{I}$$

Presume-se que a estrutura **I** seja relativamente instável, pois apresenta cargas separadas e possui a carga positiva no átomo mais eletronegativo. A estrutura do híbrido de ressonância, portanto, é similar à estrutura **H**, com uma pequena contribuição de **I**.

Nos contribuintes de ressonância para o íon enolato, a estrutura **J** tem uma carga negativa no carbono e a estrutura **K** tem uma carga negativa no oxigênio. O oxigênio é mais eletronegativo que o carbono, assim ele pode acomodar melhor a carga negativa. Com isso, presume-se que a estrutura **K** seja mais estável que a estrutura **J**. O híbrido de ressonância, dessa maneira, se parece mais com **K**, ou seja, ele tem maior concentração de carga negativa no átomo de oxigênio se comparado ao átomo de carbono.

$$\begin{array}{c} :\!\ddot{\mathrm{O}}\!: \\ \| \\ \mathrm{R\!-\!C\!-\!\overset{..}{\overset{-}{C}}HCH_3} \end{array} \quad\longleftrightarrow\quad \begin{array}{c} :\!\ddot{\mathrm{O}}\!:^{-} \\ | \\ \mathrm{R\!-\!C\!=\!CHCH_3} \end{array}$$

$$\qquad \mathbf{J} \qquad\qquad\qquad\qquad \mathbf{K}$$

íon enolato

Molecule Gallery: Íon enolato www

Podemos resumir as características que diminuem a estabilidade prevista para uma estrutura contribuinte de ressonância do seguinte modo:

1. átomo com um octeto incompleto
2. carga negativa que não está no átomo mais eletronegativo ou carga positiva que não está no átomo menos eletronegativo (mais eletropositivo)
3. separação de cargas

Quando comparamos as estabilidades relativas dos contribuintes de ressonância, cada uma delas tem somente uma dessas características, um átomo com um octeto incompleto (característica 1) geralmente faz com que a estrutura seja mais instável do que o fazem as características 2 ou 3.

PROBLEMA 5 — RESOLVIDO

Desenhe as estruturas contribuintes de ressonância para cada uma das seguintes espécies e disponha as estruturas em ordem decrescente de contribuição para o híbrido:

a. $CH_3\overset{+}{\underset{CH_3}{C}}-CH=CHCH_3$

b. $CH_3\overset{O}{\overset{\|}{C}}OCH_3$

c. cyclohexanone com O^-

d. cyclohex-2-enona (=O)

e. $CH_3-\overset{\overset{+OH}{|}}{C}-NHCH_3$

f. $CH_3\overset{+}{C}H-CH=CHCH_3$

RESOLUÇÃO PARA 5a A estrutura **A** é mais estável que a estrutura **B** porque a carga positiva está em um carbono terciário em **A** e em um carbono secundário em **B**.

$$CH_3\overset{+}{\underset{\underset{A}{CH_3}}{C}}-CH=CHCH_3 \longleftrightarrow CH_3\underset{\underset{B}{CH_3}}{C}=CH-\overset{+}{C}HCH_3$$

PROBLEMA 6

Desenhe o híbrido de ressonância para cada uma das espécies do Problema 5.

7.6 Energia de ressonância

Uma substância com elétrons deslocalizados é mais estável do que seria com todos os seus elétrons localizados. A estabilidade extra que uma substância ganha tendo elétrons deslocalizados é chamada **energia de deslocalização** ou **energia de ressonância**. **Deslocalização de elétrons** dá à substância **ressonância**, por isso dizer que uma substância é *estabilizada por deslocalização de elétrons* é o mesmo que dizer que ela é *estabilizada por ressonância*. Uma vez que a energia de ressonância nos diz quanto mais estável é uma substância que tem elétrons deslocalizados, ela é freqüentemente chamada *estabilização por ressonância*.

> A energia de ressonância é uma medida da estabilidade de uma substância com elétrons deslocalizados comparada com a mesma substância possuindo seus elétrons localizados.

Para entender melhor o conceito de energia de ressonância, vamos analisar o benzeno. Em outras palavras, vamos ver quanto mais estável é o benzeno (com três pares de elétrons π deslocalizados) se comparado a uma substância desconhecida, irreal, hipotética, o "ciclo-hexatrieno" (com três pares de elétrons π localizados).

O $\Delta H°$ para a hidrogenação do ciclo-hexeno, uma substância com uma ligação dupla localizada, foi determinado experimentalmente e é igual a $-28,6$ kcal/mol. Esperaríamos, desse modo, que o $\Delta H°$ para a hidrogenação do "ciclo-hexatrieno", uma substância hipotética com três ligações duplas localizadas, fosse três vezes o valor encontrado para o ciclo-hexeno, que é $3 \times (-28,6) = -85,8$ kcal/mol (Seção 4.11).

ciclo-hexeno + H_2 ⟶ ciclo-hexano $\Delta H° = -28,6$ kcal/mol (-120 kJ/mol) **experimental**

"ciclo-hexatrieno" hipotético + $3 H_2$ ⟶ ciclo-hexano $\Delta H° = -85,8$ kcal/mol (-359 kJ/mol) **calculado**

Quando o $\Delta H°$ para a hidrogenação do benzeno foi determinado experimentalmente, encontrou-se um valor de $-49,8$ kcal/mol, muito menor que o calculado para o "ciclo-hexatrieno" hipotético.

CAPÍTULO 7 Deslocalização eletrônica e ressonância • Mais sobre a teoria do orbital molecular **273**

benzeno + 3 H$_2$ ⟶ ciclo-hexano $\Delta H° = -49{,}8$ kcal/mol (-208 kJ/mol)
experimental

Devido à hidrogenação do "ciclo-hexatrieno" e da hidrogenação do benzeno formar o ciclo-hexano, a diferença dos valores de $\Delta H°$ pode ser estimada somente pela diferença nas energias do "ciclo-hexatrieno" e do benzeno. A Figura 7.6 mostra que o benzeno é 36 kcal/mol (ou 151 kJ/mol) mais estável que o "ciclo-hexatrieno", pois o $\Delta H°$ experimental para hidrogenação do benzeno é 36 kcal/mol menor que o calculado para o "ciclo-hexatrieno".

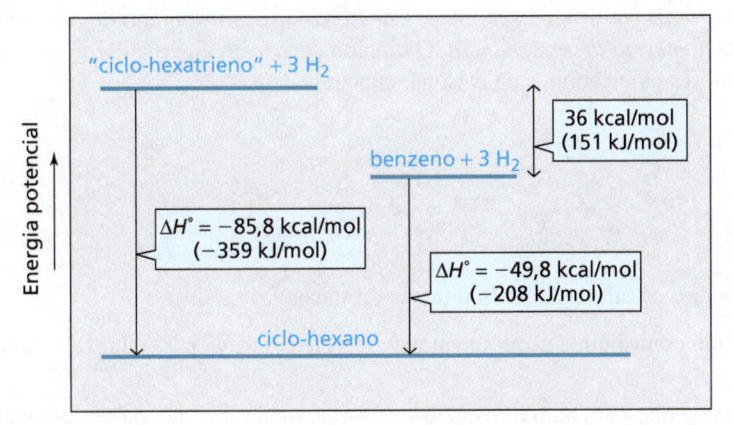

◀ **Figura 7.6**
Diferença dos níveis de energia do "ciclo-hexatrieno" + hidrogênio *versus* ciclo-hexano, e a diferença dos níveis de energia do benzeno + hidrogênio *versus* ciclo-hexano.

O benzeno e o "ciclo-hexatrieno" são substâncias diferentes, pois possuem energias diferentes. O benzeno tem seis elétrons π deslocalizados, ao passo que o "ciclo-hexatrieno" hipotético tem seis elétrons π localizados. A diferença em suas energias é a energia de ressonância do benzeno. A energia de ressonância nos diz *quanto mais estável é uma substância com elétrons deslocalizados do que seria se seus elétrons fossem localizados*. O benzeno, com seis elétrons π deslocalizados, é 36 kcal/mol mais estável que o "ciclo-hexatrieno" hipotético, com seis elétrons π localizados. Agora podemos entender por que os químicos do século XIX, que não conheciam elétrons deslocalizados, ficaram intrigados com a estabilidade incomum do benzeno (Seção 7.1).

Desde que a capacidade de deslocalizar elétrons aumenta a estabilidade de uma molécula, pode-se concluir que *um híbrido de ressonância é mais estável que qualquer um dos seus contribuintes de ressonância*. A energia de ressonância associada a uma substância que tem elétrons deslocalizados depende do número e da estabilidade prevista dos contribuintes de ressonância: *quanto maior o número de contribuintes de ressonância relativamente estáveis, maior é a energia de ressonância*. Por exemplo, a energia de ressonância de um íon carboxilato com dois contribuintes de ressonância relativamente estáveis é significativamente maior que a energia de ressonância de um ácido carboxílico com somente um contribuinte de ressonância relativamente estável.

> Um híbrido de ressonância é mais estável que qualquer um dos seus contribuintes de ressonância.

> Quanto maior o número de contribuintes de ressonância relativamente estáveis, maior é a energia de ressonância.

contribuintes de ressonância de um ácido carboxílico

contribuintes de ressonância de um íon carboxilato

274 QUÍMICA ORGÂNICA

Repare que é o número de contribuintes de ressonância *relativamente estáveis* — e não o número total de contribuintes de ressonância — que é importante na determinação da energia de ressonância. Por exemplo, a energia de ressonância de um íon carboxilato, com dois contribuintes de ressonância relativamente estáveis, é maior que a energia de ressonância da substância do exemplo seguinte, porque apesar de essa substância ter três contribuintes de ressonância, somente um deles é relativamente estável:

$$\overset{-}{C}H_2-CH=CH-\overset{+}{C}H_2 \longleftrightarrow CH_2=CH-CH=CH_2 \longleftrightarrow \overset{+}{C}H_2-CH=CH-\overset{-}{C}H_2$$
relativamente instável   relativamente estável   relativamente instável

Quanto mais equivalentes forem as estruturas dos contribuintes de ressonância, maior será a energia de ressonância.

    Quanto mais equivalentes forem as estruturas dos contribuintes de ressonância, maior será a energia de ressonância. O diânion carbonato é particularmente estável porque tem três contribuintes de ressonância equivalentes.

Agora podemos resumir o que sabemos sobre estruturas contribuintes de ressonância:

1. Quanto maior a estabilidade prevista de um contribuinte de ressonância, mais ele contribui para o híbrido de ressonância.
2. Quanto maior o número de contribuintes de ressonância relativamente estáveis, maior é a energia de ressonância.
3. Quanto mais equivalentes forem os contribuintes de ressonância, maior será a energia de ressonância.

PROBLEMA — ESTRATÉGIA PARA RESOLUÇÃO

Qual carbocátion é mais estável?

$$CH_3CH=CH-\overset{+}{C}H_2 \quad \text{ou} \quad CH_3\underset{\underset{CH_3}{|}}{C}=CH-\overset{+}{C}H_2$$

Comece desenhando os contribuintes de ressonância para cada carbocátion.

$$CH_3CH=CH-\overset{+}{C}H_2 \longleftrightarrow CH_3\overset{+}{C}H-CH=CH_2 \qquad CH_3\underset{\underset{CH_3}{|}}{C}=CH-\overset{+}{C}H_2 \longleftrightarrow CH_3\underset{\underset{CH_3}{|}}{\overset{+}{C}}-CH=CH_2$$

Depois compare as estabilidades previstas do grupo de contribuintes de ressonância para cada carbocátion.
    Cada carbocátion tem dois contribuintes de ressonância. A carga positiva da estrutura da esquerda é compartilhada por um carbono primário e outro secundário. A carga positiva da estrutura da direita é compartilhada por um carbono primário e outro terciário. O carbocátion da direita é mais estável — ele tem maior energia de ressonância — pois um carbono terciário é mais estável que um carbono secundário.

Agora continue no Problema 7.

PROBLEMA 7◆

Qual espécie é mais estável?

a. $CH_3CH_2\underset{\underset{}{\overset{\overset{CH_2}{\|}}{}}}{\overset{}{C}}\dot{C}H_2$ ou $CH_3CH_2CH=CH\dot{C}H_2$

b. $CH_3\overset{\overset{O}{\|}}{C}CH=CH_2$ ou $CH_3\overset{\overset{O}{\|}}{C}CH=CHCH_3$

c. $CH_3\underset{\underset{}{}}{\overset{\overset{O^-}{|}}{C}}HCH=CH_2$ ou $CH_3\underset{\underset{}{}}{\overset{\overset{O^-}{|}}{C}}=CHCH_3$

d. $CH_3-\underset{\underset{NH_2}{|}}{\overset{\overset{+NH_2}{|}}{C}}-NH_2$ ou $CH_3-\underset{\underset{NH_2}{|}}{\overset{\overset{+OH}{\|}}{C}}-NH_2$

CAPÍTULO 7 Deslocalização eletrônica e ressonância • Mais sobre a teoria do orbital molecular | 275

7.7 Estabilidade dos cátions alílico e benzílico

Cátions alílico e benzílico possuem elétrons deslocalizados, portanto são mais estáveis do que os carbocátions similarmente substituídos com elétrons localizados. Um **cátion alílico** é um carbocátion com carga positiva no carbono alílico; um **carbono alílico** é um carbono adjacente a um carbono sp^2 de um alceno. Um **cátion benzílico** é um carbocátion com carga positiva no carbono benzílico; um **carbono benzílico** é um carbono adjacente a um carbono sp^2 de um benzeno.

$$CH_2=CH\overset{+}{C}HR \qquad Ph\overset{+}{C}HR$$
$$\text{cátion alílico} \qquad \text{cátion benzílico}$$

O *cátion alila* é um cátion alílico não substituído e um *cátion benzila* é um cátion benzílico não substituído.

$$CH_2=CH\overset{+}{C}H_2 \qquad Ph\overset{+}{C}H_2$$
$$\text{cátion alila} \qquad \text{cátion benzila}$$

Um cátion alílico tem dois contribuintes de ressonância. A carga positiva não está localizada em um só carbono; ela é compartilhada por dois carbonos.

$$RCH=CH-\overset{+}{C}H_2 \longleftrightarrow R\overset{+}{C}H-CH=CH_2$$
$$\text{cátion alílico}$$

Um cátion benzílico tem cinco contribuintes de ressonância. Note que a carga é compartilhada por quatro carbonos.

cátion benzílico

Nem todos os cátions alílico e benzílico possuem a mesma estabilidade. Assim como um carbocátion alquila terciário é mais estável do que um carbocátion alquila secundário, um cátion alílico terciário é mais estável do que um cátion alílico secundário, e este é mais estável do que um cátion alila (primário). De modo similar, um cátion benzílico terciário é mais estável do que um cátion benzílico secundário, o qual é mais estável do que um cátion benzila (primário).

estabilidades relativas

mais estável: $CH_2=CH-\overset{+}{\underset{R}{C}}-R \;>\; CH_2=CH\overset{+}{C}H-R \;>\; CH_2=CH\overset{+}{C}H_2$

cátion alílico terciário   cátion alílico secundário   cátion alila

mais estável: $Ph-\overset{+}{\underset{R}{C}}-R \;>\; Ph-\overset{+}{C}H-R \;>\; Ph-\overset{+}{C}H_2$

cátion benzílico terciário   cátion benzílico secundário   cátion benzila

Devido ao fato de os cátions alila e benzila possuírem elétrons deslocalizados, eles são mais estáveis do que outros carbocátions primários. (De fato, têm quase a mesma estabilidade de carbocátions alquila secundários.) Os cátions alila e benzila podem ser adicionados ao grupo dos carbocátions cujas estabilidades relativas foram mostradas nas seções 4.2 e 6.4.

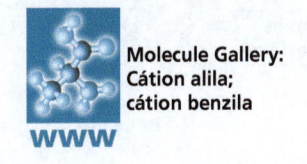

Molecule Gallery:
Cátion alila;
cátion benzila
www

276 | QUÍMICA ORGÂNICA

estabilidades relativas dos carbocátions

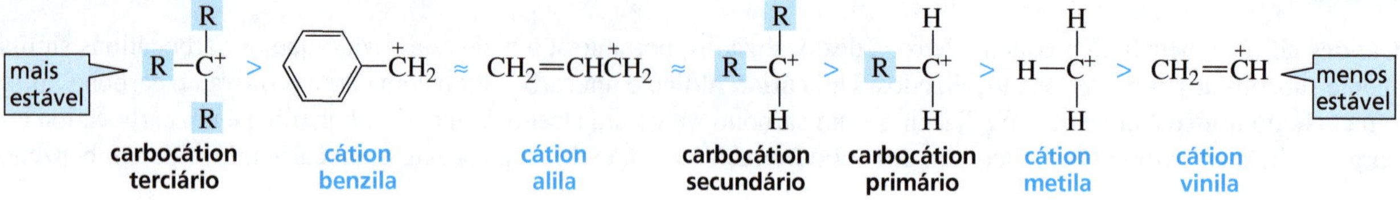

$$\underset{\text{mais estável}}{} \quad R-\overset{R}{\underset{R}{C^+}} > \text{Ph-}\overset{+}{C}H_2 \approx CH_2=CH\overset{+}{C}H_2 \approx R-\overset{R}{\underset{H}{C^+}} > R-\overset{H}{\underset{H}{C^+}} > H-\overset{H}{\underset{H}{C^+}} > CH_2=\overset{+}{C}H \quad \underset{\text{menos estável}}{}$$

carbocátion terciário — cátion benzila — cátion alila — carbocátion secundário — carbocátion primário — cátion metila — cátion vinila

Note que são os cátions benzila *primário* e alila *primário* que apresentam quase a mesma estabilidade que carbocátions alquila secundários. Cátions alílicos e benzílicos secundários, bem como os terciários, são ainda mais estáveis do que cátions benzila e alila primários.

PROBLEMA 8◆

Qual carbocátion em cada um dos seguintes pares é mais estável?

a. $CH_3\overset{+}{O}CH_2$ ou $CH_3\overset{+}{N}HCH_2$

b. 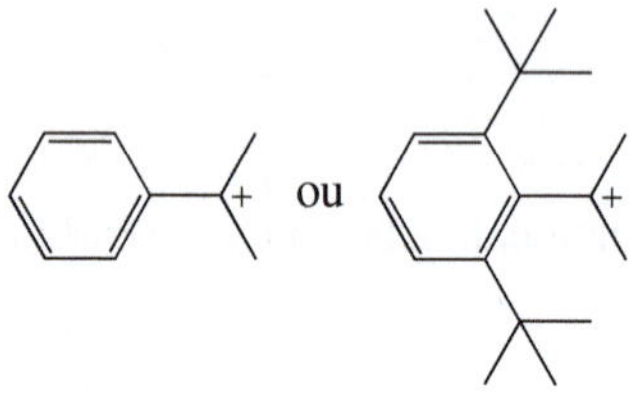 (fenil-isopropil cátion)   ou   (2,6-di-terc-butilfenil-isopropil cátion)

c. $CH_3OCH_2\overset{+}{C}H_2$ ou $CH_3O\overset{+}{C}H_2$

d. 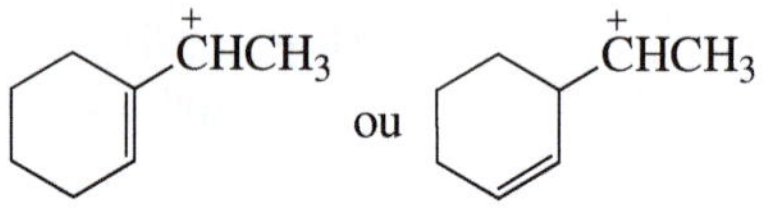 (ciclohexenil-$\overset{+}{C}HCH_3$)   ou   (ciclohex-3-enil-$\overset{+}{C}HCH_3$)

e. $CH_2=\overset{\overset{OCH_3}{|}}{\overset{+}{C}CH_2}$ ou $CH_3OCH=CH\overset{+}{C}H_2$

7.8 Estabilidade dos radicais alílico e benzílico

Um radical alílico tem um elétron desemparelhado em um carbono alílico e, como um cátion alílico, apresenta dois contribuintes de ressonância.

$$R\overset{\cdot}{C}H-CH=CH_2 \longleftrightarrow RCH=CH-\overset{\cdot}{C}H_2$$
radical alílico

Um radical benzílico tem um elétron desemparelhado em um carbono benzílico e, como um cátion benzílico, apresenta cinco estruturas contribuintes de ressonância.

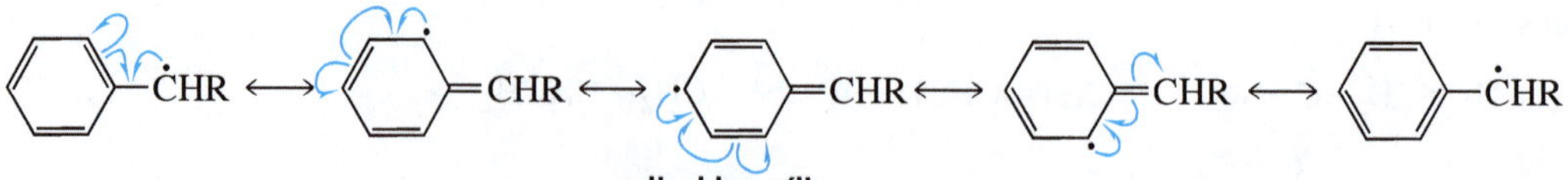

(cinco estruturas de ressonância do **radical benzílico**)

Por causa de seus elétrons deslocalizados, radicais alila e benzila são mais estáveis que outros radicais primários. Eles são ainda mais estáveis que radicais terciários.

estabilidades relativas dos radicais

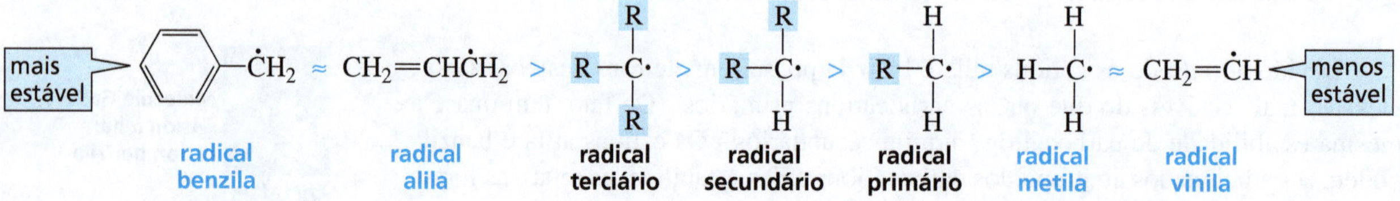

$$\underset{\text{mais estável}}{} \quad \text{Ph-}\overset{\cdot}{C}H_2 \approx CH_2=CH\overset{\cdot}{C}H_2 > R-\overset{R}{\underset{R}{C\cdot}} > R-\overset{R}{\underset{H}{C\cdot}} > R-\overset{H}{\underset{H}{C\cdot}} > H-\overset{H}{\underset{H}{C\cdot}} \approx CH_2=\overset{\cdot}{C}H \quad \underset{\text{menos estável}}{}$$

radical benzila — radical alila — radical terciário — radical secundário — radical primário — radical metila — radical vinila

CAPÍTULO 7 Deslocalização eletrônica e ressonância • Mais sobre a teoria do orbital molecular   **277**

7.9 Algumas conseqüências químicas da deslocalização de elétrons

A capacidade de prever o produto correto de uma reação orgânica freqüentemente depende do reconhecimento da presença de elétrons deslocalizados em moléculas orgânicas. Por exemplo, na reação seguinte, ambos os carbonos sp^2 do alceno estão ligados ao mesmo número de hidrogênios:

$$\text{C}_6\text{H}_5-\text{CH}=\text{CHCH}_3 + \text{HBr} \longrightarrow \text{C}_6\text{H}_5-\overset{\text{Br}}{\underset{}{\text{CH}}}\text{CH}_2\text{CH}_3 + \text{C}_6\text{H}_5-\text{CH}_2\overset{\text{Br}}{\underset{}{\text{CH}}}\text{CH}_3$$
$$\qquad\qquad\qquad\qquad\qquad\qquad\quad 100\% \qquad\qquad\qquad\qquad 0\%$$

Dessa maneira, a regra que nos diz para adicionar o eletrófilo ao carbono sp^2 ligado ao maior número de hidrogênios (ou a regra de Markovnikov que nos diz onde adicionar o próton) prevê que quantidades aproximadamente iguais de dois produtos de adição serão formadas. Quando a reação é realizada, porém, somente um dos produtos é obtido.

As regras nos levam a uma previsão incorreta do produto de reação porque não levam em consideração a deslocalização de elétrons. Elas presumem que ambos os carbocátions intermediários são igualmente estáveis, pois os dois são carbocátions secundários. As regras não levam em conta que um intermediário é um carbocátion alquila secundário e o outro é um cátion benzílico secundário. Este é formado mais rapidamente, pois é estabilizado por deslocalização de elétrons, levando à formação de um único produto.

$$\text{C}_6\text{H}_5-\overset{+}{\text{CH}}\text{CH}_2\text{CH}_3 \qquad\qquad \text{C}_6\text{H}_5-\text{CH}_2\overset{+}{\text{CH}}\text{CH}_3$$
cátion benzílico secundário   **carbocátion secundário**

Esse exemplo serve como um aviso. Nem a regra que indica em que carbono sp^2 o eletrófilo deve se ligar nem a regra de Markovnikov podem ser usadas para reações nas quais carbocátions possam ser estabilizados por deslocalização de elétrons. Em tais casos, devem-se observar as estabilidades relativas dos carbocátions individuais para prever o produto de reação.

Aqui está um outro exemplo de como a deslocalização de elétrons pode afetar o resultado de uma reação:

$$\text{C}_6\text{H}_5-\text{CH}_2\text{CH}=\text{CH}_2 \xrightarrow{\text{HBr}} \text{C}_6\text{H}_5-\underset{\text{H}}{\overset{+}{\text{CH}}}\text{CHCH}_3 \xrightarrow{\text{rearranjo do carbocátion}} \text{C}_6\text{H}_5-\overset{+}{\text{CH}}\text{CH}_2\text{CH}_3 \xrightarrow{\text{Br}^-} \text{C}_6\text{H}_5-\underset{\text{Br}}{\text{CH}}\text{CH}_2\text{CH}_3$$

carbocátion secundário   **carbocátion benzílico secundário**

A adição de um próton a um alceno forma um carbocátion alquila secundário. O rearranjo do carbocátion ocorre porque uma troca 1,2 de um hidreto leva ao cátion benzílico secundário mais estável (Seção 4.6). É a deslocalização de elétrons que leva à formação do cátion benzílico secundário mais estável que o carbocátion secundário inicialmente formado. Se tivéssemos negligenciado a deslocalização de elétrons, não teríamos antecipado o rearranjo do carbocátion e não teríamos previsto corretamente o produto de reação.

As velocidades relativas nas quais os alcenos **A**, **B** e **C** sofrem reação de adição eletrofílica com um reagente, tal como HBr, ilustram o efeito que elétrons deslocalizados podem ter sobre a reatividade de uma substância.

reatividades relativas mediante a adição de HBr

$$\text{CH}_2=\underset{\ddot{\text{O}}\text{CH}_3}{\overset{\text{CH}_3}{\text{C}}} \quad > \quad \text{CH}_2=\underset{\text{CH}_3}{\overset{\text{CH}_3}{\text{C}}} \quad > \quad \text{CH}_2=\underset{\text{CH}_2\ddot{\text{O}}\text{CH}_3}{\overset{\text{CH}_3}{\text{C}}}$$
$$\qquad\text{A}\qquad\qquad\qquad\qquad\text{B}\qquad\qquad\qquad\qquad\text{C}$$

A é o mais reativo dos três alcenos. A adição de um próton ao carbono sp^2 ligado ao maior número de hidrogênios — lembre-se de que essa é a etapa limitante da velocidade de uma reação de adição eletrofílica — forma um carbocátion intermediário com uma carga positiva que é compartilhada pelo carbono e oxigênio. Ser capaz de compartilhar a carga positiva com outro átomo aumenta a estabilidade de um carbocátion, facilitando, assim, sua formação. Ao contrário, a carga positiva dos carbocátions intermediários formados por **B** e **C** está localizada em um único átomo.

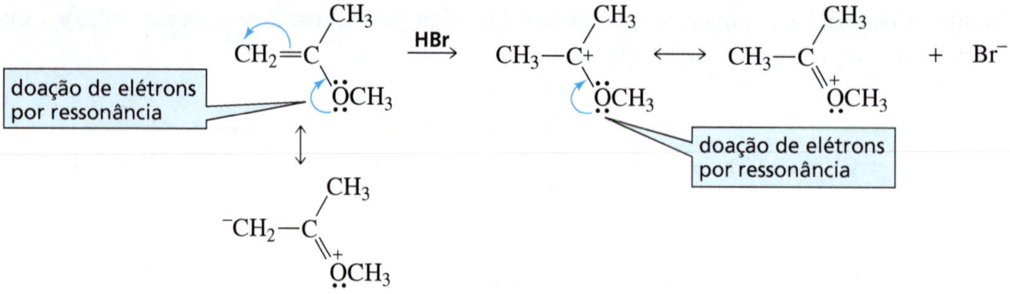

$$CH_2=C(CH_3)(\ddot{O}CH_3) \xrightarrow{HBr} CH_3-\overset{+}{C}(CH_3)(\ddot{O}CH_3) \longleftrightarrow CH_3-C(CH_3)(\overset{+}{\ddot{O}}CH_3) + Br^-$$

doação de elétrons por ressonância

$$\updownarrow$$

$$^-CH_2-\overset{+}{C}(CH_3)(\ddot{O}CH_3)$$

doação de elétrons por ressonância

B reage com HBr mais rapidamente que **C** porque o carbocátion formado por **C** é desestabilizado pelo grupo OCH$_3$, que retira elétrons por indução (por meio das ligações σ) do carbono carregado positivamente do carbocátion intermediário.

$$CH_2=C(CH_3)(CH_3) \xrightarrow{HBr} CH_3-\overset{+}{C}(CH_3)(CH_3) + Br^-$$

$$CH_2=C(CH_3)(CH_2\ddot{O}CH_3) \xrightarrow{HBr} CH_3-\overset{+}{C}(CH_3)(CH_2\ddot{O}CH_3) + Br^-$$

retirada de elétron por efeito indutivo

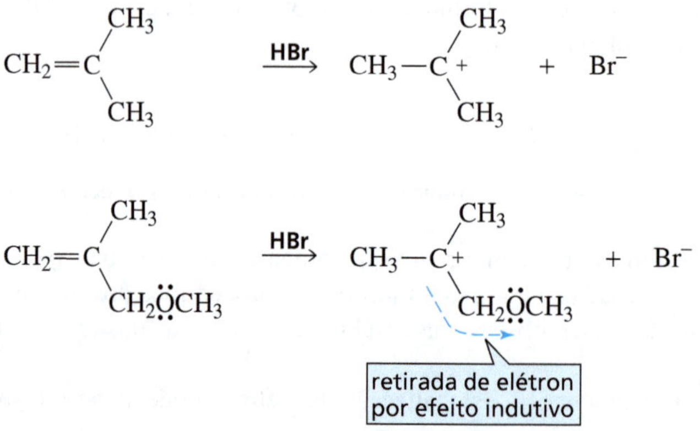

Repare que o grupo OCH$_3$ em **C** pode somente retirar elétrons por indução, ao passo que o grupo OCH$_3$ em **A** está posicionado de tal modo que, além da retirada de elétrons por efeito indutivo, ele pode doar um par de elétrons livre para estabilizar o carbocátion. Isso é chamado **doação de elétrons por ressonância**. O efeito total do grupo OCH$_3$ em **A** é a estabilização do carbocátion intermediário, pois a estabilização por doação de elétrons por ressonância supera a desestabilização pelo efeito indutivo por retirada de elétrons.

PROBLEMA 9 | **RESOLVIDO**

Preveja em que posição de cada substância a seguir pode ocorrer reação:

a. $CH_3CH=CHOCH_3 + H^+$

b. 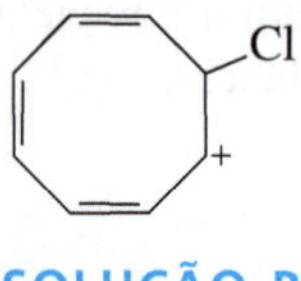 cicloocta-catión com Cl + HO^-

c. 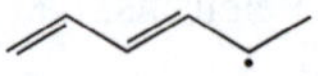 diene + $Br^{\bullet}$

d. 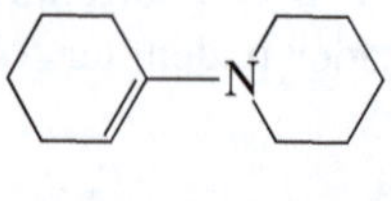 ciclohexenil-N-piperidina + H^+

RESOLUÇÃO PARA 9a As estruturas contribuintes de ressonância mostram que há duas posições que podem ser protonadas: o par de elétrons não compartilhado do oxigênio e do carbono.

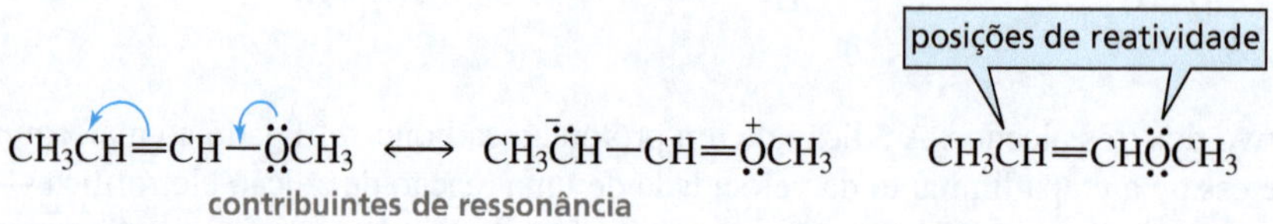

posições de reatividade

$$CH_3CH=CH-\ddot{O}CH_3 \longleftrightarrow CH_3\overset{-}{C}H-CH=\overset{+}{\ddot{O}}CH_3 \qquad CH_3CH=CH\ddot{\ddot{O}}CH_3$$

contribuintes de ressonância

CAPÍTULO 7 Deslocalização eletrônica e ressonância • Mais sobre a teoria do orbital molecular | 279

7.10 O efeito da deslocalização de elétrons sobre o pK_a

Vimos que um ácido carboxílico é um ácido muito mais forte que um álcool porque a base conjugada desse ácido é consideravelmente mais estável que a base conjugada de um álcool (Seção 1.19). (Lembre-se de que quanto mais forte é o ácido, mais estável é sua base conjugada.) Por exemplo, o pK_a do ácido acético é 4,76, ao passo que o pK_a do etanol é 15,9.

$$\underset{\substack{\text{ácido acético}\\ \text{p}K_a = 4{,}76}}{CH_3COH} \quad \underset{\substack{\text{etanol}\\ \text{p}K_a = 15{,}9}}{CH_3CH_2OH}$$

Na Seção 1.19, você viu que a diferença em estabilidade de duas bases conjugadas é atribuída a dois fatores. Primeiro, o íon carboxilato tem um átomo de oxigênio duplamente ligado no lugar de dois hidrogênios, como no íon alcóxido. A retirada de elétrons pelo átomo de oxigênio eletronegativo estabiliza o íon pela diminuição da densidade eletrônica do oxigênio carregado negativamente.

A retirada de elétron aumenta a estabilidade do ânion.

$$\underset{\text{íon carboxilato}}{CH_3CO^-} \quad \underset{\text{íon alcóxido}}{CH_3CH_2O^-}$$

O outro fator responsável pelo aumento da estabilidade de um íon carboxilato é sua *maior energia de ressonância* se comparada àquela de seu ácido conjugado. O íon carboxilato tem energia de ressonância maior que um ácido carboxílico, pois o íon tem dois contribuintes de ressonância equivalentes previstos para serem relativamente estáveis, ao passo que o ácido carboxílico tem somente um (Seção 7.6). Portanto, a perda de um próton de um ácido carboxílico é acompanhada por um aumento na energia de ressonância — em outras palavras, um aumento na estabilidade (Figura 7.7).

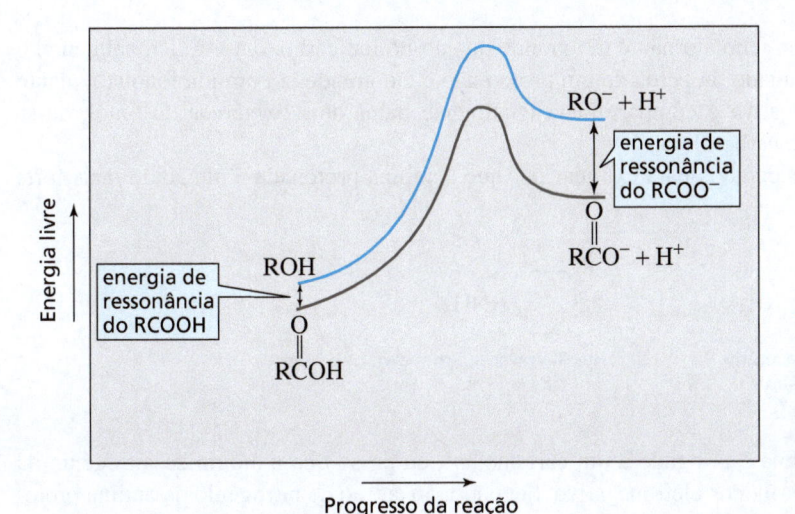

contribuintes de ressonância de um ácido carboxílico: relativamente estável ↔ relativamente instável

contribuintes de ressonância de um íon carboxilato: relativamente estável ↔ relativamente estável

◀ **Figura 7.7**
Um fator que faz um ácido carboxílico ser mais ácido que um álcool é a energia de ressonância maior do íon carboxilato se comparada à do ácido carboxílico, a qual aumenta o K_a (e por isso diminui o pK_a).

Por outro lado, todos os elétrons em um álcool — como o etanol — e sua base conjugada estão localizados, de modo que a perda de um próton de um álcool não é acompanhada por um aumento na energia de ressonância.

$$CH_3CH_2OH \rightleftharpoons CH_3CH_2O^- + H^+$$
etanol

O fenol, uma substância na qual um grupo OH está ligado a um carbono sp^2 de um anel benzênico, é um ácido mais forte que um álcool como o etanol ou o ciclo-hexanol, substâncias nas quais um grupo OH está ligado a um carbono sp^3. Os mesmos fatores responsáveis pela maior acidez de um ácido carboxílico se comparado a um álcool levam o fenol a ser mais ácido que um álcool, como o ciclo-hexanol — estabilização da base conjugada do fenol pela *retirada de elétrons* e pela *energia de ressonância aumentada*.

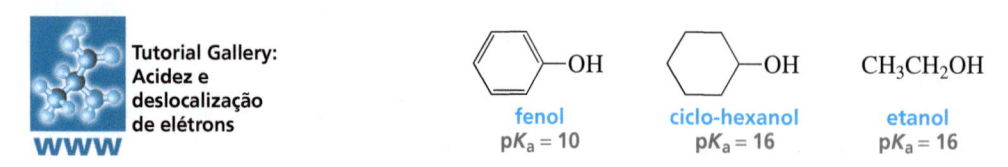

Tutorial Gallery: Acidez e deslocalização de elétrons
www

fenol
pK_a = 10

ciclo-hexanol
pK_a = 16

CH_3CH_2OH
etanol
pK_a = 16

O grupo OH do fenol está ligado a um carbono sp^2 que é mais eletronegativo que um carbono sp^3 no qual o grupo OH do ciclo-hexanol está ligado (Seção 6.9). Um *efeito indutivo por retirada* maior de elétron pelo carbono sp^2 estabiliza a base conjugada pelo decréscimo da densidade eletrônica do seu átomo carregado negativamente. O fenol e o íon fenolato têm elétrons deslocalizados, mas a energia de ressonância do íon fenolato é maior porque três dos contribuintes de ressonância do fenol têm cargas separadas. A perda de um próton pelo fenol, assim, é acompanhada por aumento na energia de ressonância. Ao contrário, nem o ciclo-hexanol nem sua base conjugada tem elétrons deslocalizados, portanto a perda de um próton não é acompanhada de aumento na energia de ressonância.

fenol

íon fenolato + H^+

A retirada de elétrons do oxigênio no íon fenolato não é tão grande quanto no íon carboxilato. Adicionalmente, o aumento da energia de ressonância como resultado da perda de um próton não é tão grande em um íon fenolato quanto em um íon carboxilato, no qual a carga negativa é compartilhada igualmente pelos dois oxigênios. O fenol, dessa maneira, é um ácido mais fraco que um ácido carboxílico.

Os mesmos dois fatores podem ser considerados para explicar por que a anilina protonada é um ácido mais forte que a ciclo-hexilamina protonada.

anilina protonada
pK_a = 4,60

ciclo-hexilamina protonada
pK_a = 11,2

Primeiro, o átomo de nitrogênio da anilina está ligado a um carbono sp^2, ao passo que o átomo de nitrogênio da ciclo-hexilamina está ligado a um carbono sp^3 menos eletronegativo. Segundo, no átomo de nitrogênio da anilina protonada falta um par de elétrons livre que poderia ser deslocalizado. Ao perder um próton, porém, esse par de elétrons, que anteriormente segurava o próton, pode ser deslocalizado. A perda de um próton, portanto, é acompanhada de aumento da energia de ressonância.

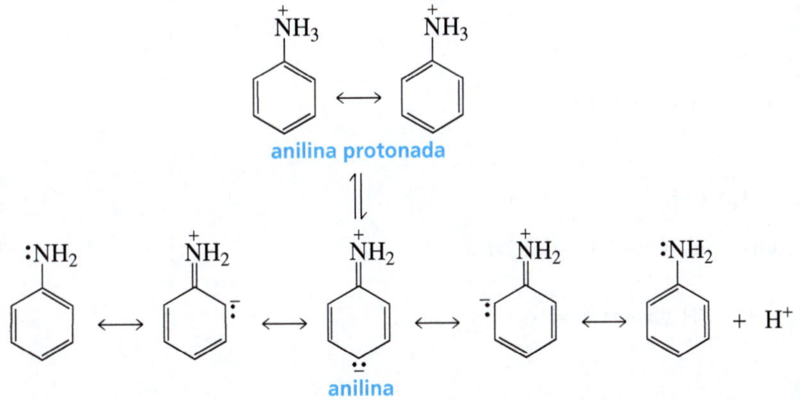

CAPÍTULO 7   Deslocalização eletrônica e ressonância • Mais sobre a teoria do orbital molecular   **281**

anilina protonada

anilina + H⁺

Uma amina como a ciclo-hexilamina não tem elétrons deslocalizados em nenhuma das formas, protonada ou desprotonada; a perda de um próton não está, desse modo, associada a uma mudança na energia de ressonância da amina.

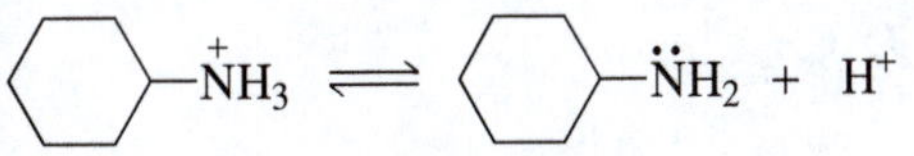

Agora nós podemos adicionar o fenol e a anilina protonada às classes de substâncias orgânicas nas quais os valores aproximados de pK_a você deveria saber (Tabela 7.1). Eles estão listados também na contracapa do livro.

Tabela 7.1 Valores aproximados de pK_a

pK_a < 0	pK_a ≈ 5	pK_a ≈ 10	pK_a ≈ 15
$\overset{+}{ROH_2}$	RCOOH	$R\overset{+}{N}H_3$	ROH
$\overset{+}{OH}$=RCOH	Ph–$\overset{+}{N}H_3$	Ph–OH	H₂O
H₃O⁺			

PROBLEMA 10   RESOLVIDO

Qual dos seguintes ácidos você acha que é o mais forte?

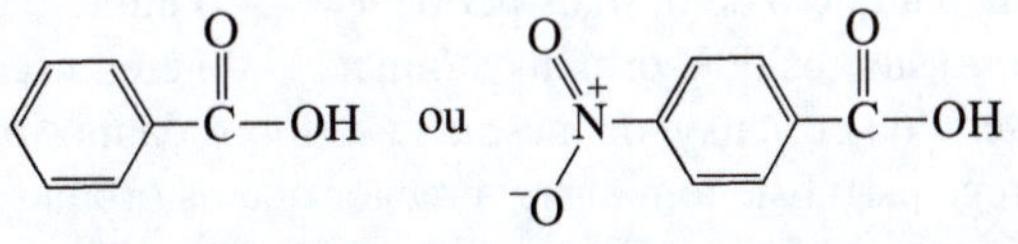

Ph–C(=O)–OH   ou   O₂N–C₆H₄–C(=O)–OH

RESOLUÇÃO A substância nitrossubstituída é o ácido mais forte porque o substituinte nitro pode retirar elétrons por indução (por meio das ligações σ) e por ressonância (por meio das ligações π). Vimos que substituintes retiradores de elétrons aumentam a acidez de uma substância pela estabilização da sua base conjugada.

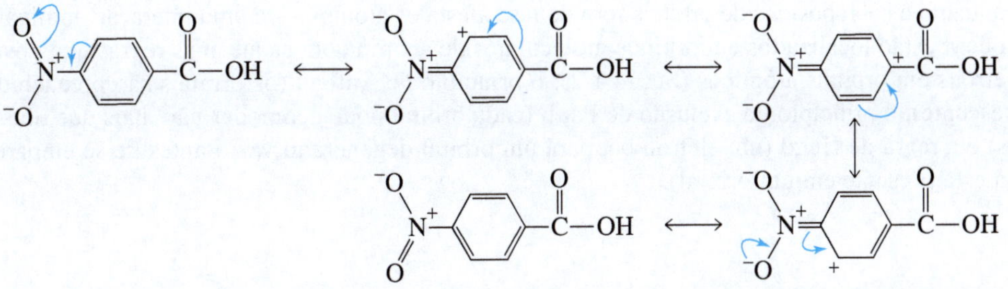

PROBLEMA 11♦

Qual é o ácido mais forte?

a. $CH_3CH_2CH_2OH$ ou $CH_3CH=CHOH$

b. $\overset{O}{\underset{\|}{H}}CCH_2OH$ ou $\overset{O}{\underset{\|}{C}}H_3COH$

c. $CH_3CH=CHCH_2OH$ ou $CH_3CH=CHOH$

d. $CH_3CH_2CH_2\overset{+}{N}H_3$ ou $CH_3CH=CH\overset{+}{N}H_3$

PROBLEMA 12♦

Qual é a base mais forte?

a. etilamina ou anilina
b. etilamina ou íon etóxido ($CH_3CH_2O^-$)
c. íon fenolato ou íon etóxido

PROBLEMA 13♦

Coloque as seguintes substâncias em ordem decrescente de acidez:

Ph—OH   Ph—CH$_2$OH   Ph—COOH

7.11 Descrição de estabilidade por orbital molecular

Temos usado contribuintes de ressonância para mostrar por que substâncias são estabilizadas por deslocalização de elétrons. Isso também pode ser explicado pela teoria do orbital molecular (OM).

Dedique um momento para revisar a Seção 1.6.

Na Seção 1.5, vimos que os dois lobos de um orbital p têm fases opostas. Vimos também que, quando dois orbitais p de mesma fase se sobrepõem, uma ligação covalente é formada, e quando dois orbitais p de fase oposta se sobrepõem, eles se cancelam e produzem um nodo entre os dois núcleos (Seção 1.6). Um *nodo* é uma região onde há probabilidade zero de se encontrar um elétron.

Vamos rever como os orbitais moleculares π do eteno são formados. Uma descrição de um OM do eteno é mostrada na Figura 7.8. Os dois orbitais p podem estar tanto na mesma fase como em fase oposta. (As fases diferentes são indicadas por cores diferentes.) Note que o número de orbitais permanece — o número de orbitais moleculares é igual ao de orbitais atômicos que os produzem. Assim, os dois orbitais atômicos p do eteno se sobrepõem para produzir dois orbitais moleculares. A sobreposição lateral de orbitais p de mesma fase (lobos da mesma cor) produz um **orbital molecular ligante** designado por ψ_1 (a letra grega psi). Este tem energia menor que os orbitais atômicos p e envolve ambos os carbonos. Em outras palavras, cada elétron no orbital molecular ligante se expande sobre ambos os átomos de carbono.

A sobreposição lateral de orbitais p de fase oposta produz um **orbital molecular antiligante**, ψ_2, o qual tem maior energia que os orbitais atômicos p. Um orbital molecular antiligante tem um nodo entre os lobos de fases opostas. O OM ligante resulta da *sobreposição construtiva* de orbitais atômicos, ao passo que o OM antiligante resulta da *sobreposição destrutiva* de orbitais atômicos. Ou seja, a sobreposição de orbitais de mesma fase reúne os átomos — é uma interação ligante — , enquanto a sobreposição de orbitais fora de fase afasta os átomos — é uma interação antiligante.

Os elétrons π estão localizados em orbitais moleculares de acordo com as mesmas regras que governam a localização de elétrons em orbitais atômicos (Seção 1.2): o princípio de Aufbau (os orbitais são preenchidos em ordem de energia crescente), o princípio da exclusão de Pauli (cada orbital pode acomodar não mais que dois elétrons com spins opostos) e a regra de Hund (um elétron ocupará um orbital degenerado vazio antes de se emparelhar com um elétron que já está presente em um orbital).

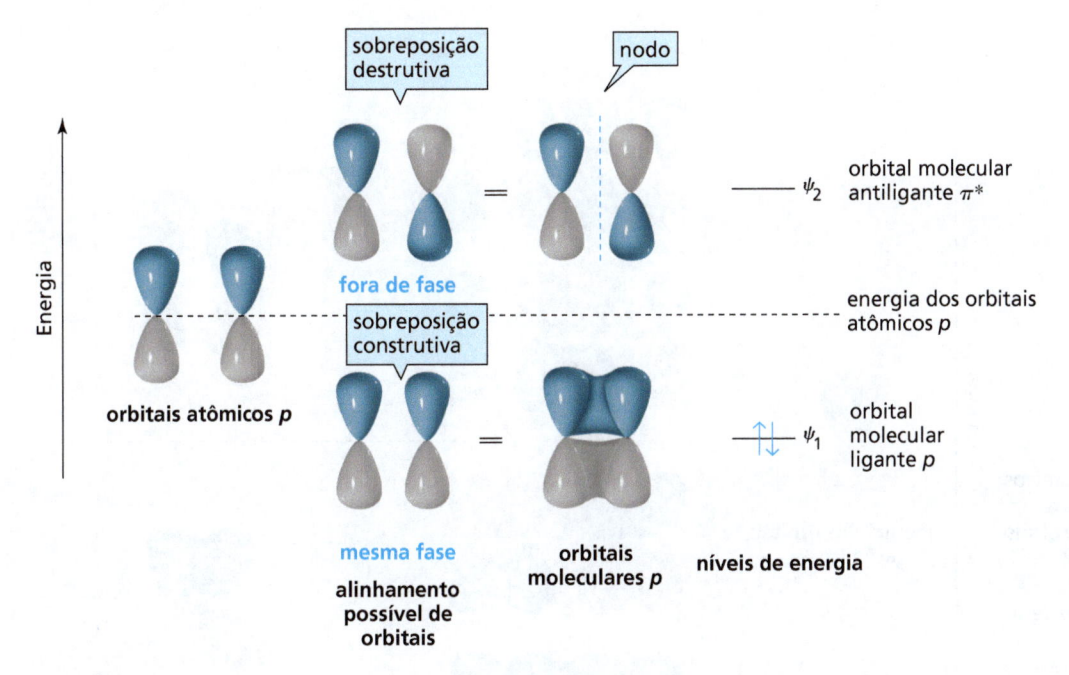

CAPÍTULO 7 Deslocalização eletrônica e ressonância • Mais sobre a teoria do orbital molecular 283

▲ Figura 7.8
A distribuição de elétrons no eteno. A sobreposição de orbitais p de mesma fase produz um orbital molecular ligante que tem energia menor que os orbitais atômicos p. A sobreposição de orbitais p de fase oposta produz um orbital molecular antiligante que tem energia maior que os orbitais atômicos p.

1,3-butadieno e 1,4-pentadieno

Os elétrons π do 1,3-butadieno estão deslocalizados sobre os quatro carbonos sp^2, ou seja, existem quatro carbonos no sistema π. Uma descrição de orbital molecular do 1,3-butadieno é mostrada na Figura 7.9.

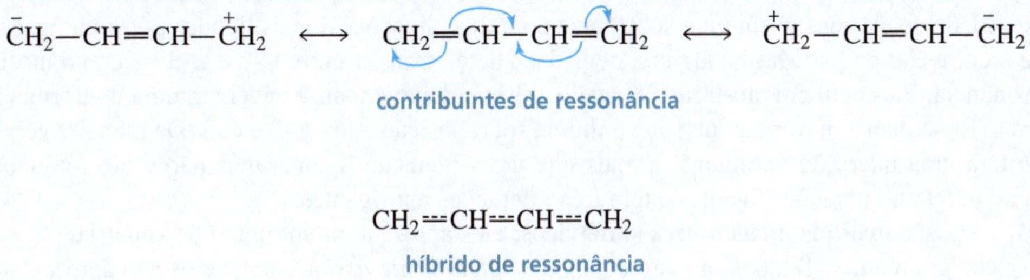

$$\bar{C}H_2-CH=CH-\overset{+}{C}H_2 \longleftrightarrow CH_2=CH-CH=CH_2 \longleftrightarrow \overset{+}{C}H_2-CH=CH-\bar{C}H_2$$

contribuintes de ressonância

$$CH_2\cdots CH\cdots CH\cdots CH_2$$

híbrido de ressonância

Cada um dos quatro carbonos contribui com um orbital atômico p e os quatro orbitais atômicos p se combinam para produzir quatro orbitais moleculares π: ψ_1, ψ_2, ψ_3 e ψ_4. Assim, um orbital molecular resulta da **combinação linear de orbitais atômicos (CLOA)**. Metade dos OMs são ligantes (π), OMs (ψ_1 e ψ_2), e a outra metade é antiligante (π^*), OMs (ψ_3 e ψ_4). Eles são designados ψ_1, ψ_2, ψ_3 e ψ_4 em ordem crescente de energia. As energias dos OMs ligante e antiligante estão simetricamente distribuídas acima e abaixo da energia dos orbitais atômicos p.

Repare que como os OMs aumentam em energia, o número de nodos aumenta e o número de interações ligantes diminui. O OM de mais baixa energia (ψ_1) tem somente o nodo que divide os orbitais p — não tem nodos entre os núcleos, porque todos os lobos azuis se sobrepõem em uma face da molécula e todos os lobos cinza se sobrepõem na outra face; ψ_1 tem três interações ligantes; ψ_2 tem um nodo entre os núcleos e duas interações ligantes (resultando em uma interação ligante); ψ_3 tem dois nodos entre os núcleos e uma interação ligante (resultando em uma interação antiligante); ψ_4 tem três nodos entre os núcleos — três interações antiligantes — e nenhuma interação ligante. Os quatro elétrons π do 1,3-butadieno estão em ψ_1 e ψ_2.

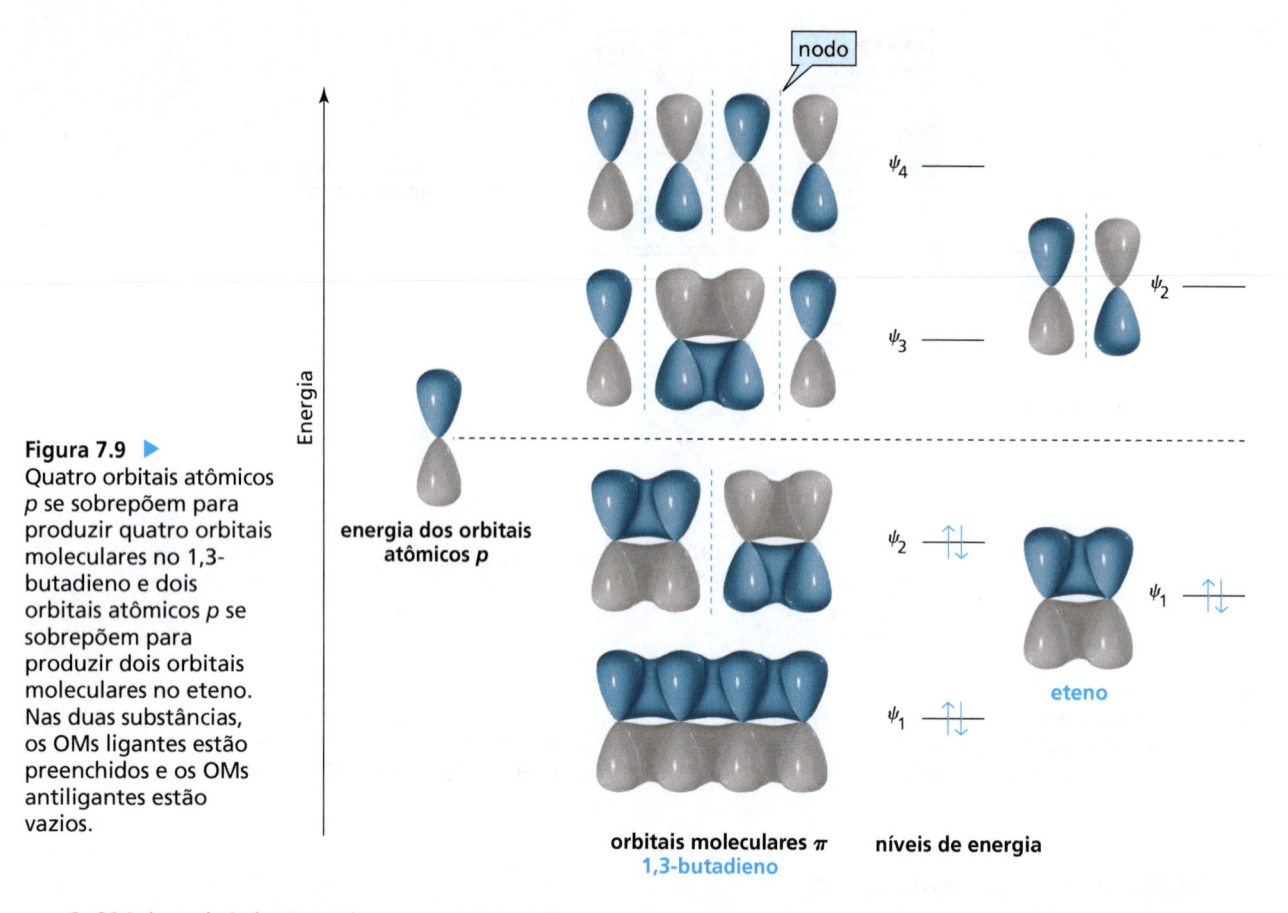

Figura 7.9
Quatro orbitais atômicos *p* se sobrepõem para produzir quatro orbitais moleculares no 1,3-butadieno e dois orbitais atômicos *p* se sobrepõem para produzir dois orbitais moleculares no eteno. Nas duas substâncias, os OMs ligantes estão preenchidos e os OMs antiligantes estão vazios.

O OM de mais baixa energia (ψ_1) do 1,3-butadieno é particularmente estável porque tem três interações ligantes e seus dois elétrons estão deslocalizados sobre todos os quatro núcleos — eles incluem todos os carbonos no sistema π. O OM mais próximo em energia (ψ_2) é também um OM ligante, pois tem uma interação ligante a mais que uma interação antiligante; ele não é tão fortemente ligante nem tem energia tão baixa quanto ψ_1. Esses dois OMs ligantes mostram que a maior densidade de elétrons π em uma substância com duas ligações duplas ligadas por uma ligação simples está entre C1 e C-2 e entre C-3 e C-4. Mas há alguma densidade de elétrons π entre C-2 e C-3 — como mostram os contribuintes de ressonância. Eles também mostram por que o 1,3-butadieno é mais estável em uma conformação planar: se o 1,3-butadieno não fosse planar, haveria pouca ou nenhuma sobreposição entre C-2 e C-3. De maneira geral, ψ_3 é um OM antiligante: ele tem uma interação antiligante a mais que uma interação ligante, mas não é tão fortemente antiligante quanto ψ_4, o qual não tem interações ligantes e tem três interações antiligantes.

Ambos, ψ_1 e ψ_3, são **orbitais moleculares simétricos**; eles apresentam um plano de simetria, portanto uma metade é imagem especular da outra. Tanto ψ_2 quanto ψ_4 são *completamente assimétricos*; eles não apresentam um plano de simetria, mas poderiam ter um se a metade de um OM fosse virada de cabeça para baixo. Note que como os OMs aumentam em energia, eles se alternam entre simétrico e assimétrico.

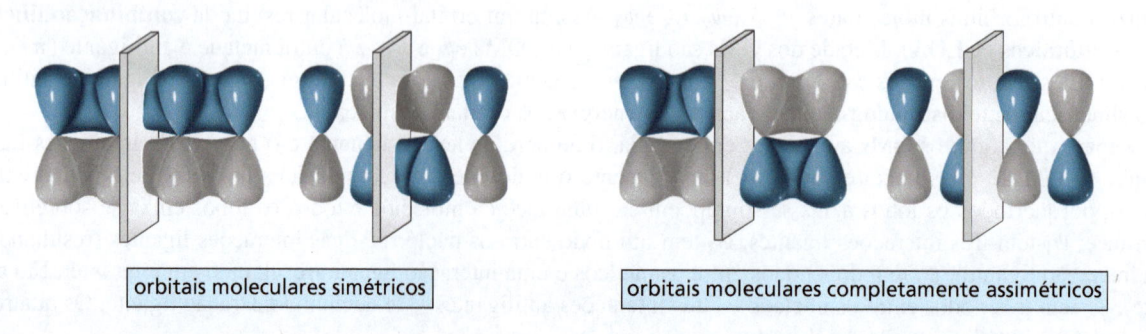

As energias dos OMs do 1,3-butadieno e do eteno são comparadas na Figura 7.9. Repare que a energia média de elétrons no 1,3-butadieno é menor do que a do eteno. Essa energia menor é a energia de ressonância, ou seja, o 1,3-butadieno é estabilizado por deslocalização de elétrons (ressonância).

CAPÍTULO 7   Deslocalização eletrônica e ressonância • Mais sobre a teoria do orbital molecular   285

> **PROBLEMA 14◆**
>
> Qual é o número total de nodos dos orbitais moleculares ψ_3 e ψ_4 do 1,3-butadieno?

O orbital molecular de energia mais alta do 1,3-butadieno que contém elétrons é o ψ_2. Conseqüentemente, ψ_2 é chamado **orbital molecular ocupado de maior energia (HOMO)**. O orbital molecular de energia mais baixa do 1,3-butadieno que não contém elétrons é ψ_3; este é chamado **orbital molecular desocupado de menor energia (LUMO)**.

HOMO 5 orbital molecular ocupado mais elevado.
LUMO 5 orbital molecular não-ocupado mais baixo.

A descrição dos orbitais moleculares do 1,3-butadieno mostrada na Figura 7.9 representa a configuração eletrônica da molécula no seu estado fundamental. Se ela absorve luz de um comprimento de onda apropriado, a radiação vai promover um elétron do HOMO para o LUMO (de ψ_2 para ψ_3). A molécula, assim, está no seu estado excitado (Seção 1.2). A excitação de um elétron do HOMO para o LUMO é a base da espectroscopia ultravioleta e visível (Seção 8.9).

> **PROBLEMA 15◆**
>
> Responda às seguintes questões sobre os orbitais moleculares π do 1,3-butadieno:
>
> a. Quais são os OMs ligantes e antiligantes?
> b. Quais são os OMs simétricos e assimétricos?
> c. Qual OM é o HOMO e qual é o LUMO no estado fundamental?
> d. Qual OM é o HOMO e qual é o LUMO no estado excitado?
> e. Qual é a relação entre o HOMO e o LUMO e orbitais simétricos e assimétricos?

Agora vamos ver os orbitais moleculares π do 1,4-pentadieno.

$$CH_2=CHCH_2CH=CH_2$$
1,4-pentadieno

$$—CH_2—$$

O 1,4-pentadieno, assim como o 1,3-butadieno, tem quatro elétrons π. Porém, ao contrário dos elétrons deslocalizados do 1,3-butadieno, os elétrons π do 1,4-pentadieno estão completamente separados uns dos outros, ou seja, os elétrons estão localizados. Os orbitais moleculares do 1,4-pentadieno possuem a mesma energia que os do eteno — uma substância com um par de elétrons π localizados. Assim, a teoria do orbital molecular e os contribuintes de ressonância são duas maneiras diferentes de mostrar que os elétrons π do 1,3-butadieno estão deslocalizados e que essa deslocalização estabiliza a molécula.

Cátion alila, radical alila e ânion alila

Agora vamos ver os orbitais moleculares do cátion alila, do radical alila e do ânion alila.

$$CH_2=CH-\overset{+}{C}H_2 \quad CH_2=CH-\dot{C}H_2 \quad CH_2=CH-\overset{-}{\ddot{C}}H_2$$
cátion alila **radical alila** **ânion alila**

Os três orbitais atômicos p do grupo alila se combinam para formar três orbitais moleculares π: ψ_1, ψ_2 e ψ_3 (Figura 7.10). O OM ligante (ψ_1) contém todos os carbonos do sistema π. Em um sistema π acíclico, o número de OMs ligantes é sempre igual ao número de OMs antiligantes. Portanto, quando há número ímpar de OMs, um deles deve ser um **orbital molecular não-ligante**. Em um sistema alila, ψ_2 é um orbital molecular não-ligante. Vimos que, como a energia do OM aumenta, o número de nodos também aumenta. Em decorrência, o OM ψ_2 deve ter um nodo — em adição àquele que ψ_1 tem, que corta os orbitais p. A única posição simétrica para um nodo em ψ_2 é passando através do carbono central. (Você também sabe que é preciso passar através do carbono central porque é o único modo que ψ_2 tem de ser completamente assimétrico como tem de ser, pois ψ_1 e ψ_3 são simétricos.)

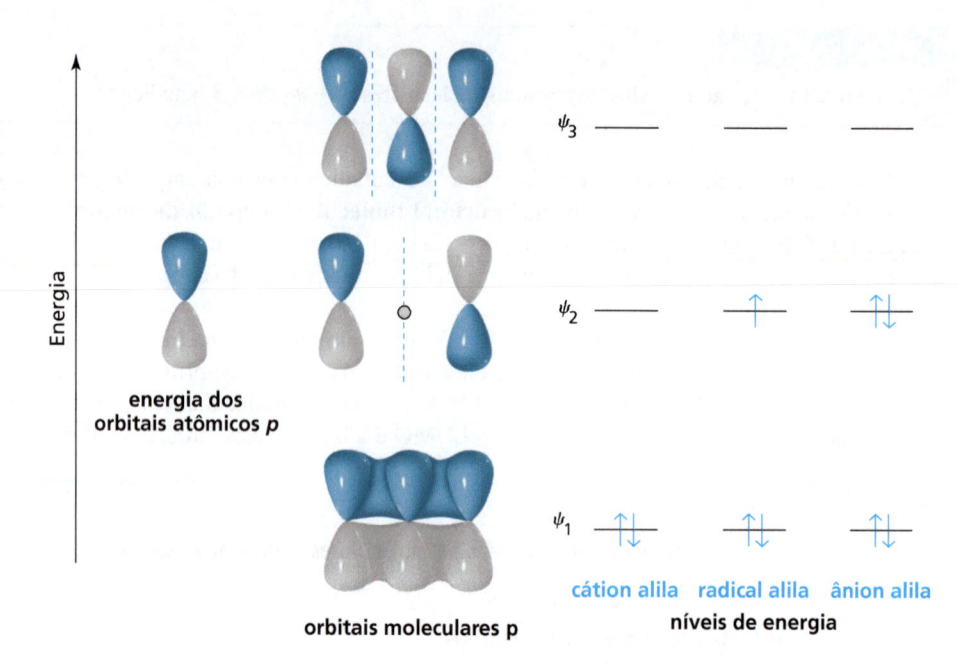

Figura 7.10 ▶
Distribuição de elétrons nos orbitais moleculares do cátion alila, do radical alila e do ânion alila. Três orbitais atômicos p se sobrepõem para formar três orbitais moleculares π.

energia dos orbitais atômicos p

orbitais moleculares p

níveis de energia

cátion alila   radical alila   ânion alila

Você pode ver na Figura 7.10 por que ψ_2 é chamado orbital molecular não-ligante: não há sobreposição entre o orbital p do carbono central e o mesmo orbital de qualquer um dos carbonos terminais. Note que um OM não-ligante tem a mesma energia que os orbitais p isolados. O terceiro orbital molecular (ψ_3) é um OM antiligante.

Os dois elétrons π do cátion alila estão no OM ligante, o que significa que eles estão espalhados sobre os três carbonos. Conseqüentemente, as duas ligações carbono–carbono do cátion alila são idênticas, em que cada uma tem certo caráter de ligação dupla. A carga positiva é compartilhada igualmente pelos átomos de carbono terminais, que é outra maneira de mostrar que a estabilidade do cátion alila deve-se à deslocalização de elétrons.

$$CH_2=CH-\overset{+}{C}H_2 \longleftrightarrow \overset{+}{C}H_2-CH=CH_2 \qquad \overset{\delta+}{C}H_2\text{---}CH\text{---}\overset{\delta+}{C}H_2$$

contribuintes de ressonância do cátion alila   híbrido de ressonância

O radical alila tem dois elétrons no orbital molecular ligante π, portanto esses elétrons estão espalhados sobre os três carbonos. O terceiro elétron está no OM não-ligante. O diagrama de orbital molecular mostra que o terceiro elétron é compartilhado igualmente pelos carbonos terminais, com nenhuma densidade eletrônica sobre o carbono central. Isso está de acordo com o que mostram os contribuintes de ressonância: somente os carbonos terminais têm caráter radicalar.

$$CH_2=CH-\dot{C}H_2 \longleftrightarrow \dot{C}H_2-CH=CH_2 \qquad \overset{\delta\cdot}{C}H_2\text{---}CH\text{---}\overset{\delta\cdot}{C}H_2$$

contribuintes de ressonância do radical alila   híbrido de ressonância

Finalmente, o ânion alila tem dois elétrons no OM não-ligante. Eles são compartilhados igualmente pelos átomos de carbono terminais, estando novamente de acordo com o que mostram os contribuintes de ressonância.

$$CH_2=CH-\bar{C}H_2 \longleftrightarrow \bar{C}H_2-CH=CH_2 \qquad \overset{\delta-}{C}H_2\text{---}CH\text{---}\overset{\delta-}{C}H_2$$

contribuintes de ressonância do ânion alila   híbrido de ressonância

1,3,5-hexatrieno e benzeno

O 1,3,5-hexatrieno, com seis átomos de carbono, tem seis orbitais atômicos p.

$$CH_2=CH-CH=CH-CH=CH_2 \qquad CH_2\text{---}CH\text{---}CH\text{---}CH\text{---}CH\text{---}CH_2$$

1,3,5-hexatrieno   híbrido de ressonância do 1,3,5-hexatrieno

CAPÍTULO 7   Deslocalização eletrônica e ressonância • Mais sobre a teoria do orbital molecular   287

Os seis orbitais atômicos p se combinam para formar seis orbitais moleculares π: $\psi_1, \psi_2, \psi_3, \psi_4, \psi_5$ e ψ_6 (Figura 7.11). Metade dos OMs (ψ_1, ψ_2 e ψ_3) são ligantes e a outra metade (ψ_4, ψ_5 e ψ_6) é antiligante. Os seis elétrons π do 1,3,5-hexatrieno ocupam os três OMs ligantes (ψ_1, ψ_2 e ψ_3) e dois desses elétrons (de ψ_1) estão deslocalizados sobre os seis carbonos. Assim, a teoria do orbital molecular e contribuintes de ressonância são duas maneiras diferentes de mostrar que os elétrons π do 1,3,5-hexatrieno estão deslocalizados. Repare na figura que, como os OMs diminuem em energia, o número de nodos aumenta, o número de interações ligantes diminui e os OMs se alternam de simétricos para assimétricos.

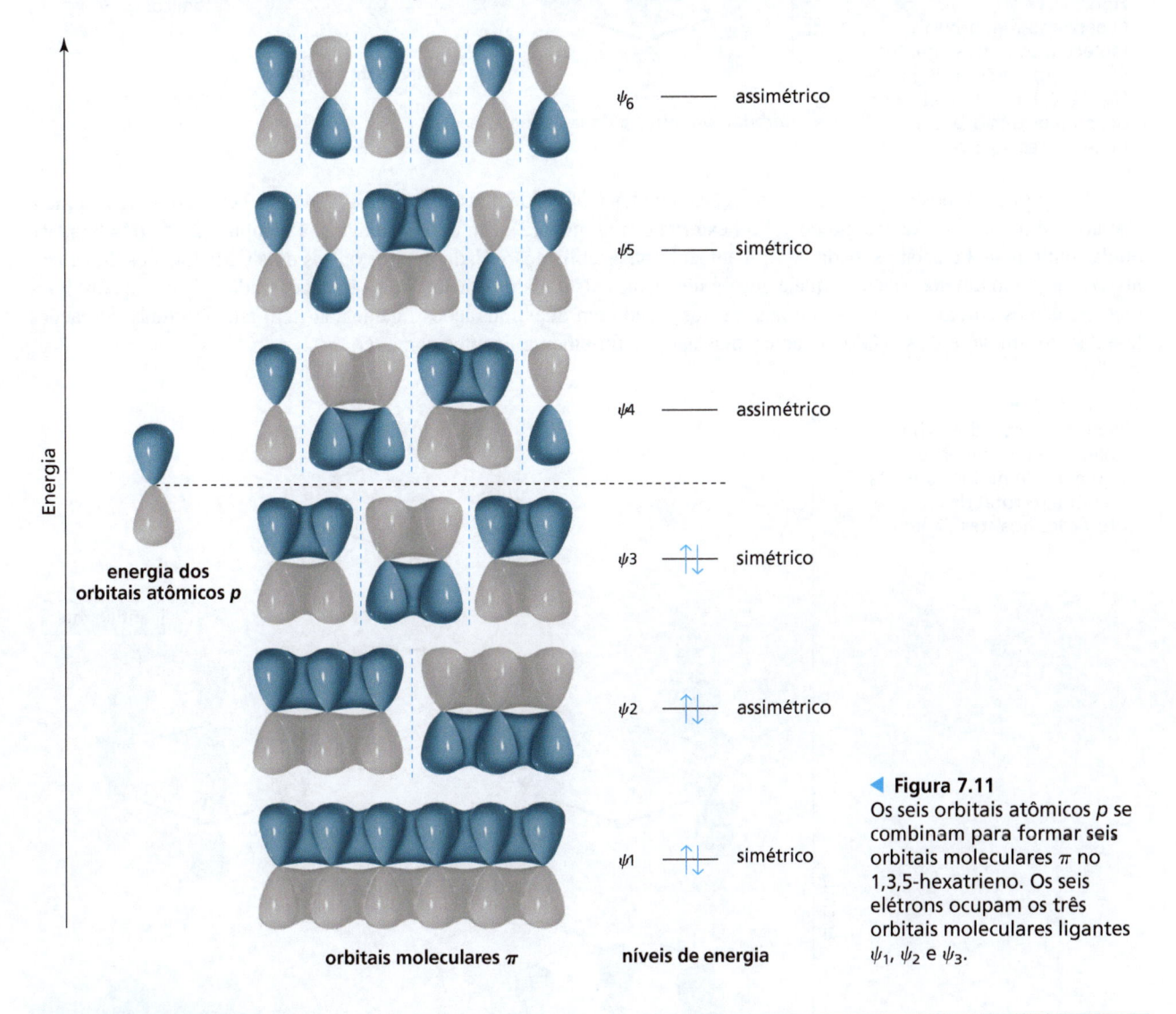

◀ **Figura 7.11**
Os seis orbitais atômicos p se combinam para formar seis orbitais moleculares π no 1,3,5-hexatrieno. Os seis elétrons ocupam os três orbitais moleculares ligantes ψ_1, ψ_2 e ψ_3.

PROBLEMA 16◆

Responda às seguintes questões sobre orbitais moleculares π do 1,3,5-hexatrieno:

a. Quais são os OMs ligantes e antiligantes?
b. Quais são os OMs simétricos e assimétricos?
c. Qual OM é o HOMO e qual é o LUMO no estado fundamental?
d. Qual OM é o HOMO e qual é o LUMO no estado excitado?
e. Qual é a relação entre o HOMO e o LUMO e orbitais simétricos e assimétricos?

Como o 1,3,5-hexatrieno, o benzeno tem um sistema π com seis carbonos. Esse sistema, porém, é cíclico. Os seis orbitais atômicos p se combinam para formar seis orbitais moleculares π (Figura 7.12). Três dos OMs são ligantes (ψ_1, ψ_2 e ψ_3) e três são antiligantes (ψ_4, ψ_5 e ψ_6). Os seis elétrons π do benzeno ocupam os três OMs de mais baixa energia (os OMs ligantes). Os dois elétrons em ψ_1 estão deslocalizados sobre os seis átomos de carbono. O método usado para determinar as energias relativas dos OMs de substâncias com sistemas π cíclicos é descrito no volume 2, Seção 15.6.

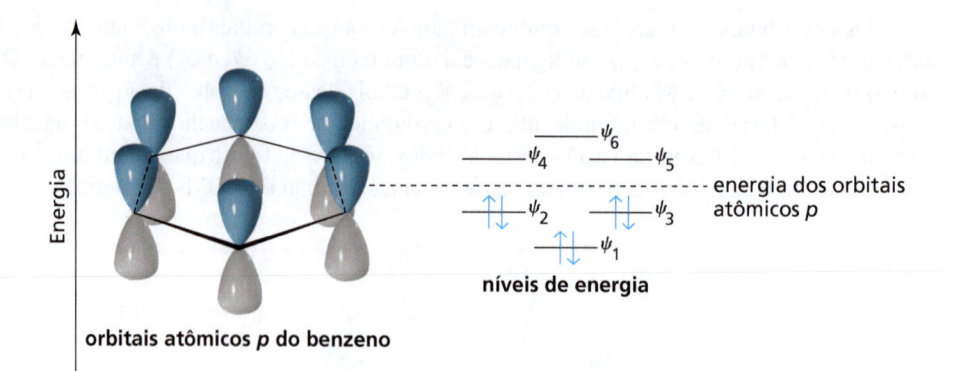

Figura 7.12 ▶
O benzeno tem orbitais moleculares π, três ligantes (ψ_1, ψ_2, ψ_3) e três antiligantes (ψ_4, ψ_5, ψ_6). Os seis elétrons π ocupam os três orbitais moleculares ligantes.

A Figura 7.13 mostra que há seis interações ligantes no OM de mais baixa energia (ψ_1) do benzeno — uma a mais que no OM de mais baixa energia do 1,3,5-hexatrieno (Figura 7.12). Em outras palavras, a combinação de três ligações duplas em um anel é acompanhada por um aumento na estabilização. Cada um dos outros dois OMs ligantes do benzeno (ψ_2 e ψ_3) tem um nodo além daquele que divide os orbitais p. Esses dois orbitais são degenerados: ψ_2 tem quatro interações ligantes e duas interações antiligantes, resultando em duas interações ligantes; ψ_3 tem também duas interações ligantes. Assim, ψ_2 e ψ_3 são OMs ligantes, mas não tão fortemente ligantes como ψ_1.

Figura 7.13 ▶
Como a energia dos orbitais moleculares π aumenta, o número de nodos aumenta e o número total de interações ligantes diminui.

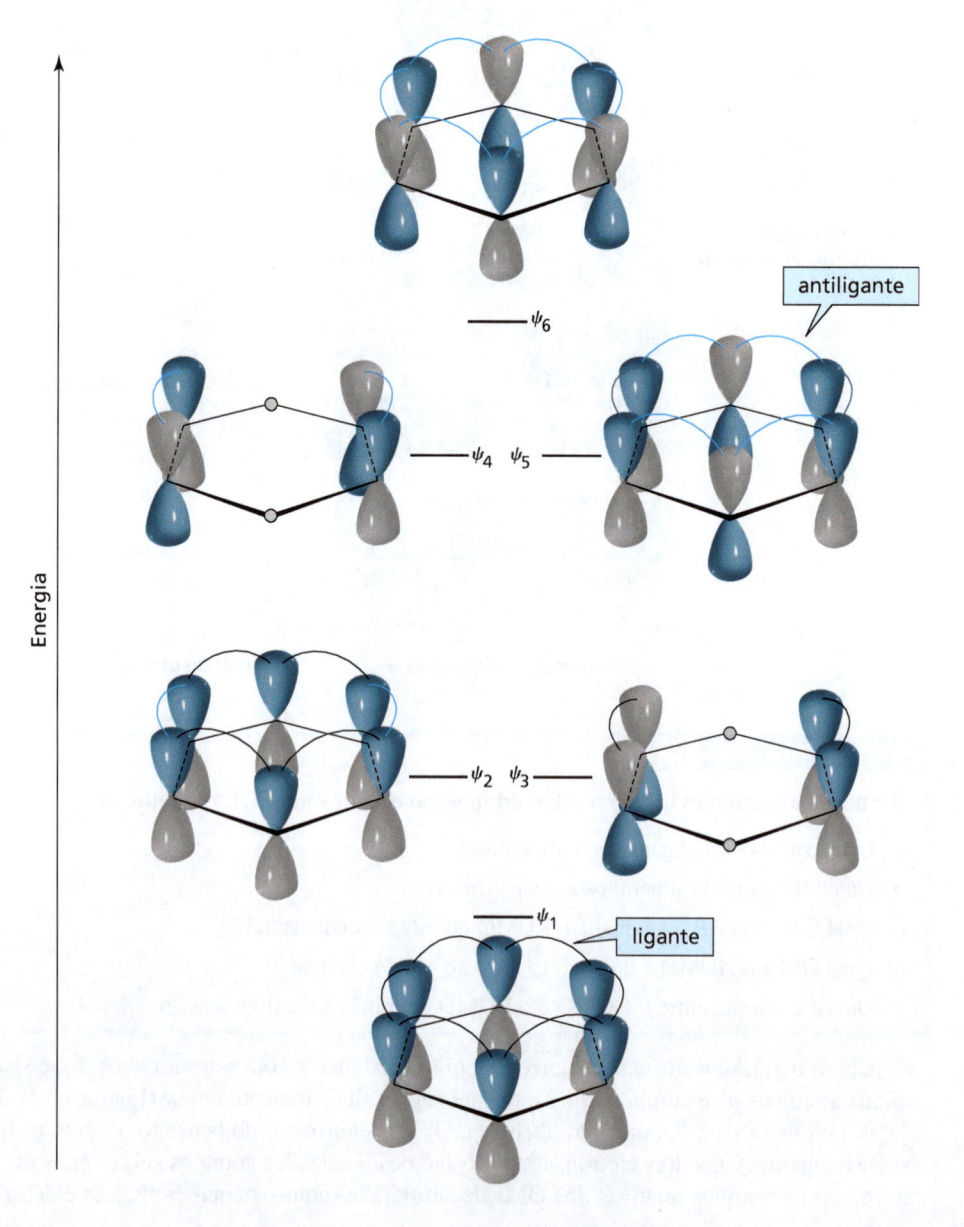

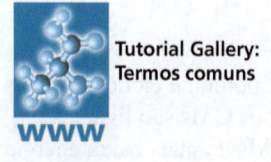

Tutorial Gallery: Termos comuns
www

CAPÍTULO 7   Deslocalização eletrônica e ressonância • Mais sobre a teoria do orbital molecular   **289**

Os níveis de energia dos OMs do eteno, do 1,3-butadieno, do 1,3,5-hexatrieno e do benzeno são comparados na Figura 7.14. Pode-se ver que o benzeno é uma molécula particularmente estável — mais estável que o 1,3,5-hexatrieno e muito mais estável que uma molécula com uma ou mais ligações duplas isoladas. Substâncias como o benzeno, que são incomumente estáveis devido à grande deslocalização de energias, são chamadas **substâncias aromáticas**. As características estruturais que levam uma substância a ser aromática são discutidas no volume 2, Seção 15.1.

> **PROBLEMA 17◆**
>
> Quantas interações ligantes existem nos orbitais moleculares ψ_1 e ψ_2 das seguintes substâncias?
>
> a. 1,3-butadieno
>
> b. 1,3,5,7-octatetraeno

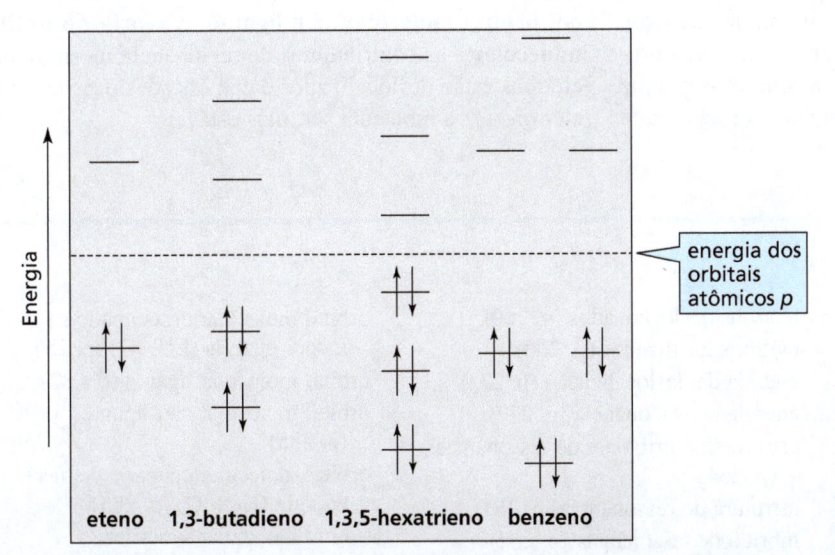

◀ **Figura 7.14**
Comparação dos níveis de energia dos orbitais moleculares π do eteno, do 1,3-butadieno, do 1,3,5-hexatrieno e do benzeno.

Resumo

Elétrons localizados pertencem a um simples átomo ou estão limitados a uma ligação entre dois átomos. **Elétrons deslocalizados** são compartilhados por mais de dois átomos; eles resultam de um orbital p que se sobrepõe aos orbitais p de mais de um átomo adjacente. A deslocalização de elétrons ocorre somente quando todos os átomos que compartilham os elétrons deslocalizados estão no mesmo plano ou próximos.

O benzeno é uma molécula planar. Cada átomo de carbono está hibridizado em sp^2, com ângulos de ligação de 120°. Um orbital p de cada carbono se sobrepõe aos orbitais p dos carbonos adjacentes. Os seis elétrons π são compartilhados por todos os seis carbonos. Substâncias como o benzeno, que são incomumente estáveis devido à grande deslocalização de energias, são chamadas **substâncias aromáticas**.

Os químicos usam **contribuintes de ressonância** — estruturas com elétrons localizados — para se aproximar da estrutural real de uma substância que tem elétrons deslocalizados: o **híbrido de ressonância**. Para desenhar contribuintes de ressonância deve-se mover somente elétrons π, pares livres ou elétrons desemparelhados em direção a um átomo hibridizado em sp^2. O número total de elétrons emparelhados e desemparelhados não muda.

Quanto maior a **estabilidade prevista** do contribuinte de ressonância, mais ele contribui para o híbrido e mais parecido ele é com a molécula real. A estabilidade prevista é reduzida por (1) um átomo com um octeto incompleto, (2) uma carga negativa (positiva) que não está sobre o átomo mais eletronegativo (eletropositivo) ou (3) separação de cargas. Um híbrido de ressonância é mais estável que a estabilidade prevista para qualquer um dos contribuintes de ressonância.

A estabilidade extra que uma substância ganha tendo elétrons deslocalizados é chamada **energia de ressonância**. Isso nos diz quanto mais estável é uma substância que possui elétrons deslocalizados do que se seus elétrons fossem localizados. Quanto maior o número de contribuintes de ressonância relativamente estáveis e quanto mais equivalentes se apresentarem, maior é a energia de ressonância de uma substância. Cátions alílico e benzílico (e radicais) têm elétrons deslocalizados, portanto são mais estáveis que carbocátions (e radicais) similarmente substituídos. A doação de um par de elétrons é chamada **doação de elétron por ressonância**.

A deslocalização de elétrons pode afetar a natureza do produto formado em uma reação e o pK_a de uma substância. Um ácido carboxílico e um fenol são mais ácidos que um álcool, como o etanol e uma anilina protonada é mais ácida que uma amina protonada porque a retirada de elétron estabiliza suas bases conjugadas, e a perda de um próton é acompanhada do aumento na energia de ressonância.

Um **orbital molecular** é o resultado da **combinação linear de orbitais atômicos**. A quantidade de orbitais permanece: o número de orbitais moleculares é igual ao de orbitais atômicos que os produzem. A sobreposição lado a lado de orbitais p de mesma fase produz um **orbital molecular ligante**, o qual é mais estável que os orbitais atômicos. A sobreposição lado a lado de orbitais p de fase oposta produz um **orbital molecular antiligante**, o qual é menos estável que os orbitais atômicos. O **orbital molecular ocupado de maior energia (HOMO)** é o OM de mais alta energia que contém elétrons. O **orbital molecular desocupado de menor energia (LUMO)** é o OM de mais baixa energia que não contém elétrons.

Como os OMs aumentam em energia, o número de **nodos** aumenta, o número de interações ligantes diminui e eles se alternam de **simétricos** para **assimétricos**. Quando há um número ímpar de orbitais moleculares, um deve ser um **orbital molecular não-ligante**. A **teoria do orbital molecular** e as contribuintes de ressonância mostram que elétrons estão deslocalizados e que essa deslocalização de elétrons faz a molécula ser mais estável.

Palavras-chave

carbono alílico (p. 275)
carbono benzílico (p. 275)
cargas separadas (p. 270)
cátion alílico (p. 275)
cátion benzílico (p. 275)
combinação linear de orbitais atômicos (CLOA) (p. 283)
contribuinte de ressonância (p. 264)
deslocalização de elétrons (p. 272)
doação de elétrons por ressonância (p. 278)

elétrons deslocalizados (p. 260)
elétrons localizados (p. 260)
energia de deslocalização (p. 272)
energia de ressonância (p. 272)
estrutura contribuinte de ressonância (p. 264)
estrutura de ressonância (p. 264)
híbrido de ressonância (p. 264)
orbital molecular antiligante (p. 282)
orbital molecular assimétrico (p. 284)

orbital molecular desocupado de menor energia (LUMO) (p. 285)
orbital molecular ligante (p. 282)
orbital molecular não-ligante (p. 285)
orbital molecular ocupado de menor energia (HOMO) (p. 285)
orbital molecular simétrico (p. 284)
ressonância (p. 272)
substâncias aromáticas (p. 289)

Problemas

18. Quais das seguintes substâncias têm elétrons deslocalizados?

    a. $CH_2=CHCCH_3$ (com O no C central)

    b. (cicloexeno)

    c. (ciclopentadienil com par)

    d. (tetraidronaftaleno)

    e. $CH_2=CHCH_2CH=CH_2$

    f. (cicloexeno)

    g. (ciclopentadienil radical)

    h. $CH_3CH_2NHCH_2CH=CHCH_3$

    i. $CH_3CH_2NHCH=CHCH_3$

    j. (diidronaftaleno)

    l. $CH_3\underset{+}{C}CH_2CH=CH_2$ com CH_3 acima

    m. $CH_3CH_2\underset{+}{C}HCH=CH_2$

    n. $CH_3CH=CHOCH_2CH_3$

19. a. Desenhe os contribuintes de ressonância para as seguintes espécies, mostrando todos os pares livres:
    1. CH_2N_2 2. N_2O 3. NO_2^-

    b. Indique o contribuinte de ressonância mais estável para cada espécie.

CAPÍTULO 7 Deslocalização eletrônica e ressonância • Mais sobre a teoria do orbital molecular

20. Desenhe os contribuintes de ressonância para os seguintes íons:

a. 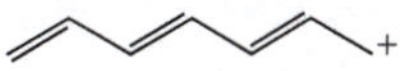 CH₂=CH−CH=CH−CH₂−CH₂⁺

b. 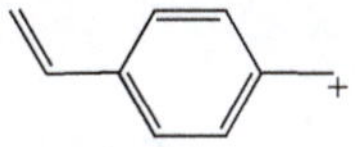 CH₂=CH−C₆H₄⁺

c. 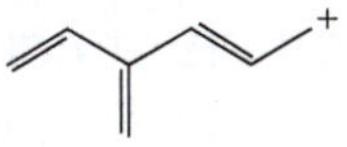 CH₂=CH−C(=CH₂)−CH=CH−CH₂⁺

d. 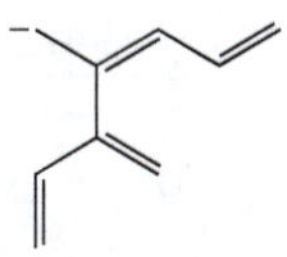 ⁻CH−C(=CH₂)−CH=CH₂ com grupo vinil

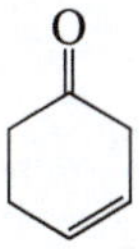

21. Os seguintes pares de estruturas são contribuintes de ressonância ou substâncias diferentes?

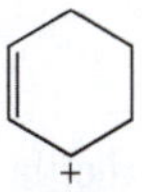

a. 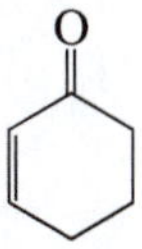 ciclohex-2-enona e ciclohex-3-enona

b. CH₃CH=CHĊHCH=CH₂ e CH₃ĊHCH=CHCH=CH₂

c. CH₃CCH₂CH₃ (cetona) e CH₃C(OH)=CHCH₃

d. ciclohexeno com + embaixo e ciclohexeno com + em cima

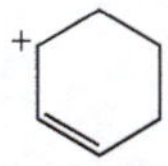

e. CH₃C⁺HCH=CHCH₃ e CH₃CH=CHC⁺H₂CH₂

22. a. Desenhe os contribuintes de ressonância para as seguintes espécies. Não inclua estruturas cujas contribuições para o híbrido de ressonância seriam negligenciáveis por serem tão instáveis. Indique quais espécies são os contribuintes principais e quais são os contribuintes secundários para o híbrido de ressonância.

1. CH₃CH=CHOCH₃

2. 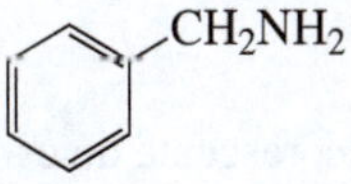 C₆H₅CH₂NH₂

3. CH₃C⁻HC≡N

4.  ciclopentenil radical

5. 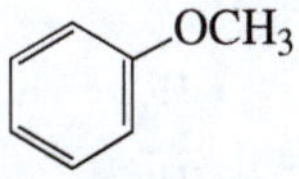 C₆H₅OCH₃

6. CH₃−N⁺(=O)(O⁻)

7. CH₃CH₂COCH₂CH₃

8. CH₃CH=CHCH=CHĊH₂

9. HC(=O)NHCH₃

10. CH₃CH=CHC⁺H₂

11. CO₃²⁻

12. HC(=O)CH=CHC⁻H₂

13. 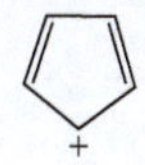 ciclopentadienil cátion

14. CH₃CH−N⁺(=O)(O⁻)

15. 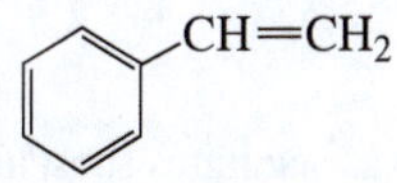 C₆H₅CH=CH₂

16. 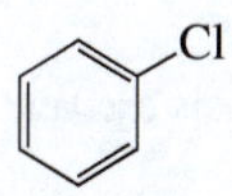 C₆H₅Cl

17. CH₃CCHC⁻CCH₃ (com dois C=O)

18. C⁻H₂COCH₂CH₃

b. Algumas dessas espécies possuem contribuintes de ressonância em que todos contribuem igualmente para o híbrido de ressonância?

QUÍMICA ORGÂNICA

23. Qual contribuinte de ressonância tem a maior contribuição para o híbrido de ressonância?

   a. $CH_3\overset{+}{C}HCH=CH_2$ ou $CH_3CH=CH\overset{+}{C}H_2$

   b. (ciclopenteno com CH₃ e carga +) ou (ciclopenteno com CH₃ e carga +)

   c. (ciclohexadienona) ou (fenolato)

24. a. Qual átomo de oxigênio tem a maior densidade eletrônica?

   $CH_3\overset{\overset{O}{\|}}{C}OCH_3$

   b. Qual substância tem a maior densidade eletrônica em seu átomo de nitrogênio?

   (pirrolina N-H) ou (pirrolina N-H)

   c. Qual substância tem a maior densidade eletrônica em seu átomo de oxigênio?

   (ciclohexil-NHCOCH₃) ou (fenil-NHCOCH₃)

25. Qual desses grupos perderia um próton mais rapidamente: uma metila ligada a um ciclo-hexano ou uma metila ligada a um benzeno?

   (ciclohexil-CH₃)   (fenil-CH₃)

26. O cátion trifenilmetila é tão estável que um sal como o cloreto de trifenilmetila pode ser isolado e estocado. Por que esse carbocátion é tão estável?

   cloreto de trifenilmetila

27. Desenhe os contribuintes de ressonância para o seguinte ânion e coloque-as em ordem decrescente de estabilidade:

   $CH_3CH_2\ddot{\underset{\cdot\cdot}{O}}-\overset{\overset{\ddot{O}:}{\|}}{C}-\underset{\cdot}{C}H-C\equiv N:$

28. Coloque as seguintes substâncias em ordem decrescente de acidez:

   (1-buteno)   (pentano)   (1,4-pentadieno)

29. Qual espécie é mais estável?

   a. $CH_3CH_2O^-$ ou $CH_3\overset{\overset{O}{\|}}{C}O^-$

   b. $CH_3\overset{\overset{O}{\|}}{C}\bar{C}HCH_2\overset{\overset{O}{\|}}{C}H$ ou $CH_3\overset{\overset{O}{\|}}{C}\bar{C}H\overset{\overset{O}{\|}}{C}CH_3$

   c. $CH_3\bar{C}HCH_2\overset{\overset{O}{\|}}{C}CH_3$ ou $CH_3CH_2\bar{C}H\overset{\overset{O}{\|}}{C}CH_3$

   d. $CH_3\overset{\overset{NH_2}{|}}{C}HCH_3$ ou $CH_3\overset{\overset{NH}{\|}}{C}NH_2$

   e. $CH_3\overset{\overset{O}{\|}}{C}-\overset{\overset{}{\underset{CH_3}{|}}}{\bar{C}H}$ ou $CH_3\overset{\overset{}{\underset{CH_3}{|}}}{\bar{C}}-\overset{\overset{CH_2}{\|}}{CH}$

   f. (succinimida N⁻) ou (2-pirrolidona N⁻)

CAPÍTULO 7   Deslocalização eletrônica e ressonância • Mais sobre a teoria do orbital molecular   293

30. Qual espécie é a base mais forte em cada par do Problema 29?

31. Vimos no Capítulo 6 que o etino reage com um equivalente de HCl formando cloreto de vinila. Na presença de um excesso de HCl, o produto final da reação é o 1,1-dicloroetano. Por que o 1,1-dicloroetano é formado, e não o 1,2-dicloroetano?

$$HC\equiv CH \xrightarrow{HCl} H_2C=\underset{Cl}{CH} \xrightarrow{HCl} CH_3CHCl_2$$

32. Por que a energia de ressonância do pirrol (21 kcal/mol) é maior que a do furano (16 kcal/mol)?

furano   pirrol

33. Coloque as seguintes substâncias em ordem decrescente de acidez do hidrogênio indicado:

$$CH_3\overset{O}{\overset{\|}{C}}CH_2CH_2\overset{O}{\overset{\|}{C}}CH_3 \qquad CH_3\overset{O}{\overset{\|}{C}}CH_2CH_2CH_2\overset{O}{\overset{\|}{C}}CH_3 \qquad CH_3\overset{O}{\overset{\|}{C}}CH_2\overset{O}{\overset{\|}{C}}CH_3$$

34. Explique por que o eletrófilo se adiciona ao carbono sp^2 ligado ao maior número de hidrogênios na reação **a**, mas não na reação **b**.
   a. $CH_2=CHF + HF \longrightarrow CH_3CHF_2$
   b. $CH_2=CHCF_3 + HF \longrightarrow FCH_2CH_2CF_3$

35. A constante de dissociação ácida (K_a) para a perda de um próton do ciclo-hexanol é de 1×10^{-16}.
   a. Desenhe um diagrama de energia para a perda de um próton do ciclo-hexanol.

   $$\text{C}_6\text{H}_{11}\text{-OH} \underset{}{\overset{K_a = 1 \times 10^{-16}}{\rightleftarrows}} \text{C}_6\text{H}_{11}\text{-O}^- + \text{H}^+$$

   b. Desenhe os contribuintes de ressonância para o fenol.
   c. Desenhe os contribuintes de ressonância para o íon fenolato.
   d. Desenhe um diagrama de energia para a perda de um próton do fenol e do ciclo-hexanol no mesmo gráfico.

   $$\text{C}_6\text{H}_5\text{-OH} \rightleftarrows \text{C}_6\text{H}_5\text{-O}^- + \text{H}^+$$

   e. Qual apresenta maior K_a, ciclo-hexanol ou fenol?
   f. Qual é o ácido mais forte, ciclo-hexanol ou fenol?

36. A ciclo-hexilamina protonada tem $K_a = 1 \times 10^{-11}$. Usando a mesma seqüência de etapas do Problema 35, determine qual é a base mais forte, ciclo-hexilamina ou anilina.

   $$\text{C}_6\text{H}_{11}\text{-}\overset{+}{\text{N}}\text{H}_3 \rightleftarrows \text{C}_6\text{H}_{11}\text{-NH}_2 + \text{H}^+$$

   $$\text{C}_6\text{H}_5\text{-}\overset{+}{\text{N}}\text{H}_3 \rightleftarrows \text{C}_6\text{H}_5\text{-NH}_2 + \text{H}^+$$

37. Responda às seguintes questões sobre os orbitais moleculares π do 1,3,5,7-octatetraeno:
   a. Quantos OMs π o composto apresenta?
   b. Quais são os OMs ligantes e antiligantes?
   c. Quais OMs são simétricos e quais são assimétricos?
   d. Qual OM é o HOMO e qual é o LUMO no estado fundamental?
   e. Qual OM é o HOMO e qual é o LUMO no estado excitado?
   f. Qual é a relação entre o HOMO e o LUMO e entre orbitais simétrico e assimétrico?
   g. Quantos nodos o orbital molecular π de mais alta energia do 1,3,5,7-octatetraeno tem entre os núcleos?

8 | Reações de dienos • Espectroscopia na região do ultravioleta e do visível

retinol
vitamina A

Neste capítulo, estudaremos as reações de substâncias que apresentam duas ligações duplas. Os hidrocarbonetos com duas ligações duplas são chamados **dienos**, e aqueles com três ligações duplas são chamados **trienos**. Os **tetraenos** possuem quatro ligações duplas, e os **polienos** possuem muitas ligações duplas. Apesar de enfocarmos principalmente as reações de dienos, as mesmas considerações aqui apresentadas aplicam-se aos hidrocarbonetos que contêm mais de duas ligações duplas.

α-cadineno
óleo de citronela
dieno

β-selineno
óleo de aipo
dieno

zingibereno
óleo de gengibre
trieno

β-caroteno
polieno

As ligações duplas podem ser *conjugadas*, *isoladas* ou *acumuladas*. As **ligações duplas conjugadas** são separadas por uma ligação simples. As **ligações duplas isoladas** são separadas por mais de uma ligação simples. Em outras palavras, as ligações duplas são isoladas umas das outras. As **ligações duplas acumuladas** são adjacentes umas às outras. As substâncias com ligações duplas acumuladas são chamadas **alenos**.

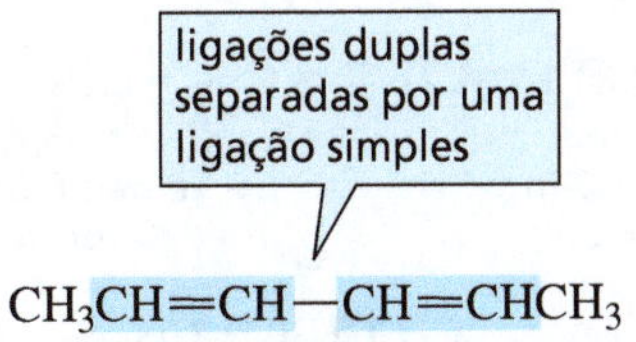

CH₃CH=CH—CH=CHCH₃
dieno conjugado 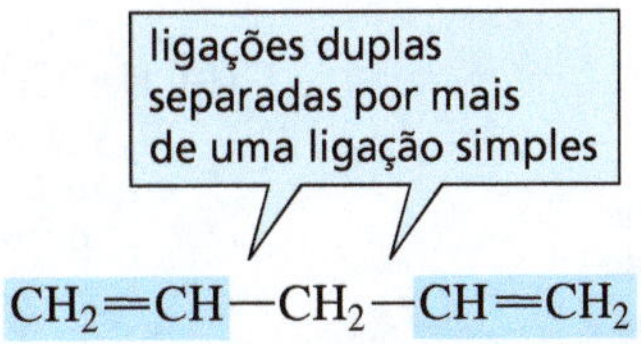
ligações duplas separadas por uma ligação simples

CH₂=CH—CH₂—CH=CH₂
dieno isolado 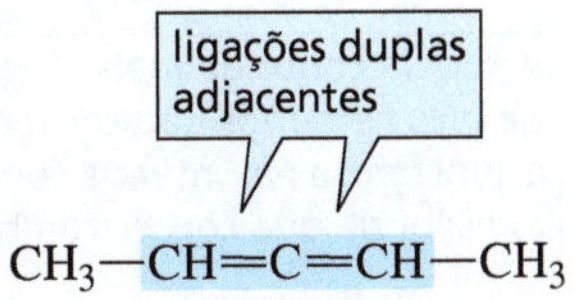
ligações duplas separadas por mais de uma ligação simples

CH₃—CH=C=CH—CH₃
dieno acumulado
aleno
ligações duplas adjacentes

8.1 Nomenclatura de alcenos com mais de um grupamento funcional

Para se chegar ao nome sistemático de um dieno, devemos inicialmente identificar pelo nome de seu alceno a cadeia contínua mais longa que contenha ambas as ligações duplas, e depois trocar a terminação "eno" pela terminação "adieno". A cadeia é numerada na direção que fornece à ligação dupla os menores números possíveis. Os números que indicam a localização das ligações duplas são citados antes do nome da substância ou precedem o sufixo. Os substituintes são citados em ordem alfabética. O propadieno, o menor dos membros da classe de substâncias conhecidas como alenos, é freqüentemente chamado aleno.

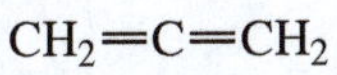

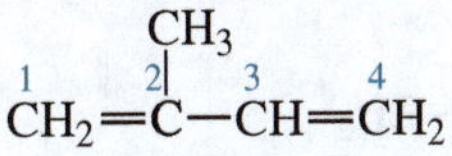

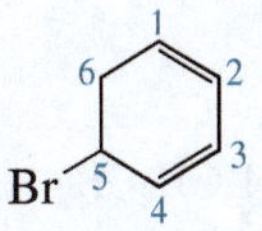

CH₂=C=CH₂

$\overset{1}{CH_2}=\overset{2}{\underset{|}{C}}-\overset{3}{CH}=\overset{4}{CH_2}$
  $\quad\;\;\;CH_3$

5-bromo-1,3-ciclo-hexadieno (posições 1-6, Br no 5)

sistemático: propadieno
comum: aleno

2-metil-1,3-butadieno
ou
2-metilbuta-1,3-dieno
isopreno

5-bromo-1,3-ciclo-hexadieno
ou
5-bromociclo-hexa-1,3-dieno

$\overset{6}{CH_3}\overset{5}{CH}=\overset{4}{CH}\overset{3}{CH_2}\overset{2}{\underset{|}{C}}=\overset{1}{CH_2}$
   $\qquad\qquad\;\;\;CH_3$

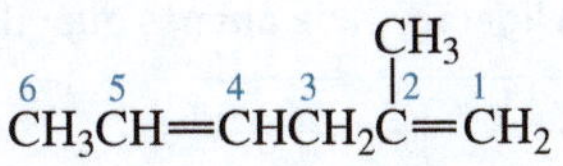

2-metil-1,4-hexadieno
ou
2-metil-hexa-1,4-dieno

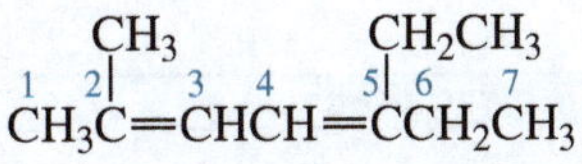

$\overset{1}{CH_3}\overset{2}{\underset{|}{C}}=\overset{3}{CH}\overset{4}{CH}=\overset{5}{\underset{|}{C}}\overset{6}{CH_2}\overset{7}{CH_3}$
   $\;\;\;CH_3\qquad\;\;CH_2CH_3$

5-etil-2-metil-2,4-heptadieno
ou
5-etil-2-metil-hepta-2,4-dieno

Para nomear um alceno no qual o segundo grupamento funcional não é outra ligação dupla — e é nomeado com um sufixo de grupamento funcional —, escolha a cadeia contínua mais longa que contenha ambos os grupos funcionais e cite ambas as designações no final do nome. A terminação "eno" é citada primeiro com a terminação "o" omitida para evitar duas vogais adjacentes. A localização do primeiro grupamento funcional citado é sempre dada antes do nome da cadeia. A localização do segundo grupamento funcional é citada imediatamente antes de seu sufixo.

Se os grupamentos funcionais são uma *ligação dupla* e uma *ligação tripla*, a cadeia é numerada na direção que fornece o número mais baixo ao nome da substância. Assim, o número mais baixo é dado para o sufixo do alceno na substância à esquerda e ao sufixo do alcino na substância à direita.

296 | QUÍMICA ORGÂNICA

$$\overset{7}{C}H_3\overset{6}{C}H=\overset{5}{C}H\overset{4}{C}H_2\overset{3}{C}H_2\overset{2}{C}\equiv\overset{1}{C}H \qquad \overset{1}{C}H_2=\overset{2}{C}H\overset{3}{C}H\overset{4}{C}H_2\overset{5}{C}\equiv\overset{6}{C}\overset{7}{C}H_3$$

5-hepten-1-ino   1-hepten-5-ino
e *não* 2-hepten-6-ino   e *não* 6-hepten-2-ino
porque 1 < 2   porque 1 < 2

Quando os grupos funcionais são uma ligação dupla e uma ligação tripla, a cadeia é numerada de modo a fornecer o menor número possível ao nome da substância, independentemente de qual grupamento funcional adquire o menor número.

$$\overset{1}{C}H_2=\overset{2}{C}H\overset{3}{C}H\overset{4}{C}\equiv\overset{5}{C}\overset{6}{C}H_3 \quad \text{com} \quad CH_2CH_2CH_2CH_3$$

3-butil-1-hexen-4-ino

> A cadeia contínua mais longa possui oito carbonos, porém a cadeia de oito carbonos não contém ambos os grupos funcionais; portanto, a substância é nomeada como um hexenino porque a cadeia contínua mais longa que contém ambos os grupos funcionais possui seis carbonos.

Se o mesmo número for obtido em ambas as direções, a cadeia é numerada na direção que fornece à ligação dupla o menor número.

Se ocorrer empate entre uma ligação dupla e uma ligação tripla, a ligação dupla adquire o menor número.

$$\overset{1}{C}H_3\overset{2}{C}H=\overset{3}{C}H\overset{4}{C}\equiv\overset{5}{C}\overset{6}{C}H_3 \qquad \overset{6}{H}C\equiv\overset{5}{C}\overset{4}{C}H_2\overset{3}{C}H_2\overset{2}{C}H=\overset{1}{C}H_2$$

2-hexen-4-ino   1-hexen-5-ino
não 4-hexen-2-ino   *não* 5-hexen-1-ino

As prioridades relativas aos sufixos dos grupamentos funcionais estão apresentadas na Tabela 8.1. Se o sufixo do segundo grupamento funcional possuir uma prioridade maior do que o alceno, a cadeia é numerada na direção que estabelece o menor número possível ao grupamento funcional de maior prioridade.

A cadeia é numerada de modo a fornecer o menor número possível ao grupamento funcional de maior prioridade.

$$CH_2=CHCH_2OH \qquad CH_3\overset{CH_3}{\underset{|}{C}}=CHCH_2CH_2OH \qquad CH_2=CHCH_2CH_2CH_2\overset{NH_2}{\underset{|}{C}}HCH_3$$

2-propen-1-ol   4-metil-3-penten-1-ol   6-hepten-2-amina
e *não* 1-propen-3-ol

$$CH_3CH_2CH_2CH_2CH_2\underset{\underset{OH}{|}}{C}HCH=CH_2$$

1-octen-3-ol   6-metil-2-ciclo-hexenol   3-ciclo-hexenamina

Tabela 8.1 Prioridades dos sufixos de grupamentos funcionais

| C=O | > | OH | > | NH_2 | > | C=C | = | C≡C |

a ligação dupla tem prioridade sobre a ligação tripla apenas quando houver um empate

← aumento da prioridade

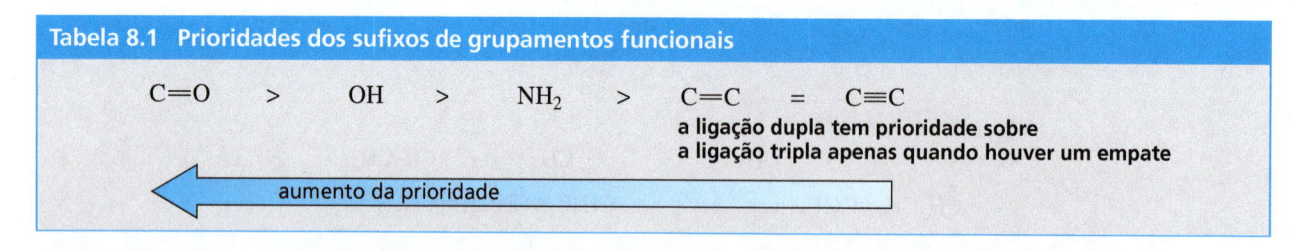

Como uma lesma banana sabe o que comer

Muitas espécies de cogumelos sintetizam o 1-octen-3-ol, que atua como repelente afugentador de lesmas predadoras. Esses cogumelos podem ser reconhecidos pelas pequenas marcas de mordida em seus chapéus, onde a lesma começou a mordiscar antes que a substância volátil fosse liberada. Os humanos não são repelidos pelo odor porque, para nós, o 1-octen-3-ol cheira como um cogumelo. O 1-octen-3-ol também possui propriedades antibacterianas que protegem os cogumelos de organismos que tentam invadir o machucado provocado pela lesma. Não surpreendentemente, as espécies de cogumelos que em geral são devoradas por lesmas banana não sintetizam o 1-octen-3-ol.

PROBLEMA 1◆

Dê o nome sistemático de cada uma das seguintes substâncias:

a. (ciclo-octa-1,3-dieno)

b. $CH_2=CHCH_2C\equiv CCH_2CH_3$

c. $CH_3CH=\overset{\overset{\displaystyle CH_3}{|}}{C}CH_2CH=CH_2$

d. $CH_3CH_2CH=\overset{\overset{\displaystyle CH=CH_2}{|}}{C}CH_2CH_2C\equiv CH$

e. (1,2-dimetil-ciclo-hexa-dieno com dois CH₃)

f. $HOCH_2CH_2C\equiv CH$

g. $CH_3CH=CHCH=CHCH=CH_2$

h. $CH_3CH=\overset{\overset{\displaystyle CH_3}{|}}{C}CH_2\overset{\overset{\displaystyle CH_3}{|}}{C}HCH_2OH$

8.2 Isômeros configuracionais de dienos

Um dieno como o 1-cloro-2,4-heptadieno possui quatro isômeros configuracionais porque cada uma das ligações duplas pode possuir tanto a configuração *E* quanto a configuração *Z*. Assim, existem os isômeros *E-E*, *Z-Z*, *E-Z* e *Z-E*. As regras para a determinação das configurações *E* e *Z* foram apresentadas na Seção 3.5. Lembre-se de que o isômero *Z* possui os grupamentos de maior prioridade do mesmo lado.

> O isômero *Z* possui os grupamentos de maior prioridade do mesmo lado.

(2*Z*,4*Z*)-1-cloro-2,4-heptadieno

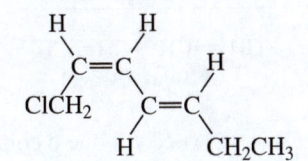

(2*Z*,4*E*)-1-cloro-2,4-heptadieno

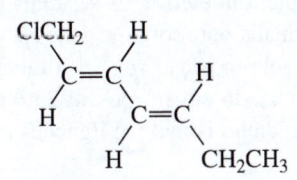

(2*E*,4*Z*)-1-cloro-2,4-heptadieno

(2*E*,4*E*)-1-cloro-2,4-heptadieno

> **Molecule Gallery:**
> (1Z,3Z)-1,4-difluoro-1,3-butadieno;
> (1E,3E)-1,4-difluoro-1,3-butadieno;
> (1Z,3E)-1,4-difluoro-1,3-butadieno

PROBLEMA 2

Desenhe os isômeros configuracionais para as seguintes substâncias e nomeie cada uma delas:

a. 2-metil-2,4-hexadieno   b. 2,4-heptadieno   c. 1,3-pentadieno

8.3 Estabilidades relativas de dienos

Na Seção 4.11, vimos que as estabilidades relativas de alcenos substituídos podem ser determinadas por seus valores relativos de $-\Delta H°$ em hidrogenação catalítica. Lembre-se de que o alceno menos estável possui o maior valor de $-\Delta H°$; o alceno menos estável libera mais calor quando é hidrogenado porque possui, em primeiro lugar, mais energia. O $-\Delta H°$ para a hidrogenação do 2,3-pentadieno (um dieno acumulado) é maior do que o do 1,4-pentadieno (um dieno isolado), o qual é maior que o do 1,3-pentadieno (um dieno conjugado).

> O alceno menos estável possui o maior valor de $-\Delta H°$.

Molecule Gallery:
2,3-pentadieno;
1,4-pentadieno;
1,3-pentadieno
www

$$CH_3CH=C=CHCH_3 + 2\,H_2 \xrightarrow{Pt} CH_3CH_2CH_2CH_2CH_3 \quad \Delta H° = -70,5 \text{ kcal/mol } (-295 \text{ kJ/mol})$$
2,3-pentadieno
dieno acumulado

$$CH_2=CHCH_2CH=CH_2 + 2\,H_2 \xrightarrow{Pt} CH_3CH_2CH_2CH_2CH_3 \quad \Delta H° = -60,2 \text{ kcal/mol } (-252 \text{ kJ/mol})$$
1,4-pentadieno
dieno isolado

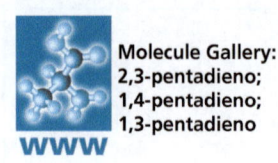

$$CH_2=CHCH=CHCH_3 + 2\,H_2 \xrightarrow{Pt} CH_3CH_2CH_2CH_2CH_3 \quad \Delta H° = -54,1 \text{ kcal/mol } (-226 \text{ kJ/mol})$$
1,3-pentadieno
dieno conjugado

Dos valores relativos de $-\Delta H°$ para os três pentadienos, podemos concluir que os dienos conjugados são mais estáveis do que os dienos isolados, que são mais estáveis que os dienos acumulados.

estabilidades relativas de dienos

mais estável → dieno conjugado > dieno isolado > dieno acumulado ← menos estável

Por que um dieno conjugado como o 1,3-pentadieno é mais estável do que um dieno isolado? Dois fatores contribuem para a estabilidade de um dieno conjugado. Um deles é a *hibridização dos orbitais* que formam ligações simples carbono–carbono. A ligação simples carbono–carbono no 1,3-butadieno é formada pela sobreposição de um orbital hibridizado em sp^2 com outro orbital hibridizado em sp^2, enquanto as ligações simples carbono–carbono no 1,4-pentadieno são formadas pela sobreposição de um orbital hibridizado em sp^3 com um orbital hibridizado em sp^2.

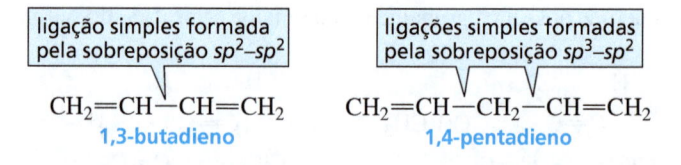

ligação simples formada pela sobreposição sp^2–sp^2

$$CH_2=CH-CH=CH_2$$
1,3-butadieno

ligações simples formadas pela sobreposição sp^3–sp^2

$$CH_2=CH-CH_2-CH=CH_2$$
1,4-pentadieno

Tutorial Gallery:
Orbitais usados para formar ligações simples carbono–carbono.
www

Na Seção 1.14, você viu que o comprimento e a força de uma ligação dependem da proximidade em que estão os elétrons no orbital de ligação do núcleo: *quanto mais próximos os elétrons estão do núcleo, menor e mais forte é a ligação*. Devido ao fato de, em média, um elétron 2s ser mais próximo do núcleo do que um elétron 2p, uma ligação formada pela sobreposição sp^2–sp^2 é mais curta e mais forte do que outra formada pela sobreposição sp^3–sp^2 (Tabela 8.2). (Um orbital hibridizado em sp^2 possui 33,3% de caráter s, enquanto um orbital hibridizado em sp^3 possui 25% de caráter s.) Assim, um dieno conjugado possui uma ligação simples mais forte do que um dieno isolado, e ligações mais fortes fazem com que uma substância seja mais estável.

A *deslocalização eletrônica* também faz com que um dieno conjugado seja mais estável que um dieno isolado. Os elétrons π em cada uma das ligações duplas de um dieno isolado são *localizados* entre dois carbonos. Em contrapartida, os elétrons π em um dieno conjugado são deslocalizados. Como você descobriu na Seção 7.6, a deslocalização eletrônica estabiliza uma molécula. Tanto o híbrido de ressonância quanto o diagrama do orbital molecular do 1,3-butadieno na Figura 7.9 mostram que a ligação simples no 1,3-butadieno não é uma ligação simples pura, mas possui caráter de ligação dupla parcial como resultado da deslocalização eletrônica.

$$\overset{-}{C}H_2-CH=CH-\overset{+}{C}H_2 \longleftrightarrow CH_2=CH-CH=CH_2 \longleftrightarrow \overset{+}{C}H_2-CH=CH-\overset{-}{C}H_2$$

contribuintes de ressonância

elétrons deslocalizados

$$CH_2\cdots CH\cdots CH\cdots CH_2$$

híbrido de ressonância

Tabela 8.2 Dependência do comprimento de uma ligação simples carbono–carbono em relação à hibridização dos orbitais usados na sua formação

Substância	Hibridização	Comprimento da ligação (Å)
H_3C-CH_3	sp^3-sp^3	1,54
$H_3C-\overset{\overset{H}{\|}}{C}=CH_2$	sp^3-sp^2	1,50
$H_2C=\overset{\overset{H}{\|}}{C}-\overset{\overset{H}{\|}}{C}=CH_2$	sp^2-sp^2	1,47
$H_3C-C\equiv CH$	sp^3-sp	1,46
$H_2C=\overset{\overset{H}{\|}}{C}-C\equiv CH$	sp^2-sp	1,43
$HC\equiv C-C\equiv CH$	$sp-sp$	1,37

PROBLEMA 3◆

Dê o nome dos seguintes dienos e os classifique em ordem crescente de estabilidade. (Os grupamentos alquila estabilizam dienos da mesma maneira que estabilizam alcenos; veja Seção 4.11.)

$$CH_3CH=CHCH=CHCH_3 \quad CH_2=CHCH_2CH=CH_2 \quad CH_3\overset{\overset{CH_3}{\|}}{C}=CHCH=\overset{\overset{CH_3}{\|}}{C}CH_3 \quad CH_3CH=CHCH=CH_2$$

Já vimos que um dieno conjugado é *mais* estável do que um dieno isolado. Agora precisamos ver por que um dieno acumulado é *menos* estável do que um dieno isolado. Os dienos acumulados diferem de outros dienos pelo fato de o carbono central ter uma hibridização em *sp*, uma vez que possui duas ligações π. Em contrapartida, todos os carbonos ligados por ligações duplas em dienos isolados e em dienos conjugados possuem hibridização em sp^2. A hibridização em *sp* dá aos dienos acumulados propriedades únicas. Por exemplo, o $-\Delta H°$ de hidrogenação de alenos é semelhante ao $-\Delta H°$ de hidrogenação do propino, uma substância com dois carbonos hibridizados em *sp*.

$$CH_2=C=CH_2 + 2H_2 \xrightarrow{Pt} CH_3CH_2CH_3 \quad \Delta H° = -70,5 \text{ kcal/mol} (-295 \text{ kJ/mol})$$
aleno

$$CH_3C\equiv CH + 2H_2 \xrightarrow{Pt} CH_3CH_2CH_3 \quad \Delta H° = -69,9 \text{ kcal/mol} (-292 \text{ kJ/mol})$$
propino

Os alenos possuem geometria incomum. Um dos orbitais *p* do carbono central do aleno sobrepõe um orbital *p* de um carbono hibridizado em sp^2 adjacente. O segundo orbital *p* do carbono central sobrepõe o orbital *p* do outro carbono hibridizado em sp^2 (Figura 8.1a). Os dois orbitais *p* do carbono central são perpendiculares. Entretanto, o plano que contém um grupo H—C—H é perpendicular ao plano que contém o outro grupo H—C—H. Assim, um aleno substituído, como o 2,3-pentadieno, possui imagem especular não sobreposta (Figura 8.1b), portanto se trata de uma molécula quiral, mesmo não possuindo carbonos assimétricos (Seção 5.4). Não consideraremos as reações de dienos acumulados porque elas são mais específicas e serão mais apropriadamente discutidas em um curso de química orgânica avançada.

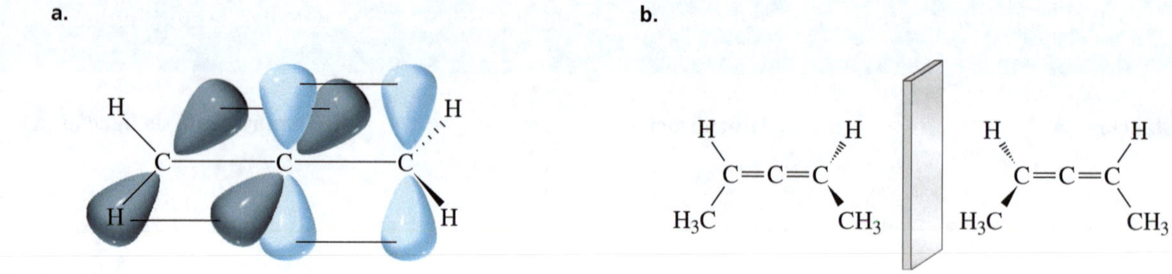

300 QUÍMICA ORGÂNICA

a.

b.

▲ **Figura 8.1**
(a) As ligações duplas são formadas pela sobreposição orbital *p* — orbital *p*. Os dois orbitais *p* no carbono central são perpendiculares, fazendo com que o aleno seja uma molécula não planar.
(b) O 2,3-pentadieno possui imagem especular não sobreposta. É, portanto, uma molécula quiral, mesmo que não possua um carbono assimétrico.

8.4 Como os dienos reagem

Os dienos, assim como os alcenos e os alcinos, são nucleófilos por causa da densidade eletrônica de suas ligações π. Portanto, reagem com reagentes eletrofílicos. Assim como os alcenos e os alcinos, os dienos sofrem reações de adição eletrofílica.

Até o presente momento, estivemos envolvidos com reações de substâncias que possuem apenas um grupamento funcional. As substâncias com dois ou mais grupamentos funcionais apresentam reações características de grupamentos funcionais individuais se os grupamentos forem suficientemente separados uns dos outros. Se eles estiverem próximos o suficiente para permitir uma deslocalização eletrônica, entretanto, um grupamento funcional poderá afetar a reatividade do outro. Portanto, veremos que as reações de dienos isolados são as mesmas reações de alcenos, embora as reações de dienos conjugados sejam um pouco diferentes por causa da deslocalização eletrônica.

8.5 Reações de adição eletrofílica de dienos isolados

As reações de dienos isolados são muito parecidas com as dos alcenos. Se um excesso de reagente eletrofílico estiver presente, duas reações de adição independentes ocorrerão, cada uma seguindo a regra que se aplica para todas as reações de adição eletrofílica: o eletrófilo será adicionado ao carbono hibridizado em sp^2 que está ligado ao maior número de hidrogênios.

$$CH_2=CHCH_2CH_2CH=CH_2 + HBr \longrightarrow CH_3CHCH_2CH_2CHCH_3$$
$$\text{1,5-hexadieno} \quad \text{excesso} \quad \quad \quad \quad \overset{|}{Br} \quad \quad \overset{|}{Br}$$

A reação prossegue exatamente como poderíamos prever pelo nosso conhecimento do mecanismo para a reação de alcenos com reagentes eletrofílicos. O eletrófilo (H^+) se adiciona à ligação dupla eletronicamente rica de modo a formar o carbocátion mais estável (Seção 4.4). O íon brometo é então adicionado ao carbocátion. Devido ao fato de existir um excesso de reagente eletrofílico, ambas as ligações duplas são submetidas à adição.

mecanismo de reação do 1,5-hexadieno com excesso de HBr

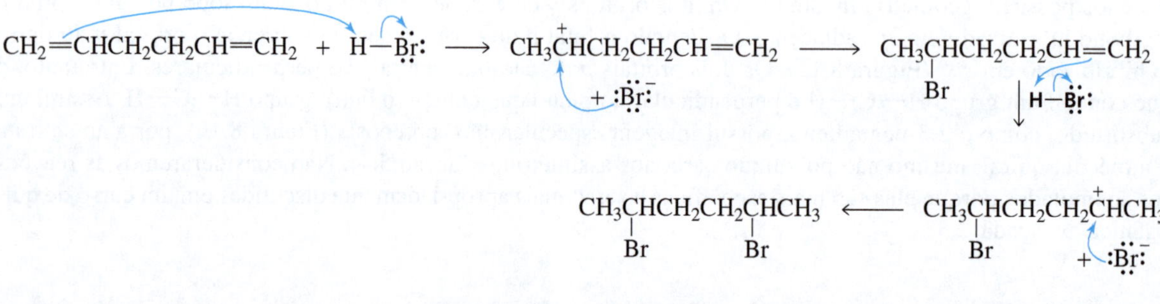

CAPÍTULO 8 Reações de dienos • Espectroscopia... **301**

Se houver somente reagente eletrofílico suficiente para reagir com uma ligação dupla, ele vai se adicionar preferencialmente à ligação dupla mais reativa. Por exemplo, na reação do 2-metil-1,5-hexadieno com HCl, a adição do HCl à ligação dupla da esquerda forma um carbocátion secundário, enquanto a adição de HCl à ligação dupla da direita forma um carbocátion terciário. Uma vez que o estado de transição que leva à formação do carbocátion terciário é mais estável do que o que leva ao carbocátion secundário, o carbocátion terciário é formado mais rápido (Seção 4.4). Assim, na presença de quantidade limitada de HCl, o produto principal da reação será o 5-cloro-5-metil-1-hexeno.

$$CH_2=CHCH_2CH_2\underset{\underset{CH_3}{|}}{C}=CH_2 \;+\; HCl \;\longrightarrow\; CH_2=CHCH_2CH_2\underset{\underset{Cl}{|}}{\overset{\overset{CH_3}{|}}{C}}CH_3$$

2-metil-1,5-hexadieno   1 mol
1 mol

5-cloro-5-metil-1-hexeno
produto principal

PROBLEMA 4◆

Qual das ligações duplas do zingibereno (cuja estrutura é dada na primeira página deste capítulo) é mais reativa numa reação de adição eletrofílica?

PROBLEMA 5

Quais são os estereoisômeros obtidos das duas reações da Seção 8.5? (*Dica*: revise a Seção 5.19.)

PROBLEMA 6

Forneça o produto principal de cada uma das seguintes reações e mostre os estereoisômeros que podem ser obtidos (quantidades iguais de reagentes são utilizadas em cada caso):

a. [1-metilciclohepteno] $\xrightarrow{HCl}$

c. $CH_2=CHCH_2CH_2CH=\underset{\underset{CH_3}{|}}{C}CH_3 \xrightarrow{HBr}$

b. $HC\equiv CCH_2CH_2CH=CH_2 \xrightarrow{Cl_2}$

d. $CH_2=CHCH_2CH_2\underset{\underset{CH_3}{|}}{C}=CH_2 \xrightarrow[\text{peróxido}]{HBr}$

8.6 Reações de adição eletrofílica de dienos conjugados

Se um dieno conjugado, tal como o 1,3-butadieno, reage com uma quantidade limitada de reagente eletrofílico de modo que a adição possa ocorrer em apenas uma das ligações duplas, dois produtos de adição são formados. Um é o produto de adição 1,2, o qual é o resultado da adição nas posições 1 e 2. O outro é o produto de adição 1,4, resultado da adição nas posições 1 e 4.

$$CH_2=CH-CH=CH_2 \;+\; Cl_2 \;\longrightarrow\; \underset{\underset{Cl}{|}}{CH_2}-\underset{\underset{Cl}{|}}{CH}-CH=CH_2 \;+\; \underset{\underset{Cl}{|}}{CH_2}-CH=CH-\underset{\underset{Cl}{|}}{CH_2}$$

1,3-butadieno   1 mol
1 mol

3,4-dicloro-1-buteno
produto de adição 1,2

1,4-dicloro-2-buteno
produto de adição 1,4

$$CH_2=CH-CH=CH_2 \;+\; HBr \;\longrightarrow\; CH_3CH-CH=CH_2 \;+\; CH_3-CH=CH-CH_2$$
$$\qquad\qquad\qquad\qquad\qquad\qquad\qquad\quad\;\; |\qquad\qquad\qquad\qquad\qquad\qquad\quad\;\; |$$
$$\qquad\qquad\qquad\qquad\qquad\qquad\qquad\quad\; Br\qquad\qquad\qquad\qquad\qquad\qquad\; Br$$

1,3-butadieno   1 mol
1 mol

3-bromo-1-buteno
produto de adição 1,2

1-bromo-2-buteno
produto de adição 1,4

A adição nas posições 1 e 2 é chamada **adição direta**. A adição nas posições 1 e 4 é chamada **adição conjugada**. Com base em nossos conhecimentos de como os reagentes eletrofílicos são adicionados às ligações duplas, podemos esperar a formação do produto de adição nas posições 1 e 2. O fato de o produto de adição nas posições 1 e 4 também se formar pode parecer surpreendente não só porque o reagente não se adiciona a carbonos adjacentes, mas pelo fato de a ligação dupla se apresentar com sua posição modificada. A ligação dupla no produto de adição 1,4 está entre as posições 2 e 3, enquanto o produto de partida apresentava uma ligação simples nessa posição.

Quando falamos de adição nas posições 1 e 2 e nas posições 1 e 4, os números se referem aos quatro carbonos do sistema de conjugação. Assim, o carbono na posição 1 é um dos carbonos com hibridização em sp^2 no final do sistema de conjugação — não sendo necessariamente o primeiro carbono na molécula.

$$R-\underset{1}{CH}=\underset{2}{CH}-\underset{3}{CH}=\underset{4}{CH}-R$$

sistema de conjugação

$$CH_3CH=CH-CH=CHCH_3 \xrightarrow{Br_2} CH_3CH-CH-CH=CHCH_3 + CH_3CH-CH=CH-CHCH_3$$
$$\qquad\qquad\qquad\qquad\qquad\qquad\quad \;\; Br \;\; Br \qquad\qquad\qquad\qquad Br \qquad\qquad Br$$

2,4-hexadieno   **4,5-dibromo-2-hexeno**   **2,5-dibromo-3-hexeno**
                     produto de adição 1,2   produto de adição 1,4

Para entender por que ambos os produtos de adição 1,2 e 1,4 são obtidos de uma reação de dieno conjugado com uma quantidade limitada de reagente eletrofílico, devemos observar o mecanismo de reação. Na primeira etapa da adição de HBr ao 1,3-butadieno, o próton eletrofílico é adicionado ao carbono C-1, formando um cátion alílico. (Lembre-se de que um cátion alílico possui a carga positiva localizada no carbono que está próximo ao carbono da ligação dupla.) Os elétrons π do cátion alílico são deslocalizados — a carga positiva é compartilhada por dois carbonos. O próton não é adicionado ao carbono C-2 ou ao C-3 porque, agindo assim, poderia formar um carbocátion primário. Os elétrons π de um carbocátion primário são localizados; portanto, não é tão estável como o cátion alílico deslocalizado.

mecanismo de reação do 1,3-butadieno com HBr

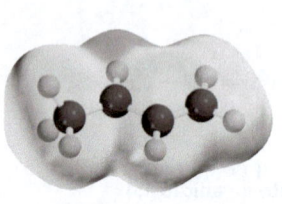

$$CH_2=CH-CH=CH_2 + H-\ddot{B}r: \longrightarrow CH_3-\overset{+}{CH}-CH=CH_2 \longleftrightarrow CH_3-CH=CH-\overset{+}{CH}_2$$

1,3-butadieno

$$\overset{+}{CH_2}-CH_2-CH=CH_2$$

carbocátion primário

cátion alílico

$$CH_3-CH-CH=CH_2 + CH_3-CH=CH-CH_2$$
$$\qquad\;\; Br \qquad\qquad\qquad\qquad\qquad Br$$

3-bromo-1-buteno   **1-bromo-2-buteno**
produto de adição 1,2   produto de adição 1,4

$$CH_3\overset{\delta+}{-}CH\cdots CH\cdots CH_2\overset{\delta+}{}$$

Um dieno isolado sofre somente a adição 1,2.

As estruturas dos contribuintes de ressonância de um cátion alílico mostram que a carga positiva no carbocátion não está localizada em C-2, mas está compartilhada por C-2 e C-4. Conseqüentemente, na segunda etapa de reação, o íon brometo pode atacar tanto C-2 (adição direta) quanto C-4 (adição conjugada) para formar o produto de adição nas posições 1 e 2 ou 1 e 4, respectivamente.

Ao observarmos outros exemplos, podemos notar que a primeira etapa em todas as adições eletrofílicas a dienos conjugados é uma adição do eletrófilo a um carbono hibridizado em sp^2 no final do sistema de conjugação. Esse é o único caminho para se obter um carbocátion que seja estabilizado por ressonância (isto é, pela deslocalização eletrônica). Se o eletrófilo for adicionado a um dos carbonos centrais hibridizados em sp^2, o carbocátion resultante não seria estabilizado por ressonância.

Vamos rever as reações pela comparação da adição a um dieno isolado com a adição a um dieno conjugado. O carbocátion formado pela adição de um eletrófilo a um dieno isolado não é estabilizado por ressonância. A carga positiva está localizada em um único carbono; sendo assim, só ocorre a adição direta (1,2).

adição a um dieno isolado

$$CH_2=CHCH_2CH_2CH=CH_2 \xrightarrow{HBr} CH_3\overset{+}{C}HCH_2CH_2CH=CH_2 \longrightarrow CH_3CHCH_2CH_2CH=CH_2$$

1,5-hexadieno

adição do eletrófilo

+ Br⁻

adição do nucleófilo

Br

5-bromo-1-hexeno

O carbocátion formado pela adição de um eletrófilo a um dieno conjugado é estabilizado por ressonância. A carga positiva é compartilhada por dois carbonos e, como resultado, ocorrem tanto a adição direta (1,2) quanto a conjugada (1,4).

Um dieno conjugado sofre as adições 1,2 e 1,4.

adição a um dieno conjugado

$$CH_3CH=CH-CH=CHCH_3 \xrightarrow{HBr} CH_3CH_2-\overset{+}{C}H-CH=CHCH_3 \longleftrightarrow CH_3CH_2-CH=CH-\overset{+}{C}HCH_3$$

2,4-hexadieno

adição do eletrófilo

+ Br⁻   + Br⁻

o carbocátion é estabilizado por deslocalização eletrônica

adição do nucleófilo

$$CH_3CH_2-CH-CH=CHCH_3 \qquad CH_3CH_2-CH=CH-CHCH_3$$
$$\qquad\quad\; |\qquad\qquad\qquad\qquad\qquad\qquad\qquad\quad |$$
$$\qquad\quad Br\qquad\qquad\qquad\qquad\qquad\qquad\qquad Br$$

4-bromo-2-hexeno
produto de adição 1,2

2-bromo-3-hexeno
produto de adição 1,4

Se um dieno conjugado não for uma molécula simétrica, os produtos principais da reação são os obtidos pela adição do eletrófilo a qualquer um dos carbonos terminais hibridizados em sp^2, o que resulta na formação do carbocátion mais estável. Por exemplo, na reação do 2-metil-1,3-butadieno com HBr, o próton é adicionado preferencialmente ao carbono C-1 porque a carga positiva no carbocátion resultante é compartilhada por um carbono alílico terciário e por um carbono alílico primário. A adição do próton a C-4 formaria um carbocátion com a carga positiva compartilhada por um carbono alílico secundário e um carbono alílico primário. Como a adição em C-1 forma um carbocátion mais estável, os produtos principais da reação são o 3-bromo-3-metil-1-buteno e o 1-bromo-3-metil-2-buteno.

$$\overset{1}{CH_2}=\underset{\underset{CH_3}{|}}{C}-CH=\overset{4}{CH_2} + HBr \longrightarrow CH_3-\underset{\underset{Br}{|}}{\overset{\overset{CH_3}{|}}{C}}-CH=CH_2 + CH_3-\underset{\underset{Br}{|}}{\overset{\overset{CH_3}{|}}{C}}=CH-CH_2$$

2-metil-1,3-butadieno

3-bromo-3-metil-1-buteno   1-bromo-3-metil-2-buteno

$$CH_3\underset{+}{\overset{\overset{CH_3}{|}}{C}}-CH=CH_2 \longleftrightarrow CH_3\overset{\overset{CH_3}{|}}{C}=CH-\underset{+}{CH_2}$$

carbocátion formado pela adição de H⁺ a C-1

$$CH_2=\underset{+}{\overset{\overset{CH_3}{|}}{C}}-CHCH_3 \longleftrightarrow \underset{+}{CH_2}-\overset{\overset{CH_3}{|}}{C}=CHCH_3$$

carbocátion formado pela adição de H⁺ a C-4

PROBLEMA 7

Quais os produtos que podem ser obtidos da reação do 1,3,5-hexatrieno com um equivalente de HBr? Ignore os estereoisômeros.

304 QUÍMICA ORGÂNICA

PROBLEMA 8◆

Forneça os produtos das seguintes reações, ignorando os estereoisômeros (quantidades iguais dos reagentes são utilizadas em cada um dos casos):

a. $CH_3CH=CH-CH=CHCH_3 \xrightarrow{Cl_2}$

b. $CH_3CH=CH-\underset{\underset{CH_3}{|}}{C}=CHCH_3 \xrightarrow{HBr}$

c. $CH_3CH=\underset{\underset{CH_3}{|}}{\overset{\overset{CH_3}{|}}{C}}-C=CHCH_3 \xrightarrow{HBr}$

d. ⬠ $\xrightarrow{Br_2}$

8.7 Controle termodinâmico *versus* controle cinético de reações

Quando um dieno conjugado é submetido a uma adição eletrofílica, dois fatores — a temperatura na qual a reação é processada e a estrutura do produto de partida — determinam se o produto principal da reação será o produto de adição 1,2 ou o produto de adição 1,4.

O produto termodinâmico é o produto mais estável.

O produto cinético é o produto formado mais rapidamente.

Quando a reação resulta em mais de um produto, o produto que é formado mais rapidamente é chamado **produto cinético**, e o produto mais estável é chamado **produto termodinâmico**. Reações que resultam no produto cinético como produto principal são conhecidas como *cineticamente controladas*. Reações que resultam no produto termodinâmico como produto principal são conhecidas como *termodinamicamente controladas*.

Para muitas reações orgânicas, o produto mais estável é aquele formado mais rapidamente. Em outras palavras, o produto cinético e o produto termodinâmico são o mesmo produto. A adição eletrofílica ao 1,3-butadieno é um exemplo de reação na qual o produto cinético e o produto termodinâmico não são o mesmo produto: o produto de adição 1,2 é o produto cinético, e o produto de adição 1,4 é o produto termodinâmico.

$$CH_2=CHCH=CH_2 + HBr \longrightarrow CH_3\underset{\underset{Br}{|}}{CH}CH=CH_2 + CH_3CH=CHCH_2\underset{}{Br}$$
1,3-butadieno   produto de adição 1,2   produto de adição 1,4
                   produto cinético   produto termodinâmico

O produto cinético predomina quando a reação é irreversível.

Para uma reação na qual os produtos cinético e termodinâmico não são os mesmos, o produto predominante depende das condições sob as quais a reação se processou. Se a reação é processada sob condições suficientemente brandas (temperatura baixa) para fazer com que a reação seja *irreversível*, o produto principal será o *produto cinético*. Por exemplo, quando a adição de HBr ao 1,3-butadieno é realizada a −80 °C, o produto principal é o produto de adição 1,2.

$$CH_2=CHCH=CH_2 + HBr \xrightarrow{-80\ °C} CH_3\underset{\underset{Br}{|}}{CH}CH=CH_2 + CH_3CH=CHCH_2Br$$
                    produto de adição 1,2   produto de adição 1,4
                          80%   20%

O produto termodinâmico predomina quando a reação é reversível.

Se, por outro lado, a reação ocorrer sob condições suficientemente vigorosas (temperatura elevada) que resultem em reação *reversível*, o produto principal será o *produto termodinâmico*. Quando a mesma reação ocorre a 45 °C, o produto principal é o produto de adição 1,4. Assim, o produto de adição 1,2 é o produto cinético (que é formado mais rapidamente), e o produto de adição 1,4 é o produto termodinâmico (que é o produto mais estável).

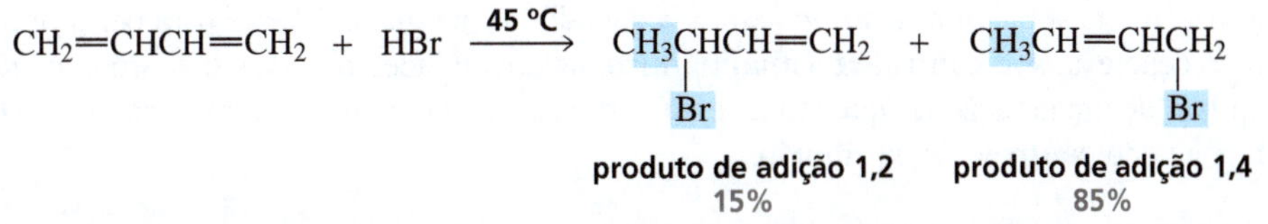

CAPÍTULO 8 Reações de dienos • Espectroscopia... **305**

$$CH_2=CHCH=CH_2 + HBr \xrightarrow{45\ ^\circ C} CH_3CHCH=CH_2 + CH_3CH=CHCH_2$$
$$\phantom{CH_2=CHCH=CH_2 + HBr \xrightarrow{45\ ^\circ C} } \underset{Br}{} \underset{Br}{}$$

produto de adição 1,2   produto de adição 1,4
15%   85%

Um diagrama da coordenada de reação ajuda a explicar por que diferentes produtos predominam sob diferentes condições reacionais (Figura 8.2). A primeira etapa da reação de adição — adição do próton a C-1 — é a mesma, tanto quando o produto de adição 1,2 quanto o produto de adição 1,4 são formados. É a segunda etapa da reação que determina se o nucleófilo (Br^-) ataca o carbono C-2 ou o carbono C-4. Devido ao fato de o produto de adição 1,2 ser formado mais rapidamente, sabemos que o estado de transição para sua formação é mais estável do que o estado de transição para a formação do produto 1,4. Esta foi a primeira vez que vimos uma reação na qual o produto menos estável possui um estado de transição mais estável!

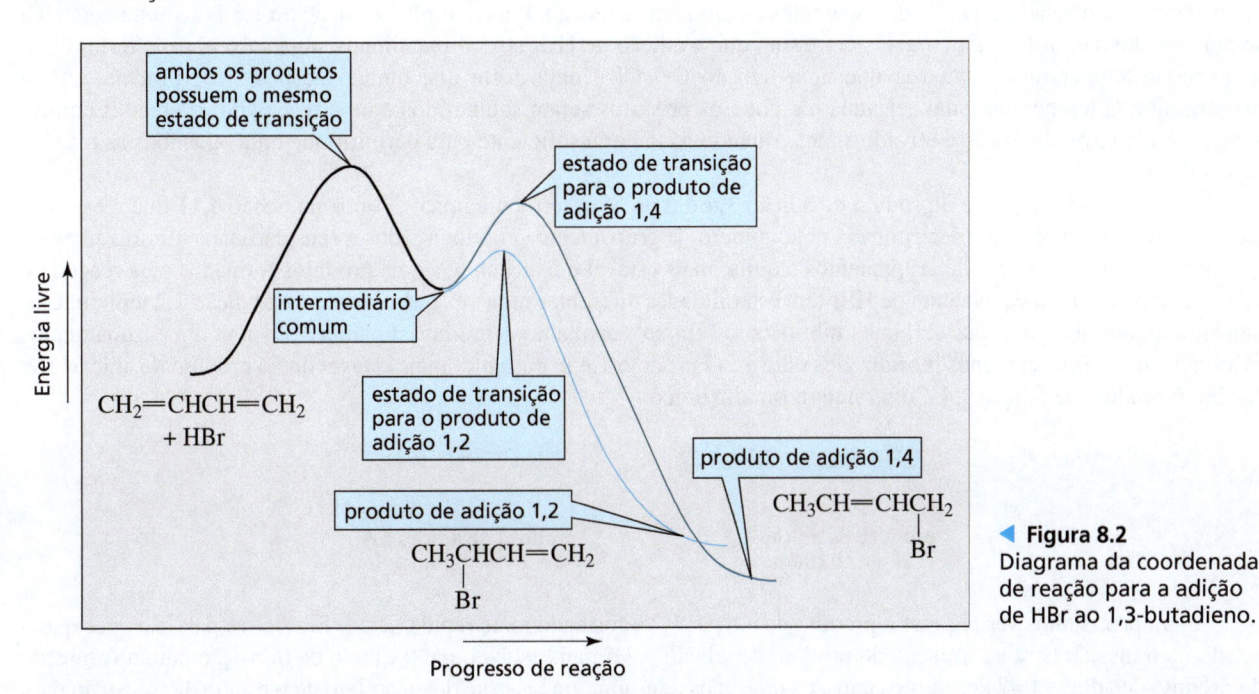

◀ **Figura 8.2**
Diagrama da coordenada de reação para a adição de HBr ao 1,3-butadieno.

A baixas temperaturas ($-80\ ^\circ C$), há energia suficiente para os reagentes superarem a barreira energética para a primeira etapa de reação e depois formar o intermediário, e ainda há energia suficiente para o intermediário formar os dois produtos de adição. Entretanto, não há energia suficiente para a reação inversa ocorrer: os produtos não podem superar as grandes barreiras energéticas que os separam do intermediário. Conseqüentemente, a $-80\ ^\circ C$, as quantidades relativas dos dois produtos obtidos refletem as barreiras energéticas relativas para a segunda etapa de reação. A barreira energética para a formação do produto de adição 1,2 é menor do que a barreira energética para a formação do produto de adição 1,4, logo o produto principal é o produto de adição 1,2.

Por outro lado, a 45 °C, há energia suficiente para um ou mais produtos reverterem para o intermediário. O intermediário é chamado **intermediário comum** porque é um intermediário que ambos os produtos têm em comum. A capacidade de reversão para um intermediário comum permite aos produtos se interconverterem. Pelo fato de os produtos poderem se interconverter, as quantidades relativas dos dois produtos no estado de equilíbrio dependem de suas estabilidades relativas. O produto termodinâmico reverte menos facilmente por possuir uma barreira energética maior para o intermediário comum, assim ele gradualmente tende a predominar na mistura do produto.

Desse modo, quando uma reação é *irreversível* sob as condições empregadas no experimento, diz-se que ela está sob *controle cinético*. Quando uma reação está sob **controle cinético**, as quantidades relativas dos produtos *dependem das velocidades* nas quais eles foram formados.

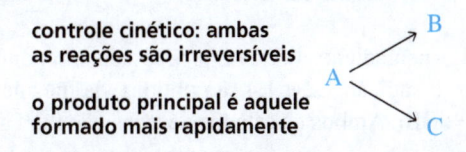

controle cinético: ambas as reações são irreversíveis

o produto principal é aquele formado mais rapidamente

A → B
A → C

Diz que uma reação está sob *controle termodinâmico* quando há energia suficiente para permitir que ela seja *reversível*. Quando uma reação está sob **controle termodinâmico**, as quantidades relativas dos produtos *dependem de suas estabilidades*. Pelo fato de uma reação ter que ser reversível para estar sob controle termodinâmico, o controle termodinâmico é também chamado **controle de equilíbrio**.

controle termodinâmico:
uma ou ambas as reações são reversíveis

o produto principal é aquele mais estável

$$A \rightleftarrows B \quad \text{ou} \quad A \rightleftarrows B$$
$$ \searrow C \quad \phantom{\text{ou}} \quad \searrow C$$

Para cada reação que é irreversível sob condições brandas e reversível sob condições vigorosas, há uma temperatura na qual a conversão ocorre. A temperatura na qual a reação se converte de cineticamente controlada para termodinamicamente controlada depende dos reagentes envolvidos na reação. Por exemplo, a reação do 1,3-butadieno com HCl se mantém sob controle cinético a 45 °C mesmo que a adição de HBr ao 1,3-butadieno esteja sob controle termodinâmico nessa temperatura. Uma vez que uma ligação C—Cl é mais forte que uma ligação C—Br (Tabela 3.1), é necessária uma temperatura mais elevada para que os produtos sejam submetidos a uma reação de inversão. Lembre-se: o controle termodinâmico é ativado apenas quando há energia suficiente para permitir que uma ou ambas as reações sejam reversíveis.

É fácil entender por que o produto de adição 1,4 é o produto termodinâmico. Vimos na Seção 4.11 que a estabilidade relativa de um alceno é determinada pelo número de grupamentos alquila ligados a seus carbonos hibridizados em sp^2: quanto maior o número de grupamentos alquila, mais estável é o alceno. Os dois produtos formados pela reação do 1,3-butadieno com um equivalente de HBr têm estabilidades diferentes uma vez que o produto de adição 1,2 tem um grupamento alquila ligado a seus carbonos hibridizados em sp^2, enquanto o produto de adição 1,4 tem dois grupamentos alquila ligados a seus carbonos hibridizados em sp^2. O produto 1,4 é, portanto, mais estável que o produto de adição 1,2. Assim, o produto de adição 1,4 é o produto termodinâmico.

$$CH_3CHCH=CH_2 \qquad CH_3CH=CHCH_2$$
$$| \qquad |$$
$$Br \qquad Br$$

produto de adição 1,2
produto cinético

produto de adição 1,4
produto termodinâmico

Agora precisamos ver por que o produto de adição 1,2 é formado mais rapidamente. Em outras palavras, por que o estado de transição para a formação do produto de adição 1,2 é mais estável que o estado de transição para a formação do produto de adição 1,4? Por muitos anos, os químicos pensaram que isso se devia ao fato de o estado de transição para a formação do produto de adição 1,2 ser semelhante à estrutura do contribuinte de ressonância na qual a carga positiva está presente no carbono alílico secundário. Por outro lado, o estado de transição para a formação do produto de adição 1,4 assemelha-se à estrutura do contribuinte de ressonância na qual a carga positiva está presente no carbono alílico primário menos estável.

carbono alílico secundário   carbono alílico primário

$$CH_2=CHCH=CH_2 \xrightarrow{HBr} CH_3\overset{+}{C}HCH=CH_2 \longleftrightarrow CH_3CH=CH\overset{+}{C}H_2$$
$$+ Br^- \qquad\qquad + Br^-$$

$$\left[CH_3\overset{\delta+}{C}HCH=CH_2 \atop {\delta-} \ddot{B}r: \right]^{\ddagger} \qquad \left[CH_3CH=CH\overset{\delta+}{C}H_2 \atop {\delta-} \ddot{B}r: \right]^{\ddagger}$$

estado de transição para a formação do produto de adição 1,2

estado de transição para a formação do produto de adição 1,4

Entretanto, quando a reação do 1,3-pentadieno + DCl é processada sob controle cinético, essencialmente as mesmas quantidades relativas dos produtos de adição 1,2 e 1,4 são obtidas, da mesma maneira que ocorre na reação cineticamente controlada do 1,3-butadieno + HBr. Ambos os estados de transição para a formação dos produtos de adição 1,2 e 1,4 provenientes do 1,3-pentadieno deveriam ter a mesma estabilidade porque ambos assemelham-se à estrutura de um contribuinte de ressonância na qual a carga positiva está presente no carbono alílico secundário. Por que, então, o produto de adição 1,2 ainda assim é formado mais rapidamente?

$$CH_2=CHCH=CHCH_3 + DCl \xrightarrow{-78\ °C} \underset{\substack{|\ \ \ \ \ |\\ D\ \ \ Cl\\ \text{produto de adição 1,2}\\ 78\%}}{CH_2CHCH=CHCH_3} + \underset{\substack{|\ \ \ \ \ \ \ \ \ \ \ |\\ D\ \ \ \ \ \ \ \ \ Cl\\ \text{produto de adição 1,4}\\ 22\%}}{CH_2CH=CHCHCH_3}$$

Quando os elétrons π do dieno retiram o D^+ de uma molécula de DCl não dissociada, o íon cloreto pode estabilizar melhor a carga positiva no carbono C-2 do que no carbono C-4 simplesmente porque quando o íon cloreto é inicialmente produzido, ele está mais próximo de C-2 do que de C-4. É um *efeito de proximidade* que faz com que o produto de adição 1,2 seja formado mais rapidamente. O **efeito de proximidade** é um efeito promovido quando uma espécie está próxima à outra.

cátion alílico secundário

$$CH_2-\underset{+}{CH}-CH=CHCH_3 \longleftrightarrow CH_2-CH=CH-\underset{+}{C}HCH_3$$
$$\ \ |\ |$$
$$\ \ D\ \ \ Cl^-\ D\ \ \ Cl^-$$

Cl⁻ está mais próximo de C-2 do que de C-4

PROBLEMA 9♦

a. Por que o deutério é adicionado a C-1 em vez de C-4 na reação anterior?
b. Por que DCl foi utilizado na reação em vez de HCl?

PROBLEMA 10♦

a. Quando HBr é adicionado a um dieno conjugado, qual é a etapa determinante de velocidade?
b. Quando HBr é adicionado a um dieno conjugado, qual é a etapa determinante do produto?

Como a maior proximidade do nucleófilo em relação a C-2 contribui para uma velocidade mais rápida de formação do produto de adição 1,2, esse último é essencialmente o produto cinético para todos os dienos conjugados. *Não* pense, no entanto, que o produto de adição 1,4 é *sempre* o produto termodinâmico. A estrutura do dieno conjugado é o que definitivamente determina o produto termodinâmico. Por exemplo, o produto de adição 1,2 é tanto o produto cinético como o produto termodinâmico na reação do 4-metil-1,3-pentadieno com HBr porque não apenas o produto 1,2 é formado mais rapidamente como também é mais estável do que o produto 1,4.

$$\underset{\text{4-metil-1,3-pentadieno}}{CH_2=CHCH=\overset{\overset{\displaystyle CH_3}{|}}{C}CH_3} + HBr \longrightarrow \underset{\substack{\text{4-bromo-2-metil-2-penteno}\\ \text{produto de adição 1,2}\\ \text{produto cinético}\\ \text{produto termodinâmico}}}{CH_3\overset{}{C}HCH=\overset{\overset{\displaystyle CH_3}{|}}{C}CH_3\ \ \ \ \underset{Br}{|}} + \underset{\substack{\text{4-bromo-4-metil-2-penteno}\\ \text{produto de adição 1,4}}}{CH_3CH=CH\overset{\overset{\displaystyle CH_3}{|}}{C}CH_3\ \ \ \underset{Br}{|}}$$

Os produtos de adição 1,2 e 1,4 obtidos na reação do 2,4-hexadieno com HCl têm a mesma estabilidade — ambos têm o mesmo número de grupamentos alquila ligados a seus carbonos hibridizados em sp^2. Assim, nenhum produto é termodinamicamente controlado.

$$CH_3CH=CHCH=CHCH_3 \xrightarrow{HCl} CH_3CH_2CHCH=CHCH_3 + CH_3CH_2CH=CHCHCH_3$$
$$\text{2,4-hexadieno} \qquad\qquad \underset{Cl}{|} \qquad\qquad\qquad \underset{Cl}{|}$$

4-cloro-2-hexeno — produto de adição 1,2

2-cloro-3-hexeno — produto de adição 1,4

os produtos possuem a mesma estabilidade

PROBLEMA 11 RESOLVIDO

Para cada uma das seguintes reações, (1) forneça os principais produtos de adição 1,2 e 1,4 e (2) indique qual é o produto cinético e qual é o produto termodinâmico:

a. 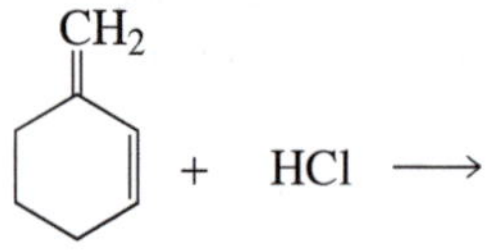 metilenociclohexeno + HCl →

b. $CH_3CH=CHC(CH_3)=CH_2$ + HCl →

c. 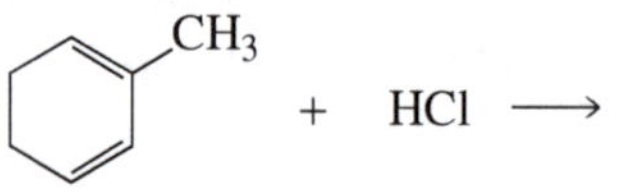 1-metil-1,3-ciclohexadieno + HCl →

d. 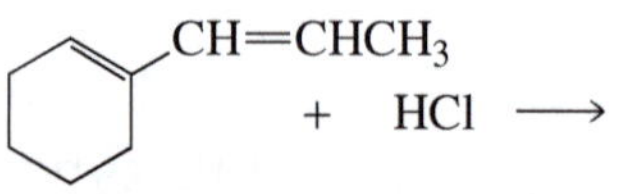 1-(propenil)ciclohexeno + HCl →

RESOLUÇÃO PARA 11a Primeiro precisamos determinar qual dos carbonos terminais hibridizados em sp^2 do sistema conjugado será o carbono C-1. O próton estará mais apto a se adicionar ao carbono hibridizado em sp^2 indicado porque o carbocátion que é formado compartilha sua carga positiva com um carbono alílico terciário e com um carbono alílico secundário. Se o próton fosse adicionado ao carbono hibridizado em sp^2 no outro terminal do sistema conjugado, o carbocátion formado seria menos estável porque sua carga positiva seria compartilhada por um carbono alílico primário e outro carbono alílico secundário. Portanto, o 3-cloro-3-metilciclo-hexeno é o produto de adição 1,2 e o 3-cloro-1-metilciclo-hexeno é o produto de adição 1,4. O 3-cloro-3-metilciclo-hexeno é o produto cinético por causa da proximidade do íon cloreto ao carbono C-2, e o 3-cloro-1-metilciclo-hexeno é o produto termodinâmico porque sua ligação dupla mais substituída o torna mais estável.

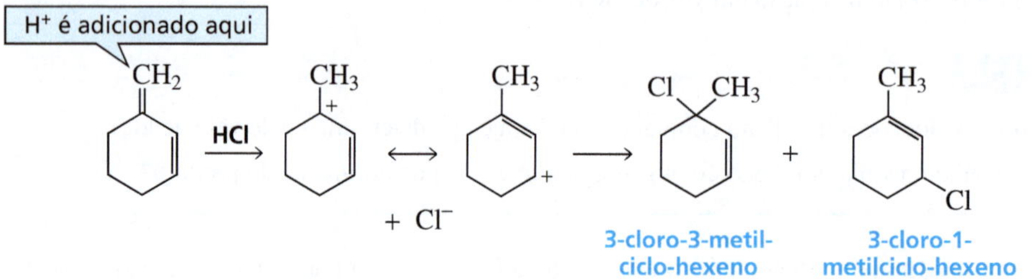

H^+ é adicionado aqui

3-cloro-3-metil-ciclo-hexeno — produto cinético

3-cloro-1-metilciclo-hexeno — produto termodinâmico

8.8 Reação de Diels–Alder: uma reação de adição 1,4

Reações que criam novas ligações carbono–carbono são muito importantes para os químicos orgânicos sintéticos porque é apenas por meio dessas reações que pequenos esqueletos de carbono podem se converter em esqueletos maiores (Seção 6.10). A reação de Diels–Alder é particularmente importante porque cria *duas* novas ligações carbono–carbono de modo a formar uma molécula cíclica. Como reconhecimento da importância dessa reação para a química orgânica sintética, Otto Diels e Kurt Alder receberam o Prêmio Nobel de química em 1950.

Em uma **reação de Diels–Alder**, um dieno conjugado reage com uma substância que contém uma ligação dupla carbono–carbono. Essa última substância é chamada **dienófilo** porque ela "gosta de dieno". (Δ significa aquecimento.)

$$CH_2=CH-CH=CH_2 + CH_2=CH-R \xrightarrow{\Delta} \text{ciclohexeno-R}$$

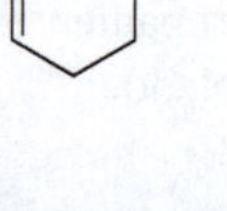

dieno conjugado — dienófilo

Esta reação pode não se parecer com qualquer reação que você tenha visto anteriormente, mas é simplesmente uma adição 1,4 de um eletrófilo e um nucleófilo a um dieno conjugado. Entretanto, diferentemente das outras reações de adição 1,4 que você tenha visto — em que o eletrófilo é adicionado a um dieno na primeira etapa da reação e o nucleófilo é adicionado ao carbocátion na segunda etapa —, a reação de Diels–Alder é uma **reação concertada**: a adição do eletrófilo e do nucleófilo ocorre numa única etapa. A reação a princípio parece peculiar porque o eletrófilo e o nucleófilo que são adicionados ao dieno conjugado são os carbonos hibridizados em sp^2 adjacentes a uma ligação dupla. Como em outras reações de adição 1,4, a ligação dupla no produto está entre C-2 e C-3 no que foi o dieno conjugado.

A reação de Diels–Alder é outro exemplo de uma **reação pericíclica** — reação que ocorre em uma etapa pelo deslocamento cíclico de elétrons (Seção 4.9). É também uma **reação de cicloadição** — reação na qual dois reagentes formam um produto cíclico. Mais precisamente, a reação de Diels–Alder é uma **reação de cicloadição [4 + 2]** porque, dos seis elétrons π envolvidos no estado de transição cíclico, *quatro* são provenientes do dieno conjugado e *dois* são provenientes do dienófilo. A reação, em essência, converte duas ligações π em duas ligações σ.

A reatividade do dienófilo é aumentada se um ou mais grupos retiradores de elétrons são adicionados a seus carbonos hibridizados em sp^2.

> A reação de Diels–Alder é uma adição 1,4 de um dienófilo a um dieno conjugado.

Um grupo retirador de elétrons — como um grupamento carbonila (C=O) ou um grupamento ciano (C≡N) — retira elétrons da ligação dupla. Isso faz com que uma carga parcial positiva seja colocada em um de seus carbonos hibridizados em sp^2 (Figura 8.3), o que permite à reação de Diels–Alder ser iniciada facilmente.

contribuintes de ressonância do dienófilo

híbrido de ressonância

O carbono hibridizado em sp^2 do dienófilo, parcialmente carregado positivamente, pode ser comparado ao eletrófilo que é atacado pelos elétrons π do carbono C-1 do dieno conjugado. O outro carbono hibridizado em sp^2 do dienófilo é o nucleófilo que é adicionado ao carbono C-4 do dieno.

Otto Paul Hermann Diels (1876–1954), *filho de um professor de filosofia clássica da Universidade de Berlim, nasceu na Alemanha. Tornou-se PhD na mesma universidade, onde trabalhou com Emil Fischer. Diels foi professor de química na Universidade de Berlim e posteriormente na Universidade de Kiel. Dois de seus filhos morreram na Segunda Guerra Mundial. Ele se aposentou em 1945 após sua casa e seu laboratório terem sido destruídos em um bombardeio. Recebeu o Prêmio Nobel de química em 1950, dividindo-o com seu formando Kurt Alder.*

Descrição do orbital molecular da reação de Diels–Alder

As duas novas ligações σ que são formadas em uma reação de Diels–Alder resultam da transferência de densidade eletrônica entre os reagentes. A teoria do orbital molecular permite melhor entendimento desse processo. Quando elétrons são transferidos entre moléculas, devemos usar o **HOMO (orbital molecular ocupado de maior energia)** de um reagente e o **LUMO (orbital molecular desocupado de menor energia)** do outro porque somente um orbital vazio pode receber elétrons. Não importa se usamos o HOMO do dienófilo e o LUMO do dieno ou o HOMO do dieno e o LUMO do dienófilo. Precisamos apenas usar o HOMO de um e o LUMO de outro.

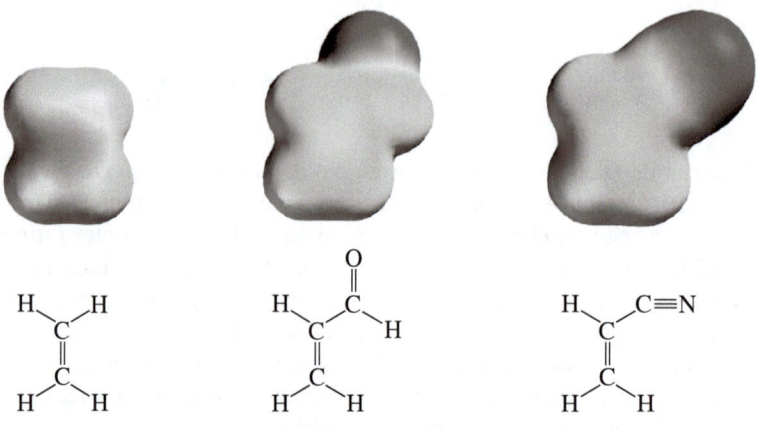

Kurt Alder (1902–1958) *nasceu na parte da Alemanha que hoje corresponde à Polônia. Após a Primeira Guerra Mundial, ele e sua família se mudaram para a Alemanha. Foram expulsos de sua terra natal quando ela foi cedida à Polônia. Após tornar-se PhD sob a orientação de Diels, em 1926, Alder continuou trabalhando com ele e em 1928 eles descobriram a reação Diels–Alder. Alder foi professor de química na Universidade de Kiel e na Universidade de Colônia. Recebeu o Prêmio Nobel de química em 1950, dividindo-o com seu mentor, Otto Diels.*

▲ **Figura 8.3**
Ao comparar os mapas de potencial eletrostático você pode observar que um substituinte retirador de elétrons diminui a densidade eletrônica da ligação dupla carbono–carbono.

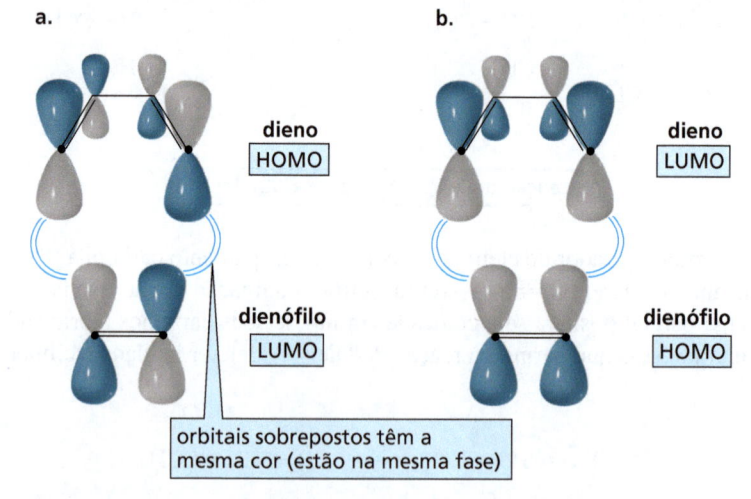

▲ **Figura 8.4**
As novas ligações σ formadas em uma reação de Diels–Alder resultam da sobreposição de orbitais de mesma fase.
(a) Sobreposição do HOMO do dieno e do LUMO do dienófilo.
(b) Sobreposição do HOMO do dienófilo e do LUMO do dieno.

Para construir o HOMO e o LUMO necessários para transferir os elétrons em uma reação de Diels–Alder, precisamos olhar as figuras 7.8 e 7.9 do capítulo anterior. Podemos observar que o HOMO do dieno e o LUMO do dienófilo são assimétricos (Figura 8.4a), e que o LUMO do dieno e o HOMO do dienófilo são simétricos (Figura 8.4b).

Uma reação pericíclica como a reação de Diels–Alder pode ser descrita por uma teoria chamada *conservação de simetria do orbital*. Essa simples teoria diz que as reações eletrocíclicas ocorrem como resultado da sobreposição de orbitais de mesma fase. A fase dos orbitais na Figura 8.4 está indicada por sua cor. Assim, cada nova ligação σ formada em uma reação de Diels–Alder deve ser criada pela sobreposição de orbitais de mesma cor. Uma vez que duas novas ligações σ são formadas, precisamos ter quatro orbitais no lugar certo e com a cor certa (simetria). A figura mostra que, independentemente de qual par de HOMO e LUMO escolhermos, os orbitais que foram sobrepostos possuem a mesma cor. Em outras palavras, uma reação de Diels–Alder ocorre com relativa facilidade. A reação de Diels–Alder e outras reações de cicloadição serão discutidas mais detalhadamente na Seção 29.4.

> **PROBLEMA 12**
>
> Explique por que a reação de cicloadição [2 + 2] não ocorrerá à temperatura ambiente. Lembre-se de que à temperatura ambiente todas as moléculas possuem configuração eletrônica no estado fundamental; ou seja, os elétrons estão presentes nos orbitais de mais baixa energia.

Estereoquímica da reação de Diels–Alder

Se uma reação de Diels–Alder cria um carbono assimétrico no produto, quantidades idênticas dos enantiômeros R e S serão formadas. Ou seja, o produto será uma mistura racêmica (Seção 5.19).

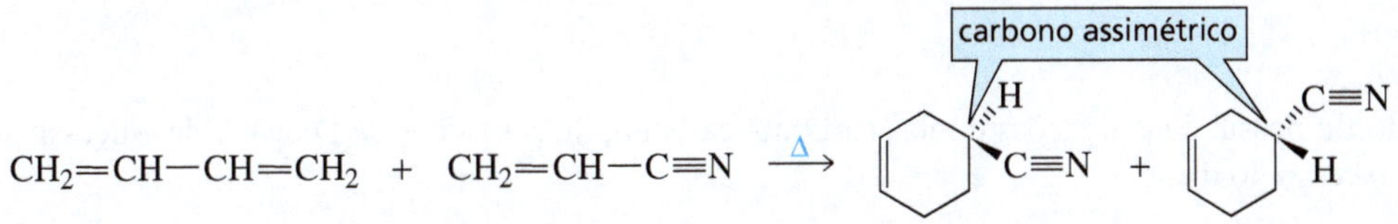

$$CH_2=CH-CH=CH_2 + CH_2=CH-C\equiv N \xrightarrow{\Delta}$$

A reação de Diels–Alder é uma reação de adição sin tanto com relação ao dieno quanto com relação ao dienófilo: uma face do dieno é adicionada a uma face do dienófilo. Entretanto, se os substituintes no *dienófilo* são cis, eles também o serão no produto; se os substituintes no *dienófilo* são trans, também o serão no produto.

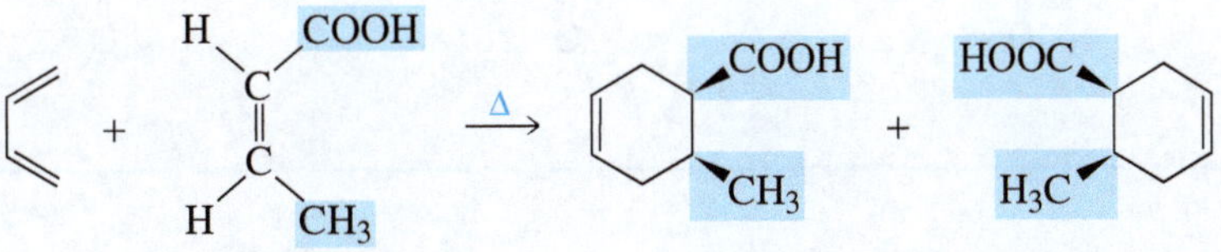

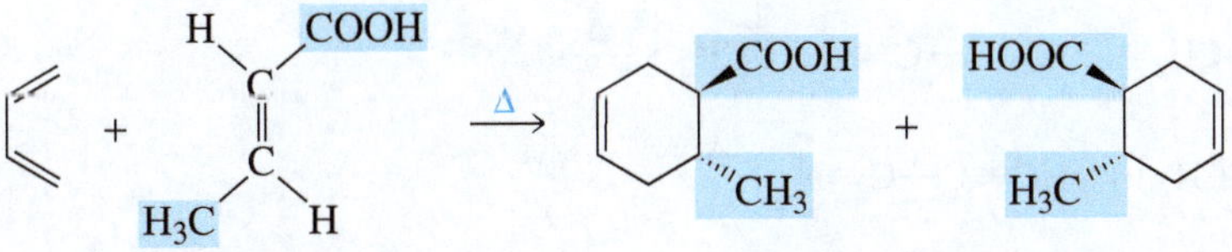

Os substituintes no *dieno* também manterão suas configurações relativas nos produtos. Observe que as substâncias que contêm ligações triplas carbono–carbono podem ser usadas como dienófilos em reações de Diels–Alder na preparação de substâncias com duas ligações duplas isoladas.

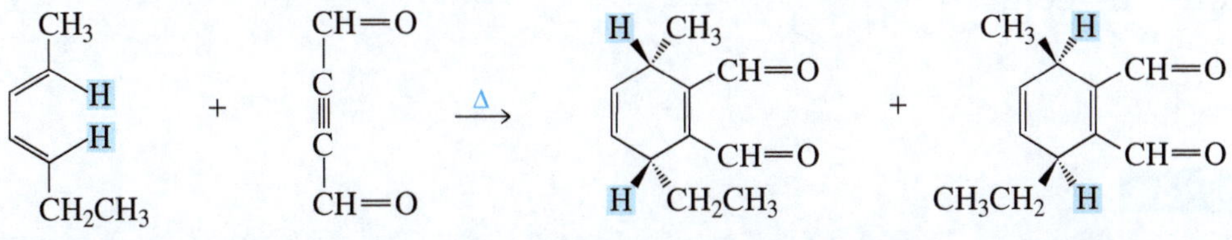

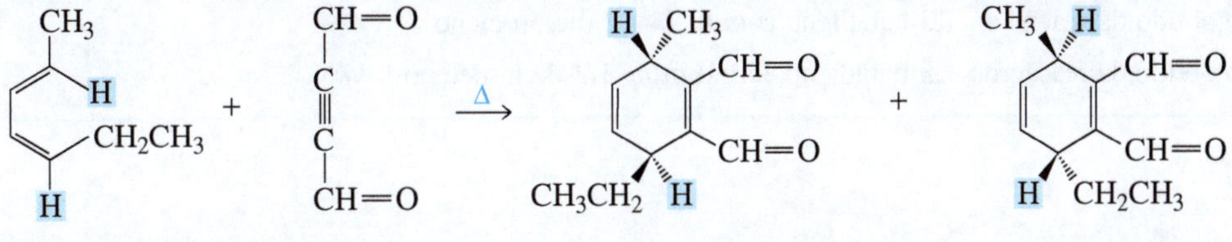

312 QUÍMICA ORGÂNICA

Cada uma das quatro reações anteriores forma um produto com dois novos carbonos assimétricos. Assim, cada produto possui quatro estereoisômeros. Como ocorre apenas a adição sin, cada reação forma apenas dois dos estereoisômeros (Seção 5.19). A reação de Diels–Alder é estereoespecífica — a configuração dos reagentes é mantida durante o curso da reação — porque a reação é concertada. A estereoquímica da reação será discutida com mais detalhes na Seção 29.4.

Grande variedade de substâncias cíclicas pode ser obtida ao se variar as estruturas do dieno conjugado e do dienófilo.

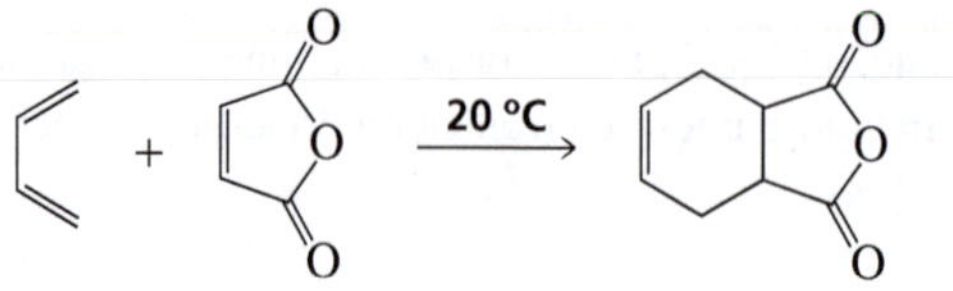

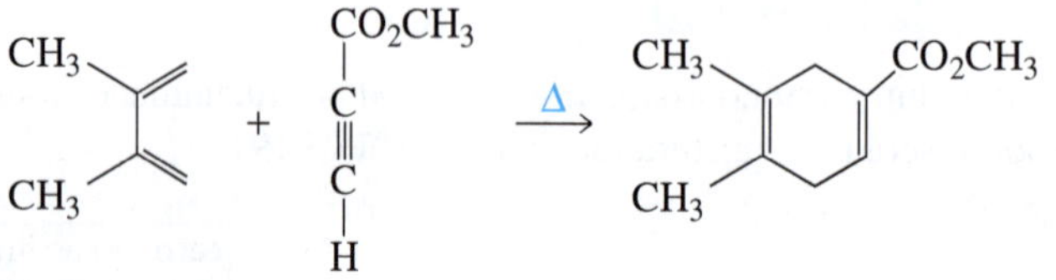

Se o dienófilo possui duas ligações duplas carbono–carbono, duas reações de Diels–Alder sucessivas podem ocorrer se houver excesso do dieno.

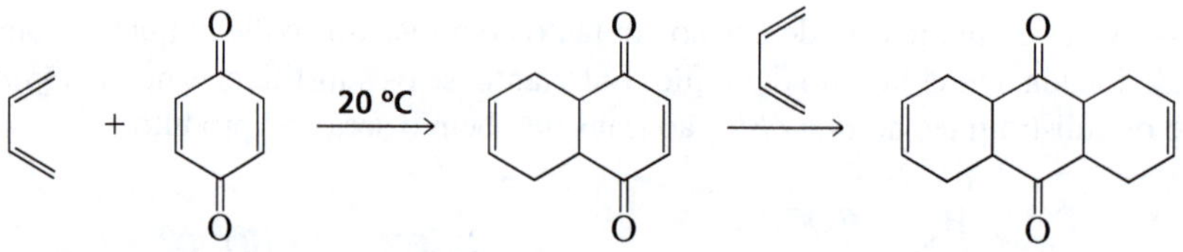

PROBLEMA 13◆

Forneça os produtos para cada uma das seguintes reações:

a. $CH_2=CH-CH=CH_2$ + $CH_3\overset{O}{C}-C\equiv C-\overset{O}{C}CH_3 \xrightarrow{\Delta}$

b. $CH_2=CH-CH=CH_2$ + $HC\equiv C-C\equiv N \xrightarrow{\Delta}$

c. 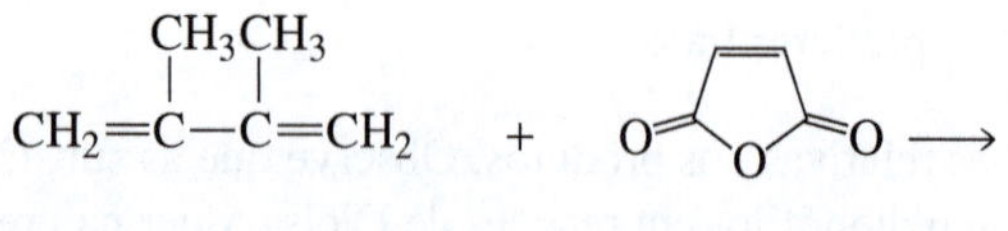 $CH_2=\overset{CH_3}{\underset{|}{C}}-\overset{CH_3}{\underset{|}{C}}=CH_2$ + (anidrido maleico) →

d. 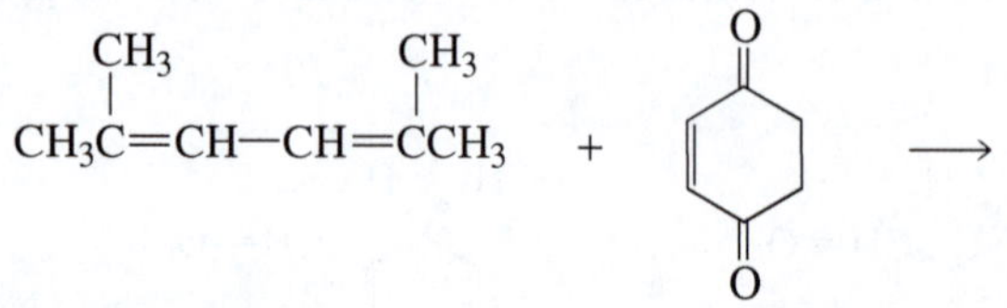 $CH_3\overset{CH_3}{\underset{|}{C}}=CH-CH=\overset{CH_3}{\underset{|}{C}}CH_3$ + (2-ciclo-hexenona) →

PROBLEMA 14◆

Explique por que os seguintes produtos não são opticamente ativos:

a. o produto obtido da reação do 1,3-butadieno com o *cis*-1,2-dicloroeteno
b. o produto obtido da reação do 1,3-butadieno com o *trans*-1,2-dicloroeteno

Previsão do produto quando ambos os reagentes são assimetricamente substituídos

Em cada uma das reações de Diels–Alder anteriores, apenas um produto é formado (ignorando aqui os estereoisômeros) porque pelo menos umas das moléculas reagentes é simetricamente substituída. Se tanto o dieno quanto o dienófilo são assimetricamente substituídos, há, no entanto, dois produtos possíveis:

$$CH_2=CHCH=CHOCH_3 + CH_2=CHCH=O \longrightarrow \text{2-metoxi-3-ciclo-hexenocarbaldeído} + \text{5-metoxi-3-ciclo-hexenocarbaldeído}$$

nenhuma das substâncias é simétrica

Dois produtos são possíveis porque os reagentes podem ser alinhados de duas maneiras diferentes.

Saber qual produto será formado (ou se formará em maior proporção) vai depender da distribuição de carga em cada um dos reagentes. Para determinar a distribuição de carga, precisamos desenhar as estruturas dos contribuintes de ressonância. No exemplo anterior, o grupamento metoxila do dieno é capaz de doar elétrons por ressonância. Como resultado, o átomo de carbono terminal apresenta uma carga parcial negativa. O grupamento aldeído do dienófilo, por outro lado, retira elétrons por ressonância e, portanto, seu carbono terminal possui uma carga parcial positiva.

Tutorial Gallery: Reação de Diels–Alder

$$CH_2=CH-CH=CH-\ddot{O}CH_3 \longleftrightarrow \overset{-}{C}H_2-CH=CH-CH=\overset{+}{O}CH_3$$

contribuintes de ressonância do dieno

$$CH_2=CH-CH=\ddot{O} \longleftrightarrow \overset{+}{C}H_2-CH=CH-\ddot{O}^{-}$$

contribuintes de ressonância do dienófilo

O átomo de carbono com carga parcial positiva do dienófilo vai se ligar preferencialmente ao carbono com carga parcial negativa do dieno. Portanto, o **2-metoxi-3-ciclo-hexenocarbaldeído** será o produto majoritário.

PROBLEMA 15◆

Qual seria o produto majoritário se o substituinte metoxila na reação anterior fosse ligado ao carbono C-2 do dieno em vez de C-1?

314 QUÍMICA ORGÂNICA

PROBLEMA 16◆

Forneça os produtos para cada uma das seguintes reações (ignore os estereoisômeros):

a. $CH_2=CH-CH=CH-CH_3 + HC\equiv C-C\equiv N \xrightarrow{\Delta}$

b. $CH_2=CH-\underset{\underset{CH_3}{|}}{C}=CH_2 + HC\equiv C-C\equiv N \xrightarrow{\Delta}$

Conformações do dieno

Vimos na Seção 7.11 que um dieno conjugado como o 1,3-butadieno é mais estável em conformação planar. Um dieno conjugado pode existir em duas conformações planares diferentes: uma **conformação s-cis** e uma **conformação s-trans**. Por "s-cis", entendemos que as ligações duplas são cis em relação à ligação simples (s = simples). A conformação s-trans é um pouco mais estável (2,3 kcal ou 9,6 kJ) do que a conformação s-cis porque a maior proximidade dos hidrogênios promove certo impedimento estérico (Seção 2.10). A barreira rotacional entre as conformações s-cis e s-trans (4,9 kcal/mol ou 20,5 kJ/mol) é baixa o suficiente para permitir que elas se interconvertam rapidamente à temperatura ambiente.

Molecule Gallery:
Conformação s-trans do butadieno;
Conformação s-cis do butadieno
www

conformação s-trans ⇌ conformação s-cis (interferência branda)

Para participar de uma reação de Diels–Alder, o dieno conjugado deve estar em uma conformação s-cis porque, em uma conformação s-trans, os carbonos 1 e 4 estão muito afastados para reagir com o dienófilo. Um dieno conjugado que está fechado em uma conformação s-trans não pode participar de uma reação de Diels–Alder.

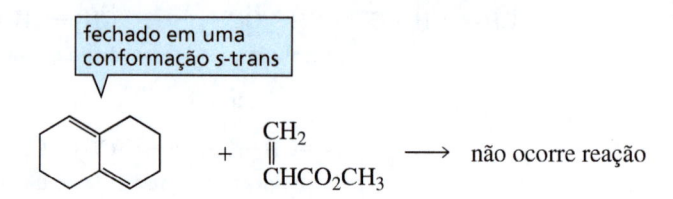

fechado em uma conformação s-trans

[estrutura] + $\underset{CHCO_2CH_3}{\overset{CH_2}{\|}}$ ⟶ não ocorre reação

Tutorial Gallery:
Substâncias bicíclicas
www

Um dieno conjugado que está fechado em uma conformação s-cis, como o 1,3-ciclopentadieno, é altamente reativo em uma reação de Diels–Alder. Quando o dieno é uma substância cíclica, o produto de reação de Diels–Alder é uma **substância bicíclica em formato de ponte** — substância que possui dois anéis que dividem dois carbonos não-adjacentes.

fechada em uma conformação s-cis

1,3-ciclopentadieno + $\underset{CHCO_2CH_3}{\overset{CH_2}{\|}}$ ⟶ [produto com CO$_2$CH$_3$] 81% + [produto com CO$_2$CH$_3$] 19%

ambos os anéis dividem esses carbonos

substâncias bicíclicas em formato de ponte

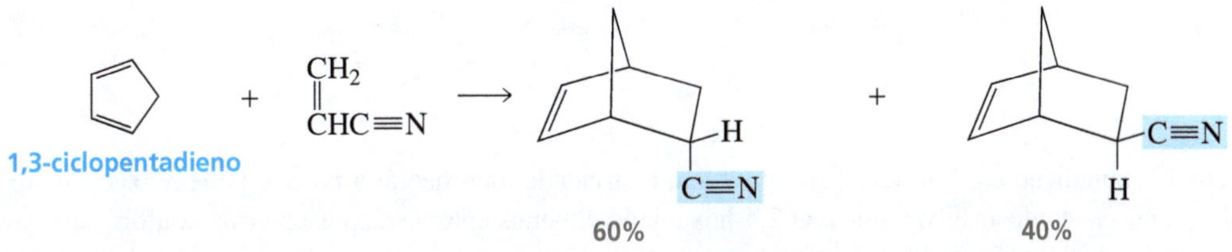

CAPÍTULO 8 Reações de dienos • Espectroscopia... 315

1,3-ciclopentadieno + CH₂=CHC≡N → [produto endo com H em cima, C≡N embaixo] 60% + [produto exo com C≡N em cima, H embaixo] 40%

substâncias bicíclicas em formato de ponte

Existem duas configurações possíveis para substâncias bicíclicas em formato de ponte, uma vez que o substituinte (R) pode aparecer tanto na direção da ligação dupla (configuração **endo**) quanto afastado dela (configuração **exo**).

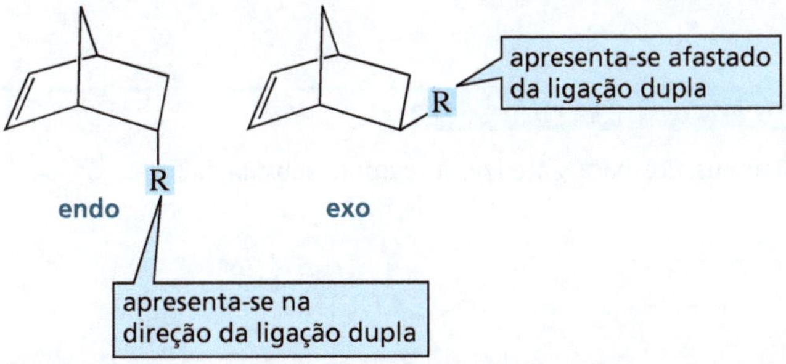

endo — apresenta-se na direção da ligação dupla

exo — apresenta-se afastado da ligação dupla

O produto endo é formado mais rapidamente quando o dienófilo possui um substituinte com elétrons π. Foi proposto que isso se deve à estabilização do estado de transição pela interação dos orbitais p do substituinte do dienófilo com os orbitais p da nova ligação dupla que está sendo formada no que antes era o dieno. Essa interação, chamada *sobreposição de orbital secundário*, pode ocorrer apenas se o substituinte com os orbitais p permanecer abaixo (endo) do anel de seis membros em vez de afastado dele (exo).

> Quando o dienófilo possui elétrons π (outros que não sejam os elétrons π de sua ligação dupla carbono–carbono), mais do produto endo é formado.

PROBLEMA 17◆

Quais dos seguintes dienos conjugados não reagiriam com um dienófilo em uma reação de Diels–Alder?

a. [ciclohexeno com =CH₂]   c. [ciclohexano com dois =CH₂]   e. [furano]

b. [1,3-pentadieno]   d. [decalina com duplas]   f. [ciclohexeno com CH=CH₂]

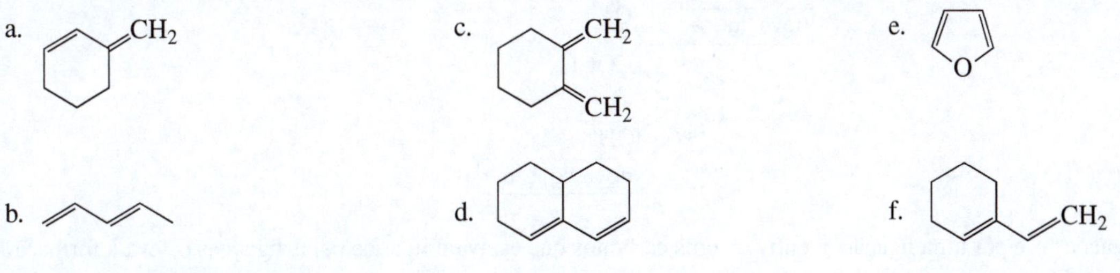

PROBLEMA 18 RESOLVIDO

Liste os seguintes dienos em ordem decrescente de reatividade em uma reação de Diels–Alder:

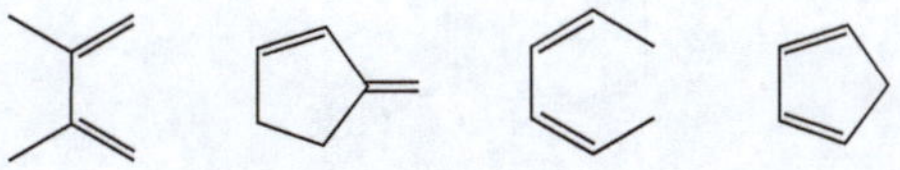

RESOLUÇÃO O dieno mais reativo possui a ligação dupla fechada em uma conformação *s*-cis, enquanto o dieno menos reativo não pode adquirir a conformação *s*-cis requerida porque está fechado em uma conformação *s*-trans.

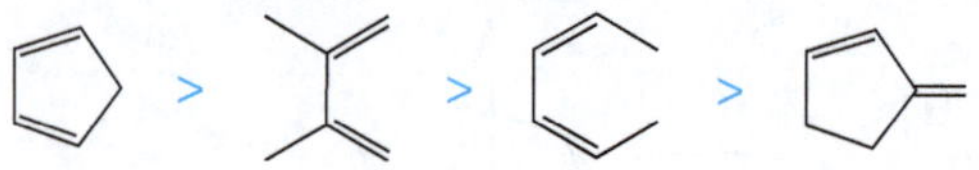

O 2,3-dimetil-1,3-butadieno e o 2,4-hexadieno possuem reatividade intermediária porque podem existir tanto na conformação *s*-cis quanto na conformação *s*-trans. O 2,4-hexadieno é menos apto a se apresentar na conformação *s*-cis requerida devido à interferência estérica entre os grupos metila terminais. Conseqüentemente, o 2,4-hexadieno é menos reativo que o 2,3-dimetil-1,3-butadieno.

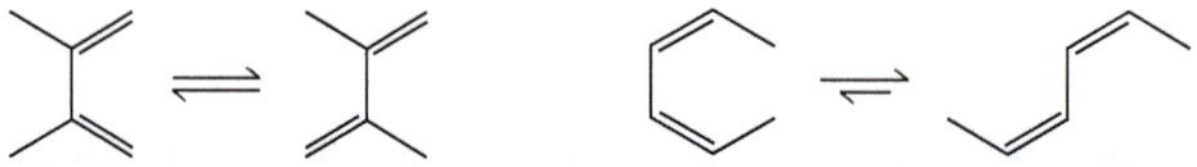

PROBLEMA — ESTRATÉGIA PARA RESOLUÇÃO

Qual dieno e qual dienófilo foram usados para sintetizar a seguinte substância?

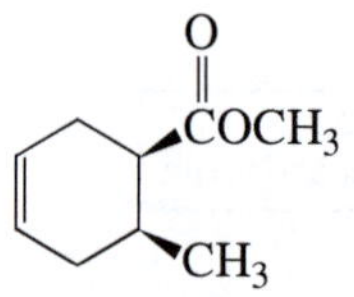

O dieno que foi usado para formar o produto cíclico possuía ligações duplas em ambos os lados da ligação dupla do produto. Sendo assim, acrescente as ligações π, depois remova a ligação π entre elas.

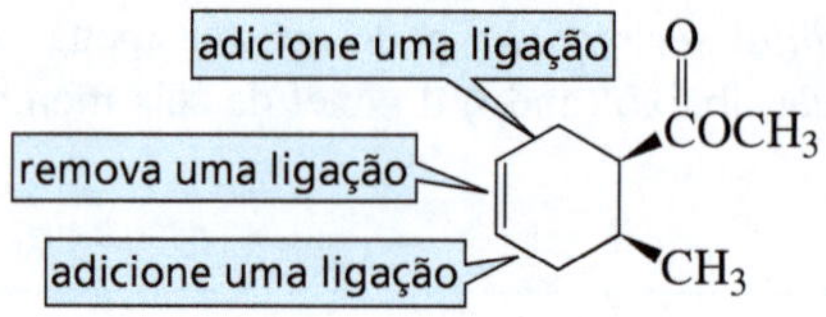

As novas ligações σ estão agora em ambos os lados das ligações duplas.

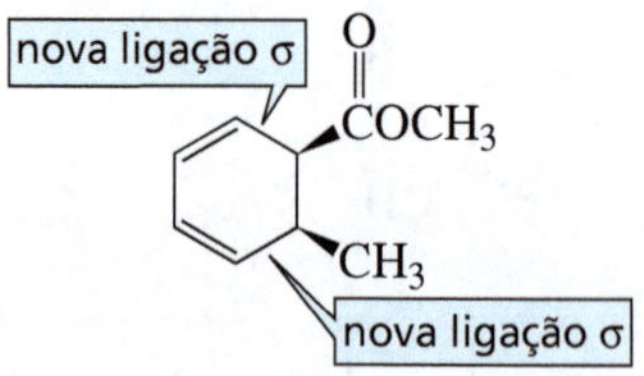

Apagar essas ligações σ e pôr uma ligação π entre os dois carbonos que estavam ligados pelas ligações σ leva à formação do dieno e do dienófilo.

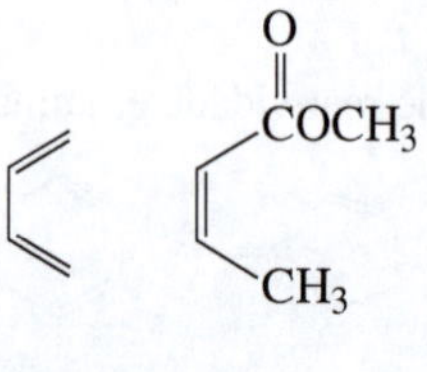

Agora continue no Problema 19.

PROBLEMA 19♦

Qual dieno e qual dienófilo devem ser usados para sintetizar as seguintes substâncias?

a. 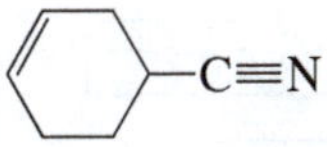 [cicloexeno com substituinte −C≡N]

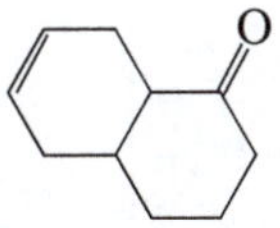

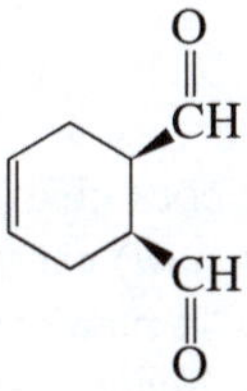

b. [cicloexeno com dois substituintes −CHO cis]

c. [biciclo com dois substituintes −COCH₃]

d. [decalina com grupo cetona e dupla ligação]

e. [7-oxabiciclo com duas duplas ligações]

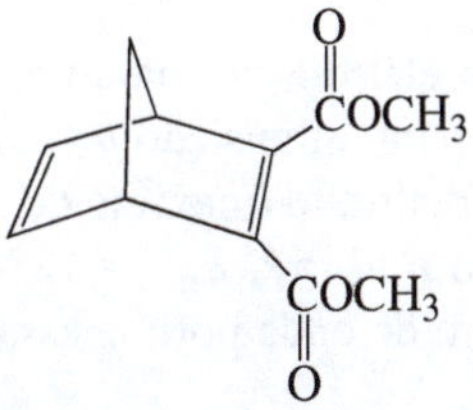

f. 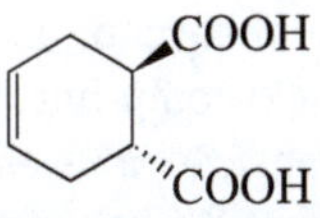 [cicloexeno com dois substituintes −COOH]

8.9 Espectroscopia na região do ultravioleta e do visível

A **espectroscopia** é o estudo da interação entre a matéria e a **radiação eletromagnética** — energia radiante que apresenta tanto as propriedades de partículas quanto as de ondas. Um grande número de diferentes técnicas espectrofotométricas é utilizado para identificar substâncias. Cada uma emprega diferentes tipos de radiação eletromagnética. Começaremos aqui observando a espectroscopia na região do ultravioleta e do visível (UV/Vis). Veremos a espectroscopia no infravermelho (IR) no Capítulo 13 e a espectroscopia de ressonância magnética nuclear (RMN) no Capítulo 14.

A **espectroscopia no UV/Vis** fornece informação sobre as substâncias com ligações duplas conjugadas. A luz ultravioleta e a luz visível possuem apenas energia suficiente para provocar uma transição eletrônica — a promoção de um elétron de um orbital para outro de maior energia. Dependendo da energia necessária para a transição eletrônica, a molécula absorverá a luz ultravioleta ou a luz visível. Se ela absorve a **luz ultravioleta**, um espectro de UV é obtido; se ela absorve **luz visível**, um espectro visível é obtido. A luz ultravioleta é a radiação eletromagnética com comprimentos de onda entre 180 e 400 nm (nanômetros); a luz visível possui comprimentos de onda entre 400 e 780 nm (um nanômetro equivale a 10^{-9} m, ou a 10 Å). O **comprimento de onda** (λ) é inversamente proporcional à energia: quanto menor o comprimento de onda, maior é a energia. A luz ultravioleta, portanto, possui maior energia que a luz visível.

> Quanto menor o comprimento de onda, maior é a energia radiante.

$$E = \frac{hc}{\lambda}$$

h = constante de Planck
c = velocidade da luz
λ = comprimento de onda

A configuração eletrônica normal de uma molécula é conhecida como seu **estado fundamental** — todos os elétrons estão em orbitais moleculares de mais baixa energia. Quando uma molécula absorve luz em um comprimento de onda apropriado e um elétron é promovido para um orbital molecular de mais alta energia, a molécula está então em um **estado excitado**. Assim, a **transição eletrônica** é a promoção de um elétron para um OM de mais alta energia. As energias relativas dos orbitais moleculares ligante, não-ligante e antiligante estão apresentadas na Figura 8.5.

QUÍMICA ORGÂNICA

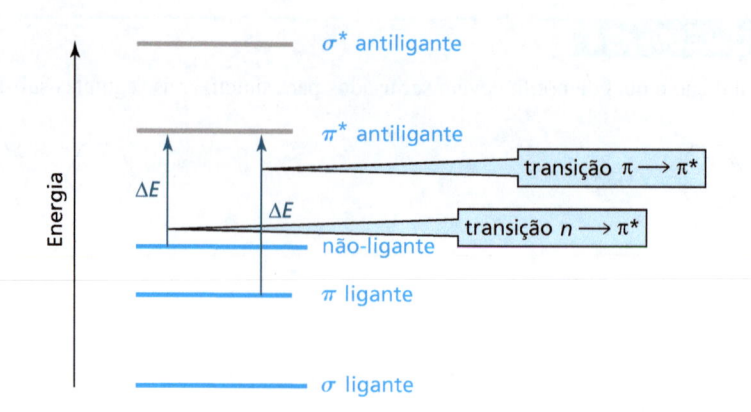

Figura 8.5 ▶
Energias relativas dos orbitais ligante, não-ligante e antiligante.

A luz ultravioleta e a luz visível possuem energia suficiente para promover apenas as duas transições eletrônicas apresentadas na Figura 8.5. A transição eletrônica com a energia mais baixa é a promoção de um elétron (n) não-ligante (livre) para um orbital molecular π^* antiligante. Essa transição é chamada $n \rightarrow \pi^*$ (expressa como "n para π estrela"). A transição eletrônica de mais alta energia é a promoção de um elétron de um orbital molecular π ligante para um orbital molecular π^* antiligante, conhecida como transição $\pi \rightarrow \pi^*$ (expressa como "π para π estrela"). Isso significa que *apenas substâncias orgânicas com elétrons π podem produzir espectros no UV/Vis.*

O espectro de UV da acetona está apresentado na Figura 8.6. A acetona possui tanto elétrons π quanto elétrons livres. Assim, aparecem duas **bandas de absorção**: uma para a transição $\pi \rightarrow \pi^*$ e outra para a transição $n \rightarrow \pi^*$. O $\lambda_{máx}$ (expresso como "lambda máximo") é o comprimento de onda correspondente ao ponto mais alto (máximo de absorbância) da banda de absorção. Para a transição $\pi \rightarrow \pi^*$, $\lambda_{máx}$ = 195 nm; para a transição $n \rightarrow \pi^*$, $\lambda_{máx}$ = 274 nm. Sabemos que a transição $\pi \rightarrow \pi^*$ da Figura 8.6 corresponde ao $\lambda_{máx}$ no menor comprimento de onda porque essa transição requer mais energia que a transição $n \rightarrow \pi^*$.

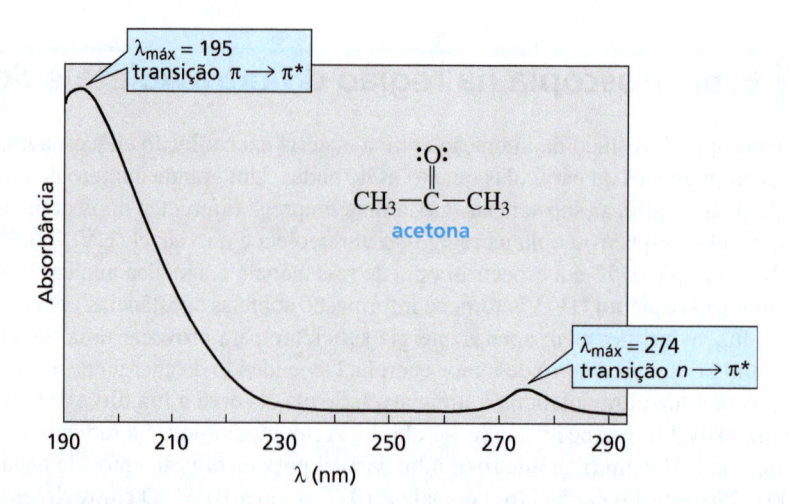

Figura 8.6 ▶
Espectro de UV da acetona.

Um **cromóforo** é a parte da molécula que absorve luz UV ou luz visível. O grupamento carbonila é o cromóforo da acetona. As quatro substâncias a seguir possuem o mesmo cromóforo, portanto todas possuem aproximadamente o mesmo $\lambda_{máx}$.

PROBLEMA 20

Explique por que o dietil-éter não possui espectro no UV, mesmo tendo elétrons livres.

Luz ultravioleta e protetores solares

A exposição à luz ultravioleta estimula células especializadas na pele a produzir um pigmento negro conhecido como melanina, o que deixa a pele com aparência bronzeada. A melanina absorve luz UV, portanto ela nos protege dos efeitos prejudiciais do sol. Se mais luz UV do que a melanina é capaz de absorver incidir sobre a pele, essa luz irá queimá-la e poderá provocar reações fotoquímicas que resultarão em câncer de pele (Seção 29.6). A UV-A é a luz UV de menor energia (315 a 400 nm) e provoca os menores danos biológicos. Felizmente, a maior parte dos raios mais perigosos, luz UV de maior energia, a UV-B (290 a 315 nm) e a UV-C (180 a 290 nm), é filtrada pela camada de ozônio na estratosfera. Daí o porquê da grande preocupação sobre a aparente diminuição da camada de ozônio (Seção 9.9).

Aplicar um protetor solar pode proteger a pele contra a luz UV. Alguns protetores solares contêm um componente inorgânico, como o óxido de zinco, que reflete a luz quando ela atinge a pele. Outros contêm uma substância que absorve a luz UV. O PABA foi o primeiro protetor solar de absorção de UV disponível comercialmente. O PABA absorve a luz UV-B, mas não é muito solúvel em loções dermatológicas oleosas. Substâncias menos polares, como o Padimato O, são agora mais comumente utilizadas. Uma pesquisa recente mostrou que os protetores solares que absorvem apenas a luz UV-B não dão proteção adequada à pele contra o câncer; tanto a proteção contra UV-A quanto UV-B são necessárias. Giv Tan F absorve luz UV-B e luz UV-A, de modo que fornece melhor proteção.

A quantidade de proteção fornecida por um protetor solar em particular é indicada por seu FPS (Fator de Proteção Solar). Quanto maior o FPS, maior é a proteção.

ácido *para*-aminobenzóico
PABA

4-(dimetilamino)benzoato de 2-etil-hexila
Padimato O

(*E*)-3-(4-metoxifenil)-2-propenoato de 2-etil-hexila
Giv Tan F

8.10 Lei de Lambert–Beer

Johann Lambert e Wilhelm Beer propuseram, separadamente, que em um dado comprimento de onda, a absorbância de uma amostra depende da quantidade de espécie absorvente que a luz encontra ao passar através de uma solução dela. Em outras palavras, a absorbância depende tanto da concentração da amostra quanto do comprimento do caminho da luz através da amostra. A relação entre absorbância, concentração e comprimento do caminho percorrido pela luz é conhecida como **lei de Lambert–Beer**, e é dada por:

$$A = cl\varepsilon$$

onde

A = absorbância da amostra = $\log \dfrac{I_0}{I}$

I_0 = intensidade da radiação que incide sobre a amostra

I = intensidade da radiação que emerge da amostra

c = concentração da amostra, em mol/l

l = comprimento do caminho percorrido pela luz através da amostra, em centímetros

ε = absortividade molar (litro mol^{-1} cm^{-1})

Wilhelm Beer (1797–1850) *nasceu na Alemanha. Era um banqueiro cujo hobby era a astronomia. Ele foi o primeiro a fazer um mapa das áreas escuras e claras de Marte.*

Johann Heinrich Lambert (1728–1777), *matemático alemão, foi o primeiro a fazer medidas exatas de intensidades de luz e a introduzir funções hiperbólicas na trigonometria.*

Apesar da equação que relaciona absorbância, concentração e caminho percorrido pela luz levar os nomes de Lambert e Beer, acredita-se que o matemático francês **Pierre Bouguer (1698–1758)** *tenha sido o primeiro a formular essa relação em 1729.*

QUÍMICA ORGÂNICA

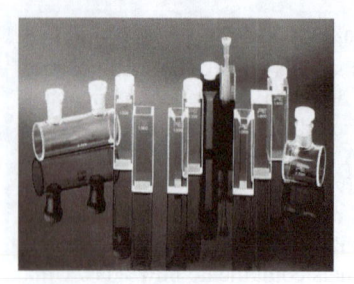

▲ Células usadas na espectroscopia de UV/Vis.

A **absortividade molar** (também denominada coeficiente de extinção) é uma constante que é característica da substância em um comprimento de onda específico. É a absorbância que deve ser observada para uma solução 1,00 M com um caminho de 1 cm de comprimento. A absortividade molar da acetona, por exemplo, é 9.000 a 195 nm e 13,6 a 274 nm. O solvente no qual a amostra está dissolvida quando o espectro é confeccionado é relatado porque a absortividade molar não é exatamente a mesma em todos os solventes. Assim, o espectro de UV da acetona no hexano deve ser relatado como $\lambda_{máx}$ 195 nm ($\varepsilon_{máx}$ = 9.000, hexano); $\lambda_{máx}$ 274 nm ($\varepsilon_{máx}$ = 13,6, hexano). Devido à absorbância ser proporcional à concentração, a concentração de uma solução pode ser determinada se a absorbância e a absortividade molar em um comprimento de onda particular forem conhecidos.

As duas bandas de absorção da acetona na Figura 8.6 são muito diferentes em tamanho devido à diferença da absortividade molar nos dois comprimentos de onda. Pequenas absortividades molares são características de transições $n \rightarrow \pi^*$, por isso essas transições são muito difíceis de serem detectadas. Conseqüentemente, transições $\pi \rightarrow \pi^*$ são em geral mais úteis em espectroscopia no UV/Vis.

Para obter um espectro no UV ou no visível, a solução é colocada em uma célula. A maioria das células tem um caminho de 1 cm de comprimento. Tanto células de vidro quanto de quartzo podem ser usadas para o espectro no visível, porém as células de quartzo devem ser usadas para o espectro no UV porque o vidro absorve a luz UV.

PROBLEMA 21◆

Uma solução de 4-metil-3-penten-2-ona em etanol apresenta uma absorbância de 0,52 a 236 nm em uma célula com 1 cm de caminho de luz. Sua absortividade molar em etanol nesse comprimento de onda é de 12.600. Qual é a concentração da substância?

8.11 Efeito da conjugação sobre o $\lambda_{máx}$

A transição $n \rightarrow \pi^*$ para a metil-vinil-cetona está a 324 nm, e a transição $\pi \rightarrow \pi^*$ está a 219 nm. Ambos os valores de $\lambda_{máx}$ estão em comprimentos de onda maiores se comparados aos valores correspondentes de $\lambda_{máx}$ da acetona porque a metil-vinil-cetona possui duas ligações duplas conjugadas.

Molecule Gallery:
Metil-vinil-cetona
www

acetona

$n \rightarrow \pi^*$ $\lambda_{máx}$ = 274 nm ($\varepsilon_{máx}$ = 13,6)
$\pi \rightarrow \pi^*$ $\lambda_{máx}$ = 195 nm ($\varepsilon_{máx}$ = 9.000)

metil-vinil-cetona

$\lambda_{máx}$ = 331 nm ($\varepsilon_{máx}$ = 25)
$\lambda_{máx}$ = 203 nm ($\varepsilon_{máx}$ = 9.600)

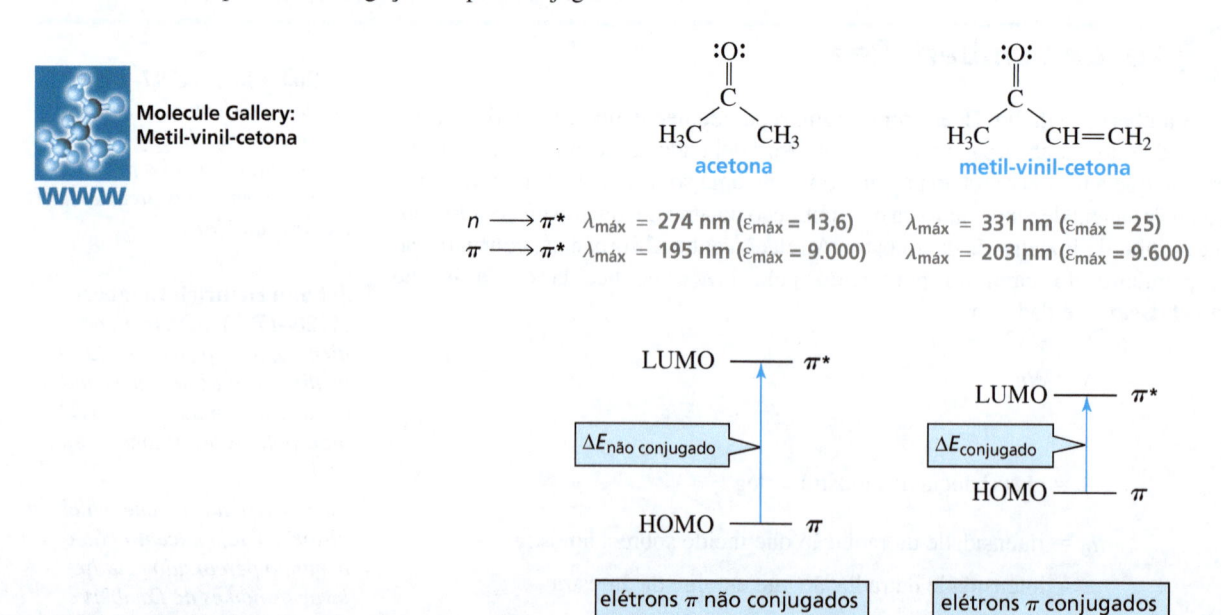

Figura 8.7 ▶
A conjugação eleva a energia do HOMO e diminui a energia do LUMO.

A conjugação eleva a energia do HOMO e diminui a energia do LUMO. Com isso é requerido menos energia para uma transição eletrônica em um sistema conjugado do que em um sistema não conjugado (Figura 8.7). Quanto mais ligações duplas conjugadas existirem em uma substância, menor a energia requerida para a transição eletrônica e, portanto, maior será o comprimento de onda na qual a transição eletrônica ocorrerá.

Os valores de $\lambda_{máx}$ da transição $\pi \rightarrow \pi^*$ para muitos dienos conjugados estão apresentados na Tabela 8.3. Observe que tanto o $\lambda_{máx}$ quanto a absortividade molar aumentam conforme o aumento do número de ligações duplas conjugadas. Assim, o $\lambda_{máx}$ de uma substância pode ser usado como um modo de prever o número de ligações duplas conjugadas numa dada substância.

> O $\lambda_{máx}$ aumenta conforme o aumento do número de ligações duplas conjugadas.

Tabela 8.3 Valores de $\lambda_{máx}$ e ε para o etileno e para dienos conjugados

Substância	$\lambda_{máx}$ (nm)	ε (M^{-1} cm^{-1})
H$_2$C=CH$_2$	165	15.000
	217	21.000
	256	50.000
	290	85.000
	334	125.000
	364	138.000

Se uma substância possui ligações duplas conjugadas suficientes, ela vai absorver luz visível ($\lambda_{máx} > 400$ nm) e a substância será colorida. O β-caroteno, um precursor da vitamina A, é uma substância laranja encontrada em cenouras, damascos e batatas-doces. O licopeno é vermelho e pode ser encontrado em tomates, melancias e *grapefruit* rosa.

β-caroteno
$\lambda_{máx} = 455$ nm

licopeno
$\lambda_{máx} = 474$ nm

> Molecule Gallery:
> 1,3,5,7-octatetraeno
> www

Um **auxocromo** é um substituinte que, quando ligado a um cromóforo, altera o $\lambda_{máx}$ e a intensidade de absorção, mas em geral aumenta os dois; grupos OH e NH$_2$ são auxocromos. Os pares de elétrons livres do oxigênio e do nitrogênio estão disponíveis para interação com a nuvem de elétrons π do anel benzeno, e essa interação aumenta o $\lambda_{máx}$. Em virtude de o íon anilinium não possuir um auxocromo, seu $\lambda_{máx}$ é semelhante ao do benzeno.

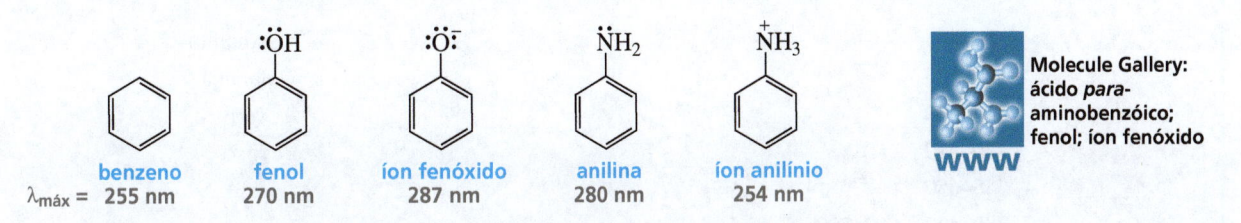

benzeno	fenol	íon fenóxido	anilina	íon anilínio
$\lambda_{máx}$ = 255 nm	270 nm	287 nm	280 nm	254 nm

> Molecule Gallery:
> ácido *para*-aminobenzóico;
> fenol; íon fenóxido
> www

Ao se remover um próton do fenol e, em conseqüência, formar-se o íon fenóxido (também chamado íon fenolato), aumenta-se o $\lambda_{máx}$ porque o íon resultante possui um par de elétrons livres adicionais. Ao se protonar a anilina (e conseqüentemente ao se formar o íon anilínio), diminui-se o $\lambda_{máx}$ porque o par de elétrons livres não está mais disponível para interagir com a nuvem de elétrons π do anel benzeno. Em virtude de comprimentos de onda de luz vermelha serem maiores do que os de luz azul (Figura 13.11), um deslocamento para um comprimento de onda maior é chamado **deslocamento para o vermelho** e um deslocamento para um comprimento de onda menor é chamado **deslocamento para o azul**. A desprotonação do fenol resulta em um deslocamento para o vermelho, enquanto a protonação da anilina produz um deslocamento para o azul.

deslocamento para o vermelho →

← deslocamento para o azul

200 nm   400 nm

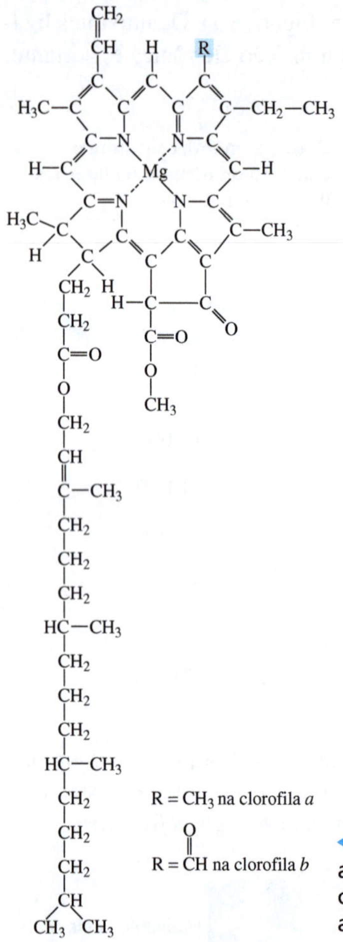

PROBLEMA 22◆

Liste as substâncias em ordem decrescente de $\lambda_{máx}$:

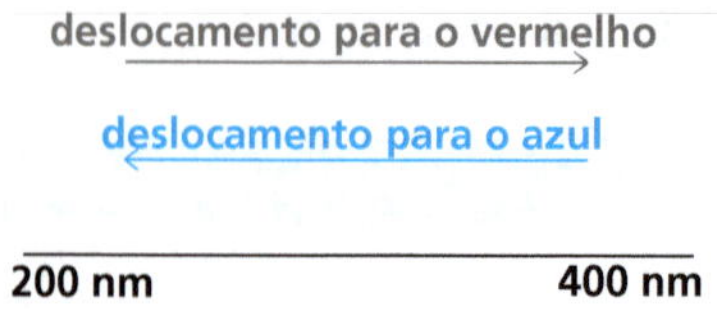

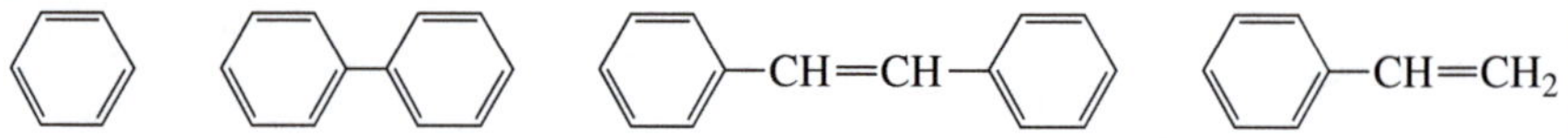

◀ As clorofilas *a* e *b* são os pigmentos que fazem as plantas serem verdes. Essas substâncias altamente conjugadas absorvem a luz não-verde. Portanto, as plantas refletem luz verde.

R = CH₃ na clorofila *a*
R = CH na clorofila *b* (com O)

8.12 O espectro no visível e a cor

A luz branca é uma mistura de todos os comprimentos de onda da luz visível. Se alguma cor for removida da luz branca, a luz remanescente aparece colorida. Então, se uma substância absorver luz visível, a substância aparecerá colorida. A coloração depende da cor da luz transmitida aos olhos; em outras palavras, depende da cor produzida pelos comprimentos de onda de luz que *não* são absorvidos.

A relação entre os comprimentos de onda de luz absorvida e a cor observada está apresentada na Tabela 8.4. Observe que duas bandas de absorção são necessárias para produzir o verde. A maioria das substâncias coloridas apresenta bandas de absorção razoavelmente largas; cores vivas apresentam bandas de absorção estreitas. O olho humano é capaz de distinguir mais de um milhão de tonalidades de cor diferentes!

Tabela 8.4 Dependência da cor observada sobre o comprimento de onda de luz absorvida	
Comprimentos de onda absorvidos (nm)	**Cor observada**
380–460	amarelo
380–500	laranja
440–560	vermelho
480–610	roxo
540–650	azul
380–420 e 610–700	verde

Os azobenzenos (anéis benzênicos conectados por uma ligação N=N) possuem um sistema conjugado extenso que os auxilia na absorção de luz na região visível do espectro. Alguns azobenzenos substituídos são usados comercialmente

CAPÍTULO 8 Reações de dienos • Espectroscopia... **323**

como corantes. A variação da extensão de conjugação e dos substituintes ligados ao sistema de conjugação proporciona um grande número de cores diferentes. Note que a única diferença entre o amarelo-manteiga e o alaranjado de metila é um grupo $SO_3^- Na^+$. O alaranjado de metila é normalmente empregado como indicador ácido-base. Quando a margarina foi inicialmente produzida, era utilizada uma cor amarelo-manteiga para lhe dar aparência mais semelhante à da manteiga (margarina branca não apeteceria muito). O uso desse corante foi abandonado depois que se descobriu que era uma substância carcinogênica. O β-caroteno é usado atualmente para corar a margarina.

alaranjado de metila
azobenzeno

amarelo-manteiga
azobenzeno

▲ O licopeno, o β-caroteno e as antocianinas são encontrados em folhas de árvores, mas suas cores características são normalmente escondidas pela coloração verde da clorofila. No outono, quando a clorofila degrada, essas cores tornam-se aparentes. (Veja a foto em cores no encarte colorido.)

PROBLEMA 23

a. Em pH = 7, um dos seguintes íons é roxo e o outro é azul. Qual é qual?
b. Qual seria a diferença das cores das substâncias em pH = 3?

R = H, OH ou OCH_3
R' = H, OH ou OCH_3

Antocianinas: uma classe de substâncias coloridas

Uma classe de substâncias altamente conjugadas chamada antocianinas é responsável pelas cores vermelha, roxo e azul de muitas flores (papoulas, peônias, centáureas), frutas (amoras, jabuticabas, uvas, ruibarbo, morangos) e vegetais (beterrabas, rabanetes, repolho-roxo).

Em uma solução neutra ou básica, o fragmento monocíclico da antocianina não está conjugado com o resto da molécula. Nessas condições, a antocianina é uma substância sem coloração porque não absorve luz visível. Em um ambiente ácido, o grupo OH é protonado e a água é eliminada. (Lembre-se de que a água, sendo uma base fraca, é bom grupo de saída.) A perda de água resulta no terceiro anel a se tornar conjugado com o resto da molécula. Como resultado da extensão da conjugação, a antocianina absorve luz visível com comprimentos de onda entre 480 e 550 nm. O comprimento de onda exato de luz absorvida depende dos substituintes (R) da antocianina. Assim, a flor, o fruto ou o vegetal aparece vermelho, roxo ou azul, dependendo de quais são os grupamentos R. Você pode observar isso se mudar o pH do suco de uvas de modo a anular sua acidez.

antocianina
(três anéis estão conjugados)
vermelho, azul ou roxo

(a conjugação é rompida)
ausência de cor

(a conjugação é rompida)
ausência de cor

8.13 Utilização da espectroscopia no UV/VIS

As velocidades reacionais são geralmente medidas com a utilização da espectroscopia no UV/Vis. A velocidade de qualquer reação pode ser medida, desde que um dos reagentes ou um dos produtos absorva luz UV ou visível em um comprimento de onda no qual os outros reagentes e produtos tenham pouca ou nenhuma absorbância. Por exemplo, o ânion nitroetano possui um $\lambda_{máx}$ a 240 nm, mas tanto a água (o outro produto) quanto os reagentes não apresentam nenhuma absorbância significativa nesse comprimento de onda. Com o objetivo de medir a velocidade na qual o íon hidróxido remove um próton do nitroetano (isto é, a velocidade na qual o ânion nitroetano é formado), o espectrofotômetro de UV é ajustado para medir a absorbância a 240 nm em função do tempo em vez de absorbância em função do comprimento de onda. O nitroetano é colocado em uma célula de quartzo que contém uma solução básica, e a velocidade de reação é determinada pelo monitoramento do aumento da absorbância a 240 nm (Figura 8.8).

$$CH_3CH_2NO_2 + HO^- \rightleftharpoons CH_3\bar{C}HNO_2 + H_2O$$

nitroetano — ânion nitroetano $\lambda_{máx} = 240$ nm

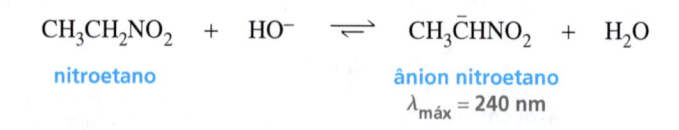

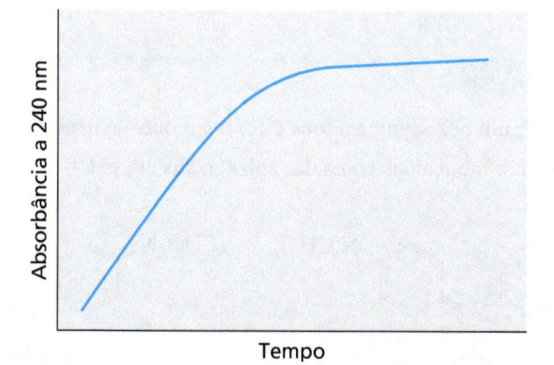

Figura 8.8 ▶
A velocidade na qual um próton é removido do nitroetano é determinada pelo monitoramento do aumento da absorbância a 240 nm.

A enzima lactato desidrogenase catalisa a redução do piruvato pelo NADH para formar o lactato. O NADH é a única espécie na mistura reacional que absorve luz a 340 nm por isso a velocidade de reação pode ser determinada pelo monitoramento da diminuição da absorbância a 340 nm (Figura 8.9).

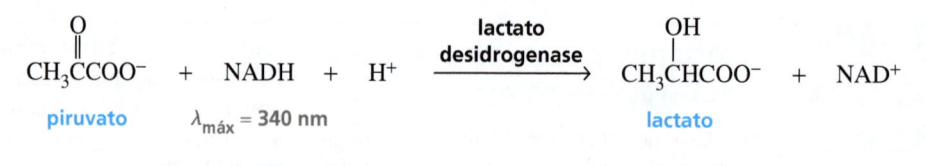

$$CH_3\overset{O}{\overset{\|}{C}}COO^- + NADH + H^+ \xrightarrow{\text{lactato desidrogenase}} CH_3\overset{OH}{\overset{|}{C}H}COO^- + NAD^+$$

piruvato — $\lambda_{máx} = 340$ nm — lactato

Figura 8.9 ▶
A velocidade de redução do piruvato pelo NADH é medida pelo monitoramento da diminuição da absorbância a 340 nm.

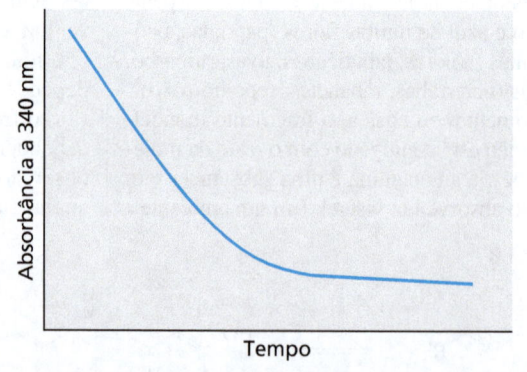

PROBLEMA 24

Descreva como pode ser determinada a velocidade de oxidação do etanol pelo NAD^+, reação essa catalisada pela enzima álcool desidrogenase (Seção 20.11, volume 2).

O pK_a de uma substância pode ser determinado pela espectroscopia no UV/Vis se tanto a forma ácida quanto a básica da substância absorverem luz UV ou visível. Por exemplo, o íon fenóxido possui $\lambda_{máx}$ a 287 nm. Se a absorbância a 287 nm é determinada em função do pH, o pK_a do fenol pode ser verificado pela determinação do pH no qual exatamente metade do aumento da absorbância tenha ocorrido (Figura 8.10). Nesse pH, metade do fenol terá se convertido em fenóxido. Lembre-se da Seção 1.20, em que a equação de Henderson–Hasselbalch estabelece que o pK_a de uma substância é o pH no qual metade da substância está presente em sua forma ácida e metade está presente em sua forma básica ([HA] = [A$^-$]).

A espectroscopia no UV também pode ser utilizada para estimar a composição de nucleotídeos do DNA. As duas hélices do DNA são unidas tanto por pares de base A–T quanto por pares de base G–C (Seção 27.4). Quando o DNA é aquecido, as hélices se separam. Uma hélice de DNA sozinha possui maior absortividade molar a 260 nm quando comparada ao DNA em forma de dupla hélice. A temperatura de fusão (T_f) do DNA é o ponto médio de uma curva de absorbância *versus* temperatura (Figura 8.11). Para o DNA em forma de hélice dupla, a T_f aumenta com o aumento do número de pares de base G–C porque eles são ligados por três ligações hidrogênio, enquanto os pares de base A–T são ligados por apenas duas ligações hidrogênio. Portanto, a T_f pode ser utilizada para estimar o número de pares de base G–C. Esses são apenas alguns exemplos das muitas utilizações da espectroscopia no UV/Vis.

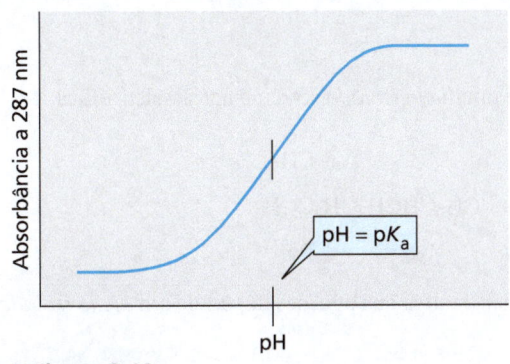

▲ **Figura 8.10**
Absorbância de uma solução aquosa de fenol em função do pH.

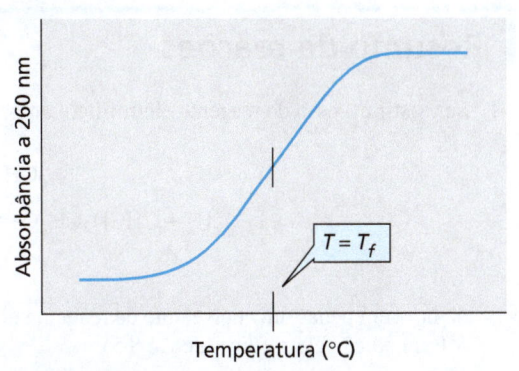

▲ **Figura 8.11**
Absorbância de uma solução de DNA em função da temperatura.

Resumo

Os **dienos** são hidrocarbonetos com duas ligações duplas. As **ligações duplas conjugadas** são separadas por uma ligação simples. As **ligações duplas isoladas** são separadas por mais de uma ligação simples. As **ligações duplas acumuladas** são adjacentes umas às outras. Um dieno conjugado é mais estável do que um **dieno isolado**, o qual é mais estável que um dieno acumulado. O alqueno menos estável possui o maior valor de $-\Delta H°$. Um dieno pode ter um total de quatro isômeros configuracionais: *E-E*, *Z-Z*, *E-Z* e *Z-E*.

Um dieno isolado, assim como um alceno, pode sofrer somente uma adição 1,2. Se há apenas o suficiente de reagente eletrofílico para ser adicionado a uma das ligações duplas, este será adicionado preferencialmente à ligação mais reativa. Um dieno conjugado reage com uma quantidade limitada de reagente eletrofílico para formar um **produto de adição 1,2** e um **produto de adição 1,4**. A primeira etapa é a adição do eletrófilo a um dos carbonos hibridizados em sp^2 no final do sistema de conjugação.

Quando a reação forma mais de um produto, o produto formado mais rapidamente é o **produto cinético**; o produto mais estável é o **produto termodinâmico**. Se a reação for processada sob condições brandas, sendo dessa forma irreversível, o produto principal será o produto cinético; se a reação for processada sob condições vigorosas, sendo dessa forma reversível, o produto principal será o produto termodinâmico. Quando a reação está sob **controle cinético**, as quantidades relativas dos produtos dependem das velocidades nas quais eles são formados; quando uma reação está sob **controle termodinâmico**, as quantidades relativas dos produtos dependem de suas estabilidades. Um **intermediário comum** é um intermediário que ambos os produtos têm em comum.

Em uma reação de Diels–Alder, um dieno conjugado reage com um dienófilo para formar uma substância cíclica; nessa reação de cicloadição concertada [4 + 2], duas novas ligações σ são formadas à custa de duas ligações π. O dieno conjugado deve necessariamente estar em uma **conformação *s*-cis**. A reatividade do dienófilo é aumentada por grupos retiradores de elétrons ligados a carbonos hibridizados em sp^2. O **HOMO** de um reagente e o **LUMO** do outro são usados para mostrar a transferência de elétrons entre as moléculas. De acordo com a conservação da simetria do orbital, **reações eletrocíclicas** ocorrem como resultado da sobreposição de orbitais de mesma fase. A reação de Diels–Alder é estereoespecífica; é uma reação de adição sin tanto com relação ao dieno quanto ao dienófilo. Se tanto o dieno quanto o dienófilo são substituídos assimetricamente, dois produtos são possíveis porque os reagentes podem ser alinhados de duas maneiras diferentes. Em **substâncias bicíclicas em formato de ponte**, um substituinte pode ser **endo** ou **exo**; o substituinte endo é favorecido se o substituinte do dienófilo possuir elétrons π.

A **espectroscopia no ultravioleta** e **no visível** (**UV/Vis**) fornece informações sobre substâncias com ligações duplas conjugadas. A luz UV é maior em energia do que a luz visível; quanto menor o comprimento de onda, maior é a energia. A luz UV e a luz visível promovem as **transições eletrônicas** $n \rightarrow \pi^*$ e $\pi \rightarrow \pi^*$; transições $\pi \rightarrow \pi^*$ possuem absortividades molares maiores. Um **cromóforo** é a parte da molécula que absorve luz UV e luz visível. A **lei de Lambert–Beer** é a relação entre absorbância, concentração e caminho percorrido pela luz: $A = cle$. Quanto mais ligações duplas conjugadas existirem em dada substância, menor a energia requerida para a transição eletrônica e maior o $\lambda_{máx}$ no qual ela ocorrerá. As velocidades reacionais e os valores de pK_a são comumente medidos utilizando-se a espectroscopia no UV/Vis.

Resumo de reações

1. Se existir excesso de reagente eletrofílico, ambas as ligações duplas de um *dieno isolado* sofrerão adição eletrofílica.

$$CH_2=CHCH_2CH_2\underset{\underset{CH_3}{|}}{C}=CH_2 + HBr \text{ (excesso)} \longrightarrow CH_3\underset{\underset{Br}{|}}{CH}CH_2CH_2\underset{\underset{Br}{|}}{\overset{\overset{CH_3}{|}}{C}}CH_3$$

Se houver apenas um equivalente de reagente eletrofílico, somente a mais reativa das ligações duplas de um *dieno isolado* sofrerá adição eletrofílica (Seção 8.5).

$$CH_2=CHCH_2CH_2\underset{\underset{CH_3}{|}}{C}=CH_2 + HBr \longrightarrow CH_2=CHCH_2CH_2\underset{\underset{Br}{|}}{\overset{\overset{CH_3}{|}}{C}}CH_3$$

2. *Dienos conjugados* sofrem adições 1,2 e 1,4 com um equivalente de um reagente eletrofílico (Seção 8.6).

$$RCH=CHCH=CHR + HBr \longrightarrow \underset{\text{produto de adição 1,2}}{RCH_2\underset{\underset{Br}{|}}{CH}CH=CHR} + \underset{\text{produto de adição 1,4}}{RCH_2CH=CH\underset{\underset{Br}{|}}{CH}R}$$

3. *Dienos conjugados* sofrem cicloadição 1,4 com um dienófilo (reação de Diels–Alder) (Seção 8.8).

$$CH_2=CH-CH=CH_2 + CH_2=CH-\overset{\overset{O}{\|}}{C}-R \xrightarrow{\Delta} \text{(cicloexeno com substituinte } -C(O)-R\text{)}$$

Palavras-chave

absortividade molar (p. 320)
adição 1,2 (p. 301)
adição 1,4 (p. 301)
adição conjugada (p. 301)
adição direta (p. 301)
aleno (p. 294)

auxocromo (p. 321)
banda de absorção (p. 318)
comprimento de onda (p. 317)
conformação *s*-cis (p. 314)
conformação *s*-trans (p. 314)
controle cinético (p. 305)

controle de equilíbrio (p. 306)
controle termodinâmico (p. 306)
cromóforo (p. 318)
deslocamento para o azul (p. 322)
deslocamento para o vermelho (p. 322)
dieno (p. 294)

dienófilo (p. 308)
efeito de proximidade (p. 307)
endo (p. 315)
espectroscopia (p. 317)
espectroscopia no UV/Vis (p. 317)
estado excitado (p. 317)
estado fundamental (p. 317)
exo (p. 315)
intermediário comum (p. 305)
lei de Lambert–Beer (p. 319)
ligações duplas acumuladas (p. 294)

ligações duplas conjugadas (p. 294)
ligações duplas isoladas (p. 294)
luz ultravioleta (p. 317)
luz visível (p. 317)
orbital molecular desocupado de
 menor energia (LUMO) (p. 310)
orbital molecular ocupado de maior
 energia (HOMO) (p. 310)
polieno (p. 294)
produto cinético (p. 304)
produto termodinâmico (p. 304)

radiação eletromagnética
 (p. 317)
reação concertada (p. 309)
reação de cicloadição (p. 309)
reação de Diels–Alder (p. 308)
reação pericíclica (p. 309)
substância bicíclica em formato de
 ponte (p. 314)
tetraeno (p. 294)
transição eletrônica (p. 317)
trieno (p. 294)

Problemas

25. Forneça o nome sistemático para cada uma das seguintes substâncias:

  a. $CH_3C{\equiv}CCH_2CH_2CH_2CH{=}CH_2$

  b. $HOCH_2CH_2$ CH_2CH_3
         $C{=}C$
         HH

  c. $CH_3CH_2C{\equiv}CCH_2CH_2C{\equiv}CH$

  d. (ciclohexadieno com Cl)

  e. (cicloheptatrieno com CH₃)

26. Desenhe estruturas para as seguintes substâncias:
  a. (2E,4E)-1-cloro-3-metil-2,4-hexadieno
  b. (3Z,5E)-4-metil-3,5-nonadieno
  c. (3Z,5Z)-4,5-dimetil-3,5-nonadieno
  d. (3E,5E)-2,5-dibromo-3,5-octadieno

27. a. Quantos dienos lineares existem na fórmula molecular C_6H_{10}? (Ignore os isômeros cis–trans.)
  b. Quantos dos dienos lineares que você encontrou na parte a são dienos conjugados?
  c. Quantos são dienos isolados?

28. Qual das substâncias você espera que tenha o maior valor de $-\Delta H°$, o 1,2-pentadieno ou o 1,4-pentadieno?

29. No Capítulo 3 você aprendeu que o α-farneseno é encontrado na cera que cobre as cascas de maçãs. Qual é o seu nome sistemático?

α-farneseno

30. Diane O'File tratou o 1,3-ciclo-hexadieno com Br_2 e obteve dois produtos (ignorando os estereoisômeros). Seu companheiro de laboratório tratou o 1,3-ciclo-hexadieno com HBr e ficou surpreso ao perceber que obteve apenas um dos produtos (ignorando os estereoisômeros). Explique esses resultados.

31. Forneça o produto principal para cada uma das seguintes reações. Um equivalente de cada reagente é utilizado:

  a. (cicloheptatrieno-CH₃) + HBr ⟶

  b. (cicloheptatrieno-CH₃) + HBr $\xrightarrow{\text{peróxido}}$

  c. (ciclohexeno com CH=CH₂ e CH₃) + HBr ⟶

  d. (ciclohexeno com CH=CH₂ e CH₃) + HBr $\xrightarrow{\text{peróxido}}$

328 | QUÍMICA ORGÂNICA

32. a. Forneça os produtos obtidos da reação de 1 mol de HBr com 1 mol de 1,3,5-hexatrieno.
    b. Qual(ais) produto(s) irá(ão) predominar se a reação ocorrer sob controle cinético?
    c. Qual(ais) produto(s) irá(ão) predominar se a reação ocorrer sob controle termodinâmico?

33. O 4-metil-3-penten-2-ona apresenta duas bandas de absorção em seu espectro de UV, uma a 236 nm e outra a 314 nm.
    a. Por que existem duas bandas de absorção?
    b. Qual banda apresenta a maior absorbância?

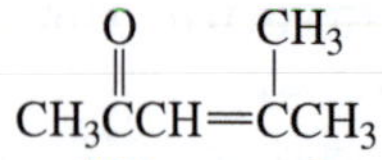

$$CH_3\overset{O}{\overset{\|}{C}}CH=\overset{CH_3}{\overset{|}{C}}CH_3$$
4-metil-3-penten-2-ona

34. Como as seguintes substâncias poderiam ser sintetizadas utilizando-se uma reação de Diels–Alder?

    a. 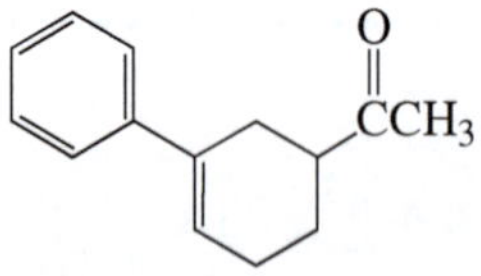
    b. 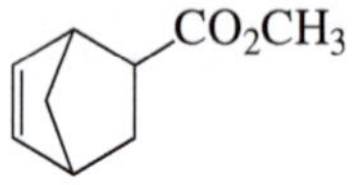
    c.
    d.

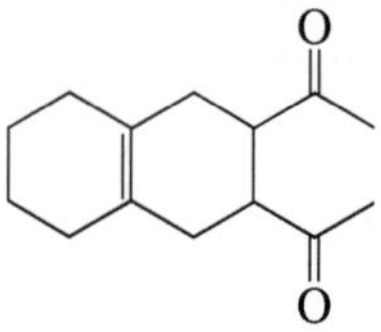

35. a. Como cada uma das seguintes substâncias poderia ser preparada a partir de um hidrocarboneto em uma única etapa?

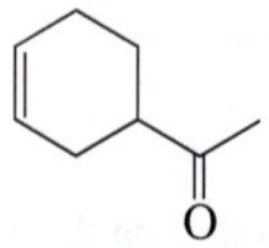

    1. 
    2. 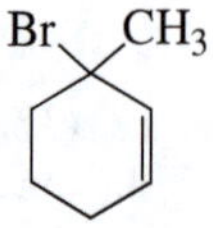
    3.

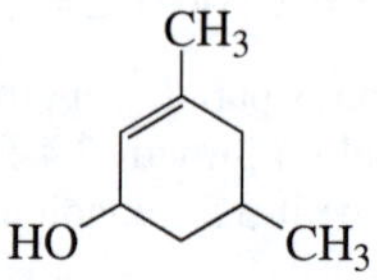

    b. Que outra substância orgânica poderia ser obtida a partir de cada síntese?

36. Como cada um dos seguintes substituintes afeta a velocidade da reação de Diels–Alder?
    a. um substituinte doador de elétrons presente no dieno
    b. um substituinte doador de elétrons presente no dienófilo
    c. um substituinte retirador de elétrons presente no dieno

37. Forneça os produtos principais obtidos da reação de um equivalente de HCl com as seguintes substâncias:
    a. 2,3-dimetil-1,3-pentadieno
    b. 2,4-dimetil-1,3-pentadieno
    Para cada reação, indique os produtos cinéticos e termodinâmicos.

38. Forneça o produto ou os produtos que poderiam ser obtidos de cada uma das seguintes reações:

    a. 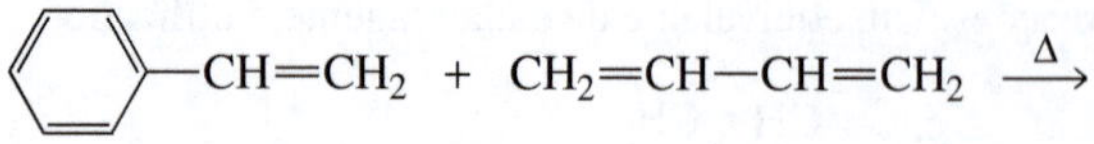 $C_6H_5-CH=CH_2 + CH_2=CH-CH=CH_2 \xrightarrow{\Delta}$

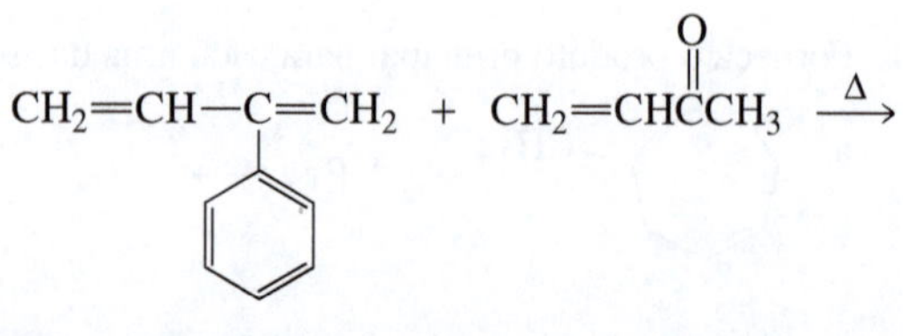

    c. $CH_2=CH-\underset{C_6H_5}{\overset{|}{C}}=CH_2 + CH_2=CH\overset{O}{\overset{\|}{C}}CH_3 \xrightarrow{\Delta}$

    b. 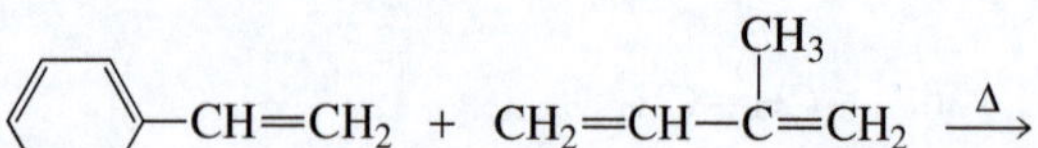 $C_6H_5-CH=CH_2 + CH_2=CH-\overset{CH_3}{\overset{|}{C}}=CH_2 \xrightarrow{\Delta}$

    d. 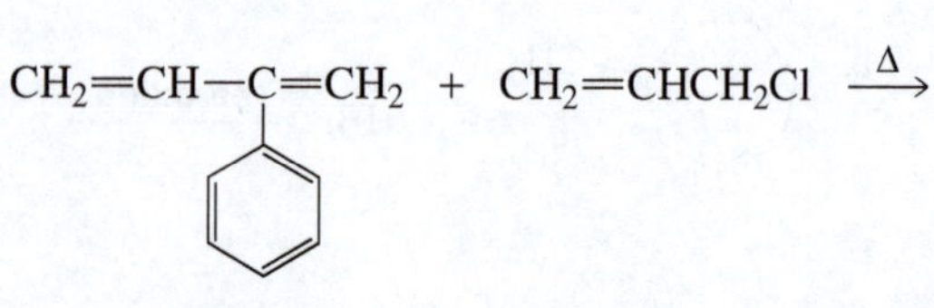 $CH_2=CH-\underset{C_6H_5}{\overset{|}{C}}=CH_2 + CH_2=CHCH_2Cl \xrightarrow{\Delta}$

CAPÍTULO 8 Reações de dienos • Espectroscopia... 329

39. Como a espectroscopia no UV poderia ser utilizada para distinguir as substâncias em cada um dos seguintes pares?

   a. 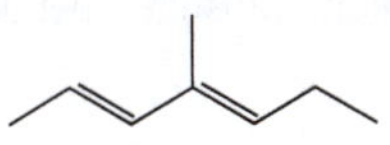 [estrutura] e [estrutura]

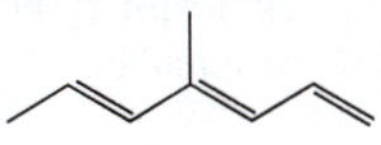

   b. $CH_2=CHCH=CHCH=CH_2$ e $CH_2=CHCH=CHCCH_3$ (com grupo C=O)

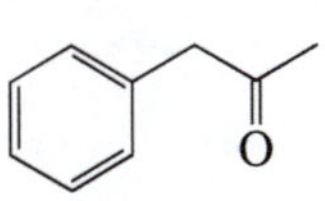

   c. [fenilacetona] e [propiofenona]

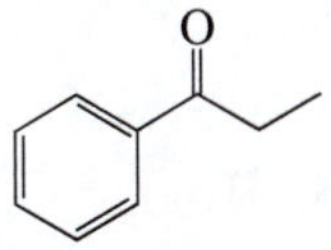

   d. 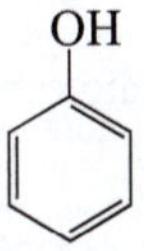 [fenol com OH] e [anisol com OCH₃]

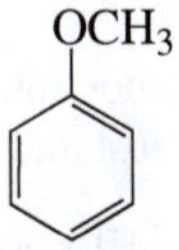

40. Quais dois grupos de um dieno conjugado e um dienófilo poderiam ser utilizados para preparar a seguinte substância?

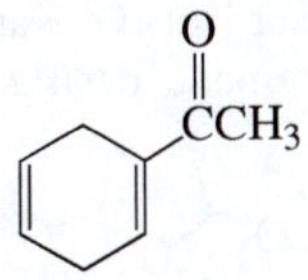

   [ciclohexeno com grupo -C(=O)CH₃]

41. a. Qual dos dienófilos é mais reativo em uma reação de Diels–Alder?

   1. $CH_2=CHCH$ (com =O) ou $CH_2=CHCH_2CH$ (com =O)   2. $CH_2=CHCH$ (com =O) ou $CH_2=CHCH_3$

   b. Qual dos dienos é mais reativo em uma reação de Diels–Alder?

   $CH_2=CHCH=CHOCH_3$ ou $CH_2=CHCH=CHCH_2OCH_3$

42. O ciclopentadieno pode reagir com ele mesmo em uma reação de Diels–Alder. Desenhe os produtos endo e exo.

43. Qual dieno e qual dienófilo poderiam ser utilizados para preparar cada uma das seguintes substâncias?

   a. 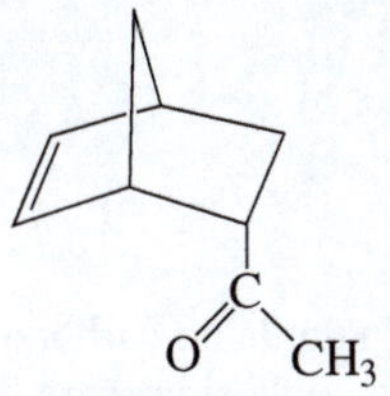 [norborneno com -C(=O)CH₃]

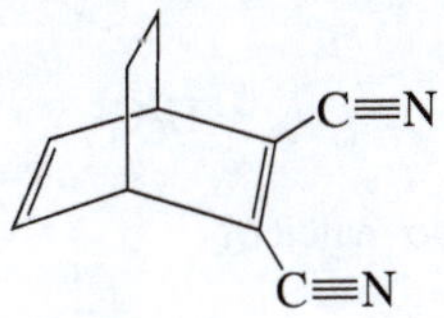

   b. 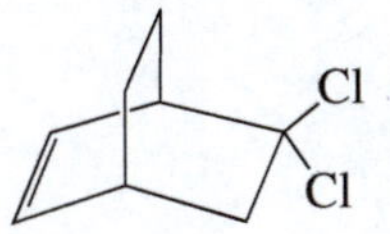 [norborneno com CCl₂]

   c. [biciclo com dois grupos C≡N]

   d. 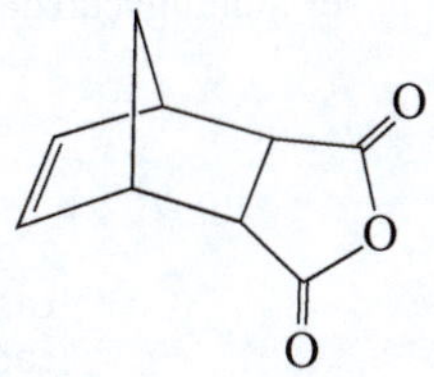 [anidrido biciclico]

44. a. Forneça os produtos da seguinte reação:

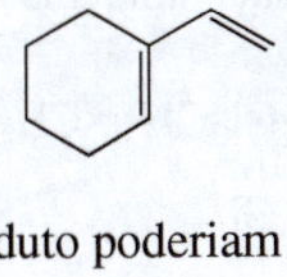

   [vinilciclohexeno] + Br_2 →

   b. Quantos estereoisômeros de cada produto poderiam ser obtidos?

45. Um total de 18 diferentes produtos de Diels–Alder poderiam ser obtidos pelo aquecimento da mistura do 1,3-butadieno com o 2-metil-1,3-butadieno. Identifique os produtos.

330 QUÍMICA ORGÂNICA

46. Muitos comprovantes de venda em cartão de crédito não possuem papel-carbono. No entanto, quando você assina o comprovante, uma gravação da sua assinatura é feita na cópia inferior. O papel sem carbono contém cápsulas metálicas que são preenchidas com uma substância incolor cuja estrutura está aqui representada:

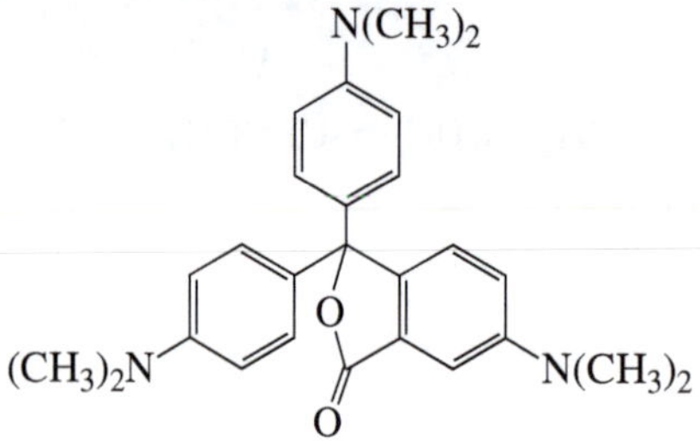

Quando você aplica uma pressão sobre o papel, as cápsulas se rompem e a substância incolor entra em contato com o papel tratado com ácido, formando uma substância altamente colorida. Qual é a estrutura da substância colorida?

47. Em um mesmo gráfico, desenhe a coordenada de reação da adição de um equivalente de HBr ao 2-metil-1,3-pentadieno e de um equivalente de HBr ao 2-metil-1,4-pentadieno. Qual reação é mais rápida?

48. Ao tentar recristalizar o anidrido maleico, o Professor Nots O. Kareful o dissolveu em ciclopentadieno recentemente destilado em vez de o dissolver em ciclopentano recentemente destilado. Ele obteve sucesso em sua recristalização?

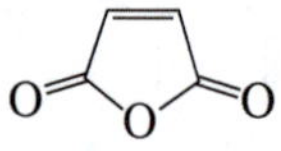

anidrido maleico

49. Uma solução de etanol foi contaminada com benzeno — técnica empregada para tornar o etanol impróprio para beber. O benzeno possui uma absortividade molar de 230 a 260 nm em etanol, e o etanol não apresenta absorbância a 260 nm. Como a concentração de benzeno na solução pode ser determinada?

50. A reversão de reações de Diels–Alder pode ocorrer em altas temperaturas. Por que são necessárias altas temperaturas?

51. O seguinte equilíbrio tende para a direita se a reação for processada na presença de anidrido maleico:

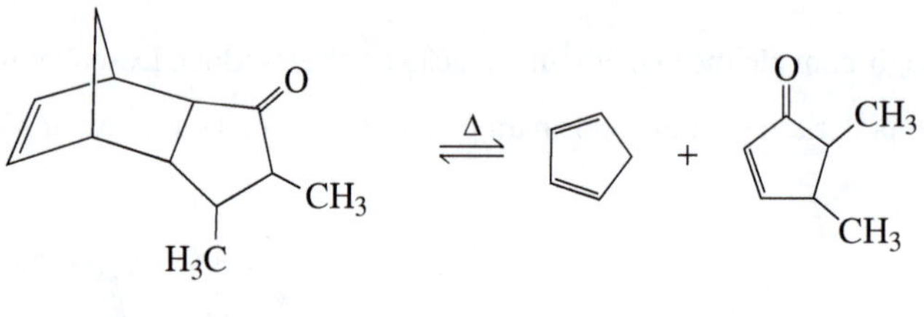

Qual é a função do anidrido maleico?

52. Em 1935, J. Bredt, um químico alemão, propôs que um alceno bicíclico não poderia ter ligação dupla no carbono cabeça-de-ponte, a não ser que um dos anéis contivesse pelo menos oito átomos de carbono. Essa é a conhecida regra de Bredt. Explique por que não pode haver uma ligação dupla nessa posição.

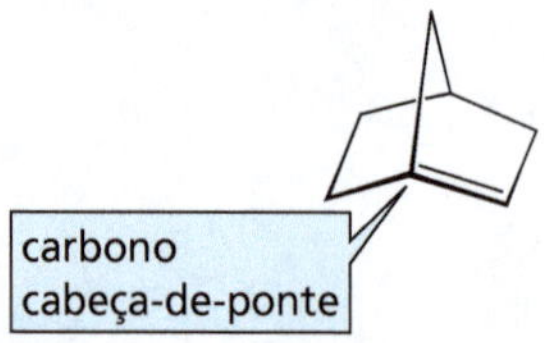

carbono cabeça-de-ponte

53. O experimento indicado a seguir e discutido na Seção 8.8 mostrou que a proximidade do íon cloreto do C-2 no estado de transição faz com que o produto de adição 1,2 seja formado mais rapidamente do que o produto de adição 1,4:

$$CH_2\!=\!CHCH\!=\!CHCH_3 \; + \; DCl \xrightarrow{-78\,°C} \; \underset{\underset{D}{|}\;\;\underset{Cl}{|}}{CH_2CHCH\!=\!CHCH_3} \; + \; \underset{\underset{D}{|}\;\;\;\;\;\;\;\;\underset{Cl}{|}}{CH_2CH\!=\!CHCHCH_3}$$

a. Por que isso foi importante para os investigadores saberem que a reação estava sendo executada sob controle cinético?
b. Como os investigadores poderiam determinar que a reação estava sendo realizada sob controle cinético?

54. Um estudante desejou saber se a maior proximidade do nucleófilo do carbono C-2 no estado de transição foi o que levou o produto de adição 1,2 a ser formado mais rapidamente quando o 1,3-butadieno reagiu com HCl. Seu amigo, Noel Noall, disse-lhe que ele deveria usar o 1-metil-1,3-ciclo-hexadieno no lugar do 1,3-butadieno. Ele deveria seguir a sugestão do amigo?

55. a. O alaranjado de metila (cuja estrutura foi fornecida na Seção 8.12) é um indicador ácido. Em soluções de pH < 4 ele é vermelho, e em soluções de pH > 4 ele é amarelo. Explique a mudança na cor.
    b. A fenolftaleína também é um indicador, mas exibe mudança de cor muito mais dramática. Em soluções de pH < 8,5 é incolor, e em soluções de pH > 8,5 é profundamente roxo-avermelhada. Explique a mudança de cor.

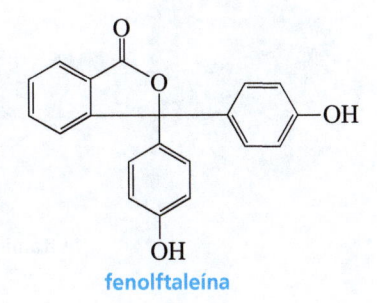

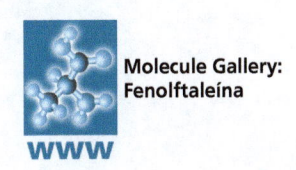

fenolftaleína

Molecule Gallery: Fenolftaleína
www

9 | Reações dos alcanos • Radicais

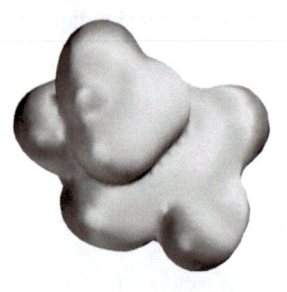

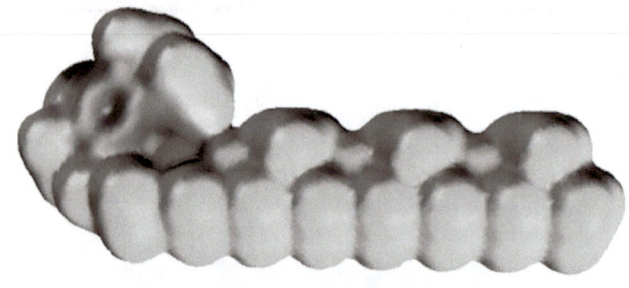

vitamina C

vitamina E

V imos que existem três classes de hidrocarbonetos: *alcanos*, que contêm apenas ligações simples; *alcenos*, que contêm ligações duplas; e *alcinos*, que contêm ligações triplas. Examinamos a química dos alcenos no Capítulo 4 e a química dos alcinos no Capítulo 6. Agora estudaremos a química dos alcanos.

Os alcanos são chamados **hidrocarbonetos saturados** porque são saturados com hidrogênio. Em outras palavras, eles não contêm nenhuma ligação dupla ou tripla. Poucos exemplos de alcanos são mostrados aqui. Sua nomenclatura foi discutida na Seção 2.2. (Veja figuras acima em cores no encarte colorido.)

$CH_3CH_2CH_2CH_3$
butano

etilciclopentano

4-etil-3,3-dimetildecano

trans-**1,3-dimetil-ciclo-hexano**

Os alcanos estão espalhados tanto na Terra quanto em outros planetas. A atmosfera de Júpiter, Saturno, Urano e Netuno contêm grandes quantidades de metano (CH_4), o menor alcano, que é um gás inodoro e inflamável. De fato, as cores azuis de Urano e Netuno são devidas à presença de metano em suas atmosferas. Os alcanos na Terra são encontrados no gás natural e no petróleo, que são formados pela decomposição de plantas e matéria animal que ficaram enterradas por longos períodos na crosta da Terra, um ambiente com pouco oxigênio. O gás natural e o petróleo, portanto são conhecidos como *combustíveis fósseis*.

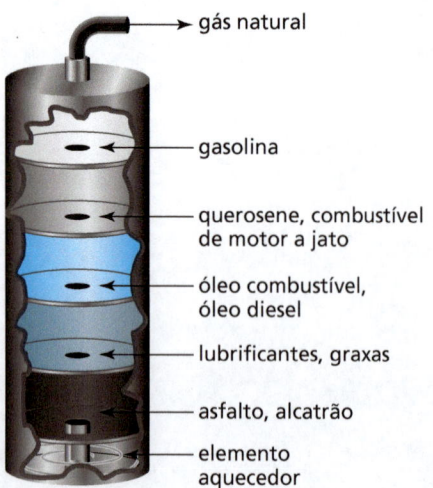

O gás natural consiste em aproximadamente 75% de metano. Os 25% restantes são compostos por alcanos menores, como etano, propano e butano. Nos anos 50, em muitas partes dos Estados Unidos, o gás natural substituiu o carvão como principal fonte de energia para o aquecimento doméstico e industrial.

O petróleo é uma mistura complexa de alcanos e cicloalcanos que pode ser separada em frações por destilação. A fração que entra em ebulição na menor temperatura (hidrocarbonetos que contêm três e quatro átomos de carbono) é um gás que pode ser liquefeito sob pressão. Esse gás é utilizado como combustível para isqueiros, fornos a lenha e churrasqueiras. A fração que entra em ebulição em temperaturas um pouco acima (hidrocarbonetos que contêm de 5 a 11 carbonos) é gasolina; a fração seguinte (9 a 16 carbonos) inclui querosene e combustível para avião a jato. A fração com 15 a 25 carbonos é usada para óleo combustível e óleo diesel, e a fração que entra em ebulição na

- gás natural
- gasolina
- querosene, combustível de motor a jato
- óleo combustível, óleo diesel
- lubrificantes, graxas
- asfalto, alcatrão
- elemento aquecedor

maior temperatura é usada para lubrificantes e graxas. A natureza apolar dessas substâncias é responsável por suas características oleosas. Após a destilação, o resíduo não volátil chamado asfalto ou alcatrão é retirado.

A fração de 5 a 11 carbonos usada para gasolina é, na verdade, um combustível pobre para motores de combustão interna e requer um processo conhecido como craqueamento catalítico para se tornar uma gasolina de alto desempenho. O craqueamento catalítico converte hidrocarbonetos lineares, combustíveis pobres em substâncias ramificadas que são combustíveis de alto desempenho. Inicialmente, o craqueamento (também chamado de *pirólise*) envolvia o aquecimento da gasolina em altas temperaturas cujo objetivo era obter hidrocarbonetos com três a cinco átomos de carbono. Métodos modernos de craqueamento utilizam catalisadores para realizar a mesma tarefa em temperaturas muito menores. Os hidrocarbonetos menores são cataliticamente recombinados para depois formarem hidrocarbonetos altamente ramificados.

Octanagem

Quando combustíveis pobres são utilizados em um motor, a combustão pode ter início antes da centelha da vela de ignição. Um sibilo ou batida do motor pode ser ouvido quando o motor já estiver funcionando. Se a qualidade do combustível for melhor, é menos provável que o motor bata. A qualidade de um combustível é indicada pela octanagem. Os hidrocarbonetos lineares têm baixa octanagem e produzem combustíveis pobres. O heptano, por exemplo, com uma octanagem arbitrariamente designada, leva os motores a baterem mal. Combustíveis ramificados queimam mais lentamente — reduzindo assim a batida — porque têm mais hidrogênios primários. Conseqüentemente, alcanos ramificados têm alta octanagem. O 2,2,4-trimetilpentano, por exemplo, não causa batida e foi arbitrariamente designado com uma octanagem de 100.

$$CH_3CH_2CH_2CH_2CH_2CH_2CH_3$$
heptano
octanagem = 0

$$CH_3CCH_2CHCH_3 \text{ com } CH_3, CH_3, CH_3$$
2,2,4-trimetilpentano
octanagem = 100

A taxa de octano da gasolina é determinada pela comparação da sua batida com a batida de mistura de heptanos e 2,2,4-trimetilpentano. A octanagem dada para a gasolina corresponde ao percentual de 2,2,4-trimetilpentano na mistura combinada. O termo "octanagem" é assim denominado porque o 2,2,4-trimetilpentano contém oito carbonos.

Combustíveis fósseis: fonte problemática de energia

Enfrentamos três grandes problemas como conseqüência de nossa dependência de combustíveis fósseis na obtenção de energia. Primeiro, os combustíveis fósseis não são recursos renováveis e o estoque mundial decresce continuamente. Segundo, um grupo do Oriente Médio e países da América do Sul controlam uma grande porção do recurso mundial de petróleo. Esses países formaram um cartel conhecido como *Organization of Petroleum Exporting Countries (OPEC)*[*], que controla tanto o estoque quanto o preço do óleo cru. A instabilidade política em qualquer país da OPEC pode afetar seriamente o estoque mundial de óleo. Terceiro, a queima de combustíveis fósseis aumenta a concentração de CO_2 e SO_2 na atmosfera. Os cientistas definiram, experimentalmente, que SO_2 atmosférico causa a "chuva ácida", uma ameaça para as plantas e, portanto, para nosso estoque de alimentos e oxigênio. A concentração de CO_2 atmosférico aumentou 20% nos últimos dez anos, fato que levou os cientistas a prever um aumento na temperatura da Terra como resultado da absorção da radiação infravermelho pelo CO_2 (o assim chamado *efeito estufa*). Um aumento constante na temperatura da Terra teria conseqüências devastadoras, incluindo formação de novos desertos, imenso fracasso nas colheitas e descongelamento de geleiras com aumento no nível do mar, concomitantemente. É evidente que precisamos de uma fonte de energia renovável, não política, não poluente e economicamente viável.

---

[*] OPEP: Organização dos Países Exportadores de Petróleo (N. da T.).

9.1 Baixa reatividade dos alcanos

As ligações duplas e triplas de alcenos e alcinos são compostas de ligações σ fortes e ligações π relativamente fortes. Vimos que a reatividade de *alcenos* e *alcinos* é o resultado de um eletrófilo que é atraído pela nuvem de elétrons que constitui a ligação π.

Os *alcanos* têm apenas ligações σ fortes. Como os átomos de carbono e hidrogênio de um alcano têm aproximadamente a mesma eletronegatividade, os elétrons nas ligações σ C—H e C—C são compartilhados igualmente pelos átomos que estão ligados. Conseqüentemente, nenhum dos átomos no alcano tem carga significativa. Isso significa que nem nucleófilos nem eletrófilos são atraídos por eles. Como têm apenas ligações σ fortes e átomos sem carga parcial, os alcanos são substâncias pouco reativas. Por essa razão, inicialmente os químicos orgânicos passaram a chamá-los **parafinas** — do latim *parum affinis*, que significa "pequena afinidade" (por outras substâncias).

9.2 Cloração e bromação de alcanos

Os alcanos reagem com cloro (Cl_2) ou bromo (Br_2) para formar cloretos de alquila ou brometos de alquila. Essas **reações de halogenação** ocorrem somente a altas temperaturas ou na presença de luz (simbolizada por hv). Elas são as únicas reações que os alcanos sofrem — com exceção da **combustão**, uma reação com oxigênio que ocorre a altas temperaturas e converte alcanos em dióxido de carbono e água.

$$CH_4 + Cl_2 \xrightarrow[hv]{\Delta \text{ ou}} \underset{\text{cloreto de metila}}{CH_3Cl} + HCl$$

$$CH_3CH_3 + Br_2 \xrightarrow[hv]{\Delta \text{ ou}} \underset{\text{brometo de etila}}{CH_3CH_2Br} + HBr$$

O mecanismo para a halogenação de um alcano é bem conhecido. A alta temperatura (ou luz) fornece a energia necessária para romper a ligação Cl—Cl ou Br—Br *homoliticamente*. **Clivagem homolítica de ligação** é a **etapa de iniciação** da reação porque cria o radical que é usado na primeira etapa de propagação (Seção 4.10). Lembre-se de que a cabeça da seta com uma só farpa significa o movimento de um elétron (Seção 3.6).

$$:\ddot{C}l-\ddot{C}l: \xrightarrow[hv]{\Delta \text{ ou}} 2 \;:\ddot{C}l\cdot$$

$$:\ddot{B}r-\ddot{B}r: \xrightarrow[hv]{\Delta \text{ ou}} 2 \;:\ddot{B}r\cdot$$

clivagem homolítica

O **radical** (geralmente chamado **radical livre**) é uma espécie que contém um átomo com um elétron desemparelhado. Um radical é altamente reativo porque ele quer um elétron para completar seu octeto. No mecanismo para monocloração do metano, o radical cloro formado na etapa de iniciação abstrai um átomo de hidrogênio do metano, formando HCl e um radical metila. O radical metila abstrai um átomo de cloro de Cl_2, formando cloreto de metila e outro radical cloro, que pode abstrair um átomo de hidrogênio de outra molécula de metano. Essas duas etapas são chamadas **etapas de propagação** porque o radical criado na primeira etapa de propagação reage na segunda etapa de propagação para produzir um radical que pode repetir a primeira etapa de propagação. Assim, as duas etapas de propagação são repetidas várias vezes. Como a reação tem intermediários radicalares e repetidas etapas de propagação, ela é chamada **reação radicalar em cadeia**.

Molecule Gallery:
Radical metila
www

mecanismo para monocloração do metano

$:\ddot{C}l-\ddot{C}l: \xrightarrow[hv]{\Delta \text{ ou}} 2 \;:\ddot{C}l\cdot$ etapa de iniciação

$:\ddot{C}l\cdot + H-CH_3 \longrightarrow H\ddot{C}l: + \cdot CH_3$ (radical metila)
$\cdot CH_3 + :\ddot{C}l-\ddot{C}l: \longrightarrow CH_3Cl + :\ddot{C}l\cdot$ } etapas de propagação

$:\ddot{C}l\cdot + :\ddot{C}l\cdot \longrightarrow Cl_2$
$\cdot CH_3 + \cdot CH_3 \longrightarrow CH_3CH_3$ } etapas de terminação
$:\ddot{C}l\cdot + \cdot CH_3 \longrightarrow CH_3Cl$

Quaisquer dois radicais na mistura reacional podem se combinar para formar uma molécula em que todos os elétrons são emparelhados. A combinação de dois radicais é chamada **etapa de terminação** porque ela ajuda a conduzir a reação para um fim por meio de um decréscimo do número de radicais disponíveis para propagar a reação. A cloração radicalar de alcanos diferentes do metano segue o mesmo mecanismo. Uma reação radicalar em cadeia, com suas etapas características; iniciação, propagação e terminação, foi descrita primeiro na Seção 4.10.

A reação de um alcano com cloro ou bromo para formar um haleto de alquila é chamada **reação de substituição radicalar** porque radicais são envolvidos como intermediários e o resultado final é a substituição de um átomo de hidrogênio do alcano por um átomo de halogênio.

Com o objetivo de maximizar a quantidade dos produtos mono-halogenados obtidos, uma reação de substituição radicalar deve ser realizada na presença de excesso de alcano. O excesso de alcano na mistura reacional aumenta a probabilidade de o radical halogênio colidir com a molécula de alcano antes de colidir com uma molécula de haleto de alquila — ainda que na direção do final da reação, momento no qual considerável quantidade de haleto de alquila terá sido formada. Se o radical halogênio abstrai um hidrogênio de uma molécula de haleto de alquila antes de uma molécula de alcano, será obtido um produto di-halogenado.

$$Cl\cdot + CH_3Cl \longrightarrow \cdot CH_2Cl + HCl$$

$$\cdot CH_2Cl + Cl_2 \longrightarrow CH_2Cl_2 + Cl\cdot$$

substância di-halogenada

As bromações de alcanos seguem o mesmo mecanismo da cloração.

mecanismo para monobromação do etano

$$Br-Br \xrightarrow[h\nu]{\Delta \text{ ou}} 2\,Br\cdot \qquad \text{etapa de iniciação}$$

$$Br\cdot + H-CH_2CH_3 \longrightarrow CH_3\dot{C}H_2 + HBr$$
$$CH_3\dot{C}H_2 + Br-Br \longrightarrow CH_3CH_2Br + Br\cdot$$
etapa de propagação

$$Br\cdot + Br\cdot \longrightarrow Br_2$$
$$CH_3\dot{C}H_2 + CH_3\dot{C}H_2 \longrightarrow CH_3CH_2CH_2CH_3$$
$$CH_3\dot{C}H_2 + Br\cdot \longrightarrow CH_3CH_2Br$$
etapa de terminação

PROBLEMA 1
Mostre as etapas de iniciação, propagação e terminação para a monocloração do ciclo-hexano.

PROBLEMA 2
Escreva o mecanismo para a formação do tetracloreto de carbono, CCl_4, a partir da reação do metano com $Cl_2 + h\nu$.

PROBLEMA 3 RESOLVIDO

Se o ciclopentano reage com mais de um equivalente de Cl_2 a uma alta temperatura, quantos diclorociclopentanos você esperaria obter como produto?

RESOLUÇÃO Sete diclorociclopentanos seriam obtidos como produto. Apenas um isômero é possível para a substância 1,1-diclorociclopentano. As substâncias 1,2 e 1,3-dicloro têm dois carbonos assimétricos. Cada uma tem três isômeros porque o isômero cis é uma substância meso e o isômero trans é um par de enantiômeros.

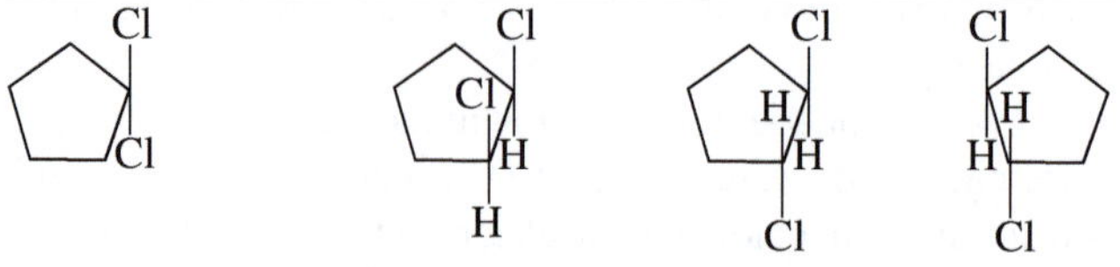

substância meso   enantiômeros

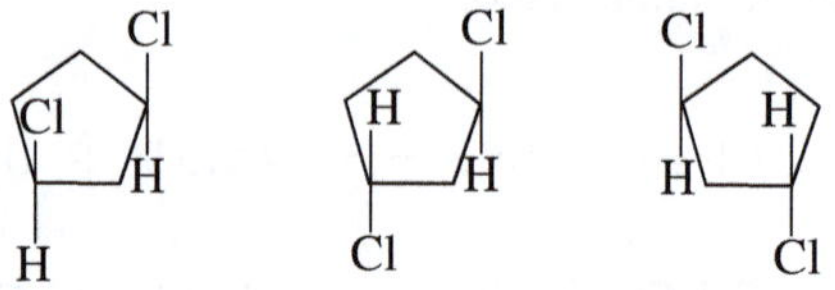

substância meso   enantiômeros

9.3 Fatores que determinam a distribuição do produto

Dois haletos de alquila diferentes são obtidos da monocloração do butano. A substituição de um hidrogênio ligado a um carbono terminal produz o 1-clorobutano, enquanto a substituição de um hidrogênio ligado a um dos carbonos internos forma o 2-clorobutano.

$$CH_3CH_2CH_2CH_3 + Cl_2 \xrightarrow{h\nu} CH_3CH_2CH_2CH_2Cl + CH_3CH_2CHClCH_3 + HCl$$

butano
1-clorobutano
esperado = 60%
experimental = 29%

2-clorobutano
esperado = 40%
experimental = 71%

A distribuição esperada dos produtos (estatística) é de 60% de 1-clorobutano e 40% de 2-clorobutano porque seis dos dez hidrogênios do butano podem ser substituídos para formar o 1-clorobutano, enquanto quatro podem ser substituídos para formar o 2-clorobutano. Isso supõe, entretanto, que todas as ligações C—H no butano sejam igualmente fáceis de romper. Portanto, as quantidades relativas dos dois produtos dependeriam apenas da probabilidade de o radical cloro colidir com um hidrogênio primário, comparado com sua colisão com um hidrogênio secundário. Ao executarmos uma reação no laboratório e analisarmos os produtos, porém, observamos que 29% é de 1-clorobutano e 71% é de 2-clorobutano. Assim, a probabilidade sozinha não explica a regiosseletividade da reação. Como mais 2-clorobutano é obtido além do esperado e *a etapa determinante de toda a reação é a abstração do hidrogênio*, concluímos que deva ser mais fácil abstrair um átomo de hidrogênio de um carbono secundário para formar um radical secundário do que remover um átomo de um carbono primário para formar um radical primário.

Radicais alquila têm estabilidades diferentes (Seção 4.10), e quanto mais estável o radical, mais facilmente ele é formado porque a estabilidade do radical é refletida na estabilidade do estado de transição que conduz a sua formação. Conseqüentemente, é mais fácil remover um átomo de hidrogênio de um carbono secundário para formar um radical secundário do que remover um átomo de hidrogênio de um carbono primário para formar um radical primário.

estabilidades relativas dos radicais alquila

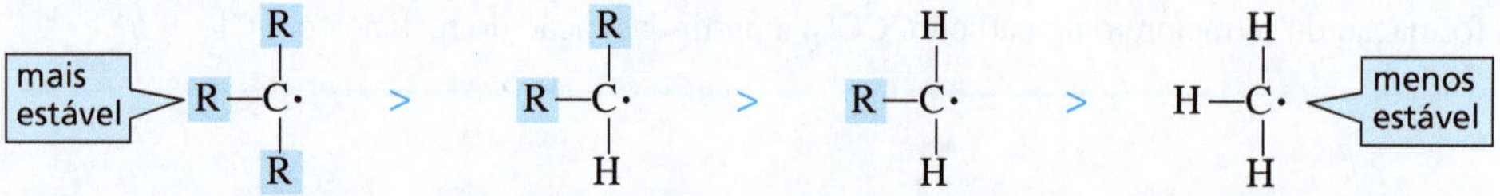

mais estável > R—C(R)(R)• > R—C(R)(H)• > R—C(H)(H)• > H—C(H)(H)• menos estável

radical terciário   radical secundário   radical primário   radical metila

Quando o radical cloro reage com butano, ele pode abstrair um átomo de hidrogênio de um carbono interno, formando desse modo um radical alquila secundário, ou ele pode abstrair um átomo de hidrogênio de um carbono terminal, formando assim um radical alquila primário. Como é mais fácil formar o radical alquila secundário mais estável, o 2-clorobutano é formado mais rápido do que o 1-clorobutano.

$$CH_3CH_2CH_2CH_3 \begin{array}{c} \xrightarrow{Cl\cdot} CH_3CH_2\dot{C}HCH_3 \\ \text{radical alquila secundário} + HCl \\ \\ \xrightarrow{Cl\cdot} CH_3CH_2CH_2\dot{C}H_2 \\ \text{radical alquila primário} + HCl \end{array} \begin{array}{c} \xrightarrow{Cl_2} CH_3CH_2CHCH_3 \\ \quad\quad\quad\quad\quad\; | \\ \quad\quad\quad\quad\;\;\, Cl \\ \text{2-clorobutano} + Cl\cdot \\ \\ \xrightarrow{Cl_2} CH_3CH_2CH_2CH_2Cl + Cl\cdot \\ \text{1-clorobutano} \end{array}$$

Depois de determinar experimentalmente a quantidade de cada produto de cloração de vários hidrocarbonetos, os químicos concluíram que *à temperatura ambiente* é 5,0 vezes mais fácil um radical cloro abstrair um átomo de hidrogênio de um carbono terciário do que de um carbono primário, e é 3,8 vezes mais fácil abstrair um átomo de hidrogênio de um carbono secundário do que de um carbono primário. (Ver Problema 17.) As proporções precisas se alteram a diferentes temperaturas.

taxas relativas da formação de radicais alquila por um radical cloro à temperatura ambiente

$$\text{terciário} > \text{secundário} > \text{primário}$$
$$5,0 \quad\quad\quad 3,8 \quad\quad\quad 1,0$$

⬅ aumento da taxa de formação

Para determinar as quantidades relativas dos produtos obtidos da cloração radicalar de um alcano, ambas, *probabilidade* (o número de hidrogênios que podem ser abstraídos e que levarão à formação de um produto particular) e *reatividade* (a taxa relativa em que um hidrogênio particular é abstraído), devem ser levadas em conta. Quando ambos os fatores são considerados, as quantidades calculadas de 1-clorobutano e 2-clorobutano combinam com as quantidades obtidas experimentalmente.

quantidade relativa de 1-clorobutano

número de hidrogênios × reatividade
$6 \times 1,0 = 6,0$

rendimento percentual = $\dfrac{6,0}{21} = 29\%$

quantidade relativa de 2-clorobutano

número de hidrogênios × reatividade
$4 \times 3,8 = 15$

rendimento percentual = $\dfrac{15}{21} = 71\%$

O rendimento percentual de cada haleto de alquila é calculado pela divisão da quantidade relativa de um produto particular pela soma das quantidades relativas de todos os produtos haletos de alquila (6 + 15 = 21).

A monocloração radicalar do 2,2,5-trimetil-hexano resulta na formação de cinco produtos monoclorados. Como as quantidades relativas totais dos cinco haletos de alquila é 35 (9,0 + 7,6 + 7,6 + 5,0 + 6,0 = 35), o rendimento percentual de cada produto pode ser calculado como a seguir:

$$\begin{array}{c} CH_3 \quad CH_3 \\ | \quad\quad\;\; | \\ CH_3CCH_2CH_2CHCH_3 \\ | \\ CH_3 \end{array} + Cl_2 \xrightarrow{\Delta} \begin{array}{c} CH_2Cl \quad CH_3 \\ | \quad\quad\quad\;\; | \\ CH_3CCH_2CH_2CHCH_3 \\ | \\ CH_3 \\ 9 \times 1,0 = 9,0 \\ \dfrac{9,0}{35} = 26\% \end{array} + \begin{array}{c} CH_3 \quad CH_3 \\ | \quad\quad\;\; | \\ CH_3C-CHCH_2CHCH_3 \\ | \quad\;\; | \\ CH_3 \;\; Cl \\ 2 \times 3,8 = 7,6 \\ \dfrac{7,6}{35} = 22\% \end{array} +$$

2,2,5-trimetil-hexano

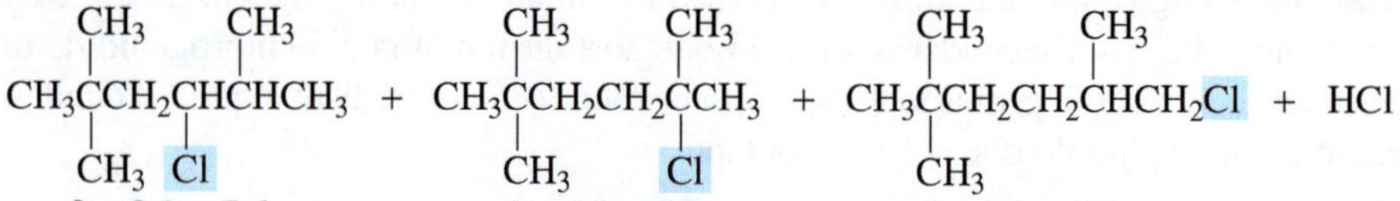

338 | QUÍMICA ORGÂNICA

$$\underset{\underset{2 \times 3{,}8 = 7{,}6}{\frac{7{,}6}{35} = 22\%}}{\text{CH}_3\text{CCH}_2\text{CHCHCH}_3 \atop \text{CH}_3 \;\; \text{Cl}} + \underset{\underset{1 \times 5{,}0 = 5{,}0}{\frac{5{,}0}{35} = 14\%}}{\text{CH}_3\text{CCH}_2\text{CH}_2\text{CCH}_3 \atop \text{CH}_3 \;\; \text{Cl}} + \underset{\underset{6 \times 1{,}0 = 6{,}0}{\frac{6{,}0}{35} = 17\%}}{\text{CH}_3\text{CCH}_2\text{CH}_2\text{CHCH}_2\text{Cl} \atop \text{CH}_3} + \text{HCl}$$

A cloração radicalar de um alcano pode produzir vários produtos diferentes de monossubstituição, assim como produtos que contêm mais do que um átomo de cloro, por isso ela não é o melhor método para sintetizar haletos de alquila. A adição de um haleto de alquila a um alceno (Seção 4.1) ou a conversão de um álcool em um haleto de alquila (reação que estudaremos no Capítulo 12) é uma maneira muito melhor de fazer um haleto de alquila. No entanto, a halogenação de um alcano é, ainda, uma reação útil, porque constitui a única maneira de converter um alcano inerte em uma substância reativa. No Capítulo 10, veremos que uma vez que o halogênio é introduzido em um alcano, ele pode ser trocado por vários outros substituintes.

PROBLEMA 4

Quando o 2-metilpropano é monoclorado na presença de luz à temperatura ambiente, 36% do produto é o 2-cloro-2-metilpropano e 64% é o 1-cloro-2-metilpropano. A partir desses dados, calcule a facilidade em se abstrair um átomo de hidrogênio de um carbono terciário se comparado a um carbono primário sob essas condições.

PROBLEMA 5◆

Quantos haletos de alquila podem ser obtidos da monocloração dos alcanos a seguir? Ignore os estereoisômeros.

a. $CH_3CH_2CH_2CH_2CH_3$

b. 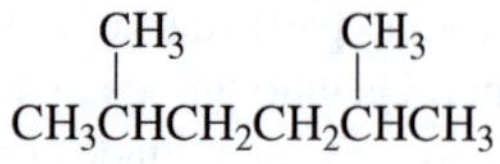 $CH_3CHCH_2CH_2CHCH_3$ com CH_3 em cada carbono ramificado

c. 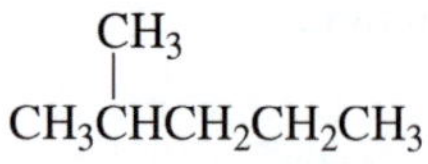 $CH_3CHCH_2CH_2CH_3$ com CH_3 ramificado

d.  ciclo-hexano

e. 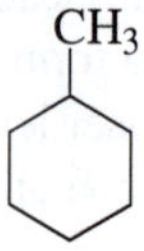 metilciclo-hexano

f. 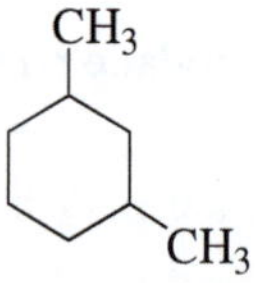 1,3-dimetilciclo-hexano

g. 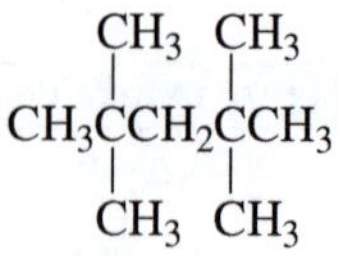 $CH_3CCH_2CCH_3$ com dois CH_3 em cada C central

h. 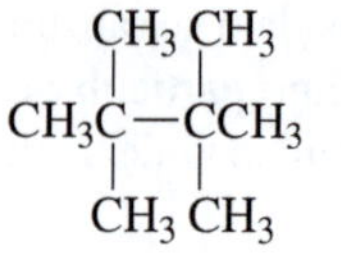 CH_3C-CCH_3 com dois CH_3 em cada C central

i. 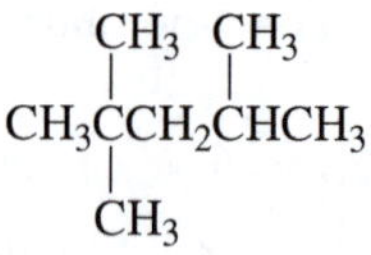 $CH_3CCH_2CHCH_3$ com dois CH_3 no primeiro C e um CH_3 no segundo

PROBLEMA 6◆

Calcule o rendimento percentual de cada produto obtido nos problemas 5a, b e c se a cloração for executada na presença de luz à temperatura ambiente.

9.4 O princípio da reatividade–seletividade

As taxas relativas de formação de radicais quando um radical bromo abstrai um átomo de hidrogênio são diferentes das taxas relativas de formação de radicais quando o radical cloro abstrai um átomo de hidrogênio. A 125 °C, um radical bromo abstrai um átomo de hidrogênio de um carbono terciário 1.600 vezes mais rápido do que de um carbono primário, e abstrai um átomo de hidrogênio de um carbono secundário 82 vezes mais rápido do que de um carbono primário.

CAPÍTULO 9 Reações dos alcanos • Radicais **339**

taxas relativas da formação de radicais por um radical bromo a 125 °C

$$\text{terciário} > \text{secundário} > \text{primário}$$
$$1.600 \qquad\qquad 82 \qquad\qquad 1$$

⬅ aumento da taxa de formação

Quando um radical bromo é o agente que abstrai o hidrogênio, as diferenças em reatividade são tão grandes que o fator reatividade é muito mais importante do que o fator probabilidade. Por exemplo, a bromação radicalar do butano fornece um rendimento de 98% de 2-bromobutano, comparado com os 71% de 2-clorobutano obtido quando o butano é clorado (Seção 9.3). Em outras palavras, a bromação é mais regiosseletiva do que a cloração.

> **Um radical bromo é menos reativo e mais seletivo do que um radical cloro.**

$$CH_3CH_2CH_2CH_3 + Br_2 \xrightarrow{h\nu} CH_3CH_2CH_2CH_2Br + CH_3CH_2\underset{\underset{Br}{|}}{C}HCH_3 + HBr$$

1-bromobutano   2-bromobutano
2%   98%

De modo semelhante, a bromação do 2,2,5-trimetil-hexano fornece um rendimento de 82% do produto em que o bromo substitui um hidrogênio terciário. A cloração do mesmo alcano resulta em um rendimento de 14% do cloreto de alquila terciário (Seção 9.3).

$$\underset{\underset{CH_3}{|}}{\overset{\overset{CH_3}{|}}{CH_3C}}CH_2CH_2\overset{\overset{CH_3}{|}}{C}HCH_3 + Br_2 \xrightarrow{h\nu} \underset{\underset{CH_3}{|}}{\overset{\overset{CH_3}{|}}{CH_3C}}CH_2CH_2\underset{\underset{Br}{|}}{\overset{\overset{CH_3}{|}}{C}}CH_3 + HBr$$

2,2,5-trimetil-hexano   2-bromo-2,5,5-trimetil-hexano
82%

PROBLEMA 7◆

Execute os cálculos que prevêem que

a. o 2-bromobutano será obtido em 98% de rendimento.
b. o 2-bromo-2,5,5-trimetil-hexano será obtido em 82% de rendimento.

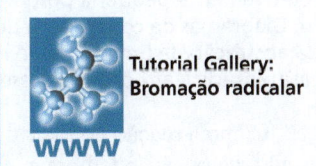

Tutorial Gallery: Bromação radicalar

Por que as taxas relativas da formação dos radicais são tão diferentes quando um radical bromo é usado no lugar de um radical cloro como o reagente que abstrai o hidrogênio? Para responder a essa questão, devemos comparar os valores de $\Delta H°$ para a formação dos radicais primário, secundário ou terciário se o radical cloro for usado em relação aos valores obtidos quando se usa o radical bromo. Esses valores de $\Delta H°$ podem ser calculados usando as energias de dissociação de ligação da Tabela 3.1 na p. 129. (Lembre que $\Delta H°$ é igual à energia da ligação que é quebrada menos a energia da ligação que é formada.)

			$\Delta H°$ (kcal/mol)	$\Delta H°$ (kJ/mol)
Cl· + $CH_3CH_2CH_3$	⟶	$CH_3CH_2\dot{C}H_2$ + HCl	101 − 103 = −2	−8
Cl· + $CH_3CH_2CH_3$	⟶	$CH_3\dot{C}HCH_3$ + HCl	99 − 103 = −4	−17
Cl· + $CH_3\underset{\underset{CH_3}{|}}{C}HCH_3$	⟶	$CH_3\underset{\underset{CH_3}{|}}{\dot{C}}CH_3$ + HCl	97 − 103 = −6	−25

340 QUÍMICA ORGÂNICA

		ΔH° (kcal/mol)	ΔH° (kJ/mol)
Br· + CH₃CH₂CH₃ ⟶ CH₃CH₂ĊH₂ + HBr		101 − 87 = 14	59
Br· + CH₃CH₂CH₃ ⟶ CH₃ĊHCH₃ + HBr		99 − 87 = 12	50
Br· + CH₃CHCH₃ ⟶ CH₃ĊCH₃ + HBr		97 − 87 = 10	42
│ │ CH₃ CH₃			

Devemos também estar cientes de que a bromação é uma reação muito mais lenta do que a cloração. A energia de ativação para a abstração de um átomo de hidrogênio por um radical bromo foi experimentalmente encontrada como um valor de aproximadamente 4,5 vezes maior do que aquele para a abstração de um átomo de hidrogênio por um radical cloro. Utilizando os valores de Δ$H°$ calculados e as energias de ativação experimentais, podemos elaborar diagramas de coordenada de reação para a formação de radicais primários, secundários e terciários pela abstração do radical cloro (Figura 9.1a) e pela abstração do radical bromo (Figura 9.1b).

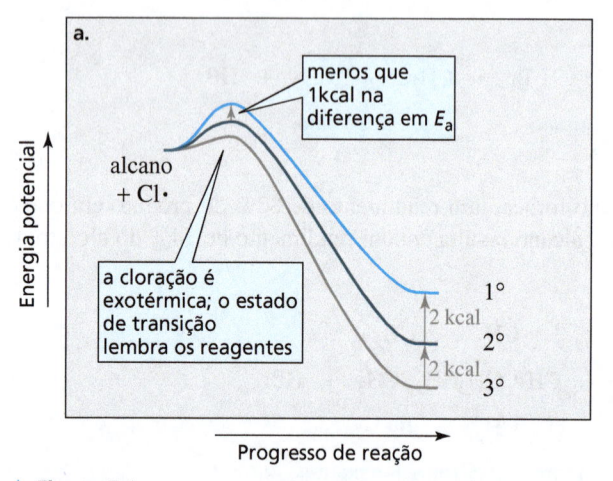

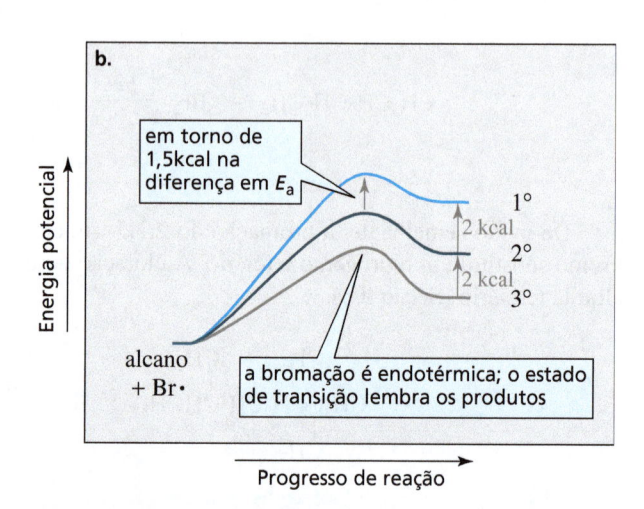

▲ **Figura 9.1**
(a) Diagramas de coordenada de reação para a formação de radicais alquila primário, secundário e terciário como resultado da abstração de um átomo de hidrogênio por um radical cloro. Os estados de transição têm característica radicalar relativamente pequena porque assemelham-se aos reagentes.
(b) Diagramas de coordenada de reação para a formação de radicais alquila primário, secundário e terciário como resultado da abstração de um átomo de hidrogênio por um radical bromo. Os estados de transição têm grau relativamente alto de caráter radicalar porque se assemelham aos produtos.

Como a reação do radical com um alcano para formar um radical primário, secundário ou terciário é exotérmica, o estado de transição lembra mais os reagentes do que lembra os produtos (ver postulado de Hammond; Seção 4.3). Todos os reagentes têm aproximadamente a mesma energia, portanto haverá apenas uma pequena diferença nas energias de ativação para remover um átomo de hidrogênio de um carbono primário, secundário ou terciário. Por outro lado, a reação de um radical bromo com um alcano é endotérmica, então o estado de transição lembra mais os produtos do que os reagentes. Como há uma diferença significativa nas energias dos produtos radicalares — dependendo se eles são primário, secundário ou terciário —, há uma diferença significativa nas energias de ativação. Portanto, um radical cloro produz radicais primário, secundário ou terciário com semelhante facilidade, enquanto um radical bromo tem preferência clara para a formação do radical terciário mais fácil de se formar (Figura 9.1). Em outras palavras, como um radical bromo é relativamente pouco reativo, ele é altamente seletivo sobre qual átomo de hidrogênio ele abstrai. Em contrapartida, o radical cloro muito mais reativo é consideravelmente menos seletivo. Essas observações ilustram o **princípio reatividade–seletividade**, que estabelece que, *quanto maior a reatividade de uma espécie, menor será sua seletividade.*

Quanto mais reativa a espécie é, menos seletiva será.

Como a cloração é relativamente não seletiva, é uma reação útil apenas se houver um tipo de hidrogênio na molécula.

$$\text{C}_6\text{H}_{12} + \text{Cl}_2 \xrightarrow{h\nu} \text{C}_6\text{H}_{11}\text{Cl} + \text{HCl}$$

CAPÍTULO 9 Reações dos alcanos • Radicais

PROBLEMA 8◆

Se o 2-metilpropano é bromado a 125 °C na presença de luz, qual percentual do produto será o 2-bromo-2-metilpropano? Compare sua resposta com o percentual dado no Problema 4 para cloração.

PROBLEMA 9◆

Utilize os mesmos alcanos calculados para as porcentagens de produtos de monocloração no Problema 6 e calcule quais seriam as porcentagens dos produtos de monobromação se a bromação fosse executada a 125 °C.

Tutorial Gallery:
Reatividade–seletividade
www

Pela comparação dos valores de $\Delta H°$ para a soma de duas etapas de propagação para a monoalogenação do metano, podemos entender por que os alcanos sofrem cloração e bromação, mas não iodação, e por que a fluoração é uma reação tão violenta para ser útil.

F_2

$$F· + CH_4 \longrightarrow ·CH_3 + HF \qquad 105 - 136 = -31$$
$$·CH_3 + F_2 \longrightarrow CH_3F + F· \qquad \underline{38 - 108 = -70}$$
$$\Delta H° = -101 \text{ kcal/mol} \quad (\text{ou} -423 \text{ kJ/mol})$$

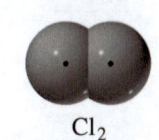

Cl_2

$$Cl· + CH_4 \longrightarrow ·CH_3 + HCl \qquad 105 - 103 = 2$$
$$·CH_3 + Cl_2 \longrightarrow CH_3Cl + Cl· \qquad \underline{58 - 84 = -26}$$
$$\Delta H° = -24 \text{ kcal/mol} \quad (\text{ou} -100 \text{ kJ/mol})$$

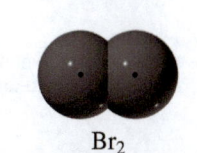

Br_2

$$Br· + CH_4 \longrightarrow ·CH_3 + HBr \qquad 105 - 87 = 18$$
$$·CH_3 + Br_2 \longrightarrow CH_3Br + Br· \qquad \underline{46 - 70 = -24}$$
$$\Delta H° = -6 \text{ kcal/mol} \quad (\text{ou} -25 \text{ kJ/mol})$$

$$I· + CH_4 \longrightarrow ·CH_3 + HI \qquad 105 - 71 = 34$$
$$·CH_3 + I_2 \longrightarrow CH_3I + I· \qquad \underline{36 - 57 = -21}$$
$$\Delta H° = 13 \text{ kcal/mol} \quad (\text{ou } 54 \text{ kJ/mol})$$

I_2
halogênios

O radical flúor é o mais reativo dos radicais halogênio, e ele reage violentamente com alcanos ($\Delta H° = -31$ kcal/mol). Em contraste, o radical iodo é o menos reativo dos radicais halogênio. Aliás, é tão pouco reativo ($\Delta H° = 34$ kcal/mol) que não é capaz de abstrair um átomo de hidrogênio de um alcano e retorna a I_2.

PROBLEMA — ESTRATÉGIA PARA RESOLUÇÃO

A cloração ou bromação do metilciclo-hexano produziria grande rendimento de 1-halo-1-metilciclo-hexano?
Para resolver esse tipo de problema, primeiro desenhe as estruturas das substâncias em discussão.

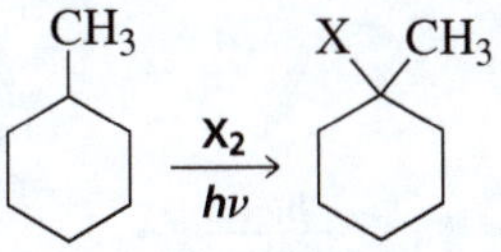

O 1-halo-metilciclo-hexano é um haleto de alquila terciário, portanto a questão se torna: "A bromação ou a cloração produzirá a maior quantidade de um haleto de alquila terciário?" Como a bromação é mais seletiva, ela produzirá maior rendimento da substância desejada. A cloração formará alguma quantidade de haleto de alquila terciário, mas ela também formará quantidades significativas de haletos primários e secundários.

Agora continue no Problema 10.

PROBLEMA 10♦

a. A cloração ou bromação produziriam grande rendimento de 1-halo-2,3-dimetilbutano?

b. A cloração ou bromação produziriam grande rendimento de 2-halo-2,3-dimetilbutano?

c. A cloração ou bromação seria o melhor caminho para produzir o 1-halo-2,2-dimetilpropano?

9.5 Substituição radicalar de hidrogênios benzílico e alílico

Os radicais alila e benzila são mais estáveis do que radicais alquila porque seus elétrons desemparelhados são deslocalizados. Vimos que a deslocalização eletrônica aumenta a estabilidade de uma molécula (seções 7.6 e 7.8).

estabilidades relativas dos radicais

mais estável → Ph-$\dot{C}H_2$ ≈ $CH_2=CH\dot{C}H_2$ > $R-\underset{R}{\underset{|}{C}}\cdot-R$ > $R-\underset{H}{\underset{|}{C}}\cdot-R$ > $R-\underset{H}{\underset{|}{C}}\cdot-H$ > $CH_2=\dot{C}H$ ≈ $H-\underset{H}{\underset{|}{C}}\cdot-H$ ← menos estável

radical benzila | radical alila | radical terciário | radical secundário | radical primário | radical vinila | radical metila

A deslocalização eletrônica aumenta a estabilidade de uma molécula.

Sabemos que quanto mais estável o radical, mais rápido ele é formado. Isso significa que o hidrogênio ligado a um carbono benzílico ou a um carbono alílico será preferencialmente substituído em uma reação de halogenação. Como vimos na Seção 9.4, a bromação é mais altamente regiosseletiva do que a cloração, sendo a porcentagem da substituição no carbono benzílico ou no carbono alílico maior para a bromação.

Molecule Gallery: Radical benzila
www

Ph-CH_2CH_3 + X_2 $\xrightarrow{\Delta}$ Ph-$CHXCH_3$ (produto benzílico substituído) + HX   (X = Cl ou Br)

$CH_3CH=CH_2$ + X_2 $\xrightarrow{\Delta}$ $XCH_2CH=CH_2$ (produto alílico substituído) + HX

A *N*-bromossuccinimida (NBS) é freqüentemente utilizada para a bromação nas posições alílicas porque permite que uma reação de substituição radicalar seja realizada sem submeter o reagente a concentrações relativamente altas de Br_2 que podem se adicionar à sua dupla ligação.

ciclohexeno + succinimida-N-Br $\xrightarrow[\text{peróxido}]{h\nu \text{ ou } \Delta}$ 3-bromociclohexeno + succinimida-N-H

N-bromossuccinimida
NBS   succinimida

A reação envolve clivagem homolítica inicial da ligação N—Br no NBS. Isso gera o radical bromo necessário para iniciar a reação radicalar. A luz ou o aquecimento e um iniciador radicalar como um peróxido são utilizados para promover a reação. O radical bromo abstrai um hidrogênio alílico para formar HBr e um radical alílico. O radical alílico reage com Br₂, formando um brometo de alila e um radical bromo que propaga a cadeia.

Br• + (ciclohexeno) ⟶ HBr + (radical ciclohexenila) —Br₂→ (3-bromociclohexeno) + Br•

O Br₂ usado na segunda etapa na seqüência da reação anterior é produzido em pequena concentração da reação do NBS com HBr.

(NBS) N—Br + HBr ⟶ (succinimida) N—H + Br₂

A vantagem de utilizar o NBS para bromar na posição alílica é que nem Br₂ nem HBr são formados em concentrações suficientes para adicionar à dupla ligação.

Quando um radical abstrai um átomo de hidrogênio de um carbono alílico, os elétrons desemparelhados do radical alila são compartilhados por dois carbonos. Em outras palavras, o radical alila tem duas formas de ressonância. Na reação a seguir, apenas um produto substituído é formado porque os grupos ligados aos dois carbonos sp^2 são os mesmos, em ambas as formas de ressonância:

Br• + CH₃CH=CH₂ ⟶ ĊH₂CH=CH₂ ⟷ CH₂=CHĊH₂ + HBr

↓ Br₂

BrCH₂CH=CH₂ + Br•
3-bromopropeno

Tutorial Gallery: Radicais: termos comuns

Se, no entanto, os grupos ligados aos dois carbonos sp^2 do radical alila *não* são os mesmos em ambas as formas de ressonância, dois produtos de substituição são formados:

Br• + CH₃CH₂CH=CH₂ ⟶ CH₃ĊHCH=CH₂ ⟷ CH₃CH=CHĊH₂ + HBr

↓ Br₂

CH₃CHCH=CH₂ + CH₃CH=CHCH₂Br + Br•
 |
 Br
3-bromo-1-buteno   **1-bromo-2-buteno**

Molecule Gallery: Radical alila

PROBLEMA 11

Dois produtos são formados quando o metilenociclo-hexano reage com NBS. Explique como cada um é formado.

(metilenociclo-hexano) —NBS, Δ, peróxido→ (1-metileno-2-bromociclo-hexano) + (1-(bromometil)ciclo-hexeno)

344 QUÍMICA ORGÂNICA

PROBLEMA 12 RESOLVIDO

Quantos bromoalcanos alílicos substituídos são formados da reação do 2-penteno com NBS? Ignore os estereoisômeros.

RESOLUÇÃO O radical bromo abstrairá o hidrogênio alílico secundário do C-4 do 2-penteno em preferência a um hidrogênio primário alílico do C-1. As formas de ressonância do intermediário radicalar resultante têm os mesmos grupos ligados aos carbonos sp^2, portanto é formado apenas um bromoalcano. Por causa da alta seletividade do radical bromo, uma quantidade insignificante do radical será formada pela abstração de um hidrogênio primário menos reativo da posição alílica.

$$CH_3CH=CHCH_2CH_3 \xrightarrow[\text{peróxido}]{\text{NBS}, \Delta} CH_3CH=CH\dot{C}HCH_3 \longleftrightarrow CH_3\dot{C}HCH=CHCH_3 + HBr$$

$$\downarrow$$

$$CH_3CH=CHCHCH_3$$
$$|$$
$$Br$$

9.6 Estereoquímica de reações de substituição radicalar

Se um reagente não tem um carbono assimétrico e uma reação de substituição radicalar forma um produto com um carbono assimétrico, um mistura racêmica será obtida.

$$CH_3CH_2CH_2CH_3 + Br_2 \xrightarrow{h\nu} CH_3CH_2\underset{\underset{Br}{|}}{C}HCH_3 + HBr$$

carbono assimétrico

configuração dos produtos

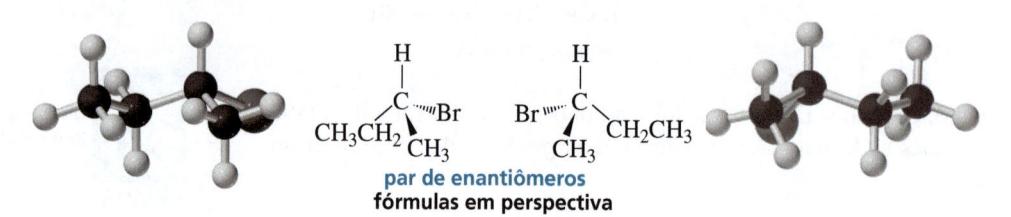

par de enantiômeros
fórmulas em perspectiva

par de enantiômeros
projeções de Fischer

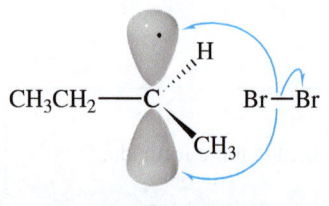

intermediário radicalar

Para entender por que ambos os enantiômeros são formados, devemos observar as etapas de propagação da reação de substituição radicalar. Na primeira etapa de propagação, o radical bromo remove um átomo de hidrogênio do alceno, criando um intermediário radicalar. O carbono que sustenta o elétron desemparelhado é hibridizado em sp^2; portanto, os três átomos aos quais ele está ligado ficam no plano. Na segunda etapa de propagação, o halogênio que entra tem acesso igual por ambos os lados do plano. Como resultado, ambos os enantiômeros R e S são formados. Quantidades idênticas dos enantiômeros R e S são obtidas, de modo que a reação não é estereosseletiva.

Observe que o resultado estereoquímico de uma *reação de substituição radicalar* é idêntico ao resultado estereoquímico de uma *reação de adição radicalar* (Seção 5.19). Isso ocorre porque ambas as reações formam um intermediário radicalar — e é a reação do intermediário que determina a configuração dos produtos.

Quantidades idênticas dos enantiômeros *R* e *S* também são obtidos se um hidrogênio ligado ao carbono assimétrico for substituído por um halogênio. No rompimento da ligação do carbono assimétrico a sua configuração é destruída e se forma um intermediário radicalar planar. O halogênio que entra tem acesso igual aos dois lados do plano, assim quantidades idênticas dos dois enantiômeros são obtidas.

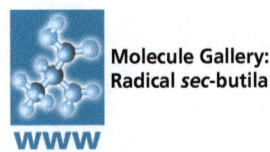

Molecule Gallery:
Radical *sec*-butila
www

+ HBr + Br·

O que acontece se um reagente já tiver um carbono assimétrico e a reação de substituição radicalar criar um segundo carbono assimétrico? Nesse caso, um par de diastereoisômeros será formado em quantidades diferentes.

configuração do produto

a configuração não muda

par de diastereoisômeros
fórmulas em perspectiva

a configuração não muda

par de diastereoisômeros
projeções de Fischer

Diastereoisômeros são formados porque o novo carbono assimétrico criado no produto pode ter ou configuração *R* ou *S*, mas a configuração do carbono assimétrico no reagente não mudará no produto porque nenhuma das ligações naquele carbono são rompidas no curso da reação.

carbono assimétrico original

novo carbono assimétrico

Será formada uma quantidade de um diastereoisômero maior do que o outro porque os estados de transição que levam às suas formações são diastereoisoméricos e, portanto, não têm a mesma energia.

PROBLEMA 13◆

a. Qual hidrocarboneto com fórmula molecular C_4H_{10} forma somente dois produtos monoclorados? Ambos os produtos são aquirais.

b. Qual hidrocarboneto com a mesma fórmula molecular como no item a forma somente três produtos monoclorados? Um é aquiral e dois são quirais.

9.7 Reações de substâncias cíclicas

As substâncias cíclicas sofrem as mesmas reações que as substâncias acíclicas. Por exemplo, alcanos cíclicos, como alcanos acíclicos, sofrem reações de substituição radicalar com cloro ou bromo.

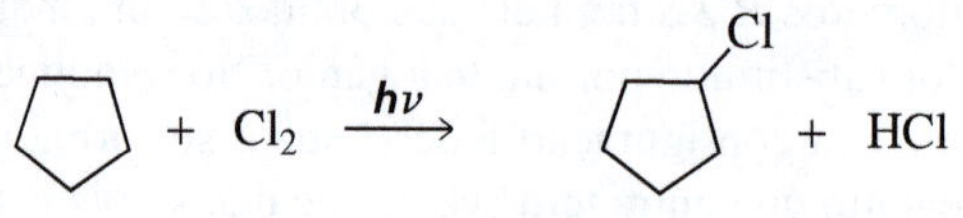

346 QUÍMICA ORGÂNICA

$$\text{ciclopentano} + Cl_2 \xrightarrow{h\nu} \text{clorociclopentano} + HCl$$

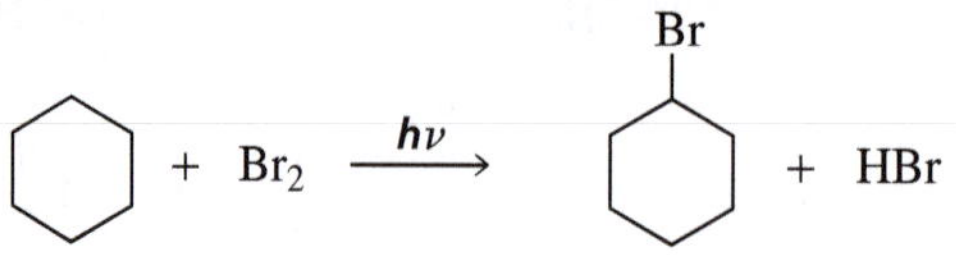

$$\text{ciclohexano} + Br_2 \xrightarrow{h\nu} \text{bromociclo-hexano} + HBr$$

Os alcenos cíclicos sofrem as mesmas reações de alcenos acíclicos.

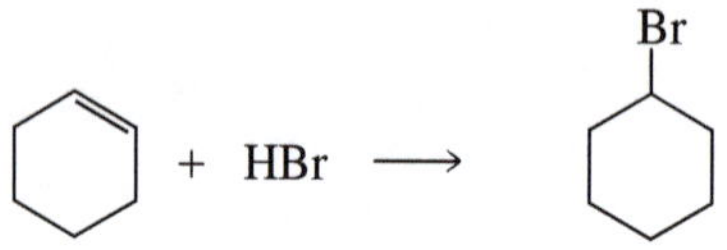

$$\text{ciclohexeno} + HBr \longrightarrow \text{bromociclo-hexano}$$

$$\text{ciclopenteno} + NBS \xrightarrow[\text{peróxido}]{\Delta} \text{3-bromociclopenteno}$$

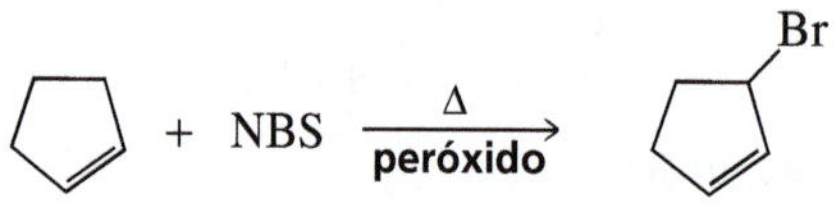

Em outras palavras, *a reatividade de uma substância usualmente depende apenas de seus grupos funcionais, e não do fato de ela ser cíclica ou acíclica.*

PROBLEMA 14◆

a. Dê o(s) produto(s) majoritário(s) da reação do 1-metilciclo-hexeno com os reagentes a seguir, ignorando os estereoisômeros:

1. NBS/Δ/peróxido   2. Br$_2$/CH$_2$Cl$_2$ 3. HBr   4. HBr/peróxido

b. Dê a configuração dos produtos.

Ciclopropano

O ciclopropano é uma exceção notável da generalização a respeito de substâncias cíclicas e acíclicas sofrerem as mesmas reações. Apesar de ser um alcano, o ciclopropano sofre reações de adição eletrofílica como se fosse um alceno.

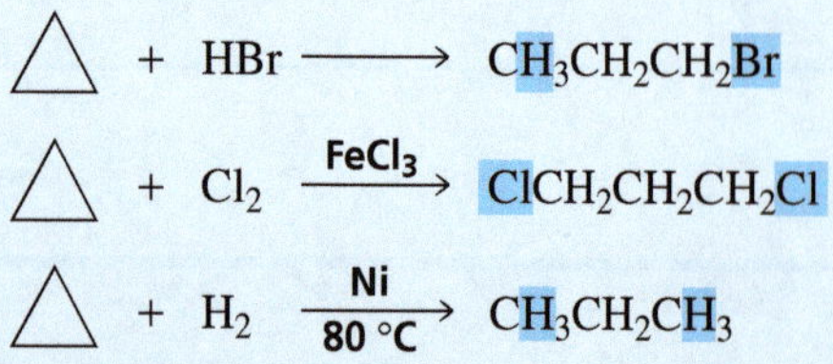

$$\triangle + HBr \longrightarrow CH_3CH_2CH_2Br$$

$$\triangle + Cl_2 \xrightarrow{FeCl_3} ClCH_2CH_2CH_2Cl$$

$$\triangle + H_2 \xrightarrow[80\,°C]{Ni} CH_3CH_2CH_3$$

O ciclopropano é mais reativo do que o propeno em adição de ácidos como HBr e HCl, mas é menos reativo em reações de Cl$_2$ e Br$_2$, portanto um ácido de Lewis (FeCl$_3$ ou FeBr$_3$) é necessário para catalisar reações de adição de halogênios (Seção 1.21).

É a tensão no anel pequeno que faz com que o ciclopropano sofra reações de adição eletrofílica (Seção 2.11). Com os ângulos de ligação de 60° nos anéis de três membros, os orbitais sp^3 não podem se sobrepor de frente; isso decresce a efetividade da sobreposição do orbital. Assim, as "ligações banana" C—C no ciclopropano são consideravelmente mais fracas que ligações σ C—C normais (Figura 2.6 da p. 92). Conseqüentemente, anéis de três membros sofrem reações de abertura de anel com reagentes eletrofílicos.

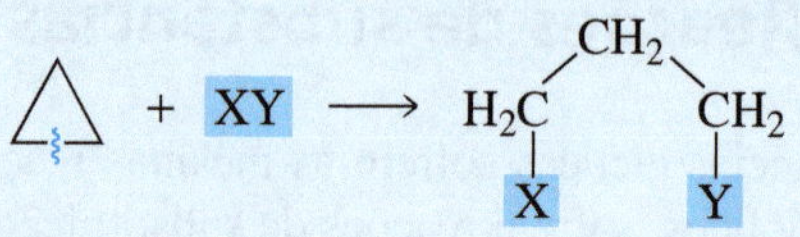

$$\triangle + XY \longrightarrow H_2C{-}CH_2{-}CH_2 \\ \quad\quad\quad\quad\quad\quad\;\; X \quad\quad\;\; Y$$

9.8 Reações radicalares em sistemas biológicos

Por muito tempo os cientistas acreditaram que as reações radicalares não eram importantes em sistemas biológicos porque grande quantidade de energia — calor ou luz — seria requerida para iniciar uma reação radicalar, e é difícil controlar as etapas de propagação da cadeia de reação uma vez que ela tenha início. No entanto, agora é amplamente reconhecido que há reações biológicas que envolvem radicais. Em vez de ser gerada por calor ou luz, os radicais são formados pela interação de moléculas orgânicas com íons metálicos. Essas reações radicalares ocorrem no sítio ativo da enzima. Conter a reação em um sítio específico permite que ela seja controlada.

Uma reação biológica que envolva radicais é a responsável pela conversão de hidrocarbonetos tóxicos em alcoóis menos tóxicos. Se ocorrer no fígado, a hidroxilação de hidrocarbonetos é catalisada por uma enzima que contém ferroporfirina chamada citocromo P_{450} (Seção 12.8). Um intermediário radicalar alquila é criado quando Fe^VO abstrai um átomo de hidrogênio de um alcano. Na próxima etapa, $Fe^{IV}OH$ dissocia-se homoliticamente em Fe^{III} e HO·, e HO· se combina imediatamente com o intermediário radicalar para formar o álcool.

$$Fe^V{=}O \;+\; H{-}C{-} \;\longrightarrow\; Fe^{IV}{-}OH \;+\; \cdot C{-} \;\longrightarrow\; Fe^{III} \;+\; HO{-}C{-}$$

alcano — intermediário radicalar — álcool

Esta reação também pode ter efeito toxicológico oposto. Ou seja, em vez de converter hidrocarbonetos tóxicos em alcoóis menos tóxicos, substituindo um OH por um H em algumas substâncias, levam uma substância não tóxica a se tornar tóxica. Portanto, substâncias que não são tóxicas *in vitro* não são necessariamente não tóxicas *in vivo*. Por exemplo, estudos feitos com animais mostraram que, se um OH for substituído por um H, o cloreto de metileno (CH_2Cl_2) se torna carcinogênico se for inalado.

Café descafeinado e o medo do câncer

Estudos em animais que afirmam que o cloreto de metileno se torna carcinogênico quando inalado preocupam porque o cloreto de metileno era o solvente utilizado para extrair cafeína dos grãos do café. No entanto, quando o cloreto de metileno foi adicionado à água de ratos e camundongos de laboratório, pesquisas não revelaram efeitos tóxicos — não foram observadas respostas tóxicas nem em ratos que tinham consumido uma quantidade de cloreto de metileno equivalente à quantidade que seria ingerida ao se beber 120 mil xícaras de café descafeinado por dia nem em camundongos que tinham consumido quantidade equivalente à ingestão de 4,4 milhões de xícaras diárias de café descafeinado. Além disso, em um estudo realizado em centenas de trabalhadores expostos diariamente à inalação de cloreto de metileno não foi detectado o aumento de risco de câncer. (Estudos realizados em seres humanos nem sempre concordam com os realizados em animais.) Em virtude da preocupação inicial, no entanto, pesquisadores procuraram métodos alternativos para extrair a cafeína dos grãos do café. Extração por CO_2 líquido em temperaturas e pressões supercríticas foi considerado o melhor método, pois extrai a cafeína sem extrair simultaneamente algumas das substâncias saborosas que são extraídas quando o cloreto de metileno é utilizado. Não há diferença essencial entre o sabor do café comum e o café descafeinado com CO_2.

Outra reação biológica importante mostrada para envolver um intermediário radicalar é a conversão de um ribonucleotídeo em um desoxirribonucleotídeo. A biossíntese de ácidos ribonucléicos (RNA) requer ribonucleotídeos, enquanto a biossíntese de ácidos desoxirribonucleicos (DNA) requer desoxirribonucleotídeos (Seção 27.1, volume 2). A primeira etapa na conversão de um ribonucleotídeo em um desoxirribonucleotídeo necessário para a biossíntese de DNA envolve a abstração de um átomo de hidrogênio do ribonucleotídeo para formar o radical intermediário. O radical que abstrai o hidrogênio é formado como resultado de uma interação entre Fe(III) e um aminoácido no sítio ativo da enzima.

ribonucleotídeo → intermediário radicalar →(várias etapas)→ desoxirribonucleotídeo

Os radicais indesejados em sistemas biológicos devem ser destruídos antes que encontrem oportunidade de causar estrago na enzima. As membranas celulares, por exemplo, são suscetíveis a alguns tipos de reações radicalares que fazem a manteiga ficar rançosa (Seção 26.3, volume 2). Imagine o estado de suas membranas celulares se uma reação radicalar ocorresse rapidamente. Reações radicalares em sistemas biológicos também foram envolvidas em processos de envelhecimento. Reações radicalares indesejáveis são prevenidas por **inibidores de radicais** — as substâncias que destroem radicais reativos pela criação de radicais não reativos ou substâncias com apenas elétrons emparelhados. A hidroquinona é um exemplo de inibidor de radical. Quando a hidroquinona trapeia um radical, ela forma a semiquinona, que é estabilizada pela deslocalização de elétrons e é, portanto, menos reativa que outros radicais. Além disso, a semiquinona pode trapear outro radical e formar quinona, uma substância cujos elétrons são todos emparelhados.

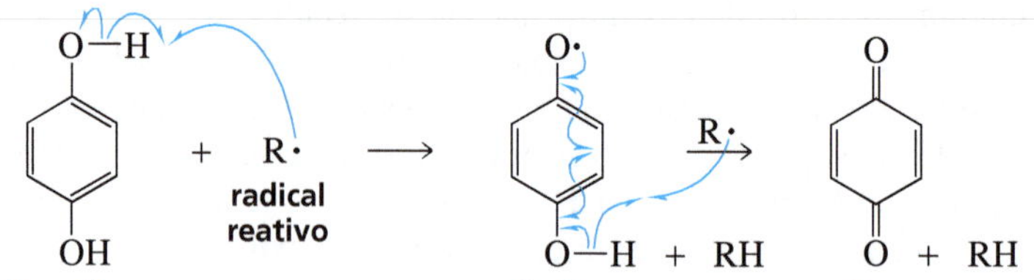

Dois exemplos de inibidores de radicais que estão presentes em sistemas biológicos são as vitaminas C e E. Como a hidroquinona, elas formam radicais relativamente estáveis. A vitamina C (também chamada ácido ascórbico) é uma substância solúvel em água que trapeia radicais formados em ambientes aquosos da célula e no plasma sangüíneo. A vitamina E (também chamada α-tocoferol) é uma substância insolúvel em água (portanto solúvel em gordura) que trapeia radicais formados em membranas apolares. Se uma vitamina funciona em ambientes aquosos e outra em ambientes não aquosos é devido às suas estruturas e diagramas de potencial eletrostáticos, que mostram que a vitamina C é uma substância relativamente polar e a vitamina E, apolar. (Veja figuras abaixo em cores no encarte colorido.)

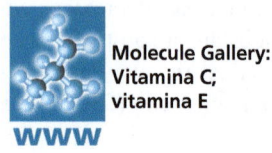

Molecule Gallery:
Vitamina C;
vitamina E
www

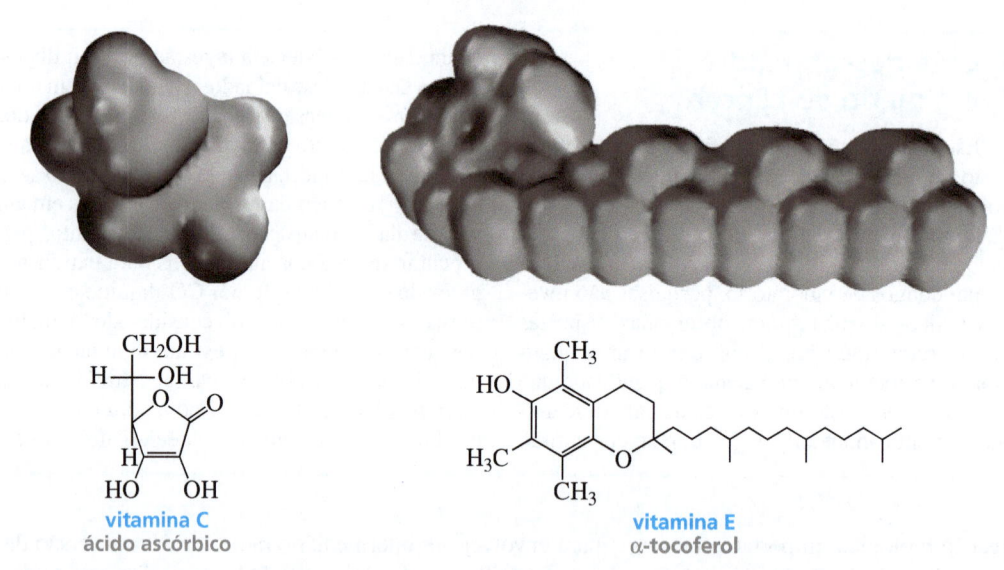

vitamina C
ácido ascórbico

vitamina E
α-tocoferol

Conservantes alimentares

Os inibidores de radicais que estão presentes em alimentos são conhecidos como *conservantes* ou *antioxidantes*. Eles conservam os alimentos pela prevenção de reações radicalares indesejáveis. A vitamina E é um conservante natural encontrado em óleos vegetais. BHA e BHT são conservantes sintéticos adicionados a muitos alimentos industrializados.

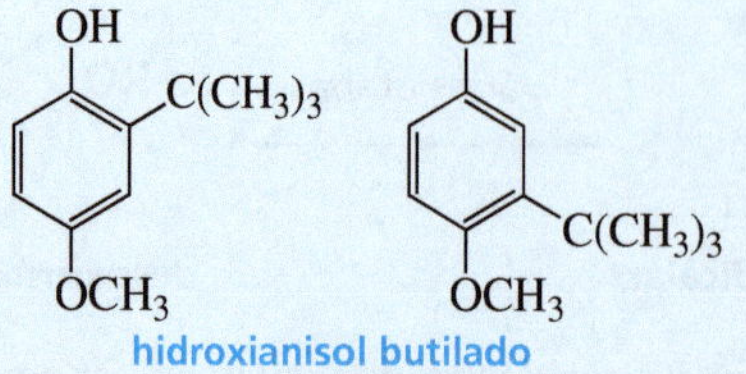

hidroxianisol butilado
BHA

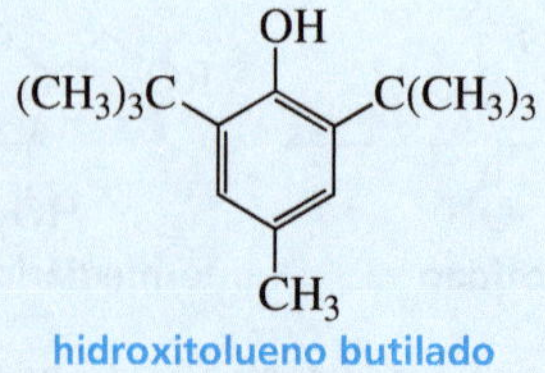

hidroxitolueno butilado
BHT

conservantes alimentares

9.9 Radicais e ozônio estratosférico

O ozônio (O_3), um dos grandes componentes que formam o nevoeiro, é muito perigoso para a saúde. Na estratosfera, no entanto, uma camada de ozônio protege a Terra de uma radiação solar nociva. A maior concentração de ozônio ocorre entre 19 e 24 quilômetros acima da superfície da Terra. A camada de ozônio é mais fina no equador e mais densa nos pólos. O ozônio é formado na atmosfera a partir da interação do oxigênio molecular com um comprimento de onda muito pequeno da luz ultravioleta.

$$O_2 \xrightarrow{h\nu} O + O$$
$$O + O_2 \longrightarrow \underset{\text{ozônio}}{O_3}$$

A camada de ozônio da atmosfera age como um filtro para radiações ultravioleta biologicamente prejudiciais que, de outro modo, poderiam chegar à superfície da Terra. Entre outros efeitos, o pequeno comprimento de onda da luz ultravioleta com alta energia pode danificar o DNA nas células da pele, causando mutações que desencadeiam o câncer de pele (Seção 29.6). Devemos muito de nossa existência a essa protetora camada de ozônio. De acordo com as teorias de evolução atuais, a vida na terra não seria possível caso a camada de ozônio não existisse. Em vez disso, a vida teria se mantido no oceano, porque a água impediria que a radiação ultravioleta nociva se infiltrasse.

Desde 1985, os cientistas notaram uma diminuição acentuada do ozônio estratosférico acima da Antártica. Essa área de redução de ozônio, conhecida como "buraco de ozônio", não tem precedente na História. Em seguida, os cientistas observaram um decréscimo similar sobre regiões do Ártico e, em 1988, detectaram, pela primeira vez, uma redução de ozônio sobre os Estados Unidos. Três anos depois afirmaram que o ritmo da redução de ozônio era de duas a três vezes maior do que originalmente prevista. Muitos na comunidade científica atribuem o aumento recente de casos de catarata e câncer de pele, assim como a diminuição no crescimento de plantas, à radiação ultravioleta, que tem penetrado e reduzido a camada de ozônio. Estima-se que o buraco na camada protetora de ozônio será responsável por 200 mil mortes de câncer de pele nos próximos 50 anos.

Fortes evidências circunstanciais apontam para os clorofluorocarbonos sintéticos (CFCs) — alcanos em que todos os hidrogênios foram trocados por flúor e cloro, como $CFCl_3$ e CF_2Cl_2 — como os maiores responsáveis pela redução do ozônio. Esses gases, conhecidos comercialmente como Freons®, foram extensivamente utilizados como fluidos refrigerantes em geladeiras e ares-condicionados. Eles também foram muito utilizados como propelentes em latas de spray aerossóis (desodorante, spray para cabelo etc.) porque eram inodoros, atóxicos e apresentavam propriedades não inflamáveis. Além disso, eram quimicamente inertes e assim não reagiriam com o conteúdo da lata. Entretanto, o uso agora foi banido.

Os clorofluorocarbonos se mantêm muito estáveis na atmosfera até alcançarem a estratosfera. Lá eles encontram comprimentos de luz ultravioleta que causam a clivagem homolítica e geram radicais cloro.

$$F-\underset{\underset{F}{|}}{\overset{\overset{Cl}{|}}{C}}-Cl \xrightarrow{h\nu} F-\underset{\underset{F}{|}}{\overset{\overset{Cl}{|}}{C}}\cdot + Cl\cdot$$

Os radicais cloro são os agentes removedores do ozônio. Eles reagem com o ozônio para formar radicais de monóxido de cloro e oxigênio molecular. O radical monóxido de cloro reage depois com o ozônio para regenerar os radicais cloro. Essas duas etapas de propagação são repetidas algumas vezes, destruindo uma molécula de ozônio em cada etapa. Calcula-se que cada átomo de cloro destrói cem mil moléculas de ozônio!

Em 1995, o Prêmio Nobel de química foi dado a **Sherwood Rowland**, **Mario Molina** e **Paul Crutzen** *pelos trabalhos pioneiros na explicação de processos químicos responsáveis pela redução da camada de ozônio na estratosfera. Seus trabalhos demonstraram que atividades humanas podem interferir no processo global que mantém a vida. Essa foi a primeira vez que um Prêmio Nobel foi concedido a trabalhos na área de ciências ambientais.*

F. Sherwood Rowland *nasceu em Ohio em 1927. Tornou-se PhD pela Universidade de Chicago e foi professor de química na Universidade da Califórnia, Irvine.*

Mario Molina *nasceu no México em 1943 e depois se tornou cidadão americano. Tornou-se PhD pela Universidade da Califórnia, Berkeley, e fez pós-doutorado no laboratório de Rowland. Atualmente é professor de agronomia, meteorologia e cosmologia no Massachusetts Institute of Technology.*

Paul Crutzen *nasceu em Amsterdã em 1933. Aperfeiçoou-se em meteorologia e se interessou por química atmosférica, especialmente em ozônio estratosférico. É professor do Max Planck Institute for Chemistry, em Mainz, Alemanha.*

Nuvens estratosféricas polares aumentam a taxa de destruição de ozônio. Essas nuvens se formam acima da Antártica durante os meses de inverno frio. A redução de ozônio no Ártico é menos severa porque geralmente não recebe frio suficiente para formar as nuvens estratosféricas polares. (Veja a figura em cores no encarte colorido.)

350 QUÍMICA ORGÂNICA

Animation Gallery:
Clorofluorocarbonos e ozônio
www

$$Cl\cdot + O_3 \longrightarrow ClO\cdot + O_2$$
$$ClO\cdot + O_3 \longrightarrow Cl\cdot + 2O_2$$

O Concorde e a redução de ozônio

Um avião supersônico cruza a baixa estratosfera e seus motores a jato convertem oxigênio molecular e nitrogênio em óxidos de nitrogênio como NO e NO_2. Assim como os CFCs, os óxidos de nitrogênio reagem com o ozônio estratosférico. Felizmente, o Concorde supersônico, construído em conjunto pela Inglaterra e França, faz apenas um número limitado de vôos por semana.

▶ Crescimento do buraco de ozônio antártico, localizado especialmente sobre o continente da Antártica desde 1979. As imagens foram feitas a partir de dados fornecidos pelo mapeamento total de ozônio por espectrômetro. A escala de cor representa o valor total de ozônio em unidades Dobson. As menores densidades de ozônio são representadas por azul-escuro. (Veja a figura em cores no encarte colorido.)

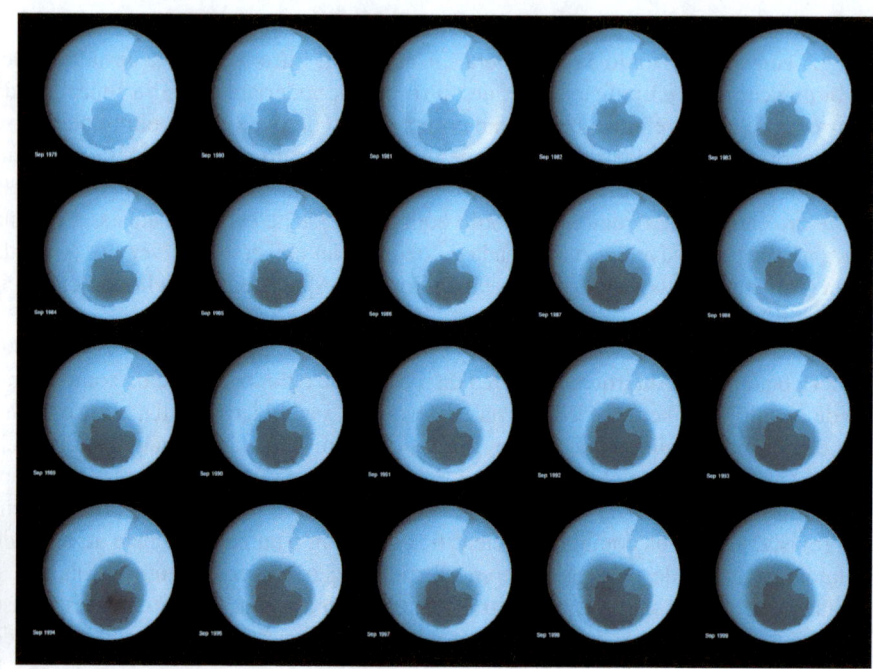

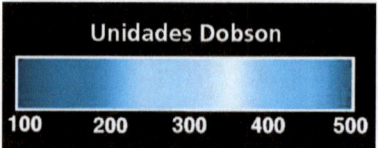

Unidades Dobson
100 200 300 400 500

Resumo

Os **alcanos** são chamados **hidrocarbonetos saturados** porque não contêm nenhuma ligação dupla ou tripla. Como também têm apenas ligações σ fortes e átomos sem carga parcial, os alcanos são pouco reativos. Os alcanos sofrem **reações de substituição radicalares** com cloro (Cl_2) ou bromo (Br_2) a altas temperaturas ou na presença de luz, para formar haletos de alquila ou brometos de alquila. A reação de substituição é uma **reação radicalar em cadeia** com etapas de **iniciação, propagação** e **terminação**. As reações radicalares indesejadas são prevenidas por **inibidores radicalares** — substâncias que destroem radicais reativos pela criação de radicais não reativos ou substâncias com apenas elétrons emparelhados.

A etapa de determinação da taxa de reação da substituição radicalar é a abstração do átomo de hidrogênio para formar o **radical**. As taxas relativas de formação de radical são benzílico ~ alil > 3º > 2º > 1º > vinil ~ metil. Para determinar as quantidades relativas dos produtos obtidos da halogenação de um alcano, tanto a probabilidade quanto a taxa relativa de abstração de um hidrogênio particular devem ser levadas em consideração. O **princípio reatividade–seletividade** estabelece que, quanto mais reativa a espécie é, menos seletiva ela será. Um radical bromo é *menos reativo* que um radical cloro, portanto o bromo é um radical *mais seletivo* sobre o átomo de hidrogênio que ele abstrai. *N*-bromossuccinimida (NBS) é usado para bromar posições alílicas. As substâncias cíclicas sofrem a mesma reação que as substâncias acíclicas.

Se um reagente não tem um carbono assimétrico e uma reação de substituição radicalar formar um produto com um carbono assimétrico, uma mistura racêmica será obtida. Uma mistura racêmica também é obtida se um hidrogênio ligado a um carbono assimétrico for substituído pelo halogênio. Se uma reação de substituição radicalar cria um carbono assimétrico em um reagente que já tem um carbono assimétrico, um par de diastereoisômeros será obtido em quantidades diferentes.

Algumas reações biológicas envolvem radicais formados pela interação de moléculas orgânicas com íons metálicos. As reações ocorrem no sítio ativo da enzima.

Fortes evidências circunstanciais indicam que os clorofluorocarbonos são responsáveis pela diminuição da camada de ozônio. A interação dessas substâncias com luz UV geram radicais cloro, que são agentes removedores de ozônio.

Resumo das reações

1. *Alcanos* sofrem reações de substituição radicalar com Cl_2 e Br_2 na presença de calor ou luz (seções 9.2, 9.3 e 9.4).

$$CH_3CH_3 \text{ (excesso)} + Cl_2 \xrightarrow{\Delta \text{ ou } h\nu} CH_3CH_2Cl + HCl$$

$$CH_3CH_3 \text{ (excesso)} + Br_2 \xrightarrow{\Delta \text{ ou } h\nu} CH_3CH_2Br + HBr$$

a bromação é mais seletiva que a cloração

2. *Benzenos substituídos com grupo alquila* sofrem halogenação radicalar na posição benzílica (Seção 9.5).

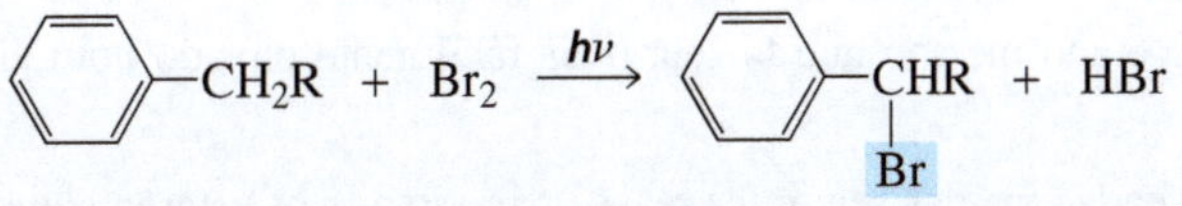

$$\text{Ph–}CH_2R + Br_2 \xrightarrow{h\nu} \text{Ph–}CHR(Br) + HBr$$

3. *Alcenos* sofrem halogenação radicalar nas posições alílicas. NBS é usado para bromação radicalar na posição alílica (Seção 9.5).

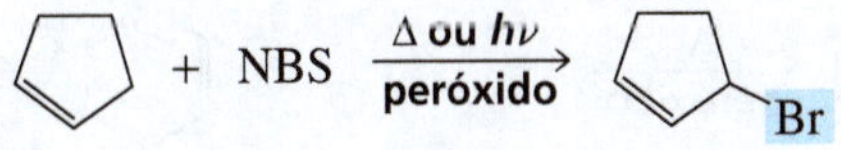

$$\text{ciclopenteno} + NBS \xrightarrow[\text{peróxido}]{\Delta \text{ ou } h\nu} \text{3-bromociclopenteno}$$

$$RCH_2CH{=}CH_2 + NBS \xrightarrow[\text{peróxido}]{\Delta \text{ ou } h\nu} RCH(Br)CH{=}CH_2 + RCH{=}CHCH_2(Br) + HBr$$

Palavras-chave

alcano (p. 332)
clivagem homolítica da reação (p. 334)
combustão (p. 334)
etapa de iniciação (p. 334)
etapa de propagação (p. 334)

etapa de terminação (p. 335)
hidrocarboneto saturado (p. 332)
inibidor radicalar (p. 348)
parafina (p. 334)
princípio reatividade–seletividade (p. 340)

radical (p. 334)
radical livre (p. 334)
reação de substituição radicalar (p. 335)
reação radicalar (p. 334)
reação radicalar em cadeia (p. 334)

Problemas

15. Dê o(s) produto(s) de cada uma das seguintes reações, ignorando os estereoisômeros:

   a. $CH_2=CHCH_2CH_2CH_3 + Br_2 \xrightarrow{h\nu}$

   b. $CH_3\underset{\underset{CH_3}{|}}{C}=CHCH_3 + NBS \xrightarrow[\text{peróxido}]{\Delta}$

   c. $CH_3CH_2\underset{\underset{CH_3}{|}}{C}HCH_2CH_2CH_3 + Br_2 \xrightarrow{h\nu}$

   d. ciclohexano $+ Cl_2 \xrightarrow{h\nu}$

   e. ciclopentano $+ Cl_2 \xrightarrow{CH_2Cl_2}$

   f. metilciclopentano $+ Cl_2 \xrightarrow{h\nu}$

16. a. Um alcano com fórmula molecular C_5H_{12} forma somente um produto monoclorado quando aquecido com Cl_2. Dê o nome sistemático desse alcano.

    b. Um alcano com fórmula molecular C_7H_{16} forma sete produtos monoclorados (ignore os estereoisômeros) quando aquecido com Cl_2. Dê o nome sistemático desse alcano.

17. Dr. Al Cahall queria determinar experimentalmente a facilidade relativa de remover um átomo de hidrogênio de um carbono terciário, um secundário e um primário por radical cloro. Ele permitiu que o 2-metilbutano sofresse cloração a 300 °C e obteve como produtos 36% de 1-cloro-2-metilbutano, 18% de 2-cloro-2-metilbutano, 28% de 2-cloro-3-metilbutano e 18% de 1-cloro-3-metilbutano. Que valores ele obteve para a facilidade relativa de remover átomos de hidrogênios terciário, secundário e primário por um radical cloro sob as condições de seu experimento?

18. A 600 °C, a razão das taxas relativas da formação de um radical terciário, um secundário e um primário por um radical cloro é 2,6:2,1:1. Explique a mudança no grau de regiosseletividade comparado ao que o dr. Al Cahall encontrou no Problema 17.

19. O iodo (I_2) não reage com o etano mesmo que I_2 seja mais facilmente clivado homoliticamente que outros halogênios. Explique.

20. Dê o produto majoritário em cada uma das seguintes reações, ignorando os estereoisômeros:

    a. ciclopenteno $+ NBS \xrightarrow[\text{peróxido}]{\Delta}$

    b. $CH_2=CHCH_2CH_2CH_3 + NBS \xrightarrow[\text{peróxido}]{\Delta}$

    c. 3-metilciclohexeno $+ NBS \xrightarrow[\text{peróxido}]{\Delta}$

    d. $CH_3\underset{\underset{CH_3}{|}}{C}HCH_3 + Cl_2 \xrightarrow{h\nu}$

    e. $CH_3\underset{\underset{CH_3}{|}}{C}HCH_3 + Br_2 \xrightarrow{h\nu}$

    f. etilbenzeno $+ NBS \xrightarrow[\text{peróxido}]{\Delta}$

    g. ciclopentano $+ NBS \xrightarrow[\text{peróxido}]{\Delta}$

    h. 1,3-dimetilciclopenteno $+ NBS \xrightarrow[\text{peróxido}]{\Delta}$

21. O efeito isotópico cinético do deutério para a cloração de um alcano é definido na equação a seguir:

    $$\frac{\text{efeito cinético do}}{\text{isótopo de deutério}} = \frac{\text{velocidade de clivagem homolítica de uma ligação C—H pelo Cl}}{\text{velocidade de clivagem homolítica de uma ligação C—D pelo Cl}}$$

    Imagine se a cloração ou bromação tivesse um maior efeito isotópico cinético do deutério.

22. a. Quantos produtos de monobromação seriam obtidos de uma bromação radicalar de metilciclo-hexano? Ignore os estereoisômeros.

    b. Que produtos seriam obtidos em maior rendimento? Explique.

    c. Quantos produtos monobromados seriam obtidos se todos os estereoisômeros fossem incluídos?

23. a. Proponha um mecanismo para a seguinte reação:

$$CH_3CH_3 + CH_3-\underset{CH_3}{\overset{CH_3}{\underset{|}{\overset{|}{C}}}}-OCl \xrightarrow{\Delta} CH_3CH_2Cl + CH_3-\underset{CH_3}{\overset{CH_3}{\underset{|}{\overset{|}{C}}}}-OH$$

b. Dado que o valor de $\Delta H°$ para a reação é -42 kcal/mol e as energias de dissociação para as ligações C—H, C—Cl e O—H são 101, 82 e 102 kcal/mol, respectivamente, calcule a energia de dissociação da ligação O—Cl.
c. Que conjunto de etapas de propagação é mais provável de ocorrer?

24. a. Calcule o valor de $\Delta H°$ para a seguinte reação:

$$CH_4 + Cl_2 \xrightarrow{h\nu} CH_3Cl + HCl$$

b. Calcule a soma dos valores de $\Delta H°$ para as duas etapas de propagação a seguir:

$$CH_3-H + {}^\cdot Cl \longrightarrow {}^\cdot CH_3 + H-Cl$$

$$ {}^\cdot CH_3 + Cl-Cl \longrightarrow CH_3-Cl + {}^\cdot Cl$$

c. Por que ambos os cálculos dão o mesmo valor de $\Delta H°$?

25. Um mecanismo alternativo possível para o mostrado no Problema 24 relativo à monocloração do metano envolveria as seguintes etapas de propagação:

$$CH_3-H + {}^\cdot Cl \longrightarrow CH_3-Cl + {}^\cdot H$$

$$ {}^\cdot H + Cl-Cl \longrightarrow H-Cl + {}^\cdot Cl$$

Como você sabe que a reação não ocorre por esse mecanismo?

26. Explique por que a taxa de bromação do metano é diminuída se HBr for adicionado à mistura reacional.

Encarte colorido

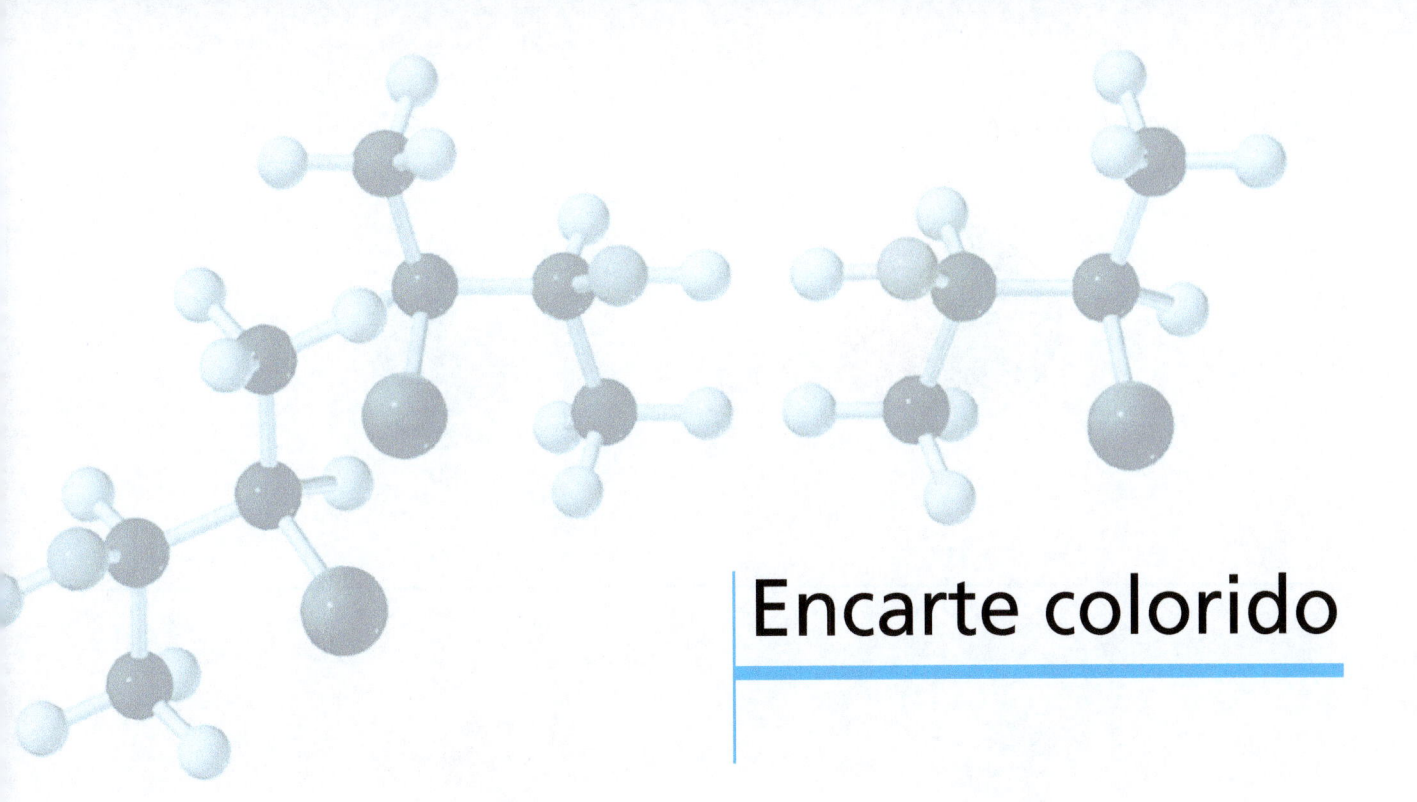

Capítulo 1

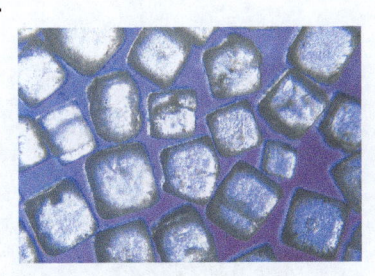

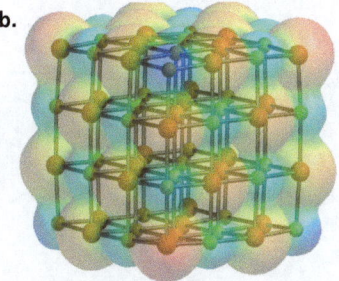

▲ Figura 1.1
(a) Cloreto de sódio cristalino.
(b) Os íons cloreto ricos em elétrons são vermelhos e os íons sódio pobres em elétrons são azuis. Cada íon cloreto é rodeado por seis íons sódio, e cada íon sódio é rodeado por seis íons cloreto. Ignore as "ligações" que mantêm as bolas unidas; estão lá apenas para manter o modelo sem destruí-lo.

LiH

H_2

2 | QUÍMICA ORGÂNICA

HF

p. 11

H_3O^+

p. 13

H_2O

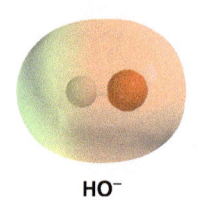

HO^-

p. 13

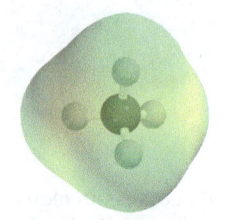

mapa de potencial
eletrostático do metano

p. 25

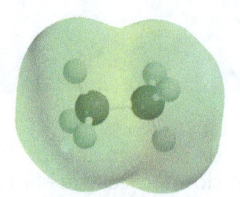

mapa de potencial
eletrostático do etano

p. 27

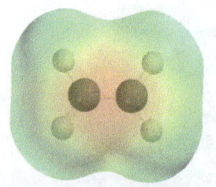

mapa de potencial
eletrostático do eteno

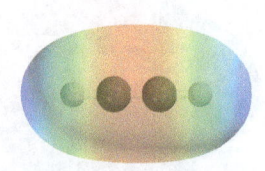

p. 29

modelo de potencial
eletrostático para o etino

p. 31

Encarte colorido | 3

mapa de potencial eletrostático
para o cátion metila

p. 31

mapa de potencial eletrostático
para o radical metila

p. 32

mapa de potencial eletrostático
do ânion metila

p. 32

mapa de potencial eletrostático
para a água

p. 33

mapa de potencial eletrostático
para a amônia

mapa de potencial eletrostático
para o íon amônio

p. 34

mapa de potencial
eletrostático para o metano

mapa de potencial
eletrostático para a amônia

p. 34

4 | QUÍMICA ORGÂNICA

mapa de potencial eletrostático para a água

p. 34

mapa de potencial eletrostático do fluoreto de hidrogênio

p. 35

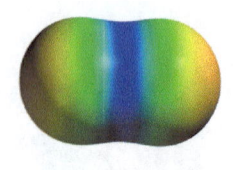

dióxido de carbono

tetracloreto de carbono

p. 38

HF

HCl

p. 46

HBr

HI

p. 46

Encarte colorido | 5

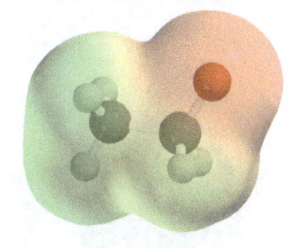

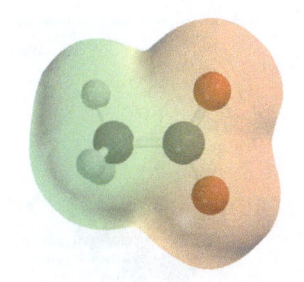

p. 49

Capítulo 2

mapa de potencial
eletrostático para o metanol

p. 80

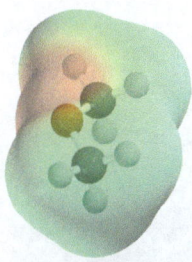

mapa de potencial eletrostático
para o éter dimetílico

p. 80

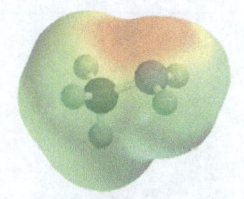

mapa de potencial eletrostático para
metilamina

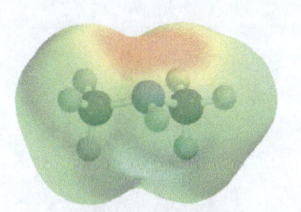

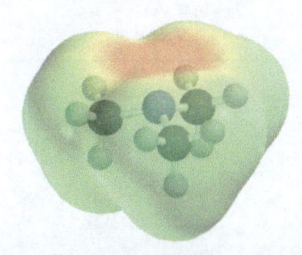

mapa de potencial eletrostático para
dimetilamina

p. 80

mapa de potencial eletrostático para
trimetilamina

p. 80

6 | QUÍMICA ORGÂNICA

Capítulo 3

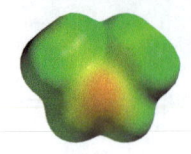

cis-2-buteno

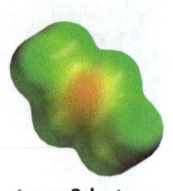

trans-2-buteno

p. 117

Capítulo 4

íon bromônio cíclico

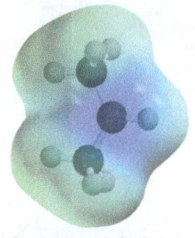

p. 140

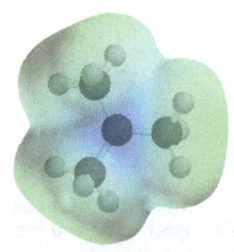

mapa de potencial eletrostático
para o cátion *terc*-butila

p. 142

mapa de potencial eletrostático
para o cátion isopropila

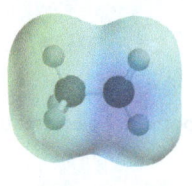

mapa de potencial eletrostático
para o cátion etila

p. 142

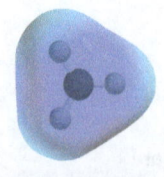

mapa de potencial eletrostático
para o cátion metila

p. 142

íon bromônio cíclico
do eteno

p. 156

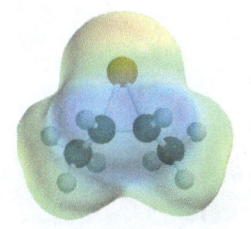

Encarte colorido 7

íon bromônio cíclico
do *cis*-2-buteno

p. 156

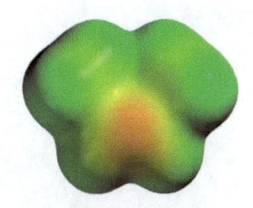

cis-2-buteno

p. 172

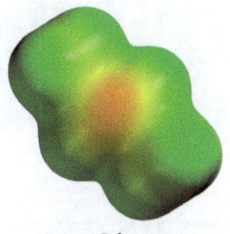

trans-2-buteno

p. 172

Capítulo 5

o íon bromônio é formado
da reação de Br_2 com *cis*-2-buteno

p. 224

Capítulo 6

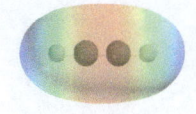

p. 238

8 QUÍMICA ORGÂNICA

acidez relativa

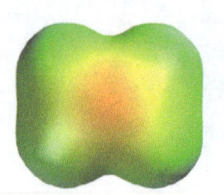

p. 248

acidez relativa

p. 248

acidez relativa

p. 248

Capítulo 7

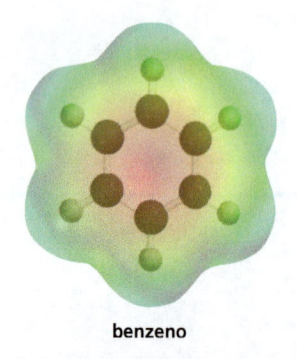

benzeno    ciclo-hexano

p. 260

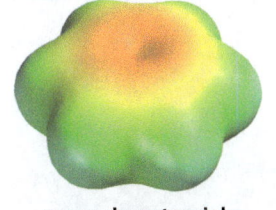

Encarte colorido 9

mapa de potencial
eletrostático para o benzeno

p. 264

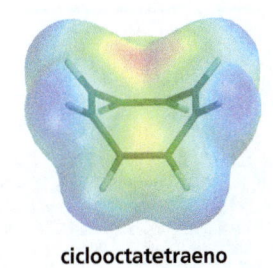

ciclooctatetraeno

p. 265

Capítulo 8

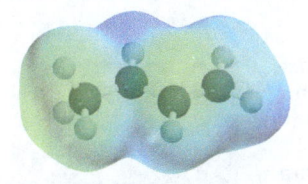

p. 302

p. 310

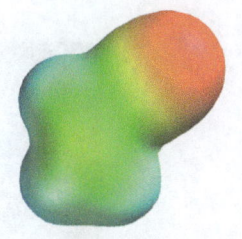

p. 310

▶ O licopeno, o β-caroteno e as antocianinas são encontrados em folhas de árvores, mas suas cores características são normalmente escondidas pela coloração verde da clorofila. No outono, quando a clorofila degrada, essas cores tornam-se aparentes.

p. 323

QUÍMICA ORGÂNICA

Capítulo 9

vitamina C
ácido ascórbico

vitamina E
α-tocoferol

p. 332 e 348

▶ Nuvens estratosféricas polares aumentam a taxa de destruição de ozônio. Essas nuvens se formam acima da Antártica durante os meses de inverno frio. A redução de ozônio no Ártico é menos severa porque geralmente não recebe frio suficiente para formar as nuvens estratosféricas polares.

p. 349

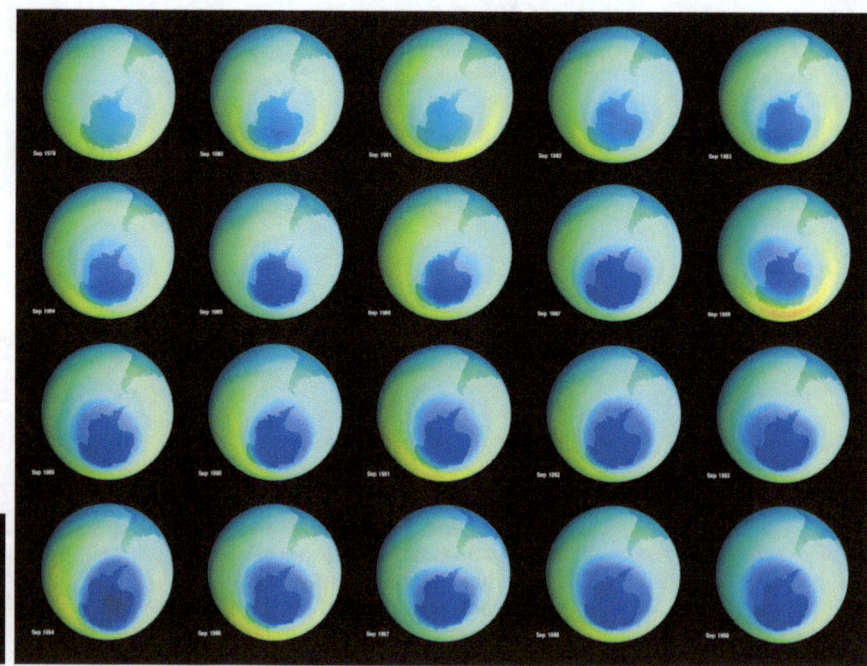

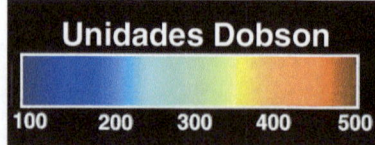

Unidades Dobson
100 200 300 400 500

▶ Crescimento do buraco de ozônio antártico, localizado especialmente sobre o continente da Antártica desde 1979. As imagens foram feitas a partir de dados fornecidos pelo mapeamento total de ozônio por espectrômetro. A escala de cor representa o valor total de ozônio em unidades Dobson. As menores densidades de ozônio são representadas por azul-escuro.

p. 350

Encarte colorido | 11

Capítulo 11

p. 396

p. 396 e 410

Capítulo 12

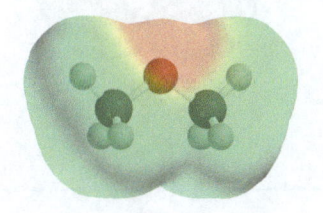

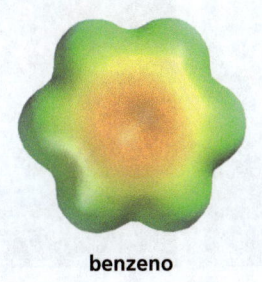

p. 433

benzeno   óxido de benzeno

p. 453

12 QUÍMICA ORGÂNICA

[12]-coroa-4

[15]-coroa-5

p. 459

segmento de DNA

[18]-coroa-6

p. 456 p. 459

CH_3Cl

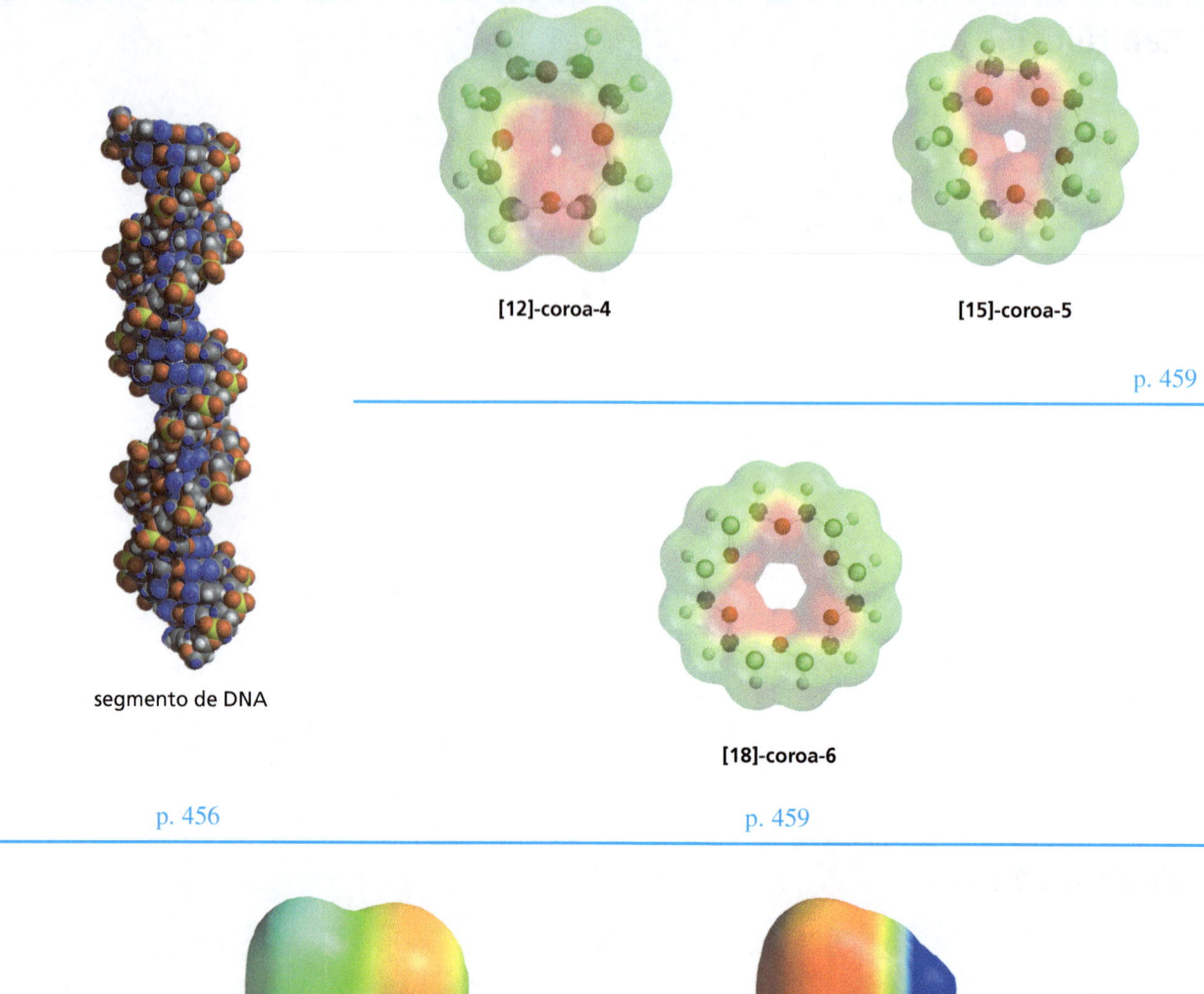

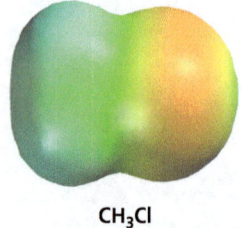

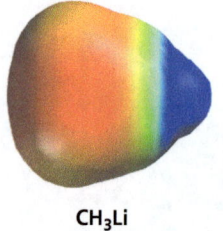

CH_3Li

p. 462

Figura 14.41
(a) IRM de um cérebro normal. A glândula pituitária está realçada (rosa). (b) IRM de uma seção axial através do cérebro que mostra um tumor (púrpura) envolvido por um tecido danificado preenchido por um fluido (vermelho).

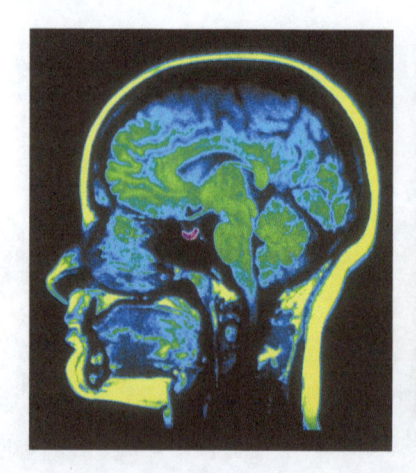

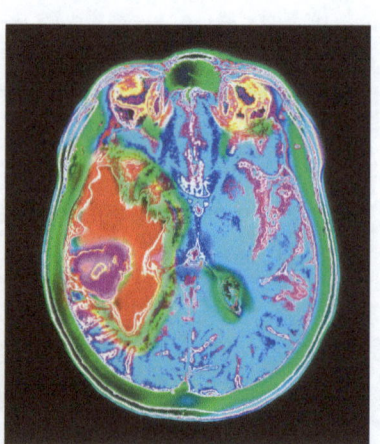

p. 570

Grupos funcionais comuns

Alcano	RCH_3		Anilina	C$_6$H$_5$—NH_2
Alceno	$\overset{}{\underset{\text{internal}}{>C=C<}}$ $\overset{}{\underset{\text{terminal}}{>C=CH_2}}$		Fenol	C$_6$H$_5$—OH
Alcino	$\underset{\text{internal}}{RC\equiv CR}$ $\underset{\text{terminal}}{RC\equiv CH}$		Ácido carboxílico	$R-\overset{O}{\underset{\|}{C}}-OH$
Nitrila	$RC\equiv N$		Cloreto de acila	$R-\overset{O}{\underset{\|}{C}}-Cl$
Éterr	$R-O-R$		Anidrido ácido	$R-\overset{O}{\underset{\|}{C}}-O-\overset{O}{\underset{\|}{C}}-R$
Tiol	RCH_2-SH		Éster	$R-\overset{O}{\underset{\|}{C}}-OR$
Sulfeto	$R-S-R$		Amida	$R-\overset{O}{\underset{\|}{C}}-NH_2$ $-NHR$ $-NR_2$
Dissulfeto	$R-S-S-R$		Aldeído	$R-\overset{O}{\underset{\|}{C}}-H$
Epóxido	(epoxide ring)		Cetona	$R-\overset{O}{\underset{\|}{C}}-R$

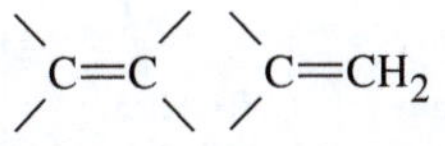

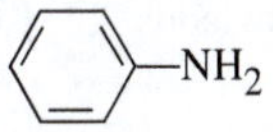

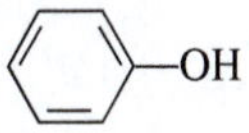

	primário	secundário	terciário
Haloqeneto de alquila	$R-CH_2-X$ X = F, Cl, Br, or I	$R-\underset{}{\overset{R}{\underset{\|}{CH}}}-X$	$R-\overset{R}{\underset{R}{\underset{\|}{\overset{\|}{C}}}}-X$
Álcool	$R-CH_2-OH$	$R-\overset{R}{\underset{\|}{CH}}-OH$	$R-\overset{R}{\underset{R}{\underset{\|}{\overset{\|}{C}}}}-OH$
Amina	$R-NH_2$	$R-\overset{R}{\underset{\|}{NH}}$	$R-\overset{R}{\underset{R}{\underset{\|}{\overset{\|}{N}}}}$

Valores aproximados de pKa
(veja Apêndice II para informações mais detalhadas)

grupos carbonil protonados	$\underset{\text{RCOH}}{\overset{+OH}{\|}}$	}	carbono α (aldeído)	$\underset{\underset{H}{\|}}{\overset{O}{\overset{\|}{RCHCH}}}$	}
alcoóis protonados	$\underset{H}{\overset{+}{ROH}}$	} < 0	carbono α (cetona)	$\underset{\underset{H}{\|}}{\overset{O}{\overset{\|}{RCHCR}}}$	} ~20
água protonada	$\underset{H}{\overset{+}{HOH}}$				
ácidos carboxílicos	$\overset{O}{\overset{\|}{RCOH}}$	} ~5	carbono α (éster)	$\underset{\underset{H}{\|}}{\overset{O}{\overset{\|}{RCHCOR}}}$	~25
anilina protonada	$\overset{+}{ArNH_3}$		carbono α (amida)	$\underset{\underset{H}{\|}}{\overset{O}{\overset{\|}{RCHCN(CH_3)_2}}}$	~30
aminas protonadas	$\overset{+}{RNH_3}$	} ~10	aminas	RNH_2	~40
fenol	ArOH		alcanos	RCH_3	~50
alcoóis	ROH	} ~15			
água	H_2O				

Símbolos e abreviaturas

Å	Unidade Angstrom (10^{-8}cm)	E	Entgegen (lados opostos na nomenclatura E, Z)	μ	Momento dipolo
Ar	Grupo fenil ou grupo fenil substituído			$Na_2Cr_2O_7$	Dicromato de sódio
		E_a	Energia de ativação	NBS	N-bromo-succinamida
$[\alpha]$	Rotação ótica específica	Et	Etil	NMR	Ressonância Magnética Nuclear
B_0	Campo magnético aplicado	Et_2O	Dietil éter	PCC	Cloro-cromato de piridina
CMR	Ressonância magnética ^{13}C	eu	Unidade de entropia (cal deg^{-1}mol^{-1})	pH	Medida de acidez de uma solução ($= -\log [H+]$)
D	Debye; uma medida de momento dipolo	H_2CrO_4	Ácido crômico	pKa	Medida da força de um ácido ($= -\log Ka$)
DCC	Diciclo-hexil-carbodiimida	HOMO	Orbital molecular ocupado mais elevado	R	Grupo alquil; grupo derivado de um hidrocarboneto
δ	Parcial				
Δ	Calor	IR	Infravermelho		
ΔG°	Variação de energia livre padrão de Gibbs	k	Constante de velocidade	R,S	Configuração de um centro quiral
		K_a	Constante de dissociação de ácido	THF	Tetra-hidrofurano
ΔH°	Variação de entalpia	K_{eq}	Constante de equilíbrio	TMS	Tetrametil-silano $(CH_3)_4Si$
ΔS°	Variação de entropia	$KMnO_4$	Permanganato de potássio	Ts	Grupo tosila (p-$CH_3C_6H_5SO_2-$)
DH°	Energia de dissociação de ligação	LDA	Di-isopropilamida de lítio	UV/Vis	Ultravioleta/visível
		LUMO	Orbital molecular não-ocupado mais baixo	X	Átomo de halogênio
DMF	Dimetil-formamida			Z	Zusammen (mesmo lado na nomenclatura E,Z)
DMSO	Dimetil-sufóxido	Me	Metil		

Tabela periódica dos elementos

Grupos principais

1Aa 1	2A 2												3A 13	4A 14	5A 15	6A 16	7A 17	8A 18
1 **H** 1.00794																		2 **He** 4.002602
3 **Li** 6.941	4 **Be** 9.012182												5 **B** 10.811	6 **C** 12.0107	7 **N** 14.0067	8 **O** 15.9994	9 **F** 18.998403	10 **Ne** 20.1797
11 **Na** 22.989770	12 **Mg** 24.3050	3B 3	4B 4	5B 5	6B 6	7B 7	8B 8	8B 9	8B 10	1B 11	2B 12		13 **Al** 26.981538	14 **Si** 28.0855	15 **P** 30.973761	16 **S** 32.065	17 **Cl** 35.453	18 **Ar** 39.948
19 **K** 39.0983	20 **Ca** 40.078	21 **Sc** 44.955910	22 **Ti** 47.867	23 **V** 50.9415	24 **Cr** 51.9961	25 **Mn** 54.938049	26 **Fe** 55.845	27 **Co** 58.933200	28 **Ni** 58.6934	29 **Cu** 63.546	30 **Zn** 65.39		31 **Ga** 69.723	32 **Ge** 72.64	33 **As** 74.92160	34 **Se** 78.96	35 **Br** 79.904	36 **Kr** 83.80
37 **Rb** 85.4678	38 **Sr** 87.62	39 **Y** 88.90585	40 **Zr** 91.224	41 **Nb** 92.90638	42 **Mo** 95.94	43 **Tc** [98]	44 **Ru** 101.07	45 **Rh** 102.90550	46 **Pd** 106.42	47 **Ag** 107.8682	48 **Cd** 112.411		49 **In** 114.818	50 **Sn** 118.710	51 **Sb** 121.760	52 **Te** 127.60	53 **I** 126.90447	54 **Xe** 131.293
55 **Cs** 132.90545	56 **Ba** 137.327	71 **Lu** 174.967	72 **Hf** 178.49	73 **Ta** 180.9475	74 **W** 183.84	75 **Re** 186.207	76 **Os** 190.23	77 **Ir** 192.217	78 **Pt** 195.078	79 **Au** 196.96655	80 **Hg** 200.59		81 **Tl** 204.3833	82 **Pb** 207.2	83 **Bi** 208.98038	84 **Po** [208.98]	85 **At** [209.99]	86 **Rn** [222.02]
87 **Fr** [223.02]	88 **Ra** [226.03]	103 **Lr** [262.11]	104 **Rf** [261.11]	105 **Db** [262.11]	106 **Sg** [266.12]	107 **Bh** [264.12]	108 **Hs** [269.13]	109 **Mt** [268.14]	110 [271.15]	111 [272.15]	112 [277]			114 [285]		116 [289]		

Metais de transição

*Série dos Lantanídeos

57 *****La** 138.9055	58 **Ce** 140.116	59 **Pr** 140.90765	60 **Nd** 144.24	61 **Pm** [145]	62 **Sm** 150.36	63 **Eu** 151.964	64 **Gd** 157.25	65 **Tb** 158.92534	66 **Dy** 162.50	67 **Ho** 164.93032	68 **Er** 167.259	69 **Tm** 168.93421	70 **Yb** 173.04

†Série dos Actinídeos

89 †**Ac** [227.03]	90 **Th** 232.0381	91 **Pa** 231.03588	92 **U** 238.02891	93 **Np** [237.05]	94 **Pu** [244.06]	95 **Am** [243.06]	96 **Cm** [247.07]	97 **Bk** [247.07]	98 **Cf** [251.08]	99 **Es** [252.08]	100 **Fm** [257.10]	101 **Md** [258.10]	102 **No** [259.10]

aOs letreiros superiores (1A, 2A etc.) são de uso comum. Os letreiros inferiores (1, 2 etc.) são os recomendados pela IUPAC.
Os nomes e os símbolos para os elementos 110 e posteriores não foram decididos ainda.
Pesos atômicos em colchetes são massas de isótopos com a vida mais longa ou os mais importantes de elementos radioativos.
Informações adicionais são encontradas em http://www.shef.ac.uk/chemistry/web-elements/
A produção do elemento 116 foi noticiada em maio de 1999 por cientistas do Lawrence Berkeley National Laboratory.

PARTE TRÊS

Reações de substituição e de eliminação

Os três capítulos que compõem a Parte Três analisam as reações de substâncias que têm um átomo ou grupo puxador de elétrons — um grupo de saída potencial — ligados a um carbono hibridizado em sp^3. Essas substâncias podem sofrer reações de substituição e/ou eliminação.

O **Capítulo 10** discute as reações de substituição de haletos de alquila. Das diferentes substâncias que sofrem reações de substituição e eliminação, os haletos de alquila são examinados primeiro porque eles são grupos de saída relativamente bons. Veremos também os tipos de substâncias que organismos biológicos utilizam no lugar de haletos de alquila, porque haletos de alquila não estão prontamente disponíveis na natureza.

O **Capítulo 11** mostra as reações de eliminação de haletos de alquila. Como haletos de alquila podem sofrer tanto reações de substituição quanto de eliminação, este capítulo também discute os fatores que determinam se um haleto de alquila sofrerá uma reação de substituição ou de eliminação.

O **Capítulo 12** analisa substâncias diferentes dos haletos de alquila que sofrem reações de substituição e de eliminação. Você verá que como alcoóis e éteres têm grupos de saída relativamente pobres comparados com os grupos de saída dos haletos de alquila, alcoóis e éteres precisam ser ativados antes que os grupos de saída possam ser substituídos ou eliminados. Vários métodos comumente utilizados para ativar grupos de saída serão examinados. As reações de tióis e sulfetos serão comparadas com aquelas de alcoóis e éteres. Ao observar as reações de epóxidos, você verá como cadeias de anéis podem afetar a habilidade de saída. Você também verá como a carcinogenecidade de óxidos de areno é relacionada à estabilidade de carbocátions. Finalmente, este capítulo apresentará substâncias organometálicas, uma classe de substâncias muito importante para químicos orgânicos sintéticos.

Capítulo 10
Reações de substituição de haletos de alquila

Capítulo 11
Reações de eliminação de haletos de alquila • Competição entre substituição e eliminação

Capítulo 12
Reações de alcoóis, éteres, epóxidos e substâncias que contêm enxofre • Substâncias organometálicas

10 Reações de substituição de haletos de alquila

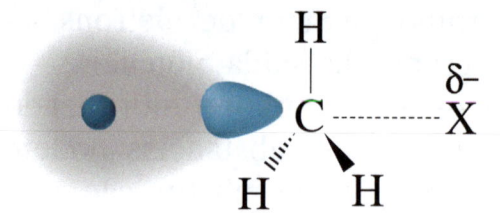

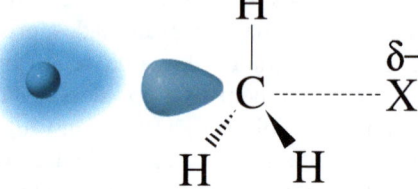

As substâncias orgânicas que têm um átomo ou grupo de átomos eletronegativo ligado a um carbono hibridizado em sp^3 sofrem reações de substituição e/ou reações de eliminação. Em uma **reação de substituição**, um átomo ou grupo eletronegativo é trocado por outro átomo ou grupo.
Em uma **reação de eliminação**, o átomo ou grupo eletronegativo é eliminado com um hidrogênio de um carbono adjacente. O átomo ou grupo que é *substituído* ou *eliminado* nessas reações é chamado **grupo de saída**.

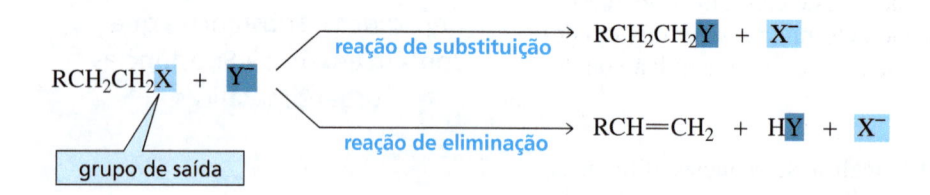

$$RCH_2CH_2X + Y^- \xrightarrow{\text{reação de substituição}} RCH_2CH_2Y + X^-$$
$$\xrightarrow{\text{reação de eliminação}} RCH=CH_2 + HY + X^-$$

grupo de saída

Este capítulo enfoca as reações de substituição de haletos de alquila — substâncias em que o grupo de saída é um íon haleto (F^-, Cl^-, Br^- ou I^-). A nomenclatura desses haletos de alquila foi discutida na Seção 2.4.

haletos de alquila

R—F	R—Cl	R—Br	R—I
fluoreto de alquila	cloreto de alquila	brometo de alquila	iodeto de alquila

No Capítulo 11, discutiremos as reações de eliminação de haletos de alquila e os fatores que determinam se é a substituição ou a eliminação que vai prevalecer quando um haleto de alquila sofrer uma reação.

Os haletos de alquila representam uma boa família de substâncias para iniciar nosso estudo de reações de eliminação e substituição porque possuem grupos de saída relativamente bons; ou seja, os íons haleto são facilmente deslocados. Portanto, estaremos preparados para discutir, no Capítulo 12, as reações de eliminação e de substituição com grupos de saída mais difíceis de serem deslocados.

As reações de substituição são importantes em química orgânica porque tornam possível a conversão rápida de haletos de alquila disponíveis em uma grande variedade de outras substâncias. As reações de substituição também são importantes nas células de plantas e animais. Como as células existem predominantemente em ambientes aquosos, e haletos de alquila são insolúveis em água, os sistemas biológicos usam substâncias em que o grupo substituído é mais polar que um halogênio e, portanto, mais solúvel em água. As reações de alguns desses sistemas biológicos são discutidas neste capítulo.

CAPÍTULO 10 Reações de substituição de haletos de alquila | **357**

> ### Substâncias sobreviventes
>
> Muitos organismos marinhos, incluindo esponjas, corais e algas, sintetizam derivados halogenados (substâncias orgânicas que contêm halogênio) que usam para deter predadores. Por exemplo, algas vermelhas sintetizam um derivado halogenado tóxico, cujo gosto é horrível, porém evita que os predadores as comam. Um predador, no entanto, que não se sente intimidado é um molusco chamado lebre do oceano. Depois de consumir a alga vermelha, a lebre do oceano converte o derivado halogenado original em uma substância estruturalmente semelhante que passa a usar para a própria defesa. Diferentemente de outros moluscos, uma lebre do oceano não tem concha. Seu método de defesa é cercar-se com um material lodoso que contém o derivado halogenado, protegendo-se, assim, dos peixes carnívoros.
>
> sintetizado pela alga vermelha   sintetizado pela lebre do oceano
>
> lebre do oceano

10.1 Como haletos de alquila reagem

Um halogênio é mais eletronegativo que o carbono. Conseqüentemente, os dois átomos não compartilham elétrons ligantes de modo igual. Como o halogênio mais eletronegativo tem um compartilhamento maior de elétrons, ele tem carga parcial negativa, e o carbono ao qual ele está ligado tem uma carga parcial positiva.

$$\overset{\delta+}{R}CH_2 - \overset{\delta-}{X} \qquad X = F, Cl, Br, I$$

É a ligação polar carbono–halogênio que provoca o haleto de alquila a sofrer reações de substituição e de eliminação. Existem dois mecanismos importantes para a reação de substituição:

1. Um nucleófilo é atraído pela carga parcialmente positiva do carbono (um eletrófilo). Quando o nucleófilo se aproxima do carbono e forma uma nova ligação, a ligação carbono–halogênio se rompe heteroliticamente (o halogênio leva ambos os elétrons ligantes).

$$\overset{..}{\underset{..}{Nu}}{}^{-} + \overset{\delta+}{-}\underset{|}{\overset{|}{C}}-\overset{\delta-}{X} \longrightarrow -\underset{|}{\overset{|}{C}}-Nu + X^-$$

produto de substituição

2. A ligação carbono–halogênio se rompe heteroliticamente sem nenhuma assistência do nucleófilo, formando um carbocátion. O carbocátion — um eletrófilo — assim reage com o nucleófilo para formar um produto de substituição.

$$-\underset{|}{\overset{|}{C}}{}^{\delta+}-X^{\delta-} \longrightarrow -\underset{|}{\overset{|}{C}}{}^{+} + X^-$$

$$-\underset{|}{\overset{|}{C}}{}^{+} + \overset{..}{\underset{..}{Nu}}{}^{-} \longrightarrow -\underset{|}{\overset{|}{C}}-Nu$$

produto de substituição

358 QUÍMICA ORGÂNICA

Independentemente do mecanismo pelo qual a reação de substituição ocorre, ela é chamada **reação de substituição nucleofílica**, porque um nucleófilo substitui o halogênio. Veremos que o mecanismo *que predomina* depende dos seguintes fatores:

- a estrutura do haleto de alquila
- a reatividade do nucleófilo
- a concentração do nucleófilo
- e o solvente em que a reação é realizada

10.2 Mecanismo de uma reação S_N2

Como o mecanismo de uma reação é determinado? Podemos aprender muito sobre o mecanismo de uma reação estudando a sua **cinética** — o fator que afeta a velocidade da reação.

A velocidade de uma reação de substituição nucleofílica como, por exemplo, a reação do brometo de metila com o íon hidróxido depende da concentração de ambos os reagentes. Se a concentração do brometo de metila na mistura reacional for duplicada, a velocidade da substituição nucleofílica duplicará. Se a concentração do íon hidróxido for duplicada, a velocidade da reação também vai duplicar. Se as concentrações de ambos reagentes forem duplicadas, a velocidade de reação quadruplicará.

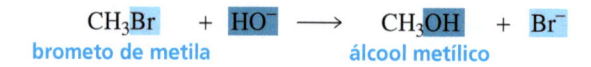

$$CH_3Br + HO^- \longrightarrow CH_3OH + Br^-$$
brometo de metila   álcool metílico

Quando se conhece a relação entre a velocidade de reação e a concentração dos reagentes, pode-se escrever uma **lei de velocidade** para a reação. Como a velocidade da reação do brometo de metila com o íon hidróxido é dependente da concentração de ambos os reagentes, a lei da velocidade para a reação é:

velocidade ∝ [haleto de alquila][nucleófilo]

Como vimos na Seção 3.7, o sinal de proporcionalidade (∝) pode ser trocado por um sinal de igual e uma constante de proporcionalidade. A constante de proporcionalidade, neste caso k, é chamada **constante de velocidade**. A constante de velocidade descreve a dificuldade de superar a barreira de energia da reação — a dificuldade de alcançar o estado de transição. Quanto maior a constante de velocidade, mais fácil é alcançar o estado de transição (ver Figura 10.3, p. 361).

velocidade = k[haleto de alquila][nucleófilo]

Como a velocidade de reação depende da concentração dos dois reagentes, a reação é uma **reação de segunda ordem** (Seção 3.7).

A lei de velocidade nos diz quais moléculas estão envolvidas no estado de transição na etapa determinante da velocidade de reação. A partir da lei de velocidade para a reação do brometo de metila com o íon hidróxido, sabe-se que tanto o brometo de metila quanto o íon hidróxido estão envolvidos na etapa determinante da velocidade do estado de transição.

A reação do brometo de metila com o íon hidróxido é um exemplo de **reação S_N2**, em que "S" significa substituição, "N", nucleofílica e "2", bimolecular. **Bimolecular** significa que duas moléculas estão envolvidas na etapa determinante da velocidade. Em 1937, Edward Hughes e Christopher Ingold propuseram um mecanismo para uma reação S_N2. Lembre que um mecanismo descreve passo a passo o processo pelo qual os reagentes são convertidos em produtos. É uma teoria adequada às evidências experimentais que foram acumuladas e que se referem à reação. Hughes e Ingold basearam seus mecanismos para uma reação S_N2 de acordo com três fatos de evidência experimental:

Animation Gallery: Reação bimolecular
www

Edward Davies Hughes (1906–1963) *nasceu em Gales do Norte. Tornou-se duas vezes doutor: PhD pela Universidade de Gales e doutor em ciências pela Universidade de Londres, onde trabalhou com Sir Christopher Ingold. Foi professor de química da Universidade College, em Londres.*

1. A velocidade de reação depende da concentração do haleto de alquila *e* da concentração do nucleófilo. Isso significa que ambos os reagentes estão envolvidos na etapa determinante da velocidade do estado de transição.
2. Quando os hidrogênios do brometo de metila são sucessivamente trocados por grupos metila, a velocidade da reação com determinado nucleófilo torna-se progressivamente mais lenta (Tabela 10.1).
3. A reação de um haleto quiral em que o halogênio é ligado a um carbono assimétrico leva à formação de apenas um estereoisômero, e a configuração do carbono assimétrico no produto é invertida em relação à configuração no reagente haleto de alquila.

Sir Christopher Ingold (1893–1970) *nasceu em Ilford, Inglaterra. Além de determinar o mecanismo da reação S_N2, foi membro do grupo que desenvolveu a nomenclatura para enantiômeros. Também participou do desenvolvimento da teoria de ressonância.*

Hughes e Ingold propuseram que uma reação S_N^2 é uma reação *concertada* — ela ocorre em uma única etapa, portanto nenhum intermediário é formado. O nucleófilo ataca o carbono ligado ao grupo de saída e libera o grupo de saída.

mecanismo da reação S_N2

$$HO^- + CH_3-Br \longrightarrow CH_3-OH + Br^-$$

Como uma colisão produtiva é a colisão em que o nucleófilo ataca o carbono no lado oposto ao lado do grupo de saída, diz-se que o carbono sofre um **ataque pelo lado de trás**. Por que o nucleófilo ataca pelo lado de trás? A explicação mais simples é que o grupo de saída bloqueia a aproximação do nucleófilo pela parte da frente da molécula.

Tabela 10.1 Velocidades relativas de reações S_N2 para vários haletos de alquila

$$R-Br + Cl^- \xrightarrow{S_N2} R-Cl + Br^-$$

Haleto de alquila	Classe do haleto de alquila	Velocidade relativa
CH_3-Br	metila	1200
CH_3CH_2-Br	primário	40
$CH_3CH_2CH_2-Br$	primário	16
$CH_3CH(CH_3)-Br$	secundário	1
$CH_3C(CH_3)_2-Br$	terciário	muito lenta para ser medida

A teoria do orbital molecular também explica o ataque pelo lado de trás. Relembre a Seção 8.9, em que, para formar uma ligação, o LUMO (orbital molecular vazio de menor energia) de uma das espécies precisa interagir com o HOMO (orbital molecular ocupado de maior energia) do outro. Quando o nucleófilo se aproxima do haleto de alquila, o orbital molecular não-ligante completo (o HOMO) do nucleófilo precisa interagir com o orbital molecular antiligante σ^* vazio (o LUMO) associado à ligação C—Br. A Figura 10.1a mostra que o ataque pelo lado de trás envolve uma interação ligante entre o nucleófilo e o lobo maior do σ^*. Compare isso com o que ocorre quando o nucleófilo se aproxima pelo lado da frente do carbono (Figura 10.1b): ambas as interações, ligante e antiligante, ocorrem, e elas se cancelam uma à outra. Conseqüentemente, a melhor sobreposição dos orbitais que interagem é encontrada por meio do ataque pelo lado de trás. De fato, um nucleófilo sempre se aproxima de um carbono hibridizado em sp^3 pelo lado de trás. [Vimos o ataque pelo lado de trás anteriormente, na reação de um íon brometo com um íon bromônio cíclico (Seção 5.19).]

Um nucleófilo sempre se aproxima de um carbono hibridizado em sp^3 pelo lado de trás.

a. Ataque pelo lado de trás

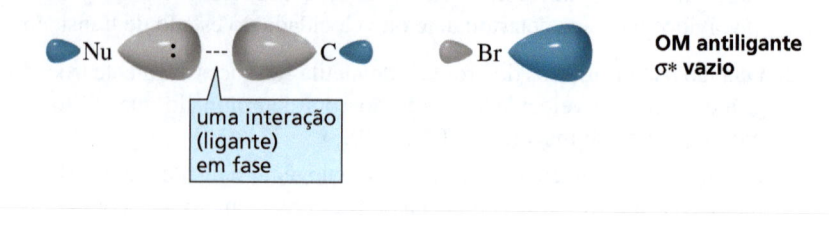

Nu : --- C   Br   **OM antiligante σ* vazio**

uma interação (ligante) em fase

C Br   **OM ligante σ completo**

b. Ataque pelo lado da frente

C   Br   **OM antiligante σ* vazio**

uma interação (antiligante) fora de fase   Nu   uma interação (ligante) em fase

C   Br   **OM ligante σ completo**

Figura 10.1 ▶
(a) O ataque pelo lado de trás resulta em uma interação ligante entre o HOMO (o orbital não-ligante completo) do nucleófilo e o LUMO (o orbital antiligante σ* vazio) de C—Br.
(b) O ataque pela frente resultaria em ambas as interações ligantes e antiligantes que se cancelariam.

Como o mecanismo de Hughes e Ingold explicam os três fatos observados da evidência experimental? O mecanismo mostra o haleto de alquila e o nucleófilo juntos no estado de transição de reação em uma etapa. Portanto, se a concentração de qualquer um dos dois aumentar, a colisão torna-se mais provável. Assim, a reação seguirá a cinética de segunda ordem, exatamente conforme observado.

Viktor Meyer (1848–1897)
nasceu na Alemanha. Na tentativa de impedir que ele se tornasse ator, seus pais o persuadiram a entrar para a Universidade de Heidelberg, onde se tornou doutor em 1867, com 18 anos. Foi professor de química nas Universidades de Stuttgart e Heidelberg. Inventou o termo "estereoquímica" para o estudo da forma molecular e foi o primeiro a descrever o impedimento estérico em uma reação.

$$HO^- + \overset{|}{C}-Br \longrightarrow [HO^{\delta-}\cdots C\cdots Br^{\delta-}]^{\ddagger} \longrightarrow HO-\overset{|}{C} + Br^-$$

estado de transição

Como o nucleófilo ataca o lado de trás do carbono que está ligado ao halogênio, substituintes volumosos ligados ao carbono tornarão difícil para o nucleófilo alcançar esse lado e, portanto, diminuirão a velocidade de reação (Figura 10.2). Isso explica por que quando se substituem os hidrogênios por grupos metila no brometo de metila a velocidade de reação de substituição diminui progressivamente (Tabela 10.1). O volume do grupo alquila é responsável pela diferença na reatividade.

Os **efeitos estéricos** são causados pelos grupos que ocupam certo volume do espaço. Um efeito estérico que diminui a reatividade é chamado **impedimento estérico**. O impedimento estérico ocorre quando grupos estão no caminho do sítio de reação. O impedimento estérico leva os haletos de alquila a ter as seguintes reatividades relativas em uma reação S_N2 porque, *geralmente*, haletos de alquila primários são menos impedidos que haletos de alquila secundários, que, em decorrência, são menos impedidos que haletos de alquila terciários:

Reatividades relativas de haletos de alquila em uma reação S_N2

mais reativo > haleto de metila > haleto de alquila 1° > haleto de alquila 2° > haleto de alquila 3° < menos reativo

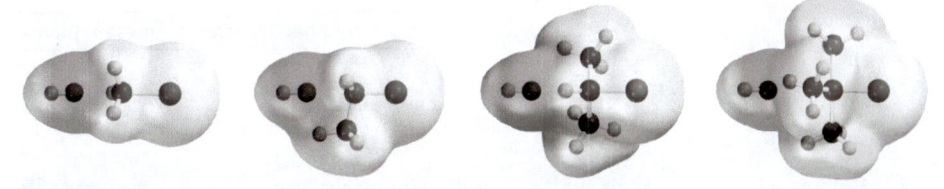

CAPÍTULO 10   Reações de substituição de haletos de alquila

▲ **Figura 10.2**
Aproximação de HO⁻ de um haleto de metila, um haleto de alquila primário, um haleto de alquila secundário e um haleto de alquila terciário. O aumento do volume dos substituintes ligados ao carbono que sofre o ataque do nucleófilo diminui o acesso pelo lado de trás do carbono, diminuindo, assim, a velocidade de uma reação S_N2.

Os três grupos alquila de um haleto de alquila terciário impedem o nucleófilo de chegar a uma distância de ligação do carbono terciário; portanto haletos de alquila terciários não são capazes de sofrer uma reação S_N2. O diagrama da coordenada de reação para a reação S_N2 do brometo de metila *sem impedimento* e um haleto de alquila secundário *impedido estericamente* mostra que o impedimento estérico aumenta a energia do estado de transição, diminuindo a velocidade de reação (Figura 10.3).

A velocidade de uma reação S_N2 não depende somente do *número* de grupos alquila ligados ao carbono que está sofrendo o ataque nucleofílico, mas também do tamanho. Por exemplo, enquanto os brometos de etila e de propila são haletos de alquila primários, o brometo de etila é duas vezes mais reativo em uma reação S_N2 porque o grupo volumoso no carbono que sofre o ataque nucleofílico no brometo de propila favorece mais impedimento estérico para o ataque pelo lado de trás. Também, apesar de o brometo de neopentila ser um haleto de alquila primário, ele sofre reações S_N2 de maneira muito lenta porque o seu único grupo alquila é excepcionalmente volumoso.

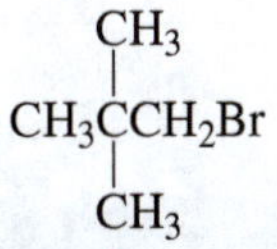

Haletos de alquila terciários não podem sofrer reações S_N2.

$$\begin{array}{c} CH_3 \\ | \\ CH_3CCH_2Br \\ | \\ CH_3 \end{array}$$
brometo de neopentila

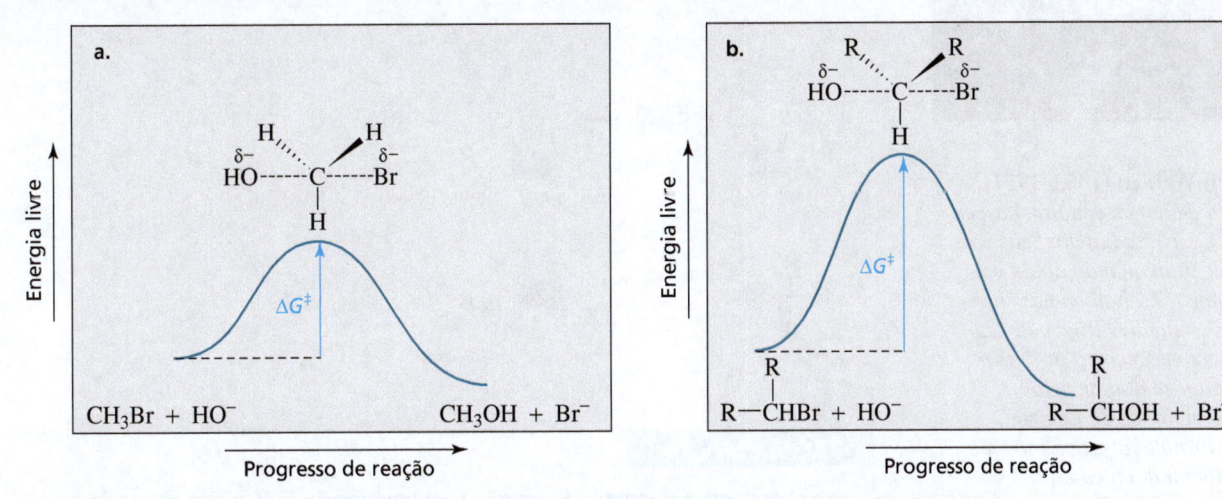

▲ **Figura 10.3** Diagrama da coordenada de reação para (a) reação S_N2 do brometo de metila com o íon hidróxido; (b) reação S_N2 de um haleto de alquila secundário impedido estericamente com o íon hidróxido.

A Figura 10.4 mostra que, à medida que um nucleófilo se aproxima pelo lado de trás do carbono do brometo de metila, as ligações C—H começam a se mover para longe do nucleófilo e de seus elétrons atacantes. No momento em que o estado de transição é alcançado, as ligações C—H estão todas no mesmo plano e o carbono é pentacoordenado (completamente ligado a três átomos e parcialmente ligado a dois) em vez de tetraédrico. Como o nucleófilo se aproxima do carbono e o bromo se move para longe dele, as ligações C—H continuam se movendo na mesma direção. Eventualmente, a ligação entre o carbono e o nucleófilo é completamente formada, e a ligação entre o carbono e o bromo é completamente rompida, assim o carbono é novamente tetraédrico.

Molecule Gallery:
Cloreto de metila; cloreto de *t*-butila
www

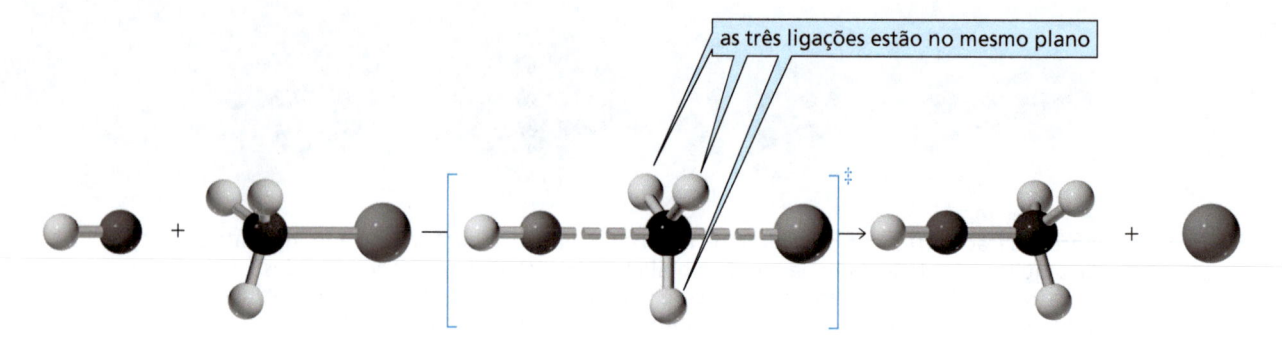

Figura 10.4 Reação S_N2 entre o íon hidróxido e o brometo de metila.

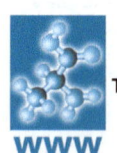

O carbono em que a substituição ocorre tem sua configuração invertida durante o curso da reação, assim como um guarda-chuva tende a se inverter em uma ventania. Essa **inversão de configuração** foi chamada *inversão Walden* depois que Paul Walden descobriu que a configuração de uma substância era invertida em uma reação S_N2.

Como uma reação S_N2 ocorre com inversão de configuração, apenas um produto é formado quando um haleto de alquila quiral — cujo átomo de halogênio está ligado a um carbono assimétrico — sofre uma reação S_N2. A configuração daquele produto é invertida em relação à configuração do haleto de alquila. Por exemplo, o produto de substituição da reação do íon hidróxido com (R)-2-bromo-pentano é o (S)-2-pentanol. Portanto, o mecanismo proposto é comprovado pela configuração invertida observada no produto.

Paul Walden (1863–1957), *filho de um fazendeiro, nasceu em Cesis, na Latvia. Seus pais faleceram quando ainda era criança. Trabalhou nas Universidades Riga e de São Petersburgo como professor. Tornou-se doutor pela Universidade de Leipzig e retornou para Latvia, onde lecionou química na Universidade Riga. Acompanhando a Revolução Russa, voltou para a Alemanha e tornou-se professor da Universidade de Rostock e, mais tarde, da Universidade de Tübingen.*

PROBLEMA 1◆

Ao se aumentar a barreira de energia para uma reação S_N2, a magnitude da constante de velocidade para a reação aumenta ou diminui?

PROBLEMA 2◆

Ponha os brometos de alquila a seguir em ordem decrescente de reatividade em uma reação S_N2: 1-bromo-2-metilbutano, 1-bromo-3-metilbutano, 2-bromo-2-metilbutano e 1-bromopentano.

CAPÍTULO 10 Reações de substituição de haletos de alquila | **363**

> **PROBLEMA 3♦ RESOLVIDO**
>
> Que produto seria formado de uma reação S_N2 de
>
> a. 2-bromobutano com íon hidróxido?
> b. (R)-2-bromobutano e íon hidróxido?
> c. (S)-3-cloro-hexano e íon hidróxido?
> d. 3-iodopentano e íon hidróxido?
>
> **RESOLUÇÃO PARA 3a** O produto é o 2-butanol. Como a reação é uma reação S_N2, sabemos que a configuração do produto é invertida em relação à configuração do reagente. A configuração do reagente não está especificada, portanto não podemos especificar a configuração do produto.
>
> $$CH_3CHCH_2CH_3 \;+\; \longrightarrow \; CH_3CHCH_2CH_3 \;+\; Br^-$$
> $$\quad\;\;\; |\qquad\qquad\qquad\qquad\qquad\quad |$$
> $$\quad\;\;\; Br\qquad\qquad\qquad\qquad\qquad\; OH$$
>
> (a configuração não está especificada)

10.3 Fatores que afetam as reações S_N2

O grupo de saída

Se fosse permitido que um iodeto de alquila, um brometo de alquila, um cloreto de alquila e um fluoreto de alquila (todos com o mesmo grupo alquila) reagissem com o mesmo nucleófilo sob as mesmas condições, observaríamos que o iodeto de alquila é o mais reativo e o fluoreto, o menos reativo.

		velocidade relativa da reação
$HO^- + RCH_2I \longrightarrow RCH_2OH + I^-$		30.000
$HO^- + RCH_2Br \longrightarrow RCH_2OH + Br^-$		10.000
$HO^- + RCH_2Cl \longrightarrow RCH_2OH + Cl^-$		200
$HO^- + RCH_2F \longrightarrow RCH_2OH + F^-$		1

A única diferença entre esses quatro reagentes é a natureza do grupo de saída. Por meio das velocidades relativas, podemos observar que o íon iodeto é o melhor grupo de saída e o fluoreto é o pior. Isso nos leva a uma regra importante na química orgânica — que você verá freqüentemente: *quanto mais fraca a basicidade de um grupo, melhor é a sua habilidade de saída*. A razão da habilidade de saída depende da basicidade porque *bases fracas são bases estáveis* — elas recebem facilmente os elétrons que compartilhavam anteriormente com um próton (Seção 1.18). Como bases fracas não compartilham bem seus elétrons, uma base fraca não é ligada tão fortemente ao carbono como seria uma base forte, e uma ligação mais fraca é mais facilmente rompida (Seção 1.13).

> Quanto mais fraca é a base, melhor é ela como grupo de saída.
>
> Bases estáveis são bases fracas.

Vimos que os íons haleto têm a basicidade relativa a seguir (ou estabilidades relativas) porque átomos maiores são melhores para estabilizar suas cargas negativas (Seção 1.18):

basicidades relativas dos íons haleto

$$I^- \;<\; Br^- \;<\; Cl^- \;<\; F^-$$

(base mais fraca, base mais estável) (base mais forte, base menos estável)

Como as bases estáveis (fracas) são melhores grupos de saída, os íons haleto têm a seguinte habilidade relativa de saída:

364 QUÍMICA ORGÂNICA

habilidade relativa de saída dos íons haleto

$$\boxed{\text{melhor grupo de saída}} \longrightarrow I^- > Br^- > Cl^- > F^- \longleftarrow \boxed{\text{pior grupo de saída}}$$

Portanto, os iodetos de alquila são os haletos de alquila mais reativos, e os fluoretos de alquila são os menos reativos. De fato, o íon fluoreto é uma base tão forte que os fluoretos de alquila essencialmente não sofrem reações S_N2.

reatividades relativas de haletos de alquila em uma reação S_N2

$$\boxed{\text{mais reativo}} \longrightarrow RI > RBr > RCl > RF \longleftarrow \boxed{\text{menos reativo}}$$

Na Seção 10.2, vimos que uma ligação polar carbono–halogênio leva os haletos de alquila a sofrer reações de substituição. Carbono e iodo, entretanto, têm a mesma eletronegatividade. (Ver Tabela 1.3, página 10.) Por que, então, um haleto de alquila sofre reação de substituição? Sabemos que átomos grandes são mais polarizáveis que átomos pequenos. (Relembre o que foi visto na Seção 2.9 sobre a polarizabilidade ser a medida da facilidade com que uma nuvem eletrônica de um átomo pode ser distorcida.) A polarizabilidade alta do átomo grande de iodo o leva a reagir como se ele fosse polar, muito embora — com base na eletronegatividade dos átomos — a ligação seja apolar.

O nucleófilo

Quando falamos de átomos ou moléculas que têm pares de elétrons livres, algumas vezes os chamamos de bases ou nucleófilo. Qual a diferença entre uma base e um nucleófilo?

Basicidade é a medida da facilidade com que uma substância (uma **base**) compartilha seu par de elétrons livres com um próton. Quanto mais forte a base, melhor ela compartilha seus elétrons. A basicidade é medida por uma *constante de equilíbrio* (a constante de dissociação ácida, K_a) que indica a tendência do ácido conjugado da base em perder um próton (Seção 1.17).

Nucleofilicidade é a medida da rapidez com que uma substância (um **nucleófilo**) é capaz de atacar um átomo deficiente de elétrons. A nucleofilicidade é medida por uma *constante de velocidade* (k). No caso de uma reação S_N2, a nucleofilicidade é a medida da facilidade de o nucleófilo atacar o carbono hibridizado em sp^3 ligado ao grupo de saída.

Quando comparamos as moléculas *com o mesmo átomo que ataca*, há uma relação direta entre basicidade e nucleofilicidade: bases fortes constituem nucleófilos melhores. Por exemplo, uma espécie com carga negativa é uma base forte *e* um nucleófilo melhor em relação a uma espécie com o mesmo átomo atacante neutro. Assim, HO^- é uma base mais forte e um nucleófilo melhor do que H_2O.

base forte, melhor nucleófilo		base fraca, nucleófilo pobre
HO^-	>	H_2O
CH_3O^-	>	CH_3OH
$^-NH_2$	>	NH_3
$CH_3CH_2NH^-$	>	$CH_3CH_2NH_2$

Quando comparamos as moléculas *com átomos que atacam, cujo tamanho é aproximadamente igual*, as bases fortes são novamente os melhores nucleófilos. Os átomos ao longo do segundo período da tabela periódica têm aproximadamente o mesmo tamanho. Se os hidrogênios são atacados pelos elementos do segundo período, as substâncias resultantes têm a seguinte acidez relativa (Seção 1.18):

forças relativas de acidez

$$\boxed{\text{ácido mais fraco}} \longrightarrow NH_3 < H_2O < HF$$

CAPÍTULO 10   Reações de substituição de haletos de alquila   **365**

Conseqüentemente, as bases conjugadas têm a seguinte força relativa da base e nucleofilicidade:

forças relativas da base e nucleofilicidades relativas

base mais forte → melhor nucleófilo

$^-NH_2 > HO^- > F^-$

Observe que o ânion amideto é a base mais forte, assim como o melhor nucleófilo.

Quando comparamos as moléculas *com átomos que atacam, cujo tamanho é muito diferente*, outro fator entra em jogo — a polarizabilidade do átomo. Como em um átomo grande os elétrons estão afastados, eles não são mantidos com tanta firmeza e podem, portanto, se movimentar mais livremente em direção a uma carga positiva. Como resultado, os elétrons estão mais disponíveis para se sobrepor a uma distância maior com o orbital do carbono, conforme se vê na Figura 10.5. Isso resulta em grau maior de ligação no estado de transição, tornando-o mais estável. Se a maior polarizabilidade do átomo maior vai compensar para o seu decréscimo de basicidade, isso vai depender sob qual condição a reação é realizada.

◀ **Figura 10.5**
Um íon iodeto é maior e mais polarizável que um íon fluoreto. Portanto, os elétrons ligantes relativamente soltos do íon iodeto podem se sobrepor a uma distância maior com o orbital do carbono que sofre ataque do nucleófilo. Os elétrons ligantes mais unidos do íon fluoreto não podem começar a sobreposição até que os átomos fiquem bem próximos.

Se a reação for realizada em fase gasosa, a relação direta entre basicidade e nucleofilicidade é mantida — as bases fortes ainda são os melhores nucleófilos. Se, no entanto, a reação é realizada em solventes próticos — o que significa moléculas de solvente que têm um hidrogênio ligado a um átomo de oxigênio ou a um átomo de nitrogênio —, a relação entre basicidade e nucleofilicidade se torna invertida. O átomo maior é o melhor nucleófilo apesar de ser a base mais fraca. Portanto, o íon iodeto é o melhor nucleófilo dos íons haleto em solventes próticos.

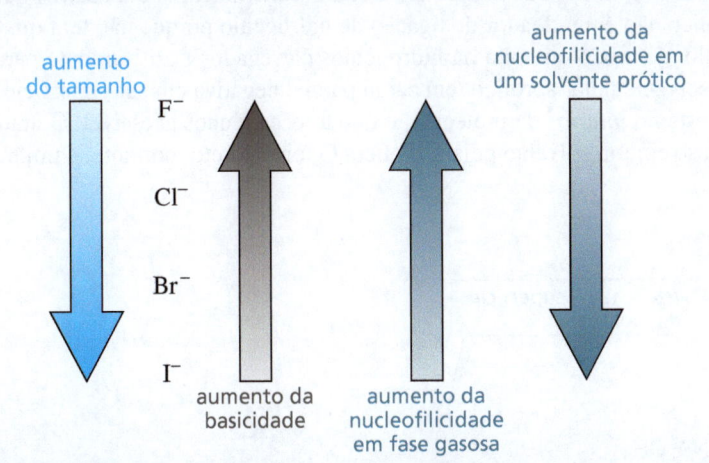

Um solvente prótico contém um hidrogênio ligado a um oxigênio ou a um nitrogênio: ele é um doador de ligação de hidrogênio.

PROBLEMA 4◆

a. Qual é a base mais forte: RO^- ou RS^-?
b. Qual é o melhor nucleófilo em uma solução aquosa?

O efeito do solvente na nucleofilicidade

Por que, em solventes próticos, o átomo menor é o pior nucleófilo apesar de ele ser a base mais forte? *Como um solvente prótico faz bases fortes menos nucleofílicas?* Quando uma espécie carregada negativamente é colocada em um solvente prótico, os íons se tornam solvatados (Seção 2.9). Solventes próticos são doadores de ligação hidrogênio. As moléculas do solvente se arranjam de forma que seus hidrogênios carregados com carga parcial positiva apontam em direção às espécies carregadas negativamente. A interação entre o íon e o dipolo do solvente prótico é chamada **interação íon–dipolo**. Como as moléculas do solvente protegem o nucleófilo, pelo menos uma das interações íon–dipolo precisa ser quebrada antes que o nucleófilo possa participar de uma reação S_N2. Bases fracas interagem fracamente com solventes próticos, enquanto bases fortes interagem mais fortemente, porque compartilham melhor seus elétrons. É mais fácil, portanto, romper interações íon–dipolo entre um íon iodeto (uma base fraca) e um solvente do que entre um íon fluoreto (uma base forte) e o solvente. Como resultado, o íon iodeto é um nucleófilo melhor que um íon fluoreto em um solvente prótico (Tabela 10.2).

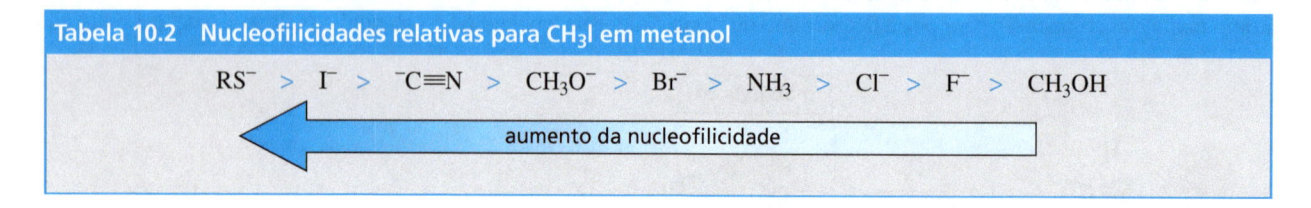

Tabela 10.2 Nucleofilicidades relativas para CH_3I em metanol

$$RS^- > I^- > {}^-C\equiv N > CH_3O^- > Br^- > NH_3 > Cl^- > F^- > CH_3OH$$

← aumento da nucleofilicidade

Um solvente aprótico não contém um hidrogênio ligado tanto a um oxigênio quanto a um nitrogênio; ele não é um doador de ligação de hidrogênio.

interações íon–dipolo entre um nucleófilo e água

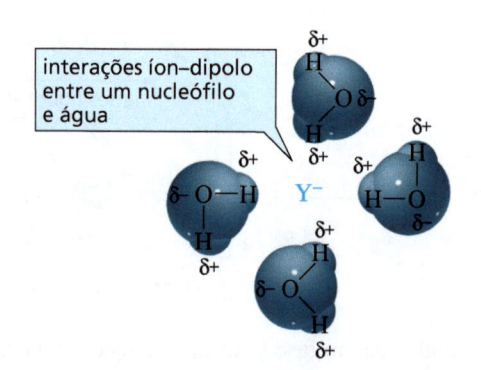

O íon fluoreto seria um nucleófilo melhor em um *solvente apolar* do que em um solvente polar, porque não haveria interações íon–dipolo entre o íon e o solvente apolar. No entanto, as substâncias iônicas são insolúveis na maioria dos solventes apolares, mas podem se dissolver em solventes polares apróticos, como dimetilformamida (DMF) ou dimetilsulfóxido (DMSO). Um solvente polar aprótico não é um doador de ligação de hidrogênio porque não tem um hidrogênio ligado a um oxigênio ou a um nitrogênio, de modo que não há hidrogênios carregados positivamente para formar interações íon–dipolo. As moléculas de um solvente polar aprótico têm carga parcial negativa em sua superfície que solvatam cátions, mas a carga parcial positiva está no *interior* da molécula, o que a torna menos acessível. O ânion relativamente "nu" pode ser um nucleófilo poderoso em um solvente polar aprótico. O íon fluoreto, portanto, é um nucleófilo melhor em DMSO do que em água.

Molecule Gallery:
N,N-dimetilformamida;
dimetilsulfóxido
www

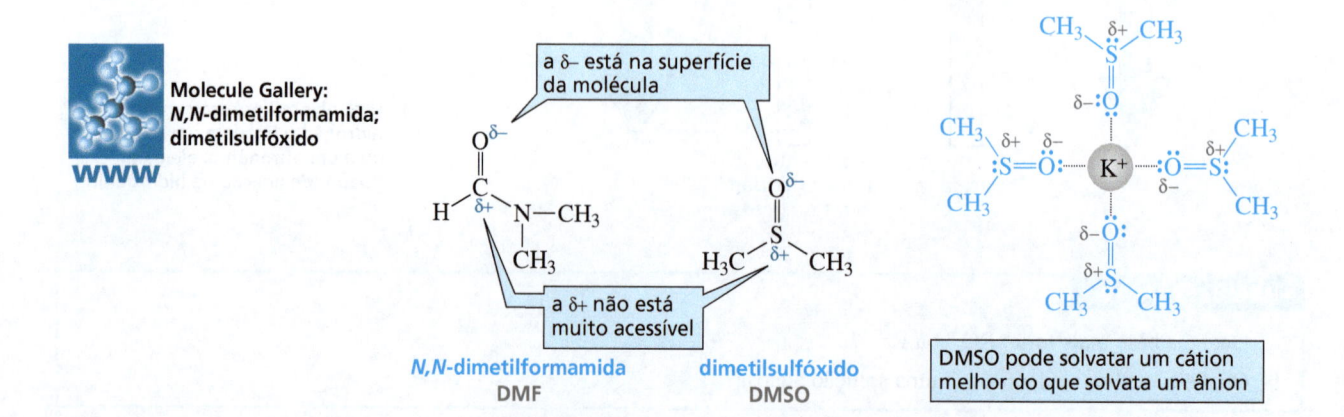

a δ– está na superfície da molécula

a δ+ não está muito acessível

N,N-dimetilformamida
DMF

dimetilsulfóxido
DMSO

DMSO pode solvatar um cátion melhor do que solvata um ânion

CAPÍTULO 10 Reações de substituição de haletos de alquila | **367**

PROBLEMA 5♦

Indique se cada um dos solventes a seguir é prótico ou aprótico:

a. clorofórmio ($CHCl_3$)
b. éter dietílico ($CH_3CH_2OCH_2CH_3$)
c. ácido acético (CH_3COOH)
d. hexano [$(CH_3(CH_2)_4CH_3$]

A nucleofilicidade é afetada por efeitos estéricos

A força de uma base não é relativamente afetada por efeitos estéricos porque uma base remove um próton relativamente não impedido. A força de uma base depende somente de quanto uma base compartilha bem seus elétrons com um próton. Assim, o íon *terc*-butóxido é uma base mais forte do que um íon etóxido, uma vez que o *terc*-butanol ($pK_a = 18$) é um ácido mais forte do que o etanol ($pK_a = 15,9$).

$$CH_3CH_2O^- \qquad\qquad (CH_3)_3CO^-$$

íon etóxido / melhor nucleófilo   íon *terc*-butóxido / base forte

Os efeitos estéricos, por outro lado, afetam a nucleofilicidade. Um nucleófilo volumoso não pode se aproximar pelo lado de trás de um carbono tão facilmente quanto pode um nucleófilo menos impedido estericamente. Assim, o íon *terc*-butóxido, com seus três grupos metila, é um nucleófilo mais pobre do que o íon etóxido, apesar de o íon *terc*-butóxido ser uma base mais forte.

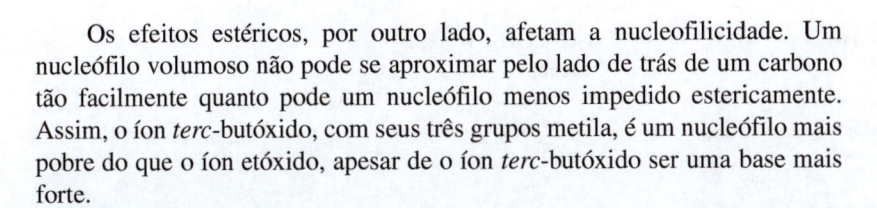

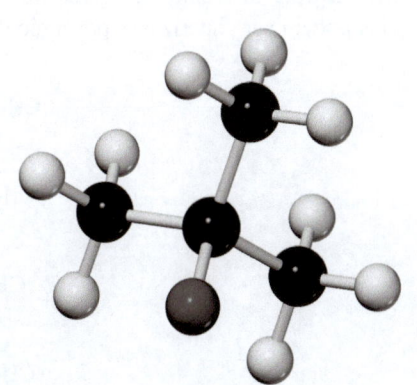

íon etóxido

íon *terc*-butóxido

PROBLEMA 6 | RESOLVIDO

Liste as espécies a seguir em ordem *decrescente* de nucleofilicidade em uma solução aquosa:

$$C_6H_5O^- \quad CH_3OH \quad HO^- \quad CH_3CO_2^- \quad CH_3S^-$$

RESOLUÇÃO Vamos dividir primeiro os nucleófilos em grupos. Temos um nucleófilo com enxofre carregado negativamente, três com oxigênio carregado negativamente e um com oxigênio neutro. Sabemos que, em solvente polar aquoso, aquele com enxofre carregado negativamente é o mais nucleofílico porque o enxofre é maior do que o oxigênio. Também sabemos que o nucleófilo mais pobre é aquele com o átomo de oxigênio neutro. Agora, para completar o problema, precisamos pôr em ordem os nucleófilos com oxigênio carregados negativamente de acordo com os valores dos pK_a de seus ácidos conjugados. Um ácido carboxílico é um ácido mais forte do que o fenol, que é um ácido mais forte do que a água (Seção 7.10). Como a água é um ácido mais fraco, sua base conjugada é a base mais forte e o melhor nucleófilo. Assim, as nucleofilicidades relativas são

$$CH_3S^- > HO^- > C_6H_5O^- > CH_3CO_2^- > CH_3OH$$

PROBLEMA 7◆

Para os pares de reações S_N2 a seguir, indique que reação ocorre mais rápido:

a. $CH_3CH_2Br + H_2O$ ou $CH_3CH_2Br + HO^-$

b. $CH_3CHCH_2Br + HO^-$ ou $CH_3CH_2CHBr + HO^-$
      | |
     CH_3 CH_3

c. $CH_3CH_2Cl + CH_3O^-$ ou $CH_3CH_2Cl + CH_3S^-$
            (em etanol)

d. $CH_3CH_2Cl + I^-$ ou $CH_3CH_2Br + I^-$

10.4 Reversibilidade de uma reação S_N2

Muitos tipos diferentes de nucleófilos podem reagir com haletos de alquila. Portanto, uma enorme variedade de substâncias podem ser sintetizadas por meio de reações S_N2.

$$CH_3CH_2Cl + HO^- \longrightarrow CH_3CH_2OH + Cl^-$$
álcool

$$CH_3CH_2Br + HS^- \longrightarrow CH_3CH_2SH + Br^-$$
tiol

$$CH_3CH_2I + RO^- \longrightarrow CH_3CH_2OR + I^-$$
éter

$$CH_3CH_2Br + RS^- \longrightarrow CH_3CH_2SR + Br^-$$
tioéter

$$CH_3CH_2Cl + {}^-NH_2 \longrightarrow CH_3CH_2NH_2 + Cl^-$$
amina primária

$$CH_3CH_2Br + {}^-C{\equiv}CR \longrightarrow CH_3CH_2C{\equiv}CR + Br^-$$
alcino

$$CH_3CH_2I + {}^-C{\equiv}N \longrightarrow CH_3CH_2C{\equiv}N + I^-$$

É possível que o reverso de cada uma dessas reações pareça poder também ocorrer via substituição nucleofílica. Na primeira reação, por exemplo, o cloreto de etila reage com o íon hidróxido para formar álcool etílico e um íon cloreto. A reação reversa parece satisfazer aos requerimentos para uma reação de substituição nucleofílica, dado que o íon cloreto é um nucleófilo para uma substituição nucleofílica e o álcool etílico tem um grupo de saída HO^-. Mas o álcool etílico e o íon cloreto *não* reagem.

Por que uma reação de substituição nucleofílica ocorre em uma direção, mas não em outra? Podemos responder a essa questão pela comparação da tendência de saída de Cl^- na direção em frente e a tendência de saída de HO^- na direção reversa. Comparar a tendência de saída envolve a comparação de basicidade. Muitas pessoas acham mais fácil comparar a força dos ácidos conjugados (Tabela 10.3), portanto compararemos a força do ácido de HCl e H_2O. O HCl é um ácido muito mais forte do que H_2O, o que significa que Cl^- é uma base mais fraca que HO^-. (Lembre-se: quanto mais forte o ácido, mais fraca é a sua base conjugada.) Como Cl^- é uma base mais fraca, ele é um grupo de saída melhor. Conseqüentemente, HO^- pode deslocar Cl^- na reação em frente, mas Cl^- não pode deslocar HO^- na reação reversa. A reação acontece na direção que permita à base mais forte deslocar a base mais fraca (o melhor grupo de saída).

Uma reação S_N2 ocorre na direção que permite à base mais forte deslocar a base mais fraca.

CAPÍTULO 10 Reações de substituição de haletos de alquila

Tabela 10.3 A acidez dos ácidos conjugados de alguns grupos de saída

Ácido	pK_a	Base conjugada (grupo de saída)
HI	−10,0	I$^-$
HBr	−9,0	Br$^-$
HCl	−7,0	Cl$^-$
H$_2$SO$_4$	−5,0	$^-$OSO$_3$H
CH$_3$OH$_2^+$	−2,5	CH$_3$OH
H$_3$O$^+$	−1,7	H$_2$O
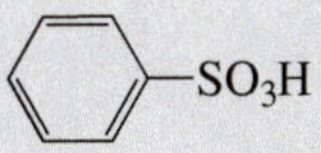 C$_6$H$_5$—SO$_3$H	−0,6	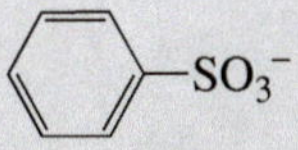 C$_6$H$_5$—SO$_3^-$
HF	3,2	F$^-$
CH$_3$COOH	4,8	CH$_3$CO$_2^-$
H$_2$S	7,0	HS$^-$
HC≡N	9,1	$^-$C≡N
NH$_4^+$	9,4	NH$_3$
CH$_3$CH$_2$SH	10,5	CH$_3$CH$_2$S$^-$
(CH$_3$)$_3$NH$^+$	10,8	(CH$_3$)$_3$N
CH$_3$OH	15,5	CH$_3$O$^-$
H$_2$O	15,7	HO$^-$
HC≡CH	25	HC≡C$^-$
NH$_3$	36	$^-$NH$_2$
H$_2$	~40	H$^-$

Se a diferença de basicidade do nucleófilo e do grupo de saída não for muito grande, a reação será reversível. Por exemplo, na reação do brometo de etila com o íon iodeto, Br$^-$ é o grupo de saída em uma direção e I$^-$ é o grupo de saída na outra direção. A reação é reversível porque os valores de pK_a dos ácidos conjugados dos dois grupos de saída são semelhantes (pK_a do HBr = −9; pK_a do HI = −10; ver Tabela 10.3).

$$CH_3CH_2Br + I^- \rightleftharpoons CH_3CH_2I + Br^-$$

uma reação S$_N$2 é reversível quando a basicidade dos grupos de saída for semelhante

Você pode dirigir uma reação reversível através da direção desejada pela remoção do produto assim que ele for formado. Relembre que as concentrações dos reagentes e dos produtos no equilíbrio são governados pela constante de equilíbrio da reação (Seção 3.7). **O princípio de Le Châtelier** estabelece que *se um equilíbrio for perturbado o sistema se ajustará para compensar o distúrbio*. Em outras palavras, se a concentração do produto C for reduzida, A e B reagirão para formar mais C e D a fim de manter o valor da constante de equilíbrio.

$$A + B \rightleftharpoons C + D$$

$$K_{eq} = \frac{[C][D]}{[A][B]}$$

Se o equilíbrio for perturbado, o sistema se ajustará para compensar o distúrbio.

Por exemplo, a reação do cloreto de etila com metanol é reversível porque a diferença entre as basicidades do nucleófilo e do grupo de saída não é muito grande. Se a reação for realizada em uma solução neutra, o produto protonado perderá um próton (Seção 1.20), perturbando o equilíbrio e guiando a reação para os produtos.

$$CH_3CH_2Cl + CH_3OH \rightleftharpoons CH_3CH_2\overset{+}{O}CH_3 \xrightarrow{\text{rápido}} CH_3CH_2OCH_3 + H^+$$
$$\underset{H + Cl^-}{}$$

Henri Louis Le Châtelier (1850–1936) *nasceu na França. Estudou engenharia de mineração e se interessou particularmente em aprender como impedir explosões. Seu interesse em segurança de minas é compreensível, considerando que seu pai foi inspetor-general de minas na França. A pesquisa de Le Châtelier na prevenção de explosões o levou a estudar o calor e a sua medida, enfocando seu interesse em termodinâmica.*

PROBLEMA 8   RESOLVIDO

Que produto é obtido quando etilamina reage com excesso de iodeto de metila em uma solução de carbonato de potássio?

$$CH_3CH_2\ddot{N}H_2 + \underset{\text{excesso}}{CH_3-I} \xrightarrow{K_2CO_3} ?$$

RESOLUÇÃO O iodeto de metila e a etilamina sofrem uma reação S_N2. O produto de reação é uma amina secundária, que está predominantemente em sua forma básica (neutra) porque o meio em que a reação é realizada é uma solução básica. A amina secundária pode sofrer uma reação S_N2 com outro equivalente de iodeto de metila, formando uma amina terciária. A amina terciária pode reagir ainda com iodeto de metila em outra reação S_N2. O produto final de reação é um iodeto quaternário de amônio.

$$CH_3CH_2\ddot{N}H_2 + CH_3-I \longrightarrow CH_3CH_2\overset{+}{N}H_2CH_3 \ I^- \xrightleftharpoons{K_2CO_3} CH_3CH_2NHCH_3$$
$$\downarrow CH_3-I$$
$$\underset{CH_3 \ I^-}{\overset{CH_3}{\underset{|}{CH_3CH_2\overset{+}{N}CH_3}}} \xleftarrow{CH_3-I} CH_3CH_2\ddot{N}CH_3 \ \ \underset{CH_3}{} \xrightleftharpoons{K_2CO_3} \underset{CH_3 \ I^-}{CH_3CH_2\overset{+}{N}HCH_3}$$

PROBLEMA 9

a. Explique por que a reação de um haleto de alquila com amônia fornece baixo rendimento de amina primária.

b. Explique por que um rendimento muito melhor de amina primária é obtido de uma reação de um haleto de alquila com o íon azida ($^-N_3$), seguido de hidrogenação catalítica. (*Dica*: a azida de alquila não é nucleofílica.)

$$CH_3CH_2CH_2Br \xrightarrow{^-N_3} \underset{\text{azida de alquila}}{CH_3CH_2CH_2N=\overset{+}{N}=N^-} \xrightarrow[Pt]{H_2} CH_3CH_2CH_2NH_2 + N_2$$

PROBLEMA 10

Usando os valores de pK_a listados na Tabela 10.3, certifique-se de que cada uma das reações da página 369 ocorrem na direção mostrada.

PROBLEMA 11◆

Qual é o produto de reação do brometo de etila com cada um dos nucleófilos a seguir?

a. CH_3OH b. $^-N_3$ c. $(CH_3)_3N$ d. $CH_3CH_2S^-$

CAPÍTULO 10 Reações de substituição de haletos de alquila

PROBLEMA 12

A reação de um cloreto de alquila com iodeto de potássio é geralmente realizada em acetona para maximizar a quantidade de iodeto de alquila que é formada. Por que o solvente aumenta o rendimento do iodeto de alquila? (*Dica*: o iodeto de potássio é solúvel em acetona, mas o cloreto de potássio não.)

Por que carbono no lugar de silício?

Há duas razões pelas quais os organismos vivos são compostos primeiro de carbono, oxigênio, hidrogênio e nitrogênio: a *forma* desses elementos para modelos específicos em processos vivos e sua *disponibilidade* no meio ambiente. Das duas razões, a forma é provavelmente mais importante que a disponibilidade, porque carbono no lugar de silício se tornou o bloco principal de organismos vivos, apesar de o silício estar logo abaixo do carbono na tabela periódica e, como a tabela a seguir mostra, é mais que 140 vezes mais abundante que o carbono na crosta terrestre.

Por que o hidrogênio, o carbono, o oxigênio e o nitrogênio se enquadram tão bem nos papéis que representam nos organismos vivos? Primeiro e mais importante, eles estão entre os menores átomos que formam ligações covalentes, e o carbono, o oxigênio e o nitrogênio também podem formar ligações múltiplas. Como os átomos são pequenos e podem formar ligações múltiplas, formam ligações fortes que aumentam a estabilidade das moléculas. As substâncias que compõem organismos vivos precisam ser estáveis e, portanto, pequenas para reagir se for para a sobrevivência dos organismos.

O silício tem quase duas vezes o diâmetro do carbono, portanto o silício forma ligações maiores e mais fracas. Em conseqüência, uma reação S_N2 no silício ocorreria mais rapidamente do que uma reação S_N2 no carbono. Além disso, o silício tem um outro problema. O produto final do metabolismo do carbono é CO_2. O produto análogo do metabolismo do silício seria SiO_2. Como o silício está somente ligado ao oxigênio no SiO_2, moléculas de dióxido de silício polimerizam para formar o quartzo (areia do mar). É difícil imaginar que a vida pudesse existir, e principalmente proliferar, se os animais exalassem areia do mar em vez de CO_2!

Abundância (átomos/100 átomos)

Elemento	Em organismos vivos	Na crosta terrestre
H	49	0,22
C	25	0,19
O	25	47
N	0,3	0,1
Si	0,03	28

10.5 O mecanismo de uma reação S_N1

Com base em nossos conhecimentos das reações S_N2, poderíamos esperar que a reação do brometo de *terc*-butila com água seria relativamente lenta porque a água é um nucleófilo pobre e o brometo de *terc*-butila é impedido estericamente de ser atacado pelo nucleófilo. O resultado, no entanto, é que a reação é surpreendentemente rápida. De fato, chega a ser mais de um milhão de vezes mais rápida que a reação do brometo de metila — uma substância sem impedimento estérico — com água (Tabela 10.4). Não há dúvida de que a reação precisa ocorrer por meio de um mecanismo diferente daquele que ocorre em uma reação S_N2.

$$\underset{\text{brometo de } terc\text{-butila}}{CH_3-\underset{\underset{CH_3}{|}}{\overset{\overset{CH_3}{|}}{C}}-Br} + H_2O \longrightarrow \underset{\text{álcool } terc\text{-butílico}}{CH_3-\underset{\underset{CH_3}{|}}{\overset{\overset{CH_3}{|}}{C}}-OH} + HBr$$

Como vimos, o estudo da cinética da reação é um dos primeiros passos a ser compreendidos quando o mecanismo da reação é investigado. Se fôssemos investigar a cinética da reação do brometo de *terc*-butila com água, observaríamos que se a concentração do haleto de alquila fosse dobrado a velocidade de reação também dobraria. Além disso, observaríamos que, se a concentração do nucleófilo fosse mudada, isso não causaria nenhum efeito na velocidade de reação. Sabendo que a velocidade dessa reação de substituição depende somente da concentração do haleto de alquila, podemos escrever a regra de velocidade a seguir:

$$\text{velocidade} = k[\text{haleto de alquila}]$$

372 QUÍMICA ORGÂNICA

Como a velocidade de reação depende da concentração de apenas um reagente, a reação é uma **reação de primeira ordem**.

A lei da velocidade para a reação do brometo de *terc*-butila com água difere da lei para a reação do brometo de metila com o íon hidróxido (Seção 10.2), assim as duas reações precisam ter mecanismos diferentes. Vimos que a reação entre brometo de metila e o íon hidróxido é uma reação S_N2. A reação entre brometo de *terc*-butila e água é uma **reação S_N1**, onde se entende "S" por substituição, "N" por nucleofílica e "1" por unimolecular. **Unimolecular** significa que apenas uma molécula está envolvida na etapa determinante da velocidade de reação. O mecanismo de uma reação S_N1 é baseado nas seguintes evidências experimentais:

1. A lei de velocidade mostra que a reação depende somente da concentração do haleto de alquila. Isso significa que precisamos observar a reação na qual a etapa determinante da velocidade do estado de transição envolve apenas o haleto de alquila.
2. Quando os grupos metila do brometo de *terc*-butila são sucessivamente trocados por hidrogênios, a velocidade da reação S_N1 diminui progressivamente (Tabela 10.4). Isso é o oposto à ordem de reatividade exibida pelos haletos de alquila em reações S_N2 (Tabela 10.1).
3. A reação de um haleto de alquila em que o halogênio é ligado a um carbono assimétrico forma dois estereoisômeros: um com a mesma configuração relativa no carbono assimétrico como o reagente haleto de alquila e o outro com a configuração invertida.

Tabela 10.4 Velocidades relativas das reações S_N1 para vários brometos de alquila (o solvente é H_2O, o nucleófilo é H_2O)

Brometo de alquila	Classe do brometo de alquila	Velocidade relativa
CH_3 | $CH_3C{-}Br$ | CH_3	terciário	1.200.000
$CH_3CH{-}Br$ | CH_3	secundário	11,6
$CH_3CH_2{-}Br$	primário	1,00*
$CH_3{-}Br$	metil	1,05*

*Apesar de a velocidade de reação S_N1 dessa substância com água ser zero, uma velocidade menor é observada como resultado de uma reação S_N2.

Molecule Gallery: Brometo de *terc*-butila, cátion *terc*-butila; álcool *terc*-butílico protonado; álcool *terc*-butílico

Diferente de uma reação S_N2, onde o grupo de saída parte e o nucleófilo se aproxima *ao mesmo tempo*, o grupo de saída em uma reação S_N1 parte *antes* de o nucleófilo se aproximar. Na primeira etapa de uma reação S_N1 de um haleto de alquila, a ligação carbono–halogênio se rompe heteroliticamente, de modo que o halogênio retém o par de elétrons compartilhados anteriormente, e um intermediário carbocátion é formado. Na segunda etapa o nucleófilo reage rapidamente com o carbocátion para formar um álcool protonado. Se o álcool obtido vai existir na forma protonada (acídica) ou na forma neutra (básica) vai depender do pH da solução. Em pH = 7, o álcool vai existir na forma neutra (Seção 1.20).

mecanismo de uma reação S_N1

$$CH_3{-}\underset{CH_3}{\overset{CH_3}{C}}{-}Br \xrightleftharpoons{lento} CH_3{-}\underset{CH_3}{\overset{CH_3}{C^+}} + Br^- \xrightarrow{H_2\ddot{O}:\;\;rápido} CH_3{-}\underset{CH_3}{\overset{CH_3}{C}}{-}\overset{+}{\ddot{O}}H\;H \xrightleftharpoons{rápido} CH_3{-}\underset{CH_3}{\overset{CH_3}{C}}{-}\ddot{O}H + H_3O^+$$

- a ligação C—Br quebra heteroliticamente
- o nucleófilo ataca o carbocátion
- transferência de próton

Como a velocidade de uma reação S_N1 depende somente da concentração do haleto de alquila, a primeira etapa precisa ser a mais lenta e determinante no que diz respeito à velocidade de reação. O nucleófilo, portanto, não está envolvido na etapa determinante da velocidade de reação, portanto sua concentração não tem efeito na velocidade de reação. Se observar o diagrama da coordenada de reação na Figura 10.6, você compreenderá por que, se a velocidade da segunda etapa for aumentada, isso não vai fazer com que uma reação S_N1 seja mais rápida.

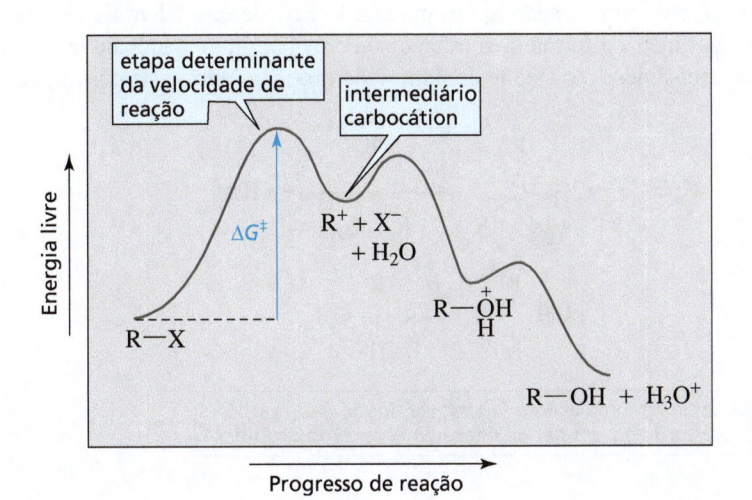

Figura 10.6
Diagrama da coordenada de reação para uma reação S_N1.

Como o mecanismo de uma reação S_N1 conta para as três questões da evidência experimental? Primeiro, como o haleto de alquila é a única espécie que participa da etapa determinante da velocidade de reação, o mecanismo está de acordo com a observação de que a velocidade de reação depende da concentração do haleto de alquila, e não depende da concentração do nucleófilo.

Segundo, o mecanismo mostra que um carbocátion é formado na etapa determinante da velocidade de reação S_N1. Sabemos que carbocátions terciários são mais estáveis, portanto mais fáceis de se formarem do que carbocátions secundários, que, em decorrência, são mais estáveis e fáceis de se formarem do que um carbocátion primário (Seção 4.2). Haletos de alquila terciários são, portanto, mais reativos do que haletos de alquila secundários, que são mais reativos do que haletos de alquila primários em uma reação S_N1. Essa ordem relativa de reatividade concorda com a observação de que a velocidade de uma reação S_N1 diminui quando os grupos metila do brometo de *terc*-butila são sucessivamente trocados por hidrogênios (Tabela 10.4).

reatividades relativas de haletos de alquila em uma reação S_N1

mais reativo > haleto de alquila 3º > haleto de alquila 2º > haleto de alquila 1º < menos reativo

De fato, carbocátions primários e cátions metila são tão instáveis que haletos de alquila primários e haletos de metila não sofrem reações S_N1. (As reações muito lentas descritas para brometo de etila e brometo de metila na Tabela 10.4 são na realidade reações S_N2.)

Haletos de alquila primários e haletos de metila não podem sofrer reações S_N1.

O carbono carregado positivamente do carbocátion intermediário é hibridizado em sp^2, e as três ligações conectadas ao carbono hibridizado em sp^2 estão no mesmo plano. Na segunda etapa de reação S_N1, o nucleófilo pode se aproximar do carbocátion acima ou abaixo do plano.

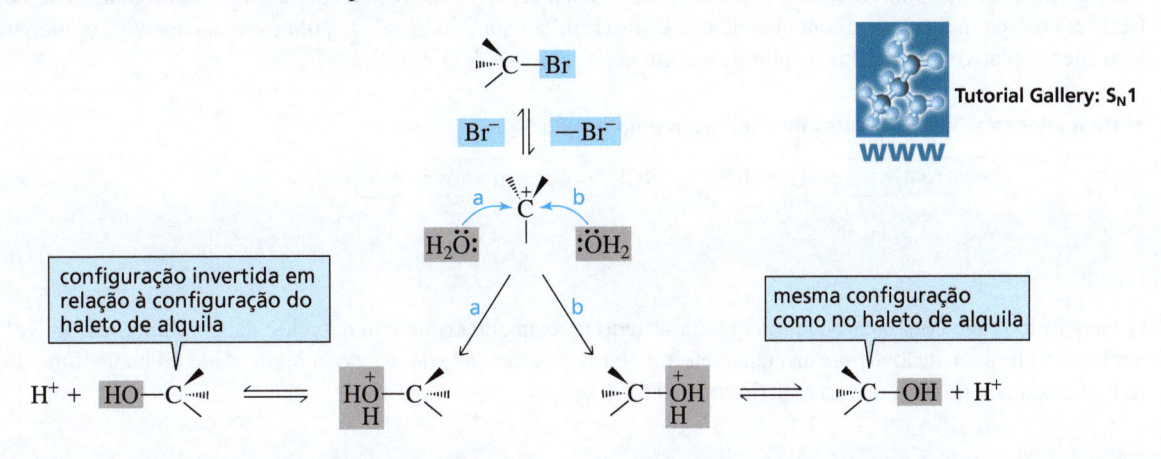

Tutorial Gallery: S_N1

Se o nucleófilo ataca o lado do carbono do qual o grupo de saída partiu, o produto terá a mesma configuração relativa como aquele do reagente haleto de alquila. Se, no entanto, o nucleófilo atacar o lado oposto do carbono, o produto terá a configuração invertida em relação à configuração do haleto de alquila. Podemos entender agora a terceira questão da evidência experimental para o mecanismo de uma reação S_N1: uma reação S_N1 de um haleto de alquila em que o grupo de saída está ligado a um carbono assimétrico forma dois estereoisômeros porque o ataque do nucleófilo de um lado do carbocátion planar forma um estereoisômero e o ataque do outro lado produz o outro estereoisômero.

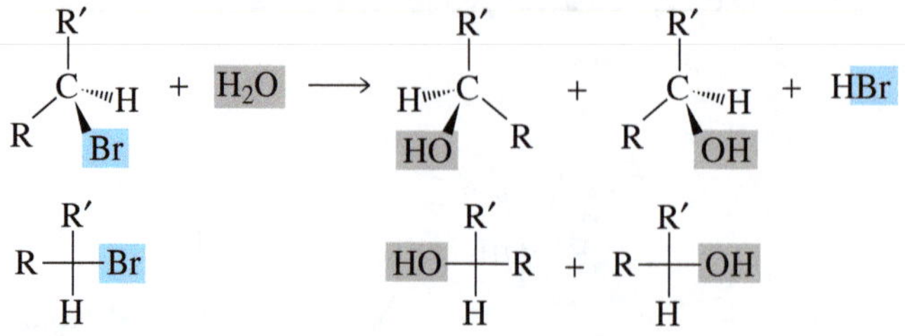

se o grupo de saída em uma reação S_N1 estiver ligado a um carbono assimétrico, será formado um par de enantiômeros como produto

PROBLEMA 13◆

Ponha os brometos de alquila a seguir em ordem decrescente de reatividade em uma reação S_N1: brometo de isopropila, brometo de propila, brometo de *terc*-butila, brometo de metila.

PROBLEMA 14

Por que as velocidades das reações do brometo de etila e do brometo de metila observadas na Tabela 10.4 são tão lentas?

10.6 Fatores que afetam reações S_N1

Grupo de saída

Como a etapa determinante da velocidade de uma reação S_N1 é a dissociação do haleto de alquila para formar um carbocátion, dois fatores afetam a velocidade de uma reação S_N1: a facilidade com que um grupo de saída se dissocia do carbono e a estabilidade do carbocátion que é formado. Na seção anterior, vimos que haletos de alquila terciários são mais reativos do que haletos de alquila secundários, que são mais reativos do que haletos de alquila primários. Isso acontece porque quanto mais substituído o carbocátion for, mais estável ele também será e, portanto, mais fácil de se formar. Mas como classificar a reatividade relativa de haletos de alquila secundários com diferentes grupos de saída que se dissociam para formar o mesmo carbocátion? Como no caso de uma reação S_N2, há uma relação direta entre a basicidade e a habilidade de saída na reação S_N1: quanto mais fraca a base, menos fortemente ela vai estar ligada ao carbono e mais fácil será romper a ligação carbono–halogênio. Como resultado, um iodeto de alquila é o mais reativo e o fluoreto de alquila, o menos reativo dos haletos de alquila em ambas as reações, S_N1 e S_N2.

reatividades relativas de haletos de alquila em uma reação S_N1

mais reativo > RI > RBr > RCl > RF < menos reativo

Nucleófilo

O nucleófilo reage com o carbocátion que é formado na etapa determinante da velocidade de uma reação S_N1. Como o nucleófilo entra em ação *depois* da etapa determinante da velocidade de reação, a reatividade do nucleófilo não tem efeito na velocidade de uma reação S_N1 (Figura 10.6).

CAPÍTULO 10 Reações de substituição de haletos de alquila

Na maioria das reações S_N1, o solvente é o nucleófilo. Por exemplo, as velocidades relativas observadas na Tabela 10.4 são para reações de haletos de alquila com água em água. A água funciona tanto como nucleófilo quanto como solvente. Reações com um solvente são chamadas **solvólise**. Assim, cada velocidade na Tabela 10.4 é para a solvólise do haleto de alquila indicado em água.

Rearranjos de carbocátion

Em uma reação S_N1, é formado um carbocátion intermediário. Na Seção 4.6, vimos que um carbocátion será rearranjado se se tornar mais estável no processo. Se o carbocátion formado em uma reação S_N1 pode se rearranjar, reações S_N1 e S_N2 do mesmo haleto de alquila podem produzir isômeros constitucionais diferentes como produtos, desde que um carbocátion não seja formado em uma reação S_N2 e, portanto, o esqueleto de carbono não pode se rearranjar. Por exemplo, o produto que se obtém quando OH é substituído por Br do 2-bromo-3-metilbutano por uma reação S_N1 é diferente do produto obtido por uma reação S_N2. Quando a reação ocorre sob condições que favorecem uma reação S_N1, o carbocátion formado inicialmente sofre um rearranjo 1,2 de hidreto para formar um carbocátion terciário mais estável.

> Quando uma reação forma um intermediário carbocátion, observe sempre a possibilidade de um rearranjo de carbocátion.

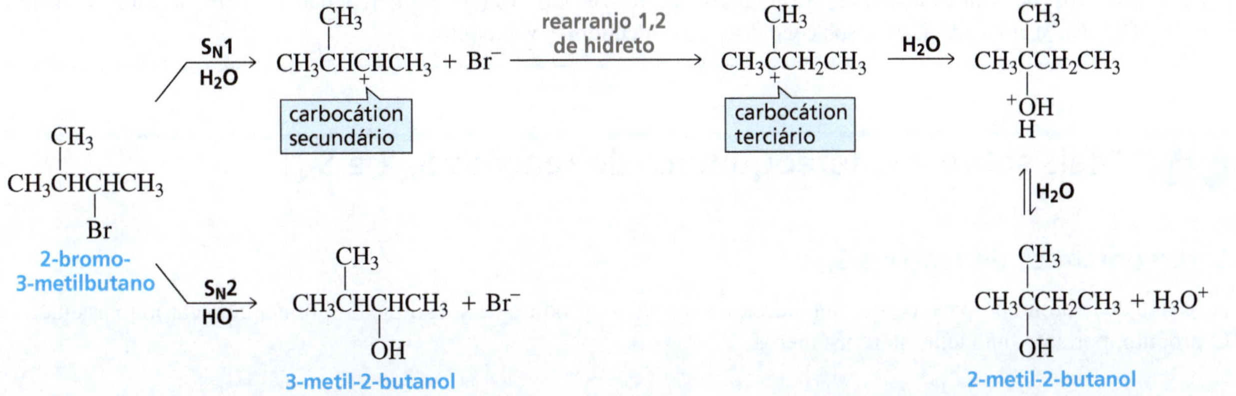

O produto obtido da reação do 3-bromo-2,2-dimetilbutano com um nucleófilo também depende das condições em que a reação é realizada. O carbocátion formado sob condições que favorecem uma reação S_N1 vai sofrer rearranjo 1,2 de metila. Como um carbocátion não é formado sob condições que favoreçam uma reação S_N2, o esqueleto de carbono não se rearranja. Nas seções 10.9 e 10.10, veremos que é possível exercitar certo controle de quando uma reação S_N1 ou S_N2 vai ocorrer pela seleção das condições reacionais apropriadas.

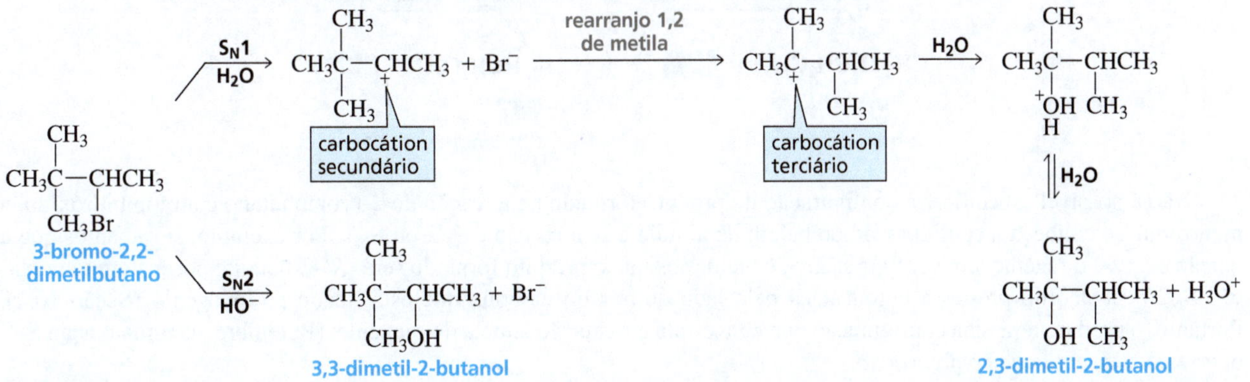

PROBLEMA 15◆

Classifique os haletos de alquila em ordem decrescente de reatividade em uma reação S_N1: 2-bromopentano, 2-cloropentano, 1-cloropentano, 3-bromo-3-metilpentano.

PROBLEMA 16◆

Qual dos haletos de alquila a seguir formam um produto de substituição em uma reação S_N1 que é diferente do produto de substituição em uma reação S_N2?

a. 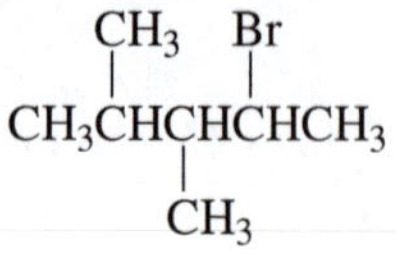 $CH_3CHCHCHCH_3$ com CH_3, Br e CH_3

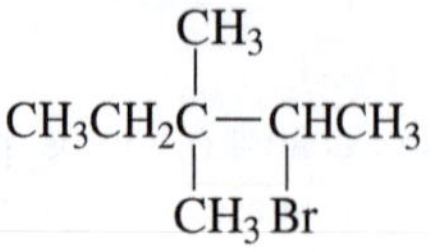

c. $CH_3CH_2C-CHCH_3$ com CH_3, CH_3 e Br

e. ciclohexil-CH_2Br

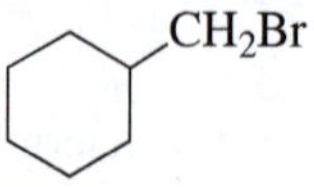

b. 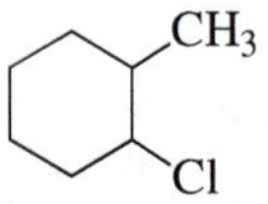 ciclohexano com CH_3 e Cl

d. 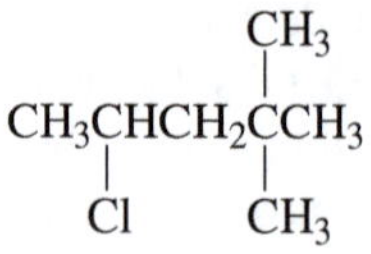 $CH_3CHCH_2CCH_3$ com CH_3, Cl e CH_3

f. 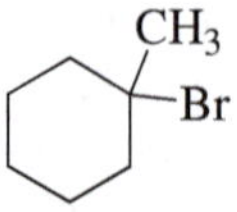 ciclohexano com CH_3 e Br

PROBLEMA 17

Dois produtos de substituição são resultantes da reação do 3-cloro-3-metil-1-buteno com acetato de sódio ($CH_3COO^-Na^+$) em ácido acético sob condições S_N1. Identifique os produtos.

10.7 Mais sobre a estereoquímica de reações S_N2 e S_N1

Estereoquímica de reações S_N2

A reação do 2-bromopropano com o íon hidróxido forma um produto de substituição sem nenhum carbono assimétrico. O produto, portanto, não tem estereoisômeros.

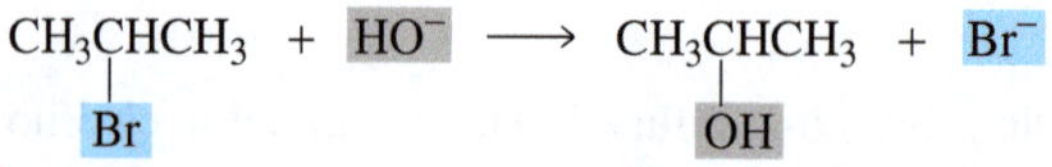

$$CH_3CHCH_3 + HO^- \longrightarrow CH_3CHCH_3 + Br^-$$
$$\quad\;\; Br \qquad\qquad\qquad\qquad OH$$
2-bromopropano → 2-propanol

A reação do 2-bromobutano com o íon hidróxido forma um produto de substituição com um carbono assimétrico. O produto, portanto, pode existir como enantiômeros.

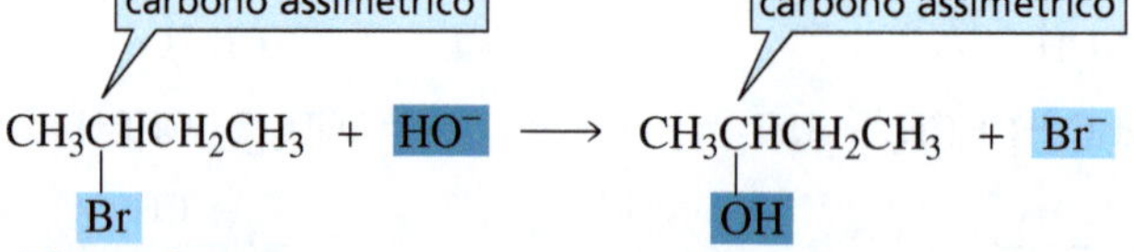

$$CH_3CHCH_2CH_3 + HO^- \longrightarrow CH_3CHCH_2CH_3 + Br^-$$
$$\qquad Br \qquad\qquad\qquad\qquad\qquad OH$$
carbono assimétrico — 2-bromobutano → carbono assimétrico — 2-butanol

Não é possível especificar a configuração do produto formado pela reação do 2-bromobutano com íon hidróxido, a menos que se conheça a configuração do haleto de alquila e se a reação é S_N2 ou S_N1. Por exemplo, se sabemos que a reação é S_N2 e o regente tem configuração S, concluímos que o produto formado será (R)-2-butanol porque em uma reação S_N2 o nucleófilo prestes a entrar ataca pelo lado de trás do carbono que está ligado ao halogênio (Seção 10.2). Portanto, o produto terá uma configuração que é invertida em relação àquela do reagente. (Relembre que uma reação S_N2 ocorre com *inversão de configuração*.)

Uma reação S_N2 ocorre com inversão de configuração.

(S)-2-bromobutano + HO^- →(condições S_N2) (R)-2-butanol + Br^-

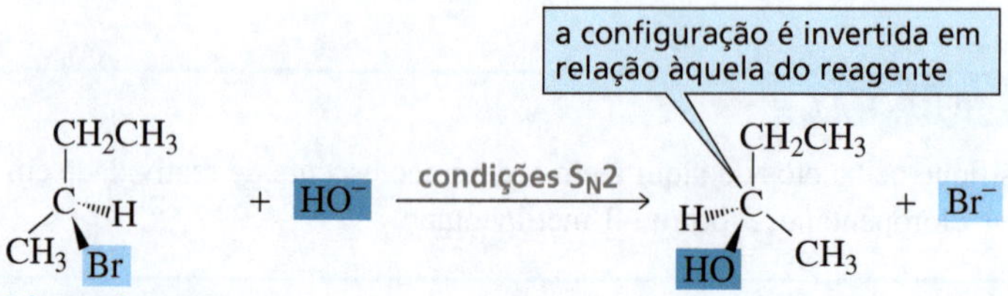

a configuração é invertida em relação àquela do reagente

Estereoquímica de reações S_N1

Em comparação com uma reação S_N2, a reação S_N1 do (S)-2-bromobutano forma dois produtos de substituição — um com a mesma configuração em relação ao reagente e o outro com a configuração invertida. Em uma reação S_N1, o grupo de saída parte antes do ataque do nucleófilo. Isso significa que o nucleófilo está livre para atacar qualquer lado do carbocátion planar. Se ele ataca o lado de onde o íon brometo saiu, o produto terá a mesma configuração relativa como no reagente. Se ele ataca o lado oposto, o produto terá a configuração invertida.

Uma reação S_N1 ocorre com racemização.

Embora talvez você espere que quantidades iguais de ambos os produtos deveriam ser formadas em uma reação S_N1, uma quantidade maior com a configuração invertida é obtida na maioria dos casos. Normalmente, de 50% a 70% do produto de uma reação S_N1 é o produto invertido. Se a reação leva a quantidades iguais dos dois estereoisômeros, considera-se que a reação ocorre com **racemização completa**. Quando mais de um dos produtos é formado, considera-se que a reação ocorre com **racemização parcial**.

Saul Winstein foi o primeiro a explicar por que produtos invertidos extras geralmente são formados em uma reação S_N1. Ele postulou que a dissociação do haleto de alquila inicialmente resulta na formação de um **par iônico íntimo**. Em um par iônico íntimo, a ligação entre o carbono e o grupo de saída rompeu, mas o cátion e o ânion continuam próximos um do outro. Essa espécie forma depois um *par iônico separado pelo solvente* — um par iônico em que uma ou mais moléculas de solvente ficaram entre o cátion e o ânion. A separação posterior entre os dois resulta em íons dissociados.

O nucleófilo pode atacar qualquer uma dessas espécies. Se o nucleófilo atacar somente o carbocátion completamente dissociado, o produto será completamente racemizado. Se o nucleófilo atacar o carbocátion do par iônico íntimo ou o par iônico separado pelo solvente, o grupo de saída estará em posição para bloquear parcialmente a aproximação do nucleófilo por aquele lado do carbocátion e será obtido mais do produto com configuração invertida. (Observe que, se o nucleófilo atacar a molécula não dissociada, a reação será uma reação S_N2 e todo o produto terá configuração invertida.)

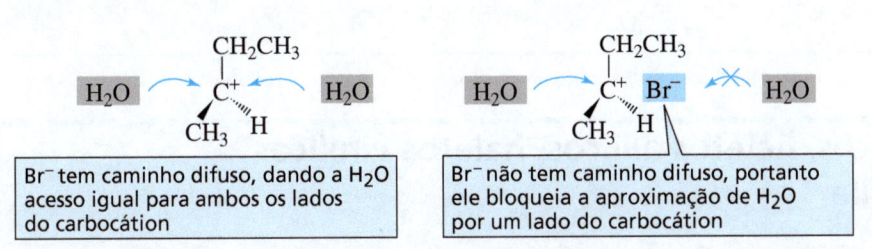

Saul Winstein (1912–1969) *nasceu em Montreal, no Canadá. Tornou-se PhD pelo Instituto de Tecnologia da Califórnia e lecionou química na Universidade da Califórnia, em Los Angeles, de 1942 até sua morte.*

A diferença entre os produtos obtidos para uma reação S_N1 e para uma reação S_N2 é um pouco mais fácil de visualizar no caso de substâncias cíclicas. Por exemplo, quando cis-1-bromo-4-metilciclo-hexano sofre uma reação S_N2, apenas o produto trans é obtido, porque o carbono ligado ao grupo de saída é atacado pelo nucleófilo apenas em seu lado de trás.

378 QUÍMICA ORGÂNICA

cis-1-bromo-4-metilciclo-hexano + HO⁻ →(condições S$_N$2) *trans*-4-metilciclo-hexanol + Br⁻

Animation Gallery:
Inversão S$_N$1;
retenção S$_N$1
www

No entanto, quando o *cis*-1-bromo-4-metilciclo-hexano sofre uma reação S$_N$1, ambos os produtos, cis e trans, são formados porque o nucleófilo pode se aproximar do carbocátion intermediário por qualquer lado.

cis-1-bromo-4-metilciclo-hexano + H$_2$O →(condições S$_N$1) *trans*-4-metilciclo-hexanol + *cis*-4-metilciclo-hexanol + HBr

PROBLEMA 18◆

Se os produtos da reação anterior não forem obtidos em quantidades iguais, qual estereoisômero será obtido em excesso?

PROBLEMA 19

Dê os produtos que serão obtidos das seguintes reações se

a. a reação for realizada sob condições que favorecem uma reação S$_N$2
b. a reação for realizada sob condições que favorecem uma reação S$_N$1

  1. *trans*-1-bromo-4-metilciclo-hexano + metóxido de sódio/metanol
  2. *cis*-1-cloro-3-metilciclobutano + hidróxido de sódio/água

PROBLEMA 20◆

Qual das seguintes reações ocorrerá mais rápido se a concentração do nucleófilo for aumentada?

a. (ciclo-hexil)CH(Br)(H) + CH$_3$O⁻ → (ciclo-hexil)CH(OCH$_3$)(H) + Br⁻

b. CH$_3$CH$_2$CH$_2$CH$_2$CH$_2$Br + CH$_3$S⁻ → CH$_3$CH$_2$CH$_2$CH$_2$CH$_2$SCH$_3$ + Br⁻

c. (1-bromo-1-metilciclo-hexano) + CH$_3$CO$_2$⁻ → (1-acetoxi-1-metilciclo-hexano) + Br⁻

10.8 Haletos benzílicos, haletos alílicos, haletos vinílicos e haletos de arila

Nossa discussão a respeito de reações de substituição, até agora, foi limitada a haletos de metila e a haletos de alquila primários, secundários e terciários. Mas e os haletos benzílicos, alílicos, vinílicos e de arila? Vamos considerar primeiro haletos benzílicos e alílicos. Haletos benzílicos e alílicos sofrem reações S$_N$2 rapidamente, a menos que sejam terciários. Haletos benzílicos terciários e haletos alílicos terciários, como qualquer outro haleto terciário, não reagem em reações S$_N$2 por causa do impedimento estérico.

$$\text{C}_6\text{H}_5\text{—CH}_2\text{Cl} + \text{CH}_3\text{O}^- \xrightarrow{\text{condições S}_\text{N}2} \text{C}_6\text{H}_5\text{—CH}_2\text{OCH}_3 + \text{Cl}^-$$
cloreto de benzila   éter benzilmetílico

$$\text{CH}_3\text{CH}=\text{CHCH}_2\text{Br} + \text{HO}^- \xrightarrow{\text{condições S}_\text{N}2} \text{CH}_3\text{CH}=\text{CHCH}_2\text{OH} + \text{Br}^-$$
1-bromo-2-buteno   2-buten-1-ol
haleto alílico

Haletos benzílicos e alílicos sofrem reações S_N1 rapidamente porque formam carbocátions relativamente estáveis. Já haletos de alquila primários (como CH_3CH_2Br e $CH_3CH_2CH_2Br$) não podem sofrer reações S_N1 porque seus carbocátions são muito instáveis; haletos benzílicos e alílicos primários sofrem reações S_N1 rapidamente porque seus carbocátions são estabilizados pela deslocalização de elétrons (Seção 7.7).

Haletos benzílicos e alílicos sofrem reações S_N1 e S_N2.

$$\text{C}_6\text{H}_5\text{—CH}_2\text{Cl} \xrightleftharpoons{S_N1} \text{C}_6\text{H}_5\text{—}\overset{+}{\text{CH}}_2 + \text{Cl}^- \xrightarrow{\text{CH}_3\text{OH}} \text{C}_6\text{H}_5\text{—CH}_2\text{OCH}_3 + \text{H}^+$$

$$\text{CH}_2=\text{CHCH}_2\text{Br} \xrightleftharpoons{S_N1} \text{CH}_2=\text{CH}\overset{+}{\text{CH}}_2 \longleftrightarrow \overset{+}{\text{CH}}_2\text{CH}=\text{CH}_2 + \text{Br}^- \xrightarrow{\text{H}_2\text{O}} \text{CH}_2=\text{CHCH}_2\text{OH} + \text{H}^+$$

Se os contribuintes de ressonância dos carbocátions alílicos têm grupos diferentes ligados em seus carbonos sp^2, dois produtos de substituição serão obtidos.

Molecule Gallery: Cátion benzila

$$\text{CH}_3\text{CH}=\text{CHCH}_2\text{Br} \xrightleftharpoons{S_N1} \text{CH}_3\text{CH}=\text{CH}\overset{+}{\text{CH}}_2 \longleftrightarrow \text{CH}_3\overset{+}{\text{CH}}\text{CH}=\text{CH}_2 + \text{Br}^-$$

$$\downarrow \text{H}_2\text{O} \qquad\qquad \downarrow \text{H}_2\text{O}$$

$$\text{CH}_3\text{CH}=\text{CHCH}_2\text{OH} \qquad \text{CH}_3\text{CHCH}=\text{CH}_2$$
$$+ \text{H}^+ \qquad\qquad\qquad \text{OH} + \text{H}^+$$

Molecule Gallery: Cátion alila

Haletos vinílicos e haletos de arila não sofrem reações S_N2 ou S_N1. Eles não sofrem reações S_N2 porque, como o nucleófilo se aproxima pelo lado de trás do carbono sp^2, é repelido pela nuvem de elétrons π da ligação dupla ou do anel aromático.

Haletos vinílicos e de arila não sofrem reação S_N1 nem reação S_N2.

um nucleófilo é repelido pela nuvem de elétrons π

haleto vinílico   haleto de arila

Há duas razões pelas quais os haletos vinílicos e de arila não sofrem reações S_N1. Primeiro, os cátions vinila e arila são mais instáveis do que carbocátions primários (Seção 10.5) porque a carga positiva está em um carbono sp. Visto que carbonos sp são mais eletronegativos do que carbonos sp^2 que carregam a carga positiva do carbocátion alquila, carbonos sp são mais resistentes a se tornarem carregados positivamente. Segundo, vimos que carbonos sp^2 formam ligações mais fortes do que carbonos sp^3 (Seção 1.14). Como resultado, é mais difícil romper uma ligação carbono–halogênio quando um halogênio está ligado a um carbono sp^2.

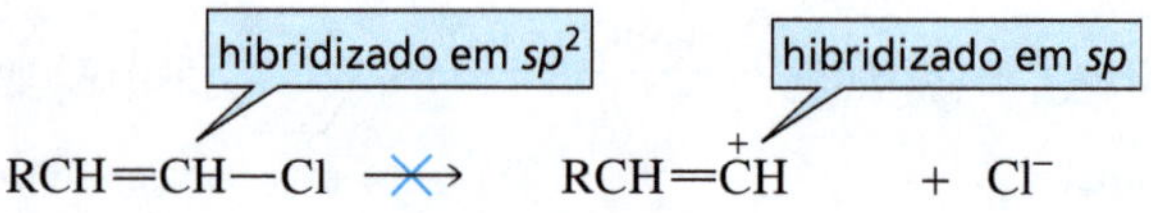

$$\text{RCH}=\text{CH}-\text{Cl} \xrightarrow{\times} \text{RCH}=\overset{+}{\text{CH}} + \text{Cl}^-$$

hibridizado em sp^2 | hibridizado em sp

cátion vinílico
muito instável para ser formado

$$\text{C}_6\text{H}_5-\text{Br} \xrightarrow{\times} \text{C}_6\text{H}_5^+ + \text{Br}^-$$

hibridizado em sp^2 | hibridizado em sp

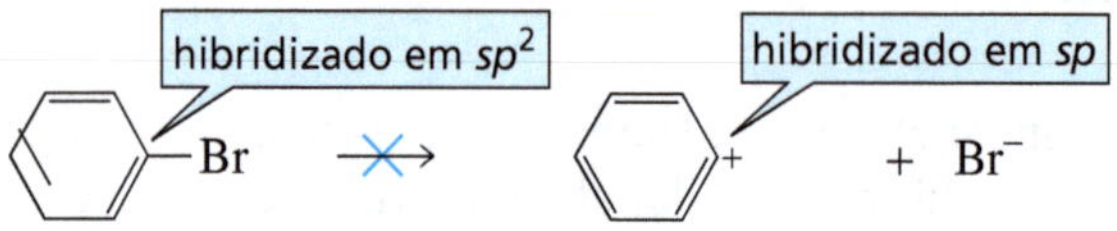

cátion arila
muito instável para ser formado

PROBLEMA — ESTRATÉGIA PARA RESOLUÇÃO

Qual haleto de alquila você esperaria ser o mais reativo em uma reação de solvólise S_N1?

$$\text{CH}_3\ddot{\text{O}}-\text{CH}=\text{CH}-\text{CH}_2\text{Br} \quad \text{ou} \quad \text{CH}_2=\overset{\overset{:\ddot{\text{O}}\text{CH}_3}{|}}{\text{C}}-\text{CH}_2\text{Br}$$

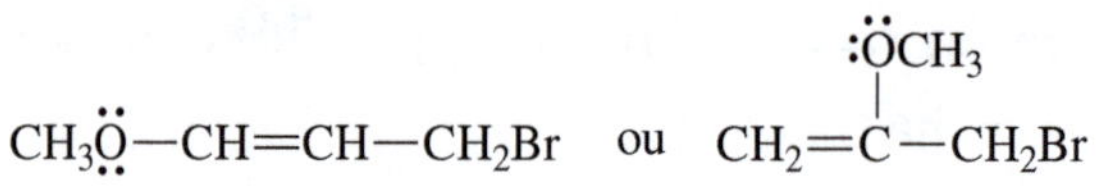

Quando for pedido para determinar as reatividades relativas de duas substâncias, precisamos comparar os valores de $\Delta G^{\ddagger}$ de suas etapas determinantes da velocidade. A substância reagente mais rápida será aquela com a menor diferença entre sua energia livre e a energia livre de sua etapa determinante da velocidade do estado de transição; ou seja, a substância que reage mais rápido terá o *menor* valor de $\Delta G^{\ddagger}$. Ambos os haletos de alquila têm aproximadamente a mesma estabilidade, assim a diferença na velocidade de reação de cada um será devida à estabilidade dos estados de transição de suas etapas determinantes da velocidade. A etapa determinante da velocidade de reação é a formação do carbocátion, portanto a substância que formar o carbocátion mais estável será aquela que apresenta a velocidade mais rápida de solvólise. A substância da esquerda forma o carbocátion mais estável; ela tem três contribuintes de ressonância, enquanto o outro carbocátion tem apenas duas.

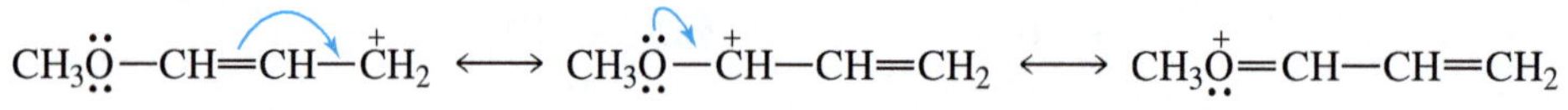

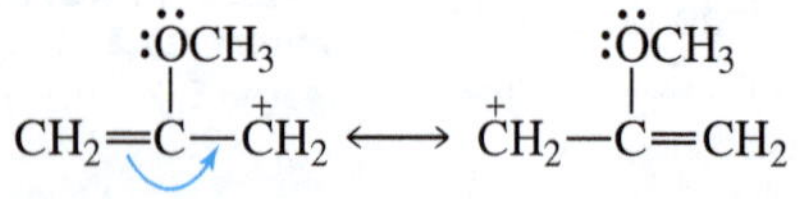

$$\text{CH}_3\ddot{\text{O}}-\text{CH}=\text{CH}-\overset{+}{\text{CH}}_2 \longleftrightarrow \text{CH}_3\ddot{\text{O}}-\overset{+}{\text{CH}}-\text{CH}=\text{CH}_2 \longleftrightarrow \text{CH}_3\overset{+}{\ddot{\text{O}}}=\text{CH}-\text{CH}=\text{CH}_2$$

$$\text{CH}_2=\overset{\overset{:\ddot{\text{O}}\text{CH}_3}{|}}{\text{C}}-\overset{+}{\text{C}}\text{H}_2 \longleftrightarrow \overset{+}{\text{C}}\text{H}_2-\overset{\overset{:\ddot{\text{O}}\text{CH}_3}{|}}{\text{C}}=\text{CH}_2$$

Agora resolva os problemas 21 a 23.

PROBLEMA 21◆

Qual haleto de alquila você esperaria ser mais reativo em uma reação de solvólise S_N1?

$$\begin{array}{c} \text{H} \quad \text{CH}_2\text{CH}_3 \\ \diagdown \quad \diagup \\ \text{C}=\text{C} \\ \diagup \quad \diagdown \\ \text{CH}_3\text{CHCH}_2 \quad \text{H} \\ | \\ \text{Br} \end{array} \quad \text{ou} \quad \begin{array}{c} \text{H} \quad \text{CH}_3 \\ \diagdown \quad \diagup \\ \text{C}=\text{C} \\ \diagup \quad \diagdown \\ \text{CH}_3\text{CH}_2\text{CH} \quad \text{H} \\ | \\ \text{Br} \end{array}$$

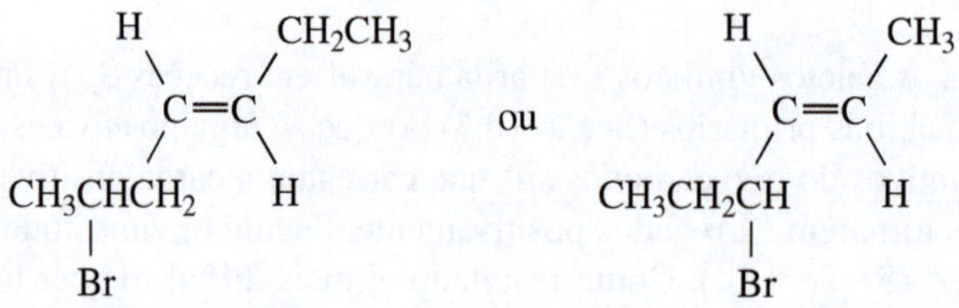

CAPÍTULO 10 Reações de substituição de haletos de alquila

PROBLEMA 22◆

Qual haleto de alquila você esperaria ser mais reativo em uma reação S_N2 com determinado nucleófilo? Em cada caso, você pode considerar que ambos os haletos têm a mesma estabilidade.

a. $CH_3CH_2CH_2Br$ ou $CH_3CH_2CH_2I$

b. $CH_3CH_2CH_2Cl$ ou CH_3OCH_2Cl

c. 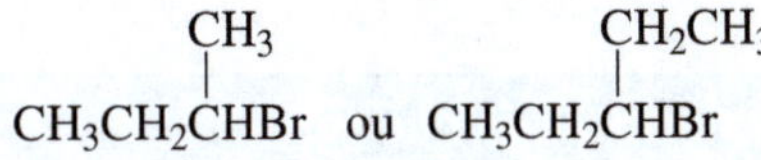 $CH_3CH_2\overset{\underset{\mid}{CH_3}}{C}HBr$ ou $CH_3CH_2\overset{\underset{\mid}{CH_2CH_3}}{C}HBr$

d. 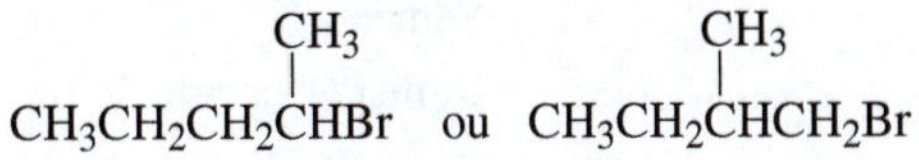 $CH_3CH_2CH_2\overset{\underset{\mid}{CH_3}}{C}HBr$ ou $CH_3CH_2\overset{\underset{\mid}{CH_3}}{C}HCH_2Br$

e. 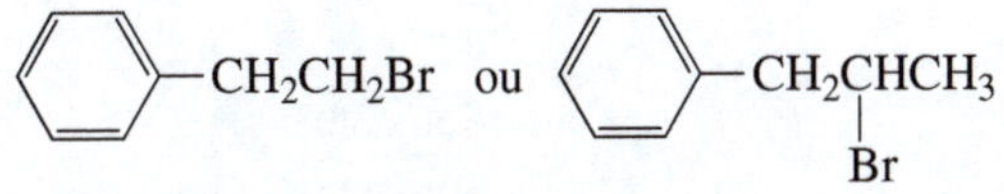 $C_6H_5\text{—}CH_2CH_2Br$ ou $C_6H_5\text{—}CH_2\overset{\underset{\mid}{Br}}{C}HCH_3$

f. 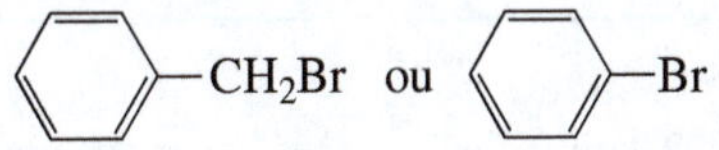 $C_6H_5\text{—}CH_2Br$ ou $C_6H_5\text{—}Br$

g. 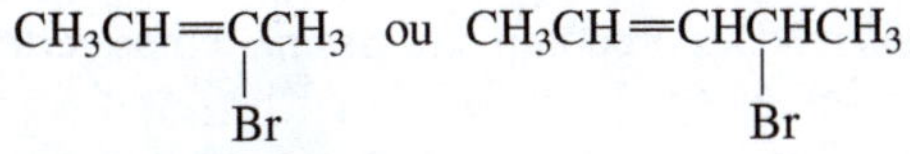 $CH_3CH\!=\!\underset{\underset{Br}{\mid}}{C}CH_3$ ou $CH_3CH\!=\!\underset{\underset{Br}{\mid}}{C}HCHCH_3$

PROBLEMA 23◆

Para cada um dos pares no Problema 22, qual substância será mais reativa em uma reação S_N1?

PROBLEMA 24◆

Dê os produtos obtidos das reações a seguir e mostre suas configurações:

a. sob condições que favoreçam uma reação S_N2
b. sob condições que favoreçam uma reação S_N1

$$CH_3CH\!=\!CHCH_2Br + CH_3O^- \xrightarrow{CH_3OH}$$

10.9 Competição entre reações S_N2 e S_N1

As características das reações S_N2 e S_N1 estão resumidas na Tabela 10.5. Relembre que o "2" em "S_N2" e o "1" em "S_N1" são referentes à molecularidade — quantas moléculas estão envolvidas na etapa determinante da velocidade de reação. Assim, a etapa determinante da velocidade de uma reação S_N2 é bimolecular, enquanto a etapa determinante da velocidade de uma reação S_N1 é unimolecular. Esses números não se referem ao número de etapas no mecanismo. Na verdade, apenas o contrário é verdade: uma reação S_N2 ocorre por um mecanismo combinado em *uma* etapa e uma reação S_N1 ocorre por um mecanismo em *duas* etapas com um carbocátion intermediário.

Tabela 10.5 Comparação das reações S_N2 e S_N1

S_N2	S_N1
Mecanismo em uma etapa	Mecanismo em etapas que forma um carbocátion intermediário
Etapa determinante da velocidade bimolecular	Etapa determinante da velocidade unimolecular
Sem rearranjos de carbocátion	Rearranjo de carbocátion
O produto tem configuração invertida em relação ao reagente	Os produtos têm tanto estereoquímica retida quanto invertida em relação ao reagente
Ordem de reatividade: metil $1º > 2º > 3º >$	Ordem de reatividade: $3º > 2º > 1º >$ metil

Vimos que haletos de metila e haletos de alquila primários sofrem reações S_N2 porque cátions metila e carbocátions primários, que seriam formados em uma reação S_N1, são muito instáveis para serem formados. Os haletos de alquila terciários sofrem apenas reações S_N1 porque o impedimento estérico não os faz reativos em uma reação S_N2. Os haletos de alquila secundários, assim como os haletos benzílicos e alílicos (a menos que sejam terciários), podem sofrer tanto reações S_N1 quanto S_N2 porque formam carbocátions relativamente estáveis, e o impedimento estérico associado a esses haletos de alquila geralmente não é muito alto. Haletos vinílicos e de arila não sofrem reações S_N1 nem S_N2. Esses resultados estão resumidos na Tabela 10.6.

Tabela 10.6 Sumário da reatividade de haletos de alquila em reações de substituição nucleofílica

Metila e haletos de alquila 1º	Somente S_N2
Vinílico e haletos de arila	Nem S_N1 nem S_N2
Haletos de alquila 2º	S_N1 e S_N2
Haletos benzílicos 1º e 2º e alílicos 1º e 2º	S_N1 e S_N2
Haletos de alquila 3º	Somente S_N1
Haletos benzílicos 3º e alílicos 3º	Somente S_N1

Quando um haleto de alquila pode sofrer uma reação S_N1 *e* uma reação S_N2, ambas as reações ocorrem simultaneamente. As condições sob as quais a reação se realiza determinam quais reações predominam. Assim, temos certo controle sobre qual reação ocorre.

Quando um haleto de alquila pode sofrer substituição por ambos os mecanismos, que condições favorecem uma reação S_N1? Que condições favorecem uma reação S_N2? Essas são questões importantes para químicos sintéticos porque uma reação S_N2 forma um único produto de substituição, enquanto uma reação S_N1 pode formar dois produtos de substituição se o grupo de saída estiver ligado a um carbono assimétrico. Uma reação S_N1 é mais complicada pelo rearranjo de carbocátions. Em outras palavras, uma reação S_N2 é compatível com o químico sintético, mas uma reação S_N1 pode ser o pesadelo de um químico sintético.

Quando a *estrutura* do haleto de alquila o permite sofrer ambas as reações, S_N1 e S_N2, três condições determinam qual reação vai predominar: (1) a *concentração* do nucleófilo; (2) a *reatividade* do nucleófilo; e (3) o *solvente* em que a reação é realizada. As constantes de velocidade que foram dadas a seguir indicam a ordem da reação.

Lei da velocidade para uma reação S_N2 = k_2[haleto de alquila][nucleófilo]

Lei da velocidade para uma reação S_N1 = k_1[haleto de alquila]

A lei da velocidade para uma reação de um haleto de alquila que pode sofrer ambas as reações, S_N2 e S_N1, simultaneamente, é a soma das equações das leis de velocidade individuais.

Velocidade = k_2[haleto de alquila][nucleófilo] + k_1[haleto de alquila]

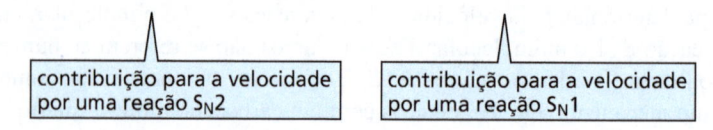

  contribuição para a velocidade por uma reação S_N2 contribuição para a velocidade por uma reação S_N1

Pela lei de velocidade, é possível notar que o aumento da *concentração* do nucleófilo aumenta a velocidade de uma reação S_N2, mas não tem efeito na velocidade de uma reação S_N1.

Assim, quando as duas reações ocorrem simultaneamente, o aumento da concentração do nucleófilo aumenta a fração da reação que ocorre por um caminho S_N2. Em contrapartida, se a concentração do nucleófilo diminuir, a fração da reação que ocorre por um caminho S_N2 também diminui.

A etapa determinante da velocidade (e única) de uma reação S_N2 é o ataque do nucleófilo ao haleto de alquila. Se a *reatividade* do nucleófilo aumentar, a velocidade de uma reação S_N2 também aumenta pelo aumento do valor da constante de velocidade (k_2), porque nucleófilos mais reativos são mais capazes de deslocar o grupo de saída. A etapa determinante da velocidade de uma reação S_N1 é a dissociação do haleto de alquila. O carbocátion formado na etapa determinante da velocidade reage rapidamente na segunda etapa com qualquer nucleófilo presente na mistura reacional. O aumento da velocidade da etapa rápida não afeta a etapa lenta anterior, que é a formação do carbocátion. Isso significa que o aumento da reatividade do nucleófilo não tem efeito na velocidade de uma reação S_N1. Um bom nucleófilo,

CAPÍTULO 10 Reações de substituição de haletos de alquila 383

portanto, favorece uma reação S_N2 sobre uma reação S_N1. Um nucleófilo pobre favorece uma reação S_N1, não pelo aumento da velocidade de uma reação S_N1, mas pelo decréscimo da velocidade competitiva da reação S_N2. Em resumo:

- Uma reação S_N2 é favorecida por alta concentração de um bom nucleófilo.
- Uma reação S_N1 é favorecida por baixa concentração de um nucleófilo ou por um nucleófilo pobre.

Reveja as reações S_N1 nas seções anteriores e observe que todas elas usam um nucleófilo pobre (H_2O, CH_3OH), enquanto as reações S_N2 usam bons nucleófilos (HO^-, CH_3O^-). Em outras palavras, um nucleófilo pobre é utilizado para estimular uma reação S_N1 e um bom nucleófilo, para estimular uma reação S_N2. Na Seção 10.10, veremos qual é o terceiro fator que influencia no predomínio de uma reação S_N2 ou S_N1 — o solvente em que uma reação é realizada.

PROBLEMA — ESTRATÉGIA PARA RESOLUÇÃO

Este problema nos fornece habilidade em determinar quando uma reação de substituição ocorrerá por um caminho S_N1 ou S_N2. (Memorize que bons nucleófilos estimulam reações S_N2, enquanto nucleófilos pobres estimulam reações S_N1.)

Dê a(s) configuração(ões) do(s) produto(s) que será(ão) obtido(s) de reações dos haletos de alquila secundários com o nucleófilo indicado:

a. CH_3–C(CH$_2$CH$_3$)(H)(Br) + CH_3O^- (alta concentração) ⟶ H–C(CH$_2$CH$_3$)(CH$_3$)(OCH$_3$)

Como é utilizada alta concentração de um bom nucleófilo, podemos prever que é uma reação S_N2. Portanto, o produto terá a configuração invertida à configuração do reagente. (Uma maneira fácil de desenhar o produto invertido é desenhar a imagem especular do reagente haleto de alquila e depois colocar o nucleófilo no mesmo lugar do grupo de saída.)

b. CH_3–C(CH$_2$CH$_3$)(H)(Br) + CH_3OH ⟶ CH_3–C(CH$_2$CH$_3$)(H)(OCH$_3$) + H–C(CH$_2$CH$_3$)(CH$_3$)(OCH$_3$)

Como um nucleófilo pobre é utilizado, podemos prever que é uma reação S_N1. Portanto, obteremos dois produtos de substituição, um com a configuração retida e outro com a configuração invertida, em relação à configuração do reagente.

c. $CH_3CH_2CHCH_2CH_3$ (com I) + CH_3OH ⟶ $CH_3CH_2CHCH_2CH_3$ (com OCH_3)

O nucleófilo pobre nos permite prever que é uma reação S_N1. Mas o produto não tem carbono assimétrico, portanto não tem estereoisômeros. (O mesmo produto de substituição seria obtido se a reação fosse S_N2.)

d. $CH_3CH_2CHCH_3$ (com Cl) + HO^- (alta concentração) ⟶ $CH_3CH_2CHCH_3$ (com OH)

Como é empregada alta concentração de um bom nucleófilo, podemos prever que é uma reação S_N2. Portanto, o produto terá a configuração invertida em relação à configuração do reagente. Mas como a configuração do reagente não é indicada, não é possível saber a configuração do produto.

e. $CH_3CH_2CHCH_3$ (com I) + H_2O ⟶ CH_3–C(CH$_2$CH$_3$)(H)(OH) + H–C(CH$_2$CH$_3$)(CH$_3$)(OH)

Como é empregado um nucleófilo pobre, podemos prever que é uma reação S_N1. Portanto, dois estereoisômeros serão formados, apesar da configuração do reagente não estar definida.

Agora resolva o Problema 25.

384 QUÍMICA ORGÂNICA

PROBLEMA 25

Dê a(s) configuração(ões) do(s) produto(s) que será(ão) obtido(s) a partir da reação dos seguintes haletos de alquila secundários com os nucleófilos indicados:

a. 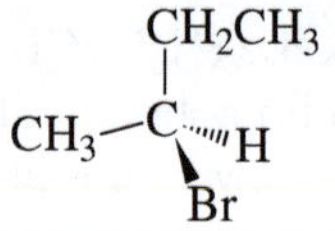 CH₃—C(CH₂CH₃)(H)(Br)— + CH₃CH₂CH₂O⁻ alta concentração ⟶

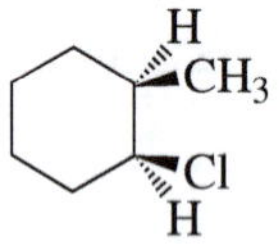

b. 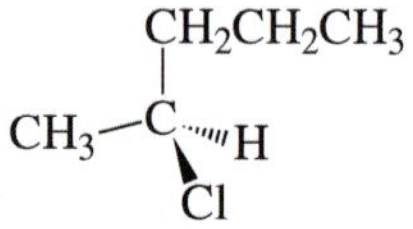 CH₃—C(CH₂CH₂CH₃)(H)(Cl)— + NH₃ ⟶

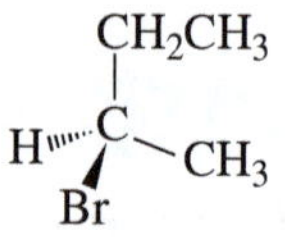

c. (ciclohexano com CH₃ e Cl) + CH₃O⁻ alta concentração ⟶

d. 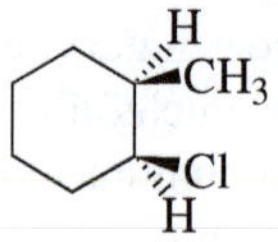 (ciclohexano com CH₃ e Cl) + CH₃OH ⟶

e. (C com CH₂CH₃, H, CH₃, Br) + CH₃O⁻ alta concentração ⟶

f. 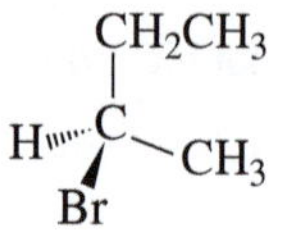 (C com CH₂CH₃, H, CH₃, Br) + CH₃OH ⟶

PROBLEMA 26 **RESOLVIDO**

A velocidade de reação de substituição do 2-bromobutano e HO⁻ em 75% de etanol e 25% de água a 30 °C é

$$\text{velocidade} = 3{,}20 \times 10^{-5}[\text{2-bromobutano}][\text{HO}^-] + 1{,}5 \times 10^{-6}[\text{2-bromobutano}]$$

Qual é a porcentagem da reação que ocorre por um caminho S_N2 quando essas condições são encontradas?

a. $[\text{HO}^-] = 1{,}00$ M

b. $[\text{HO}^-] = 0{,}001$ M

RESOLUÇÃO PARA 26a

$$\text{porcentagem por } S_N2 = \frac{S_N2}{S_N2 + S_N1} \times 100$$

$$= \frac{3{,}20 \times 10^{-5}[\text{2-bromobutano}](1{,}00) \times 100}{3{,}20 \times 10^{-5}[\text{2-bromobutano}](1{,}00) + 1{,}5 \times 10^{-6}[\text{2-bromobutano}]}$$

$$= \frac{3{,}20 \times 10^{-5}}{3{,}20 \times 10^{-5} + 0{,}15 \times 10^{-5}} \times 100 = \frac{3{,}20 \times 10^{-5}}{3{,}35 \times 10^{-5}} \times 100$$

$$= 96\%$$

10.10 Regra do solvente em reações S_N1 e S_N2

O solvente em que uma reação de substituição é realizada também influencia a predominância ou não de uma reação S_N2 ou S_N1. Antes de tentarmos entender como um solvente particular favorece uma reação sobre a outra, precisamos entender como os solventes estabilizam uma molécula.

A **constante dielétrica** de um solvente é a medida da facilidade com que o solvente pode isolar cargas opostas umas das outras. As moléculas do solvente isolam cargas ficando em volta de uma carga, com isso os pólos positivos das moléculas do solvente circundam as cargas negativas enquanto os pólos negativos das moléculas do solvente rodeiam as cargas positivas. Relembre que a interação entre um solvente e um íon ou uma molécula dissolvida naquele solvente é chamada *solvatação* (Seção 2.9). Quando um íon interage com um solvente polar, a carga não é mais localizada somente no íon, mas espalhada através das moléculas do solvente. Espalhando as cargas, as espécies carregadas se estabilizam.

interações íon–dipolo entre espécies carregadas negativamente e água

interações íon–dipolo entre espécies carregadas positivamente e água

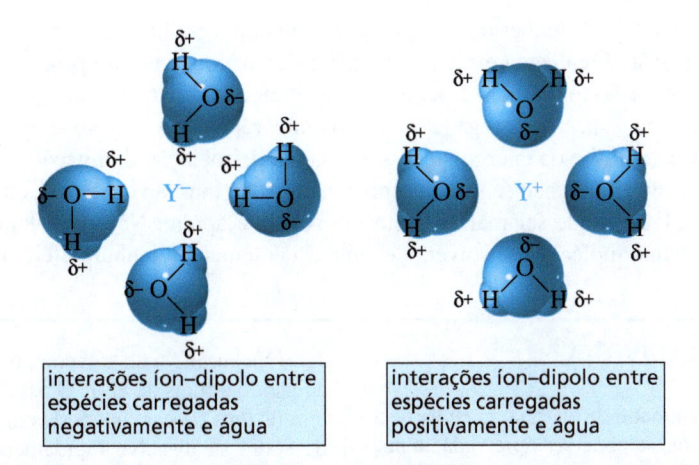

Solventes polares têm altas constantes dielétricas, sendo bons em isolar (solvatar) cargas. Solventes apolares têm baixas constantes dielétricas e são isolantes pobres. A constante dielétrica de alguns solventes comuns está listada na Tabela 10.7. Nesta tabela, os solventes estão divididos em dois grupos: solventes próticos e apróticos. Lembre-se de que **solventes próticos** contêm um hidrogênio ligado a um oxigênio ou a um nitrogênio, portanto solventes próticos são doadores de ligações de hidrogênio. **Solventes apróticos**, por outro lado, não têm um hidrogênio ligado a um oxigênio ou nitrogênio, *não* sendo doadores de ligação hidrogênio.

Tabela 10.7 Constantes dielétricas de alguns solventes comuns

Solvente	Estrutura	Abreviação	Constante dielétrica (ε, em 25 °C)	Ponto de ebulição (°C)
Solventes próticos				
Água	H_2O	—	79	100
Ácido fórmico	HCOOH	—	59	100,6
Metanol	CH_3OH	MeOH	33	64,7
Etanol	CH_3CH_2OH	EtOH	25	78,3
Álcool *terc*-butílico	$(CH_3)_3COH$	*terc*-BuOH	11	82,3
Ácido acético	CH_3COOH	HOAc	6	117,9
Solventes apróticos				
Dimetilsulfóxido	$(CH_3)_2SO$	DMSO	47	189
Acetonitrila	CH_3CN	MeCN	38	81,6
Dimetilformamida	$(CH_3)_2NCHO$	DMF	37	153
Hexametilfosforamida	$[(CH_3)_2N]_3PO$	HMPA	30	233
Acetona	$(CH_3)_2CO$	Me_2CO	21	56,3
Diclorometano	CH_2Cl_2	—	9,1	40
Tetraidrofurano	(estrutura cíclica)	THF	7,6	66
Acetato de etila	$CH_3COOCH_2CH_3$	EtOAc	6	77,1
Éter dietílico	$CH_3CH_2OCH_2CH_3$	Et_2O	4,3	34,6
Benzeno	(estrutura cíclica)	—	2,3	80,1
Hexano	$CH_3(CH_2)_4CH_3$	—	1,9	68,7

A estabilização de cargas pela interação com solvente é uma regra importante em reações orgânicas. Por exemplo, quando um haleto de alquila sofre uma reação S_N1, a primeira etapa é a dissociação da ligação carbono–halogênio para formar o carbocátion e o íon haleto. É requerido energia para romper a ligação, mas como não se formaram ligações, de onde vem a energia? Se a reação é realizada em um solvente polar, os íons que são produzidos são solvatados. A energia associada a uma única interação íon–dipolo é pequena, mas o efeito aditivo de todas as interações íon–dipolo envolvidas na estabilização de uma espécie carregada pelo solvente representam grande quantidade de energia. Essas interações íon–dipolo fornecem muito da energia necessária para a dissociação da ligação carbono–halogênio. Por isso, em uma reação S_N1, o haleto de alquila não se separa espontaneamente, mas, ao contrário, moléculas do solvente o separam. Assim, uma reação S_N1 não pode ser realizada em um solvente apolar. Não pode também ser realizada em fase gasosa, na qual não há nenhuma molécula de solvente e, conseqüentemente, nenhum efeito de solvatação.

Efeito de solvatação

A grande quantidade de energia que é fornecida pela solvatação pode ser apreciada considerando-se a energia requerida para quebrar a rede cristalina do cloreto de sódio (sal de cozinha) (Figura 1.1). Na ausência do solvente, o cloreto de sódio precisa ser aquecido a mais de 800 °C para superar as forças que mantêm os íons de cargas opostas unidos. No entanto, o cloreto de sódio se dissolve rapidamente em água à temperatura ambiente porque a solvatação dos íons Na^+ e Cl^- pela água fornece a energia necessária para separar os íons.

Efeito do solvente na velocidade de reação

Se a polaridade do solvente aumentar, a velocidade de reação diminuirá se um ou mais reagentes na etapa determinante da velocidade forem carregados.

Se a polaridade do solvente aumentar, a velocidade de reação aumentará se nenhum dos reagentes na etapa determinante da velocidade for carregado.

Uma regra simples descreve como uma mudança no solvente afetará a velocidade de muitas reações químicas: *se a polaridade do solvente aumentar, diminuirá a velocidade de reação se um ou mais reagentes na etapa determinante da velocidade forem carregados e aumentará a velocidade de reação se nenhum dos reagentes na etapa determinante da velocidade for carregado.*

Agora vamos ver por que essa regra é verdadeira. A velocidade de reação depende da diferença entre a energia livre dos reagentes e a energia livre do estado de transição na etapa determinante da velocidade de reação. Podemos, assim, prever como a mudança na polaridade do solvente afetará a velocidade de reação simplesmente ao observar a carga no(s) reagente(s) da etapa determinante da velocidade e a carga no estado de transição da etapa determinante da velocidade para determinar qual dessas espécies será mais estabilizada por um solvente polar. *Quanto maior a carga na molécula solvatada, maior a interação com um solvente polar e mais a carga será estabilizada.*

Portanto, se a carga nos reagentes é maior do que a carga no estado de transição, um solvente polar estabilizará os reagentes mais do que estabilizará o estado de transição, aumentando a diferença na energia ($\Delta G^{\ddagger}$) entre eles. Conseqüentemente, *o aumento da polaridade do solvente diminui a velocidade de reação,* como se vê na Figura 10.7.

Por outro lado, se a carga no estado de transição for maior do que a carga nos reagentes, um solvente polar estabilizará mais o estado de transição do que estabilizará os reagentes. Assim, *o aumento da polaridade do solvente* diminui a diferença de energia ($\Delta G^{\ddagger}$) entre eles, o que *aumentará a velocidade de reação,* como mostrado na Figura 10.8.

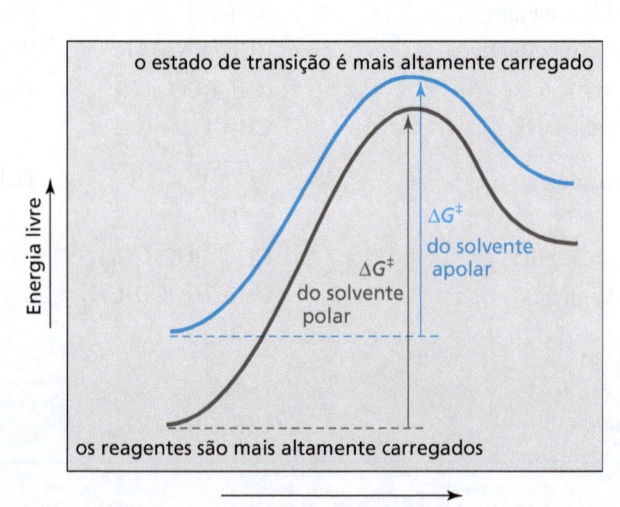

Figura 10.7 ▶
Diagrama da coordenada de reação para uma reação em que a carga nos reagentes é maior do que a carga no estado de transição.

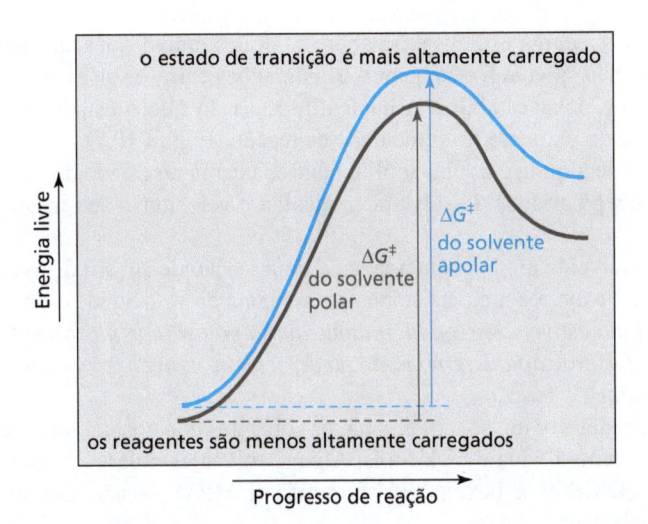

Figura 10.8
Diagrama da coordenada de reação para uma reação em que a carga no estado de transição é maior do que a carga nos reagentes.

Efeito do solvente na velocidade de uma reação S_N1

Agora vamos ver como o aumento da polaridade do solvente afeta a velocidade de uma reação S_N1 de um haleto de alquila. O haleto de alquila é o único reagente na etapa determinante da velocidade de uma reação S_N1. Ele é uma molécula neutra com um momento de dipolo pequeno. A etapa determinante da velocidade no estado de transição tem carga grande porque como a ligação carbono–halogênio se rompe, o carbono se torna mais positivo e o halogênio, mais negativo. Como a carga no estado de transição é maior do que a carga no reagente, o aumento da polaridade do solvente estabilizará o estado de transição mais do que o reagente e aumentará a velocidade de reação S_N1 (Figura 10.8 e Tabela 10.8).

etapa determinante da velocidade de uma reação S_N1

$$\overset{\delta+}{\text{C}}-\overset{\delta-}{\text{X}} \longrightarrow \left[\overset{\delta+}{\text{C}}-----\overset{\delta-}{\text{X}} \right]^{\ddagger} \longrightarrow -\overset{+}{\text{C}} \quad \text{X}^-$$

reagente estado de transição produtos

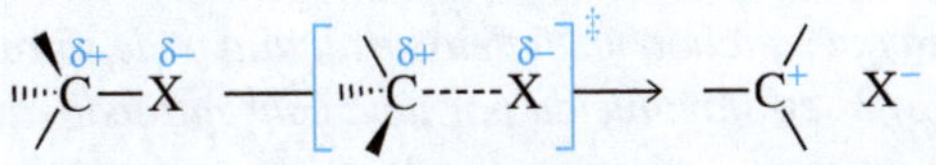

No Capítulo 12, veremos que outras substâncias além dos haletos de alquila sofrem reações S_N1. Contanto que uma substância que sofra uma reação S_N1 seja neutra, o aumento da polaridade do solvente faz *aumentar* a velocidade de reação S_N1, porque o solvente estabilizará o reagente relativamente neutro (Figura 10.8). Se, no entanto, a substância que sofre uma reação S_N1 é carregada, o aumento da polaridade do solvente *diminuirá* a velocidade de reação porque o solvente mais polar estabilizará a carga total no reagente para maior extensão do que ele estabilizaria a carga dispersa no estado de transição (Figura 10.7).

Tabela 10.8 Efeito da polaridade do solvente na velocidade de reação do brometo de *terc*-butila em uma reação S_N1

Solvente	Velocidade relativa
100% de água	1.200
80% de água / 20% de etanol	400
50% de água / 50% de etanol	60
20% de água / 80% de etanol	10
100% de etanol	1

Efeito do solvente na velocidade de reação S_N2

O modo como uma mudança na polaridade do solvente afeta a velocidade de uma reação S_N2 vai depender de os reagentes serem carregados ou neutros, assim como em uma reação S_N1.

Muitas reações S_N2 de haletos de alquila envolvem um haleto de alquila neutro e um nucleófilo carregado. Se a polaridade de um solvente for aumentada, haverá forte efeito de estabilização no nucleófilo carregado negativamente. O estado de transição também tem carga negativa, mas a carga está dispersa sobre os dois átomos. Conseqüentemente, as interações entre o solvente e o estado de transição não são tão fortes quanto as interações entre o solvente e o nucleófilo completamente carregado. Portanto, um solvente polar estabiliza o nucleófilo mais do que o estado de transição; assim, o aumento da polaridade do solvente provoca o aumento na velocidade de reação (Figura 10.7).

Se, no entanto, uma reação envolve um haleto de alquila e um nucleófilo neutro, a carga no estado de transição será maior que a carga neutra no reagente; portanto, se a polaridade do solvente aumentar, a velocidade de reação de substituição também aumentará (Figura 10.8).

Em resumo, o modo como uma mudança no solvente afeta a velocidade de uma reação de substituição não depende do mecanismo da reação. Vai depender *somente* de um reagente na etapa determinante da velocidade estar carregado. *Se um reagente na etapa determinante da velocidade estiver carregado, o aumento na polaridade do solvente diminuirá a velocidade de reação. Se nenhum dos reagentes na etapa determinante da velocidade estiver carregado, o aumento na polaridade do solvente aumentará a velocidade de reação.*

Considerando a solvatação das espécies carregadas por um solvente polar, os solventes que consideramos eram doadores de hidrogênio (solventes polares próticos), como a água e os alcoóis. Alguns solventes polares — por exemplo, *N,N*-dimetilformamida (DMF), dimetilsulfóxido (DMSO), e hexametilfosforamida (HMPA) — não são doadores de hidrogênio (são solventes polares apróticos) (Tabela 10.7).

Seria ideal que uma reação S_N2 com um nucleófilo carregado negativamente fosse realizada em um solvente apolar, porque a carga negativa localizada no reagente está maior do que a carga negativa dispersada no estado de transição. No entanto, um nucleófilo carregado negativamente em geral não se dissolve em um solvente apolar, portanto um solvente polar aprótico é utilizado. Como solventes polares apróticos não são doadores de ligação hidrogênio, eles são menos efetivos do que solventes polares próticos na solvatação de cargas negativas; de fato, vimos que eles solvatam cargas negativas particularmente pobres (Seção 10.3). Assim, a velocidade de uma reação S_N2 que envolve um nucleófilo carregado negativamente será maior em um solvente polar aprótico do que em um solvente polar prótico. Em decorrência, um solvente polar aprótico é o solvente escolhido para uma reação S_N2 em que o nucleófilo é carregado negativamente, enquanto um solvente polar prótico é usado se o nucleófilo for uma molécula neutra.

Vimos agora que, quando um haleto de alquila pode sofrer ambas as reações, S_N1 e S_N2, a reação S_N2 será favorecida por uma concentração alta de um bom nucleófilo (negativamente carregado) em um solvente polar aprótico, enquanto uma reação S_N1 será favorecida por um nucleófilo pobre (neutro) em um solvente polar prótico.

> Uma reação S_N2 de um haleto de alquila é favorecida por alta concentração de um nucleófilo bom em um solvente polar aprótico.

> Uma reação S_N1 de um haleto de alquila é favorecida por baixa concentração de um nucleófilo pobre em um solvente polar prótico.

Adaptação do meio ambiente

Os microrganismos Xantobacter aprenderam a usar como fonte de carbono os haletos de alquila que chegam ao chão como poluentes industriais. O microrganismo sintetiza uma enzima que usa o haleto de alquila como matéria-prima para produzir outras substâncias que contenham o carbono que lhes seja necessário. Essa enzima tem vários grupos apolares em seu sítio ativo — uma bolsa na enzima onde a reação catalisada ocorre. A primeira etapa da reação catalisada pela enzima é uma reação S_N2. Como o nucleófilo é carregado, a reação será mais rápida em um solvente apolar. Os grupos na superfície da enzima fornecem esse meio apolar.

PROBLEMA 27◆

Como a velocidade de cada uma das reações S_N2 muda se a polaridade de um solvente polar prótico for aumentada?

a. $CH_3CH_2CH_2CH_2Br + HO^- \longrightarrow CH_3CH_2CH_2CH_2OH + Br^-$

b. $CH_3\overset{+}{S}CH_3 + CH_3O^- \longrightarrow CH_3OCH_3 + CH_3SCH_3$
   $|$
   CH_3

c. $CH_3CH_2I + NH_3 \longrightarrow CH_3CH_2\overset{+}{N}H_3I^-$

PROBLEMA 28◆

Qual reação em cada um dos pares ocorrerá mais rapidamente?

a. $CH_3Br + HO^- \longrightarrow CH_3OH + Br^-$

   $CH_3Br + H_2O \longrightarrow CH_3OH + HBr$

b. $CH_3I + HO^- \longrightarrow CH_3OH + I^-$

   $CH_3Cl + HO^- \longrightarrow CH_3OH + Cl^-$

c. $CH_3Br + NH_3 \longrightarrow CH_3\overset{+}{N}H_3 + Br^-$

   $CH_3Br + H_2O \longrightarrow CH_3OH + Br^-$

d. $CH_3Br + HO^- \xrightarrow{DMSO} CH_3OH + Br^-$

   $CH_3Br + HO^- \xrightarrow{EtOH} CH_3OH + Br^-$

e. $CH_3Br + NH_3 \xrightarrow{Et_2O} CH_3\overset{+}{N}H_3 + Br^-$

   $CH_3Br + NH_3 \xrightarrow{EtOH} CH_3\overset{+}{N}H_3 + Br^-$

PROBLEMA 29 RESOLVIDO

Muitos dos valores dos pK_a dados neste texto são valores determinados em água. Como os valores de pK_a das seguintes classes de substâncias mudariam se eles fossem determinados em um solvente menos polar que água: ácidos carboxílicos, fenóis, íons amônio (RNH_3^+) e íons anilínio ($C_6H_5NH_3^+$)?

RESOLUÇÃO Um pK_a é o logaritmo negativo da constante de equilíbrio, K_a (Seção 1.17). Uma vez que estamos determinando como a mudança na polaridade de um solvente afeta uma constante de equilíbrio, precisamos observar como a mudança na polaridade do solvente afeta a estabilidade dos reagentes e produtos.

$$K_a = \frac{[B^-][H^+]}{[HB]} \quad K_a = \frac{[B][H^+]}{[HB^+]}$$

ácido neutro   ácido carregado positivamente

Ácidos carboxílicos, alcoóis e fenóis são neutros em suas formas acídicas (HB) e carregados em suas formas básicas (B^-). Um solvente polar prótico estabilizará B^- e H^+ mais do que estabilizará HB, aumentando, assim, K_a. Portanto, K_a será maior em água do que em um solvente menos polar, o que significa que o valor de pK_a será menor em água. Assim, os valores de pK_a de ácidos carboxílicos, alcoóis e fenóis determinados em um solvente menos polar que água serão maiores do que aqueles determinados em água.

Íons amônio e íons anilínio são carregados em suas formas acídicas (HB^+) e neutros em suas formas básicas (B). Um solvente polar estabilizará HB^+ e H^+ mais do que estabilizará B. Como HB^+ está ligeiramente mais estabilizado do que H^+, K_a diminuirá. Os valores de pK_a dos íons amônio e íons anilínio determinados em um solvente menos polar do que água serão, portanto, ligeiramente menores do que aqueles determinados em água.

PROBLEMA 30◆

Você espera que o íon acetato ($CH_3CO_2^-$) seja um nucleófilo mais reativo em uma reação S_N2 realizada em metanol ou em dimetilsulfóxido?

PROBLEMA 31◆

Sob qual das seguintes condições reacionais (R)-2-clorobutano formaria mais (R)-2-butanol: HO^- em 50% de água e 50% de etanol ou HO^- em etanol 100%?

10.11 Reagentes biológicos metilantes

Se um químico orgânico deseja pôr um grupo metila em um nucleófilo, o iodeto de metila seria o agente metilante mais utilizado. Dos haletos de alquila, o iodeto de metila tem o grupo de saída mais facilmente deslocável porque I^- é a base mais fraca dos íons haleto. Além do mais, o iodeto de metila é um líquido, o que o torna mais fácil de ser manuseado do que o brometo de metila ou o cloreto de metila. A reação seria uma reação S_N2 simples.

$$\overset{..}{Nu}^- + CH_3-I \longrightarrow CH_3-Nu + I^-$$

Em uma célula viva, no entanto, o iodeto de metila não está disponível. Ele é apenas um pouco mais solúvel em água, por isso não é encontrado no meio aquoso predominante em sistemas biológicos. Em vez disso, os sistemas biológicos usam S-adenosilmetionina (SAM) e N^5-metiltetraidrofolato como agentes metilantes, ambos solúveis em água. Apesar de parecerem muito mais complicados do que o iodeto de metila, eles desempenham a mesma função — a transferência de um grupo metila para um nucleófilo. Observe que o grupo metila em cada um desses agentes está ligado a um átomo parcialmente carregado. Isso significa que grupos metila estão ligados a bons grupos de saída, portanto metilações biológicas podem ocorrer a uma velocidade razoável.

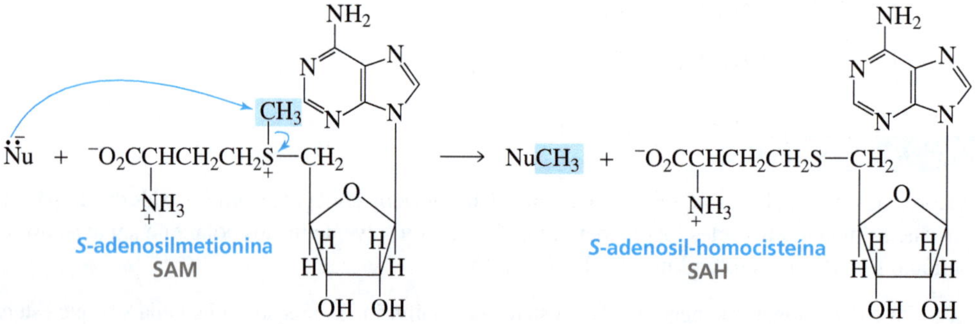

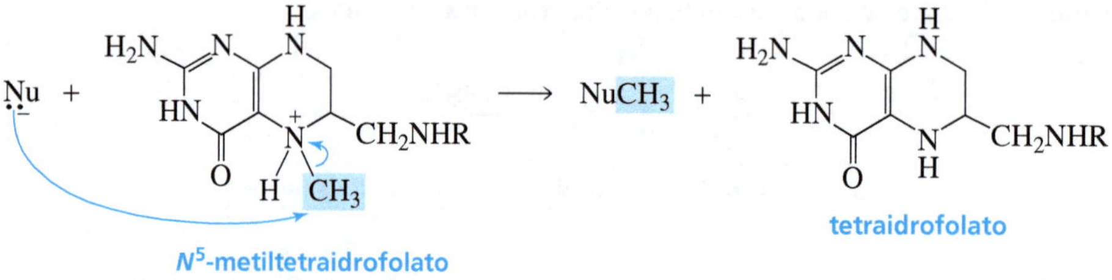

Os sistemas biológicos usam SAM para converter norefedrina (noradrenalina) em epinefrina (adrenalina). A reação é de metilação simples. Norepinefrina e epinefrina são hormônios liberados na corrente sanguínea em resposta ao estresse. Epinefrina é o hormônio mais potente dos dois.

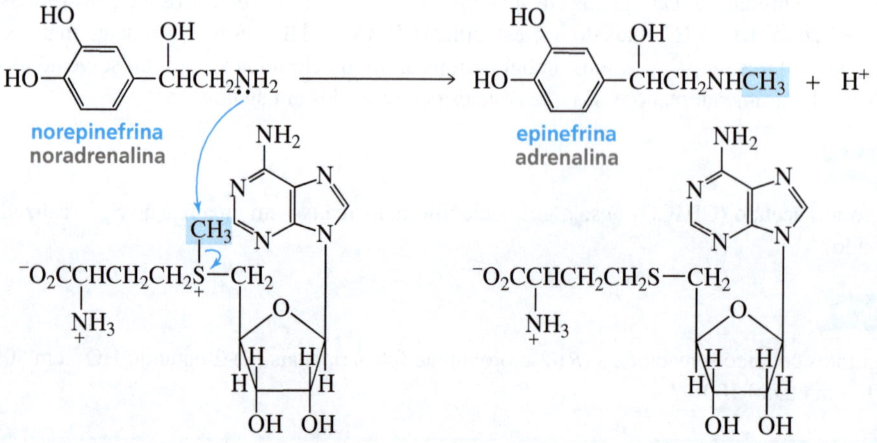

A conversão de fosfatidiletanolamina, um componente de membranas celulares, em fosfatidilcolina requer três metilações por três equivalentes de SAM. (Células biológicas serão discutidas no volume 2, Seção 26.4; o uso de N^5-metiltetraidrofolato como agente biológico metilante será discutido mais detalhadamente no volume 2, Seção 25.8.)

fosfatidiletanolamina + 3 SAM ⟶ fosfatidilcolina + 3 SAH

S-Adenosilmetionina: um antidepressivo natural

S-Adenosilmetionina é encontrado em muitos alimentos saudáveis e também em drogarias como tratamento para depressão e artrite. É comercializado sob o nome SAMe. Apesar de o SAMe ter sido usado clinicamente na Europa por mais de duas décadas, ele não foi avaliado nos Estados Unidos nem aprovado pelo FDA. No entanto, pode ser vendido porque o FDA não proíbe a venda da maioria das substâncias naturais, contanto que o mercado não faça reivindicações terapêuticas. O SAMe também demonstrou ser efetivo no tratamento de doenças do fígado — aquelas causadas por álcool e pelo vírus da hepatite C. A atenuação nos problemas do fígado é acompanhada pelo aumento dos níveis de glutationa no fígado. Glutationa é um antioxidante importante (Seção 23.8). O SAM é necessário para a síntese de cisteína (um aminoácido), que é requerida para a síntese de glutationa.

Resumo

Os haletos de alquila sofrem dois tipos de reações de **substituição nucleofílica**: S_N1 e S_N2. Em ambas as reações um nucleófilo substitui um halogênio, que é chamado **grupo de saída**. Uma reação S_N2 é bimolecular — duas moléculas estão envolvidas na etapa determinante da velocidade de reação, uma reação S_N1 é unimolecular — uma molécula está envolvida na etapa determinante da velocidade de reação.

A velocidade de uma **reação S_N2** depende da concentração tanto do haleto de alquila quanto do nucleófilo. Uma reação S_N2 é uma reação de uma etapa: o nucleófilo ataca a parte de trás do carbono, que está ligado ao halogênio. A reação segue na direção que permite às bases fortes deslocar a base fraca; ela é reversível apenas se a diferença entre as basicidades do nucleófilo e do grupo de saída for pequena. A velocidade de uma reação depende do impedimento estérico: quanto mais volumosos os grupos na parte de trás do carbono que sofrem o ataque, mais lenta é a reação. Carbocátions terciários, portanto, não podem sofrer reações S_N2. Uma reação S_N2 ocorre com **inversão de configuração**.

A velocidade de uma **reação S_N1** depende somente da concentração do haleto de alquila. O halogênio parte na primeira etapa, formando um carbocátion que é atacado por um nucleófilo na segunda etapa. Assim, o rearranjo de carbocátions pode ocorrer. A velocidade de uma reação S_N1 depende da facilidade da formação do carbocátion. Haletos de alquila terciários, portanto, são mais reativos do que haletos de alquila secundários porque carbocátions terciários são mais estáveis do que carbocátions secundários. Carbocátions primários são tão instáveis que haletos de alquila primários não podem sofrer reações S_N1. Uma reação S_N1 ocorre com racemização. Muitas reações S_N1 são reações de **solvólise**: o solvente é o nucleófilo.

As velocidades de reações S_N2 e S_N1 são influenciadas pela natureza do grupo de saída. Bases fracas são os melhores grupos de saída. Bases fracas são melhores para acomodar a carga negativa. Portanto, quanto menor a basicidade do grupo de saída, mais rápido a reação ocorrerá. Assim, as reatividades relativas de haletos de alquila que diferem somente no átomo de halogênio são RI > RBr > RCl > RF em ambas as reações, S_N2 e S_N1.

Basicidade é a medida da facilidade com que uma substância compartilha seu par de elétrons livres com um próton. **Nucleofilicidade** é a medida da rapidez com que uma substância é capaz de atacar um átomo deficiente de elétrons. Comparando moléculas com o mesmo átomo que ataca ou com átomos que atacam do mesmo tamanho, a base mais forte é um nucleófilo melhor. Se os átomos que atacam são muito diferentes em tamanho, a relação entre basicidade e nucleofilicidade depende do solvente. Em solventes polares próticos, bases fortes são nucleófilos pobres por causa das **interações íon–dipolo** entre o íon e o solvente.

Haletos de metila e haletos de alquila primários sofrem somente reações S_N2, haletos de alquila terciários sofrem somente reações S_N1, haletos vinílicos e de arila não sofrem nem reações S_N2 nem S_N1, haletos de alquila secundários e haletos benzílicos e alílicos (a menos que sejam terciários) sofrem tanto reação S_N1 quanto S_N2. Quando a estrutura do haleto de alquila lhe permite sofrer ambas as reações (S_N2 e S_N1), a reação S_N2 é favorecida pela alta concentração de um nucleófilo bom em um solvente polar aprótico, enquanto uma reação S_N1 é favorecida por um nucleófilo pobre em um solvente polar prótico.

Os **solventes próticos** (H_2O, ROH) são doadores de ligação hidrogênio; **solventes apróticos** (DMF, DMSO) não são doadores de ligações hidrogênio. A **constante dielétrica** de um solvente nos diz com que eficácia um solvente isola cargas opostas umas das outras. Se a polaridade do solvente for aumentada, a velocidade de reação diminuirá se um ou mais reagentes na etapa determinante da velocidade forem carregados, e aumentará a velocidade de reação se nenhum dos reagentes na etapa determinante da velocidade for carregado.

Resumo das reações

1. Reação S_N2: um mecanismo de uma etapa

$$\overset{-}{Nu} + -\overset{|}{\underset{|}{C}}-X \longrightarrow -\overset{|}{\underset{|}{C}}-Nu + X^-$$

Reatividades relativas dos haletos de alquila: $CH_3X > 1^\circ > 2^\circ > 3^\circ$.

Apenas o produto invertido é formado.

2. Reação S_N1: um mecanismo de duas etapas com um carbocátion intermediário.

$$-\overset{|}{\underset{|}{C}}-X \longrightarrow -\overset{|}{\underset{|}{C^+}} \xrightarrow{\overset{-}{Nu}} -\overset{|}{\underset{|}{C}}-Nu$$
$$+ X^-$$

Reatividades relativas dos haletos de alquila: $3^\circ > 2^\circ > 1^\circ > CH_3X$.

Ambos os produtos, invertidos e não invertidos, são formados.

Palavras-chave

ataque pelo lado de trás (p. 359)
base (p. 364)
basicidade (p. 364)
bimolecular (p. 358)
cinética (p. 358)
constante de velocidade (p. 358)
constante dielétrica (p. 384)
efeito estérico (p. 360)
grupo de saída (p. 356)
impedimento estérico (p. 360)

interação íon–dipolo (p. 366)
inversão de configuração (p. 362)
lei de velocidade (p. 358)
nucleofilicidade (p. 364)
nucleófilo (p. 364)
par iônico íntimo (p. 377)
princípio de Le Châtelier (p. 369)
racemização completa (p. 377)
racemização parcial (p. 377)
reação de eliminação (p. 356)
reação de primeira ordem (p. 372)

reação de segunda ordem (p. 358)
reação de substituição (p. 356)
reação de substituição nucleofílica (p. 358)
reação S_N1 (p. 372)
reação S_N2 (p. 358)
solvente aprótico (p. 385)
solvente prótico (p. 385)
solvólise (p. 375)
unimolecular (p. 372)

Problemas

32. Dê o produto de reação do brometo de alquila com cada um dos seguintes nucleófilos:

   a. HO^- b. $^-NH_2$ c. H_2S d. HS^- e. CH_3O^- f. CH_3NH_2

33. a. Indique como cada um dos fatores a seguir afeta uma reação S_N1:
    b. Indique como cada um dos fatores a seguir afeta uma reação S_N2:
    1. estrutura do haleto de alquila
    2. reatividade do nucleófilo
    3. concentração do nucleófilo
    4. solvente

34. Qual é o melhor nucleófilo em metanol?
    a. H_2O ou HO^-
    b. NH_3 ou $^-NH_2$
    c. H_2O ou H_2S
    d. HO^- ou HS^-
    e. I^- ou Br^-
    f. Cl^- ou Br^-

35. Para cada par do Problema 34, indique qual é o melhor grupo de saída.

36. Quais nucleófilos poderiam ser utilizados para reagir com brometo de butila a fim de preparar as substâncias a seguir?
    a. $CH_3CH_2CH_2CH_2OH$
    b. $CH_3CH_2CH_2CH_2OCH_3$
    c. $CH_3CH_2CH_2CH_2SH$
    d. $CH_3CH_2CH_2CH_2SCH_2CH_3$
    e. $CH_3CH_2CH_2CH_2NHCH_3$
    f. $CH_3CH_2CH_2CH_2C\equiv N$
    g. $CH_3CH_2CH_2CH_2O\overset{O}{\overset{\|}{C}}CH_3$
    h. $CH_3CH_2CH_2CH_2C\equiv CCH_3$

37. Classifique as substâncias a seguir em ordem *decrescente* de nucleofilicidade:
    a. $CH_3\overset{O}{\overset{\|}{C}}O^-$, $CH_3CH_2S^-$, $CH_3CH_2O^-$ em metanol
    b. $C_6H_5-O^-$ e $C_6H_{11}-O^-$ em DMSO
    c. H_2O e NH_3 em metanol
    d. Br^-, Cl^-, I^- em metanol

38. O pK_a do ácido acético em água é 4,76 (Seção 1.17). Qual efeito uma diminuição na polaridade do solvente tem no pK_a? Por quê?

39. Para cada reação a seguir, dê o produto de substituição; se os produtos podem existir com estereoisômeros, mostre quais estereoisômeros são obtidos:
    a. (*R*)-2-bromopentano + alta concentração de CH_3O^-
    b. (*R*)-2-bromopentano + CH_3OH
    c. *trans*-1-cloro-2-metilciclo-hexano + alta concentração de CH_3O^-
    d. *trans*-1-cloro-2-metilciclo-hexano + CH_3OH
    e. 3-bromo-2-metilpentano + CH_3OH
    f. 3-bromo-3-metilpentano + CH_3OH

40. Você acha que o íon metóxido seria um nucleófilo melhor se ele fosse dissolvido em CH_3OH ou se ele fosse dissolvido em dimetilsulfóxido (DMSO)? Por quê?

41. Qual reação dos pares a seguir ocorrerão mais rapidamente?

42. Qual das substâncias a seguir você espera que seja mais reativa em uma reação S_N2?

394 QUÍMICA ORGÂNICA

43. Na Seção 10.11, vimos que a *S*-adenosilmetionina (SAM) metila o átomo de nitrogênio da noradrenalina para formar a adrenalina, um hormônio mais potente. Se em vez disso o SAM metilar um grupo OH no anel de benzeno, ele destrói completamente a atividade da noradrenalina. Dê o mecanismo para a metilação do grupo OH pela SAM.

HO—⟨⟩—CHCH$_2$NH$_2$ + SAM ⟶ HO—⟨⟩—CHCH$_2$NH$_2$ + SAH
HO   OH   CH$_3$O   OH
norepinefrina   **substância biologicamente inativa**

44. Para cada uma das reações a seguir, dê o produto de substituição: se os produtos podem existir como estereoisômeros, mostre quais estereoisômeros são obtidos:
    a. (2*S*,3*S*)-2-cloro-3-metilpentano + alta concentração de CH$_3$O$^-$
    b. (2*S*,3*R*)-2-cloro-3-metilpentano + alta concentração de CH$_3$O$^-$
    c. (2*R*,3*S*)-2-cloro-3-metilpentano + alta concentração de CH$_3$O$^-$
    d. (2*R*,3*R*)-2-cloro-3-metilpentano + alta concentração de CH$_3$O$^-$
    e. 3-cloro-2,2-dimetilpentano + CH$_3$CH$_2$OH
    f. brometo de benzila + CH$_3$CH$_2$OH

45. Dê os produtos de substituição obtidos quando cada uma das substâncias a seguir é adicionada a uma solução de acetato de sódio em ácido acético.
    a. 2-cloro-2-metil-3-hexeno
    b. 3-bromo-1-metilciclo-hexeno

46. A velocidade de reação do iodeto de metila com quinuclidina foi medida em nitrobenzeno e depois a velocidade de reação do iodeto de metila com trietilamina foi medida no mesmo solvente.
    a. Qual reação teve a maior constante de velocidade?
    b. O mesmo experimento foi feito usando iodeto de isopropila no lugar de iodeto de metila. Que reação teve a maior constante de velocidade?
    c. Qual haleto de alquila tem a maior razão $k_{\text{trietilamina}}/k_{\text{quinuclidina}}$?

            CH$_2$CH$_3$
             |
    ⟨N⟩   CH$_3$CH$_2$NCH$_2$CH$_3$
    quinuclidina   **trietilamina**

47. Apenas o bromo-éter (ignorando os estereoisômeros) é obtido da reação do dialeto de alquila a seguir com metanol:

    [estrutura: tetra-hidronaftaleno com Br na posição 1 e Br na posição 3]

    Dê a estrutura do éter.

48. Partindo do ciclo-hexano, como as substâncias a seguir poderiam ser preparadas?
    a. brometo de ciclo-hexila   b. metoxiciclo-hexano   c. ciclo-hexanol

49. Para cada uma das reações a seguir, dê o produto de substituição, presumindo que as reações são realizadas sob condições S$_N$2; se os produtos podem existir como estereoisômeros, mostre quais estereoisômeros são formados:
    a. (3*S*,4*S*)-3-bromo-4-metil-hexano + CH$_3$O$^-$ c. (3*R*,4*R*)-3-bromo-4-metil-hexano + CH$_3$O$^-$
    b. (3*S*,4*R*)-3-bromo-4-metil-hexano + CH$_3$O$^-$ d. (3*R*,4*S*)-3-bromo-4-metil-hexano + CH$_3$O$^-$

50. Explique por que o teraidrofurano pode solvatar uma espécie carregada positivamente melhor do que o éter dietílico.

    ⟨O⟩   CH$_3$CH$_2$OCH$_2$CH$_3$
    tetraidrofurano   **éter dietílico**

51. Proponha um mecanismo para cada uma das reações a seguir:

a. 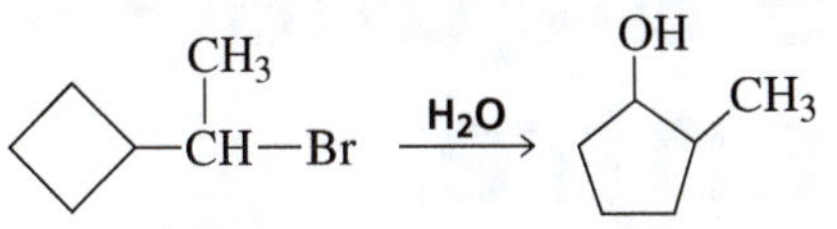 [ciclobutil-CH(CH₃)-Br] $\xrightarrow{H_2O}$ [2-metilciclopentanol]

b. 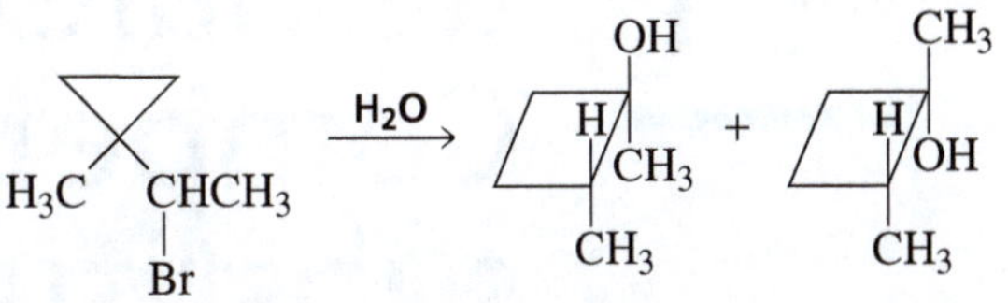 [1,1-dimetil-2-(1-bromo-1-metiletil)ciclopropano] $\xrightarrow{H_2O}$ [produto com OH e CH₃] + [produto com CH₃ e OH]

52. Qual dos reagentes a seguir reagirá mais rápido em uma reação S_N1?

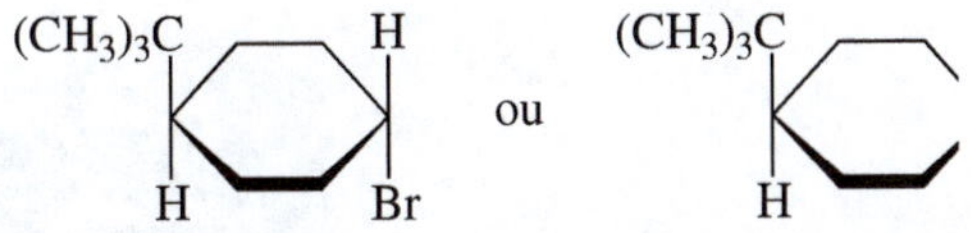

(CH₃)₃C—[cicloexano com H e Br] ou (CH₃)₃C—[cicloexano com H]

53. Haletos de alquila têm sido utilizados como inseticidas desde a descoberta do DDT em 1939. O DDT foi a primeira substância a ser descoberta como altamente tóxica para insetos, mas de toxidade relativamente baixa para mamíferos. Em 1972, o DDT foi proibido nos Estados Unidos por ser considerado uma substância de longa durabilidade e por seu uso muito difundido causar concentrações substanciais em animais e plantas selvagens. O clordano é um haleto de alquila inseticida usado para proteger construções de madeira de térmites. O clordano pode ser sintetizado a partir de dois reagentes em uma reação de uma etapa. Um dos reagentes é o hexaclorociclopentadieno. Qual é o outro reagente? (*Dica*: veja a Seção 8.8.)

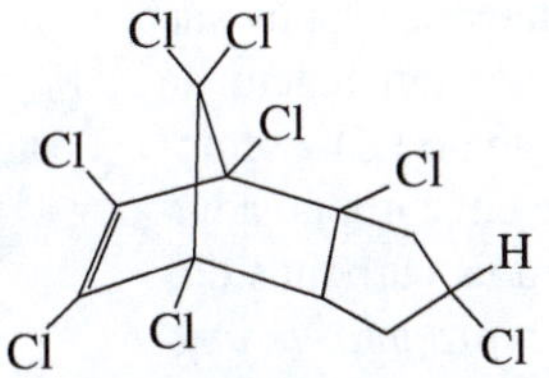

clordano

54. Explique por que o haleto de alquila a seguir não sofre uma reação de substituição, apesar das condições em que a reação é realizada:

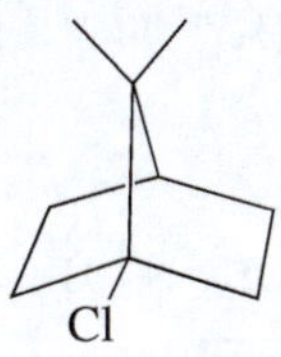

11 Reações de eliminação de haletos de alquila • Competição entre substituição e eliminação

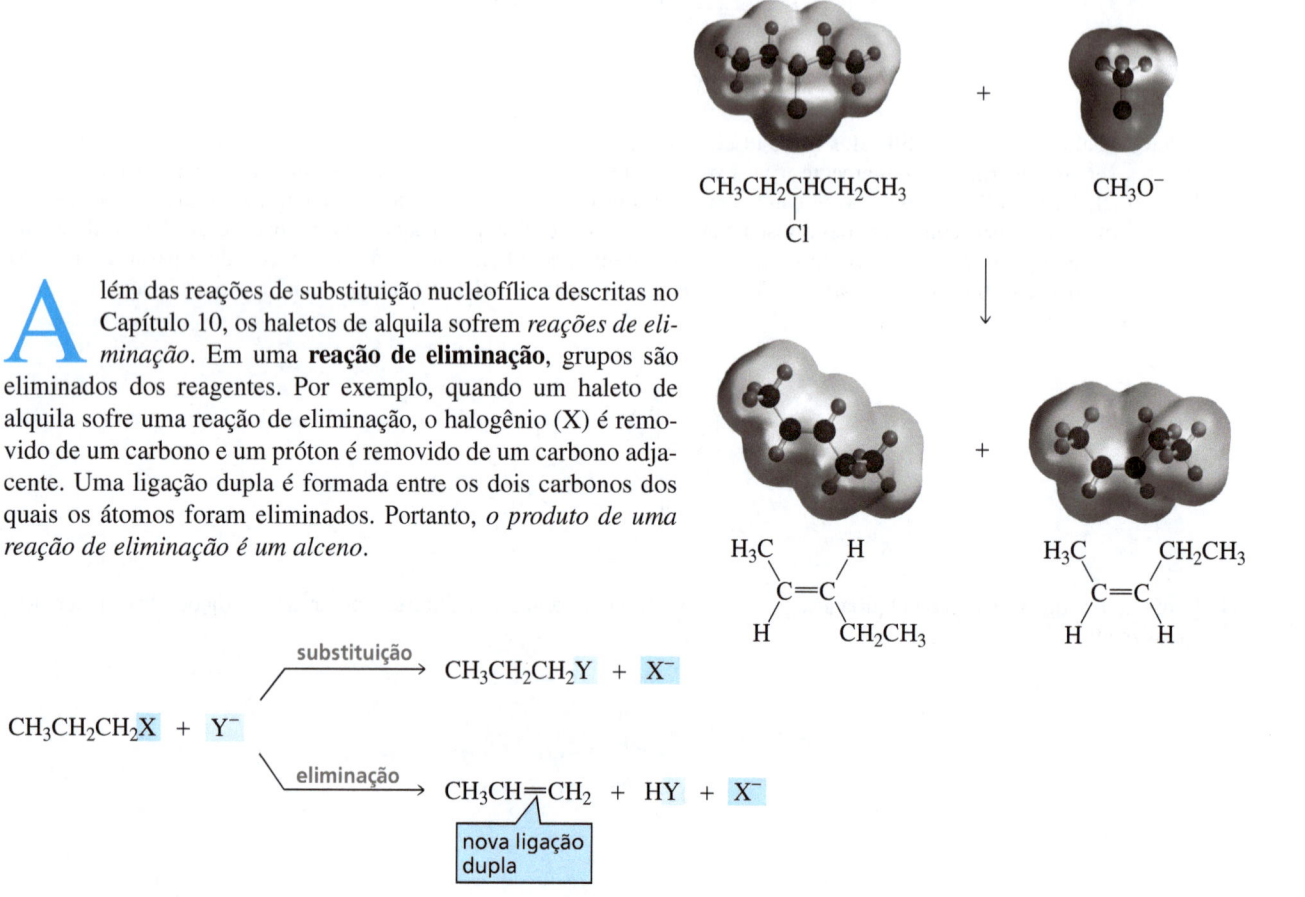

Além das reações de substituição nucleofílica descritas no Capítulo 10, os haletos de alquila sofrem *reações de eliminação*. Em uma **reação de eliminação**, grupos são eliminados dos reagentes. Por exemplo, quando um haleto de alquila sofre uma reação de eliminação, o halogênio (X) é removido de um carbono e um próton é removido de um carbono adjacente. Uma ligação dupla é formada entre os dois carbonos dos quais os átomos foram eliminados. Portanto, *o produto de uma reação de eliminação é um alceno*.

$$CH_3CH_2CH_2X + Y^- \xrightarrow{\text{substituição}} CH_3CH_2CH_2Y + X^-$$

$$\xrightarrow{\text{eliminação}} CH_3CH=CH_2 + HY + X^-$$

nova ligação dupla

Neste capítulo, vamos discutir inicialmente a reação de eliminação de haletos de alquila. A seguir, examinaremos os fatores que determinam se um haleto de alquila sofrerá uma reação de substituição, uma reação de eliminação ou se tanto uma reação de substituição quanto uma reação de eliminação.

11.1 Reação E2

Assim como existem duas reações importantes de substituição nucleofílica – S_N1 e S_N2 –, existem duas reações importantes de eliminação: E1 e E2. A reação do brometo de *terc*-butila com o íon hidróxido é um exemplo de uma **reação E2**; "E" significa *eliminação* e "2" significa *bimolecular*. O produto de uma reação de eliminação é um alceno.

$$CH_3-\underset{\underset{Br}{|}}{\overset{\overset{CH_3}{|}}{C}}-CH_3 + HO^- \longrightarrow CH_2=\underset{}{\overset{\overset{CH_3}{|}}{C}}-CH_3 + H_2O + Br^-$$

brometo de *terc*-butila   2-metilpropeno

CAPÍTULO 11 Reações de eliminação de haletos de alquila • Competição... **397**

Investigando a ocorrência natural de haletos orgânicos

Os haletos orgânicos isolados de organismos marinhos demonstraram ter atividades biológicas interessantes e potentes. As substâncias produzidas na natureza são chamadas *produtos naturais*. A *bergamida A* é um produto natural que se origina de uma esponja amarela encrustante. Essa substância, assim como as substâncias análogas, têm propriedades únicas que previnem o câncer e atualmente estão sendo exploradas no desenvolvimento de novas drogas com a mesma finalidade. A *jaspamida*, também encontrada em esponjas, modula a formação e a despolimerização de microtubos de actina. Os microtúbulos são encontrados nas células e usados para ocorrências que envolvem movimento, como o transporte de vesículas, migração e a divisão celular. A jaspamida está sendo usada para ajudar a compreensão desse processo. Observe que cada um desses produtos de ocorrência natural tem seis átomos de carbonos assimétricos.

ciclocinamida A

jasplankinolida

A velocidade de uma reação E2 depende tanto do brometo de *terc*-butila quanto do íon hidróxido. É, portanto, uma reação de segunda ordem (Seção 10.2).

velocidade = k[haleto de alquila][base]

A equação de velocidade nos diz que tanto o brometo de *terc*-butila quanto o íon hidróxido estão envolvidos na etapa determinante da velocidade de reação. O mecanismo mostrado a seguir está de acordo com a cinética de segunda ordem observada:

mecanismo de reação E2

$$CH_2-\underset{\underset{Br}{|}}{\overset{\overset{CH_3}{|}}{C}}-CH_3 \xrightarrow{HO^-} CH_2=\overset{\overset{CH_3}{|}}{C}-CH_3 + H_2O + Br^-$$

(um próton é removido; Br⁻ é eliminado)

Vimos que uma reação E2 é concertada, uma reação em uma etapa: o próton e o íon brometo são removidos ao mesmo tempo e, assim, nenhum intermediário é formado.

Na reação E2 de um haleto de alquila, uma base remove um próton de um carbono que estiver adjacente ao carbono ligado ao halogênio. Como o próton é removido, os elétrons que o hidrogênio compartilha com o carbono se movem na direção do carbono ligado ao halogênio. Uma vez que esses elétrons se movem em direção ao carbono, o halogênio sai, levando com ele seus elétrons ligantes. Os elétrons que estavam ligados ao hidrogênio no reagente formaram a ligação π no produto. A remoção de um próton e de um íon haleto é chamada **desidroalogenação**.

Animation Gallery: Desidroalogenação E2
www

398 QUÍMICA ORGÂNICA

$$\underset{\text{base}}{B:^-} \overset{H}{\underset{\text{carbono }\beta}{\underset{|}{\text{RCH}}-\underset{|}{\overset{\text{carbono }\alpha}{\text{CHR}}}}} \longrightarrow RCH=CHR + BH + Br^-$$

O carbono ao qual o halogênio está ligado é chamado carbono α. Um carbono adjacente ao carbono α é chamado carbono β. Como a reação de eliminação se inicia pela remoção de um próton do carbono β, uma reação de eliminação, algumas vezes, é chamada **reação de eliminação β**. Esse tipo de reação também é conhecido como **reação de eliminação 1,2** porque os átomos removidos estão em carbonos adjacentes. (B:$^-$ é uma base.)

Quanto mais fraca é a base, melhor ela é como grupo de saída.

Em uma série de haletos de alquila com o mesmo grupo alquila, os iodetos de alquila são mais reativos e os fluoretos de alquila, os menos reativos em uma reação E2, porque bases fracas são melhores grupos de saída (Seção 10.3).

reatividades relativas de haletos de alquilas em uma reação E2

$$\boxed{\text{mais reativo}} \; RI > RBr > RCl > RF \; \boxed{\text{menos reativo}}$$

11.2 Regiosseletividade da reação E2

Um haleto de alquila como o 2-bromopropano tem dois carbonos β, dos quais um próton pode ser removido em uma reação E2. Como os carbonos β são idênticos, um próton pode ser removido tão facilmente quanto o outro. O produto dessa reação de eliminação é o propeno.

$$\underset{\text{2-bromopropano}}{\underset{|}{\overset{\text{carbonos }\beta}{CH_3CHCH_3}}} + CH_3O^- \longrightarrow \underset{\text{propeno}}{CH_3CH=CH_2} + CH_3OH + Br^-$$

Em comparação, o 2-bromobutano tem dois carbonos β estruturalmente diferentes, dos quais um próton pode ser removido. Assim, quando o 2-bromobutano reage com uma base, dois produtos de eliminação podem ser formados: o 2-buteno e o 1-buteno. Essa reação E2 é *regiosseletiva* porque uma quantidade maior de um isômero constituicional é formada.

$$\underset{\text{2-bromobutano}}{\underset{|}{\overset{\text{carbonos }\beta}{CH_3CHCH_2CH_3}}} + CH_3O^- \xrightarrow{CH_3OH} \underset{\substack{\text{2-buteno}\\80\%\\\text{(mistura de }E\text{ e }Z\text{)}}}{CH_3CH=CHCH_3} + \underset{\substack{\text{1-buteno}\\20\%}}{CH_2=CHCH_2CH_3} + CH_3OH + Br^-$$

Qual é a regiosseletividade de uma reação E2? Em outras palavras, que fatores controlam qual dos dois produtos de eliminação será formado com maior rendimento?

Para responder a essa questão, devemos determinar qual dos alcenos é formado mais facilmente — isto é, qual é formado mais rapidamente. O diagrama da coordenada de reação para a reação E2 do 2-bromobutano está mostrado na Figura 11.1.

No estado de transição que leva ao alceno, as ligações C—H e C—Br estão parcialmente rompidas e a ligação dupla está parcialmente formada (ligações parcialmente rompidas e parcialmente formadas estão indicadas pelas linhas pontilhadas), dando uma estrutura parecida com o alceno no estado de transição. Como o estado de transição tem uma estrutura parecida com o alceno, qualquer fator que estabilize o alceno também estabilizará o estado de transição que leva à sua formação, permitindo que o alceno se forme mais rapidamente. A diferença na velocidade de formação dos dois alcenos não é muito grande. Conseqüentemente, os dois produtos são formados, mas o *mais estável* dos dois alcenos será o produto majoritário da reação.

CAPÍTULO 11 Reações de eliminação de haletos de alquila • Competição... **399**

◀ Figura 11.1
Diagrama da coordenada de reação para a reação E2 do 2-bromobutano com o íon metóxido.

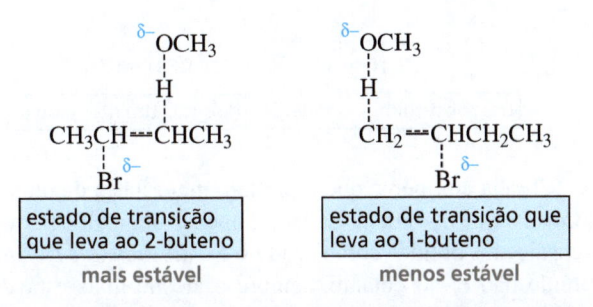

O produto majoritário de uma reação E2 é o alceno mais estável.

estado de transição que leva ao 2-buteno
mais estável

estado de transição que leva ao 1-buteno
menos estável

Sabemos que a estabilidade de um alceno depende do número de substituintes alquila ligados aos seus carbonos sp^2: quanto maior o número de substituintes, mais estável é o alceno (Seção 4.11). Portanto, o 2-buteno, com um total de dois substituintes metila ligados aos seus carbonos sp^2, é mais estável do que o 1-buteno, com um substituinte etila.

A reação do 2-bromo-2-metilbutano com o íon hidróxido produz o 2-metil-2-buteno e o 2-bromo-1-buteno. Como o 2-metil-2-buteno é o alceno mais substituído (tem maior número de substituintes alquila ligados aos seus carbonos sp^2), ele é o mais estável dos dois alcenos e, portanto, é o produto majoritário da reação de eliminação.

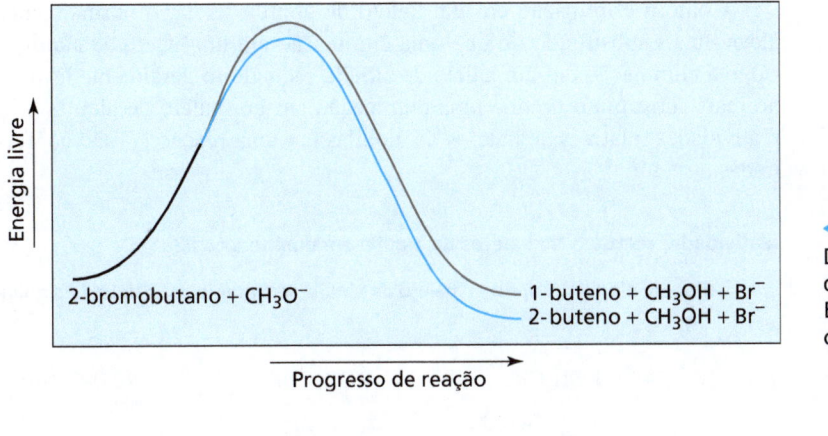

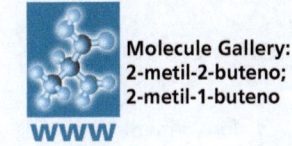

Molecule Gallery:
2-metil-2-buteno;
2-metil-1-buteno
www

$$CH_3\underset{Br}{\overset{CH_3}{\underset{|}{C}}}CH_2CH_3 + HO^- \xrightarrow{H_2O} CH_3\overset{CH_3}{\underset{}{C}}=CHCH_3 + CH_2=\overset{CH_3}{\underset{}{C}}CH_2CH_3 + H_2O + Br^-$$

2-bromo-2-metilbutano
2-metil-2-buteno 70%
2-metil-1-buteno 30%

Alexander M. Zaitsev, químico russo do século XIX, criou um atalho para presumir que o alceno mais substituído seria obtido como produto. Ele ressaltou *que seria formado o alceno mais substituído quando um próton fosse removido do carbono β que estivesse ligado ao menor número de hidrogênios*. Essa é a regra de Zaitsev. No 2-cloropentano, por exemplo, um carbono β está ligado a três hidrogênios, e o outro carbono β está ligado a dois hidrogênios. Conforme a **regra de Zaitsev**, o alceno mais substituído será aquele formado pela remoção de um próton do carbono β que está ligado a dois hidrogênios, preferencialmente ao carbono β, que está ligado a três hidrogênios. Portanto, o 2-penteno (um alceno dissubstituído) é o produto majoritário, e o 1-penteno (um alceno monossubstituído) é o produto minoritário.

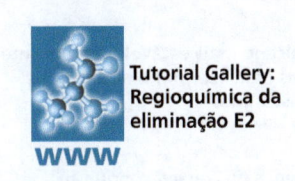

Tutorial Gallery:
Regioquímica da eliminação E2
www

2 hidrogênios β | 3 hidrogênios β | dissubstituído | monossubstituído

$$CH_3CH_2CH_2\underset{}{\overset{Cl}{\underset{|}{C}H}}CH_3 + HO^- \longrightarrow CH_3CH_2CH=CHCH_3 + CH_3CH_2CH_2CH=CH_2$$

2-cloropentano
2-penteno 67% (mistura de *E* e *Z*)
1-penteno 33%

Alexander M. Zaitsev (1841–1910) *nasceu em Kazan, Rússia. Segundo a tradução alemã, Saytseff é algumas vezes usado como sobrenome. Tornou-se PhD da Universidade de Leipzig em 1866. Foi inicialmente professor de química da Universidade de Kazan e mais tarde da Universidade de Kiev.*

Como a eliminação em um haleto de alquila terciário normalmente leva ao alceno mais substituído do que uma eliminação em um haleto de alquila secundário, e a eliminação em um haleto de alquila secundário geralmente leva a um alceno mais substituído do que uma eliminação em um haleto de alquila primário, as reatividades relativas de haletos de alquilas em uma reação E2 são conforme mostradas a seguir:

reatividades relativas de haletos de alquila em uma reação E2

haleto de alquila terciário > haleto de alquila secundário > haleto de alquila primário

$$RCH_2\underset{Br}{\overset{R}{\underset{|}{\overset{|}{C}}}}R \qquad RCH_2\underset{Br}{\overset{|}{CHR}} \qquad RCH_2CH_2Br$$

$$\downarrow \qquad \qquad \downarrow \qquad \qquad \downarrow$$

$$RCH=\overset{R}{\underset{|}{C}}R \qquad RCH=CHR \qquad RCH=CH_2$$

| três substituintes alquila | dois substituintes alquila | um substituinte alquila |

Tenha em mente que o produto majoritário de uma reação E2 é o *alceno mais estável* e que a regra de Zaitsev é apenas um atalho para determinar qual dos possíveis alcenos obtidos como produto é o *alceno mais substituído*. O alceno mais substituído não é, no entanto, sempre o alceno mais estável. Nas reações a seguir, o alceno conjugado é o alceno mais estável, embora não seja o alceno mais substituído. O produto majoritário de cada reação é, portanto, o alceno conjugado porque, sendo mais estável, é o formado mais facilmente.

$$CH_2=CHCH_2\underset{Cl}{\overset{CH_3}{\underset{|}{\overset{|}{CH}}}}CHCH_3 \xrightarrow{HO^-} CH_2=CHCH=CH\underset{}{\overset{CH_3}{\underset{|}{\overset{|}{CH}}}}CH_3 + CH_2=CHCH_2CH=\overset{CH_3}{\underset{|}{\overset{|}{C}}}CH_3 + H_2O + Cl^-$$

4-cloro-5-metil-1-hexeno → **5-metil-1,3-hexadieno** (dieno conjugado, produto majoritário) + **5-metil-1,4-hexadieno** (dieno isolado, produto minoritário)

Ph–CH₂CH(CH₃)CHCH₃(Br) $\xrightarrow{HO^-}$ Ph–CH=CHCH(CH₃)CH₃ + Ph–CH₂CH=C(CH₃)CH₃ + H₂O + Br⁻

2-bromo-3-metil-1-fenilbutano → **3-metil-1-fenil-1-buteno** (a ligação dupla está conjugada com o anel benzênico, produto majoritário) + **3-metil-1-fenil-2-buteno** (a ligação dupla não está conjugada com o anel benzênico, produto minoritário)

> **O alceno mais estável é geralmente (mas nem sempre) o alceno mais substituído.**
>
> **A regra de Zaitsev conduz ao alceno mais substituído.**

A regra de Zaitsev não pode ser usada para prever o produto majoritário das reações precedentes porque não leva em conta o fato de que ligações duplas conjugadas são mais estáveis do que ligações duplas isoladas (Seção 8.3). Portanto, se houver uma ligação dupla ou um anel benzênico no haleto de alquila, não use a regra de Zaitsev para prever o produto majoritário (mais estável) de uma reação de eliminação.

Em algumas reações de eliminação, o *alceno menos estável* é o produto majoritário. Por exemplo, se a base em uma reação E2 for estericamente volumosa e a aproximação ao haleto de alquila for estericamente impedida, a base removerá preferencialmente o hidrogênio mais acessível. Na reação a seguir, é mais fácil para o íon *terc*-butóxido volumoso remover um dos hidrogênios terminal mais exposto, o que leva à formação do alceno menos substituído. Como o alceno menos substituído é formado mais facilmente, ele é o produto majoritário da reação.

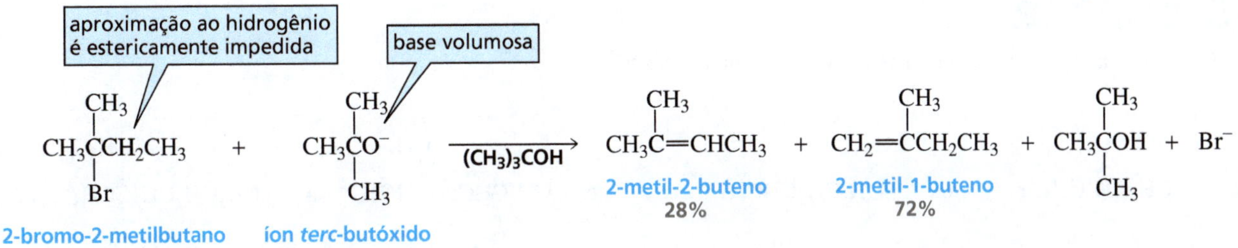

CAPÍTULO 11   Reações de eliminação de haletos de alquila • Competição...   **401**

aproximação ao hidrogênio é estericamente impedida   base volumosa

$$\underset{\text{2-bromo-2-metilbutano}}{\text{CH}_3\text{CCH}_2\text{CH}_3 \atop \overset{\text{CH}_3}{\underset{\text{Br}}{|}}} + \underset{\text{íon terc-butóxido}}{\text{CH}_3\text{CO}^- \atop \overset{\text{CH}_3}{\underset{\text{CH}_3}{|}}} \xrightarrow{\text{(CH}_3)_3\text{COH}} \underset{\text{2-metil-2-buteno} \atop 28\%}{\text{CH}_3\text{C}=\text{CHCH}_3 \atop \overset{\text{CH}_3}{|}} + \underset{\text{2-metil-1-buteno} \atop 72\%}{\text{CH}_2=\text{CCH}_2\text{CH}_3 \atop \overset{\text{CH}_3}{|}} + \text{CH}_3\text{COH} \atop \overset{\text{CH}_3}{\underset{\text{CH}_3}{|}} + \text{Br}^-$$

Os dados na Tabela 11.1 mostram que, quando um haleto de alquila impedido estericamente sofre uma reação E2 com uma variedade de íons alcóxido, a porcentagem do alceno menos substituído aumenta à medida que aumenta o tamanho da base.

Tabela 11.1   Efeito das propriedades estéricas da base na distribuição dos produtos em uma reação E2

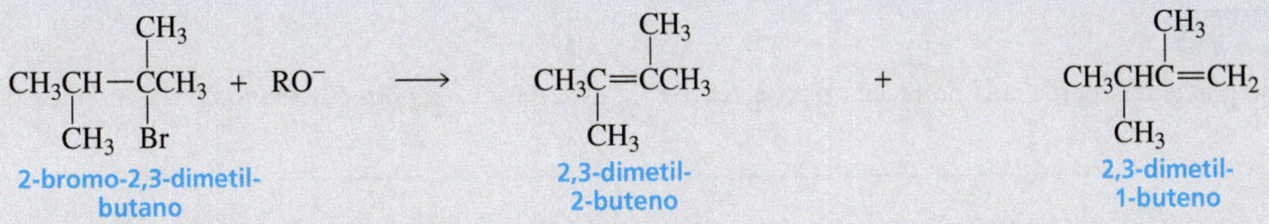

$$\underset{\text{2-bromo-2,3-dimetil-butano}}{\text{CH}_3\text{CH}-\text{CCH}_3 \atop \overset{\text{CH}_3 \quad \text{CH}_3}{\underset{\quad \quad \text{Br}}{|}}} + \text{RO}^- \longrightarrow \underset{\text{2,3-dimetil-2-buteno}}{\text{CH}_3\text{C}=\text{CCH}_3 \atop \overset{\text{CH}_3 \ \text{CH}_3}{|}} + \underset{\text{2,3-dimetil-1-buteno}}{\text{CH}_3\text{CHC}=\text{CH}_2 \atop \overset{\text{CH}_3 \ \text{CH}_3}{|}}$$

Base	Produto mais substituído	Produto menos substituído
$\text{CH}_3\text{CH}_2\text{O}^-$	79%	21%
$\text{CH}_3\text{CO}^- \atop \overset{\text{CH}_3}{\underset{\text{CH}_3}{|}}$	27%	73%
$\text{CH}_3\text{CO}^- \atop \overset{\text{CH}_3}{\underset{\text{CH}_2\text{CH}_3}{|}}$	19%	81%
$\text{CH}_3\text{CH}_2\text{CO}^- \atop \overset{\text{CH}_2\text{CH}_3}{\underset{\text{CH}_2\text{CH}_3}{|}}$	8%	92%

Se um haleto de alquila não for impedido estericamente e a base for apenas moderadamente impedida, o produto majoritário ainda será o produto mais estável. Por exemplo, o produto majoritário da reação do 2-iodobutano e do íon *terc*-butóxido é o 2-buteno. Em outras palavras, existe muito impedimento para que o produto menos estável seja o produto majoritário.

$$\underset{\text{2-iodobutano}}{\text{CH}_3\text{CHCH}_2\text{CH}_3 \atop \underset{\text{I}}{|}} + \underset{\text{íon terc-butóxido}}{\text{CH}_3\text{CO}^- \atop \overset{\text{CH}_3}{\underset{\text{CH}_3}{|}}} \longrightarrow \underset{\text{2-buteno} \atop 79\%}{\text{CH}_3\text{CH}=\text{CHCH}_3} + \underset{\text{1-buteno} \atop 21\%}{\text{CH}_2=\text{CHCH}_2\text{CH}_3} + \text{CH}_3\text{CO}^- \atop \overset{\text{CH}_3}{\underset{\text{CH}_3}{|}} + \text{Br}^-$$

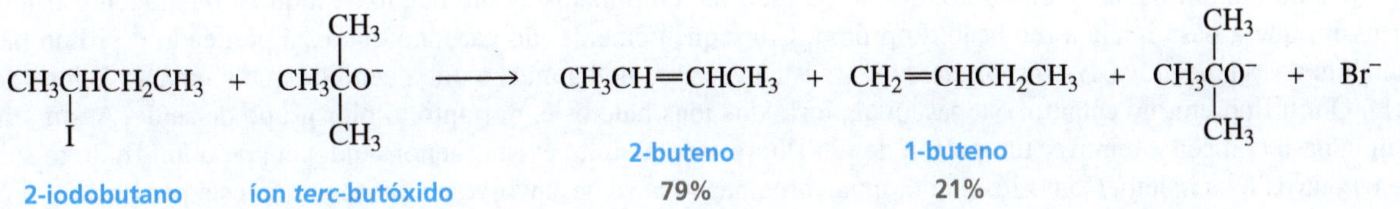

402 QUÍMICA ORGÂNICA

> **PROBLEMA 1** ◆
>
> Qual dos haletos de alquila é mais reativo em uma reação E2?
>
> a. $CH_3CH_2CH_2Br$ ou $CH_3CH_2CHCH_3$ | Br
>
> c. $CH_3CHCH_2CHCH_3$ (com CH_3 e Br) ou $CH_3CH_2CH_2CCH_3$ (com CH_3 e Br)
>
> b. (ciclohexil-Cl) ou (ciclohexil-Br)
>
> d. CH_3CCH_2Cl (com dois CH_3) ou $CH_3CCH_2CH_2Cl$ (com dois CH_3)

> **PROBLEMA 2**
>
> Desenhe o diagrama da coordenada de reação para a reação E2 do 2-bromo-2,3-dimetilbutano com *terc*-butóxido de sódio.

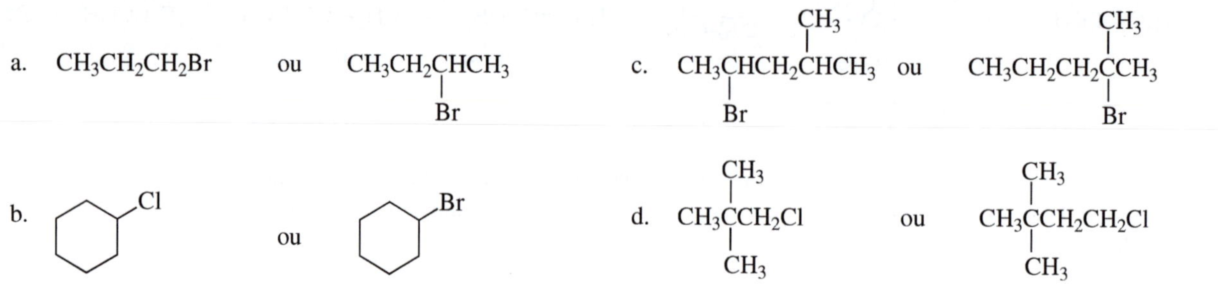

Apesar de o produto majoritário de uma desidroalogenação E2 de cloretos de alquila, brometos de alquila e iodetos de alquila constituir normalmente o alceno mais substituído, o produto majoritário da desidroalogenação E2 de fluoretos de alquila é o alceno menos substituído (Tabela 11.2).

Tabela 11.2 Produtos obtidos da reação E2 de CH_3O^- e 2-halo-hexanos

$$CH_3CHCH_2CH_2CH_2CH_3 \;(\text{X}) + CH_3O^- \longrightarrow CH_3CH=CHCH_2CH_2CH_3 + CH_2=CHCH_2CH_2CH_2CH_3$$

Produto mais substituído: 2-hexeno (mistura de E e Z)
Produto menos substituído: 1-hexeno

Grupo de saída	Ácido conjugado	pK_a	Produto mais substituído	Produto menos substituído
X = I	HI	−10	81%	19%
X = Br	HBr	−9	72%	28%
X = Cl	HCl	−7	67%	33%
X = F	HF	3,2	30%	70%

$$CH_3CHCH_2CH_2CH_3 \;(F) + CH_3O^- \xrightarrow{CH_3OH} CH_3CH=CHCH_2CH_3 + CH_2=CHCH_2CH_2CH_3 + CH_3OH + F^-$$

2-fluoropentano íon metóxido 2-penteno 30% (mistura de E e Z) 1-penteno 70%

Quando um hidrogênio e um cloro, bromo ou iodo são eliminados de um haleto de alquila, o halogênio começa a sair assim que a base inicia a remoção do próton. Conseqüentemente, no carbono que está perdendo o próton não se forma uma carga negativa. Assim, o estado de transição se assemelha mais a um alceno do que a um carbânion (Seção 11.1). O íon fluoreto, no entanto, é a base mais forte dos íons haletos e, portanto, o pior grupo de saída. Assim, quando uma base começa a remover um próton de um fluoreto de alquila, existe menor tendência de o íon fluoreto sair do que os outros íons haleto. Como resultado, uma carga negativa se desenvolve no carbono que está perdendo o próton, fazendo com que o estado de transição se assemelhe mais a um carbânion do que a um alceno. Para determinar qual dos estados de transição mais parecido com um carbânion é o mais estável, devemos determinar qual carbânion seria o mais estável.

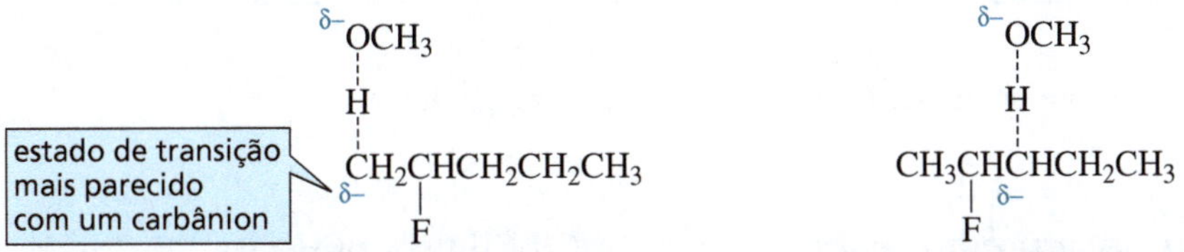

CAPÍTULO 11   Reações de eliminação de haletos de alquila • Competição...   **403**

$$\overset{\delta-}{O}CH_3 \quad\quad\quad\quad \overset{\delta-}{O}CH_3$$
$$H \quad\quad\quad\quad\quad\quad H$$

estado de transição mais parecido com um carbânion → $\underset{\delta-}{CH_2}\underset{\delta-}{CHCH_2CH_3} \quad\quad CH_3\underset{\delta-}{CHCHCH_2CH_3}$
$$\quad\quad\quad\quad F \quad\quad\quad\quad\quad\quad\quad F$$

estado de transição que leva ao 1-penteno — **mais estável**

estado de transição que leva ao 2-penteno — **menos estável**

Vimos que, por serem carregados positivamente, os carbocátions são estabilizados por grupos doadores de elétrons. Lembre-se de que os grupos alquila estabilizam os carbocátions porque os grupos alquila são mais doadores de elétrons do que um hidrogênio. Portanto, os carbocátions terciários são os mais estáveis e os cátions metílicos são os menos estáveis (Seção 4.2).

estabilidades relativas dos carbocátions

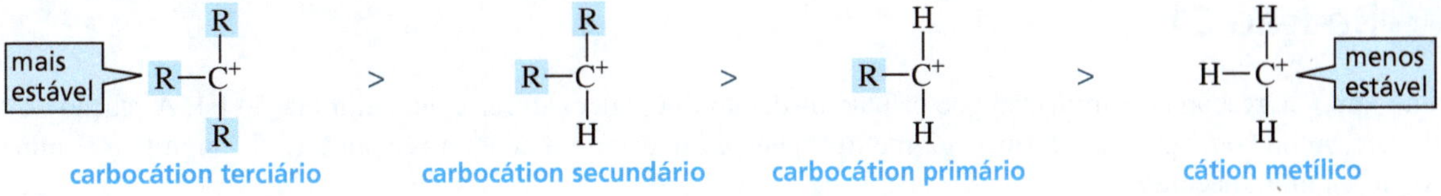

mais estável →
$$R-\overset{R}{\underset{R}{C^+}} \;>\; R-\overset{R}{\underset{H}{C^+}} \;>\; R-\overset{H}{\underset{H}{C^+}} \;>\; H-\overset{H}{\underset{H}{C^+}}$$
← menos estável

carbocátion terciário   carbocátion secundário   carbocátion primário   cátion metílico

Os carbânions, por outro lado, são carregados negativamente, por essa razão são desestabilizados pelos grupos alquila. Portanto, ânions metílicos são os mais estáveis e os carbânions terciários são os menos estáveis.

> **Estabilidade de carbocátion:** 3º é mais estável do que 1º.
> **Estabilidade de carbânion:** 1º é mais estável do que 3º.

estabilidades relativas de carbânions

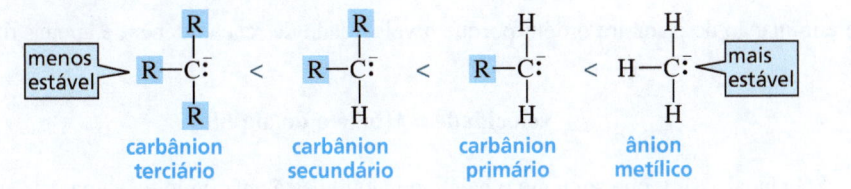

menos estável →
$$R-\overset{R}{\underset{R}{C^{:-}}} \;<\; R-\overset{R}{\underset{H}{C^{:-}}} \;<\; R-\overset{H}{\underset{H}{C^{:-}}} \;<\; H-\overset{H}{\underset{H}{C^{:-}}}$$
← mais estável

carbânion terciário   carbânion secundário   carbânion primário   ânion metílico

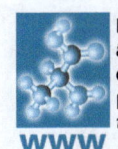

Molecule Gallery: ânion metílico; ânion etílico; ânion sec-propílico; ânion terc-butílico

www

O desenvolvimento da carga negativa em um estado de transição que leva ao 1-penteno está em um carbono primário, que é mais estável do que o estado de transição que leva ao 2-penteno, onde a carga negativa desenvolvida está em um carbono secundário. Como o estado de transição que leva ao 1-penteno é mais estável, o 1-penteno é formado mais rapidamente e é o produto majoritário da reação de E2 do 2-fluoropentano.

Os dados da Tabela 11.2 mostram que, como o íon haleto aumenta em basicidade (diminui na habilidade de sair), o rendimento do alceno mais substituído obtido como produto diminui. Assim, o alceno mais substituído permanece como produto de eliminação majoritário em todos os casos, exceto quando o halogênio é o flúor.

Podemos resumir dizendo que *o produto majoritário de uma reação de eliminação E2 é o alceno mais estável, exceto se os reagentes forem impedidos estericamente ou se o grupo de saída for ruim (por exemplo, um íon flúor)*. Nesse caso o produto majoritário será o alceno menos estável. Na Seção 11.6, você verá que o produto mais estável não é sempre o produto majoritário no caso de certas substâncias cíclicas.

PROBLEMA 3◆

Forneça o produto de eliminação majoritário obtido de uma reação E2 de cada um dos seguintes haletos de alquila com o íon hidróxido:

a. 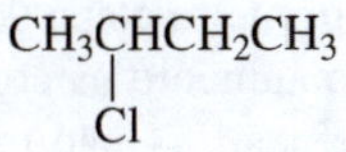 $CH_3\underset{Cl}{CH}CH_2CH_3$

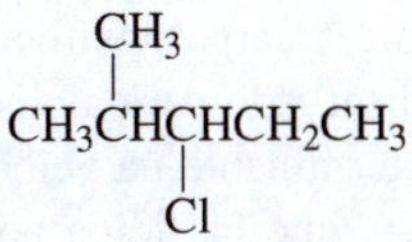

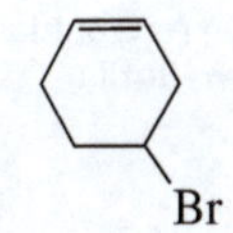

b. 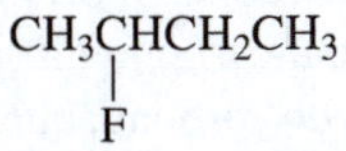 $CH_3\underset{F}{CH}CH_2CH_3$

c. $CH_3\underset{Cl}{\overset{CH_3}{CH}}CHCH_2CH_3$

d. $CH_3\underset{Cl}{CH}CH_2CH=CH_2$

e. (ciclo-hexano com Br)

f. $CH_3\underset{F}{\overset{CH_3}{CH}}CHCH_2CH_3$

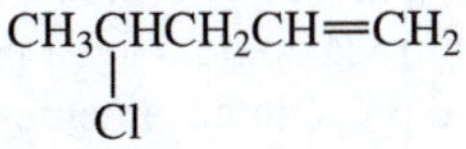

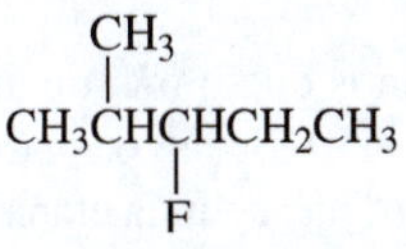

PROBLEMA 4♦

Qual haleto de alquila você presumiria ser o mais reativo em uma reação E2?

a. 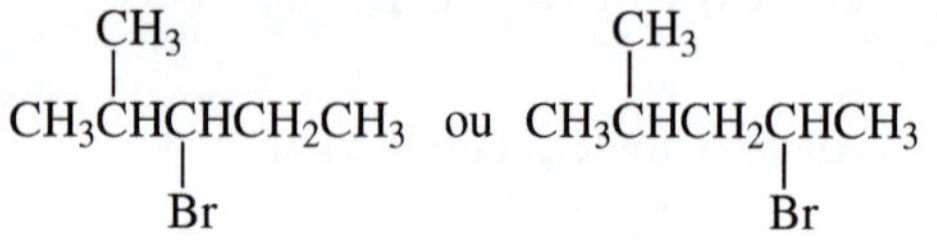 $CH_3CHCHCH_2CH_3$ ou $CH_3CHCH_2CHCH_3$ c. 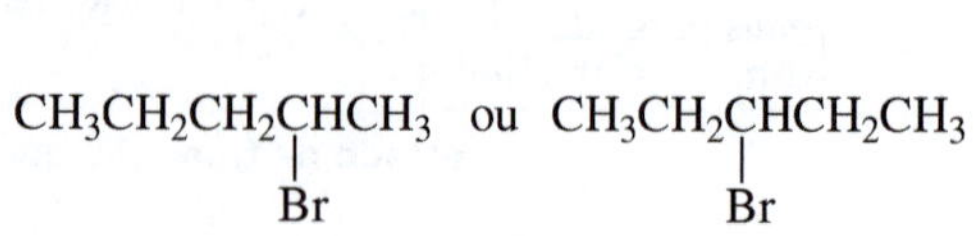 $CH_3CH_2CH_2CHCH_3$ ou $CH_3CH_2CHCH_2CH_3$
    | |
   Br   Br

(onde na estrutura de a, há CH₃ acima do segundo carbono da direita)

b. 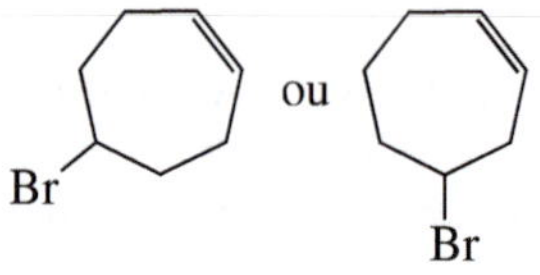 (cicloheptano com Br) ou (cicloheptano com dupla ligação e Br)

d. 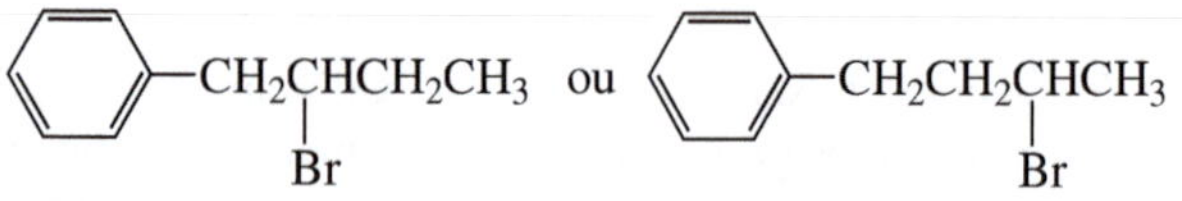 (fenil)—$CH_2CHCH_2CH_3$ ou (fenil)—$CH_2CH_2CHCH_3$
               | |
            Br   Br

11.3 Reação E1

O segundo tipo de reação de eliminação que os haletos de alquila podem sofrer é uma eliminação E1. A reação do brometo de *terc*-butila com água para formar o 2-metilpropeno é um exemplo de uma **reação E1**; "E" significa eliminação e "1" significa unimolecular.

$$CH_3-\underset{\underset{Br}{|}}{\overset{\overset{CH_3}{|}}{C}}-CH_3 + H_2O \longrightarrow CH_2=\underset{}{\overset{\overset{CH_3}{|}}{C}}-CH_3 + H_3O^+ + Br^-$$

brometo de *terc*-butila   **2-metilpropeno**

Uma reação E1 é uma reação de eliminação de primeira ordem porque a velocidade de reação depende apenas da concentração do haleto de alquila.

Animation Gallery: Eliminação E1
www

velocidade = k[haleto de alquila]

Sabemos, assim, que somente o haleto de alquila está envolvido na etapa determinante da velocidade da reação. Portanto, deve haver pelo menos duas etapas na reação.

mecanismo de reação E1

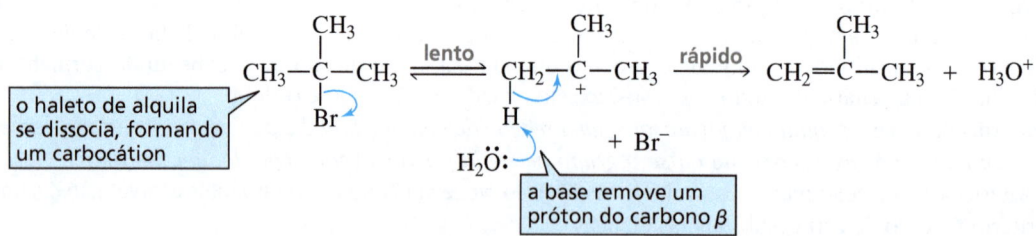

$$CH_3-\underset{\underset{Br}{|}}{\overset{\overset{CH_3}{|}}{C}}-CH_3 \underset{lento}{\rightleftharpoons} CH_2-\overset{\overset{CH_3}{|}}{\underset{+}{C}}-CH_3 \xrightarrow{rápido} CH_2=\overset{\overset{CH_3}{|}}{C}-CH_3 + H_3O^+$$

o haleto de alquila se dissocia, formando um carbocátion

$H_2\ddot{O}:$ + Br⁻

a base remove um próton do carbono β

Molecule Gallery: cloreto de *terc*-butila; cátion *terc*-butila
www

O mecanismo precedente mostra que uma reação E1 tem duas etapas. Na primeira etapa, o haleto de alquila se dissocia heteroliticamente, formando um carbocátion. Na segunda etapa, a base forma o produto de eliminação pela remoção de um próton do carbono adjacente à carga positiva (isto é, do carbono β). Esse mecanismo está de acordo com o observado para a cinética de primeira ordem. A primeira etapa de reação é a etapa determinante na velocidade de reação. Portanto, o aumento na concentração da base — que participa apenas na segunda etapa de reação — não produz efeito sobre a velocidade de reação.

Vimos que o pK_a de uma substância como o etano, que tem hidrogênios ligados apenas em carbonos hibridizados em sp^3, é 50 (Seção 6.9). Como, então, uma base fraca como a água pode remover um próton de um carbono hibridizado em sp^3 na segunda etapa de reação? Primeiro, o pK_a é intensamente reduzido pela carga positiva do carbono, que pode

CAPÍTULO 11   Reações de eliminação de haletos de alquila • Competição...   **405**

aceitar os elétrons que ficam quando o próton é removido do carbono adjacente. Segundo, o carbono adjacente ao carbono carregado positivamente compartilha a carga positiva como resultado da hiperconjugação, e essa carga positiva retiradora de elétrons também aumenta a acidez da ligação C—H. Lembre-se de que a hiperconjugação — em que os elétrons σ na ligação adjacente ao carbono carregado positivamente se estende para o orbital p vazio — é responsável pela grande estabilidade do carbocátion terciário se comparado com um carbocátion secundário (Seção 4.2).

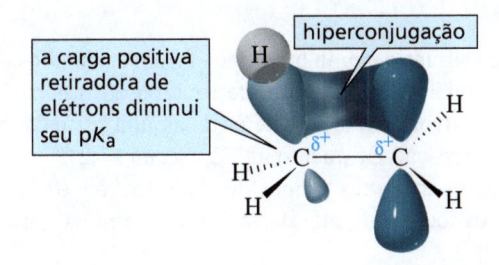

a carga positiva retiradora de elétrons diminui seu pK_a

hiperconjugação

Quando dois produtos de eliminação podem ser formados em uma reação de eliminação, o produto majoritário é geralmente o alceno mais substituído.

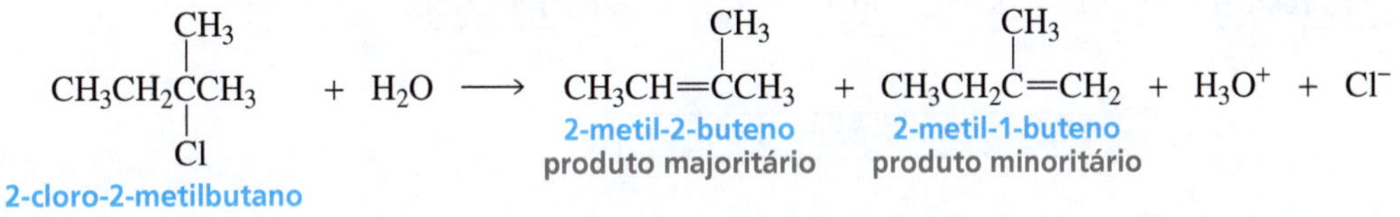

$$CH_3CH_2\underset{\underset{Cl}{|}}{\overset{\overset{CH_3}{|}}{C}}CH_3 + H_2O \longrightarrow CH_3CH=\underset{\underset{}{}}{\overset{\overset{CH_3}{|}}{C}}CH_3 + CH_3CH_2\underset{}{\overset{\overset{CH_3}{|}}{C}}=CH_2 + H_3O^+ + Cl^-$$

2-cloro-2-metilbutano

2-metil-2-buteno
produto majoritário

2-metil-1-buteno
produto minoritário

O alceno mais substituído é o mais estável dos dois alcenos formados na reação anterior e, portanto, apresenta o estado de transição mais estável que leva à sua formação (Figura 11.2). Assim sendo, o alceno mais substituído é formado mais rapidamente, logo, é o produto majoritário. Para obter o alceno mais substituído, o hidrogênio é removido do carbono β ligado ao menor número de hidrogênios, conforme a regra de Zaitsev.

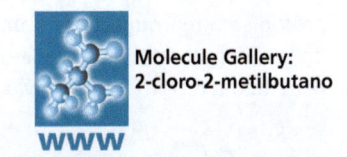

Molecule Gallery:
2-cloro-2-metilbutano

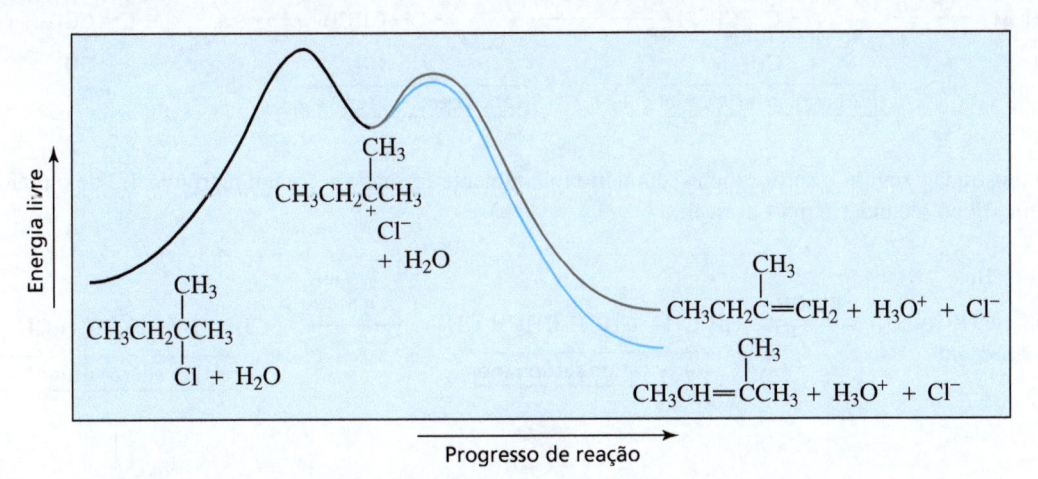

www

▲ **Figura 11.2**
Diagrama da coordenada de reação para a reação E1 do 2-cloro-2-metilbutano. O produto majoritário é o alceno mais substituído porque sua maior estabilidade faz com que o estado de transição que leva à sua formação seja mais estável.

Como a primeira etapa é a etapa determinante, a velocidade de uma reação E1 depende da facilidade com que o carbocátion é formado *e* da rapidez com que o grupo de saída deixa a molécula. Quanto mais estável o carbocátion, mais facilmente ele é formado, porque os carbocátions mais estáveis têm estados de transição mais estáveis que conduzem a suas formações. Portanto, as reatividades relativas de uma série de haletos de alquila com o mesmo grupo de saída correspondem às estabilidades relativas dos carbocátions. Um haleto de alquila benzílico terciário é o mais reativo dos haletos de alquila porque um cátion benzílico terciário — o carbocátion mais estável — é o que se forma mais facilmente (Seções 7.7 e 10.8).

406 QUÍMICA ORGÂNICA

reatividades relativas de haletos de alquila na reação E1 = estabilidades relativas de carbocátions

benzílico 3º ≈ alílico 3º > benzílico 2º ≈ alílico 2º ≈ 3º > benzílico 1º ≈ alílico 1º ≈ 2º > 1º > vinílico

[mais estável]   [menos estável]

    Observe que um haleto de alquila terciário e uma base fraca foram escolhidos para ilustrar a reação E1 nesta seção. Por outro lado, um haleto de alquila terciário e uma base forte foram usados para ilustrar a reação E2 na Seção 11.1. Os haletos de alquila terciários são mais reativos do que os haletos de alquila secundários, os quais são mais reativos do que os haletos de alquila primários tanto na reação E1 quanto na E2 (Seção 11.2).

    Vimos que bases mais fracas são os melhores grupos de saída (Seção 10.3). Portanto, para a série de haletos de alquila com o mesmo grupo alquila, os iodetos de alquila são os mais reativos, e os fluoretos de alquila são os menos reativos em reações E1.

reatividades relativas de haletos de alquila na reação E1

[mais reativo] → RI > RBr > RCl > RF ← [menos reativo]

← aumento de reatividade

    Como a reação E1 forma um carbocátion intermediário, o esqueleto carbônico pode se rearranjar antes da perda do próton se o rearranjo levar a um carbocátion mais estável. Por exemplo, o carbocátion secundário que é formado quando um íon cloreto se dissocia do 3-cloro-2-metil-2-fenilbutano sofre um rearranjo 1,2 de metila para formar um cátion benzílico terciário mais estável, que é então desprotonado para formar um alceno.

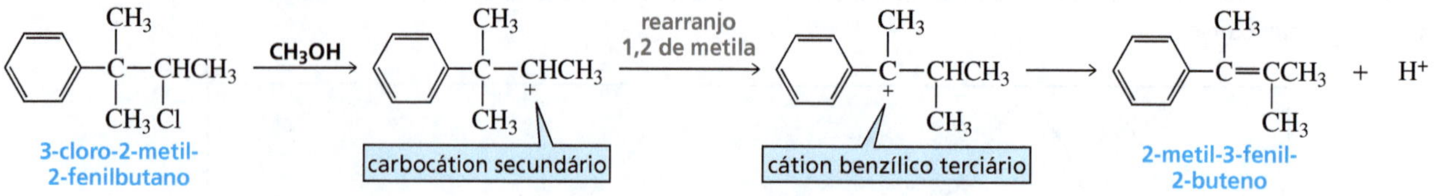

Ph–C(CH₃)(Cl)–CH(CH₃)–CH₃ (3-cloro-2-metil-2-fenilbutano) →[CH₃OH] Ph–C⁺(CH₃)–CH(CH₃)–CH₃ (carbocátion secundário) →[rearranjo 1,2 de metila] Ph–C⁺(CH₃)(CH₃)–CH(CH₃) (cátion benzílico terciário) → Ph–C(CH₃)=C(CH₃)–CH₃ (2-metil-3-fenil-2-buteno) + H⁺

    Na reação mostrada a seguir, o carbocátion secundário inicialmente formado sofre um rearranjo 1,2 de hidreto para formar um cátion alílico secundário mais estável:

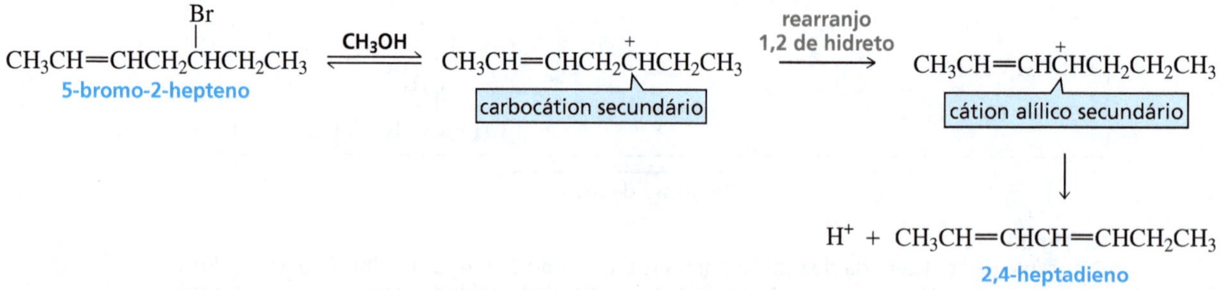

CH₃CH=CHCH₂CH(Br)CH₂CH₃ (5-bromo-2-hepteno) ⇌[CH₃OH] CH₃CH=CHCH₂C⁺HCH₂CH₃ (carbocátion secundário) →[rearranjo 1,2 de hidreto] CH₃CH=CHC⁺HCH₂CH₂CH₃ (cátion alílico secundário)

↓

H⁺ + CH₃CH=CHCH=CHCH₂CH₃ (2,4-heptadieno)

PROBLEMA 5◆

Três alcenos são formados de uma reação E1 do 3-bromo-2,3-dimetilpentano. Forneça as estruturas dos alcenos e os coloque em ordem de acordo com a quantidade que seriam formados. (Ignore os estereoisômeros.)

PROBLEMA 6

Se o 2-fluoropentano sofresse uma reação E1, você esperaria que o produto majoritário fosse o previsto pela regra de Zaitsev? Explique.

PROBLEMA — ESTRATÉGIA PARA RESOLUÇÃO

Proponha um mecanismo para a seguinte reação:

Como o reagente fornecido é um ácido, inicie protonando a molécula na posição que leve à formação do carbocátion mais estável. Através da protonação do grupo CH₂, forma-se um carbocátion alílico terciário no qual a carga positiva é deslocalizada por outros dois carbonos. Depois, movimente os elétrons π de maneira que ocorra o rearranjo 1,2 de metila necessário para a formação do produto. A perda de um próton leva à formação do produto final.

Agora resolva o Problema 7.

PROBLEMA 7

Proponha um mecanismo para a seguinte reação:

11.4 Competição entre as reações E2 e E1

Os haletos de alquila *primários* sofrem apenas as reações de eliminação E2. Eles não podem reagir em um mecanismo E1 devido à dificuldade que encontram na formação de carbocátions primários. Os haletos de alquila *secundários* e *terciários* sofrem ambas as reações E2 e E1 (Tabela 11.3).

Para aqueles haletos de alquila que podem reagir tanto pelas reações E2 quanto pelas reações E1, a reação E2 é favorecida pelos mesmos fatores que favorecem uma reação S_N2, e a reação E1 é favorecida pelos mesmos fatores que favorecem uma reação S_N1. Assim, *uma reação E2 é favorecida pela alta concentração de uma base forte e um solvente polar aprótico (por exemplo, DMSO ou DMF), enquanto uma reação E1 é favorecida por uma base fraca e um solvente polar prótico (por exemplo, H_2O ou ROH)*. A maneira como o solvente afeta o mecanismo de reação foi discutida na Seção 10.10.

Tutorial Gallery:
Termos comuns para as reações E1 e E2
www

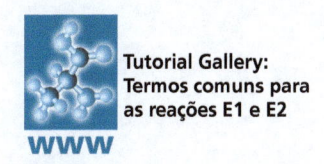

Tabela 11.3 Sumário da reatividade de haletos de alquila em reações de eliminação

Haleto de alquila primário	apenas E2
Haleto de alquila secundário	E1 e E2
Haleto de alquila terciário	E1 e E2

408 QUÍMICA ORGÂNICA

> **PROBLEMA 8◆**
>
> Para cada uma das reações a seguir, (1) indique se a eliminação ocorrerá via reação E1 ou E2 e (2) forneça o produto majoritário de cada uma das reações, ignorando os estereoisômeros:
>
> a. $CH_3CH_2CHCH_3$ $\xrightarrow{CH_3O^-}{DMSO}$
> |
>   Br
>
> b. $CH_3CH_2CHCH_3$ $\xrightarrow{CH_3OH}$
> |
>   Br
>
> c. CH_3CCH_3 $\xrightarrow{H_2O}$
> | |
> CH_3 Cl
>
> d. CH_3CCH_3 $\xrightarrow{HO^-}{DMF}$
> | |
> CH_3 Cl
>
> e. $CH_3C-CHCH_3$ $\xrightarrow{CH_3CH_2OH}$
> | |
> CH_3 Br (com CH_3 em cima)
>
> f. $CH_3C-CHCH_3$ $\xrightarrow{CH_3CH_2O^-}{DMSO}$
> | |
> CH_3 Br (com CH_3 em cima)

> **PROBLEMA 9◆**
>
> A equação de velocidade da reação de HO^- com brometo de *terc*-butila para formar um produto de eliminação em 75% de etanol/25% de água a 30 °C é a soma da lei de velocidade para as reações E1 e E2:
>
> $$\text{velocidade} = 7,1 \times 10^{-5} [\text{brometo de }terc\text{-butila}][HO^-] + 1,5 \times 10^{-5}[\text{brometo de }terc\text{-butila}]$$
>
> Qual a porcentagem da reação que ocorre segundo o mecanismo E2 quando existem essas condições?
>
> a. $[HO^-] = 5,0$ M
>
> b. $[HO^-] = 0,0025$ M

11.5 Estereoquímica das reações E2 e E1

Estereoquímica da reação E2

Uma reação E2 envolve a remoção de dois grupos de carbonos adjacentes. Essa reação é concertada porque os dois grupos são eliminados na mesma etapa. As ligações dos grupos a serem eliminados (H e X) devem estar no mesmo plano porque o orbital sp^3 do carbono ligado a H e o orbital sp^3 do carbono ligado a X se tornam orbitais p sobrepostos no alceno obtido. Portanto, os orbitais devem se sobrepor no estado de transição. Essa sobreposição é perfeita se os orbitais estiverem paralelos (isto é, no mesmo plano).

Existem duas maneiras nas quais as ligações C—H e C—X podem estar no mesmo plano: eles podem estar paralelos um em relação ao outro no mesmo lado da molécula (**sinperiplanar**) ou em lados opostos da molécula (**antiperiplanar**).

os substituintes estão sinperiplanar
confôrmero eclipsado

os substituintes estão antiperiplanar
confôrmero em oposição

Se uma reação de eliminação remove dois substituintes do mesmo lado da ligação C—C, a reação é chamada **eliminação sin**. Se os substituintes são removidos do lado oposto da ligação C—C, a reação é chamada **eliminação anti**.

Uma reação E2 envolve a eliminação anti.

Os dois tipos de eliminação podem ocorrer, mas a eliminação sin é uma reação muito mais lenta, por isso a eliminação anti é altamente favorecida em uma reação E2. Uma razão do favorecimento da eliminação anti é que a eliminação sin precisa

CAPÍTULO 11   Reações de eliminação de haletos de alquila • Competição...   409

que a molécula esteja na conformação eclipsada, enquanto na eliminação anti a molécula precisa estar na conformação em oposição, que é mais estável.

A projeção em cavalete nos mostra outra razão na qual a eliminação anti é favorecida. Na eliminação sin, os elétrons do hidrogênio que parte se movem para o lado da *frente* do carbono ligado ao X, enquanto na eliminação anti os elétrons se movem para o lado de *trás* do carbono ligado ao X. Vimos que as reações de deslocamento envolvem o ataque pelo lado de trás porque a melhor sobreposição dos orbitais que interagem ocorrem quando o ataque se processa pelo ataque por trás (Seção 10.2). Finalmente, a eliminação anti evita a repulsão da base rica em elétrons quando ela está do mesmo lado da molécula do íon haleto de saída, também rico em elétron.

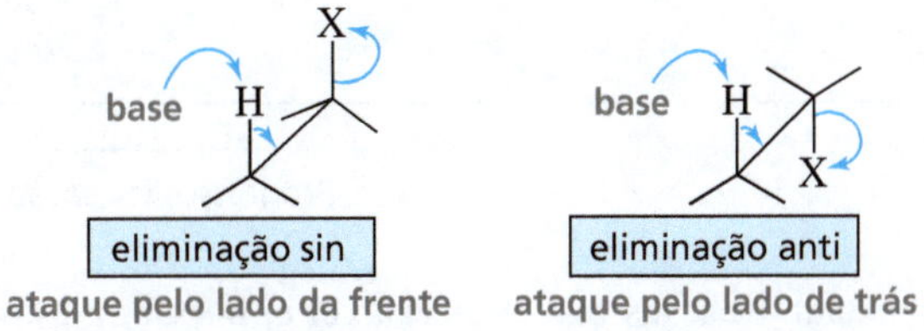

eliminação sin — ataque pelo lado da frente

eliminação anti — ataque pelo lado de trás

Na Seção 11.1, vimos que uma reação E2 é *regiosseletiva*, o que significa que um isômero constitucional é formado em maior quantidade do que o outro. Por exemplo, o produto majoritário formado da eliminação E2 do 2-bromopentano é o 2-penteno.

$$CH_3CH_2CH_2\overset{Br}{\underset{|}{C}}HCH_3 \xrightarrow[CH_3CH_2OH]{CH_3CH_2O^-} CH_3CH_2CH=CHCH_3 + CH_3CH_2CH_2CH=CH_2$$

2-bromopentano

2-penteno
produto majoritário
(mistura de *E* e *Z*)

1-penteno
produto minoritário

A reação E2 também é *estereosseletiva*, o que significa que uma quantidade maior de um estereoisômero é formada em relação ao outro. Por exemplo, o 2-penteno que é obtido como produto majoritário da reação de eliminação do 2-bromopentano pode existir como um par de estereoisômeros, e o (*E*)-2-penteno é formado em maior quantidade do que o (*Z*)-2-penteno.

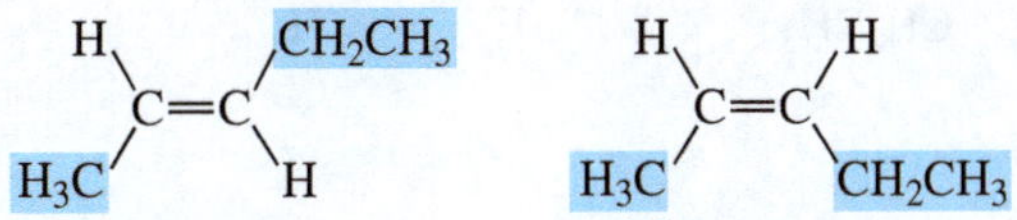

(*E*)-2-penteno
41%

(*Z*)-2-penteno
14%

Podemos estabelecer a seguinte proposição geral sobre a estereosseletividade de reações E2: se o reagente tiver dois hidrogênios ligados ao carbono do qual será removido um hidrogênio, os dois produtos, *E* e *Z*, serão obtidos porque existem dois confôrmeros nos quais os grupos a serem eliminados estão anti. O alceno com os *grupos mais volumosos em lados opostos da ligação dupla* será formado em maior rendimento porque é o alceno mais estável.

> Quando dois hidrogênios estão ligados ao carbono β, o produto majoritário de uma reação E2 é o alceno com os substituintes mais volumosos em lados opostos na ligação dupla.

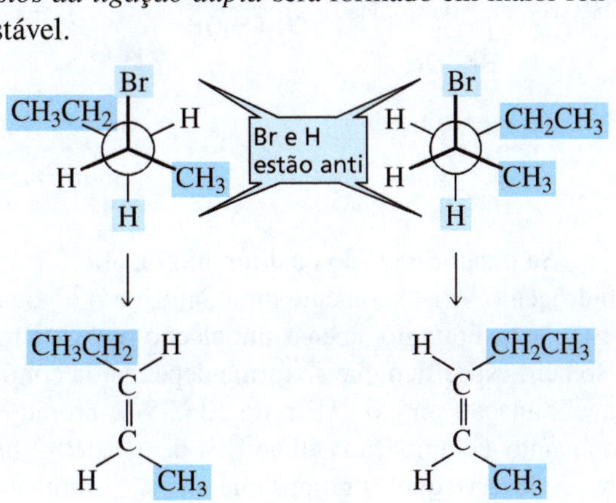

Br e H estão anti

(*E*)-2-penteno
mais estável

(*Z*)-2-penteno
menos estável

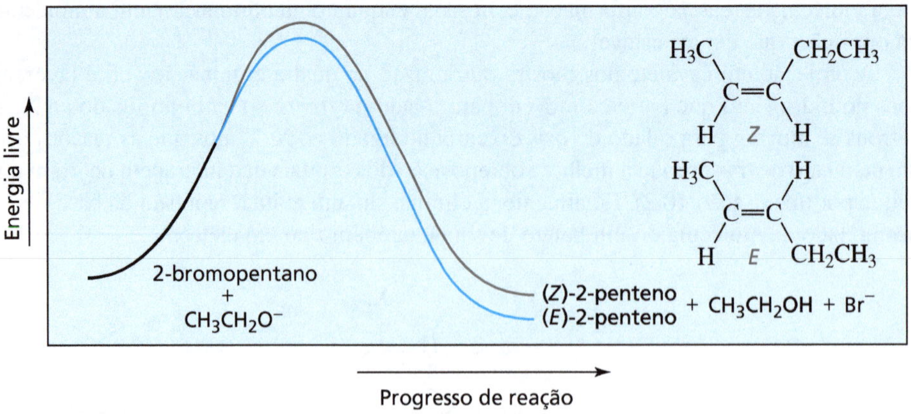

Figura 11.3 ▶
Diagrama da coordenada de reação para a reação E2 do 2-bromopentano e o íon etóxido.

O alceno mais estável tem o estado de transição mais estável e, portanto, é formado mais rapidamente (Figura 11.3). Na Seção 4.11, vimos que o alceno com os grupos mais volumosos no *mesmo* lado na ligação dupla é menos estável porque as nuvens eletrônicas dos substituintes grandes podem interferir entre si, provocando um impedimento estérico.

interação das nuvens eletrônicas provocam impedimento estérico

(*E*)-2-penteno   (*Z*)-2-penteno

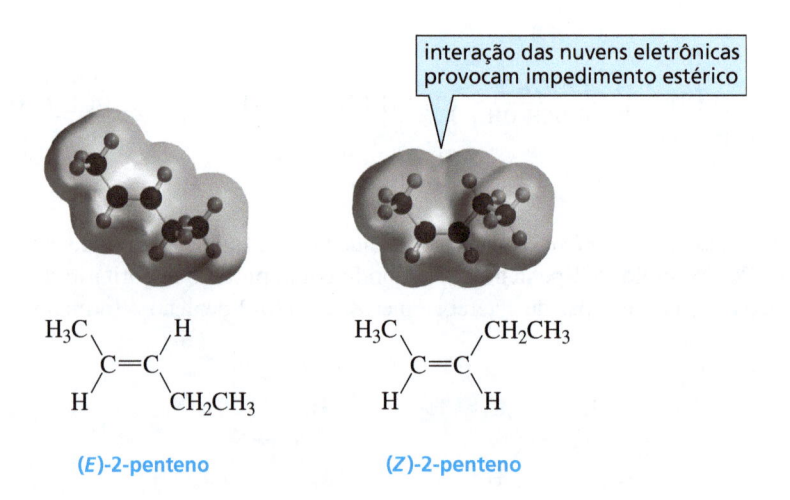

A eliminação de HBr do 3-bromo-2,2,3-trimetilpentano leva predominantemente ao isômero *E* porque esse estereoisômero tem o grupo metila, o grupo mais volumoso em um carbono sp^2, em oposição ao grupo *terc*-butila, o grupo mais volumoso no outro carbono sp^2.

Molecule Gallery:
3-bromo-2,2,
3-trimetil-pentano
www

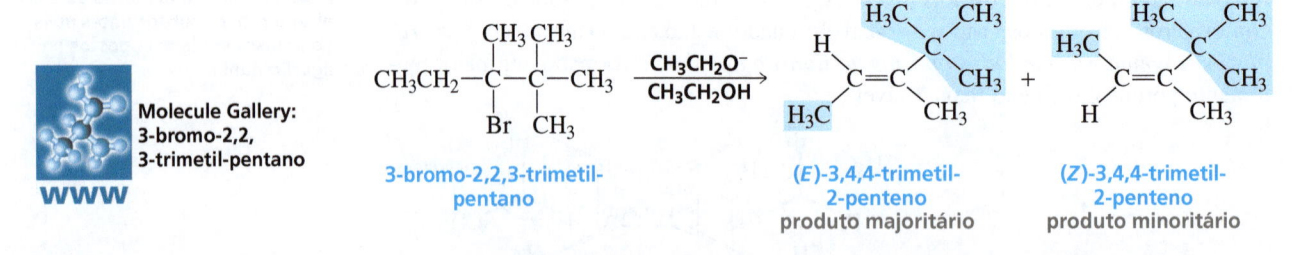

3-bromo-2,2,3-trimetil-pentano → (*E*)-3,4,4-trimetil-2-penteno (produto majoritário) + (*Z*)-3,4,4-trimetil-2-penteno (produto minoritário)

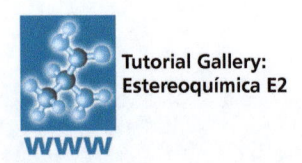

Tutorial Gallery:
Estereoquímica E2
www

Se o carbono β do qual um hidrogênio for removido estiver ligado a apenas um hidrogênio, existe somente um confôrmero no qual os grupos para serem eliminados estão anti. Portanto, apenas um alceno pode ser formado como produto de reação. O isômero específico que se forma depende da configuração do reagente. Por exemplo, a eliminação anti de HBr do (2*S*,3*S*)-2-bromo-3-fenilbutano forma o isômero *E*, enquanto a eliminação anti de HBr do (2*S*,3*R*)-2-bromo-3-fenilbutano forma o isômero Z. Observe que os grupos que não são eliminados mantêm suas posições relativas.

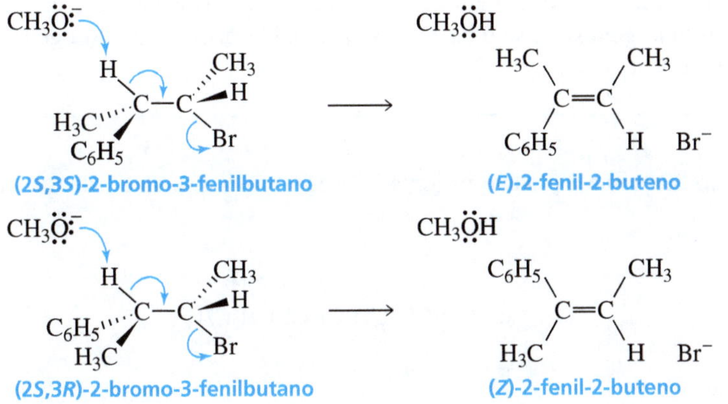

CAPÍTULO 11   Reações de eliminação de haletos de alquila • Competição...   411

(2S,3S)-2-bromo-3-fenilbutano → (E)-2-fenil-2-buteno

(2S,3R)-2-bromo-3-fenilbutano → (Z)-2-fenil-2-buteno

> Quando apenas um hidrogênio estiver ligado ao carbono β, o produto majoritário de uma reação E2 depende da estrutura do alceno.

> Os modelos moleculares podem ser úteis sempre que estereoquímicas complexas estiverem envolvidas.

PROBLEMA 10◆

a. Determine o produto majoritário que seria obtido de uma reação E2 de cada um dos haletos de alquila mostrados a seguir (em cada caso, indique a configuração do produto):

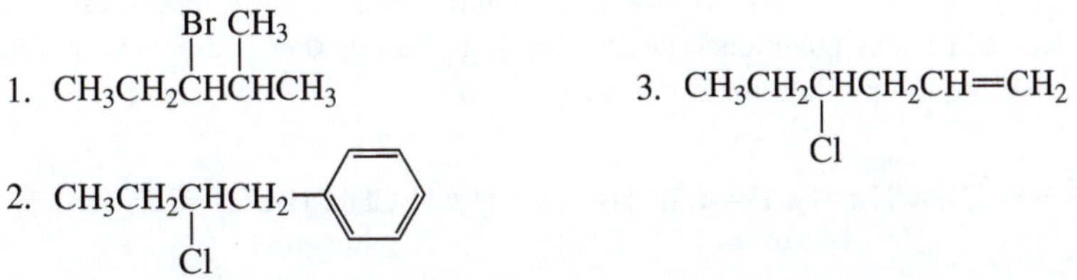

1. $CH_3CH_2CHCHCH_3$ (Br, CH_3)

2. $CH_3CH_2CHCH_2$–C$_6$H$_5$ (Cl)

3. $CH_3CH_2CHCH_2CH=CH_2$ (Cl)

b. O produto obtido depende de você ter iniciado com o enantiômero R ou S do reagente?

Estereoquímica da reação E1

Vimos que uma reação de eliminação E1 ocorre em duas etapas. O grupo de saída parte na primeira etapa e um próton é perdido de um carbono adjacente na segunda etapa, seguindo a regra de Zaitsev para formar o alceno mais estável. O carbocátion formado na primeira etapa é planar, portanto os elétrons do próton que sai podem se mover na direção do carbono carregado positivamente dos *dois lados*. Assim, ambas as eliminações sin e anti podem ocorrer.

Como tanto a eliminação sin quanto a anti podem ocorrer em uma reação E1, os produtos E e Z são formados, independentemente de o carbono β do qual o próton é removido estar ligado a um ou dois hidrogênios. O produto majoritário é aquele no qual os grupos mais volumosos de cada carbono da ligação dupla se encontram em lados opostos, uma vez que este é o alceno mais estável.

> O produto majoritário de uma reação E1 é o alceno com os substituintes mais volumosos em lados opostos da ligação dupla.

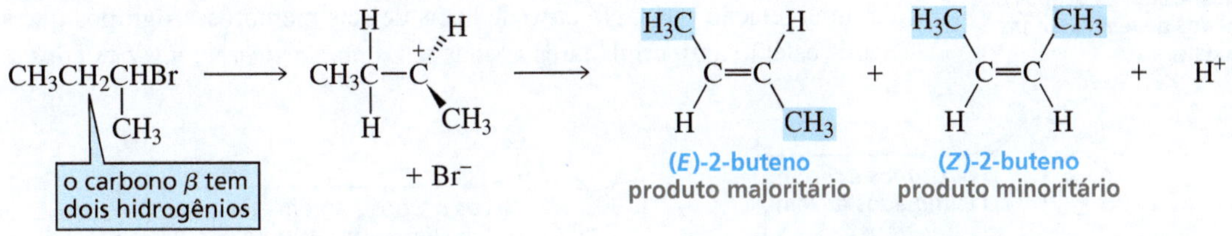

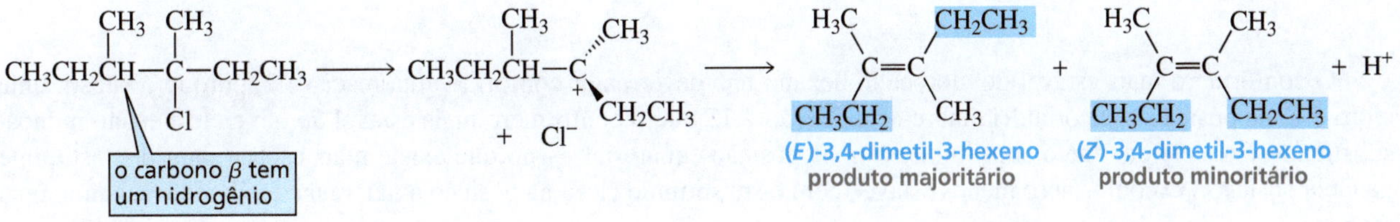

CH_3CH_2CHBr (CH$_3$) → CH_3C^+–C(H,H,CH$_3$) + Br$^-$ → (E)-2-buteno (produto majoritário) + (Z)-2-buteno (produto minoritário) + H$^+$

o carbono β tem dois hidrogênios

CH_3CH_2CH–C(CH$_3$,CH$_3$)–CH$_2$CH$_3$ (Cl) → CH_3CH_2CH–C$^+$(CH$_3$,CH$_2$CH$_3$) + Cl$^-$ → (E)-3,4-dimetil-3-hexeno (produto majoritário) + (Z)-3,4-dimetil-3-hexeno (produto minoritário) + H$^+$

o carbono β tem um hidrogênio

412 QUÍMICA ORGÂNICA

Por outro lado, acabamos de ver que uma reação E2 forma ambos os produtos *E* e *Z* somente se o carbono β do qual o próton é removido estiver ligado a dois hidrogênios. Caso o cabono esteja ligado a apenas um hidrogênio, apenas um produto é obtido porque a eliminação anti é a favorecida.

PROBLEMA 11♦   RESOLVIDO

Para cada um dos haletos de alquila a seguir, determine o produto majoritário que se forma quando o haleto de alquila reage segundo um mecanismo E1:

a. 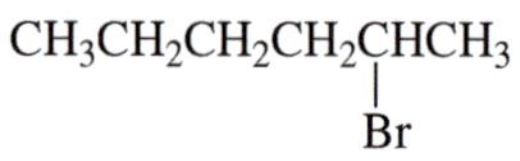 $CH_3CH_2CH_2CH_2CHCH_3$
              |
              Br

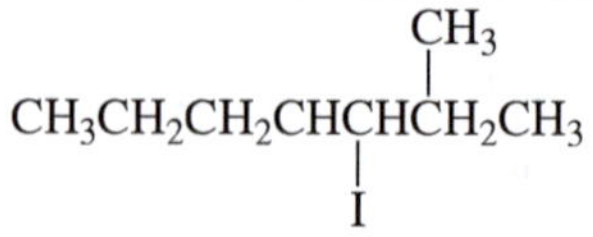

b. 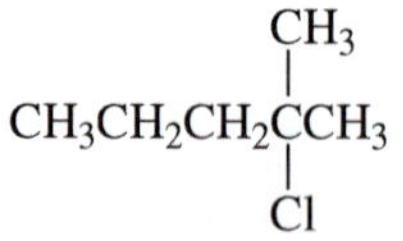 $CH_3CH_2CH_2CCH_3$
         |
         CH_3
         |
         Cl

c. $CH_3CH_2CH_2CHCHCH_2CH_3$
              | |
              CH_3 I

d. 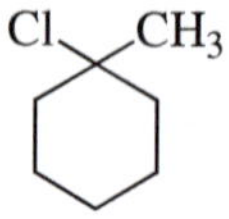 (ciclo-hexano com Cl e CH_3 no mesmo carbono)

RESOLUÇÃO PARA 11a   Inicialmente, devemos considerar a regioquímica da reação: será formada uma quantidade maior de 2-hexeno do que de 1-hexeno porque o 2-hexeno é mais estável. A seguir, devemos considerar a estereoquímica da reação: do 2-hexeno obtido, será formada maior quantidade de (*E*)-2-hexeno do que de (*Z*)-2-hexeno porque o (*E*)-2-hexeno é mais estável. Então, o (*E*)-2-hexeno é o produto majoritário da reação.

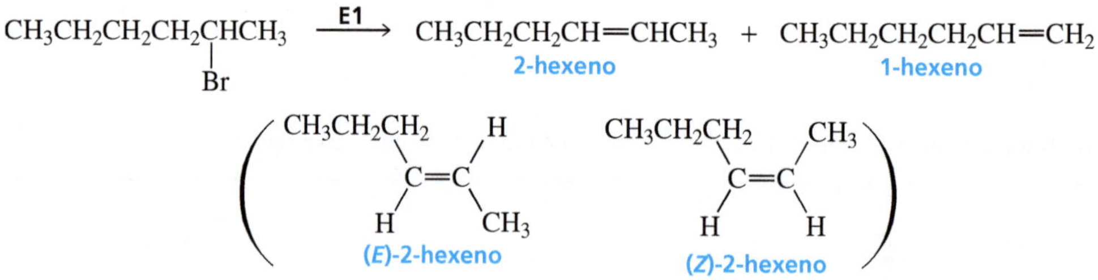

$$CH_3CH_2CH_2CH_2CHCH_3 \xrightarrow{E1} CH_3CH_2CH_2CH=CHCH_3 + CH_3CH_2CH_2CH_2CH=CH_2$$
                   | 2-hexeno   1-hexeno
                   Br

((*E*)-2-hexeno   (*Z*)-2-hexeno)

11.6 Eliminação de substâncias cíclicas

Eliminação E2 de substâncias cíclicas

A eliminação de substâncias cíclicas segue as mesmas regras estereoquímicas da eliminação de substâncias de cadeia aberta. Para alcançar a geometria antiperiplanar que é preferida para uma reação E2, os dois grupos que estão sendo eliminados de uma substância cíclica devem estar em uma relação trans. No caso de anéis de seis membros, os grupos que são eliminados estarão antiperiplanares apenas se *os dois estiverem nas posições axiais*.

Em uma reação E2 de um ciclo-hexano substituído, os grupos que são eliminados devem estar nas posições axiais.

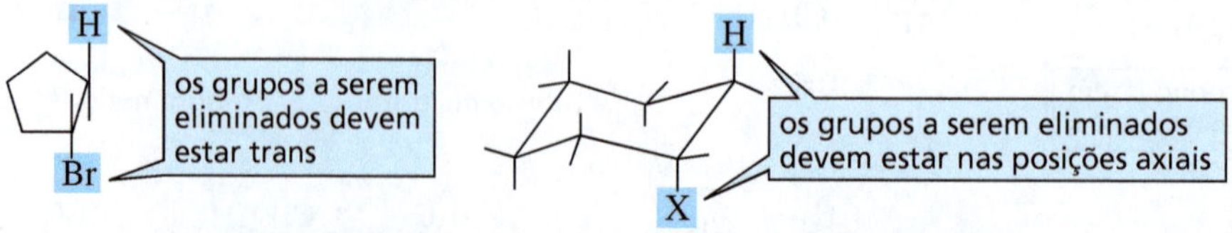

os grupos a serem eliminados devem estar trans

os grupos a serem eliminados devem estar nas posições axiais

O confôrmero mais estável do clorociclo-hexano não deve reagir conforme uma reação E2, porque o substituinte cloro está na posição equatorial. (Lembre-se da Seção 2.13 que o confôrmero mais estável de um ciclo-hexano monossubstituído é aquele em que o substituinte está na posição equatorial — porque existe mais espaço para o substituinte naquela posição.) O confôrmero menos estável, com o substituinte cloro na posição axial, reage facilmente segundo uma reação E2.

CAPÍTULO 11   Reações de eliminação de haletos de alquila • Competição...   **413**

Como um dos dois confôrmeros não reage segundo uma reação E2, a velocidade de uma reação de eliminação é afetada pela estabilidade do confôrmero que reage. A constante de velocidade da reação é dada pelo $k'K_{eq}$. Portanto, a reação é mais rápida se K_{eq} for grande (por exemplo, se a eliminação ocorrer pelo caminho que envolve o confôrmero mais estável). Se a eliminação tem de ocorrer pelo caminho que envolve o confôrmero menos estável, K_{eq} será menor. Por exemplo, o cloreto de neomentila sofre uma reação E2 com o íon etóxido cerca de 200 vezes mais rápido do que o cloreto de mentila pode reagir. O confôrmero do cloreto de neomentila que sofre a eliminação é o confôrmero *mais* estável porque, quando Cl e H estão nas posições necessárias, os grupos metila e isopropila estão nas posições equatoriais.

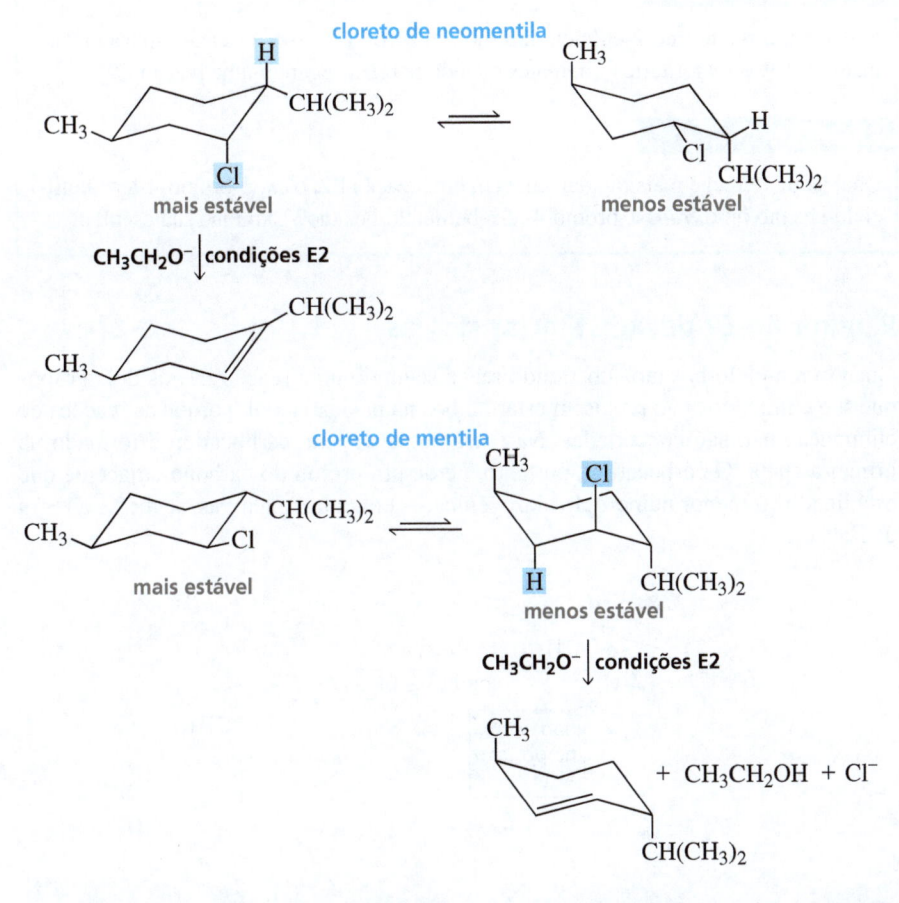

Sir Derek H. R. Barton (1918–1998) *foi o primeiro a ressaltar que a reatividade química de ciclo-hexanos substituídos era controlada pelos seus confôrmeros. Barton nasceu em Gravesend, Kent, Inglaterra. Tornou-se PhD e D.Sc. do Imperial College, em Londres, em 1942, e passou a integrar o quadro da faculdade três anos mais tarde. Em seguida, lecionou na Universidade de Londres, na Universidade de Glasgow, no Instituto de Química de Substâncias Naturais e na Universidade de Texas A. & M. Recebeu o Prêmio Nobel de química em 1969 pelo seu trabalho que relaciona a estrutura tridimensional de substâncias orgânicas à sua reatividade química. Barton foi condecorado pela rainha Elizabeth II em 1972.*

Em comparação, o confôrmero do cloreto de mentila que sofre uma eliminação é o confôrmero menos estável porque Cl e H estão nas posições axiais necessárias, assim como os grupos metila e isopropila estão também na posição axial.

Observe que, quando o cloreto de mentila ou o *trans*-1-cloro-2-metilciclo-hexano reage segundo uma reação E2, o hidrogênio eliminado não é removido do carbono β ligado ao menor número de hidrogênios. Esse fato parece violar a regra de Zaitsev, mas a regra estabelece que, em caso de haver *mais do que um* carbono β do qual um hidrogênio possa ser removido, o hidrogênio será retirado do carbono β ligado ao menor número de hidrogênios. Nas duas reações anteriores, o hidrogênio que é retirado tem de estar na posição axial e somente um carbono β tem um hidrogênio na posição axial. Portanto, aquele hidrogênio é o que será removido, embora não esteja ligado ao carbono β ligado ao menor número de hidrogênios.

trans-1-cloro-2-metilciclo-hexano
mais estável

menos estável

HO⁻ | condições E2

+ H_2O + Cl^-

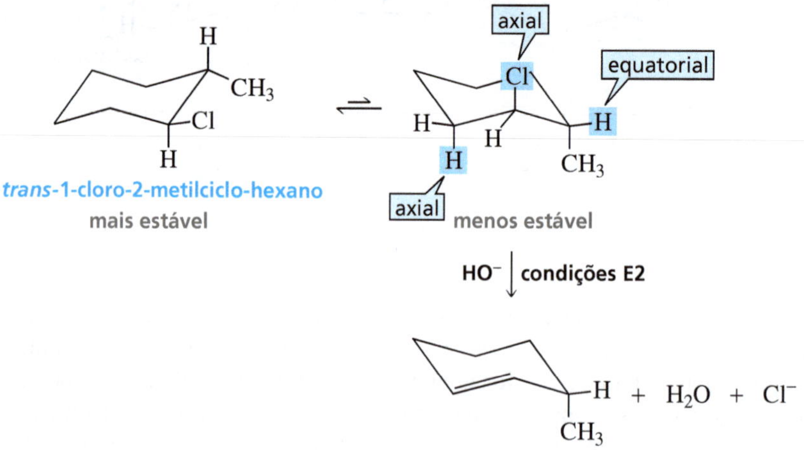

> ### PROBLEMA 12
> Por que o *cis*-1-bromo-2-etilciclo-hexano e o *trans*-1-bromo-2-etilciclo-hexano formam produtos majoritários diferentes quando reagem segundo uma reação E2?
>
> ### PROBLEMA 13
> Qual isômero reage mais rapidamente em uma reação E2, o *cis*-1-bromo-4-*terc*-butilciclo-hexano ou o *trans*-1-bromo-4-*terc*-butilciclo-hexano? Explique sua escolha.

Eliminação E1 de substâncias cíclicas

Quando um ciclo-hexano substituído reage segundo uma reação E1, os dois grupos que são eliminados não precisam estar ambos na posição axial, porque as reações de eliminação não são concertadas. Na reação a seguir, um carbocátion é formado na primeira etapa. O carbocátion, portanto, perde um próton do carbono adjacente que está ligado ao menor número de hidrogênios — em outras palavras, segue-se a regra de Zaitsev.

CH_3OH
condições E1

+ Cl^-

não está na posição axial

+ H^+

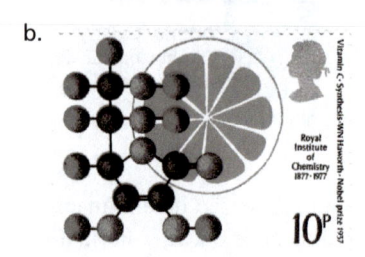

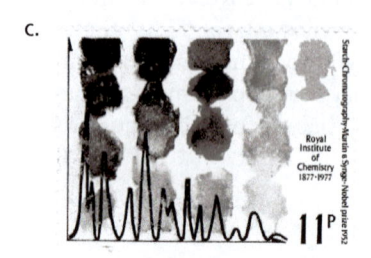

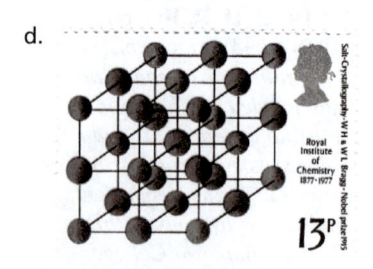

▲ Selos emitidos em homenagem aos ingleses ganhadores do Prêmio Nobel: (a) Sir Derek Barton por análises conformacionais, em 1969; (b) Sir Walter Haworth pela síntese da vitamina C, 1937; (c) A. J. P. Martin e Richard L. M. Synge pela cromatografia, 1952; (d) William H. Bragg e William L. Bragg pela cristalografia, 1915 (os únicos pai e filho a receberem o Prêmio Nobel).

Uma reação E1 envolve tanto a eliminação sin quanto a anti.

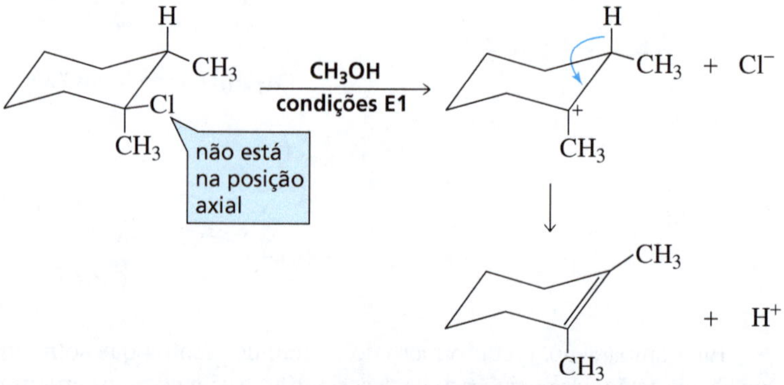

Como um carbocátion é formado em uma reação E1, você deve verificar as possibilidades de o carbocátion se rearranjar antes de você usar a regra de Zaitsev para determinar o produto de eliminação. Na reação mostrada a seguir, o carbocátion secundário sofre um deslocamento 1,2 de hidreto para formar um carbocátion terciário mais estável.

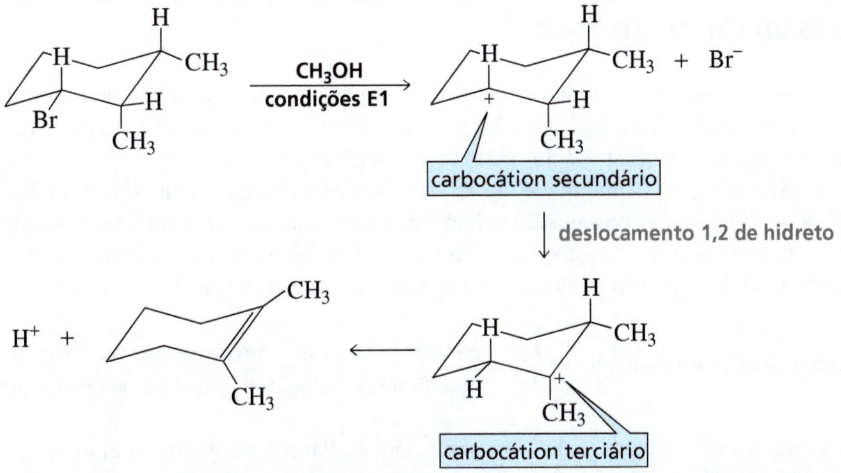

CAPÍTULO 11   Reações de eliminação de haletos de alquila • Competição...

A Tabela 11.4 resume o resultado estereoquímico das reações de substituição e eliminação.

Tabela 11.4	Estereoquímica das reações de eliminação e substituição
Mecanismo	Produtos
S_N1	Ambos os estereoisômeros (R e S) são formados (mais inversão do que retenção).
E1	Os estereoisômeros E e Z são formados (maior quantidade do estereoisômero com os grupos mais volumosos de cada carbono em lados opostos da ligação dupla).
S_N2	Somente o produto de inversão é formado.
E2	Os estereoisômeros E e Z são formados (maior quantidade do estereoisômero com os grupos mais volumosos de cada carbono em lados opostos da ligação dupla). A menos que o carbono β do reagente esteja ligado a apenas um hidrogênio, nesse caso apenas um estereoisômero é formado, com uma configuração que depende da configuração do reagente.

PROBLEMA 14

Forneça os produtos de substituição e eliminação para as seguintes reações, mostrando a configuração de cada produto:

a. (S)-2-cloro-hexano $\xrightarrow{\text{CH}_3\text{O}^-}_{\text{condições S}_N2/\text{E2}}$

b. (S)-2-cloro-hexano $\xrightarrow{\text{CH}_3\text{OH}}_{\text{condições S}_N1/\text{E1}}$

c. trans-1-cloro-2-metilciclo-hexano $\xrightarrow{\text{CH}_3\text{O}^-}_{\text{condições S}_N2/\text{E2}}$

d. trans-1-cloro-2-metilciclo-hexano $\xrightarrow{\text{CH}_3\text{OH}}_{\text{condições S}_N1/\text{E1}}$

e. 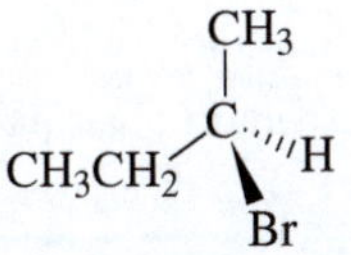 CH₃CH₂—C(CH₃)(H)(Br) $\xrightarrow{\text{CH}_3\text{O}^-}_{\text{condições S}_N2/\text{E2}}$

f. 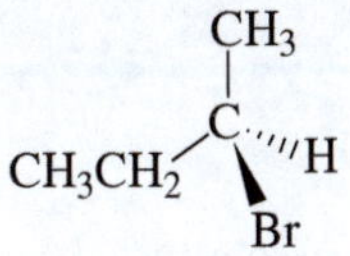 CH₃CH₂—C(CH₃)(H)(Br) $\xrightarrow{\text{CH}_3\text{OH}}_{\text{condições S}_N1/\text{E1}}$

11.7 Efeito isotópico cinético

Um *mecanismo* é um modelo que explica todas as evidências experimentais que são conhecidas sobre uma reação. Por exemplo, os mecanismos de reações S_N1, S_N2, E1 e E2 são baseados em um conhecimento das leis de velocidade da reação, das reatividades relativas dos reagentes e das estruturas dos produtos.

Outro ponto da evidência experimental que é útil na determinação do mecanismo de uma reação é o **efeito isotópico cinético do deutério** — a média da constante de velocidade observada para uma substância na qual um ou mais hidrogênios são substituídos pelo deutério, um isótopo do hidrogênio. Lembre-se de que o núcleo do deutério tem um próton e um nêutron, enquanto o núcleo do hidrogênio contém apenas um próton (Seção 1.1).

$$\text{efeito isotópico cinético do deutério} = \frac{k_H}{k_D} = \frac{\text{constante de velocidade para um reagente que contém H}}{\text{constante de velocidade para um reagente que contém D}}$$

As propriedades químicas do deutério e do hidrogênio são similares; entretanto, uma ligação C—D é cerca de 1,2 kcal/mol (5 kJ/mol) mais forte do que uma ligação C—H. Portanto, é mais difícil romper uma ligação C—D do que a correspondente ligação C—H.

Quando a constante de velocidade (k_H) para a eliminação de HBr do 1-bromo-2-feniletano é comparada com a constante de velocidade (k_D) para a eliminação de DBr do 2-bromo-1,1-dideutério-1-feniletano (determinado sob condições idênticas), o k_H é 7,1 vezes maior do que k_D. O efeito isotópico cinético de deutério, portanto, é 7,1. A diferença nas velocidades das reações se deve à diferença na energia necessária para romper a ligação C—H quando comparada com a ligação C—D.

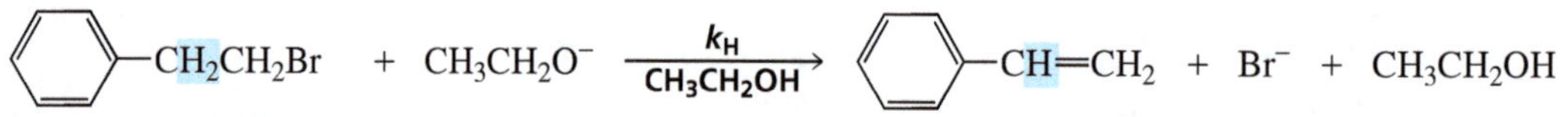

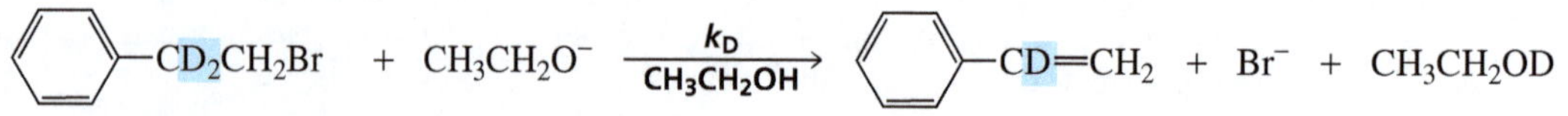

Como o efeito isotópico cinético é maior do que a unidade para essa reação, sabemos que a ligação C—H (ou C—D) deve ser rompida na etapa determinante da velocidade — um fato que está coerente com o mecanismo proposto para a reação E2.

PROBLEMA 15♦

Liste as substâncias mostradas a seguir em ordem decrescente de reatividade em uma reação E2:

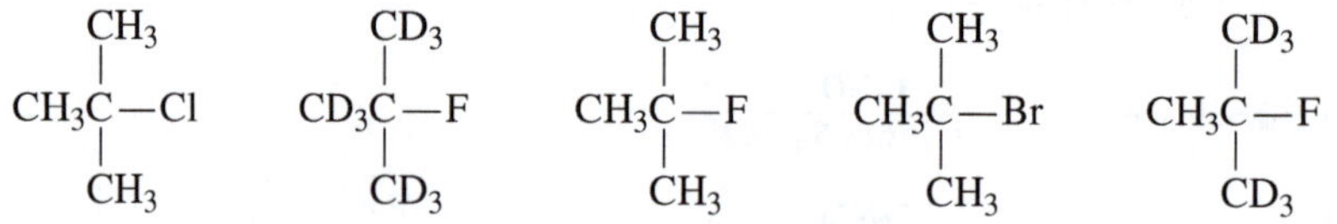

PROBLEMA 16♦

Se as duas reações descritas nesta seção fossem reações de eliminação E1, qual o valor que você esperaria obter para o efeito isotópico cinético de deutério?

11.8 Competição entre substituição e eliminação

Você viu que haletos de alquila reagem mediante quatro tipos de reações: S_N2, S_N1, E2 e E1. A essa altura, isso pode parecer um pouco complexo para ser atribuído a um haleto de alquila e a um nucleófilo/base, se for solicitado a prever

CAPÍTULO 11   Reações de eliminação de haletos de alquila • Competição...

os produtos de reação. Assim, precisamos organizar o que sabemos sobre as reações de haletos de alquila para a previsão dos produtos de qualquer reação se tornar um pouco mais fácil.

Inicialmente devemos decidir se a condição reacional favorece uma S_N2/E2 ou S_N1/E1. (Lembre-se de que as condições favoráveis a uma reação S_N2 também são favoráveis a uma reação E2, e as condições que favorecem uma reação S_N1 também favorecem uma reação E1.) A decisão torna-se fácil se o reagente for uma haleto de alquila *primário* — ele reage somente em reações S_N2/E2. Os carbocátions primários são muito instáveis para serem formados, logo os haletos de alquila primários não podem reagir segundo uma reação S_N1/E1.

Se o reagente for um haleto de alquila *secundário* ou *terciário*, ele pode reagir segundo as reações S_N2/E2 ou S_N1/E1, dependendo das condições reacionais. As reações S_N2/E2 são favoráveis por uma concentração alta de um bom nucleófilo/base forte, enquanto as reações S_N1/E1 são favoráveis por nucleófilos fracos/bases fracas (seções 10.9 e 11.4). Além disso, o solvente no qual a reação é realizada pode influenciar o mecanismo (Seção 10.10).

Após decidir se as condições favorecem reações S_N2/E2 ou S_N1/E1, devemos decidir quanto do produto será um produto de substituição e quanto será um produto de eliminação. As quantidades relativas de produtos de substituição e eliminação dependerão de qual haleto de alquila foi usado, se primário, secundário ou terciário e da natureza do nucleófilo/base. Essa discussão está apresentada na próxima seção e resumida na Tabela 11.6.

Condições S_N2/E2

Vamos primeiro considerar as condições que levam a reações S_N2/E2 (uma concentração alta de um bom nucleófilo/base forte). As espécies carregadas negativamente podem agir como um nucleófilo e atacar pelo lado de trás do carbono α para formar o produto de substituição, ou podem agir como uma base e remover um hidrogênio β, levando a um produto de eliminação. Assim, as duas reações competem entre si. Observe que as duas reações ocorrem pela mesma razão — o halogênio retirador de elétrons fornece ao carbono no qual está ligado uma carga parcial positiva.

$$CH_3-CH_2-Br \longrightarrow CH_3CH_2OH + Br^-$$
$$HO^-$$
produto de substituição

$$CH_2-CH_2-Br \longrightarrow CH_2=CH_2 + H_2O + Br^-$$
$$H \quad HO^-$$
produto de eliminação

As reatividades relativas de haletos de alquila em reações S_N2 e E2 estão na Tabela 11.5. Como um haleto de alquila *primário* é o mais reativo em uma reação S_N2 e menos reativo em uma reação E2, um haleto de alquila primário forma principalmente o produto de substituição em uma reação realizada em condições que favoreçam reações S_N2/E2. Em outras palavras, a substituição vence a competição.

Tabela 11.5 Reatividades relativas de haletos de alquila	
Em uma reação S_N2: 1º > 2º > 3º	Em uma reação S_N1: 3º > 2º > 1º
Em uma reação E2: 3º > 2º > 1º	Em uma reação E1: 3º > 2º > 1º

um haleto de alquila primário

$$CH_3CH_2CH_2Br + CH_3O^- \xrightarrow{CH_3OH} CH_3CH_2CH_2OCH_3 + CH_3CH=CH_2 + CH_3OH + Br^-$$
brometo de propila   metilpropil-éter   propeno
                              90%   10%

No entanto, se tanto um haleto de alquila primário ou o nucleófilo/base estiver impedido estericamente, o nucleófilo terá maior dificuldade de atingir o lado de trás do carbono α. Como resultado, a eliminação vencerá a competição e, com isso, o produto de eliminação vai predominar.

Uma base volumosa favorece a eliminação em relação à substituição.

418 QUÍMICA ORGÂNICA

o haleto de alquila primário está impedido estericamente

CH₃CHCH₂Br + CH₃O⁻ —CH₃OH→ CH₃CHCH₂OCH₃ + CH₃C=CH₂ + CH₃OH + Br⁻
| | |
CH₃   CH₃   CH₃
1-bromo-2-metil-   éter-isobutilmetílico   2-metilpropeno
propano   40%   60%

o nucleófilo está impedido estericamente

CH₃CH₂CH₂CH₂CH₂Br + CH₃CO⁻ —(CH₃)₃COH→ CH₃CH₂CH₂CH₂CH₂OCCH₃ + CH₃CH₂CH₂CH=CH₂ + CH₃COH + Br⁻
                           | | |
                           CH₃   CH₃   CH₃
1-bromopentano   CH₃   CH₃   CH₃
                                              éter *terc*-butilpentílico   1-penteno
                                                         15%   85%

Um haleto de alquila *secundário* pode formar tanto produto de substituição quanto de eliminação sob condições S_N2/E2. As quantidades relativas dos dois produtos dependem da força da base e do volume do nucleófilo/base. *Quanto mais forte e volumosa a base, maior a porcentagem do produto de eliminação.* Por exemplo, o ácido acético é um ácido mais forte (pK_a = 4,76) do que o etanol (pK_a = 15,9); isso significa que o íon acetato é uma base mais fraca do que o íon etóxido. O produto de eliminação é o produto principal formado da reação do 2-cloropropano com a base mais forte, o íon etóxido, enquanto não se forma produto de eliminação com a base fraca, o íon acetato. A porcentagem de produto de eliminação produzida seria aumentada caso o íon volumoso *terc*-butóxido fosse usado no lugar do íon etóxido (Seção 10.3).

Uma base fraca favorece a substituição em relação à eliminação

haleto de alquila secundário / *uma base forte favorece o produto de eliminação*

CH₃CHCH₃ + CH₃CH₂O⁻ —CH₃CH₂OH→ CH₃CHCH₃ + CH₃CH=CH₂ + CH₃CH₂OH + Cl⁻
| |
Cl   OCH₂CH₃
2-cloropropano   íon etóxido   2-etoxipropano   propeno
                                    25%   75%

CH₃CHCH₃ + CH₃CO⁻ —ácido acético→ CH₃CHCH₃ + Cl⁻
| || |
Cl   O   OCCH₃
                                   ||
                                   O
2-cloropropano   íon acetato   acetato de isopropila
                                   100%

uma base fraca favorece o produto de substituição

Um haleto de alquila *terciário* é o menos reativo dos haletos de alquila em uma reação S_N2 e o mais reativo na reação E2 (Tabela 11.5). Conseqüentemente, somente o produto de eliminação é formado quando um haleto de alquila terciário reage com um nucleófilo/base sob condições S_N2/E2.

Molecule Gallery: 2-metil-1-propeno
www

haleto de alquila terciário

CH₃CBr + CH₃CH₂O⁻ —CH₃CH₂OH→ CH₃C=CH₂ + CH₃CH₂OH + Br⁻
| |
CH₃   CH₃
|
CH₃
2-bromo-2-metil-   2-metilpropeno
propano

CAPÍTULO 11 Reações de eliminação de haletos de alquila • Competição... **419**

PROBLEMA 17◆

Que mudança você esperaria na razão do produto de substituição para o produto de eliminação formados da reação do brometo de propila com CH_3O^- em metanol quando o nucleófilo fosse trocado para CH_3S^-?

PROBLEMA 18

Somente um produto de substituição é obtido quando a substância seguinte é tratada com metóxido de sódio:

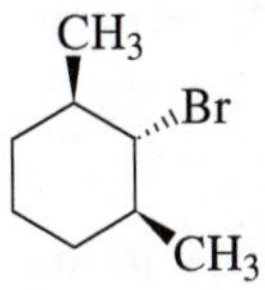

(estrutura: ciclohexano com CH₃, Br e CH₃ substituintes)

Explique por que um produto de eliminação não é obtido.

Condições $S_N1/E1$

Agora vamos ver o que ocorre quando as condições favorecem reações $S_N1/E1$ (um nucleófilo fraco/base fraca). Nas reações $S_N1/E1$, o haleto de alquila se dissocia para formar um carbocátion, que pode então combinar com o nucleófilo para formar o produto de substituição, ou perder um próton para formar o produto de eliminação.

(esquema de reação: dissociação do haleto em carbocátion, seguida de substituição com H₂O formando álcool + H₃O⁺, ou eliminação com H₂O formando alceno + H₃O⁺)

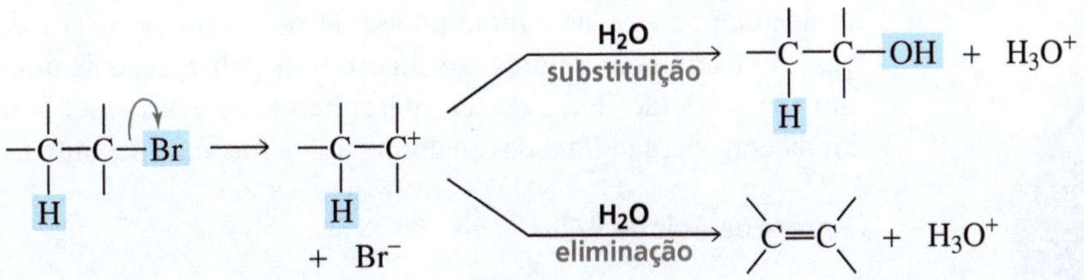

Os haletos de alquila têm a mesma ordem de reatividade nas reações S_N1 e nas reações E1 porque as duas reações apresentam a mesma etapa determinante da velocidade — dissociação do haleto de alquila (Tabela 11.5). Tal fato significa que todos os haletos de alquila que reagem sob condições de $S_N1/E1$ fornecerão tanto os produtos de substituição quanto de eliminação. Lembre-se de que haletos de alquila primários não sofrem reações $S_N1/E1$ porque os carbocátions primários são muito instáveis para ser formados.

A Tabela 11.6 resume os produtos obtidos quando os haletos de alquila reagem com nucleófilos/bases sob condições $S_N2/E2$ e $S_N1/E1$.

Tabela 11.6 Sumário de produtos esperados nas reações de substituição e eliminação

Classe de haleto de alquila	S_N2 *versus* E2	S_N1 *versus* E1
Haleto de alquila primário	Principalmente substituição, a menos que haja impedimento estérico nos haletos de alquila ou nos nucleófilos, e nesse caso a eliminação é favorecida	Não pode sofrer reações $S_N1/E1$
Haleto de alquila secundário	Tanto substituição quanto eliminação; quanto mais forte e volumosa a base, maior a porcentagem de eliminação	Tanto substituição quanto eliminação
Haleto de aquila terciário	Somente eliminação	Tanto substituição quanto eliminação

PROBLEMA 19◆

Indique se os haletos de alquila listados a seguir vão fornecer principalmente produtos de substituição, ou produtos de eliminação, ou quantidades iguais de produtos de substituição e eliminação quando eles reagem com os seguintes reagentes:

a. metanol sob condições $S_N1/E1$

b. metóxido de sódio sob condições $S_N2/E2$
   1. 1-bromobutano
   2. 1-bromo-2-metilpropano
   3. 2-bromobutano
   4. 2-bromo-2-metilpropano

PROBLEMA 20◆

O 1-bromo-2,2-dimetilpropano tem dificuldade para reagir tanto em reações S_N2 quanto em reações S_N1.

a. Explique por quê.

b. Esse haleto pode sofrer reações E2 ou E1?

11.9 Reações de substituição e eliminação em síntese

Quando as reações de substituição e eliminação forem usadas em síntese, tome muito cuidado ao escolher os reagentes e as condições reacionais que maximizariam o rendimento do produto desejado. Na Seção 10.4, você viu que as reações de substituição de haletos de alquila podem levar a uma variedade de substâncias orgânicas. Por exemplo, os éteres são sintetizados pela reação de um haleto de alquila com um íon alcóxido. Essa reação, descoberta por Alexander Williamson em 1850, é ainda considerada uma das melhores maneiras para se sintetizar um éter.

Síntese de éter de Williamson

$$\underset{\text{haleto de alquila}}{R-Br} + \underset{\text{íon alcóxido}}{R-O^-} \longrightarrow \underset{\text{éter}}{R-O-R} + Br^-$$

O íon alcóxido (RO^-) para a **síntese de éter de Williamson** é preparado com a utilização de sódio metálico ou hidreto de sódio (NaH) para remover um próton de um álcool.

$$ROH + Na \longrightarrow RO^- + Na^+ + \tfrac{1}{2}H_2$$

$$ROH + NaH \longrightarrow RO^- + Na^+ + H_2$$

A síntese de éter de Williamson é uma reação de substituição nucleofílica. É uma reação S_N2 porque necessita de alta concentração de um bom nucleófilo. Caso queira sintetizar um éter como o éter butilpropílico, é preciso escolher os materiais de partida: você pode usar tanto um haleto de propila e o íon butóxido ou um haleto de butila e o íon propóxido.

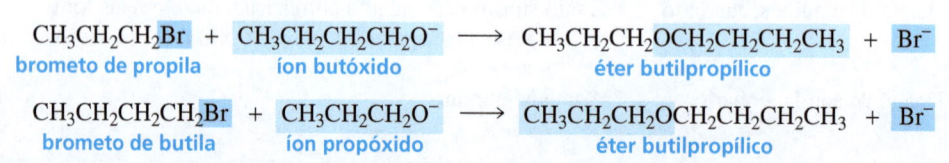

$$\underset{\text{brometo de propila}}{CH_3CH_2CH_2Br} + \underset{\text{íon butóxido}}{CH_3CH_2CH_2CH_2O^-} \longrightarrow \underset{\text{éter butilpropílico}}{CH_3CH_2CH_2OCH_2CH_2CH_2CH_3} + Br^-$$

$$\underset{\text{brometo de butila}}{CH_3CH_2CH_2CH_2Br} + \underset{\text{íon propóxido}}{CH_3CH_2CH_2O^-} \longrightarrow \underset{\text{éter butilpropílico}}{CH_3CH_2CH_2OCH_2CH_2CH_2CH_3} + Br^-$$

Se, no entanto, você quiser sintetizar o éter terc-butiletílico, os materiais de partida devem ser um haleto de etila e um íon terc-butóxido. Se tentar usar um haleto de terc-butila e o íon etóxido como reagentes, seria possível obter o produto de eliminação e

Alexander William Williamson (1824–1904) nasceu em Londres, porém os pais eram escoceses. Quando criança perdeu um braço e a visão de um olho. Abandonou a medicina na metade do curso para estudar química. Tornou-se PhD pela Universidade de Geissen em 1846. Em 1849 tornou-se professor de química na Universidade de College, em Londres.

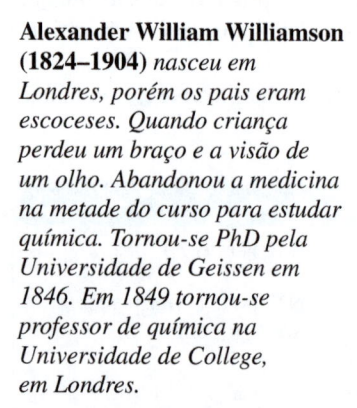

Tutorial Gallery: Fatores que promovem E2

CAPÍTULO 11 Reações de eliminação de haletos de alquila • Competição... **421**

pouco ou nada de éter, porque a reação do haleto de alquila terciário sob condições $S_N2/E2$ forma principalmente o produto de eliminação. Assim, realizando uma síntese de éter de Williamson, o grupo alquila menos impedido deveria ser originado do haleto de alquila e o grupo alquila mais impedido deveria vir do alcóxido.

$$CH_3CH_2Br + CH_3\underset{CH_3}{\overset{CH_3}{\underset{|}{\overset{|}{C}}}}O^- \longrightarrow CH_3CH_2O\underset{CH_3}{\overset{CH_3}{\underset{|}{\overset{|}{C}}}}CH_3 + CH_2=CH_2 + CH_3\underset{CH_3}{\overset{CH_3}{\underset{|}{\overset{|}{C}}}}OH + Br^-$$

brometo de etila   íon *terc*-butóxido   éter *terc*-butiletílico   eteno

$$CH_3CH_2O^- + CH_3\underset{CH_3}{\overset{CH_3}{\underset{|}{\overset{|}{C}}}}Br \longrightarrow CH_2=\underset{CH_3}{\overset{CH_3}{\underset{}{\overset{|}{C}}}}CH_3 + CH_3CH_2OH + Br^-$$

íon etóxido   brometo de *terc*-butila   2-metilpropeno

PROBLEMA 21◆

Quais outros produtos orgânicos seriam formados quando o haleto de alquila usado na síntese do éter butilpropílico for:

a. brometo de propila?   b. brometo de butila?

Ao sintetizar um éter, o grupo menos impedido deve ser proveniente do haleto de alquila.

PROBLEMA 22

Como os seguintes éteres poderiam ser preparados com o uso de um haleto de alquila e de um álcool?

a. $CH_3CH_2\underset{CH_3}{\overset{CH_3}{\underset{|}{\overset{|}{C}H}}}OCH_2CH_2CH_3$

b. cyclohexyl–$O\underset{CH_3}{\overset{CH_3}{\underset{|}{\overset{|}{C}}}}CH_3$

c. C$_6$H$_5$–CH$_2$O–C$_6$H$_5$

d. $CH_3CH_2OCH_2\underset{CH_3}{\overset{CH_3}{\underset{|}{\overset{|}{C}H}}}CH_2CH_3$

Na Seção 6.10, você viu que os alcinos podem ser sintetizados pela reação de um ânion acetileto com um haleto de alquila.

$$CH_3CH_2C\equiv C^- + CH_3CH_2CH_2Br \longrightarrow CH_3CH_2C\equiv CCH_2CH_2CH_3 + Br^-$$

Agora que você sabe que essa é uma reação S_N2 (o haleto de alquila reage com uma concentração alta de um bom nucleófilo), pode entender por que é melhor usar haletos de alquila primários e haletos de metila na reação. Esses haletos de alquila são os únicos que formam principalmente os produtos de substituição desejados. Um haleto de alquila terciário formaria apenas o produto de eliminação, e um haleto de alquila secundário formaria principalmente o produto de eliminação, porque o íon acetileto é uma base muito forte.

Se quiser sintetizar um alceno, deve-se escolher o haleto de alquila mais impedido com o objetivo de maximizar a formação de produto de eliminação e minimizar a obtenção do produto de substituição. Por exemplo, o 2-bromopropano seria um material de partida melhor do que o 1-bromopropano para a síntese do propeno porque o haleto de alquila secundário forneceria maior rendimento do produto de eliminação desejado e menor rendimento do produto de substituição que compete nessa reação. A porcentagem do alceno seria aumentada ainda mais pelo uso de uma base estericamente impedida como o íon *terc*-butóxido no lugar do íon hidróxido.

422 QUÍMICA ORGÂNICA

$$CH_3\underset{\underset{\text{2-bromopropano}}{}}{\overset{Br}{\underset{|}{CH}}}CH_3 + \boxed{HO^-} \longrightarrow CH_3CH=CH_2 + CH_3\overset{OH}{\underset{|}{CH}}CH_3 + H_2O + \boxed{Br^-}$$

produto majoritário   produto minoritário

$$CH_3CH_2CH_2Br + \boxed{HO^-} \longrightarrow CH_3CH=CH_2 + CH_3CH_2CH_2OH + H_2O + \boxed{Br^-}$$
1-bromopropano   produto minoritário   produto majoritário

Para sintetizar o 2-metil-2-buteno a partir do 2-bromo-2-metilbutano, você deve usar a condição de $S_N2/E2$ (alta concentração de HO^- em um solvente polar aprótico) porque um haleto de alquila terciário fornece *somente* o produto de eliminação sob essas condições. Se a condição de $S_N1/E1$ fosse usada (baixa concentração de HO^- em água), ambos os produtos de substituição e eliminação seriam obtidos.

$$CH_3\underset{\underset{Br}{|}}{\overset{\overset{CH_3}{|}}{C}}CH_2CH_3 + \boxed{HO^-}$$

2-bromo-2-metilbutano

condições $S_N2/E2$ → $CH_3\overset{\overset{CH_3}{|}}{C}=CHCH_3 + H_2O + \boxed{Br^-}$

condições $S_N1/E1$ → $CH_3\overset{\overset{CH_3}{|}}{C}=CHCH_3 + CH_3\underset{\underset{OH}{|}}{\overset{\overset{CH_3}{|}}{C}}CH_2CH_3 + H_2O + \boxed{Br^-}$

2-metil-2-buteno   2-metil-2-butanol

PROBLEMA 23 ♦

Identifique os três produtos que são formados quando o 2-bromo-2-metilpropano é dissolvido em uma mistura de 80% de etanol e 20% de água.

PROBLEMA 24

a. Quais produtos (incluindo estereoisômeros, se possível) seriam formados da reação do 3-bromo-2-metilpentano com HO^- sob condições $S_N2/E2$ e sob condições $S_N1/E1$?
b. Responda à mesma questão para o 3-bromo-3-metilpentano.

11.10 Reações de eliminação consecutivas

Os dialetos de alquila podem reagir segundo duas desidroalogenações consecutivas, fornecendo os produtos que contêm ligações duplas. No exemplo a seguir, a regra de Zaitsev presume o produto mais estável da primeira desidroalogenação, mas não o produto mais estável da segunda. A razão para a falha na regra de Zaitsev na segunda reação é que um dieno conjugado é mais estável do que um dieno isolado.

$$CH_3\overset{\overset{CH_3}{|}}{\underset{\underset{Cl}{|}}{CH}}CH_2\overset{\overset{CH_3}{|}}{\underset{\underset{Cl}{|}}{CH}}CH_3 \xrightarrow{HO^-} CH_3\overset{\overset{CH_3}{|}}{C}=CHCH_2\overset{\overset{CH_3}{|}}{\underset{\underset{Cl}{|}}{CH}}CH_3 \xrightarrow{HO^-} CH_3\overset{\overset{CH_3}{|}}{C}=CHCH=\overset{\overset{CH_3}{|}}{C}HCH_3$$

3,5-dicloro-2,6-dimetil-heptano   5-cloro-2,6-dimetil-2-hepteno   2,6-dimetil-2,4-heptadieno

$+ 2 H_2O + 2 \boxed{Cl^-}$

Se os dois halogênios estiverem no mesmo carbono (dialetos geminais) ou em um carbono adjacente (dialetos vicinais), duas desidroalogenações E2 consecutivas podem resultar na formação de uma ligação tripla. É assim que os alcinos são normalmente sintetizados.

CAPÍTULO 11 Reações de eliminação de haletos de alquila • Competição... **423**

$$\underset{\text{dibrometo geminal}}{RCH_2CR(Br)(Br)} \xrightarrow{^-NH_2} \underset{\text{brometo vinílico}}{RCH=CR(Br)} \xrightarrow{^-NH_2} \underset{\text{alcino}}{RC\equiv CR} + 2\,NH_3 + 2\,Br^-$$

$$\underset{\text{dicloreto vicinal}}{RCHCHR(Cl)(Cl)} \xrightarrow{^-NH_2} \underset{\text{cloreto vinílico}}{RCH=CR(Cl)} \xrightarrow{^-NH_2} \underset{\text{alcino}}{RC\equiv CR} + 2\,NH_3 + 2\,Br^-$$

Os haletos vinílicos intermediários nas reações anteriores são relativamente pouco reativos. Conseqüentemente, uma base muito forte, como um $^-NH_2$, é necessária para a segunda eliminação. Se uma base fraca, como um HO^-, for usada à temperatura ambiente, a reação vai parar no haleto vinílico e o alcino não será formado.

Como um dialeto vicinal é formado de uma reação de um alceno com Br_2 ou Cl_2, você acabou de aprender como converter uma ligação dupla em uma ligação tripla.

$$\underset{\text{2-buteno}}{CH_3CH=CHCH_3} \xrightarrow{\underset{CH_2Cl_2}{Br_2}} CH_3CHCHCH_3(Br)(Br) \xrightarrow{^-NH_2} CH_3CH=CCH_3(Br) \xrightarrow{^-NH_2} \underset{\text{2-butino}}{CH_3C\equiv CCH_3} + 2\,NH_3 + 2\,Br^-$$

> **PROBLEMA 25**
>
> Por que um dieno acumulado não é formado na reação anterior?

11.11 Reações intermoleculares *versus* intramoleculares

Uma molécula com dois grupos funcionais é chamada **molécula bifuncional**. Se os dois grupos funcionais forem capazes de reagir um com o outro, dois tipos de reações podem ocorrer. Se usarmos como exemplo uma molécula na qual os dois grupos são um nucleófilo e um grupo de saída, o nucleófilo de uma molécula pode deslocar o grupo de saída da segunda molécula da substância. Essa reação é chamada reação intermolecular. *Inter* em latim significa "entre", portanto uma **reação intermolecular** ocorre entre duas moléculas. Se o produto de cada reação intermolecular subseqüentemente reage com outra molécula bifuncional, pode ser formado um polímero (Capítulo 28, volume 2).

reação intermolecular

$$BrCH_2(CH_2)_nCH_2\ddot{O}:^- \quad Br-CH_2(CH_2)_nCH_2\ddot{O}:^- \longrightarrow BrCH_2(CH_2)_nCH_2\ddot{O}CH_2(CH_2)_nCH_2\ddot{O}:^- + Br^-$$

Alternativamente, o nucleófilo de uma molécula pode deslocar o grupo de saída da mesma molécula, formando assim uma substância cíclica. Essa reação é chamada reação intramolecular. *Intra* em latim significa "dentro", por isso uma **reação intramolecular** ocorre dentro de uma única molécula.

reação intramolecular

$$Br-CH_2(CH_2)_nCH_2\ddot{O}:^- \longrightarrow H_2C\underset{\ddot{O}}{\overset{(CH_2)_n}{\diagup\diagdown}}CH_2 + Br^-$$

Qual reação é mais provável de acontecer — uma reação intermolecular ou uma reação intramolecular? A resposta depende da *concentração* da molécula bifuncional e do *tamanho do anel* que será formado na reação intramolecular.

A reação intramolecular tem uma vantagem: os grupos reagentes estão mais limitados e, assim, não têm de se difundir no solvente para encontrar um grupo com o qual reajam. Portanto, uma baixa concentração de reagentes favorece uma reação intramolecular porque os dois grupos funcionais têm mais chance de se encontrar se estiverem na mesma molécula. Uma alta concentração de reagente ajuda a compensar a vantagem ganha ao ficarem limitados.

424 QUÍMICA ORGÂNICA

A vantagem em uma reação intramolecular sobre uma reação intermolecular depende do tamanho do anel que é formado — isto é, do comprimento da amarração. Se a reação intramolecular forma um anel de cinco ou seis membros, ela será altamente favorável sobre uma reação intermolecular porque anéis de cinco e seis membros são estáveis e, portanto, facilmente formados.

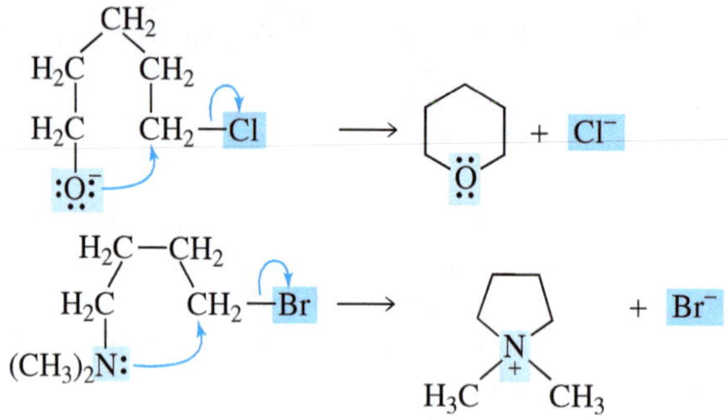

Os anéis de três e quatro membros são tensionados, assim são menos estáveis do que os anéis de cinco e seis membros e, portanto, são formados menos facilmente. A energia de ativação mais alta da formação de anéis de três ou quatro membros cancela alguma vantagem ganha ao estarem amarrados em uma mesma molécula.

As substâncias com anéis de três membros formam-se mais facilmente do que as substâncias com anéis de quatro membros. Para formar um éter cíclico, o átomo nucleofílico de oxigênio deve ser orientado assim que puder atacar pelo lado de trás da ligação entre carbono e halogênio. A rotação em torno da ligação C—C na molécula forma confôrmeros com os grupos colocados adequadamente um atrás do outro. A molécula que leva à formação de éter cíclico de três membros tem uma ligação C—C que pode girar, ao passo que a molécula que leva à formação de anéis de quatro membros tem duas ligações C—C que podem girar. Portanto, moléculas que possam formar anéis de três membros estão mais aptas a terem seus grupos reagentes na conformação necessária para a reação.

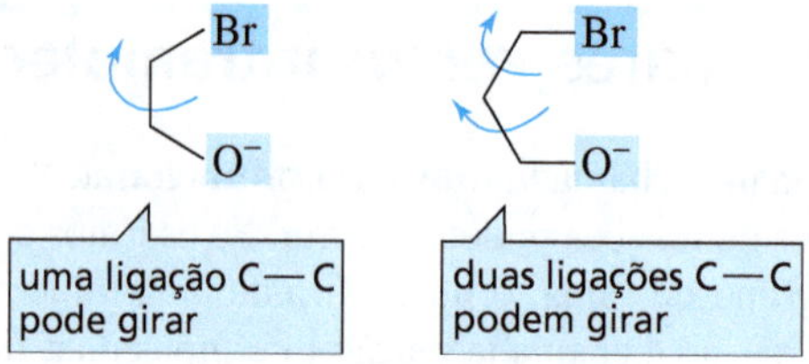

A probabilidade de grupos reagentes se encontrarem diminui drasticamente quando os grupos estão em substâncias que formariam anéis de sete ou mais membros. Portanto, a reação intramolecular se torna menos favorável à medida que o tamanho do anel ultrapassa os seis membros.

PROBLEMA 26◆

Qual substância, após tratamento com hidreto de sódio, formaria um éter cíclico mais facilmente?

a.  HO~~~~~~Br   ou   HO~~~~~Br

b.  HO~~Br   ou   HO~~~~Br

c.  HO~~~~~Br   ou   HO~~~~~~Br

11.12 Planejando uma síntese II: abordando o problema

Quando lhe é sugerido que planeje uma síntese, uma maneira de abordar o problema é observar os materiais de partida fornecidos para verificar se é uma série de reagentes óbvios dos quais você pode iniciar o caminho para a **molécula-alvo**

CAPÍTULO 11   Reações de eliminação de haletos de alquila • Competição...   **425**

(o produto desejado). Algumas vezes essa é a melhor maneira para abordar uma síntese *simples*. Os exemplos a seguir lhe fornecerão prática para planejar com sucesso uma síntese.

Exemplo 1.   Como você poderia preparar o 1,3-ciclo-hexadieno a partir do ciclo-hexano?

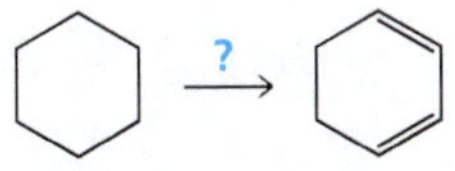

Uma vez que um alcano reage apenas em reações de halogenação, decidir qual a primeira reação que se deve usar é fácil. Uma reação E2 usando concentração alta de uma base forte e volumosa para favorecer uma reação de eliminação em relação à substituição formará o ciclo-hexeno. Portanto, o íon *terc*-butóxido é usado como base e o *terc*-butanol é usado como solvente da reação. A bromação do ciclo-hexeno fornecerá um brometo alílico, o qual formará a molécula-alvo desejada através de outra reação E2.

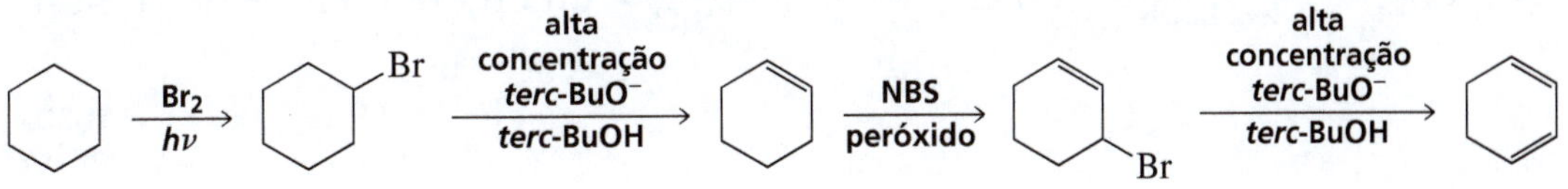

Exemplo 2.   Partindo do metilciclo-hexano, como você poderia preparar o seguinte *trans*-dialeto vicinal?

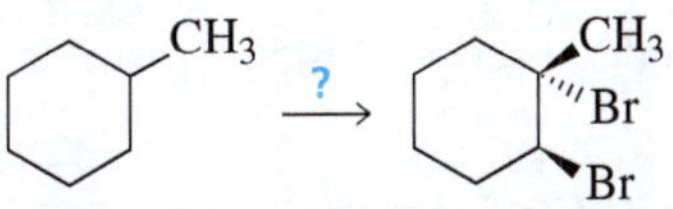

Novamente, uma vez que o material de partida é um alcano, a primeira reação deve ser uma substituição radicalar. A bromação leva a uma substituição seletiva do hidrogênio terciário. Sob condições E2, haletos de alquila terciários sofrem apenas eliminação, portanto não existirá competição de produto de substituição na reação seguinte. Como a adição de Br2 envolve apenas adição anti, a molécula-alvo (assim como seu enantiômero) é obtida.

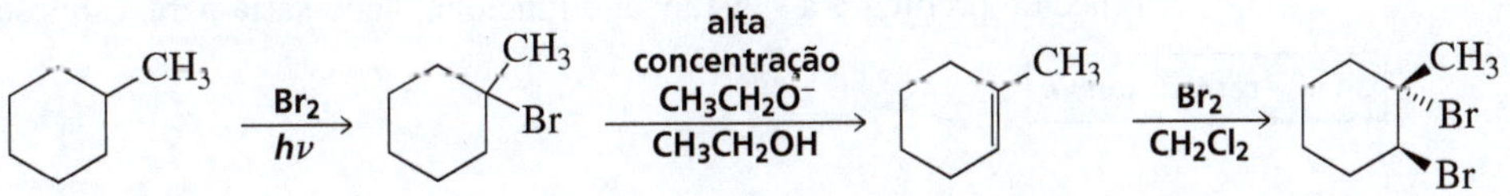

Como você viu na Seção 6.11, trabalhar no sentido contrário pode ser uma maneira útil para planejar uma síntese — especialmente quando o material de partida não indica claramente como proceder. Observe a molécula-alvo e pense como poderia prepará-la. Uma vez que tiver uma resposta, trabalhe no sentido contrário para obter a substância seguinte, questionando-se como *ela* poderia ser preparada. Trabalhe desse modo (no sentido inverso) etapa por etapa até chegar a um material de partida disponível. Essa técnica é chamada *análise retrossintética*.

Exemplo 3.   Como você poderia preparar etilmetilcetona a partir do 1-bromobutano?

$$CH_3CH_2CH_2CH_2Br \xrightarrow{?} CH_3CH_2\overset{O}{\underset{\|}{C}}CH_3$$

Até esse momento, você conhece apenas uma maneira de preparar uma cetona — adição de água a um alcino (Seção 6.6). O alcino pode ser preparado a partir de duas reações E2 sucessivas de um dialeto vicinal, o qual pode ser sintetizado a partir de um alceno. O alceno desejado pode ser preparado do material de partida fornecido por uma reação de eliminação.

426 QUÍMICA ORGÂNICA

análise retrossintética

$$CH_3CH_2\underset{O}{\overset{\|}{C}}CH_3 \Longrightarrow CH_3CH_2C\equiv CH \Longrightarrow CH_3CH_2\underset{Br}{CH}CH_2Br \Longrightarrow CH_3CH_2CH=CH_2 \Longrightarrow CH_3CH_2CH_2CH_2Br$$

molécula-alvo

Agora a seqüência reacional pode ser escrita no sentido da síntese, indicando os reagentes necessários para realizar cada reação. Uma base volumosa é usada na reação de eliminação com o objetivo de maximizar a quantidade do produto de eliminação.

síntese

$$CH_3CH_2CH_2CH_2Br \xrightarrow[\text{terc-BuOH}]{\substack{\text{alta}\\\text{concentração}\\\text{terc-BuO}^-}} CH_3CH_2CH=CH_2 \xrightarrow[CH_2Cl_2]{Br_2} CH_3CH_2\underset{Br}{CH}CH_2Br \xrightarrow{^-NH_2} CH_3CH_2C\equiv CH$$

$$\xrightarrow[\substack{H_2SO_4\\HgSO_4}]{H_2O} CH_3CH_2\underset{O}{\overset{\|}{C}}CH_3$$

molécula-alvo

Exemplo 4. Como o seguinte éter cíclico poderia ser preparado a partir da matéria-prima mostrada?

$$BrCH_2CH_2CH_2CH=CH_2 \xrightarrow{?} \underset{O}{\bigcirc}\!\!-CH_3$$

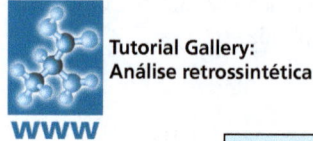

Tutorial Gallery: Análise retrossintética
www

Com o objetivo de obter um éter cíclico, os dois grupos necessários para a síntese de éter (o haleto de alquila e o álcool) devem estar na mesma molécula. Com a finalidade de obter um anel de cinco membros, os carbonos entre os dois grupos devem estar separados pelos dois carbonos adicionais. A adição de água no material de partida fornecido produzirá a substância bifuncional necessária para a síntese.

análise retrossintética

$$\underset{O}{\bigcirc}\!\!-CH_3 \Longrightarrow BrCH_2CH_2CH_2\underset{OH}{CH}CH_3 \Longrightarrow BrCH_2CH_2CH_2CH=CH_2$$

molécula-alvo

síntese

$$BrCH_2CH_2CH_2CH=CH_2 \xrightarrow[H_2O]{H^+} BrCH_2CH_2CH_2\underset{OH}{CH}CH_3 \xrightarrow{NaH} \underset{O}{\bigcirc}\!\!-CH_3$$

molécula-alvo

PROBLEMA 27

Como você prepararia a molécula-alvo na síntese anterior usando o 4-penten-1-ol como material de partida? Qual síntese forneceria a molécula-alvo em maior rendimento químico?

CAPÍTULO 11 Reações de eliminação de haletos de alquila • Competição... 427

PROBLEMA 28

Planeje uma síntese em múltiplas etapas para mostrar como cada uma das substâncias apresentadas a seguir poderiam ser preparadas do material de partida indicado:

a. ciclopenteno ⟶ ciclopentanol

b. ciclohexano ⟶ 1,2-epoxiciclohexano

c. vinilciclohexano (C₆H₁₁–CH=CH₂) ⟶ C₆H₁₁–CH₂CHO

d. $CH_3CH_2CH_2CH_2Br \longrightarrow CH_3CH_2\overset{\overset{O}{\|}}{C}CH_2CH_2CH_3$

e. $BrCH_2CH_2CH_2CH_2Br \longrightarrow$ etilciclohexano

Resumo

Além de reagirem em reações de substituição, os haletos de alquila sofrem **reações de eliminação β**: o halogênio é removido de um carbono e um próton é removido de um carbono adjacente. Uma ligação dupla é formada entre os dois carbonos dos quais os átomos foram eliminados. Portanto, o produto de uma reação de eliminação é um alceno. A remoção de um próton e de um íon haleto é chamada **desidroalogenação**. Existem dois tipos importantes de reações de eliminação β, E1 e E2.

Uma **reação E2** é concertada, reação de uma etapa; o próton e o íon haleto são removidos na mesma etapa, assim não há formação de intermediários. Em uma **reação E1**, o haleto de alquila se dissocia, formando um carbocátion. Em uma segunda etapa, uma base remove um próton de um carbono que está adjacente a um carbono carregado positivamente. Como a reação E1 forma um carbocátion intermediário, o esqueleto de carbono pode se rearranjar antes da perda do próton.

Os haletos de alquila primários sofrem apenas reações de eliminação E2. Os haletos de alquila secundários e terciários sofrem tanto a reação E1 quanto a E2. Para os haletos de alquila que reagem segundo reações E2 e E1, a reação E2 é favorecida em virtude dos mesmos fatores que favorecem uma reação S_N2 — uma concentração alta de uma base forte e um solvente polar aprótico —, e a reação E1 é favorecida pelos mesmos fatores que favorecem uma reação S_N1 — uma base fraca e um solvente polar prótico.

Uma reação E2 é regiosseletiva. O produto majoritário é o alceno mais estável, a menos que os reagentes sejam impedidos estericamente ou o grupo de saída for ruim. O alceno mais estável é geralmente (mas nem sempre) o alceno mais substituído. O alceno mais substituído é previsto pela regra de Zaitsev: o alceno é formado quando um próton é removido de um carbono β que está ligado ao menor número de hidrogênios.

Uma reação E2 é estereosseletiva: se o carbono β tiver dois hidrogênios, os produtos *E* e *Z* serão formados, mas aquele com os grupos mais volumosos em lados opostos da ligação dupla é mais estável e será formado em maior rendimento. A **eliminação anti** é favorecida em uma reação E2. Se o carbono β tiver apenas um hidrogênio, é formado apenas um alceno, desde que haja apenas um confôrmero no qual os grupos a serem eliminados estiverem anti. Se o reagente for uma substância cíclica, os dois grupos a serem eliminados devem estar trans um do outro; no caso de anéis de seis membros, os dois grupos devem estar na posição axial. A eliminação é mais rápida quando H e X estiverem na posição diaxial no confôrmero mais estável.

Uma reação E1 é regiosseletiva. O produto majoritário é o alceno mais estável, o qual é geralmente o alceno mais substituído. Uma reação E1 é estereosseletiva. O produto majoritário é o alceno com os grupos mais volumosos em lados opostos na ligação dupla. O carbocátion formado na primeira etapa pode reagir segundo uma eliminação sin e anti; portanto, os dois grupos a serem eliminados em uma substância cíclica não precisam estar trans ou ambos nas posições axiais. A substituição alquílica aumenta a estabilidade de um carbocátion e decresce a estabilidade de um carbânion.

Presumir quais serão os produtos decorrentes formados da reação de um haleto de alquila tem início com uma reação que começa determinando se as condições favorecem reações $S_N2/E2$ ou $S_N1/E1$.

Quando as reações $S_N2/E2$ são favorecidas, os haletos de alquila primários formam principalmente produtos de substituição, a menos que o nucleófilo/base seja impedido estericamente e, nesse caso, predominam produtos de eliminação. Os haletos de alquila secundários formam tanto produtos de substituição quanto de eliminação; quanto mais fortes e volumosas as bases, maior é a porcentagem do produto de eliminação. Os haletos de alquila terciários formam apenas produtos de eliminação. Quando as condições reacionais favorecem $S_N1/E1$, haletos de alquila secundários e terciários formam os produtos de substituição e eliminação; haletos de alquila primários não reagem segundo condições $S_N1/E1$.

Se dois halogênios estiverem no mesmo carbono ou em carbonos adjacentes, duas desidroalogenações E2 consecutivas podem resultar na formação de uma ligação tripla. A **síntese de éter de Williamson** envolve a reação de um haleto de alquila com um íon alcóxido. Se os dois grupos funcionais de uma **molécula bifuncional** podem reagir um com o outro, dois tipos de reações podem ocorrer: a **reação intermolecular** e a **reação intramolecular**. A reação mais provável de ocorrer depende da concentração da molécula bifuncional e do tamanho do anel que será formado na reação intramolecular.

Resumo das reações

1. Reação E2: um mecanismo em uma etapa

$$B^- + -\overset{H}{\underset{|}{C}}-\overset{|}{\underset{|}{C}}-X \longrightarrow C=C + BH + X^-$$

Reatividades relativas de haletos de alquila: 3º > 2º > 1º

Eliminação anti; são formados os estereoisômeros E e Z. O isômero com os grupos mais volumosos em lados opostos da ligação dupla será formado em maior rendimento. Se o carbono β do qual um hidrogênio é removido estiver ligado a apenas um hidrogênio, será formado somente um produto de eliminação. A sua configuração depende da configuração do reagente.

2. Reação E1: um mecanismo em duas etapas com um carbocátion como intermediário

$$-\overset{|}{\underset{H}{C}}-\overset{|}{\underset{|}{C}}-X \longrightarrow -\overset{|}{\underset{H}{C}}-\overset{|}{\underset{|}{C}}^+ \xrightarrow{B} C=C + \overset{+}{B}H$$

$$+ X^-$$

Reatividades relativas de haletos de alquila: 3º > 2º > 1º

Eliminação anti e sin; são formados os isômeros E e Z. Será formado em maior rendimento o isômero com os grupos mais volumosos em lados opostos da ligação dupla.

Competição entre reações S_N2 e E2
    Haletos de alquila primários: principalmente substituição
    Haletos de alquila secundários: substituição e eliminação
    Haletos de alquila terciários: somente eliminação

Competição entre reações S_N1 e E1
    Haletos de alquila primários: não reagem segundo condições S_N1 ou E1
    Haletos de alquila secundários: substituição e eliminação
    Haletos de alquila terciários: substituição e eliminação

CAPÍTULO 11 Reações de eliminação de haletos de alquila • Competição... **429**

Palavras-chave

antiperiplanar (p. 408)
desidroalogenação (p. 397)
efeito isotópico cinético do deutério (p. 416)
eliminação anti (p. 408)
eliminação sin (p. 408)

molécula-alvo (p. 424)
molécula bifuncional (p. 423)
reação de eliminação (p. 396)
reação de eliminação 1,2 (p. 398)
reação de eliminação β (p. 398)
reação E1 (p. 404)

reação E2 (p. 396)
reação intermolecular (p. 423)
reação intramolecular (p. 423)
regra de Zaitsev (p. 399)
sinperiplanar (p. 408)
síntese de éter de Williamson (p. 420)

Problemas

29. Dê o produto majoritário obtido quando cada um dos seguintes haletos de alquila sofrem reações E2:

   a. $CH_3CHCH_2CH_3$
              |
              Br

   b. $CH_3CHCH_2CH_3$
              |
              Cl

   c. $CH_3CHCH_2CH_2CH_3$
              |
              Cl

   d. 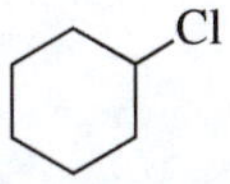 ciclohexil-Cl

   e. 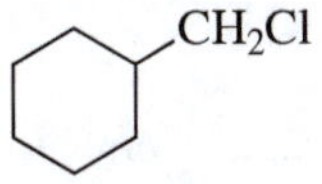 ciclohexil-CH_2Cl

   f. 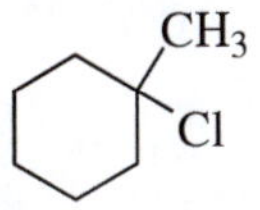 1-metil-1-cloro-ciclohexano

   g. 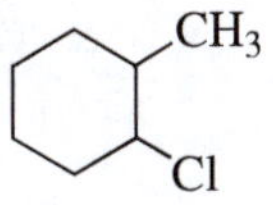 1-metil-2-cloro-ciclohexano

30. Dê o produto majoritário obtido quando os haletos de alquila do Problema 29 sofrem uma reação E1.

31. a. Indique como cada um dos seguintes fatores afetam uma reação E1:
       1. a estrutura do haleto de alquila
       2. a força da base
       3. a concentração da base
       4. o solvente
    b. Indique como cada um dos fatores afetam uma reação E2.

32. O Dr. Don T. Doit quer sintetizar o anestésico 2-etóxi-2-metilpropano. Ele usou o íon etóxido e o 2-cloro-2-metilpropano para a sua síntese e finalizou-a com um baixo rendimento do éter. Qual foi o produto predominante para essa síntese? Quais reagentes ele deveria ter usado?

33. Qual reagente em cada par mostrado a seguir sofre uma reação de eliminação mais rapidamente? Explique a sua escolha.

   a. $(CH_3)_3CCl \xrightarrow[H_2O]{HO^-}$

      $(CH_3)_3CI \xrightarrow[H_2O]{HO^-}$

   b. 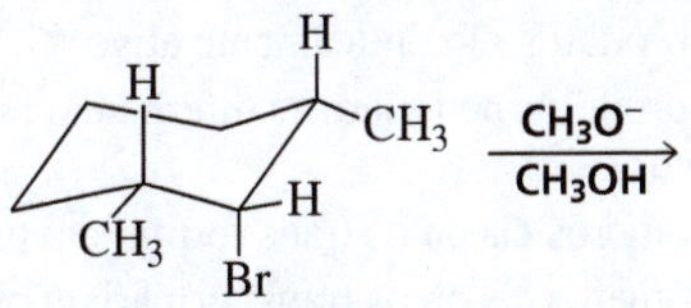 (cis-1-metil-2-bromo-ciclohexano com CH_3, H, Br) $\xrightarrow[CH_3OH]{CH_3O^-}$

      (trans-1-metil-2-bromo-ciclohexano) $\xrightarrow[CH_3OH]{CH_3O^-}$

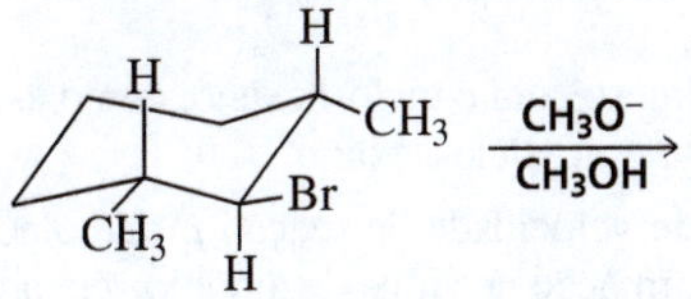

34. Para cada uma das seguintes reações, dê os produtos de eliminação; se o produto existe como estereoisômeros, indique qual isômero seria obtido.
    a. (R)-2-bromo-hexano + concentração alta de HO^-
    b. (R)-2-bromo-hexano + H_2O

c. *trans*-1-cloro-2-metilciclo-hexano + concentração alta de CH_3O^-
d. *trans*-1-cloro-2-metilciclo-hexano + CH_3OH
e. 3-bromo-3-metilpentano + concentração alta de HO^-
f. 3-bromo-3-metilpentano + H_2O

35. Indique quais as substâncias em cada par que forneceriam a maior proporção de substituição/eliminação na reação com brometo de isopropila:
    a. íon etóxido ou íon *terc*-butóxido
    b. ^-OCN ou ^-SCN
    c. Cl^- ou Br^-
    d. CH_3S^- ou CH_3O^-

36. Coloque as seguintes substâncias em ordem decrescente de reatividade em reações E2:

37. Use o material de partida fornecido e qualquer outro reagente orgânico ou inorgânico necessário; indique como a substância desejada poderia ser sintetizada:

    a. ⟨⟩—CH_2CH_3 ⟶ ⟨⟩—$CH=CH_2$
    b. $CH_3CH_2CH=CH_2$ ⟶ $CH_2CH_2CH_2CH_2NH_2$
    c. $HOCH_2CH_2CH=CH_2$ ⟶ ⟨O⟩
    d. ⟨⟩ ⟶ ⟨⟩$_{OCH_3}$
    e. $CH_3CH_2CH=CH_2$ ⟶ $CH_2=CHCH=CH_2$

38. Quando o 2-bromo-2,3-dimetilbutano reage com uma base sob condições E2, dois alcenos (2,3-dimetil-1-buteno e 2,3-dimetil-2-buteno) são formados:
    a. Qual das bases mostradas a seguir levaria a obtenção do 1-alceno em maior porcentagem?
    b. Qual formaria o 2-alceno em maior rendimento?

    $CH_3\underset{CH_3}{\overset{CH_3}{\underset{|}{\overset{|}{C}}}}O^-$ $CH_3CH_2\underset{CH_2CH_3}{\overset{CH_2CH_3}{\underset{|}{\overset{|}{C}}}}O^-$ $CH_3CH_2O^-$ $CH_3CH_2\underset{CH_3}{\overset{CH_3}{\underset{|}{\overset{|}{C}}}}O^-$

39. a. Dê a estrutura dos produtos obtidos da reação de cada enantiômero do *cis*-1-cloro-2-isopropilciclopentano com uma concentração alta de metóxido de sódio em metanol.
    b. Todos os produtos são opticamente ativos?
    c. Como os produtos poderiam se diferir se o material de partida fosse o isômero trans? Todos esses produtos são opticamente ativos?
    d. Os enantiômeros cis ou os trans formariam produtos de substituição mais rapidamente?
    e. Os enantiômeros cis ou os trans formariam produtos de eliminação mais rapidamente?

40. Iniciando a síntese com o ciclo-hexano, como as seguintes substâncias poderiam ser preparadas?
    a. *trans*-1,2-diclorociclo-hexano
    b. 2-ciclo-hexenol

41. A constante de velocidade de reação intramolecular depende do tamanho do anel (*n*) formado. Explique as velocidades relativas de formação dos íons de amônio secundários cíclicos:

    $Br-(CH_2)_{n-1}-NH_2 \longrightarrow (CH_2)_{n-1}^{+NH_2}\ Br^-$

$n =$	3	4	5	6	7	10
velocidade relativa:	1×10^{-1}	2×10^{-3}	100	1,7	3×10^{-3}	1×10^{-8}

42. O *cis*-1-bromo-4-*terc*-butilciclo-hexano e o *trans*-1-bromo-4-*terc*-butilciclo-hexano reagem com etóxido de sódio e etanol para fornecer 4-*terc*-butilciclo-hexeno. Explique por que o isômero cis reage muito mais rapidamente do que o isômero trans.

CAPÍTULO 11 Reações de eliminação de haletos de alquila • Competição...

43. A Cardura®, uma droga usada no tratamento da hipertensão, é sintetizada conforme mostrado a seguir:

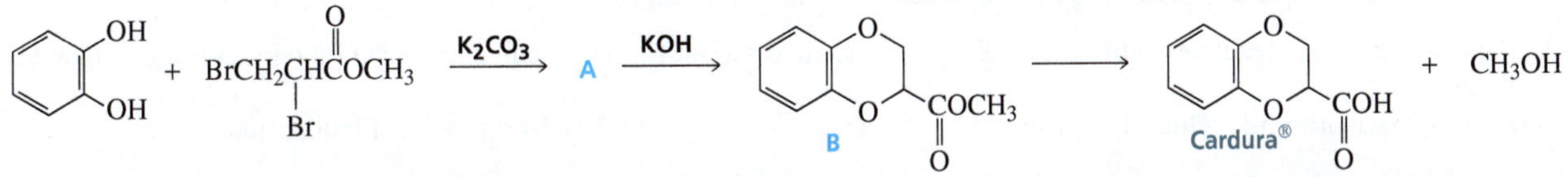

[Esquema de reação: catecol + BrCH₂CHBrCOCH₃ →(K₂CO₃) A →(KOH) B (1,4-benzodioxina-2-carboxilato de metila) → Cardura® (ácido 1,4-benzodioxina-2-carboxílico) + CH₃OH]

Identifique o intermediário (A) e mostre o mecanismo para sua formação. Mostre também o mecanismo para a conversão de A em B. Qual etapa você acha que ocorre mais rapidamente? Por quê? (O mecanismo para a conversão de B ao produto final está explicado no Capítulo 17.)

44. Para cada uma das reações mostradas a seguir, dê os produtos de eliminação; se o produto pode existir como estereoisômeros, indique quais estereoisômeros são obtidos:
    a. (2S,3S)-2-cloro-3-metilpentano + concentração alta de CH₃O⁻
    b. (2S,3R)-2-cloro-3-metilpentano + concentração alta de CH₃O⁻
    c. (2R,3S)-2-cloro-3-metilpentano + concentração alta de CH₃O⁻
    d. (2R,3R)-2-cloro-3-metilpentano + concentração alta de CH₃O⁻
    e. 3-cloro-3-etil-2,2-dimetilpentano + concentração alta de CH₃CH₂O⁻

45. Qual dos seguintes hexacloro-hexanos é o menos reativo em reações de E2?

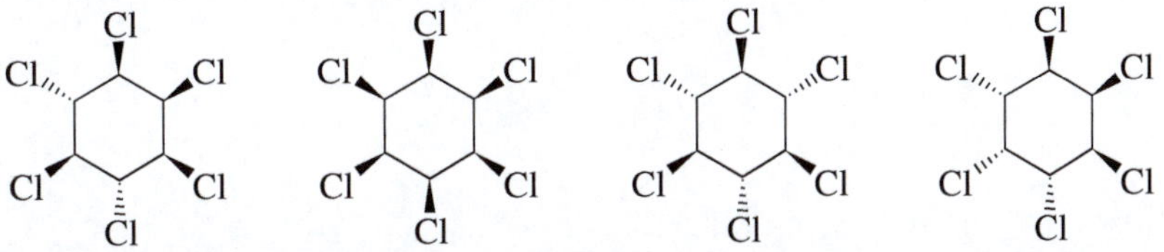

[Quatro estruturas de hexaclorocicloexano]

46. A velocidade de reação do 1-bromo-2-buteno com etanol é aumentada se for adicionado à mistura reacional nitrato de prata. Explique.

47. Para cada uma das seguintes reações, realizadas sob condições S$_N$2/E2, dê os produtos obtidos; se o produto pode existir como estereoisômeros, mostre quais estereoisômeros são formados.
    a. (3S,4S)-3-bromo-4-metil-hexano + CH₃O⁻
    b. (3S,4R)-3-bromo-4-metil-hexano + CH₃O⁻
    c. (3R,4R)-3-bromo-4-metil-hexano + CH₃O⁻
    d. (3R,4S)-3-bromo-4-metil-hexano + CH₃O⁻

48. Dois produtos de eliminação são obtidos na seguinte reação E2:

$$CH_3CH_2CHDCH_2Br \xrightarrow{HO^-}$$

a. Quais são os produtos de eliminação?
b. Qual é formado em maior rendimento? Explique.

49. Três produtos de substituição e três de eliminação são obtidos da seguinte reação:

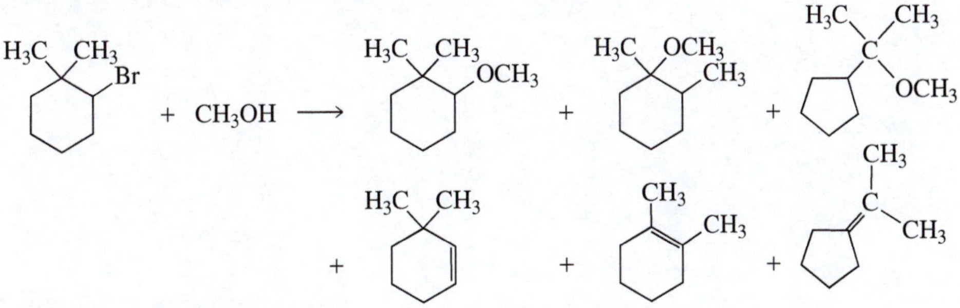

[Esquema: 1-bromo-1,2-dimetilcicloexano + CH₃OH → três éteres metílicos + três alcenos]

Explique a formação desses produtos.

50. Quando o estereoisômero do 2-cloro-1,3-dimetilciclo-hexano mostrado a seguir reage com o íon metóxido em um solvente que favorece as reações S$_N$2/E2, apenas um produto é formado:

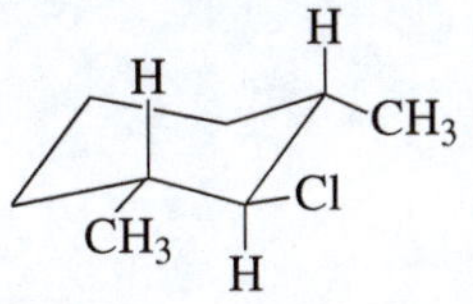

[Estrutura do 2-cloro-1,3-dimetilciclo-hexano]

Quando a mesma substância reage com o íon metóxido em um solvente que favorece as reações $S_N1/E1$, são formados 12 produtos. Identifique os produtos formados nas duas condições reacionais.

51. Para cada uma das seguintes substâncias, dê os produtos que seriam formados em uma reação E2 e indique a configuração do produto:
    a. (1S,2S)-1-bromo-1,2-difenilpropano
    b. (1S,2R)-1-bromo-1,2-difenilpropano

12 Reações de alcoóis, éteres, epóxidos e substâncias que contêm enxofre • Substâncias organometálicas

Nos capítulos 10 e 11, vimos que os haletos de alquila sofrem reações de substituição e eliminação em razão de seus átomos de halogênio serem retiradores de elétrons. Substâncias com outros grupos retiradores de elétrons também sofrem reações de substituição e eliminação. A reatividade relativa dessas substâncias depende de seus grupos retiradores de elétrons.

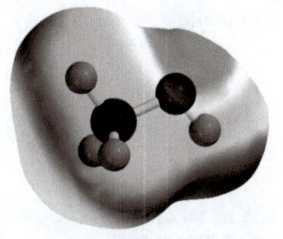

Os alcoóis e éteres possuem grupos de saída (OH⁻, RO⁻) que são bases mais fortes que os íons haleto (X⁻). Portanto, eles são menos reativos que haletos de alquila em reações de substituição e eliminação. Veremos que eles devem ser "ativados" antes de sofrerem esses tipos de reações, pois seus grupos de saída são fortemente básicos. Por outro lado, sulfonas e sais sulfônios têm grupos de saída fracamente básicos, por isso podem sofrer reações de substituição com certa facilidade.

CH$_3$OH

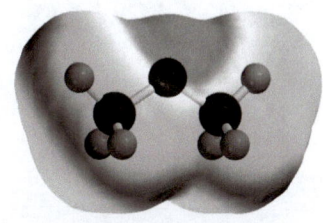

CH$_3$OCH$_3$

Quanto mais fraca for a base, mais facilmente ela poderá ser deslocada.

Quanto mais forte for o ácido, mais fraca será sua base conjugada.

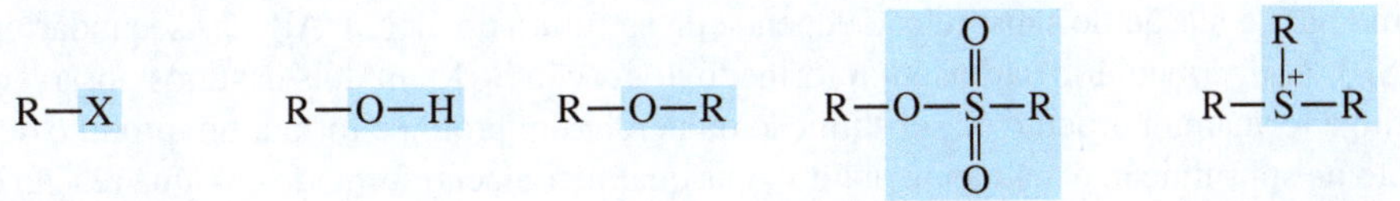

R—X   R—O—H   R—O—R   R—O—S(=O)(=O)—R   R—S⁺(R)—R

haleto de alquila   álcool   éter   éster sulfonato   sal de sulfônio
X = F, Cl, Br, I

12.1 Reações de substituição de alcoóis

Um **álcool** não pode sofrer uma reação de substituição nucleofílica porque tem um grupo de saída fortemente básico (OH⁻) que não pode ser deslocado por um nucleófilo.

$$CH_3OH + Br^- \nrightarrow CH_3Br + HO^-$$
base forte

Um álcool é capaz de sofrer uma reação de substituição nucleofílica se o seu grupo OH for convertido em uma base mais fraca (melhor grupo de saída), e isso pode ser feito por meio de sua protonação. A protonação transforma o grupo de partida OH⁻ (uma base forte) em uma molécula de H$_2$O (uma base fraca), a qual é suficientemente fraca para ser deslocada por um nucleófilo. A reação de substituição é lenta e requer aquecimento para ocorrer em um período de tempo razoável.

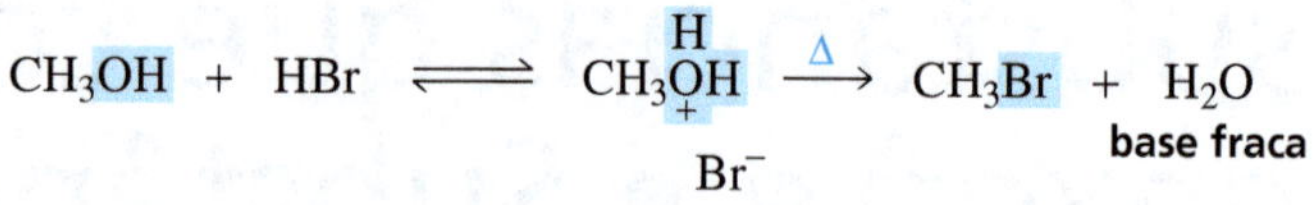

$$CH_3OH + HBr \rightleftharpoons CH_3\overset{H}{\underset{+}{O}}H \overset{\Delta}{\longrightarrow} CH_3Br + H_2O$$
$$\quad\quad\quad\quad\quad\quad\quad\quad Br^- \quad\quad\quad\text{base fraca}$$

Somente nucleófilos fracamente básicos (I^-, Br^-, Cl^-) podem ser usados na reação de substituição, pois o grupo OH do álcool tem de ser protonado antes de ser deslocado pelo nucleófilo. Nucleófilos moderados ou fortemente básicos (NH_3, RNH_2, CH_3O^-) deveriam ser protonados na solução ácida e, uma vez protonados, deixariam de ser nucleófilos ($^+NH_4$, RNH_3^+) ou seriam nucleófilos fracos (CH_3OH).

Alcoóis primários, secundários e terciários sofrem reações de substituição nucleofílica com HI, HBr e HCl para formar haletos de alquila.

$$CH_3CH_2CH_2OH + HI \overset{\Delta}{\longrightarrow} CH_3CH_2CH_2I + H_2O$$
1-propanol → **1-iodopropano**
álcool primário

ciclo-hexanol + HBr → bromociclo-hexano + H₂O
álcool secundário

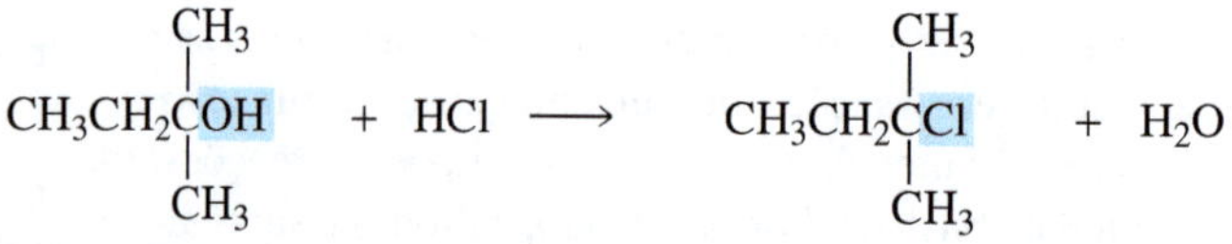

2-metil-2-butanol + HCl → 2-cloro-2-metilbutano + H₂O
álcool terciário

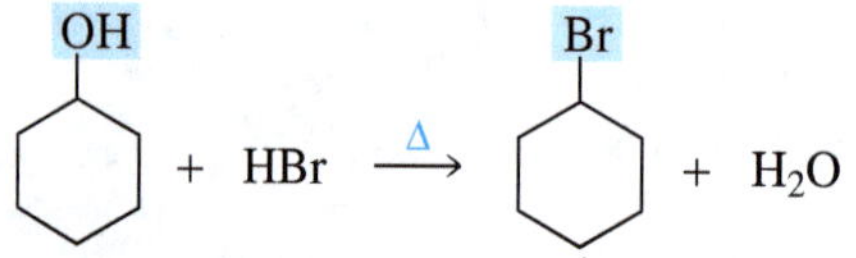

O mecanismo para a reação de substituição depende da estrutura do álcool. Alcoóis secundários e terciários sofrem reações do tipo S_N1. O intermediário carbocátion formado na reação S_N1 tem dois destinos possíveis: pode combinar-se com um nucleófilo e formar um produto de substituição ou perder um próton e formar um produto de eliminação. Porém, somente o produto de substituição é realmente obtido, pois qualquer alceno formado em uma reação de eliminação sofrerá uma reação de adição subseqüente com HX para formar mais do produto de substituição.

mecanismo de reação S_N1

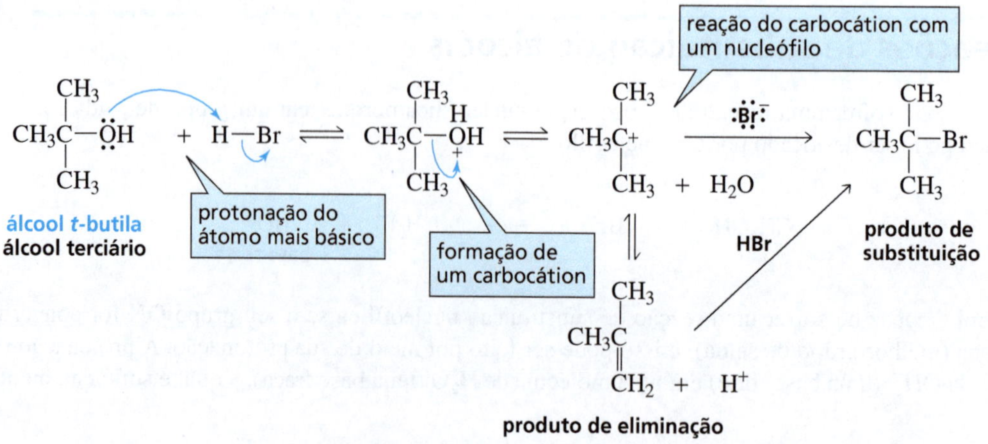

álcool t-butila (álcool terciário) + H—Br ⇌ [protonação do átomo mais básico] ⇌ [formação de um carbocátion] → (carbocátion) + H₂O → (com :Br⁻) → **produto de substituição** (CH₃)₃C—Br

reação do carbocátion com um nucleófilo

↓ HBr

produto de eliminação: CH₃—C(CH₃)=CH₂ + H⁺

CAPÍTULO 12 Reações de alcoóis, éteres, epóxidos e substâncias que contêm enxofre...

Alcoóis terciários sofrem reações de substituição com haletos de hidrogênio mais rápido do que alcoóis secundários, pois carbocátions terciários se formam mais facilmente que carbocátions secundários (Seção 4.2). Assim, a reação de um álcool terciário com um haleto de hidrogênio ocorre rapidamente à temperatura ambiente, enquanto a reação de um álcool secundário com um haleto de hidrogênio teria de ser aquecida para que ocorresse na mesma velocidade.

$$\underset{\underset{OH}{|}}{CH_3\overset{\overset{CH_3}{|}}{C}CH_2CH_3} + HBr \longrightarrow \underset{\underset{Br}{|}}{CH_3\overset{\overset{CH_3}{|}}{C}CH_2CH_3} + H_2O$$

$$\underset{\underset{OH}{|}}{CH_3CHCH_2CH_3} + HBr \xrightarrow{\Delta} \underset{\underset{Br}{|}}{CH_3CHCH_2CH_3} + H_2O$$

Alcoóis primários não sofrem reações S_N1, pois carbocátions primários são muito instáveis para ser formados (Seção 11.1). Assim, quando um álcool primário reage com um haleto de hidrogênio, deve fazê-lo por meio da reação S_N2.

mecanismo da reação S_N2

$$CH_3CH_2\ddot{O}H + H-Br \rightleftharpoons CH_3CH_2-\overset{\overset{H}{|}}{\underset{+}{O}H} \longrightarrow CH_3CH_2Br + H_2O$$

álcool etílico
álcool primário
protonação do oxigênio
:Br:⁻
ataque por trás do nucleófilo

Somente o produto de substituição é obtido. Nenhum produto de eliminação é formado porque o íon haleto, apesar de ser um bom nucleófilo, é uma base fraca, e é necessária uma base forte em uma reação E2 para remover um próton do carbono β (Seção 11.1). (Lembre-se de que um carbono β é aquele adjacente ao carbono que está ligado ao grupo de partida.)

Quando HCl é usado no lugar de HBr ou HI, a reação S_N2 é mais lenta, porque Cl⁻ é um nucleófilo mais fraco que Br⁻ ou I⁻ (Seção 10.3). A velocidade de reação pode ser aumentada pelo uso de $ZnCl_2$ como catalisador.

> Alcoóis primários sofrem reações S_N2 com haletos de hidrogênio.
>
> Alcoóis secundários e terciários sofrem reações S_N1 com haletos de hidrogênio.

$$CH_3CH_2CH_2OH + HCl \xrightarrow[\Delta]{ZnCl_2} CH_3CH_2CH_2Cl + H_2O$$

Z_n^{+2} é um ácido de Lewis que se complexa fortemente com o par de elétrons livres do oxigênio. Isso enfraquece a ligação C—O e cria um grupo de saída melhor.

$$CH_3CH_2CH_2\ddot{\underset{\ddot{}}{O}}H + ZnCl \longrightarrow CH_3CH_2CH_2-\underset{+}{\overset{\overset{ZnCl}{|}}{O}H} \longrightarrow CH_3CH_2CH_2Cl + HOZnCl$$

O teste de Lucas

A determinação do tipo de álcool, se primário, secundário ou terciário, pode ser feita por meio das velocidades relativas com que eles reagem com HCl/ZnCl₂. Isso é conhecido como o teste de Lucas. O álcool é adicionado à mistura de HCl e ZnCl₂ — o reagente de Lucas. Alcoóis de baixo peso molecular são solúveis no reagente de Lucas, mas os produtos haletos de alquila não o são, de modo que a solução torna-se turva assim que se forma o haleto. Quando o teste é realizado à temperatura ambiente, a solução torna-se turva imediatamente caso o álcool seja terciário; quando é secundário, a reação torna-se turva em cerca de cinco minutos e permanece límpida caso o álcool seja primário. O teste é limitado a alcoóis com menos de seis carbonos, pois se baseia na completa solubilidade do álcool no reagente de Lucas.

PROBLEMA 1 ♦

As reatividades relativas observadas dos alcoóis primários, secundários e terciários com um haleto de hidrogênio são: 3º > 2º > 1º. Se os alcoóis secundários sofreram uma reação S_N2 com um haleto de alquila, e não uma reação S_N1, quais seriam as reatividades relativas das três classes de alcoóis?

Howard J. Lucas (1885–1963) *nasceu em Ohio, Estados Unidos, e obteve seus diplomas de bacharel e mestre pela Universidade do Estado de Ohio. Publicou uma descrição do teste de Lucas em 1930 e foi professor de química do Instituto de Tecnologia da Califórnia.*

Quando a reação de um álcool secundário ou terciário com um haleto de hidrogênio é do tipo S_N1, ocorre a formação de um carbocátion intermediário. Portanto, devemos verificar a possibilidade de um rearranjo desse carbocátion quando fizermos a previsão do produto da reação de substituição. Lembre-se de que um rearranjo do carbocátion ocorrerá se levar à formação de outro carbocátion mais estável (Seção 4.6). Por exemplo, o produto principal da reação do 3-metil-2-butanol com HBr é o 2-bromo-2-metilbutano, pois o rearranjo 1,2 do hidreto converte o carbocátion secundário inicialmente formado em um carbocátion terciário mais estável.

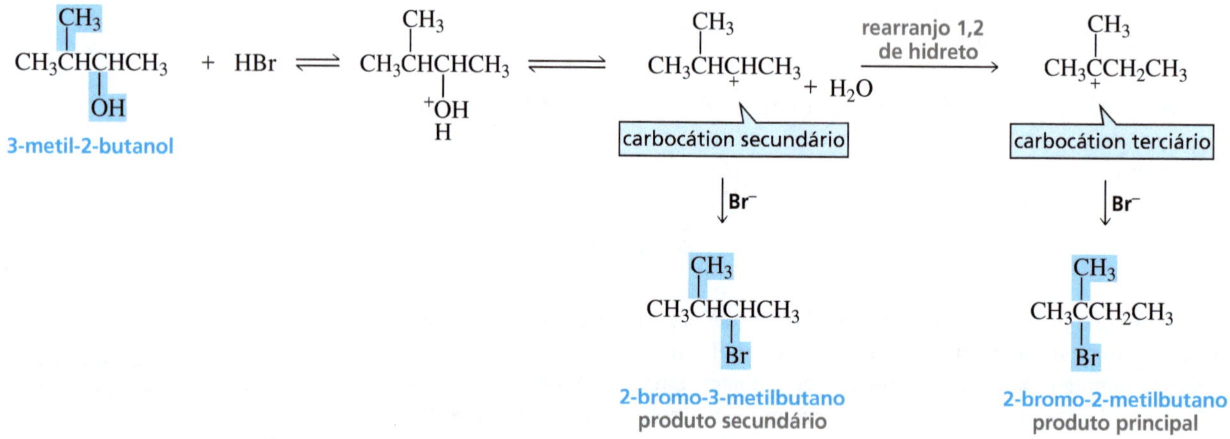

PROBLEMA 2 ♦

Dê o produto principal para cada uma das seguintes reações:

a. 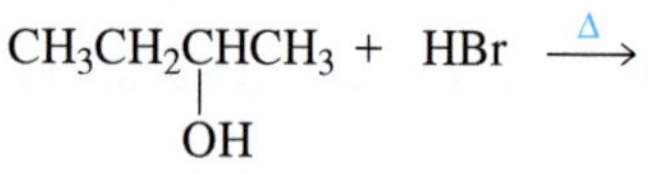 $CH_3CH_2CHCH_3$ (OH) + HBr $\xrightarrow{\Delta}$

b. 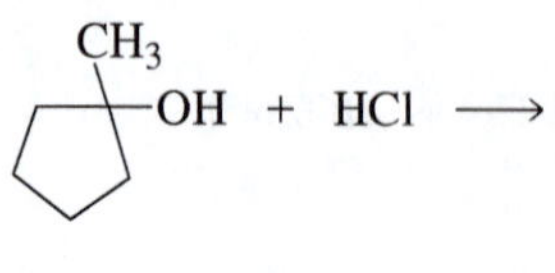 1-metilciclopentanol + HCl $\longrightarrow$

c. 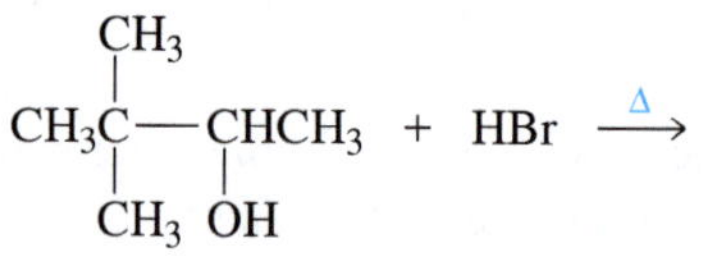 $CH_3C(CH_3)—CHCH_3$ (CH_3, OH) + HBr $\xrightarrow{\Delta}$

d. 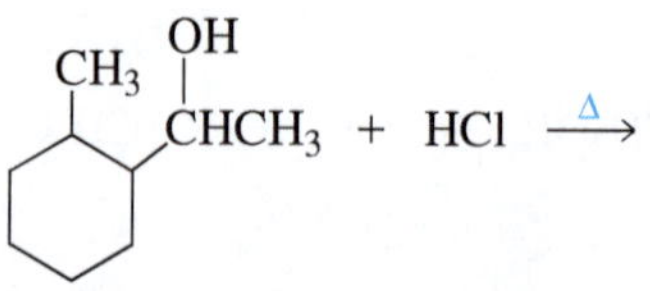 2-metil-1-(1-hidroxietil)ciclohexano + HCl $\xrightarrow{\Delta}$

12.2 Aminas não sofrem reações de substituição

Acabamos de ver que os alcoóis são menos reativos do que os haletos de alquila em reações de substituição. As aminas são ainda menos reativas que os alcoóis. As reatividades relativas de um fluoreto de alquila (o menos reativo dos haletos de alquila), um álcool e uma amina podem ser analisadas pela comparação dos valores de pK_a dos ácidos conjugados de seus grupos de saída (lembrando-se de que quanto mais fraco for o ácido, mais forte será sua base conjugada). O grupo de saída de uma amina ($^-NH_2$) constitui uma base tão forte que as aminas não se submetem a reações de substituição ou eliminação.

CAPÍTULO 12 Reações de alcoóis, éteres, epóxidos e substâncias que contêm enxofre... **437**

> ### Álcool dos cereais e álcool da madeira
>
> Quando o etanol é ingerido, ele age no sistema nervoso central. A ingestão de quantidades moderadas de etanol afeta a capacidade de julgamento e diminui a inibição do ser humano. Concentrações mais altas interferem na coordenação motora, deixam a fala arrastada e causam amnésia. Concentrações ainda mais altas provocam náuseas e perda de consciência. A ingestão de quantidades enormes de etanol interfere na respiração e pode ser fatal.
>
> O etanol, em bebidas alcoólicas, é produzido pela fermentação da glicose, obtida de uvas e grãos, como o milho, o centeio e o trigo, por isso o etanol também é conhecido como o álcool dos cereais. Os cereais são cozidos no malte (broto de cevada) para transformar seu amido em glicose. O fermento é adicionado para converter a glicose em etanol e dióxido de carbono.
>
> O tipo de bebida produzida (vinho branco ou tinto, cerveja, uísque, champanhe) depende da espécie de planta que está sendo fermentada, da liberação ou não do dióxido de carbono, da possível adição de outras substâncias e de como a bebida é purificada (por sedimentação para vinhos, por destilação para uísques).
>
> O imposto sobre bebidas alcoólicas poderia fazer do etanol um reagente de laboratório caro e proibido. Como o etanol é necessário em uma ampla variedade de processos industriais, o álcool de laboratório não é tributado, mas é cuidadosamente regulado pelo governo federal para que não seja usado em bebidas alcoólicas. O álcool desnaturado — etanol não consumível pelo ser humano devido à adição de um desnaturante tal como o benzeno ou o metanol — não é tributado, mas a adição de impurezas o torna inútil para fins laboratoriais.
>
> O metanol, também conhecido como álcool da madeira, por certa vez ter sido obtido por meio do aquecimento da madeira na ausência de oxigênio, é altamente tóxico. A ingestão de pequenas quantidades pode causar cegueira e até mesmo a morte. O antídoto para o envenenamento por metanol é discutido na Seção 20.11.
>
> $$C_6H_{12}O_6 \xrightarrow{\text{enzimas do fermento}} 2\ CH_3CH_2OH + 2\ CO_2$$
> glicose $\qquad\qquad\qquad\qquad$ etanol

reatividades relativas

$$RCH_2F\ >\ RCH_2OH\ >\ RCH_2NH_2$$

$$\underset{pK_a = 3{,}2}{HF} \qquad \underset{pK_a = 15{,}7}{H_2O} \qquad \underset{pK_a = 36}{NH_3}$$

A protonação do grupo amina torna-o um grupo melhor de saída, mas não tão bom quanto um álcool protonado, o qual é ~13 unidades de pK_a mais ácido que uma amina protonada.

$$\underset{pK_a = -2{,}4}{CH_3CH_2\overset{+}{O}H_2}\ >\ \underset{pK_a = 11{,}2}{CH_3CH_2\overset{+}{N}H_3}$$

Conseqüentemente, o grupo de saída de uma amina protonada, diferente do grupo de saída de um álcool protonado, não pode se dissociar para formar um carbocátion ou ser substituído por um íon haleto. Grupos amino protonados também não podem ser deslocados por nucleófilos fortemente básicos, tal como o grupo $^+NH_3$ e, com isso, ser convertido em H_2O, um nucleófilo fraco.

$$CH_3CH_2\overset{+}{N}H_3\ +\ HO^-\ \rightleftharpoons\ CH_3CH_2NH_2\ +\ H_2O$$

> **PROBLEMA 3**
>
> Por que um íon haleto, tal como Br^-, pode reagir com um álcool primário protonado, mas não com uma amina primária protonada?

12.3 Outros métodos de conversão de alcoóis em haletos de alquila

Alcoóis não são substâncias caras e estão prontamente disponíveis. Como acabamos de ver, eles não sofrem substituição nucleofílica porque o grupo ^-OH é muito básico para ser deslocado por um nucleófilo. Os químicos, portanto, precisam de uma forma de converter os alcoóis não reativos em haletos de alquila reativos, que possam ser usados como materiais de partida para a preparação de muitas substâncias orgânicas (Seção 10.4).

438 QUÍMICA ORGÂNICA

$$R-OH \xrightarrow[\Delta]{HX} R-X \xrightarrow{^-Nu} R-Nu$$

álcool → haleto de alquila (X = Cl, Br, I)

Vimos que um álcool pode ser convertido em um haleto de alquila pelo tratamento com um haleto de hidrogênio. Porém, melhores rendimentos são obtidos e rearranjos de carbocátions podem ser evitados se for usado um trialeto de fósforo (PCl_3, PBr_3 ou PI_3)[1] ou cloreto de tionila ($SOCl_2$). Todos esses reagentes agem do mesmo modo: eles transformam um álcool em um haleto de alquila, pela conversão do álcool em um intermediário com um grupo de saída que possa ser rapidamente deslocado por um íon haleto. Por exemplo, o tribrometo de fósforo converte o grupo OH de um álcool em um grupo bromofosfito, que pode ser deslocado por um íon brometo.

O cloreto de tionila transforma OH em um grupo clorossulfito, o qual pode ser deslocado pelo Cl^-.

A piridina é geralmente usada como solvente dessas reações, pois previne a liberação de HBr ou HCl, e é um nucleófilo relativamente fraco.

Molecule Gallery: Cloreto de tionila; piridina; íon piridínio
www

piridina + HCl ⇌ piridínio + Cl^-

As reações precedentes funcionam bem para alcoóis primários e secundários, mas os terciários fornecem rendimentos baixos, pois o intermediário formado por um álcool terciário é impedido estericamente do ataque pelo íon haleto.

A Tabela 12.1 resume alguns métodos comumente usados para a conversão de alcoóis em haletos de alquila.

Tabela 12.1 Métodos comumente usados para a conversão de alcoóis em haletos de alquila				
ROH	+	HBr	$\xrightarrow{\Delta}$	RBr
ROH	+	HI	$\xrightarrow{\Delta}$	RI
ROH	+	HCl	$\xrightarrow{\Delta}$	RCl
ROH	+	PBr_3	$\xrightarrow{piridina}$	RBr
ROH	+	PCl_3	$\xrightarrow{piridina}$	RCl
ROH	+	$SOCl_2$	$\xrightarrow{piridina}$	RCl

---

[1] Devido a sua instabilidade, PI_3 é gerado *in situ* (na mistura reacional) pela reação do fósforo com o iodo.

CAPÍTULO 12 Reações de alcoóis, éteres, epóxidos e substâncias que contêm enxofre... **439**

12.4 Conversão de alcoóis em ésteres sulfonatos

Outro modo de um álcool ser ativado para uma reação subseqüente com um nucleófilo, além de ser convertido em um haleto de alquila, é a sua transformação em um éster sulfonato. Um éster sulfonato é formado quando um álcool reage com um cloreto de sulfonila.

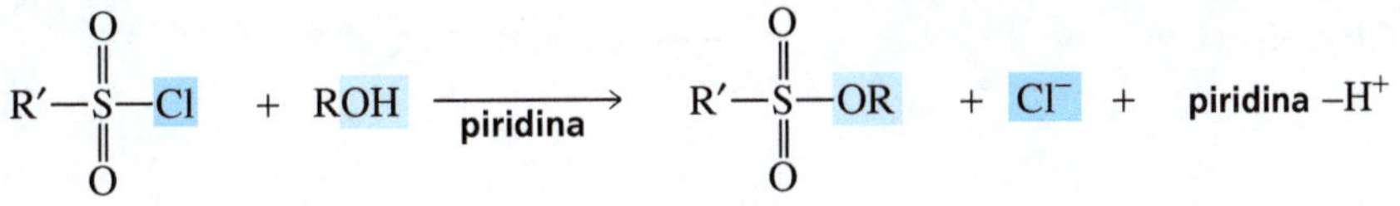

$$R'-\underset{\underset{O}{\|}}{\overset{\overset{O}{\|}}{S}}-Cl + ROH \xrightarrow{\text{piridina}} R'-\underset{\underset{O}{\|}}{\overset{\overset{O}{\|}}{S}}-OR + Cl^- + \text{piridina} -H^+$$

cloreto de sulfonila **éster sulfonato**

A reação é uma substituição nucleofílica, na qual o álcool desloca o íon cloreto. A piridina é usada como solvente e para evitar a liberação de HCl.

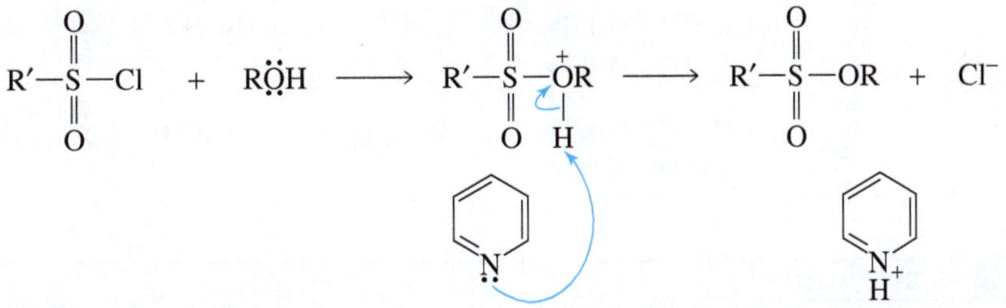

Um ácido sulfônico é um ácido forte (pKa, 21), pois sua base conjugada é particularmente estável em virtude da deslocalização da sua carga negativa sobre os três átomos de oxigênio. (Lembre-se de que vimos na Seção 7.6 que a deslocalização de elétrons estabiliza uma espécie carregada.) Uma vez que um ácido sulfônico é um ácido forte, sua base conjugada é fraca e o éster sulfonato será um excelente grupo de saída. (Note que o enxofre tem uma camada de valência expandida — e é cercado por 12 elétrons.)

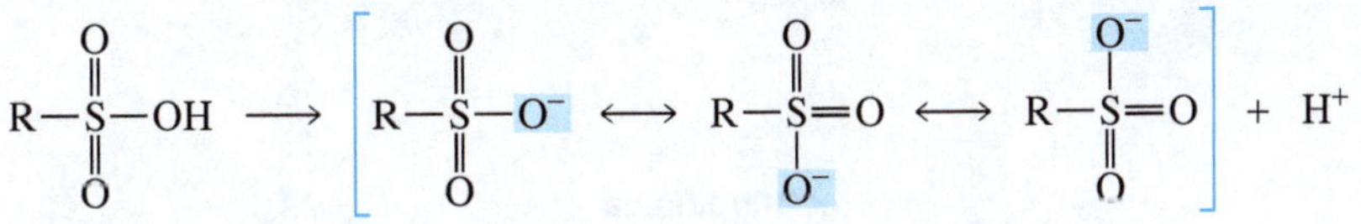

formas de ressonância

Diversos cloretos de sulfonila estão disponíveis para ativar grupos OH. O mais comum é o cloreto de para-toluenossulfonila.

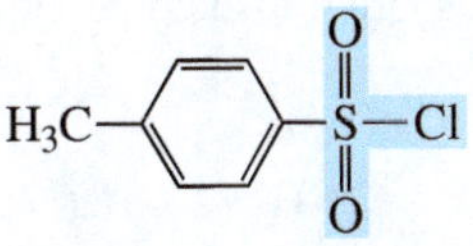

cloreto de para-toluenossulfonila 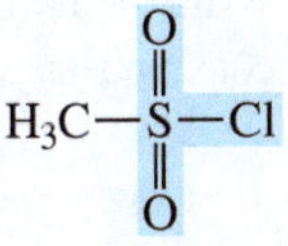 **cloreto de metanossulfonila** 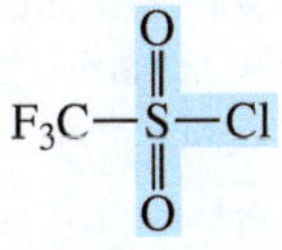 **cloreto de trifluorometanossulfonila**

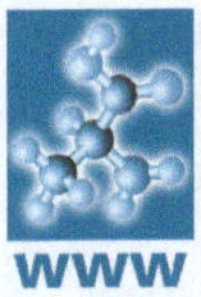

Molecule Gallery: Cloreto de metanossulfonila; metanossulfonato de metila éster metílico

Uma vez que o álcool foi ativado pela conversão a um éster sulfonato, o nucleófilo apropriado é adicionado, geralmente em condições que favoreçam reações S_N2. A reação ocorre rapidamente à temperatura ambiente porque o grupo de saída é muito bom. Por exemplo, um íon *para*-toluenossulfonato é um grupo de partida cerca de cem vezes melhor que o íon cloreto. Os ésteres sulfonatos reagem com ampla variedade de nucleófilos, por isso podem ser usados para sintetizar muitas substâncias diferentes.

440 QUÍMICA ORGÂNICA

$CH_3\ddot{\underset{..}{S}}:^- + CH_3CH_2CH_2CH_2-O-\underset{\underset{O}{\|}}{\overset{\overset{O}{\|}}{S}}-\underset{}{\bigcirc}-CH_3 \longrightarrow CH_3CH_2CH_2CH_2SCH_3 + {}^-O-\underset{\underset{O}{\|}}{\overset{\overset{O}{\|}}{S}}-\underset{}{\bigcirc}-CH_3$

ROTs $^-$OTs

$^-\!C\!\equiv\!N\ +\ CH_3CH_2CH_2-O-\underset{\underset{O}{\|}}{\overset{\overset{O}{\|}}{S}}-\underset{}{\bigcirc}-CH_3 \longrightarrow CH_3CH_2CH_2C\equiv N\ +\ {}^-O-\underset{\underset{O}{\|}}{\overset{\overset{O}{\|}}{S}}-\underset{}{\bigcirc}-CH_3$

ROTs $^-$OTs

O cloreto de para-toluenossulfonila é chamado de cloreto de tosila e sua abreviação é TsCl; o produto de reação do cloreto de para-toluenossulfonila com um álcool é chamado **tosilato de alquila** e sua abreviação é ROTs. O grupo de saída, portanto, é o $^-$OTs. O produto de reação do cloreto de trifluorometanossulfonila com um álcool é chamado **triflato de alquila** e sua abreviação é ROTf.

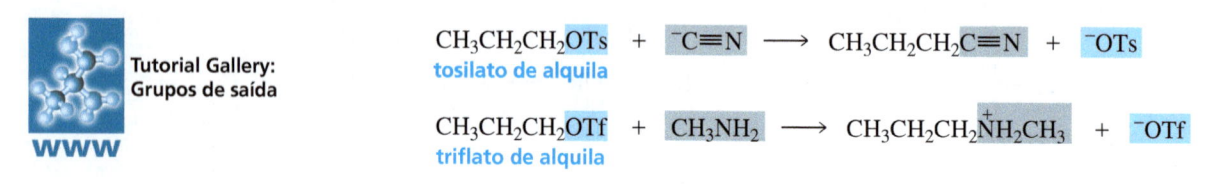

Tutorial Gallery: Grupos de saída
www

$CH_3CH_2CH_2OTs\ +\ {}^-C\equiv N \longrightarrow CH_3CH_2CH_2C\equiv N\ +\ {}^-OTs$
tosilato de alquila

$CH_3CH_2CH_2OTf\ +\ CH_3NH_2 \longrightarrow CH_3CH_2CH_2\overset{+}{N}H_2CH_3\ +\ {}^-OTf$
triflato de alquila

PROBLEMA 4 **RESOLVIDO**

Explique por que o éter obtido pelo tratamento de um álcool opticamente ativo com PBr$_3$, seguido de metóxido de sódio, tem a mesma configuração do álcool de partida, enquanto o éter obtido pelo tratamento de um álcool com cloreto de tosila e metóxido de sódio tem configuração oposta.

$\underset{H}{\overset{CH_3}{\underset{|}{R-\overset{|}{C}}}}\!\!\text{''OH} \quad \xrightarrow[\text{2. CH}_3\text{O}^-]{\text{1. PBr}_3\text{/piridina}} \quad \underset{H}{\overset{CH_3}{\underset{|}{R-\overset{|}{C}}}}\!\!\text{''OCH}_3$

$\underset{H}{\overset{CH_3}{\underset{|}{R-\overset{|}{C}}}}\!\!\text{''OH} \quad \xrightarrow[\text{2. CH}_3\text{O}^-]{\text{1. TsCl/piridina}} \quad \underset{H}{\overset{CH_3}{\underset{|}{CH_3O-\overset{|}{C}}}}\!\!\text{''R}$

RESOLUÇÃO A conversão do álcool em éter via haleto de alquila envolve duas reações S$_N$2 sucessivas: (1) o ataque de Br$^-$ sobre o bromofosfito e (2) o ataque de CH$_3$O$^-$ sobre o haleto de alquila. Cada reação S$_N$2 ocorre com inversão de configuração, portanto o produto final tem a mesma configuração do produto de partida. Por outro lado, a conversão do álcool em éter via tosilato de alquila envolve somente uma reação S$_N$2: o ataque de CH$_3$O$^-$ sobre o tosilato de alquila. Conseqüentemente, o produto final e o material de partida têm configurações opostas.

$R\!-\!\overset{CH_3}{\underset{H}{C}}\!\!\text{''OH} \xrightarrow[\text{piridina}]{\text{PBr}_3} R\!-\!\overset{CH_3}{\underset{H}{C}}\!\!\text{''OPBr}_2 \xrightarrow{\text{Br}^-} \overset{CH_3}{\underset{H}{Br\text{''}\!C\!-\!R}} \xrightarrow{\text{CH}_3\text{O}^-} R\!-\!\overset{CH_3}{\underset{H}{C}}\!\!\text{''OCH}_3$

$R\!-\!\overset{CH_3}{\underset{H}{C}}\!\!\text{''OH} \xrightarrow[\text{piridina}]{\text{TsCl}} R\!-\!\overset{CH_3}{\underset{H}{C}}\!\!\text{''OTs} \xrightarrow{\text{CH}_3\text{O}^-} \overset{CH_3}{\underset{H}{CH_3O\text{''}\!C\!-\!R}}$

CAPÍTULO 12   Reações de alcoóis, éteres, epóxidos e substâncias que contêm enxofre...   **441**

PROBLEMA 5

Mostre como o 1-butanol pode ser transformado nas seguintes substâncias:

a. $CH_3CH_2CH_2CH_2Br$

b. $CH_3CH_2CH_2CH_2OCCH_2CH_3$ (com O na ligação dupla acima do C)
   $$CH_3CH_2CH_2CH_2O\overset{O}{\underset{\|}{C}}CH_2CH_3$$

c. $CH_3CH_2CH_2CH_2OCH_3$

d. $CH_3CH_2CH_2CH_2NHCH_2CH_3$

e. $CH_3CH_2CH_2CH_2SH$

f. $CH_3CH_2CH_2CH_2C\equiv N$

12.5 Reações de eliminação de alcoóis: desidratação

Um álcool pode sofrer uma reação de eliminação, formando um alceno pela perda de um OH de carbono e de um H do carbono adjacente. O resultado é a eliminação de uma molécula de água. Essa perda de água é chamada **desidratação**. A desidratação de um álcool requer um catalisador ácido e aquecimento. O ácido sulfúrico (H_2SO_4) e o ácido fosfórico (H_3PO_4) são os catalisadores mais usados.

$$CH_3CH_2\underset{\underset{OH}{|}}{C}HCH_3 \xrightleftharpoons[\Delta]{H_2SO_4} CH_3CH=CHCH_3 + H_2O$$

Um ácido sempre reage com uma molécula orgânica da mesma maneira: ele protona o átomo mais básico (rico em elétrons) da molécula. Assim, na primeira etapa de reação de desidratação, o ácido protona o átomo de oxigênio do álcool. Como foi visto anteriormente, a protonação converte o grupo de saída muito fraco (^-OH) em um bom grupo de saída (H_2O). Na etapa seguinte, a água é eliminada e fica em seu lugar um carbocátion. Uma base na mistura reacional (a água é a base em altas concentrações) remove um próton de um carbono β (um carbono adjacente ao carbono carregado positivamente), formando um alceno e regenerando o catalisador ácido. Note que a reação de desidratação é uma reação do tipo E1 de um álcool protonado.

> Um ácido protona o átomo mais básico da molécula.

mecanismo de desidratação (E1)

$$CH_3\underset{\underset{:OH}{|}}{C}HCH_3 + H-OSO_3H \rightleftharpoons CH_3\underset{\underset{\underset{H}{|}}{\overset{+}{:}OH}}{C}HCH_3 \rightleftharpoons H-CH_2-\overset{+}{C}HCH_3 \rightleftharpoons CH_2=CHCH_3$$
$$+ ^-OSO_3H \quad\quad + H_2\overset{..}{O}: \quad\quad + H_3O^+$$

- protonação do átomo mais básico
- formação do carbocátion
- uma base remove um próton de um carbono β

Quando há a possibilidade de formação de mais de um produto de eliminação, o produto principal será o alceno mais substituído — aquele obtido pela remoção de um próton do carbono β que está ligado ao menor número de hidrogênios. (Relembre a regra de Zaitsev, Seção 11.2.) O alceno mais substituído é o produto principal, porque é o alceno mais estável, o que significa que apresenta o estado de transição mais estável que, em decorrência, conduz à sua formação (Figura 12.1).

Animation Gallery: Desidratação
www

QUÍMICA ORGÂNICA

$$CH_3\underset{OH}{\underset{|}{C}H}CH_2CH_3 \xrightleftharpoons[\Delta]{H_3PO_4} \underset{84\%}{CH_3\underset{CH_3}{\underset{|}{C}}=CHCH_3} + \underset{16\%}{CH_2=\underset{CH_3}{\underset{|}{C}}CH_2CH_3} + H_2O$$

$$\text{(1-metilciclohexanol)} \xrightleftharpoons[\Delta]{H_2SO_4} \underset{93\%}{\text{(1-metilciclohexeno)}} + \underset{7\%}{\text{(metilenociclohexano)}} + H_2O$$

Figura 12.1 ▶
Diagrama da coordenada de reação para a desidratação de um álcool protonado. O produto principal é o alceno mais substituído, porque o estado de transição que conduz à sua formação é o mais estável, permitindo que o produto se forme mais rapidamente.

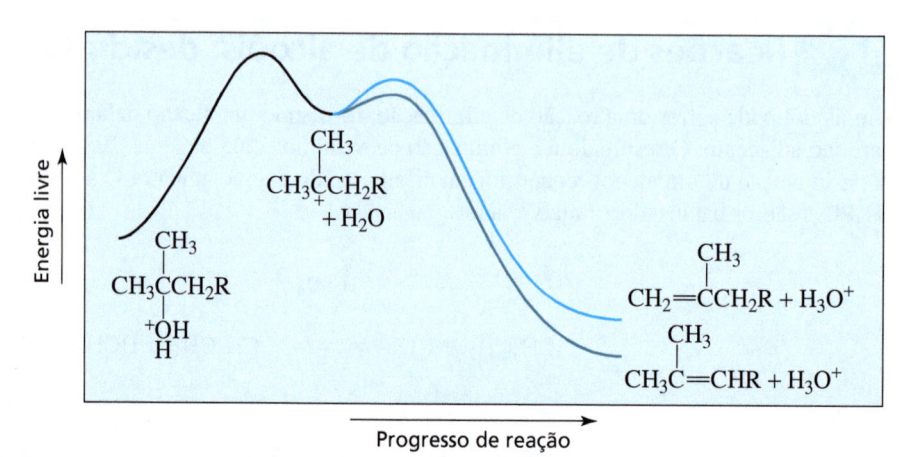

[Diagrama: Energia livre vs Progresso de reação, mostrando $CH_3\underset{\overset{+}{O}H\ H}{\underset{|}{C}CH_2R}$ → $CH_3\underset{+}{\underset{|}{C}CH_2R} + H_2O$ → $CH_2=\underset{CH_3}{\underset{|}{C}}CH_2R + H_3O^+$ e $CH_3\underset{CH_3}{\underset{|}{C}}=CHR + H_3O^+$]

Na Seção 4.5, vimos que um alceno é hidratado (água é adicionada) na presença de um catalisador ácido, formando um álcool. A hidratação de um alceno é o inverso da desidratação de um álcool catalisada por ácido.

$$RCH_2\underset{OH}{\underset{|}{C}HR} + H^+ \xrightleftharpoons[\text{hidratação}]{\text{desidratação}} RCH=CHR + H_2O + H^+$$

Para impedir a formação do alceno na reação de desidratação a partir da adição de água e reconstituição do álcool, o alceno pode ser removido por destilação assim que é formado, pois apresenta um ponto de ebulição muito menor que o do álcool. A remoção de um produto desloca a reação para a direita. (Ver o princípio de Le Châtelier, Seção 10.4.)

> **PROBLEMA 6**
> Explique por que a desidratação de um álcool catalisada por ácido é uma reação reversível, enquanto a desidroalogenação de um haleto de aquila catalisada por base é uma reação irreversível.

Em virtude de a etapa determinante da velocidade da desidratação de um álcool secundário ou terciário ser a formação de um intermediário carbocátion, a velocidade da desidratação é determinada pela facilidade de formação do carbocátion. Alcoóis terciários desidratam-se mais facilmente porque carbocátions terciários são mais estáveis e, conseqüentemente, mais fáceis de se formarem do que carbocátions secundários e primários (Seção 4.2). Para ser desidratado, um álcool terciário deve ser aquecido por volta de 50 °C em H_2SO_4 5%; um álcool secundário, por volta de 100 °C em H_2SO_4 75%; e um álcool primário somente pode ser desidratado em condições extremas (170 °C em H_2SO_4 95%) e por um mecanismo diferente, pois carbocátions primários são muito instáveis para ser formados (Seção 10.5).

Estabilidade dos carbocátions:
3º > 2º > 1º

CAPÍTULO 12   Reações de alcoóis, éteres, epóxidos e substâncias que contêm enxofre...

facilidade relativa de desidratação

$$\underset{\text{álcool terciário}}{\text{RCOH}\begin{smallmatrix}R\\|\\|\\R\end{smallmatrix}} \quad > \quad \underset{\text{álcool secundário}}{\text{RCHOH}\begin{smallmatrix}R\\|\end{smallmatrix}} \quad > \quad \underset{\text{álcool primário}}{\text{RCH}_2\text{OH}}$$

⟵ aumento da facilidade de desidratação

A desidratação de alcoóis secundários e terciários envolve a formação de um intermediário carbocátion, portanto certifique-se de verificar a estrutura desse carbocátion para possibilitar um rearranjo. Lembre-se de que eles vão se rearranjar caso o produto do rearranjo seja um carbocátion mais estável (Seção 4.6). Por exemplo, o carbocátion secundário formado inicialmente na seguinte reação se rearranja formando um carbocátion terciário mais estável:

$$\underset{\text{3,3-dimetil-2-butanol}}{\text{CH}_3\text{C}(\text{CH}_3)(\text{CH}_3\text{OH})-\text{CHCH}_3} \xrightarrow[\Delta]{\text{H}_3\text{PO}_4} \underset{\text{carbocátion secundário}}{\text{CH}_3\text{C}(\text{CH}_3)-\overset{+}{\text{CHCH}}_3} + \text{H}_2\text{O} \xrightarrow{\text{rearranjo 1,2 de metila}} \underset{\text{carbocátion terciário}}{\text{CH}_3\overset{+}{\text{C}}(\text{CH}_3)-\text{CHCH}_3(\text{CH}_3)}$$

$$\text{H}^+ + \underset{\substack{\text{3,3-dimetil-1-buteno}\\3\%}}{\text{CH}_3\text{C}(\text{CH}_3)(\text{CH}_3)\text{CH}=\text{CH}_2} \qquad \underset{\substack{\text{2,3-dimetil-2-buteno}\\64\%}}{\text{CH}_3\text{C}(\text{CH}_3)=\text{CCH}_3(\text{CH}_3)} + \underset{\substack{\text{2,3-dimetil-1-buteno}\\33\%}}{\text{CH}_2=\text{CCHCH}_3(\text{CH}_3)(\text{CH}_3)} + \text{H}^+$$

A seguir vemos um exemplo de um **rearranjo de expansão de anel**. Tanto o carbocátion inicialmente formado quanto o carbocátion rearranjado são secundários, mas aquele inicialmente formado é menos estável em virtude da tensão em seu anel de quatro membros (Seção 2.11). O rearranjo alivia a tensão do anel. O carbocátion secundário formado pode se rearranjar por um rearranjo 1,2 de hidreto, formando um carbocátion terciário ainda mais estável. (B: qualquer base presente na solução.)

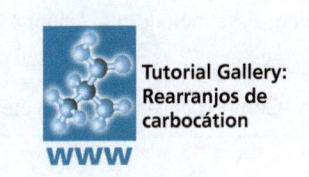

Tutorial Gallery: Rearranjos de carbocátion www

[ciclobutil–CHOH(CH₃)] $\xrightarrow[\Delta]{\text{H}_2\text{SO}_4}$ [ciclobutil–⁺CH(CH₃)] + H₂O $\xrightarrow{\text{rearranjo de expansão de anel}}$ [ciclopentil⁺ com CH₃] (carbocátion secundário) $\xrightarrow{\text{rearranjo}}$ [ciclopentil⁺ terciário com CH₃] (carbocátion terciário) ⟶ [metilciclopenteno] + HB⁺

PROBLEMA 7◆

Que produto poderia ser formado se o álcool precedente fosse aquecido com uma quantidade equivalente de HBr em vez de uma quantidade catalítica de H₂SO₄?

PROBLEMA 8

Liste os alcoóis seguintes em ordem decrescente de velocidade de desidratação na presença de um ácido:

ciclohexil–CH₂OH   ciclohexil(CH₃)(OH)   ciclohexil–CH(CH₃)–OH

Alcoóis primários sofrem desidratação por um mecanismo E2.

Alcoóis secundários e terciários sofrem desidratação por um mecanismo E1.

Enquanto a desidratação de um álcool terciário ou secundário ocorre por um mecanismo do tipo E1, a reação de um álcool primário é uma reação do tipo E2, devido à dificuldade encontrada na formação de carbocátions primários. Qualquer base (B:) na mistura reacional (ROH, H_2O, HSO_4^-) pode remover um próton na reação de eliminação. Um éter é obtido também como o produto de uma reação S_N2 competitiva.

mecanismo de desidratação (E2) e substituição competitiva (S_N2)

$CH_3CH_2\ddot{O}H$ + $H-OSO_3H$ ⇌ $CH_2-CH_2-\overset{+}{O}H$ $\overset{E2}{\longrightarrow}$ $CH_2=CH_2$ + H_2O + HB^+
                                              | | **produto de eliminação**
                                              H   H
protonação do átomo mais básico   B: + $^-OSO_3H$
                                    remoção de um próton do carbono β

$CH_3CH_2\ddot{O}H$ + $CH_3CH_2-\overset{+}{O}H$ $\overset{S_N2}{\longrightarrow}$ $CH_3CH_2\overset{+}{O}CH_2CH_3$ $\longrightarrow$ $CH_3CH_2OCH_2CH_3$ + HB^+
                              | | **produto de substituição**
                              H   H
ataque por trás do nucleófilo   B:

PROBLEMA 9

O aquecimento de um álcool com ácido sulfúrico é um bom método de preparar um éter simétrico, tal como o éter dietílico. Esse método não é bom para preparar um éter assimétrico, tal como o éter etilpropílico.

a. Explique.
b. Como você sintetizaria o éter etilpropílico?

Apesar da desidratação de um álcool primário ser uma reação E2 e, portanto, não formar um intermediário carbocátion, o produto obtido, em muitos casos, é idêntico ao produto que seria obtido se um carbocátion tivesse sido formado e rearranjado em uma reação E1. Por exemplo, esperaríamos que o 1-buteno fosse o produto da desidratação E2 do 1-butanol. Porém, o produto formado é, na verdade, o 2-buteno, o mesmo que teria sido formado se uma reação E1 tivesse ocorrido e o intermediário carbocátion inicialmente formado tivesse se rearranjado, formando um carbocátion secundário mais estável. O 2-buteno é o produto de reação, não porque uma reação E1 ocorreu, mas porque depois que se formou o produto E2 (1-buteno), um próton da solução ácida se ligou à dupla ligação — se adicionando ao carbono sp^2 ligado ao maior número de hidrogênios (de acordo com a regra de Markovnikov) para formar um carbocátion. A perda de um próton do carbocátion — do carbono β ligado ao menor número de hidrogênios (de acordo com a regra de Zaitsev) — fornece o 2-buteno, o produto final de reação.

$CH_3CH_2CH_2CH_2OH$ $\underset{\Delta}{\overset{H_2SO_4}{\rightleftharpoons}}$ $CH_3CH_2CH=CH_2$ $\overset{H^+}{\rightleftharpoons}$ $CH_3CH_2\overset{+}{C}HCH_3$ $\rightleftharpoons$ $CH_3CH=CHCH_3$ + H^+
1-butanol   **1-buteno**   **2-buteno**
                                     + H_2O

O resultado estereoquímico da desidratação E1 de um álcool é idêntico àquele de uma desidroalogenação E1 de um haleto de alquila, ou seja, ambos os isômeros *E* e *Z* são obtidos como produtos. O isômero com os grupos volumosos em lados opostos da ligação dupla é obtido em maior proporção, pois é formado mais rapidamente uma vez que, sendo o isômero mais estável, o estado de transição para sua formação é mais estável (Seção 11.5).

CAPÍTULO 12   Reações de alcoóis, éteres, epóxidos e substâncias que contêm enxofre...   **445**

$$CH_3CH_2CHCH_3 \underset{\Delta}{\overset{H_2SO_4}{\rightleftharpoons}} CH_3CH_2\overset{+}{C}HCH_3 \longrightarrow \underset{\substack{trans\text{-}2\text{-buteno} \\ 74\%}}{\overset{H_3C}{\underset{H}{>}}C=C\overset{H}{\underset{CH_3}{<}}} + \underset{\substack{cis\text{-}2\text{-buteno} \\ 23\%}}{\overset{H_3C}{\underset{H}{>}}C=C\overset{CH_3}{\underset{H}{<}}} + \underset{\substack{1\text{-buteno} \\ 3\%}}{CH_3CH_2CH=CH_2} + H^+$$

2-butanol   + H_2O

As condições relativamente drásticas (ácido e aquecimento) necessárias para a desidratação de alcoóis e as mudanças estruturais resultantes dos rearranjos dos carbocátions podem resultar em rendimentos baixos do alceno desejado. A desidratação, porém, pode ser realizada em condições mais brandas se o oxicloreto de fósforo ($POCl_3$) e a piridina forem usados.

$$CH_3CH_2CHCH_3 \underset{\text{piridina, 0 °C}}{\overset{POCl_3}{\longrightarrow}} CH_3CH=CHCH_3$$
$$|$$
$$OH$$

A reação com $POCl_3$ converte o grupo OH do álcool em $OPOCl_2$, um bom grupo de saída. As condições de reação básica favorecem uma reação E2, de modo que não haja a formação de um carbocátion e seus rearranjos não ocorram. A piridina age como uma base que remove um próton na reação de eliminação e previne a liberação de HCl, o qual poderia ser adicionado ao alceno.

[Mecanismo mostrando: $CH_3CH-\ddot{O}H$ + $POCl_3$ (oxicloreto de fósforo) → $CH_3CH-\overset{+}{\ddot{O}}-P$ (com HCl, Cl, piridina) + Cl^- → $CH_2-CH-\ddot{O}-P$ → $CH_2=CHCH_3$ + 2 piridínio + $^-OPOCl_2$]

Desidratações biológicas

As reações de desidratação ocorrem em muitos processos biológicos importantes. Elas são catalisadas por enzimas, em vez de ácidos fortes, os quais não estariam disponíveis em uma célula. A fumarase, por exemplo, é uma enzima que catalisa a desidratação do malato presente no ciclo do ácido cítrico (p. 1038). Esse ciclo consiste de uma série de reações que oxidam substâncias derivadas dos carboidratos, ácidos graxos e aminoácidos.

A enolase, outra enzima, catalisa a desidratação do α-fosfoglicerato na glicólise (p. 1037). A glicólise consiste em uma série de reações que preparam a glicose para entrar no ciclo do ácido cítrico.

$$\underset{\text{malato}}{^-O-\overset{O}{\overset{\|}{C}}-CH_2-\underset{\underset{OH}{|}}{CH}-\overset{O}{\overset{\|}{C}}-O^-} \underset{}{\overset{\text{fumarase}}{\rightleftharpoons}} \underset{\text{fumarato}}{\overset{H}{\underset{^-O-\underset{\|}{\overset{\|}{C}}\text{-}}{>}}C=C\overset{\overset{O}{\overset{\|}{C}}-O^-}{\underset{H}{<}}} + H_2O$$

$$\underset{\alpha\text{-fosfoglicerato}}{\underset{\underset{OH}{|}}{CH_2}-\underset{\underset{OPO_3^{2-}}{|}}{CH}-\overset{O}{\overset{\|}{C}}-O^-} \overset{\text{enolase}}{\rightleftharpoons} \underset{\text{fosfoenolpiruvato}}{CH_2=\underset{\underset{OPO_3^{2-}}{|}}{C}-\overset{O}{\overset{\|}{C}}-O^-} + H_2O$$

PROBLEMA 10♦

Que álcool você trataria com oxicloreto de fósforo e piridina para formar cada um dos seguintes alcenos?

a. $CH_3CH_2\underset{\underset{CH_3}{|}}{C}=CH_2$

b. 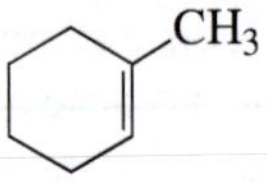 (ciclohexeno com substituinte CH$_3$ no carbono da dupla ligação) — 1-metilciclohex-1-eno

c. $CH_3CH=CHCH_2CH_3$

d. 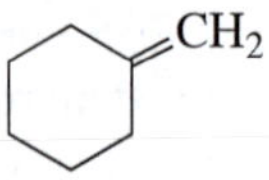 (ciclohexano com =CH$_2$ exocíclico) — metilenociclohexano

PROBLEMA — ESTRATÉGIA PARA RESOLUÇÃO

Proponha um mecanismo para a reação seguinte:

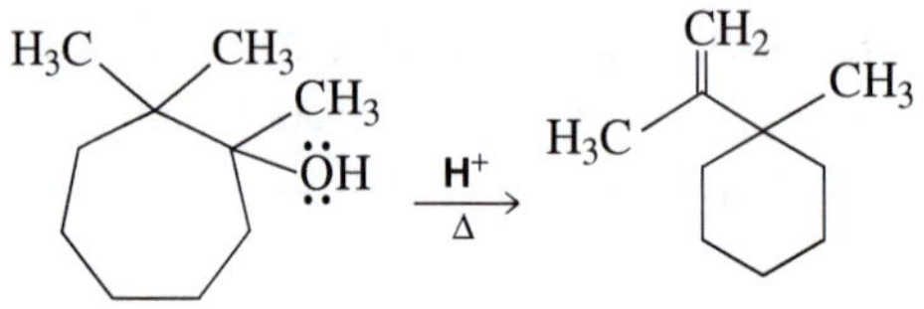

$$\text{(1,2,2-trimetilcicloheptan-1-ol)} \xrightarrow[\Delta]{H^+} \text{(1-metil-2-metileno-1-metilciclohexano)}$$

Até mesmo o mecanismo aparentemente mais complicado pode ser entendido se você der um passo de cada vez, tendo em mente a estrutura do produto final. O oxigênio é o único átomo básico no produto de partida, portanto é onde ocorrerá a protonação. A perda de água forma um carbocátion terciário.

$$\text{(álcool protonado)} \longrightarrow \text{(carbocátion terciário)} + H_2\ddot{O}\text{:}$$

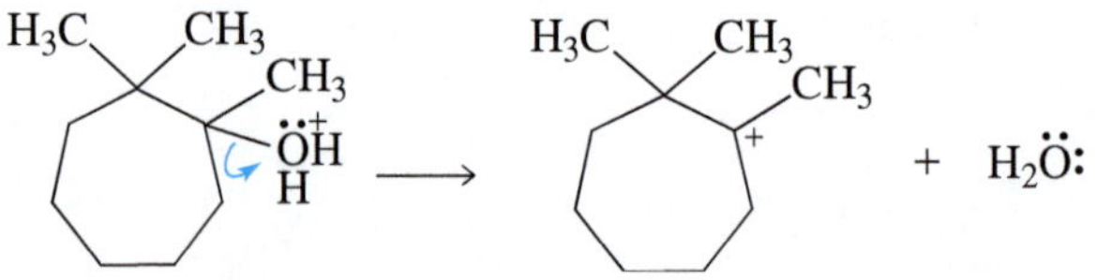

É necessário que ocorra uma contração de anel, pois o material de partida contém um anel de sete membros, e o produto final, um anel de seis membros. Quando fizer o *rearranjo de contração de anel* (ou expansão), devem-se marcar os carbonos equivalentes nos substratos e produtos. Existem duas possibilidades para a contração de anel: uma leva ao carbocátion terciário e a outra ao carbocátion primário. A via correta deve ser aquela que leva ao carbocátion terciário, desde que este apresente o mesmo arranjo de átomo do produto. O carbocátion primário seria muito instável para se formar.

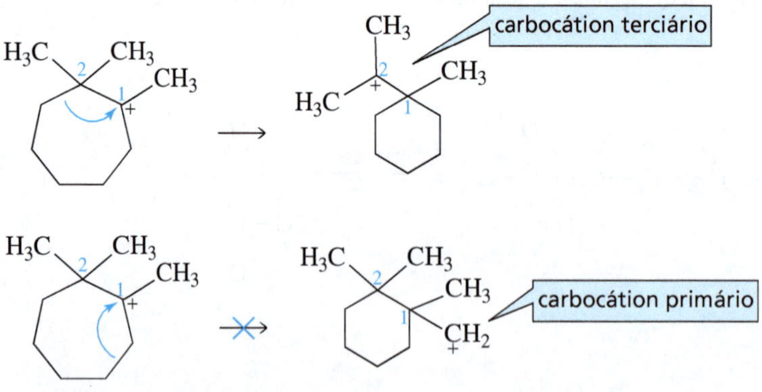

(esquema mostrando contração levando ao **carbocátion terciário**)

(esquema mostrando contração levando ao **carbocátion primário** — via bloqueada)

O produto final pode ser obtido pela remoção de um próton do carbocátion rearranjado.

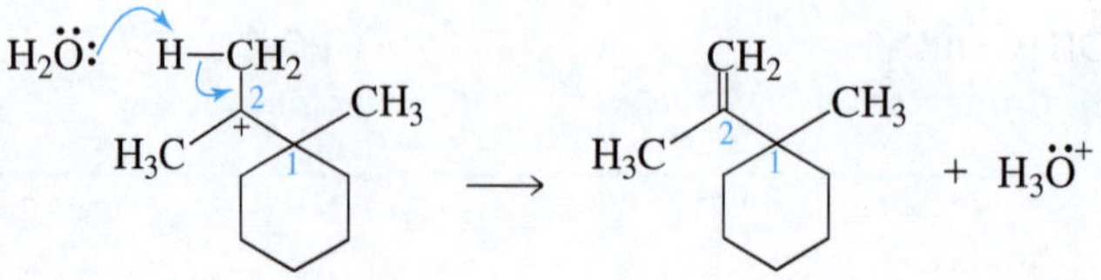

$$\text{H}_2\ddot{\text{O}}\text{:} + \text{(carbocátion)} \longrightarrow \text{(alceno)} + H_3\overset{+}{\ddot{O}}$$

Agora resolva o Problema 11.

CAPÍTULO 12   Reações de alcoóis, éteres, epóxidos e substâncias que contêm enxofre...   **447**

PROBLEMA 11

Proponha um mecanismo para cada uma das seguintes reações:

a. 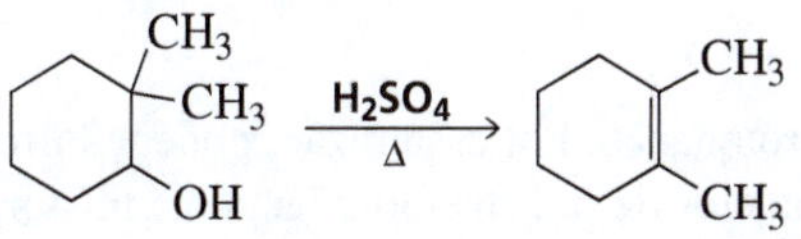 [1-metil-2,2-dimetilciclohexanol] $\xrightarrow{H_2SO_4, \Delta}$ [1,2-dimetilciclohexeno com CH$_3$]

c. 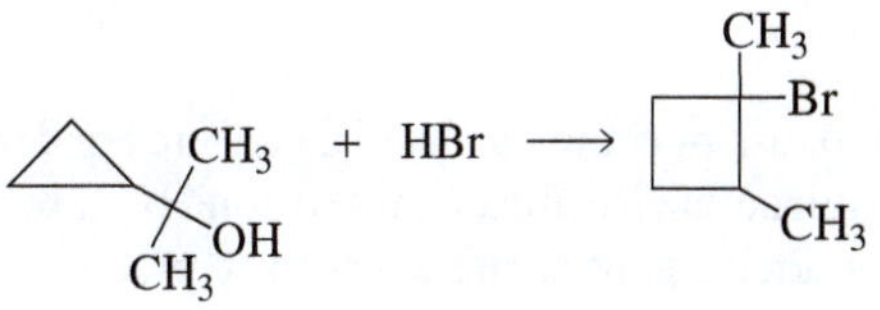 [ciclopropil com CH$_3$, CH$_3$, OH] + HBr $\longrightarrow$ [ciclobutano com CH$_3$, Br, CH$_3$]

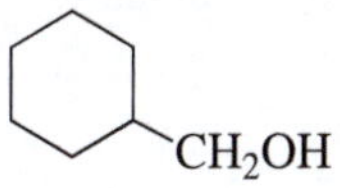

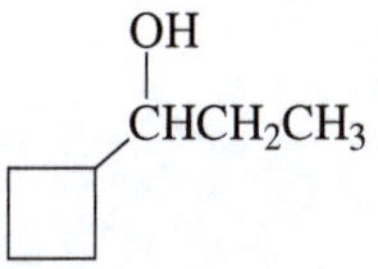

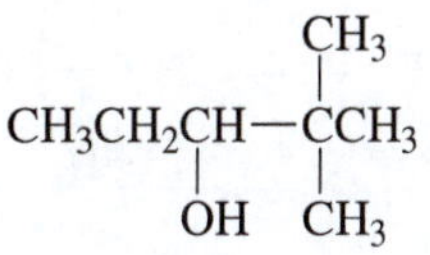

b. 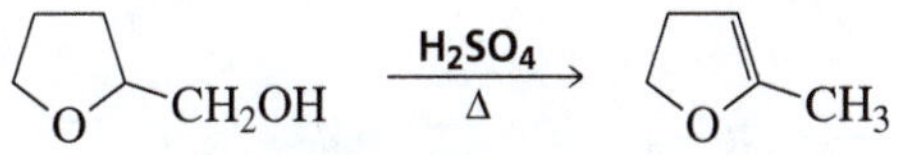 [tetrahidrofurano-2-il-CH$_2$OH] $\xrightarrow{H_2SO_4, \Delta}$ [2-metil-2,3-dihidrofurano com CH$_3$]

PROBLEMA 12◆

Dê o principal produto formado quando cada um dos seguintes alcoóis é aquecido na presença de H_2SO_4:

a. 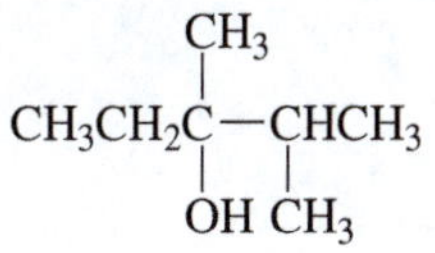 $CH_3CH_2\underset{\underset{OH}{|}}{\overset{\overset{CH_3}{|}}{C}}-\underset{\underset{CH_3}{|}}{C}HCH_3$

d. [ciclohexil]—CH_2OH

b. [ciclobutil]—$CHCH_2CH_3$ com OH

e. $CH_3CH_2\underset{\underset{OH}{|}}{C}H-\underset{\underset{CH_3}{|}}{\overset{\overset{CH_3}{|}}{C}}CH_3$

c. [ciclohex-2-enol]

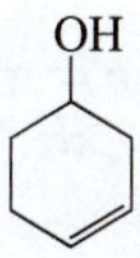

f. $CH_3CH_2CH_2CH_2CH_2OH$

12.6 Reações de substituição de éteres

Os grupos —OR de um **éter** e —OH de um álcool têm, aproximadamente, a mesma basicidade, pois seus ácidos conjugados têm valores similares de pK_a. (O pK_a do CH_3OH é 15,5 e da H_2O é 15,7.) Os dois grupos são bases fortes e grupos de saída fracos. Conseqüentemente, alcoóis e éteres não são reativos diante da substituição nucleofílica.

$$\underset{\text{álcool}}{R-O-H} \quad \underset{\text{éter}}{R-O-R}$$

Muitos dos reagentes que são usados para ativar os alcoóis para substituição nucleofílica (por exemplo, $SOCl_2$, PCl_3) não podem ser usados para ativar os éteres. Quando um álcool reage com um agente ativante, tal como o cloreto de sulfonila, ocorre a dissociação de um próton do intermediário, na segunda etapa de reação, resultando em um éster sulfonato estável.

$$\underset{\text{álcool}}{ROH} + R'-\underset{\underset{O}{\|}}{\overset{\overset{O}{\|}}{S}}-Cl \longrightarrow R\overset{+}{\underset{H}{O}}-\underset{\underset{O}{\|}}{\overset{\overset{O}{\|}}{S}}-R' \; + \; Cl^- \rightleftharpoons \underset{\text{éster sulfonato}}{RO-\underset{\underset{O}{\|}}{\overset{\overset{O}{\|}}{S}}-R'} + H^+$$

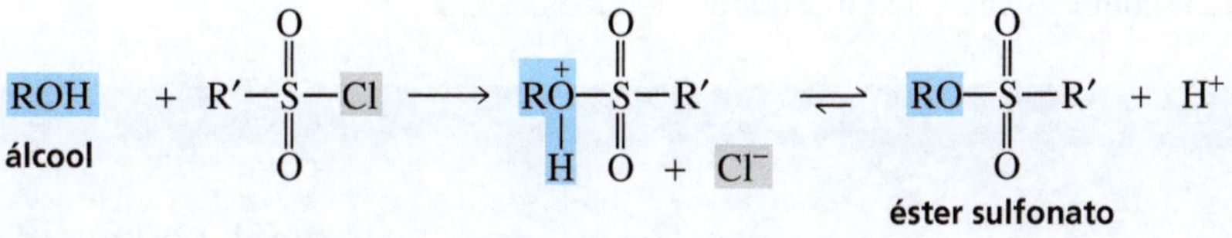

Quando um éter reage com um cloreto de sulfonila, porém, o átomo de oxigênio não tem um próton que possa se dissociar. O grupo alquila (R) não pode se dissociar, por isso um éster sulfonato estável não pode ser formado. Os materiais de partida mais estáveis são formados novamente.

ROR + R'—S(=O)(=O)—Cl ⇌ RO⁺(R)—S(=O)(=O)—R' + Cl⁻
éter

No entanto, assim como os alcoóis, os éteres podem ser ativados por protonação. Por essa razão, podem sofrer reações de substituição nucleofílica com HBr ou HI. A reação de éteres com haletos de hidrogênio é lenta e a mistura reacional deve ser aquecida para que a reação se processe em uma velocidade razoável.

R—O—R' + HI ⇌ R—O⁺(H)—R' I⁻ →(Δ) R—I + R'—OH

A primeira etapa da clivagem de um éter que usa HI ou HBr é a protonação do oxigênio. Ocorre a conversão do grupo RO⁻ muito básico em um grupo de saída ROH menos básico.

Se a partida do grupo de saída formar um carbocátion relativamente estável (por exemplo, um carbocátion terciário) ocorre uma reação S_N1 — o grupo de saída parte e o íon haleto se combina com o carbocátion.

(CH₃)₃C—ÖCH₃ + H⁺ ⇌ (CH₃)₃C—O⁺(H)CH₃ —S_N1→ (CH₃)₃C⁺ + :Ï:⁻ → (CH₃)₃C—Ï: + CH₃ÖH

protonação / **formação do carbocátion** / **ataque do nucleófilo**

Contudo, se a partida do grupo de saída formar um carbocátion instável (por exemplo, metil, vinil, aril ou carbocátion primário), o grupo de saída não pode sair. Ele deve ser deslocado pelo íon haleto. Em outras palavras, ocorrerá uma reação S_N2. O íon haleto ataca preferencialmente o grupo alquila menos impedido estericamente.

CH₃ÖCH₂CH₂CH₃ + H⁺ ⇌ CH₃—O⁺(H)—CH₂CH₂CH₃ :Ï:⁻ —S_N2→ CH₃Ï: + CH₃CH₂CH₂OH

protonação / **o nucleófilo ataca o carbono menos impedido estericamente**

Alcoóis e éteres sofrem reações S_N2/E2. Eles sofrerão reações S_N1/E1, caso tenham de formar um carbocátion primário.

A clivagem de éteres por meio de HI ou HBr ocorrerá mais rapidamente se a reação se realizar por um mecanismo S_N1. Se a instabilidade do carbocátion requerer que a reação siga um mecanismo S_N2, a clivagem será mais rápida com HI do que com HBr, pois I⁻ é um nucleófilo melhor que Br⁻. Somente um produto de substituição é obtido porque as bases presentes na mistura reacional (íons haleto e H₂O) são muito fracas para abstrair um próton em uma reação E2. Além disso, nenhum alceno formado em uma reação E1 sofreria adição eletrofílica com HBr ou HI para formar o mesmo haleto de alquila que poderia ser obtido pela reação de substituição. HCl concentrado não pode clivar éteres porque Cl⁻ é um nucleófilo muito fraco.

Os éteres são normalmente usados como solvente porque são capazes de reagir somente com haletos de hidrogênio. Alguns éteres usados como solvente são mostrados na Tabela 12.2.

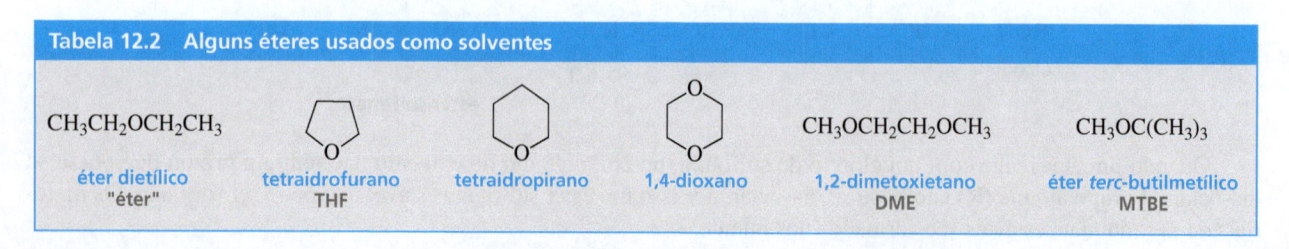

Tabela 12.2 Alguns éteres usados como solventes

$CH_3CH_2OCH_2CH_3$	(tetraidrofurano)	(tetraidropirano)	(1,4-dioxano)	$CH_3OCH_2CH_2OCH_3$	$CH_3OC(CH_3)_3$
éter dietílico "éter"	tetraidrofurano THF	tetraidropirano	1,4-dioxano	1,2-dimetoxietano DME	éter *terc*-butilmetílico MTBE

CAPÍTULO 12 Reações de alcoóis, éteres, epóxidos e substâncias que contêm enxofre... **449**

PROBLEMA 13

Explique por que o éter metilpropílico forma tanto o iodeto de metila quanto o iodeto de propila quando é aquecido com excesso de HI.

PROBLEMA 14◆

HF pode ser usado para clivar éteres? Explique.

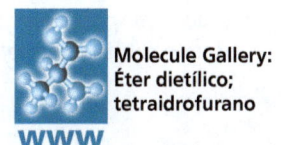

Molecule Gallery:
Éter dietílico;
tetraidrofurano
www

Anestésicos

O éter dietílico (conhecido simplesmente como éter) é um relaxante muscular de vida curta e tem sido amplamente utilizado, por meio da inalação, como anestésico. Porém, como atinge seu efeito máximo lentamente e o período de recuperação é longo e desconfortável, outras substâncias, tais como o enflurano, o isoflurano e o halotano, têm substituído o éter. O éter dietílico ainda é usado onde não há anestesistas bem treinados, pois constitui o anestésico mais seguro de ser administrado por mãos inexperientes. Os anestésicos interagem com as moléculas apolares das membranas celulares provocando sua dilatação, o que intefere em sua permeabilidade.

$CH_3CH_2OCH_2CH_3$ $CF_3CHClOCHF_2$ $CHClFCF_2OCHF_2$ $CF_3CHClBr$
"éter"   isoflurano   enflurano   halotano

O pentotal sódico (também chamado tiopental sódico) é normalmente utilizado como anestésico intravenoso. A perda de consciência e a anestesia ocorrem segundos depois de sua administração. Deve-se tomar muito cuidado quando se administra o pentotal sódico, pois a dose para uma anestesia eficaz corresponde a 75% da dose letal. Em virtude de sua toxicidade, ele não pode ser usado isoladamente e em geral é utilizado para induzir a anestesia antes da administração de um anestésico por inalação. O propofol é um anestésico que apresenta todas as propriedades do "anestésico perfeito". Pode ser usado isoladamente por via intravenosa, tem um período de indução rápido e agradável e uma ampla margem de segurança. A recuperação da droga é rápida e tranqüila.

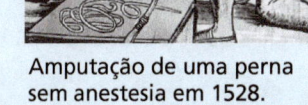

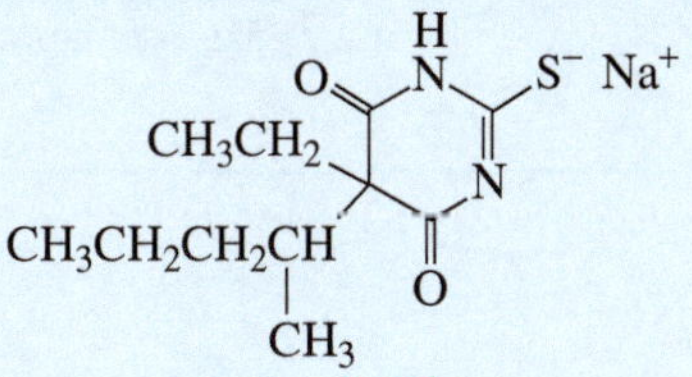

Amputação de uma perna sem anestesia em 1528.

pentotal sódico 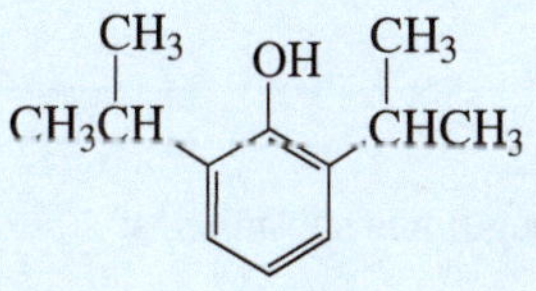   propofol

PROBLEMA 15   RESOLVIDO

Dê os produtos principais que poderiam ser obtidos pelo aquecimento dos seguintes éteres com HI:

a. $CH_3CH=CHOCH_2CH_3$

b. 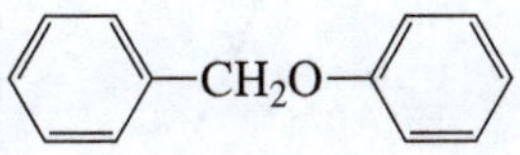 (C$_6$H$_5$)—CH$_2$O—(C$_6$H$_5$)

c. $CH_3CH_2CH_2OCH_2$—(C$_6$H$_5$)

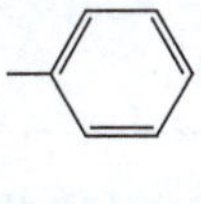

d. 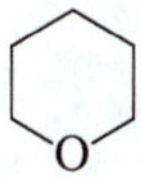 (tetraidropirano)

e. 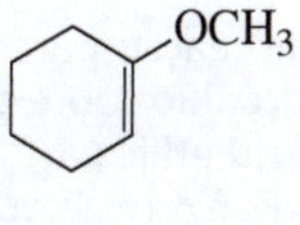 (ciclohexeno com OCH$_3$)

f. 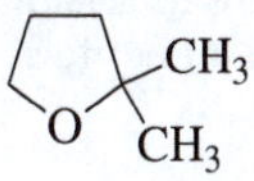 (2,2-dimetiltetraidrofurano)

> **RESOLUÇÃO PARA 15a** A reação ocorre por um mecanismo S_N2, porque nenhum grupo alquila formará um carbocátion relativamente estável. O íon iodeto ataca o carbono do grupo etila, pois a outra possibilidade seria atacar o carbono hibridizado em sp^2, e esse tipo de carbono geralmente não é atacado por nucleófilos (Seção 10.8). Portanto, os produtos são iodeto de etila e um enol que se rearranja imediatamente formando um aldeído (Seção 6.6)
>
> $$CH_3CH=CH-O-CH_2CH_3 \xrightarrow[\Delta]{HI} CH_3CH=CH-\overset{+}{\underset{H}{O}}-CH_2CH_3 \longrightarrow CH_3CH=CH-OH \rightleftharpoons CH_3CH_2\overset{O}{\underset{\|}{C}}H$$
> $$:\ddot{\underset{..}{I}}:^{-} \qquad\qquad + CH_3CH_2I$$

12.7 Reações de epóxidos

Os éteres nos quais o átomo de oxigênio está incorporado em um anel de três membros são chamados **epóxidos** ou **oxiranos**. O nome comum de um epóxido usa o nome comum do alceno precedido por "óxido", presumindo que o átomo de oxigênio está onde a ligação π de um alceno estaria. O epóxido mais simples é o óxido de etileno.

$H_2C=CH_2$ H_2C-CH_2 (com O em cima) $H_2C=CHCH_3$ $H_2C-CHCH_3$ (com O em cima)
etileno   óxido de etileno   propileno   óxido de propileno

Existem duas formas sistemáticas de nomear os epóxidos. Um método chama o anel de três membros de "oxirano", e o oxigênio ocupa a posição 1 do anel. Desse modo, o 2-etiloxirano tem um substituinte etila na posição 2 do anel oxirano. Alternativamente, um epóxido pode ser nomeado como um alceno, com o prefixo "epoxi", que identifica os carbonos aos quais o oxigênio está ligado.

$H_2C-CHCH_2CH_3$ $CH_3CH-CHCH_3$ $H_2C-C(CH_3)_2$
2-etiloxirano   **2,3-dimetiloxirano**   **2,2-dimetiloxirano**
1,2-epoxibutano   2,3-epoxibutano   1,2-epóxi-2-metilpropano

> **PROBLEMA 16◆**
>
> Desenhe as estruturas das seguintes substâncias:
>
> a. 2-propiloxirano
> b. óxido de ciclo-hexeno
> c. 2,2,3,3-tetrametiloxirano
> d. 2,3-epóxi-2-metilpentano

▶ **Figura 12.2**
Diagramas das coordenadas de reação para o ataque nucleofílico do íon hidróxido sobre o óxido de etileno e sobre o éter dietílico.
A maior reatividade do epóxido é o resultado da tensão (tensão de anel ou tensão torsional) no anel de três membros, o que aumenta sua energia livre.

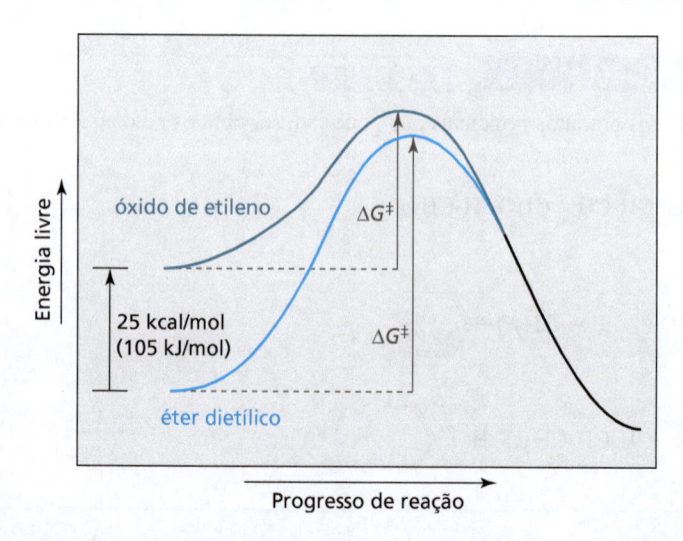

(Gráfico: Energia livre vs. Progresso de reação, mostrando curvas para óxido de etileno e éter dietílico, com diferença de 25 kcal/mol (105 kJ/mol) e $\Delta G^{\ddagger}$ indicados)

CAPÍTULO 12   Reações de alcoóis, éteres, epóxidos e substâncias que contêm enxofre...   **451**

Apesar de um epóxido e um éter terem o mesmo grupo de partida, os epóxidos são muito mais reativos que os éteres diante de reações de substituição nucleofílica, porque a tensão do anel de três membros é aliviada quando o anel se abre (Figura 12.2). Assim, os epóxidos rapidamente sofrem reações de abertura de anel com ampla variedade de nucleófilos.

Os epóxidos, assim como outros éteres, reagem com haletos de hidrogênio. Na primeira etapa de reação, o oxigênio nucleofílico é protonado por um ácido. O epóxido protonado é, então, atacado pelo íon haleto. A reação ocorre rapidamente à temperatura ambiente, pois os epóxidos são muito mais reativos que os éteres. (Lembre-se de que a reação de um éter com um haleto de hidrogênio requer aquecimento.)

$$H_2C\text{—}CH_2 + H\text{—}\ddot{B}r: \rightleftharpoons H_2C\text{—}CH_2 + :\ddot{B}r:^- \longrightarrow HOCH_2CH_2\ddot{B}r:$$

— protonação do átomo de oxigênio do epóxido
— ataque por trás do nucleófilo

Epóxidos protonados são tão reativos que podem ser abertos por nucleófilos fracos, tal como H_2O e alcoóis. (HB^+ pode ser qualquer ácido na mistura reacional; B: pode ser qualquer base.)

$$H_2C\text{—}CH_2 \xrightarrow{H\text{—}B^+} H_2C\text{—}CH_2 \xrightarrow{H_2O:} CH_2CH_2OH \rightleftharpoons HOCH_2CH_2OH + HB^+$$

1,2-etanodiol
etilenoglicol

$$CH_3CH\text{—}CHCH_3 \xrightarrow{H\text{—}B^+} CH_3CH\text{—}CHCH_3 \xrightarrow{CH_3OH} CH_3CHCHCH_3 \rightleftharpoons CH_3CHCHCH_3 + HB^+$$

3-metóxi-2-butanol

Se substituintes diferentes estiverem ligados aos dois carbonos do epóxido protonado (e o nucleófilo for alguma espécie diferente de H_2O), o produto obtido do ataque nucleofílico sobre a posição 2 do anel oxirano será diferente daquele obtido do ataque nucleofílico sobre a posição 3. O produto principal é o resultante do ataque nucleofílico sobre o carbono *mais substituído*.

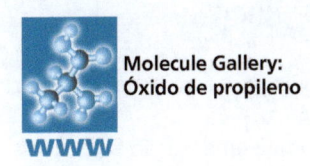

$$CH_3CH\text{—}CH_2 \xrightarrow{H^+} CH_3CH\text{—}CH_2 \xrightarrow{CH_3OH} CH_3CHCH_2OH + CH_3CHCH_2OCH_3 + H^+$$

2-metóxi-1-propanol
produto principal

1-metóxi-2-propanol
produto secundário

Molecule Gallery: Óxido de propileno
www

O carbono mais substituído é o mais provável de ser atacado porque, após a protonação do epóxido, a espécie torna-se tão reativa que uma das ligações C—O começa a quebrar antes do ataque do nucleófilo. Assim, uma carga parcial positiva se desenvolve no carbono que está perdendo seus elétrons compartilhados com o oxigênio. O epóxido protonado se abre preferencialmente na direção que coloca a carga parcial positiva no carbono mais substituído, pois um carbocátion mais substituído é mais estável. (Lembre-se de que carbocátions terciários são mais estáveis que os secundários, que são mais estáveis que os primários.)

$$\text{CH}_3\overset{H}{\underset{O^+}{\text{CH}}}-\text{CH}_2 \longrightarrow \text{CH}_3\overset{\overset{H}{\underset{\delta+}{O}}}{\underset{\delta+}{\text{CH}}}-\text{CH}_2 \xrightarrow{\text{CH}_3\ddot{\text{O}}\text{H}} \text{CH}_3\overset{+\text{OCH}_3}{\underset{H}{\text{CH}}}\text{CH}_2\text{OH} \rightleftharpoons \underset{\text{produto principal}}{\text{CH}_3\overset{\text{OCH}_3}{\text{CH}}\text{CH}_2\text{OH}} + \text{H}^+$$

formação do carbocátion secundário

$$\longrightarrow \text{CH}_3\overset{\overset{H}{\underset{\delta+}{O}}}{\text{CH}}-\underset{\delta+}{\text{CH}_2} \xrightarrow{\text{CH}_3\ddot{\text{O}}\text{H}} \text{CH}_3\overset{\text{OH}}{\text{CH}}\text{CH}_2\overset{+}{\underset{H}{\text{O}}}\text{CH}_3 \rightleftharpoons \underset{\text{produto secundário}}{\text{CH}_3\overset{\text{OH}}{\text{CH}}\text{CH}_2\text{OCH}_3} + \text{H}^+$$

formação do carbocátion primário

A melhor maneira de descrever a reação é dizer que ela ocorre parcialmente por um mecanismo S_N1 e parcialmente por um mecanismo S_N2. Não é uma reação S_N1 pura, pois um intermediário carbocátion não é formado completamente; não é uma reação S_N2 pura porque o grupo de saída começa a sair antes que a substância comece a ser atacada pelo nucleófilo.

Na Seção 12.6, vimos que um éter não sofre uma reação de substituição nucleofílica, a menos que o grupo de saída muito básico ⁻OR seja convertido, por protonação, em um grupo ROH menos básico. Devido à tensão do anel de três membros, os epóxidos são reativos o suficiente para ser abertos sem protonação prévia. Quando um nucleófilo ataca um epóxido não protonado, a reação é do tipo S_N2 pura, ou seja, a ligação C—O apenas começa a se quebrar quando o carbono for atacado pelo nucleófilo. Nesse caso, é mais provável que o nucleófilo ataque o carbono *menos substituído*, pois este é mais acessível ao ataque (é menos impedido estericamente). Desse modo, o sítio do ataque nucleofílico em um epóxido assimétrico em condições neutras ou básicas (quando o epóxido *não está* protonado) é diferente do sítio do ataque em condições ácidas (quando o epóxido *está* protonado).

$$\text{CH}_3\overset{O}{\overset{\diagup \diagdown}{\text{CH}-\text{CH}_2}}$$

sítio do ataque nucleofílico em condições ácidas | sítio do ataque nucleofílico em condições básicas

Depois do ataque nucleofílico ao epóxido, o íon alcóxido pode pegar um próton do solvente ou de um ácido adicionado após o término da reação.

$$\text{CH}_3\overset{O}{\overset{\diagup \diagdown}{\text{CH}-\text{CH}_2}} + \text{CH}_3\ddot{\text{O}}{:}^- \longrightarrow \text{CH}_3\overset{O^-}{\text{CH}}\text{CH}_2\text{OCH}_3 \xrightarrow[\text{ou H}^+]{\text{CH}_3\text{OH}} \text{CH}_3\overset{\text{OH}}{\text{CH}}\text{CH}_2\text{OCH}_3 + \text{CH}_3\text{O}^-$$

Epóxidos são reagentes sinteticamente úteis, pois podem reagir com ampla variedade de nucleófilos, levando à formação de vários produtos.

$$\text{H}_2\text{C}\overset{O}{\overset{\diagup \diagdown}{-}}\overset{\text{CH}_3}{\underset{\text{CH}_3}{\text{C}}} + \text{CH}_3\text{C}{\equiv}\text{C}^- \longrightarrow \text{CH}_3\text{C}{\equiv}\text{CCH}_2\overset{O^-}{\underset{\text{CH}_3}{\text{C}}}\text{CH}_3 \xrightarrow{\text{H}^+} \text{CH}_3\text{C}{\equiv}\text{CCH}_2\overset{\text{OH}}{\underset{\text{CH}_3}{\text{C}}}\text{CH}_3$$

$$\text{CH}_3\overset{O}{\overset{\diagup \diagdown}{\text{CH}-\text{CH}_2}} + \text{CH}_3\text{NH}_2 \longrightarrow \text{CH}_3\overset{O^-}{\text{CH}}\text{CH}_2\overset{+}{\text{N}}\text{H}_2\text{CH}_3 \longrightarrow \text{CH}_3\overset{\text{OH}}{\text{CH}}\text{CH}_2\text{NHCH}_3$$

Eles também são importantes em processos biológicos, pois são suficientemente reativos para serem atacados por nucleófilos nas condições encontradas nos sistemas vivos (Seção 12.8).

Note que a reação do óxido de ciclo-hexeno com um nucleófilo leva ao produto trans, porque uma reação S_N2 envolve um ataque por trás do nucleófilo.

CAPÍTULO 12 Reações de alcoóis, éteres, epóxidos e substâncias que contêm enxofre... **453**

PROBLEMA 17

Por que a reação anterior forma dois esteroisômeros?

PROBLEMA 18◆

Dê o produto principal para cada uma das seguintes reações:

a. H₂C—C(CH₃)(CH₃)—O (epóxido) $\xrightarrow[\text{CH}_3\text{OH}]{\text{H}^+}$

b. H₂C—C(CH₃)(CH₃)—O (epóxido) $\xrightarrow[\text{CH}_3\text{OH}]{\text{CH}_3\text{O}^-}$

c. H(H₃C)C—C(CH₃)(H)—O $\xrightarrow[\text{CH}_3\text{OH}]{\text{H}^+}$

d. H(H₃C)C—C(CH₃)(H)—O $\xrightarrow[\text{CH}_3\text{OH}]{\text{CH}_3\text{O}^-}$

PROBLEMA 19◆

Você esperaria que a reatividade de um éter com um anel de cinco membros, tal como o tetraidrofurano (Tabela 12.2), fosse mais parecida com a reatividade de um epóxido ou de um éter acíclico?

12.8 Óxidos de areno

Quando um hidrocarboneto aromático, como o benzeno, é ingerido ou inalado, converte-se enzimaticamente em um *óxido de areno*. Um **óxido de areno** é uma substância na qual uma das "ligações duplas" do anel aromático é convertida em um epóxido. A formação de um óxido de areno é a primeira etapa na transformação de uma substância aromática, que entra no corpo humano como uma substância estranha (por exemplo, fumaça de cigarro, drogas, descargas de automóveis) em uma substância solúvel em água que pode eventualmente ser eliminada. A enzima que faz a desintoxicação, transformando os hidrocarbonetos aromáticos em óxidos de areno, é chamada citocromo P$_{450}$.

benzeno $\xrightarrow[\text{O}_2]{\text{citocromo P}_{450}}$ óxido de benzeno / óxido de areno

Óxidos de areno são intermediários importantes na biossíntese de fenóis de interesse bioquímico, como a tirosina e a serotonina.

tirosina
aminoácido

serotonina
vasoconstritor

benzeno

óxido de benzeno

454 QUÍMICA ORGÂNICA

Um óxido de areno pode reagir de duas maneiras diferentes. Pode reagir como um epóxido típico, que sofre um ataque de um nucleófilo para formar um produto de adição (Seção 12.7). Alternativamente, pode sofrer um rearranjo que forma um fenol, coisa que epóxidos, como o óxido de etileno, não podem fazer.

Molecule Gallery:
Óxido de benzeno
www

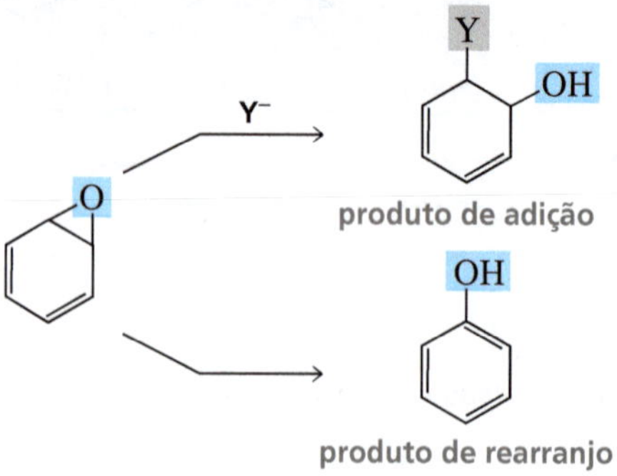

Quando um óxido de areno reage com um nucleófilo, o anel de três membros sofre um ataque nucleofílico por trás, formando um produto de adição.

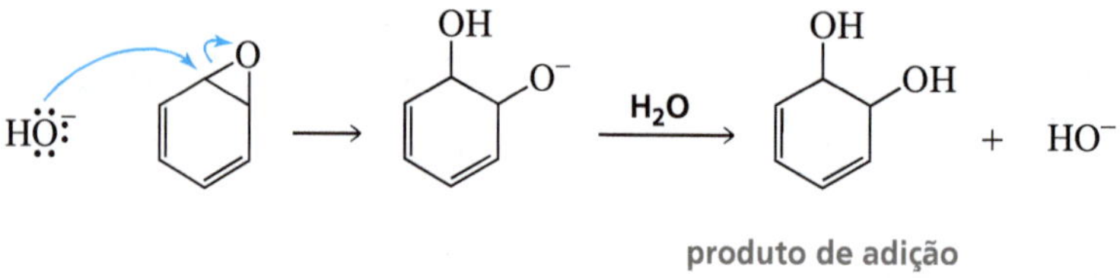

Quando um óxido de areno sofre um rearranjo, o anel epóxido de três membros se abre, retirando um próton de uma espécie em solução. Em vez de perder um próton para formar um fenol, o carbocátion forma uma enona como resultado do rearranjo 1,2 de hidreto. Isso é chamado *troca NIH*, porque foi primeiro observada no laboratório do National Institute of Health — NIH, nos Estados Unidos. A remoção de um próton da enona forma o fenol.

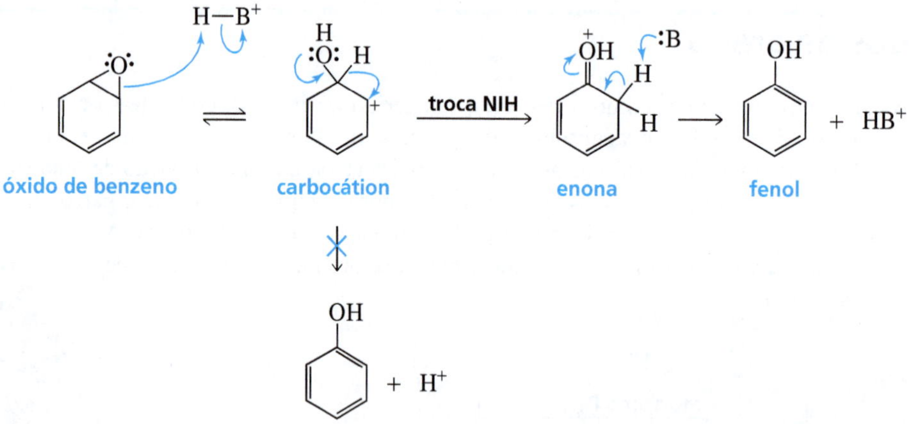

A velocidade de formação do fenol depende da estabilidade do carbocátion, pois a primeira etapa é a determinante da velocidade. Quanto mais estável for o carbocátion, mais fácil será a abertura do epóxido para formar o fenol.

Somente um óxido de areno pode ser formado a partir do naftaleno, porque a "ligação dupla" compartilhada pelos dois anéis não pode ser transformada em epóxido. Lembre-se da Seção 7.11, na qual é mostrado que os anéis benzênicos são particularmente estáveis, de modo que se torna muito mais fácil formar epóxido em uma posição que permitirá a um dos anéis ficar intacto. O óxido de naftaleno pode se rearranjar para formar tanto o 1-naftol quanto o 2-naftol. O carbocátion que leva à formação do 1-naftol é mais estável porque sua carga positiva pode ser estabilizada por deslocalização eletrônica sem destruir a aromaticidade do benzeno do lado esquerdo da estrutura. Por outro lado, a carga positiva do carbocátion que leva ao 2-naftol pode ser estabilizada por deslocalização eletrônica somente se a aromaticidade do benzeno for destruída. Conseqüentemente, o rearranjo conduz predominantemente ao 1-naftol.

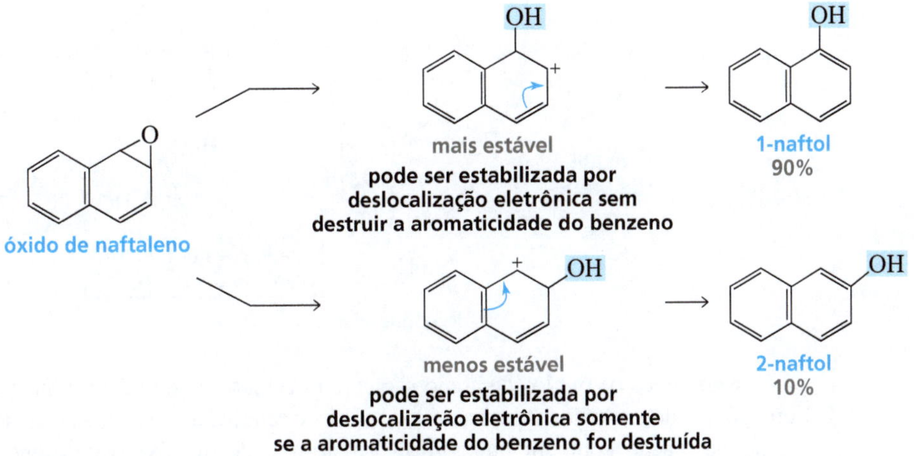

CAPÍTULO 12   Reações de alcoóis, éteres, epóxidos e substâncias que contêm enxofre...   **455**

óxido de naftaleno → (carbocátion) **mais estável** — pode ser estabilizada por deslocalização eletrônica sem destruir a aromaticidade do benzeno → **1-naftol 90%**

→ (carbocátion) **menos estável** — pode ser estabilizada por deslocalização eletrônica somente se a aromaticidade do benzeno for destruída → **2-naftol 10%**

PROBLEMA 20

Desenhe todas as possíveis formas de ressonância para os dois carbocátions da reação anterior. Use essas formas para explicar por que o 1-naftol é o produto principal de reação.

PROBLEMA 21◆

A existência de uma troca NIH foi estabelecida pela determinação do produto principal obtido do rearranjo do seguinte óxido de areno, no qual um hidrogênio foi substituído por um deutério:

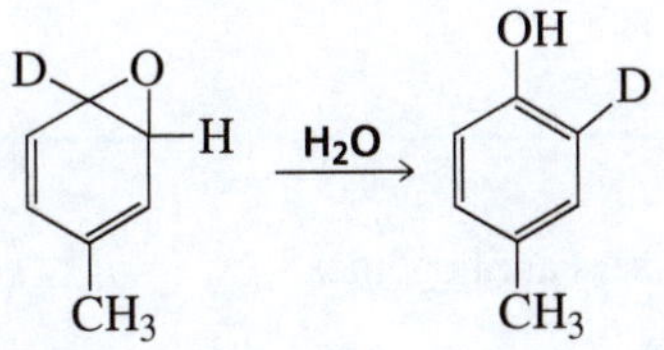

(estrutura do óxido de areno com D e CH_3) $\xrightarrow{H_2O}$ (fenol com OH, D e CH_3)

Qual seria o produto principal se a troca NIH não acontecesse? (*Dica*: lembre-se da Seção 11.7, na qual é mostrado que uma ligação C—H é mais fácil de se quebrar que uma ligação C—D.)

PROBLEMA 22◆

Qual seria a diferença entre os produtos principais obtidos a partir dos rearranjos dos seguintes óxidos de areno?

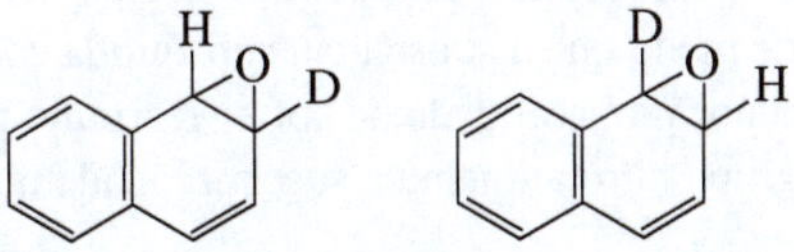

Alguns hidrocarbonetos aromáticos são carcinogênicos — substâncias que causam câncer. No entanto, as pesquisas revelaram que não é o hidrocarboneto que é carcinogênico, mas o óxido de areno em que ele é transformado. Como os óxidos de areno causam câncer? Sabemos que nucleófilos reagem com epóxidos formando produtos de adição. A 2′-deoxiguanosina, um componente do DNA (Seção 27.1, volume 2), tem um grupo NH_2 nucleofílico que reage com certos óxidos de areno. Uma vez que a 2′-deoxiguanosina se liga covalentemente a um óxido de areno, não pode mais se encaixar na hélice dupla do DNA. Assim, o código genético não é mais transcrito adequadamente, o que pode conduzir a mutações que causam o câncer. O câncer se dá quando as células perdem a capacidade de controlar o próprio crescimento e reprodução.

456 QUÍMICA ORGÂNICA

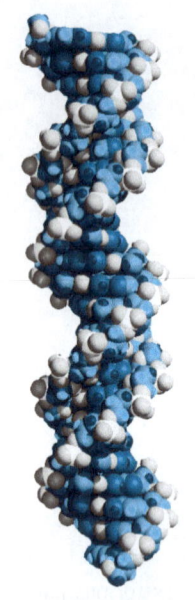

Segmento do DNA

2′-deoxiguanosina

óxido de areno → ligado covalentemente ao óxido de areno

Nem todos os óxidos de areno são carcinogênicos. O que determina a propriedade carcinogênica de um óxido de areno é a velocidade relativa de suas duas vias de reação — rearranjo ou reação com um nucleófilo. O rearranjo de um óxido de areno forma produtos fenólicos, que não são carcinogênicos, enquanto a formação de produtos de adição a partir do ataque nucleofílico do DNA pode levar à formação de produtos que causam o câncer. Portanto, se a velocidade do rearranjo for maior que a velocidade do ataque nucleofílico do DNA, o óxido de areno será inofensivo. Mas, se a velocidade do ataque nucleofílico for maior que a do rearranjo, o óxido de areno será carcinogênico.

O potencial carcinogênico de um óxido de areno depende da estabilidade do carbocátion, pois a velocidade do rearranjo dessa substância vai depender da estabilidade do carbocátion formado na primeira etapa do rearranjo. Se o carbocátion for relativamente estável, o rearranjo será rápido e o óxido de areno tenderá a não ser carcinogênico. Por outro lado, se o carbocátion for relativamente instável, o rearranjo ocorrerá lentamente e o óxido de areno terá maior probabilidade de sofrer um ataque nucleofílico e ser carcinogênico. Isso significa que, quanto mais reativo for o óxido de areno (mais facilmente ele se abrirá para formar um carbocátion), menos provável que seja carcinogênico.

PROBLEMA 23   RESOLVIDO

Que substância tem maior probabilidade de ser carcinogênica?

a. [estrutura com OCH₃] ou [estrutura com NO₂]

b. [naftaleno-óxido] ou [dihidronaftaleno-óxido]

RESOLUÇÃO PARA 23a A substância substituída com o nitro tem maior probabilidade de ser carcinogênica. O grupo nitro desestabiliza o carbocátion formado, quando o anel se abre, pela retirada de elétrons do anel por ressonância. Diferentemente, o grupo metóxi estabiliza o carbocátion pela doação de elétrons por ressonância. A formação do carbocátion leva ao produto não carcinogênico, de modo que a substância substituída com o nitro que forma o carbocátion menos estável (mais difícil de se formar) terá menor probabilidade de sofrer rearranjo para formar um produto não carcinogênico. Acrescenta-se a isso o fato de que o grupo nitro aumenta a suscetibilidade do óxido de areno ao ataque nucleofílico, a via que leva ao câncer.

CAPÍTULO 12 Reações de alcoóis, éteres, epóxidos e substâncias que contêm enxofre... **457**

Os limpadores de chaminés e o câncer

Em 1775, um médico britânico chamado Percival Potts foi o primeiro a reconhecer que fatores ambientais poderiam provocar o câncer, quando descobriu que os homens que trabalhavam como limpadores de chaminés tinham maior índice de câncer de testículo comparado à população masculina em geral. Ele percebeu que alguma coisa na fuligem das chaminés estava causando o câncer. Agora sabemos que era o benzo[*a*]pireno.

Tich Cox, o limpador de chaminés responsável pela limpeza das 800 chaminés do Palácio de Buckingham.

Benzo[*a*]pireno e o câncer

O benzo[*a*]pireno é um dos hidrocarbonetos aromáticos mais carcinogênicos. Essa substância é formada sempre que uma substância orgânica sofre uma combustão incompleta. O benzo[*a*]pireno é encontrado, por exemplo, na fumaça dos cigarros, na fumaça que sai de escapamento de automóveis e em carnes de churrasco. Diversos óxidos de areno podem ser formados a partir do benzo[*a*]pireno. Os mais tóxicos são o 4,5-óxido e o 7,8-óxido. Foi aventada a possibilidade de que pessoas que desenvolvem câncer de pulmão como resultado do fumo podem ter concentração maior que a normal de citocromo P_{450} nos tecidos do pulmão.

benzo[*a*]pireno →[citocromo P_{450}, O_2]→ óxido de 4,5-benzo[*a*]pireno + óxido de 7,8-benzo[*a*]pireno

→[H_2O, epóxido hidrolase]→

→[O_2, citocromo P_{450}]→ epóxido diol

O 4,5-óxido é tóxico, pois forma um carbocátion que não pode ser estabilizado por deslocalização eletrônica sem a destruição da aromaticidade de um benzeno adjacente. Assim, o carbocátion é relativamente instável e o epóxido tenderá a não se abrir até que seja atacado por um nucleófilo. O 7,8-óxido é tóxico porque reage com a água formando um diol, o qual forma um epóxido diol. O epóxido diol não sofre um rearranjo rápido (a via não-tóxica), pois ele se abre formando um carbocátion que é estabilizado pelos grupos OH retiradores de elétrons. Logo, o epóxido diol pode permanecer tempo suficiente para ser atacado por nucleófilos (a via carcinogênica).

PROBLEMA 24

Explique por que os dois óxidos de areno no Problema 23a se abrem em direções opostas.

PROBLEMA 25

Três óxidos de areno podem ser obtidos a partir do fenantreno.

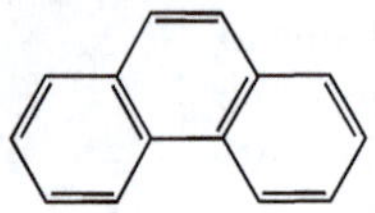

fenantreno

a. Dê as estruturas dos três óxidos de fenantreno.
b. Que fenóis podem ser obtidos de cada óxido de fenantreno?
c. Se um óxido de fenantreno pode levar à formação de mais de um fenol, qual fenol será obtido em maiores rendimentos?
d. Qual dos três óxidos de fenantreno tem maior probabilidade de ser carcinogênico?

12.9 Éteres de coroa

Charles J. Pedersen, Donald J. Cram *e* Jean-Marie Lehn, *em razão de seus trabalhos no campo dos éteres de coroa, dividiram o Prêmio Nobel de química em 1987.*

Charles J. Pedersen (1904–1989) *nasceu na Coréia. Sua mãe era coreana e seu pai, norueguês. Ele se mudou para os Estados Unidos ainda jovem, recebeu o diploma de bacharel em engenharia química da Universidade de Dayton e tornou-se mestre em química orgânica no MIT. Entrou para a DuPont em 1927 e aposentou-se em 1969. Ele é uma das raras pessoas a receber um Prêmio Nobel de ciências sem ter se tornado PhD.*

Jean-Marie Lehn *nasceu na França em 1939. Inicialmente começou estudando filosofia, depois passou para química. Tornou-se PhD pela Universidade de Estrasburgo. Em um pós-doutorado, trabalhou com R. B. Woodward em Harvard, na síntese total da vitamina B_{12}. É professor de química da Universidade Louis Pasteur em Estrasburgo, França, e do Collège de France em Paris.*

Éteres de coroa são substâncias cíclicas que possuem várias junções éteres. Um éter de coroa especificamente liga certos íons metálicos ou moléculas orgânicas, dependendo do tamanho da sua cavidade. O éter de coroa é chamado de "hospedeiro" e a espécie que se liga a ele é chamada de "hóspede". Em virtude da inércia química das junções éteres, o éter de coroa pode se ligar ao hóspede sem reagir com ele. O *complexo coroa–hóspede* é chamado de **complexo de inclusão**. Os éteres de coroa são nomeados [X]-coroa-Y, onde X é o número total de átomos do anel e Y é o número de átomos de oxigênio. O [15]-coroa-5 se liga seletivamente a Na^+, pois tem um diâmetro da cavidade igual a 1,7-2,2 Å e Na^+ tem um diâmetro iônico de 1,80 Å. A ligação ocorre como resultado da interação do íon carregado positivamente com o par de elétrons livres dos oxigênios direcionados para a cavidade do éter de coroa.

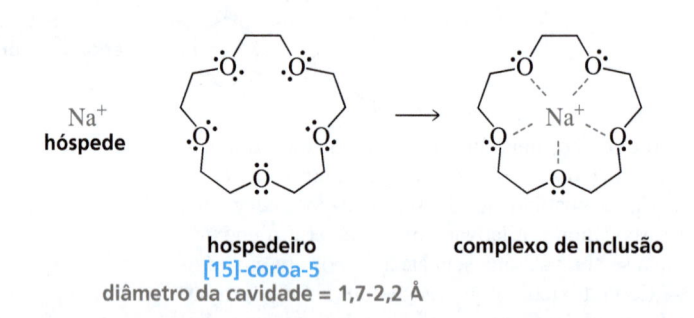

Na^+ hóspede

hospedeiro
[15]-coroa-5
diâmetro da cavidade = 1,7-2,2 Å

complexo de inclusão

Com um diâmetro iônico de 1,20 Å, Li^+ é muito pequeno para se ligar ao [15]-coroa-5, mas se liga claramente ao [12]-coroa-4. Por outro lado, K^+, com um diâmetro iônico de 2,66 Å, é muito grande para se encaixar no [15]-coroa-5, porém se liga especificamente ao [18]-coroa-6.

Molecule Gallery:
[15]-coroa-5;
[12]-coroa-4
www

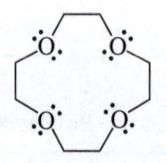

[12]-coroa-4
diâmetro da cavidade = 1,2-1,5 Å

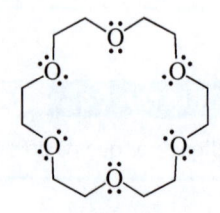

[18]-coroa-6
diâmetro da cavidade = 2,6-3,2 Å

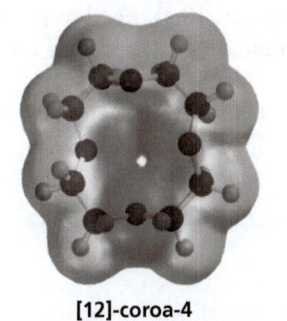

CAPÍTULO 12   Reações de alcoóis, éteres, epóxidos e substâncias que contêm enxofre...   **459**

[12]-coroa-4 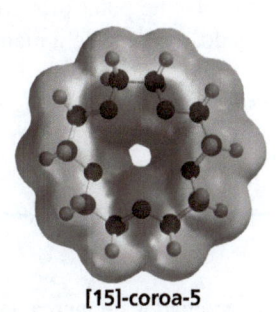   [15]-coroa-5 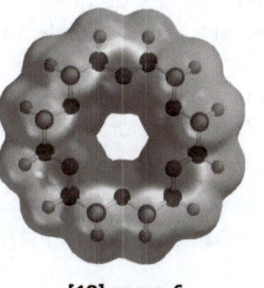   [18]-coroa-6

A capacidade de um hospedeiro se ligar a certos hóspedes é um exemplo de **reconhecimento molecular**. Esse reconhecimento explica como enzimas reconhecem seus substratos, como anticorpos reconhecem seus antígenos, como drogas reconhecem seus receptores e muito outros processos bioquímicos. Só recentemente os químicos conseguiram planejar e sintetizar moléculas orgânicas que exibem um reconhecimento molecular, apesar da especificidade dessas substâncias sintéticas por seus hóspedes ser menos desenvolvida do que a especificidade exibida por moléculas biológicas.

Uma propriedade notável dos éteres de coroa é que eles permitem que sais inorgânicos sejam dissolvidos em solventes orgânicos apolares, favorecendo, assim, que muitas reações sejam realizadas nesses solventes. Por exemplo, a reação S_N2 do 1-bromo-hexano com o íon acetato apresenta um problema, pois o acetato de potássio é uma substância iônica solúvel somente em água, ao passo que o haleto de alquila é insolúvel em água. Acrescenta-se a isso o fato de o íon acetato ser um nucleófilo extremamente fraco.

Donald J. Cram (1919–2001) *nasceu em Vermont, Estados Unidos. Recebeu o diploma de bacharel na Faculdade de Rollins, fez o mestrado na Universidade de Nebraska e tornou-se PhD pela Universidade de Harvard. Foi professor de química na Universidade da Califórnia, em Los Angeles, além de ter sido também surfista.*

$$CH_3CH_2CH_2CH_2CH_2CH_2Br + CH_3\overset{O}{C}O^- \xrightarrow{[18]\text{-coroa-6}} CH_3CH_2CH_2CH_2CH_2CH_2O\overset{O}{C}CH_3 + Br^-$$

solúvel somente em solvente apolar | solúvel somente em água

O acetato de potássio pode ser dissolvido em um solvente apolar, tal como o benzeno, se o [18]-coroa-6 for adicionado à solução. O éter de coroa se liga ao potássio através de sua cavidade e o complexo apolar éter de coroa–potássio se dissolve em benzeno, junto com o íon acetato, para manter a neutralidade elétrica. O éter de coroa age como um **catalisador de transferência de fase** — ele traz o reagente para a fase na qual é necessário. Uma vez que o acetato não é solvatado pelo solvente apolar, ele

Molecule Gallery: [18]-coroa-6 com íon potássio
www

Um antibiótico ionóforo

Um antibiótico é uma substância que interfere no crescimento de microorganismos. A nonactina é um antibiótico natural cuja atividade biológica se deve à sua capacidade de desorganizar o balanço eletrolítico mantido tão cuidadosamente entre o exterior e o interior da célula. Para encontrar o gradiente entre os íons potássio e o sódio dentro e fora da célula, que é necessário para o funcionamento normal das células, os íons potássio são "bombeados" para dentro e os íons sódio são bombeados para fora. A nonactina desorganiza esse gradiente agindo como um éter de coroa. O diâmetro da nonactina é capaz de se ligar especificamente aos íons potássio. Os oito oxigênios que apontam para dentro da cavidade e interagem com K^+ são explicitados na estrutura mostrada aqui. A parte de fora da nonactina é apolar, podendo facilmente transportar K^+ para fora da célula através da membrana celular. A concentração diminuída de K^+ dentro da célula causa a morte da bactéria. A nonactina é um exemplo de um antibiótico *ionóforo*. Um *ionóforo* é uma substância que transporta íons metálicos através de forte ligação com esses íons.

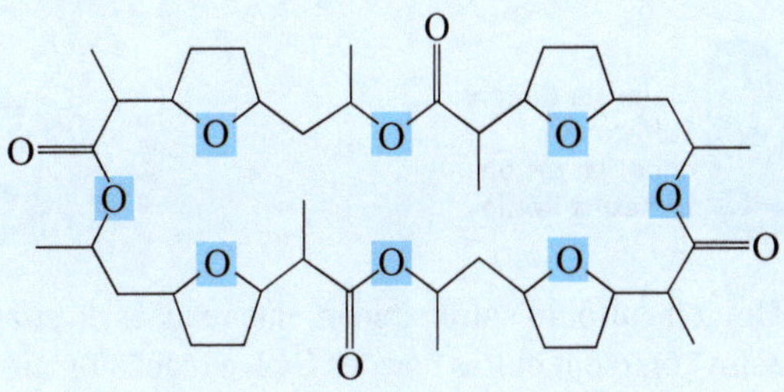

nonactina

460 QUÍMICA ORGÂNICA

constitui, por isso, um nucleófilo muito melhor do que seria em um solvente polar prótico (Seção 10.3). Lembre-se de que se um reagente, na etapa determinante da velocidade, for carregado, a reação será mais rápida em um solvente apolar (Seção 10.10).

Os éteres de coroa têm sido utilizados para dissolver muitos outros sais em solventes apolares. Em cada caso, o íon positivamente carregado é abrigado dentro do éter de coroa e acompanhado por um ânion "nu" no solvente apolar.

12.10 Tióis, sulfetos e sais de sulfônio

Tióis são semelhantes a alcoóis, mas contêm enxofre. Também são chamados de mercaptans, pois formam fortes complexos com cátions de metais pesados, como o mercúrio e o arsênio (eles capturam o mercúrio, daí o nome).

Molecule Gallery: metanotiol
www

$$2\ CH_3CH_2SH\ +\ Hg^{2+}\ \longrightarrow\ CH_3CH_2S-Hg-SCH_2CH_3\ +\ 2\ H^+$$
tiol   íon mercúrio

Os tióis são nomeados pela adição do sufixo "tiol" ao nome do hidrocarboneto mais próximo. Se houver um segundo grupo funcional na molécula, o grupo SH pode ser indicado pelo nome substituinte "mercapto". Assim como outros nomes substituintes, ele é citado antes do nome do hidrocarboneto mais próximo.

CH_3CH_2SH $CH_3CH_2CH_2SH$ $CH_3CHCH_2CH_2SH$ (com CH_3 no carbono 3) $HSCH_2CH_2OH$
etanotiol   1-propanotiol   3-metil-1-butanotiol   2-mercaptoetanol

Os tióis de baixo peso molecular são notados pelo seu odor forte e pungente, como os associados a cebolas, alhos e gambás. O gás natural é completamente inodoro e pode causar explosões mortais se um vazamento não for detectado. Assim, uma pequena quantidade de tiol é adicionada ao gás natural, fornecendo certo odor para que vazamentos de gás possam ser detectados.

O enxofre é maior que o oxigênio, portanto a carga negativa de um íon tiolato se espalha em um espaço maior, tornando-o mais estável que um íon alcóxido. Lembre-se de que quanto mais estável for a base, mais forte será o seu ácido conjugado (Seção 1.18). Tióis, porém, são ácidos mais fortes ($pK_a = 10$) que os alcoóis, e os íons tiolato são bases mais fracas que os íons alcóxido. Os grandes íons tiolato não são tão bem solvatados quanto os íons alcóxido, então, em solvente próticos, os íons tiolato são melhores nucleófilos que os íons alcóxido (Seção 10.3).

$$CH_3\ddot{S}:^-\ +\ CH_3CH_2-Br\ \xrightarrow{CH_3OH}\ CH_3\ddot{S}CH_2CH_3\ +\ Br^-$$

Em virtude de o enxofre não ser tão eletronegativo quanto o oxigênio, os tióis não fazem ligações hidrogênio fortes. Conseqüentemente, eles têm atrações intermoleculares mais fracas e, portanto, pontos de ebulição consideravelmente mais baixos que os alcoóis (Seção 2.9). Por exemplo, o ponto de ebulição do CH_3CH_2OH é 78°C, enquanto o ponto de ebulição do CH_3CH_2SH é 37° C.

Os semelhantes aos éteres que contêm enxofre são chamados **sulfetos** ou **tioéteres**. O enxofre é um nucleófilo excelente, pois sua nuvem eletrônica é polarizável (Seção 10.3). Assim, os sulfetos reagem rapidamente com haletos de alquila para formar **sais de sulfônio** — reação que um éter não sofre porque o oxigênio não é tão nucleofílico e não pode acomodar uma carga tão facilmente.

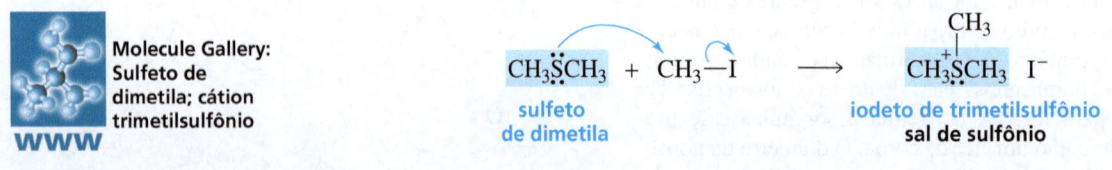

Molecule Gallery: Sulfeto de dimetila; cátion trimetilsulfônio
www

$$CH_3\ddot{S}CH_3\ +\ CH_3-I\ \longrightarrow\ CH_3\overset{+}{S}CH_3\ I^-\ (\text{com } CH_3)$$
sulfeto de dimetila   iodeto de trimetilsulfônio / sal de sulfônio

Um íon sulfônio sofre rapidamente reações de substituição nucleofílica, pois tem um grupo de saída fracamente básico. Assim como em outras reações S_N2, a reação funciona melhor se o grupo que sofre o ataque nucleofílico for uma metila ou um grupo alquila primário. Na seção 10.11, vimos que SAM, um agente biológico metilador, é um sal de sulfônio.

CAPÍTULO 12   Reações de alcoóis, éteres, epóxidos e substâncias que contêm enxofre...   **461**

$$HO^- + CH_3\overset{+}{S}(CH_3)CH_3 \longrightarrow CH_3OH + CH_3SCH_3$$

PROBLEMA 26

Usando um haleto de alquila e um tiol como produtos de partida, como você prepararia as seguintes substâncias?

a. $CH_3CH_2SCH_2CH_3$

b. $CH_3SC(CH_3)_2CH_3$ (com dois CH_3 no carbono central)

c. $CH_2=CHCH(CH_3)SCH_2CH_3$

d. $C_6H_5-S-CH_2-C_6H_5$

Gás mostarda

A guerra química aconteceu pela primeira vez em 1915, quando a Alemanha lançou o gás cloro contra as forças francesas e britânicas na batalha de Ypres. Para o remanescente da Primeira Guerra Mundial, ambos os lados usaram uma variedade de agentes químicos. Um dos gases usados mais comuns foi o gás mostarda, um reagente que produz bolhas na superfície do corpo. É uma substância muito reativa, pois o enxofre altamente nucleofílico desloca facilmente um íon cloreto por uma reação S_N2 intramolecular, formando um sal de sulfônio cíclico que reage rapidamente com um nucleófilo. O sal de sulfônio é particularmente reativo em virtude da presença do anel de três membros tensionado.

As bolhas causadas pelo gás mostarda são formadas por causa da alta concentração local de HCl que é produzido quando a água — ou qualquer outro nucleófilo — reage com o gás e este entra em contato com a pele ou pulmões. As autópsias dos soldados mortos pelo gás mostarda durante a guerra, estimados em torno de 400 mil, mostraram que eles tinham uma contagem extremamente baixa de células sanguíneas brancas, o que indicava que o gás tinha interferido no desenvolvimento da medula óssea. Em 1980, um tratado internacional baniu seu uso e ordenou que todo o gás estocado fosse destruído.

$$ClCH_2CH_2SCH_2CH_2-Cl \longrightarrow ClCH_2CH_2\overset{+}{S}\underset{CH_2}{\overset{CH_2}{\diagup\diagdown}} \xrightarrow{H_2O:} Cl-CH_2CH_2SCH_2CH_2OH + \boxed{H^+}$$

gás mostarda   sal de sulfônio + $\boxed{Cl^-}$

$$\boxed{H^+} + HOCH_2CH_2SCH_2CH_2OH \xleftarrow{H_2O:} \underset{CH_2}{\overset{CH_2}{\diagup\diagdown}}\overset{+}{S}CH_2CH_2OH + \boxed{Cl^-}$$

Antídoto para um gás de guerra

Lewisite é um gás de guerra, desenvolvido em 1917 por W. Lee Lewis, um cientista norte-americano. O gás penetra rapidamente nas roupas e na pele e é venenoso, pois contém arsênio, que, ao se combinar com os grupos tióis das enzimas, acaba inativando-as. Durante a Segunda Guerra Mundial, os Aliados conscientizaram-se de que os alemães usariam o lewisite, por isso os cientistas britânicos desenvolveram um antídoto para esse gás, o qual os Aliados chamaram 'British anti-lewisite' (BAL — 'anti-lewisite britânico'). O BAL contém dois grupos tiol que reagem com o lewisite, evitando a reação com os grupos tiol das enzimas.

$$\begin{array}{c} CH_2SH \\ CHSH \\ CH_2OH \end{array} + \begin{array}{c} Cl \\ \diagdown \\ As \\ \diagup \\ Cl \end{array}\!\!C\!=\!C\!\!\begin{array}{c} Cl \\ \diagup \\ \diagdown \\ H \end{array} \longrightarrow \begin{array}{c} CH_2S \\ \diagdown \\ CHS \\ \diagup \\ CH_2OH \end{array}\!\!As\!-\!C\!=\!C\!\!\begin{array}{c} Cl \\ \diagup \\ \diagdown \\ H \end{array} + 2\,HCl$$

BAL   lewisite

462 QUÍMICA ORGÂNICA

PROBLEMA 27

O fato de o gás mostarda interferir no desenvolvimento da medula óssea levou os cientistas a procurar gases menos reativos que pudessem ser usados clinicamente. As três substâncias seguintes foram estudadas:

$$C_6H_5-N(CH_2CH_2Cl)_2 \qquad CH_3-N(CH_2CH_2Cl)_2 \qquad OHC-C_6H_4-N(CH_2CH_2Cl)_2$$

Uma mostrou-se muito reativa, a outra mostrou-se pouco reativa e a terceira foi muito insolúvel em água para ser injetada intravenosamente. Diga qual é qual. (*Dica*: desenhe as formas de ressonância.)

12.11 Substâncias organometálicas

Alcoóis, éteres e haletos de alquila — todos contêm um átomo de carbono que está ligado a um átomo mais eletronegativo. O átomo de carbono, portanto, é *eletrofílico* e reage com um nucleófilo.

$$\underset{\text{eletrófilo}}{CH_3CH_2{-}\overset{\delta+}{Z}{}\overset{\delta-}{}} + \underset{\text{nucleófilo}}{Y^-} \longrightarrow CH_3CH_2{-}Y + Z^-$$

(Z mais eletronegativo que o carbono)

Mas e se você quisesse um átomo de carbono para reagir com um eletrófilo? Para isso, seria preciso uma substância com um átomo de carbono nucleofílico. Para ser nucleofílico, o carbono deve estar ligado a um átomo menos eletronegativo.

$$\underset{\text{nucleófilo}}{CH_3CH_2{-}\overset{\delta-}{}\overset{\delta+}{M}} + \underset{\text{eletrófilo}}{E^+} \longrightarrow CH_3CH_2{-}E + M^+$$

(M menos eletronegativo que o carbono)

Um carbono ligado a um metal é um átomo nucleofílico, pois a maioria dos metais é menos eletronegativo que o carbono (Tabela 12.3). Uma **substância organometálica** é a que contém uma ligação carbono–metal. *Substâncias de organolítio* e *organomagnésio* são as duas substâncias organometálicas mais conhecidas. Os mapas de potencial eletrostático mostram que o átomo de carbono ligado ao halogênio do haleto de alquila é um eletrófilo (azul-esverdeado), enquanto o átomo de carbono ligado ao íon metálico da substância organometálica é um nucleófilo (em vermelho). (Veja-os em cores no encarte colorido.)

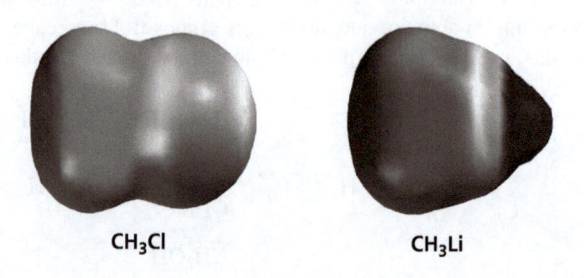

CH₃Cl   CH₃Li

CAPÍTULO 12   Reações de alcoóis, éteres, epóxidos e substâncias que contêm enxofre...   **463**

Tabela 12.3   A eletronegatividade de alguns dos elementos[a]

IA	IIA	IB	IIB	IIIA	IVA	VA	VIA	VIIA
H 2,1								
Li 1,0	Be 1,5			B 2,0	C 2,5	N 3,0	O 3,5	F 4,0
Na 0,9	Mg 1,2			Al 1,5	Si 1,8	P 2,1	S 2,5	Cl 3,0
K 0,8	Ca 1,0	Cu 1,8	Zn 1,7	Ga 1,8	Ge 2,0			Br 2,8
		Ag 1,4	Cd 1,5		Sn 1,7			I 2,5
			Hg 1,5		Pb 1,6			

[a]Da escala de Linus Pauling.

Substâncias de organolítio são preparadas pela adição de lítio a um haleto de alquila em um solvente apolar, como o hexano.

$$CH_3CH_2CH_2CH_2Br + 2\,Li \xrightarrow{hexano} CH_3CH_2CH_2CH_2Li + LiBr$$
1-bromobutano   butil-lítio

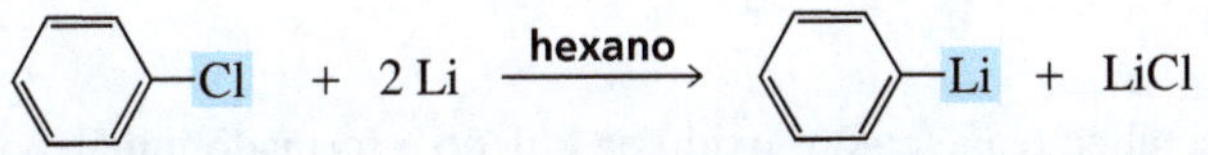

$$C_6H_5Cl + 2\,Li \xrightarrow{hexano} C_6H_5Li + LiCl$$
clorobenzeno   fenil-lítio

Molecule Gallery:
Cloro + benzeno;
fenil-lítio
www

Substâncias de organomagnésio, freqüentemente chamadas de **reagentes de Grignard** após sua descoberta, são preparadas adicionando um haleto de alquila ao magnésio, sendo a mistura agitada em éter dietílico ou THF anidro. O magnésio é inserido entre o carbono e o halogênio.

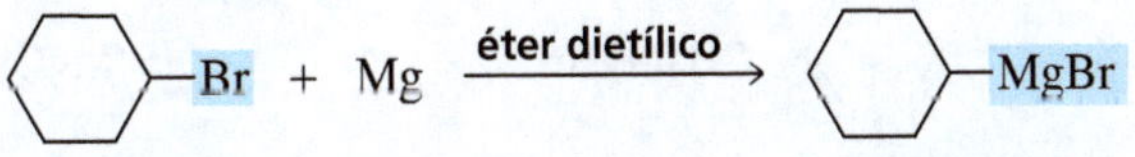

$$C_6H_{11}Br + Mg \xrightarrow{\text{éter dietílico}} C_6H_{11}MgBr$$
brometo de   brometo de
ciclo-hexila   ciclo-hexilmagnésio

$$CH_2=CHBr + Mg \xrightarrow{THF} CH_2=CHMgBr$$
brometo de   brometo de
vinila   vinilmagnésio

O solvente (normalmente éter dietílico ou tetraidrofurano) tem um papel crucial na formação de um reagente de Grignard. Em virtude de um átomo de magnésio de um reagente de Grignard ser rodeado por somente quatro elétrons, é preciso dois pares de elétrons a mais para formar um octeto. As moléculas de solvente fornecem esses elétrons por coordenação com o metal. A coordenação permite que o reagente de Grignard se dissolva no solvente evitando a cobertura das lascas de magnésio, o que as faria pouco reativas.

As substâncias organometálicas se formam quando o metal (Li ou Mg) doa seus elétrons de valência para o carbono carregado positivamente do haleto de alquila.

$$CH_3\overset{\delta+}{CH_2}-\overset{\delta-}{Br} + 2\,Li \longrightarrow CH_3\overset{\delta-}{CH_2}{:}\overset{\delta+}{Li} + Li^+Br^-$$

$$CH_3\overset{\delta+}{CH_2}-\overset{\delta-}{Br} + Mg \longrightarrow CH_3\overset{\delta-}{CH_2}{:}\overset{\delta+}{MgBr}$$

A reação com o metal transforma o haleto de alquila em uma substância que reagirá com eletrófilos em vez de nucleófilos. Portanto, substâncias de organolítio e organomagnésio reagem como se fossem carbânions.

CH_3CH_2MgBr reage como se fosse $CH_3\overset{-}{C}H_2 \;\; \overset{+}{M}gBr$
brometo de etilmagnésio

Molecule Gallery: Fenil-lítio; brometo de etilmagnésio
www

$C_6H_5{-}Li$ reage como se fosse $C_6H_5{:}^- \;\; Li^+$
fenil-lítio

Haletos de alquila, haletos de vinila e haletos de arila podem ser usados para formar substâncias de organolítio e organomagnésio. Os brometos de alquila são os haletos mais usados para formar substâncias organometálicas, pois reagem mais rapidamente que os cloretos de alquila e são mais baratos que os iodetos de alquila.

O carbono nucleofílico de uma substância organometálica reage com um eletrófilo. Na seguinte reação, por exemplo, o reagente de organolítio e o reagente de Grignard reagem com um epóxido.

$$CH_3{-}Li + CH_3CH{-}CHCH_3 \;(\text{epóxido}) \longrightarrow CH_3CHCHCH_3(O^-)(CH_3) + Li^+ \xrightarrow{H^+} CH_3CHCHCH_3(OH)(CH_3)$$

$$CH_3CH_2{-}MgBr + H_2C{-}CH_2 \;(\text{epóxido}) \longrightarrow CH_3CH_2CH_2CH_2O^- + Mg^{2+} + Br^- \xrightarrow{H^+} CH_3CH_2CH_2CH_2OH$$

Note que quando uma substância organometálica reage com o óxido de etileno é formado um álcool primário que contém dois carbonos a mais que a substância organometálica.

PROBLEMA 28◆

Que alcoóis seriam formados pela reação do óxido de etileno com os seguintes reagentes de Grignard?

a. $CH_3CH_2CH_2MgBr$
b. $C_6H_5{-}CH_2MgBr$
c. ciclo-hexil${-}MgCl$

PROBLEMA 29

Como as seguintes substâncias poderiam ser preparadas usando o óxido de ciclo-hexeno como material de partida?

a. 1-etilciclo-hexeno
b. 1-bromo-1-metilciclo-hexano
c. fenilciclo-hexano

Substâncias de organolítio e organomagnésio são bases tão fortes que podem reagir imediatamente com qualquer ácido presente na mistura reacional — mesmo com ácidos muito fracos, como a água e o álcool. Quando isso acontece, a substância organometálica é convertida em um alcano. Se D_2O for usado no lugar de H_2O, uma substância deuterada será obtida.

$$CH_3CH_2CHCH_3(Br) \xrightarrow{Mg,\; THF} CH_3CH_2CHCH_3(MgBr) \begin{array}{c} \xrightarrow{H_2O} CH_3CH_2CH_2CH_3 \\ \xrightarrow{D_2O} CH_3CH_2CHCH_3(D) \end{array}$$

CAPÍTULO 12 Reações de alcoóis, éteres, epóxidos e substâncias que contêm enxofre...   **465**

Isso significa que os reagentes de Grignard e substâncias de organolítio não podem ser preparados a partir de substâncias que contenham grupos acídicos (—OH, —NH$_2$, —NHR, —SH, —C,CH ou —COOH). Todos os reagentes devem ser secados no momento da preparação dos reagentes organometálicos e quando estes forem usados em reações, pois o mínimo de umidade pode destruir as substâncias organometálicas.

PROBLEMA 30 RESOLVIDO

Mostre, usando qualquer reagente necessário, como as seguintes substâncias podem ser preparadas com óxido de etileno como um dos reagentes:

a. $CH_3CH_2CH_2CH_2OH$
b. $CH_3CH_2CH_2CH_2Br$
c. $CH_3CH_2CH_2CH_2D$
d. $CH_3CH_2CH_2CH_2CH_2CH_2OH$

RESOLUÇÃO

a. $CH_3CH_2Br \xrightarrow{Mg \atop Et_2O} CH_3CH_2MgBr \xrightarrow[2.\ H^+]{1.\ \triangle\ O} CH_3CH_2CH_2CH_2OH$

b. produto de $\xrightarrow{PBr_3} CH_3CH_2CH_2CH_2Br$

c. produto de $\xrightarrow{Mg \atop Et_2O} CH_3CH_2CH_2CH_2MgBr \xrightarrow{D_2O} CH_3CH_2CH_2CH_2D$

d. a mesma seqüência de reações de a, mas usando brometo de butila na primeira etapa.

PROBLEMA 31♦

Quais das seguintes reações ocorrerão? (Consultar os valores de pK_a do Apêndice II.)

CH_3MgBr + H_2O ⟶ CH_4 + $HOMgBr$
CH_3MgBr + CH_3OH ⟶ CH_4 + CH_3OMgBr
CH_3MgBr + NH_3 ⟶ CH_4 + H_2NMgBr
CH_3MgBr + CH_3NH_2 ⟶ CH_4 + CH_3NMgBr
CH_3MgBr + $HC\equiv CH$ ⟶ CH_4 + $HC\equiv CMgBr$

Francis August Victor Grignard (1871–1935) *nasceu na França. Tornou-se PhD pela Universidade de Lyons em 1901. A primeira síntese de seu reagente de Grignard foi anunciada em 1900. Durante os cinco anos seguintes, foram publicados aproximadamente 200 artigos a respeito dos reagentes de Grignard. Lecionou química na Universidade de Nancy e, posteriormente, na Universidade de Lyons. Dividiu o Prêmio Nobel de química com Paul Sabatier, em 1912. Durante a Primeira Guerra Mundial, foi recrutado pelo Exército francês, onde desenvolveu um método de detecção de gases de guerra.*

Existem diferentes tipos de substâncias organometálicas. Enquanto o metal for menos eletronegativo que o carbono, o carbono ligado ao metal será nucleofílico.

$\overset{\delta-}{C}\!\!-\!\!\overset{\delta+}{Mg}$ $\overset{\delta-}{C}\!\!-\!\!\overset{\delta+}{Li}$ $\overset{\delta-}{C}\!\!-\!\!\overset{\delta+}{Cu}$ $\overset{\delta-}{C}\!\!-\!\!\overset{\delta+}{Cd}$ $\overset{\delta-}{C}\!\!-\!\!\overset{\delta+}{Si}$

$\overset{\delta-}{C}\!\!-\!\!\overset{\delta+}{Zn}$ $\overset{\delta-}{C}\!\!-\!\!\overset{\delta+}{Al}$ $\overset{\delta-}{C}\!\!-\!\!\overset{\delta+}{Pb}$ $\overset{\delta-}{C}\!\!-\!\!\overset{\delta+}{Hg}$ $\overset{\delta-}{C}\!\!-\!\!\overset{\delta+}{Sn}$

A reatividade de uma substância organometálica mediante um eletrófilo depende da polaridade da ligação carbono–metal: quanto maior a polaridade da ligação, mais reativa será a substância como nucleófilo. A polaridade da ligação depende da diferença de eletronegatividade entre o metal e o carbono (Tabela 12.3). Por exemplo, o magnésio tem uma eletronegatividade igual a 1,2 comparado com 2,5 para o carbono. Essa grande diferença de eletronegatividade faz a ligação carbono–magnésio ser altamente polar. (A ligação carbono–magnésio é cerca de 52% iônica.) O lítio (1,0) é ainda menos eletronegativo que o magnésio (1,2). Assim, a ligação carbono–lítio é mais polar que a ligação carbono–magnésio. Conseqüentemente, um reagente de organolítio é um nucleófilo mais reativo que um reagente de Grignard.

Os nomes das substâncias organometálicas geralmente começam com o nome do grupo alquila seguido pelo nome do metal.

CH_3CH_2MgBr $CH_3CH_2CH_2CH_2Li$ $(CH_3CH_2CH_2)_2Cd$ $(CH_3CH_2)_4Pb$
brometo de   butil-lítio   dipropilcádmio   tetraetilchumbo
etilmagnésio

Um reagente de Grignard sofrerá **transmetalação** (troca de metais) se for adicionado a um haleto metálico, no qual o metal é mais eletronegativo que o magnésio. Em outras palavras, a troca de metais ocorrerá se o resultado for uma ligação carbono–metal menos polar. Por exemplo, o cádmio (1,5) é mais eletronegativo que o magnésio (1,2); conseqüentemente, a ligação carbono–cádmio é menos polar que a ligação carbono–magnésio, por isso ocorrerá a troca de metais.

$$2\ CH_3CH_2MgCl + CdCl_2 \longrightarrow (CH_3CH_2)_2Cd + 2\ MgCl_2$$
cloreto de etilmagnésio — dietilcádmio

PROBLEMA 32◆

Que substância organometálica será formada a partir da reação do cloreto de metilmagnésio e $SiCl_4$? (*Dica*: veja a Tabela 12.3.)

12.12 Reações de acoplamento

Novas ligações carbono–carbono podem ser formadas usando um reagente organometálico no qual o íon metálico é um metal de transição. Metais de transição são indicados pela cor púrpura na tabela periódica no encarte colorido. As reações são chamadas **reações de acoplamento** porque dois grupos (dois grupos alquila, arila ou vinila) são unidos (acoplados juntos).

Henry Gilman (1893–1986) *nasceu em Boston, Estados Unidos. Recebeu seu diploma de bacharel e tornou-se PhD pela Universidade de Harvard. Ele começou sua carreira como professor da Universidade do Estado de Iowa em 1919, onde permaneceu durante toda a vida. Publicou mais de mil artigos científicos — mais da metade depois de ter perdido quase toda a visão como resultado de um descolamento da retina e do glaucoma, em 1947. Sua esposa, Ruth, foi seus olhos por mais de 40 anos.*

As primeiras substâncias organometálicas usadas em reações de acoplamento foram os **reagentes de Gilman**, também chamados **organocupratos**. Eles são preparados pela reação de um reagente organolítio com iodeto cuproso em éter dietílico ou THF.

$$2\ CH_3Li + CuI \xrightarrow{THF} (CH_3)_2CuLi + LiI$$
reagente organolítio — reagente de Gilman

Os reagentes de Gilman são muito úteis para os químicos sintéticos. Quando um reagente de Gilman reage com um haleto de alquila (com exceção dos fluoretos de alquila, os quais não sofrem esse tipo de reação), um dos grupos alquila do reagente de Gilman substitui o halogênio. Note que isso significa que um alcano pode ser formado a partir de dois haletos de alquila — um haleto de alquila é usado para formar o reagente de Gilman, o qual reage com o segundo haleto de alquila. O mecanismo correto da reação é desconhecido, mas imagina-se que envolva radicais.

$$CH_3CH_2CH_2CH_2Br + (CH_2CH_2CH_3)_2CuLi \xrightarrow{THF} CH_3CH_2CH_2CH_2CH_2CH_2CH_3 + CH_3CH_2CH_2Cu + LiBr$$
heptano

Os reagentes de Gilman podem ser usados para preparar substâncias que não podem ser obtidas usando reações de substituição nucleofílica. Por exemplo, reações S_N2 não podem ser usadas para preparar as seguintes substâncias, pois os haletos de vinila e arila não podem sofrer ataque nucleofílico (Seção 10.8):

$$\underset{H_3C}{\overset{H}{>}}C=C\underset{CH_3}{\overset{Br}{<}} + (CH_3CH_2)_2CuLi \xrightarrow{THF} \underset{H_3C}{\overset{H}{>}}C=C\underset{CH_3}{\overset{CH_2CH_3}{<}} + CH_3CH_2Cu + LiBr$$

$$Ph-I + (CH_3)_2CuLi \xrightarrow{THF} Ph-CH_3 + CH_3Cu + LiI$$

CAPÍTULO 12 Reações de alcoóis, éteres, epóxidos e substâncias que contêm enxofre... **467**

Os reagentes de Gilman podem sempre substituir halogênios em substâncias que contêm outros grupos funcionais.

Tutorial Gallery: Substâncias organometálicas
www

$$CH_3CHCCH_3 \;+\; (CH_3)_2CuLi \;\xrightarrow{THF}\; CH_3CHCCH_3 \;+\; CH_3Cu \;+\; LiBr$$
$$\underset{Br}{} \qquad\qquad \underset{CH_3}{}$$

(ciclopenteno com Cl e CH₃) + (CH₂=C(CH₃)-)₂CuLi →THF→ (ciclopenteno com C(CH₃)=CH₂ e CH₃) + CH₂=CCu(CH₃) + LiCl

PROBLEMA 33
Explique por que os haletos terciários não podem ser usados em reações de acoplamento com os reagentes de Gilman.

PROBLEMA 34
A muscalure é um atrativo sexual da mosca caseira comum. As moscas são atraídas para uma armadilha que contém uma isca composta de muscalure e um inseticida. Ao comer a isca a mosca morre.

$$\underset{H}{CH_3(CH_2)_7}\!\!>\!\!C=C\!\!<\!\!\underset{H}{(CH_2)_{12}CH_3}$$

muscalure

Como você poderia sintetizar a muscalure usando os seguintes reagentes?

$$\underset{H}{CH_3(CH_2)_7}\!\!>\!\!C=C\!\!<\!\!\underset{H}{(CH_2)_8Br} \qquad e \qquad CH_3(CH_2)_4Br$$

Reações de acoplamento podem fornecer altos rendimentos (80-98%) usando um metal de transição como catalisador.

Ph₃P   PPh₃
   \\ //
    Pd
   // \\
Ph₃P   PPh₃

PPh₃ = P(C₆H₅)₃ (trifenilfosfina)

metal de transição catalisador

Em cada uma das seguintes reações, o catalisador é o paládio ligado a quatro moléculas de trifenilfosfina. A **reação de Heck** acopla um haleto de arila, benzila ou vinila ou um triflato (Seção 12.4) com um alceno em uma solução básica.

reação de Heck

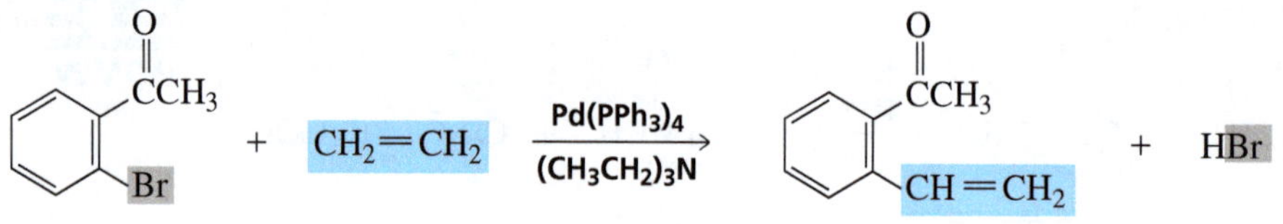

$$\text{o-BrC}_6\text{H}_4\text{COCH}_3 + \text{CH}_2=\text{CH}_2 \xrightarrow[(\text{CH}_3\text{CH}_2)_3\text{N}]{\text{Pd(PPh}_3)_4} \text{o-(CH}_2=\text{CH)C}_6\text{H}_4\text{COCH}_3 + \text{HBr}$$

haleto de arila

$$\text{4-CH}_3\text{O-C}_6\text{H}_4\text{-OTf} + \text{CH}_2=\text{CH-C}_6\text{H}_5 \xrightarrow[(\text{CH}_3\text{CH}_2)_3\text{N}]{\text{Pd(PPh}_3)_4} \text{4-CH}_3\text{O-C}_6\text{H}_4\text{-CH=CH-C}_6\text{H}_5 + \text{HOTf}$$

triflato de arila

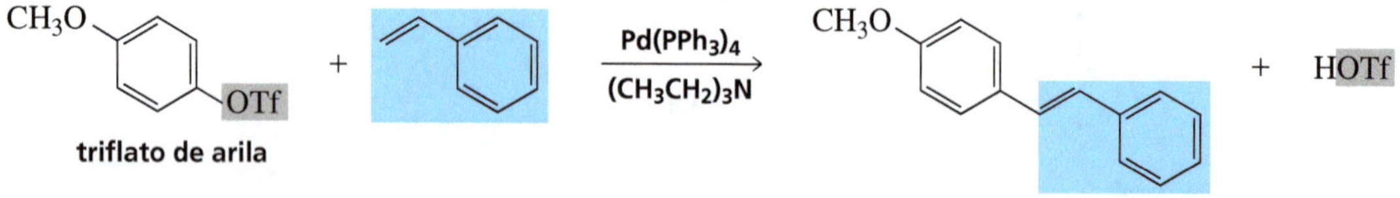

A **reação de Stille** acopla um haleto de arila, benzila ou vinila, ou um triflato com um alquil estanho.

reação de Stille

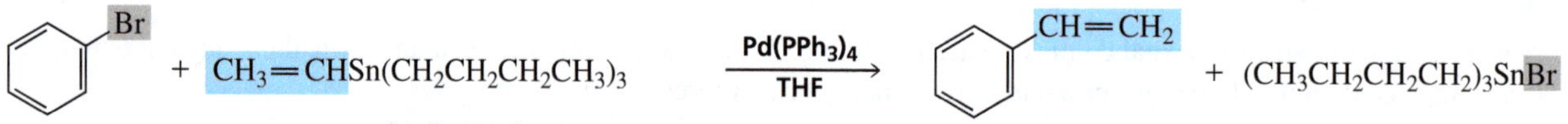

$$\text{C}_6\text{H}_5\text{Br} + \text{CH}_3=\text{CHSn(CH}_2\text{CH}_2\text{CH}_2\text{CH}_3)_3 \xrightarrow{\text{Pd(PPh}_3)_4 \atop \text{THF}} \text{C}_6\text{H}_5\text{-CH=CH}_2 + (\text{CH}_3\text{CH}_2\text{CH}_2\text{CH}_2)_3\text{SnBr}$$

alquil estanho

Os grupos arila e vinila são acoplados preferencialmente, mas um grupo alquila também pode ser acoplado se tetralquilestanho for usado.

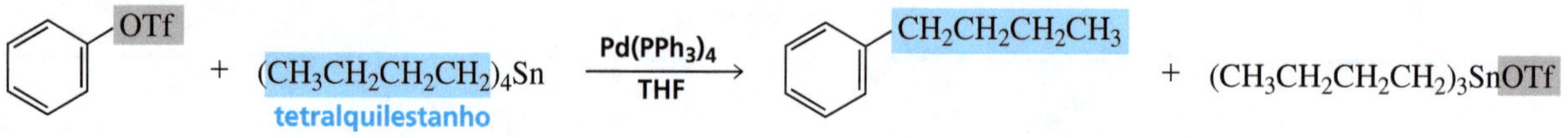

$$\text{C}_6\text{H}_5\text{-OTf} + (\text{CH}_3\text{CH}_2\text{CH}_2\text{CH}_2)_4\text{Sn} \xrightarrow{\text{Pd(PPh}_3)_4 \atop \text{THF}} \text{C}_6\text{H}_5\text{-CH}_2\text{CH}_2\text{CH}_2\text{CH}_3 + (\text{CH}_3\text{CH}_2\text{CH}_2\text{CH}_2)_3\text{SnOTf}$$

tetralquilestanho

A **reação de Suzuki** acopla um haleto de arila, benzila ou vinila com um organoborano em solução básica.

reação de Suzuki

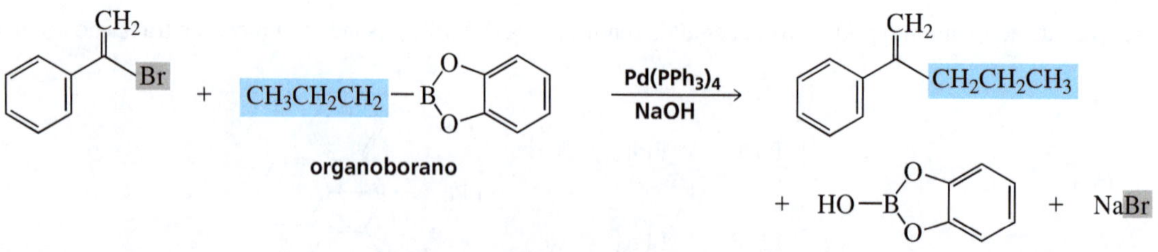

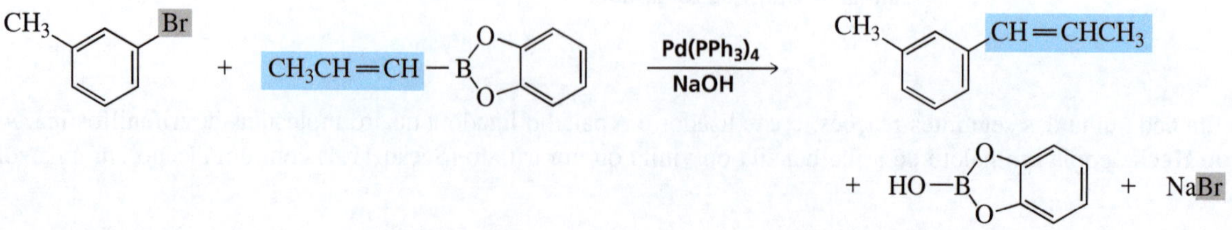

$$\text{C}_6\text{H}_5\text{-C(=CH}_2)\text{Br} + \text{CH}_3\text{CH}_2\text{CH}_2\text{-B(catecol)} \xrightarrow[\text{NaOH}]{\text{Pd(PPh}_3)_4} \text{C}_6\text{H}_5\text{-C(=CH}_2)\text{CH}_2\text{CH}_2\text{CH}_3 + \text{HO-B(catecol)} + \text{NaBr}$$

organoborano

$$\text{3-CH}_3\text{-C}_6\text{H}_4\text{-Br} + \text{CH}_3\text{CH=CH-B(catecol)} \xrightarrow[\text{NaOH}]{\text{Pd(PPh}_3)_4} \text{3-CH}_3\text{-C}_6\text{H}_4\text{-CH=CHCH}_3 + \text{HO-B(catecol)} + \text{NaBr}$$

CAPÍTULO 12 Reações de alcoóis, éteres, epóxidos e substâncias que contêm enxofre...

PROBLEMA 35♦

Que haleto de alquila você usaria para sintetizar as seguintes substâncias, usando o organoborato mostrado?

John K. Stille *foi professor de química da Universidade do Estado do Colorado até sua morte inesperada, em 1989, em um acidente de avião; ele estava indo para um congresso científico na Suíça.*

PROBLEMA 36♦

O organoborano usado na reação de Suzuki é preparado pela reação do catecolborano com um alceno ou um alcino.

$$RCH=CH_2 + H-B\text{(catecolborano)} \longrightarrow RCH_2CH_2-B$$

Que hidrocarboneto você usaria para preparar o organoborano do Problema 35?

PROBLEMA 37♦

Dê dois grupos de brometo de alquila e alceno que poderiam ser usados em uma reação de Heck para preparar a seguinte substância:

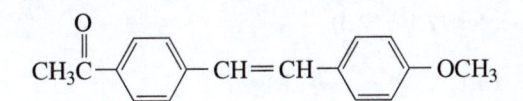

$$CH_3\overset{O}{C}-C_6H_4-CH=CH-C_6H_4-OCH_3$$

Tutorial Gallery: Termos comuns
www

Resumo

Alcoóis e **éteres** possuem grupos de saída que são bases mais fortes que os íons haleto, sendo menos reativos que haletos de alquila e tendo de ser 'ativados' antes de sofrer uma reação de substituição ou eliminação. **Epóxidos** não precisam ser ativados, pois a tensão do anel aumenta a sua reatividade. Os **ésteres sulfonato** e **sais de sulfônio** têm grupos de partida fracamente básicos, que sofrem reações de substituição com facilidade. $^-NH_2$ é uma base tão forte que as aminas não sofrem reações de substituição nem de eliminação.

Alcoóis primários, secundários e terciários sofrem reações de substituição nucleofílica com HI, HBr e HCl para formar haletos de alquila. São reações S_N2 no caso dos alcoóis primários e S_N1 no caso dos alcoóis secundários e terciários. Um álcool também pode ser transformado em um haleto de alquila usando trialetos de fósforo ou cloreto de tionila. Esses reagentes convertem o álcool em um intermediário com um grupo de saída que é rapidamente deslocado por um íon haleto.

Conversão a um **éster sulfonato** é uma outra maneira de ativar um álcool para uma reação subseqüente com um nucleófilo. O ácido sulfônico é um ácido forte, pois sua base conjugada é fraca. A ativação de um álcool pela sua conversão em um éster sulfonato forma um produto de substituição com configuração oposta à do álcool, enquanto a ativação de um álcool pela sua conversão em um haleto de alquila forma um produto de substituição com a mesma configuração do álcool.

Um álcool pode ser desidratado se aquecido com um catalisador ácido; **desidratação** é uma reação E2 no caso de alcoóis primários e E1 no caso de alcoóis secundários e terciários. Alcoóis terciários são os mais fáceis de serem desidratados, já os primários são os mais difíceis. Reações E1 formam intermediários carbocátion, podendo também ocorrer **rearranjos de expansão de anel**. O produto principal é o alceno mais substituído. Ambos os isômeros *E* e *Z* são obtidos, mas o isômero com os grupos mais volumosos em lados opostos da ligação dupla predomina.

Éteres podem sofrer reações de substituição nucleofílica com HBr ou HI; se a partida do grupo de saída forma um carbocátion relativamente estável, ocorre uma reação S_N1; caso contrário, ocorre uma reação S_N2.

Epóxidos sofrem reações de abertura de anel. Em condições básicas, o carbono menos impedido estericamente é atacado; em condições ácidas, o carbono mais substituído é atacado. **Óxidos de areno** sofrem rearranjo para formar fenóis ou ataque nucleofílico para formar produtos de adição. O potencial do óxido de areno na formação do câncer depende da estabilidade do carbocátion formado durante o rearranjo.

Um **éter de coroa** se liga especificamente a certos íons metálicos ou moléculas orgânicas, dependendo do tamanho de sua cavidade, formando um **complexo de inclusão**. A capacidade de um hospedeiro de se ligar a somente certos hóspedes é um exemplo de **reconhecimento molecular**. O éter de coroa pode agir como um **catalisador de transferência de fase**.

Tióis são semelhantes a de alcoóis que contêm enxofre. Eles são ácidos mais fortes e possuem pontos de ebulição menores que os alcoóis. Os íons tiolato são bases mais fracas e melhores nucleófilos que os íons alcóxidos em solventes próticos. Os análogos que contêm enxofre dos éteres são chamados de **sulfetos** ou **tioéteres**. Os sulfetos reagem com haletos de alquila para formar **sais de sulfônio**.

Reagentes de Grignard e **substâncias de organolítio** são as **substâncias organometálicas** mais conhecidas — substâncias que contêm uma ligação carbono–metal. Elas não podem ser preparadas a partir de substâncias que contenham grupos acídicos. O átomo de carbono ligado ao halogênio no haleto de alquila é um eletrófilo, já o átomo de carbono ligado ao íon metálico na substância de organolítio é um nucleófilo. Quanto maior a polaridade da ligação carbono–metal, mais reativa a substância de organolítio será como nucleófilo.

Novas ligações carbono–carbono podem ser feitas usando reagentes organometálicos com metais de transição. As reações são chamadas **reações de acoplamento**, pois dois grupos que contêm carbonos são unidos. **Reagentes de Gilman** foram as primeiras substâncias organometálicas usadas em reações de acoplamento. As **reações de Heck**, **Stille** e **Suzuki** são reações de acoplamento.

Resumo das reações

1. Conversão de um *álcool* em um *haleto de alquila* (seções 12.1 e 12.3).

$$ROH + HBr \xrightarrow{\Delta} RBr$$

$$ROH + HI \xrightarrow{\Delta} RI$$

$$ROH + HCl \xrightarrow[\Delta]{ZnCl_2} RCl$$

$$ROH + PBr_3 \xrightarrow{piridina} RBr$$

$$ROH + PCl_3 \xrightarrow{piridina} RCl$$

$$ROH + SOCl_2 \xrightarrow{piridina} RCl$$

2. Conversão de um álcool em um *éster sulfonato* (Seção 12.4).

$$ROH + R'\!-\!\underset{\underset{O}{\|}}{\overset{\overset{O}{\|}}{S}}\!-\!Cl \xrightarrow{piridina} RO\!-\!\underset{\underset{O}{\|}}{\overset{\overset{O}{\|}}{S}}\!-\!R' + HCl$$

3. Conversão de um *álcool ativado* (um haleto de alquila ou um éster sulfonato) em *uma substância com um novo grupo ligado a um carbono* sp^3 (Seção 12.4).

$$RBr + Y^- \longrightarrow RY + Br^-$$

$$RO\!-\!\underset{\underset{O}{\|}}{\overset{\overset{O}{\|}}{S}}\!-\!R' + Y^- \longrightarrow RY + {}^-O\!-\!\underset{\underset{O}{\|}}{\overset{\overset{O}{\|}}{S}}\!-\!R'$$

CAPÍTULO 12   Reações de alcoóis, éteres, epóxidos e substâncias que contêm enxofre...   **471**

4. Desidratação de alcoóis (Seção 12.5).

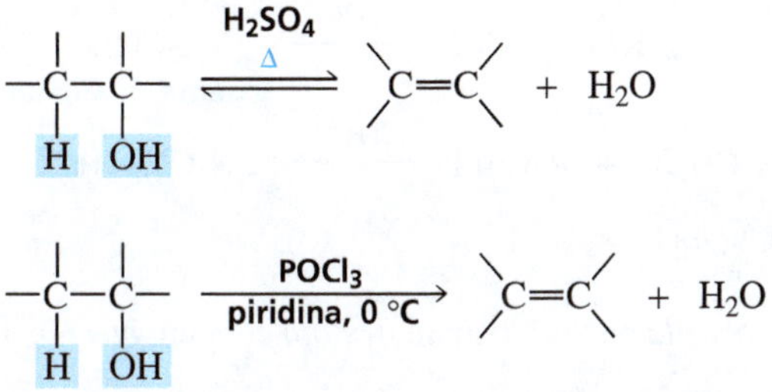

$$-\underset{H}{\overset{|}{C}}-\underset{OH}{\overset{|}{C}}- \xrightleftharpoons[\Delta]{H_2SO_4} \;\; \overset{}{\underset{}{C}}=\overset{}{\underset{}{C}} + H_2O$$

$$-\underset{H}{\overset{|}{C}}-\underset{OH}{\overset{|}{C}}- \xrightarrow[\text{piridina, 0 °C}]{POCl_3} \;\; \overset{}{\underset{}{C}}=\overset{}{\underset{}{C}} + H_2O$$

velocidade relativa: terciário > secundário > primário

5. Clivagem de éteres (Seção 12.6).

$$ROR' + HX \xrightarrow{\Delta} ROH + R'X$$

HX = HBr ou HI

6. Reações de abertura de anel de *epóxidos* (Seção 12.7).

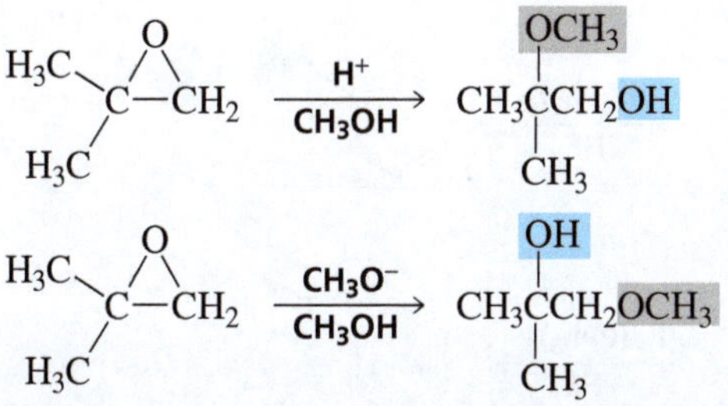

$$\underset{H_3C}{\overset{H_3C}{>}}\!\!\!\overset{O}{\underset{}{\triangle}}\!\!\!-CH_2 \xrightarrow[CH_3OH]{H^+} CH_3\underset{CH_3}{\overset{OCH_3}{|}}\!\!CCH_2OH$$

em condições ácidas, o nucleófilo ataca o carbono do anel mais substituído

$$\underset{H_3C}{\overset{H_3C}{>}}\!\!\!\overset{O}{\underset{}{\triangle}}\!\!\!-CH_2 \xrightarrow[CH_3OH]{CH_3O^-} CH_3\underset{CH_3}{\overset{OH}{|}}\!\!CCH_2OCH_3$$

em condições básicas, o nucleófilo ataca o carbono menos impedido estericamente do anel

7. Reações de *óxidos de areno*: abertura de anel e rearranjo (Seção 12.8).

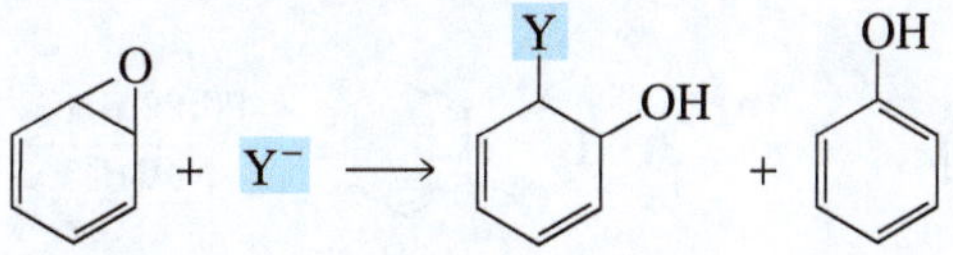

<chemical structure: arene oxide + Y⁻ → trans-dihydrodiol type product + phenol>

8. Reações de tióis, sulfetos e sais de sulfônio (Seção 12.10).

$$2\,RSH + Hg^{2+} \longrightarrow RS-Hg-SR + 2\,H^+$$
$$RS^- + R'-Br \longrightarrow RSR' + Br^-$$
$$RSR + R'I \longrightarrow R\overset{R'}{\underset{+}{S}}R \;\; I^-$$
$$R\overset{R}{\underset{+}{S}}R + Y^- \longrightarrow RY + RSR$$

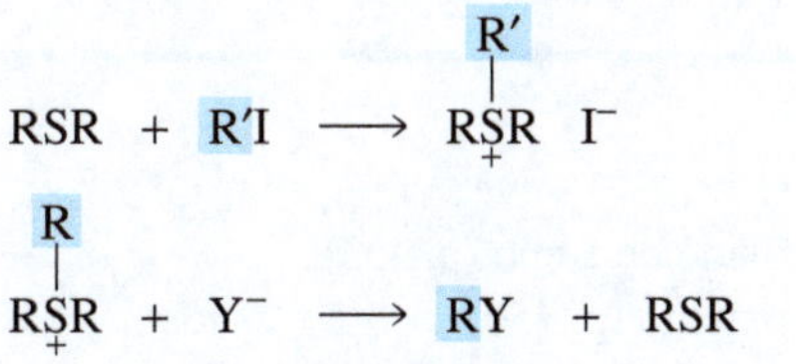

9. Reação de um *reagente de Grignard* com um *epóxido* (Seção 12.11).

$$RBr \xrightarrow[\text{éter dietílico}]{Mg} RMgBr$$

reagente de Grignard

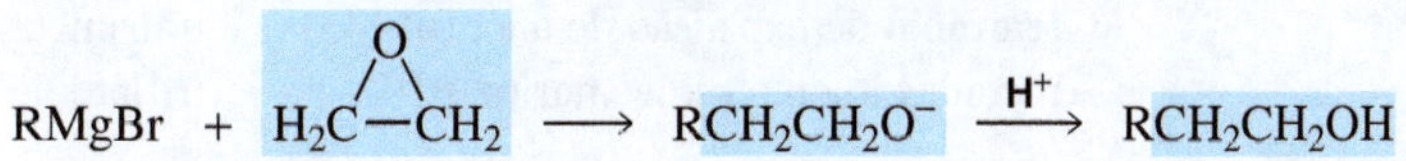

$$RMgBr + H_2\overset{O}{\overset{\triangle}{C-}}CH_2 \longrightarrow RCH_2CH_2O^- \xrightarrow{H^+} RCH_2CH_2OH$$

produto é um álcool que contém dois carbonos a mais que o reagente de Grignard

10. Reação de um *reagente de Gilman* com um *haleto de alquila* (Seção 12.12).

$$2\ RLi + CuI \xrightarrow{THF} \underset{\text{reagente de Gilman}}{R_2CuLi} + LiI$$

$$CH_3CH_2CH_2X + R_2CuLi \xrightarrow{THF} CH_3CH_2CH_2R + RCu + LiX$$

X = Cl, Br ou I

11. Reação de um *haleto de arila, benzila* ou *vinila* ou um *triflato* com um *alceno*: a reação de Heck (Seção 12.12).

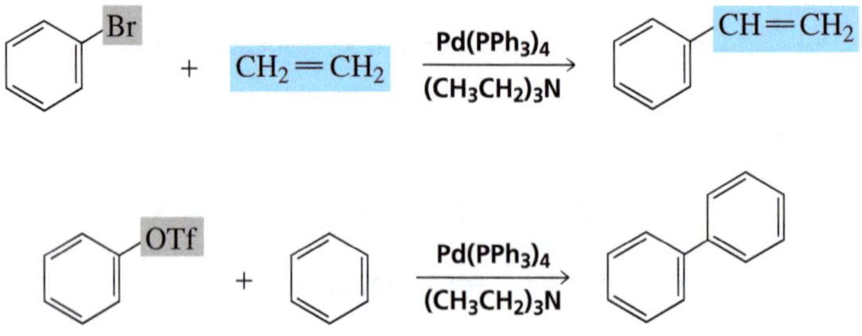

Ph-Br + CH₂=CH₂ $\xrightarrow[\text{(CH}_3\text{CH}_2)_3\text{N}]{\text{Pd(PPh}_3)_4}$ Ph-CH=CH₂

Ph-OTf + C₆H₆ $\xrightarrow[\text{(CH}_3\text{CH}_2)_3\text{N}]{\text{Pd(PPh}_3)_4}$ Ph-Ph

12. Reação de um *haleto de arila, benzila* ou *vinila* ou um *triflato* com um *alcenil estanho*: a reação de Stille (Seção 12.12).

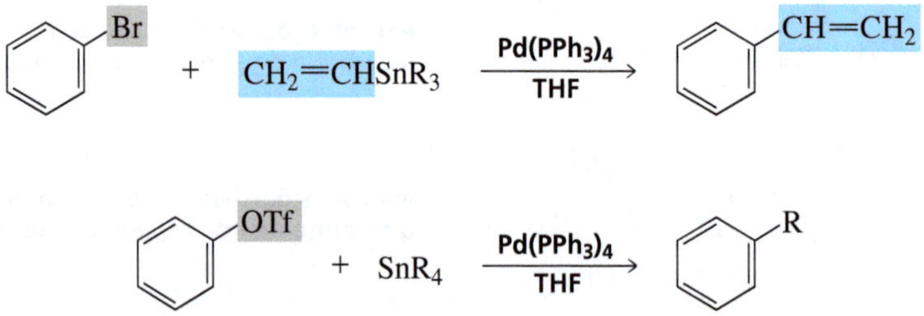

Ph-Br + CH₂=CHSnR₃ $\xrightarrow[\text{THF}]{\text{Pd(PPh}_3)_4}$ Ph-CH=CH₂

Ph-OTf + SnR₄ $\xrightarrow[\text{THF}]{\text{Pd(PPh}_3)_4}$ Ph-R

13. Reação de um *haleto de arila, benzila* ou *vinila* ou um *triflato* com um *organoborano*: a reação de Suzuki (Seção 12.12).

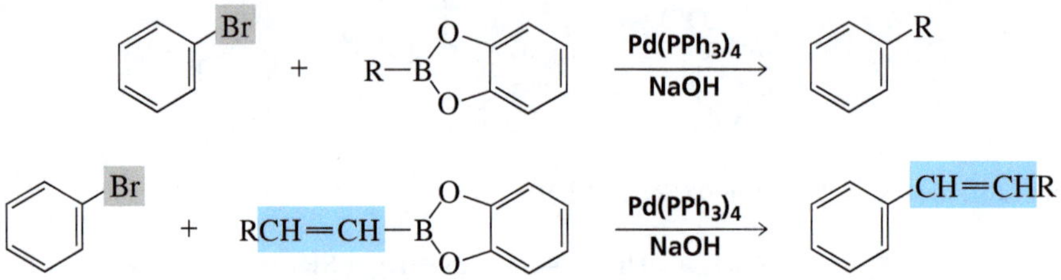

Ph-Br + R-B(O-C₆H₄-O) $\xrightarrow[\text{NaOH}]{\text{Pd(PPh}_3)_4}$ Ph-R

Ph-Br + RCH=CH-B(O-C₆H₄-O) $\xrightarrow[\text{NaOH}]{\text{Pd(PPh}_3)_4}$ Ph-CH=CHR

Palavras-chave

álcool (p. 433)
catalisador de transferência de fase (p. 459)
complexo de inclusão (p. 458)
desidratação (p. 441)
epóxido (p. 450)
éster sulfonato (p. 439)
éter (p. 447)
éter de coroa (p. 458)
organocuprato (p. 466)

óxido de areno (p. 453)
oxirano (p. 450)
reação de acoplamento (p. 466)
reação de Heck (p. 468)
reação de Stille (p. 468)
reação de Suzuki (p. 468)
reagente de Gilman (p. 466)
reagente de Grignard (p. 463)
rearranjo de expansão de anel (p. 443)
reconhecimento molecular (p. 459)

sal de sulfônio (p. 460)
substância de organolítio (p. 463)
substância de organomagnésio (p. 463)
substância organometálica (p. 462)
sulfeto (p. 460)
tioéter (p. 460)
tiol (p. 460)
tosilato de alquila (p. 440)
transmetalação (p. 466)
triflato de alquila (p. 440)

CAPÍTULO 12 Reações de alcoóis, éteres, epóxidos e substâncias que contêm enxofre...

Problemas

38. Dê o produto de cada uma das seguintes reações:

   a. $CH_3CH_2CH_2OH \xrightarrow{\text{1. cloreto de metanossulfonila}}_{\text{2. } CH_3CO^-\text{(O)}}$

   b. $CH_3CH_2CH_2CH_2OH + PBr_3 \xrightarrow{\text{piridina}}$

   c. $CH_3CHCH_2CH_2OH \xrightarrow{\text{1. cloreto de }p\text{-toluenossulfonila}}_{\text{2. } C_6H_5O^-}$
   $\quad\,\, |$
   $\quad\, CH_3$

   d. $CH_3CH_2CH-C(CH_3)_2 \text{ (epóxido)} + CH_3OH \xrightarrow{H^+}$

   e. $C_6H_5-I + CH_2=CH_2 \xrightarrow{Pd(PPh_3)_4}_{Et_3N}$

   f. $CH_3CH_2CH-C(CH_3)_2 \text{ (epóxido)} + CH_3OH \xrightarrow{CH_3O^-}$

   g. $CH_3CH_2CH_2CH_2OH \xrightarrow{H_2SO_4}_{\Delta}$

   h. $CH_3CHCH_2CH_2OH \xrightarrow{SOCl_2}_{\text{piridina}}$
   $\quad\,\, |$
   $\quad\, CH_3$

   i. $C_6H_5-CH_2MgBr \xrightarrow{\text{1. óxido de etileno}}_{\text{2. } H^+, H_2O}$

   j. $C_6H_5-Br + Sn(CH_2CH_2CH_3)_4 \xrightarrow{Pd(PPh_3)_4}_{THF}$

39. Indique que álcool sofrerá desidratação mais rápido quando aquecido com H_2SO_4.

   a. benzil-CH₂OH   ou   benzil-CH₂CH₂OH

   b. ciclohexanol   ou   ciclohex-2-enol

   c. 1-metilciclohexanol   ou   2-metilciclohexanol

   d. ciclohexil-CH(OH)CH₃   ou   fenil-CH(OH)CH₃

   e. benzil-CH₂CH₂OH   ou   fenil-CH(OH)CH₃

   f. $CH_3CH_2CHCH_3$ ou $CH_3CCH_2CH_3$
   $\qquad\quad\,|$ $|\, CH_3$
   $\qquad\,\,OH$ OH

40. Quais dos seguintes haletos de alquila poderiam ser usados com sucesso para formar um reagente de Grignard?

   a. $HOCH_2CH_2CH_2CH_2Br$ b. $BrCH_2CH_2CH_2COH \text{ (=O)}$ c. $CH_3NCH_2CH_2CH_2Br$
   $\qquad\qquad\qquad\qquad\qquad\qquad\qquad\qquad\qquad\qquad\qquad\qquad\qquad\quad\,\,|$
   $\qquad\qquad\qquad\qquad\qquad\qquad\qquad\qquad\qquad\qquad\qquad\qquad\qquad\, CH_3$
   d. $H_2NCH_2CH_2CH_2Br$

41. Partindo do (R)-1-deutério-1-propanol, como você prepararia:
    a. (S)-1-deutério-1-propanol?   b. (S)-1-deutério-1-metoxipropano?   c. (R)-1-deutério-1-metoxipropano?

42. Que alcenos você esperaria serem obtidos a partir da desidratação catalisada por álcool do 1-hexanol?

QUÍMICA ORGÂNICA

43. Dê o produto de cada uma das seguintes reações:

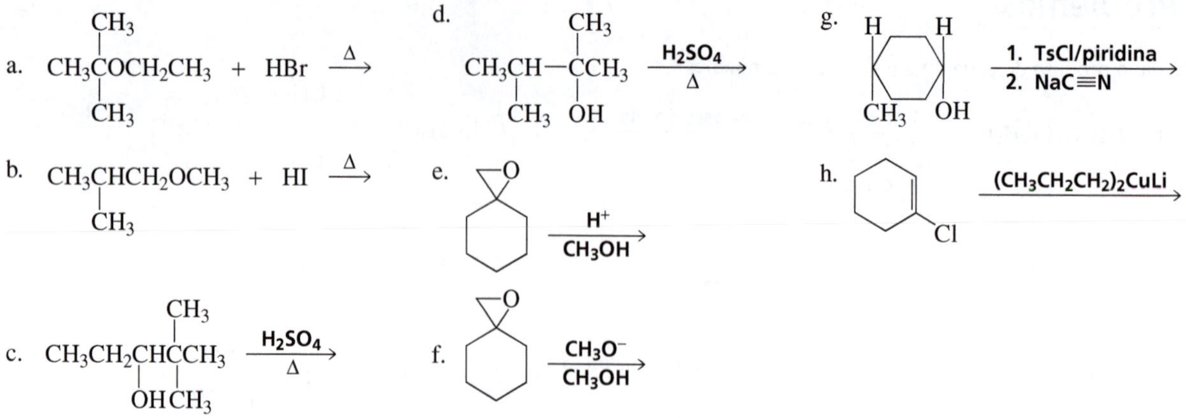

a. $CH_3\underset{CH_3}{\underset{|}{\overset{CH_3}{\overset{|}{C}}}}OCH_2CH_3 + HBr \xrightarrow{\Delta}$

b. $CH_3\underset{CH_3}{\underset{|}{CH}}CH_2OCH_3 + HI \xrightarrow{\Delta}$

c. $CH_3CH_2\underset{OHCH_3}{\underset{|\;\;|}{CH-C}}\overset{CH_3}{\overset{|}{CH_3}} \xrightarrow[\Delta]{H_2SO_4}$

d. $CH_3CH-\underset{CH_3\;OH}{\underset{|\;\;\;|}{\overset{CH_3}{\overset{|}{C}}CH_3}} \xrightarrow[\Delta]{H_2SO_4}$

e. (espiro-epóxido ciclohexano) $\xrightarrow[CH_3OH]{H^+}$

f. (espiro-epóxido ciclohexano) $\xrightarrow[CH_3OH]{CH_3O^-}$

g. (ciclohexano com H, H cis, CH₃, OH) $\xrightarrow[2.\;NaC\equiv N]{1.\;TsCl/piridina}$

h. (1-clorociclohexeno) $\xrightarrow{(CH_3CH_2CH_2)_2CuLi}$

44. Quando aquecido com H_2SO_4, o 3,3-dimetil-2-butanol e o 2,3-dimetil-2-butanol são desidratados, formando o 2,3-dimetil-2-buteno. Que álcool desidrata mais rapidamente?

45. Usando o material de partida fornecido, qualquer reagente inorgânico necessário e qualquer substância que contenha não mais que dois átomos de carbono, indique como as seguintes sínteses poderiam ser realizadas:

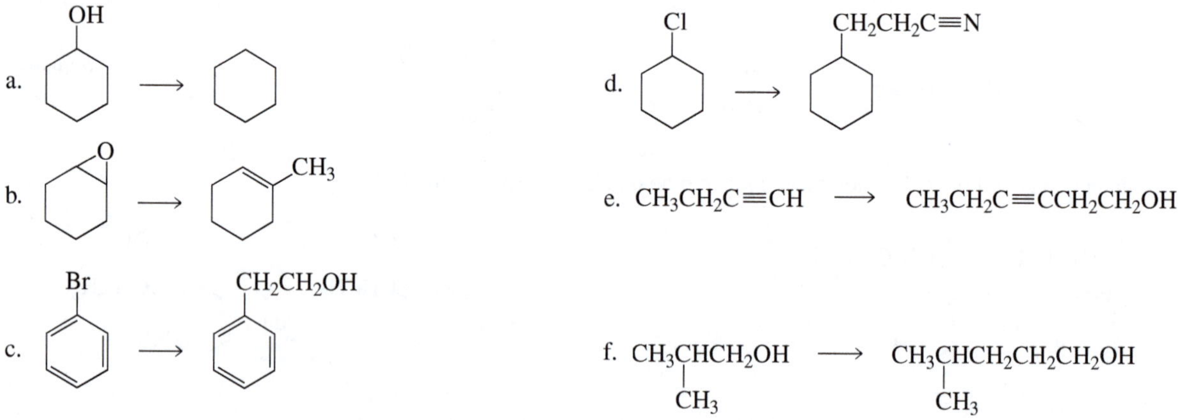

a. ciclohexanol → ciclohexano

b. 1,2-epóxido ciclohexano → 1-metilciclohexeno

c. bromobenzeno → 2-feniletanol

d. clorociclohexano → (3-ciano-propil)ciclohexano

e. $CH_3CH_2C\equiv CH \longrightarrow CH_3CH_2C\equiv CCH_2CH_2OH$

f. $CH_3\underset{CH_3}{\underset{|}{CH}}CH_2OH \longrightarrow CH_3\underset{CH_3}{\underset{|}{CH}}CH_2CH_2CH_2OH$

46. Proponha um mecanismo para a seguinte reação:

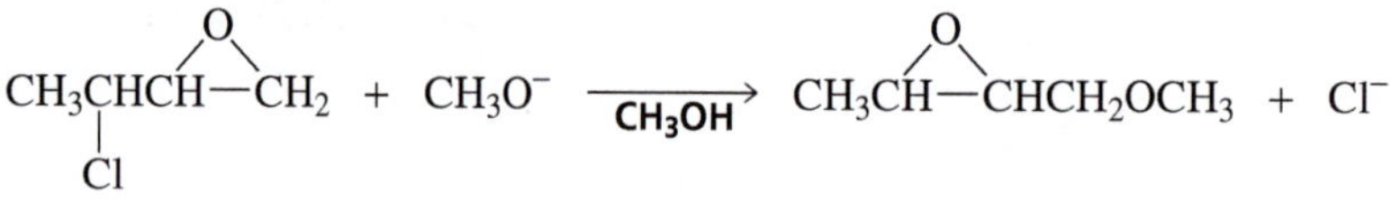

$CH_3\underset{Cl}{\underset{|}{CH}}\overset{O}{\overset{\triangle}{CH-CH_2}} + CH_3O^- \xrightarrow{CH_3OH} CH_3\overset{O}{\overset{\triangle}{CH-CH}}CH_2OCH_3 + Cl^-$

47. Quando o óxido de fenantreno deuterado sofre um rearranjo do epóxido em água, 81% do deutério é retido no produto.

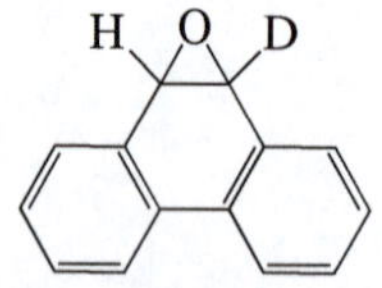

(estrutura de fenantreno com epóxido H e D)

a. Que porcentagem de deutério será retida se uma troca NIH ocorrer?
b. Que porcentagem de deutério será retida se uma troca NIH deixar de ocorrer?

48. Quando o 3-metil-2-butanol é aquecido com HBr concentrado, é obtido um produto rearranjado. Quando o 2-metil-1-propanol reage nas mesmas condições, um produto rearranjado não é obtido. Explique.

49. Quando o seguinte álcool com um anel de sete membros é desidratado, são formados três alcenos:

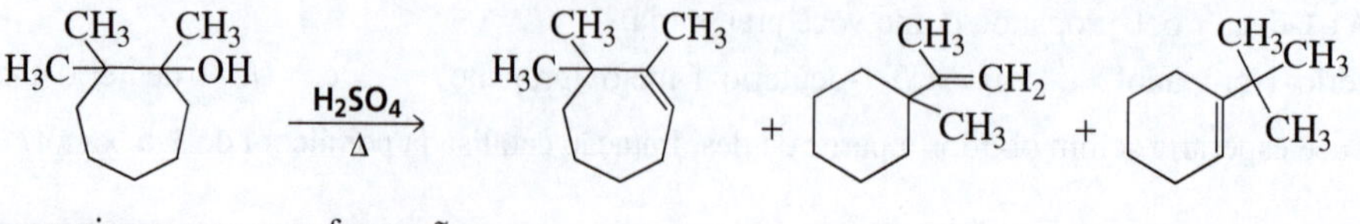

$\underset{}{\overset{CH_3\;CH_3}{H_3C\diagdown\;\;\diagup OH}}\text{(cicloheptano)} \xrightarrow[\Delta]{H_2SO_4} \overset{CH_3\;CH_3}{H_3C-\text{(ciclohexeno)}} + \overset{CH_3}{\text{(ciclohexano)}=CH_2}\underset{CH_3}{} + \overset{CH_3\;CH_3}{\text{(ciclohexeno)}}\underset{CH_3}{}$

Proponha um mecanismo para suas formações.

CAPÍTULO 12   Reações de alcoóis, éteres, epóxidos e substâncias que contêm enxofre...

50. Como você sintetizaria o éter isopropilpropílico usando álcool isopropílico como o único reagente que contém carbono?

51. O óxido de etileno reage rapidamente com HO$^-$ em virtude da tensão do anel de três membros. O ciclopropano tem aproximadamente a mesma tensão, mas não reage com HO$^-$. Explique.

52. Qual dos seguintes éteres seria obtido em maior rendimento diretamente a partir de alcoóis?

$CH_3OCH_2CH_2CH_3$ $CH_3CH_2OCH_2CH_2CH_3$ $CH_3CH_2OCH_2CH_3$ $CH_3OC(CH_3)_2CH_3$

53. Proponha um mecanismo para cada uma das seguintes reações:

a. $HOCH_2CH_2CH_2CH_2OH \xrightarrow{H^+}$ (tetrahidrofurano) $+ H_2O$

b. (tetrahidropirano) $\xrightarrow[\Delta]{HBr} BrCH_2CH_2CH_2CH_2CH_2Br + H_2O$

54. Indique como cada uma das seguintes substâncias poderia ser preparada usando o material de partida fornecido:

a. ciclohexeno → 3-metilciclohexeno (CH$_3$)

b. ciclohexanol → 1-(2-hidroxietil)ciclohexano (CH$_2$CH$_2$OH)

c. $CH_3C(CH_3)(OH)CH_2CH_3 \rightarrow CH_3CH(CH_3)CHBrCH_3$

d. $(CH_3)_2CHOH \rightarrow (CH_3)_2CHD$

e. $CH_3CH_2CH=CH_2 \rightarrow CH_3CH_2CH_2CH_2CH_2CH_2CH_2CH_3$

55. O trietilenoglicol é um dos produtos obtidos a partir da reação do óxido de etileno e do íon hidróxido. Proponha um mecanismo para a sua formação.

$H_2C—CH_2$ (epóxido) $+ HO^- \longrightarrow HOCH_2CH_2OCH_2CH_2OCH_2CH_2OH$
trietilenoglicol

56. Dê o produto principal esperado da reação do 2-etiloxirano com cada um dos seguintes reagentes:
   a. HCl 0,1 M
   b. CH_3OH/H^+
   c. brometo de etilmagnésio em éter, seguido de HCl 0,1 M
   d. NaOH 0,1 M
   e. CH_3OH/CH_3O^-

57. Quando o éter dietílico é aquecido com excesso de HI por várias horas, o único produto obtido é o iodeto de etila. Explique por que o álcool etílico não é obtido como produto.

58. a. Proponha um mecanismo para a seguinte reação:

epóxido-$CH_2CH_2CH_2Br \xrightarrow{CH_3O^-}$ tetrahidrofurano-$CH_2OCH_3 + Br^-$

   b. Uma pequena quantidade de um produto que contém um anel de seis membros também é formada. Dê a estrutura desse produto.
   c. Por que o produto com um anel de seis membros é formado em tão pequena quantidade?

59. Identifique as letras de A a H.

$CH_3Br \xrightarrow[B]{A} C \xrightarrow[2.\ E]{1.\ D} CH_3CH_2CH_2OH \xrightarrow[\substack{2.\ G \\ 3.\ H}]{1.\ F} CH_3CH_2CH_2OCH_2CH_3$

60. Greg Nard adicionou um equivalente de 3,4-epóxi-4-metilciclo-hexanol a uma solução de brometo de metilmagnésio em éter e depois adicionou ácido clorídrico. Ele esperava que o produto fosse um diol, mas não obteve o produto desejado. Que produto ele obteve?

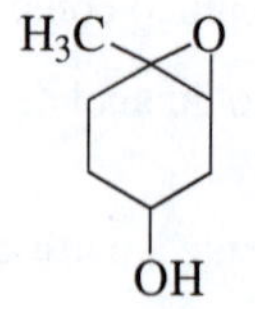

476 QUÍMICA ORGÂNICA

3,4-epóxi-4-metil-ciclo-hexanol

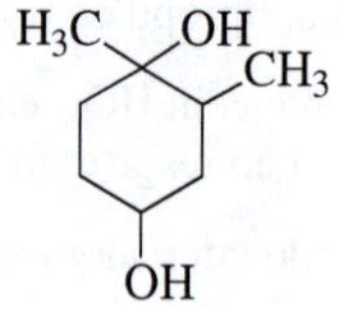

1,2-dimetil-1,4-ciclo-hexanodiol

61. Um íon com um átomo de nitrogênio carregado positivamente presente em um anel de três membros é chamado íon aziridínio. Esse íon, desenhado a seguir, reage com metóxido de sódio para formar A e B.

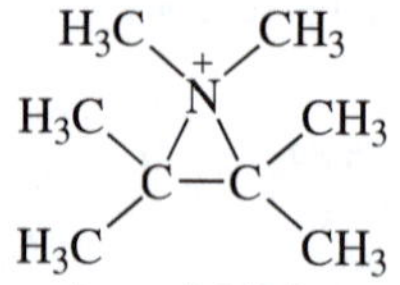

íon aziridínio

Se uma pequena quantidade de Br_2 aquoso for adicionada à A, a cor vermelha do Br_2 persiste, mas desaparece quando Br_2 é adicionado a B. Quando o íon aziridínio reage com metanol, somente A é formado. Identifique A e B.

62. Dimerização é uma reação lateral que ocorre durante a preparação de um reagente de Grignard. Proponha um mecanismo que explique a formação do dímero.

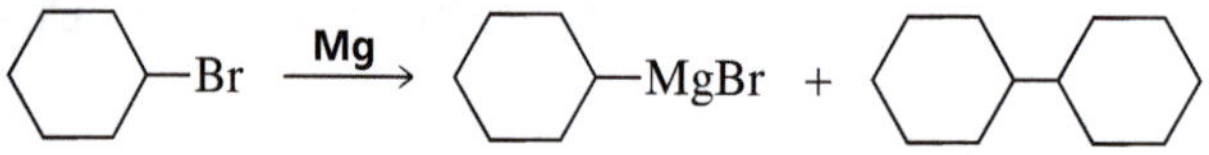

dímero

63. Proponha um mecanismo para cada uma das seguintes reações:

a.

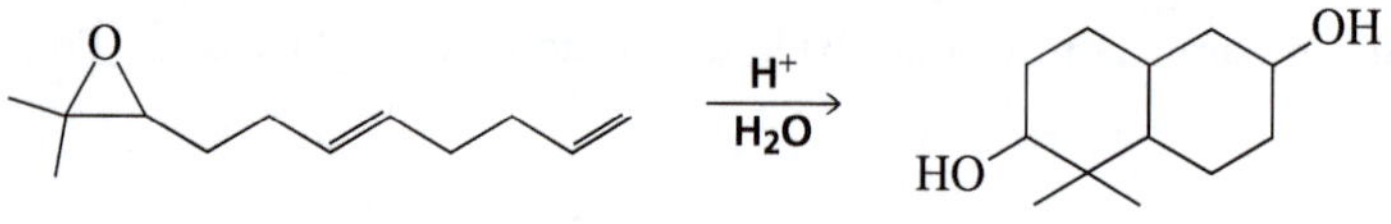

b.

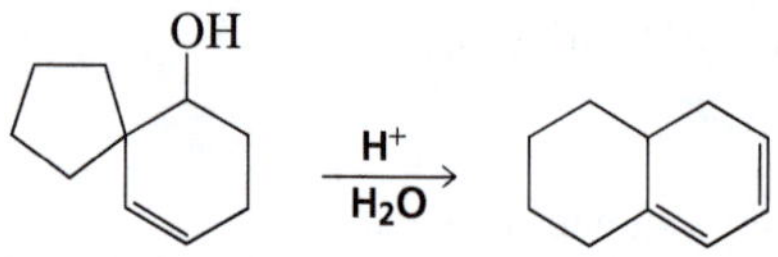

c.

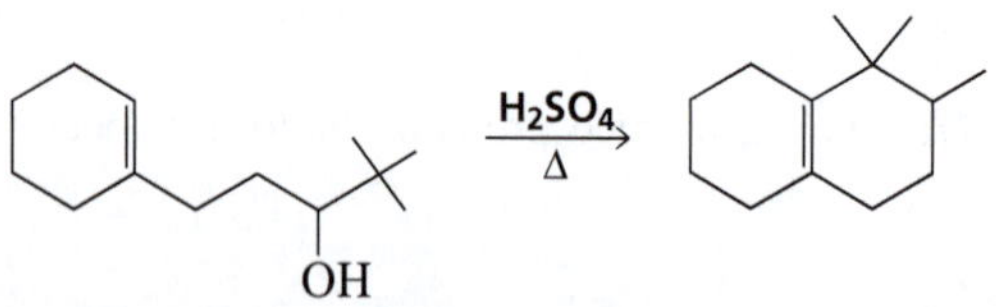

64. Um método usado para sintetizar um epóxido é o tratamento de um alceno com solução aquosa de Br_2, seguido por uma solução aquosa de hidróxido de sódio.
    a. Proponha um mecanismo para a conversão do ciclo-hexeno em óxido de ciclo-hexeno por esse método.
    b. Quantos produtos são formados quando o óxido de ciclo-hexeno reage com o íon metóxido em metanol? Desenhe suas estruturas.

65. Qual das seguintes reações ocorre mais rapidamente? Por quê?

a. 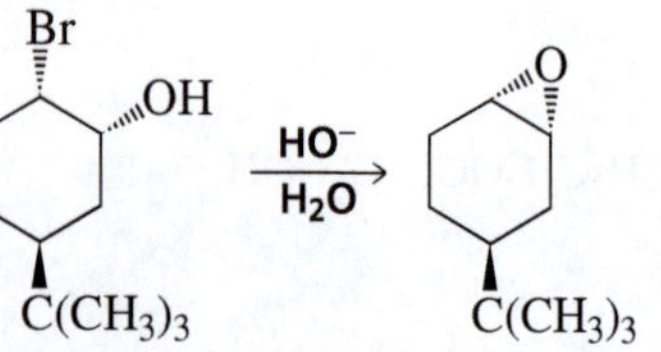   b. 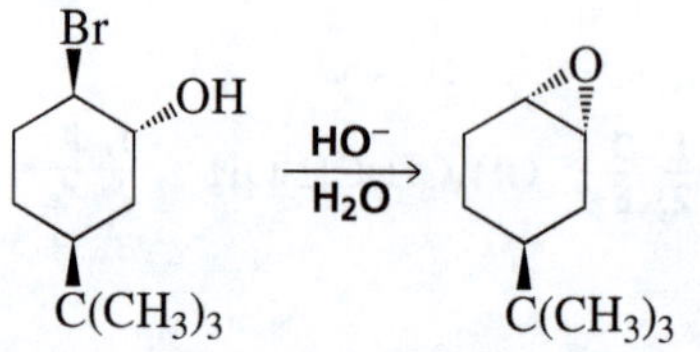   c.

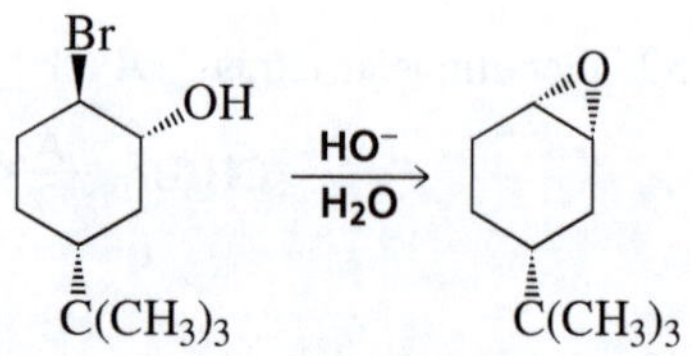

66. Quando o bromobenzeno reage com o propeno em uma reação de Heck, dois isômeros constitucionais são obtidos como produtos. Dê as estruturas desses produtos e explique por que são obtidos dois produtos.

CAPÍTULO 12 Reações de alcoóis, éteres, epóxidos e substâncias que contêm enxofre... **477**

67. Um diol vicinal tem grupos OH em carbonos adjacentes. A desidratação de um diol vicinal é acompanhada por um rearranjo chamado de rearranjo do pinacol. Proponha um mecanismo para essa reação.

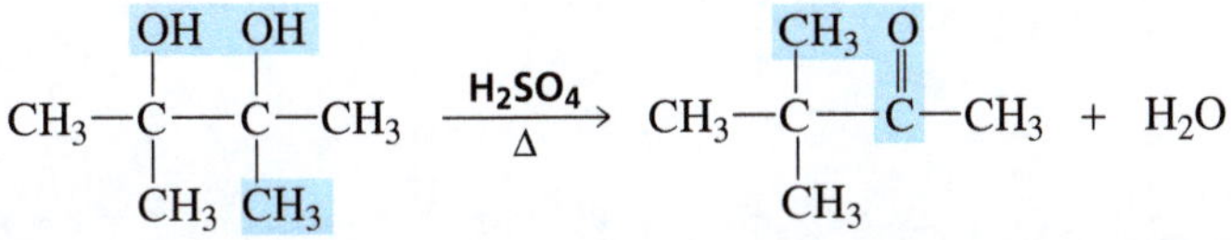

$$CH_3-\underset{\underset{CH_3}{|}}{\overset{\overset{OH}{|}}{C}}-\underset{\underset{CH_3}{|}}{\overset{\overset{OH}{|}}{C}}-CH_3 \xrightarrow[\Delta]{H_2SO_4} CH_3-\underset{\underset{CH_3}{|}}{\overset{\overset{CH_3}{|}}{C}}-\overset{\overset{O}{\|}}{C}-CH_3 + H_2O$$

68. Apesar de o 2-metil-1,2-propanodiol ser um diol vicinal assimétrico, somente um produto é obtido quando é desidratado na presença de um ácido.
    a. Que produto é esse?
    b. Por que somente um produto é formado?

69. Que produto é obtido quando o seguinte diol vicinal é aquecido em solução ácida?

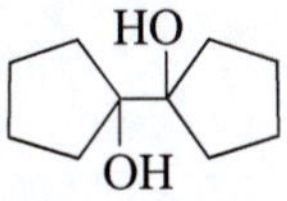

70. Dois estereoisômeros são obtidos da reação do óxido de ciclopenteno e da dimetilamina. O isômero *R,R* é usado na fabricação de eclanamina, um antidepressivo. Que outro isômero é obtido?

71. Proponha um mecanismo para cada uma das seguintes reações:

    a.

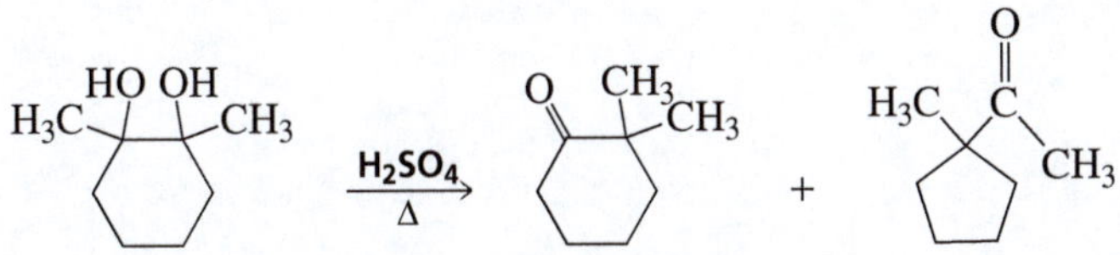

    b.

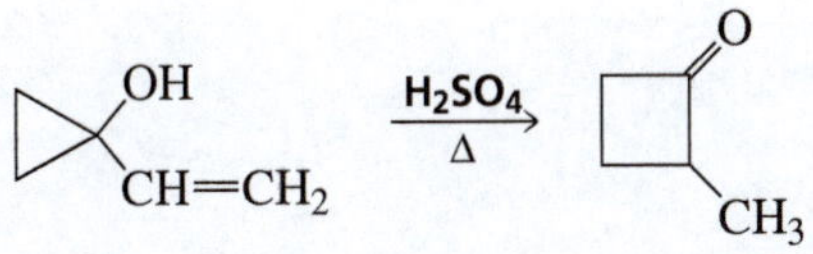

PARTE QUATRO

Identificação de substâncias orgânicas

Você teve, até agora a oportunidade de lidar com muitos problemas nos quais era necessário esquematizar a síntese de uma substância orgânica. Mas, se você de fato entrasse em um laboratório para realizar uma síntese que esquematizou, como saberia que a substância obtida é a mesma que planejou preparar? Quando um cientista descobre uma nova substância com atividade fisiológica, sua estrutura deve ser determinada. Apenas depois que sua estrutura é conhecida, os métodos para sintetizar a substância podem ser esquematizados e os estudos para promover descobertas acerca de seu comportamento biológico podem ser realizados. Objetivamente, os cientistas devem ser capazes de determinar as estruturas das substâncias.

Nos capítulos 13 e 14, você aprenderá três técnicas instrumentais que os químicos utilizam para identificar substâncias.

A **espectrometria de massas** é usada para determinar a massa molecular e a fórmula molecular de uma substância orgânica e para identificar certas características estruturais da substância.

A **espectroscopia no infravermelho (IV)** é usada para determinar os tipos de grupamentos funcionais presentes em uma substância orgânica.

A **espectroscopia de ressonância magnética nuclear (RMN)** ajuda a identificar o esqueleto carbono–hidrogênio de uma substância orgânica.

Capítulo 13
Espectrometria de massas e espectroscopia no infravermelho

Capítulo 14
Espectroscopia de RMN

13 | Espectrometria de massas e espectroscopia no infravermelho

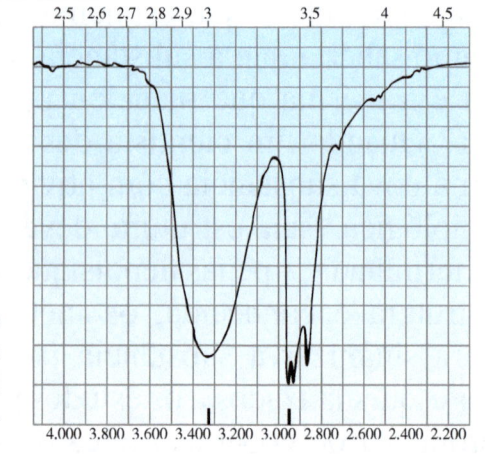

Para os químicos, é essencial que possam determinar as estruturas das substâncias com as quais trabalham. Por exemplo, você aprendeu que um aldeído é formado quando um alcino terminal sofre uma hidroboração–oxidação (Seção 6.7). Porém, como foi determinado que o produto de reação era de fato um aldeído?

Os cientistas investigam o mundo buscando novas substâncias com atividade fisiológica. Se uma substância promissora é encontrada, sua estrutura precisa ser determinada. Sem conhecer sua estrutura, os químicos não podem esquematizar caminhos para sintetizá-la, muito menos desenvolver estudos que promovam descobertas sobre o seu comportamento biológico.

Antes que a estrutura de uma substância possa ser determinada, a substância deve ser isolada. Por exemplo, se o produto de uma reação realizada em laboratório precisa ser identificado, ele deve primeiro ficar livre do solvente e de quaisquer materiais de partida que não tenham reagido, assim como de quaisquer produtos secundários que tenham se formado. Uma substância encontrada na natureza deve ser isolada do organismo que a produziu.

O isolamento de produtos e a determinação de suas estruturas costumavam ser tarefas desanimadoras. As únicas ferramentas que os químicos possuíam para isolar produtos eram a destilação (para líquidos) e a sublimação ou recristalização fracionada (para sólidos). Atualmente, uma variedade de técnicas cromatográficas permite que as substâncias sejam isoladas de maneira relativamente fácil. Você aprenderá sobre essas técnicas se fizer um curso de química orgânica experimental.

Antigamente, a identificação de uma substância dependia da determinação de sua fórmula molecular por intermédio da análise elementar, da determinação das propriedades físicas da substância (seu ponto de fusão, ponto de ebulição, entre outros) e de testes químicos simples que indicavam a presença (ou ausência) de certos grupos funcionais. Por exemplo, quando um aldeído é adicionado em um tubo que contém uma solução de óxido de prata em amônia, um espelho de prata é formado dentro do tubo. Apenas os aldeídos fazem isso. Se o espelho se formar, pode-se concluir que a substância desconhecida é um aldeído; se o espelho não se formar, é porque a substância não é um aldeído. Outro exemplo de um teste simples é o teste de Lucas, que faz a distinção entre alcoóis primários, secundários e terciários por meio da velocidade com que a solução-teste torna-se turva após a adição do reagente de Lucas (Seção 12.1). Esses procedimentos não eram suficientes para caracterizar moléculas com estruturas complexas e, em virtude da grande quantidade de amostra necessária para realizar todos os testes, eles eram impraticáveis na análise de substâncias de difícil obtenção.

Atualmente, uma série de diferentes técnicas instrumentais é utilizada para identificar substâncias orgânicas. Essas técnicas podem ser realizadas rapidamente com pequenas quantidades de substância e podem fornecer muito mais informações sobre a estrutura da substância do que os testes químicos simples. Uma dessas técnicas já havia sido discutida: a espectroscopia no ultravioleta/visível (UV/Vis), que fornece informações sobre substâncias orgânicas com ligações duplas conjugadas. Neste capítulo, veremos mais duas técnicas instrumentais: a espectrometria de massas e a espectroscopia no infravermelho (IV). A **espectrometria de massas** nos permite determinar a *massa molecular* e a *fórmula molecular* de uma substância, além de certas características estruturais. A **espectroscopia no infravermelho** nos permite determinar os *tipos de grupamentos funcionais* que uma substância possui. No capítulo

CAPÍTULO 13 Espectrometria de massas e espectroscopia no infravermelho

seguinte, veremos a espectroscopia de ressonância magnética nuclear (RMN), a qual fornece informações sobre o esqueleto carbono–hidrogênio da substância. Dessas técnicas instrumentais, a espectrometria de massas é a única que não envolve radiação eletromagnética. Logo, ela é chamada de *espectrometria*, enquanto as outras são chamadas de *espectroscopia*.

Vamos nos referir a diferentes classes de substâncias orgânicas ao discutir as várias técnicas instrumentais; essas classes estão listadas na Tabela 13.1. (Também estão listadas no Índice remissivo do livro.)

Tabela 13.1 Classes de substâncias orgânicas

Classe	Fórmula		Classe	Fórmula
Alcano	—C—	contém apenas ligações C—C e C—H	Aldeído	RCH (com =O)
Alceno	C=C		Cetona	RCR (com =O)
Alcino	—C≡C—		Ácido carboxílico	RCOH (com =O)
Nitrilo	—C≡N		Éster	RCOR (com =O)
Haleto de alquila	RX	X = F, Cl, Br ou I	Amidas	RCNH₂, RCNHR, RCNR₂ (com =O)
Éter	ROR			
Álcool	ROH			
Fenol	ArOH	Ar 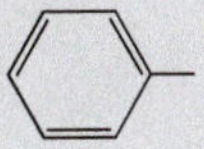 = fenil	Amina (primária)	RNH_2
			Amina (secundária)	R_2NH
Anilina	$ArNH_2$		Amina (terciária)	R_3N

13.1 Espectrometria de massas

Há algum tempo, a massa molecular de uma substância era determinada pela densidade de seu vapor ou pela depressão de seu ponto de fusão, e as fórmulas moleculares eram determinadas por análise elementar, uma técnica que determinava as proporções relativas dos elementos presentes na substância. Essas eram técnicas demoradas e tediosas que necessitavam de grandes quantidades de uma amostra muito pura. Hoje, as massas moleculares e as fórmulas moleculares podem ser rapidamente determinadas pela espectrometria de massas de uma pequena quantidade de amostra.

Na espectrometria de massas, uma pequena amostra de substância é introduzida em um instrumento chamado espectrômetro de massas, onde é volatilizada e depois ionizada como resultado da remoção de um elétron de cada molécula. A ionização pode ser realizada de várias maneiras. O método mais comum bombardeia as moléculas volatilizadas com um feixe de elétrons de alta energia. A energia do feixe de elétrons pode variar, porém um feixe de aproximadamente 70 elétron-volts (eV) é o mais comumente utilizado. Quando um feixe de elétrons atinge uma molécula, ele retira um elétron, produzindo um **íon molecular**, que é um **cátion radical** — uma espécie com um elétron desemparelhado e carga positiva.

482 QUÍMICA ORGÂNICA

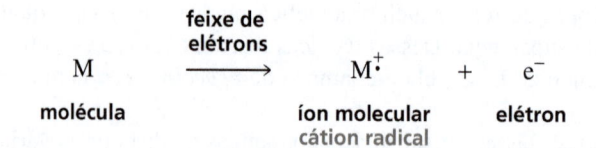

$$M \xrightarrow{\text{feixe de elétrons}} M^{+\cdot} + e^-$$

molécula → íon molecular (cátion radical) + elétron

A perda de um elétron da molécula enfraquece as ligações moleculares. Portanto, muitos dos íons moleculares se fragmentam em cátions, radicais, moléculas neutras e outros radicais catiônicos. Não é de surpreender que as ligações com maior probabilidade de ruptura sejam as mais fracas e que resultem na formação de produtos mais estáveis. Todos os *fragmentos carregados positivamente* da molécula passam entre duas placas carregadas negativamente, as quais aceleram os fragmentos dentro de um tubo analisador (Figura 13.1).

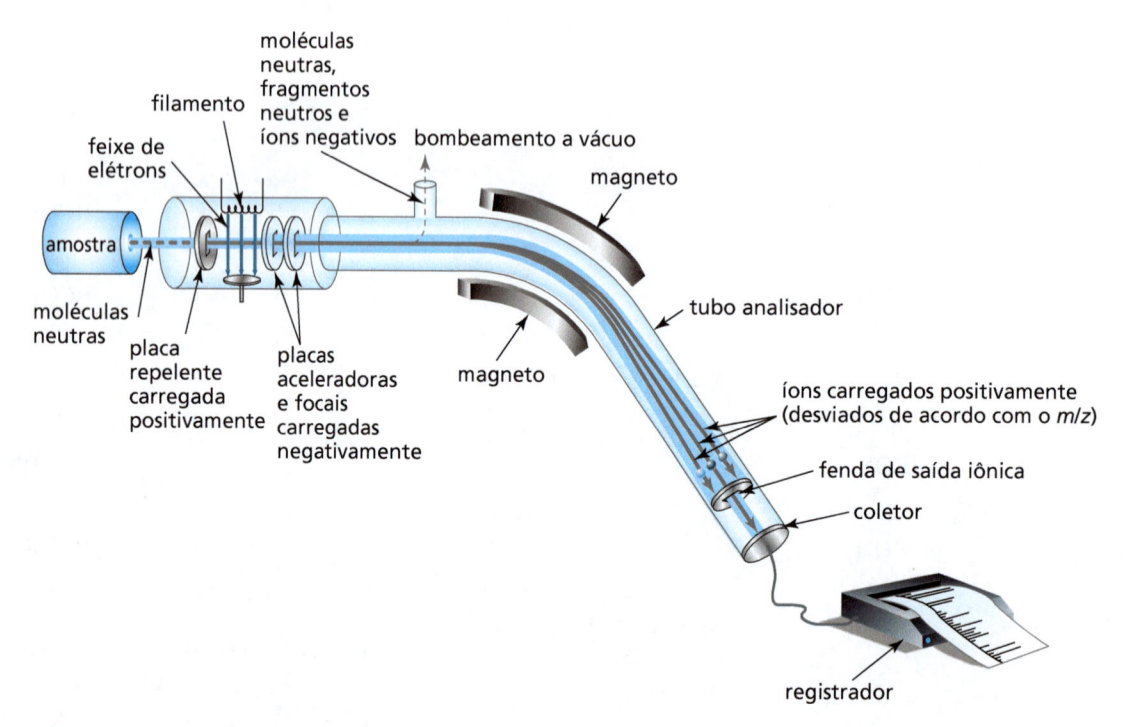

▲ **Figura 13.1**
Esquema de um espectrômetro de massas. Um feixe de elétrons de alta energia faz as moléculas se ionizarem e se fragmentarem. Os fragmentos carregados positivamente passam através do tubo analisador. A mudança na força do campo magnético promove a separação de fragmentos com razões massa–carga variadas.

Os fragmentos neutros não são atraídos pelas placas carregadas negativamente e, portanto, não são acelerados. Eles são eventualmente bombeados para fora do espectrômetro.

O tubo analisador é revestido por um magneto cujo campo magnético desvia os fragmentos carregados positivamente por um caminho curvado. Com certa força do campo magnético, o grau para o qual o caminho é curvado depende da razão massa–carga (m/z) do fragmento: o caminho de um fragmento com um valor menor de m/z se curvará mais do que o de um fragmento mais pesado. Desse modo, as partículas com os mesmos valores de m/z podem ser separadas de todas as outras. Se os caminhos dos fragmentos se encaixam na curvatura do tubo analisador, o fragmento passará através do tubo na direção da fenda de saída iônica. Um coletor registra o número relativo de fragmentos, com um m/z em particular, que passam através da fenda. Quanto mais estável for o fragmento, maior a probabilidade de ele ser registrado pelo coletor. A força do campo magnético é aumentada gradualmente; logo, os fragmentos com valores progressivamente maiores de m/z são guiados pelo tubo na direção da fenda de saída.

Um espectro de massas registra apenas fragmentos carregados positivamente.

O espectrômetro de massas registra o **espectro de massas** — um gráfico da abundância relativa de cada fragmento plotado contra o seu valor de m/z. Como a carga (z), em todos os fragmentos que atingem a placa coletora, é +1, o m/z representa a massa molecular (m) do fragmento. *Lembre-se de que apenas as espécies carregadas positivamente atingem o coletor.*

CAPÍTULO 13 Espectrometria de massas e espectroscopia no infravermelho **483**

13.2 O espectro de massas • Fragmentação

O espectro de massas do pentano está apresentado na Figura 13.2. Cada valor de *m/z* é a **massa molecular nominal** do fragmento — a massa molecular relativa ao número inteiro mais próximo. O ^{12}C é definido por possuir uma massa de 12.000 unidades de massa atômica (uma) e as massas de outros átomos são baseadas neste padrão. Por exemplo, um próton possui uma massa de 1,007825 uma. O pentano, portanto, possui uma *massa molecular* de 72.0939 e uma *massa molecular nominal* de 72.

O pico de maior valor de *m/z* no espectro — nesse caso, à *m/z* = 72 — é relativo ao fragmento que resulta da retirada de um elétron de uma molécula da amostra injetada — nesse caso, uma molécula de pentano. Em outras palavras, o pico com o maior valor de *m/z* representa o íon molecular (M) do pentano. (O minúsculo pico à m/z = 73 será explicado mais tarde.) Uma vez que não se sabe qual ligação perde o elétron, o íon molecular é colocado entre chaves e a carga positiva e o elétron desemparelhado são assinalados para toda a estrutura. *O valor de* m/z *do íon molecular fornece a massa molecular da substância.* Os picos com valores menores de m/z — chamados **picos de fragmento iônico** — representam os fragmentos carregados positivamente da molécula.

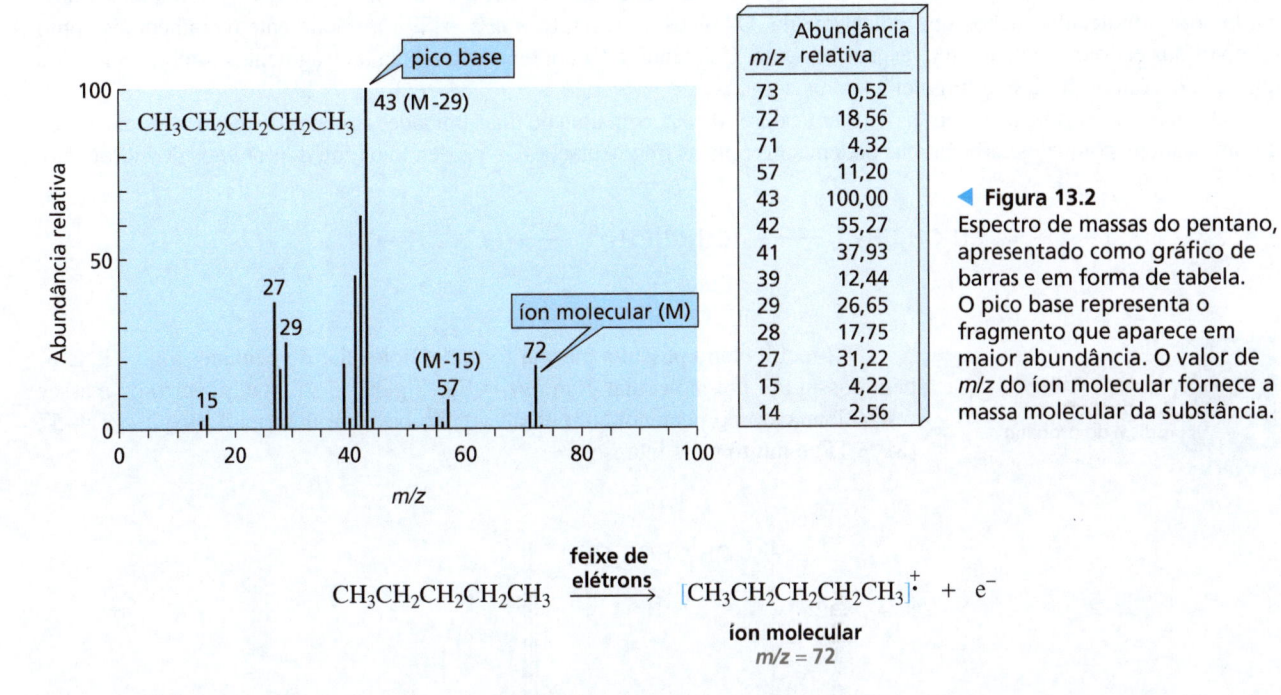

m/z	Abundância relativa
73	0,52
72	18,56
71	4,32
57	11,20
43	100,00
42	55,27
41	37,93
39	12,44
29	26,65
28	17,75
27	31,22
15	4,22
14	2,56

◀ **Figura 13.2**
Espectro de massas do pentano, apresentado como gráfico de barras e em forma de tabela. O pico base representa o fragmento que aparece em maior abundância. O valor de *m/z* do íon molecular fornece a massa molecular da substância.

$$CH_3CH_2CH_2CH_2CH_3 \xrightarrow{\text{feixe de elétrons}} [CH_3CH_2CH_2CH_2CH_3]^{+\cdot} + e^-$$
íon molecular
m/z = 72

O **pico base** é o pico de maior intensidade devido à sua maior abundância relativa. O pico base é assinalado com intensidade relativa de 100%, e a intensidade relativa de cada um dos outros picos é descrita como uma porcentagem do pico base. Os espectros de massas podem ser apresentados tanto como gráficos de barras quanto em forma de tabela.

Um espectro de massas nos dá informações estruturais sobre a substância porque *os valores de* m/z *e as abundâncias relativas dos fragmentos dependem da força das ligações do íon molecular e da estabilidade dos fragmentos.* Ligações fracas se rompem preferencialmente em relação às ligações fortes, e ligações que se rompem para formar fragmentos mais estáveis se rompem preferencialmente àquelas que formam fragmentos menos estáveis.

> O modo como o íon molecular se fragmenta depende da força de suas ligações e da estabilidade dos fragmentos.

Por exemplo, as ligações C—C do íon molecular formado a partir do pentano possuem a mesma força. No entanto, a ligação C-2—C-3 é mais propensa a se romper do que a ligação C-1—C-2 porque a fragmentação de C-2—C-3 leva a um carbocátion *primário* e a um radical *primário* que, juntos, são mais estáveis do que o carbocátion *primário* e o radical *metila* (ou o radical *primário* e o cátion *metila*) obtidos a partir da fragmentação de C-1—C-2. A fragmentação de C-2—C-3 forma íons com *m/z* = 43 ou 29, e a fragmentação de C-1—C-2 forma íons com *m/z* = 57 ou 15. O pico base de 43 no espectro de massas do pentano indica a preferência pela fragmentação de C—2—C—3. (Veja as seções 7.7 e 7.8 para revisar as estabilidades relativas de carbocátions e radicais.)

484 QUÍMICA ORGÂNICA

$$[\overset{1}{CH_3}\overset{2}{CH_2}\overset{3}{CH_2}\overset{4}{CH_2}\overset{5}{CH_3}]^{+\cdot}$$
íon molecular
m/z = 72

$$\longrightarrow CH_3\overset{\cdot}{C}H_2 + \overset{+}{C}H_2CH_2CH_3$$
m/z = 43

$$\longrightarrow CH_3\overset{+}{C}H_2 + \overset{\cdot}{C}H_2CH_2CH_3$$
m/z = 29

$$\longrightarrow \overset{\cdot}{C}H_3 + \overset{+}{C}H_2CH_2CH_2CH_3$$
m/z = 57

$$\longrightarrow \overset{+}{C}H_3 + \overset{\cdot}{C}H_2CH_2CH_2CH_3$$
m/z = 15

Um método normalmente empregado para identificar fragmentos iônicos é a determinação da diferença entre o valor de *m/z* de um fragmento iônico e o valor de *m/z* do íon molecular. Por exemplo, o íon com *m/z* = 43 no espectro de massas do pentano é 29 unidades menor que o íon molecular (M − 29 = 43). Um radical etila (CH$_3$CH$_2$) possui uma massa molecular de 29 (porque os números de massa de C e de H são 12 e 1, respectivamente); logo, o pico em 43 pode ser atribuído ao íon molecular menos um radical etila. De modo semelhante, o pico à *m/z* = 57 (M − 15) pode ser atribuído ao íon molecular menos um radical metila. Os picos à *m/z* = 15 e *m/z* = 29 são facilmente reconhecidos como relativos aos cátions metila e etila, respectivamente. O Apêndice VI contém uma tabela de fragmentos iônicos comuns e uma tabela com as perdas de fragmentos mais comuns.

Os picos são normalmente observados em valores de *m/z* com uma ou duas unidades a menos do que os valores de *m/z* de carbocátions porque os carbocátions podem sofrer novas fragmentações — perdendo um ou dois átomos de hidrogênio.

$$CH_3CH_2\overset{+}{C}H_2 \xrightarrow{-H\cdot} [CH_3CHCH_2]^{+\cdot} \xrightarrow{-H\cdot} \overset{+}{C}H_2CH=CH_2$$
m/z = 43   m/z = 42   m/z = 41

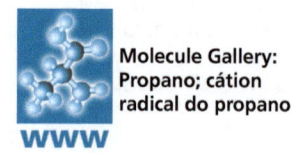

Molecule Gallery:
Propano; cátion
radical do propano
www

O 2-metilbutano possui a mesma fórmula molecular do pentano, logo, ele também possui um íon molecular com *m/z* = 72 (Figura 13.3). Seu espectro de massas é semelhante ao do pentano, com uma exceção bastante notória: o pico à *m/z* = 57 (M − 15) é muito mais intenso.

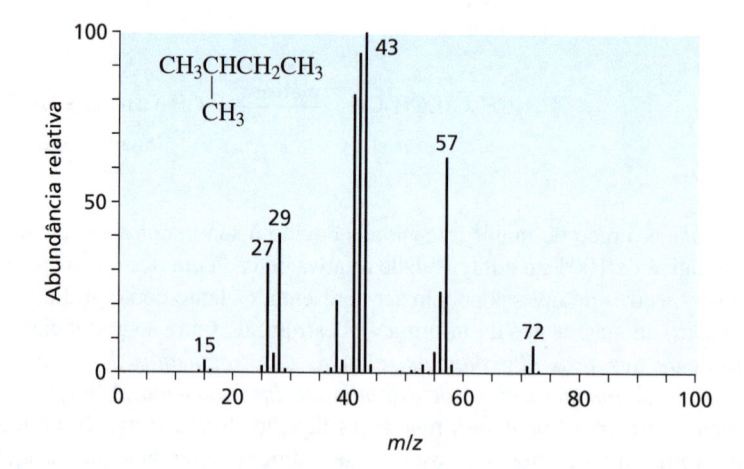

Figura 13.3 ▶
Espectro de massas do 2-metilbutano.

O 2-metilbutano é mais propenso a perder um radical metila do que o pentano, porque, quando isso acontece, um carbocátion *secundário* é formado. Por outro lado, quando o pentano perde um radical metila, um carbocátion *primário* menos estável é formado.

$$[CH_3\underset{\underset{CH_3}{|}}{C}HCH_2CH_3]^{+\cdot} \longrightarrow CH_3\overset{+}{C}HCH_2CH_3 + \overset{\cdot}{C}H_3$$
íon molecular   m/z = 57
m/z = 72

CAPÍTULO 13   Espectrometria de massas e espectroscopia no infravermelho   **485**

PROBLEMA 1

Como seria possível distinguir o espectro de massas do 2,2-dimetilpropano do espectro de massas do pentano e do 2-metilbutano?

PROBLEMA 2♦

Qual valor de *m/z* é o mais provável para o pico base no espectro de massas do 3-metilpentano?

PROBLEMA 3   RESOLVIDO

Os espectros de massas de dois cicloalcanos muito estáveis mostram um pico de íon molecular à *m/z* = 98. Um dos espectros apresenta um pico base à *m/z* = 69, e o outro apresenta um pico base à *m/z* = 83. Identifique os cicloalcanos.

RESOLUÇÃO   A fórmula molecular para um cicloalcano é C_nH_{2n}. Como a massa molecular de ambos os cicloalcanos é 98, suas fórmulas moleculares devem ser C_7H_{14} (7 × 12 = 84 + 14 = 98). Um pico base de 69 significa a perda de um substituinte etila (98 − 69 = 29), enquanto um pico base de 83 significa a perda de um substituinte metila (98 − 83 = 15). Sabendo que os cicloalcanos são muito estáveis, podemos descartar os cicloalcanos com três ou quatro membros no anel. Um cicloalcano de sete carbonos com um pico base representando a perda de um substituinte etila é, provavelmente, o etilciclopentano. Um cicloalcano de sete carbonos com um pico base representando a perda de um substituinte metila é, provavelmente, o metilciclo-hexano.

etilciclopentano $\xrightarrow{\text{feixe de elétrons}}$ [ciclopentila]$^+$ + $CH_3\dot{C}H_2$
m/z = 69

metilciclo-hexano $\xrightarrow{\text{feixe de elétrons}}$ [ciclo-hexila]$^+$ + $\dot{C}H_3$
m/z = 83

PROBLEMA 4

A "regra do nitrogênio" estabelece que se uma substância possui uma massa molecular ímpar, a substância contém um número ímpar de átomos de nitrogênio.

a. Calcule o valor de *m/z* para o íon molecular das seguintes substâncias:

1. $CH_3CH_2CH_2CH_2NH_2$ 2. $H_2NCH_2CH_2CH_2NH_2$

b. Explique por que a regra do nitrogênio se aplica.

c. Estabeleça a regra em termos de íon molecular de mesma massa.

13.3   Isótopos na espectrometria de massas

Embora o íon molecular do pentano e do 2-metilbutano apresentem o mesmo valor *m/z* de 72, cada espectro apresenta um pico muito pequeno com *m/z* = 73 (figuras 13.2 e 13.3). Esse pico é chamado de pico M + 1 porque o íon responsável por ele é uma unidade mais pesada do que o íon molecular. O pico M + 1 deve sua presença ao fato de que existem dois isótopos do carbono de ocorrência natural: 98,89% do carbono natural é ^{12}C e 1,11% é ^{13}C (Seção 1.1). Logo, 1,11% dos íons moleculares contém o ^{13}C em vez de o ^{12}C; portanto, aparecem em M + 1.

Os picos que são atribuídos aos isótopos podem ajudar a identificar a substância responsável por um espectro de massas. Por exemplo, se uma substância contém cinco átomos de carbono, a intensidade relativa do íon M + 1 deve ser 5(1,1%) = 5(0,011), multiplicado pela intensidade relativa do íon molecular. Isso significa que o número de átomos de carbono em uma substância pode ser calculado se as intensidades relativas dos picos M e M + 1 forem conhecidas.

$$\text{número de átomos de carbono} = \frac{\text{intensidade relativa do pico M + 1}}{0{,}011 \times (\text{intensidade relativa do pico M})}$$

486 | QUÍMICA ORGÂNICA

As distribuições isotópicas de alguns elementos normalmente encontrados em substâncias orgânicas estão apresentadas na Tabela 13.2. A partir das distribuições isotópicas, vemos por que o pico M + 1 pode ser usado para determinar o número de átomos de carbono em uma substância: isso se deve às contribuições dos isótopos de H e O para o pico M + 1, sendo as contribuições dos halogênios muito pequenas ou inexistentes. Essa fórmula não funciona muito bem na previsão do número de átomos de carbono em uma substância que contém nitrogênio porque a abundância natural do ^{15}N é relativamente alta.

Tabela 13.2 Abundância natural de isótopos normalmente encontrados em substâncias orgânicas				
Elemento	**Abundância natural**			
Carbono	^{12}C 98,89%	^{13}C 1,11%		
Hidrogênio	^{1}H 99,99%	^{2}H 0,01%		
Nitrogênio	^{14}N 99,64%	^{15}N 0,36%		
Oxigênio	^{16}O 99,76%	^{17}O 0,04%	^{18}O 0,20%	
Enxofre	^{32}S 95,0%	^{33}S 0,76%	^{34}S 4,22%	^{36}S 0,02%
Flúor	^{19}F 100%			
Cloro	^{35}Cl 75,77%		^{37}Cl 24,23%	
Bromo	^{79}Br 50,69%		^{81}Br 49,31%	
Iodo	^{127}I 100%			

Os espectros de massas podem apresentar picos M + 2 como resultado de uma contribuição do ^{18}O ou da presença de dois isótopos pesados na mesma molécula (^{13}C e ^{2}H, ou dois ^{13}C). Na maior parte do tempo, o pico M + 2 é muito pequeno. A presença de um pico M + 2 grande é uma evidência de que a substância contém cloro ou bromo, porque cada um desses elementos possui alta porcentagem de um isótopo de ocorrência natural duas unidades mais pesado do que o isótopo mais abundante. A partir da abundância natural dos isótopos cloro e bromo na Tabela 13.2, pode-se concluir que, se o pico M + 2 for um terço da altura do pico do íon molecular, então a substância contém um átomo de cloro porque a abundância natural do ^{37}Cl é um terço da abundância do ^{35}Cl. Se os picos M e M + 2 são aproximadamente da mesma altura, logo a substância contém um átomo de bromo porque as abundâncias naturais do ^{79}Br e do ^{81}Br são aproximadamente as mesmas.

Ao calcular as massas moleculares de íons moleculares e fragmentos, a *massa atômica* de um único isótopo do átomo deve ser usada (Cl = 35 ou 37 etc.); as *massas atômicas* na Tabela Periódica (Cl = 35,453) não podem ser usadas porque são *massas médias* de todos os isótopos de ocorrência natural de um elemento, e a espectrometria de massas mede o valor de m/z de um fragmento *individual*.

PROBLEMA 5◆

O espectro de massas de uma substância desconhecida possui um pico de íon molecular com uma intensidade relativa de 43,27% e um pico M + 1 com intensidade relativa de 3,81%. Quantos átomos de carbono estão presentes na substância?

CAPÍTULO 13 Espectrometria de massas e espectroscopia no infravermelho **487**

13.4 Determinação de fórmulas moleculares: espectrometria de massas de alta resolução

Todos os espectros de massas apresentados neste livro foram determinados por meio de um espectrômetro de massas de baixa resolução. Esses espectrômetros fornecem a *massa molecular nominal* de um fragmento — a massa mais próxima de um número inteiro. Espectrômetros de massas de alta resolução podem determinar a *massa molecular exata* de um fragmento com uma precisão de 0,0001 uma. Se soubermos a massa molecular exata do íon molecular, poderemos determinar a fórmula molecular da substância. De acordo com a lista a seguir, por exemplo, muitas substâncias possuem uma massa molecular nominal de 122 uma, mas cada uma delas possui massas moleculares exatas diferentes.

Algumas substâncias com massa molecular nominal de 122 uma e suas massas moleculares exatas

Fórmula molecular	C_9H_{14}	$C_7H_{10}N_2$	$C_8H_{10}O$	$C_7H_6O_2$	$C_4H_{10}O_4$	$C_4H_{10}S_2$
Massa molecular exata (uma)	122,1096	122,0845	122,0732	122,0368	122,0579	122,0225

As massas moleculares exatas de alguns isótopos comuns estão listadas na Tabela 13.3. Alguns programas de computador podem determinar a fórmula molecular de uma substância a partir da massa molecular exata da substância.

Tabela 13.3   Massas exatas de alguns isótopos comuns

Isótopo	Massa		Isótopo	Massa
^1H	1,007825 uma		^{32}S	31,9721 uma
^{12}C	13,00000 uma		^{35}Cl	34,9689 uma
^{14}N	14,0031 uma		^{79}Br	78,9183 uma
^{16}O	15,9949 uma			

PROBLEMA 6♦

Qual das fórmulas moleculares possui uma massa molecular exata de 86,1096 uma: C_6H_{14}, $C_4H_{10}N_2$ ou $C_4H_6O_2$?

13.5 Fragmentação em grupos funcionais

Os padrões de fragmentação característicos estão associados a grupos funcionais específicos; esses padrões podem auxiliar na identificação de uma substância por meio de seu espectro de massas. Os padrões foram reconhecidos depois que os espectros de massas de muitas substâncias que contêm um grupo funcional particular foram estudados. Veremos, como exemplos, os padrões de fragmentação de haletos de alquila, éteres, alcoóis e cetonas.

Haletos de alquila

Veremos, inicialmente, o espectro de massas do 1-bromopropano, apresentado na Figura 13.4. As alturas relativas dos picos M e M + 2 são quase iguais; logo, podemos concluir que a substância contém um átomo de bromo. O bombardeio eletrônico é mais propenso a deslocar um par de elétrons isolado se a molécula possuir algum, porque uma molécula não prende seus pares de elétrons isolados tão firmemente quanto prende os seus elétrons ligados. Assim, o bombardeio eletrônico desloca um dos pares de elétrons isolados do bromo.

Tutorial Gallery:
Fragmentação de haletos de alquila
www

$CH_3CH_2CH_2{-}^{79}\ddot{B}r\!:\ +\ CH_3CH_2CH_2{-}^{81}\ddot{B}r\!:\ \xrightarrow{-e^-}\ CH_3CH_2CH_2{-}^{79}\overset{+}{\ddot{B}}r\!:\ +\ CH_3CH_2CH_2{-}^{81}\overset{+}{\ddot{B}}r\!:\ \longrightarrow\ CH_3CH_2\overset{+}{C}H_2\ +\ {}^{79}\!\!:\!\!\ddot{B}r\!:\ +\ {}^{81}\!\!:\!\!\ddot{B}r\!:$

1-bromopropano $m/z = 122$ $m/z = 124$ $m/z = 43$

Figura 13.4 ▶
Espectro de massas do 1-bromopropano.

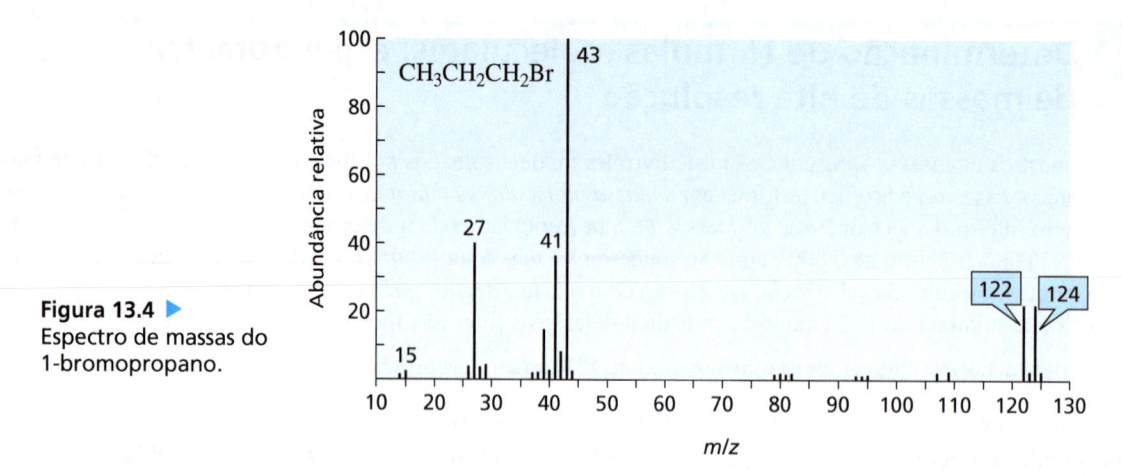

A ligação mais fraca no íon molecular resultante é a ligação C—Br (a energia de dissociação da ligação C—Br é de 69 kcal/mol; a energia de dissociação da ligação C—C é de 85 kcal/mol; veja a Tabela 3.1). A ligação se rompe de forma heterolítica, com ambos os elétrons migrando para o átomo mais eletronegativo dos átomos unidos pela ligação, formando o cátion propila e um átomo de bromo. Como resultado, o pico base no espectro de massas do 1-bromopropano está à $m/z = 43$ [M − 79, ou (M + 2) − 81]. O cátion propila possui o mesmo padrão de fragmentação apresentado quando foi formado pela clivagem do pentano (Figura 13.2).

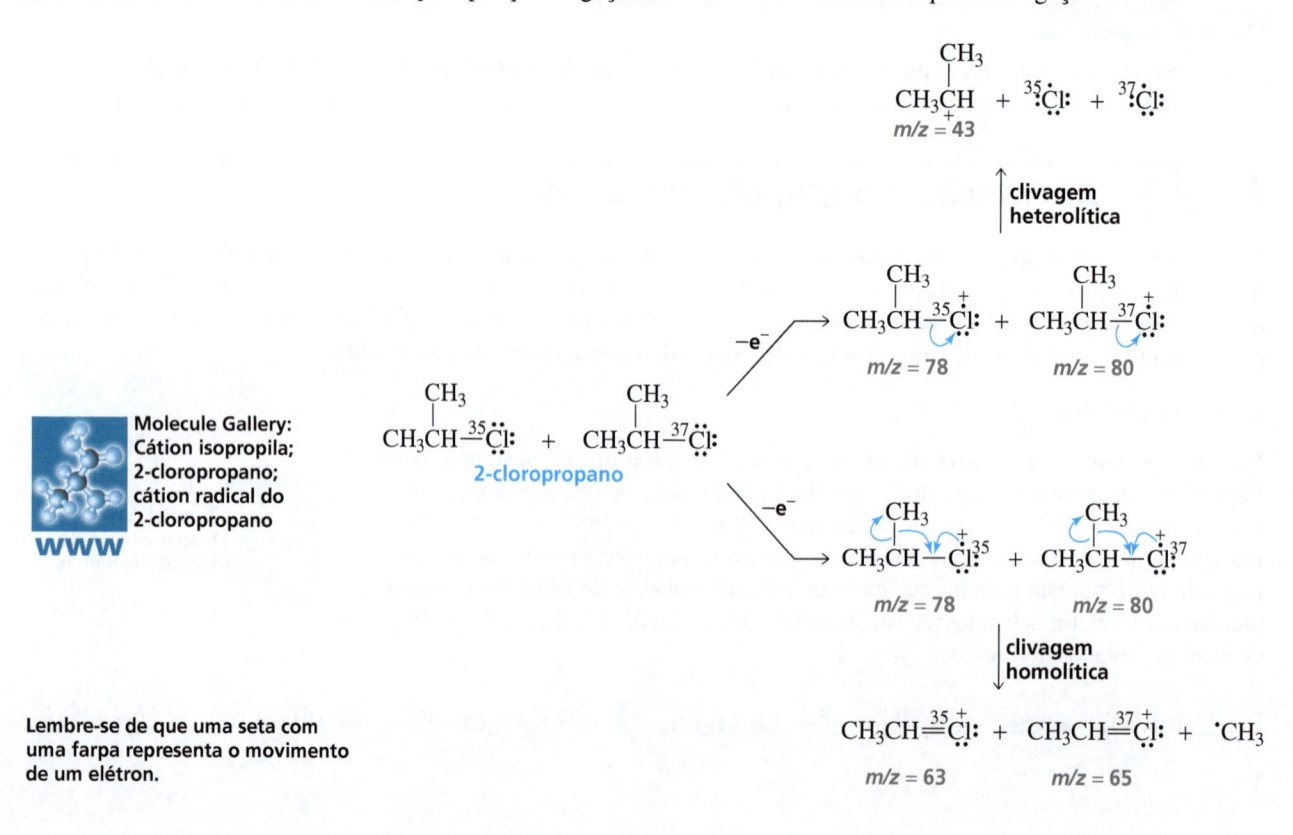

O espectro de massas do 2-cloropropano está apresentado na Figura 13.5. Sabemos que a substância possui um átomo de cloro porque o pico M + 2 é um terço da altura do pico do íon molecular. O pico base à $m/z = 43$ resulta da *clivagem heterolítica* da ligação C—Cl. Os picos à $m/z = 63$ e à $m/z = 65$ possuem uma razão 3:1, indicando que esses fragmentos possuem um átomo de cloro. Eles resultam da *clivagem homolítica* de uma ligação C—C no carbono α (o carbono ligado ao cloro). Essa clivagem, conhecida como **clivagem α**, ocorre porque as ligações C—Cl (82 kcal/mol) e C—C (85 kcal/mol) possuem forças similares, e a espécie que é formada é um cátion relativamente estável, uma vez que sua carga positiva é compartilhada por dois átomos: $CH_3{}^+CH—\ddot{C}l:$ ⟷ $CH_3CH=\ddot{C}l:{}^+$. Observe que a clivagem α não ocorre em brometos de alquila porque a ligação C—C é muito mais fraca que uma ligação C—Br.

Molecule Gallery:
Cátion isopropila;
2-cloropropano;
cátion radical do
2-cloropropano
www

Lembre-se de que uma seta com uma farpa representa o movimento de um elétron.

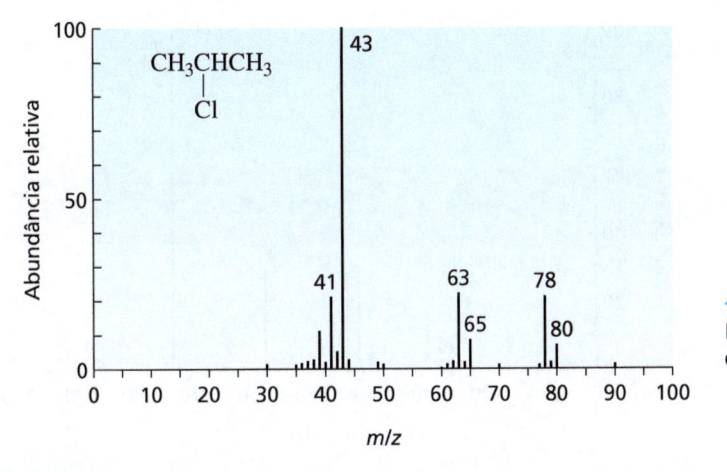

CAPÍTULO 13 Espectrometria de massas e espectroscopia no infravermelho   **489**

◀ **Figura 13.5**
Espectro de massas do 2-cloropropano.

PROBLEMA 7

Esquematize o espectro de massas do 1-cloropropano.

Éteres

O espectro de massas do éter *sec*-butilisopropílico está apresentado na Figura 13.6. O padrão de fragmentação de um éter é semelhante ao de um haleto de alquila.

1. O bombardeio eletrônico desloca um dos pares de elétrons isolados do oxigênio.
2. A fragmentação do íon molecular resultante ocorre por dois caminhos principais:
   a. Uma ligação C—O é clivada de maneira heterolítica, com os elétrons que migram para o átomo de oxigênio mais eletronegativo.

Tutorial Gallery:
Fragmentação de éteres
www

◀ **Figura 13.6**
Espectro de massas do éter *sec*-butilisopropílico

$$CH_3CH_2CH-\ddot{O}-CHCH_3 \xrightarrow{-e^-} CH_3CH_2CH-\overset{+}{\underset{..}{O}}-CHCH_3$$

éter *sec*-butilisopropílico $m/z = 116$

$$\longrightarrow \underset{m/z\,=\,57}{CH_3CH_2\overset{+}{C}H} + \overset{..}{\underset{..}{:O}}-CHCH_3$$

$$\longrightarrow CH_3CH_2CH-\overset{..}{\underset{..}{O}}: + \underset{m/z\,=\,43}{\overset{+}{C}HCH_3}$$

(com grupos CH₃ indicados nos carbonos)

490 QUÍMICA ORGÂNICA

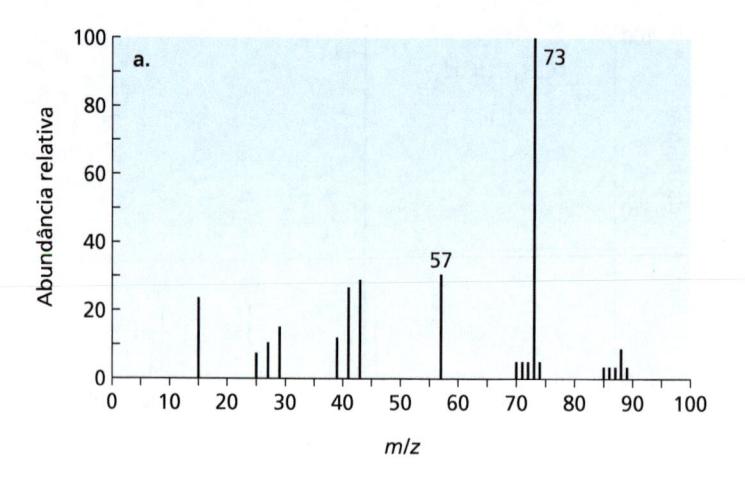

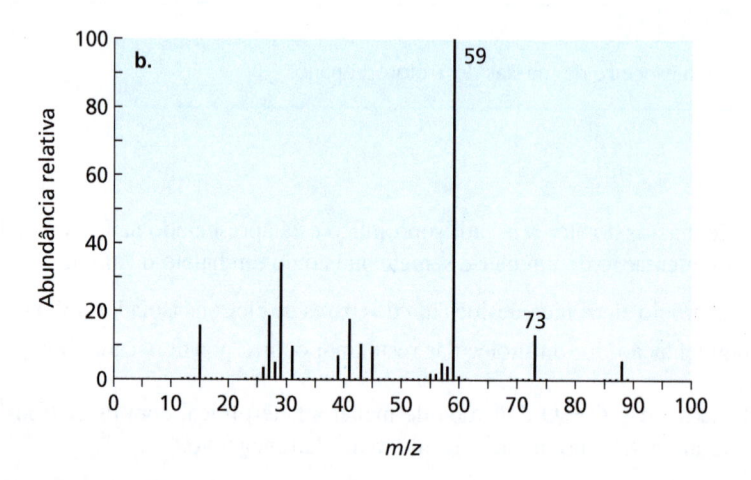

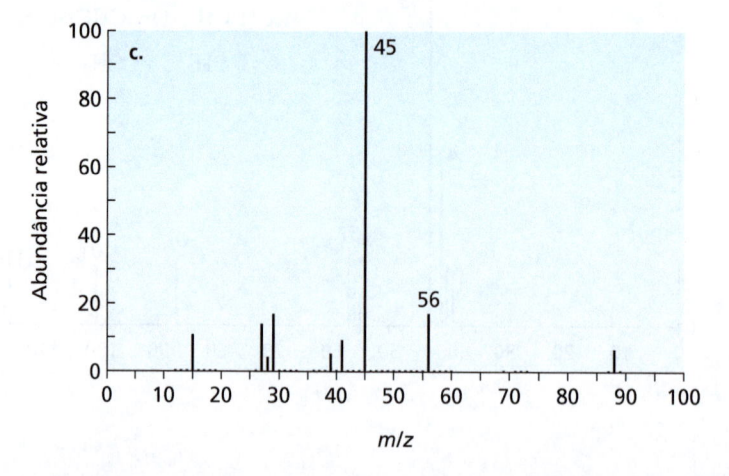

Figura 13.7
Espectros de massas para o Problema 8.

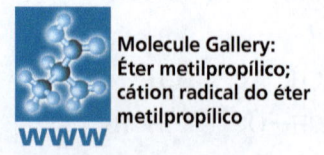

Molecule Gallery:
Éter metilpropílico; cátion radical do éter metilpropílico
www

b. Uma ligação C—C é clivada de *modo homolítico* na posição α porque isso leva a um cátion relativamente mais estável no qual a carga positiva é compartilhada por dois átomos (um carbono e um oxigênio). O grupo alquila que leva ao radical mais estável representa o que pode ser mais facilmente clivado. Assim, o pico à $m/z = 87$ é mais abundante do que o pico à $m/z = 101$, ainda que a substância possua três grupos metila ligados a carbonos α que podem ser clivados para produzir o pico à $m/z = 101$, porque o radical primário é mais estável do que o radical metila.

CAPÍTULO 13 Espectrometria de massas e espectroscopia no infravermelho **491**

$$CH_3CH_2-\overset{\overset{CH_3}{|}}{CH}-\overset{+}{\underset{\cdot\cdot}{O}}-\overset{\overset{CH_3}{|}}{CHCH_3} \xrightarrow{\text{clivagem }\alpha} \underset{m/z=87}{\overset{\overset{CH_3}{|}}{CH}=\overset{+}{\underset{\cdot\cdot}{O}}-\overset{\overset{CH_3}{|}}{CHCH_3}} + CH_3\dot{C}H_2$$

$$CH_3CH_2\overset{\overset{CH_3}{|}}{CH}-\overset{+}{\underset{\cdot\cdot}{O}}-\overset{\overset{CH_3}{|}}{CHCH_3} \xrightarrow{\text{clivagem }\alpha} \underset{m/z=101}{CH_3CH_2CH=\overset{+}{\underset{\cdot\cdot}{O}}-\overset{\overset{CH_3}{|}}{CHCH_3}} + \dot{C}H_3$$

$$CH_3CH_2\overset{\overset{CH_3}{|}}{CH}-\overset{+}{\underset{\cdot\cdot}{O}}-\overset{\overset{CH_3}{|}}{CHCH_3} \xrightarrow{\text{clivagem }\alpha} \underset{m/z=101}{CH_3CH_2\overset{\overset{CH_3}{|}}{CH}-\overset{+}{\underset{\cdot\cdot}{O}}=CHCH_3} + \dot{C}H_3$$

carbono α

PROBLEMA 8◆

Os espectros de massas do 1-metoxibutano, do 2-metoxibutano e do 2-metoxi-2-dimetilpropano estão apresentados na Figura 13.7. Correlacione as substâncias com os espectros

Alcoóis

Os íons moleculares obtidos a partir de alcoóis se fragmentam tão facilmente que poucos deles sobrevivem para atingir o coletor. Como resultado, os espectros de massas de alcoóis apresentam picos de íon molecular pequenos. Observe um pico de íon molecular pequeno à $m/z = 102$ no espectro de massas do 2-hexanol (Figura 13.8).

Como os haletos de alquila e os éteres, os alcoóis sofrem clivagem α. Conseqüentemente, o espectro de massas do 2-hexanol apresenta um pico base à $m/z = 45$ (clivagem α que leva a um radical butila mais estável) e um pequeno pico à $m/z = 87$ (clivagem α que leva a um radical metila menos estável).

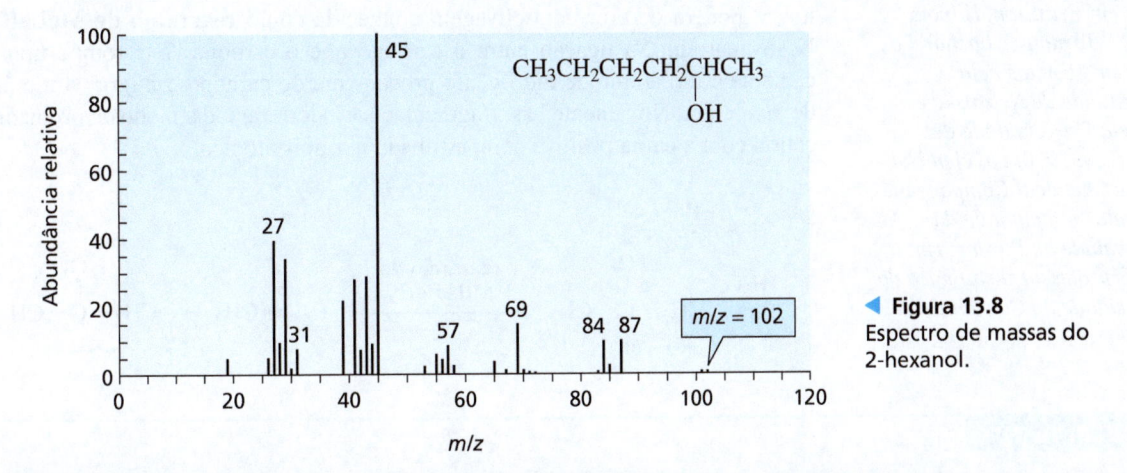

◀ **Figura 13.8**
Espectro de massas do 2-hexanol.

Em todos os fragmentos que já vimos, apenas uma ligação é rompida. Uma importante fragmentação ocorre nos alcoóis; no entanto, essa fragmentação envolve o rompimento de duas ligações. As duas ligações se rompem porque a fragmentação forma uma molécula de água estável. A água que é eliminada é proveniente do grupo OH do álcool e de um hidrogênio γ. Assim, os alcoóis apresentam um pico de fragmentação à $m/z = M - 18$ em virtude da perda de água.

Tutorial Gallery: Fragmentação de alcoóis

$$CH_3CH_2\overset{H}{\underset{\gamma\ \beta\ \alpha}{CHCH_2CHCH_3}}\overset{:\ddot{O}H}{\longrightarrow} CH_3CH_2\dot{C}HCH_2\overset{+}{C}HCH_3 + H_2O$$
$$m/z = (102 - 18) = 84$$

Observe que os haletos de alquila, os éteres e os alcoóis possuem o seguinte comportamento de fragmentação em comum:

1. A ligação entre o carbono e um átomo *mais eletronegativo* (um halogênio ou um oxigênio) se rompe de maneira heterolítica.
2. A ligação entre o carbono e um átomo de *eletronegatividade similar* (um carbono ou um hidrogênio) se rompe de modo homolítico.
3. As ligações com maior probabilidade de rompimento são as ligações mais fracas que levam à formação do cátion mais estável. (Procure pelas fragmentações que resultam em um cátion com a carga positiva compartilhada por dois átomos.)

PROBLEMA 9◆

Os alcoóis primários possuem um pico intenso com $m/z = 31$. Qual é o fragmento responsável por esse pico?

Molecule Gallery: 2-hexanona; cátion radical da 2-hexanona; cátion radical do enol da acetona

Cetonas

O espectro de massas de uma cetona geralmente possui um pico de íon molecular intenso. As cetonas se fragmentam de maneira homolítica na ligação C—C adjacente à ligação C=O, o que resulta na formação de um cátion com uma carga positiva compartilhada por dois átomos. O grupo alquila que leva ao radical mais estável é aquele que é clivado mais facilmente.

$$CH_3CH_2CH_2\overset{\overset{\ddot{O}:}{\|}}{C}CH_3 \xrightarrow{-e^-} CH_3CH_2CH_2\overset{\overset{\dot{\ddot{O}}:^+}{\|}}{C}CH_3$$
2-pentanona $m/z = 86$

$$\longrightarrow CH_3CH_2\dot{C}H_2 + CH_3C\overset{+}{\equiv}\ddot{O}:$$
$m/z = 43$

$$\longrightarrow CH_3CH_2CH_2C\overset{+}{\equiv}\ddot{O}: + \dot{C}H_3$$
$m/z = 71$

Fred Warren McLafferty *nasceu em Evanston, Illinois, em 1923. Tornou-se bacharel e mestre em ciências pela Universidade de Nebraska e PhD pela Universidade de Cornell, em 1950. Foi cientista da Dow Chemical Company até se vincular à faculdade da Universidade de Purdue, em 1964. É professor de química da Universidade de Cornell desde 1968.*

Se um dos grupos alquila ligados ao carbono da carbonila possui um hidrogênio γ, poderá ocorrer uma clivagem conhecida como **rearranjo de McLafferty**. Neste rearranjo, a ligação entre o carbono α e o carbono β se rompe homoliticamente e um átomo de hidrogênio proveniente do carbono γ migra para o átomo de oxigênio. Novamente, as fragmentações ocorreram de modo a produzir um cátion com a carga positiva compartilhada por dois átomos.

$$\underset{m/z = 86}{\overset{\gamma}{H_2C}\overset{H}{\underset{\beta}{\underset{H_2C}{\diagdown}}}\underset{\alpha}{CH_2}-\overset{\overset{\dot{\ddot{O}}:^+}{\|}}{C}-CH_3} \xrightarrow{\text{rearranjo de McLafferty}} H_2C=CH_2 + \cdot CH_2-\overset{\overset{H\diagdown \overset{+}{\ddot{O}}:}{\|}}{C}-CH_3$$
$m/z = 58$

PROBLEMA 10

Como os espectros de massas das seguintes substâncias poderiam distingui-las?

$$CH_3CH_2\overset{\overset{O}{\|}}{C}CH_2CH_3 \qquad CH_3\overset{\overset{O}{\|}}{C}CH_2CH_2CH_3 \qquad CH_3\overset{\overset{O}{\|}}{C}\underset{\underset{CH_3}{|}}{C}HCH_3$$

CAPÍTULO 13   Espectrometria de massas e espectroscopia no infravermelho   **493**

PROBLEMA 11◆

Identifique as cetonas responsáveis pelos espectros de massas apresentados na Figura 13.9.

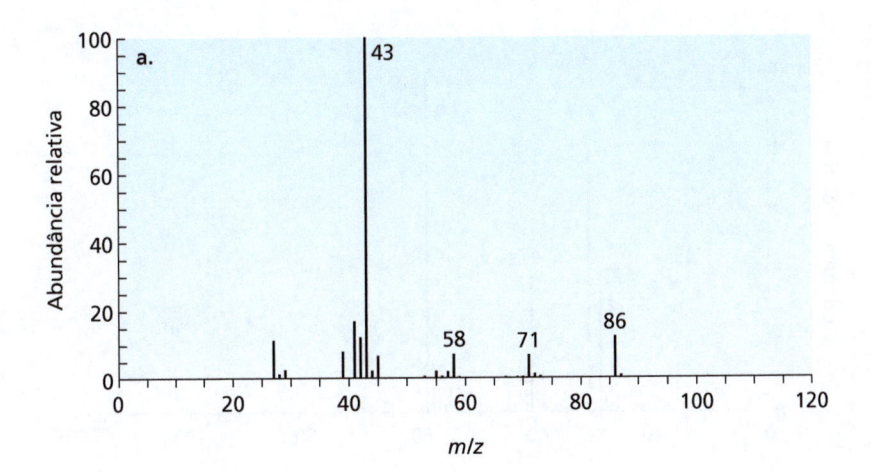

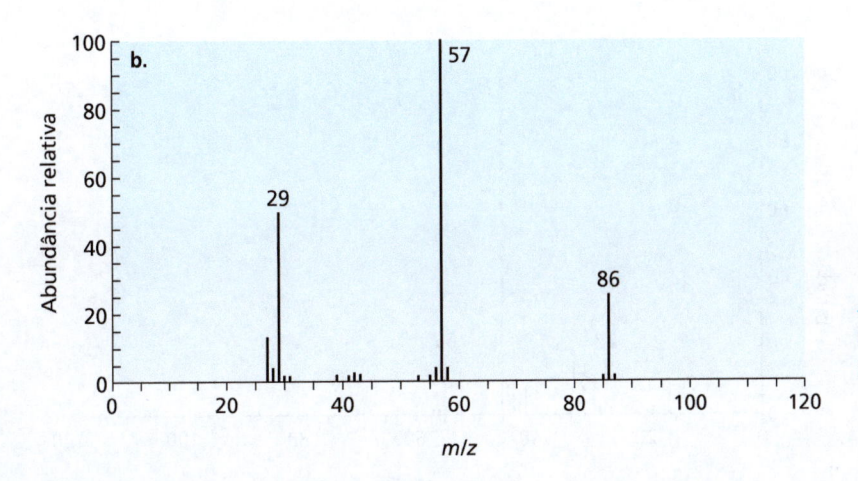

Tutorial Gallery:
Fragmentação de cetonas
www

◀ **Figura 13.9**
Espectros de massas para o Problema 11.

PROBLEMA 12

Utilizando setas curvas, mostre os principais fragmentos que poderiam ser observados no espectro de massas de cada uma das seguintes substâncias:

a. $CH_3CH_2CH_2CH_2CH_2OH$

b. $CH_3\overset{\overset{O}{\|}}{C}CH_2CH_2CH_2CH_3$

c. $CH_3CH_2\underset{\underset{OH}{|}}{C}HCH_2CH_2CH_3$

d. $CH_3CH_2O\underset{\underset{CH_3}{|}}{\overset{\overset{CH_2CH_3}{|}}{C}}CH_2CH_2CH_3$

e. $CH_3CH_2\underset{\underset{CH_3}{|}}{C}HCl$

f. $CH_3-\underset{\underset{CH_3}{|}}{\overset{\overset{CH_3}{|}}{C}}-Br$

494 QUÍMICA ORGÂNICA

PROBLEMA 13◆

Dois produtos são obtidos a partir da reação do 2-(Z)-penteno com água e um traço de H_2SO_4. Os espectros de massas desses produtos estão apresentados na Figura 13.10. Identifique as substâncias responsáveis pelos espectros.

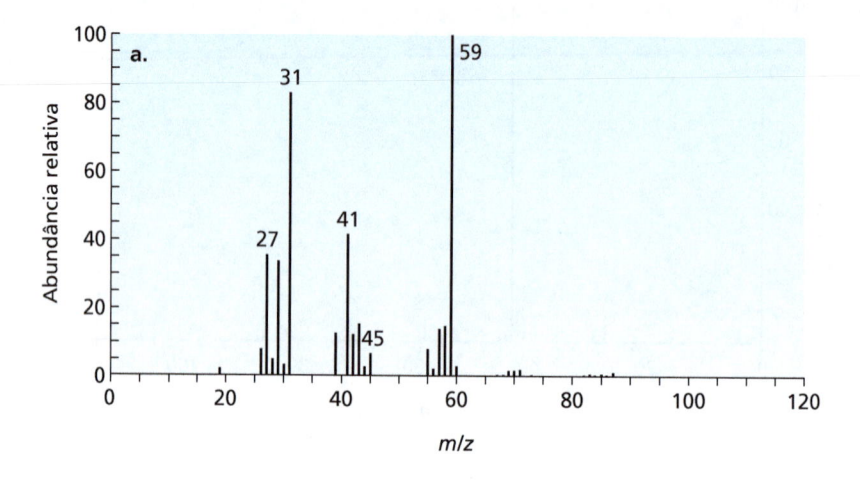

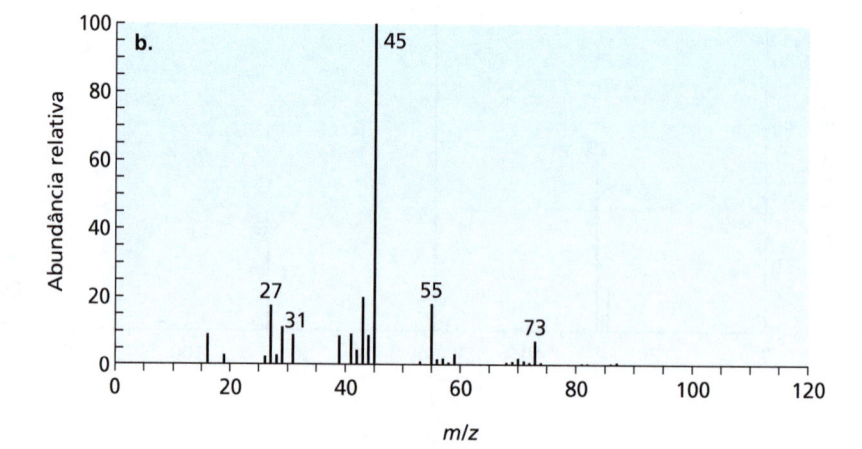

Figura 13.10 ▶
Espectros de massas para o Problema 13.

O íon molecular e o padrão dos picos dos fragmentos iônicos são únicos para cada substância. Um espectro de massas, portanto, é como uma impressão digital da substância. Uma identificação positiva da substância pode ser realizada pela comparação de seu espectro de massas com o de uma amostra conhecida da substância.

13.6 Espectroscopia e espectro eletromagnético

A **espectroscopia** é o estudo da interação da matéria com a *radiação eletromagnética*. A **radiação eletromagnética** é a energia radiante que possui propriedades tanto de partículas quanto de ondas. Uma série de diferentes tipos de radiação eletromagnética — cada tipo associado a uma faixa particular de energia — constitui o espectro eletromagnético (Figura 13.11). A luz visível é o tipo de radiação eletromagnética com a qual estamos mais familiarizados, mas ela representa apenas uma fração de toda a extensão do espectro eletromagnético. Os raios X e as ondas de rádio representam outros tipos familiares de radiação eletromagnética.

Cada uma das técnicas espectroscópicas utilizadas para a identificação das substâncias que são discutidas neste livro emprega um tipo diferente de radiação eletromagnética. Foi apresentada, no Capítulo 8, a espectroscopia na região do ultravioleta/visível (UV/Vis). Neste capítulo, veremos a espectroscopia no infravermelho (IV) e no capítulo seguinte veremos como as substâncias podem ser identificadas com a utilização da espectroscopia de ressonância magnética nuclear (RMN).

CAPÍTULO 13 Espectrometria de massas e espectroscopia no infravermelho **495**

Uma partícula de radiação eletromagnética é chamada *fóton*. Podemos imaginar uma radiação eletromagnética como fótons que se movimentam à velocidade da luz. Uma vez que a radiação eletromagnética possui propriedades de partícula e também de onda, ela pode ser caracterizada tanto por sua freqüência (ν) quanto por seu comprimento de onda (λ). A **freqüência** é definida como o número de cristas de onda que passam por um ponto específico no intervalo de um segundo. A freqüência possui unidades de hertz (Hz). O **comprimento de onda** é a distância de qualquer ponto de uma onda ao ponto correspondente na onda seguinte. O comprimento de onda é geralmente medido em micrômetros ou nanômetros. Um micrômetro (μm) corresponde a 10^{-6} metros; um nanômetro (nm) corresponde a 10^{-9} metros.

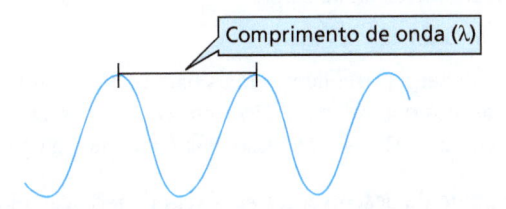

A freqüência de radiação eletromagnética, portanto, é igual à velocidade da luz (c) dividida pelo comprimento de onda da radiação:

$$\nu = \frac{c}{\lambda} \qquad c = 3 \times 10^{10}\,\text{cm/s}$$

Comprimentos de onda curtos possuem altas freqüências e comprimentos de onda longos possuem baixas freqüências.

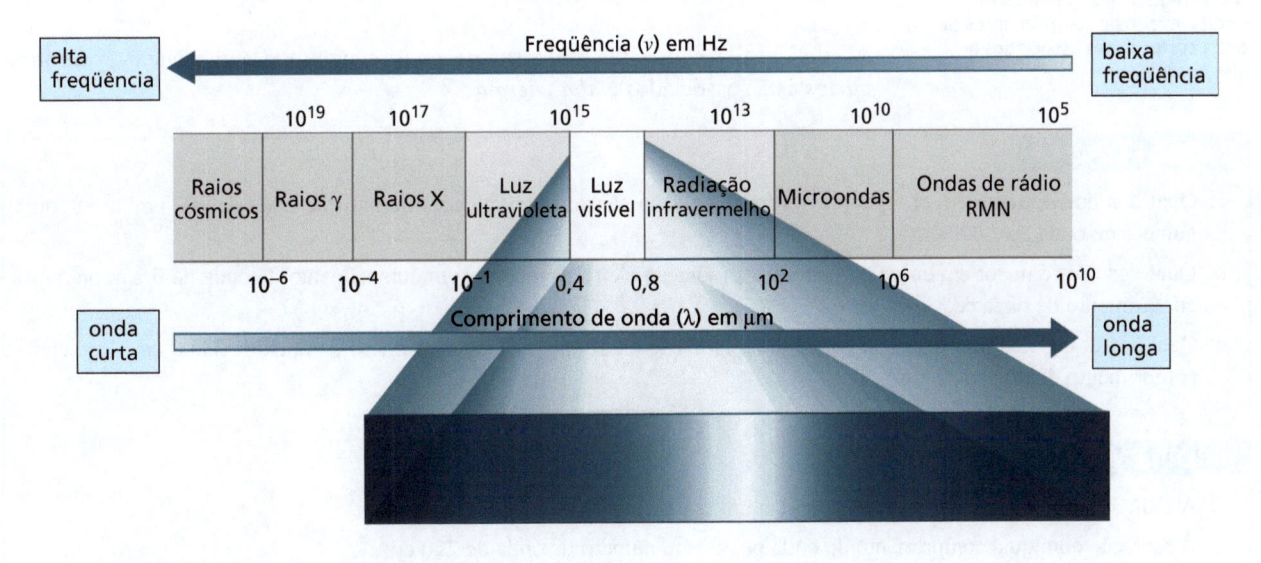

▲ **Figura 13.11** Espectro eletromagnético.

A relação entre a energia (E) do fóton e a freqüência (ou o comprimento de onda) da radiação eletromagnética é descrita pela equação

$$E = h\nu = \frac{hc}{\lambda}$$

onde h é a constante de proporcionalidade conhecida como *constante de Planck*, batizada após o físico alemão ter descoberto essa relação (Seção 3.7). O espectro eletromagnético é composto de:

- *Raios cósmicos*, os quais consistem na radiação emitida pelo Sol; possuem a maior energia, as maiores freqüências e os menores comprimentos de onda.
- *Raios γ* (raios gama) são emitidos pelo núcleo de certos elementos radioativos e, em virtude de sua alta energia, podem lesar gravemente organismos biológicos.

496 QUÍMICA ORGÂNICA

- *Raios X*, ligeiramente menores em energia em relação aos raios γ, são menos perigosos, a menos que ocorram em altas doses. Baixas doses de raios X são utilizadas para examinar a estrutura interna de organismos. Quanto mais denso for o tecido, mais ele bloqueia os raios X.

- *Luz ultravioleta* (UV) é responsável por queimaduras solares e exposições repetidas que podem induzir ao câncer de pele porque lesionam as moléculas de DNA nas células da pele (Seção 29.6, volume 2).

- *Luz visível* é a radiação eletromagnética que vemos.

- Sentimos a *radiação infravermelho* na forma de calor.

- Cozinhamos com *microondas* e as usamos em radar.

- *Ondas de rádio* possuem a menor energia (freqüência mais baixa). Nós as utilizamos na comunicação pelo rádio e pela televisão, na imagem digital, nos controles remoto e em conexões sem fio de *laptops*. As ondas de rádio são também utilizadas na espectroscopia de RMN e na ressonância magnética de imagem (RMI) (Capítulo 14).

O **número de onda** ($\tilde{\nu}$) é outro modo de descrever a *freqüência* da radiação eletromagnética e a maneira mais freqüentemente utilizada na espectroscopia de infravermelho. Representa o número de ondas em um centímetro, portanto possui como unidade o inverso do centímetro (cm^{-1}). Os cientistas preferem utilizar os números de onda do que os comprimentos de onda porque, ao contrário dos comprimentos de onda, os números de onda são diretamente proporcionais à energia. A relação entre número de onda (em cm^{-1}) e comprimento de onda (em mm) é fornecida pela equação

Altas freqüências, números de onda elevados e comprimentos de onda curtos estão associados a alta energia.

$$\tilde{\nu}(cm^{-1}) = \frac{10^4}{\lambda(\mu m)} \qquad (\text{porque } 1\ \mu m = 10^{-4}\ cm)$$

Assim, *altas freqüências*, *números de onda elevados* e *comprimentos de onda curtos* estão associados à *alta energia*.

PROBLEMA 14◆

a. Qual dos dois é maior em energia por fóton: a radiação eletromagnética com número de onda de 100 cm^{-1} ou com número de onda de 2.000 cm^{-1}?

b. Qual dos dois é maior em energia por fóton: a radiação eletromagnética com comprimento de onda de 9 μm ou com comprimento de onda de 8 μm?

c. Qual dos dois é maior em energia por fóton: a radiação eletromagnética com número de onda de 3.000 cm^{-1} ou com comprimento de onda de 2 μm?

PROBLEMA 15◆

a. A radiação com qual número de onda possui um comprimento de onda de 4 μm?

b. A radiação com qual comprimento de onda possui um número de onda de 200 cm^{-1}?

13.7 Espectroscopia no infravermelho

Vibrações axiais e angulares

As ligações covalentes em moléculas estão constantemente vibrando. Assim, quando dizemos que uma ligação entre dois átomos possui determinado comprimento, estamos especificando uma média, porque a ligação se comporta como se ela fosse uma mola que vibra conectando dois átomos. Uma ligação vibra tanto com movimentos axiais quanto angulares. A *deformação axial* é uma vibração que ocorre ao longo da linha de ligação e que modifica o comprimento de ligação. A *deformação angular* é uma vibração que *não* ocorre ao longo da linha de ligação, mas modifica o ângulo da ligação. Uma molécula diatômica com H—Cl pode sofrer apenas uma **deformação axial**, uma vez que não possui ângulos de ligação.

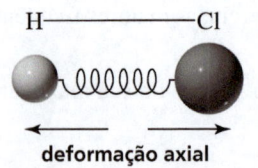

CAPÍTULO 13 Espectrometria de massas e espectroscopia no infravermelho | **497**

As vibrações de uma molécula que contém três ou mais átomos são mais complexas (Figura 13.12). Tais moléculas podem sofrer deformações axiais e angulares simétricas e assimétricas, e as deformações angulares podem ser tanto no plano quanto fora do plano. As **deformações angulares** são normalmente refereridas pelos termos descritivos *balanço* (*rock*), *tesoura* (*scissor*), *abano* (*wag*) e *torção* (*twist*).

Deformações axiais

axial simétrica   axial assimétrica

Tutorial Gallery:
Deformações axiais
e angulares no IV
www

Deformações angulares

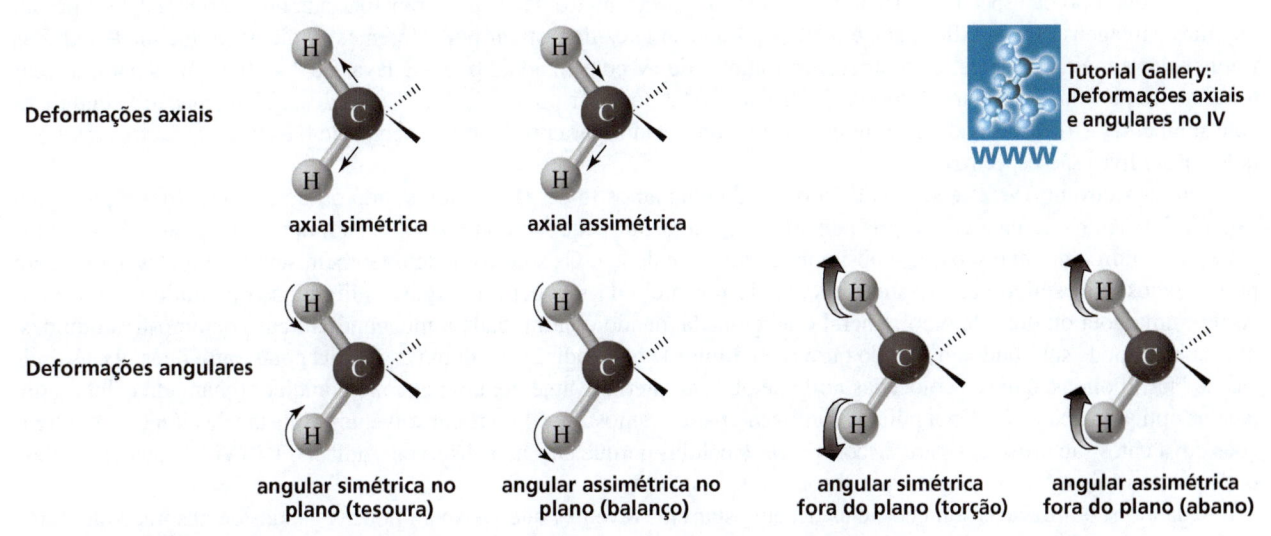

angular simétrica no plano (tesoura)   angular assimétrica no plano (balanço)   angular simétrica fora do plano (torção)   angular assimétrica fora do plano (abano)

▲ **Figura 13.12** Deformações axiais e angulares de ligações em moléculas orgânicas.

Cada vibração de deformação axial e angular de uma ligação molecular ocorre em uma freqüência característica. Quando uma substância é bombardeada com radiação em uma freqüência que atinge exatamente a freqüência de uma de suas deformações, a molécula absorverá energia. Isso permite que as ligações sofram um pouco mais deformações axiais e angulares. Assim, a absorção de energia aumenta a *amplitude* da deformação, mas não modifica sua *freqüência*. Determinando experimentalmente os números de onda da energia absorvida por uma substância em particular, podemos determinar quais tipos de ligações ela possui. Por exemplo, a deformação axial da ligação C=O absorve energia de número de onda de ~1.700 cm^{-1}, enquanto a deformação axial de uma ligação O—H absorve energia de número de onda de ~3.450 cm^{-1} (Figura 13.13).

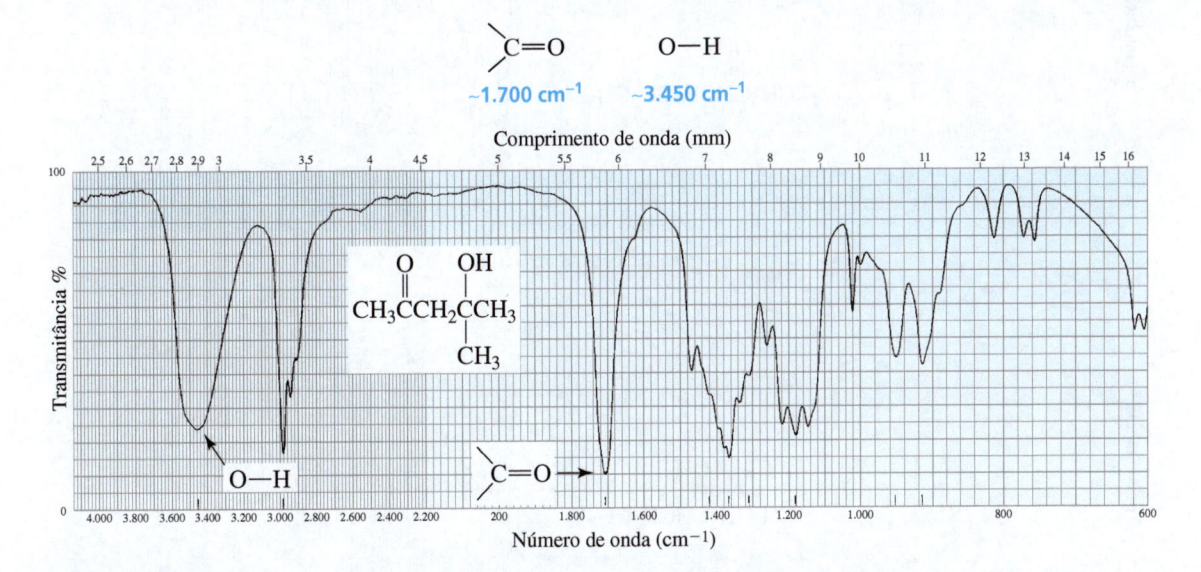

C=O O—H
~1.700 cm^{-1} ~3.450 cm^{-1}

▲ **Figura 13.13** Espectro no infravermelho da 4-hidroxi-4-metilpentanona.

Obtendo um espectro no infravermelho

O instrumento utilizado para obter um *espectro no infravermelho* é chamado *espectrômetro de IV*. Obtém-se um **espectro no infravermelho** pela passagem de radiação infravermelho através de uma amostra de substância. Um detector gera uma plotagem de porcentagem de transmissão de radiação *versus* o número de onda (ou comprimento de onda) da radiação transmitida (Figura 13.13). A 100% de transmissão, toda a energia de radiação passa através da molécula. Valores baixos de porcentagem de transmissão significam que parte da energia está sendo absorvida pela substância. Cada sinal descendente do espectro no IV representa absorção de energia. Os sinais são chamados **bandas de absorção**. A maioria dos químicos apresenta a localização das bandas de absorção por intermédio de números de onda.

Um novo tipo de espectrômetro de IV, chamado espectrômetro de IV por Transformada de Fourier (FT-IV), possui algumas vantagens. Sua sensibilidade é melhor porque, em vez de rastrear por diferentes freqüências, ele mede todas as freqüências simultaneamente. Com um espectrômetro de IV convencional pode-se levar de 2 a 10 minutos para rastrear todas as freqüências. Por outro lado, o espectro de FT-IV pode ser obtido de 1 a 2 segundos. A informação é digitalizada e submetida à Transformada de Fourier por um computador para produzir o espectro de FT-IV. Os espectros apresentados neste livro são espectros de FT-IV.

Um espectro no IV pode ser obtido a partir de uma amostra de gás, de um sólido ou de um líquido. Os gases são expandidos dentro de uma célula previamente evacuada (um pequeno contêiner). Os sólidos podem ser comprimidos com KBr anidro em um disco que é posicionado no feixe de luz. Os sólidos podem também ser examinados após serem pulverizados. Um sólido pulverizado é preparado por meio da moagem de alguns miligramas do sólido em um gral. Assim, uma gota ou duas de óleo mineral é adicionada, dando continuidade à moagem. No caso de amostras líquidas, um espectro pode ser obtido do líquido puro (não diluído) com a adição de algumas de suas gotas entre duas placas ópticas de NaCl polidas, que são colocadas no feixe de luz. Alternativamente, um pequeno contêiner (chamado célula) com janelas ópticas de NaCl ou AgCl polidas é utilizado para as amostras diluídas em solventes. Substâncias iônicas sem ligações covalentes são utilizadas para discos, placas e células porque elas não absorvem radiação IV. (Vidro, quartzo e plásticos possuem ligações covalentes que absorvem radiação IV.)

Quando são utilizadas soluções, elas devem estar em solventes que possuem poucas bandas de absorção na região de interesse. Os solventes normalmente utilizados são CH_2Cl_2 e $CHCl_3$. Em um espectrofotômetro de feixe duplo, a radiação IV é dividida pelos dois feixes — um que passa através da célula e que contém a amostra e outro que passa através da célula e que contém apenas o solvente. Quaisquer absorções do solvente são então canceladas, portanto o espectro de absorção é relativo apenas ao soluto.

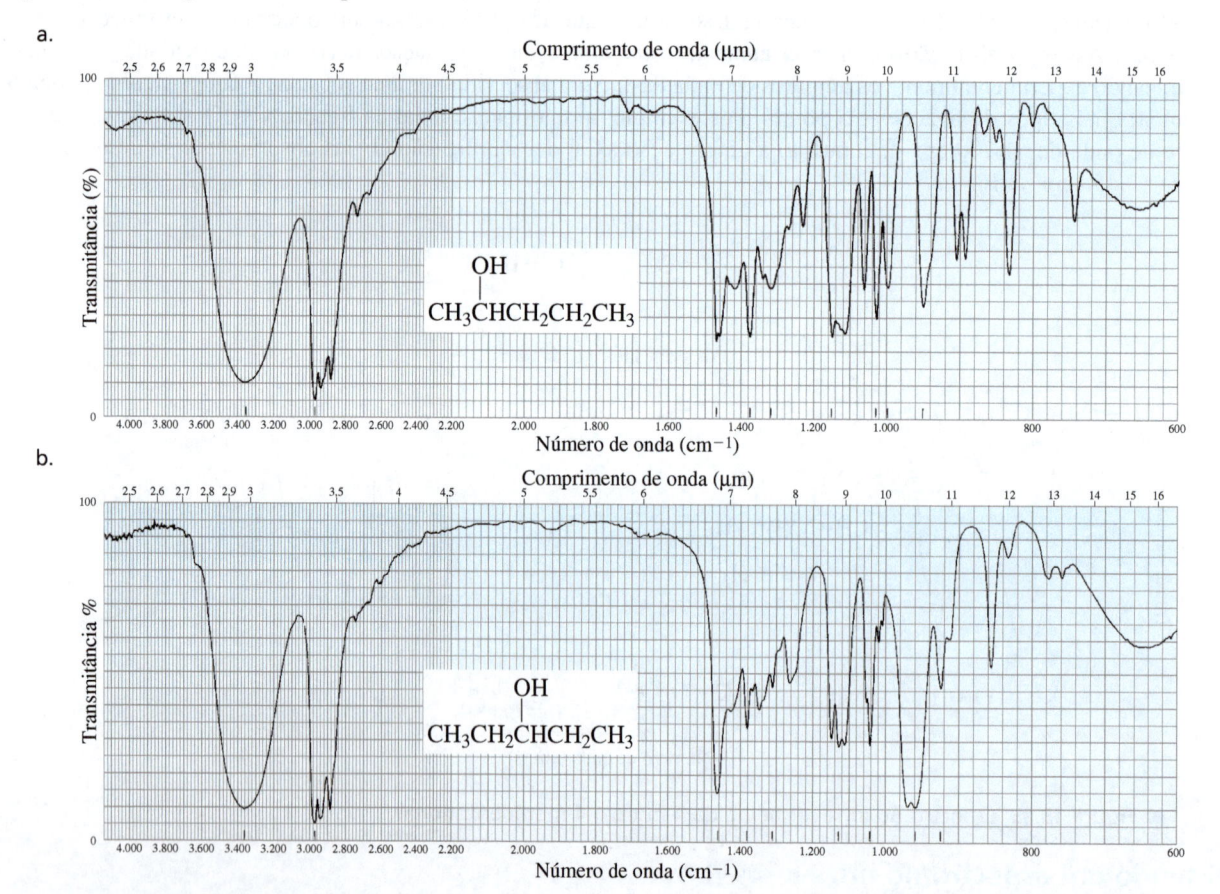

▲ **Figura 13.14** Espectros no IV dos (a) 2-pentanol e (b) 3-pentanol. As regiões de grupo funcional são muito semelhantes porque as duas substâncias possuem o mesmo grupo funcional, porém as regiões de impressão digital são únicas para cada substância.

CAPÍTULO 13 Espectrometria de massas e espectroscopia no infravermelho

As regiões de grupo funcional e de impressão digital

A radiação eletromagnética com número de ondas de 4.000 a 600 cm^{-1} possui a energia exata correspondente às vibrações de deformação axial e angular de moléculas orgânicas. A radiação eletromagnética nessa faixa de energia é conhecida como **radiação infravermelho** porque se situa na região logo abaixo da "região vermelha" da luz visível. (*Infra* é o termo em latim para "abaixo".)

Um espectro no IV pode ser dividido em duas áreas. Dois terços do lado esquerdo do espectro no IV (4.000 a 1.400 cm^{-1}) representam a região onde a maioria dos grupos funcionais apresenta suas bandas de absorção. Essa região é chamada **região de grupo funcional**. O terço do lado direito do espectro no IV (1.400 a 600 cm^{-1}) é chamado **região de impressão digital** porque é uma região característica da substância como um todo, assim como a impressão digital é específica para um indivíduo. Mesmo se duas moléculas diferentes possuírem os mesmos grupos funcionais, seus espectros de IV não serão idênticos, desde que os grupos funcionais não estejam no mesmo ambiente; essa diferença é refletida no padrão das bandas de absorção nas regiões de impressão digital. Cada substância apresenta um único padrão nessa região. Por exemplo, o 2-pentanol e o 3-pentanol possuem os mesmos grupos funcionais, logo apresentam bandas de absorção semelhantes na região de grupo funcional. Suas regiões de impressão digital são, no entanto, diferentes, porque as substâncias são diferentes (Figura 13.14). Assim, uma substância pode ser identificada ao se comparar sua região de impressão digital com a região de impressão digital do espectro de uma amostra de substância conhecida.

13.8 Bandas de absorção características no infravermelho

As vibrações de deformação axial e angular de cada ligação em uma molécula podem dar origem a uma banda de absorção, tornando o espectro no IV ligeiramente complexo. Os químicos orgânicos geralmente não tentam identificar todas as bandas de absorção de um espectro no IV. Neste capítulo, veremos algumas bandas características, o que lhe dará condições de dizer alguma coisa sobre a estrutura da substância que dá origem a um espectro no IV em particular. No entanto, há muito mais a dizer sobre a espectroscopia de IV do que conseguiremos abordar aqui. Você poderá encontrar uma extensa tabela de freqüências de grupos característicos no Apêndice VI. Quando uma substância desconhecida é identificada, deve-se utilizar a espectroscopia de IV em conjunto com informações obtidas de outras técnicas espectroscópicas. Muitos dos problemas neste e no capítulo seguinte darão a você a oportunidade de identificar as substâncias utilizando informações de um ou mais métodos instrumentais.

Como se gasta mais energia na deformação axial de uma ligação do que em sua deformação angular, as bandas de absorção para as vibrações de deformação axial são encontradas na região de grupo funcional (4.000—1.400 cm^{-1}), enquanto as bandas de absorção para as vibrações de deformação angular são tipicamente encontradas na região de impressão digital (1.400—600 cm^{-1}). Vibrações de deformação axial, portanto, são as vibrações mais utilizadas para determinar quais tipos de ligação a molécula possui. As **freqüências de deformação axial** no IV associadas aos diferentes tipos de ligações estão apresentadas na Tabela 13.4 e serão discutidas nas seções 13.10 e 13.11.

> Gasta-se mais energia na deformação axial de uma ligação do que em sua deformação angular.

13.9 Intensidade das bandas de absorção

A intensidade de uma banda de absorção depende da extensão de mudança do momento de dipolo associada à vibração: quanto maior a mudança no momento de dipolo, mais intensa é a absorção. Lembre-se de que o momento de dipolo de uma ligação é igual à magnitude da carga em um dos átomos ligados, multiplicada pela distância entre as duas cargas (Seção 1.3). Quando a ligação sofre uma deformação axial, o aumento na distância entre os átomos aumenta o momento de dipolo. A vibração de deformação axial da ligação O—H estará associada ao aumento maior do momento de dipolo do que a ligação N—H, porque a ligação O—H é mais polar. Conseqüentemente, a vibração de deformação axial da ligação O—H será mais intensa. Da mesma maneira, a vibração de deformação axial da ligação N—H é mais intensa do que a ligação C—H porque a ligação N—H é mais polar.

> Quanto maior a mudança no momento de dipolo, mais intensa é a absorção.

Tabela 13.4 Freqüências de deformação axial importantes no IV

Tipo de ligação	Número de onda (cm⁻¹)	Intensidade
C≡N	2.260—2.220	média
C≡C	2.260—2.100	média a fraca
C=C	1.680—1.600	média
C=N	1.650—1.550	média
(anel benzênico)	~1.600 e ~1.500—1.430	forte a fraca
C=O	1.780—1.650	forte
C—O	1.250—1.050	forte
C—N	1.230—1.020	média
O—H (álcool)	3.650—3.200	forte, larga
O—H (ácido carboxílico)	3.300—2.500	forte, muito larga
N—H	3.500—3.300	média, larga
C—H	3.300—2.700	média

polaridade relativa das ligações
intensidades relativas de absorção no IV

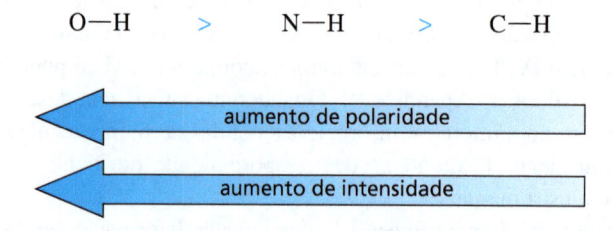

$$O—H \quad > \quad N—H \quad > \quad C—H$$

← aumento de polaridade

← aumento de intensidade

A intensidade da banda de absorção também depende do número de ligações responsáveis pela absorção. Por exemplo, a banda de absorção para a deformação axial C—H será mais intensa para uma substância como o iodeto de octila, que possui 17 ligações C—H, do que para o iodeto de metila, que possui três ligações C—H. A concentração da amostra utilizada para a obtenção de um espectro no IV também afeta a intensidade das bandas de absorção. Amostras concentradas possuem um número maior de moléculas de absorção e, portanto, bandas de absorção mais intensas. Na literatura química, é possível encontrar intensidades designadas como forte (s), média (m), fraca (w), larga e estreita.

PROBLEMA 16◆

O que seria mais intensa: a deformação axial de uma ligação C=O ou a deformação axial de uma ligação C=C?

13.10 Posição das bandas de absorção

Átomos mais leves apresentam bandas de absorção em números de onda maiores.

C—H
~3.000 cm⁻¹
C—D
~2.200 cm⁻¹
C—O
~1.100 cm⁻¹
C—Cl
~700 cm⁻¹

Lei de Hooke

A intensidade de energia necessária para uma deformação axial depende da *força* da ligação e das *massas* dos átomos ligados. Quanto mais forte a ligação, maior a energia necessária para sua deformação axial, porque uma ligação mais forte corresponde a um estiramento menor da mola. A freqüência da vibração é inversamente proporcional à massa dos átomos ligados à mola, assim, átomos mais pesados vibram em freqüências menores.

CAPÍTULO 13 Espectrometria de massas e espectroscopia no infravermelho   **501**

O número de onda aproximado de uma absorção pode ser calculado a partir da equação derivada da **lei de Hooke,** que descreve o movimento de vibração de uma mola:

$$\tilde{\nu} = \frac{1}{2\pi c}\left[\frac{f(m_1 + m_2)}{m_1 m_2}\right]^{1/2} \qquad c = \text{velocidade da luz}$$

A equação relaciona o número de onda da vibração de deformação axial ($\tilde{\nu}$) com a constante de força de ligação (f) e as massas dos átomos (em gramas) unidos pela ligação (m_1 e m_2). A constante de força é a medida da força de ligação. A equação mostra que *ligações mais fortes* e *átomos mais leves* dão origem a freqüências mais altas.

> Ligações mais fortes apresentam bandas de absorção em números de onda maiores.
>
> C≡N
> ~2.200 cm^{-1}
> C═N
> ~1.600 cm^{-1}
> C—N
> ~1.100 cm^{-1}

A origem da lei de Hooke

Robert Hooke (1635–1703) nasceu na Ilha Wight na costa sudeste da Inglaterra. Cientista brilhante, contribuiu para quase todos os ramos da ciência. Foi o primeiro a sugerir que a luz apresentava propriedades similares a uma onda. Descobriu que a Gamma Arietis é uma estrela dupla e a grande mancha vermelha de Júpiter. Em um discurso publicado após sua morte, ele sugeriu que os terremotos são promovidos pelo resfriamento e pela contração da Terra. Examinou a cortiça por um microscópio e utilizou o termo "célula" para descrever o que viu. Escreveu sobre o desenvolvimento evolucionário baseado em seus estudos de fósseis microscópicos e seus estudos sobre insetos foram considerados muito bons.

Hooke também inventou a mola de balanço para relógios e a junta universal de carros utilizada atualmente.

Desenho de Robert Hooke da "mosca azul", presente em *Micrographia*, o primeiro livro sobre microscopia, publicado por Hooke em 1665.

O efeito da ordem de ligação

A ordem de ligação afeta a força de ligação, logo a ordem de ligação afeta a posição das bandas de absorção. Uma ligação C≡C é uma ligação mais forte do que uma ligação C═C, assim, uma ligação C≡C sofre deformação axial em freqüências mais elevadas (~2.100 cm^{-1}) do que uma ligação C═C (~1.650 cm^{-1}). As ligações C—C apresentam vibrações de deformação axial na região de 1.200 a 800 cm^{-1}, mas essas vibrações são fracas e de pouco valor na identificação de substâncias. De modo semelhante, uma ligação C═O sofre deformação axial em uma freqüência mais alta (~1.700 cm^{-1}) do que uma ligação C—O (~1.100 cm^{-1}), e uma ligação C≡N sofre deformação axial em uma freqüência mais alta (~2.200 cm^{-1}) do que uma ligação C═N (~1.600 cm^{-1}), a qual sofre deformação axial em freqüência mais alta do que uma ligação C—N (~1.100 cm^{-1}) (Tabela 13.4).

> **PROBLEMA 17◆**
>
> a. Qual das ligações ocorrerá em maior número de onda?
>   1. a deformação axial de C≡C ou de C═C?
>   2. a deformação axial de C—H ou a deformação angular de C—H?
>   3. a deformação axial de C—N ou de C═N?
> b. Presumindo que as constantes de força são as mesmas, qual ocorrerá em maior número de onda?
>   1. a deformação axial de C—O ou de C—Cl?
>   2. a deformação axial de C—O ou de C—C?

Ressonância e efeitos eletrônicos indutivos

A Tabela 13.4 apresenta uma faixa de números de onda para cada deformação axial, uma vez que a posição exata da banda de absorção depende de outros aspectos da molécula, como a deslocalização eletrônica, o efeito eletrônico dos substituintes vizinhos e a ligação hidrogênio. Detalhes importantes sobre a estrutura da substância podem ser revelados pela posição exata da banda de absorção.

502 QUÍMICA ORGÂNICA

O espectro no IV da Figura 13.15, por exemplo, mostra que a carbonila da 2-pentanona absorve a 1.720 cm^{-1}, enquanto o espectro no IV da Figura 13.16 mostra que a carbonila da 2-ciclo-hexenona absorve em freqüência mais baixa (1.680 cm^{-1}). A 2-ciclo-hexenona absorve em freqüência mais baixa porque a carbonila possui um caráter de ligação dupla menor em virtude da deslocalização eletrônica. Como a ligação simples é mais fraca que uma ligação dupla, uma carbonila com um caráter de ligação simples significativo sofrerá deformação em freqüência mais baixa do que uma carbonila que possua nenhum caráter ou um caráter fraco de ligação simples.

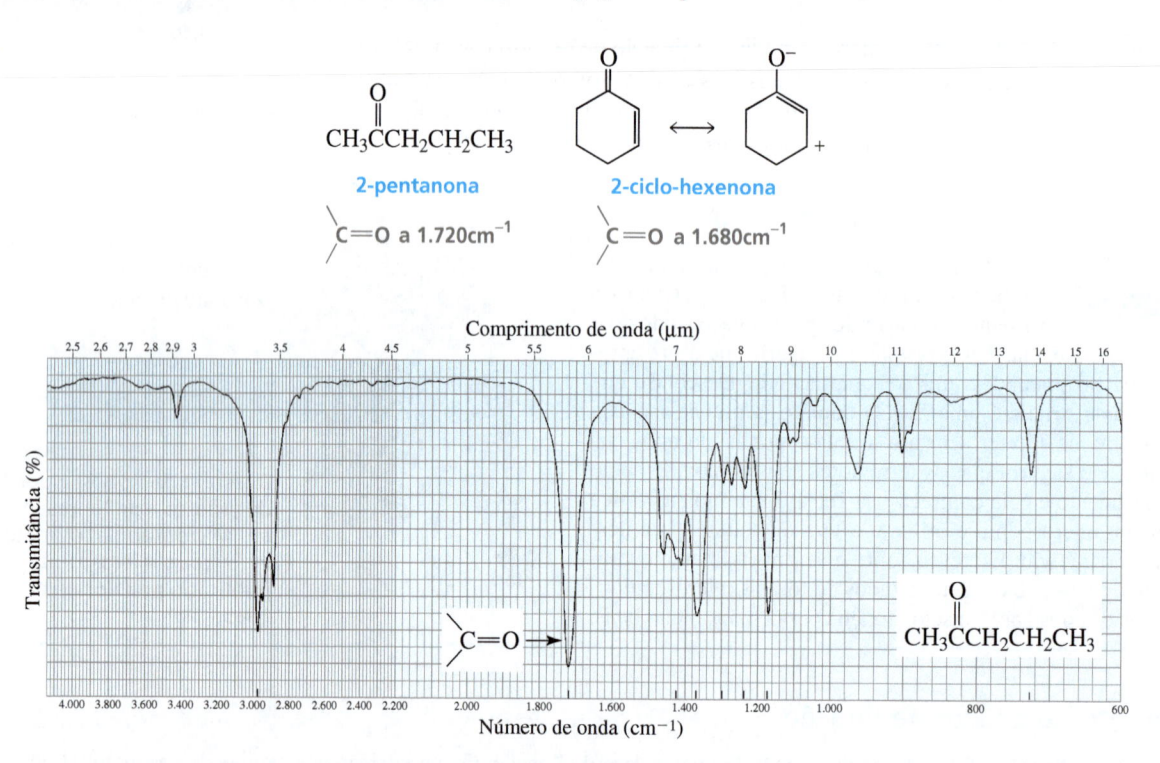

$$\underset{\text{2-pentanona}}{CH_3\overset{O}{\overset{\|}{C}}CH_2CH_2CH_3} \quad \underset{\text{2-ciclo-hexenona}}{\text{[ciclohex-2-enona]}} \longleftrightarrow \text{[enolato]}_+$$

$\diagdown C{=}O$ a 1.720 cm^{-1} $\diagdown C{=}O$ a 1.680 cm^{-1}

▲ **Figura 13.15** Espectro no IV da 2-pentanona. A banda intensa de absorção a ~1.720 indica uma ligação C=O.

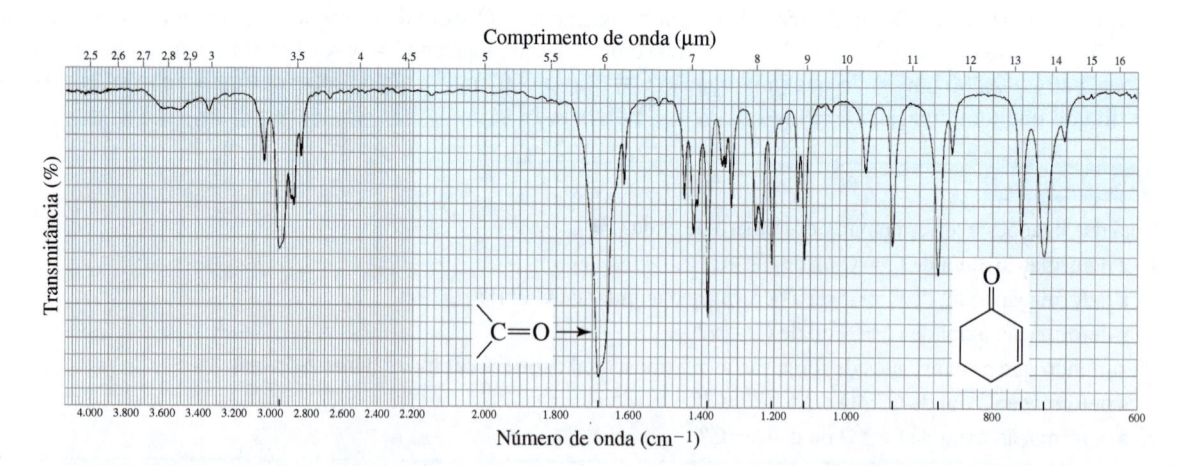

▲ **Figura 13.16** Espectro no IV da 2-ciclo-hexenona. A deslocalização eletrônica faz seu grupamento carbonila ter um caráter de ligação dupla menor; logo, ele absorve em freqüência mais baixa (~1.680 cm^{-1}) do que um grupamento carbonila que tenha seus elétrons localizados (~1.720 cm^{-1}).

Colocando um outro átomo, que não um carbono, próximo do grupo carbonila, ele também faz a posição da banda de absorção da carbonila se deslocar. No entanto, se o deslocamento ocorrerá para uma freqüência mais baixa ou mais alta, isso vai depender do efeito predominante do átomo: se é de doar elétrons por ressonância ou de retirar elétrons indutivamente.

CAPÍTULO 13   Espectrometria de massas e espectroscopia no infravermelho   **503**

[Esquema de ressonância: R–C(=O)–Z: ↔ R–C(O⁻)=Z⁺ — doação eletrônica por ressonância; R–C(=O)–Z: — retirada indutiva de elétrons]

O efeito predominante do nitrogênio sobre a amida (Figura 13.17) é de doação eletrônica por ressonância. Portanto, a carbonila da amida possui um menor caráter de ligação dupla do que a carbonila de uma cetona, portanto ela é mais fraca e se deforma mais facilmente (1.660 cm^{-1}). Por outro lado, o efeito predominante do oxigênio de um éster é de retirada indutiva de elétrons, assim o equivalente de ressonância com a ligação simples C¬O contribuirá menos para o híbrido. A carbonila de um éster, portanto, possui mais caráter de ligação dupla do que a carbonila de uma cetona; a primeira é mais forte e sua deformação é mais difícil (1.740 cm^{-1}) (Figura 13.18).

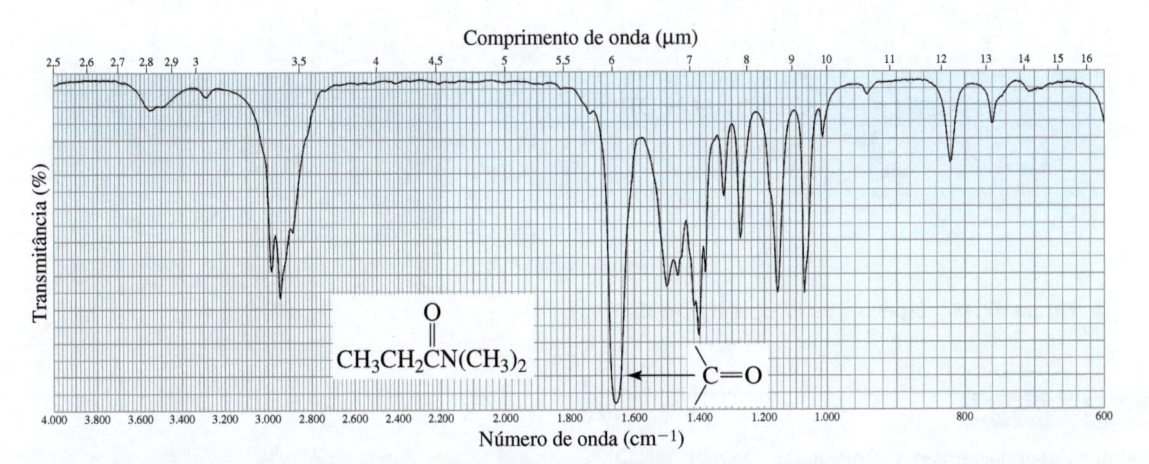

▲ **Figura 13.17**   Espectro no IV da *N,N*-dimetilpropanamida. O grupamento carbonila de uma amida possui um caráter de ligação dupla menor do que o grupamento carbonila de uma cetona. Por isso o primeiro sofre deformação axial mais facilmente (~1.660 cm^{-1}).

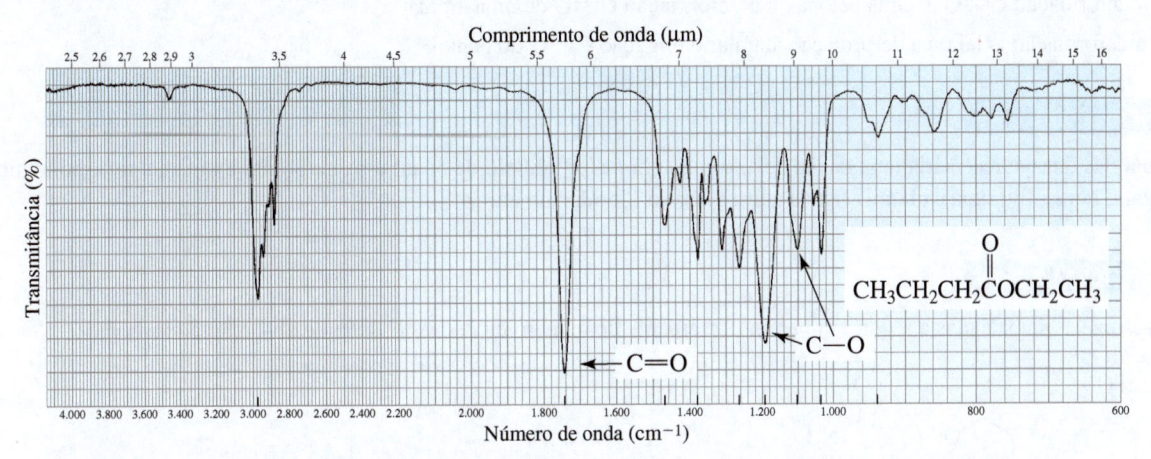

▲ **Figura 13.18**   Espectro no IV do butanoato de etila. O átomo de oxigênio retirador de elétron torna a deformação axial do grupamento carbonila de um éster mais difícil (~1.740 cm^{-1}) do que a de um grupamento carbonila de uma cetona (~1.720 cm^{-1}).

A ligação C—O apresenta deformação entre 1.250 e 1.050 cm^{-1}. Se a ligação C—O for de um álcool (Figura 13.19) ou de um éter, a deformação ocorrerá em direção da menor freqüência dessa faixa. Se, no entanto, a ligação C—O estiver em um ácido carboxílico (Figura 13.20), a deformação ocorrerá mais próximo da freqüência mais alta dessa faixa. A posição de absorção de C—O varia porque a ligação C—O de um álcool é uma ligação simples pura, enquanto a ligação C—O de um ácido carboxílico possui caráter parcial de ligação dupla em virtude da doação eletrônica por ressonância. Os ésteres apresentam deformações C—O em ambas as extremidades da faixa (Figura 13.18) porque possuem duas ligações simples C—O — uma é uma ligação simples pura e a outra possui um caráter de ligação dupla parcial.

504 QUÍMICA ORGÂNICA

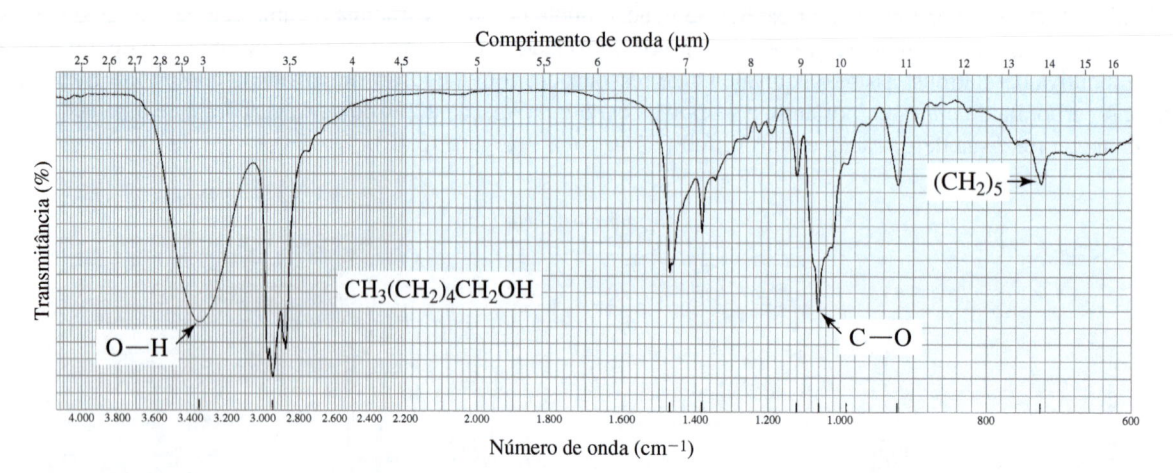

CH₃CH₂—OH   CH₃CH₂—O—CH₂CH₃
~1.050 cm⁻¹   ~1.050 cm⁻¹

$$CH_3-\overset{O}{\underset{}{C}}-\ddot{O}H \longleftrightarrow CH_3-\overset{O^-}{\underset{}{C}}=\overset{+}{O}H$$
~1.250 cm⁻¹

$$CH_3-\overset{O}{\underset{}{C}}-\ddot{O}-CH_3 \longleftrightarrow CH_3-\overset{O^-}{\underset{}{C}}=\overset{+}{O}-CH_3$$
~1.250 cm⁻¹ e ~1.050 cm⁻¹

▲ **Figura 13.19**   Espectro no IV do 1-hexanol.

PROBLEMA 18◆

Qual dos dois ocorrerá em maior número de onda?

a. a deformação C—N de uma amina ou a deformação C—N de uma amida

b. a deformação C—O de um fenol ou a deformação C—O de um ciclo-hexanol

c. a deformação C═O de uma cetona ou a deformação C═O de uma amida

d. a deformação axial ou a deformação angular da ligação C—O do etanol

PROBLEMA 19◆

Qual das duas apresentaria uma banda de absorção em maior número de onda: uma carbonila ligada a um carbono hibridizado em sp^3 ou uma carbonila ligada a um carbono hibridizado em sp^2?

PROBLEMA 20◆

Organize as substâncias a seguir em ordem decrescente de número de onda da banda de absorção da carbonila:

a. ciclo-hexanona, δ-valerolactona, δ-valerolactama

b. γ-butirolactona, 2(5H)-furanona, 2(3H)-furanona

c. $CH_3-\overset{O}{\underset{}{C}}-CH_3$ $H-\overset{O}{\underset{}{C}}-H$ $CH_3-\overset{O}{\underset{}{C}}-H$

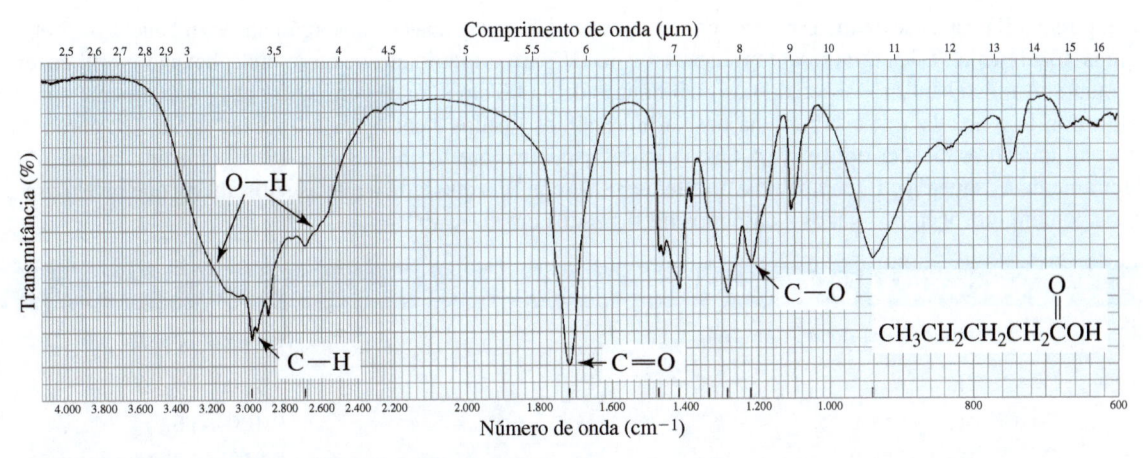

CAPÍTULO 13 Espectrometria de massas e espectroscopia no infravermelho **505**

▲ **Figura 13.20** Espectro no IV do ácido pentanóico.

Bandas de absorção de O—H

As bandas de absorção de O—H são fáceis de serem detectadas. As ligações O—H são polares e apresentam bandas de absorção intensas e ligeiramente largas (figuras 13.19 e 13.20). A posição e a largura da banda de absorção de O—H depende da concentração da solução. Quanto mais concentrada for a solução, maior a probabilidade de moléculas que contenham OH formarem ligações hidrogênio intermoleculares. É mais fácil deformar uma ligação O—H se ela estiver em uma ligação hidrogênio porque o hidrogênio é atraído pelo oxigênio da molécula vizinha. Portanto, a deformação O—H de uma solução concentrada (ligada por uma ligação hidrogênio) de um álcool ocorre de 3.550 a 3.200 cm^{-1}, enquanto a deformação O—H de uma solução diluída (com poucas ou nenhuma ligação hidrogênio) ocorre de 3.650 a 3.590 cm^{-1}. Os grupos OH em ligações hidrogênio também possuem bandas de absorção mais largas porque as ligações hidrogênio variam em força (Seção 2.9). As bandas de absorção de grupos OH não ligados por ligação hidrogênio são mais finas.

ligação hidrogênio
R—O—H------O—R
solução concentrada
3.550—3.200 cm^{-1}

R—O—H
solução diluída
3.650—3.590 cm^{-}

PROBLEMA 21◆

Qual dos dois apresentará uma deformação axial de O—H em número de onda maior: o etanol diluído em dissulfeto de carbono ou uma amostra não diluída de etanol?

13.11 Bandas de absorção de C—H

Vibrações axiais

A força da ligação C—H depende da hibridização do carbono; quanto maior o caráter s do carbono, mais forte é a ligação que ele forma (Seção 1.14). Portanto, uma ligação C—H é mais forte quando o carbono é hibridizado em sp do que quando é hibridizado em sp^2, que é uma ligação mais forte do que quando o carbono é hibridizado em sp^3. É necessário mais energia para deformar uma ligação mais forte, e isso se reflete nas bandas de absorção de deformação C—H, as quais ocorrem a ~3.300 cm^{-1} se o carbono for hibridizado em sp, a ~3.100 cm^{-1} se o carbono for hibridizado em sp^2, e a ~2.900 cm^{-1} se o carbono for hibridizado em sp^3 (Tabela 13.5).

Tutorial Gallery:
Espectros no IV
www

Um passo útil na análise de um espectro requer a observação das bandas de absorção nas vizinhanças de 3.000 cm^{-1}. As figuras 13.21, 13.22 e 13.23 apresentam espectros no IV para o metilciclo-hexano, ciclo-hexeno e etilbenzeno, respectivamente. A única banda de absorção nas vizinhanças de 3.000 cm^{-1} na Figura 13.21 está ligeiramente para a direita desse valor. Isso nos diz que a substância possui hidrogênios ligados a carbonos hibridizados em sp^3, porém nenhum ligado a carbonos hibridizados em sp^2 e sp. Cada um dos espectros nas figuras 13.22 e 13.23 apresenta bandas de absorção ligeiramente à esquerda e ligeiramente à direita de 3.000 cm^{-1}, o que indica que as substâncias que produziram esses espectros contêm hidrogênios ligados a carbonos hibridizados em sp^2 e sp^3.

Tabela 13.5 Absorções no IV de ligações carbono–hidrogênio

Vibrações de deformação axial carbono–hidrogênio	Número de onda (cm^{-1})
C≡C—H	~3.300
C=C—H	3.100—3.020
C—C—H	2.960—2.850
R—C(=O)—H	~2.820 e ~2.720

Vibrações de deformação angular carbono–hidrogênio		Número de onda (cm^{-1})
CH$_3$— —CH$_2$— —CH—		1.450—1.420
CH$_3$—		1.385—1.365
H,R / C=C / R,H	trans	980—960
R,R / C=C / H,H	cis	730—675
R,R / C=C / R,H	trissubstituído	840—800
R,H / C=C / R,H	alceno terminal	890
R,H / C=C / H,H	alceno terminal	990 e 910

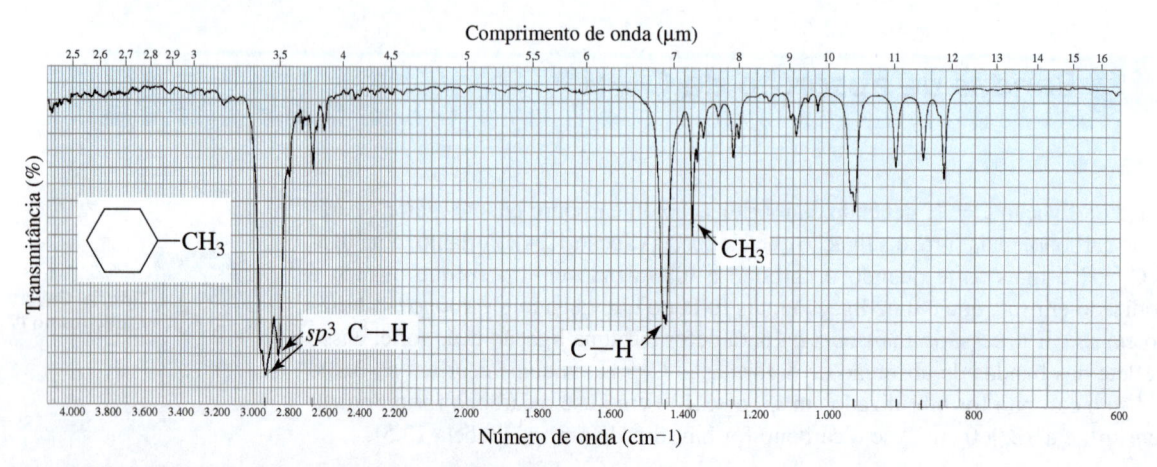

▲ **Figura 13.21** Espectro no IV do metilciclo-hexano.

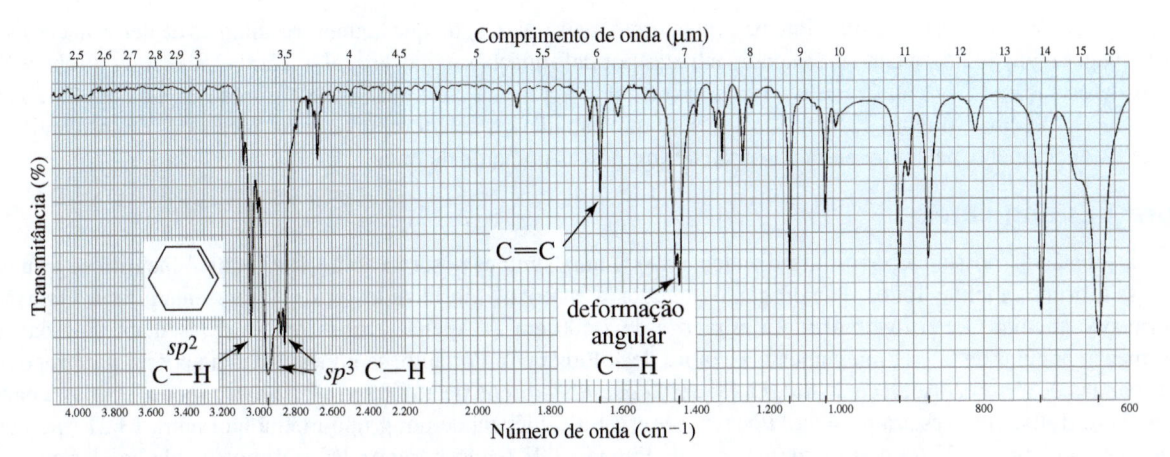

CAPÍTULO 13   Espectrometria de massas e espectroscopia no infravermelho   **507**

▲ **Figura 13.22**   Espectro no IV do ciclo-hexeno.

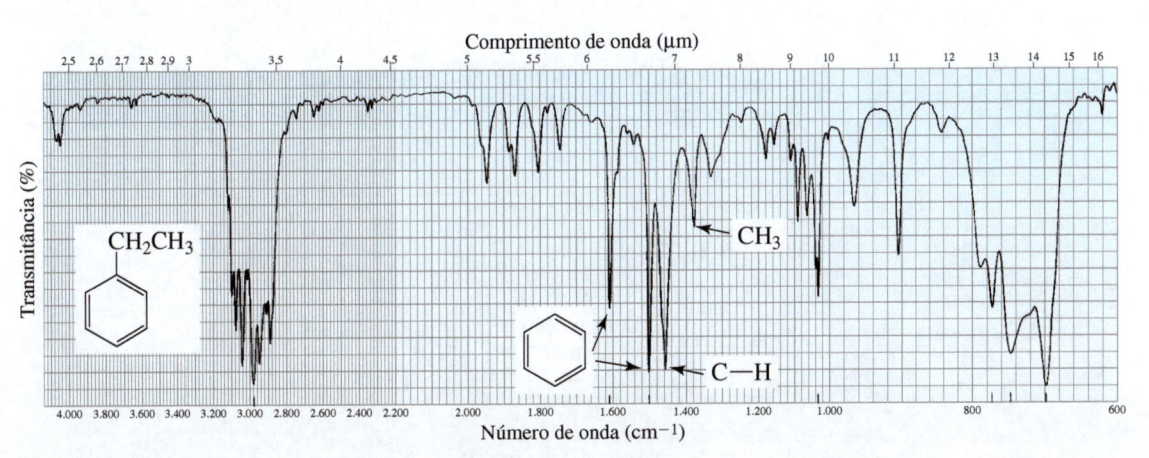

▲ **Figura 13.23**   Espectro no IV do etilbenzeno.

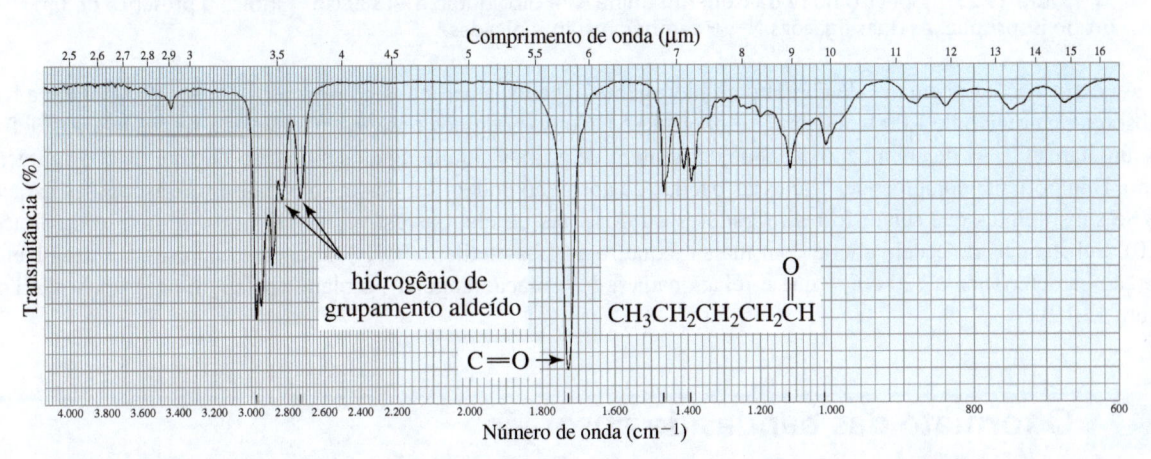

▲ **Figura 13.24**   Espectro no IV do pentanal. As absorções a ~2.820 e ~2.720 cm^{-1} identificam precisamente um grupamento aldeído. Observe também a intensidade da banda de absorção a ~1.730 cm^{-1}, que indica uma ligação C=O.

Uma vez que sabemos que uma substância possui hidrogênios ligados a carbonos hibridizados em sp^2, precisamos determinar se esses carbonos são hibridizados em sp^2 de um alceno ou de um anel benzeno. Um anel benzeno é indicado por bandas de absorção finas a ~1.600 cm^{-1} e a 1.500–1.430 cm^{-1}, enquanto um alceno é indicado por uma banda a ~1.600 cm^{-1} apenas (Tabela 13.4). A substância cujo espectro está apresentado na Figura 13.22 é, portanto, um alceno, enquanto a apresentada na Figura 13.23 possui um anel benzeno. É importante estar atento para deformações angulares N—H, que também ocorrem a ~1.600 cm^{-1}, assim a absorção a esse número de onda não indica sempre uma ligação C=C. No entanto, bandas de absorção resultantes de deformações angulares N—H tendem a ser mais largas (devido a ligações hidrogênio) e mais intensas (por serem mais polares) do que aquelas resultantes de deformações axiais C=C (veja Figura 13.35), e elas serão acompanhadas por deformações axiais N—H a 3.500–3.300 cm^{-1} (Tabela 13.4).

A deformação da ligação C—H em um grupo aldeído apresenta duas bandas de absorção — uma a ~2.820 cm^{-1} e outra a ~2.720 cm^{-1} (Figura 13.24). Isso faz com que os aldeídos sejam relativamente fáceis de serem identificados porque essencialmente nenhuma outra absorção ocorre nesses números de onda.

Vibrações angulares

Se uma substância possui carbonos hibridizados em sp^3, uma simples observação a ~1.400 cm^{-1} lhe dirá se a substância possui grupos metila. Todos os hidrogênios ligados a carbonos hibridizados em sp^3 apresentam uma vibração de deformação angular C—H ligeiramente à *esquerda* de 1.400 cm^{-1}. Apenas grupos metila apresentam uma banda de deformação angular de C—H ligeiramente à *direita* de 1.400 cm^{-1}. Portanto, se uma substância possui um grupo metila, as bandas de absorção aparecerão *tanto* à esquerda *quanto* à direita de 1.400 cm^{-1}; de outro modo, apenas a banda à esquerda de 1.400 cm^{-1} estará presente. Pode-se observar a evidência de um grupo metila na Figura 13.21 (metilciclohexano) e na Figura 13.23 (etilbenzeno), mas não na Figura 13.22 (ciclo-hexeno). Dois grupos metila ligados ao mesmo carbono podem algumas vezes ser detectados por um desdobramento do sinal da metila a ~1.380 cm^{-1} (Figura 13.25).

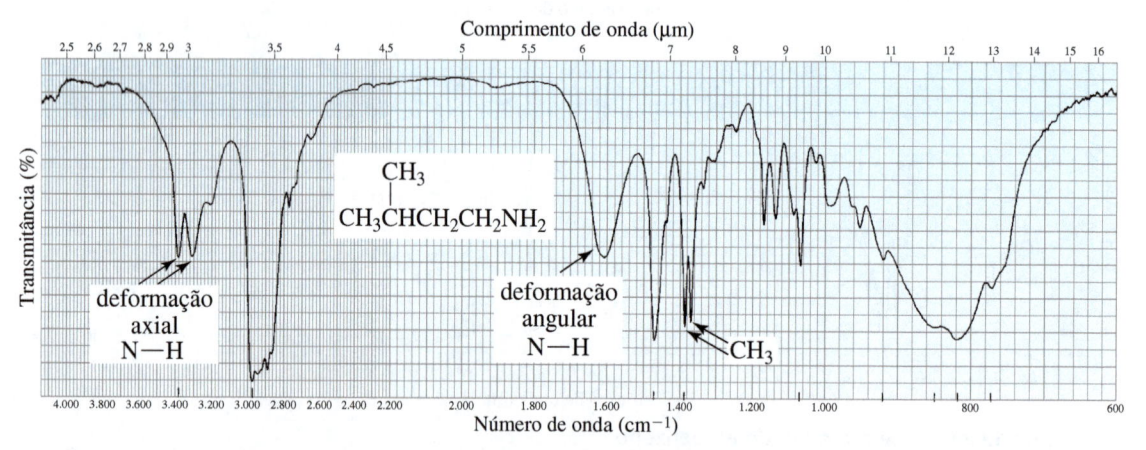

▲ **Figura 13.25** Espectro no IV da isopentilamina. Um pico duplo a ~1380 cm^{-1} indica a presença de um grupo isopropila. As duas ligações N—H também estão indicadas.

As deformações angulares de C—H para hidrogênios ligados a carbonos hibridizados em sp^2 dão origem a bandas de absorção na região de 1.000–600 cm^{-1} (Tabela 13.5). Como podemos observar na tabela, a freqüência das deformações angulares C—H de um alceno depende do número de grupos alquila ligados à ligação dupla e da configuração do alceno. É importante compreender que essas bandas de absorção podem ser deslocadas para fora das regiões características se substituintes que sejam fortes retiradores ou doadores de elétrons estiverem próximos à ligação dupla (Seção 13.10). Substâncias de cadeia aberta com mais de quatro grupos metileno (CH$_2$) adjacentes apresentam uma banda de absorção característica a 720 cm^{-1} que é relacionada à deformação angular no plano (balanço) de grupos metilênicos (Figura 13.19).

13.12 O formato das bandas de absorção

O formato de uma banda de absorção pode ser útil na identificação da substância responsável pelo espectro no IV. Por exemplo, tanto as ligações O—H quanto as ligações N—H sofrem deformações axiais em números de onda superiores a 3.100 cm^{-1}, mas o formato de suas deformações é distinto. Observe a diferença no formato dessas absorções nos espectros do 1-hexanol (Figura 13.19), do ácido pentanóico (Figura 13.20) e da isopentilamina (Figura 13.25). Uma banda de absorção N—H (~3.300 cm^{-1}) é mais fina e menos intensa do que a banda de absorção O—H (~3.300 cm^{-1}), e a banda de absorção O—H de um ácido carboxílico (~3.300–2.500 cm^{-1}) é mais larga que uma banda de absorção O—H de um álcool (seções 13.9 e 13.10). Observe que duas bandas de absorção são detectadas na Figura 13.25 para a deformação axial N—H porque existem duas ligações N—H na substância.

A posição, a intensidade e o formato de uma banda de absorção são úteis na identificação de grupos funcionais.

CAPÍTULO 13 Espectrometria de massas e espectroscopia no infravermelho

PROBLEMA 22

a. Por que uma deformação O—H é mais intensa que uma deformação N—H?

b. Por que a deformação O—H de um ácido carboxílico é mais larga que uma deformação O—H de um álcool?

13.13 Ausência de bandas de absorção

A ausência de uma banda de absorção pode ser tão útil quanto a presença de uma banda na identificação de uma substância por espectroscopia no IV. Por exemplo, o espectro apresentado na Figura 13.26 mostra uma forte absorção a ~1.100 cm^{-1}, o que indica a presença de uma ligação C—O. Claramente, a substância não é um álcool porque não há absorção acima de 3.100 cm^{-1}. Também não é um éster ou nenhum tipo de substância carbonilada porque não há absorção a ~1.700 cm^{-1}. A substância não possui ligações C≡C, C=C, C≡N, C=N ou C—N. Podemos deduzir, portanto, que a substância é um éter. Suas bandas de absorção C—H mostram que ela possui apenas carbonos hibridizados em sp^3 e que possui um grupo metila. Sabemos também que a substância possui menos de quatro grupos metilênicos adjacentes porque não há absorção a ~720 cm^{-1}. A substância é efetivamente um éter dietílico.

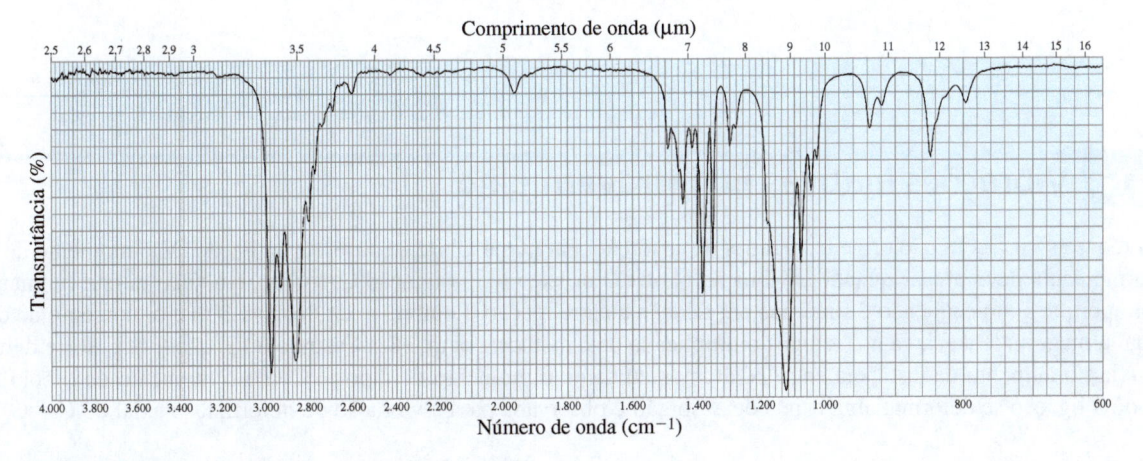

▲ **Figura 13.26** Espectro no IV do éter dietílico.

PROBLEMA 23

Como é possível saber que a banda de absorção a ~1.100 cm^{-1} na Figura 13.26 é devida a uma ligação C—O, e não a uma ligação C—N?

PROBLEMA 24◆

a. Uma substância que contém oxigênio apresenta uma banda de absorção a ~1.700 cm^{-1} e nenhuma banda de absorção a ~3.300 cm^{-1}, ~2.700 cm^{-1} ou ~1.100 cm^{-1}. Que classe de substância é essa?

b. Uma substância que contém nitrogênio não apresenta banda de absorção a ~3.400 cm^{-1} e nenhuma banda de absorção entre 1.700 cm^{-1} e 1.600 cm^{-1}. Que classe de substância é essa?

PROBLEMA 25

Como a espectroscopia no IV distinguiria as seguintes substâncias?

a. uma cetona e um aldeído
b. uma cetona cíclica e uma cetona de cadeia aberta
c. benzeno e ciclo-hexeno
d. 2-*cis*-hexeno e 2-*trans*-hexeno
e. ciclo-hexeno e ciclo-hexano
f. uma amina primária e uma amina terciária

PROBLEMA 26

Para cada um dos seguintes pares de substâncias, forneça uma banda de absorção que poderia ser usada para distingui-las:

a. $CH_3CH_2CH_2CH_3$ e $CH_3CH_2OCH_3$

b. $CH_3CH_2\overset{O}{\overset{\|}{C}}OCH_3$ e $CH_3CH_2\overset{O}{\overset{\|}{C}}OH$

c. $CH_3CH_2\overset{O}{\overset{\|}{C}}OH$ e $CH_3CH_2CH_2OH$

d. $CH_3CH_2C\equiv CCH_3$ e $CH_3CH_2C\equiv CH$

e.  ciclohexano e metilciclohexano

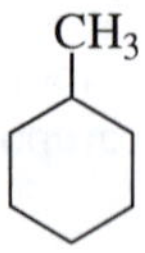

f.  ciclohexeno e benzeno

13.14 Vibrações inativas no infravermelho

Nem todas as vibrações dão origem a bandas de absorção. Para uma vibração absorver radiação IV, o momento de dipolo da molécula deve mudar quando a vibração ocorre. Por exemplo, a ligação C=C no 1-buteno possui momento de dipolo porque a molécula não é simétrica em relação a essa ligação. Lembre-se da Seção 1.3 que o momento de dipolo é igual à magnitude da carga nos átomos multiplicada pela distância entre eles. Quando a ligação C=C sofre deformação axial, o aumento da distância entre os átomos aumenta o momento de dipolo. Como o momento de dipolo muda quando a ligação se deforma, uma banda de absorção é observada para a vibração de deformação axial de C=C.

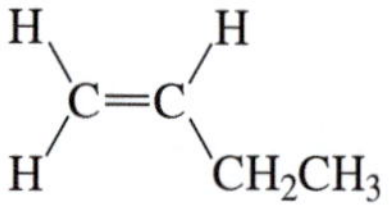

1-buteno 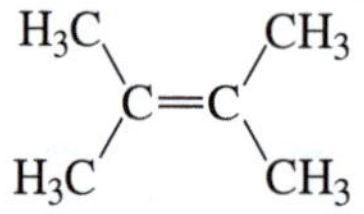   2,3-dimetil-2-buteno 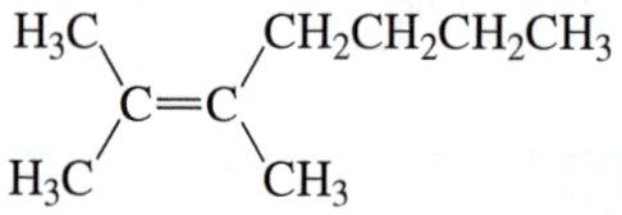   2,3-dimetil-2-hepteno

O 2,3-dimetil-2-buteno, por outro lado, é uma molécula simétrica, por isso sua ligação C=C não possui momento de dipolo. Quando a ligação sofre deformação axial, ela ainda não possui um momento de dipolo. Como a deformação não é acompanhada por uma mudança no momento de dipolo, nenhuma banda de absorção é observada. A vibração é *inativa no infravermelho*. O 2,3-dimetil-2-hepteno apresenta uma mudança muito pequena no momento de dipolo quando a ligação C=C se deforma; assim, apenas uma banda de absorção extremamente fraca (se é que haverá alguma) será detectada para a vibração de deformação axial da ligação.

PROBLEMA 27◆

Qual das seguintes substâncias possui uma vibração que é inativa no infravermelho: acetona, 1-butino, 2-butino, H_2, H_2O, Cl_2 ou eteno?

CAPÍTULO 13 Espectrometria de massas e espectroscopia no infravermelho | **511**

PROBLEMA 28♦

O espectro de massas e o espectro no infravermelho de uma substância desconhecida estão apresentados nas Figuras 13.27 e 13.28, respectivamente. Identifique a substância.

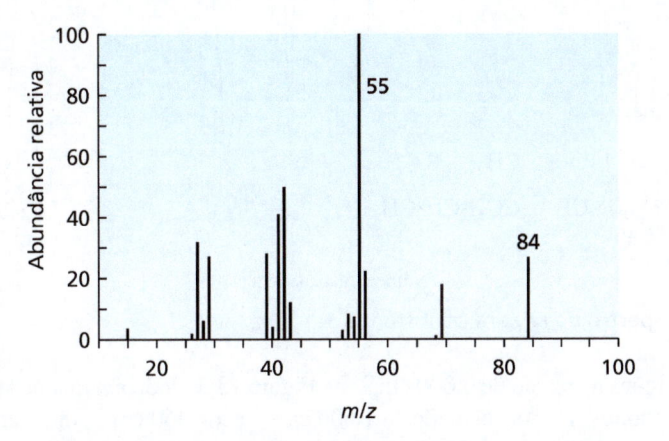

▲ **Figura 13.27** Espectro de massas para o Problema 28.

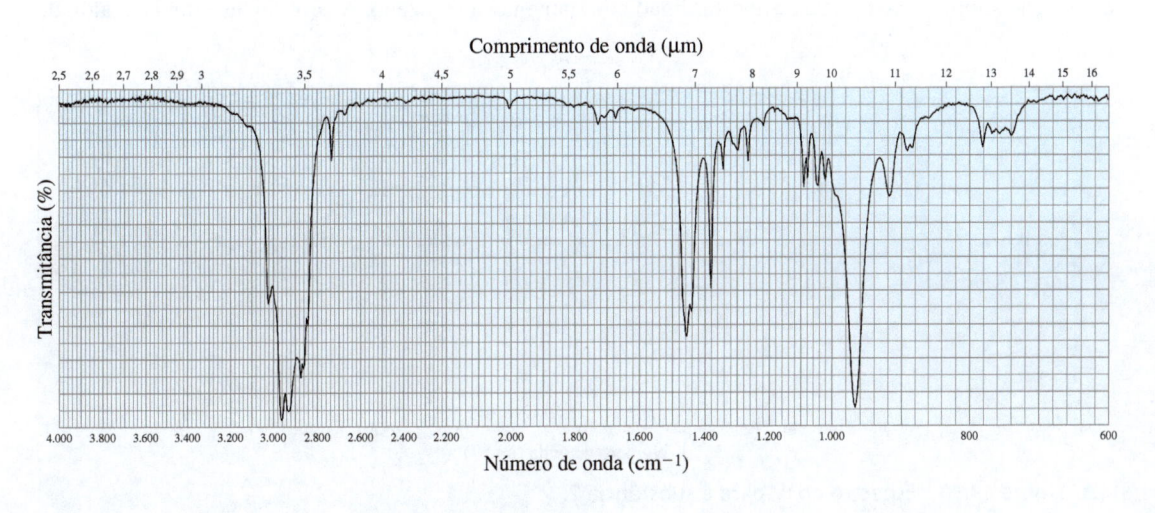

▲ **Figura 13.28** Espectro no IV para o Problema 28.

13.15 Identificando o espectro no infravermelho

Veremos agora alguns espectros no IV e identificaremos o que é possível determinar sobre as estruturas das substâncias que dão origem aos espectros. Podemos não identificar precisamente uma substância, mas quando descobrirmos o que ela é sua estrutura deve se ajustar às nossas observações.

Substância 1. As absorções na região de 3.000 cm^{-1} na Figura 13.29 indicam que os H estão ligados tanto a carbonos sp^2 (3.075 cm^{-1}) quanto a carbonos sp^3 (2.950 cm^{-1}). Agora veremos se os carbonos sp^2 pertencem a um alceno ou a um anel benzeno. A absorção a 1.650 cm^{-1} e a ~890 cm^{-1} sugerem um alceno terminal com dois substituintes alquila na posição 2. A ausência de absorção a ~720 cm^{-1} indica que a substância possui menos de quatro grupos metilênicos adjacentes. Não ficaremos surpresos em dizer que a substância é o 2-metil-1-penteno.

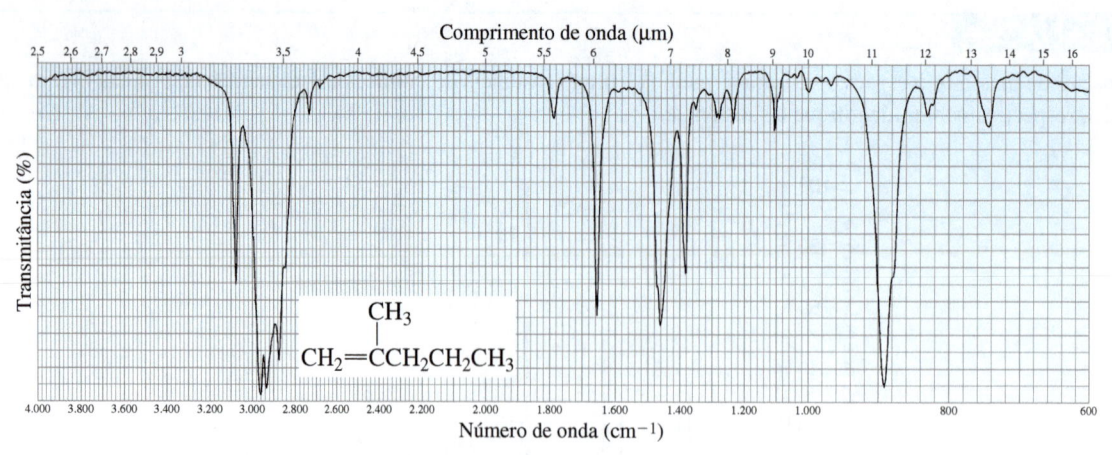

▲ **Figura 13.29** Espectro no IV para a substância 1.

Substância 2. As absorções na região de 3.000 cm^{-1} na Figura 13.30 indicam que os H estão ligados a carbonos sp^2 (3.050 cm^{-1}), mas não a carbonos sp^3. As absorções a 1.600 cm^{-1} e a 1.460 cm^{-1} indicam que a substância possui um anel benzeno. As absorções a 2.810 cm^{-1} e a 2.730 cm^{-1} mostram que a substância é um aldeído. A banda de absorção para a carbonila (C=O) é mais baixa (1.700 cm^{-1}) do que o normal (1.720 cm^{-1}); logo, a carbonila possui um caráter parcial de ligação simples. Assim, ela deve estar ligada diretamente ao benzeno. A substância é um benzaldeído.

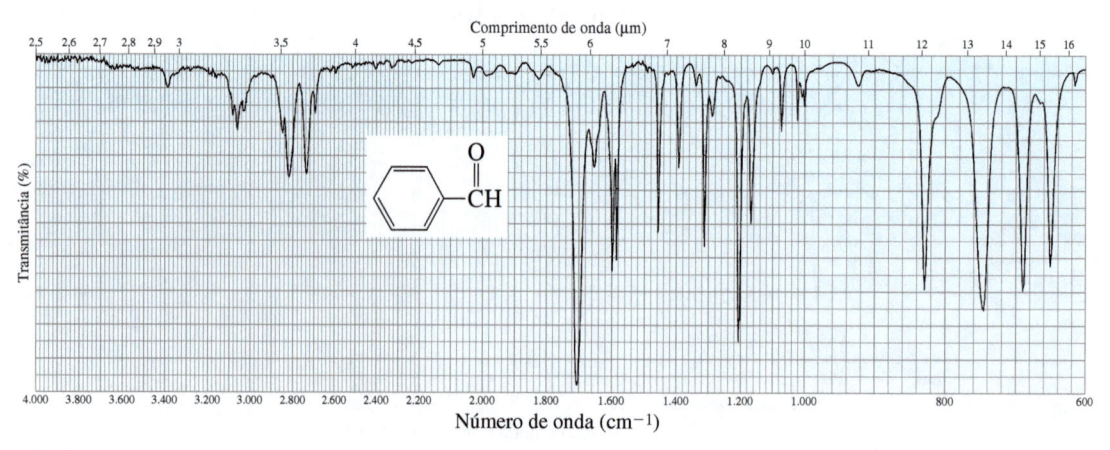

▲ **Figura 13.30** Espectro no IV para a substância 2.

Substância 3. As absorções na região de 3.000 cm^{-1} na Figura 13.31 indicam que os H estão ligados a carbonos sp^3 (2.950 cm^{-1}), porém não a carbonos sp^2. A forma da banda de absorção forte a 3.300 cm^{-1} é característica de um grupo O—H. A absorção a ~2.100 cm^{-1} indica que a substância possui uma ligação tripla. A banda de absorção fina a 3.300 cm^{-1} indica que a substância é um alcino terminal. A substância é o 2-propin-1-ol.

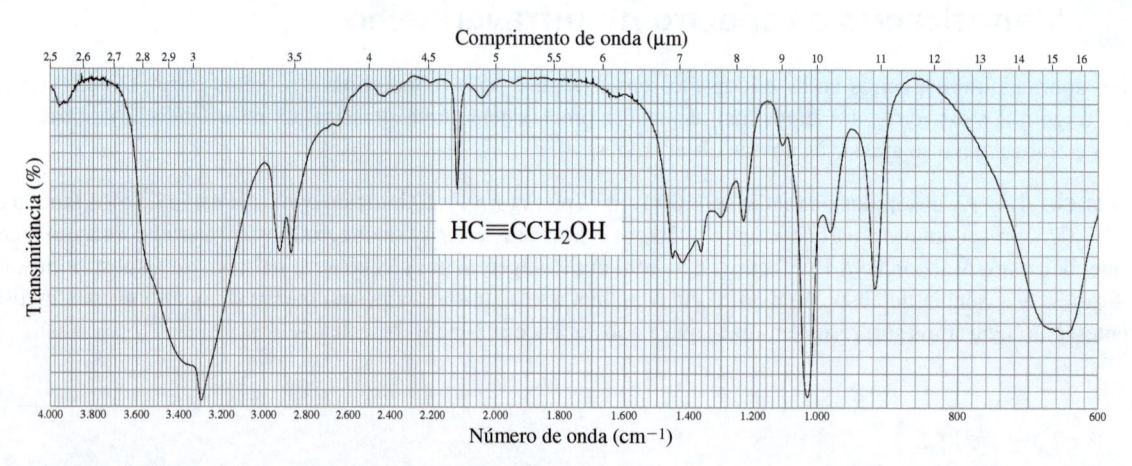

▲ **Figura 13.31** Espectro no IV para a substância 3.

Substância 4. As absorções na região de 3.000 cm^{-1} na Figura 13.32 indicam que os H estão ligados a carbonos sp^2 (2.950 cm^{-1}). A banda de absorção relativamente forte a 3.300 cm^{-1} sugere que a substância possui uma ligação N—H. A presença da ligação N—H é confirmada pela absorção a 1.560 cm^{-1}. A absorção de C=O a 1.660 cm^{-1} indica que a substância é uma amida. A substância é a *N*-metilacetamida.

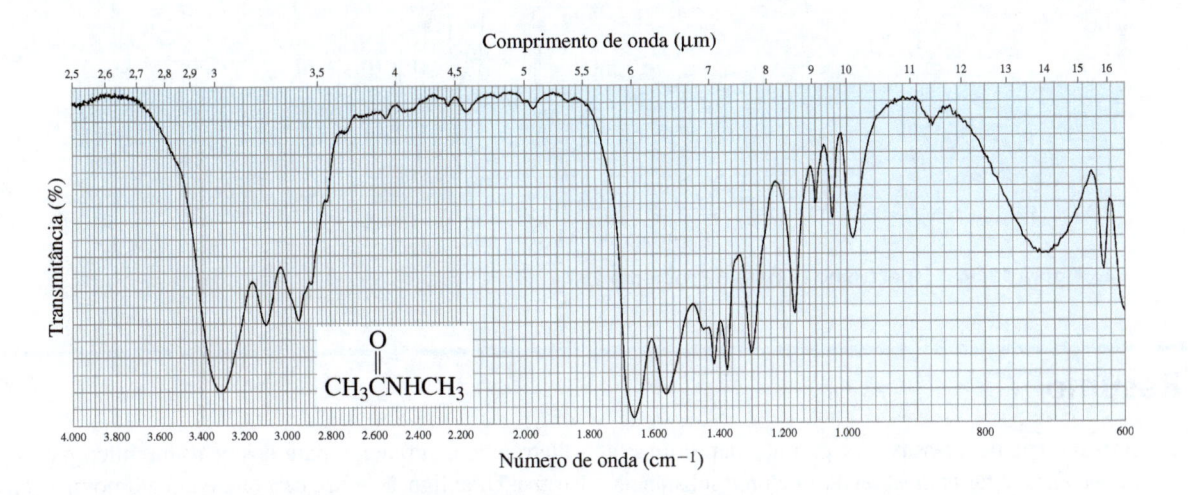

▲ **Figura 13.32** Espectro no IV para a substância 4.

Substância 5. As absorções na região de 3.000 cm^{-1} na Figura 13.33 indicam que os H estão ligados a carbonos sp^2 (> 3.000 cm^{-1}) e a carbonos sp^3 (< 3.000 cm^{-1}). As absorções a 1.605 cm^{-1} e a 1.500 cm^{-1} indicam que a substância contém um anel benzeno. A absorção a 1.720 cm^{-1} para a carbonila indica que a substância é uma cetona e que a carbonila não está diretamente ligada ao anel benzeno. A absorção a ~1.380 cm^{-1} indica que a substância contém um grupo metila. A substância é a 1-fenil-2-butanona.

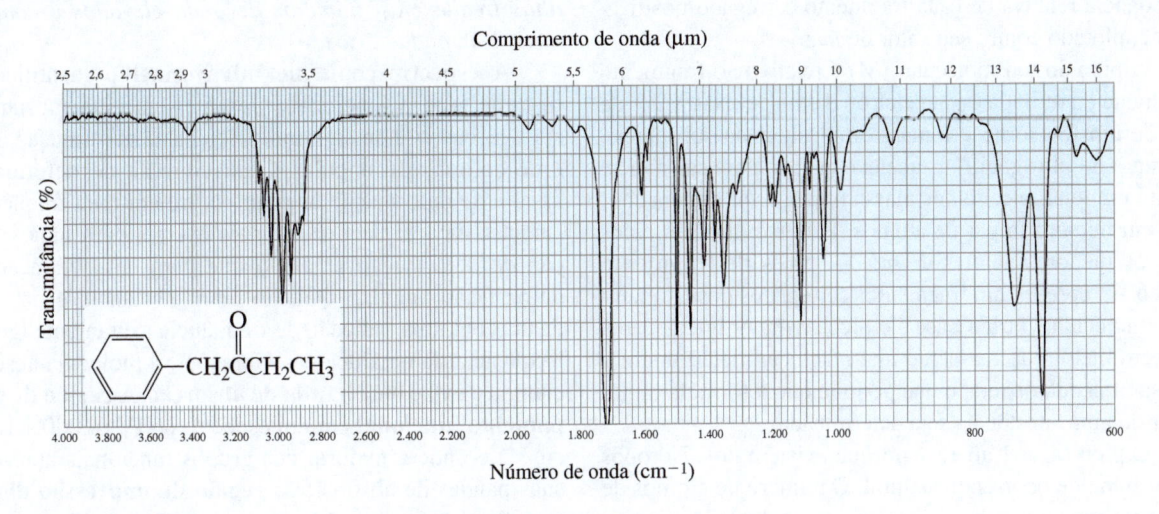

▲ **Figura 13.33** Espectro no IV para a substância 5.

PROBLEMA 29◆

Uma substância de fórmula molecular C_4H_6O fornece o espectro no infravermelho apresentado na Figura 13.34. Identifique a substância.

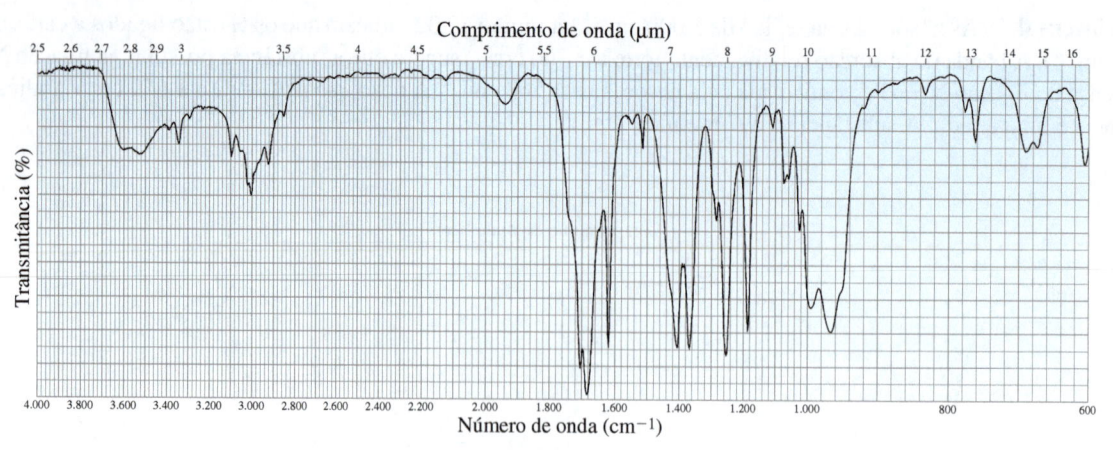

▲ Figura 13.34 Espectro no IV para o Problema 29.

Resumo

A **espectrometria de massas** nos permite determinar a *massa molecular* e a *fórmula molecular* de uma substância, assim como certas características estruturais. Na espectrometria de massas, uma pequena amostra da substância é volatilizada e depois ionizada como resultado da remoção de um elétron de cada molécula, produzindo um **íon molecular** — um cátion radical. Muitos dos íons moleculares se fragmentam em cátions, radicais, moléculas neutras e outros radicais catiônicos. As ligações mais propensas a se romperem são as mais fracas e são estas que resultam na formação dos produtos mais estáveis. O espectrômetro de massas registra um **espectro de massas** — um gráfico da abundância relativa de cada fragmento carregado positivamente, plotado contra seu valor de *m/z*.

O pico do íon molecular (M) é relativo ao fragmento resultante da retirada de um elétron da molécula; o valor de *m/z* de um íon fornece a massa molecular da substância. A "regra do nitrogênio" estabelece que, se uma substância possui um íon molecular de massa ímpar, a substância contém um número ímpar de átomos de nitrogênio. Os picos com os menores valores de *m/z* — **picos de fragmento iônico** — representam fragmentos carregados positivamente da molécula. O **pico base** é o pico de maior intensidade. Espectrômetros de massa de alta resolução determinam a massa molecular exata, o que permite que a fórmula molecular de uma substância seja determinada.

O pico M + 1 aparece porque existem dois isótopos de carbono de ocorrência natural. O número de átomos de carbono em uma substância pode ser calculado a partir das intensidades relativas dos picos M e M + 1. Um pico M + 2 grande é uma evidência de que a substância contém cloro ou bromo; se este é um terço da altura do pico M, a substância contém um átomo de cloro; se os picos M e M + 2 possuem aproximadamente a mesma altura, a substância contém um átomo de bromo.

Padrões de fragmentação característicos são associados a grupos funcionais específicos. O bombardeamento eletrônico é suficiente para deslocar um único par de elétrons. Uma ligação entre carbono e um átomo mais eletronegativo se quebra de modo *heterolítico*, com os elétrons migrando para o átomo mais eletronegativo. Uma ligação entre um carbono e um átomo de eletronegatividade semelhante se quebra mais homoliticamente; uma **clivagem α** ocorre porque a espécie que é formada é um cátion estabilizado por ressonância.

A **espectroscopia** é o estudo da interação da matéria com a **radiação eletromagnética**. Uma série de diferentes tipos de radiação eletromagnética constitui o espectro eletromagnético. A radiação de alta energia está associada a *altas freqüências*, *números de onda elevados* e *comprimentos de onda curtos*.

A **espectroscopia no infravermelho** identifica os tipos de grupos funcionais presentes em uma substância. As ligações vibram com movimentos de deformação axial e de deformação angular. Cada vibração de deformação axial e de deformação angular ocorre em uma freqüência característica. É necessário mais energia para uma vibração de deformação axial do que para uma vibração de deformação angular. Quando uma substância é bombardeada com uma radiação de freqüência exatamente igual à freqüência de uma de suas vibrações, a molécula absorve energia e exibe uma **banda de absorção**. A **região de grupamento funcional** em um espectro no IV (4.000—1.400 cm^{-1}) é onde a maioria dos grupos funcionais apresenta suas bandas de absorção; a **região de impressão digital** (1.400—600 cm^{-1}) é característica da substância como um todo.

A posição, a intensidade e o formato de uma banda de absorção auxiliam na identificação dos grupos funcionais. A quantidade de energia necessária para a deformação axial de uma ligação depende da *força* da ligação: ligações mais fortes apresentam bandas de absorção em números de onda maiores. Portanto, a freqüência de absorção depende da ordem de ligação, da hibridização, dos efeitos eletrônicos e de ressonância. A freqüência é inversamente relacionada às *massas* dos átomos, logo átomos mais pesados vibram em freqüências mais baixas. A intensidade de uma banda de absorção depende da dimensão da mudança no momento de dipolo associada à vibração e ao número de ligações responsáveis pela absorção. Para uma vibração absorver radiação IV, o momento de dipolo da molécula deve mudar no momento da vibração.

Palavras-chave

banda de absorção (p. 498)
cátion radical (p. 481)
clivagem (p. 488)
comprimento de onda (p. 495)
deformação angular (p. 497)
deformação axial (p. 496)
espectro de massas (p. 482)
espectro no infravermelho (p. 497)

espectrometria de massas (p. 480)
espectroscopia (p. 494)
espectroscopia no infravermelho (p. 480)
freqüência (p. 495)
freqüência de deformação (p. 499)
íon molecular (p. 481)
lei de Hooke (p. 501)
massa molecular nominal (p. 483)

número de onda (p. 496)
pico base (p. 483)
pico de fragmentação iônica (p. 483)
radiação eletromagnética (p. 494)
radiação infravermelho (p. 499)
rearranjo de McLafferty (p. 492)
região de grupamento funcional (p. 499)
região de impressão digital (p. 499)

Problemas

30. Qual dos picos seria mais intenso no espectro de massas das seguintes substâncias — o pico a $m/z = 57$ ou o pico a $m/z = 71$?
    a. 3-metilpentano
    b. 2-metilpentano

31. Cite três fatores que influenciam na intensidade de uma banda de absorção no IV.

32. Para cada um dos seguintes pares de substâncias, identifique uma banda de absorção no IV que poderia ser usada para distingui-las:

    a. $CH_3CH_2\overset{O}{\overset{\|}{C}}OCH_3$ e $CH_3CH_2\overset{O}{\overset{\|}{C}}CH_3$

    b. 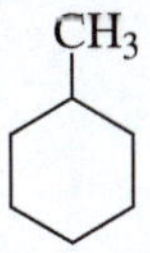 metilciclohexano e $CH_3CH_2CH_2CH_2CH_2CH_2CH_3$

    c. $CH_3CH_2CH{=}CH_2$ e $CH_3CH_2CH{=}\overset{CH_3}{\underset{|}{C}}CH_3$

    d. 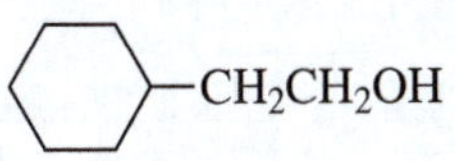 ciclohexil-CH_2CH_2OH e ciclohexil-$\underset{OH}{\overset{|}{C}}HCH_3$

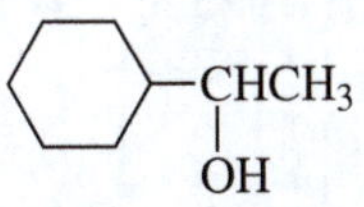

    e. $CH_3\overset{O}{\overset{\|}{C}}OCH_2CH_3$ e $CH_3\overset{O}{\overset{\|}{C}}CH_2OCH_3$

    f. $CH_3CH_2CH{=}CHCH_3$ e $CH_3CH_2C{\equiv}CCH_3$

    g. $CH_3CH_2\overset{O}{\overset{\|}{C}}H$ e $CH_3CH_2\overset{O}{\overset{\|}{C}}CH_3$

    h. 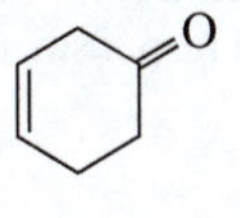 ciclohexanona e ciclohex-2-enona

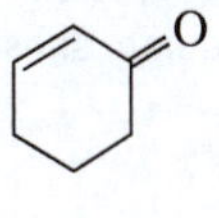

    i. *cis*-2-buteno e *trans*-2-buteno

    j. $CH_3CH_2CH_2OH$ e $CH_3CH_2OCH_3$

    l. $CH_3CH_2\overset{O}{\overset{\|}{C}}NH_2$ e $CH_3CH_2\overset{O}{\overset{\|}{C}}OCH_3$

    m. 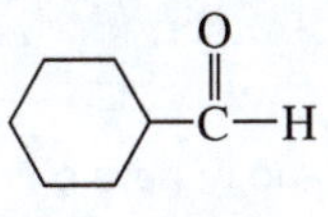 ciclohexil-$\overset{O}{\overset{\|}{C}}-H$ e fenil-$\overset{O}{\overset{\|}{C}}-H$

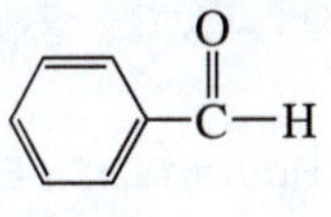

516 QUÍMICA ORGÂNICA

33. a. Como você poderia determinar, por espectroscopia no IV, que a seguinte reação ocorreu?

$$\text{C}_6\text{H}_5\text{CHO} \xrightarrow[\text{HO}^-, \Delta]{\text{NH}_2\text{NH}_2} \text{C}_6\text{H}_5\text{CH}_3$$

b. Após purificar o produto, como você poderia determinar que todo o NH_2NH_2 tenha sido removido?

34. Quais características de identificação deveriam estar presentes no espectro de massas de uma substância que contém dois átomos de bromo?

35. Presumindo que a constante de força é aproximadamente a mesma para as ligações C—C, C—N e C—O, determine as posições relativas de suas vibrações de deformação axial.

36. Um espectro de massas apresenta picos bastante significativos a m/z = 87, 115, 140 e 143. Qual das seguintes substâncias é responsável por esse espectro de massas: 4,7-dimetil-1-octanol, 2,6-dimetil-4-octanol ou 2,2,4-trimetil-4-heptanol?

37. Como a espectroscopia no IV distinguiria entre o 1,5-hexadieno e o 2,4-hexadieno?

38. Uma substância fornece um espectro de massas com picos a m/z = 77 (40%), 112 (100%), 114 (33%) e praticamente nenhum outro pico. Identifique a substância.

39. Quais hidrocarbonetos apresentam um pico de íon molecular a m/z = 112?

40. Nas caixas a seguir, relacione os tipos de ligação e o número de onda aproximado no qual se espera que cada tipo de ligação apresente uma banda de absorção no IV:

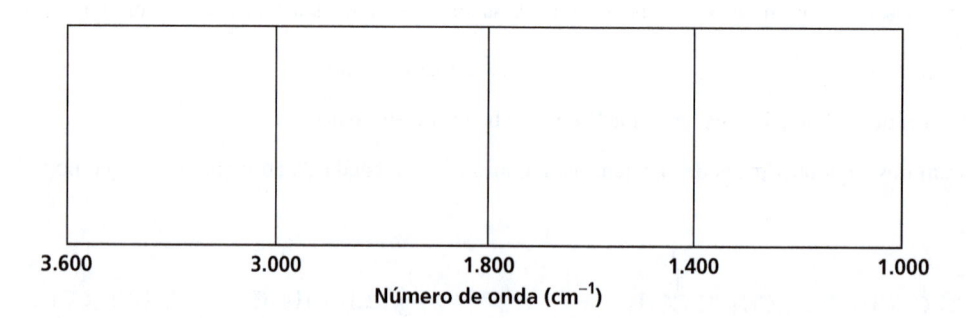

3.600	3.000	1.800	1.400 1.000

Número de onda (cm^{-1})

41. Para cada um dos espectros no IV das figuras 13.35, 13.36 e 13.37, quatro substâncias são apresentadas. Em cada caso, indique qual das quatro substâncias é responsável pelo espectro.

a. $CH_3CH_2CH_2C{\equiv}CCH_3$ $CH_3CH_2CH_2CH_2OH$ $CH_3CH_2CH_2CH_2C{\equiv}CH$ $CH_3CH_2CH_2\overset{\displaystyle O}{\overset{\|}{C}}OH$

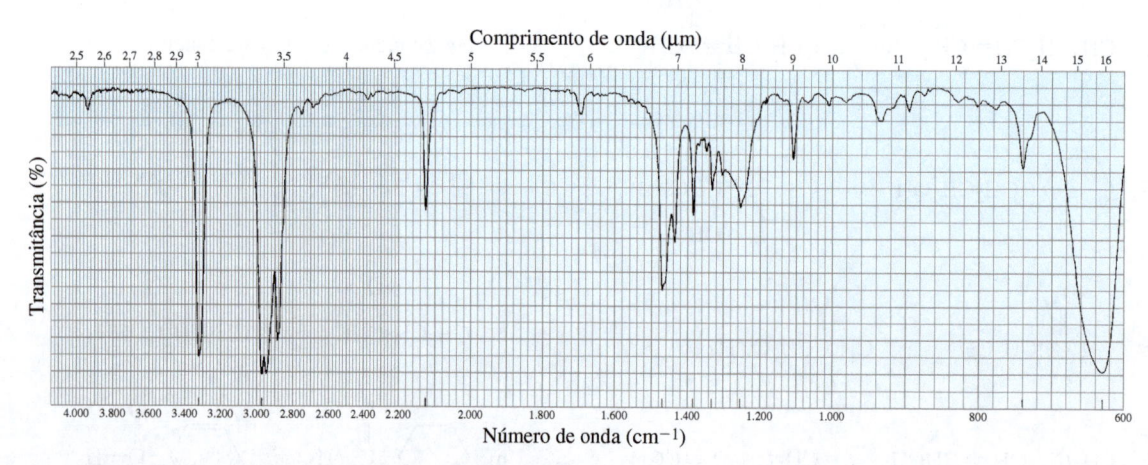

▲ **Figura 13.35**   Espectro no IV para o Problema 41a.

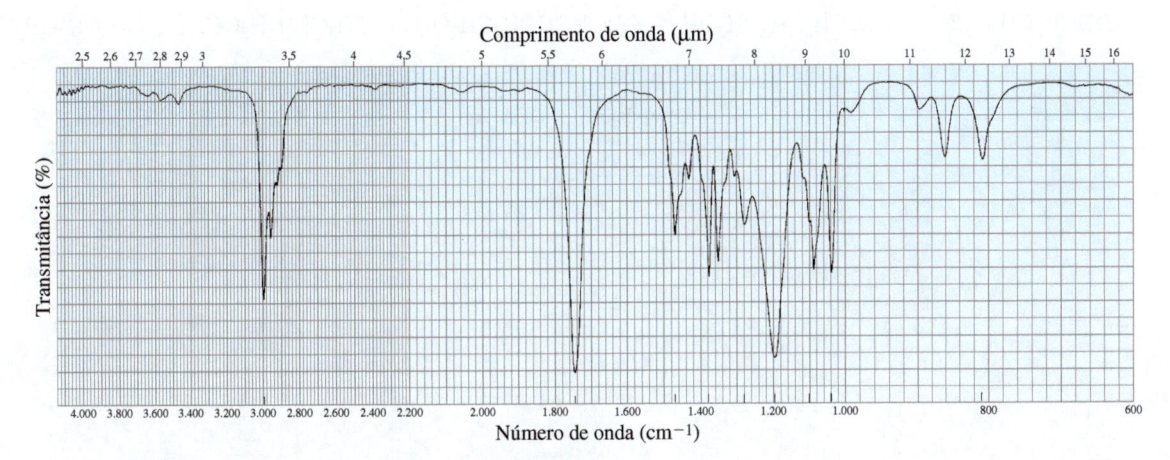

b. CH₃CH₂COH   CH₃CH₂COCH₂CH₃   CH₃CH₂CH   CH₃CH₂CCH₃
(estruturas com C=O)

▲ **Figura 13.36** Espectro no IV para o Problema 41b.

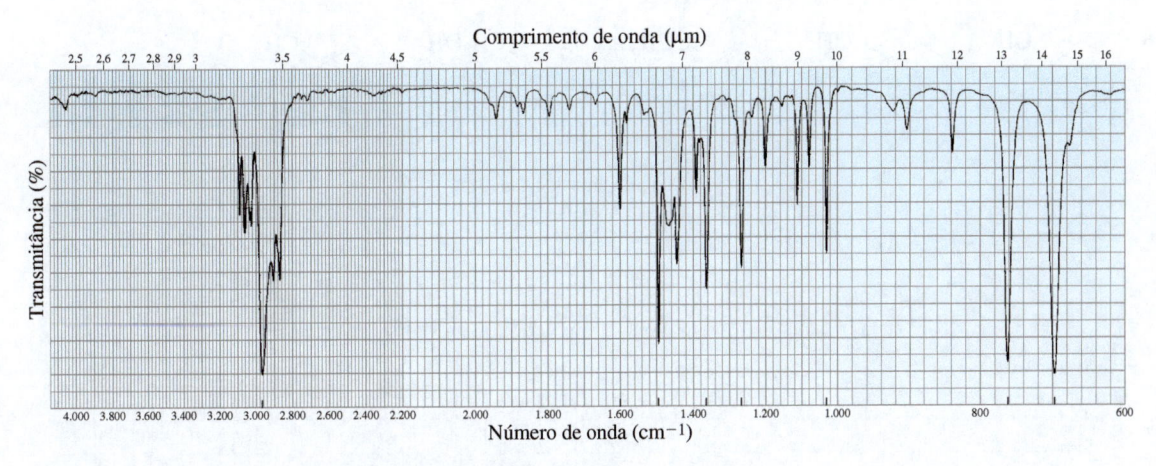

c. C₆H₅—C(CH₃)₃   C₆H₅—CH₂CH₂Br   C₆H₅—CH=CH₂   C₆H₅—CH₂OH

▲ **Figura 13.37** Espectro no IV para o Problema 41c.

42. Quais picos em seus espectros de massas poderiam ser usados para distinguir entre a 4-metil-2-pentanona e a 2-metil-3-pentanona?

43. Uma substância é conhecida por ser uma das mostradas aqui. Quais bandas de absorção do espectro no IV da substância permitiriam que você a identificasse?

A: C₆H₅—CH₂—CHO
B: C₆H₅—CO—CH₃
C: 3-metilbenzaldeído (m-CH₃-C₆H₄-CHO)

44. Como o espectro no IV distinguiria entre 1-hexino, 2-hexino e 3-hexino?

518 QUÍMICA ORGÂNICA

45. Para cada um dos espectros no IV das figuras 13.38, 13.39 e 13.40, indique qual das substâncias apresentadas é responsável pelo espectro.

a. $CH_3CH_2CH{=}CH_2$ $CH_3CH_2CH_2CH_2OH$ $CH_2{=}CHCH_2CH_2OH$ $CH_3CH_2CH_2OCH_3$ $CH_3CH_2CH_2\overset{\overset{O}{\|}}{C}OH$

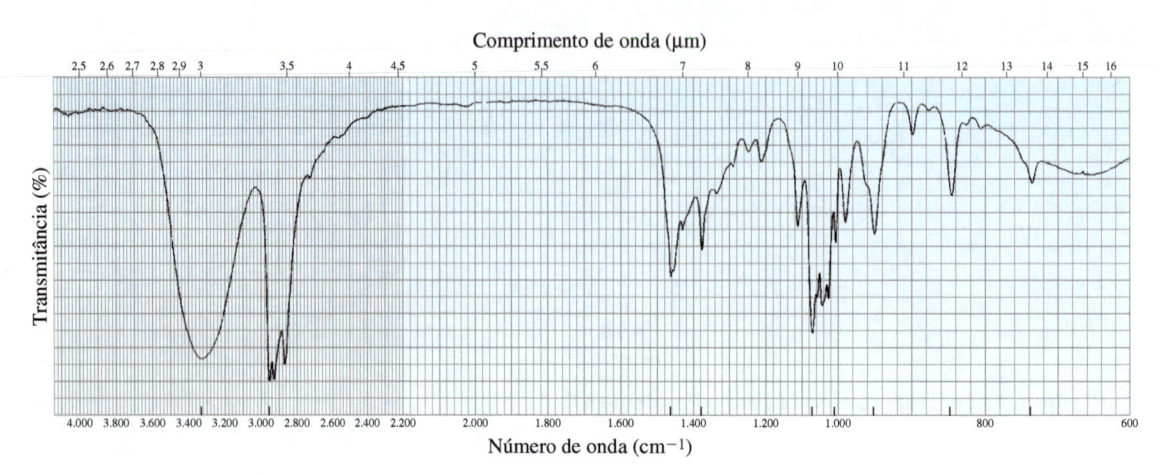

▲ **Figura 13.38** Espectro no IV para o Problema 45a.

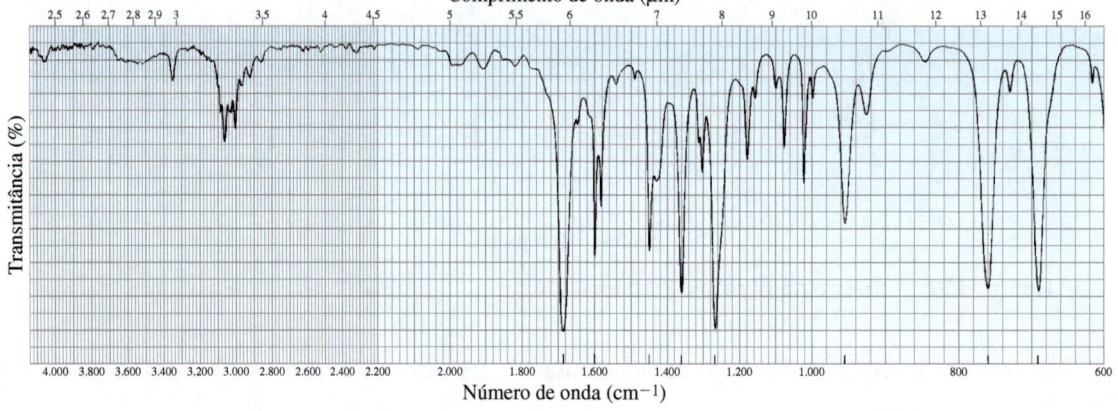

b. fenol, ácido benzoico, acetofenona, álcool benzílico, benzaldeído

▲ **Figura 13.39** Espectro no IV para o Problema 45b.

c. 2-etinilciclo-hexan-1-ona, 2-metilciclo-hex-2-en-1-ona, fenil metil cetona (acetofenona), ciclo-hexilmetanol, 4-etilciclo-hexan-1-ona

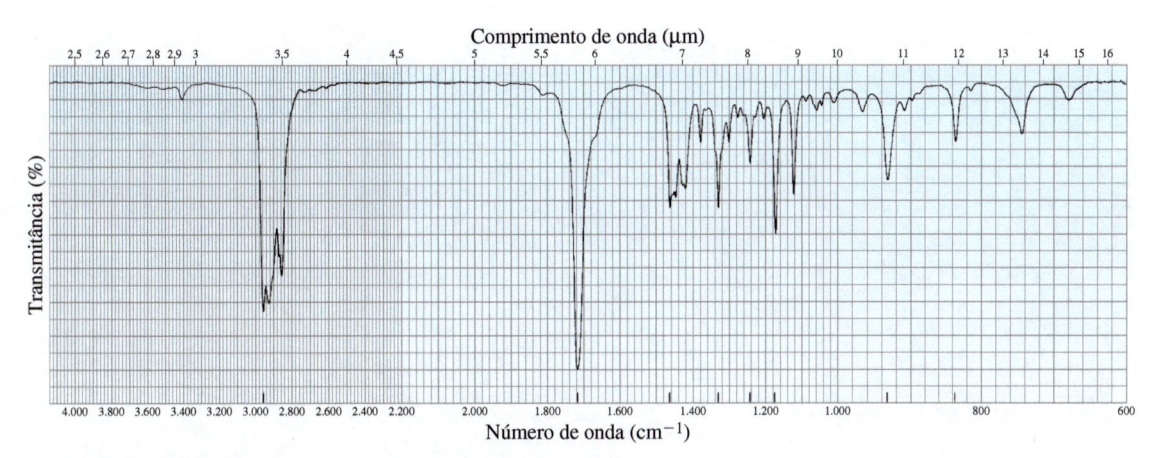

CAPÍTULO 13 Espectrometria de massas e espectroscopia no infravermelho | 519

▲ **Figura 13.40** Espectro no IV para o Problema 45c.

46. Cada um dos espectros no IV apresentados na Figura 13.41 é o espectro de uma das substâncias mostradas a seguir. Identifique a substância responsável por cada espectro.

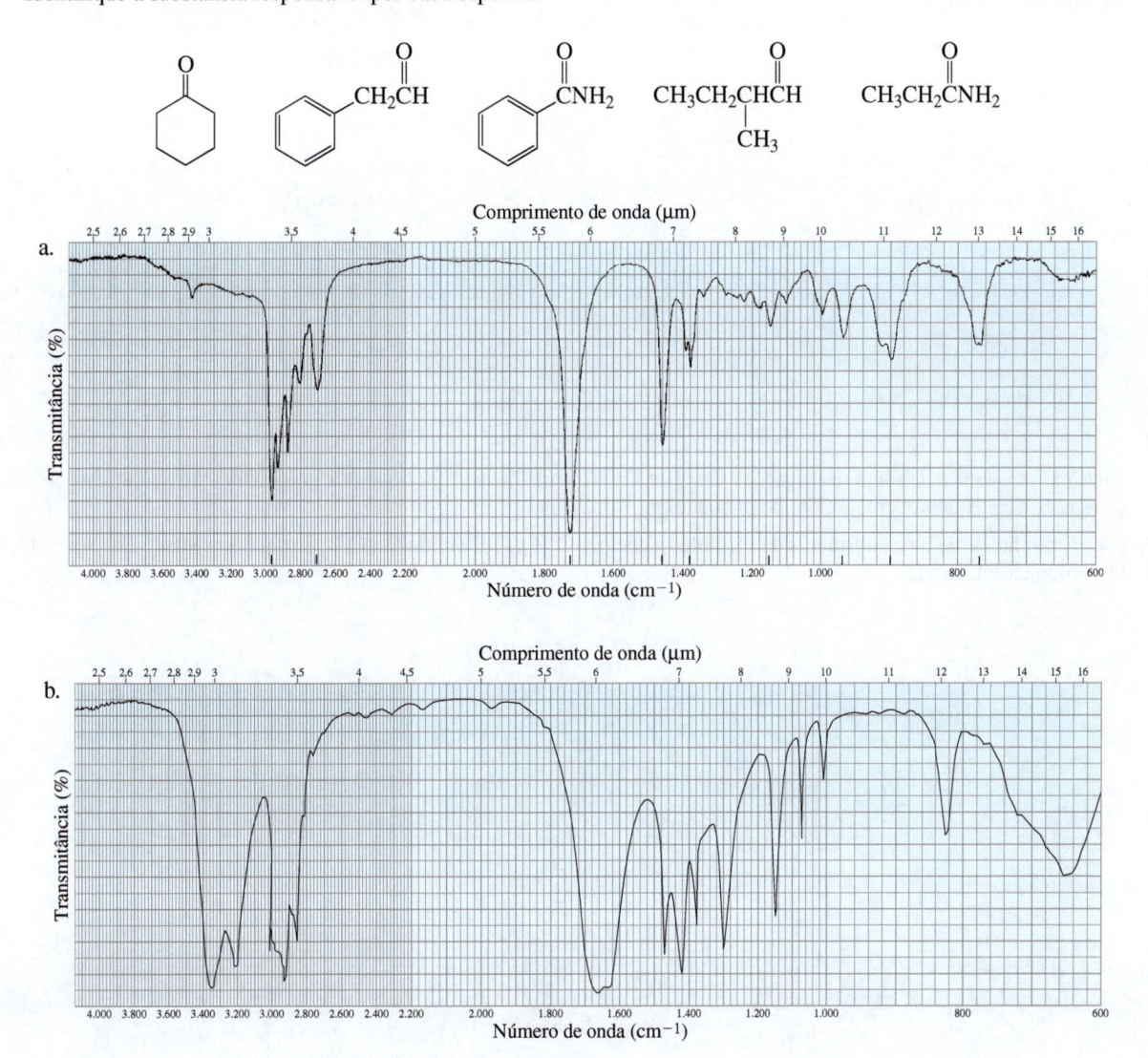

▲ **Figura 13.41** Espectros no IV para o Problema 46.

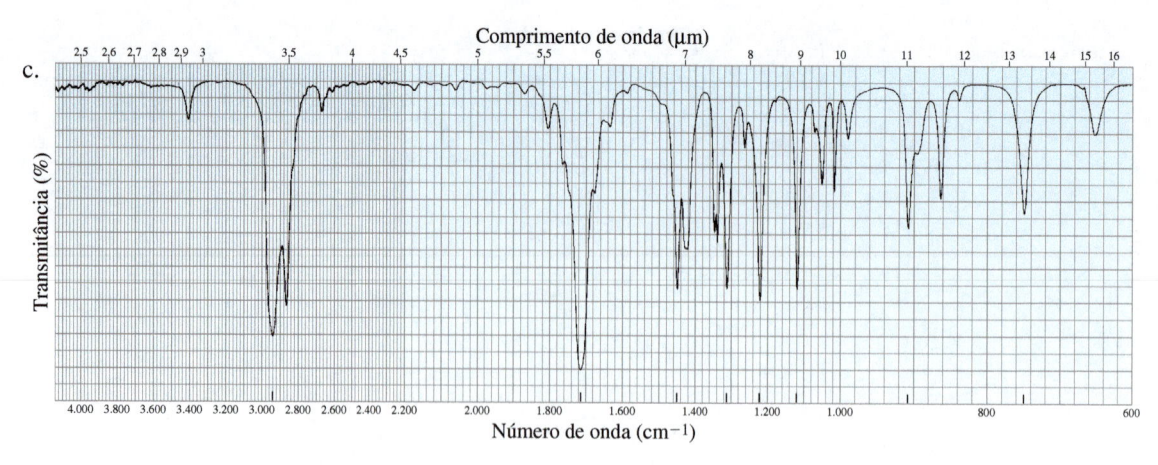

▲ **Figura 13.41 (continuação)**

47. Identifique as características principais das bandas de absorção no IV que poderiam ser fornecidas para cada uma das seguintes substâncias:

a. $CH_2=CHCH_2\overset{\overset{O}{\|}}{C}H$

b. Ph—$\overset{\overset{O}{\|}}{C}$—OCH$_2CH_3$ (benzoato de etila)

c. $CH_3CH_2\overset{\overset{O}{\|}}{C}CH_2CH_2NH_2$

d. ciclohexil—CH$_2$CH$_2$OH

e. ciclohexil—CH$_2$C≡CH

f. ciclohexil—CH$_2\overset{\overset{O}{\|}}{C}OH$

48. Sendo as constantes de força das ligações C—H e C—C semelhantes, explique por que a vibração de deformação axial da ligação C—H ocorre em número de onda maior.

49. O espectro no IV de uma substância de fórmula molecular C_5H_8O foi obtido em CCl_4 e está apresentado na Figura 13.42. Identifique a substância.

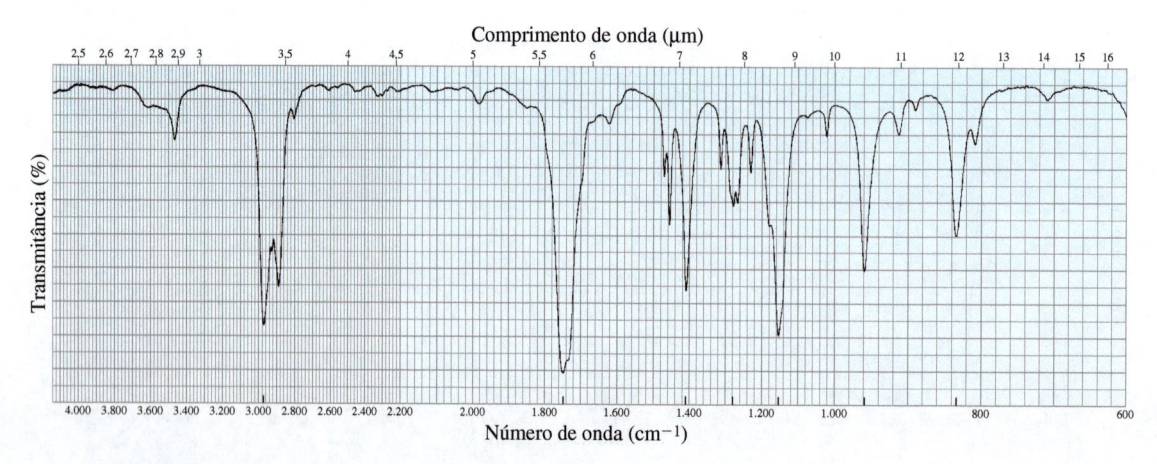

▲ **Figura 13.42** Espectro no IV para o Problema 49.

CAPÍTULO 13 Espectrometria de massas e espectroscopia no infravermelho

50. O espectro no IV apresentado na Figura 13.43 é o espectro de uma das seguintes substâncias. Identifique a substância.

Ph—CH$_2$OH   Ph—COOH   Ph—OH   Ph—NH$_2$ Ph—CH$_2$NH$_2$

▲ Figura 13.43 Espectro no IV para o Problema 50.

51. O espectro no IV apresentado na Figura 13.44 é o espectro de uma das seguintes substâncias. Identifique a substância.

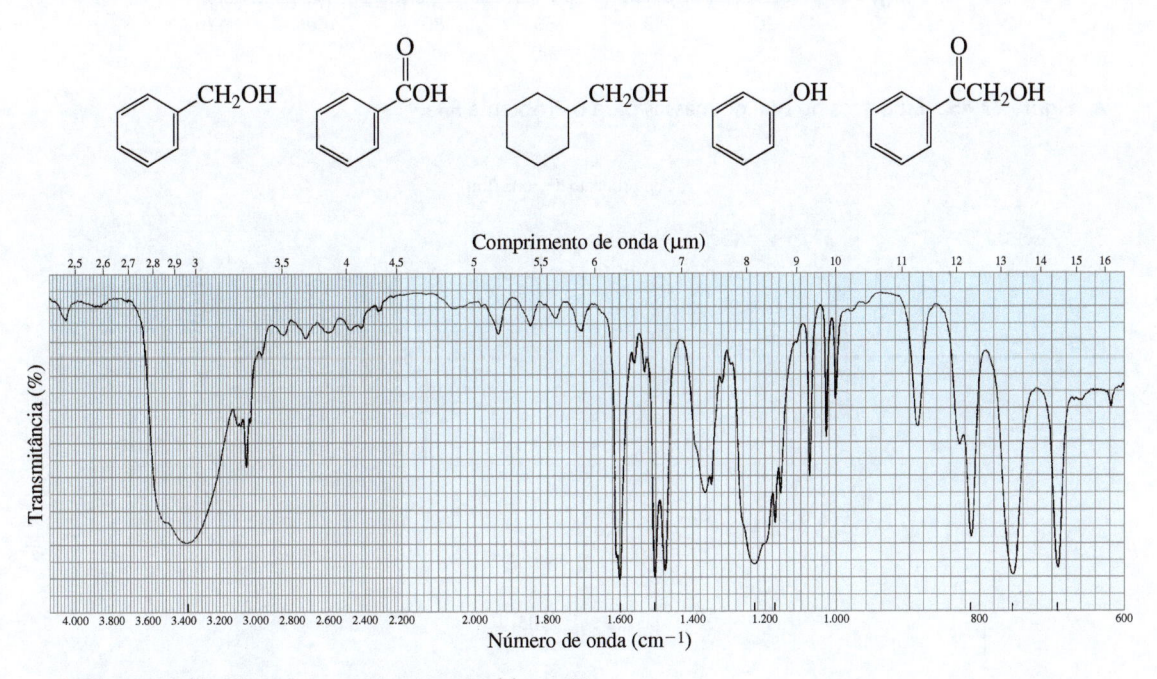

Ph—CH$_2$OH   Ph—COH   Cy—CH$_2$OH   Ph—OH   Ph—COCH$_2$OH

▲ Figura 13.44 Espectro no IV para o Problema 51.

52. Determine a fórmula molecular do hidrocarboneto saturado acíclico com um pico M a $m/z = 100$, com intensidade relativa de 27,32% e pico M + 1 com intensidade relativa de 2,10%.

53. Calcule o número de onda aproximado no qual a deformação axial de C═C ocorre, e a constante de força para a ligação C═C é de 10×10^5 gs^{-2}.

54. Os espectros no IV e de massas para três diferentes substâncias estão apresentados nas figuras 13.45 a 13.47. Identifique cada substância.

QUÍMICA ORGÂNICA

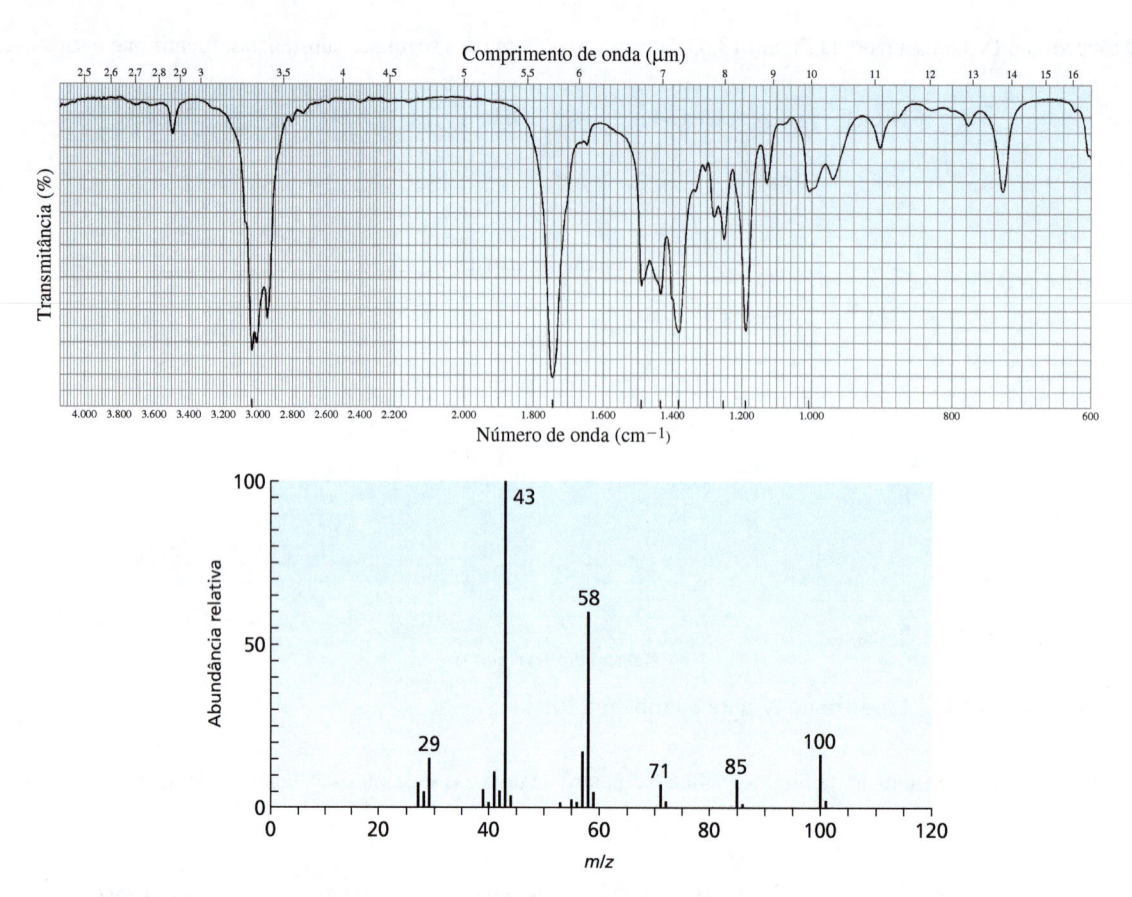

▲ **Figura 13.45** Espectros no IV e de massas para o Problema 54a.

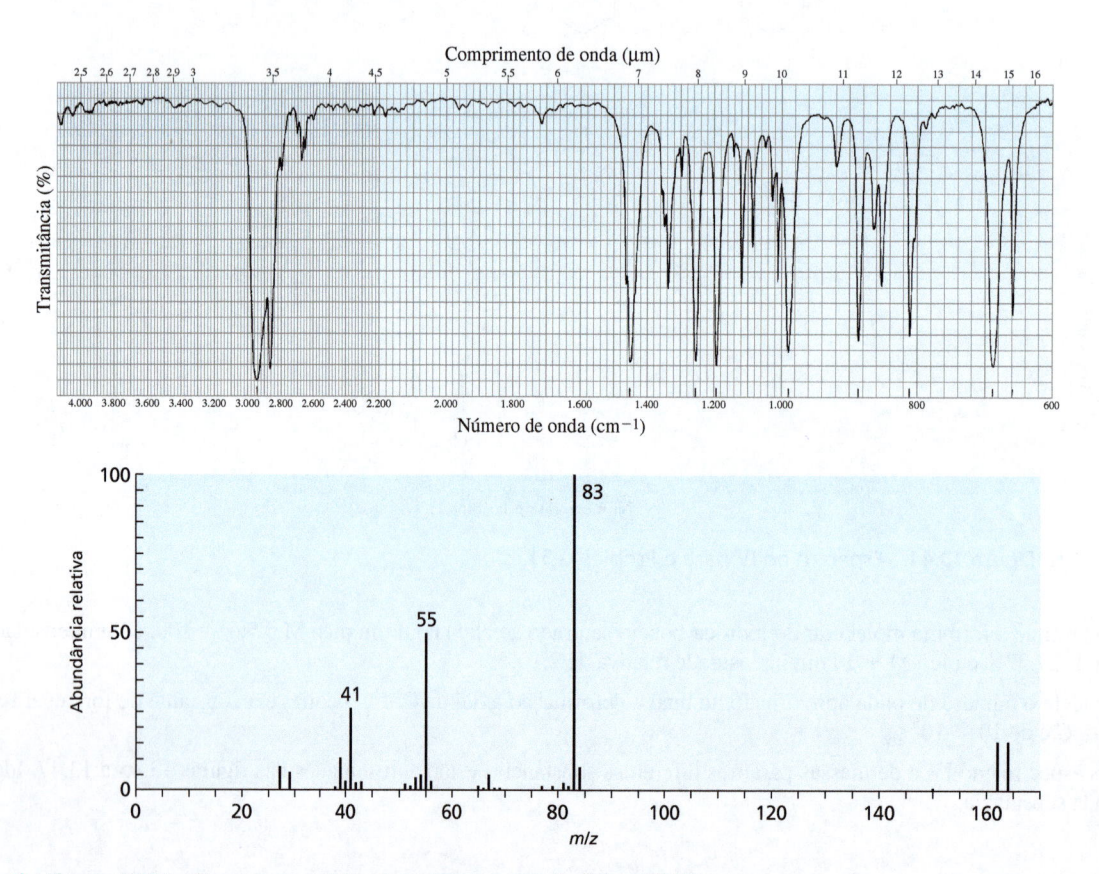

▲ **Figura 13.46** Espectros no IV e de massas para o Problema 54b.

CAPÍTULO 13 Espectrometria de massas e espectroscopia no infravermelho | 523

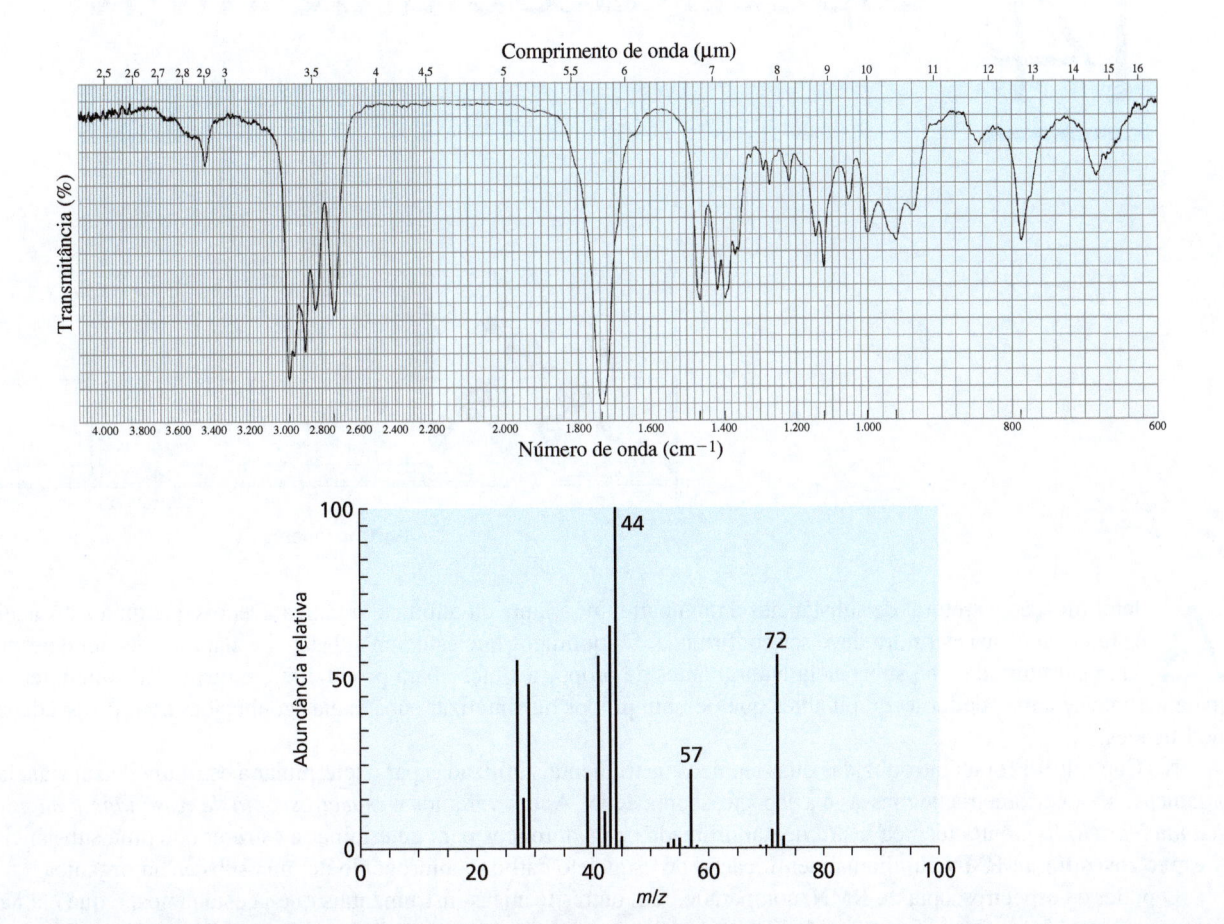

▲ Figura 13.47 Espectros no IV e de massas para o Problema 54c.

14 Espectroscopia de RMN

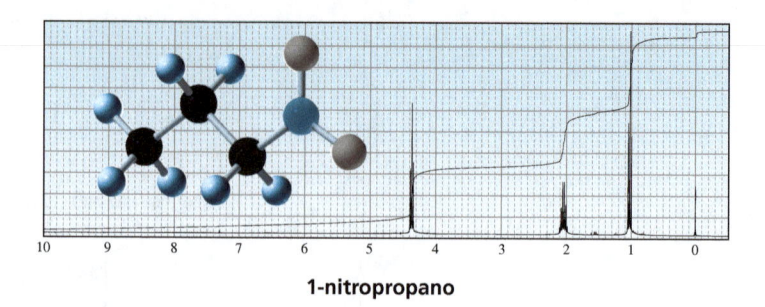

1-nitropropano

A determinação estrutural de substâncias é uma parte importante da química orgânica. Depois que uma substância é sintetizada, sua estrutura deve ser confirmada. Os químicos que estudam substâncias naturais devem determinar a estrutura de uma substância natural antes de propor a síntese para produzi-la em quantidades maiores do que a natureza é capaz de fornecer, ou antes que possam propor ou sintetizar substâncias conhecidas com propriedades modificadas.

No Capítulo 13 foram introduzidas duas técnicas instrumentais utilizadas para determinar a estrutura de substâncias orgânicas: a espectrometria de massas e a espectroscopia de IV. Agora veremos a *espectroscopia de ressonância magnética nuclear (RMN)*, outra técnica instrumental utilizada pelos químicos para determinar a estrutura de uma substância. A **espectroscopia de RMN** auxilia na identificação do esqueleto carbono–hidrogênio de uma substância orgânica.

O poder da espectroscopia de RMN, comparado com outras técnicas instrumentais que já estudamos, é que ela não só torna possível identificar a funcionalidade de um carbono específico mas também nos permite determinar com que os carbonos vizinhos se parecem. Em muitos casos, a espectroscopia de RMN pode ser utilizada para determinar a estrutura inteira da molécula.

14.1 Introdução à espectroscopia de RMN

Edward Mills Purcell (1912–1997) *e* **Felix Bloch** *fizeram um trabalho sobre propriedades magnéticas dos núcleos que tornou possível o desenvolvimento da espectroscopia de RMN. Dividiram o Prêmio Nobel de física em 1952.*

Purcell nasceu em Illinois. Tornou-se PhD pela Universidade de Harvard em 1938 e passou a integrar imediatamente o corpo docente do departamento de física.

A espectroscopia de RMN foi desenvolvida por físico-químicos no final da década de 1940 para estudar as propriedades de núcleos atômicos. Em 1951, os químicos perceberam que a espectroscopia de RMN também poderia ser usada para determinar as estruturas de substâncias orgânicas. Vimos que os elétrons são carregados, partículas que giram com dois estados de *spin* permitidos: +1/2 e −1/2 (Seção 1.2). Alguns núcleos também possuem estados de *spin* de +1/2 e −1/2 e essa propriedade permite que eles sejam estudados por RMN. Exemplos desses núcleos são ^{1}H, ^{13}C, ^{15}N, ^{19}F e ^{31}P.

Como os núcleos de hidrogênio (prótons) foram os primeiros núcleos estudados pela ressonância magnética nuclear, a designação "RMN", de modo geral, significa **RMN ^{1}H (ressonância magnética nuclear de hidrogênio)**. Espectrômetros para **RMN ^{13}C**, **RMN ^{15}N**, **RMN ^{19}F**, **RMN ^{31}P** e outros núcleos magnéticos foram desenvolvidos mais tarde.

Núcleos giratórios carregados geram um campo magnético, como o campo de uma pequena barra de ímã. Na ausência de um campo magnético aplicado, os *spins* nucleares são orientados randomicamente. No entanto, quando uma amostra é colocada em um campo magnético aplicado (Figura 14.1), o núcleo gira e tende a alinhar-se *a favor* ou *contra* o campo de maior magnetismo. Mais energia é necessária para um próton alinhar-se contra o campo do que a favor dele. Prótons que se alinham a favor do campo estão no **estado de spin α** de menor energia; prótons que se alinham contra o campo estão em **estado de spin β** de maior energia. Um número maior de núcleos encontra-se no estado de *spin α* do que no estado de *spin β*. A diferença nas populações é muito pequena (em torno de 20 em um milhão de prótons), mas é suficiente para formar a base da espectroscopia de RMN.

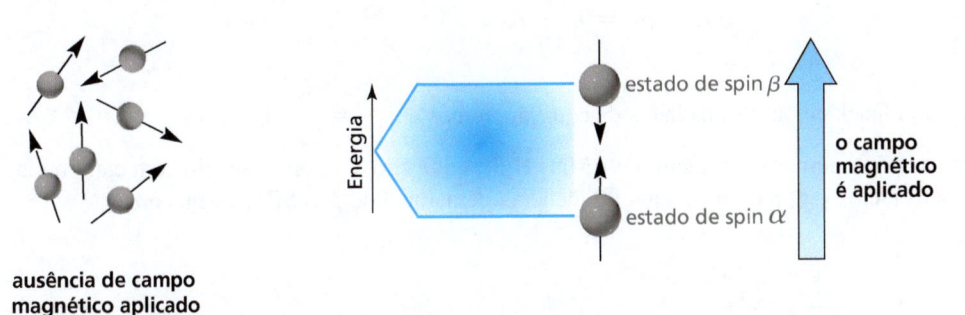

◀ **Figura 14.1**
Na ausência de um campo magnético aplicado, os *spins* nucleares são orientados randomicamente. Na presença de um campo magnético aplicado, os *spins* nucleares alinham-se a favor ou contra o campo.

A diferença de energia (ΔE) entre os estados de *spin α* e *β* depende da força do **campo magnético aplicado** (B_0). Quanto maior a força do campo magnético no qual o núcleo é exposto, maior é a diferença de energia entre os estados de *spin α* e *β* (Figura 14.2).

Quando a amostra é submetida a um pulso de radiação cuja energia corresponde à diferença de energia (ΔE) entre os estados de *spin α* e *β*, o núcleo no estado de *spin α* é promovido ao estado de *spin β*. Essa transição é chamada "excitação" do *spin*. Como a diferença energética entre os estados de *spin α* e *β* é muito pequena — para os magnetos disponíveis atualmente — apenas uma pequena quantidade de energia é necessária para excitar o *spin*. A radiação requerida está na região de radiofreqüência (rf) do espectro eletromagnético e é chamada **radiação rf**. Quando os núcleos sofrem relaxamento (isto é, retornam a seus estados de origem), emitem sinais eletromagnéticos cuja freqüência depende da diferença de energia (ΔE) entre os estados de *spin α* e *β*. O espectrômetro de RMN detecta esses sinais e os apresenta como um registro da freqüência do sinal *versus* sua intensidade — um espectro de RMN. Isso se deve ao fato de os núcleos estarem *em ressonância* com a radiação rf, fazendo com que a expressão "ressonância magnética nuclear" seja estabelecida. Nesse contexto, "ressonância" refere-se ao giro de lá para cá do núcleo entre os estados *spin α* e *β* em resposta à radiação rf.

Felix Bloch (1905–1983) *nasceu na Suíça. Seu primeiro trabalho acadêmico foi na Universidade de Leipzig. Após deixar a Alemanha quando Hitler assumiu o poder, Bloch trabalhou em universidades na Dinamarca, Holanda e Itália. Chegando aos Estados Unidos, tornou-se cidadão americano em 1939. Foi professor de física na Universidade de Stanford e trabalhou no projeto da bomba atômica em Los Alamos, Novo México, durante a Segunda Guerra Mundial.*

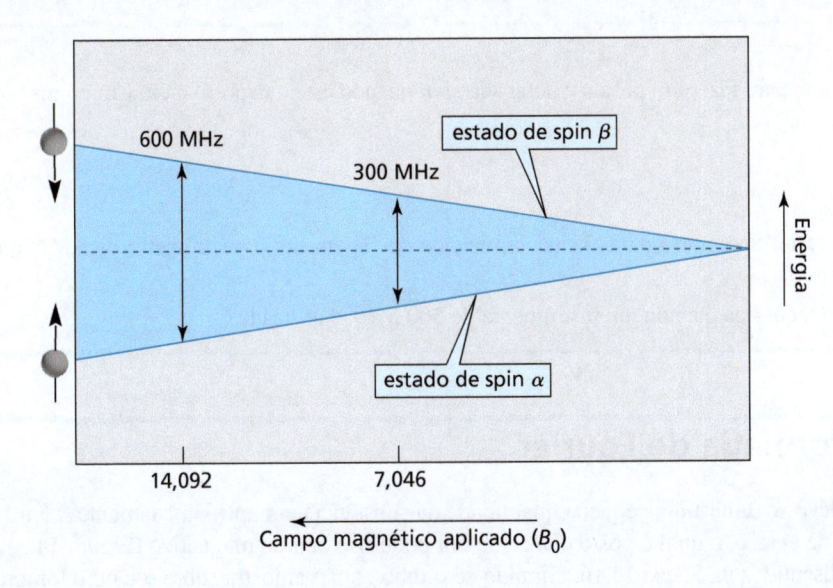

◀ **Figura 14.2**
Quanto maior a força do campo magnético aplicado, maior é a diferença de energia entre os estados de spin α e β.

Lembre-se de que a constante de Planck, *h*, é a constante de proporcionalidade que relaciona a diferença de energia (ΔE) à freqüência (ν) (Seção 13.6). A equação a seguir mostra que a diferença de energia entre os estados de *spin* (ΔE) depende da freqüência de operação do espectrômetro, o qual depende da força do campo magnético (B_0), medida em tesla (T)[1], e da *razão giromagnética* (γ). A **razão giromagnética** (também chamada razão magnetogírica) é uma constante que depende do momento magnético de um tipo de núcleo particular. No caso do próton, o valor de γ é $2,675 \times 10^8$ T^{-1}s^{-1}; no caso do núcleo de ^{13}C, é de $6,688 \times 10^7$ T^{-1}s^{-1}.

$$\Delta E = h\nu = h\frac{\gamma}{2\pi}B_0$$

Cancelando a constante de Planck em ambos os lados da equação, temos que $\nu = \frac{\gamma}{2\pi}B_0$.

O cálculo a seguir mostra que, se um espectrômetro de RMN ^{1}H for equipado com um magneto com campo magnético (B_0) = 7,046 T, o espectrômetro vai precisar de uma freqüência operacional de 300 MHz (megahertz):

$$\nu = \frac{\gamma}{2\pi}B_0$$

$$= \frac{2,675 \times 10^8}{2(3,1416)} \text{T}^{-1}\text{s}^{-1} \times 7,046 \text{ T}$$

$$= 300 \times 10^6 \text{ Hz} = 300 \text{ MHz}$$

O campo magnético da Terra é 5×10^5 T, medido na linha do equador. O campo magnético máximo em sua superfície é 7×10^5 T, medido no pólo magnético sul.

O campo magnético é proporcional à freqüência operacional.

A equação mostra que o *campo magnético (B_0) é proporcional à freqüência operacional* (MHz). Portanto, se o espectrômetro possui um magneto mais poderoso, ele deve ter uma freqüência operacional maior. Por exemplo, um campo magnético de 14,092 T requer uma freqüência operacional de 600 MHz.

Os espectrômetros de RMN atuais operam em freqüências entre 60 e 900 MHz. A **freqüência operacional** de um espectrômetro em particular depende da força do magneto construído. Quanto maior a freqüência operacional de um instrumento — e mais forte o magneto —, melhor é a resolução (separação dos sinais) do espectro de RMN (Seção 14.17).

Como cada tipo de núcleo possui sua própria razão giromagnética, diferentes energias são requeridas para induzir diferentes tipos de núcleo a entrar em ressonância. Por exemplo, um espectrômetro de RMN com um magneto que requer uma freqüência de 300 MHz para excitar o *spin* de um núcleo de ^{1}H requer uma freqüência de 75 MHz para excitar o *spin* de um núcleo de ^{13}C. Os espectrômetros de RMN são equipados com fontes de radiação que podem ser ajustadas em diferentes freqüências de modo que elas possam ser utilizadas para obter espectros de RMN de diferentes tipos de núcleo (^{1}H, ^{13}C, ^{15}N, ^{19}F, ^{31}P, etc.).

PROBLEMA 1♦

Qual a freqüência (em MHz) necessária para fazer um próton excitar seu *spin* quando este é exposto a um campo magnético de 1 tesla?

PROBLEMA 2♦

a. Calcule o campo magnético (em tesla) necessário para excitar um núcleo de ^{1}H em um espectrômetro de RMN que opera a 360 MHz.
b. Qual a força do campo magnético requerida quando um instrumento de 500 MHz é utilizado?

14.2 RMN com transformada de Fourier

Para se obter um espectro de RMN, deve-se diluir uma pequena quantidade da substância em aproximadamente 0,5 mL de solvente e pôr a solução em um tubo de ensaio, o qual é posto dentro de um poderoso campo magnético (Figura 14.3). Os solventes utilizados em RMN serão discutidos na Seção 14.16. Girando-se o tubo com a amostra sobre seu eixo longitudinal, estima-se a posição das moléculas no campo magnético, e assim há um grande aumento da resolução do espectro.

---

[1] Até recentemente, o gauss (G) era a unidade com que a força do campo magnético era normalmente medida (1T = 10^4 G).

CAPÍTULO 14 Espectroscopia de RMN 527

Nikola Tesla (1856–1943)

Nikola Tesla, filho de um pastor anglicano, nasceu na Croácia. Imigrou para os Estados Unidos em 1884 e se tornou cidadão americano em 1891. Ele propôs a corrente alternada, contrapondo-se a Edison, que propôs a corrente contínua. Ainda que Tesla não tenha saído vencedor da disputa com Marconi, sobre qual deles inventou o rádio, à Tesla foi dado o crédito pelo desenvolvimento da luz néon e da luz fluorescente, do microscópio eletrônico, do motor de refrigeradores e do enrolamento Tesla, um tipo de transformador.

Nikola Tesla em seu laboratório

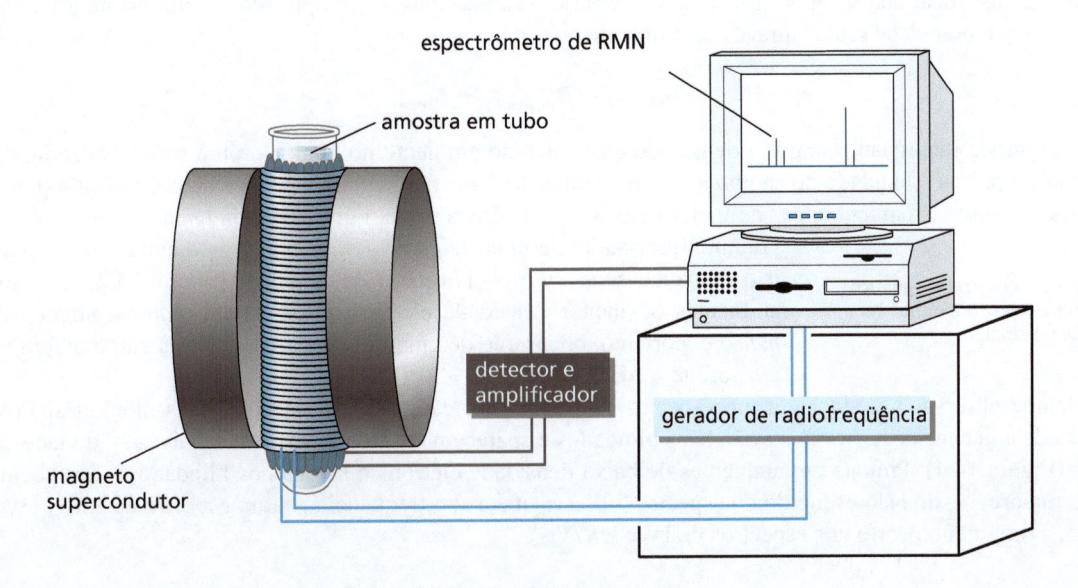

▲ **Figura 14.3** Esquema de um espectrômetro de RMN.

Em instrumentos modernos chamados *espectrômetros de pulso com transformada de Fourier (FT)*, o campo magnético é mantido constante e um pulso de rf de curta duração excita todos os prótons simultaneamente. Como o pulso curto de rf cobre uma série de freqüências, os prótons individuais absorvem a freqüência necessária para entrarem em ressonância (excitar seus *spins*). Quando os prótons relaxam (isto é, à medida que retornam ao equilíbrio), produzem um sinal complexo — chamado decaimento de indução livre (FID — Free Induction Decay) — em uma freqüência correspondente ao ΔE. A intensidade do sinal decai à medida que os núcleos perdem a energia que ganharam do pulso de rf. Um computador coleta essas informações e em seguida as converte de dados de intensidade *versus* tempo para informações de intensidade *versus* freqüência por meio de uma operação matemática conhecida como *transformada de Fourier*, que produz um espectro chamado **espectro de RMN com transformada de Fourier (FT–RMN)**. Um espectro de FT–RMN pode ser registrado em aproximadamente 2 segundos — e muitos FIDs podem ser estimados em poucos minutos — com a utilização de menos de 5 mg de substância. Os espectros de RMN neste livro são espectros de FT–RMN que foram feitos por um espectrômetro com freqüência operacional de 300 MHz. Este livro discute a teoria por trás do FT–RMN, mais do que a teoria sobre o antigo RMN de onda contínua (OC), uma vez que o primeiro é mais moderno e de mais fácil compreensão.

O Prêmio Nobel de química de 1991 foi dado a **Richard R. Ernst** *por duas importantes contribuições: espectroscopia de FT–RMN e um método de tomografia de RMN que forma a base das imagens de ressonância magnética (IRM). Ernst nasceu em 1933, tornou-se PhD pelo Instituto Federal de Tecnologia da Suíça [Eidgenössiche Technische Hochschule (ETH)], em Zurique, e cientista pesquisador na Varian Associates em Palo Alto, Califórnia. Em 1968, retornou ao ETH, onde leciona química.*

14.3 Blindagem

Vimos que, quando uma amostra em um campo magnético é irradiada com radiação rf de freqüência apropriada, cada próton[2] em uma substância orgânica fornece um sinal numa freqüência que depende da diferença de energia (ΔE) entre os estados de *spin* α e β, onde ΔE é determinada pela força do campo magnético (Figura 14.2). Se todos os prótons de uma substância orgânica estivessem exatamente no mesmo ambiente, todos forneceriam sinais na mesma freqüência em resposta a um campo magnético aplicado. Se esse fosse o caso, todos os espectros de RMN consistiriam de um único sinal, o qual nada nos informaria sobre a estrutura da substância, apenas que ela possui prótons.

Um núcleo, no entanto, está envolvido em uma nuvem de elétrons que o *blinda* parcialmente do campo magnético aplicado. Felizmente para os químicos, a blindagem varia para os diferentes prótons dentro da molécula. Em outras palavras, cada próton não experimenta o mesmo campo magnético aplicado.

O que promove a blindagem? Em um campo magnético, os elétrons circulam ao redor do núcleo e induzem um campo magnético local que se opõe (isto é, que subtrai) ao campo magnético aplicado. O **campo magnético efetivo**, portanto, é o que o núcleo "sente" através do ambiente eletrônico ao redor:

$$B_{efetivo} = B_{aplicado} - B_{local}$$

Isso significa que, quanto maior a densidade eletrônica do ambiente no qual o próton está localizado, maior é o B_{local} e mais o próton é blindado do campo magnético aplicado. Esse tipo de blindagem é chamado **blindagem diamagnética**. Assim, prótons em ambientes de maior densidade eletrônica sentem um *campo magnético efetivo menor*. Eles, portanto, precisarão de uma *freqüência mais baixa* para entrar em ressonância — isto é, excitar seus *spins* — porque o ΔE é menor (Figura 14.2). Os prótons em ambientes de menor densidade eletrônica sentem um *campo magnético efetivo maior* e, portanto, precisarão de uma *freqüência maior* para entrarem em ressonância porque o ΔE é maior.

> Quanto maior o campo magnético percebido pelo próton, maior é a freqüência do sinal.

Podemos observar um sinal em um espectro de RMN para cada próton em ambientes diferentes. Prótons em ambientes de alta densidade eletrônica são mais blindados e aparecem em freqüências mais baixas — do lado direito do espectro (Figura 14.4). Prótons em ambientes de baixa densidade eletrônica são menos blindados e aparecem em freqüências maiores — do lado esquerdo do espectro (observe que a alta freqüência em um espectro de RMN está do lado esquerdo, assim como ocorre nos espectros de IV e UV/Vis).

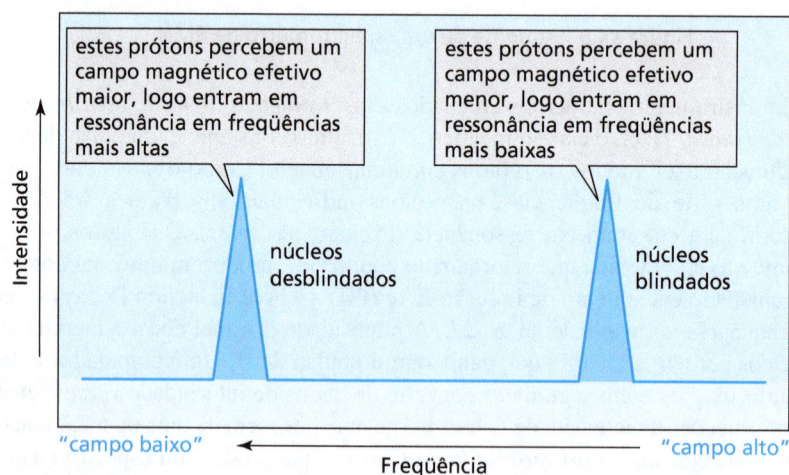

Figura 14.4
Núcleos blindados ressonam em freqüências mais baixas do que núcleos desblindados.

Os termos "campo alto" e "campo baixo", os quais se tornaram comuns quando os espectrômetros de onda contínua (OC) eram utilizados (antes do advento dos espectrômetros com transformada de Fourier), estão tão arraigados no vocabulário de RMN que é importante saber o que eles significam. **Campo alto** significa a região mais à direita do espectro e **campo baixo** significa a região mais à esquerda do espectro. Ao contrário das técnicas de FT–RMN, que mantêm a força do campo magnético constante e variam na freqüência, as técnicas de onda contínua mantêm a freqüência constante e variam no campo magnético. O campo magnético aumenta da esquerda para a direita através do espectro porque

---

[2] Os termos "próton" e "hidrogênio" são ambos usados em discussões de espectroscopia de RMN ^{1}H para descrever hidrogênios ligados covalentemente.

campos magnéticos maiores são necessários para prótons blindados entrarem em ressonância em determinada freqüência (Figura 14.4). Portanto, o *campo alto* fica na direção da direita e o *campo baixo* fica na direção da esquerda.

14.4 Número de sinais no espectro de RMN ¹H

Os prótons de um mesmo ambiente são chamados **prótons quimicamente equivalentes**. Por exemplo, o 1-bromopropano possui três conjuntos diferentes de prótons quimicamente equivalentes. Os três prótons do grupo metila são quimicamente equivalentes devido à rotação sobre a ligação C—C. Os dois prótons metilênicos no carbono central são quimicamente equivalentes, e os dois prótons metilênicos no carbono ligado ao átomo de bromo formam o terceiro grupo de prótons quimicamente equivalentes.

CH₃CH₂CH₂Br
(prótons quimicamente equivalentes)

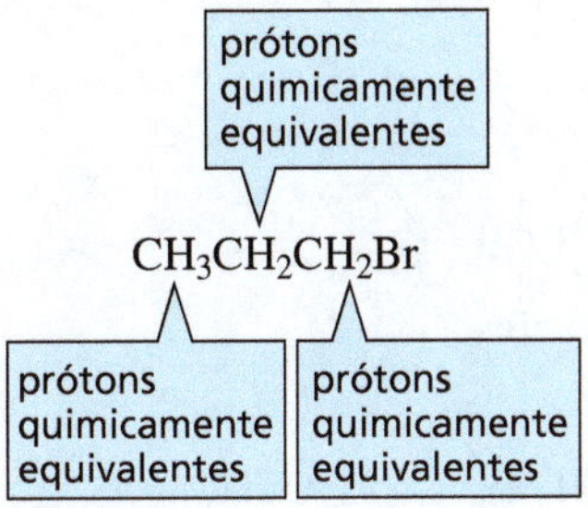

Cada grupo de prótons quimicamente equivalentes em uma substância dá origem a um sinal no espectro de RMN ¹H da substância. (Às vezes os sinais não ficam suficientemente separados e se sobrepõem. Quando isso ocorre, observam-se menos sinais do que o esperado.) Como o 1-bromopropano possui três grupos de prótons quimicamente equivalentes, ele possui três sinais em seu espectro de RMN ¹H.

O 2-bromopropano possui dois grupos de prótons quimicamente equivalentes e, portanto, possui dois sinais em seu espectro de RMN ¹H. Os seis prótons metílicos no 2-bromopropano são equivalentes, logo dão origem a apenas um sinal. O éter etilmetílico possui três grupos de prótons quimicamente equivalentes: os prótons metílicos no carbono adjacente ao oxigênio, os prótons metilênicos no carbono adjacente ao oxigênio e os prótons metílicos no carbono que está separado do oxigênio por um carbono. Os prótons quimicamente equivalentes nas seguintes substâncias estão designados pela mesma letra:

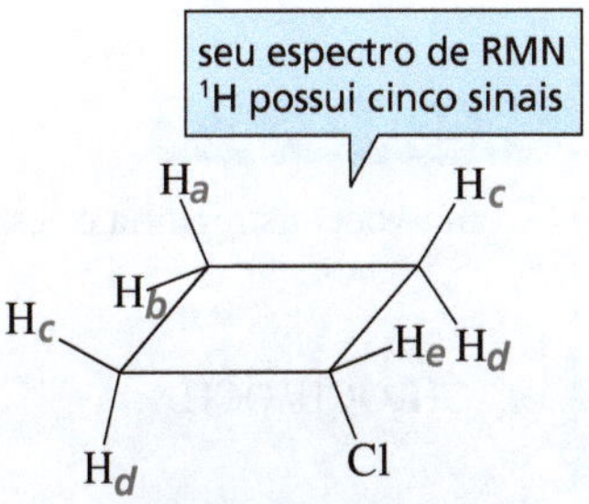

clorociclobutano
H$_a$ e H$_b$ não são equivalentes
H$_c$ e H$_d$ não são equivalentes
(seu espectro de RMN ¹H possui cinco sinais)

$\overset{a}{C}H_3\overset{b}{C}H_2\overset{c}{C}H_2Br$
três sinais

$\overset{a}{C}H_3\overset{b}{C}HCH_3$
        |
        Br
dois sinais

$\overset{a}{C}H_3\overset{c}{C}H_2O\overset{b}{C}H_3$
três sinais

$\overset{a}{C}H_3O\overset{a}{C}H_3$
um sinal

$\overset{a}{C}H_3$
|
$\overset{a}{C}H_3\overset{b}{C}O\overset{b}{C}H_3$
|
$\overset{a}{C}H_3$
dois sinais

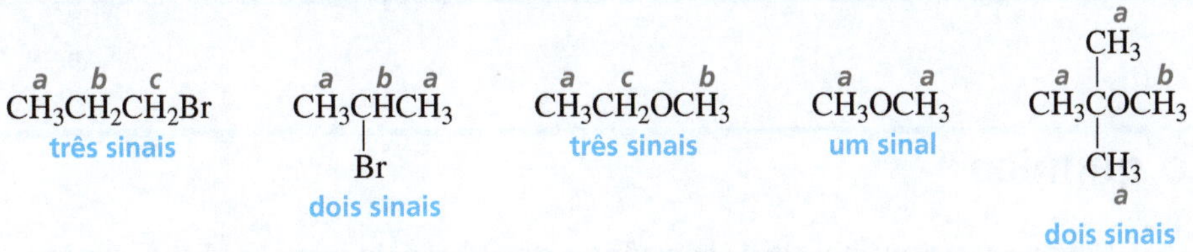

Molecule Gallery: Clorociclobutano
www

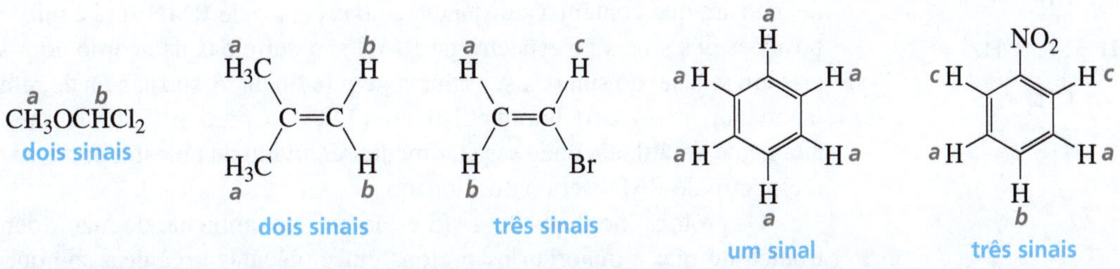

$\overset{a}{C}H_3O\overset{b}{C}HCl_2$
dois sinais

H₃C\ /H (a,b)
  C=C
H₃C/ \H
dois sinais

H\ /H (a,b,c)
 C=C
H/ \Br
três sinais

(benzeno)
um sinal

(nitrobenzeno)
três sinais

Pode-se dizer quantos grupos de prótons quimicamente equivalentes uma substância possui pelo número de sinais em seu espectro de RMN ¹H.

Às vezes, dois prótons no mesmo carbono não são equivalentes. Por exemplo, o espectro de RMN ¹H do clorociclobutano possui cinco sinais. Embora estejam ligados ao mesmo carbono, os prótons H$_a$ e H$_b$ não são equivalentes porque não estão no mesmo ambiente: H$_a$ está em posição trans em relação ao cloro e H$_b$ está em posição cis em relação ao cloro. Do mesmo modo, os prótons H$_c$ e H$_d$ não são equivalentes.

PROBLEMA 3

Quantos sinais você esperaria observar no espectro de RMN ^{1}H de cada uma das seguintes substâncias?

a. $CH_3CH_2CH_2CH_3$

b. $BrCH_2CH_2Br$

c. $CH_2={}CHCl$

d. 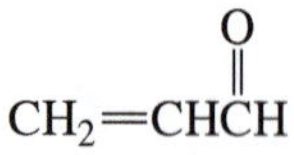 $CH_2={}CHCHO$

e.  ciclo-hexa-1,3-dieno

f. 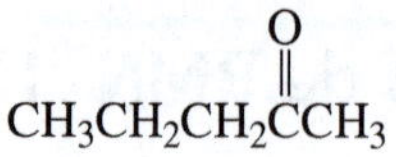 $CH_3CH_2CH_2COCH_3$

g. 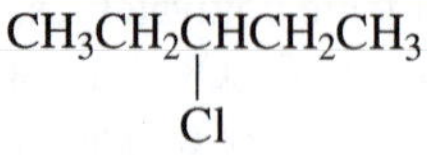 $CH_3CH_2CHClCH_2CH_3$

h. 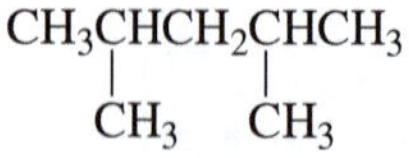 $CH_3CH(CH_3)CH_2CH(CH_3)CH_3$

i. 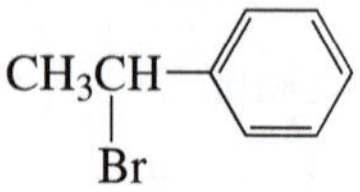 $CH_3CH(Br)C_6H_5$

j. 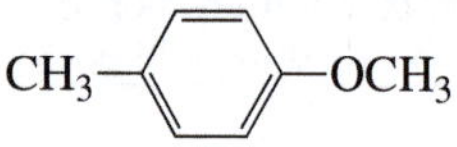 $CH_3{-}C_6H_4{-}OCH_3$ (para)

l. 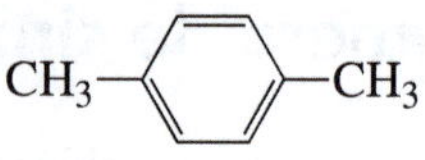 $CH_3{-}C_6H_4{-}CH_3$ (para)

m. 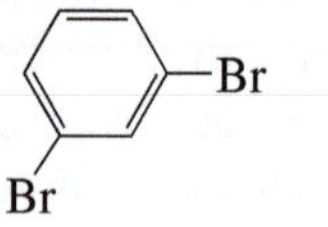 1,3-dibromobenzeno

n. 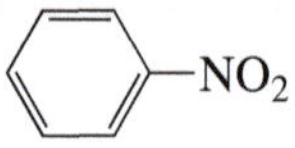 nitrobenzeno

o. 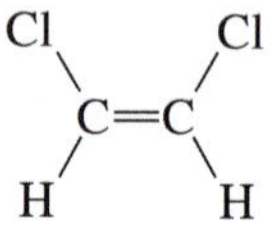 (Z)-1,2-dicloroeteno

p. 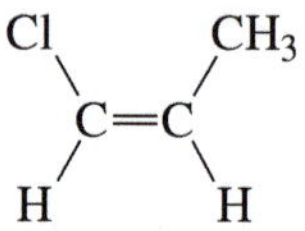 (E)-1-cloropropeno

PROBLEMA 4

Como você distinguiria os espectros de RMN ^{1}H das seguintes substâncias?

a. $CH_3OCH_2OCH_3$

b. CH_3OCH_3

c. 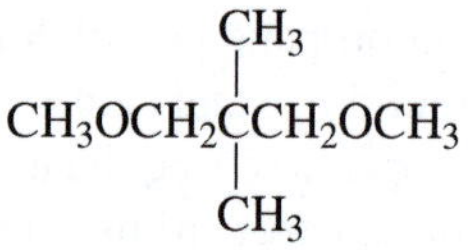 $CH_3OCH_2C(CH_3)_2CH_2OCH_3$

PROBLEMA 5

Existem três isômeros do diclorociclopropano. Seus espectros de RMN ^{1}H apresentam um sinal para o isômero 1, dois sinais para o isômero 2 e três sinais para o isômero 3. Desenhe as estruturas dos isômeros 1, 2 e 3.

14.5 Deslocamento químico

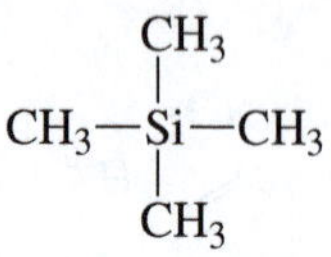

tetrametilsilano
TMS

Uma pequena quantidade de **substância de referência** inerte é adicionada ao tubo de amostra que contém a substância cujo espectro de RMN será confeccionado. As posições dos sinais no espectro de RMN são definidas de acordo com suas distâncias em relação ao sinal da substância de referência. A substância de referência normalmente usada é o tetrametilsilano (TMS). Como o TMS é uma substância altamente volátil, ele pode ser facilmente removido da amostra por evaporação após o espectro de RMN ser confeccionado.

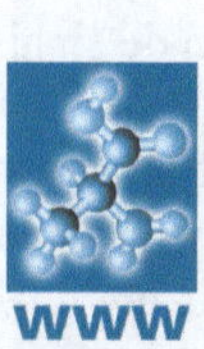

Os prótons metílicos do TMS estão em um ambiente de maior densidade eletrônica do que a maioria dos prótons em moléculas orgânicas, porque o silício é menos eletronegativo que o carbono (eletronegatividades de 1,8 e 2,5, respectivamente). Conseqüentemente, o sinal para os prótons metílicos do TMS apresenta-se em freqüência mais baixa do que a maioria dos outros sinais (isto é, ele aparece à direita dos outros sinais).

A posição na qual um sinal aparece no espectro de RMN é chamada *deslocamento químico*. O **deslocamento químico** é a medida da distância entre o sinal observado e o sinal do TMS de referência. A escala mais comum para os deslocamentos químicos é a escala δ (delta). O sinal do TMS é usado para definir a posição zero nessa escala. O deslocamento químico é determinado pela medida da distância do sinal do TMS (em hertz) dividido pela freqüência operacional do instrumento (em megahertz). Como as unidades estão em Hz/MHz, o deslocamento químico possui unidades de partes por milhão (ppm) da freqüência operacional.

$$\delta = \text{deslocamento químico (ppm)} = \frac{\text{distância em direção a campo baixo a partir do TMS (Hz)}}{\text{freqüência operacional do espectrômetro (MHz)}}$$

A maior parte dos deslocamentos químicos de prótons está em uma escala de 0 a 10 ppm.

O espectro de RMN ^{1}H do 1-bromo-2,2-dimetilpropano na Figura 14.5 mostra que o deslocamento químico dos prótons metílicos está a 1,05 ppm e o deslocamento químico dos prótons do metileno está a 3,28 ppm. *Observe que os sinais de baixa freqüência (campo alto, blindado) possuem valores baixos de δ (ppm), enquanto os sinais de alta freqüência (campo baixo, desblindado) possuem valores de δ maiores.*

Quanto maior o deslocamento químico (δ), maior é a freqüência.

O deslocamento químico (δ) é independente da freqüência operacional do espectrômetro.

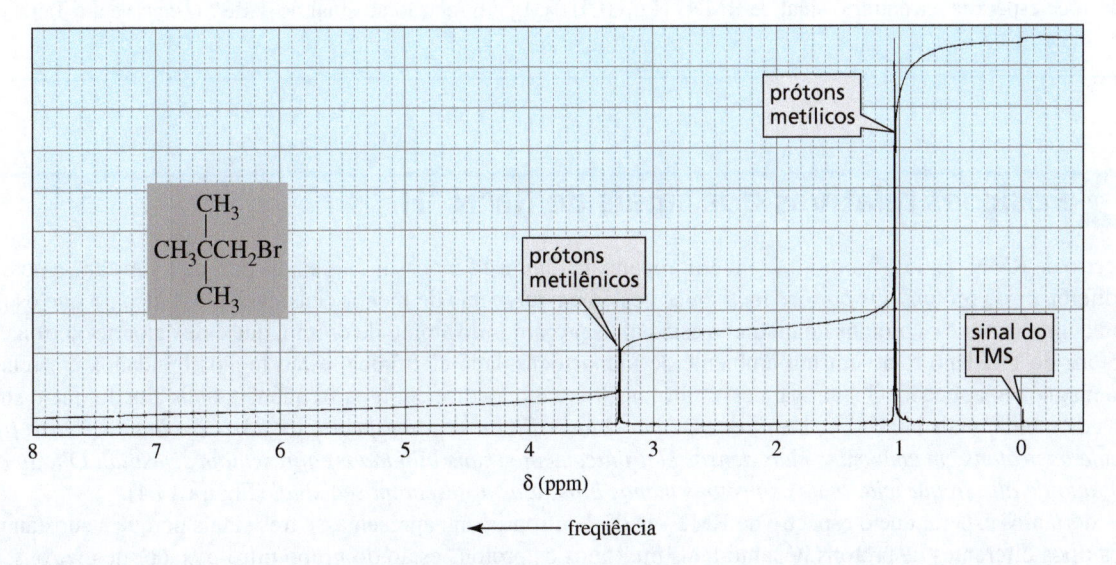

▲ **Figura 14.5** Espectro de RMN ^{1}H do 1-bromo-2,2-dimetilpropano. O sinal do TMS é o sinal de referência a partir do qual os deslocamentos químicos são medidos; ele define a posição zero na escala.

A vantagem da escala δ é que o deslocamento químico de dado núcleo é *independente da freqüência operacional do espectrômetro de RMN*. Assim, o deslocamento químico dos prótons metílicos do 1-bromo-2,2-dimetilpropano é de 1,05 ppm tanto em um instrumento de 60 MHz quanto em um instrumento de 360 MHz. Em contrapartida, se o deslocamento químico fosse descrito em hertz, ele estaria a 63 Hz em um instrumento de 60 MHz e a 378 Hz em um instrumento de 360 MHz (63/60 = 1,05; 378/360 = 1,05). O diagrama a seguir o ajudará a entender melhor os termos associados à espectroscopia de RMN:

prótons em ambiente de baixa densidade eletrônica	prótons em ambiente de alta densidade eletrônica
prótons desblindados	prótons blindados
campo baixo	campo alto
alta freqüência	baixa freqüência
valores maiores de δ	valores menores de δ

⟵ δ
⟵ freqüência

532 QUÍMICA ORGÂNICA

PROBLEMA 6◆

Descreveu-se um sinal ocorrido a 600 Hz em direção a campo baixo, a partir do TMS, em um espectrômetro com uma freqüência operacional de 300 MHz.

a. Qual é o deslocamento químico do sinal?
b. Qual seria o seu deslocamento químico em um espectrômetro que opera a 100 MHz?
c. Em quantos hertz em direção a campo baixo a partir do TMS o sinal se apresentaria em um espectrômetro de 100 MHz?

PROBLEMA 7◆

a. Se dois sinais diferem em 1,5 ppm em um espectrômetro de 300 MHz, por quanto eles se diferenciariam em um espectrômetro de 100 MHz?
b. Se dois sinais diferem em 90 hertz em um espectrômetro de 300 MHz, por quanto eles se diferenciariam em um espectrômetro de 100 MHz?

PROBLEMA 8◆

Onde você esperaria encontrar o sinal de RMN ^{1}H do $(CH_3)_2Mg$ em relação ao sinal do TMS? (*Dica*: veja a Tabela 12.3 na p. 463.)

14.6 Posições relativas dos sinais de RMN ^{1}H

O espectro de RMN ^{1}H do 1-bromo-2,2-dimetilpropano na Figura 14.5 possui dois sinais porque a substância possui dois tipos diferentes de prótons. Os prótons metilênicos estão em ambiente de menor densidade eletrônica do que os prótons da metila uma vez que os prótons do metileno estão mais próximos do átomo de bromo, que é puxador de elétrons. Como os prótons do metileno estão em um ambiente de menor densidade eletrônica, estão menos blindados em relação ao campo magnético aplicado. O sinal para esses prótons, portanto, ocorre em uma freqüência mais alta do que o sinal dos prótons da metila, mais blindados. *Lembre-se de que o lado direito de um espectro de RMN é o lado de baixa freqüência, onde os prótons em ambientes mais densos eletronicamente (mais blindados) apresentam seu sinal. O lado esquerdo é o lado de alta freqüência, onde os prótons menos blindados apresentam seu sinal* (Figura 14.4).

Poderíamos esperar que o espectro de RMN ^{1}H do 1-nitropropano apresentasse três sinais porque a substância possui três tipos diferentes de prótons. Quanto mais próximos os prótons estão do grupo nitro puxador de elétrons, menos blindados estão em relação ao campo magnético aplicado; portanto, maior é a freqüência (ou seja, mais em direção ao campo baixo) na qual seus sinais aparecerão. Assim, os prótons mais próximos do grupo nitro apresentam um sinal em freqüência mais alta (4,37 ppm), e os prótons mais afastados do grupo nitro apresentam um sinal em freqüência mais baixa (1,04 ppm).

A retirada de elétrons faz com que os sinais de RMN apareçam em freqüências mais altas (com valores de δ mais elevados).

$CH_3CH_2CH_2NO_2$
1,04 ppm | 2,07 ppm | 4,37 ppm

Compare os deslocamentos químicos dos prótons metilênicos imediatamente adjacentes ao halogênio em cada um dos seguintes haletos de alquila. A posição do sinal depende da eletronegatividade do halogênio — quanto mais eletronegativo o halogênio, maior é a freqüência do sinal. Assim, o sinal para os prótons metilênicos adjacentes ao flúor (o mais eletronegativo dos halogênios) ocorre em freqüência mais alta, enquanto o sinal para os prótons do metileno adjacentes ao iodo (o menos eletronegativo dos halogênios) ocorre em freqüência mais baixa.

$CH_3CH_2CH_2CH_2CH_2F$ — 4,50 ppm
$CH_3CH_2CH_2CH_2CH_2Cl$ — 3,50 ppm
$CH_3CH_2CH_2CH_2CH_2Br$ — 3,40 ppm
$CH_3CH_2CH_2CH_2CH_2I$ — 3,20 ppm

PROBLEMA 9◆

a. Qual grupo de prótons em cada uma das seguintes substâncias é o menos blindado?

1. $CH_3CH_2CH_2Cl$ 2. $CH_3CH_2\overset{\overset{O}{\|}}{C}OCH_3$ 3. $CH_3\underset{Br}{CH}\underset{Br}{CH}Br$

b. Qual dos contribuintes de ressonância faz a menor contribuição ao híbrido?

PROBLEMA 10◆

Um dos espectros da Figura 14.6 é relativo ao 1-cloropropano, e o outro, ao 1-iodopropano. Qual é qual?

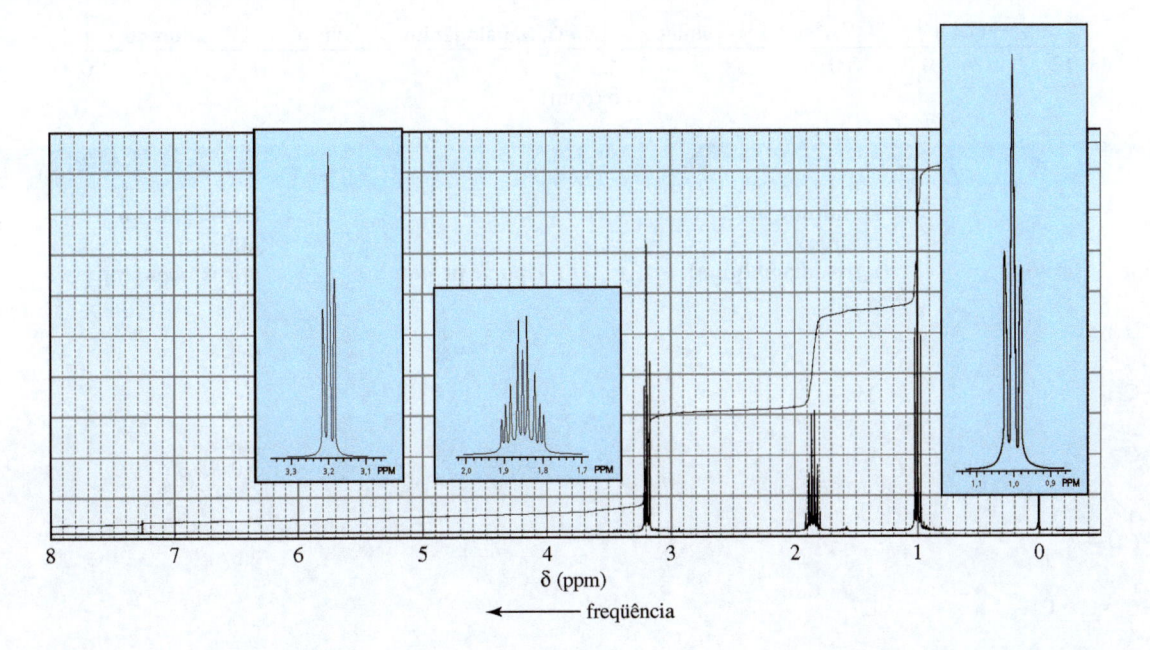

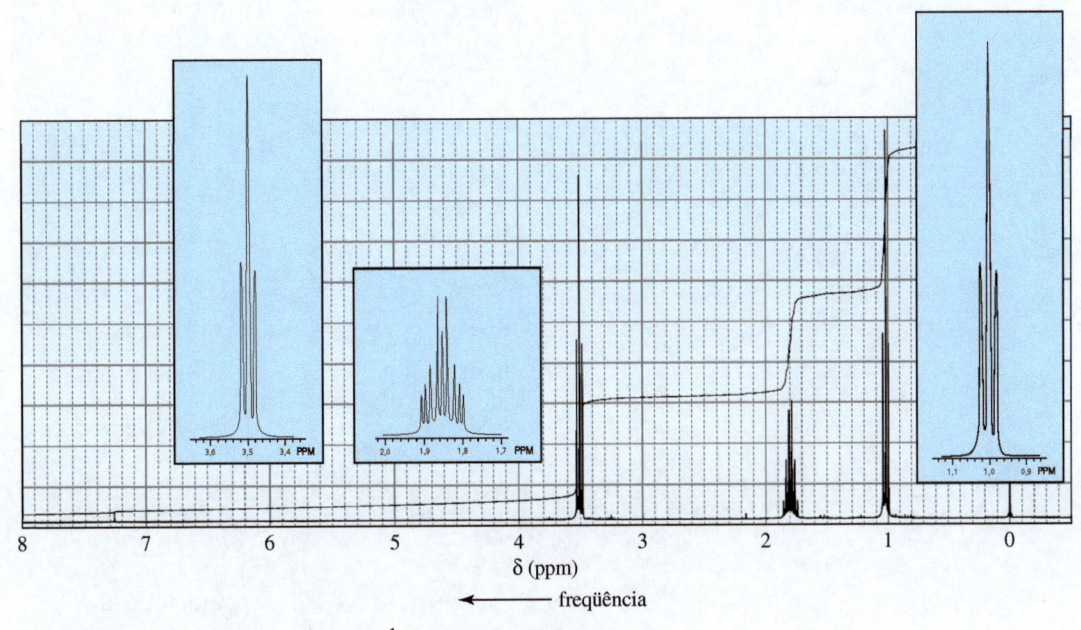

▲ **Figura 14.6** Espectros de RMN ^1H para o Problema 10.

14.7 Valores característicos de deslocamentos químicos

Valores aproximados de deslocamentos químicos para diferentes tipos de prótons estão apresentados na Tabela 14.1. (Uma compilação mais extensa dos deslocamentos químicos está no Apêndice VI.) Um espectro de RMN ^{1}H pode ser dividido em seis regiões. Em vez de memorizar os valores dos deslocamentos químicos, se você lembrar os tipos de prótons que estão em cada região, será capaz de dizer quais tipos de prótons uma molécula possui por meio de uma análise rápida de seu espectro de RMN.

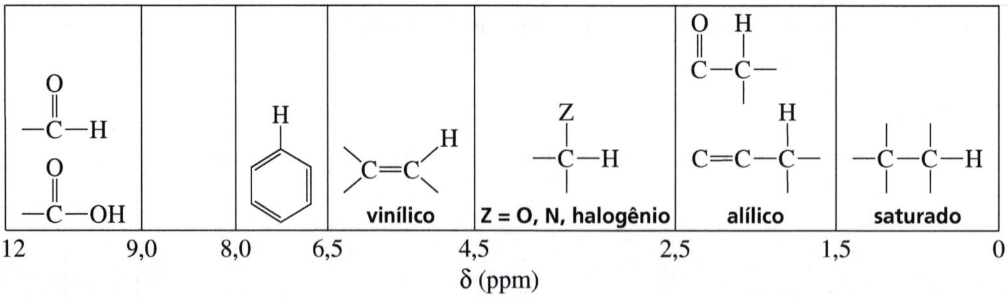

—C(=O)—H / —C(=O)—OH	aromático	vinílico	Z—C—H (Z = O, N, halogênio)	C(=O)—C—H / C=C—C—H (alílico)	—C—C—H (saturado)	
12	9,0 8,0	6,5	4,5	2,5	1,5	0

δ (ppm)

Tabela 14.1 Valores aproximados de deslocamentos químicos para o RMN ^{1}H[a]

Tipo de próton	Deslocamento químico aproximado (ppm)	Tipo de próton	Deslocamento químico aproximado (ppm)
(CH$_3$)$_4$Si	0	Ar—H	6,5–8
—CH$_3$	0,9		
—CH$_2$—	1,3	—C(=O)—H	9,0–10
—CH—	1,4	I—C—H	2,5–4
—C=C—CH$_3$	1,7		
		Br—C—H	2,5–4
—C(=O)—CH$_3$	2,1		
		Cl—C—H	3–4
Ar—CH$_3$	2,3		
		F—C—H	4–4,5
—C≡C—H	2,4		
R—O—CH$_3$	3,3	RNH$_2$	Variável, 1,5–4
R—C(R)=CH$_2$	4,7	ROH	Variável, 2–5
		ArOH	Variável, 4–7
R—C(R)=C(R)—H	5,3	—C(=O)—OH	Variável, 10–12
		—C(=O)—NH$_2$	Variável, 5–8

[a] Os valores são aproximados porque são afetados pelos substituintes vizinhos.

A Tabela 14.1 mostra que o deslocamento químico dos prótons metílicos apresenta-se em baixa freqüência (0,9 ppm) em relação ao deslocamento químico dos prótons metilênicos (1,3 ppm) em um ambiente semelhante, e que o deslocamento químico dos prótons metilênicos apresenta-se em freqüência mais baixa do que o deslocamento químico do próton metínico (1,4 ppm) em um ambiente similar. (Quando um carbono hibridizado em sp^3 está ligado a apenas um hidrogênio, o hidrogênio é chamado **hidrogênio metínico**.) Por exemplo, o espectro de RMN ^{1}H da butanona mostra três sinais. O sinal para os prótons *a* da butanona é o sinal em freqüência mais baixa porque os prótons estão mais afastados do grupo carbonila puxador de elétrons. (Correlacionando o espectro de RMN com a estrutura, o grupo de prótons responsável pelo sinal em freqüência mais baixa será classificado como *a*, o grupo seguinte será classificado como *b*, o seguinte como *c* etc.) Os prótons *b* e *c* estão a mesma distância do grupo carbonila, mas o sinal para os prótons *b* está em freqüência mais baixa porque os prótons metílicos aparecem, em ambiente semelhante, em freqüência mais baixa do que os prótons metilênicos.

$$\underset{\underset{\text{butanona}}{a\ \ \ c\ \ \ b}}{CH_3CH_2\overset{\overset{O}{\|}}{C}CH_3} \qquad \underset{\underset{a}{CH_3}}{\underset{\text{2-metoxipropano}}{CH_3O\overset{\overset{b\ \ c\ \ a}{}}{C}HCH_3}}$$

Em ambiente semelhante, o sinal para os prótons metílicos ocorre em freqüência mais baixa em relação ao sinal para os prótons metilênicos, o qual ocorre em freqüência mais baixa do que o sinal para o próton metínico.

O sinal para os prótons *a* do 2-metoxipropano é o sinal em freqüência mais baixa no espectro de RMN ^{1}H dessa substância porque esses prótons estão mais afastados do oxigênio puxador de elétrons. Os prótons *b* e *c* estão à mesma distância do oxigênio, mas o sinal dos prótons *b* aparece em freqüência mais baixa porque, em ambiente semelhante, os prótons metílicos aparecem em freqüência mais baixa do que o próton metínico.

PROBLEMA 11♦

Em cada uma das substâncias a seguir, quais dos prótons sublinhados possuem o maior deslocamento químico (isto é, o sinal em campo mais baixo ou o sinal em freqüência mais alta)?

a. CH₃C<u>H</u>C<u>H</u>Br
        | |
       Br Br

c. CH₃C<u>H</u>₂C<u>H</u>CH₃
                |
                Cl

e. CH₃C<u>H</u>₂CH=C<u>H</u>₂

b. C<u>H</u>₃CHOC<u>H</u>₃
      |
    CH₃

d. CH₃C<u>H</u>CC<u>H</u>₂CH₃ (com O duplamente ligado ao C central)
        |
      CH₃

PROBLEMA 12♦

Em cada um dos seguintes pares de substâncias, qual dos prótons sublinhados possui o maior deslocamento químico (isto é, o sinal em campo mais baixo ou o sinal em freqüência mais alta)?

a. CH₃CH₂C<u>H</u>₂Cl ou CH₃CH₂C<u>H</u>₂Br

c. CH₃CH₂C<u>H</u> (=O) ou CH₃CH₂COC<u>H</u>₃ (=O)

b. CH₃CH₂C<u>H</u>₂Cl ou CH₃CH₂C<u>H</u>CH₃
                                   |
                                 Cl

PROBLEMA 13◆

Sem remeter à Tabela 14.1, classifique os prótons nas substâncias a seguir. O próton que fornece o sinal em freqüência mais baixa deverá ser classificado como *a*, o seguinte como *b*, e assim por diante.

a. CH₃CH₂CH=O

b. CH₃CH₂CH(OCH₃)CH₃

c. ClCH₂CH₂CH₂Cl

d. CH₃CH₂CH₂COCH₃ (com C=O)

e. CH₃CH₂CH(OCH₃)CH₂CH₃

f. CH₃CH₂CH₂OCH(CH₃)CH₃

g. CH₃CH₂CH₂C(=O)CH₃

h. CH₃CH(CH₃)CH₂OCH₃

i. CH₃CH(CH₃)CH(Cl)CH₃

14.8 Integração dos sinais de RMN

Os dois sinais no espectro de RMN ¹H do 1-bromo-2,2-dimetilpropano na Figura 14.5 não são do mesmo tamanho porque *a área sob cada sinal é proporcional ao número de prótons que dá origem ao sinal*. (O espectro é apresentado novamente na Figura 14.7.) A área sob o sinal a qual ocorre em freqüência mais baixa é maior porque o sinal é promovido por *nove* prótons metílicos, enquanto o menor sinal, em freqüência mais alta, é resultado de *dois* prótons metilênicos.

Provavelmente você se lembra das aulas de cálculo, em que aprendeu que a área sob a curva pode ser determinada por uma integral. Um espectrômetro de RMN ¹H é equipado com um computador que calcula as integrais eletronicamente. Os espectrômetros modernos reproduzem as integrais no espectro como números. As integrais também podem ser representadas no espectro original por meio de uma linha de integração sobreposta (Figura 14.7). A altura de cada degrau de integração é proporcional à área sob o sinal, a qual é proporcional ao número de prótons que dá origem ao sinal. Medindo as alturas dos degraus de integração, pode-se determinar que a proporção das integrais é aproximadamente 1,6:7,0 = 1:4,4. (As integrais medidas estão aproximadas em 10% devido a erros experimentais.) As razões são multiplicadas por um número que fará com que todos os números se tornem mais próximos de números inteiros — nesse caso, multiplicaremos por 2 — uma vez que só pode haver prótons com números inteiros. Isso significa que a proporção de prótons na substância é 2:8,8, o que fica em torno de 2:9.

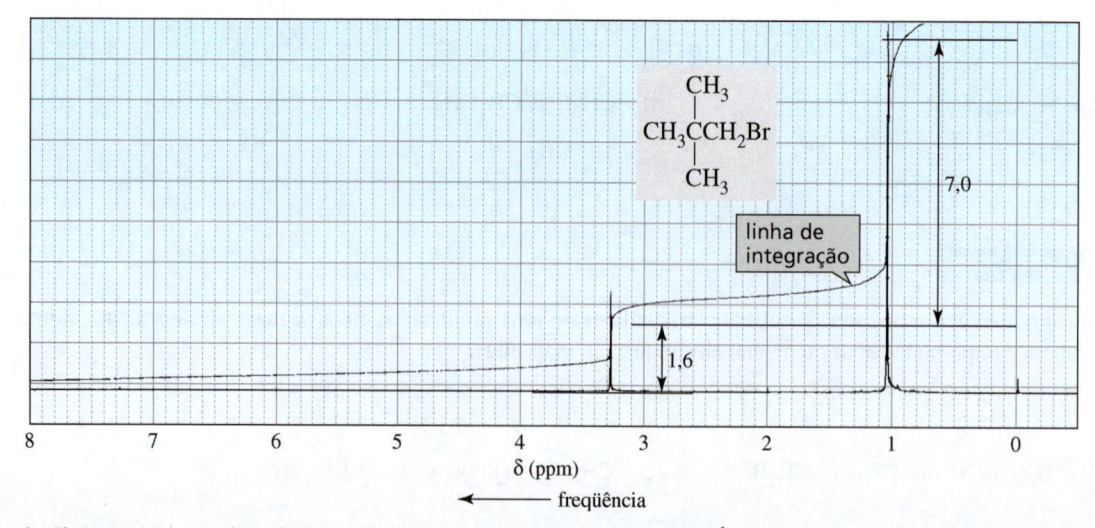

▲ **Figura 14.7** Análise da linha de integração no espectro de RMN ¹H do 1-bromo-2,2-dimetilpropano.

A **integração** nos diz o número *relativo* de prótons que dá origem a cada sinal, não o número *absoluto*. Por exemplo, a integração não pode distinguir entre o 1,1-dicloroetano e o 1,2-dicloro-2-metilpropano porque ambas as substâncias podem apresentar uma proporção de integração de 1:3.

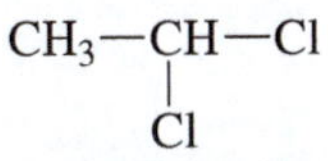

CH₃—CH—Cl
       |
       Cl
1,1-dicloroetano
proporção de prótons = 1:3

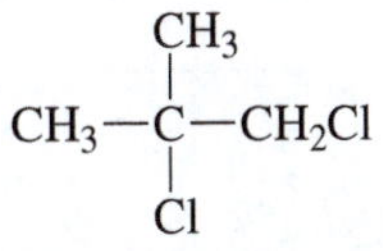

         CH₃
          |
CH₃—C—CH₂Cl
          |
          Cl
1,2-dicloro-2-metilpropano
proporção de prótons 2:6 = 1:3

PROBLEMA 14◆

Como a integração distinguiria os espectros de RMN ^{1}H das seguintes substâncias?

         CH₃   CH₃   CH₂Br
          | | |
CH₃—C—CH₂Br   CH₃—C—CH₂Br   CH₃—C—CH₂Br
          | | |
         CH₃   Br   CH₂Br

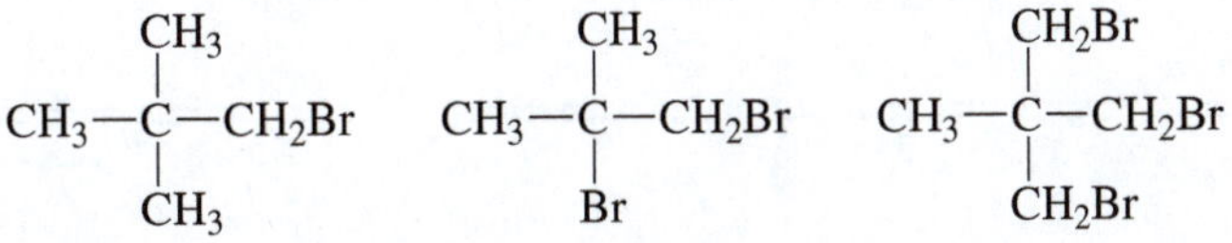

PROBLEMA 15   RESOLVIDO

a. Calcule as proporções dos diferentes tipos de prótons em uma substância com uma razão de integração de 6:4:18,4 (indo da esquerda para a direita através do espectro).

b. Determine a estrutura de uma substância que forneceria essas integrais relativas na ordem observada.

RESOLUÇÃO

a. Divida cada valor pelo menor número:

$$\frac{6}{4} = 1,5 \qquad \frac{4}{4} = 1 \qquad \frac{18,4}{4} = 4,6$$

Multiplique por um número que fará com que todos os números fiquem próximos de números inteiros:

$$1,5 \times 2 = 3 \qquad 1 \times 2 = 2 \qquad 4,6 \times 2 = 9$$

A proporção 3:2:9 fornece os números relativos dos diferentes tipos de prótons. A proporção real seria 6:4:18, ou mesmo algum múltiplo mais alto, mas não vamos mais adiante se não precisamos.

b. O "3" sugere uma metila, o "2" um metileno e o "9" um *terc*-butila. A metila está próxima de um grupo que promove desblindagem, e o grupo *terc*-butila está mais afastado do grupo que promove desblindagem. A seguinte substância se encaixa nesses requisitos:

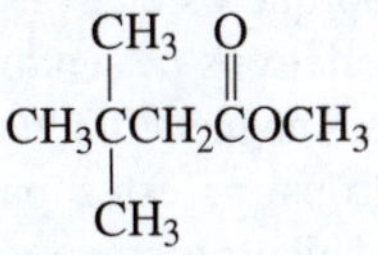

                CH₃   O
                  | ‖
         CH₃CCH₂COCH₃
                  |
                 CH₃

PROBLEMA 16◆

O espectro de RMN ^{1}H apresentado na Figura 14.8 corresponde a uma das seguintes substâncias. Qual é a substância responsável por esse espectro?

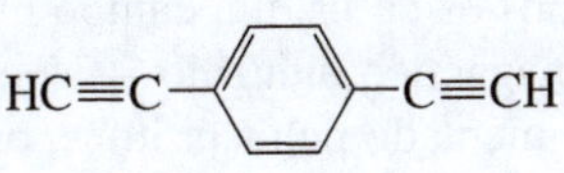

HC≡C—⟨⟩—C≡CH   CH₃—⟨⟩—CH₃   ClCH₂—⟨⟩—CH₂Cl   Br₂CH—⟨⟩—CHBr₂

    A 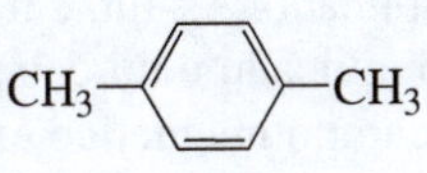   B 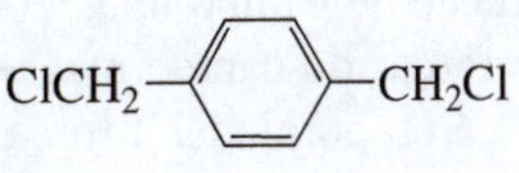   C 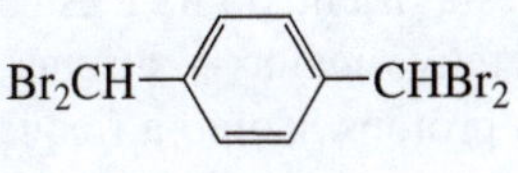   D

538 QUÍMICA ORGÂNICA

▲ **Figura 14.8** Espectro de RMN ^{1}H para o Problema 16.

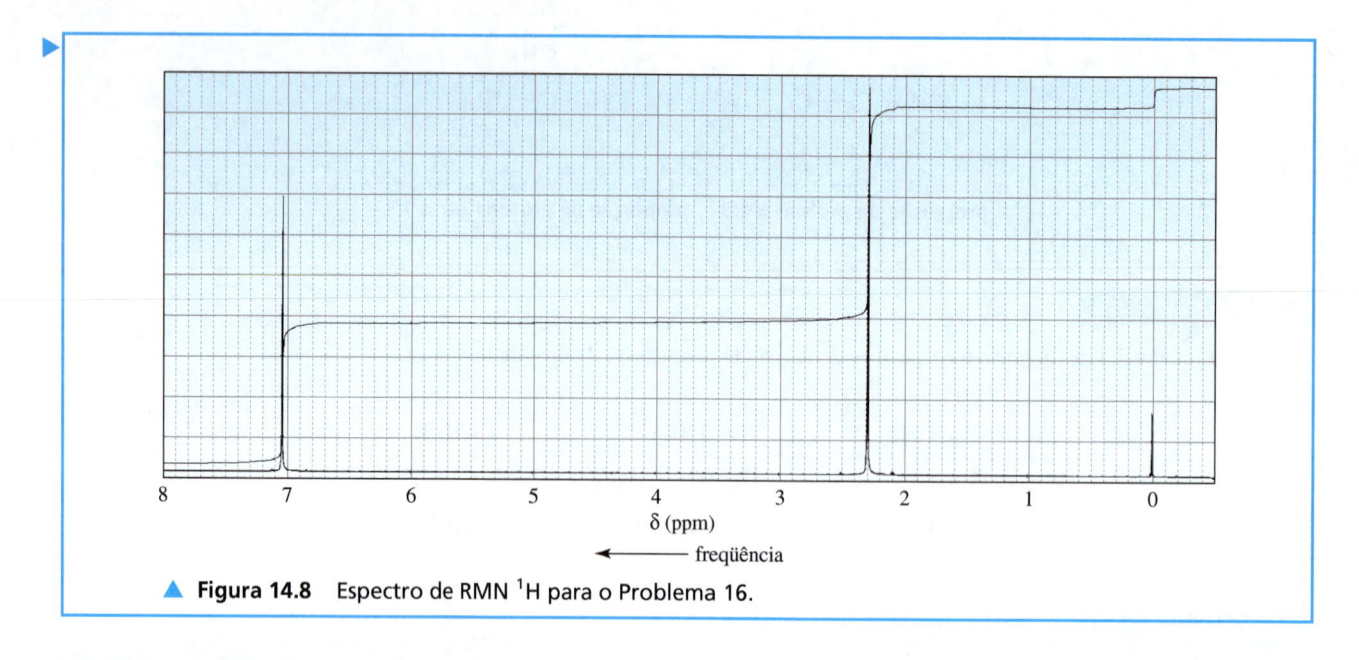

14.9 Anisotropia diamagnética

Os deslocamentos químicos para hidrogênios ligados a carbonos hibridizados em sp^2 apresentam-se em freqüências mais altas do que seria possível prever, com base na eletronegatividade de carbonos sp^2. Por exemplo, um hidrogênio ligado a um carbono sp^2 terminal de um alceno aparece a 4,7 ppm; um hidrogênio ligado a um carbono sp^2 interno aparece a 5,3 ppm e um hidrogênio no anel do benzeno aparece a 6,5—8,0 ppm (Tabela 14.1).

$$\text{CH}_3\text{CH}_2\text{CH}=\text{CH}_2$$

5,3 ppm
4,7 ppm
7,3 ppm

Os deslocamentos químicos incomuns associados a hidrogênios ligados a carbonos que formam ligações π são resultado da *anisotropia diamagnética*. A **anisotropia diamagnética** descreve um ambiente no qual campos magnéticos diferentes são encontrados em diferentes pontos no espaço. *Anisotrópico* é o termo grego para "diferente em diferentes direções". Isso porque os elétrons π não são presos firmemente pelo núcleo quando comparados aos elétrons σ, sendo os primeiros mais livres para se moverem em resposta a um campo magnético. Quando um campo magnético é aplicado em uma substância com elétrons π, estes passam a se mover em um caminho circular. Tal movimento eletrônico promove um campo magnético induzido. O modo como esse campo magnético induzido afeta o deslocamento químico de um próton vai depender da direção do campo magnético induzido — na região onde o próton está localizado — em relação à direção do campo magnético aplicado.

Molecule Gallery: Benzeno
www

O campo magnético induzido pelos elétrons π do anel benzênico — na região onde os prótons do benzeno estão localizados — está orientado na mesma direção do campo magnético (Figura 14.9). O campo magnético induzido pelos elétrons π do alceno — na região onde os prótons ligados ao carbono sp^2 do alceno estão localizados — também está orientado na mesma direção do campo magnético aplicado. Assim, em ambos os casos, um campo magnético efetivo maior — a soma das forças do campo magnético aplicado e do campo magnético induzido — é sentido pelos prótons. Como a freqüência é proporcional à força do campo magnético experimentado pelos prótons, os prótons ressonam em freqüências mais altas do que eles poderiam apresentar se os elétrons π não tivessem induzido um campo magnético.

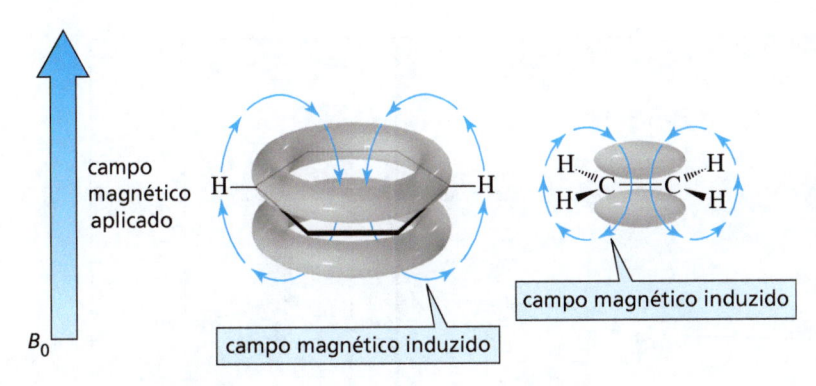

◀ **Figura 14.9**
Os campos magnéticos induzidos pelos elétrons π de um anel de benzeno e pelos elétrons π de um alceno, nas vizinhanças de prótons aromáticos ou vinílicos, estão na mesma direção do campo magnético aplicado. Como um campo magnético efetivo maior é sentido pelos prótons, eles ressonam em freqüências mais altas.

PROBLEMA 17◆

O [18]-anuleno apresenta dois sinais em seu espectro de RMN ^{1}H: um a 9,25 ppm e outro em campo muito alto (acima do TMS) a –2,88 ppm. Quais são os hidrogênios responsáveis por cada um dos sinais? (*Dica*: observe a direção do campo magnético induzido fora e dentro do anel benzênico na Figura 14.9.)

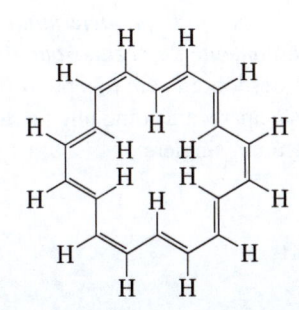

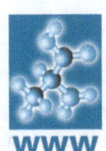

Molecule Gallery:
[18]-anuleno

14.10 Desdobramento dos sinais

Observe que o formato dos sinais no espectro de RMN ^{1}H do 1,1-dicloroetano (Figura 14.10) é diferente do formato dos sinais no espectro de RMN ^{1}H do 1-bromo-2,2-dimetilpropano (Figura 14.5). Ambos os sinais na Figura 14.5 são **singletes** (cada um composto de um único pico), enquanto o sinal para os prótons metílicos do 1,1-dicloroetano (sinal em freqüência mais baixa) é desdobrado em dois picos (um **dublete**), e o sinal do próton metínico é desdobrado em quatro picos (um **quarteto**). (Ampliações do dublete e do quarteto estão apresentadas em quadros suplementares na Figura 14.10.)

O desdobramento é promovido por prótons ligados a carbonos adjacentes (quer dizer, ligados diretamente). O desdobramento de um sinal é descrito pela **regra N + 1**, onde N é o número de prótons *equivalentes* ligados aos carbonos *adjacentes*. Entendemos, por "prótons equivalentes", que os prótons ligados a um carbono adjacente são equivalentes uns aos outros, mas não equivalentes ao próton que dá origem ao sinal. Ambos os sinais na Figura 14.5 são singletes porque nem o carbono adjacente aos grupos metila nem o carbono adjacente ao grupo metileno no 1-bromo-2,2-dimetilpropano é ligado a algum próton (N + 1 = 0 + 1 = 1). Por outro lado, na Figura 14.10, o carbono adjacente ao grupo metila no 1,1-dicloroetano está ligado a um próton, portanto o sinal para os prótons da metila é desdobrado em um dublete (N + 1 = 1 + 1 = 2). O carbono adjacente ao carbono ligado ao próton metínico está ligado a três prótons equivalentes, então o sinal para o próton metínico é desdobrado em um quarteto (N + 1 = 3 + 1 = 4). O número de picos de um sinal é chamado **multiplicidade** do sinal. O desdobramento é sempre mútuo: se os prótons *a* desdobram os prótons *b*, os prótons *b* devem desdobrar os prótons *a*. O próton metínico e os prótons metílicos são um exemplo de *prótons acoplados*. **Prótons acoplados** desdobram o sinal um do outro.

Um sinal de RMN ^{1}H é desdobrado em N + 1 picos, onde N é o número de prótons equivalentes ligados a carbonos adjacentes.

540 QUÍMICA ORGÂNICA

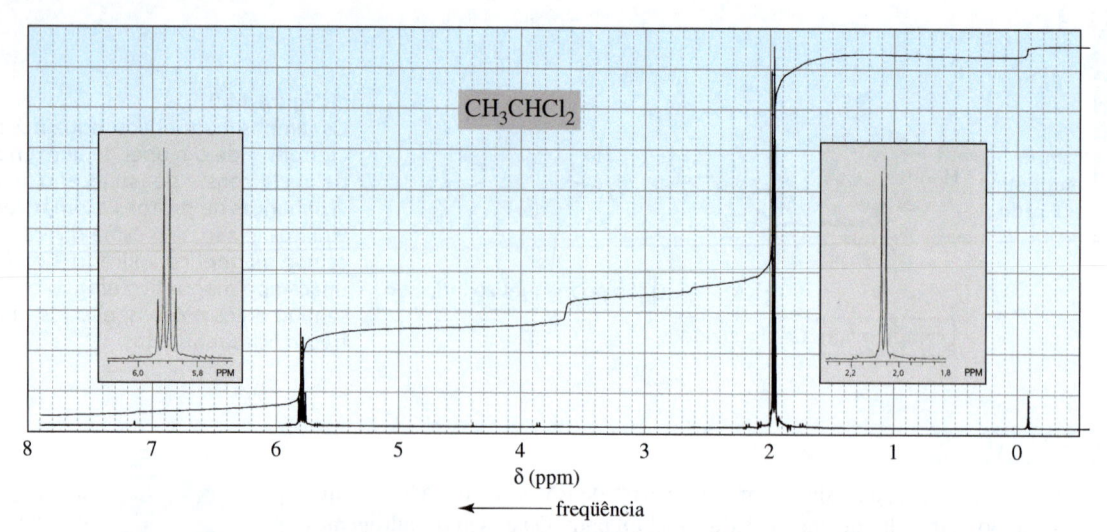

▲ **Figura 14.10** Espectro de RMN ¹H do 1,1-dicloroetano. O sinal em freqüência mais alta é um exemplo de um quarteto; o sinal em freqüência mais baixa é um dublete.

*Lembre-se de que não é o número de prótons que dá origem a um sinal que determina a multiplicidade do sinal; pelo contrário, é o número de prótons ligados aos carbonos imediatamente adjacentes que determina a multiplicidade. Por exemplo, o sinal para os prótons **a** na substância a seguir será desdobrado em três picos (um* **triplete**) *porque o carbono adjacente é ligado a dois hidrogênios. O sinal para os prótons **b** aparecerá como um quarteto porque o carbono adjacente está ligado a três hidrogênios, e o sinal para os prótons **c** será um singlete.*

$$\underset{a\quad b\quad\quad c}{CH_3CH_2\overset{\overset{O}{\|}}{C}OCH_3}$$

Mais especificamente, o desdobramento de sinais ocorre quando tipos diferentes de prótons estão perto o bastante de modo que seus campos magnéticos influenciem uns aos outros — isso é chamado **acoplamento** *spin–spin*. Por exemplo, a freqüência na qual os prótons metílicos do 1,1-dicloroetano apresentam um sinal é influenciada pelo campo magnético do próton metínico. Se o campo magnético do próton metínico alinha-se *a favor* do campo magnético aplicado, o campo magnético efetivo será a soma de ambos os campos, fazendo os prótons metílicos apresentarem um sinal em freqüência ligeiramente maior. Por outro lado, se o campo magnético de um próton metínico alinha-se *contra* o campo magnético aplicado, este será subtraído do campo magnético aplicado e os prótons metílicos apresentarão um sinal em freqüência mais baixa (Figura 14.11). Portanto, o sinal para os prótons metílicos é desdobrado em dois picos, um que corresponde à freqüência mais alta e o outro à freqüência mais baixa. Como cada estado de *spin* possui quase a mesma população, cerca de metade dos prótons metílicos está alinhada com o campo magnético aplicado e cerca de metade está alinhada contra ele. Portanto, os dois picos do *dublete* possuem aproximadamente a mesma altura e a mesma área.

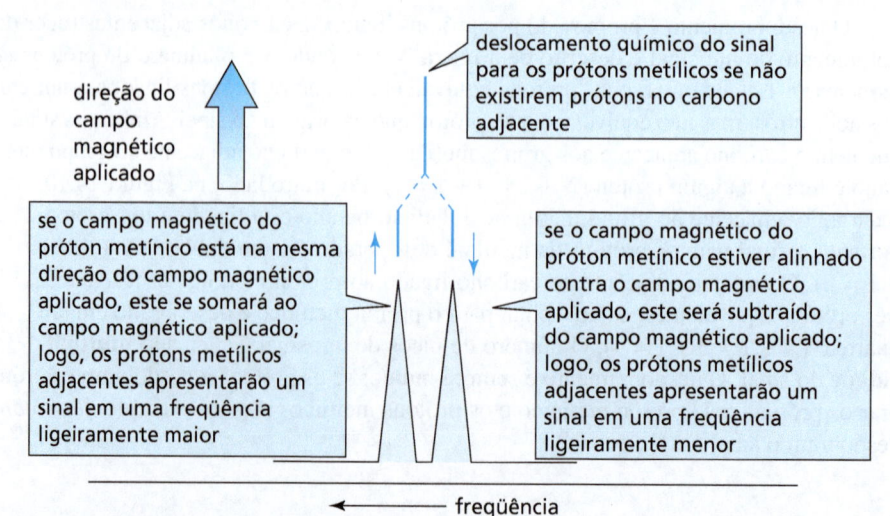

Figura 14.11 ▶
O sinal para os prótons metílicos do 1,1-dicloroetano é desdobrado em um dublete pelo próton metínico.

De modo semelhante, a freqüência em que o próton metínico apresenta seu sinal é influenciada pelos campos magnéticos dos três prótons ligados ao carbono adjacente. Os campos magnéticos de cada um dos três prótons metílicos podem alinhar-se a favor do campo magnético, dois podem alinhar-se a favor do campo e um contra ele, um pode alinhar-se a favor e dois contra o campo, ou todos podem alinhar-se contra o campo. Como o campo magnético sentido pelo próton metínico é afetado de quatro maneiras diferentes, seu sinal é um *quarteto* (Figura 14.12).

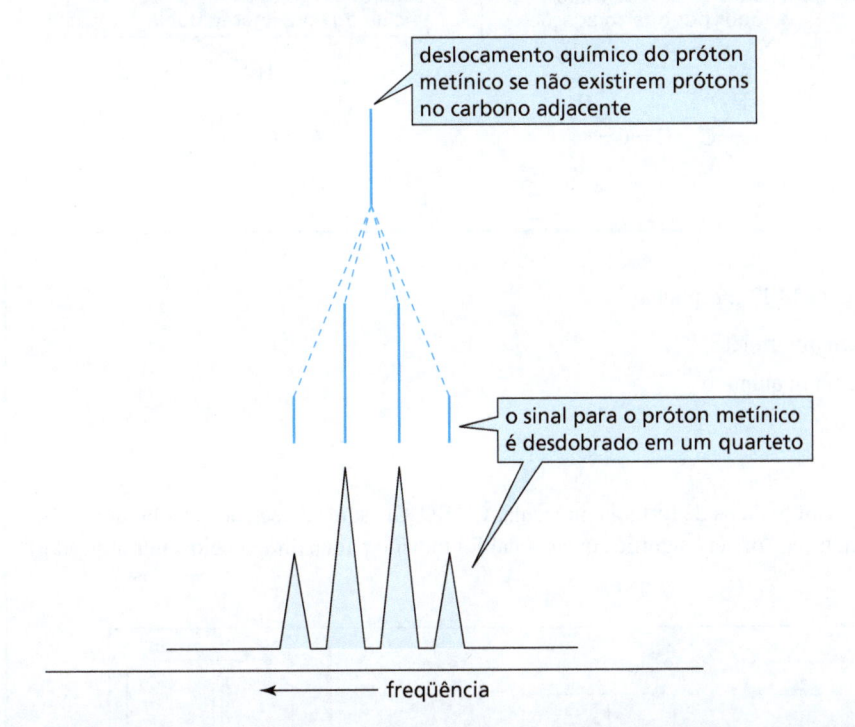

◀ **Figura 14.12**
O sinal para o próton metínico do 1,1-dicloroetano é desdobrado em um quarteto pelos prótons da metila.

As intensidades relativas dos picos em um sinal refletem o número de modos em que os prótons vizinhos podem alinhar-se em relação ao campo magnético aplicado. Por exemplo, um quarteto possui intensidades relativas dos picos de 1:3:3:1 porque há apenas uma maneira de alinhar os campos magnéticos dos três prótons de modo que eles estejam todos a favor do campo e apenas uma maneira de alinhá-los de modo que todos estejam contra o campo. No entanto, existem três maneiras de alinhar os campos magnéticos dos três prótons de modo que dois estejam alinhados a favor do campo e um alinhado contra o campo (Figura 14.13). Da mesma forma, existem três maneiras de alinhar os campos magnéticos dos três prótons de modo que um próton fique alinhado a favor do campo e dois fiquem alinhados contra ele.

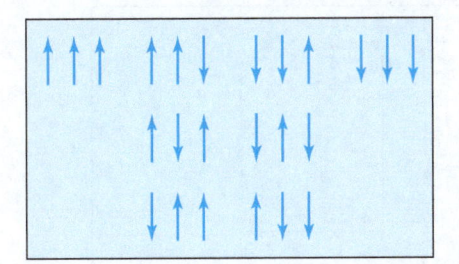

Tutorial Gallery:
Desdobramento do sinal de RMN
www

◀ **Figura 14.13**
Formas nas quais os campos magnéticos de três prótons podem ser alinhadas.

As intensidades relativas obedecem a um mnemônico matemático conhecido como *triângulo de Pascal*. (Você deve se recordar desse mnemônico de uma de suas aulas de matemática.) De acordo com Pascal, cada número na base de um triângulo na coluna mais à direita da Tabela 14.2 é a soma dos dois números imediatamente à esquerda e à direita da linha acima dele.

Prótons equivalentes não desdobram o sinal um do outro.

O sinal de um próton nunca é desdobrado por prótons *equivalentes*. Normalmente, prótons *não equivalentes* desdobram o sinal um do outro apenas se estiverem em carbonos *adjacentes*. O desdobramento é um efeito "através da ligação", não um efeito "através do espaço", mas raramente é observado se os prótons estiverem separados por mais de três ligações σ. Se, no entanto, os prótons estiverem separados por mais de três ligações e uma das ligações formar

542 QUÍMICA ORGÂNICA

uma ligação dupla ou tripla, um pequeno desdobramento é observado algumas vezes. Isso é chamado **acoplamento a longa distância**.

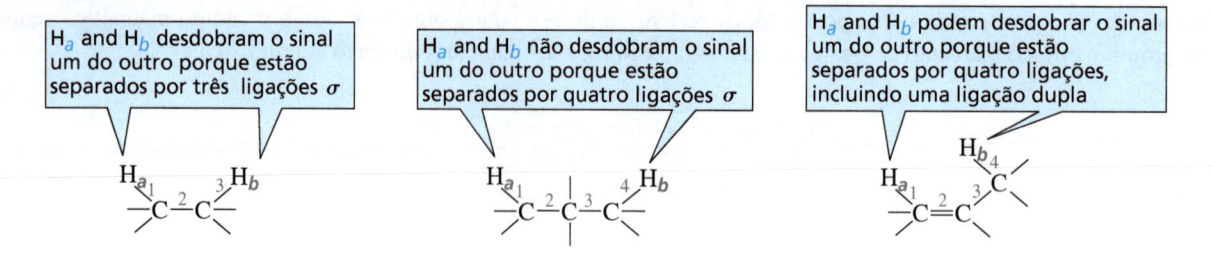

- H_a and H_b desdobram o sinal um do outro porque estão separados por três ligações σ

- H_a and H_b não desdobram o sinal um do outro porque estão separados por quatro ligações σ

- H_a and H_b podem desdobrar o sinal um do outro porque estão separados por quatro ligações, incluindo uma ligação dupla

PROBLEMA 18

Utilizando um diagrama como o da Figura 14.13, proponha:

a. as intensidades relativas dos picos em um triplete
b. as intensidades relativas dos picos em um quinteto

PROBLEMA 19 ◆

Os espectros de RMN ^{1}H de dois ácidos carboxílicos de fórmula molecular $C_3H_5O_2Cl$ estão apresentados na Figura 14.14. Identifique os ácidos carboxílicos. (A notação "offset" significa que o sinal foi movido para a direita pelo valor indicado.)

a. Offset: 2,4 ppm.

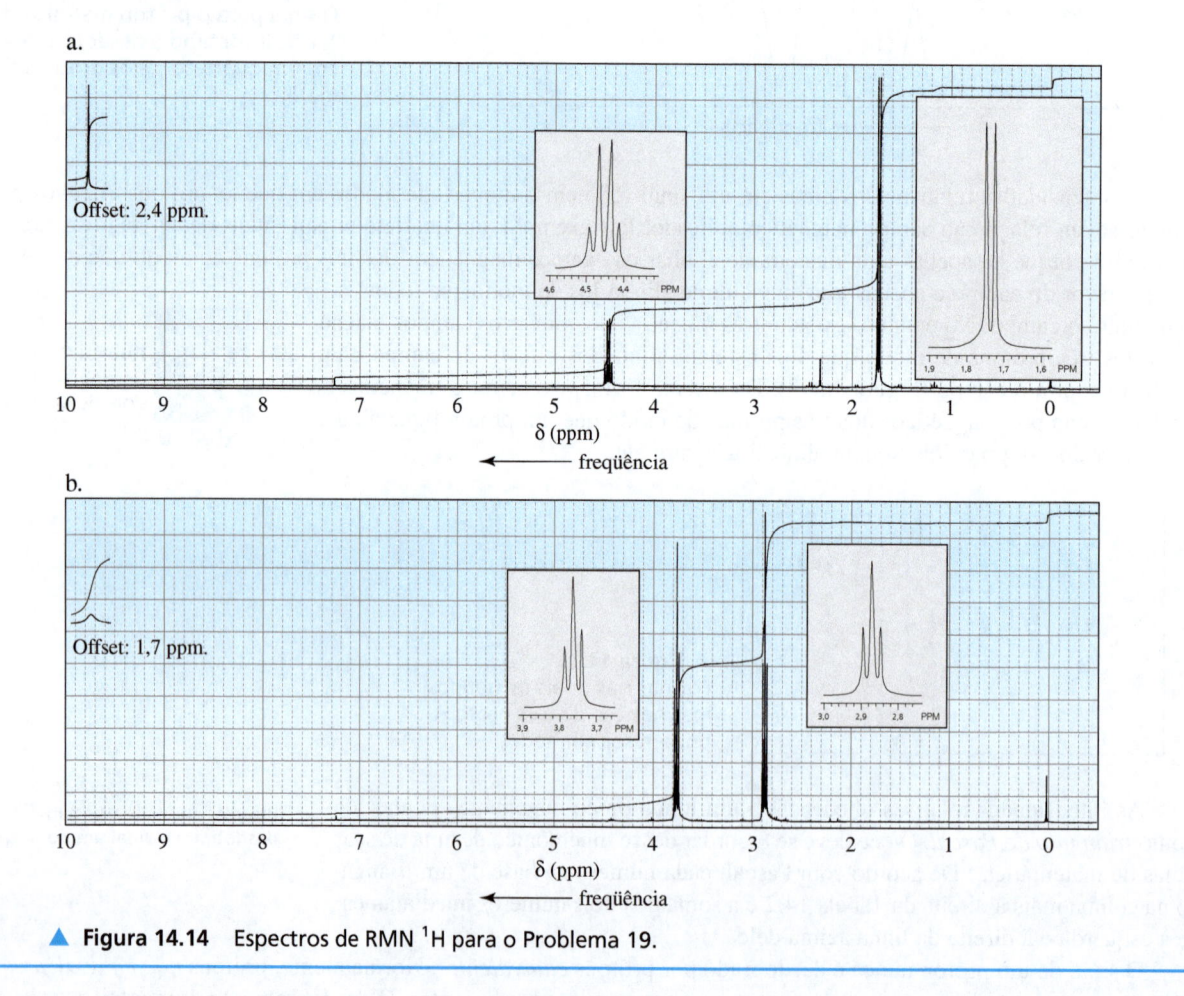

b. Offset: 1,7 ppm.

▲ **Figura 14.14** Espectros de RMN ^{1}H para o Problema 19.

Tabela 14.2 Multiplicidade do sinal e intensidades relativas dos picos no sinal

Número de prótons equivalentes que promovem desdobramento	Multiplicidade do sinal	Intensidades relativas dos picos
0	singlete	1
1	dublete	1:1
2	triplete	1:2:1
3	quarteto	1:3:3:1
4	quinteto	1:4:6:4:1
5	sexteto	1:5:10:10:5:1
6	septeto	1:6:15:20:15:6:1

Blaise Pascal (1623–1662) nasceu na França. Aos 16 anos, publicou um livro sobre geometria e, aos 19, inventou a máquina de calcular. Também propôs a teoria moderna de probabilidade, desenvolveu o princípio básico da prensa hidráulica e mostrou que a pressão atmosférica diminui com o aumento da altitude. Em 1644, escapou da morte por um fio quando os cavalos que levavam a carruagem que ele conduzia dispararam. Esse susto fez com que ele dedicasse o resto de sua vida à meditação e a escritos religiosos.

14.11 Mais exemplos de espectros de RMN ^{1}H

O espectro de RMN ^{1}H do bromometano apresenta um singlete. Os três prótons metílicos são quimicamente equivalentes, e prótons quimicamente equivalentes não desdobram os sinais uns dos outros. Os quatro prótons do 1,2-dicloroetano também são quimicamente equivalentes, assim seu espectro de RMN ^{1}H também apresenta um singlete.

CH_3Br $ClCH_2CH_2Cl$

bromometano   1,2-dicloroetano

cada substância possui um espectro de RMN que mostra um singlete porque prótons equivalentes não desdobram o sinal um do outro

O espectro de RMN ^{1}H do 1,3-dibromopropano apresenta dois sinais (Figura 14.15). O sinal dos prótons H_b é desdobrado em um triplete pelos dois hidrogênios do carbono adjacente. Os prótons H_a têm dois carbonos adjacentes que estão ligados a prótons. Os prótons em um carbono adjacente são equivalentes aos prótons do outro carbono adjacente. Como os dois grupos de prótons são equivalentes, a regra $N + 1$ é aplicada em ambos os grupos ao mesmo tempo. Em outras palavras, N é igual à soma dos prótons equivalentes em ambos os carbonos. Assim, o sinal para os prótons H_a é desdobrado em um quinteto (4 + 1 = 5). A integração confirma que dois grupos metilênicos contribuem para o sinal H_b porque o dobro de prótons dá origem ao sinal H_b, quando o comparamos ao sinal de H_a.

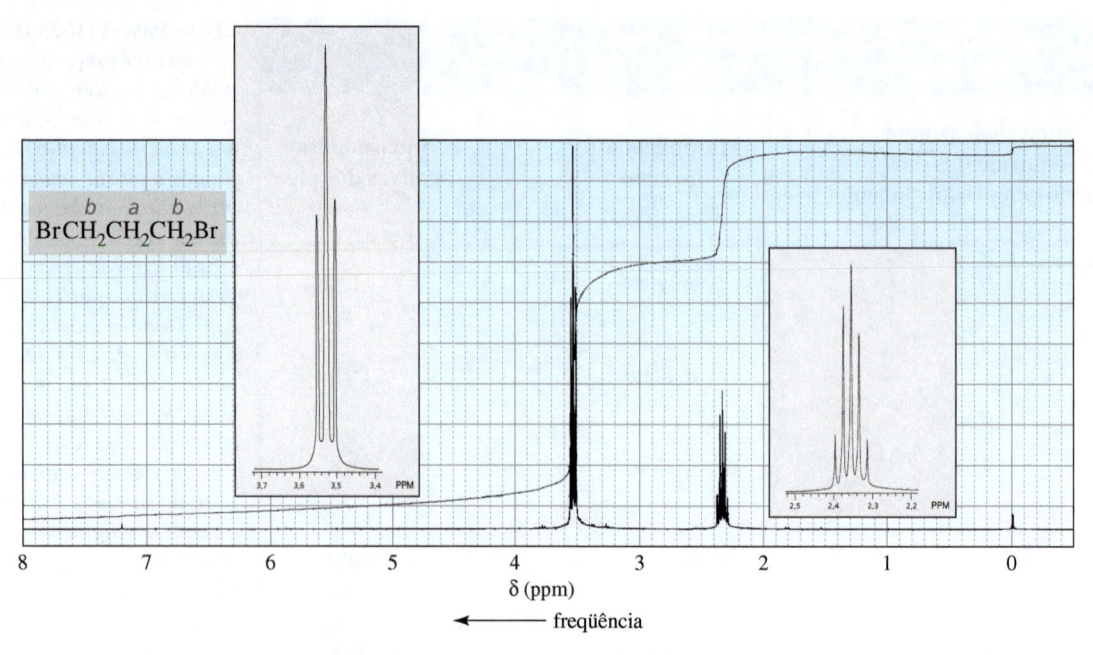

▲ **Figura 14.15** Espectro de RMN ^{1}H do 1,3-dibromopropano.

O espectro de RMN ^{1}H do butanoato de isopropila apresenta cinco sinais (Figura 14.16). O sinal para os prótons H_a é desdobrado em um triplete pelos prótons H_c. O sinal para os prótons H_b é desdobrado em um dublete pelo próton H_e. O sinal para os prótons H_d é desdobrado em um triplete pelos prótons H_c e o sinal para os prótons H_e é desdobrado em um septeto pelos prótons H_b. O sinal para os prótons H_c é desdobrado tanto pelos prótons H_a quanto pelos prótons H_d. Como os prótons H_a e H_d não são equivalentes, a regra $N + 1$ deve ser aplicada separadamente para cada grupo. Assim, o sinal para os prótons H_c será desdobrado em um quarteto pelos prótons H_a, e cada um desses quatro picos será desdobrado em um triplete pelos prótons H_d: $(N_a + 1)(N_d + 1) = (4)(3) = 12$. Como resultado, o sinal para os prótons H_c é um **multiplete** (um sinal mais complexo que um triplete, um quarteto, um quinteto, etc.). A razão de não observarmos 12 picos é que alguns deles se sobrepõem (Seção 14.13).

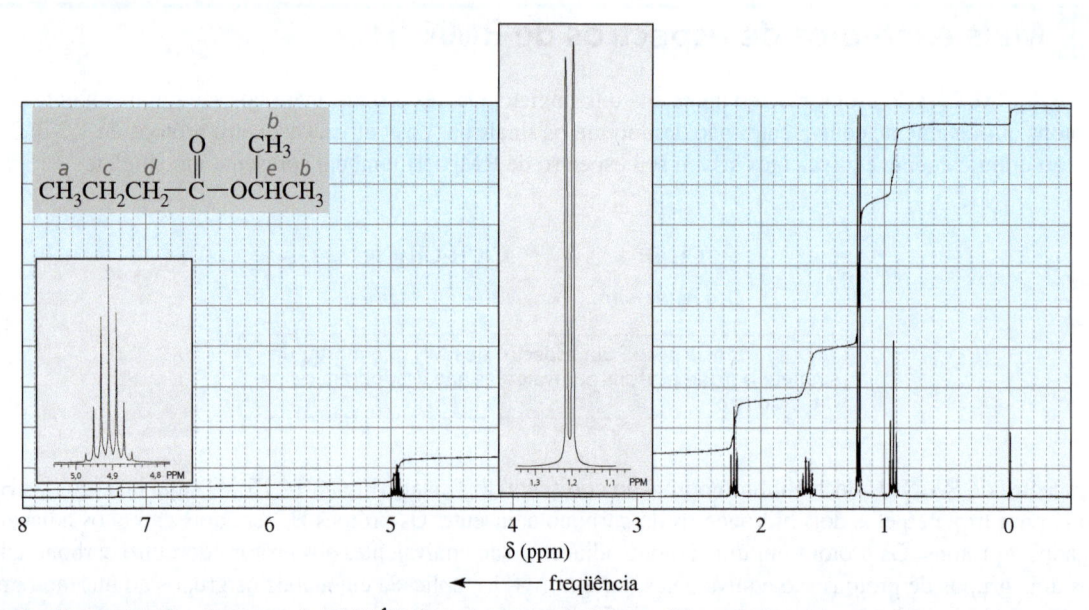

▲ **Figura 14.16** Espectro de RMN ^{1}H do butanoato de isopropila.

PROBLEMA 20

Indique o número de sinais e a multiplicidade de cada sinal no espectro de RMN ^{1}H de cada uma das seguintes substâncias:

a. $ICH_2CH_2CH_2Br$ b. $ClCH_2CH_2CH_2Cl$ c. $ICH_2CH_2CHBr_2$

O espectro de RMN ^{1}H do 3-bromo-1-propeno apresenta quatro sinais (Figura 14.17). Embora os prótons H$_b$ e H$_c$ estejam ligados ao mesmo carbono, eles não são quimicamente equivalentes (um é cis ao grupo bromometila, o outro é trans ao grupo bromometila), portanto cada um produz um sinal separado. O sinal para os prótons H$_a$ é desdobrado em um dublete pelo próton H$_d$. Observe que os sinais para os três prótons vinílicos estão relativamente em altas freqüências em virtude da anisotropia diamagnética (Seção 14.9). O sinal para o próton H$_d$ é um multiplete porque ele é desdobrado separadamente pelos prótons H$_a$, H$_b$ e H$_c$.

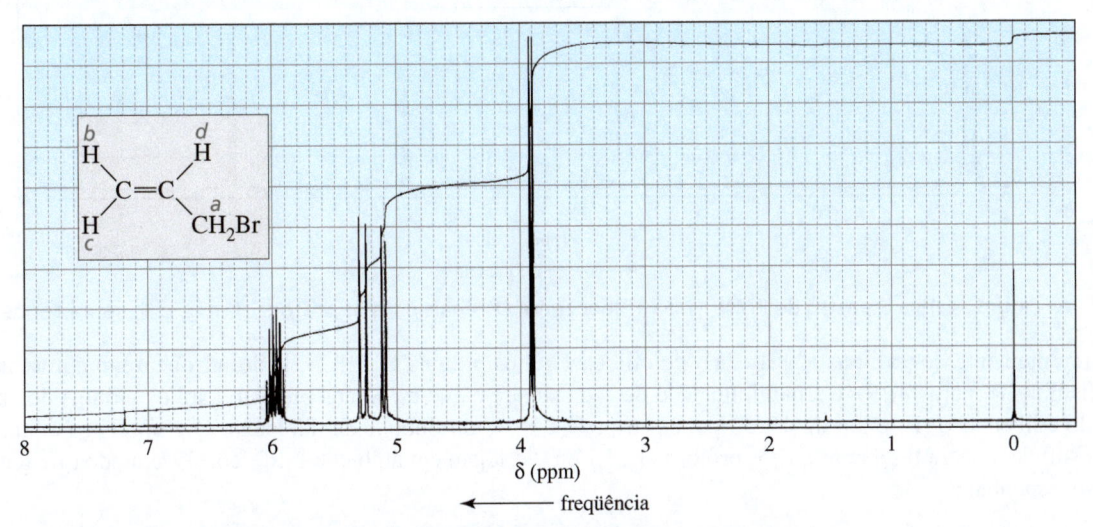

▲ **Figura 14.17** Espectro de RMN ^{1}H do 3-bromo-1-propeno.

Como os prótons H$_b$ e H$_c$ não são equivalentes, eles desdobram o sinal um do outro. Isso significa que o sinal para o próton H$_b$ é desdobrado em um dublete pelo próton H$_d$ e que cada um dos picos do dublete é desdobrado em um dublete pelo próton H$_c$. O sinal apresentado para o próton H$_b$ é chamado **dublete de dubletes**. O sinal para o próton H$_c$ também deverá ser um dublete de dubletes. No entanto, o desdobramento mútuo dos sinais de dois prótons não idênticos ligados ao mesmo carbono hibridizado em sp^2, promovido pelo que é chamado **acoplamento geminal**, é geralmente muito pequeno para ser observado (Seção 14.12). Portanto, os sinais para os prótons H$_b$ e H$_c$ na Figura 14.17 aparecem como dubletes mais do que como dublete de dubletes. (Se os sinais forem expandidos, o dublete de dubletes poderia ser observado.)

Note a diferença entre um quarteto e um dublete de dubletes. Ambos possuem quatro picos. Um quarteto resulta do desdobramento de *três* prótons *equivalentes* adjacentes; este possui intensidades relativas dos picos de 1:3:3:1, e os picos individuais são igualmente espaçados. Um dublete de dubletes, por outro lado, resulta do desdobramento de *dois* prótons *não equivalentes* adjacentes; possui intensidades relativas dos picos de 1:1:1:1 e os picos individuais não são necessariamente espaçados de maneira igual (veja a Figura 14.24).

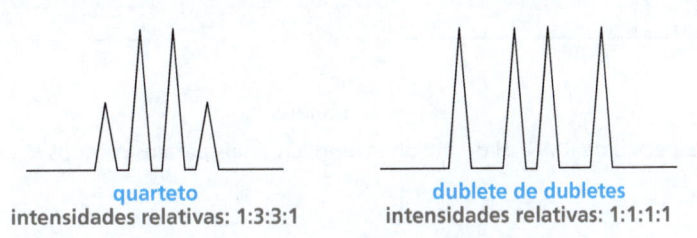

quarteto
intensidades relativas: 1:3:3:1

dublete de dubletes
intensidades relativas: 1:1:1:1

Existem cinco grupos de prótons quimicamente equivalentes no etilbenzeno (Figura 14.18). Observamos o triplete esperado para os prótons H$_a$ e o quarteto para os prótons H$_b$. (Esse é um padrão característico para o grupo etila.) Supomos que o sinal para os prótons H$_c$ seja um dublete e que o sinal para os prótons H$_e$ seja um triplete. Como os prótons H$_c$ e H$_e$ não são equivalentes, devem ser considerados separadamente na determinação do desdobramento do sinal dos prótons H$_d$. Portanto, supomos que o sinal para os prótons H$_d$ seja desdobrado em um dublete pelos prótons H$_c$ e que cada pico do dublete seja desdobrado em outro dublete pelo próton H$_e$, formando um dublete de dubletes. No entanto, não observamos três sinais distintos para os prótons H$_c$, H$_d$ e H$_e$ na Figura 14.18. Em vez disso, observamos sinais sobrepostos. Aparentemente, o efeito eletrônico (isto é, a capacidade elétron-doadora/elétron-retiradora) do substituinte etila não é suficientemente diferente do efeito de um hidrogênio para provocar uma diferença nos ambientes dos prótons H$_c$, H$_d$ e H$_e$, que é grande o suficiente para permitir que apareçam como sinais separados.

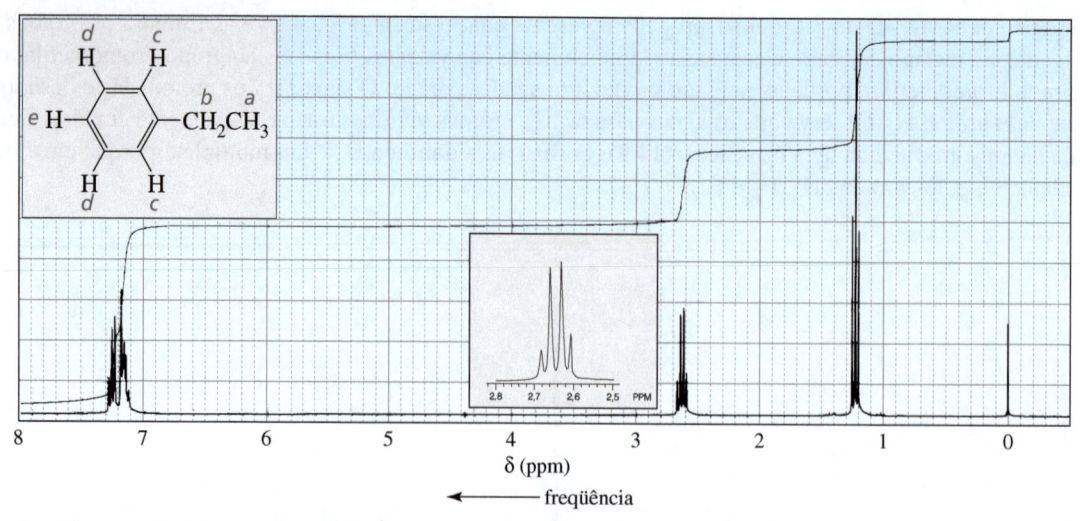

546 QUÍMICA ORGÂNICA

▲ **Figura 14.18** Espectro de RMN ^{1}H do etilbenzeno. Os sinais para os prótons H_c, H_d, e H_e se sobrepõem.

Diferentemente dos prótons H_c, H_d e H_e do etilbenzeno, os prótons H_a, H_b e H_c do nitrobenzeno apresentam três sinais distintos (Figura 14.19), e a multiplicidade de cada sinal é a que havíamos previsto para os prótons do anel benzênico do etilbenzeno (H_c é um dublete, H_b é um triplete e H_a é um dublete de dubletes). O grupo nitro é puxador de elétrons suficiente para fazer com que os prótons H_a, H_b e H_c estejam em ambientes diferentes, de modo que seus sinais não se sobreponham.

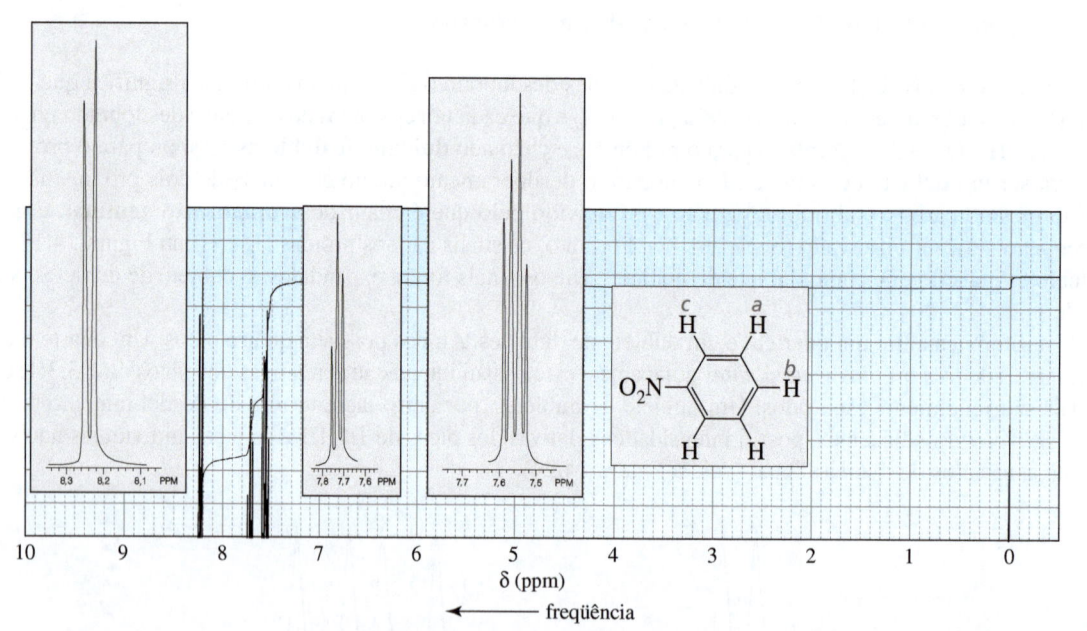

▲ **Figura 14.19** Espectro de RMN ^{1}H do nitrobenzeno. Os sinais para os prótons H_a, H_b e H_c não se sobrepõem.

Tutorial Gallery: Atribuição do espectro de RMN
www

Observe que os sinais para os prótons do anel benzênico nas figuras 14.18 e 14.19 aparecem na região de 7,0–8,5 ppm. Outros tipos de prótons normalmente não ressonam nessa região, por isso sinais nessa região do espectro de RMN ^{1}H indicam que a substância provavelmente contém um anel aromático.

PROBLEMA 21

Explique por que o sinal para os prótons identificados como H_a na Figura 14.19 aparece em freqüência mais baixa e o sinal para os prótons identificados como H_c aparece em freqüência mais alta. (*Dica*: desenhe as estruturas das formas de ressonância.)

PROBLEMA 22

Como os espectros de RMN ^{1}H poderiam ser diferenciados para as substâncias a seguir?

A B C

PROBLEMA 23

Como os espectros de RMN ^{1}H para as quatro substâncias de fórmula molecular $C_3H_6Br_2$ poderiam ser diferenciados?

PROBLEMA 24 ◆

Identifique cada substância a partir de sua fórmula molecular e de seu espectro de RMN ^{1}H:

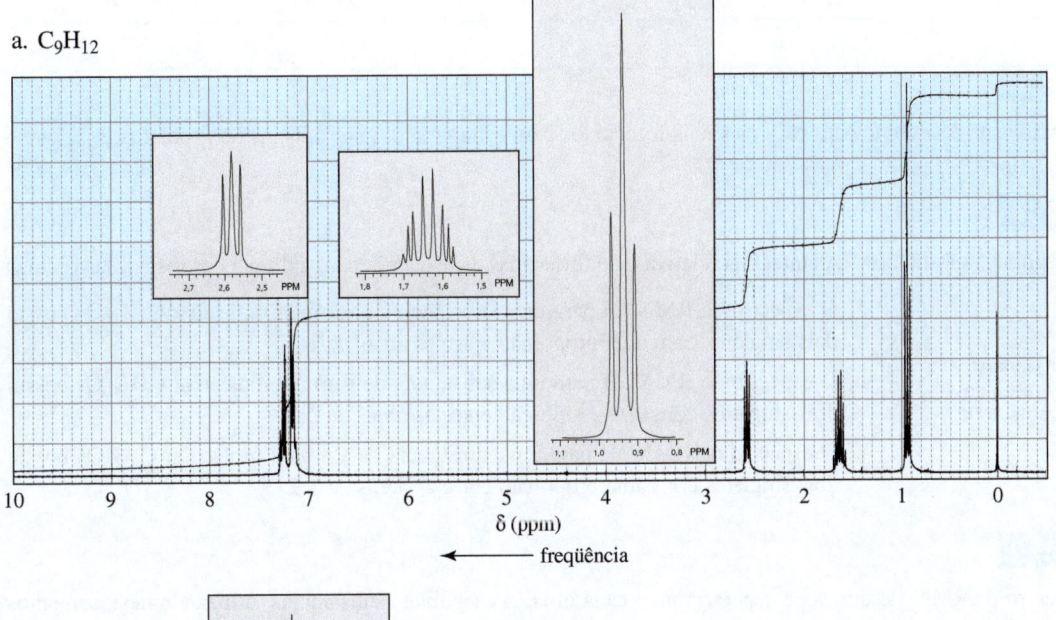

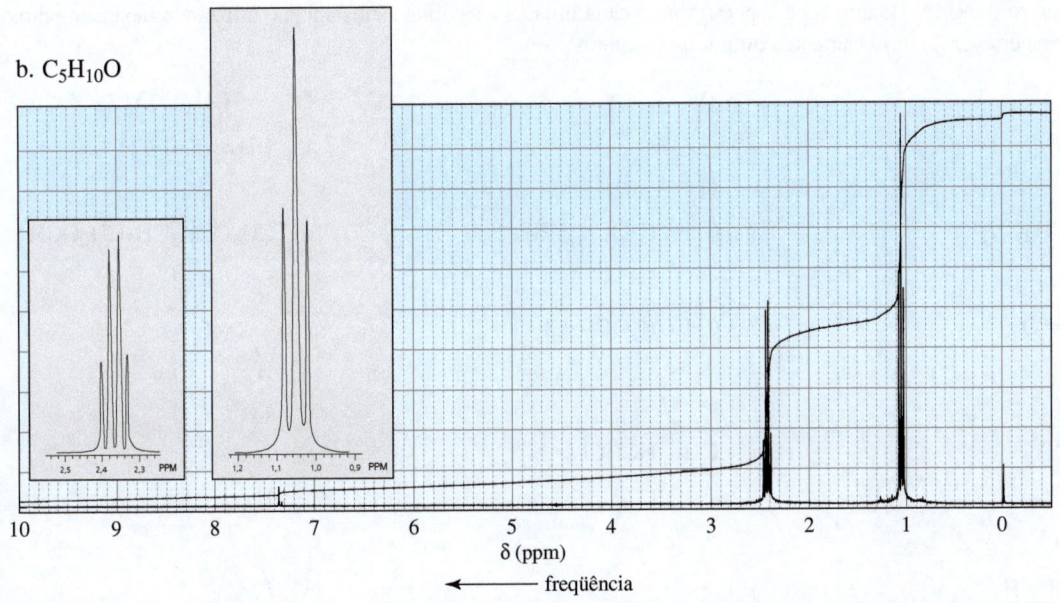

a. C_9H_{12}

b. $C_5H_{10}O$

c. C₉H₁₀O₂

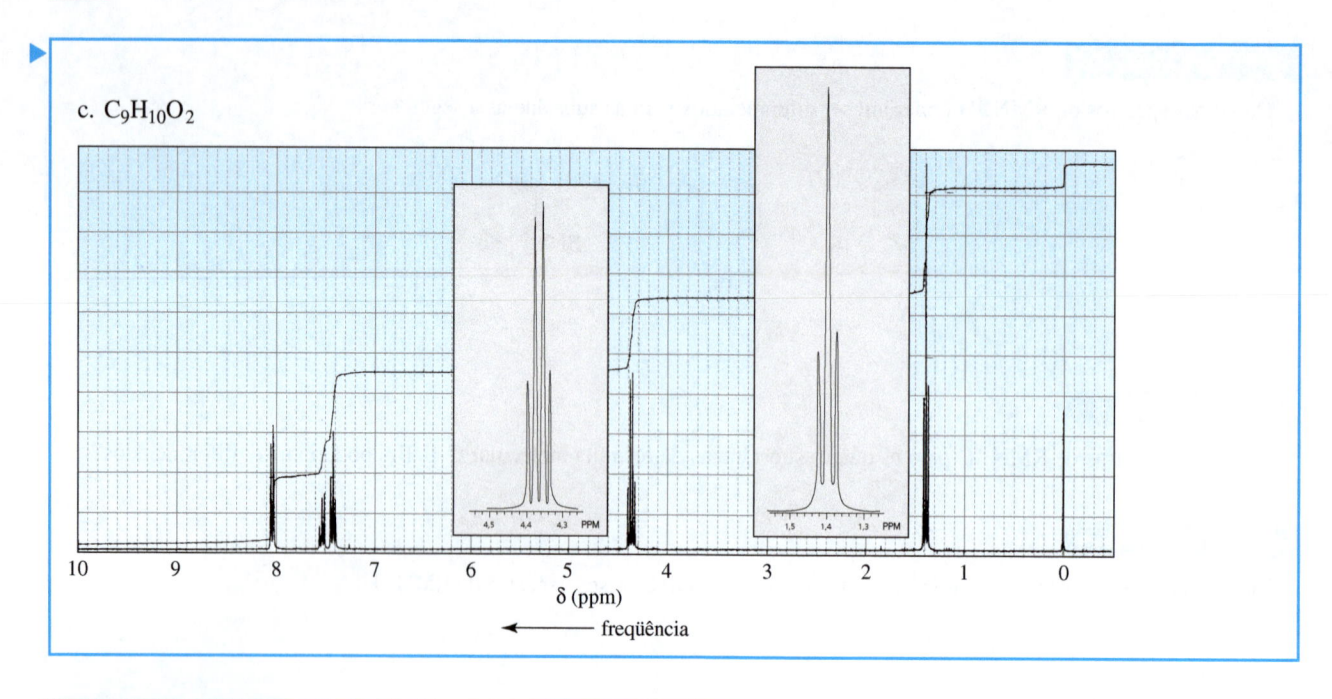

[NMR spectrum showing peaks near 7.5 ppm, 4.3-4.5 ppm, and 1.3-1.5 ppm with integration steps]

PROBLEMA 25

Proponha os padrões de desdobramento para os sinais fornecidos para cada uma das substâncias no Problema 3.

PROBLEMA 26◆

Identifique as seguintes substâncias. (As integrais relativas são fornecidas da esquerda para a direita por meio do espectro.)

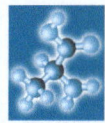

Tutorial Gallery: Interpretação do espectro de RMN
www

a. O espectro de RMN ^{1}H para uma substância de fórmula molecular $C_4H_{10}O_2$ possui dois singletes com uma proporção entre as áreas de 2:3.
b. O espectro de RMN ^{1}H para uma substância de fórmula molecular $C_6H_{10}O_2$ possui dois singletes com uma proporção entre as áreas de 2:3.
c. O espectro de RMN ^{1}H para uma substância de fórmula molecular $C_8H_6O_2$ possui dois singletes com uma proporção entre as áreas de 1:2.

PROBLEMA 27

Descreva o espectro de RMN ^{1}H que você esperaria para cada uma das seguintes substâncias, utilizando deslocamentos químicos relativos em vez de deslocamentos químicos absolutos:

a. $BrCH_2CH_2Br$

b. $CH_3OCH_2CH_2CH_2Br$

c. O=⬡=O

d. $CH_3\underset{Br}{\overset{CH_3}{C}}CH_2CH_3$

e. $CH_3\overset{O}{\overset{\|}{C}}CH_2\overset{O}{\overset{\|}{C}}OCH_3$

f. $\underset{H \quad Cl}{\overset{H \quad H}{C=C}}$

g. $CH_3CH_2OCH_2CH_3$

h. $CH_3CH_2OCH_2Cl$

i. $CH_3\underset{Cl}{CH}CHCl_2$

j. ☐—O

l. $CH_3\overset{CH_3}{\overset{|}{CH}}CH_2\overset{O}{\overset{\|}{CH}}$

m. $CH_3OCH_2CH_2CH_2OCH_3$

n. $\underset{H \quad Cl}{\overset{H \quad Cl}{C=C}}$

o. $\underset{H \quad Cl}{\overset{Cl \quad H}{C=C}}$

p. ⬠

14.12 Constantes de acoplamento

A distância, em hertz, entre dois picos adjacentes de um sinal de RMN desdobrado é chamado **constante de acoplamento** (representado por *J*). A constante de acoplamento para H_a sendo desdobrado por H_b é denotada por J_{ab}. Os sinais de prótons acoplados (prótons que desdobram o sinal um do outro) possuem a mesma constante de acoplamento; em outras palavras, $J_{ab} = J_{ba}$ (Figura 14.20). As constantes de acoplamento são úteis na análise de espectros de RMN complexos porque os prótons em carbonos adjacentes podem ser identificados por constantes de acoplamento idênticas.

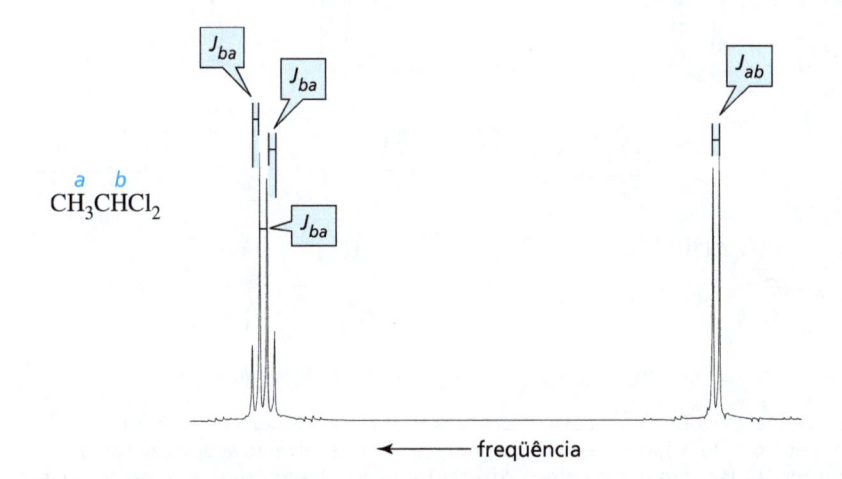

◀ **Figura 14.20**
Os prótons H_a e H_b do 1,1-dicloroetano são prótons acoplados; logo, seus sinais possuem a mesma constante de acoplamento, $J_{ab} = J_{ba}$.

A magnitude da constante de acoplamento é independente da freqüência operacional do espectrômetro — a mesma constante de acoplamento é obtida por um instrumento de 300 MHz ou por um instrumento de 600 MHz. A magnitude da constante de acoplamento é uma medida da força com que os *spins* nucleares dos prótons acoplados influenciam uns aos outros. Isso, portanto, depende do número e do tipo de ligação que conecta os prótons acoplados, assim como da relação geométrica dos prótons. Constantes de acoplamento características estão apresentadas na Tabela 14.3; elas variam de 0 a 15 Hz.

A constante de acoplamento para dois hidrogênios não equivalentes no *mesmo* carbono hibridizado em sp^2 é geralmente muito pequena para ser observada (Figura 14.17), porém é grande para hidrogênios não equivalentes ligados a carbonos hibridizados em sp^2 *adjacentes*. Aparentemente, a interação entre os hidrogênios é fortemente afetada pelos elétrons π intervenientes. Vimos que os elétrons π também permitem acoplamentos a longa distância — ou seja, acoplamentos por meio de quatro ou mais ligações (Seção 14.10).

Tabela 14.3 Valores aproximados de constantes de acoplamento

Valor aproximado de J_{ab} (Hz)		Valor aproximado de J_{ab} (Hz)	
H–C–C–H	7	C=C (H_a, H_b trans)	15 (trans)
H–C–C–C–H	0	C=C (H_a, H_b cis)	10 (cis)
C=C–H (geminal)	2 (acoplamento geminal)	C=C–C–H	1 (acoplamento a longa distância)

As constantes de acoplamento podem ser usadas para distinguir o espectro de RMN ^1H de alcenos cis e trans. A constante de acoplamento dos prótons da *trans*-vinila é significativamente maior do que a constante de acoplamento dos prótons da *cis*-vinila (Figura 14.21), porque as constantes de acoplamento dependem do ângulo diedro entre as duas ligações

*A dependência da constante de acoplamento em relação ao ângulo entre as duas ligações C—H é chamada relação de Karplus após **Martin Karplus** ter observado, pela primeira vez, esse fato. Karplus nasceu em 1930, bacharelou-se pela Universidade de Harvard e tornou-se PhD pelo Instituto de Tecnologia da Califórnia. Atualmente é professor de química na Universidade de Havard.*

C—H na unidade H—C=C—H. A constante de acoplamento é maior quando o ângulo entre as duas ligações C—H é de 180° (trans) e menor quando é de 0° (cis). Observe a diferença entre J_{bd} e J_{cd} no espectro do 3-bromo-1-propeno (Figura 14.17).

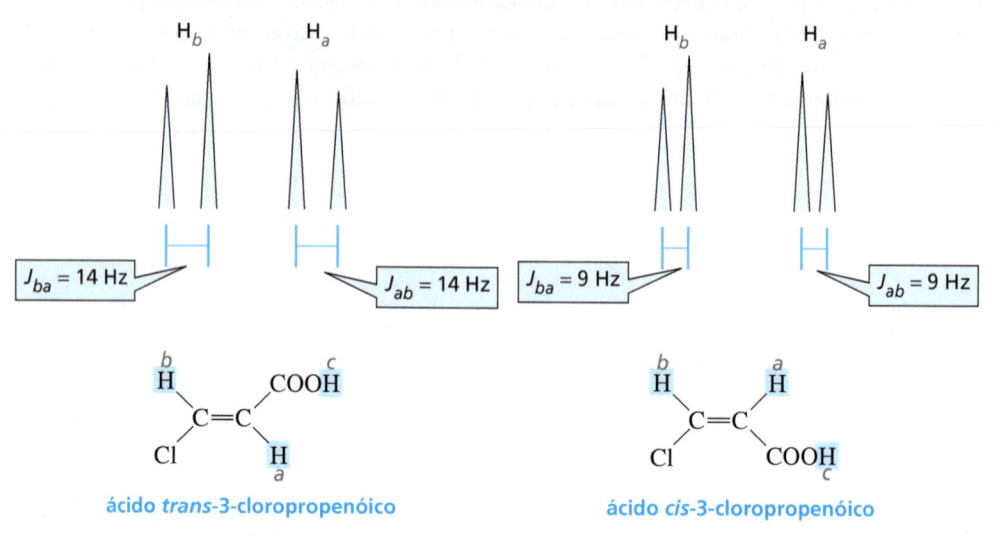

▲ **Figura 14.21** Dubletes observados para os prótons H_a e H_b nos espectros do ácido *trans*-3-cloropropenóico e do ácido *cis*-3-cloropropenóico. A constante de acoplamento para os prótons trans (14 Hz) é maior do que a constante de acoplamento para os prótons cis (9 Hz).

A constante de acoplamento para os prótons *trans* é maior do que a constante de acoplamento para os prótons *cis*.

PROBLEMA 28

Por que não existe acoplamento entre H_a e H_c ou entre H_b e H_c nos ácidos *cis* ou *trans*-3-cloropropenóico?

Vamos agora resumir o tipo de informação que pode ser obtida de um espectro de RMN ^{1}H:

1. O número de sinais indica o número de tipos diferentes de prótons existentes em uma substância.
2. A posição de um sinal indica os tipos de prótons responsáveis pelo sinal (metila, metileno, metínico, alílico, vinílico, aromático etc.) e os tipos de substituintes vizinhos.
3. A integração do sinal nos informa o número relativo de prótons responsável pelo sinal.
4. A multiplicidade do sinal ($N + 1$) nos informa o número de prótons (N) ligados aos carbonos adjacentes.
5. As constantes de acoplamento identificam os prótons acoplados.

PROBLEMA — ESTRATÉGIA PARA RESOLUÇÃO

Identifique a substância de fórmula molecular $C_9H_{10}O$ que fornece os espectros de IV e de RMN ^{1}H da Figura 14.22.

A melhor maneira para abordar esse tipo de problema é identificar todas as características estruturais possíveis a partir da fórmula molecular e do espectro de IV e em seguida usar as informações do espectro de RMN ^{1}H para aumentar o conhecimento sobre a molécula. A partir da fórmula molecular e do espectro de IV, aprendemos que a substância é uma cetona: ela possui um grupamento carbonila em ~1.680 cm^{-1}, apenas um oxigênio e nenhuma banda de absorção em ~2.820 e ~2.720 cm^{-1}, que poderiam indicar um aldeído. O fato de o grupamento carbonila absorver em uma freqüência mais baixa do que o normal sugere que ele possui um caráter parcial de ligação simples como resultado de deslocalização eletrônica — o que indica que está ligado a um carbono hibridizado em sp^2. A substância contém um anel

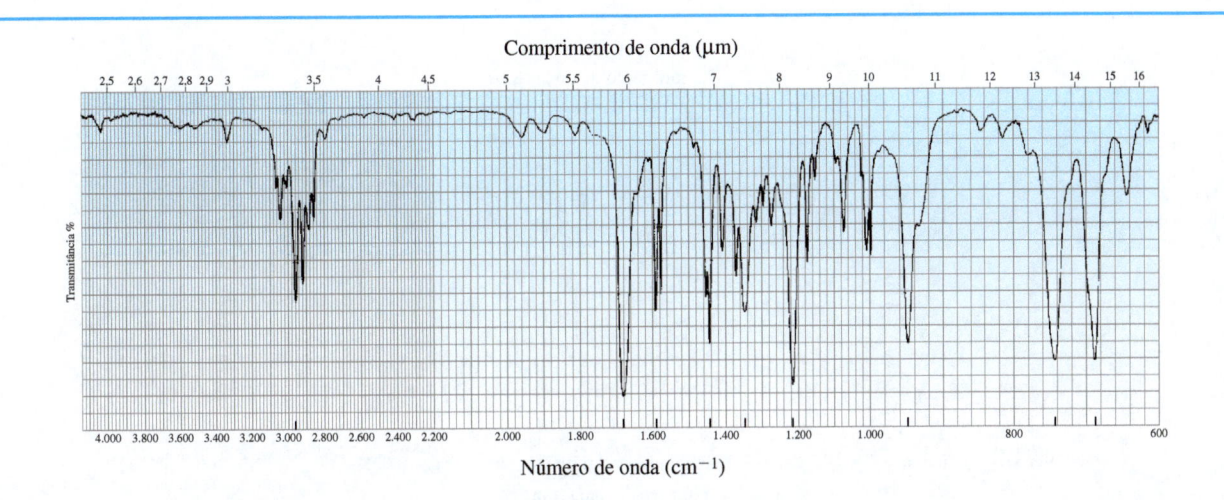

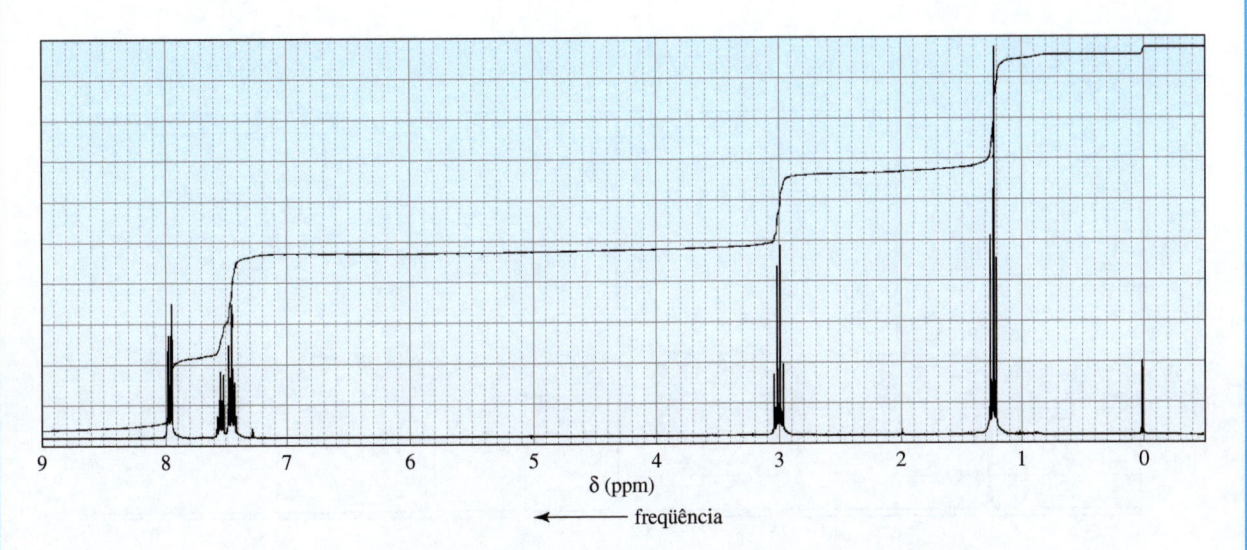

▲ **Figura 14.22** Espectros de IV e de RMN ¹H para esta estratégia de solução de problema.

benzênico (> 3.000 cm^{-1}, ~1.600 cm^{-1} e 1.440 cm^{-1}) e possui hidrogênios ligados a carbonos hibridizados em sp^3 (< 3.000 cm^{-1}). No espectro de RMN, o triplete em ~1,2 ppm e o quarteto em ~3,0 ppm indicam a presença de um grupamento etila que está ligado a um grupo puxador de elétrons. Os sinais na região de 7,4–8,0 ppm confirmam a presença de um anel benzênico. A partir dessas informações, podemos concluir que a substância é a cetona a seguir. A razão de integração (5:2:3) confirma essa resposta.

Agora veja o Problema 29.

PROBLEMA 29◆

Identifique a substância de fórmula molecular $C_8H_{10}O$ que fornece os espectros de IV e de RMN ¹H apresentados na Figura 14.23.

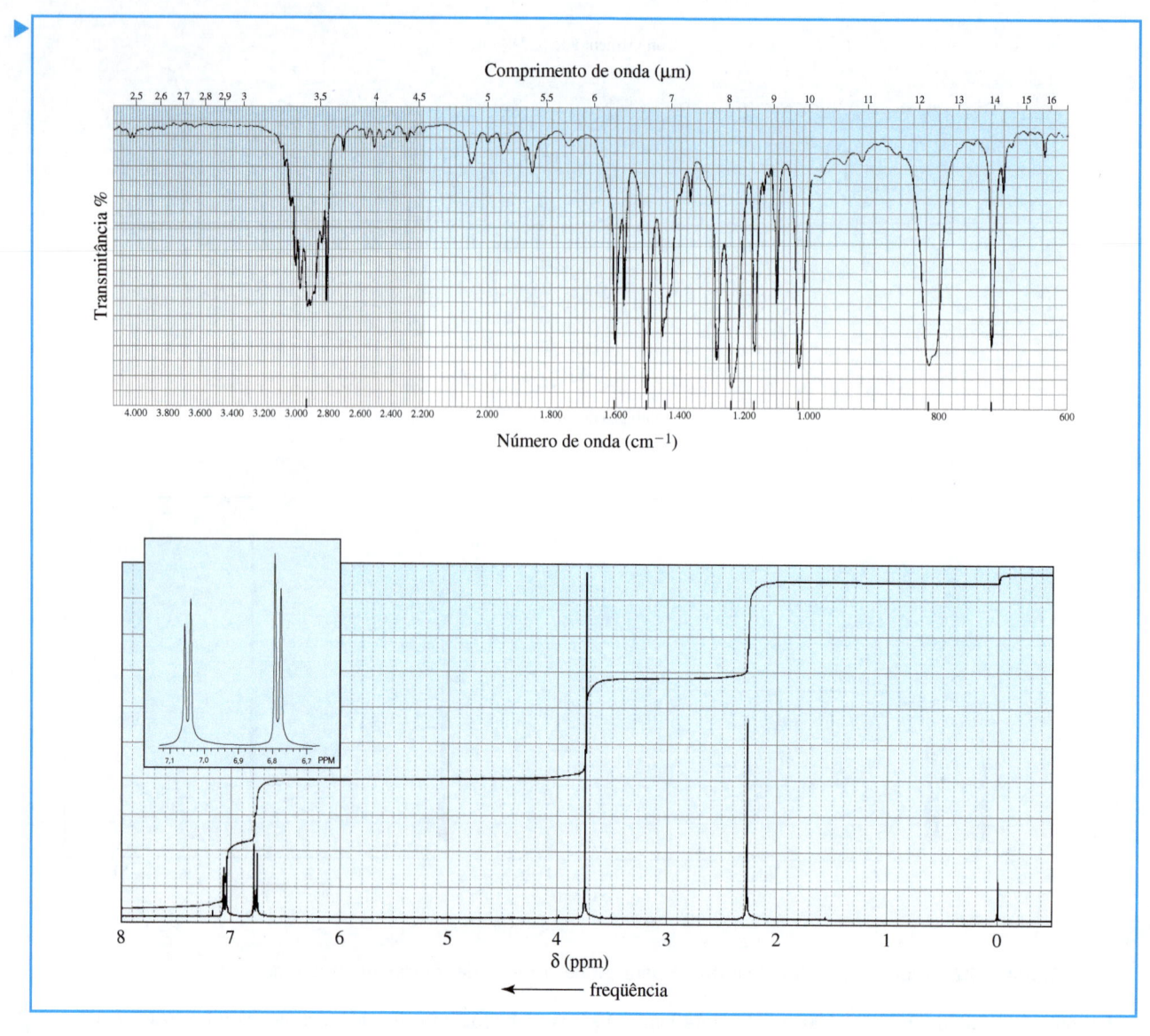

▲ Figura 14.23 Espectros de IV e de RMN ¹H para o Problema 29.

14.13 Diagramas de desdobramento

O padrão de desdobramento obtido quando um sinal é desdobrado por mais de um grupo de prótons pode ser mais bem entendido se utilizarmos um diagrama de desdobramento. Em um **diagrama de desdobramento** (também chamado de **árvore de desdobramento**), os picos de RMN são mostrados em linhas verticais e o efeito de cada um dos desdobramentos é mostrado um de cada vez. Por exemplo, um diagrama de desdobramento é mostrado na Figura 14.24 para o desdobramento do sinal do próton H_c do 1,1,2-tricloro-3-metilbutano, em um dublete de dubletes pelos prótons H_b e H_d.

O sinal para os prótons H_b do brometo de propila é desdobrado em um quarteto pelos prótons H_a, e cada um dos quatro picos resultantes são desdobrados em um triplete pelos prótons H_c (Figura 14.25).

A visibilidade de cada um dos 12 picos vai depender das magnitudes relativas das duas constantes de acoplamento, J_{ba} e J_{bc}. Por exemplo, a figura mostra que há 12 picos quando J_{ba} é muito maior que J_{bc}, 9 picos quando $J_{ba} = 2J_{bc}$ e apenas 6 picos quando $J_{ba} = J_{bc}$. Como se pode observar, o número de picos vistos dependerá do número de sobreposições ocorridas entre eles. Quando os picos se sobrepõem, suas intensidades são somadas.

CAPÍTULO 14 Espectroscopia de RMN 553

$$\underset{a}{CH_3}\underset{b}{\underset{|}{CH}}\underset{c}{\underset{|}{CH}}\underset{d}{CHCl} \quad \text{com Cl, Cl em b e c, CH}_3 \text{ em b}$$

1,1,2-tricloro-3-metilbutano

diagrama de desdobramento

deslocamento químico do sinal para o próton H_c se não houvesse desdobramento

desdobramento pelo próton H_b (J_{cb})

desdobramento pelo próton H_d (J_{cd})

dublete de dubletes

← freqüência

◀ **Figura 14.24** Diagrama de desdobramento para um dublete de dubletes.

$$\underset{a}{CH_3}\underset{b}{CH_2}\underset{c}{CH_2}Br$$

brometo de propila

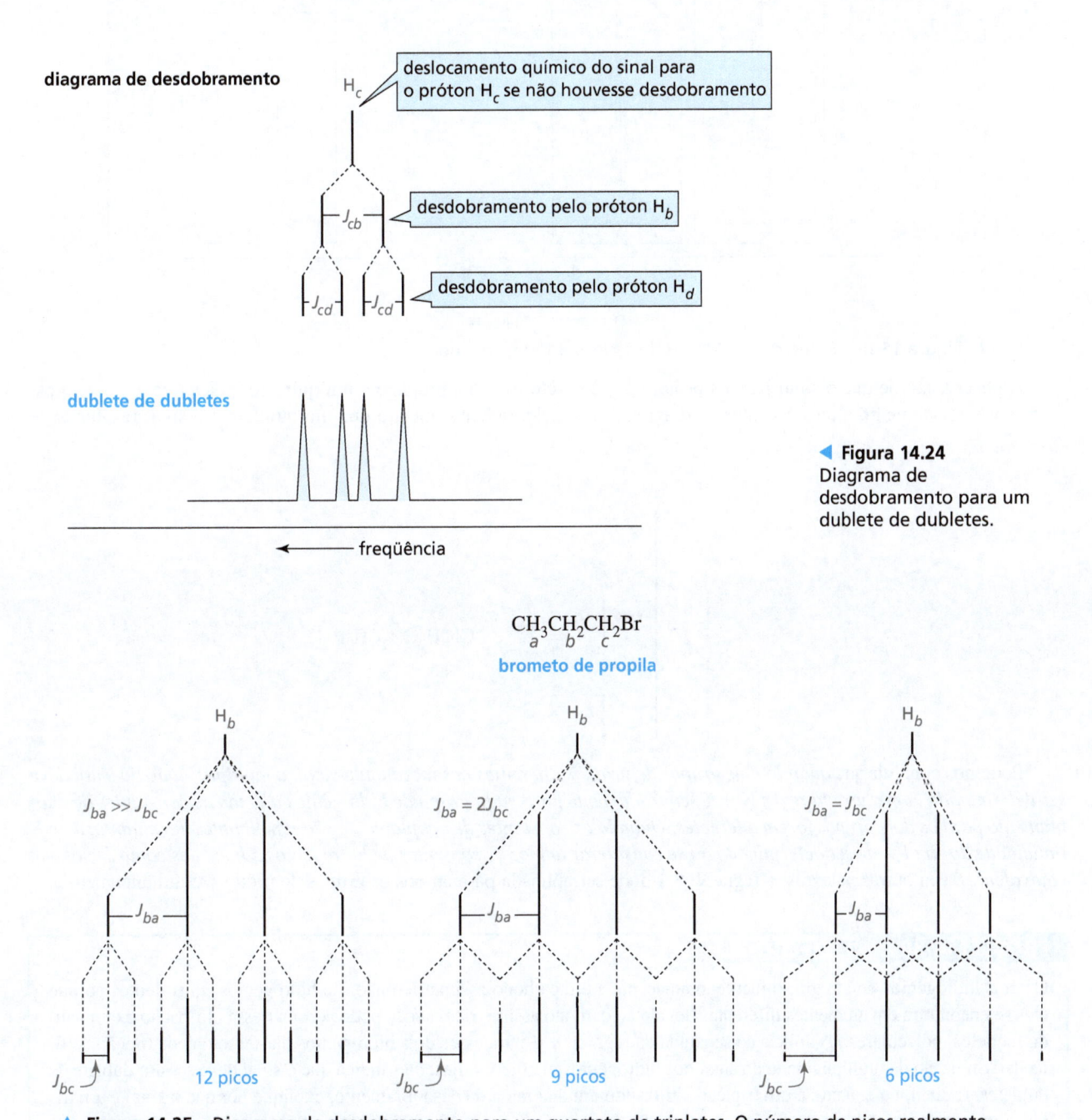

H_b — $J_{ba} \gg J_{bc}$ — 12 picos

H_b — $J_{ba} = 2J_{bc}$ — 9 picos

H_b — $J_{ba} = J_{bc}$ — 6 picos

▲ **Figura 14.25** Diagrama de desdobramento para um quarteto de tripletes. O número de picos realmente observado quando um sinal é desdobrado por dois grupos de prótons depende das magnitudes relativas das duas constantes de acoplamento.

Poderíamos esperar que o sinal para os prótons H_a do 1-cloro-3-iodopropano fosse um triplete de tripletes (desdobrado em nove picos) porque o sinal poderia desdobrar-se em um triplete pelos prótons H_b e cada um dos picos resultantes desdobrar-se em um triplete pelos prótons H_c. O sinal, no entanto, é um quinteto (Figura 14.26).

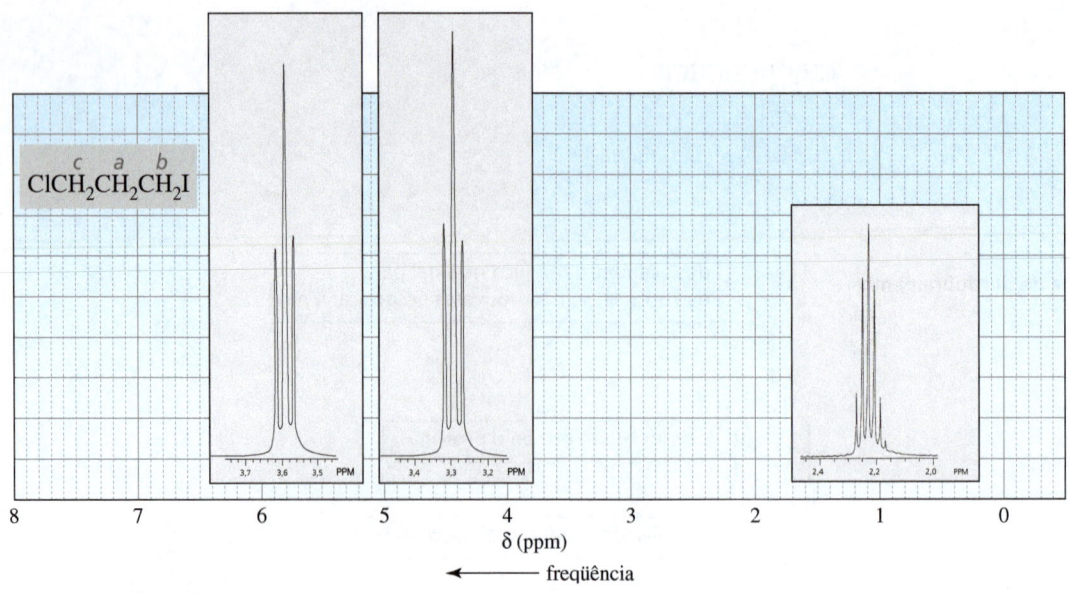

Figura 14.26 Espectro de RMN ^{1}H do 1-cloro-3-iodopropano.

A observação de que o sinal para os prótons H$_a$ do 1-cloro-3-iodopropano é um quinteto indica que J_{ab} e J_{ac} possuem aproximadamente o mesmo valor. O diagrama de desdobramento mostra que um quinteto é o sinal resultante se $J_{ab} = J_{ac}$.

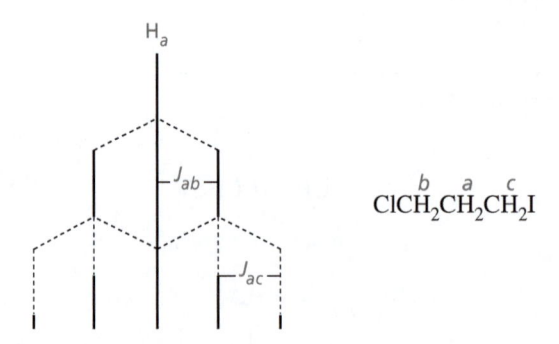

Podemos concluir que *quando dois grupos de prótons diferentes desdobram um sinal, a multiplicidade do sinal deve ser determinada com o uso da regra* N + 1 *separadamente para cada grupo de hidrogênios quando as constantes de acoplamento para os dois grupos forem diferentes. Quando as constantes de acoplamento são semelhantes, no entanto, a multiplicidade do sinal pode ser determinada ao se considerar ambos os conjuntos de hidrogênios adjacentes como se fossem equivalentes.* Em outras palavras, a regra N + 1 pode ser aplicada para ambos os grupos de prótons simultaneamente.

PROBLEMA 30 RESOLVIDO

Os dois hidrogênios de um grupo metileno adjacente a um carbono assimétrico não são hidrogênios equivalentes porque eles se encontram em ambientes diferentes devido ao carbono assimétrico. (Você pode verificar essa afirmação examinando modelos moleculares.) A aplicação separada da regra N + 1 para esses dois hidrogênios diastereotópicos (Seção 5.16) na determinação da multiplicidade do sinal dos hidrogênios metílicos adjacentes indica que o sinal deve ser um dublete de dubletes. O sinal, no entanto, é um triplete. Utilizando um diagrama de desdobramento, explique por que o sinal é um triplete em vez de um dublete de dubletes.

$$CH_3\overset{*}{C}HCH_2CH_3$$
$$|$$
$$Br$$

prótons não equivalentes

> **RESOLUÇÃO** A observação de um triplete significa que a regra $N + 1$ não deveria ser aplicada aos hidrogênios diastereotópicos separadamente, mas poderia ser aplicada aos dois prótons como um grupo ($N = 2$, logo $N + 1 = 3$). Isso significa que a constante de acoplamento para o desdobramento do sinal da metila por um dos hidrogênios metilênicos é semelhante à constante de acoplamento para o desdobramento realizado pelo outro hidrogênio metilênico.

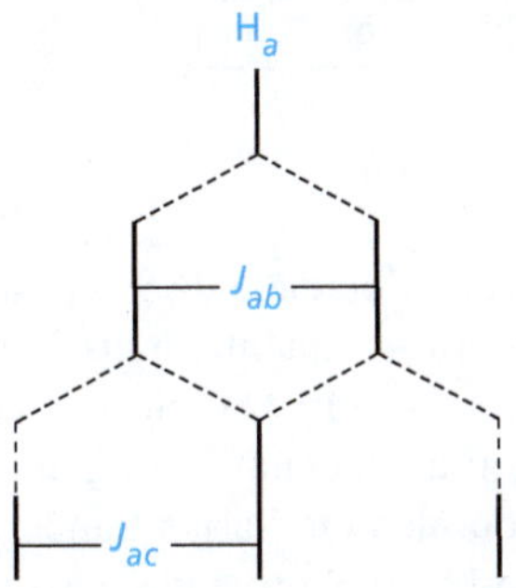

PROBLEMA 31

Desenhe um diagrama de desdobramento para H_b onde

a. $J_{ba} = 12\,Hz$ e $J_{bc} = 6\,Hz$

b. $J_{ba} = 12\,Hz$ e $J_{bc} = 12\,Hz$

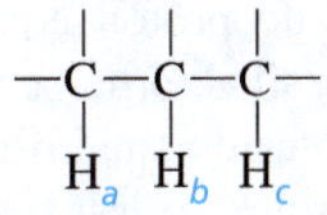

$$-\underset{H_a}{C}-\underset{H_b}{C}-\underset{H_c}{C}-$$

14.14 Dependência do tempo da espectroscopia de RMN

Vimos que os três hidrogênios metílicos do brometo de etila dão origem a um sinal no espectro de RMN ^{1}H porque eles são quimicamente equivalentes em virtude da rotação em torno da ligação C—C. Contudo, a qualquer instante os três hidrogênios podem estar em ambientes completamente diferentes: um pode estar na posição anti em relação ao bromo, outro na posição gauche ao bromo, e outro ainda eclipsado com o bromo:

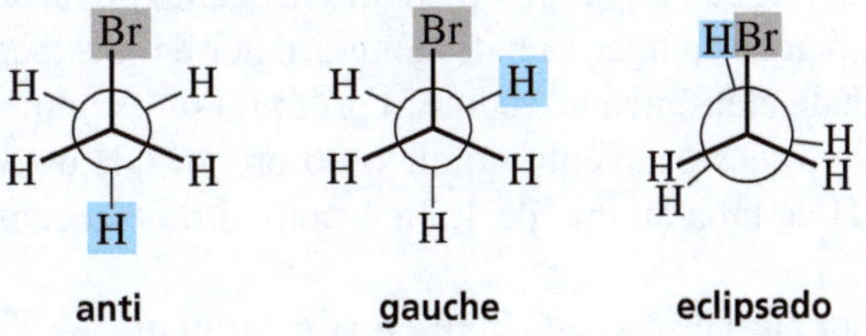

anti   gauche   eclipsado

Um espectrômetro de RMN é muito parecido com uma câmera fotográfica com obturador de baixa velocidade — é muito lento para conseguir detectar essas diferenças de ambiente, mas detecta uma média dos ambientes. Como cada um dos três hidrogênios da metila possui a mesma média de ambiente, vemos um sinal para o grupo metila no espectro de RMN ^{1}H.

De modo semelhante, o espectro de RMN ^{1}H do ciclo-hexano apresenta apenas um sinal, apesar do ciclo-hexano possuir prótons axiais e equatoriais. Há apenas um sinal porque a interconversão das conformações em cadeira do ciclo-hexano ocorre muito rapidamente à temperatura ambiente para ser detectada pelo espectrômetro de RMN. Como os prótons axiais em um confôrmero em forma de cadeira são prótons equatoriais no outro confôrmero, todos os prótons no ciclo-hexano possuem a mesma média de ambiente na escala de tempo do RMN, assim, o espectro de RMN apresenta um sinal.

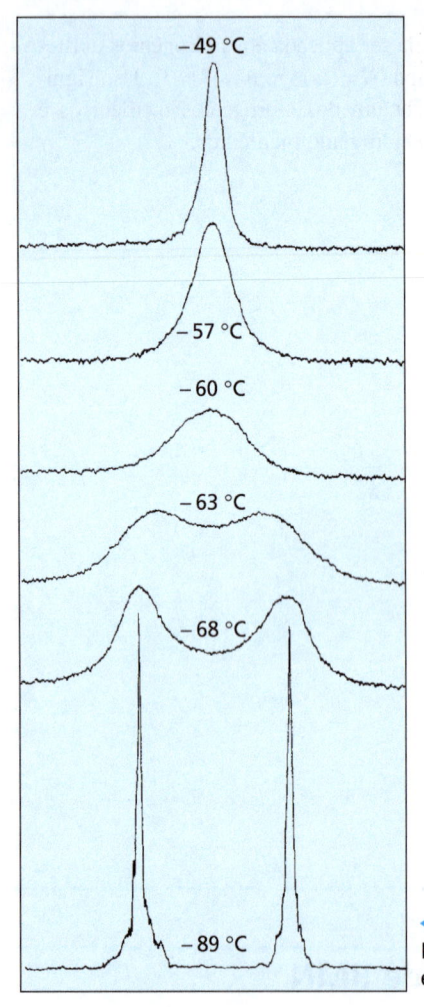

A velocidade de interconversão cadeira–cadeira é dependente da temperatura — quanto mais baixa a temperatura, menor é a velocidade de interconversão. O ciclo-hexano-d_{11} possui 11 deutérios, o que significa que possui apenas um hidrogênio. Os espectros de RMN ^{1}H do ciclo-hexano-d_{11} obtidos em várias temperaturas estão apresentados na Figura 14.27. O ciclo-hexano utilizado nesse experimento possui apenas um hidrogênio para evitar o desdobramento do sinal, o que poderia complicar o espectro. Os sinais do deutério não são detectáveis no RMN ^{1}H, e o desdobramento promovido por um deutério, no mesmo ou em um carbono adjacente, não é normalmente detectado na freqüência operacional de um espectrômetro de RMN ^{1}H.

À temperatura ambiente, o espectro de RMN ^{1}H do ciclo-hexano-d_{11} apresenta um sinal estreito, o qual representa a média do próton axial de uma cadeira e do próton equatorial da outra cadeira. Conforme a temperatura diminui, o sinal torna-se mais largo e eventualmente se separa em dois sinais, equidistantes do sinal original. A −89 °C, dois singletes estreitos são observados porque, a essa temperatura, a velocidade da interconversão cadeira–cadeira diminuiu suficientemente para permitir que os dois tipos de prótons (axial e equatorial) sejam detectados individualmente na escala de tempo da RMN.

◀ **Figura 14.27**
Espectro de RMN ^{1}H do ciclo-hexano-d_{11} em várias temperaturas.

14.15 Prótons ligados ao oxigênio e ao nitrogênio

O deslocamento químico de um próton ligado ao oxigênio ou ao nitrogênio depende do grau em que um próton faz uma ligação hidrogênio — quanto maior o grau da ligação hidrogênio, maior é o deslocamento químico — porque o alcance da ligação hidrogênio afeta a densidade eletrônica ao redor do próton. Por exemplo, o deslocamento químico do próton OH de um álcool varia de 2 a 5 ppm; o deslocamento químico do próton OH do ácido carboxílico, de 10 a 12 ppm; o deslocamento químico do próton NH de uma amina, de 1,5 a 4 ppm; e o deslocamento químico do próton NH de uma amida, de 5 a 8 ppm.

O espectro de RMN ^{1}H do álcool puro e seco está apresentado na Figura 14.28(a), e o espectro de RMN ^{1}H do etanol com uma pequena quantidade de ácido está apresentado na Figura 14.28(b). O espectro apresentado na Figura 14.28(a) é o que poderíamos prever a partir do que aprendemos até agora. O sinal para o próton ligado ao oxigênio apresenta-se em campo baixo e é desdobrado em um triplete pelos prótons metilênicos vizinhos; o sinal para os prótons metilênicos é desdobrado em um multiplete pela combinação de efeitos dos prótons metílicos e do próton OH.

O espectro apresentado na Figura 14.28(b) é o tipo de espectro normalmente obtido para alcoóis. O sinal para o próton ligado ao oxigênio não se desdobra, e esse próton não desdobra o sinal dos prótons adjacentes. Assim, o sinal para o próton OH é um singlete, e o sinal para os prótons metilênicos é um quarteto, porque este é desdobrado apenas pelos prótons metílicos.

Os dois espectros diferem porque os prótons ligados ao oxigênio sofrem uma **troca de prótons**, o que significa que eles são transferidos de uma molécula para outra. Se o próton OH e os prótons metilênicos desdobrarão o sinal um do outro vai depender de quanto tempo um próton particular permanecerá no grupo OH.

a.

CH₃CH₂OH

b.

CH₃CH₂OH

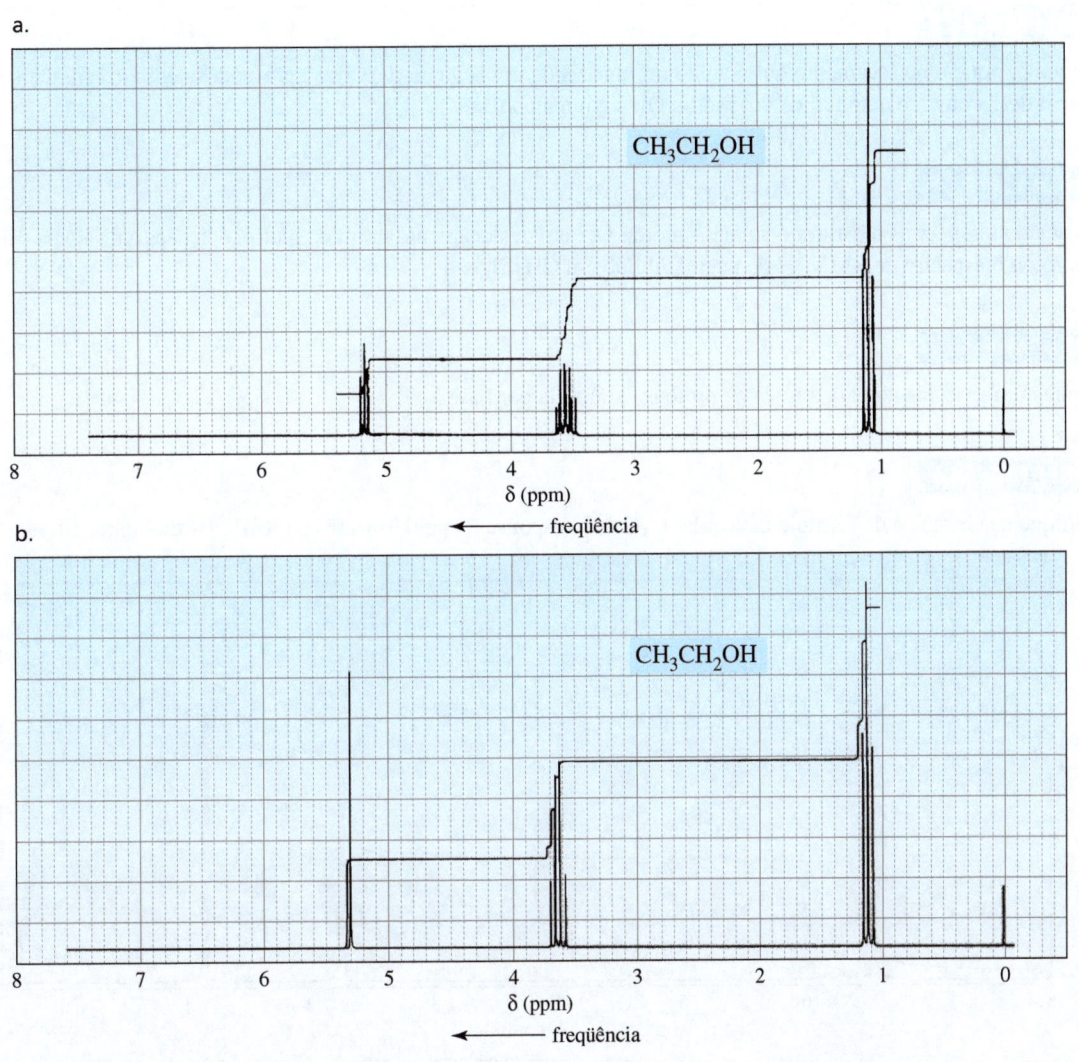

▲ **Figura 14.28** (a) Espectro de RMN ¹H do etanol puro. (b) Espectro de RMN ¹H do etanol que contém uma pequena quantidade de ácido.

Em uma amostra de álcool puro, a velocidade de troca de prótons é muito lenta. Isso faz o espectro parecer idêntico àquele que seria obtido se a troca de prótons não ocorresse. Ácidos e bases catalisam a troca de prótons, assim, se o álcool é contaminado apenas com um traço de ácido ou base, a troca de prótons torna-se rápida. Quando a troca de prótons é rápida, o espectro registra apenas uma média de todos os ambientes possíveis. Portanto, uma troca rápida de prótons é registrada como um singlete. O efeito de uma troca rápida de prótons sobre prótons adjacentes é também medido. Assim, não apenas o seu sinal não é desdobrado por prótons adjacentes, como também o próton rapidamente trocado não promove desdobramento.

mecanismo de troca de prótons catalisada por ácido

$$R\ddot{O}-H + H\overset{+}{O}H \rightleftharpoons R\overset{+}{O}-H + H\ddot{O}H \rightleftharpoons R\ddot{O}: + H\overset{+}{O}H$$

O sinal de um próton OH é sempre fácil de ser observado em um espectro de RMN ¹H porque é freqüentemente um pouco mais largo que os outros sinais [observe o sinal a δ 4,9 na Figura 14.30(b)]. O alargamento ocorre porque a velocidade de troca de prótons não é lenta o suficiente para resultar em um sinal claramente desdobrado, como na Figura 14.28(a), ou rápido o bastante para resultar em um sinal definido claramente, como na Figura 14.28(b). Os prótons NH também apresentam sinais largos, não em virtude das trocas químicas, geralmente lentas para NH, mas em virtude do relaxamento quadrupolar.

558 QUÍMICA ORGÂNICA

PROBLEMA 32

Explique por que o deslocamento químico do próton OH de um ácido carboxílico apresenta-se em uma freqüência maior do que o deslocamento químico de um próton OH de um álcool.

PROBLEMA 33♦

Qual dos dois espectros mostrará o sinal do próton OH em deslocamento químico maior, o espectro de RMN ^{1}H do etanol puro ou o espectro de RMN ^{1}H do etanol diluído em CH_2Cl_2?

PROBLEMA 34

Proponha um mecanismo para a troca de prótons catalisada por base.

PROBLEMA 35♦

Identifique a substância de fórmula molecular C_3H_7NO responsável pelo espectro de RMN ^{1}H da Figura 14.29.

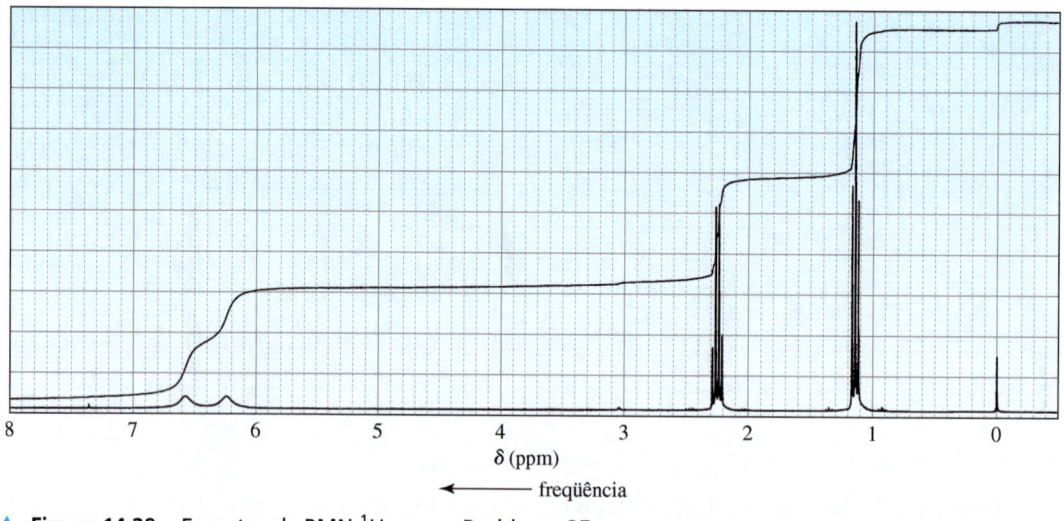

▲ **Figura 14.29** Espectro de RMN ^{1}H para o Problema 35.

14.16 Uso do deutério na espectroscopia de RMN ^{1}H

Como os sinais do deutério não são vistos em um espectro de RMN ^{1}H, a substituição de um deutério por um hidrogênio é uma técnica utilizada para identificar sinais e para simplificar os espectros de RMN ^{1}H (Seção 14.14).

Se após a obtenção do espectro de RMN ^{1}H de um álcool algumas gotas de D_2O forem adicionadas à amostra e o espectro for feito novamente, o grupo OH pode ser identificado. Este será o sinal que se torna menos intenso (ou desaparece) no segundo espectro em razão do processo de troca de prótons já discutido anteriormente. Essa técnica pode ser usada com qualquer próton capaz de sofrer trocas.

$$R-O-H + D-O-D \longrightarrow R-O-D + D-O-H$$

Se o espectro de RMN ^{1}H de $CH_3CH_2OCH_3$ for comparado com o espectro de $CH_3CD_2OCH_3$, o sinal em freqüência mais alta no primeiro espectro estaria ausente no segundo espectro, indicando que esse sinal corresponde ao grupo metileno. A substituição por deutério pode ser uma técnica útil na análise de espectros de RMN ^{1}H complicados.

A amostra utilizada para obter um espectro de RMN ^{1}H é feita pela diluição da substância em solvente apropriado. Solventes com prótons não podem ser usados porque os sinais do solvente para os prótons seriam muito intensos, uma vez que há mais solvente do que substância na solução. Portanto, solventes deuterados como $CDCl_3$ e D_2O são normalmente empregados na espectroscopia de RMN.

14.17 Resolução dos espectros de RMN ¹H

O espectro de RMN ¹H do 2-*sec*-butilfenol obtido em espectrômetro de RMN de 60 MHz está apresentado na Figura 14.30(a), e o espectro de RMN ¹H da mesma substância obtida em um instrumento de 300 MHz está apresentado na Figura 14.30(b). Por que a resolução (separação dos sinais) do segundo espectro é muito melhor?

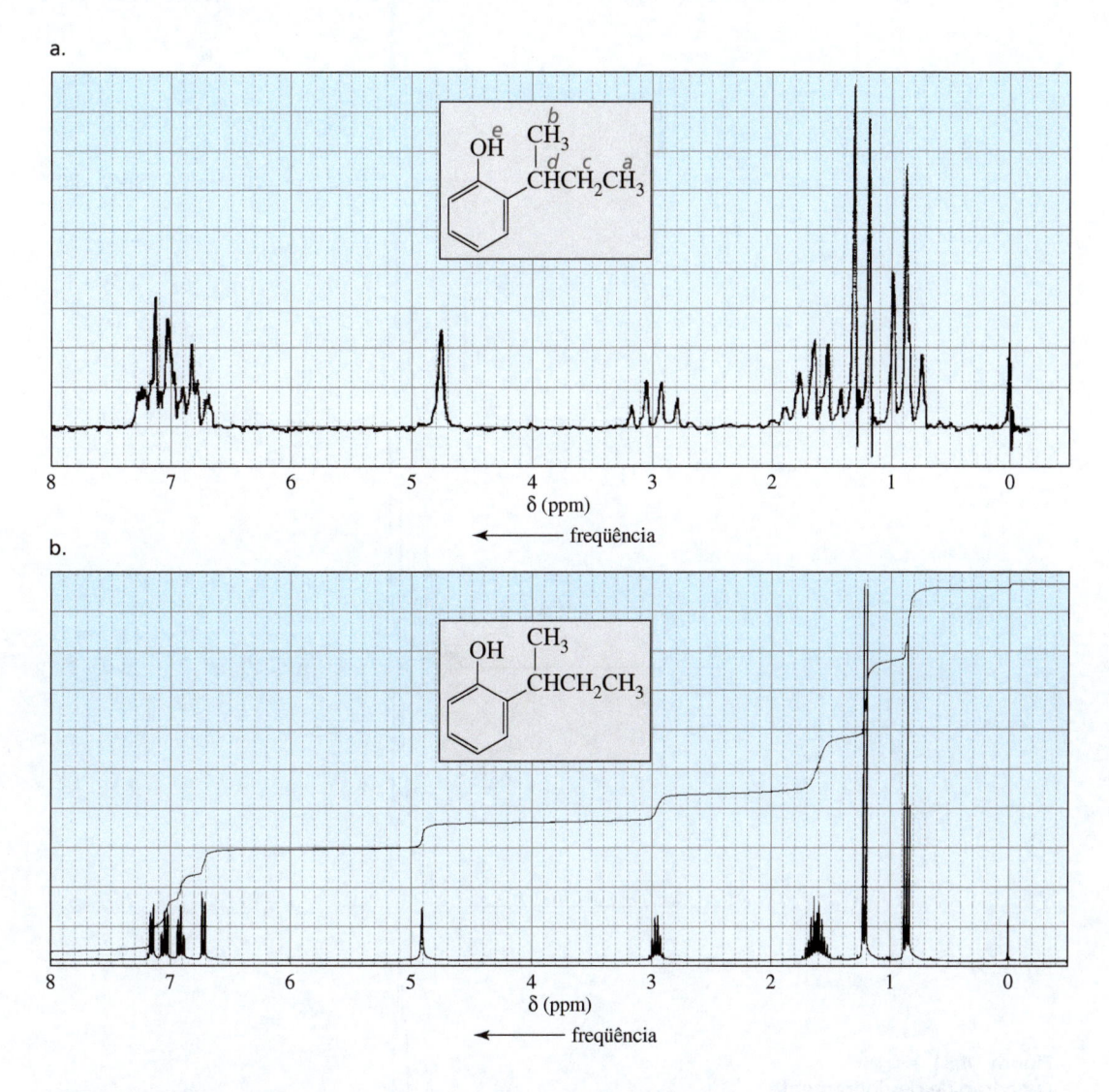

▲ **Figura 14.30** (a) Espectro de RMN ¹H a 60 MHz do 2-*sec*-butilfenol. (b) Espectro de RMN ¹H a 300 MHz do 2-*sec*-butilfenol.

Para observar a separação dos sinais com padrões de desdobramento claros, a diferença entre os deslocamentos químicos de dois prótons adjacentes ($\Delta\nu$ em Hz) deve ser de pelo menos dez vezes o valor da constante de acoplamento (J). Os sinais na Figura 14.31 mostram que, conforme a razão $\Delta\nu/J$ diminui, os dois sinais aparecem mais próximos um do outro e os picos das extremidades dos sinais tornam-se menos intensos, enquanto os picos internos tornam-se mais intensos. O quarteto e o triplete do grupo etila são claramente observados apenas quando a razão $\Delta\nu/J$ for maior que 10.

A diferença entre os deslocamentos químicos dos prótons H_a e H_c do 2-*sec*-butilfenol é de 0,8 ppm, o que corresponde a 48 Hz em um espectrômetro de 60 MHz e a 240 Hz em espectrômetro de 300 MHz (Seção 14.15). As constantes de acoplamento são independentes da freqüência operacional, logo J_{ac} é de 7 Hz, tanto se o espectro for obtido em instrumento de 60 MHz quanto em 300 MHz. Apenas no caso do espectrômetro de 300 MHz, a diferença entre os deslocamentos químicos é dez vezes maior do que o valor da constante de acoplamento; logo, apenas no espectro de 300 MHz os sinais apresentam padrões de desdobramento claros.

em um espectrômetro de 300 MHz

$$\frac{\Delta \nu}{J} = \frac{240}{7} = 34$$

em um espectrômetro de 60 MHz

$$\frac{\Delta \nu}{J} = \frac{48}{7} = 6.9$$

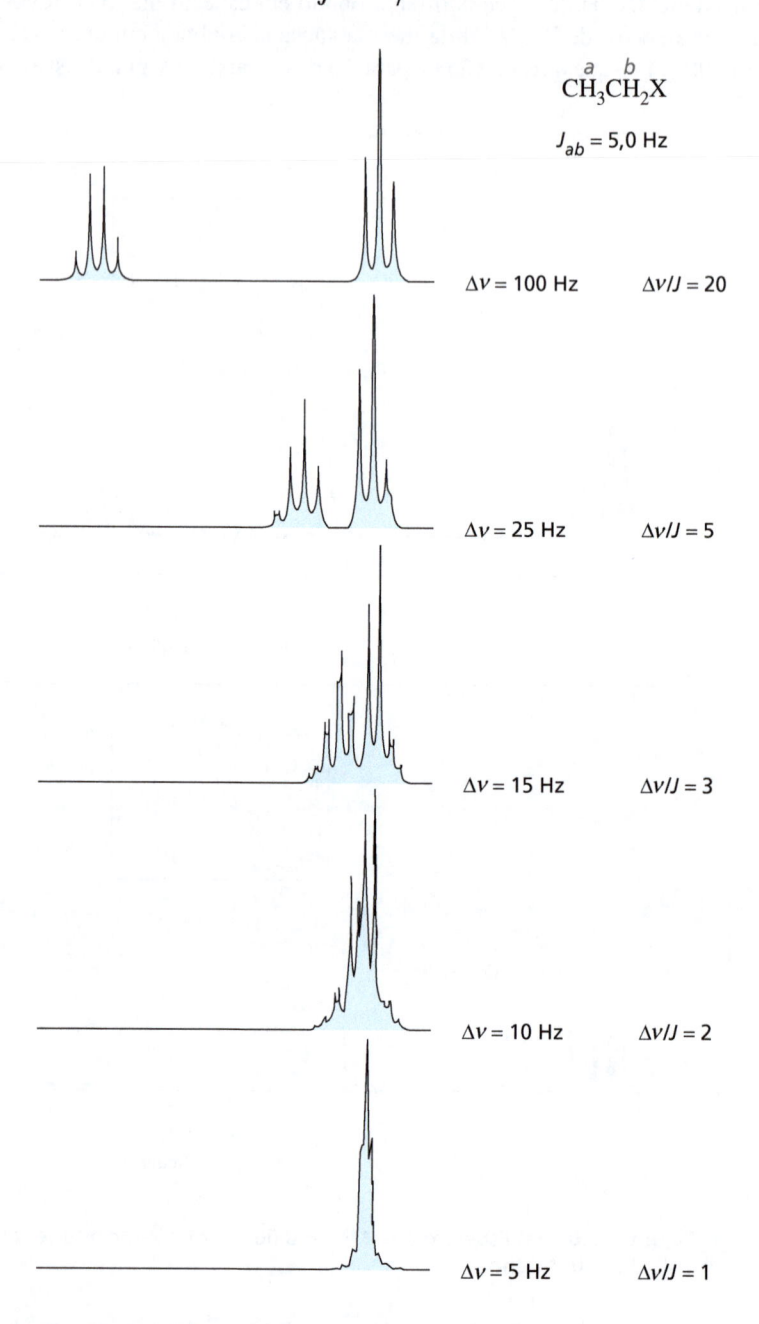

$\overset{a}{C}H_3\overset{b}{C}H_2X$

$J_{ab} = 5{,}0$ Hz

$\Delta \nu = 100$ Hz $\Delta \nu/J = 20$

$\Delta \nu = 25$ Hz $\Delta \nu/J = 5$

$\Delta \nu = 15$ Hz $\Delta \nu/J = 3$

$\Delta \nu = 10$ Hz $\Delta \nu/J = 2$

$\Delta \nu = 5$ Hz $\Delta \nu/J = 1$

Figura 14.31 ▶
O padrão de desdobramento do grupo etila em função da razão $\Delta \nu/J$.

14.18 Espectroscopia de RMN ^{13}C

O número de sinais em um espectro de RMN ^{13}C nos informa quantos tipos diferentes de carbonos uma substância possui — do mesmo modo que o número de sinais em um espectro de RMN ^{1}H informa quantos tipos diferentes de hidrogênios uma substância possui. Os princípios por trás da espectroscopia de RMN ^{1}H e RMN ^{13}C são essencialmente os mesmos. Existem, no entanto, algumas diferenças que tornam a interpretação do RMN ^{13}C mais fácil.

O desenvolvimento da espectroscopia de RMN ^{13}C como procedimento analítico de rotina só foi possível quando computadores se tornaram disponíveis para realizar a transformada de Fourier (Seção 14.2). O RMN ^{13}C requer técnicas de transformada de Fourier porque os sinais obtidos de uma única varredura são muito fracos para serem distinguidos do ruído eletrônico de fundo. No entanto, as varreduras na FT–RMN ^{13}C podem ser repetidas rapidamente, de modo que um grande número de varreduras pode ser registrado e somado. Os sinais de ^{13}C surgem quando centenas de varreduras são somadas e, como o ruído eletrônico é randômico, sua soma é próxima de zero. Sem a transformada de Fourier, talvez fossem necessários dias para se registrar o número de varreduras necessário para um espectro de RMN ^{13}C.

Os sinais individuais de ^{13}C são fracos porque o isótopo de carbono (^{13}C), que dá origem aos sinais de RMN ^{13}C, constitui apenas 1,11% dos átomos de carbono (Seção 13.3). (O isótopo mais abundante, o ^{12}C, não possui *spin* nuclear e, portanto, não pode produzir um sinal de RMN.) A escassez do ^{13}C significa que as intensidades dos sinais no RMN ^{13}C, quando comparadas às do RMN ^{1}H, são reduzidas por um fator de aproximadamente cem. Além disso, a razão giromagnética (gamag) do ^{13}C é aproximadamente um quarto da razão giromagnética do ^{1}H, e a intensidade de um sinal é proporcional a gamag^3. Portanto, a intensidade total do sinal de ^{13}C é aproximadamente 6.400 vezes (100 × 4 × 4 × 4) menor do que a intensidade de um sinal de ^{1}H.

Uma vantagem da espectroscopia de RMN ^{13}C é que os deslocamentos químicos aparecem em torno de 220 ppm, comparados com aproximadamente 12 ppm no RMN ^{1}H (Tabela 14.4). Isso significa que os sinais são menos propensos a se sobreporem. Os deslocamentos químicos de tipos diferentes de carbono estão apresentados na Tabela 14.4. A substância de referência utilizada no RMN ^{13}C é o TMS, também utilizada no RMN ^{1}H. Observe que os grupamentos carbonila de cetonas e aldeídos podem ser facilmente distinguidos de outros grupos carbonílicos.

Tabela 14.4 Valores aproximados de deslocamento para RMN ^{13}C

Tipo de carbono	Deslocamento químico aproximado (ppm)	Tipo de carbono	Deslocamento químico aproximado (ppm)
(CH$_3$)$_4$Si	0	C—I	0–40
R—CH$_3$	8–35	C—Br	25–65
R—CH$_2$—R	15–50	C—Cl C—N C—O	35–80 40–60 50–80
R—CH(R)—R	20–60	R(—N)C=O	165–175
R—C(R)(R)—R	30–40	R(RO)C=O	165–175
≡C	65–85	R(HO)C=O	175–185
=C	100–150	R(H)C=O	190–200
C (aromático)	110–170	R(R)C=O	205–220

A desvantagem da espectroscopia de RMN ^{13}C é que, a menos que técnicas especiais sejam utilizadas, a área sob o sinal de RMN ^{13}C não pode ser proporcional ao número de átomos que dá origem ao sinal. Assim, o número de carbonos que dá origem a um sinal de RMN ^{13}C não pode ser rotineiramente determinado por integração.

O espectro de RMN ^{13}C do 2-butanol está apresentado na Figura 14.32. O 2-butanol possui carbonos em quatro ambientes diferentes, logo, aparecem quatro sinais no espectro. As posições relativas dos sinais dependem do mesmo fator que determina a posição relativa dos sinais de prótons no RMN ^{1}H. Carbonos em ambientes de alta densidade eletrônica produzem sinais em baixas freqüências; e carbonos próximos a grupos puxadores de elétrons produzem sinais em altas freqüências. Isso significa que os sinais para os carbonos do 2-butanol estão na mesma ordem relativa que se poderia prever para os sinais de prótons nesses carbonos no espectro de RMN ^{1}H. Assim, o carbono do grupo metila mais distante do grupo OH puxador de elétrons apresenta seu sinal em freqüência mais baixa. De acordo com o aumento da freqüência, o outro grupo metila aparece na seqüência, seguido pelo carbono metilênico; e o carbono ligado ao grupo OH apresenta seu sinal em freqüência mais alta.

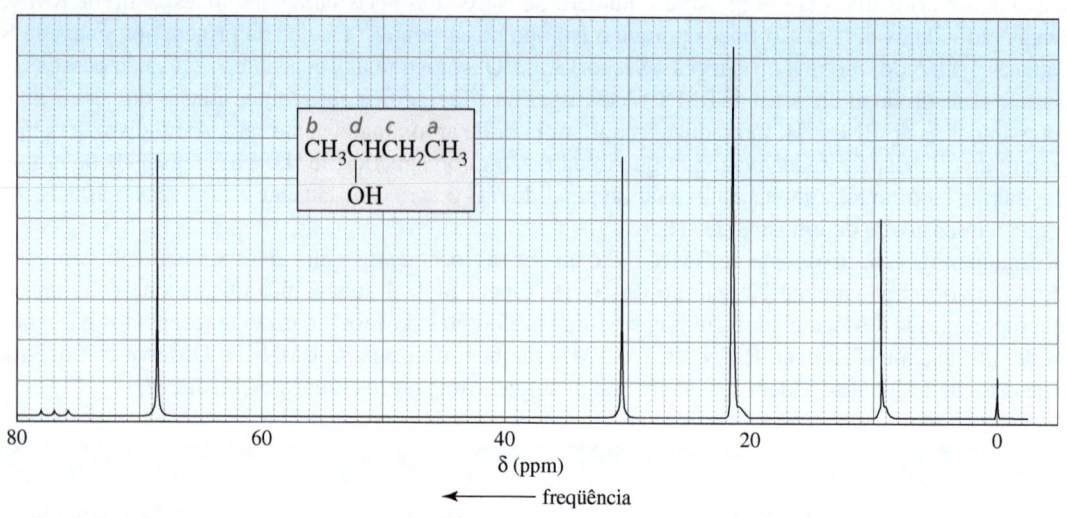

▲ **Figura 14.32** Espectro de RMN ^{13}C desacoplado do 2-butanol.

Os sinais não são normalmente desdobrados pelos carbonos vizinhos porque existe uma pequena probabilidade de um carbono adjacente ser um ^{13}C. A probabilidade de dois carbonos ^{13}C estarem próximos um do outro é de 1,11% × 1,11% (aproximadamente 1 em 10 mil). (Como o ^{12}C não possui momento magnético, ele não pode desdobrar o sinal de um ^{13}C adjacente.)

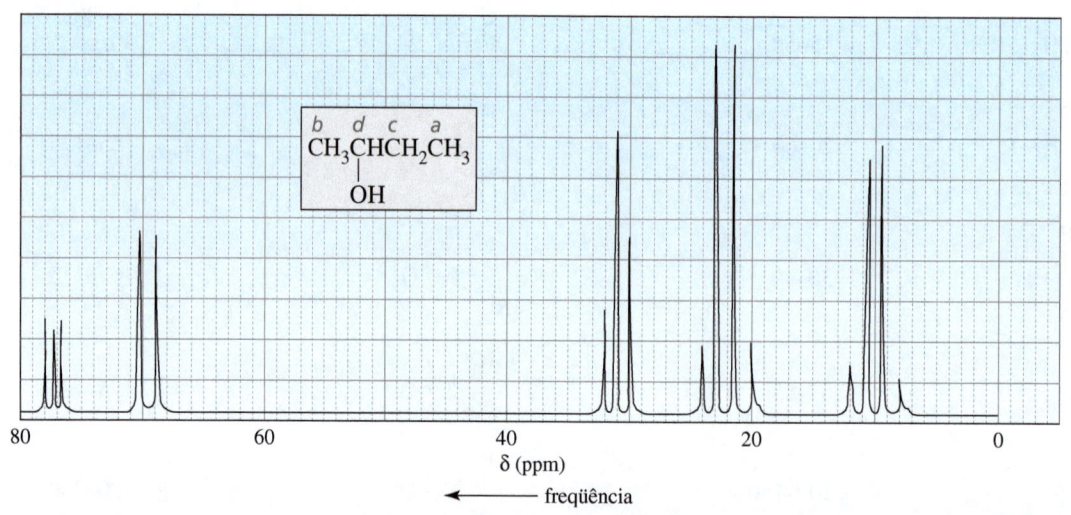

▲ **Figura 14.33** Espectro de RMN ^{13}C acoplado do 2-butanol. Se o espectrômetro funciona em um modo de acoplamento com próton, o desdobramento é observado em um espectro de RMN ^{13}C.

Os sinais no espectro de RMN ^{13}C podem ser desdobrados por hidrogênios próximos. No entanto, o desdobramento não é normalmente observado porque o espectro é registrado com a utilização do desacoplamento de *spin*, o que impede as interações carbono–próton. Assim, todos os sinais são singletes em um espectro comum de RMN ^{13}C (Figura 14.32).

Se o espectrômetro funciona em um *modo de acoplamento com próton*, os sinais apresentam desdobramento *spin–spin*. O desdobramento não é promovido por carbonos adjacentes, mas por hidrogênios ligados ao carbono que produz o sinal. A multiplicidade do sinal é determinada pela regra $N + 1$. O **espectro de RMN ^{13}C acoplado com o próton** do 2-butanol está apresentado na Figura 14.33. (O triplete a 78 ppm é produzido pelo solvente CDCl$_3$.) Os sinais para os carbonos metílicos estão desdobrados em um quarteto porque cada carbono metílico está ligado a três hidrogênios (3 + 1 = 4). O sinal para o carbono metilênico está desdobrado em um triplete (2 + 1 = 3) e o sinal para o carbono ligado ao grupo OH está desdobrado em um dublete (1 + 1 = 2).

CAPÍTULO 14 Espectroscopia de RMN

O espectro de RMN ^{13}C do 2,2-dimetilbutano é apresentado na Figura 14.34. Os três grupos metila em um dos terminais da molécula são equivalentes, assim todos eles aparecem no mesmo deslocamento químico. A intensidade do sinal está de algum modo relacionada ao número de carbonos que dá origem ao sinal; conseqüentemente, o sinal para esses três grupos metila é o sinal mais intenso no espectro. O menor sinal é relativo ao carbono quaternário; carbonos que não estão ligados a hidrogênios fornecem sinais muito pequenos.

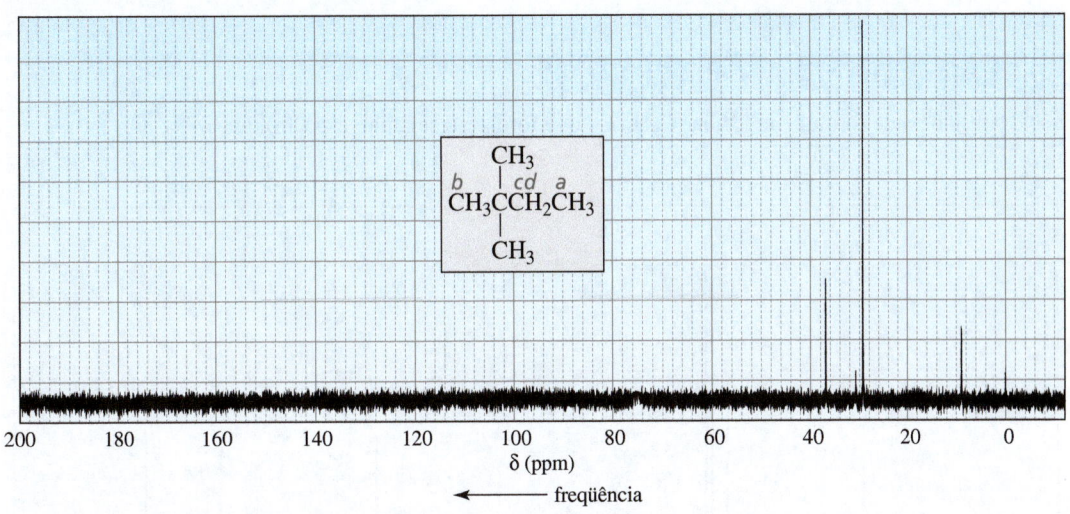

▲ **Figura 14.34** Espectro de RMN ^{13}C desacoplado do 2,2-dimetilbutano.

PROBLEMA 36

Responda às questões a seguir para cada uma das substâncias:

a. Quantos sinais aparecem no espectro de RMN ^{13}C?
b. Qual sinal está na freqüência mais baixa?

1. $CH_3CH_2CH_2Br$

2. $(CH_3)_2C=CH_2$

3. $CH_3CH_2OCH_3$

4. $CH_2=CHBr$

5. $CH_3CH_2\overset{\overset{O}{\|}}{C}OCH_3$

6. $CH_3\overset{\overset{O}{\|}}{C}HCH$
   $\;\;\;\;\;|$
   $\;\;\;\;CH_3$

7. ⌬—Cl

8. $CH_3\overset{\overset{O}{\|}}{C}CH_2CH_2\overset{\overset{O}{\|}}{C}CH_3$

9. $CH_3\overset{\overset{CH_3}{|}}{\underset{\underset{CH_3}{|}}{C}}OCH_3$

10. $CH_3\overset{}{\underset{\underset{Br}{|}}{C}HCH_3}$

PROBLEMA 37

Descreva o espectro de RMN ^{13}C acoplado com próton para as substâncias 1, 3 e 5 do Problema 36, mostrando os valores relativos (não os valores absolutos) dos deslocamentos químicos.

PROBLEMA 38

Como o 1,2, 1,3 e o 1,4-dinitrobenzeno podem ser distinguidos por

a. espectroscopia de RMN ^{1}H?
b. espectroscopia de RMN ^{13}C?

PROBLEMA — ESTRATÉGIA PARA RESOLUÇÃO

Identifique a substância de fórmula molecular $C_9H_{10}O_2$ que fornece o seguinte espectro de RMN ^{13}C:

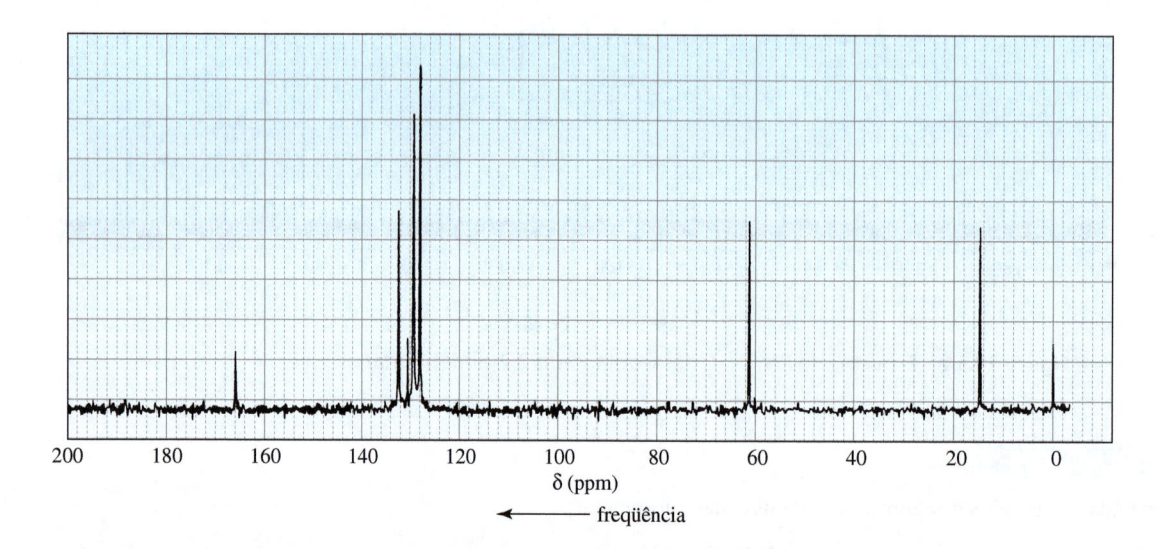

Primeiro, separe os sinais que podem ser totalmente identificados. Por exemplo, os dois átomos de oxigênio na fórmula molecular e o sinal do carbono da carbonila em 166 ppm indicam que a substância é um éster. Os quatro sinais em aproximadamente 130 ppm sugerem que a substância possui um anel benzênico com um único substituinte. (Um sinal é relacionado ao carbono no qual o substituinte está ligado, um sinal é relacionado aos carbonos orto, um sinal é relacionado aos carbonos meta e um sinal é relacionado aos carbonos para.) Agora subtraia a fórmula molecular desses fragmentos da fórmula molecular da substância. Subtraindo C_6H_5 e CO_2 da fórmula molecular da substância, resta C_2H_5, a fórmula molecular de um substituinte etila. Portanto, sabemos que a substância pode ser tanto um benzoato de etila como um propanoato de fenila.

benzoato de etila   **propanoato de fenila**

Ao observar que o grupo metileno está em torno de 60 ppm, isso indica que ele está próximo de um oxigênio. Assim, a substância é o benzoato de etila.

Agora veja o Problema 39.

PROBLEMA 39

Identifique cada substância da Figura 14.35 a partir de sua fórmula molecular e de seu espectro de RMN ^{13}C.

a. $C_{11}H_{22}O$

b. C_8H_9Br

c. $C_6H_{10}O$

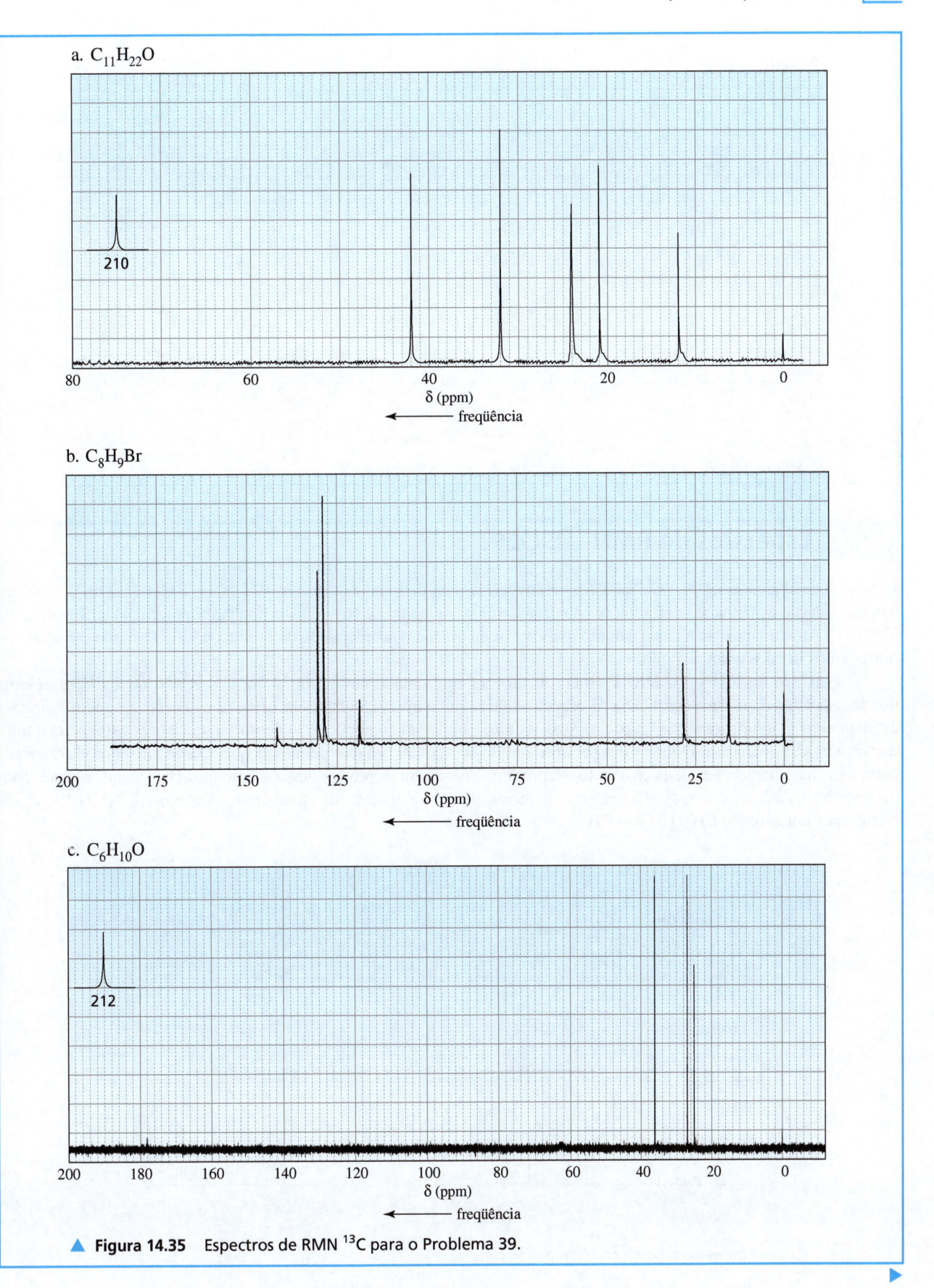

▲ **Figura 14.35** Espectros de RMN ^{13}C para o Problema 39.

d. C₆H₁₂

▲ Figura 14.35 (cont.) Espectros de RMN ^{13}C para o Problema 39.

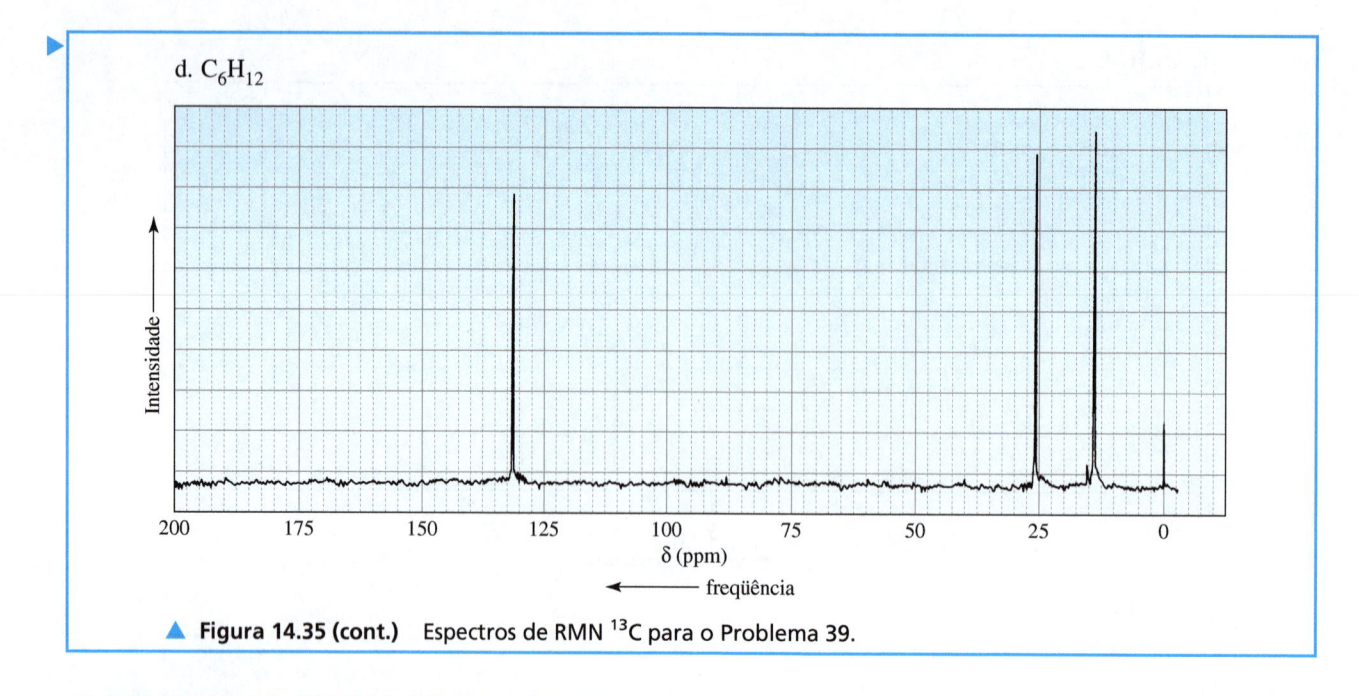

14.19 Espectros de RMN ^{13}C DEPT

Uma técnica chamada RMN ^{13}C DEPT foi desenvolvida para distinguir os grupos CH$_3$, CH$_2$ e CH. (O DEPT se refere à intensificação de pequenas deformações por transferência de polarização — Distortionless Enhacement by Polarization Transfer.) Atualmente essa técnica é muito mais utilizada do que o acoplamento de prótons para determinar o número de hidrogênios ligados a um carbono.

O **espectro de RMN ^{13}C DEPT** do citronelal está apresentado na Figura 14.36. Um RMN ^{13}C DEPT apresenta quatro espectros da mesma substância. O espectro mais abaixo apresenta sinais *para todos os carbonos que são ligados covalentemente a hidrogênios*. O espectro logo acima é obtido em condições que permitem que apenas sinais referentes a carbonos CH apareçam. O terceiro espectro é obtido sob condições que permitem que apenas sinais produzidos por carbonos CH$_2$ apareçam e o espectro do topo apresenta apenas sinais produzidos por carbonos CH$_3$. A informação obtida a partir dos três espectros superiores permite que se determine quando um sinal em um espectro de RMN ^{13}C é produzido por um carbono CH$_3$, CH$_2$ ou CH.

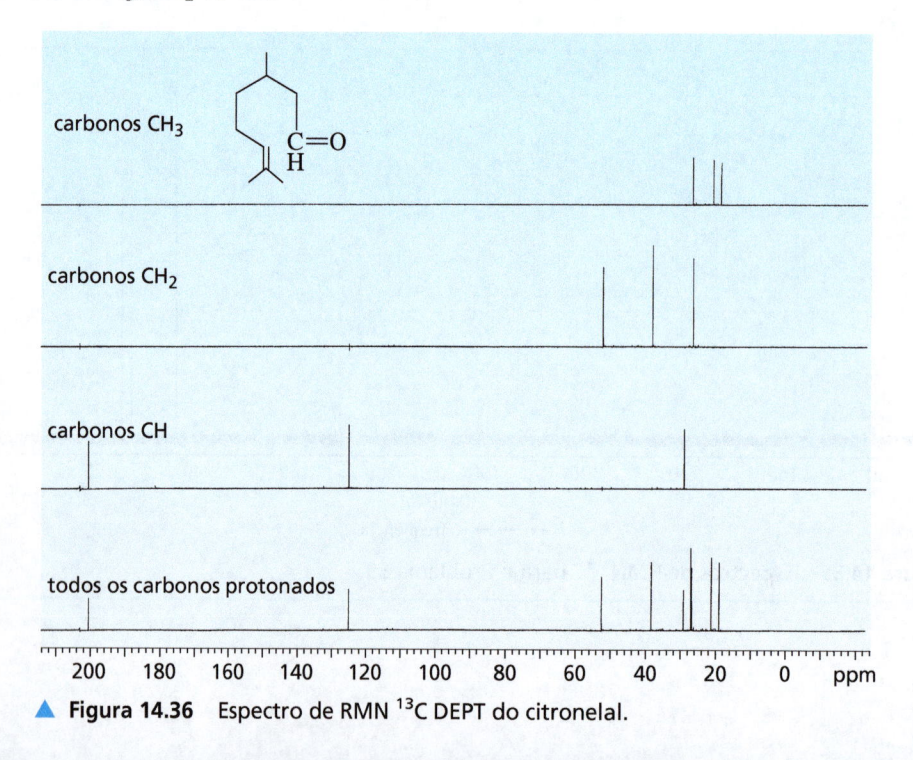

▲ Figura 14.36 Espectro de RMN ^{13}C DEPT do citronelal.

CAPÍTULO 14 Espectroscopia de RMN | 567

Observe que um espectro de RMN ^{13}C DEPT *não* mostra sinais para carbonos que não são ligados a hidrogênios. Por exemplo, o espectro de RMN ^{13}C da 2-butanona apresenta quatro sinais porque ela possui quatro carbonos não equivalentes, enquanto o espectro de RMN ^{13}C DEPT da 2-butanona apresenta apenas três sinais porque o carbono da carbonila não é ligado a um hidrogênio; logo, ele não produzirá um sinal.

14.20 Espectroscopia de RMN em duas dimensões

Moléculas complexas como as proteínas e os ácidos nucléicos são difíceis de analisar por RMN porque os sinais em seus espectros de RMN se sobrepõem. Tais substâncias agora são analisadas por RMN em duas dimensões (2-D). Diferentemente da cristalografia de raio X, as técnicas de **RMN 2-D** permitem que os cientistas determinem as estruturas de moléculas complexas em solução. Tal determinação é particularmente importante para moléculas biológicas cujas propriedades dependem de seu comportamento na água. Mais recentemente, espectroscopia de RMN 3-D e 4-D foram desenvolvidas e podem ser utilizadas para determinar as estruturas de moléculas altamente complexas. Uma discussão meticulosa de RMN 2-D está além do objetivo deste livro, mas a discussão que se segue fornecerá uma breve introdução dessa crescente e importante técnica espectroscópica.

Os espectros de RMN ^{1}H e de RMN ^{13}C discutidos nas seções anteriores possuem um eixo de freqüência e um eixo de intensidade; os espectros de RMN 2-D possuem dois eixos de freqüência e um eixo de intensidade. Os espectros 2-D mais comuns envolvem correlações de deslocamento ^{1}H–^{1}H; eles identificam os prótons que estão acoplados (isto é, que desdobram o sinal um do outro). Isso é chamado espectroscopia de deslocamento correlacionado ^{1}H–^{1}H, a qual é conhecida pela abreviatura Cosy.

Uma parte do **espectro Cosy** do éter etilvinílico está apresentada na Figura 14.37(a); ela se assemelha a superfícies montanhosas vistas do ar porque a intensidade é o terceiro eixo. Esses espectros semelhantes a montanhas (conhecidos como *gráficos de estacas*) não são os espectros realmente utilizados para identificar uma substância. Em vez disso, a substância é identificada com o uso de um mapa topográfico (Figura 14.37(b)), onde cada montanha da Figura 14.37(a) é representada por um ponto largo (como se o seu topo tivesse sido cortado). As duas montanhas apresentadas na Figura 14.37(a) correspondem aos pontos B e C na Figura 14.37(b).

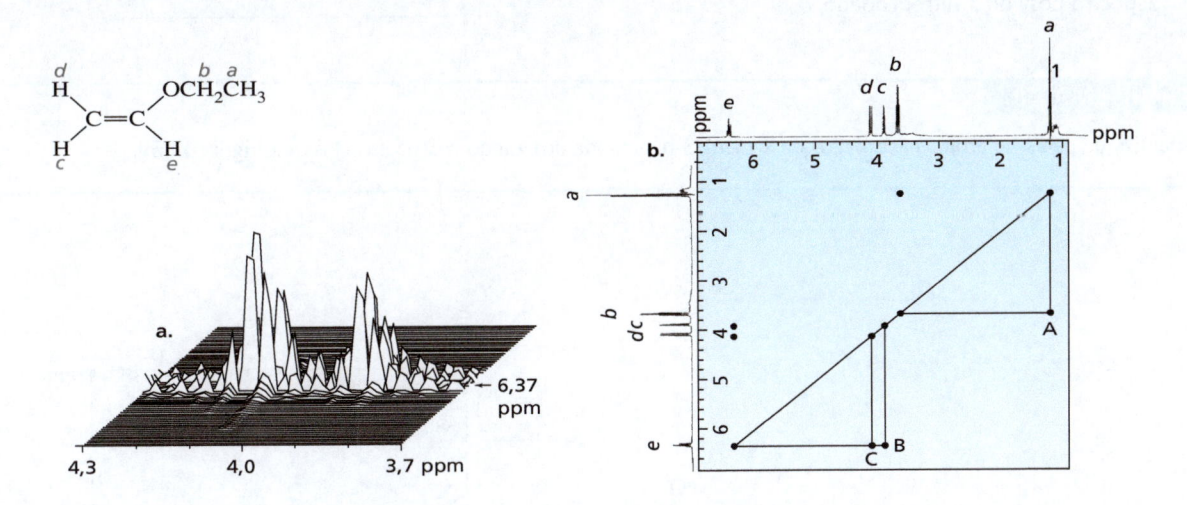

▲ **Figura 14.37** (a) Espectro Cosy do éter etilvinílico (gráfico de estacas). (b) Espectro Cosy do éter etilvinílico (mapa topográfico). Em um espectro Cosy, um espectro de RMN ^{1}H é registrado tanto no eixo *x* quanto no eixo *y*. Os picos cruzados B e C representam as montanhas em (a).

No mapa topográfico (Figura 14.37 (b)), o espectro de RMN ^{1}H comum em uma dimensão é registrado tanto no eixo *x* quanto no eixo *y*. Para analisar o espectro, uma linha diagonal é desenhada através dos pontos que dividem o espectro ao meio. Os pontos que *não* estão na diagonal (A,B,C) são chamados *picos cruzados*. Os picos cruzados indicam pares de prótons que estão acoplados. Por exemplo, se começarmos pelo pico cruzado A e desenharmos uma linha reta paralela ao eixo *y* voltando para a

Tutorial Gallery:
RMN 2-D

linha diagonal, atingimos o ponto na linha diagonal a ~1,1 ppm, produzido pelos prótons H$_a$. Se em seguida voltarmos ao A e desenharmos uma linha reta paralela ao eixo *x* voltando à diagonal, atingimos o ponto na diagonal a ~3,8 ppm, produzido pelos prótons H$_b$. Isso significa que os prótons H$_a$ e H$_b$ estão acoplados. Se formos então ao pico cruzado B e desenharmos duas linhas perpendiculares de volta à diagonal, veremos que os prótons H$_c$ e H$_e$ estão acoplados; o pico cruzado C mostra que os prótons H$_d$ e H$_e$ estão acoplados. Observe que usamos apenas picos cruzados abaixo da linha diagonal; os picos cruzados acima da linha diagonal fornecem a mesma informação. Observe também que não há nenhum pico cruzado referente ao acoplamento de H$_c$ e H$_d$, sendo consistente com a ausência de acoplamento para dois prótons ligados a um carbono hibridizado em sp^2 no espectro de RMN ^{1}H em uma dimensão apresentado na Figura 14.17.

O espectro Cosy do 1-nitropropano está apresentado na Figura 14.38. O pico cruzado A mostra que os prótons H$_a$ e H$_b$ estão acoplados e o pico cruzado B mostra que os prótons H$_b$ e H$_c$ estão acoplados. Observe que os dois triângulos na figura possuem um vértice comum, uma vez que os prótons H$_b$ estão acoplados tanto com os prótons H$_a$ quanto com os prótons H$_b$.

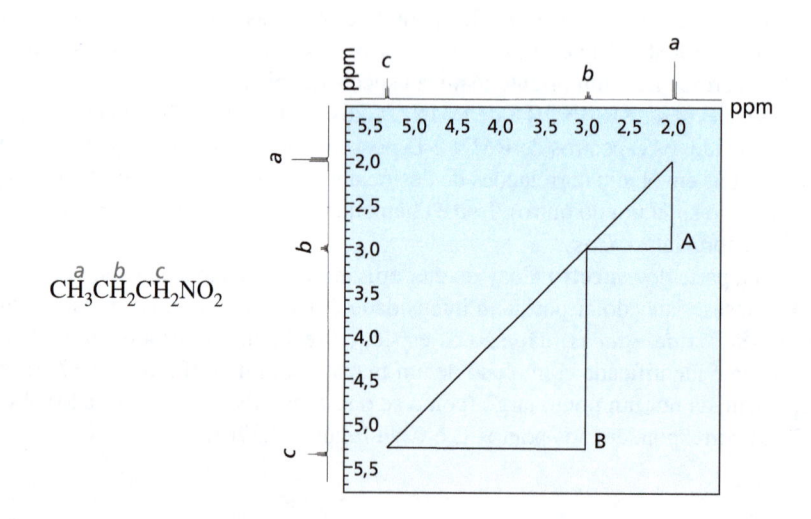

Figura 14.38
Espectro Cosy do 1-nitropropano.

PROBLEMA 40

Identifique pares de prótons acoplados na 2-metil-3-pentanona utilizando o espectro Cosy na Figura 14.39.

Figura 14.39
Espectro Cosy para o Problema 40.

Os espectros de RMN 2-D que apresentam correlações de deslocamento ^{13}C–^{1}H são chamados espectros HETCOR (de correlação heteronuclear). Os **espectros HETCOR** mostram o acoplamento entre prótons e o carbono ao qual eles estão ligados.

O espectro HETCOR da 2-metil-3-pentanona está apresentado na Figura 14.40. O espectro de RMN ^{13}C é apresentado no eixo *x* e o espectro de RMN ^{1}H, no eixo *y*. Os picos cruzados em um espectro HETCOR identificam quais hidrogênios estão ligados a quais carbonos. Por exemplo, o pico cruzado A indica que os hidrogênios que apresentam um sinal em ~0,9 ppm no espectro de RMN ^{1}H estão ligados ao carbono que apresenta um sinal em ~6 ppm no espectro de RMN ^{13}C. O pico cruzado C mostra que os hidrogênios que apresentam um sinal em ~2,5 ppm estão ligados ao carbono que apresenta um sinal em ~34 ppm.

Sem dúvida, as técnicas de RMN 2-D não são necessárias para assinalar os sinais no espectro de RMN de uma substância simples como a 2-metil-3-pentanona. No entanto, no caso de muitas moléculas complexas, os sinais podem ser assinalados apenas com a ajuda do RMN 2-D.

Os espectros que apresentam correlações de deslocamento ^{13}C–^{13}C (chamados espectros 2-D ^{13}C INADEQUADOS) identificam carbonos diretamente ligados. Existem também espectros nos quais os deslocamentos químicos são registrados em um dos eixos de freqüência e as constantes de acoplamento no outro. Outros espectros 2-D envolvem o efeito nuclear Overhauser (Noesy, para moléculas muito grandes, Roesy, para moléculas de tamanhos médios).[3] Esses espectros são usados para localizar prótons que estão muito próximos no espaço.

Albert Warner Overhauser *nasceu em San Diego em 1925. Foi professor de física na Universidade Cornell de 1953 a 1958. De 1958 a 1973 foi diretor do Laboratório de Ciência Física da Companhia Ford Motor. Desde 1973 leciona física na Universidade Purdue.*

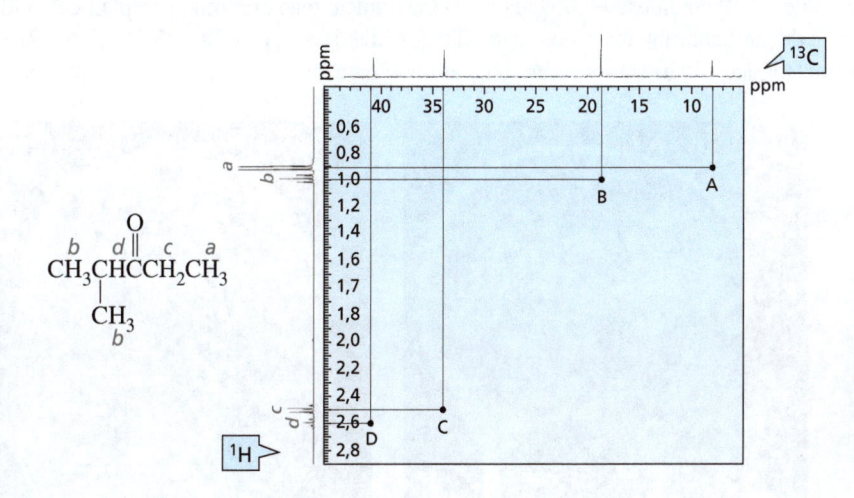

◀ **Figura 14.40**
Espectro HETCOR da 2-metil-3-pentanona. Um espectro HETCOR mostra os acoplamentos entre prótons e os carbonos aos quais eles estão ligados.

14.21 Imagens de ressonância magnética

O RMN tornou-se uma importante ferramenta na medicina diagnóstica porque permite que os médicos investiguem órgãos internos e estruturas sem utilizar métodos cirúrgicos invasivos ou a nociva radiação ionizante de raios X. Quando o RMN foi inicialmente introduzido na prática clínica, em 1981, a seleção de um nome apropriado foi assunto de muito debate. Como alguns membros do público associaram o processo nuclear com uma radiação nociva, o 'N' foi tirado da aplicação médica do RMN, agora conhecido como **imagens de ressonância magnética (IRM)**. O espectrômetro é chamado **rastreador de IRM**.

Um rastreador de IRM consiste em um magneto suficientemente grande para acomodar um paciente todo, com enrolamentos adicionais para excitar os núcleos, de modo a modificar o campo magnético e receber os sinais. Diferentes tecidos fornecem diferentes sinais, os quais são separados em componentes pela análise de transformada de Fourier. Cada componente pode ser atribuído a um sítio de origem específico no paciente, permitindo que uma imagem seccional cruzada do corpo do paciente seja construída.

Um IRM pode ser tirado em qualquer plano, independentemente da posição do paciente, permitindo visualização otimizada da característica anatômica de interesse. Por outro lado, o plano de rastreamento da tomografia computadorizada (TC), que utiliza raios X, é definido pela posição do paciente dentro da máquina e é normalmente perpendicular ao eixo de comprimento do corpo. Rastreamentos de TC em outros planos podem ser obtidos apenas se o paciente for um habilidoso contorcionista.

---

[3] Noesy e Roesy são as abreviaturas para espectroscopia de efeito Overhauser nuclear e espectroscopia de efeito Overhauser de rotação estrutural.

570 | QUÍMICA ORGÂNICA

A maioria dos sinais de um rastreamento de IRM tem origem a partir dos hidrogênios de moléculas de água porque tais hidrogênios existem em número muito maior nos tecidos se comparado aos hidrogênios de substâncias orgânicas. A diferença no modo como a água está ligada nos diferentes tecidos é o que produz muitas das variações de sinal entre os órgãos, assim como as variações entre tecidos saudáveis e doentes (Figura 14.41). Rastreamentos de IRM, portanto, podem algumas vezes fornecer muito mais informação do que as imagens obtidas por outros meios. O IRM, por exemplo, pode fornecer imagens detalhadas dos vasos sangüíneos. Fluidos correntes, como o sangue, respondem de modo diferente à excitação de um rastreador de IRM se comparados aos tecidos estacionários, e normalmente não produzem sinal. No entanto, os dados podem ser processados para eliminar sinais de estruturas sem movimento, mostrando, assim, apenas sinais de fluidos. Essa técnica é algumas vezes usada no lugar de métodos mais invasivos para examinar a árvore vascular. É possível agora suprimir completamente o sinal de certos tipos de tecido (geralmente gordura). É possível, também, diferenciar edema intracelular de extracelular, o que é importante na avaliação de pacientes suspeitos de terem sofrido espancamento.

A versatilidade do IRM foi aumentada pelo uso do gadolínio como reagente de contraste. O gadolínio, um metal paramagnético, modifica o campo magnético imediatamente em sua vizinhança, alterando o sinal dos núcleos de hidrogênio mais próximos. A distribuição do gadolínio, o qual é injetado na veia dos pacientes, pode ser alterado por certos processos de enfermidade, como câncer e inflamações. Essas distribuições anormais aparecem nas imagens obtidas a partir de técnicas de rastreamento apropriadas.

A espectroscopia de RMN que utiliza o ^{31}P ainda não é utilizada na rotina clínica, mas está sendo amplamente utilizada em pesquisas clínicas. Essa técnica é de particular interesse porque o ATP e o ADP (seções 17.20 e 27.2, volume 2) estão envolvidos na maioria dos processos metabólicos, logo ela fornecerá um caminho para se investigar o metabolismo celular.

Figura 14.41 ▶
(a) IRM de um cérebro normal. (Veja a figura em cores no encarte colorido.) A glândula pituitária está realçada (rosa). (b) IRM de uma seção axial através do cérebro que mostra um tumor (púrpura) envolvido por um tecido danificado preenchido por um fluido (vermelho).

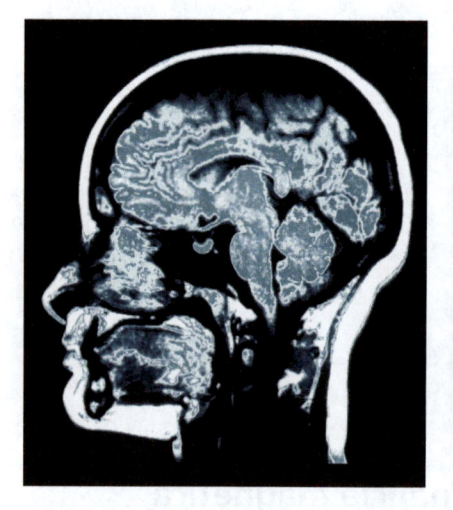

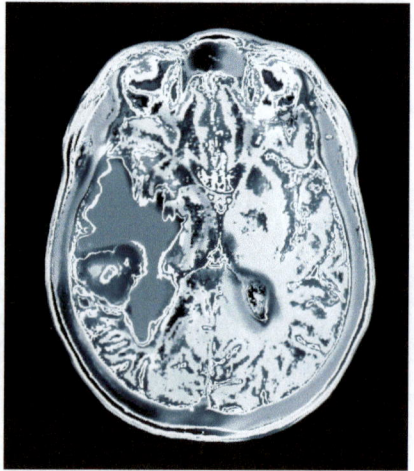

Resumo

A espectroscopia de RMN é utilizada para identificar o esqueleto carbono–hidrogênio de uma substância orgânica. Quando uma amostra é colocada em um campo magnético, os prótons que se alinham a favor do campo estão no **estado de spin α** de menor energia; aqueles que se alinham contra o campo estão em **estado de spin β** de maior energia. A diferença de energia entre os estados de spin depende da **força do campo magnético aplicado**. Quando submetidos à radiação com energia correspondente à diferença de energia entre os estados de spin, os núcleos em estado de spin α são promovidos ao estado de spin β. Quando retornam ao seu estado de spin original, emitem um sinal cuja freqüência depende da diferença de energia entre os estados de spin. Um **espectrômetro de RMN** detecta e apresenta estes sinais como registro de sua freqüência *versus* sua intensidade — um **espectro de RMN**.

Cada grupo de prótons quimicamente equivalentes dá origem a um sinal, portanto o número de sinais em um espectro de RMN ^{1}H indica o número de tipos diferentes de prótons em uma substância. O **deslocamento químico** é a medida da distância que o sinal está do sinal de referência do TMS. O deslocamento químico (δ) é independente da **freqüência operacional** do espectrômetro.

Quanto maior o campo magnético experimentado por um próton, mais alta é a freqüência do sinal. A densidade eletrônica do ambiente no qual o próton está localizado **blinda** o próton do campo magnético aplicado. Portanto, um próton em um ambiente de alta densidade eletrônica apresenta um sinal em uma freqüência mais baixa em relação a um próton próximo de grupos puxadores de elétrons. Os sinais em baixa freqüência (campo alto) possuem valores baixos de δ (ppm); os sinais em alta freqüência (campo baixo) possuem valores altos de δ. Assim, a posição de um sinal indica o tipo de próton(s) responsável pelo sinal e os tipos de substituintes vizinhos. Em um ambiente semelhante, o deslocamento químico de prótons metílicos apresenta-se em freqüência mais baixa do que aquele para o próton metínico. A **anisotropia diamagnética** promove deslocamentos químicos incomuns para os hidrogênios ligados a carbonos que formam ligações π. A **integração** nos diz o número relativo de prótons que dão origem a cada sinal.

A **multiplicidade** de um sinal (o número de picos no sinal) indica o número de prótons ligados a carbonos adjacentes. A multiplicidade é descrita pela **regra $N + 1$**, onde N é o número de prótons equivalentes ligados a carbonos adjacentes. Um **diagrama de desdobramento** pode nos ajudar a entender o padrão de desdobramento obtido quando um sinal é desdobrado por mais de um grupo de prótons. A substituição por deutério pode ser uma técnica útil na análise de espectros de RMN ^{1}H complexos.

A **constante de acoplamento** (**J**) é a distância entre dois picos adjacentes de um sinal de RMN desdobrado. Constantes de acoplamento são independentes da freqüência operacional do espectrômetro. Prótons acoplados possuem a mesma constante de acoplamento. A constante de acoplamento para prótons trans é maior do que para prótons cis. Quando dois grupos diferentes de prótons desdobram um sinal, a multiplicidade do sinal é determinada pelo uso da regra $N + 1$ separadamente para cada grupo de hidrogênios quando as constantes de acoplamento para os dois grupos forem diferentes. Quando as constantes de acoplamento são semelhantes, a regra $N + 1$ pode ser aplicada para ambos os grupos simultaneamente.

O deslocamento químico de um próton ligado a um O ou a um N depende do grau da ligação de hidrogênio do próton. Na presença de traços de ácido ou base, os prótons ligados ao oxigênio sofrem **troca de prótons**. Nesse caso, o sinal para um próton ligado a um O não é desdobrado e não desdobra o sinal de prótons adjacentes.

O número de sinais em um espectro de RMN ^{13}C diz quantos tipos diferentes de carbono uma substância possui. Carbonos em ambientes de alta densidade eletrônica produzem sinais em baixa freqüência; carbonos próximos a grupos puxadores de elétrons produzem sinais em alta freqüência. Os deslocamentos químicos no RMN ^{13}C aproximam-se de 220 ppm, comparados com aproximadamente 12 ppm para o RMN ^{1}H. Os sinais de RMN ^{13}C não são normalmente desdobrados pelos carbonos vizinhos, a menos que o espectrômetro seja ajustado para registrar acoplamento com prótons.

Palavras-chave

acoplamento a longa distância (p. 542)
acoplamento geminal (p. 545)
acoplamento spin–spin (p. 540)
anisotropia diamagnética (p. 538)
árvore de desdobramento (p. 552)
blindagem diamagnética (p. 528)
campo alto (p. 528)
campo baixo (p. 531)
campo magnético aplicado (p. 525)
campo magnético efetivo (p. 528)
constante de acoplamento (p. 549)
deslocamento químico (p. 530)
diagrama de desdobramento (p. 552)
dublete (p. 539)
dublete de dubletes (p. 545)
espectro Cosy (p. 567)

espectro de RMN ^{13}C acoplado com próton (p. 562)
espectro de RMN ^{13}C DEPT (p. 567)
espectro de RMN com transformada de Fourier (FT–RMN) (p. 527)
espectro HETCOR (p. 568)
espectroscopia de RMN (p. 524)
estado de spin α (p. 525)
estado de spin β (p. 525)
freqüência operacional (p. 526)
hidrogênio metínico (p. 535)
imagens de ressonância magnética de imagem IRM (p. 569)
integração (p. 536)
multiplete (p. 544)
multiplicidade (p. 539)

prótons acoplados (p. 539)
prótons quimicamente equivalents (p. 529)
quarteto (p. 539)
radiação rf (p. 525)
rastreador de IRM (p. 569)
razão giromagnética (p. 526)
regra $N + 1$ (p. 539)
RMN ^{13}C (p. 524)
RMN ^{1}H (p. 524)
RMN 2-D (p. 567)
singlete (p. 539)
substância de referência (p. 530)
triplete (p. 540)
troca de prótons (p. 556)

Problemas

41. Quantos sinais são produzidos por cada uma das seguintes substâncias em seu

    a. espectro de RMN ^{1}H?

    b. espectro de RMN ^{13}C?

1. $CH_3--OCHCH_3$
   $\phantom{CH_3--OCH}CH_3$

2. $\overset{O}{\underset{}{C}}-OCH_2CH_3$ (benzoato de etila)

3. δ-valerolactona

4. oxetano

5. cloreto de ciclopropila

6. 2,5-dimetil-2,4-hexadieno

42. Desenhe o diagrama de desdobramento para o próton H_b e indique sua multiplicidade se
    a. $J_{ba} = J_{bc}$
    b. $J_{ba} = 2J_{bc}$

$$H_a-\underset{H_a}{\overset{H_a}{C}}-\underset{H_b}{\overset{X}{C}}-\underset{H_c}{\overset{X}{C}}-X$$

43. Identifique cada grupo de prótons quimicamente equivalentes utilizando a para o grupo que se apresenta em freqüência mais baixa (em campo alto) no espectro de RMN ^1H, b para o seguinte etc. Indique a multiplicidade de cada sinal.

a. $CH_3\underset{CH_3}{\overset{|}{C}H}NO_2$

b. $CH_3CH_2CH_2OCH_3$

c. $CH_3\underset{CH_3}{\overset{|}{C}H}\overset{O}{\overset{\|}{C}}CH_2CH_2CH_3$

d. $CH_3CH_2CH_2\overset{O}{\overset{\|}{C}}CH_2Cl$

e. $ClCH_2\underset{CH_3}{\overset{CH_3}{\overset{|}{C}}}CHCl_2$

f. $ClCH_2CH_2CH_2CH_2CH_2Cl$

44. Correlacione cada um dos espectros de RMN ^1H seguintes com uma das substâncias abaixo:

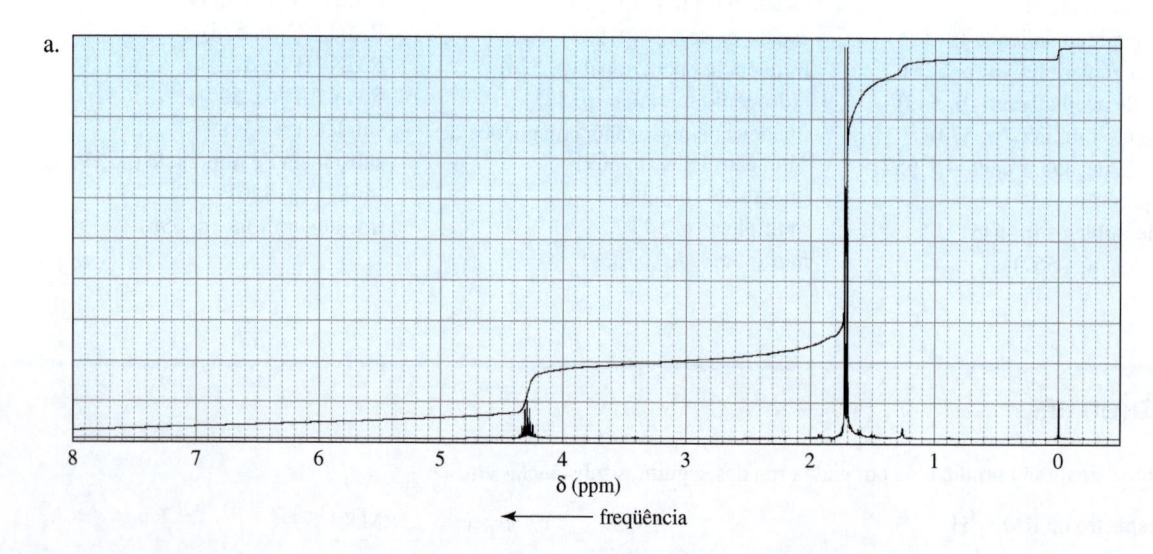

$CH_3CH_2\overset{O}{\overset{\|}{C}}CH_3$ $CH_3\underset{CH_3}{\overset{CH_3}{\overset{|}{C}}}NO_2$ $CH_3CH_2\overset{O}{\overset{\|}{C}}CH_2CH_3$

$CH_3CH_2CH_2NO_2$ $CH_3CH_2NO_2$ $CH_3\overset{CH_3}{\overset{|}{C}}HBr$

a.

[Espectro de RMN com δ (ppm) de 0 a 8, freqüência decrescente para a direita]

CAPÍTULO 14 Espectroscopia de RMN **573**

b.

[Espectro de RMN ¹H com sinais em aproximadamente 4,4 ppm (tripleto), 2,0 ppm (multipleto) e 1,0 ppm (tripleto); δ (ppm), freqüência]

c.

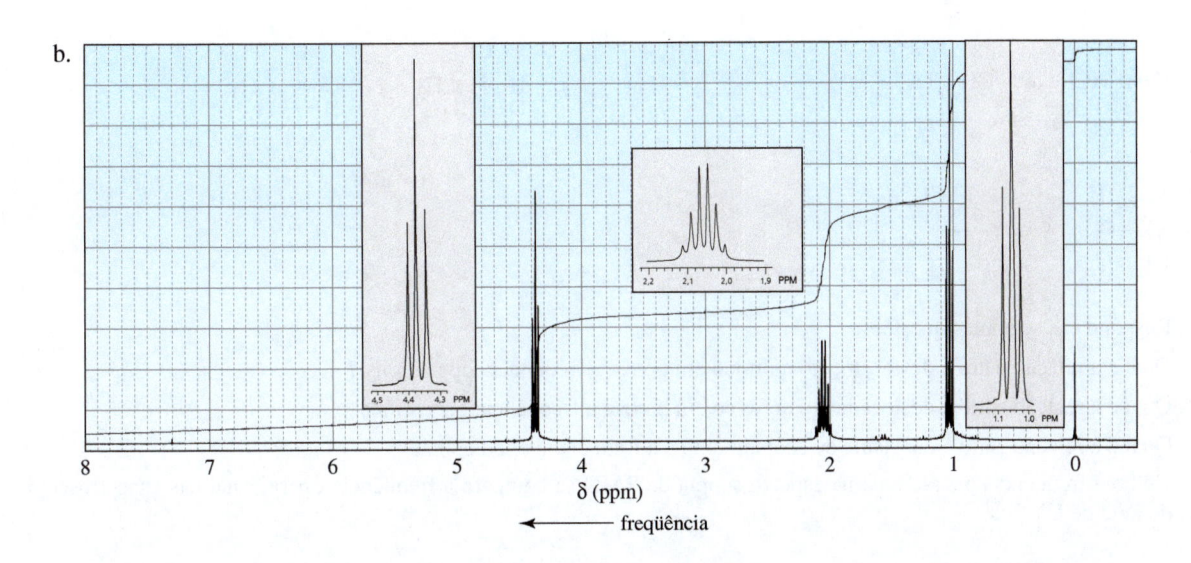

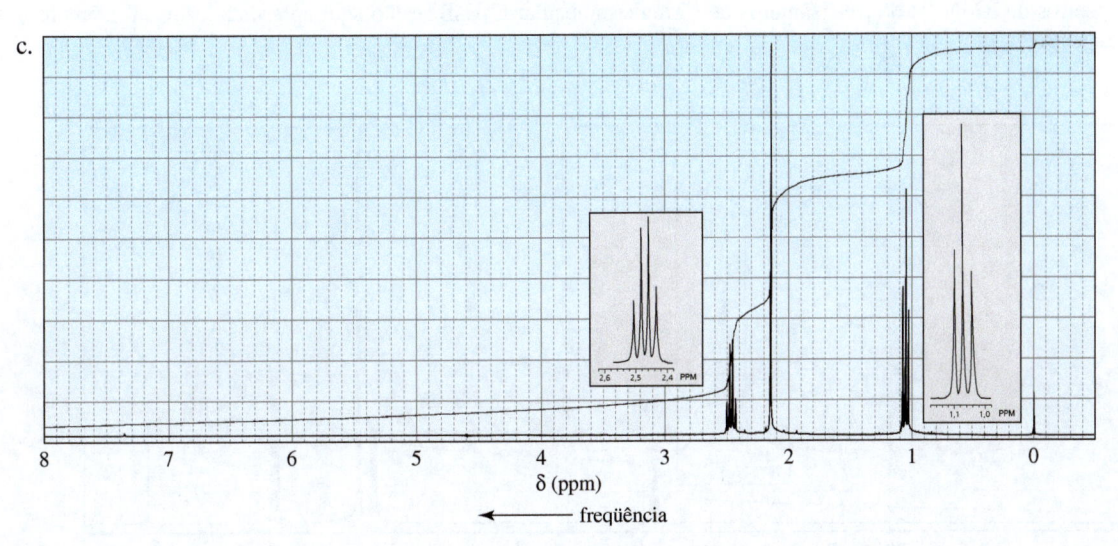

[Espectro de RMN ¹H com sinais em aproximadamente 2,5 ppm (multipleto) e 1,0 ppm (tripleto); δ (ppm), freqüência]

45. Determine a proporção dos prótons quimicamente não equivalentes de uma substância cujos degraus das curvas de integração medem 40,5; 27; 13 e 118 mm, da esquerda para a direita, através do espectro. Forneça a estrutura da substância cujo espectro de RMN ¹H apresente essas integrais na ordem observada.

46. Como o RMN ¹H poderia distinguir entre as substâncias em cada um dos seguintes pares?

   a. $CH_3CH_2CH_2OCH_3$ e $CH_3CH_2OCH_2CH_3$

   b. $BrCH_2CH_2CH_2Br$ e $BrCH_2CH_2CH_2NO_2$

   c. $CH_3CH(CH_3)-CH(CH_3)CH_3$ e $CH_3C(CH_3)(CH_3)CH_2CH_3$

   d. $CH_3-\underset{CH_3}{\underset{|}{C}}(CH_3O)-\underset{}{\overset{O}{C}}-OCH_3$ e $CH_3-\underset{OCH_3}{\underset{|}{\overset{|}{C}}}(OCH_3)-CH_3$

   e. $CH_3-C_6H_4-C(CH_3)_3$ e $C_6H_5-CH_2C(CH_3)_3$

   f. 1,3-ciclohexadieno e 1,4-ciclohexadieno

g. CH₃CHCl   e   CH₃CDCl
      | |
      CH₃   CH₃

h.
$$\begin{array}{c} Cl \\ H-\!\!\!-\!\!\!-CH_3 \\ D-\!\!\!-\!\!\!-H \\ Cl \end{array}$$ e $$\begin{array}{c} Cl \\ D-\!\!\!-\!\!\!-CH_3 \\ H-\!\!\!-\!\!\!-H \\ Cl \end{array}$$

i.
    H   H   H   Cl
     \ /   \ /
      △   e   △
     / \   / \
    Cl Cl   Cl H

47. Responda às seguintes questões:
   a. Qual é a relação entre o deslocamento químico em ppm e a freqüência operacional?
   b. Qual é a relação entre o deslocamento químico em hertz e a freqüência operacional?
   c. Qual é a relação entre a constante de acoplamento e a freqüência operacional?
   d. Como a freqüência operacional na espectroscopia de RMN se compara à freqüência operacional nas espectroscopias de IV e de UV/Vis?

48. Os espectros de RMN ¹H de três isômeros de fórmula molecular C_4H_9Br estão aqui apresentados. Qual isômero produz qual espectro?

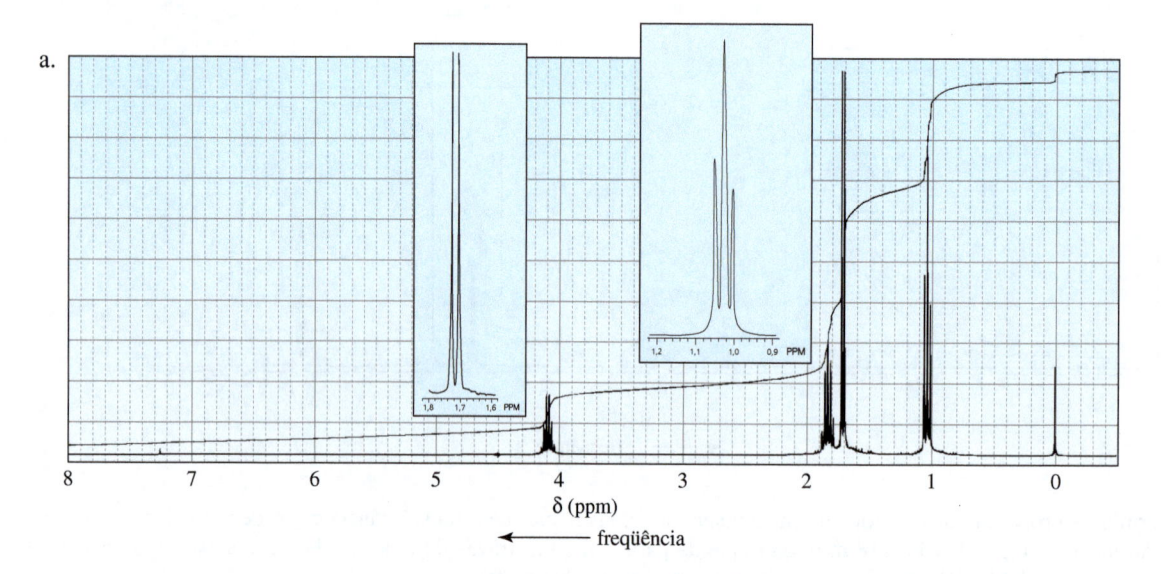

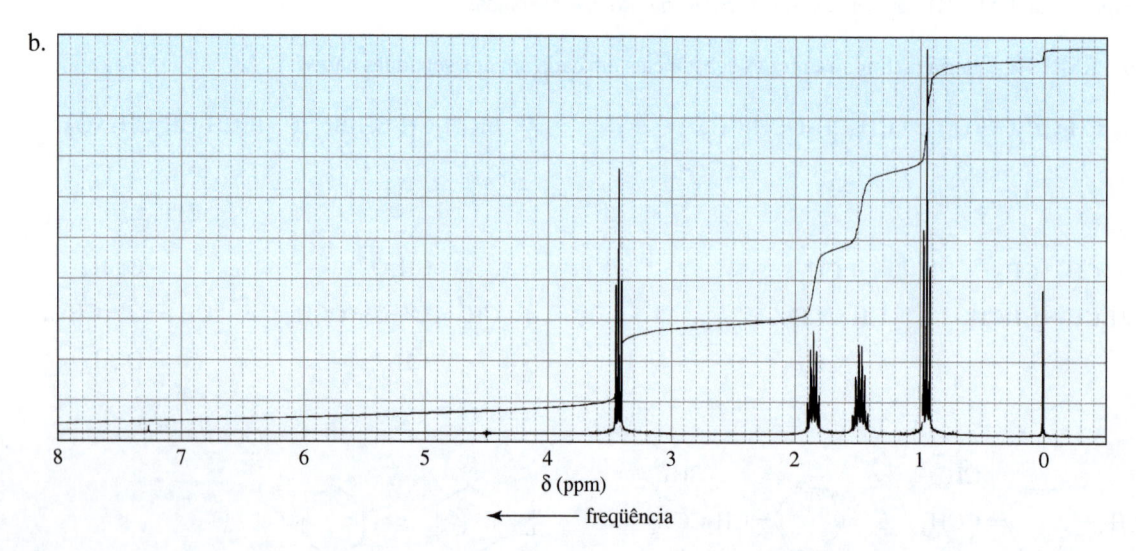

c.

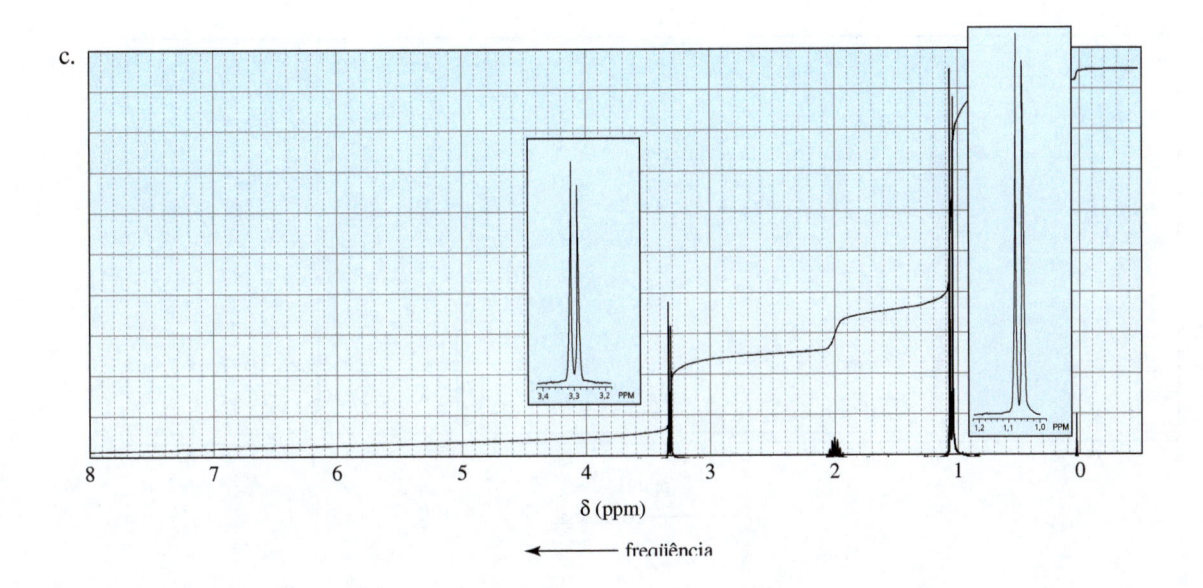

<!-- Spectrum c: peaks near 3.3 ppm and near 1.0 ppm -->

δ (ppm)

← freqüência

49. Identifique cada umas das seguintes substâncias a partir dos dados de RMN ^{1}H e de sua fórmula molecular. O número de hidrogênios responsáveis por cada sinal está apresentado entre parênteses.

a. $C_4H_8Br_2$ 1,97 ppm (6) singlete
               3,89 ppm (2) singlete

b. C_8H_9Br 2,01 ppm (3) dublete
              5,14 ppm (1) quarteto
              7,35 ppm (5) singlete largo

c. $C_5H_{10}O_2$ 1,15 ppm (3) triplete
                 1,25 ppm (3) triplete
                 2,33 ppm (2) quarteto
                 4,13 ppm (2) quarteto

50. Identifique a substância de fórmula molecular $C_7H_{14}O$ que fornece o seguinte espectro de RMN ^{13}C acoplado com próton.

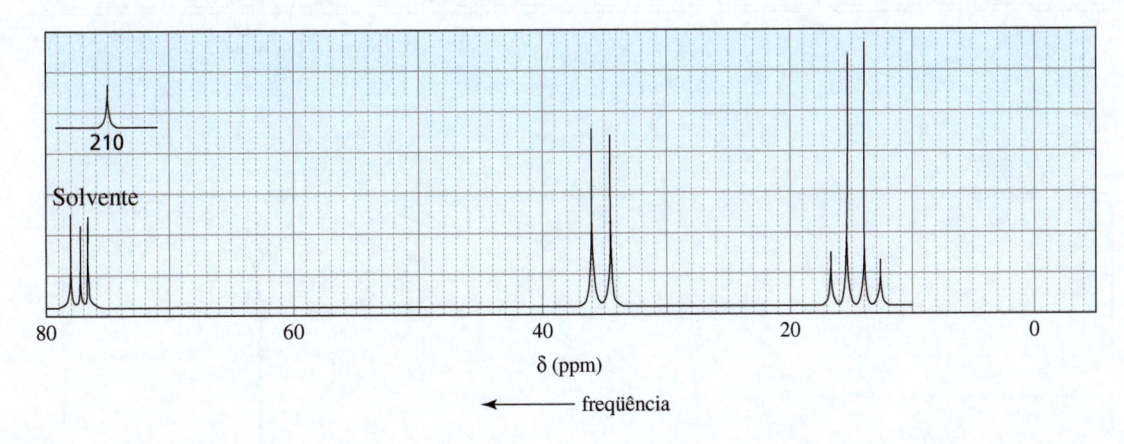

<!-- 13C NMR spectrum with peaks at ~210, ~35, and ~15-20 ppm, solvent peak near 77 -->

δ (ppm)

← freqüência

51. A substância A, de fórmula molecular C_4H_9Cl, apresenta dois sinais em seu espectro de RMN ^{13}C. A substância B, um isômero da substância A, apresenta quatro sinais e, em modo de acoplamento com prótons, o sinal em campo mais baixo é um dublete. Identifique as substâncias A e B.

52. Os espectros de RMN ^{1}H de três isômeros de fórmula molecular $C_7H_{14}O$ estão apresentados a seguir. Qual isômero produz qual espectro?

QUÍMICA ORGÂNICA

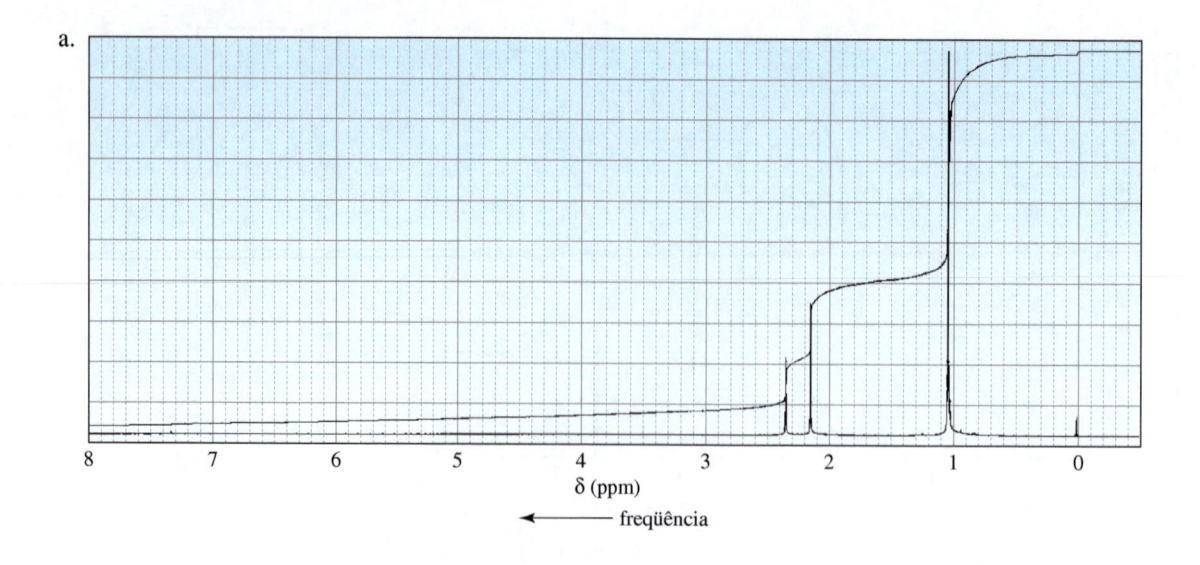

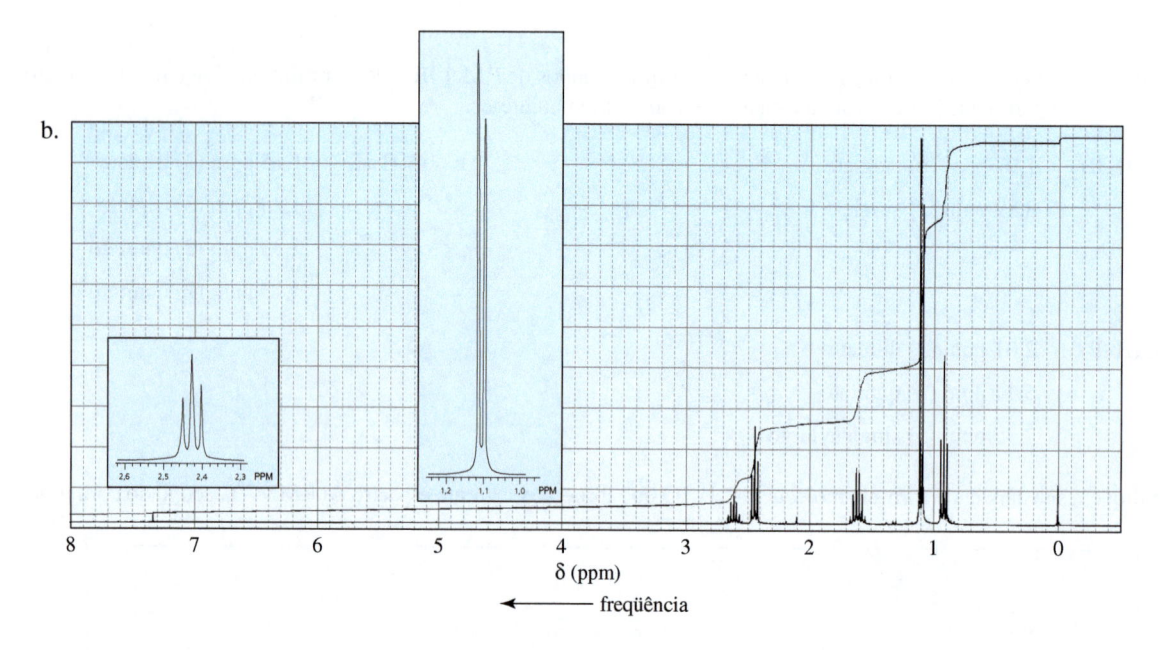

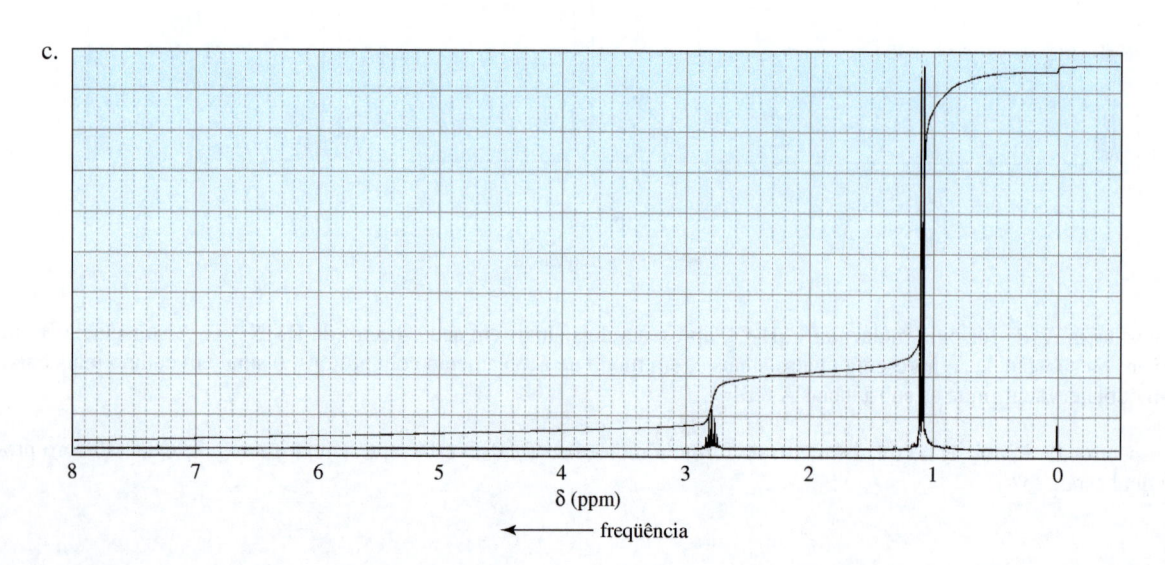

a.

b.

c.

53. Seria melhor utilizar o RMN ^{1}H ou o RMN ^{13}C para distinguir entre o 1-buteno, o 2-*cis*-buteno e o 2-metilpropeno? Explique sua resposta.

54. Determine a estrutura de cada uma das seguintes substâncias desconhecidas baseando-se em suas fórmulas moleculares e em seus espectros de RMN ^{1}H e IV.

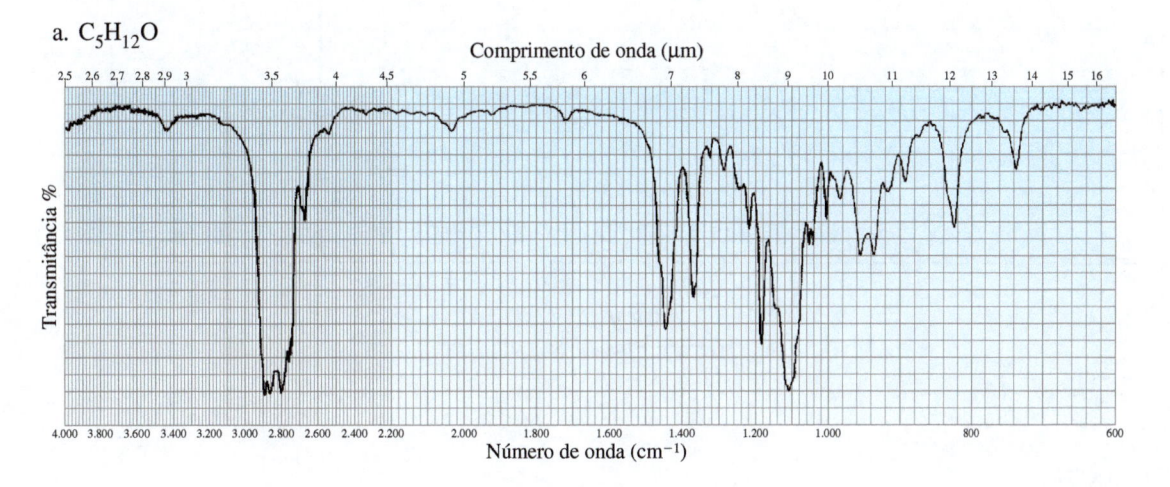

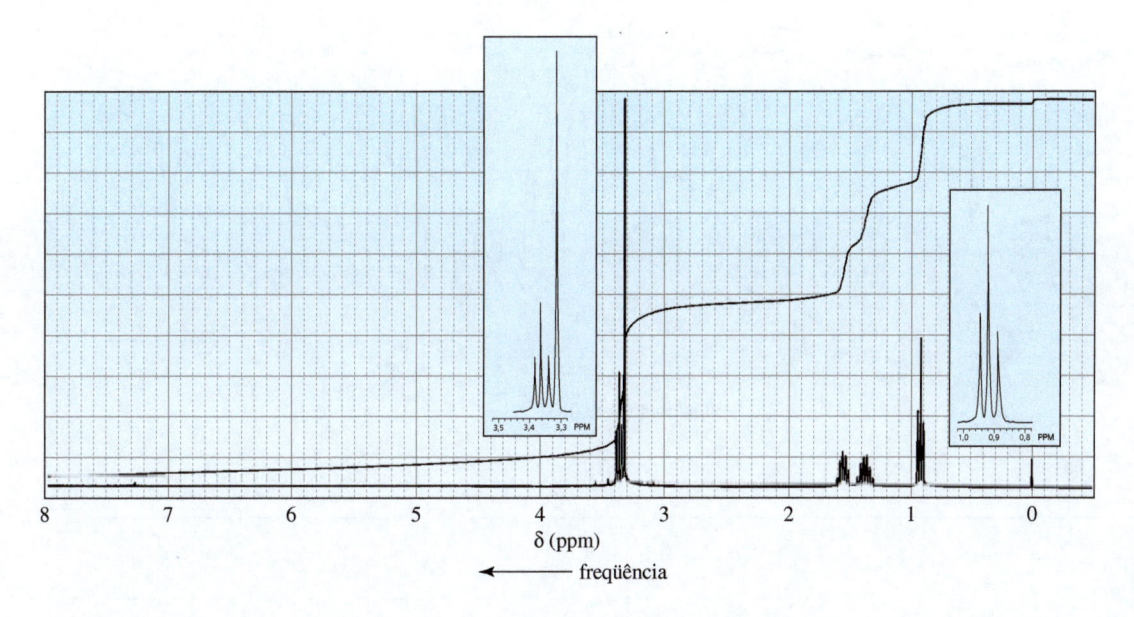

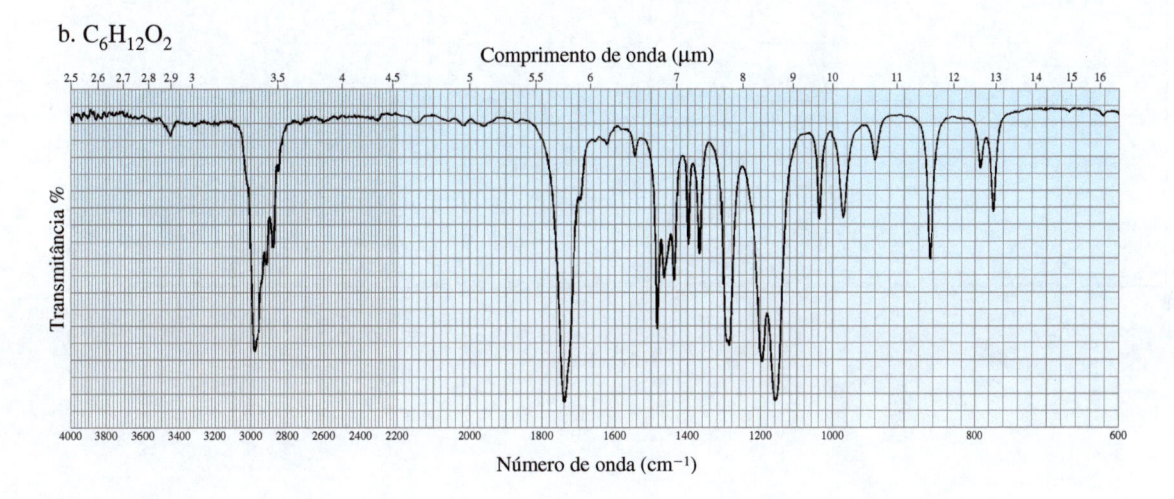

   a. $C_5H_{12}O$

   b. $C_6H_{12}O_2$

578 QUÍMICA ORGÂNICA

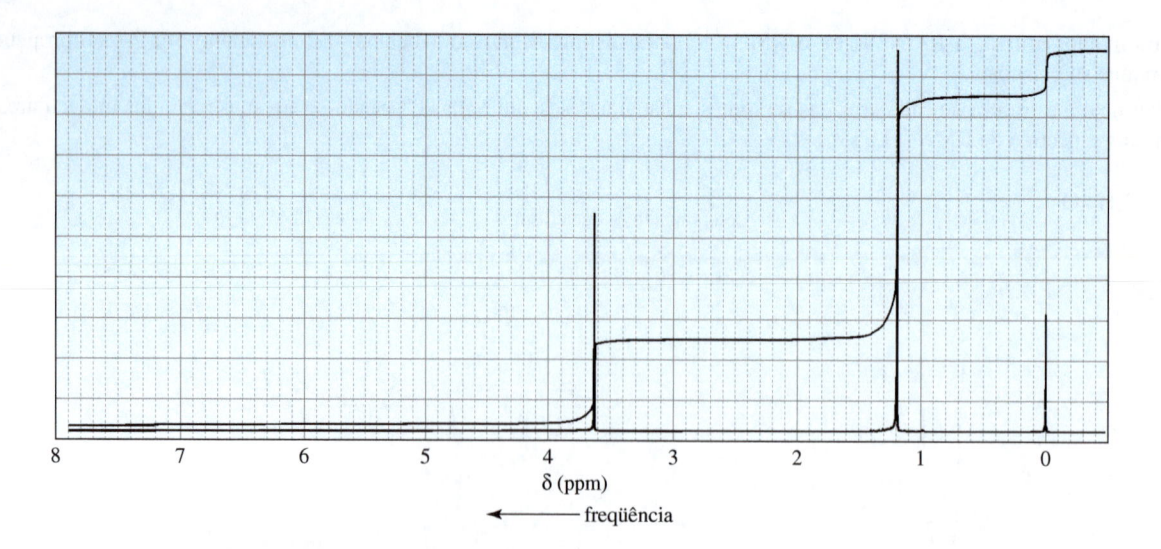

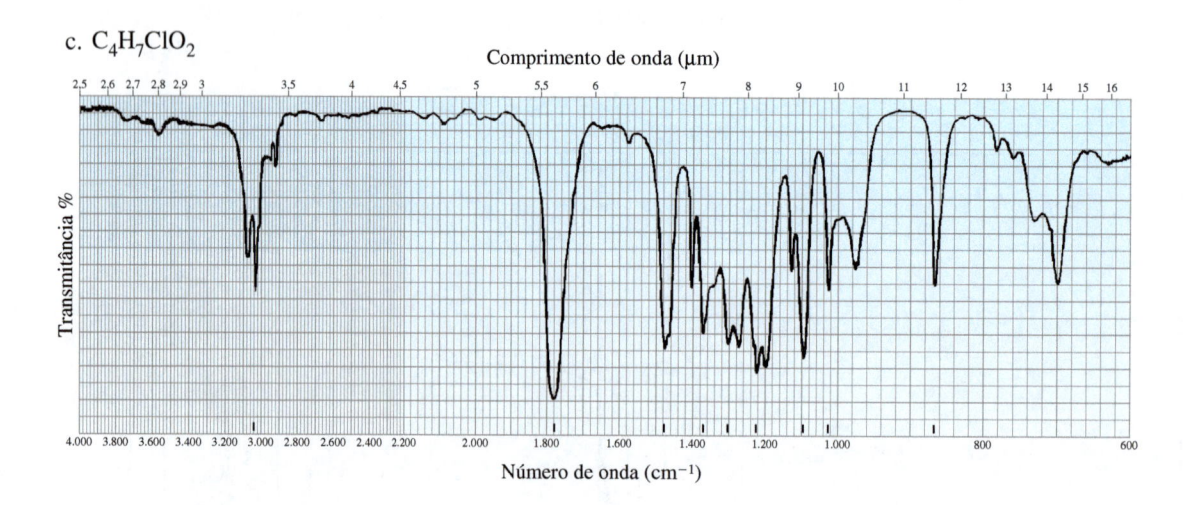

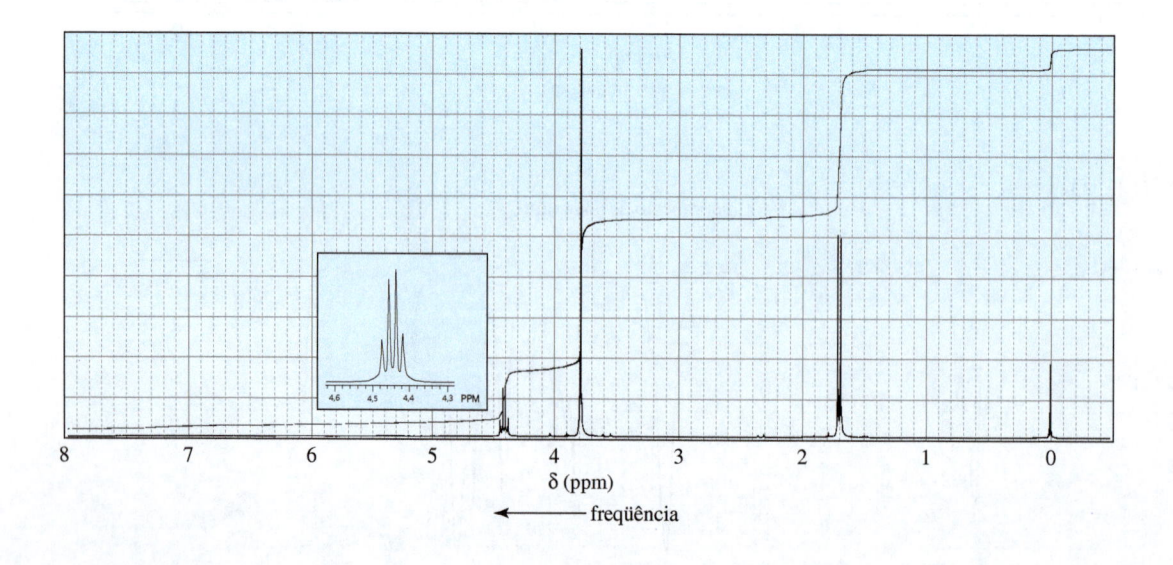

c. $C_4H_7ClO_2$

d. $C_4H_8O_2$

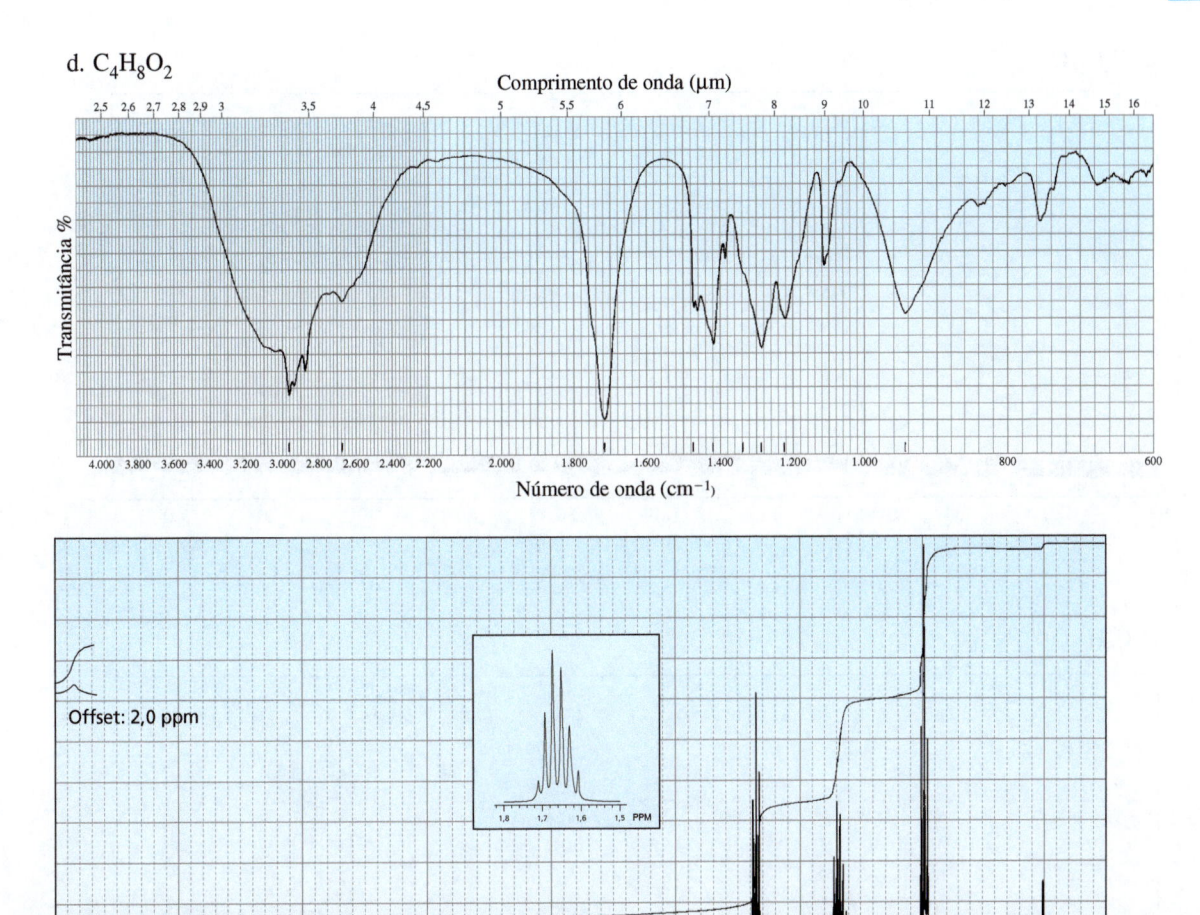

55. Existem quatro ésteres de fórmula molecular $C_4H_8O_2$. Como eles podem ser distinguidos por RMN ^1H?

56. Um haleto de alquila reage com um íon alcóxido para formar uma substância cujo espectro de RMN ^1H é apresentado a seguir. Identifique o haleto de alquila e o íon alcóxido. (*Dica*: veja a Seção 11.9.)

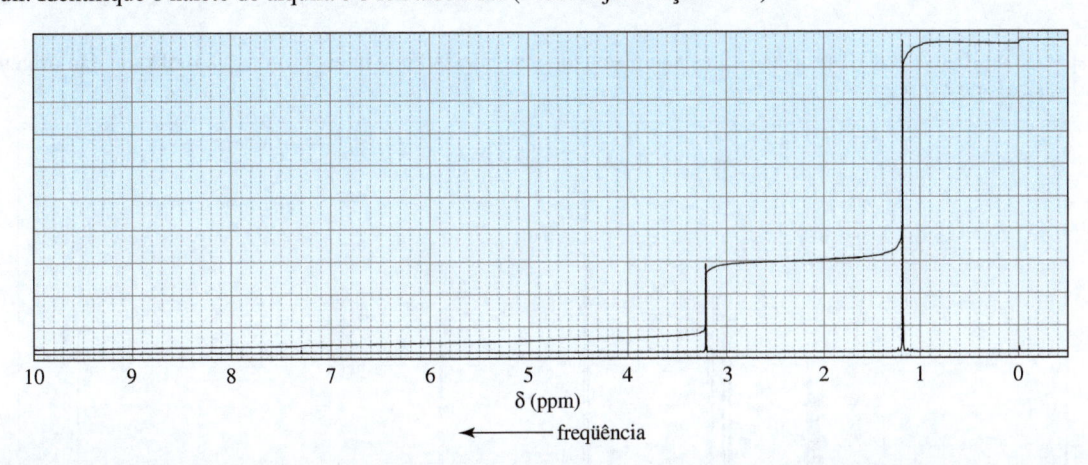

57. Determine a estrutura de cada uma das seguintes substâncias com base em sua fórmula molecular e em seu espectro de RMN ^{13}C.

a. $C_4H_{10}O$

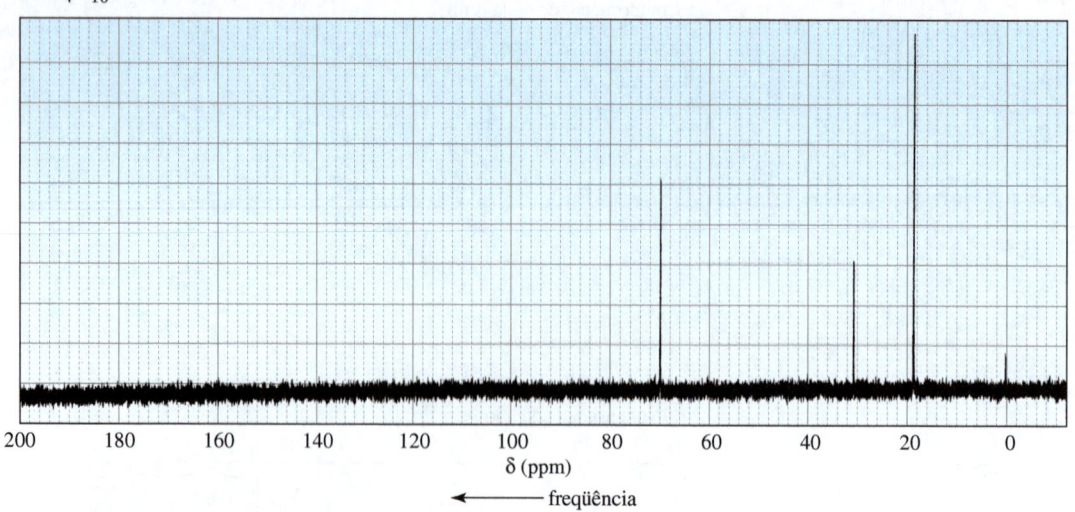

b. $C_6H_{12}O$

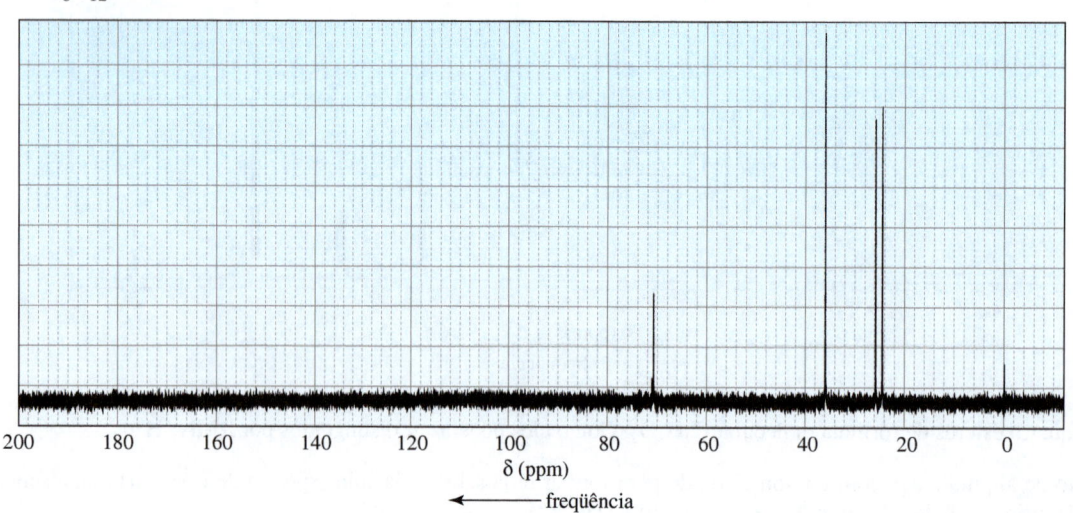

58. O espectro de RMN ^{1}H do 2-propen-1-ol está apresentado a seguir. Indique quais prótons na molécula dão origem a cada um dos sinais no espectro.

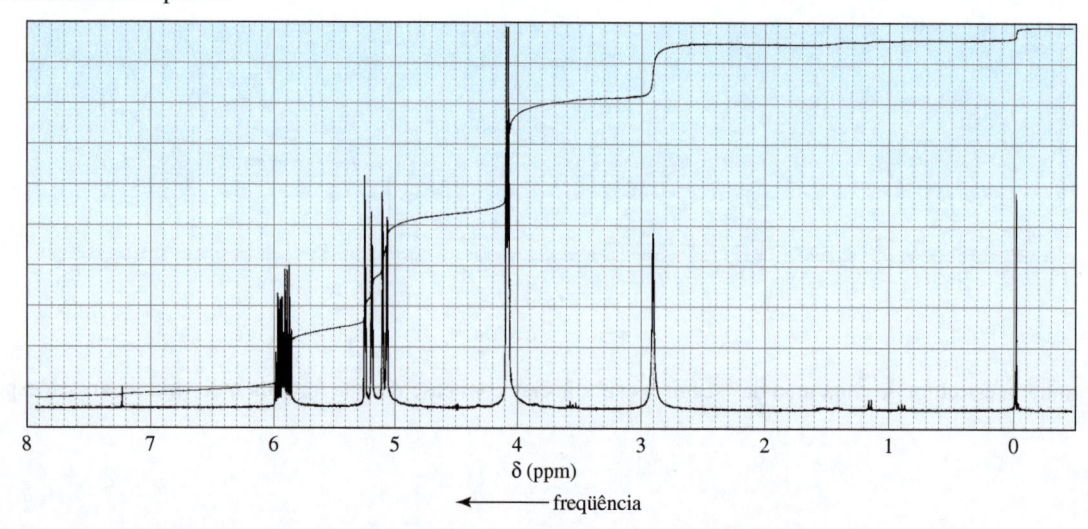

59. Como poderiam ser distinguidos os sinais na região de 6,5–8,1 ppm nos espectros de RMN ^{1}H das seguintes substâncias?

60. Os espectros de RMN ^{1}H de duas substâncias de fórmula molecular $C_{11}H_{16}$ estão apresentados a seguir. Identifique as substâncias.

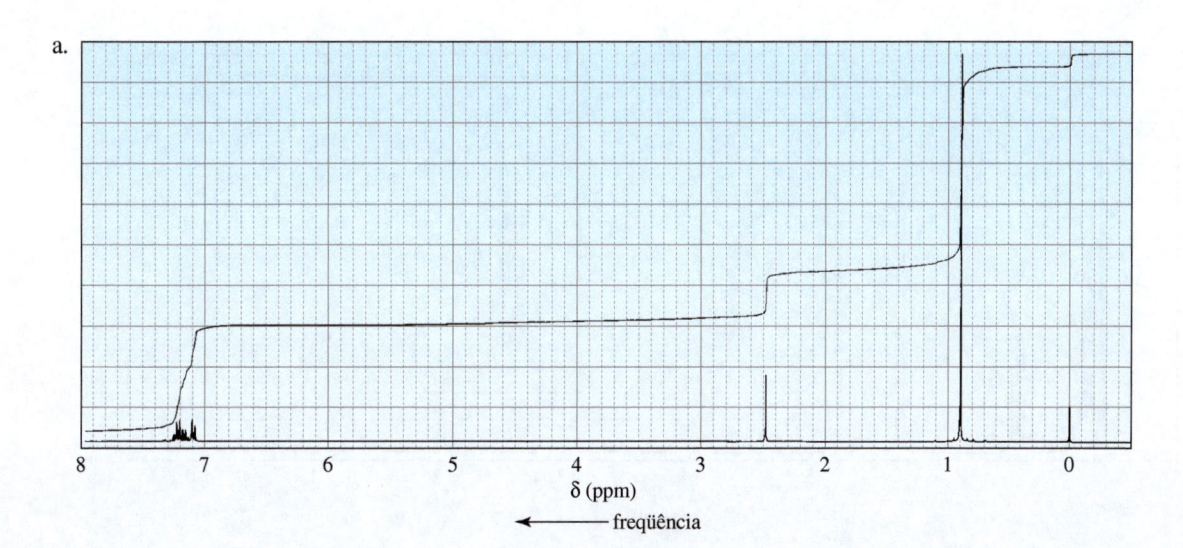

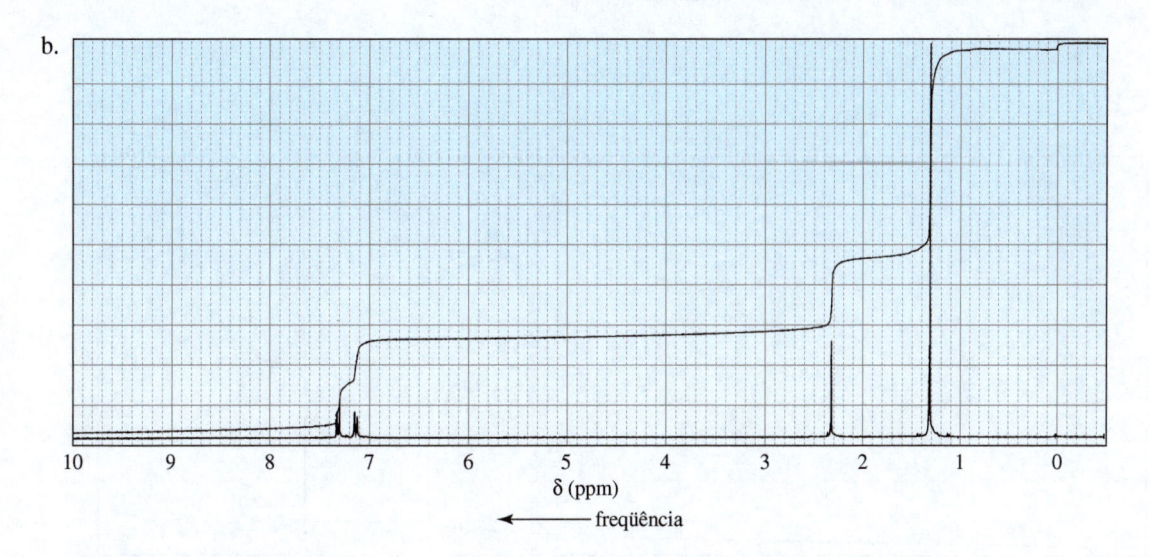

a.

b.

61. Desenhe o diagrama de desdobramento para o próton H_b se $J_{bc} = 10$ e $J_{ba} = 5$.

62. Esboce os seguintes espectros que poderiam ser obtidos para o 2-cloroetanol:
    a. Espectro de RMN ^{1}H para uma amostra seca do álcool
    b. Espectro de RMN ^{1}H para uma amostra do álcool que contenha uma pequena quantidade de ácido
    c. O espectro de RMN ^{13}C
    d. O espectro de RMN ^{13}C acoplado com prótons
    e. As quatro partes de um espectro de RMN ^{13}C DEPT

63. Como o RMN ^{1}H poderia ser utilizado para provar que a adição de HBr ao propeno segue a regra de que o eletrófilo é adicionado ao carbono hibridizado em sp^2 ligado ao maior número de hidrogênios?

64. Identifique cada uma das seguintes substâncias a partir de sua fórmula molecular e de seu espectro de RMN ^{1}H.

    a. C_8H_8

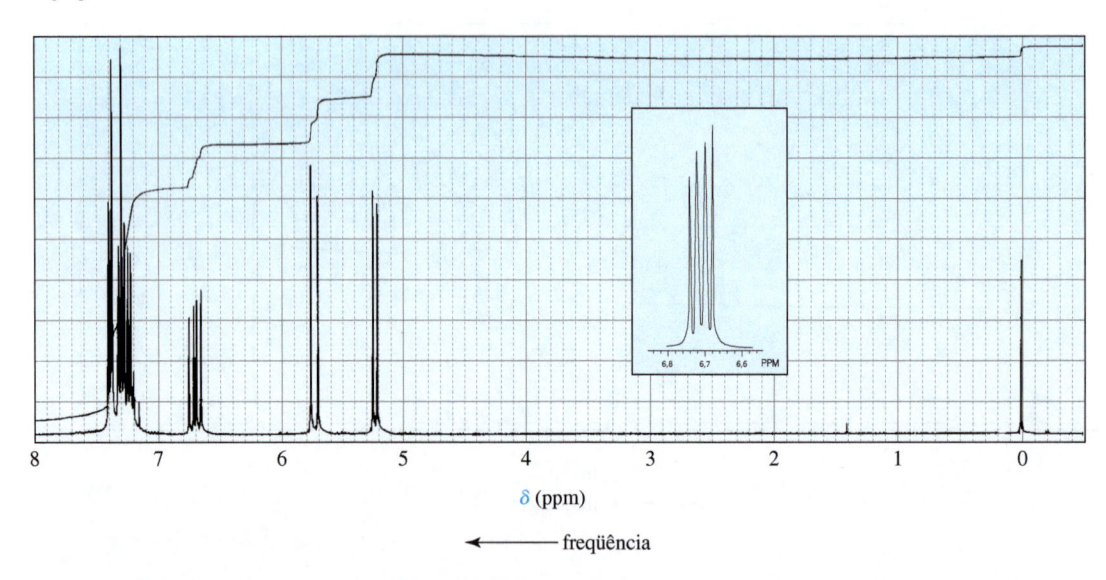

    b. $C_6H_{12}O$

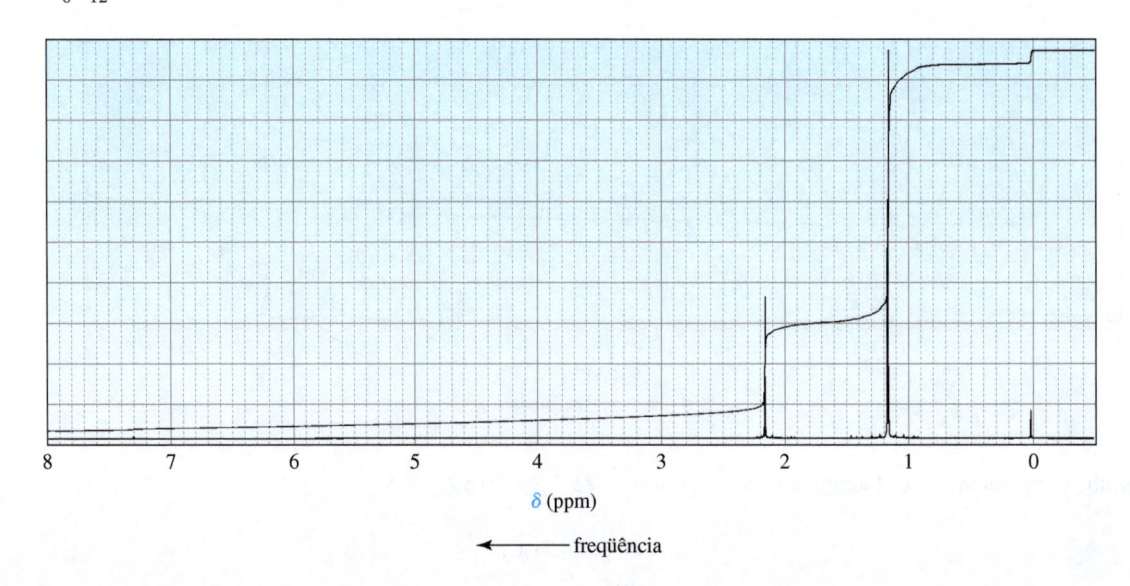

c. $C_9H_{18}O$

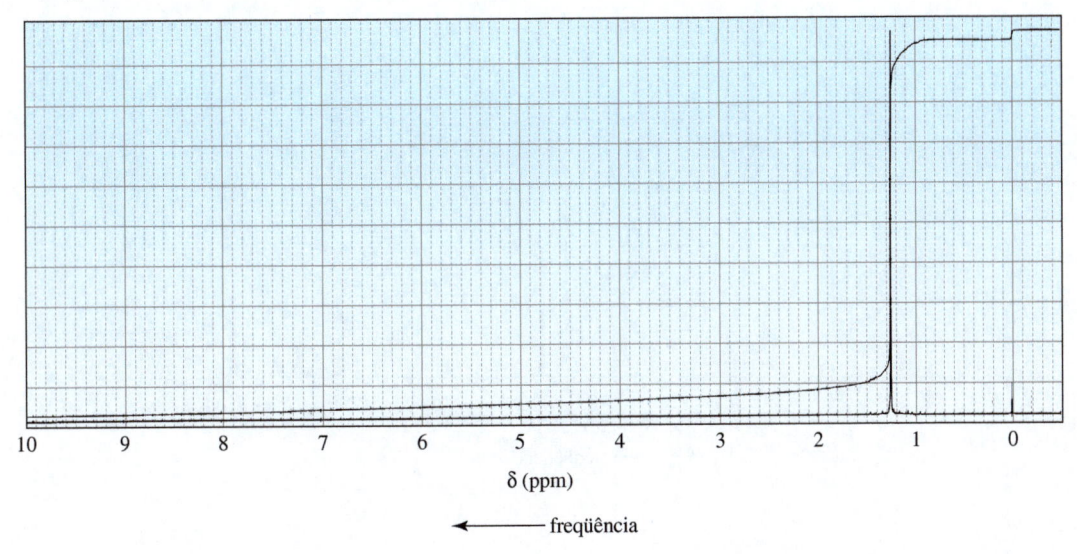

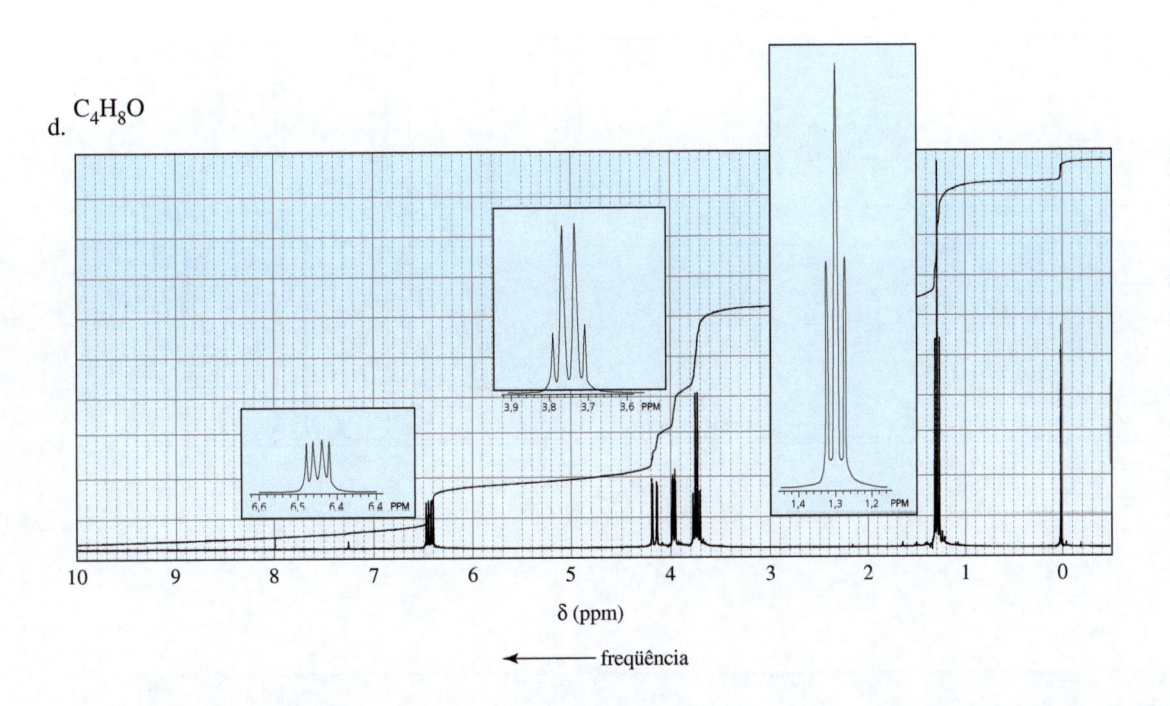

d. C_4H_8O

65. O dr. N. M. Arr foi convocado para analisar o espectro de RMN ¹H de uma mistura de substâncias conhecidas por conter apenas C, H e Br. A mistura mostrou dois singletos — um em 1,8 ppm e o outro em 2,7 ppm — com integrais relativas de 1 : 6, respectivamente. O dr. Arr determinou que o espectro era relativo a uma mistura de bromometano e 2-bromo-2-metilpropano. Qual era a proporção entre o bromometano e o 2-bromo-2-metilpropano na mistura?

66. Calcule a quantidade de energia (em calorias) necessária para excitar um núcleo de ¹H em um espectrômetro de RMN que opera a 60 MHz.

67. Os seguintes espectros de RMN ¹H são relativos a quatro substâncias de fórmula molecular $C_6H_{12}O_2$. Identifique as substâncias.

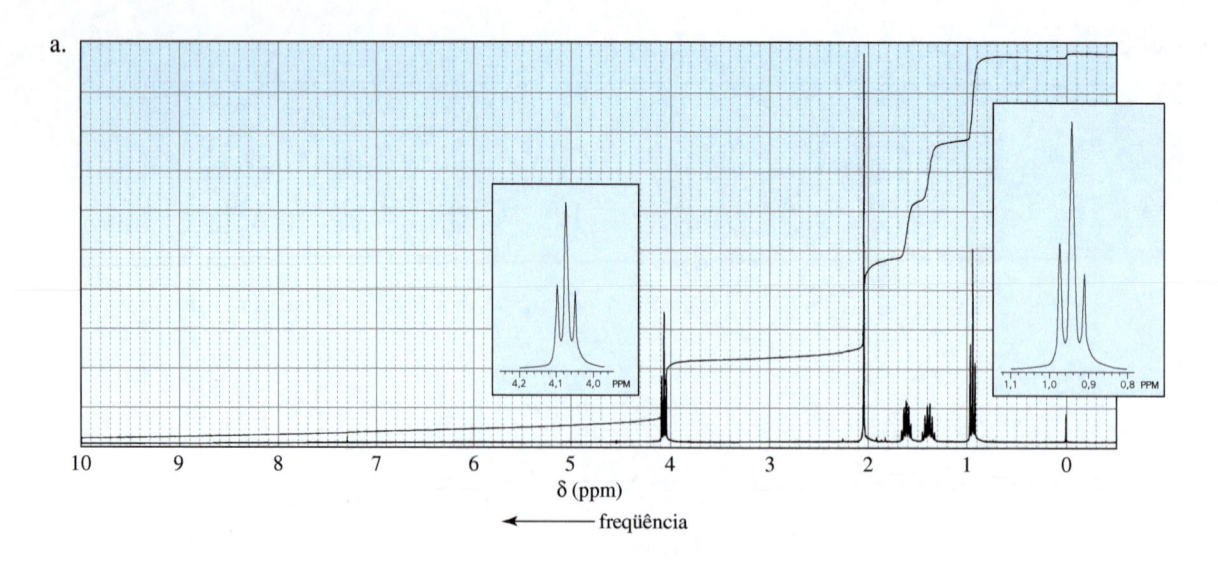

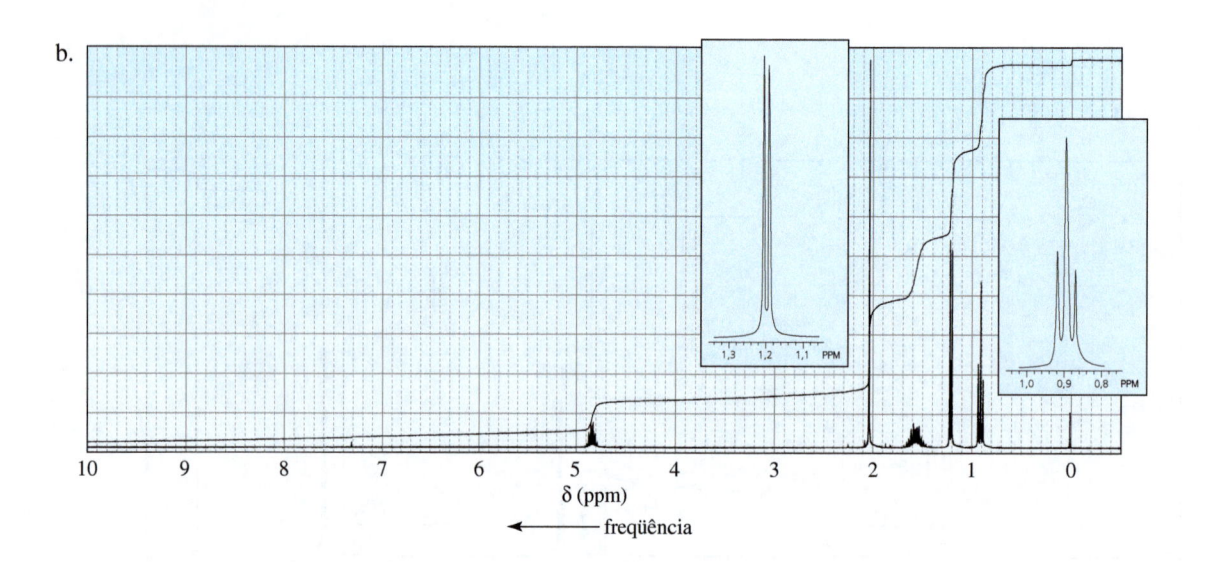

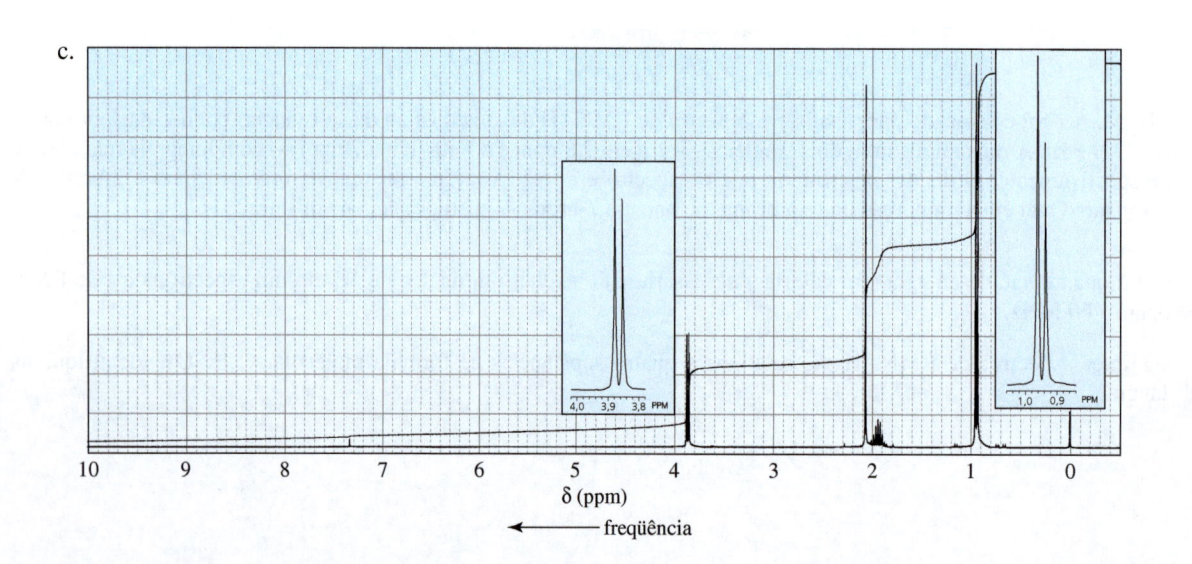

584 QUÍMICA ORGÂNICA

a.

b.

c.

CAPÍTULO 14   Espectroscopia de RMN   **585**

d.

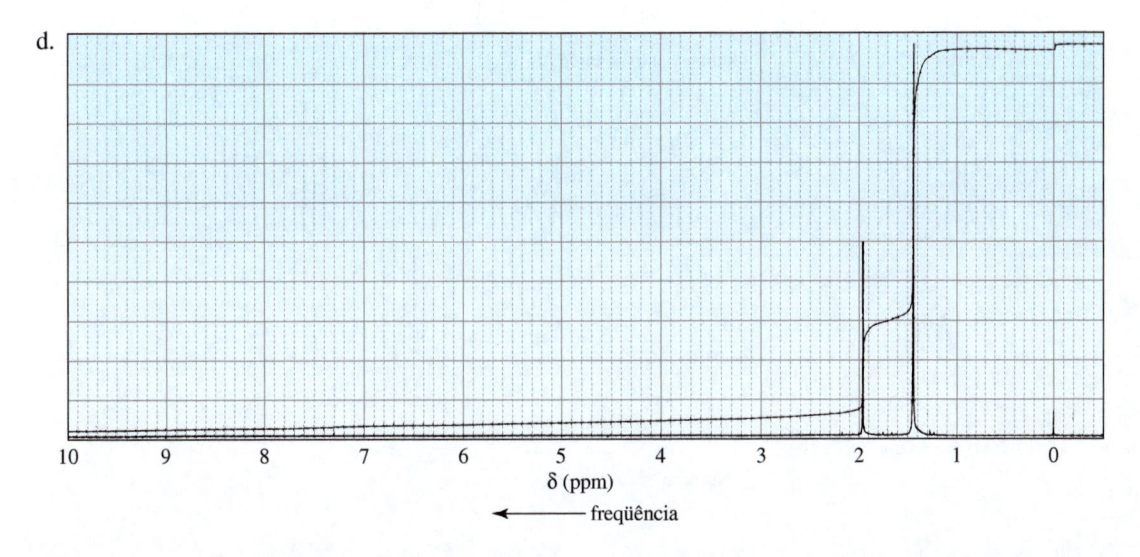

10 9 8 7 6 5 4 3 2 1 0
δ (ppm)
← freqüência

68. Quando a substância A ($C_5H_{12}O$) é tratada com HBr, ela forma a substância B ($C_5H_{11}Br$). O espectro de RMN ^{1}H da substância A possui um singlete (1), dois dubletes (3,6) e dois multipletes (ambos 1). (As áreas relativas dos sinais estão indicadas entre parênteses.) O espectro de RMN ^{1}H da substância B possui um singlete (6), um triplete (3) e um quarteto (2). Identifique as substâncias A e B.

69. Determine a estrutura de cada uma das seguintes substâncias baseando-se em suas fórmulas moleculares e seus espectros de IV e de RMN ^{1}H.

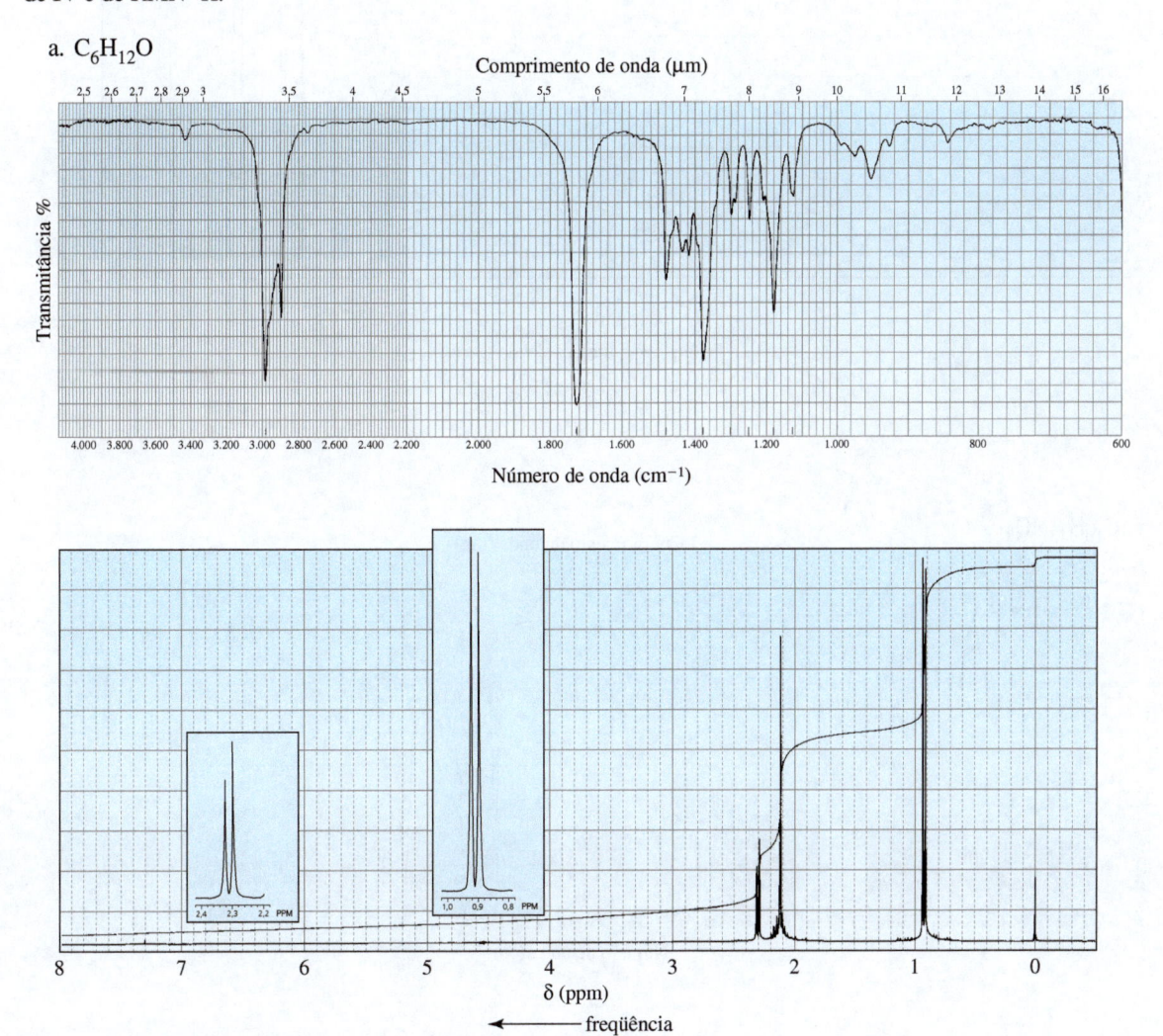

   a. $C_6H_{12}O$

Comprimento de onda (µm)

Transmitância %

Número de onda (cm^{-1})

δ (ppm)
← freqüência

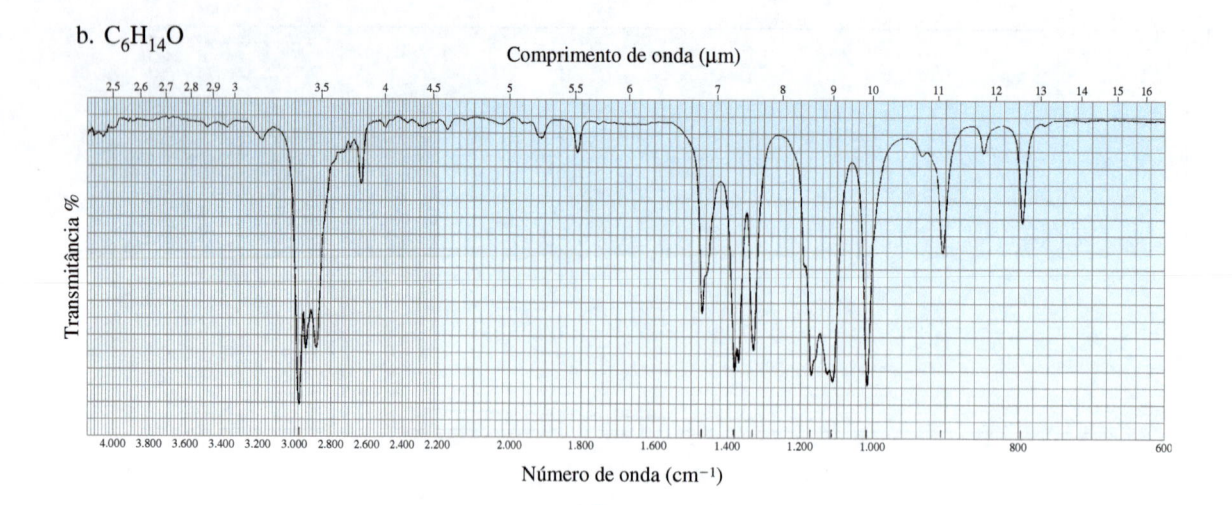

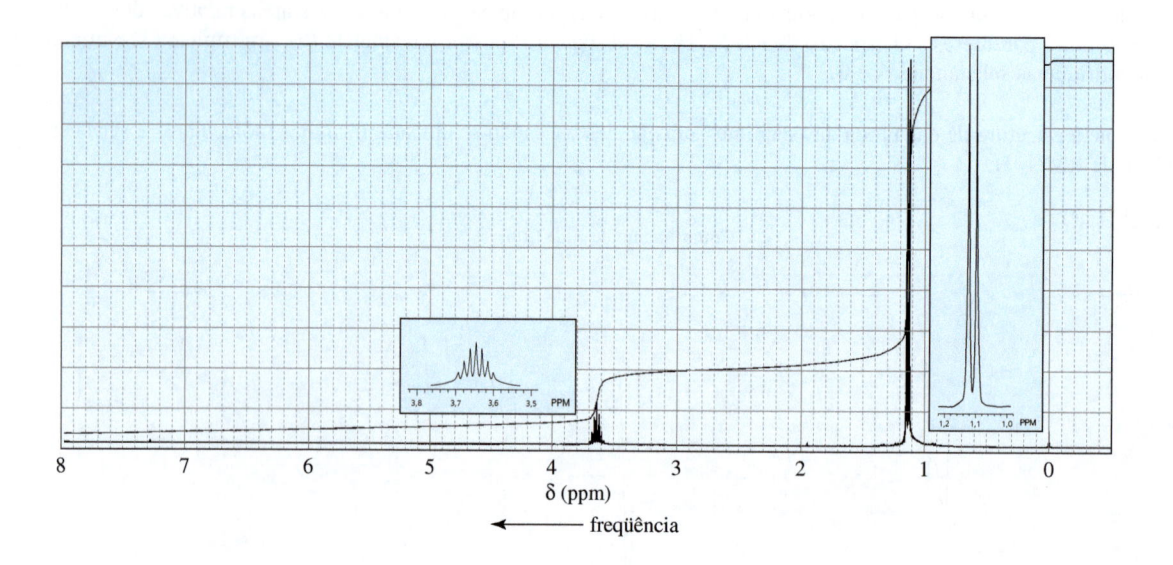

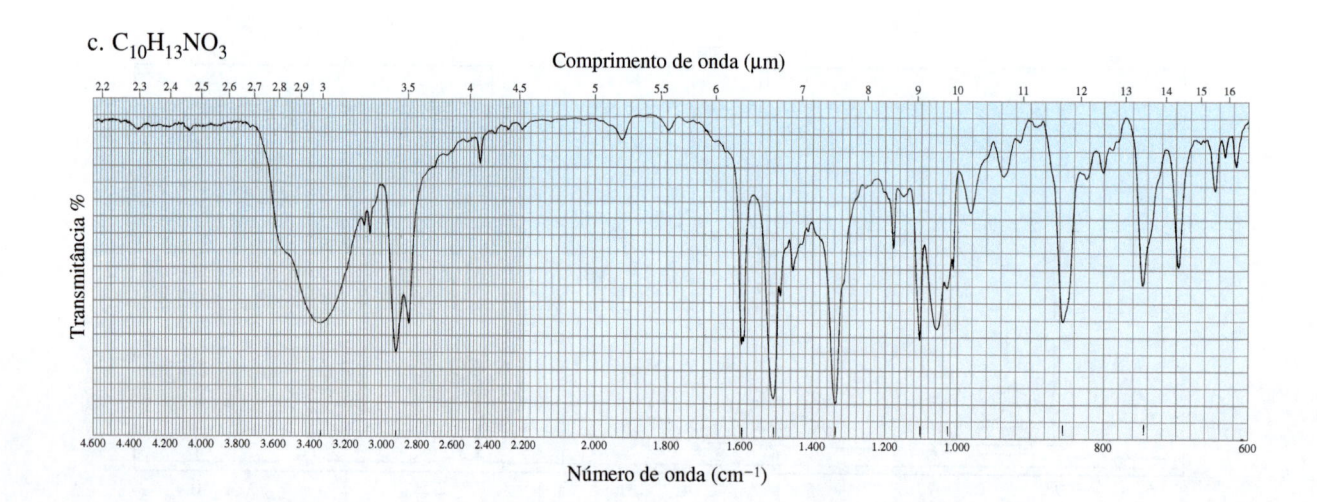

586 QUÍMICA ORGÂNICA

b. $C_6H_{14}O$

c. $C_{10}H_{13}NO_3$

CAPÍTULO 14 Espectroscopia de RMN 587

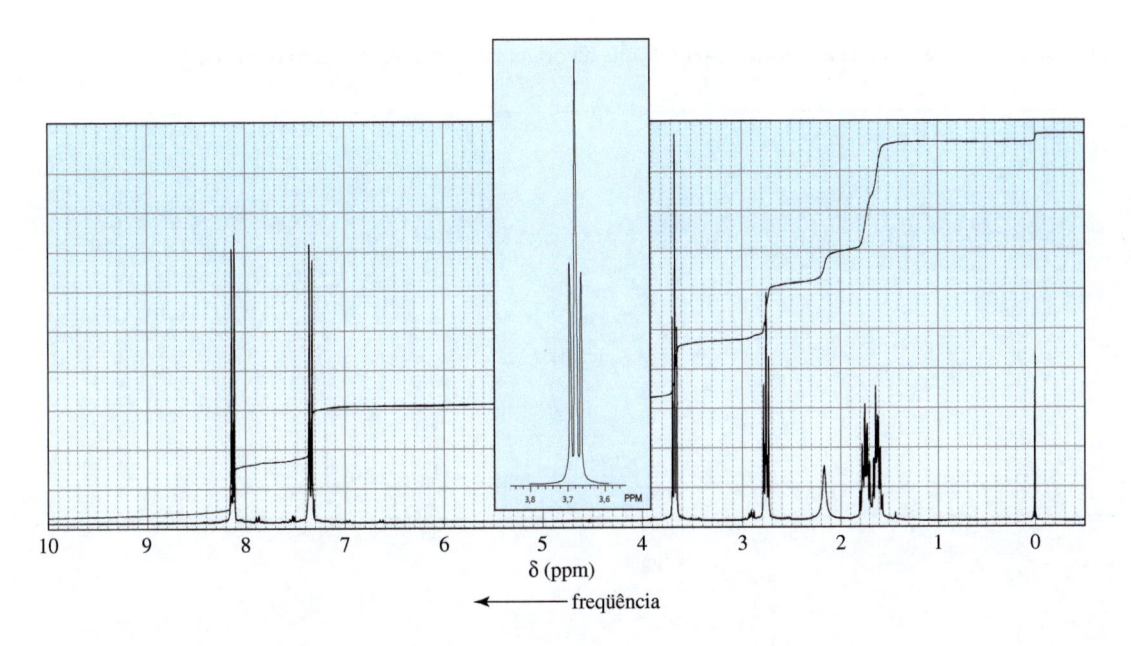

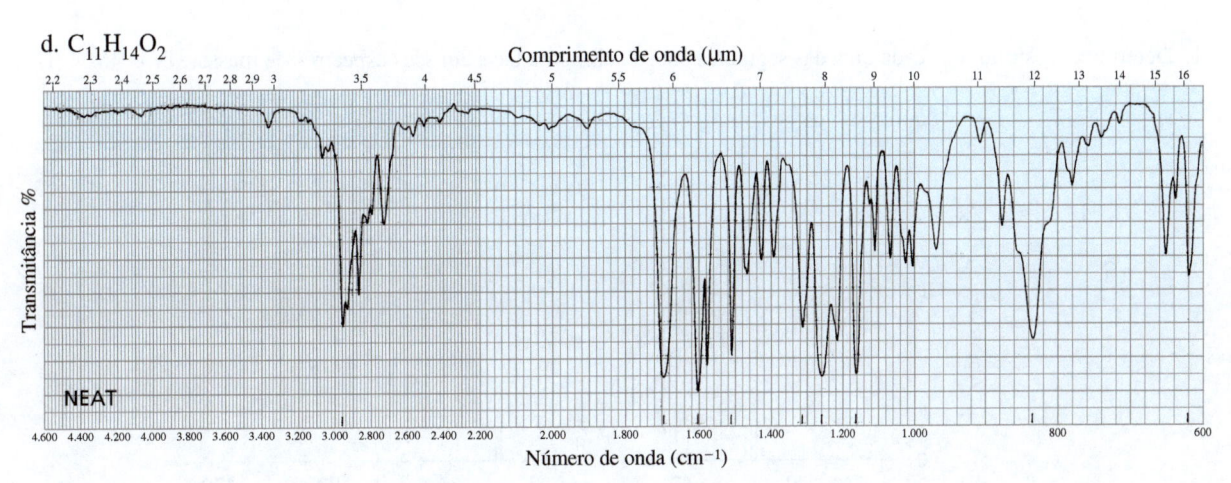

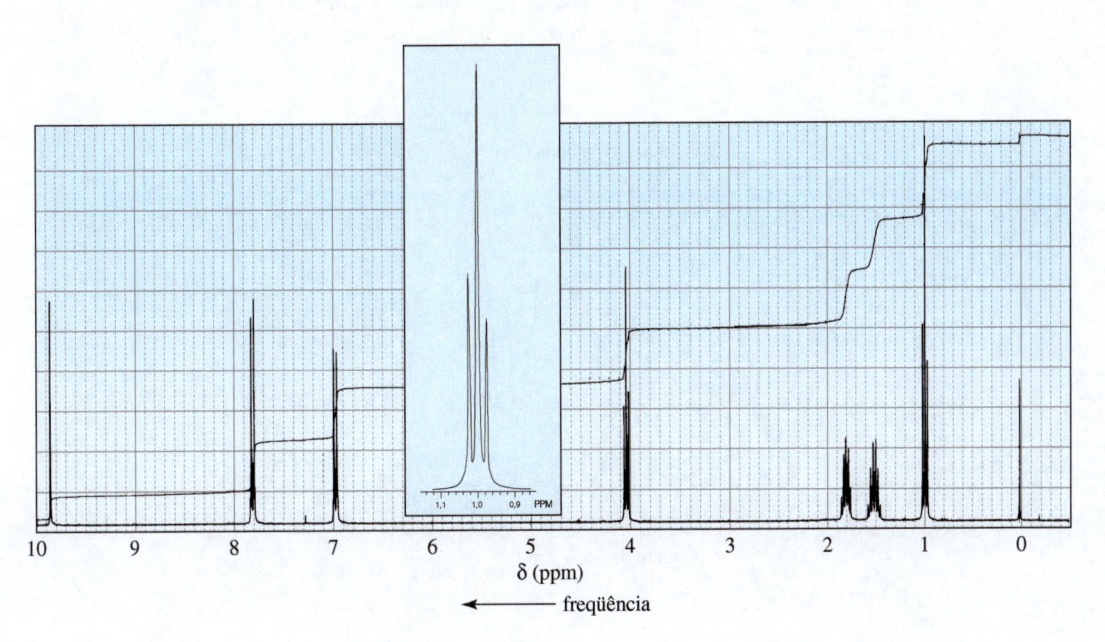

d. $C_{11}H_{14}O_2$

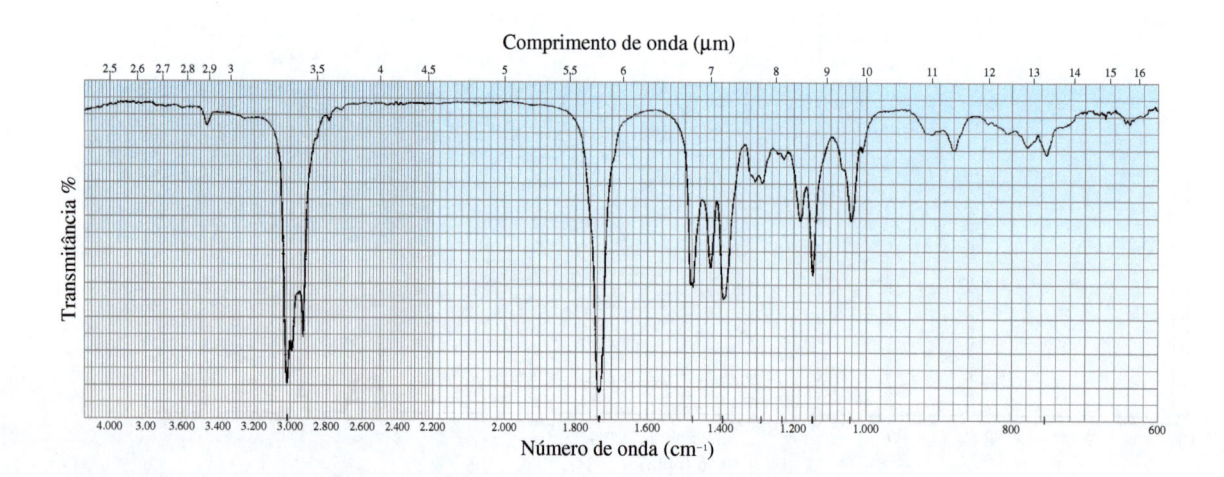

70. Identifique a substância de fórmula molecular C₃H₅Cl₃ que dá origem ao seguinte espectro de RMN ^{13}C.

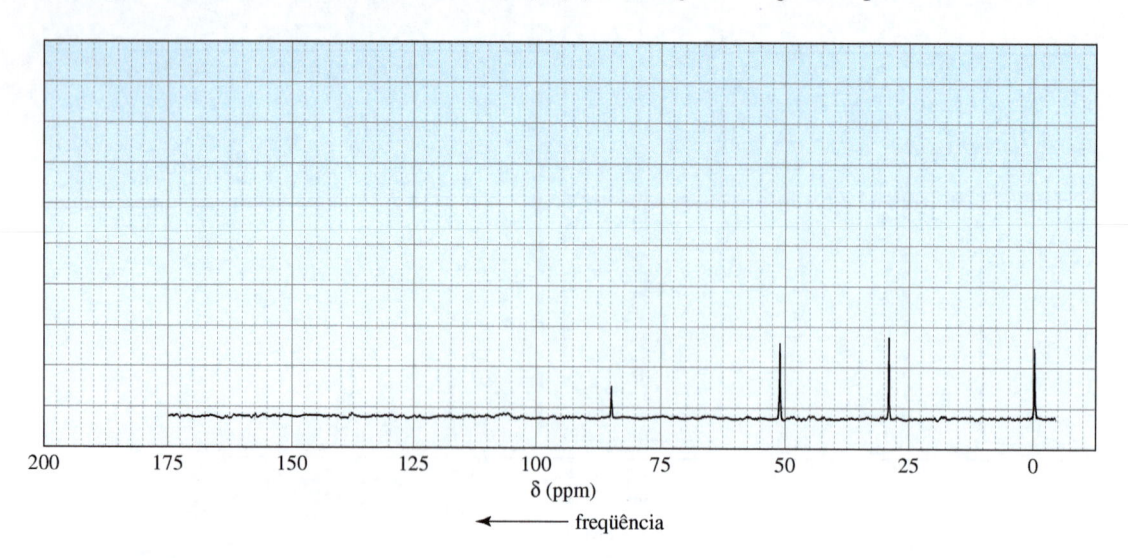

71. Determine a estrutura de cada uma das seguintes substâncias com base em seus espectros de massas, IV e RMN ^{1}H.

a.

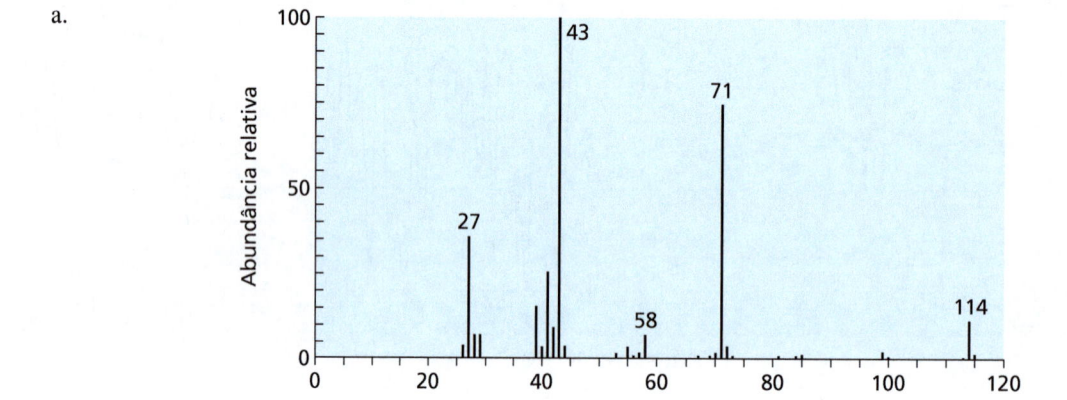

CAPÍTULO 14 Espectroscopia de RMN **589**

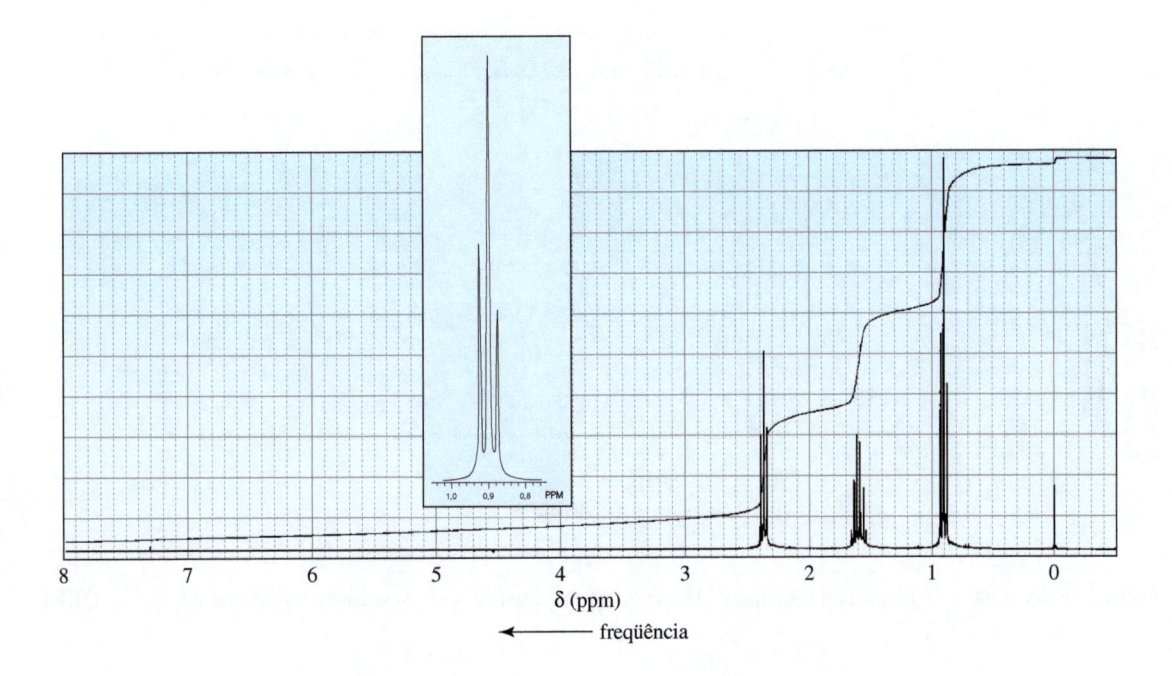

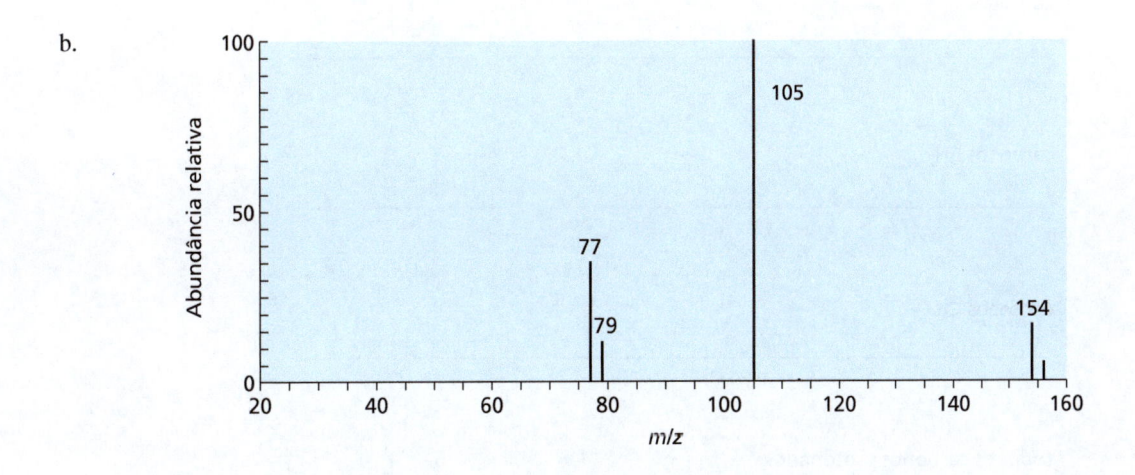

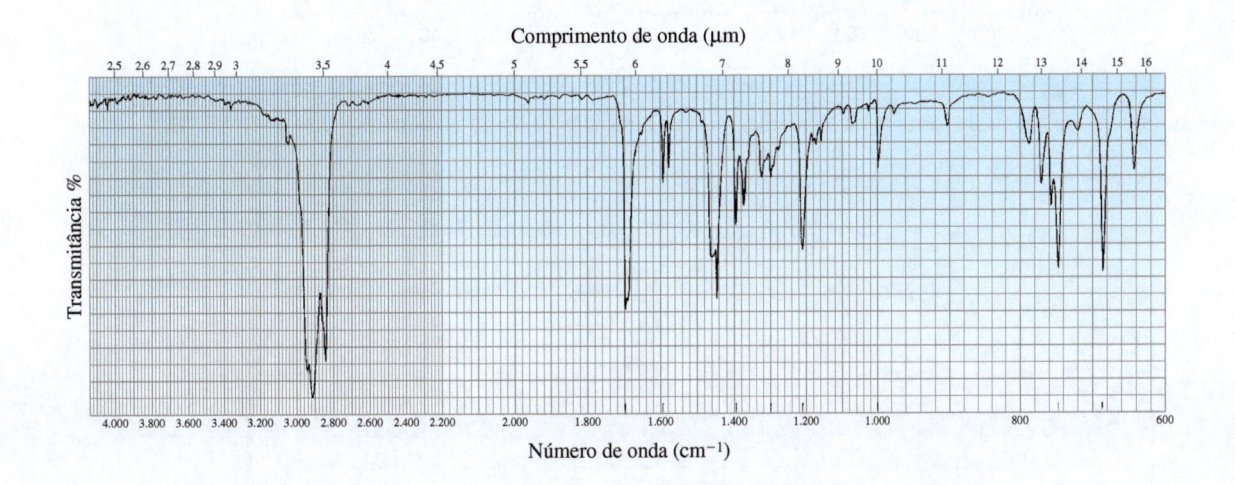

b.

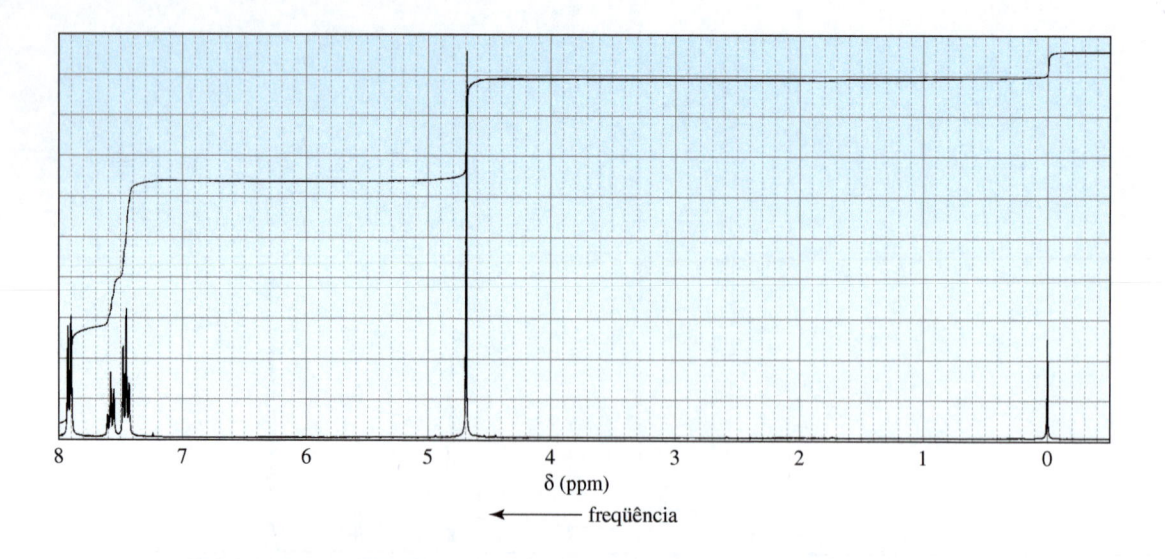

72. Identifique a substância de fórmula molecular C₆H₁₀O que é responsável pelo seguinte espectro de RMN ¹³C DEPT.

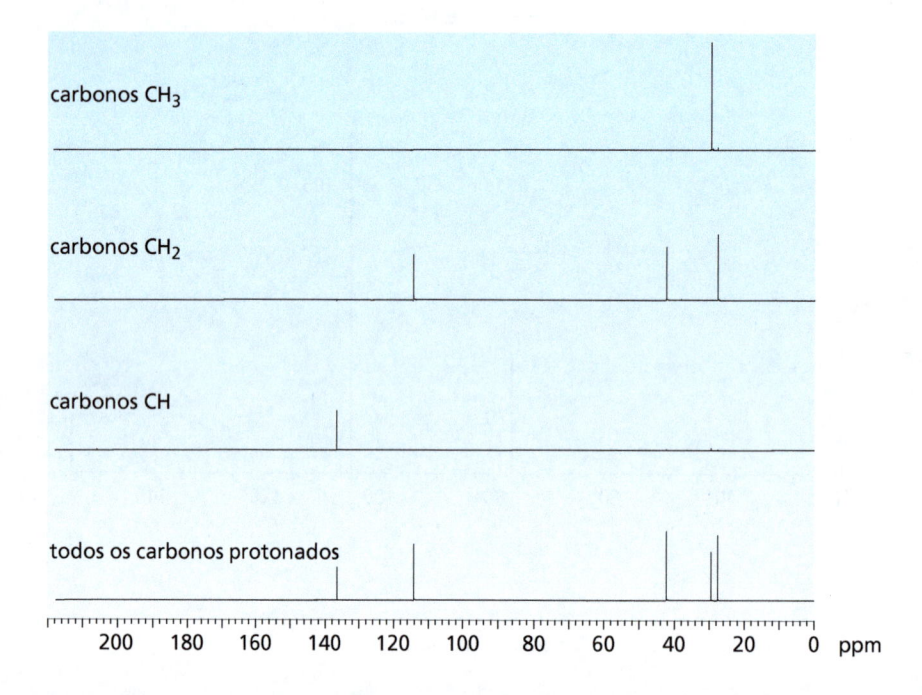

73. Identifique a substância de fórmula molecular C₆H₁₄ que é responsável pelo seguinte espectro de RMN ¹H.

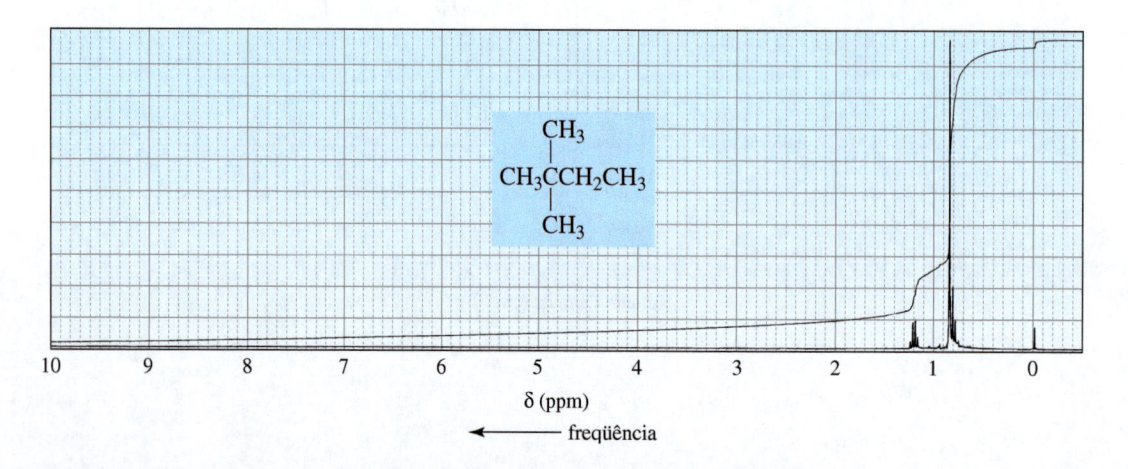

Apêndice I
Propriedades físicas de substâncias orgânicas

Propriedades físicas de alcenos

Nome	Estrutura	mp (°C)	bp (°C)	Densidade (g/mL)
Eteno	$CH_2=CH_2$	−169	−104	
Propeno	$CH_2=CHCH_3$	−185	−47	
1-buteno	$CH_2=CHCH_2CH_3$	−185	−6,3	
1-penteno	$CH_2=CH(CH_2)_2CH_3$		30	0,641
1-hexeno	$CH_2=CH(CH_2)_3CH_3$	−138	64	0,673
1-hepteno	$CH_2=CH(CH_2)_4CH_3$	−119	94	0,697
1-octeno	$CH_2=CH(CH_2)_5CH_3$	−101	122	0,715
1-noneno	$CH_2=CH(CH_2)_6CH_3$	−81	146	0,730
1-deceno	$CH_2=CH(CH_2)_7CH_3$	−66	171	0,741
cis-2-buteno	cis-$CH_3CH=CHCH_3$	−180	37	0,650
trans-2-buteno	trans-$CH_3CH=CHCH_3$	−140	37	0,649
metilpropeno	$CH_2=C(CH_3)_2$	−140	−6,9	0,594
cis-2-penteno	cis-$CH_3CH=CHCH_2CH_3$	−180	37	0,650
trans-2-penteno	trans-$CH_3CH=CHCH_2CH_3$	−140	37	0,649
ciclo-hexeno		−104	83	0,811

Propriedades físicas de alcinos

Nome	Estrutura	mp (°C)	bp (°C)	Densidade (g/mL)
Etino	$HC\equiv CH$	−82	−84,0	
Propino	$HC\equiv CCH_3$	−101,5	−23,2	
1-butino	$HC\equiv CCH_2CH_3$	−122	8,1	
2-butino	$CH_3C\equiv CCH_3$	−24	27	0,694
1-pentino	$HC\equiv C(CH_2)_2CH_3$	−98	39,3	0,695
2-pentino	$CH_3C\equiv CCH_2CH_3$	−101	55,5	0,714
3-metil-1-butino	$HC\equiv CCH(CH_3)_2$		29	0,665
1-hexino	$HC\equiv C(CH_2)_3CH_3$	−132	71	0,715
2-hexino	$CH_3C\equiv C(CH_2)_2CH_3$	−92	84	0,731
3-hexino	$CH_3CH_2C\equiv CCH_2CH_3$	−101	81	0,725
1-heptino	$HC\equiv C(CH_2)_4CH_3$	−81	100	0,733
1-octino	$HC\equiv C(CH_2)_5CH_3$	−80	127	0,747
1-nonino	$HC\equiv C(CH_2)_6CH_3$	−50	151	0,757
1-decino	$HC\equiv C(CH_2)_7CH_3$	−44	174	0,766

Propriedades físicas de alcanos saturados cíclicos

Nome	mp (°C)	bp (°C)	Densidade (g/mL)
Ciclopropano	−128	−33	
Ciclobutano	−80	−12	
Ciclopentane	−94	50	0,751
Ciclo-hexano	6,5	81	0,779
Ciclo-heptano	−12	118	0,811
Ciclooctano	14	149	0,834
Metilciclopentano	−142	72	0,749
Metilciclo-hexano	−126	100	0,769
cis-1,2-dimetilciclopentano	−62	99	0,772
trans-1,2-dimetilciclopentano	−120	92	0,750

Propriedades físicas dos ésteres

Nome	Estrutura	mp (°C)	bp (°C)	Densidade (g/mL)
Dimetil éter	CH_3OCH_3	−141	−24,8	
Dietil éter	$CH_3CH_2OCH_2CH_3$	−116	34,6	0,706
Dipropil éter	$CH_3(CH_2)_2O(CH_2)_2CH_3$	−123	88	0,736
Diisopropil éter	$(CH_3)_2CHOCH(CH_3)_2$	−86	69	0,725
Dibutil éter	$CH_3(CH_2)_3O(CH_2)_3CH_3$	−98	142	0,764
Divinil éter	$CH_2=CHOCH=CH_2$		35	
Dialil éter	$CH_2=CHCH_2OCH_2CH=CH_2$		94	0,830
Tetraidrofurano	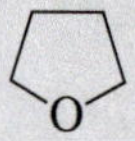	−108	66	0,889
Dioxana	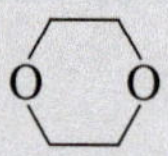	12	101	1,034

Propriedades físicas de alcoóis

Nome	Estrutura	p.f. (°C)	p.e. (°C)	Solubilidade (g/100 g H_2O a 25 °C)
Metanol	CH_3OH	−97,8	64	∞
Etanol	CH_3CH_2OH	−114,7	78	∞
1-propanol	$CH_3(CH_2)_2OH$	−127	97,4	∞
1-butanol	$CH_3(CH_2)_3OH$	−90	118	7,9
1-pentanol	$CH_3(CH_2)_4OH$	−78	138	2,3
1-hexanol	$CH_3(CH_2)_5OH$	−52	157	0,6
1-heptanol	$CH_3(CH_2)_6OH$	−36	176	0,2
1-octanol	$CH_3(CH_2)_7OH$	−15	196	0,05
2-propanol	$CH_3CHOHCH_3$	−89,5	82	∞
2-butanol	$CH_3CHOHCH_2CH_3$	−115	99,5	12,5
2-metil-1-propanol	$(CH_3)_2CHCH_2OH$	−108	108	10,0
2-metil-2-propanol	$(CH_3)_3COH$	25,5	83	∞
3-metil-1-butanol	$(CH_3)_2CH(CH_2)_2OH$	−117	130	2
2-metil-2-butanol	$(CH_3)_2COHCH_2CH_3$	−12	102	12,5
2,2-dimetil-1-propanol	$(CH_3)_3CCH_2OH$	55	114	∞
Álcool alílico	$CH_2=CHCH_2OH$	−129	97	∞
Ciclopentanol	C_5H_9OH	−19	140	ligeiramente sol.
Ciclo-hexanol	$C_6H_{11}OH$	24	161	ligeiramente sol.
Álcool benzílico	$C_6H_5CH_2OH$	−15	205	4

Propriedades físicas de haletos de alquila

Nome	p.e. (°C)			
	Fluoreto	Cloreto	Brometo	Iodeto
Metila	−78,4	−24,2	3,6	42,4
Etila	−37,7	12,3	38,4	72,3
Propila	−2,5	46,6	71,0	102,5
Isopropila	−9,4	34,8	59,4	89,5
Butila	32,5	78,4	100	130,5
Isobutila		68,8	90	120
sec-butila		68,3	91,2	120,0
terc-butila		50,2	73,1	dec.
Pentila	62,8	108	130	157,0
Hexila	92	133	154	179

Propriedades físicas de aminas

Nome	Estrutura	p.f. (°C)	p.e. (°C)	Solubilidade (g/100 g H₂O a 25 °C)
Aminas primárias				
Metilamina	CH_3NH_2	−93	−6,3	muito sol.
Etilamina	$CH_3CH_2NH_2$	−81	17	∞
Propilamina	$CH_3(CH_2)_2NH_2$	−83	48	∞
Isopropilamina	$(CH_3)_2CHNH_2$	−95	33	∞
Butilamina	$CH_3(CH_2)_3NH_2$	−49	78	muito sol.
Isobutilamina	$(CH_3)_2CHCH_2NH_2$	−85	68	∞
sec-butilamina	$CH_3CH_2CH(CH_3)NH_2$	−72	63	∞
terc-butilamina	$(CH_3)_3CNH_2$	−67	46	∞
Ciclo-hexilamina	$C_6H_{11}NH_2$	−18	134	ligeiramente sol.
Aminas secundárias				
Dimetilamina	$(CH_3)_2NH$	−93	7,4	muito sol.
Dietilamina	$(CH_3CH_2)_2NH$	−50	55	10,0
Dipropilamina	$(CH_3CH_2CH_2)_2NH$	−63	110	10,0
Dibutilamina	$(CH_3CH_2CH_2CH_2)_2NH$	−62	159	ligeiramente sol.
Aminas terciárias				
Trimetilamina	$(CH_3)_3N$	−115	2,9	91
Trietilamina	$(CH_3CH_2)_3N$	−114	89	14
Tripropilamina	$(CH_3CH_2CH_2)_3N$	−93	157	ligeiramente sol.

Propriedades físicas do benzeno e benzenos substituídos

Nome	Estrutura	p.f. (°C)	p.e. (°C)	Solubilidade (g/100 g H₂O a 25 °C)
Anilina	$C_6H_5NH_2$	−6	184	3,7
Benzeno	C_6H_6	5,5	80,1	ligeiramente solúvel
Benzaldeído	C_6H_5CHO	−26	178	ligeiramente solúvel
Benzamida	$C_6H_5CONH_2$	132	290	ligeiramente solúvel
Ácido benzóico	C_6H_5COOH	122	249	0,34
Bromobenzeno	C_6H_5Br	−30,8	156	insolúvel
Clorobenzeno	C_6H_5Cl	−45,6	132	insolúvel
Nitrobenzeno	$C_6H_5NO_2$	5,7	210,8	ligeiramente solúvel
Fenol	C_6H_5OH	43	182	ligeiramente solúvel
Estireno	$C_6H_5CH=CH_2$	−30,6	145,2	insolúvel
Tolueno	$C_6H_5CH_3$	−95	110,6	insolúvel

Propriedades físicas de ácidos carboxílicos

Nome	Estrutura	p.f. (°C)	p.e. (°C)	Solubilidade (g/100 g H$_2$O a 25 °C)
Ácido fórmico	HCOOH	8,4	101	∞
Ácido acético	CH$_3$COOH	16,6	118	∞
Ácido propiônico	CH$_3$CH$_2$COOH	−21	141	∞
Ácido butanóico	CH$_3$(CH$_2$)$_2$COOH	−5	162	∞
Ácido pentanóico	CH$_3$(CH$_2$)$_3$COOH	−34	186	4,97
Ácido hexanóico	CH$_3$(CH$_2$)$_4$COOH	−4	202	0,97
Ácido heptanóico	CH$_3$(CH$_2$)$_5$COOH	−8	223	0,24
Ácido octanóico	CH$_3$(CH$_2$)$_6$COOH	17	237	0,068
Ácido nonanóico	CH$_3$(CH$_2$)$_7$COOH	15	255	0,026
Ácido decanóico	CH$_3$(CH$_2$)$_8$COOH	32	270	0,015

Propriedades físicas de ácidos dicarboxílicos

Nome	Estrutura	p.f. (°C)	Solubilidade (g/100 g H$_2$O a 25 °C)
Ácido oxálico	HOOCCOOH	189	solúvel
Ácido malônico	HOOCCH$_2$COOH	136	muito solúvel
Ácido succínico	HOOC(CH$_2$)$_2$COOH	185	ligeiramente solúvel
Ácido glutárico	HOOC(CH$_2$)$_3$COOH	98	muito solúvel
Ácido adípico	HOOC(CH$_2$)$_4$COOH	151	ligeiramente solúvel
Ácido pimélico	HOOC(CH$_2$)$_5$COOH	106	ligeiramente solúvel
Ácido ftálico	1,2-C$_6$H$_4$(COOH)$_2$	231	ligeiramente solúvel
Ácido maléico	cis-HOOCCH=CHCOOH	130,5	muito solúvel
Ácido fumárico	trans-HOOCCH=CHCOOH	302	ligeiramente solúvel

Propriedades físicas de cloretos de acila e anidridos

Nome	Estrutura	p.f. (°C)	p.e. (°C)
Cloreto de acetila	CH$_3$COCl	−112	51
Cloreto de propionila	CH$_3$CH$_2$COCl	−94	80
Cloreto de butirila	CH$_3$(CH$_2$)$_2$COCl	−89	102
Cloreto de valerila	CH$_3$(CH$_2$)$_3$COCl	−110	128
Anidrido acético	CH$_3$(CO)O(CO)CH$_3$	−73	140
Anidrido succínico	O=⟨O⟩=O		120

Propriedades físicas de ésteres

Nome	Estrutura	p.f. (°C)	p.e. (°C)
Formiato de metila	$HCOOCH_3$	−100	32
Formiato de etila	$HCOOCH_2CH_3$	−80	54
Acetato de metila	CH_3COOCH_3	−98	57,5
Acetato de etila	$CH_3COOCH_2CH_3$	−84	77
Acetato de propila	$CH_3COO(CH_2)_2CH_3$	−92	102
Propionato de metila	$CH_3CH_2COOCH_3$	−87,5	80
Propionato de etila	$CH_3CH_2COOCH_2CH_3$	−74	99
Butirato de metila	$CH_3CH_2CH_2COOCH_3$	−84,8	102,3
Butirato de etila	$CH_3CH_2CH_2COOCH_2CH_3$	−93	121

Propriedades físicas de amidas

Nome	Estrutura	p.f. (°C)	p.e. (°C)
Formamida	$HCONH_2$	3	200 d*
Acetamida	CH_3CONH_2	82	221
Propanamida	$CH_3CH_2CONH_2$	80	213
Butanamida	$CH_3(CH_2)_2CONH_2$	116	216
Pentanamida	$CH_3(CH_2)_3CONH_2$	106	232

* "d" significa que a substância se decompõe.

Propriedades físicas de aldeídos

Nome	Estrutura	p.f. (°C)	p.e. (°C)	Solubilidade (g/100 g H_2O a 25 °C)
Formaldeído	$HCHO$	−92	−21	muito solúvel
Acetaldeído	CH_3CHO	−121	21	∞
Propionaldeído	CH_3CH_2CHO	−81	49	16
Butiraldeído	$CH_3(CH_2)_2CHO$	−96	75	7
Pentanal	$CH_3(CH_2)_3CHO$	−92	103	ligeiramente solúvel
Hexanal	$CH_3(CH_2)_4CHO$	−56	131	ligeiramente solúvel
Heptanal	$CH_3(CH_2)_5CHO$	−43	153	0,1
Octanal	$CH_3(CH_2)_6CHO$		171	insolúvel
Nonanal	$CH_3(CH_2)_7CHO$		192	insolúvel
Decanal	$CH_3(CH_2)_8CHO$	−5	209	insolúvel
Benzaldeído	C_6H_5CHO	−26	178	0,3

Propriedades físicas de cetonas

Nome	Estrutura	p.f. (°C)	p.e. (°C)	Solubilidade (g/100 g H₂O a 25 °C)
Acetona	CH_3COCH_3	−95	56	∞
2-butanona	$CH_3COCH_2CH_3$	−86	80	25,6
2-pentanona	$CH_3CO(CH_2)_2CH_3$	−78	102	5,5
2-hexanona	$CH_3CO(CH_2)_3CH_3$	−57	127	1,6
2-heptanona	$CH_3CO(CH_2)_4CH_3$	−36	151	0,4
2-octanona	$CH_3CO(CH_2)_5CH_3$	−16	173	insolúvel
2-nonanona	$CH_3CO(CH_2)_6CH_3$	−7	195	insolúvel
2-decanona	$CH_3CO(CH_2)_7CH_3$	14	210	insolúvel
3-pentanona	$CH_3CH_2COCH_2CH_3$	−40	102	4,8
3-hexanona	$CH_3CH_2CO(CH_2)_2CH_3$		123	1,5
3-heptanona	$CH_3CH_2CO(CH_2)_3CH_3$	−39	149	0,3
Acetofenona	$CH_3COC_6H_5$	19	202	insolúvel
Propiofenona	$CH_3CH_2COC_6H_5$	18	218	insolúvel

Apêndice II

Valores de pk_a

Valores de pK_a

Substância	pK_a	Substância	pK_a	Substância	pK_a
$CH_3C\equiv \overset{+}{N}H$	−10,1	$O_2N-C_6H_4-\overset{+}{N}H_3$	1,0	$CH_3-C_6H_4-COOH$	4,3
HI	−10	pyrimidine$\overset{+}{N}H$	1,0	$CH_3O-C_6H_4-COOH$	4,5
HBr	−9				
$CH_3\overset{+OH}{C}H$	−8	$Cl_2CHCOOH$	1,3	$C_6H_5-\overset{+}{N}H_3$	4,6
$CH_3\overset{+OH}{C}CH_3$	−7,3	HSO_4^-	2,0		
HCl	−7	H_3PO_4	2,1	CH_3COOH	4,8
		purine $\overset{+}{N}H$	2,5		
$CH_3\overset{+OH}{C}OCH_3$	−6,5			quinoline $\overset{+}{N}H$	4,9
$CH_3\overset{+OH}{C}OH$	−6,1	FCH_2COOH	2,7		
H_2SO_4	−5	$ClCH_2COOH$	2,8	$CH_3-C_6H_4-\overset{+}{N}H_3$	5,1
pyrrole $\overset{+}{N}H$	−3,8	$BrCH_2COOH$	2,9	pyridine $\overset{+}{N}H$	5,2
$CH_3CH_2\overset{H}{\overset{+}{O}}CH_2CH_3$	−3,6	ICH_2COOH	3,2	$CH_3O-C_6H_4-\overset{+}{N}H_3$	5,3
$CH_3CH_2\overset{H}{\overset{+}{O}}H$	−2,4	HF	3,2	$CH_3C(=\overset{+}{N}HCH_3)CH_3$	5,5
$CH_3\overset{H}{\overset{+}{O}}H$	−2,5	HNO_2	3,4		
H_3O^+	−1,7	$O_2N-C_6H_4-COOH$	3,4	CH_3COCH_2CHO	5,9
HNO_3	−1,3			$HON\overset{+}{H}_3$	6,0
CH_3SO_3H	−1,2	$HCOOH$	3,8	H_2CO_3	6,4
$C_6H_5-SO_3H$	−0,60	$Br-C_6H_4-\overset{+}{N}H_3$	3,9	imidazole $\overset{+}{N}H$	6,8
$CH_3\overset{+OH}{C}NH_2$	0,0	$Br-C_6H_4-COOH$	4,0	H_2S	7,0
F_3CCOOH	0,2			$O_2N-C_6H_4-OH$	7,1
Cl_3CCOOH	0,64	pyridine-COOH	4,2	$H_2PO_4^-$	7,2
pyridine-$\overset{+}{N}$-OH	0,79			C_6H_5-SH	7,8

[a] Valores de pK_a para os hidrogênios em azul em cada estrutura.

Valores de pK_a (Continuação)

Substância	pK_a	Substância	pK_a	Substância	pK_a
aziridínio (NH$_2^+$ em anel)	8,0	ciclo-hexil-$\overset{+}{N}$H$_3$	10,7	CH$_3$CHO	17
H$_2$N$\overset{+}{N}$H$_3$	8,1	(CH$_3$)$_2\overset{+}{N}$H$_2$	10,7	(CH$_3$)$_3$COH	18
CH$_3$COOH	8,2	piperidínio	11,1	CH$_3$COCH$_3$	20
CH$_3$CH$_2$NO$_2$	8,6	CH$_3$CH$_2\overset{+}{N}$H$_3$	11,0	CH$_3$COCH$_2$CH$_3$	24,5
CH$_3$CCH$_2$CCH$_3$ (dicetona)	8,9	pirrolidínio	11,3	HC≡CH	25
HC≡N	9,1			CH$_3$C≡N	25
morfolínio	9,3	HPO$_4^{2-}$	12,3	CH$_3$CN(CH$_3$)$_2$	30
		CF$_3$CH$_2$OH	12,4	NH$_3$	36
Cl-C$_6$H$_4$-OH	9,4	CH$_3$CH$_2$OCCH$_2$COCH$_2$CH$_3$	13,3	pirrolidina	36
$\overset{+}{N}$H$_4$	9,4	HC≡CCH$_2$OH	13,5	CH$_3$NH$_2$	40
HOCH$_2$CH$_2\overset{+}{N}$H$_3$	9,5	H$_2$NCNH$_2$	13,7	C$_6$H$_5$-CH$_3$	41
H$_3\overset{+}{N}$CH$_2$CO$^-$	9,8	CH$_3\overset{+}{N}$(CH$_3$)CH$_2$CH$_2$OH	13,9	C$_6$H$_6$	43
C$_6$H$_5$-OH	10,0	imidazol	14,4	CH$_2$=CHCH$_3$	43
				CH$_2$=CH$_2$	44
CH$_3$-C$_6$H$_4$-OH	10,2	CH$_3$OH	15,5	ciclopropano	46
HCO$_3^-$	10,2	H$_2$O	15,7	CH$_4$	50
CH$_3$NO$_2$	10,2	CH$_3$CH$_2$OH	16,0	CH$_3$CH$_3$	50
H$_2$N-C$_6$H$_4$-OH	10,3	CH$_3$CNH$_2$	16		
CH$_3$CH$_2$SH	10,5	C$_6$H$_5$COCH$_3$	16,0		
(CH$_3$)$_3\overset{+}{N}$H	10,6	pirrol	~17		
CH$_3$CCH$_2$COCH$_2$CH$_3$	10,7				
CH$_3\overset{+}{N}$H$_3$	10,7				

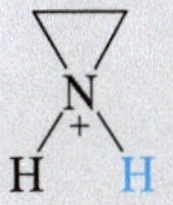

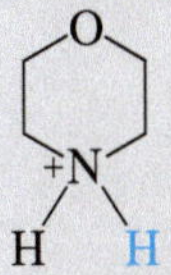

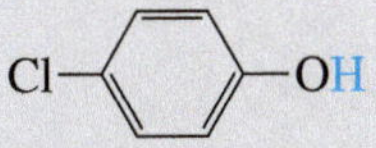

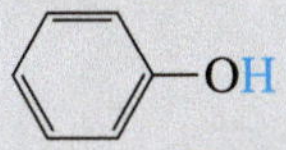

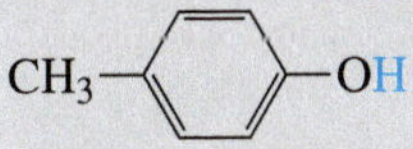

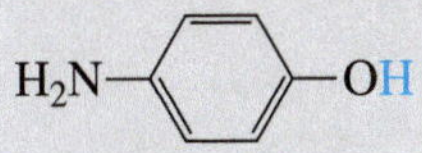

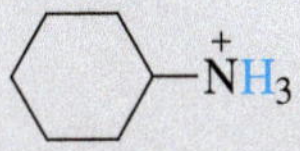

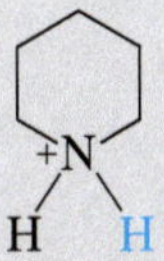

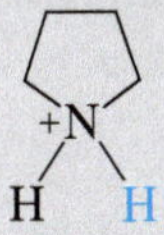

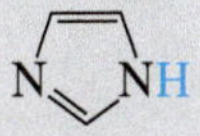

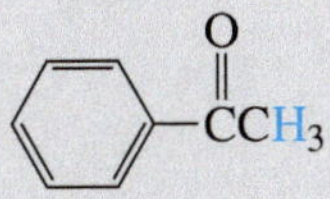

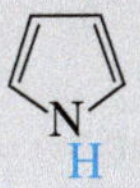

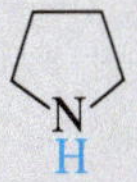

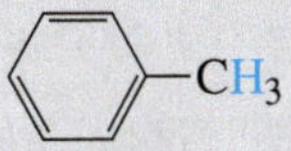

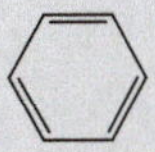

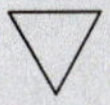

Apêndice III
Deduções de leis da velocidade

Como determinar as constantes de velocidade
Um **mecanismo de reação** é uma análise detalhada de como as ligações químicas (ou os elétrons) nos reagentes se rearranjam para formar os produtos. O mecanismo para uma dada reação deve obedecer à lei da velocidade observada para a reação. Uma **lei da velocidade** diz como a velocidade de uma reação depende da concentração das espécies envolvidas nessa reação.

Reação de primeira ordem
A velocidade é proporcional à concentração de um reagente:

$$A \xrightarrow{k_1} \text{produtos}$$

Lei da velocidade: $\quad\text{velocidade} = k_1[A]$

Para determinar a constante de velocidade de primeira ordem (k_1),

Mudança na concentração de A em relação ao tempo:

$$\frac{-d[A]}{dt} = k_1[A]$$

Considere a = concentração inicial de A;
considere x = concentração de A que reagiu até o tempo t.
Então, a concentração de A restante no tempo $t = (a - x)$.
Substituindo na equação anterior obtém-se

$$\frac{-d(a - x)}{dt} = k_1(a - x)$$

$$\frac{-da}{dt} + \frac{dx}{dt} = k_1(a - x)$$

$$0 + \frac{dx}{dt} = k_1(a - x)$$

$$\frac{dx}{(a - x)} = k_1\, dt$$

Integrando a equação anterior temos

$$-\ln(a - x) = k_1 t + \text{constante}$$

Em $t = 0$, $x = 0$; então,

$$\text{constante} = -\ln a$$
$$-\ln(a - x) = k_1 t - \ln a$$
$$\ln \frac{a}{a - x} = k_1 t$$
$$\ln \frac{a - x}{a} = -k_1 t$$

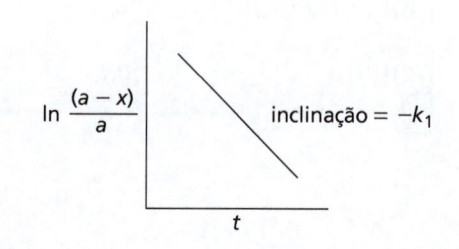

inclinação = $-k_1$

Tempo de meia-vida de uma reação de primeira ordem

O **tempo de meia-vida** ($t_{1/2}$) de uma reação é o tempo necessário para metade dos reagentes reagirem (ou para metade dos produtos serem formados). Para deduzir o tempo de meia-vida de um reagente em uma reação de primeira ordem, começamos com a equação

$$\ln \frac{a}{(a-x)} = k_1 t$$

em $t_{1/2}$, $x = \dfrac{a}{2}$; então,

$$\ln \frac{a}{\left(a - \dfrac{a}{2}\right)} = k_1 t_{1/2}$$

$$\ln \frac{a}{\dfrac{a}{2}} = k_1 t_{1/2}$$

$$\ln 2 = k_1 t_{1/2}$$

$$0{,}693 = k_1 t_{1/2}$$

$$t_{1/2} = \frac{0{,}693}{k_1}$$

Note que o tempo de meia-vida de uma reação de primeira ordem é dependente da concentração do reagente.

Reação de segunda ordem

A velocidade é proporcional à concentração dos dois reagentes:

$$A + B \xrightarrow{k_2} \text{produtos}$$

Lei da velocidade: $\qquad$ velocidade $= k_2[A][B] \qquad$ (k_2 é a constante de velocidade)

Para determinar uma constante de velocidade de segunda ordem (k_2),

Mudança na concentração de A em relação ao tempo:

$$\frac{-d[A]}{dt} = k_2[A][B]$$

Considere a = concentração inicial de A;
considere b = concentração inicial de B;
considere x = concentração de A que reagiu no tempo t.

Então, a concentração de A deixada no tempo $t = (a - x)$ e a concentração de B deixada no tempo $t = (b - x)$.

Substituindo, obtém-se

$$\frac{dx}{dt} = k_2(a - x)(b - x)$$

No caso onde $a = b$ (essa condição pode ser obtida experimentalmente),

$$\frac{dx}{dt} = k_2(a - x)^2$$

$$\frac{dx}{(a - x)^2} = k_2\, dt$$

Integrando a equação obtém-se

$$\frac{1}{(a-x)} = k_2 t + \text{constante}$$

Em $t = 0$, $x = 0$; então,

$$\text{constante} = \frac{1}{a}$$

$$\frac{1}{(a-x)} - \frac{1}{a} = k_2 t$$

Tempo de meia-vida de uma reação de segunda ordem

$$\frac{1}{(a-x)} - \frac{1}{a} = k_2 t$$

Em $t_{1/2}$, $x = \dfrac{a}{2}$; então,

$$\frac{1}{a} = k_2 t_{1/2}$$

$$t_{1/2} = \frac{1}{k_2 a}$$

Reação de pseudoprimeira ordem

É mais fácil determinar a constante de velocidade de primeira ordem do que a constante de velocidade de segunda ordem, pois o comportamento cinético de uma reação de primeira ordem é independente da concentração inicial do reagente. Portanto, a constante de velocidade de primeira ordem pode ser determinada sem saber a concentração inicial do reagente. A determinação da constante de velocidade de segunda ordem não necessita somente do conhecimento da concentração inicial dos reagentes, mas também de que as concentrações iniciais dos dois reagentes sejam idênticas para simplificar a equação cinética.

Porém, se a concentração de um dos reagentes em uma reação de segunda ordem for muito maior do que a concentração do outro, a reação pode ser tratada como uma reação de primeira ordem. Tal reação é conhecida como reação de pseudoprimeira ordem.

$$\frac{-d[A]}{dt} = k_2 [A][B]$$

Se $[B] \gg [A]$, então

$$\frac{-d[A]}{dt} = k_2'[A]$$

A constante de velocidade obtida para uma reação de pseudoprimeira ordem (k_2') inclui a concentração de B, mas k_2 pode ser determinada pela realização da reação em diferentes concentrações de B e determinando a inclinação de um gráfico da velocidade observada *versus* [B].

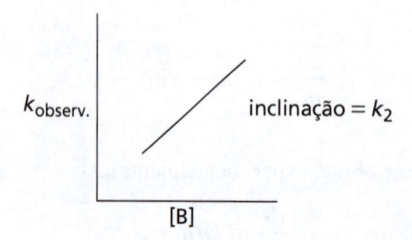

$k_{observ.}$ vs [B], inclinação = k_2

Apêndice IV

Resumo de métodos usados para sintetizar determinado grupo funcional

SÍNTESE DE ACETAIS
1. Reação catalisada por ácido de um aldeído com dois equivalentes de um álcool (18.7, 18.8).

SÍNTESE DE ANIDRIDOS ÁCIDOS
1. Reação de um haleto de acila com um íon carboxilato (17.8).
2. Preparação de um anidrido cíclico pelo aquecimento de um ácido dicarboxílico (17.21).

SÍNTESE DE CLORETOS DE ACILA OU BROMETOS DE ACILA
1. Reação de um ácido carboxílico com $SOCl_2$, PCl_3 ou PBr_3 (17.20).

SÍNTESE DE ALCOÓIS
1. Hidratação catalisada por ácido de um alceno (4.5).
2. Oximercuração–desmercuração de um alceno (4.8).
3. Hidroboração–oxidação de um alceno (4.9).
4. Reação de um haleto de alquila com HO^- (10.4).
5. Reação de um reagente de Grignard com um epóxido (12.11).
6. Redução de um aldeído, uma cetona, um cloreto de acila, um anidrido, um éster ou um ácido carboxílico (18.5, 20.1).
7. Reação de um reagente de Grignard com um aldeído, uma cetona, um cloreto de acila ou um éster (18.4).
8. Redução de uma cetona com $NaBH_4$ em etanol aquoso a frio na presença de tricloreto de cério (20.1).
9. Clivagem de um éter com HI ou HBr (12.6).
10. Reação de um reagente de organozinco com um aldeído ou uma cetona (p. 834).

SÍNTESE DE ALDEÍDOS
1. Hidroboração–oxidação de um alcino terminal com dissiamilborano seguido por $H_2O_2 + HO^- + H_2O$ (6.7).
2. Oxidação de um álcool primário com clorocromato de piridina (20.2).
3. Oxidação de Swern de um álcool primário com dimetilsulfóxido, cloreto de oxalila e trietilamina (20.2).
4. Redução de Rosenmund: hidrogenação catalítica de um cloreto de acila (20.1).
5. Reação de um cloreto de acila com hidreto de lítio tri(*tert*-butoxi)alumínio (20.1).
6. Reação de um éster com hidreto de diisobutilalumínio (DIBALH) (20.1).
7. Clivagem de um 1,2-diol com ácido periódico (20.7).
8. Ozonólise de um alceno, seguido por tratamento sob condições redutoras (20.8).

SÍNTESE DE ALCANOS
1. Hidrogenação catalítica de um alceno ou um alcino (4.11, 6.8, 20.1).
2. Reação de um reagente de Grignard com um fornecedor de prótons (12.11).
3. Redução de Wolff-Kishner ou Clemmensen de um aldeído ou uma cetona (15.15, 18.6).
4. Redução de um tioacetal ou tiocetal com H_2 e níquel de Raney (18.9).
5. Reação de um reagente de Gilman com um haleto de alquila (12.12).
6. Preparação de um ciclopropano pela reação de um alceno com um carbeno (4.9).

SÍNTESE DE ALCENOS
1. Eliminação de haleto de hidrogênio a partir de um haleto de alquila (11.1, 11.2, 11.3).
2. Desidratação catalisada por ácido de um álcool (12.5).
3. Reação de eliminação de Hofmann: eliminação de um próton e uma amina terciária a partir de um hidróxido de amônio quaternário (21.5).
4. Metilação exaustiva de uma amina, seguida por uma reação de eliminação de Hofmann (21.5).
5. Hidrogenação de um alcino com catalisador de Lindlar para formar um alceno cis (6.8, 20.1).
6. Redução de um alcino com Na (ou Li) e amônia líquida para formar um alceno trans (6.8, 20.1).

A-13

7. Formação de um alceno cíclico usando uma reação de Diels–Alder (8.8, 29.4).
8. Reação de Wittig: reação de um aldeído ou uma cetona com um ilídeo de fosfônio (18.10).
9. Reação de um reagente de Gilman com um alceno halogenado (12.12).
10. A reação de Heck acopla um haleto de vinila com um alceno em uma solução básica na presença de $Pd(PPh_3)_4$ (12.12).
11. A reação de Stille acopla um haleto de vinila com estanho na presença de $Pd(PPh_3)_4$ (12.12).
12. A reação de Suzuki acopla um haleto de vinila com um organoborano na presença de $Pd(PPh_3)_4$ (12.12).

SÍNTESE DE HALETOS DE ALQUILA
1. Adição de haleto de hidrogênio (HX) a um alceno (4.1).
2. Adição de HBr + peróxido (4.10).
3. Adição de halogênio a um alceno (4.7).
4. Adição de haleto de hidrogênio ou halogênio a um alcino (6.5).
5. Halogenação radicalar de um alcano, um alceno ou um alquilbenzeno (9.2, 9.5).
6. Reação de um álcool com haleto de hidrogênio, $SOCl_2$, PCl_3 ou PBr_3 (12.1, 12.3).
7. Reação de um éster sulfonato com um íon haleto (12.4).
8. Clivagem de um éter com HI ou HBr (12.6).
9. Halogenação de um α-carbono de um aldeído, uma cetona ou um ácido carboxílico (19.4, 19.5).
10. Reação de Hunsdiecker: reação de um ácido carboxílico com Br_2 e Ag_2O (19.17).

SÍNTESE DE ALCINOS
1. Eliminação de haleto de hidrogênio a partir de um haleto vinílico (11.10)
2. Duas eliminações sucessivas de haleto de hidrogênio a partir de um dialeto vicinal ou um dialeto geminal (11.10).
3. Reação de um íon acetilídeo (formado pela remoção de um próton a partir de um alcino terminal) com um haleto de alquila (6.10).

SÍNTESE DE AMIDAS
1. Reação de um cloreto de acila, um anidrido ácido ou um éster com amônia ou com uma amina (17.8, 17.9, 17.10).
2. Reação de um ácido carboxílico e uma amina com diciclo-hexilcarbodiimida (23.9, 23.10).
3. Reação de uma nitrila com um álcool secundário ou terciário.

SÍNTESE DE AMINAS
1. Reação de um haleto de alquila com NH_3, RNH_2 ou R_2NH (10.4).
2. Reação de um haleto de alquila com íon azida, seguido por redução de uma azida de alquila (10.4).
3. Redução de uma imina, uma nitrila ou uma amida (20.1).
4. Aminação redutiva de um aldeído ou uma cetona (21.8).
5. Síntese de Gabriel de aminas primárias: reação de um haleto de alquila primário com ftalimida de potássio (17.17, 21.8).
6. Redução de uma substância nitro (16.2).
7. Condensação de uma amina secundária e formaldeído com um ácido carbônico.

SÍNTESE DE AMINOÁCIDOS
1. Reação de Hell–Volhard–Zelinski: halogenação de um ácido carboxílico, seguido pelo tratamento com excesso de NH_3 (23.6).
2. Aminação redutiva de um α-cetoácido (23.6).

SÍNTESE DE ÁCIDOS CARBOXÍLICOS
1. Oxidação de um álcool primário (20.2).
2. Oxidação de um aldeído (20.3).
3. Ozonólise de um alceno monossubstituído ou um alceno 1,2-dissubstituído seguido pelo tratamento em condições oxidantes (20.8).
4. Ozonólise de um alcino (20.9).
5. Oxidação de um alquilbenzeno (16.2).
6. Hidrólise de um haleto de acila, um anidrido, um éster, uma amida ou uma nitrila (17.8, 17.9, 17.10, 17.15, 17.18).
7. Reação de halofórmio: reação de uma cetona metílica com excesso de Br_2 (ou Cl_2 ou I_2) + HO^- (19.4).
8. Reação de um reagente de Grignard com CO_2 (18.4).
9. Síntese do éster malônico (19.18).
10. Reação de Favorskii: reação de uma α-halocetona com íon hidróxido.

SÍNTESE DE CIANOIDRINAS
1. Reação de um aldeído ou uma cetona com cianeto de sódio e HCl (18.4).

SÍNTESE DE 1,2-DIÓIS
1. Reação de um epóxido com água (12.7).
2. Reação de um alceno com tetróxido de ósmio ou permanganato de potássio (20.6).

SÍNTESE DE DISSULFETOS
1. Oxidação branda de um tiol (23.7).

SÍNTESE DE ENAMINAS
1. Reação de um aldeído ou uma cetona com uma amina secundária (18.6).

SÍNTESE DE EPÓXIDO
1. Reação de um alceno com um peroxiácido (20.4).
2. Reação de uma haloidrina com íon hidróxido (p. 480).
3. Reação de um aldeído ou uma cetona com um ilídeo de sulfônio.

SÍNTESE DE ÉSTERES
1. Reação de um haleto de acila ou um anidrido com um álcool (17.8, 17.9).
2. Reação catalisada por ácido de um éster ou um ácido carboxílico com um álcool (17.10, 17.14).
3. Reação de um haleto de alquila ou um éster sulfonato com um íon carboxilato (10.4, 12.4).
4. Oxidação de uma cetona (30.3).
5. Preparação de um éster metílico por meio da reação de um íon carboxilato com diazometano (16.12).

SÍNTESE DE ÉTERES
1. Adição catalisada por ácido de um álcool a um alceno (4.5).
2. Alcoximercuração–desmercuração de um alceno (4.8).
3. Síntese de Williamson de éter: reação de um íon alcóxido com um haleto de alquila (11.9).
4. Formação de éteres simétricos pelo aquecimento de uma solução ácida de um álcool primário (12.5).

SÍNTESE DE HALOIDRINAS
1. Reação de um alceno com Br_2 (ou Cl_2) e H_2O (4.7).
2. Reação de um epóxido com um haleto de hidrogênio (12.7).

SÍNTESE DE IMINAS
1. Reação de um aldeído ou uma cetona com uma amina primária (18.6).

SÍNTESE DE CETAIS
1. Reação catalisada por ácido de uma cetona com dois equivalentes de um álcool (18.7, 18.8).

SÍNTESE DE CETONAS
1. Hidratação catalisada por ácido por mercúrio de um alcino (6.6).
2. Hidroboração–oxidação de um alcino (6.7).
3. Oxidação de um álcool secundário (20.2).
4. Clivagem de um 1,2-diol com ácido periódico (20.7).
5. Ozonólise de um alceno (20.8).
6. Acilação de Friedel–Crafts de um anel aromático (15.13).
7. Preparação de uma metilcetona pela síntese do éster acetoacético (19.19).
8. Reação de um reagente de Gilman com um cloreto de acila (12.12).
9. Preparação de uma cetona cíclica pela reação de uma cetona cíclica com um carbono a menos com diazometano.

SÍNTESE DE CETONAS α, β INSATURADAS
1. Eliminação a partir de uma α-halocetona (19.6).
2. Selenilação de uma cetona, seguida por eliminação oxidativa.

SÍNTESE DE NITRILAS
1. Reação de um haleto de alquila com íon cianeto (10.4).

SÍNTESE DE BENZENOS SUBSTITUÍDOS
1. Halogenação com Br_2 ou Cl_2 e um ácido de Lewis (15.10).
2. Nitração com $HNO_3 + H_2SO_4$ (15.11).
3. Sulfonação: reação com H_2SO_4 (15.12).
4. Acilação de Friedel–Crafts (15.13).
5. Alquilação de Friedel–Crafts (15.14, 15.15).
6. Reação de Sandmeyer: reação de um sal de arenodiazônio com CuBr, CuCl ou CuCN (16.10).
7. Formação de um fenol pela reação de um sal de arenodiazônio com água (16.10).
8. Formação de uma anilina pela reação de um intermediário benzino com $^-NH_2$ (16.14).
9. Reação de um reagente de Gilman com um haleto de arila (12.12).
10. Reação de Heck: acopla um haleto de benzila, um haleto de arila ou um triflato com um alceno em solução básica na presença de $Pd(PPh_3)_4$ (12.12).
11. Reação de Stille: acopla um haleto de benzila, um haleto de arila ou um triflato com um estanho na presença de $Pd(PPh_3)_4$ (12.12).

12. Reação de Suzuki: acopla um haleto de benzila ou de arila com um organoborano na presença de Pd(PPh$_3$)$_4$ (12.12).

SÍNTESE DE SULFETOS
1. Reação de um tiol com um haleto de alquila (10.4, 12.10).
2. Hidrogenação catalítica de um dissulfeto (23.7).

SÍNTESE DE TIÓIS
1. Reação de um haleto de alquila com sulfeto de hidrogênio (10.4).

Apêndice V

Resumo de métodos empregados para a formação de ligações carbono–carbono

1. Reação de um íon acetilídeo com um haleto de alquila ou um éster sulfonato (6.10, 10.4, 12.4).
2. Diels–Alder e outras reações de cicloadição (8.8, 29.4).
3. Reação de um reagente de Grignard com um epóxido (12.7).
4. Alquilação e acilação de Friedel–Crafts (15.13, 15.14, 15.15).
5. Reação de um íon cianeto com um haleto de alquila ou um éster sulfonato (10.4, 12.4).
6. Reação de um íon cianeto com um aldeído ou uma cetona (18.4).
7. Reação de um reagente de Grignard com um aldeído, uma cetona, um éster, uma amida, um epóxido ou CO_2 (12.7, 18.4).
8. Reação de um reagente organozinco com um aldeído ou uma cetona.
9. Reação de um alceno com um carbeno (4.9).
10. Reação de um dialquilcuprato de lítio com uma cetona α,β insaturada ou um aldeído α,β insaturado (18.13).
11. Adição aldólica (19.11, 19.12, 19.13, 19.16).
12. Condensação de Claissen (19.14, 19.15, 19.16).
13. Condensação de Perkin (p. 834).
14. Condensação de Knoevenagel (p. 834).
15. Síntese do éster malônico e síntese do éster acetoacético (19.18, 19.19).
16. Reação de adição de Michael (19.10).
17. Alquilação de uma enamina (19.9).
18. Alquilação de um α-carbono de uma substância carbonílica (19.8).
19. Reação de um reagente de Gilman com um haleto de arila ou um alceno halogenado (12.12).
20. Reação de Heck: acopla um haleto de vinila, de benzila ou de arila, ou um triflato com um alceno em uma solução básica na presença de $Pd(PPh_3)_4$ (12.12).
21. Reação de Stille: acopla um haleto de vinila, de benzila ou de arila, ou um triflato com estanho na presença de $Pd(PPh_3)_4$ (12.12).
22. Reação de Suzuki: acopla um haleto de vinila, de benzila ou de arila com um organoborano na presença de $Pd(PPh_3)_4$ (12.12).

Apêndice VI
Tabelas espectroscópicas

Espectrometria de massa

Fragmentos de íons comuns*

m/e	Íon	m/e	Íon
14	CH_2	46	NO_2
15	CH_3	47	CH_2SH, CH_3S
16	O	48	$CH_3S + H$
17	OH	49	CH_2Cl
18	H_2O, NH_4	51	CHF_2
19	F, H_3O	53	C_4H_5
26	$C{\equiv}N$	54	$CH_2CH_2C{\equiv}N$
27	C_2H_3	55	$C_4H_7, CH_2{=}CHC{=}O$
28	$C_2H_4, CO, N_2, CH{=}NH$	56	C_4H_8
29	C_2H_5, CHO	57	$C_4H_9, C_2H_5C{=}O$
30	CH_2NH_2, NO	58	$CH_3\overset{O}{\overset{\|}{C}}CH_2 + H, C_2H_5CHNH_2, (CH_3)_2NCH_2, C_2H_5NCH_2, C_2H_2S$
31	CH_2OH, OCH_3		
32	O_2 (ar)		
33	SH, CH_2F		
34	H_2S	59	$(CH_3)_2COH, CH_2OC_2H_5, \overset{O}{\overset{\|}{C}}OCH_3, CH_2C{=}O + H, CH_3OCHCH_3,\ \underset{NH_2}{\|}$
35	Cl		
36	HCl		
39	C_3H_3		
40	$CH_2C{=}N$		
41	$C_3H_5, CH_2C{=}N + H, C_2H_2NH$	60	CH_3CHCH_2OH $CH_2COOH + H, CH_2ONO$
42	C_3H_6		
43	$C_3H_7, CH_3C{=}O, C_2H_5N$		
44	$CH_2CH{=}O + H, CH_3CHNH_2, CO_2, NH_2C{=}O, (CH_3)_2N$		
45	$CH_3CHOH, CH_2CH_2OH, CH_2OCH_3, COOH, CH_3CHO + H$		

* Todos esses íons apresentam uma única carga positiva.

Espectrometria de massa

Fragmentos comuns perdidos

Íon molecular negativo	Fragmento perdido	Íon molecular negativo	Fragmento perdido
1	H		
15	CH_3	43	C_3H_7, $CH_3\overset{O}{\overset{\|}{C}}$, $CH_2=CHO$, HCNO, CH_3 + $CH_2=CH_2$
17	HO		
18	H_2O	44	$CH_2=CHOH$, CO_2, N_2O, $CONH_2$, $NHCH_2CH_3$
19	F	45	CH_3CHOH, CH_3CH_2O, CO_2H, $CH_3CH_2NH_2$
20	HF	46	$H_2O + CH_2=CH_2$, CH_3CH_2OH, NO_2
26	$CH{\equiv}CH$, $C{\equiv}N$	47	CH_3S
27	$CH_2=CH$, $HC{\equiv}N$	48	CH_3SH, SO, O_3
28	$CH_2=CH_2$, CO, (HCN + H)	49	CH_2Cl
29	CH_3CH_2, CHO	51	CHF_2
30	NH_2CH_2, CH_2O, NO	52	C_4H_4, C_2N_2
31	OCH_3, CH_2OH, CH_3NH_2	53	C_4H_5
32	CH_3OH, S	54	$CH_2=CHCH=CH_2$
33	HS, (CH_3 e H_2O)	55	$CH_2=CHCHCH_3$
34	H_2S	56	$CH_2=CHCH_2CH_3$, $CH_3CH=CHCH_3$
35	Cl	57	C_4H_9
36	HCl, 2 H_2O	58	NCS, NO + CO, CH_3COCH_3
37	HCl + H		
38	C_3H_2, C_2N, F_2	59	$CH_3\overset{O}{\overset{\|}{O}}C$, $CH_3\overset{O}{\overset{\|}{C}}NH_2$
39	C_3H_3, HC_2N		
40	$CH_3C{\equiv}CH$	60	C_3H_7OH
41	$CH_2=CHCH_2$		
42	$CH_2=CHCH_3$, $CH_2=C=O$, $CH_2\overset{CH_2}{\underset{}{-}}CH_2$, NCO		

Deslocamentos químicos de RMN ¹H

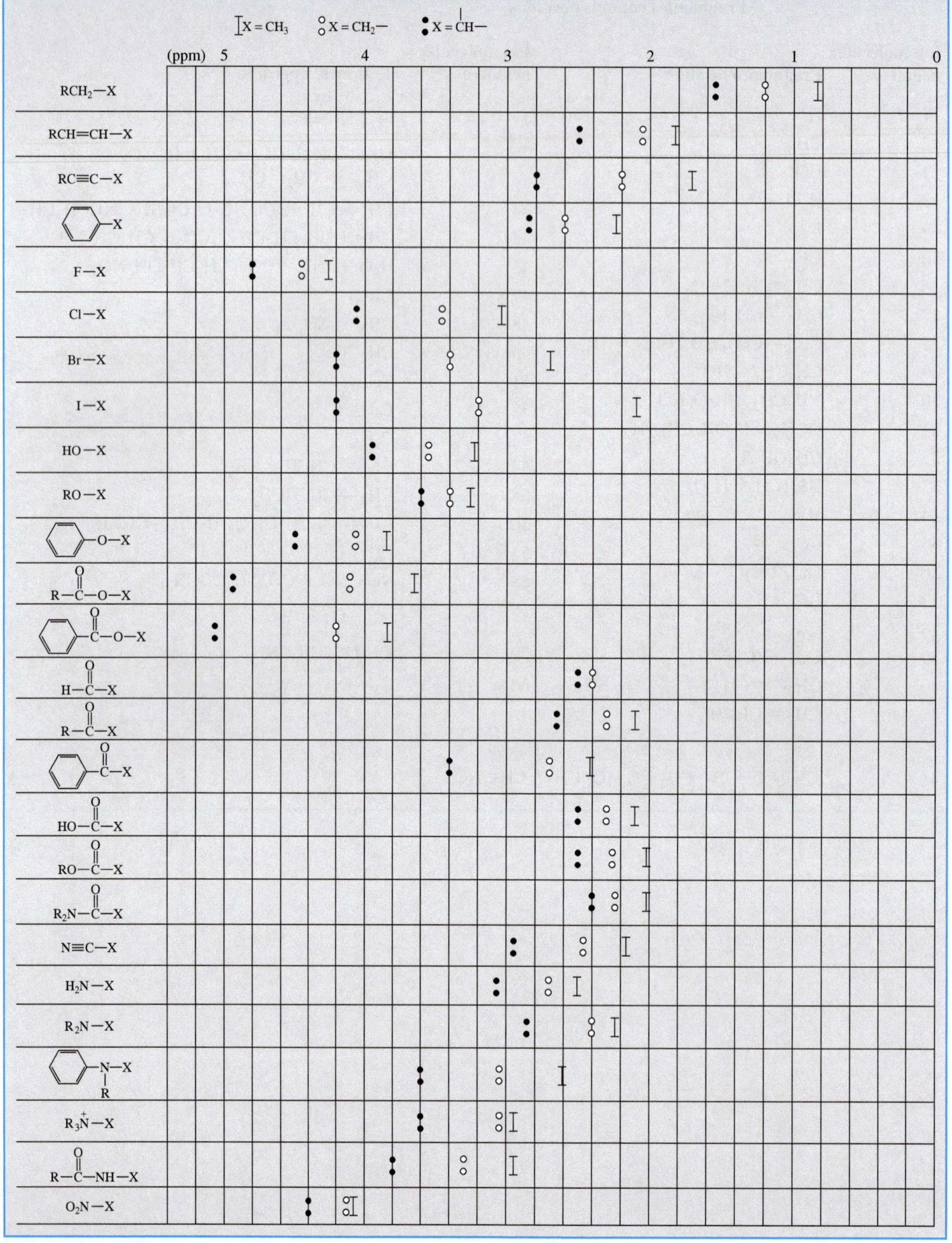

APÊNDICE VI   Tabelas espectroscópicas   A-21

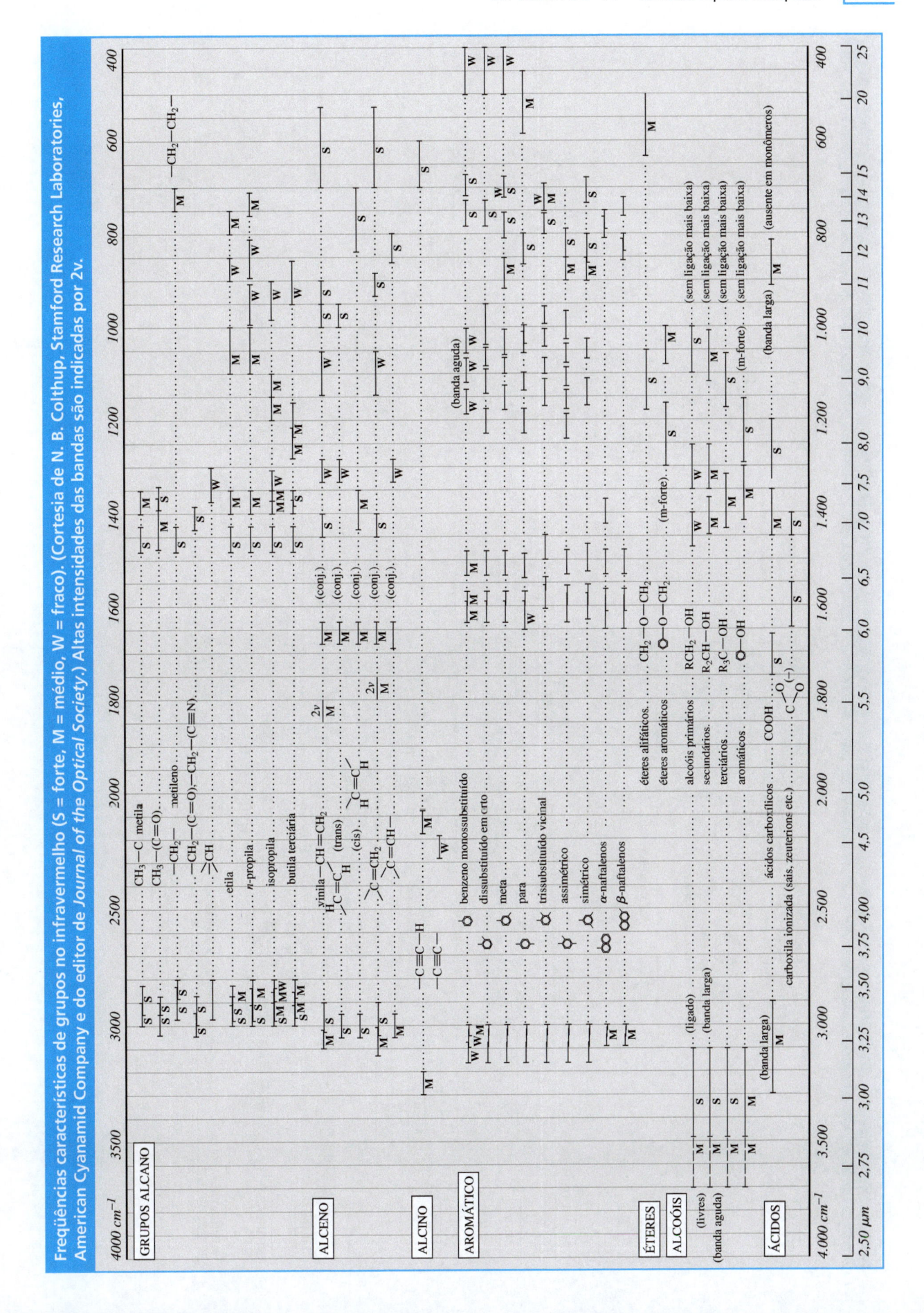

Freqüências características de grupos no infravermelho (S = forte, M = médio, W = fraco). (Cortesia de N. B. Colthup, Stamford Research Laboratories, American Cyanamid Company e do editor de *Journal of the Optical Society*.) Altas intensidades das bandas são indicadas por 2ν.

[Chart of characteristic IR group frequencies, x-axis from 4000 cm⁻¹ to 400 cm⁻¹ (2.50 μm to 25 μm), showing absorption bands for the following groups:]

GRUPOS ALCANO
- CH_3-C metila
- $CH_3-(C=O)$
- $-CH_2-$ metileno
- $-CH_2-(C=O)-CH_2-(C\equiv N)$
- $\equiv CH$
- etila
- *n*-propila
- isopropila
- butila terciária

ALCENO
- vinila $-CH=CH_2$
- $H_2C=C_2$ (trans)
- (cis)
- $>C=CH_2$
- $>C=CH-$

ALCINO
- $-C\equiv C-H$
- $-C\equiv C-$

AROMÁTICO
- benzeno monossubstituído
- dissubstituído em orto
- meta
- para
- trissubstituído vicinal
- assimétrico
- simétrico
- α-naftalenos
- β-naftalenos

ÉTERES
- éteres alifáticos ... CH_2-O-CH_2
- éteres aromáticos ... $\phi-O-CH_2$

ALCOÓIS
- alcoóis primários ... RCH_2-OH (sem ligação mais baixa)
- secundários ... R_2CH-OH (sem ligação mais baixa)
- terciários ... R_3C-OH (sem ligação mais baixa)
- aromáticos ... $\phi-OH$ (sem ligação mais baixa)
- (livres) (banda aguda)
- (ligado) (banda larga) (m-forte)

ÁCIDOS
- ácidos carboxílicos ... COOH (banda larga) (ausente em monômeros)
- carboxila ionizada (sais, zwiterions etc.) ... $C\begin{smallmatrix}O\\O(-)\end{smallmatrix}$

QUÍMICA ORGÂNICA

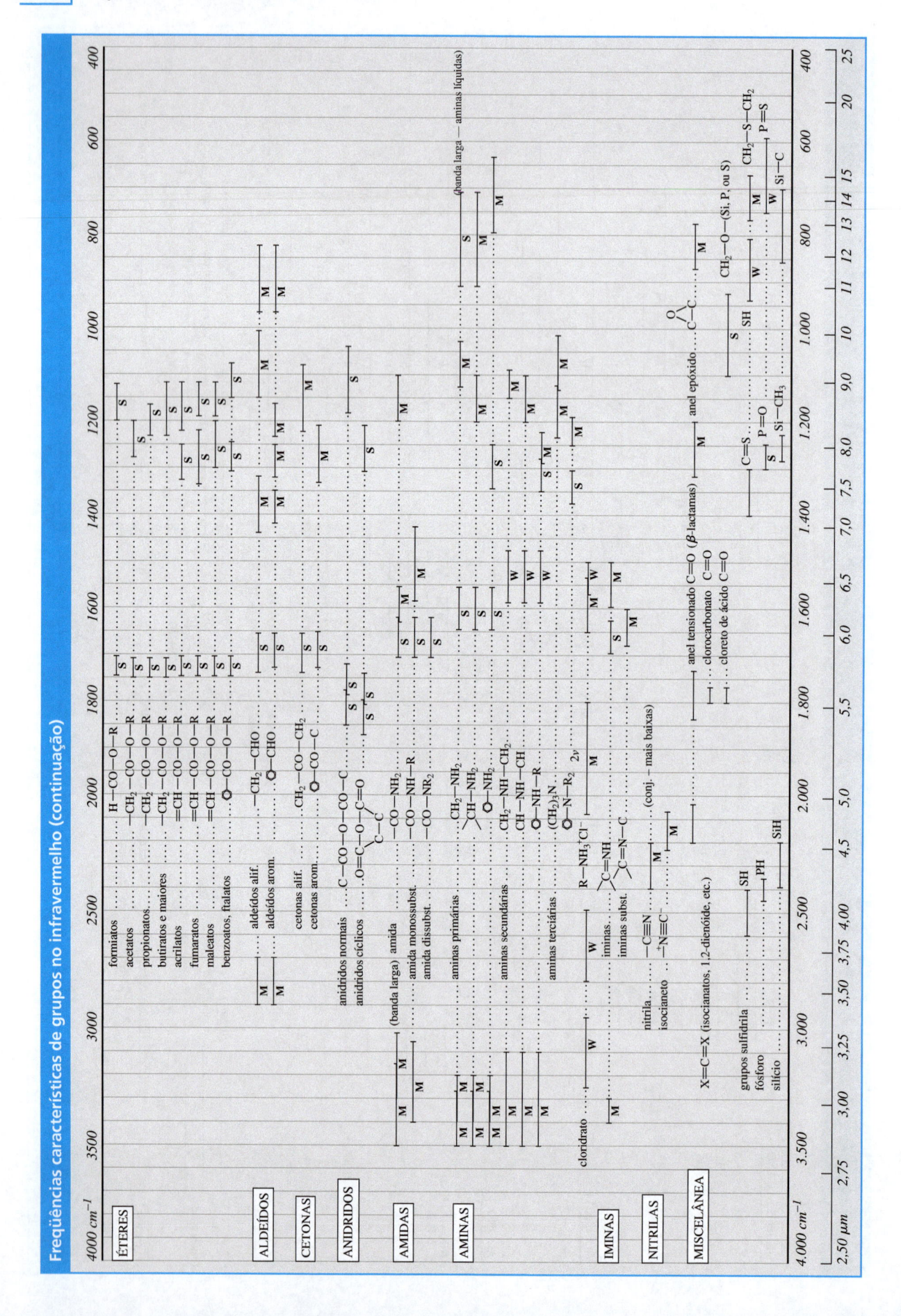

Freqüências características de grupos no infravermelho (continuação)

ÉTERES
- formiatos: H—CO—O—R
- acetatos: —CH$_2$—CO—O—R
- propionatos: —CH$_2$—CO—O—R
- butiratos e maiores: —CH$_2$—CO—O—R
- acrilatos: =CH—CO—O—R
- fumaratos: =CH—CO—O—R
- maleatos: =CH—CO—O—R
- benzoatos, ftalatos: ⌬—CO—O—R

ALDEÍDOS
- aldeídos alif.: —CH$_2$—CHO
- aldeídos arom.: ⌬—CHO

CETONAS
- cetonas alif.: CH$_2$—CO—CH$_2$
- cetonas arom.: ⌬—CO—C

ANIDRIDOS
- anidridos normais: C—CO—O—CO—C
- anidridos cíclicos

AMIDAS
- (banda larga) amida
- amida monossubst.: —CO—NH$_2$
- amida dissubst.: —CO—NH—R, —CO—NR$_2$

AMINAS
- aminas primárias: —CH$_2$—NH$_2$, CH—NH$_2$, ⌬—NH$_2$
- aminas secundárias: CH$_2$—NH—CH$_2$, CH—NH—CH, ⌬—NH—R
- aminas terciárias: (CH$_2$)$_3$N, ⌬—N—R$_2$, 2ν
- cloridrato: R—NH$_3^+$Cl$^-$

IMINAS
- iminas: C=NH
- iminas subst.: C=N—C

NITRILAS
- nitrila: —C≡N (conj. — mais baixas)
- isocianeto: $^+$N≡C$^-$

MISCELÂNEA
- X=C=X (isocianatos, 1,2-dienóide, etc.)
- grupos sulfidrila: SH
- fósforo: PH
- silício: SiH
- anel tensionado C=O (β-lactamas)
- clorocarbonato C=O
- cloreto de ácido C=O
- anel epóxido
- C=S
- P=O, SH
- Si—CH$_3$
- CH$_2$—O—(Si, P, ou S)
- CH$_2$—S—CH$_2$
- P=S
- Si—C
- (banda larga — aminas líquidas)

4000 cm^{-1} — 3500 — 3000 — 2500 — 2000 — 1800 — 1600 — 1400 — 1200 — 1000 — 800 — 600 — 400

2,50 μm — 2,75 — 3,00 — 3,25 — 3,50 — 3,75 — 4,00 — 4,5 — 5,0 — 5,5 — 6,0 — 6,5 — 7,0 — 7,5 — 8,0 — 9,0 — 10 — 11 — 12 — 13 — 14 — 15 — 20 — 25

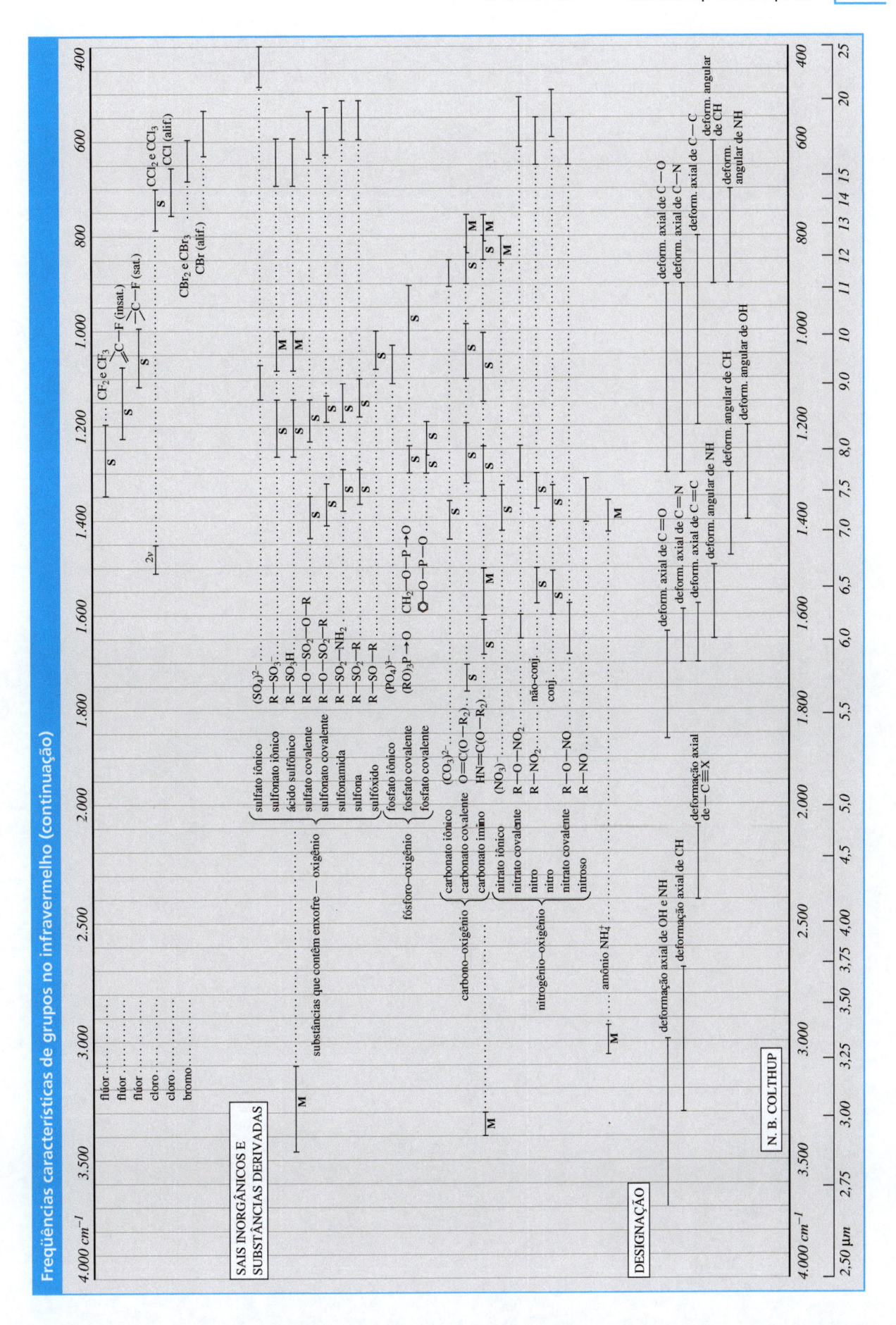

APÊNDICE VI Tabelas espectroscópicas A-23

Freqüências características de grupos no infravermelho (continuação)

SAIS INORGÂNICOS E SUBSTÂNCIAS DERIVADAS

- flúor
- flúor
- flúor
- cloro
- cloro
- bromo

substâncias que contêm enxofre — oxigênio:
- sulfato iônico $(SO_4)^{2-}$
- sulfonato iônico $R-SO_3^-$
- ácido sulfônico $R-SO_3H$
- sulfato covalente $R-O-SO_2-O-R$
- sulfonato covalente $R-O-SO_2-R$
- sulfonamida $R-SO_2-NH_2$
- sulfona $R-SO_2-R$
- sulfóxido $R-SO-R$

fósforo — oxigênio:
- fosfato iônico $(PO_4)^{3-}$
- fosfato covalente $(RO)_3P \to O$
- fosfato covalente $CH_2-O-P \to O$ / $O-O-P-O$

carbono — oxigênio:
- carbonato iônico $(CO_3)^{2-}$
- carbonato covalente $O=C(O-R_2)$
- carbonato imino $HN=C(O-R_2)$

nitrogênio — oxigênio:
- nitrato iônico $(NO_3)^-$
- nitrato covalente $R-O-NO_2$
- nitro $R-NO_2$
- nitro
- nitrato covalente $R-O-NO$
- nitroso $R-NO$

amônio NH_4^+

Indicações: CF_2 e CF_3; $C=C-F$ (insat.); $C-F$ (sat.); CBr_2 e CBr_3; CBr (alif.); CCl_2 e CCl_3; CCl (alif.); 2ν; não-conj.; conj.

DESIGNAÇÃO

- deformação axial de OH e NH
- deformação axial de CH
- deformação axial de $C\equiv X$
- deform. axial de C=O
- deform. axial de C=N
- deform. axial de C=C
- deform. angular de NH
- deform. angular de CH
- deform. angular de OH
- deform. axial de C—O
- deform. axial de C—N
- deform. axial de C—C
- deform. angular de CH
- deform. angular de NH

N. B. COLTHUP

$4.000\ cm^{-1}$ 3.500 3.000 2.500 2.000 1.800 1.600 1.400 1.200 1.000 800 600 400

$2,50\ \mu m$ 2,75 3,00 3,25 3,50 3,75 4,00 4,5 5,0 5,5 6,0 6,5 7,0 7,5 8,0 9,0 10 11 12 13 14 15 20 25

Respostas dos problemas solucionados

CAPÍTULO 1

1-1. 8 + 8, 8 + 9, 8 + 10 **1-2.** $4s$ **1-3.** Cl $1s^22s^22p^63s^23p^5$; Br $1s^22s^22p^63s^23p^64s^23d^{10}4p^5$; I $1s^22s^22p^63s^23p^64s^23d^{10}4p^65s^24d^{10}5p^5$
1-5. a. KCl **b.** Cl$_2$ **1-6. a.** LiH e HF **b.** Seu hidrogênio tem a maior densidade eletrônica. **c.** HF **1-9. a.** oxigênio **b.** oxigênio **c.** oxigênio **d.** hidrogênio **1-13.** sim **1-14. a.** π^* **b.** σ^* **c.** σ^* **d.** σ **1-15.** As ligações C—C são formadas pela sobreposição sp^3-sp^3; as ligações C—H são formadas pela sobreposição sp^3-s. **1-16.** >104°5 < 109°5 **1-17.** hidrogênios **1-18.** mais = água, menos = metano **1-19. a.** comprimentos relativos: Br$_2$ > Cl$_2$; comprimentos relativos: Cl$_2$ > Br$_2$ **b.** comprimentos relativos; HBr > HCl > HF; comprimentos relativos: HF > HCl > HBr **1-20.** σ **1-21.** sp^2–sp^2, pois sp^2 = 33,3% de caráter s, sp^3 = 25% de caráter s — quanto maior o caráter s, mais forte é a ligação **1-25. a, e, g, h** **1-26. a. 1.** $^+$NH$_4$ **2.** HCl **3.** H$_2$O **4.** H$_3$O$^+$ **b. 1.** $^-$NH$_2$ **2.** Br$^-$ **3.** NO$_3^-$ **4.** HO$^-$
1-28. a. 5,2 **b.** 3,4 × 10^{-3} **1-29.** 8,16 × 10^{-8} **1-31. a.** CH$_3$COO$^-$ **b.** $^-$NH$_2$ **c.** H$_2$O

1-32. CH$_3$NH$^-$ > CH$_3$O$^-$ > CH$_3$NH$_2$ > CH$_3$CO$^-$ (C=O) > CH$_3$OH

1-33. a. 2,0 × 10^5 **b.** 3,2 × 10^{-7} **c.** 1,0 × 10^{-5} **d.** 4,0 × 10^{-13}

1-34. a. CH$_3$OCH$_2$CH$_2$OH **c.** CH$_3$CH$_2$OCH$_2$CH$_2$OH
b. CH$_3$CH$_2$CH$_2$OH$_2^+$ **d.** CH$_3$CH$_2$COH (C=O)

1-35. CH$_3$CHCH$_2$OH (F) > CH$_3$CHCH$_2$OH (Cl) > CH$_2$CH$_2$CH$_2$OH (Cl) > CH$_3$CH$_2$CH$_2$OH

1-36. a. CH$_3$CHCO$^-$ (C=O, Br) **b.** CH$_3$CHCH$_2$CO$^-$ (C=O, Cl) **c.** CH$_3$CH$_2$CO$^-$ (C=O) **d.** CH$_3$CCH$_2$CH$_2$O$^-$ (C=O)

1-38. a. F$^-$ **b.** I$^-$ **1-39. a.** oxigênio **b.** H$_2$S **c.** CH$_3$SH
1-40. a. CH$_3$C≡NH$^+$ **b.** CH$_4$ ou CH$_3$CH$_3$ **c.** F$_3$CCOH (C=O) **d.** sp^2
e. sp > sp^2 > sp^3 **f.** sp > sp^2 > sp^3 **g.** HNO$_3$

1-42. a. três estruturas de ressonância do íon carbonato
b. três estruturas de ressonância do íon nitrato

1-43. 10.4 **1-44. a.** 10.4 **b.** 2.7 **c.** 4.9 **d.** 7.3 **e.** 9.3 **1-45. a. 1.** neutro **2.** neutro **3.** 1/2 neutro e 1/2 carregado **4.** carregado **5.** carregado **6.** carregado **7.** carregado **b. 1.** carregado **2.** carregado **3.** carregado **4.** carregado **5.** 1/2 carregado e 1/2 neutro **6.** neutro **7.** neutro **1-46. a. 1.** 4.9 **2.** 10.7 **b. 1.** > 6,9 **2.** < 8,7

CAPÍTULO 2

2-1. 1. CH$_3$CH$_2$CH$_2$CH$_2$Br — brometo de butila ou *n*-brometo de butila
CH$_3$CHCH$_2$Br com CH$_3$ — brometo de isobutila
CH$_3$CH$_2$CHCH$_3$ com Br — brometo de *sec*-butila
CH$_3$CBr com dois CH$_3$ — brometo de *terc*-butila

2-2. c

2-3. a. CH$_3$CHOH com CH$_3$ **b.** CH$_3$CHCH$_2$F com CH$_3$ **c.** CH$_3$CH$_2$CHI com CH$_3$ **d.** CH$_3$CCH$_2$Cl com dois CH$_3$ **e.** CH$_3$CNH$_2$ com dois CH$_3$ **f.** CH$_3$CH$_2$CH$_2$CH$_2$CH$_2$CH$_2$CH$_2$Br

2-4. a. CH$_3$CHCHCH$_2$CH$_2$CH$_3$ com dois CH$_3$ **e.** CH$_3$CHCH$_2$CHCH$_2$CH$_2$CH$_3$ com CH$_3$ e CH$_2$CH(CH$_3$)$_2$
b. CH$_3$CHCH$_2$C—CHCH$_2$CH$_3$ com CH$_3$, CH$_3$, CH$_3$ e CH(CH$_3$)$_2$ **f.** CH$_3$CH$_2$CH$_2$CHCH$_2$CH$_2$CH$_2$CH$_3$ com (CH$_3$)$_2$CCH$_3$
c. CH$_3$CH$_2$CH$_2$CCH$_2$CH$_2$CH$_2$CH$_2$CH$_3$ com CH$_2$CH$_3$ e CH$_2$CH$_3$
d. CH$_3$CH$_2$CH$_2$CCH$_2$CH$_2$CH$_2$CH$_2$CH$_3$ com CH$_2$CH$_3$ e CH$_2$CH$_3$

2-6. a. 2,2,4-trimetil-hexano **b.** 2,2-dimetilbutano **c.** 3,3-dimetil-hexano **d.** 2,5-dimetil-heptano **e.** 3,3-dietil-4-metil-5-propiloctano **f.** 3-metil-4-propil-heptano **g.** 5-etil-4,4-dimetiloctano **h.** 4-isopropiloctano

2-8. a. (estrutura)—OH **c.** (estrutura com Br) **b.** (estrutura) **d.** (estrutura)—OCH$_3$

2-9. a. 1-etil-2-metilciclopentano **b.** etilciclobutano **c.** 4-etil-1,2-dimetilciclo-hexanona **d.** 3,6-dimetildecano **e.** 2-ciclopropilpentano **f.** 1-etil-3-isobutilciclo-hexano **g.** 5-isopropilnonano **h.** 1-*sec*-butil-4-isopropilciclo-hexano **2-10. a.** cloreto de *sec*-butila, 2-clorobutano, **secundário b.** cloreto de isoexila, 1-cloro-4-metilpentano, **primário c.** brometo de ciclo-hexila, bromociclo-hexano, **secundário d.** fluoreto de isopropila, 2-fluoro-propano, **secundário 2-12. a. 1.** metoxietano **2.** etoxietano **3.** 4-metoxi-octano **4.** 1-propoxibutano **5.** 2-isopropoxipentano **6.** 1-isopropoxi-3-metil-butano **b.** não **c. 1.** etil-metil-éter **2.** dietiléter **3.** butil-propil-éter **4.** isopentil-isopropil-éter **2-14. a.** 1-pentanol, **primário b.** 4-metil-ciclo-hexanol, **secundário c.** 5-cloro-2-metil-2-pentanol, **terciário d.** 5-metil-3-hexanol,

R-1

R-2 QUÍMICA ORGÂNICA

secundário **e.** 2,6-dimetil-4-octanol, **secundário** **f.** 4-cloro-3-etil-ciclo-hexanol, **secundário**

2-15. a. CH₃C(OH)(CH₃)CH₂CH₂CH₃ — 2-metil-2-pentanol

c. CH₃C(OH)(CH₃)—CH(CH₃)CH₃ — 2,3-dimetil-2-butanol

b. CH₃CH₂C(CH₃)(OH)CH₂CH₃ — 3-metil-3-pentanol

2-16. a. hexilamina, 1-hexanamina, **b.** butilpropilamina, N-propil-1-butanamina **c.** sec-butil-isobutil-amina, N-isobutil-2-butanamina **d.** etil-metil-propilamina, N,N-dietil-1-propanamina **e.** ciclo-hexilamina, ciclo-hexanamina

2-17. a. CH₃CH(CH₃)CH₂NHCH₂CH₂CH₃ **d.** CH₃CH₂CH₂N(CH₃)CH₂CH₂CH₃

b. CH₃CH₂NHCH₂CH₃ **e.** CH₃CH₂CH(CH₂CH₃)N(CH₃)CH₃

c. CH₃CH(CH₃)CH₂CH₂CH₂CH₂NH₂ **f.** ciclohexil-N(CH₃)CH₂CH₃

2-18. a. 6-metil-1-heptanamina, isooctilamina, **primária** **b.** 3-metil-N-propil-1-butanamina, isopentil-propil-amina, **secundária** **c.** N-etil-N-metiletanamina, dietil-metil-amina, **terciária** **d.** 2,5-dimetil-hexanamina, sem nome comum, **primária** **2-19. a.** 104,5° **b.** 107,3° **c.** 104,5° **d.** 109,5°

2-20. a. 1, 4, 5
b. 1, 2, 4, 5, 6

2-22. HOCH₂CH(OH)CH₂OH > CH₃CH(OH)CH₂OH > CH₃CH₂CH(OH)CH₃ > CH₃CH(NH₂)CH₂CH₃ > CH₃CH₂CH₂CH₂CH₃ > (CH₃)₂CHCH₂CH₃

2-24. a. HOCH₂CH₂CH₂OH > CH₃CH₂CH₂OH > CH₃CH₂CH₂CH₂OH > CH₃CH₂CH₂CH₂Cl

b. ciclopentilamina > ciclopentanol > metilciclopentano

2-25. etanol

2-27. a., b., c. (projeções de Newman)

2-28. a. 135° **b.** 140° **2-29.** hexetal **2-31.** 6,2 kcal/mol
2-32. 0,13 kcal/mol **2-33.** 84% **2-35.** cis-1-terc-butil-3-metil-ciclo-hexano **2-36. a.** cis **b.** cis **c.** cis **d.** trans **e.** trans **f.** trans **a.** um equatorial e um axial **b.** ambos equatoriais e ambos axiais **c.** ambos equatoriais e ambos axiais **d.** um equatorial e um axial **e.** um equatorial e um axial **f.** ambos equatoriais e ambos axiais **2-39. a.** 3,6 kcal/mol **b.** 0

CAPÍTULO 3

3-1. a. C_5H_8 **b.** C_4H_6 **c.** $C_{10}H_{16}$ **d.** C_8H_{10} **3-2. a.** 3 **b.** 4 **c.** 1 **d.** 3 **e.** 13

3-4. a. 1,1-dimetilciclopentano **c.** CH₃CH₂OCH=CH₂

b. BrCH₂CH₂CH₂C(CH₃)=CCH₃ com CH₃ **d.** CH₂=CHCH₂OH

3-5. a. 4-metil-2-penteno **b.** 2-cloro-3,4-dimetil-3-hexeno **c.** 1-bromo-ciclopentano **d.** 1-bromo-4-metil-3-hexeno **e.** 1,5-dimetilciclo-hexeno
f. 1-butoxi-1-propeno **3-6. a.** 5 **b.** 4 **c.** 4 **d.** 6

3-7. a. 1 e 3 **b.** (1.) cis e trans (estruturas); (3.) cis e trans (estruturas)

3-8. C **3-11.** nucleófilos: H⁻ CH₃O⁻ CH₃C≡CH NH₃; eletrófilos: AlCl₃ CH₃CH₂⁺ **3-13. a.** todos **b.** terc-butila **c.** terc-butila
d. −1,7 kcal/mol ou −7,1 kJ/mol **3-15. a. 1.** A + B ⇌ C
b. Nenhum **2.** A + B ⇌ C

3-16. a. 1. $\Delta G° = -15$; $K_{eq} = 6,5 \times 10^{10}$ **2.** $\Delta G° = -16$; $K_{eq} = 1,8 \times 10^8$
b. quanto maior a temperatura, mais negativo é o $\Delta G°$ **c.** quanto maior a temperatura, menor é o K_{eq} **3-17. a.** −20 kcal/mol **b.** −35 kcal/mol
c. exotérmica **d.** exergônica **3-18.** a e b **b.** c **c.** c **3-21.** diminuição; aumento **3-22. a.** diminuirá **b.** aumentará **3-23. a.** a primeira reação **b.** a primeira reação **3-25. a.** primeira etapa **b.** inverte para os reagentes **c.** segunda etapa **3-26. a.** 1 **b.** 2 **c.** k_2 **d.** k_{-1} **e.** k_{-1} **f.** B → C **g.** C → B

CAPÍTULO 4

4-1.
a. CH₃CH₂C⁺(CH₃)CH₃ > CH₃CH₂C⁺HCH₃ > CH₃CH₂CH₂C⁺H₂

b. CH₃CH(CH₃)CH₂C⁺H₂ > CH₃CH(Cl)CH₂C⁺H₂ > CH₃CH(F)CH₂C⁺H₂

4-2. a. nenhum **b.** cátion etila **4-3. a.** produtos **b.** reagentes **c.** reagentes **d.** produtos

4-4. a. CH₃CH₂CH(Br)CH₃ **c.** 1-bromo-1-metilciclopentano **e.** 1-bromo-1-metilciclohexano

b. CH₃CH₂C(CH₃)₂Br **d.** CH₃C(Br)(CH₃)CH₂CH₃ **f.** CH₃CH₂CH(Br)CH₃

4-5. a. CH₂=C(CH₃)CH₃ **c.** metilenociclohexano com =CH₂

b. ciclohexil-CH₂CH=CH₂ **d.** ciclohexeno=CHCH₃ ou ciclohexeno-CH₂CH₃

4-6. a. CH₃CH₂C(CH₃)=CH₂ **b.** metilenociclohexano

4-7. maior que −2,5 e menor que 15 **4-8. a.** 3 **b.** 2 **c.** álcool neutro **d.** segunda e terceira etapas na direção para frente

4-15. CH₃C(Br)(CH₃)CH₂CH₃ **4-19.** CH₃CH₂CH(Cl)CH₂I

4-20. a. CH₂CHCH₂CH₃ (Br, Br)   **c.** CH₂CHCH₂CH₃ (Br, OCH₂CH₃)   **4-23.** 2/3 mol
b. CH₂CHCH₂CH₃ (Br, OH)   **d.** CH₂CHCH₂CH₃ (Br, OCH₃)

4-24. a. CH₃CH(CH₃)CHCH₃ (OH)   **b.** cyclohexane com CH₃ e OH vizinhos

4-27. A

4-28. a. ciclohexeno-1,2-bis(CH₂CH₃)   **b.** ciclohexeno com dois CH₂CH₃   **c.** análogo

4-29. *trans*-3-hexeno > *cis*-3-hexeno > *cis*-2,5-dimetil-3-hexeno > 1-hexeno

CAPÍTULO 5

5-1. a. CH₃CH₂CH₂OH   CH₃CHOH(CH₃)   CH₃CH₂OCH₃   **b.** 7

5-3. a. P, F, J, L, G, R, Q, N, Z   **b.** T, M, O, A, U, V, C, D, E, H, I, X, Y   **5-4.** a, c, e f   **5-6.** a, c, e f   **5-8. a.** R   **b.** R   **c.** R   **d.** R   **5-9. a.** enantiômeros   **b.** enantiômeros   **c.** enantiômeros   **d.** enantiômeros

5-10. a. 1 —CH₂OH   3 —CH₃   2 —CH₂CH₂OH   4 —H
b. 2 —CH=O   1 —OH   4 —CH₃   3 —CH₂OH
c. 2 —CH(CH₃)₂   3 —CH₂CH₂Br   1 —Cl   4 —CH₂CH₂CH₂Br
d. 2 —CH=CH₂   3 —CH₂CH₃   1 —C₆H₅   4 —CH₃

5-11. a. S   **b.** R   **c.** S   **d.** S   **5-12.** +67°   **5-13. a.** levorrotatório   **b.** dextrorrotatório   **5-14. a.** −24°   **b.** 0°   **5-15. a.** +79°   **b.** 0°   **c.** −79°   **5-16.** 98,5% destrorrotatório; 1,5% levorrotatório   **5-19. a.** enantiômeros   **b.** idêntico   **c.** diastereoisômeros   **5-20. a.** 8   **b.** 2⁸ = 256   **c.** 1   **5-24.** 1-cloro-1-metil-ciclooctano, *cis*-1-cloro-5-metilciclo-octano, *trans*-1-cloro-5-metil-ciclooctano   **5-26.** b, d, f   **5-30.** esquerda = R; direita − R

5-32. a. 4   **b.** (R)C—C(S)

5-33. a. (2R,3R)-2,3-dicloropentano   **b.** (2R,3R)-2-bromo-3-cloropentano   **c.** (1R,3S)-1,3-ciclopentanodiol   **d.** (3R,4S)-3-cloro-4-metil-hexano   **5-35.** R   **5-36. a.** R   **b.** R   **c.** S   **d.** S   **5-37.** b   **5-38.** >99%   **5-39. a.** enatiotópico   **b.** diastereotópico   **c.** também não   **d.** diastereotópico   **5-41. a.** não   **b.** não   **c.** não   **d.** sim   **e.** não   **f.** não

5-44. a. ciclo-hexanol
b. dois ciclo-hexanos com OH e CH₂CH₃
c. dois ciclopentanos com HO, H₃C e CH₃
d. CH₃CH₂—C(CH₃)(H)—OH e HO—C(CH₃)(H)—CH₂CH₃

5-51. a. 1-bromo-2-cloro-propano   **b.** quantidades iguais de R e S
5-52. a. (R)-maleato e (S)-maleato   **b.** (R)-maleato e (S)-maleato

CAPÍTULO 6

6-1. C₁₄H₂₀

6-2. a. ClCH₂CH₂C≡CCH₂CH₃   **d.** HC≡CCH₂Cl
b. ciclooctino   **e.** HC≡CCH₂C(CH₃)₂CH₃
c. CH₃CHC≡CH (CH₃)   **f.** CH₃C≡CCH₃

6-3.
HC≡CCH₂CH₂CH₃   CH₃C≡CCH₂CH₃   CH₃CH₂C≡CCH₂CH₃
1-hexino   2-hexino   3-hexino
butilacetileno   metil-propil-acetileno   dietilacetileno

HC≡CCH(CH₃)CH₃   HC≡CCH₂CH(CH₃)CH₃
3-metil-1-pentino   4-metil-1-pentino
sec-butilacetileno   isobutilacetileno

CH₃CHC≡CCH₃ (CH₃)   CH₃C(CH₃)₂C≡CH
4-metil-2-pentino   3,3-dimetil-1-butino
isopropil-metil-acetileno   terc-butilacetileno

6-4. a. 5-bromo-2-pentino   **b.** 6-bromo-2-cloro-4-octino   **c.** 1-metoxi-2-pentino   **d.** 3-etil-1-hexino

6-6. a. sp^2–sp^2 **d.** sp–sp^3 **g.** sp^2–sp^3
b. sp^2–sp^3 **e.** sp–sp **h.** sp–sp^3
c. sp–sp^2 **f.** sp^2–sp^2 **i.** sp^2–sp

6-7. Se o reagente menos estável tiver o estado de transição mais estável ou se o reagente menos estável tiver o estado de transição menos estável e a diferença de estabilidades dos reagentes for menor que a diferença de estabilidades dos estados de transição, ou se a diferença de estabilidades dos reagentes for maior que a diferença de estabilidades dos estados de transição.

6-8. a. BrCH=CHCH₃   **d.** CH₃CBr₂CCH₃
b. CH₂=CCH₃(Br)   **e.** CH₃CH₂CBr₂CH₃
c. CH₃CBr₂CH₃   **f.** CH₃CBr(CH₂CH₂CH₃) + CH₃CH₂CBr(CH₂CH₃)

6-9. a. H₃C,Br / C=C / Br,CH₃   **b.** H₃C,CH₃ / C=C / H,Br   H₃C,Br / C=C / H,CH₃

6-10. CH₃CH₂COCH₂CH₂CH₃   e   CH₃CH₂CH₂COCH₂CH₃

6-11. a. CH₃C≡CH   **b.** CH₃CH₂C≡CCH₂CH₃   **c.** HC≡C—C₆H₁₁

6-12. a. CH₂=C(OH)CH₃
b. CH₃CH=C(OH)CH₂CH₃   e   CH₃CH₂C(OH)=CHCH₂CH₃

QUÍMICA ORGÂNICA

c. $CH_2=\overset{OH}{\underset{|}{C}}-\text{cyclohexyl}$ e $CH_3-\overset{OH}{\underset{|}{C}}-\text{cyclohexyl}$

6-13. a. 1. $CH_3CH_2\overset{O}{\overset{\|}{C}}CH_3$ **b. 1.** $CH_3CH_2\overset{O}{\overset{\|}{C}}CH_3$

2. $CH_3CH_2CH_2\overset{O}{\overset{\|}{C}}H$ **2.** $CH_3CH_2\overset{O}{\overset{\|}{C}}CH_3$

c. 1. $CH_3CH_2CH_2\overset{O}{\overset{\|}{C}}CH_3$ e $CH_3CH_2\overset{O}{\overset{\|}{C}}CH_2CH_3$

2. $CH_3CH_2CH_2\overset{O}{\overset{\|}{C}}CH_3$ e $CH_3CH_2\overset{O}{\overset{\|}{C}}CH_2CH_3$

6-14. etino (acetileno)

6-15. a. $CH_3CH_2CH_2C\equiv CH$ ou $CH_3CH_2C\equiv CCH_3 \xrightarrow{H_2}{Pt}$

b. $CH_3C\equiv CCH_3 \xrightarrow{H_2}{\text{catalisador de Lindlar}}$ **c.** $CH_3CH_2C\equiv CCH_3 \xrightarrow{Na}{NH_3}$

d. $CH_3CH_2CH_2CH_2C\equiv CH \xrightarrow{H_2}{\text{catalisador de Lindlar}}$ or $\xrightarrow{Na}{NH_3}$

6-16. 25   **6-17. a.** $CH_3\overset{+}{C}H_2$ **b.** $H_2C=\overset{+}{C}H$

6-18. O carbânion que seria formado é uma base mais forte do que o íon amida.

6-19. a. $CH_3CH_2CH_2\overset{-}{C}H_2 > CH_3CH_2CH=\overset{-}{C}H > CH_3CH_2C\equiv \overset{-}{C}$

b. $CH_3C\equiv \overset{-}{C} > CH_3CH_2O^- > {}^-NH_2 > F^-$

CAPÍTULO 7

7-1. a. 1. 3 **2.** 2 **b. 1.** 5 **2.** 5
7-3. a. todos são do mesmo comprimento **b.** 2/3 de uma carga negativa

7-7. a. $CH_3CH_2CH=CH\overset{\cdot}{C}H_2$ **c.** $CH_3\overset{O^-}{\overset{|}{C}}=CHCH_3$

b. $CH_3\overset{O}{\overset{\|}{C}}CH=CHCH_3$ **d.** $CH_3-\overset{+NH_2}{\underset{|}{C}}-NH_2$

7-8. a. $CH_3N\overset{+}{H}CH_2$ **b.** Ph-$\overset{+}{C}$(CH$_3$)$_2$ **c.** $CH_3O\overset{+}{C}H_2$ **d.** cyclohexenyl-$\overset{+}{C}HCH_3$

e. $CH_3O\overset{+}{C}H=CHCH_2$

7-11. a. $CH_3CH=CHOH$ **c.** $CH_3CH=CHOH$

b. $CH_3\overset{O}{\overset{\|}{C}}OH$ **d.** $CH_3CH=CH\overset{+}{N}H_3$

7-12. a. etilamina **b.** íon etóxido **c.** íon etóxido

7-13. Ph-COOH > Ph-OH > Ph-CH$_2$OH

7-14. $\psi_3 = 3$; $\psi_4 = 4$ **7-15. a.** Ligante = ψ_1 e ψ_2; anti-ligante = ψ_3 e ψ_4 **b.** simétrico = ψ_1 e ψ_3; assimétrico = ψ_2 e ψ_4 **c.** HOMO = ψ_2; LUMO = ψ_3 **d.** HOMO = ψ_3; LUMO = ψ_4 **e.** Se o HOMO é simétrico, o LUMO é assimétrico e vice-versa   **7-16. a.** ligante = ψ_1, ψ_2 e ψ_3; anti-ligante = ψ_4, ψ_5 e ψ_6 **b.** simétrico = ψ_1, ψ_3 e ψ_5; assimétrico = ψ_2, ψ_4 e ψ_6 **c.** HOMO = ψ_3; LUMO = ψ_4 **d.** HOMO = ψ_4; LUMO = ψ_5 **e.** Se o HOMO é simétrico, o LUMO é assimétrico e vice-versa   **7-17. a.** $\psi_1 = 3$; $\psi_2 = 2$ **b.** $\psi_1 = 7$; $\psi_2 = 6$

CAPÍTULO 8

8-1. a. 1,5-ciclooctadieno **b.** 1-hepten-4-ino **c.** 4-metil-1,4-hexadieno **d.** 5-vinil-5-octen-1-ino **e.** 1,6-dimetil-1,3-ciclo-hexadieno **f.** 3-butin-1-ol **g.** 1,3,5-heptatrieno **h.** 2,4-dimetil-4-hexen-1-ol

8-3. $CH_3\overset{CH_3}{\overset{|}{C}}=CHCH=\overset{CH_3}{\overset{|}{C}}CH_3 > CH_3CH=CHCH=CHCH_3 >$
2,5-dimetil-2,4-hexadieno 2,4-hexadieno

$CH_3CH=CHCH=CH_2 > CH_2=CHCH_2CH=CH_2$
1,3-pentadieno 1,4-pentadieno

8-4. [limonene/terpene structure]

8-8. a. $CH_3\overset{Cl}{\overset{|}{C}}HCHCH=CHCH_3 + CH_3\overset{Cl}{\overset{|}{C}}HCH=CHCHCH_3$
     $\overset{|}{Cl}$ $\overset{|}{Cl}$

b. $CH_3\overset{Br}{\overset{|}{C}}HCH=\overset{CH_3}{\overset{|}{C}}CH_2CH_3 + CH_3CH=\overset{Br}{\overset{|}{C}}\overset{|}{\underset{CH_3}{C}}CH_2CH_3$

c. $CH_3CH_2\overset{Br}{\overset{|}{\underset{CH_3CH_3}{C}}}-C=CHCH_3 + CH_3CH_2\overset{Br}{\overset{|}{\underset{CH_3CH_3}{C}}}=CCHCH_3$

d. [cyclopentene with Br substituents] + [cyclopentene with Br substituents]

8-9. a. Adição em C-1 forma o carbocátion mais estável **b.** Leva os produtos 1,2 e 1,4 a serem diferentes.   **8-10. a.** formação do carbocátion **b.** reação do carbocátion com o nucleófilo

8-13. a. [benzene ring with two COCH$_3$ groups]   **c.** [bicyclic anhydride with two CH$_3$ groups]

b. [benzene with C≡N]   **d.** [bicyclic diketone with CH$_3$ groups]

8-14. a. O produto é a substância meso. **b.** O produto é uma mistura racêmica.

8-15. [CH$_3$O-cyclohexenyl-CHO]

8-16. c. [methyl-cyanobenzene isomers] + [methyl-cyanobenzene isomers]

d. [cyanobenzene with CH$_3$] + [cyanobenzene with CH$_3$]

8-17. a e d

8-19. a. [butadiene] + CHC≡N / CH$_2$

b. [butadiene] + [maleic dialdehyde structure]

Respostas dos problemas solucionados   R-5

c. 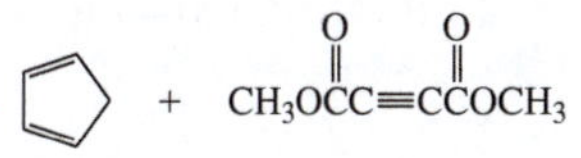 ⬠ + CH₃OCC≡CCOCH₃ (com dois grupos C=O)

d. 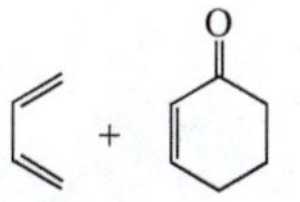 CH₂=CH-CH=CH₂ + ciclohex-2-enona

e. 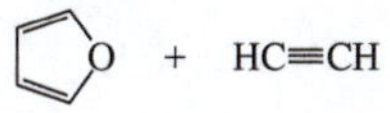 furano + HC≡CH

f. 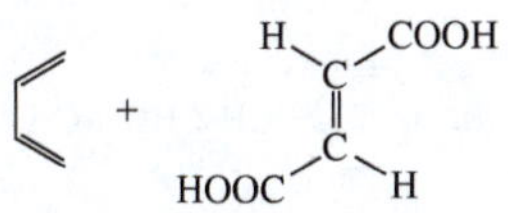 CH₂=CH-CH=CH₂ + ácido maleico (H,COOH / HOOC,H)

8-21. $4{,}1 \times 10^{-5}$ M

8-22. Ph-CH=CH-Ph > Ph-Ph > Ph-CH=CH₂ > Ph

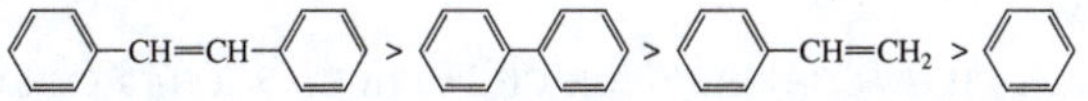

CAPÍTULO 9

9-5.
a. 3   d. 1   g. 2
b. 3   e. 5   h. 1
c. 5   f. 5   i. 4

9-6.

a. 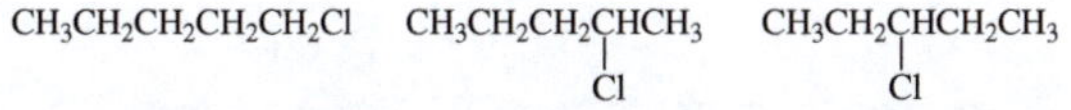 CH₃CH₂CH₂CH₂CH₂Cl (21%)   CH₃CH₂CH₂CHCH₃ com Cl (53%)   CH₃CH₂CHCH₂CH₃ com Cl (26%)

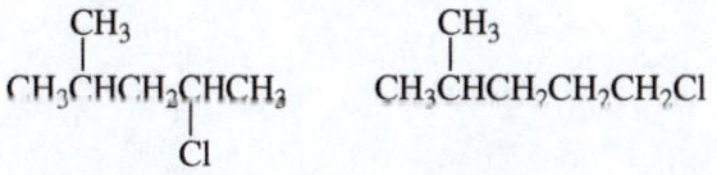

b. 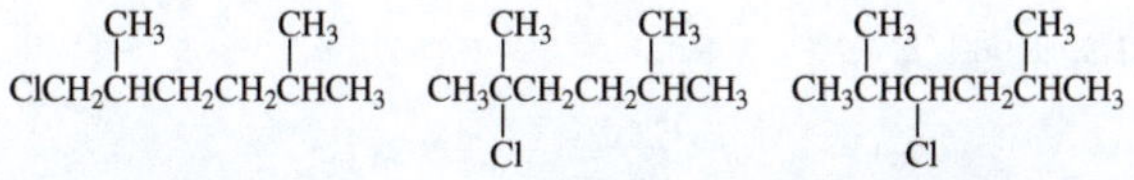 ClCH₂CHCH₂CH₂CHCH₃ com CH₃,CH₃ (32%)   CH₃CCH₂CH₂CHCH₃ com CH₃,CH₃,Cl (27%)   CH₃CHCH₂CHCH₃ com CH₃,CH₃,Cl (41%)

c. 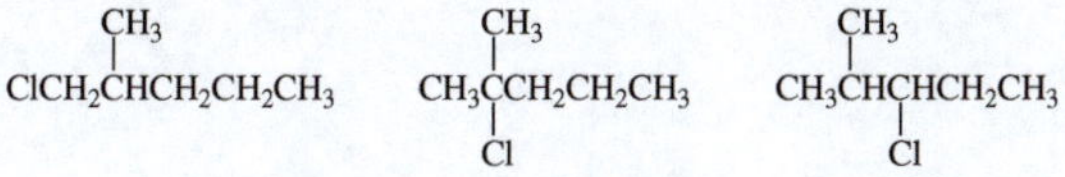 ClCH₂CHCH₂CH₂CH₃ com CH₃ (21%)   CH₃CCH₂CH₂CH₃ com CH₃,CH₃,Cl (17%)   CH₃CHCHCH₂CH₃ com CH₃,Cl (26%)
CH₃CHCH₂CHCH₃ com CH₃,Cl (26%)   CH₃CHCH₂CH₂CH₂Cl com CH₃ (10%)

9-7. a. 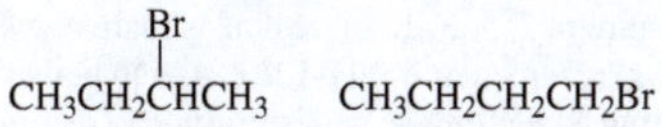 CH₃CH₂CHCH₃ com Br   CH₃CH₂CH₂CH₂Br
4 × 82 = 328   6 × 1 = 6

$\dfrac{328}{328 + 6} = \dfrac{328}{334} = 0{,}98 = 98\%$

b. 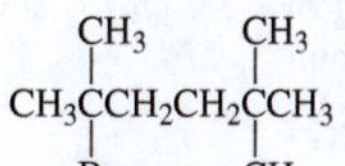 CH₃CCH₂CH₂CCH₃ com Br, CH₃, CH₃
1 × 1600 = 1600

outros produtos:
9 × 1 = 9
2 × 82 = 164
2 × 82 = 164
6 × 1 = 6
1600

$\dfrac{1600}{1943} = 0{,}82 = 82\%$

1943

9-8. 99,4% (vs. 36%)

9-9.
a. 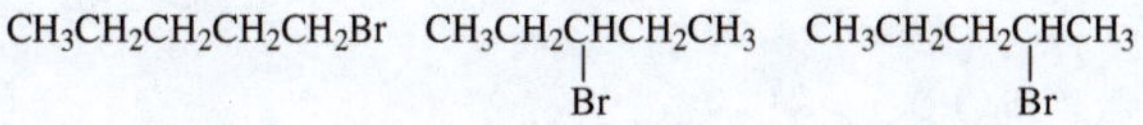 CH₃CH₂CH₂CH₂CH₂Br (1%)   CH₃CH₂CHCH₂CH₃ com Br (33%)   CH₃CH₂CH₂CHCH₃ com Br (66%)

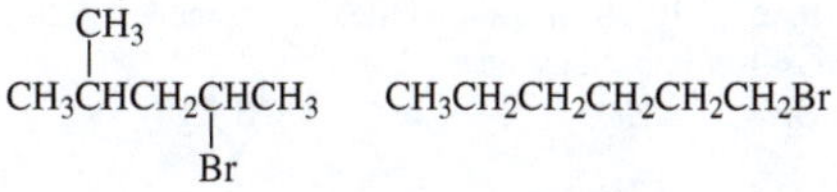

b. 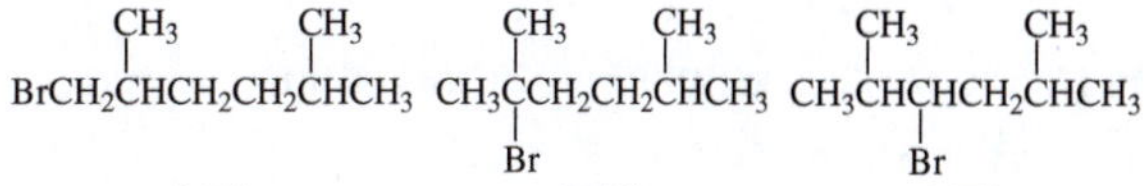 BrCH₂CHCH₂CH₂CHCH₃ (0,3%)   CH₃CCH₂CH₂CHCH₃ com Br (90,4%)   CH₃CHCHCH₂CHCH₃ com Br (9,3%)

g. 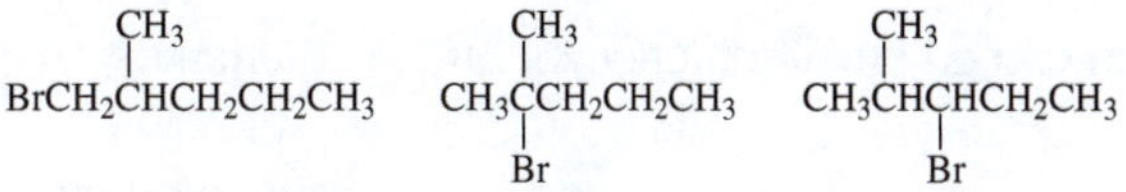 BrCH₂CHCH₂CH₂CH₃ (0,3%)   CH₃CCH₂CH₂CH₃ com Br (82,6%)   CH₃CHCHCH₂CH₃ com Br (8,5%)

CH₃CHCH₂CHCH₃ com Br (8,5%)   CH₃CH₂CH₂CH₂CH₂Br (0,2%)

9-10. a. cloração   **b.** bromação   **c.** nenhuma preferência

9-13. a. 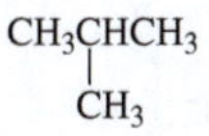 CH₃CHCH₃ com CH₃   **b.** CH₃CH₂CH₂CH₃

9-14. a. 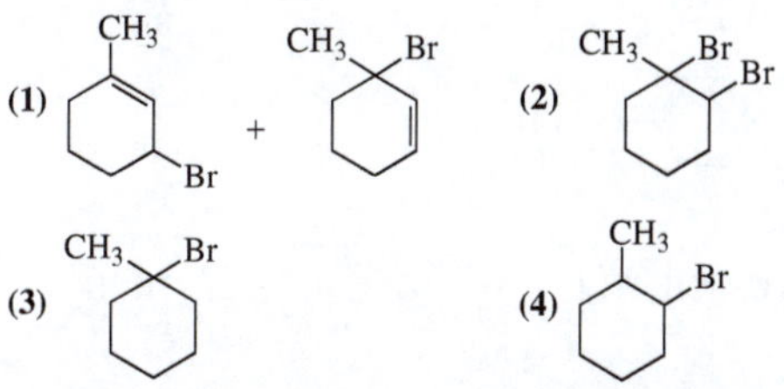 (1) 1-metilciclohex-2-enil brometo + 3-bromociclohexeno   (2) 1-bromo-2-metilciclohexano

(3) 1-bromo-1-metilciclohexano   (4) 1-bromo-2-metilciclohexano

b. 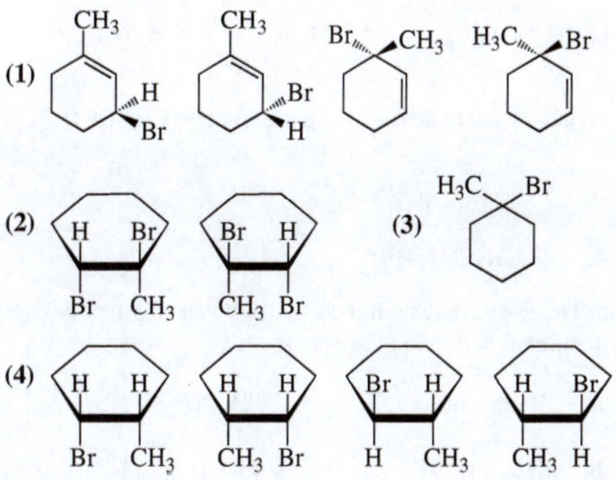 (1) estereoisômeros com CH₃ e Br (quatro estruturas)

(2) projeções com H/Br, Br/H, CH₃ (duas)   (3) H₃C,Br ciclohexano

(4) quatro projeções H/Br, CH₃

CAPÍTULO 10

10-1. diminui   **10-2.**
CH₃CH₂CH₂CH₂CH₂Br > CH₃CHCH₂CH₂Br com CH₃ > CH₃CH₂CHCH₂Br com CH₃ >
CH₃CH₂CBr com CH₃, CH₃

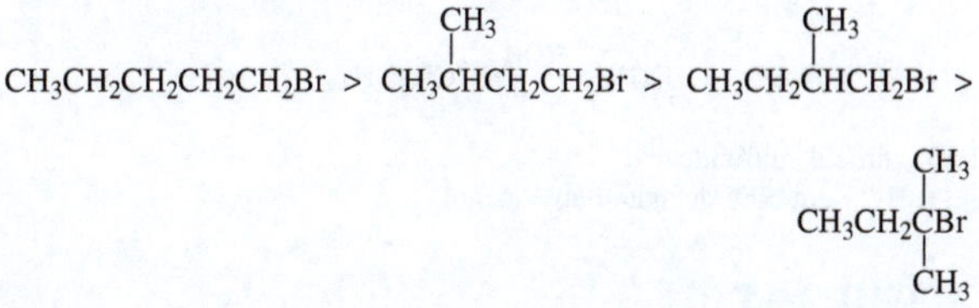

10-3. b. (S)-2-butanol   **c.** (R)-2-hexanol   **d.** 3-pentanol   **d.** 3-pentanol   **10-4. a.** RO⁻   **b.** RS⁻   **10-5. a.** aprótico   **b.** aprótico   **c.** prótico   **d.** aprótico

10-7. a. CH₃CH₂Br + HO⁻   **c.** CH₃CH₂Cl + CH₃S⁻
b. 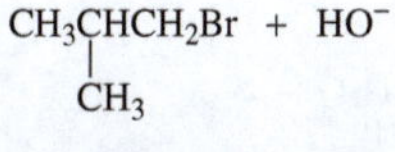 CH₃CHCH₂Br + HO⁻ com CH₃   **d.** CH₃CH₂Br + I⁻

10-11. a. CH₃CH₂OCH₃   **c.** CH₃CH₂N⁺(CH₃)₃ Br⁻
b. CH₃CH₂N₃   **d.** CH₃CH₂SCH₂CH₃

QUÍMICA ORGÂNICA

10-13. $(CH_3)_3CBr > (CH_3)_2CHBr > CH_3CH_2CH_2Br > CH_3Br$

10-15.

$CH_3CH_2\underset{Br}{C}(CH_3)CH_2CH_3 > CH_3\underset{Br}{C}HCH_2CH_2CH_3 > CH_3\underset{Cl}{C}HCH_2CH_2CH_3 > ClCH_2CH_2CH_2CH_2CH_3$

10-16. a, b, c, e **10-18.** *trans*-4-metilciclo-hexanol **10-20.** a e b
10-21. *trans*-4-bromo-2-hexeno
10-22. a. $CH_3CH_2CH_2I$ **b.** CH_3OCH_2Cl
c. $CH_3CH_2\underset{CH_3}{C}HBr$ **f.** $C_6H_5{-}CH_2Br$
d. $CH_3CH_2\underset{CH_3}{C}HCH_2Br$ **g.** $CH_3CH{=}CHCH_3$ with Br
e. $C_6H_5{-}CH_2CH_2Br$

10-23. a. $CH_3CH_2CH_2I$ **e.** $C_6H_5{-}CH_2CHCH_3$ with Br
b. CH_3OCH_2Cl **f.** $C_6H_5{-}CH_2Br$
c. igualmente reativo **g.** $CH_3CH{=}CHCH_3$ with Br
d. $CH_3CH_2CH_2\underset{CH_3}{C}HBr$

10-24. a. 1-metoxi-2-buteno **b.** 1-metoxi-2-buteno e 3-metoxi-1-buteno
10-27. a. diminui **b.** diminui **c.** aumenta

10-28. a. $CH_3Br + HO^- \longrightarrow CH_3OH + Br^-$
b. $CH_3I + HO^- \longrightarrow CH_3OH + I^-$
c. $CH_3Br + NH_3 \longrightarrow CH_3\overset{+}{N}H_3 + Br^-$
d. $CH_3Br + HO^- \xrightarrow{DMSO} CH_3OH + Br^-$
e. $CH_3Br + NH_3 \xrightarrow{EtOH} CH_3\overset{+}{N}H_3 + Br^-$

10-30. dimetil sulfóxido
10-31. HO^- em 50% de água / 50% etanol

CAPÍTULO 11

11-1. a. $CH_3CH_2CHCH_3$ with Br **c.** $CH_3CH_2CH_2\underset{CH_3}{C}(CH_3)CH_3$ with Br
b. ciclo-hexil-Br **d.** $CH_3\underset{CH_3}{C}(CH_3)CH_2CH_2Cl$

11-3. a. $CH_3CH{=}CHCH_3$ **d.** $CH_3CH{=}CHCH{=}CH_2$
b. $CH_2{=}CHCH_2CH_3$ **e.** ciclohexeno
c. $CH_3\underset{CH_3}{C}{=}CHCH_2CH_3$ **f.** $CH_3\underset{CH_3}{C}HCH{=}CHCH_3$

11-4. a. $CH_3\underset{Br}{C}H(CH_3)CHCH_2CH_3$ **c.** $CH_3CH_2\underset{Br}{C}HCH_2CH_3$
b. cicloheptil-Br **d.** $C_6H_5{-}\underset{Br}{C}HCH_2CH_3$

11-5. $CH_3\underset{CH_3}{C}{=}\underset{CH_3}{C}CH_2CH_3 > CH_3\underset{CH_3}{C}H\underset{CH_3}{C}{=}CHCH_3 > CH_3\underset{CH_3}{C}H\underset{}{C}(CH_2)CH_2CH_3$

11-8.
a. E2 $CH_3CH{=}CHCH_3$ **c.** E1 $CH_3\underset{CH_3}{C}{=}CH_2$
b. E1 $CH_3CH{=}CHCH_3$ **d.** E2 $CH_3\underset{CH_3}{C}{=}CH_2$
e. E1 $CH_3\underset{CH_3}{C}{=}\underset{CH_3}{C}CH_3$ **f.** E2 $CH_3\underset{CH_3}{C}(CH_3)CH{=}CH_2$

11-9. a. 96% **b.** 1,2%

11-10. a. 1. $CH_3CH_2CH{=}\underset{CH_3}{C}CH_3$ 2. (E)-1-fenil-1-buteno
3. CH_3CH_2 e $CH{=}CH_2$ em C=C

b. não

11-11. b. 2-metil-2-penteno **c.** (*E*)-3-metil-3-hepteno **d.** 1-metil-ciclo-hexeno
11-15. da esquerda para a direita 2, 5, 3, 1, 4 (1 é o mais reativo, 5 é o menos reativo) **11-16.** ~1 **11-17.** aumentará **11-19. a. 1.** não houve reação **2.** não houve reação **3.** substituição e eliminação **4.** substituição e eliminação **b. 1.** primariamente substituição **2.** substituição e eliminação **3.** substituição e eliminação **4.** eliminação **11-20. a.** Dificuldade de S_N2 devido ao impedimento estérico; não houve reação S_N1 devido ao carbocátion primário **b.** não houve reação E2, pois não há hidrogênios em um β-carbono; não houve reação E1 devido ao carbocátion primário.

11-21. a. $CH_3CH{=}CH_2$ **b.** $CH_3CH_2CH{=}CH_2$

11-23. $CH_3\underset{CH_3}{C}(CH_3){-}OH + CH_3\underset{CH_3}{C}(CH_3){-}OCH_2CH_3 + CH_3\underset{CH_3}{C}{=}CH_2$

11-26. a. HO–(CH$_2$)$_5$–Br **c.** HO–(CH$_2$)$_6$–Br
b. HO–(CH$_2$)$_4$–Br

CAPÍTULO 12

12-1. 3° > 1° > 2°

12-2. a. CH₃CH₂CHCH₃
                     |
                     Br

c. CH₃
         |
    CH₃C—CHCH₃
         | |
         Br CH₃

b. cyclopentane with CH₃ and Cl on same carbon

d. cyclohexane with CH₃, CH₂CH₃, and Cl

12-7. cyclopentane with Br and CH₃

12-10. a. CH₃CH₂CHCH₂OH
                       |
                       CH₃

c. CH₃CH₂CHCH₂CH₃
                |
                OH

b. cyclohexane with CH₃ and OH

d. cyclohexane with CH₂OH

12-12. a. CH₃CH₂C=CCH₃
                     | |
                    CH₃ CH₃

d. cyclohexene with CH₃

b. cyclopentene with CH₂CH₃

e. CH₃CH₂C=CCH₃
                | |
               CH₃ CH₃

c. cyclohexadiene

f. CH₃CH₂   H
             \\ /
              C=C
             /   \\
            H   CH₃

12-14. Não, F⁻ é um nucleófilo muito pobre.

12-16. a. epoxide with CH₂CH₂CH₃

c. H₃C   CH₃
          \\ O /
           \\ /
            C—C
           / \\
         H₃C CH₃

b. cyclohexane epoxide

d. H₃C   O
          \\ / \\
           C—C—CH₂CH₃
          /
        H₃C

12-18. a. HOCH₂CCH₃
                    |
                   OCH₃
                    |
                   CH₃

c. HOCH—CCH₃
             | |
            OCH₃ CH₃
                  |
                 CH₃

b. CH₃OCH₂CCH₃
                  |
                 OH
                  |
                 CH₃

d. CH₃OCH—CCH₃
               | |
              CH₃ OH
                    |
                   CH₃

12-19. éter nãocíclico

12-21. OH
            |
           benzene ring with CH₃ para

12-22. Os produtos são os mesmos.

12-28. a. CH₃CH₂CH₂CH₂CH₂OH

c. cyclohexyl—CH₂CH₂OH

b. phenyl—CH₂CH₂CH₂OH

12-31. Todos ocorrem. **12-32.** (CH₃)₄Si

12-35.

a. phenyl—Br

b. phenyl—CH=CH—Br

c. phenyl—C(=CH₂)—CH₂Br

12-36. 1-pentino

12-37.

CH₃C(O)—phenyl—Br e CH₂=CH—phenyl—OCH₃

CH₃C(O)—phenyl—CH=CH₂ e Br—phenyl—OCH₃

CAPÍTULO 13

13-2. m/e = 57   **13-5.** 8   **13-6.** C₆H₁₄   **13-8. a.** 2-metoxi-2-metilpropano **b.** 2-metoxibutano **c.** 1-metoxibutano

13-9. CH₂=ÖH⁺

13-11. a. 2-pentanona **b.** 3-pentanona   **a.** 3-pentanol **b.** 2-pentanol

13-14. a. 2.000 cm⁻¹ **b.** 8 μm **c.** 2 μm   **13-15. a.** 2.500 cm⁻¹ **b.** 50 μm

13-16. C=O

13-17. a. 1. C≡C   **2.** estiramento C—H   **3.** C=N
         b. 1. C—O   **2.** C—C

13-18. a. estiramento carbono-nitrogênio de uma amida **b.** estiramento carbono–oxigênio de um fenol **c.** estiramento da ligação dupla carbono–oxigênio de uma cetona **d.** estiramento carbono–oxigênio

13-19. sp³

13-20. a. δ-lactone > cyclohexanone > δ-lactam

b. γ-butyrolactone > 2-furanone > 3-furanone

c. H—C(=O)—H > CH₃—C(=O)—H > CH₃—C(=O)—CH₃

13-21. etanol dissolvido em dissulfeto de carbono   **13-24. a.** cetona **b.** amina terciária   **13-27.** 2-butino, H₂, Cl₂, eteno   **13-28.** trans-2-hexeno
13-29. metil–vinil–cetona

CAPÍTULO 14

14-1. 43 MHz   **14-2. a.** 8.46 T **b.** 11,75 T   **14-3. a.** 2 **b.** 1 **c.** 3 **d.** 4 **e.** 3 **f.** 4 **g.** 3 **h.** 3 **i.** 5 **j.** 4 **k.** 2 **l.** 3 **m.** 3 **n.** 1 **o.** 3

14-5.

cyclopropane structures:
1: Cl, Cl
2: H, Cl, Cl, H
3: H, H, Cl, Cl

14-6. a. 2,0 ppm **b.** 2,0 ppm **c.** 200 Hz   **14-7. a.** 1,5 ppm **b.** 30 hertz

14-8. para a direita do sinal do TMS **14-9. a.** em cada estrutura, são os prótons do grupo metila do lado esquerdo da estrutura **b.** em cada estrutura, é o próton(s) do carbono do lado direito da estrutura **14-10.** primeiro espectro = 1-iodopropano

14-11.
a. 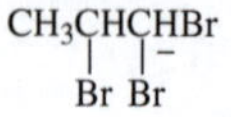 CH$_3$CH̲CH̲Br
      | |
     Br Br

c. 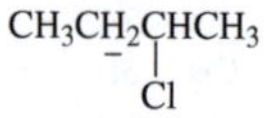 CH$_3$CH̲$_2$CH̲CH$_3$
            |
           Cl

e. CH$_3$CH$_2$CH=CH̲$_2$

b. 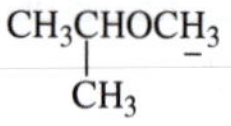 CH$_3$CH̲OCH$_3$
      |
    CH$_3$

d. 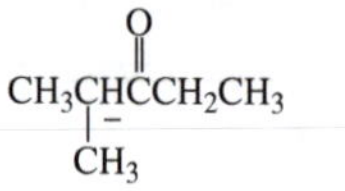 CH$_3$CH̲CCH$_2$CH$_3$ (com C=O)
     |
   CH$_3$

14-12. a. CH$_3$CH$_2$CH̲$_2$Cl **c.** 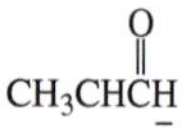 CH$_3$CH̲C̲H (com C=O)
b. 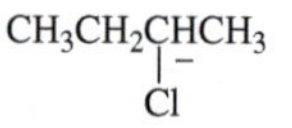 CH$_3$CH$_2$CH̲CH$_3$
           |
          Cl

14-14. As substâncias têm razões de integração diferentes: 2:9, 1:3 e 2:1

14-16. CH$_3$—⟨benzeno⟩—CH$_3$

14-17. 9,25 ppm = hidrogênios que se direcionam para fora; −2,88 ppm = hidrogênios que se direcionam para dentro   **14-19. a.** ácido 2-cloropropanóico **b.** ácido 3-cloropropanóico

14-24. a. propilbenzeno **b.** 3-pentanona **c.** benzoato de etila

14-26. a. CH$_3$OCH$_2$CH$_2$OCH$_3$ **c.** 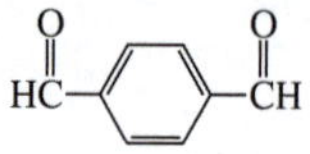 HC(=O)—⟨benzeno⟩—CH(=O)

b. 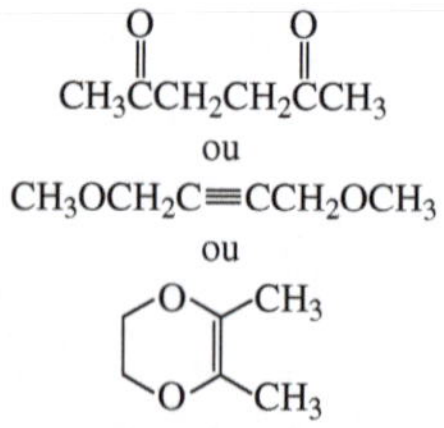 CH$_3$CCH$_2$CH$_2$CCH$_3$ (dicetona)
ou
CH$_3$OCH$_2$C≡CCH$_2$OCH$_3$
ou
dioxano-2,3-dimetil

14-29. CH$_3$O—⟨benzeno⟩—CH$_3$ **14-33.** etanol puro

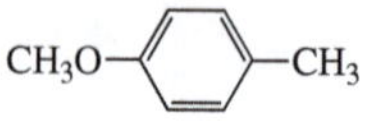

14-35. propanamida

Glossário

absortividade molar: absorbância obtida de uma solução a 1,00 M em uma célula com um percurso de luz de 1 cm.

acetal: $\text{RCH}\begin{subarray}{c}\text{OR}\\|\\|\\\text{OR}\end{subarray}$

acíclico: não cíclico.
ácido aldárico: ácido dicarboxílico com um OH ligado a cada carbono. Obtido pela oxidação dos grupos aldeído e álcool primário de uma aldose.
ácido aldônico: ácido carboxílico com um grupo OH ligado a cada carbono. Obtido por oxidação de grupo aldeído de uma aldose.

ácido carboxílico: $\text{R}-\overset{\overset{\text{O}}{\|}}{\text{C}}-\text{OH}$

ácido conjugado: espécie que aceita um próton para formar seu ácido conjugado.
ácido de Brønsted: substância que doa um próton.
ácido de Lewis: substância que aceita um par de elétrons.
ácido desoxirribonucléico (DNA): polímero de desoxirribonucleotídeos.
ácido fosfatídico: fosfoacilglicerol em que somente um dos grupos OH do fosfato está em uma ligação éster.
ácido graxo poliinsaturado: ácido graxo com mais de uma ligação dupla.
ácido graxo: ácido carboxílico de cadeia longa.
ácido nucleico peptídico (PNA): polímero que contém tanto um aminoácido quanto uma base designada para ligar a resíduos específicos de DNA ou mRNA.
ácido nucleico: os dois tipos de ácidos nucleicos são DNA e RNA.
ácido ribonucleico (RNA): polímero de ribonucleotídeos.
ácido: substância que doa próton.
ácidos biliares: esteróides que agem como agentes emulsificantes de maneira que substâncias insolúveis em água podem ser digeridas.
acilação de Friedel–Crafts: reação de substituição eletrofílica que coloca um grupo acila no anel benzênico.
acoplamento a longa distância: desdobramento de um próton por um próton distante em mais de três ligações σ.
acoplamento de spin: átomo que implica sinal de RMN acoplado ao resto da molécula.
acoplamento geminal: compartilhamento mútuo de dois prótons não idênticos ligados ao mesmo carbono.
acoplamento spin–spin: desdobramento de um sinal em um espectro de RMN descrito pela regra $N+1$.
açúcar desoxi: açúcar em que um dos grupos OH foi trocado por um H.
açúcar não reduzido: açúcar que não pode ser oxidado por reagentes como Ag^+ e Cu^+. Açúcares não redutores não estão em equilíbrio com as aldoses e cetoses de cadeia aberta.
açúcar redutor: açúcar que pode ser oxidado por reagentes como Ag^4 ou Br_2. Açúcares redutores estão em equilíbrio com aldoses ou cetoses de cadeia aberta.
adenilato de acila: derivado de ácido carboxílico cujo grupo de saída é AMP.
adição 1,2 (adição direta): adição nas posições 1 e 2 de um sistema conjugado.
adição 1,4 (adição conjugada): adição nas posições 1 e 4 de um sistema conjugado.
adição a carbonila (adição direta): adição nucleofílica ao carbono carbonílico.
adição aldólica cruzada (mista): adição aldólica em que duas substâncias carboniladas diferentes são usadas.
adição aldólica mista (cruzada): adição aldólica em que duas substâncias carboniladas diferentes são usadas.
adição aldólica: reação entre duas moléculas de um aldeído (ou duas moléculas de cetona) que conectam o carbono α de um com o carbono carbonílico de outro.
adição anti: reação de adição na qual dois substituintes são adicionados a lados opostos da molécula.
adição cabeça-cauda: cabeça de uma molécula é adicionada à cauda de uma outra.
adição conjugada: adição 1,4.
adição direta: adição 1,2.
adição sin: reação de adição em que dois substituintes são adicionados no mesmo lado da molécula.
afinidade eletrônica: energia liberada quando um átomo ganha um elétron.
agente antigênico: polímero designado a ligar-se a um sítio de DNA.
agente anti-sensor: polímero projetado para se ligar a um sítio do mRNA.
alcalóide: produto natural, com um ou mais nitrogênios como heteroátomos, encontrado em folhas, cascas ou sementes de plantas.
alcano de cadeia linear: alcano em que os carbonos formam uma cadeia contínua sem ramificações.
alcano normal (alcano de cadeia reta): alcano em que os carbonos formam uma cadeia contínua sem ramificações.
alcano: hidrocarboneto que possui somente ligações simples.
alceno: hidrocarboneto que possui uma ligação dupla.
alcino interno: alcino com uma ligação tripla que não esteja no final da cadeia de carbono.
alcino terminal: alcino com a ligação tripla no final da cadeia de carbono.
alcino: hidrocarboneto que possui uma ligação tripla.
álcool primário: álcool em que o grupo OH está ligado a um carbono primário.
álcool secundário: álcool no qual o grupo OH está ligado a um carbono secundário.
álcool terciário: álcool em que o grupo OH está ligado a um carbono terciário.
álcool: substância com um grupo OH no lugar de um dos hidrogênios de um alcano; (ROH).
alcoólise: reação com um álcool.
alcoximercuração: adição de álcool a um alceno com utilização de sal de mercúrio de um ácido carboxílico como catalisador.

aldeído: $\text{R}\overset{\overset{\text{O}}{\|}}{\text{C}}\text{H}$

alditol: substância com um grupo OH ligado a cada carbono. Obtido pela redução de uma aldose ou cetose.
aldose: poli-hidroxialdeído.
aleno: substância com duas duplas adjacentes.
alifático: substância orgânica não aromática.
alquilação de Friedel–Crafts: reação de substituição eletrofílica que coloca um grupo alquila em um anel benzênico.

amida: $\text{R}-\overset{\overset{\text{O}}{\|}}{\text{C}}-\text{NH}_2,\ \text{R}-\overset{\overset{\text{O}}{\|}}{\text{C}}-\text{NHR},\ \text{R}-\overset{\overset{\text{O}}{\|}}{\text{C}}-\text{NR}_2$

amina: substância com um nitrogênio no lugar de um hidrogênio de um alcano; (RNH_2, R_2NH, R_3N).
amina primária: amina com um grupo alquila ligado ao nitrogênio.

G-1

amina secundária: amina com dois grupos alquila ligados ao nitrogênio.
amina terciária: amina com três grupos alquila ligados ao nitrogênio.
aminação redutiva: reação de um aldeído ou uma cetona com amônia ou com uma amina primária na presença de um agente redutor (H_2/Raney Ni).
aminoácido: ácido α-aminocarboxílico. Os aminoácidos de ocorrência natural têm a configuração L.
aminoácido C-terminal: aminoácido terminal de um peptídeo (ou proteína) que tem um grupo carboxila livre.
aminoácido essencial: aminoácido que humanos devem obter de sua dieta, pois eles não podem sintetizá-lo completamente ou não podem sintetizá-lo em quantidades adequadas.
aminoácido **N-terminal:** aminoácido terminal do peptídeo (ou proteína) que tem um grupo amina livre.
aminoaçúcar: açúcar no qual um dos grupos OH é substituído por um grupo NH_2.
aminólise: reação com uma amina.
anabolismo: reações realizadas por organismos vivos e cuja função é sintetizar moléculas complexas a partir de moléculas precursoras simples.
analisador de aminoácidos: instrumento que automatiza a separação por troca iônica de aminoácidos.
análise conformacional: investigação das várias conformações de uma substância e de sua estabilidade relativa.
análise de orbital de fronteira: determinação do resultado de uma reação pericíclica com o uso de orbitais de fronteira.
análise elementar: determinação das proporções relativas dos elementos presentes em uma substância.
análogo de estado de transição: substância que é estruturalmente similar ao estado de transição de uma reação catalisada por enzima.
andrógênios: hormônios sexuais masculinos.
anelação de Robinson: reação de Michael seguida de uma condensação aldólica intramolecular.
angstrom: unidade de comprimento; 100 picômetros = 10^{-8} cm = 1 angstrom
ângulo de ligação tetraédrico: ângulo de ligação (109,5°) formado por ligações adjacentes de um carbono hibridizado sp^3.

anidrido de ácido: R—C(=O)—O—C(=O)—R

anidrido misto: anidrido ácido com dois grupos R diferentes.

R—C(=O)—O—C(=O)—R'

anidrido simétrico: anidrido ácido com grupos R idênticos:

R—C(=O)—O—C(=O)—R

ânion radical: espécie com carga negativa e um elétron livre.
anisotropia magnética: termo usado para descrever a maior liberdade de uma nuvem eletrônica π para mover em resposta a um campo magnético como consequência de maior polaridade de elétrons π comparados com elétrons σ.
anômeros: dois açúcares cíclicos que diferem na configuração somente no carbono que é o carbono carbonílico na forma de cadeia aberta.
antiaromático: substância cíclica e planar com um anel ininterrupto de átomos que contêm orbitais p, com um número par de pares de elétrons π.
antibiótico: substância que interfere no crescimento de um microorganismo.
anticódon: as três bases da parte inferior do laço no tRNA.
anticorpo catalítico: substância que facilita uma reação por forçar a configuração de um substrato na direção do estado de transição.
anticorpos: substâncias que reconhecem partículas estranhas ao corpo.
antigênicos: substâncias que podem gerar resposta do sistema imune.
antiperiplanar: substituintes paralelos em lados opostos de uma molécula.
anuleno: hidrocarboneto monocíclico com alternância de ligações dupla e simples.

apoenzima: enzima sem seu co-fator.
aquiral (opticamente inativo): uma molécula apresenta uma conformação superponível à sua imagem especular.
aramida: poliamida aromática.
areno óxido: substância aromática que tem uma de suas ligações duplas convertida em epóxido.
aromático: substância cíclica e planar com anel ininterrupto de átomos que contêm orbitais p com um número ímpar de pares de elétrons π.
árvore sintética: esquema das rotas disponíveis para se obter um produto desejado do material de partida disponível.
assistência anquimérica (catálise intramolecular): catálise em que o catalisador que facilita a reação é parte da molécula que está passando pela reação.
ataque *back-side*: ataque nucleofílico ao carbono pelo lado oposto ao que está ligado o grupo de saída.
ativo oticamente: desvia o plano da luz polarizada.
atração eletrostática: força atrativa entre cargas opostas.
auto-radiografia: técnica usada para determinar a seqüência básica de DNA.
auxiliar quiral: substância pura enantiomericamente que, ao atacar um reagente, gera um produto a ser formado com uma configuração especial.
auxocromo: substituinte que, quando ligado a um cromóforo, altera o $\lambda_{máx}$ e a intensidade de absorção da radiação UV/Vis.
aziridina: substância com anel de três membros em que um dos átomos do anel é um nitrogênio.
banda de absorção: um sinal em um espectro que ocorre como resultado da absorção de energia.
banda de combinação: ocorre na soma de duas freqüências de absorção fundamental. ($v_1 + v_2$).
banda harmônica: absorção que ocorre como um múltiplo da freqüência de absorção fundamental (v_l, $3v_l$).
base conjugada: espécie que perde um próton para formar sua base conjugada.
base de Brønsted: substância que aceita um próton.
base de Lewis: substância que doa um par de elétrons
base de Schiff: $R_2C{=}NR$.
base¹: substância que aceita um próton.
base²: substância heterocíclica (purina ou pirimidina) em DNA e RNA.
basicidade: tendência de uma substância de compartilhar seus elétrons com um próton.
biblioteca combinatória: grupo de substâncias estruturalmente relacionadas.
biopolímero: polímero que é sintetizado na natureza.
bioquímica (química biológica): química do sistema biológico.
biossíntese: síntese em um sistema biológico.
biotina: coenzima requerida por enzimas que catalisam carboxilação de um carbono adjacente a um grupo éster ou um grupo ceto.
blindagem: fenômeno causado pela doação de elétron ao ambiente de um próton. Os elétrons protegem o próton do efeito total do campo magnético aplicado. Quanto mais um próton for protegido, tanto mais à direita seu sinal vai aparecer em um espectro de RMN.
calor de combustão: quantidade de calor dada quando uma substância que contém carbono reage completamente com O_2 para formar CO_2 e H_2O.
calor de formação: calor fornecido quando uma substância é formada dos seus elementos sob condições padrão.
calor de hidrogenação: calor ($-\Delta H°$) liberado em uma reação de hidrogenação.
camada dupla lipídica: duas camadas de fosfoacilgliceróis organizadas de modo que suas cabeças polares estão para fora e suas cadeias de ácido graxo não polares estão para dentro.
campo magnético aplicado: campo magnético aplicado externamente.
campo magnético efetivo: campo magnético que um próton 'sente' através da nuvem de elétrons.
carbânion: espécie que contém um carbono carregado negativamente.
carbeno: espécie com um carbono que tem um par de elétrons livre e um orbital vazio (H_2C:).
carbocátion primário: carbocátion com a carga positiva no carbono primário.

carbocátion secundário: carbocátion com uma carga positiva em um carbono secundário.
carbocátion terciário: carbocátion com a carga positiva no carbono terciário.
carbocátion: espécie que contém um carbono carregado positivamente.
carboidrato complexo: carboidrato que contém ligadas duas ou mais moléculas de açúcar.
carboidratos (monossacarídeos): única molécula de açúcar.
carboidratos: açúcar ou sacarídeo. Carboidratos de ocorrência natural têm configuração D.
carbono ácido: substância que contém um carbono que é ligado a um hidrogênio relativamente ácido.
carbono alílico: carbono em sp^3 adjacente a um carbono vinílico.
carbono anomérico: carbono de um açúcar cíclico que é um carbono carbonílico na forma de cadeia aberta.
carbono assimétrico: carbono ligado a quatro átomos ou grupos diferentes.
carbono benzílico: carbono hibridizado em sp^3 ligado a um anel benzeno.
carbono carbonílico pró-quiral: carbono carbonílico que se tornará um centro quiral se for ligado a qualquer grupo diferente daqueles ligados a ele.
carbono carbonílico: carbono de um grupo carbonila.
carbono primário: carbono ligado a somente um outro carbono.
carbono secundário: carbono ligado a dois carbonos secundários.
carbono terciário: carbono ligado a três outros carbonos.
carbono tetraédrico: carbono hibridizado sp^3; carbono que forma ligações covalentes usando quatro orbitais hibridizado sp^3.
carbono trigonal planar: carbono hibridizado em sp^2.
carbono vinílico: carbono em uma ligação dupla carbono–carbono.
carbono α: carbono adjacente ao carbono carbonílico.
carga formal: número de elétrons de valência – (número de elétrons não ligantes + 1/2 número de elétrons ligantes).
cargas separadas: carga positiva e outra negativa que podem ser neutralizadas pelo movimento dos elétrons.
carotenóide: classe de substâncias (um tetraterpeno) responsável pela cor vermelha e laranja das frutas, vegetais e folhas senescentes.
catabolismo: reações realizadas pelos organismos vivos para quebrar moléculas complexas em moléculas simples e em energia.
catalisador ácido: catalisador que aumenta a velocidade de uma reação por doação de um próton.
catalisador básico: catalisador que aumenta a velocidade de reação pela remoção de um próton.
catalisador de metal de transição: catalisador que contém um metal de transição, como $Pd(PPh_3)_4$, usado em reações de acoplamento.
catalisador de transferência de fase: substância que transporta um reagente polar em uma fase não polar.
catalisador de Ziegler–Natta: iniciador de alumínio–titânio que controla a estereoquímica de um polímero.
catalisador heterogêneo: catalisador que é insolúvel à mistura reacional.
catalisador homogêneo: catalisador que é solúvel na mistura reacional.
catalisador nucleofílico: catalisador que aumenta a velocidade de uma reação por agir como um nucleófilo.
catalisador: espécie que aumenta a velocidade em que uma reação ocorre sem ser consumida na reação. Como ela não muda a constante de equilíbrio da reação, não muda a quantidade do produto que é formado.
catálise ácida específica: catálise em que o próton é completamente transferido ao reagente antes que a etapa lenta da reação ocorra.
catálise ácida geral: catálise em que um próton é transferido ao reagente durante a etapa lenta de reação.
catálise básica específica: catálise em que o próton é completamente removido do reagente antes que a etapa lenta da reação ocorra.
catálise básica geral: catálise em que um próton é removido ao reagente durante a etapa lenta de reação.
catálise covalente (catálise nucleofílica): catálise que ocorre como resultado da formação de uma ligação covalente de um nucleófilo com um dos reagentes.
catálise de íon metálico: catálise em que a espécie que facilita a reação é um íon metálico.
catálise de transferência de fase: catálise de uma reação por proporcionar um modo de trazer um reagente polar em uma fase apolar de maneira que a reação entre uma substância polar e uma apolar possa ocorrer.

catálise eletrofílica: catálise em que a espécie que facilita a reação é um eletrófilo.
catálise eletrostática: estabilização de uma carga por uma carga oposta.
catálise intramolecular (assistência anquimérica): catálise na qual o catalisador que facilita a reação é parte da molécula, passando por reação.
catálise nucleofílica (catálise covalente): catálise que ocorre como resultado de um nucleófilo que forma uma ligação covalente com um dos reagentes.
cátion alílico: espécie com uma carga positiva no carbono alílico.
cátion benzílico: substância com carga positiva em um carbono benzílico.
cátion radicalar: espécie com carga positiva e um elétron livre.
cátion vinílico: substância com uma carga positiva no carbono vinílico.
cefalina: fosfoacilglicerol em que o segundo grupo OH do fosfato tenha formado um éster com etanolamina.
centro estereogênico (centro estérico): átomo em que um intercâmbio de dois substituintes produz um estereoisômero.
centro pró-quiral: carbono ligado a dois hidrogênios que se tornará um centro quiral se um desses hidrogênios for substituído por deutério.
centro quiral: átomo tetraédrico ligado a quatro grupos diferentes.
cera: éster formado por um ácido carboxílico de cadeia longa e um álcool de cadeia longa.
cerebrosídeo: espingolipídeo em que o grupo OH terminal da espingosina é ligada a um resíduo de açúcar.

$$\text{cetal } R\underset{\underset{OR}{|}}{\overset{\overset{OR}{|}}{C}}R$$

$$\text{cetona } R\overset{\overset{O}{\|}}{C}R$$

cetose: poliidroxicetona.

$$\text{Cianoidrina: } R\underset{\underset{C\equiv N}{|}}{\overset{\overset{OH}{|}}{C}}R(H)$$

ciclo de Krebs (ciclo do ácido cítrico; ciclo do ácido tricarboxílico, ciclo TCA): série de reações que converte o grupo acetila do acetil-CoA em duas moléculas de CO_2.
ciclo do ácido cítrico (ciclo de Krebs): série de reações que converte o grupo acetil do acetil-CoA em duas moléculas de CO_2.
cicloalcano: alcano cuja cadeia de carbonos organiza-se em um anel fechado.
ciência de materiais: a ciência de criar os materiais novos para serem usados no lugar dos materiais conhecidos como o metal, o vidro, a madeira, o cartão e o papel.
cinética: campo da química que discute as velocidades de reações químicas.
clivagem α: clivagem homolítica de um substituinte alfa.
clivagem de ligação heterolítica (heterólise): rompimento de uma ligação com o resultado que ambos os elétrons compartilhados permanecem com um dos átomos.
clivagem de ligação homolítica (homólise): rompimento de uma ligação com o resultado que cada átomo fica com um dos elétrons compartilhados.
clivagem oxidativa: reação de oxidação que corta o reagente em duas ou mais partes.
código genético: aminoácido especificado a cada seqüência de três bases do mRNA.
códon de parada: códon no qual a síntese de proteínas é interrompida.
códon: seqüência de três bases de mRNA que especifica o aminoácido a ser incorporado em uma proteína.
coeficiente de dissociação: relação das quantidades de uma substância dissolvida em cada um de dois solventes no contato.
coenzima A: tiol usado por organismos biológicos que formam tioésteres.
coenzima B_{12}: coenzima requerida pelas enzimas que catalisam determinadas reações de rearranjo.
coenzima: co-fator que é uma molécula orgânica.

co-fator: molécula orgânica ou um íon metálico de que certas enzimas necessitam para catalisar uma reação.
colesterol: esteróide que é precursor de todos os outros esteróides animais.
combinação linear de orbitais atômicos (CLOA): combinação de orbitais atômicos para produzir um orbital molecular.
complexo coroa–hóspede: complexo formado quando um éter coroa liga-se a um substrato.
complexo pi: complexo formado entre um eletrófilo e uma ligação tripla.
comprimento de ligação: distância intermolecular entre dois átomos na energia mínima (estabilidade máxima).
comprimento de onda: distância de qualquer ponto de uma onda ao ponto correspondente na onda seguinte (normalmente um unidades de μm ou nm).
condensação aldólica: adição de aldol seguida de eliminação de água.
condensação de Claisen: reação entre duas moléculas de um éster que liga o carbono α de um com o carbono carbonílico de outro, e elimina um íon alcóxido.
condensação de Dieckmann: condensação de Claisen intramolecular.
condensação de Knoevenagel: condensação de um aldeído ou uma cetona sem hidrogênios α e uma substância com um carbono α ligado a dois grupos retiradores de elétrons.
condensação de Perkin: condensação de um aldeído aromático e ácido acético.
condensação mista de Claisen: condensação de Claisen em que dois ésteres diferentes são usados.
configuração absoluta: estrutura tridimensional de uma substância quiral. A configuração é designada por R ou S.
configuração eletrônica em estado excitado: configuração eletrônica resultante de quando um elétron na configuração eletrônica do estado fundamental é movido para um orbital mais elevado.
configuração eletrônica no estado fundamental: descrição que os orbitais de elétrons de um átomo ou molécula ocupam quando todos os elétrons de um átomo estão em seus orbitais de maior energia.
configuração em laço (conformação espiralada): parte de uma proteína que é altamente ordenada, mas não em uma hélice α ou folha pregueada β.
configuração R: depois de atribuir as prioridades relativas dos quatro grupos ligados ao centro quiral, se o grupo de menor prioridade estiver no eixo vertical da projeção de Fischer (ou apontando para longe do observador na fórmula em perspectiva), uma seta desenhada do grupo de maior prioridade para o grupo com a prioridade seguinte vai em sentido anti-horário.
configuração relativa: configuração de uma substância relacionada à configuração de outra substância.
configuração S: após atribuir as prioridades relativas dos quatro grupos ligados ao centro quiral, se o grupo de menor prioridade estiver no eixo vertical da projeção de Fischer (ou apontando para longe do observador na fórmula em perspectiva) uma seta desenhada do grupo de maior prioridade para o grupo com a prioridade seguinte irá em sentido horário.
configuração: estrutura tridimensional de um átomo particular em uma substância. A configuração é designada por R ou S.
conformação E: conformação de um ácido carboxílico ou de um derivado de ácido carboxílico em que o oxigênio carbonílico e o substituinte ligado ao oxigênio carbonílico ou nitrogênio estão em lados opostos da ligação simples.
conformação eclipsada: conformação em que as ligações em carbonos adjacentes estão alinhadas se vistas ao longo da ligação carbono–carbono.
conformação em bote torcido (ou em bote inclinado): conformação de ciclo-hexano.
conformação em bote: conformação do ciclo-hexano que se assemelha a um barco.
conformação em cadeia: conformação do ciclo-hexano que se assemelha a uma cadeia. Ela é a conformação mais estável do ciclo-hexano.
conformação em oposição: conformação em que as ligações em um carbono dividem ao meio o ângulo de ligação de um carbono adjacente quando o observador despreza a ligação carbono–carbono.
conformação espiralada (conformação alça): que parte de uma proteína que é altamente ordenada, mas não em uma hélice α ou uma folha pregueada β.

conformação meia-cadeira: conformação menos estável do ciclo-hexano.
conformação s-cis: conformação na qual duas ligações duplas estão do mesmo lado de uma ligação simples.
conformação s-trans: conformação em que duas ligações duplas estão em lados opostos de uma ligação simples.
conformação Z: conformação de um ácido carboxílico ou de um derivado de ácido carboxílico em que o oxigênio carbonílico e o substituinte ligado ao oxigênio ou ao nitrogênio carboxílico estão do mesmo lado da ligação simples.
conformação: formato tridimensional de uma molécula em determinado instante que pode modificar-se como resultado da rotação de ligações σ.
confôrmero anti: o mais estável dos confôrmeros em oposição.
confôrmero *gauche*: confôrmero em que os substituintes maiores estão *gauche* um em relação ao outro.
confôrmeros: diferentes conformações de uma molécula.
conjugação cruzada: conjugação não linear.
conjugação linear: átomos em sistema conjugado estão em um arranjo linear.
constante de acoplamento: diferença (em hertz) entre dois sinais adjacentes de um sinal desdobrado de RMN.
constante de dissociação ácida: medida do grau no qual um ácido se dissocia na solução.
constante de equilíbrio: relação entre produtos e reagentes em equilíbrio ou relação entre a constante de velocidade das reações e as reações inversas.
constante de sedimentação: designa onde uma espécie se sedimenta em uma ultracentrífuga.
constante de velocidade de primeira ordem: constante de velocidade de uma reação de primeira ordem.
constante de velocidade de segunda ordem: constante de velocidade de uma reação de segunda ordem.
constante de velocidade: medida de com que facilidade ou dificuldade o estado de transição de uma reação é alcançado (para ultrapassar a barreira de energia de uma reação).
constante dielétrica: medida de quanto um solvente pode insular cargas opostas de um outro.
controle cinético: quando uma reação está sob controle cinético, as quantidades relativas dos produtos dependem dos graus em que eles são formados.
controle de equilíbrio: controle termodinâmico.
controle termodinâmico: quando uma reação está sob controle termodinâmico, as quantidades relativas dos produtos dependem de suas estabilidades.
copolímero alternado: copolímero em que dois monômeros se alternam.
copolímero em bloco: copolímero onde há regiões (blocos) de cada tipo de monômero.
copolímero enxertado: copolímero que contém ramificações de um polímero de um monômero enxertado em uma estrutura de um polímero derivada de um outro monômero.
copolímero randômico: copolímero com uma distribuição randômica dos monômeros.
copolímero: polímero formado por dois ou mais monômeros diferentes.
corrente de anel: movimento de elétrons π ao redor de um anel benzênico aromático.
criptando: substância policíclica tridimensional que se liga a um substrato, envolvendo-o.
criptato: complexo formado quando um criptando liga-se ao substrato.
cristalitos: regiões de um polímero em que a cadeia está altamente ordenada.
cromatografia de troca iônica: técnica que usa uma coluna empacotada com uma resina insolúvel para separar substâncias com base nas suas cargas e polaridades.
cromatografia em camada fina: técnica que separa substâncias tendo como base sua polaridade.
cromatografia: técnica de separação em que a mistura a ser separada é dissolvida em um solvente e o solvente é passado por uma coluna empacotada com uma fase estacionária absorvente.
cromóforo: parte de uma molécula responsável por um espectro UV ou visível.
curva de titulação: gráfico do pH *versus* equivalentes adicionados do íon hidróxido.

decaimento de indução livre: relaxamento do núcleo excitado.
deformação axial: deformação que ocorre ao longo da linha de uma ligação.
degradação de Hofmann: metilação exaustiva de uma amina, seguida de uma reação com Ag_2O, seguida por aquecimento a fim de alcançar uma reação de eliminação de Hofmann.
degradação de Ruff: método usado para reduzir a aldose de um carbono.
derivado de ácido carboxílico: substância que é hidrolisada a um ácido carboxílico.
desacoplamento 'off-resonance': modo em espectroscopia de RMN ^{13}C em que o desdobramento spin–spin ocorre entre carbonos e os hidrogênios ligados a ele.
desacoplamento de spin: átomo que implica sinal de RMN desacoplado ao resto da molécula.
desaminação: perda de amônia.
descarboxilação: perda de dióxido de carbono.
desconexão: quebra de uma ligação do carbono para originar uma espécie simples.
desidratação: perda de água.
desidroalogenação: eliminação de um próton e um íon haleto.
desidrogenase: enzima que realize reação de oxidação pela remoção de um hidrogênio do substrato.
deslocamento 1,2 de hidreto: movimento de um íon hidreto do carbono para um carbono adjacente.
deslocamento 1,2 de metila: movimento de um grupo metila com seus elétrons de ligação de um carbono para um carbono adjacente.
deslocamento para o azul: deslocamento para comprimento de onda menor.
deslocamento para o vermelho: deslocamento para maior comprimento de onda.
deslocamento químico: localização de um sinal em um espectro de RMN. Ela é medida sob campo mais baixo do que uma substância de referência (mais freqüente, TMS).
desnaturação: destruição de uma estrutura altamente organizada de uma proteína.
desoxigenação: remoção de um oxigênio de um reagente.
desoxirribonucleotídeos: nucleotídeo em que o componente açúcar é D-2'-desoxirribose.
desproporcionamento: transferência de um átomo de hidrogênio de um radical para outro radical, formando um alcano e um alceno.
despurinação: eliminação de um anel purina.
detergente: sal de um ácido sulfônico.
dextrorrotatório: enantiômero que desvia a luz polarizada no sentido horário.
diagrama de coordenada de reação: descreve as trocas de energia que ocorrem durante o curso da reação.
diagrama de desdobramento: diagrama que descreve o desdobramento de um conjunto de prótons.
dialeto geminal: substância com dois halogênios ligados ao mesmo carbono.
dialeto vicinal: substância com halogênios ligados a carbonos adjacentes.
diastereoisômero: estereoisômero configuracional que não é um enantiômero.
dieno: hidrocarboneto com duas ligações duplas.
dienófilo: alceno que reage com um dieno em uma reação de Diels–Alder.
dímero: molécula formada pela junção de duas moléculas idênticas.
dinucleotídeo de flavina e adenina (FAD): coenzima requerida em certas reações de oxidação. Ela é reduzida para $FADH_2$, que pode agir como agente redutor em outra reação.
dinucleotídeo: dois nucleotídeos ligados por ligações fosfodiéster.
diol geminal (hidrato): substância com dois grupos OH no mesmo carbono.
diol vicinal (glicol vicinal): substância com grupos OH ligados a carbonos adjacentes.
dipeptídeo: dois aminoácidos ligados por ligação amida.
dissacarídeo: substância que contém duas moléculas de açúcar unidas.
DNA (ácido desoxirribonucleico): polímero de desoxirribonucleotídeos.
doação de elétrons por ressonância: doação de elétrons através de orbital p sobreposto com ligações π.

doação indutiva de elétrons: doação de elétrons através de uma ligação σ.
droga antiviral: droga que interfere na síntese do DNA ou RNA para prevenir uma replicação do vírus.
droga bactericida: droga que mata bactérias.
droga bacteriostática: droga que inibe o crescimento de bactérias.
droga: substância que reage com uma molécula biológica, acionando um efeito fisiológico.
drogas órfãs: drogas de doenças ou condições que afetam menos de 200 mil pessoas.
dublete de dubletes: sinal de RMN dividido em quatro picos de altura aproximadamente iguais. Origina-se de um dublete no qual um dos sinais é desdobrado em dublete por um hidrogênio e o outro é desdobrado em dublete por um outro hidrogênio não equivalente.
dublete: sinal de RMN dividido em dois picos.
efeito anomérico: preferência para posição axial mostrada por determinados substituintes ligados ao carbono anomérico de um açúcar de anel de seis membros.
efeito estereoeletrônico: combinação de efeitos estérico e eletrônico.
efeito estérico: efeito devido ao fato de que os grupos ocupam certo volume do espaço.
efeito *gem*-dialquila (efeito de grupos dialquila geminais ou efeito Thorpe–Ingold): dois grupos alquila em um carbono; efeito em que é para crescer a probabilidade na qual a molécula estará na conformação própria para fechamento do anel.
efeito isotópico cinético do deutério: média da constante de velocidade observada para uma substância que contém hidrogênio e a constante de velocidade obtida para uma substância idêntica na qual um ou mais hidrogênios são substituídos pelo deutério.
efeito isotópico cinético: comparação da taxa de reação de uma substância com a taxa de reação de uma substância idêntica em que um dos átomos foi trocado por um isótopo.
efeito proximidade: efeito causado pela proximidade de uma espécie estar próxima da outra.
elastômero: polímero que pode estender e então retornar ao seu tamanho natural.
elemento eletronegativo: elemento que ganha rapidamente um elétron.
elemento eletropositivo: elemento que perde rapidamente um elétron.
eletrófilo: átomo ou molécula deficiente de elétrons.
eletroforese: técnica que separa aminoácidos de acordo com seus valores de pI.
elétron de valência: um elétron em uma camada incompleta.
eletronegatividade: tendência de um átomo em puxar elétrons para si mesmo.
elétrons deslocalizados: elétrons que são compartilhados por mais que dois átomos.
elétrons livres (elétrons não compartilhados): elétrons de valência não usados na ligação.
elétrons localizados: elétrons que estão em uma localização particular.
elétrons não-ligantes (par de elétrons livres): elétrons de valência não usados na ligação.
eliminação anti: reação de eliminação na qual dois substituintes eliminados são removidos de lados opostos da molécula.
eliminação de Hofmann (eliminação anti-Zaitsev): hidrogênio que é removido do carbono β ligado ao maior número de hidrogênios.
eliminação sin: reação de eliminação em que os dois substituintes que são eliminados são removidos do mesmo lado da molécula.
eliminação α: remoção de dois átomos ou grupos do mesmo carbono.
eliminação β: remoção de dois átomos ou grupos de carbonos adjacentes.
empacotamento: esquema de moléculas individuais em rede cristalina.
emparelhamento de bases de Hoogsteen: emparelhamento entre uma base em uma cadeia sintética de DNA e um par de bases do DNA de cadeia dupla natural.
enamina: amina terciária insaturada em α e em β.
enantiômeros eritro: par de enantiômeros com grupos iguais no mesmo lado quando desenhado em uma projeção de Fischer.
enantiômeros treo: par de enantiômeros com grupos iguais em lados opostos quando desenhados em uma projeção de Fischer.
enantiômeros: moléculas com imagens especulares não sobreponíveis.
encefalinas: pentapeptídeos sintetizados pelo corpo para controlar a dor.

endo: um substituinte é endo se ele estiver mais perto da ponte mais longa ou mais insaturada.

endonuclease de restrição: enzima que quebra o DNA em uma seqüência de bases específica.

endopeptidase: enzima que hidrolisa uma ligação peptídica que não está no fim de uma cadeia peptídica.

energia de ativação experimental ($E_a = \Delta H^{\ddagger} - RT$): medida da barreira de energia aproximada. (Ela é aproximada pois não contém componente de entropia.)

energia de deslocalização (energia de ressonância): estabilidade extra obtida por uma substância como resultado da existência de elétrons deslocalizados.

energia de dissociação: quantidade de energia requerida para a quebra de uma ligação, ou quantidade de energia liberada quando uma ligação é formada.

energia de ionização: energia requerida para remover um elétron de um átomo.

energia de ressonância (energia de deslocalização): estabilidade extra associada a uma substância pelo fato de ela possuir elétrons deslocalizados.

energia livre de ativação ($\Delta G^{\ddagger}$): verdadeira barreira de energia para a reação.

energia livre de Gibbs ($\Delta G°$): diferença entre o conteúdo de energia livre dos produtos e o conteúdo de energia livre dos reagentes no equilíbrio sob condições padrão (1 M, 25 °C, 1 atm).

enolização: interconversão ceto–enol.

entalpia: calor liberado ($-\Delta H°$) ou calor absorvido ($+\Delta H°$) durante o curso de uma reação.

entropia: medida da liberdade de movimento em um sistema.

enzima ativada por metal: enzima que tem um íon metal frouxamente ligado.

enzima: proteína que é um catalisador.

epimerização: mudança da configuração de um centro quiral pela remoção de um próton deste centro e depois reprotonado no mesmo sítio da molécula.

epímeros: monossacarídeos que diferem na configuração somente em um carbono.

epoxidação: formação de um epóxido.

epóxido (oxirano): éter em que o oxigênio está incorporado a um anel de três membros.

equação de Arrhenius: relaciona a constante de velocidade de uma reação com a energia de ativação e com a temperatura em que a reação é realizada ($k = Ae^{-E_a/RT}$).

equação de Henderson–Hasselbalch: $pK_a = pH + \log[HA]/[A^-]$.

equação de onda: equação que descreve o comportamento de cada elétron em um átomo ou molécula.

equivalente sintético: reagente atualmente usado como fonte de um sínton.

escoadouro de elétrons: sítio no qual elétrons podem ser deslocalizados.

esfingomielina: esfingolipídeo cujo grupo OH terminal da esfingolina está ligado à fosfocolina ou à fosfoetanolamina.

espectro de Cosy: espectro de RMN 2-D que mostra o acoplamento entre grupos de prótons.

espectro de infravermelho (IV): gráfico da transmissão percentual *versus* número de onda (ou comprimento de onda) de radiação infravermelho.

espectro de massa: lote da abundância relativa dos fragmentos positivamente carregados produzidos em um espectrômetro de massas *versus* seus valores em *m/z*.

espectro de RMN ^{13}C DEPT: série de quatro espectros que distingue entre grupos —CH$_3$, —CH$_2$ e —CH.

espectro de RMN de ^{13}C acoplado: espectro de RMN de ^{13}C em que cada sinal de um carbono está acoplado com os hidrogênios ligados àquele carbono.

espectro de RMN de ^{13}C desacoplado: espectro de RMN ^{13}C em que todos os sinais aparecem como singletes, pois não há acoplamento entre o núcleo e os hidrogênios ligados a ele.

espectro HETCOR: espectro de RMN 2D que mostram correlações entre os prótons e os carbonos aos quais estão ligados.

espectrometria de massa: proporciona conhecimento do peso molecular, fórmula molecular e certas características estruturais de uma substância.

espectroscopia de infravermelho: usa energia de infravermelho para proporcionar um conhecimento dos grupos funcionais em uma substância.

espectroscopia de RMN de alta resolução: espectroscopia de RMN que usa espectrômetro com freqüência de operação alta.

espectroscopia de RMN: absorção de radiação eletromagnética para determinar as características estruturais de uma substância orgânica. No caso de espectroscopia de RMN, ela determina a estrutura carbono–hidrogênio.

espectroscopia UV/Vis: absorção de radiação eletromagnética nas regiões ultravioleta e visível do espectro, usadas para determinar informações sobre sistemas conjugados.

espectroscopia: estudo da interação de matéria e radiação eletromagnética.

espingolipídio: lipídio que contém esfingosina.

espiral randômica: conformação de uma proteína totalmente desnaturada.

esqualeno: triterpeno que é um precursor das moléculas de esteróide.

estabilidade cinética: reatividade química, indicada por $\Delta G^{\ddagger}$. Se $\Delta G^{\ddagger}$ for grande, a substância é estável cineticamente (não muito reativa). Se $\Delta G^{\ddagger}$ for pequeno, a substância é instável cineticamente (altamente reativa).

estabilidade termodinâmica: é indicado por $\Delta G°$. Se $\Delta G°$ for negativo, os produtos são mais estáveis que os reagentes. Se $\Delta G°$ for positivo, os reagentes são mais estáveis que os produtos.

estado de spin α: núcleos em que este estado de spin tem seus momentos magnéticos orientados na mesma direção do campo magnético aplicado.

estado de spin β: núcleos em que este estado de spin tem seus momentos magnéticos orientados em direção oposta ao campo magnético aplicado.

estado de transição: ponto mais alto em uma subida em um diagrama de coordenada de reação. No estado de transição, ligações que quebrarão estão parcialmente quebradas e ligações no produto que se formará estão parcialmente formadas.

éster: $\text{R}-\overset{\overset{\displaystyle O}{\|}}{\text{C}}-\text{OR}$

éster de Hagemann: substância preparada com tratamento da mistura de formaldeído e acetoacetato de etila com uma base e depois com ácido e aquecimento.

éster sulfonado: éster de um ácido sulfônico (RSO_2OR).

estereoquímica: área da química que detalha a estrutura das moléculas em três dimensões.

esteróide: classe de substâncias que possui um sistema de anéis esteroidal.

esteróides anabolizantes: esteróides que auxiliam o desenvolvimento do músculo.

esteróides corticoadrenais: glicocorticóides e mineralocorticóides.

esteroisômeros: isômeros que diferem pela maneira que seus átomos estão arranjados no espaço.

estrogênios: hormônios sexuais femininos.

estrutura contribuinte de ressonância (contribuinte de ressonância, estrutura de ressonância): estrutura com elétrons localizados que aproxima a estrutura de uma substância com elétrons deslocalizados.

estrutura cunha e traço: método para representar o arranjo espacial de grupos. Cunhas são usadas para representar ligações que saem do plano do papel para o observador, e linhas tracejadas são usadas a fim de representar ligações que apontem para trás do plano do papel em relação ao observador.

estrutura de Kekulé: modelo que representa as ligações entre átomos como linhas.

estrutura de Lewis: modelo que representa as ligações entre átomos como linhas ou pontos, e os elétrons de valência como pontos.

estrutura primária (de um ácido nucleico): seqüência de bases em um ácido nucleico.

estrutura primária (de uma proteína): seqüência de aminoácidos em uma proteína.

estrutura quaternária: descrição da forma com as cadeias polipeptídicas de uma proteína estão dispostas uma em relação às outras.

estrutura secundária: descrição da conformação de estrutura principal de uma proteína.

estrutura terciária: descrição do rearranjo tridimensional de todos os átomos de uma proteína.

etapa de iniciação: etapa na qual radicais são criados, ou a etapa na qual o radical necessitou ser criado para a primeira etapa de propagação.

etapa de propagação: no primeiro par de etapas de propagação, um radical (ou um eletrófilo ou um nucleófilo) reage para produzir outro radical (ou um eletrófilo ou um nucleófilo) que reage em seguida para produzir outro radical (ou um eletrófilo ou um nucleófilo) que foi o reagente na primeira etapa de propagação.

etapa determinante da velocidade (etapa limitante da velocidade): etapa em uma reação que tem o estado de transição com a energia mais alta.

etapa terminal: quando dois radicais se combinam para produzir uma molécula em que todos os elétrons estão emparelhados.

éter de coroa: molécula cíclica que contém várias ligações etílicas.

éter simétrico: éter com dois substituintes idênticos ligados ao oxigênio.

éter unissimétrico: éter com dois substituintes diferentes ligados ao mesmo hidrogênio.

éter: substância que contém um oxigênio ligado a dois carbonos (ROR).

eucariota: corpo unicelular ou multicelular no qual a célula, ou as células, contém núcleos.

excesso enantiomérico (pureza ótica): quando está presente em uma mistura de um par de elétrons um enantiômero em excesso.

exo: um substituinte é exo se ele está mais perto da ponte menor ou mais saturada.

exon: comprimento de bases em DNA que são uma porção de um gene.

exopeptidase: enzima que hidrolisa uma ligação peptídeo no final de uma cadeia peptídica.

fechamento de anel disrotatório: obtenção de sobreposição forma cabeça–cabeça de orbitais p por rotação de orbitais em direções opostas.

fechamento do anel conrotatório: sobreposição da forma cabeça-cabeça dos orbitais p pela rotação de orbitais de mesma direção.

fenil-hidrazona: $R_2C=NNHC_6H_5$

fenona:

$$C_6H_5\overset{O}{\underset{\|}{C}}R$$

feromôneo: substância secretada por um animal que estimula uma resposta fisiológica ou de comportamento para um membro da mesma espécie.

ferro protoporfirina IX: sistema de anel porfirínico do heme mais um íon ferro.

fita codificadora (fita interpretadora): fita em DNA que não é lida durante a transcrição; ela tem a mesma seqüência de bases que a fita de mRNA sintetizada (com uma diferença de U, T).

fita codificadora (fita interpretadora): fita no DNA que é lida durante a transcrição.

fita interpretadora (fita codificadora): fita no DNA que não é lida durante a transcrição. Ela tem a mesma seqüência de bases que a fita de mRNA sintetizada (com uma diferença U, T)

fita não interpretadora (fita molde): fita no DNA que é lida durante a transcrição.

folha pregueada β: esqueleto de um polipeptídeo que é estendido em uma estrutura em ziguezague com a ligação hidrogênio entre as cadeias vizinhas.

força de Van der Waals (forças de Londres): interações de dipolo induzido–dipolo induzido.

forças de London: interações de dipolo-induzido?dipolo-induzido.

forma de linha de ligação: mostra as ligações carbono–carbono como linhas e não mostra as ligações carbono–hidrogênio.

formação da ligação antarafacial: formação de duas ligações σ em lados opostos do sistema π.

formação de ligação suprafacial: formação de duas ligações σ do mesmo lado do sistema π.

formas de ressonância (estrutura de ressonância, estrutura contribuinte de ressonância): estrutura com elétrons localizados que se aproxima da estrutura verdadeira de uma substância com os elétrons deslocalizados.

fórmula em perspectiva: método de representar arranjo espacial de grupos ligados a um centro quiral. Duas ligações são desenhadas no plano do papel; uma cunha sólida é usada para representar uma ligação que se projeta para fora do plano do papel; e uma cunha tracejada é usada para representar uma ligação que se projeta para trás do plano do papel longe do observador.

fórmula empírica: fórmula que dá os números relativos dos diferentes tipos de átomos em uma molécula.

forquilha de replicação: posição no DNA na qual a replicação se inicia.

fosfato de acila: derivado de ácido carboxílico com um grupo de saída fosfato.

fosfato de nicotinamida-adenina-dinucleotídeo ($NADP^+$): coenzima requerida em determinadas reações de oxidação. Ela é reduzida a NADPH, que pode agir como agente redutor em outra reação.

fosfolipídio: lipídio que contém um grupo fosfato.

fosforoacilglicerol (fosfoglicerídeo): substância formada quando dois grupos OH do glicerol formam ésteres com ácidos graxos e o grupo OH terminal forma um éster fosfato.

fotossíntese: síntese de glicose e O_2 de CO_2 e H_2O.

fragmento de restrição: fragmento que é formado quando o DNA é quebrado por uma endonuclease de restrição.

freqüência de deformação: freqüência em que uma deformação axial ocorre.

freqüência de operação: freqüência em que um espectrômetro de RMN opera.

freqüência: velocidade de uma onda dividida pelo seu comprimento de onda (em unidades de ciclos/s).

função de onda: série de soluções de uma equação de onda.

fundido em cis: dois anéis de ciclo-hexano fundidos de tal maneira que se o segundo anel for considerado como dois substituintes do primeiro anel, um substituinte estaria em posição axial e o outro estaria em posição equatorial.

furanose: açúcar com anel de cinco membros.

furanosídeo: glicosídeo com anel de cinco membros.

fusão trans: dois anéis ciclo-hexano fundidos de tal maneira que se o segundo anel for considerado como dois substituintes do primeiro anel, ambos os substituintes estariam em posição equatorial.

gauche: X e Y são *gauche* um ao outro nesta projeção de Newman:

gene: segmento de DNA.

genoma humano: DNA total da célula humana.

glicol: substância que contém dois ou mais grupos OH.

glicólise (ciclo glicolítico): seqüência de reações que converte D-glicose em duas moléculas de piruvato.

gliconeogênese: síntese de D-glicose a partir de piruvato.

glicoproteína: proteína que é ligada covalentemente a um polissacarídeo.

glicosídeo: acetal de um açúcar.

graxa: triéster de glicerol que existe como sólido à temperatura ambiente.

grupo acila: grupo carbonila ligado a um grupo alquila ou a um grupo arila.

grupo alila: $CH_2=CHCH_2-$

grupo arila: benzeno ou grupo benzênico substituído.

grupo benzila: C₆H₅–CH₂–

grupo benzoíla: anel ligado a um grupo carbonila.

grupo carbonila: carbono ligado duplamente a um oxigênio.

grupo carboxila: COOH

grupo de proteção: reagente que protege um grupo funcional de uma operação sintética que de outro modo não resistiria.

grupo de saída: grupo que é deslocado em uma reação de substituição nucleofílica.

grupo fenila: C_6H_5-

grupo funcional: centro de reatividade de uma molécula.
grupo metila angular: substituinte metil na posição 10 ou 13 de um sistema de anéis do esteróide.
grupo metileno: grupo CH_2.
grupo prostético: coenzima fracamente ligada.
grupo vinila: $CH_2=CH-$
haleto de acila:

$$R-\overset{\overset{O}{\|}}{C}-Cl$$

haleto de alquila primário: haleto de alquila em que o halogênio está ligado a um carbono primário.
haleto de alquila secundário: haleto de alquila no qual o halogênio está ligado a um carbono secundário.
haleto de alquila terciário: haleto de alquila em que o halogênio está ligado a um carbono terciário.
haleto de alquila: substância com um halogênio no lugar dos hidrogênios de um alcano.
halogenação: reação com halogênio (Br_2, Cl_2, I_2).
haloidrina: molécula orgânica que contém um halogênio e um grupo OH nos carbonos adjacentes.
hélice α: o esqueleto do polipeptídeo enrola-se em uma espiral para o sentido horário e a ligação hidrogênio ocorre para o interior da hélice.

hemiacetal: $RCH\begin{smallmatrix}OH\\|\\|\\OR\end{smallmatrix}$

hemicetal: $RCR\begin{smallmatrix}OH\\|\\|\\OR\end{smallmatrix}$

heptose: monossacarídeo com sete carbonos.
heteroátomo: átomo diferente de carbono e hidrogênio.
hexose: monossacarídeo com seis carbonos.
hibridização de orbital: mistura de orbitais.
híbrido de ressonância: estrutura atual de uma substância com elétrons deslocalizados; é representado por duas ou mais estruturas com elétrons localizados.
hidratação: adição de água a uma substância.
hidratado: quando água é adicionada a uma substância.

hidrato (diol geminal) $RCR(H)\begin{smallmatrix}OH\\|\\|\\OH\end{smallmatrix}$

hidrazona: $R_2C=NNH_2$.
hidroboração–oxidação: adição de boro a um alceno ou a um alcino, seguida pela reação com peróxido de hidrogênio e íon hidróxido.
hidrocarboneto insaturado: hidrocarboneto que contém uma ou mais ligações duplas ou triplas.
hidrocarboneto principal: a maior cadeia contínua de carbonos em uma molécula.
hidrocarboneto saturado: hidrocarboneto que é completamente saturado (isto é, não possui ligações duplas ou triplas).
hidrocarboneto: substância que possui somente carbono e hidrogênio.
hidrogenação catalítica: adição de hidrogênio a uma ligação dupla ou tripla com ajuda de um catalisador de metal.
hidrogenação: adição de hidrogênio.
hidrogênio homolítico: dois hidrogênios ligados a um carbono ligado a dois outros grupos que são idênticos.
hidrogênio metilênico: hidrogênio terciário.
hidrogênio primário: hidrogênio ligado a um carbono primário.
hidrogênio pró-R: trocando esse hidrogênio com deutério cria-se um centro quiral com a configuração R.
hidrogênio pró-S: trocando esse hidrogênio com deutério cria-se um centro quiral com a configuração S.
hidrogênio secundário: hidrogênio ligado a um carbono secundário.
hidrogênio terciário: hidrogênio ligado a um carbono terciário.

hidrogênio α: normalmente, um hidrogênio ligado a um carbono adjacente e deste a um carbono carbonílico.
hidrogênios diastereotópicos: dois hidrogênios ligados a um carbono que, ao serem trocados por um deutério, resultam em um par de diastereoisômeros.
hidrogênios enantiotópicos: dois hidrogênios ligados a um carbono que é ligado a dois outros grupos que não são idênticos.
hidrogênios mastro (hidrogênios transanulares): os dois hidrogênios na conformação em bote do ciclo-hexano que estão mais próximos um do outro.
hidrogênios transanulares (hidrogênios mastro): os dois hidrogênios na conformação em bote do ciclo-hexano que estão mais próximos um do outro.
hidrólise parcial: técnica que hidrolisa somente algumas das ligações peptídeo em um polipeptídeo.
hidrólise: reação com água.
hiperconjugação: deslocalização de elétrons pela sobreposição de ligações α carbono–hidrogênio ou carbono–carbono com um orbital p cheio.
holoenzima: enzima mais seu co-fator.
homólogo: membro de uma série homóloga.
homopolímero: polímero que contém somente um tipo de monômero.
hormônio: substância orgânica sintetizada em uma glândula e entregue pela corrente sanguínea a seu tecido-alvo.
ilida: substância com cargas opostas em átomos adjacentes ligados covalentemente aos octetos completos.
imagens de ressonância magnética (IRM): RMN usado em medicina. A diferença na maneira pela qual a água é ligada em diferentes tecidos produz uma variação no sinal entre órgãos assim como entre tecidos saudáveis e doentes.
imina $R_2C=NR$.
impedimento estérico: refere-se a grupos volumosos no sítio de reação que torna difícil para os reagentes se aproximarem um do outro.
inativo oticamente: não desvia o plano da luz polarizada.
inclinação: quando uma linha traçada sobre o exterior dos picos de um sinal de RMN aponta na direção do sinal dado pelos prótons que causam o desdobramento.
índice terapêutico: razão da dose letal de uma droga pela dose terapêutica.
inibidor competitivo: substância que inibe uma enzima pela competição com o substrato por ligação no sítio ativo.
inibidor fundamentado no mecanismo (inibidor suicida): substância que inativa uma enzima se submetendo à parte de seu mecanismo catalítico normal.
inibidor radicalar: substância que inibe a formação de radicais.**iniciador radicalar:** substância que gera radicais.
inibidor suicida (inibidor baseado no mecanismo): substância que inativa uma enzima por passar por parte de seu mecanismo catalítico normal.
interação 1,3-diaxial: interação entre um substituinte axial e os outros dois substituintes axiais no mesmo lado do anel ciclo-hexano.
interação de dipolo–dipolo induzido: interação entre um dipolo temporário em uma molécula e o dipolo temporário induzido em outra molécula.
interação de íon–dipolo: interação entre um íon e o dipolo de uma molécula.
interação dipolo–dipolo: interação entre o dipolo de uma molécula e o dipolo de outra.
interação *gauche*: interação entre dois átomos ou grupos que estão *gauche* um em relação ao outro.
interações de empilhamento: interações de Van der Walls entre dipolos induzidos mutuamente de pares de bases adjacentes em DNA.
interações hidrofóbicas: interações entre grupos não polares. Essas interações aumentam a estabilidade pelo decréscimo da quantidade de água estruturada (aumento de entropia).
interconversão de grupo funcional: conversão de um grupo funcional em outro grupo funcional.
intermediário acil–enzima: intermediário formado quando um resíduo aminoácido de uma enzima é acetilado.
intermediário benzino: substância com uma ligação tripla no lugar de uma ligação dupla do benzeno.

intermediário comum: intermediário que duas substâncias têm em comum.
intermediário tetraédrico: intermediário formado em uma reação de substituição nucleofílica acílica.
intermediário: espécie formada durante uma reação que não é o produto final da reação.
intron: comprimento de bases no DNA que não contém informação genética.
inversão amina: quando uma configuração de um nitrogênio hibridizado em sp^3 com um par de elétrons livre rapidamente se transforma na outra.
inversão de configuração: mudança da configuração de um carbono pelo avesso como um guarda-chuva em uma ventania, de maneira que o produto resultante tenha uma configuração oposta que a do reagente.
íon amônio quaternário: íon que contém um nitrogênio ligado a quatro grupos alquila (R_4N^+).
íon diazônio: $ArN\overset{+}{\equiv}N$ ou $RN\overset{+}{\equiv}N$.
íon hidreto: hidrogênio carregado negativamente.
íon hidrogênio (próton): hidrogênio carregado positivamente.
íon molecular: pico no espectro de massas com maior m/z.
íon oxônio: substância com um oxigênio positivamente carregado.
íon principal (íon molecular): sinal no espectro de massa com o maior
ionóforo: substância que liga íons metálicos firmemente.
isômero cis: isômero com substituintes idênticos do mesmo lado da ligação dupla.
isômero E: isômero com os grupos de maior prioridade em lados opostos da ligação dupla.
isômero ótico: estereoisômeros que possuem centros quirais.
isômero trans: isômero com substituintes idênticos em lados opostos da ligação dupla.
isômero Z: isômero cujos grupos de maior prioridade estão do mesmo lado da ligação dupla.
isômeros cis–trans: isômeros geométricos.
isômeros configuracionais: estereoisômeros que não podem interconverter-se a não ser que uma ligação covalente seja quebrada. Isômeros cis–trans são isômeros configuracionais.
isômeros constitucionais (isômeros estruturais): moléculas que têm a mesma fórmula molecular, mas diferem no modo com que seus átomos são conectados.
isômeros estruturais (isômeros constitucionais): moléculas que têm a mesma fórmula molecular mas diferem no modo que seus átomos estão ligados.
isômeros geométricos: isômeros cis–trans (ou E,Z).
isômeros: substâncias não idênticas com a mesma fórmula molecular.
isótopos: átomos com o mesmo número de prótons, mas números diferentes de nêutrons.
lactama: amida cíclica.
lactona: éster cíclico.
lecitina: fosfoacilglicerol em que um segundo grupo OH do fosfato tenha formado um éster com colina.
lei de Beer–Lambert: relação entre absorbância em luz UV/Vis, concentração de uma amostra, comprimento do caminho da luz e absortividade molar ($A = cl\varepsilon$).
lei de Hooke: equação que descreve o movimento de vibração de uma mola.
levorrotatório: enantiômero que desvia a luz polarizada no sentido horário.
ligação axial: ligação da conformação em cadeia de um ciclo-hexano que é perpendicular ao plano no qual a cadeia está desenhada (uma ligação acima e outra abaixo).
ligação azo: ligação —N=N—.
ligação banana: ligações σ em anéis pequenos que são fracas como resultado de superposição em um ângulo menor que a superposição frontal.
ligação covalente apolar: ligação formada entre dois átomos que dividem os elétrons ligantes eqüitativamente.
ligação covalente polar: ligação formada pela distribuição desigual de elétrons.
ligação covalente: ligação criada como resultado do compartilhamento de elétrons.

ligação cruzada: cadeia de polímero conectada pela formação de ligação intramolecular.
ligação de alta energia: ligação que libera grande quantidade de energia quando é quebrada.
ligação dissulfeto intracadeia: ligação dissulfeto entre dois resíduos de cisteína na mesma cadeia peptídica.
ligação dupla: ligação σ e ligação π entre dois átomos.
ligação equatorial: ligação do confôrmero em cadeia do ciclo-hexano que sobressai para fora do anel aproximadamente no mesmo plano que contém a cadeia.
ligação fosfoanidrido: ligação que envolve duas moléculas de ácido fosfórico.
ligação glicosídica: ligação entre o carbono anomérico e o álcool em um glicosídeo.
ligação hidrogênio: forte atração dipolo–dipolo (5 kcal/mol) entre um hidrogênio ligado a um O, N ou F e elétrons não ligantes de um O, N ou F de outra molécula.
ligação iônica: ligação formada através da atração de dois íons de cargas opostas.
ligação peptídeo: ligação amino que une os aminoácidos em um peptídeo ou em uma proteína.
ligação pi (π): ligação formada como resultado de uma superposição lado a lado de orbitais p.
ligação sigma (σ): ligação com uma distribuição cilindricamente simétrica de elétrons.
ligação simples: ligação σ.
ligação tripla: ligação σ mais duas ligações π.
ligação α-1,4'-glicosídeo: ligação glicosídica entre o oxigênio C-1 de um açúcar e o C-4 de um segundo açúcar com o átomo de oxigênio da ligação glicosídica na posição axial.
ligação β-1,4'-glicosídeo: ligação glicosídica entre o oxigênio C-1 de um açúcar e o C-4 de um segundo açúcar com o átomo de oxigênio da ligação glicosídica na posição equatorial.
ligação: compartilhamento de elétrons livres com um íon metálico.
ligações dissulfeto entre cadeias: ligação dissulfeto entre dois resíduos de cisteína em duas cadeias de peptídeos diferentes.
ligações duplas acumuladas: ligações duplas que são adjacentes uma à outra.
ligações duplas conjugadas: ligações duplas separadas por uma ligação dupla.
ligações duplas isoladas: ligações duplas separadas por mais de uma ligação simples.
lipídio: substância insolúvel em água encontrada em um organismo vivo.
lipoato: coenzima necessária em certas reações de oxidação.
luz polarizada: luz que oscila somente em um plano.
luz ultravioleta: radiação eletromagnética com comprimento de onda entre 180 e 400 nm.
luz visível: radiação eletromagnética com comprimento de onda de 400 a 780 nm.
marca registrada: nome, símbolo ou ilustração registrados.
massa atômica de abundância natural: média das massas dos átomos na ocorrência natural dos elementos.
massa nominal: massa arredondada para o mais próximo de um número inteiro.
mecanismo de deslocamento direto: reação em que o nucleotídeo desloca o grupo de saída em uma etapa única.
mecanismo de deslocamento em linha: ataque nucleofílico em um fósforo conectado com quebra de uma ligação fosforoanidrido.
mecanismo de reação: descrição do processo etapa por etapa no qual os reagentes são trocados pelos produtos.
membrana: material que rodeia uma célula de modo a isolar seu conteúdo.
membros de quantum: membros eventuais do tratamento mecânico de quantum de um átomo que descreve as propriedades dos elétrons em um átomo.
mercapto (tiol): análogo de enxofre de um álcool (RSH).
metabolismo: reações que organismos vivos realizam a fim de obter energia e sintetizar as substâncias de que necessitam.
metaloenzima: enzima que tem um íon metálico ligado a ela firmemente.

metilação exaustiva: reação de uma amina com excesso de iodeto de metila para formar um iodeto de amônio quaternário.

micela: agregação esférica de moléculas, cada com uma cauda hidrofóbica e uma cabeça polar, arranjada de tal modo que a cabeça polar aponta para o exterior da esfera.

mistura racêmica (racemato, modificação racêmica): mistura de quantidades iguais de um par de enantiômeros.

modelagem molecular: planejamento assistido por computador de uma substância com características estruturais particulares.

modelo chave e fechadura: modelo que descreve a especificidade de uma enzima por seu substrato. O substrato ajusta-se à enzima como uma chave ajusta-se a uma fechadura.

modelo da repulsão dos pares de elétrons na camada de valência (RPECV): combina o conceito de orbitais atômicos com o conceito de compartilhar pares de elétrons e a minimização da repulsão dos elétrons.

modelo encaixe induzido: modelo que descreve as especificidades de uma enzima para seu substrato. A forma do sítio ativo não se torna totalmente complementar à forma do substrato até que a enzima tenha se ligado ao substrato.

modificação molecular: mudança de estrutura de uma substância protótipo.

molaridade efetiva: concentração do reagente que seria necessária em uma reação intermolecular para que tenha a mesma taxa que uma reação intramolecular.

molécula bifuncional: molécula com dois grupos funcionais.

molécula-alvo: produto final desejado de uma síntese.

molozonídeo: intermediário instável que contém um anel de cinco membros com três oxigênios em linha, formado da reação de um alceno com ozônio.

momento de dipolo (μ): medida da separação de carga em uma ligação ou em uma molécula.

monômero: unidade repetida em um polímero.

mononucleotídeo de flavina (FMN): coenzima requerida em determinadas reações de oxidação. Ela é reduzida a $FMNH_2$, que pode agir como agente redutor em outras reações.

monossacarídeo (carboidrato simples): única molécula de açúcar.

monoterpeno: terpeno que contém 10 carbonos.

multiplete: sinal de RMN desdobrado em mais de sete picos.

multiplicidade: número de picos de um sinal de RMN.

mutagênese sítio-específica: técnica que substitui um aminoácido de uma proteína por outro.

mutarrotação: mudança lenta na rotação ótica para um valor de equilíbrio.

neurotransmissor: substância que transmite impulsos nervosos.

***N*-glicosídeo:** glicosídeo com um nitrogênio no lugar de um oxigênio em uma ligação glicosídica.

nicotinamida-adenina-dinucleotídeo (NAD^+): coenzima requerida em determinadas reações de oxidação. Ela é reduzida a NADH, que pode agir como um agente redutor em outra reação.

nitração: substituição de um grupo nitro (NO_2) por um hidrogênio de um anel benzênico.

nitrila: substância que contém uma ligação tripla carbono–nitrogênio (RC≡N).

nitrosamina (substância *N*-nitrosa): $R_2NN=O$.

nodo: parte do orbital em que há probabilidade zero de encontrar um elétron.

nome comercial (nome de propriedade, nome de marca): identifica um produto comercial e o distingue de outros produtos.

nome comum: nomenclatura não sistemática.

nome de marca (nome de propriedade, marca registrada): identifica um produto comercial e o distingue de outros produtos. Ele pode ser usado somente por quem a registrou.

nome de propriedade (nome de marca): indica um produto comercial e distingue-o de outros produtos.

nome genérico: nome comercialmente não restrito de uma droga.

nomenclatura Iupac: nomenclatura sistemática de substâncias químicas.

nomenclatura sistemática: nomenclatura baseada na estrutura.

nucleofilicidade: medida de com que prontidão um átomo ou uma molécula com um par de elétrons livres ataca um átomo.

nucleófilo bidentado: nucleófilo com dois sítios nucleofílicos.

nucleófilo: átomo ou molécula rico em elétrons.

nucleosídeo: base heterocíclica (purina ou pirimidina) ligada ao carbono anomérico de um açúcar (D-ribose ou D-2'-desoxirribose).

nucleotídeo: heterocíclico ligado à posição β de uma ribose fosforilada.

número atômico: número de prótons (ou elétrons) que o átomo neutro possui.

número de massa: número de prótons mais o número de nêutrons de um átomo.

número de onda: número de ondas em 1 cm.

olefina alfa: olefina monossubstituída.

olefina: alceno.

óleo: triéster de glicerol que existe como líquido à temperatura ambiente.

óleos essenciais: fragrâncias e flavorizantes isolados de plantas que não deixam resíduos quando evaporam. A maioria é terpeno.

oligômero: proteína com mais de uma cadeia de peptídeos.

oligonucleotídeo: 3 a 10 nucleotídeos ligados por ligações fosfodiéster.

oligopeptídeo: 3 a 10 aminoácidos ligados por ligações amina.

oligossacarídeo: 3 a 10 aminoácidos ligados por ligações glicosídicas.

orbitais de fronteira: o HOMO e o LUMO.

orbitais degenerados: orbitais que têm a mesma energia.

orbital atômico: orbital associado a um átomo.

orbital híbrido: orbital formado por orbitais misturados (hibridizados).

orbital molecular antiligante: orbital molecular resultante da interação de dois orbitais atômicos com sinais opostos. Os elétrons em um orbital antiligante decrescem a força de ligação.

orbital molecular assimétrico: orbital molecular no qual a metade esquerda (ou superior) não é a imagem especular da metade direita (ou inferior).

orbital molecular desocupado mais baixo (LUMO): orbital molecular de menor energia que não contém um elétron.

orbital molecular ligante: orbital molecular que resulta da interação de dois orbitais atômicos em fase. Os elétrons em um orbital ligante aumentam a força de ligação.

orbital molecular não-ligante: os orbitais *p* estão demasiado distantes para sobreporem-se significativamente, por isso o orbital molecular que resulta nem favorece nem desfavorece a ligação.

orbital molecular ocupado mais elevado (HOMO): orbital molecular de maior energia que contém um elétron.

orbital molecular simétrico: orbital molecular em que a metade esquerda é uma imagem especular da metade direita.

orbital molecular: orbital associado a uma molécula.

orbital: volume de espaço ao redor do núcleo em que um elétron é mais provável de ser encontrado.

osazona: produto obtido pelo tratamento de uma aldose ou cetose com excesso de fenil-hidrazina. Uma osazona contém duas ligações imina.

oscilação de anel (interconversão cadeia–cadeia): conversão do confôrmer em cadeia de ciclo-hexano em outro confôrmero em cadeia. Ligações que são axiais em um confôrmer em cadeia são equatoriais em outro.

oxiânion: substância com um oxigênio carregado negativamente.

oxidação de Baeyer–Villiger: oxidação de aldeídos ou cetonas com H_2O_2 para formar ácidos carboxílicos ou ésteres, respectivamente.

oxidação: perda de elétrons por um átomo ou uma molécula.

oxigênio carbonílico: oxigênio do grupo carbonila.

oxigênio carboxílico: oxigênio ligado por uma ligação simples de ácido carboxílico ou um éster.

oxima: $R_2C=NOH$.

oximercuração: adição de água com a utilização de um sal de mercúrio de um ácido carboxílico como catalisador.

oxirano (epóxido): éter em que o oxigênio está incorporado a um anel de três membros.

ozonídeo: substância de anel de cinco membros formada como resultado do rearranjo de um molozonídeo.

ozonólise: reação de uma ligação dupla ou tripla carbono–carbono com ozônio.

par iônico íntimo: par no qual a ligação covalente que ligava o cátion e o ânion foi quebrada, mas o cátion e o ânion ainda estão próximos um do outro.

par iônico separado pelo solvente: o cátion e o ânion estão separados pela molécula do solvente.

parafina: alcano.

pentose: monossacarídeo com cinco carbonos.

peptídeo: polímero de aminoácidos ligados por ligações amida. Um peptídeo contém menos resíduos de aminoácido que uma proteína.

perfil de pH-atividade: curva da atividade de uma enzima em função do pH da mistura reacional.

perfil de pH-velocidade: curva da velocidade observada para uma reação em função do pH da mistura reacional.

peroxiácido: ácido carboxílico com um grupo OOH em vez de um grupo OH.

peso atômico: massa média dos átomos no elemento de ocorrência natural.

pH: uma escala de pH é usada para descrever a acidez da solução ($pH = -\log[H^+]$).

pico-base: pico com a maior abundância em um espectro de massa.

piranose: açúcar com anel de seis membros.

piranosídeo: glicosídeo com anel de seis membros.

piridoxal fosfato: coenzima requerida por enzimas que catalisam determinadas transformações de aminoácidos.

pirofosfato de acila: derivado de ácido carboxílico com um grupo de saída pirofosfato.

pK_a: descreve a tendência de uma substância em perder um próton ($pK_a = -\log K_a$, onde K_a é a constante de dissociação de ácido).

planejamento racional de drogas: planejamento de drogas com uma estrutura particular para alcançar propósito específico.

plano de simetria: plano imaginário que secciona em duas partes uma molécula na imagem especular.

plastificantes: molécula orgânica que dissolve em um polímero e permite que as cadeias do polímero escorreguem uma sobre as outras.

polarímetro: instrumento que mede a rotação da luz polarizada.

polarização: indicação da facilidade com que a nuvem eletrônica de um átomo pode ser distorcida.

poliamida: polímero em que os monômeros são amidas.

policarbonato: polímero de crescimento por etapas em que o ácido dicarboxílico é o ácido carbônico.

polieno: substância que tem várias ligações duplas.

poliéster: polímero em que os monômeros são ésteres.

polimerização: processo de ligação de monômeros para formar um polímero.

polimerização aniônica: polimerização de crescimento de cadeia na qual o iniciador é um nucleófilo; o sítio de propagação, portanto, é um ânion.

polimerização catiônica: polimerização por crescimento de cadeia na qual o iniciador é um eletrófilo; o sítio de propagação, por isso, é um cátion.

polimerização radicalar: polimerização de crescimento de cadeia em que o iniciador é um radical; o sítio de propagação, portanto, é um radical.

polimerizações de abertura de anel: polimerização de crescimento de cadeia que envolve abertura de anel do monômero.

polímero: molécula grande feita de monômeros ligados.

polímero atático: polímero no qual os substituintes estão orientados randomicamente na extensão da cadeia carbônica.

polímero biodegradável: polímero que pode ser quebrado em segmentos menores por uma reação catalisada por enzima.

polímero de adição (polímero de crescimento de cadeia): polímero feito por adição de monômeros para o crescimento do final da cadeia.

polímero de condensação (polímero de crescimento por etapas): polímero feito da combinação de duas moléculas enquanto remove uma molécula pequena (normalmente água ou álcool).

polímero de condutor: polímero que pode conduzir eletricidade.

polímero de crescimento de cadeia (polímero de adição): polímero feito de adição de monômeros para o crescimento final de uma cadeia.

polímero isotático: polímero em que todos os substituintes estão do mesmo lado da cadeia completamente estendida.

polímero orientado: polímero obtido pelo alongamento das cadeias de polímero e a colocação delas juntas de modo paralelo.

polímero sindiotático: polímero em que os substituintes regularmente se alternam nos dois lados em toda a extensão da cadeia de carbono.

polímero sintético: polímero que não é sintetizado na natureza.

polímero termoplástico: polímero que tem ordenadas tanto regiões cristalinas quanto regiões amorfas não cristalinas.

polímero vinil: polímero em que os monômeros são etileno ou um substituído.

polímero vivo: polímero com crescimento de cadeia não terminada que permanece ativa. Isso significa que a reação de polimerização pode continuar na adição de mais monômeros.

polímeros de crescimento por etapas (polímeros de condensação): polímeros feitos pela combinação de duas moléculas que removem uma pequena molécula (geralmente água ou um álcool).

polímeros termorrígidos: polímeros de ligações cruzadas que, após serem endurecidos, não podem ser refundidos pelo aquecimento.

polinucleotídeo: muitos nucleotídeos ligados por ligações fosfodiéster.

polipeptídeo: muitos aminoácidos ligados por ligações amida.

polissacarídeo: substância que contém mais de dez moléculas de açúcar ligadas.

poliuretano: polímero em que os monômeros são uretanos.

ponte dissulfito: ligação dissulfito (—S—S—) em um peptídeo ou em uma proteína.

ponto de ebulição: temperatura em que a pressão de vapor iguala a pressão atmosférica.

ponto de fusão: temperatura em que um sólido se torna líquido.

ponto de inflexão: ponto médio da região nivelada de uma curva de titulação.

ponto isoelétrico (pI): pH em que não há carga líquida em um aminoácido.

postulado de Hammond: estabelece que o estado de transição será mais similar em estrutura às espécies (reagentes e produtos) que ele é mais próximo energeticamente.

princípio da reatividade–seletividade: estado em que quanto maior a reatividade de uma espécie, menos seletiva ela será.

princípio da reversibilidade microscópica: estado no qual o mecanismo para uma reação na direção avançada tem os mesmos intermediários e a mesma etapa determinante de velocidade que o mecanismo para a reação na direção inversa.

princípio de Aufbau: estabelece que um elétron sempre entrará para aquele orbital disponível de menor energia.

princípio de exclusão de Pauli: estado no qual não mais que dois elétrons podem ocupar um orbital e em que os dois elétrons devem ter spin opostos.

princípio de incerteza de Heisenberg: estabelece que a localização precisa e o momento de uma partícula atômica não podem ser determinados simultaneamente.

princípio de Le Châtelier: estabelece que se um equilíbrio for perturbado, os componentes do equilíbrio se ajustarão de maneira a compensar a perturbação.

procariote: corpo unicelular sem núcleo.

produto cinético: produto que é o mais rápido a ser formado.

produto natural: produto sintetizado na natureza.

produto termodinâmico: produto mais estável.

projeção de Fischer: método de representação do arranjo espacial de grupos ligados a um centro quiral. O centro quiral é o ponto de intercessão de duas linhas perpendiculares: as linhas horizontais representam ligações que se projetam para fora do plano do papel em direção ao observador, e as linhas verticais representam ligações que apontam para trás do plano do papel, para longe do observador.

projeção de Haworth: modo para mostrar a estrutura de um açúcar; os anéis de cinco ou seis membros são representados como um plano.

prostaciclina: lipídio derivado do ácido aracdônico, que dilata os vasos sanguíneos e inibe a agregação plaquetária.

proteína estrutural: proteína que dá firmeza a uma estrutura biológica.

proteína fibrosa: proteína solúvel em água em que as cadeias polipeptídicas são organizadas em feixes.

proteína globular: proteína solúvel em água que tende a ter formato aproximadamente esférico.

proteína: polímero que contém de 40 a 4 mil aminoácidos ligados por ligações amida.

próton: hidrogênio positivamente carregado (íon hidrogênio); partícula carregada positivamente em um núcleo atômico.

prótons acoplados: prótons que desdobram um ao outro. Prótons acoplados têm a mesma constante de acoplamento.

prótons quimicamente equivalentes: prótons com a mesma relação de conectividade para o restante da molécula.

protoporfirina IX: sistema de anel porfirina do heme.

pureza ótica (excesso enantiomérico): quanto de excesso de um enantiômero está presente em uma mistura de um par de enantiômeros.

puro enantiomericamente: que contém somente um enantiômero.

quarteto: sinal de RMN dividido em quatro picos.

quebra isopropílica: quebra na banda de absorção de IV atribuída ao grupo metila. Ela é característica de um grupo isopropila.

quebra térmica: uso de aquecimento para quebrar uma molécula.

química de polímeros: campo da química que trata de polímeros sintéticos; parte da disciplina conhecida como ciência dos materiais.

quiral (ativo oticamente): molécula quiral que tem imagem especular não-sobreponível.

racemização completa: formação de um par de enantiômeros em quantidades iguais.

racemização parcial: formação de um par de enantiômeros em quantidades iguais.

radiação eletromagnética: energia radiante que distingue propriedades de onda.

radiação infravermelho: radiação eletromagnética que nos é familiar, como o calor.

radiação rf: radiação na região de radiofrequência do espectro eletromagnético.

radical alquila primário: radical alquila com o elétron livre no carbono primário.

radical alquila secundário: radical com o elétron livre em um carbono secundário.

radical alquila terciário: radical com o elétron livre em um carbono terciário.

radical vinílico: substância com um elétron livre no carbono vinílico.

radical: átomo ou molécula com um elétron livre.

raio de Van der Waals: medida do tamanho efetivo de um átomo ou um grupo. Uma força de repulsão ocorre (repulsão de Van der Waals) se dois átomos se aproximam um do outro a uma distância menor que a soma dos raios de Van der Walls.

rastreador de IRM: espectrômetro de RMN usado na medicina para RMN de todo o corpo.

razão magnetogírica: propriedade (medida em rad $T^{-1}s^{-1}$) que depende das propriedades de um tipo particular de núcleo.

reação ácido—base: reação na qual um ácido doa um próton para uma base ou aceita compartilhar elétrons da base.

reação bimolecular (reação de segunda ordem): reação na qual a velocidade depende da concentração de dois reagentes.

reação catalisada por ácido: reação catalisada por um ácido.

reação concertada: reação em que todas as formações de ligações e quebra de ligações ocorrem em uma etapa.

reação de acoplamento: reação que une dois grupos alquila.

reação de adição: reação na qual os átomos ou grupos são adicionados ao reagente.

reação de adição eletrônica: reação de adição na qual a primeira espécie que pode se adicionar ao reagente é um eletrófilo.

reação de adição nucleofílica: reação que envolve a adição de um nucleófilo ao reagente.

reação de adição radicalar: reação de adição em que a primeira espécie que se adiciona é um radical.

reação de adição-eliminação nucleofílica/reação de adição nucleofílica: reação de adição nucleofílica que é seguida por uma reação de eliminação que é seguida por uma reação de adição nucleofílica. A formação de acetal é um exemplo: um álcool é adicionado ao carbono carbonílico; água é eliminada e uma segunda molécula de álcool é adicionada ao produto desidratado.

reação de alquilação: reação que adiciona um grupo alquil ao reagente.

reação de anelação: reação formadora de anel.

reação de carboxilação de Kolbe–Schmitt: reação que usa CO_2 para carboxilar o fenol.

reação de cicloadição [4 + 2]: reação de cicloadição em que quatro dos elétrons π vêm de um reagente e dois elétrons π vêm de outro reagente.

reação de cicloadição: reação em que duas moléculas π reagem para formar uma substância cíclica.

reação de condensação: reação que combina duas moléculas enquanto remove uma molécula pequena (normalmente água ou álcool).

reação de eliminação de Cope: eliminação de um próton e de uma hidroxiamina de um óxido de amina.

reação de eliminação de Hofmann: eliminação de um próton e uma amina terciária de um hidróxido de amônio quaternário.

reação de eliminação: reação que envolve a eliminação de átomos (ou moléculas) de um reagente.

reação de enamina de Stork: usa uma enamina como nucleófilo em uma reação de Michael.

reação de esterificação de Fischer: reação de um ácido carboxílico com álcool na presença de um catalisador ácido para formar um éster.

reação de extrusão: reação em que uma molécula neutra (por exemplo, CO_2, CO ou N_2) é eliminada de uma molécula.

reação de Favorskii: reação de uma α-halocetona com o íon hidroxila.

reação de halofórmio: reação de um halogênio e HO^- com uma metilcetona.

reação de Heck: união de um haleto de arila, benzila ou vinila ou triflato com um alceno em uma solução básica em presença de $Pd(PPh_3)_4$.

reação de Hell–Volhard–Zelinski (HVZ): aquecimento de um ácido carboxílico com Br_2 + P de modo a convertê-lo em um ácido α-bromocarboxílico.

reação de Hunsdiecker: conversão de um ácido carboxílico em um halogeneto de alquila que aquece um sal de metal pesado do ácido carboxílico com bromo ou iodo.

reação de Mannich: condensação de uma amina secundária e formaldeído com um carbono ácido.

reação de Michael: adição de um carbânion a ao carbono β de uma substância carbonilada α,β-insaturada.

reação de oxirredução (reação redox): reação que envolve a transferência de elétrons de uma espécie para outra.

reação de primeira ordem (reação unimolecular): reação na qual a velocidade depende da concentração de um reagente.

reação de pseudoprimeira ordem: reação de segunda ordem em que a concentração de um dos reagentes é muito maior que de outro, permitindo a reação ser tratada com reação de primeira ordem.

reação de Reformatsky: reação de um reagente organozinco com um aldeído ou uma cetona.

reação de Ritter: reação de uma nitrila com um álcool secundário ou terciário para formar uma amida secundária.

reação de Sandmeyer: reação de um sal arildiazônio com sais de cobre.

reação de Schiemann: reação de um arenodiazônio com HBF_4.

reação de segunda ordem (reação bimolecular): reação cuja velocidade depende da concentração de dois reagentes.

reação de selenilação: conversão de uma α-bromocetona em uma cetona α,β insaturada por meio da formação de um selenóxido.

reação de Simmons–Smith: formação de um ciclopropano que utiliza $CH_2I_2 + Zn(Cu)$.

reação de Stille: acopla um haleto de arila, benzila ou vinila ou um triflato com um alquilestanho na presença de $Pd(PPh_3)_4$.

reação de substituição nucleofílica acílica: reação em que um grupo ligado a um grupo acila ou arila é substituído por outro grupo.

reação de substituição nucleofílica: reação em que um nucleófilo substitui um átomo ou um grupo.

reação de substituição radicalar: reação de substituição que tem um radical intermediário.

reação de substituição α: reação que coloca um substituinte em um carbono α no lugar de um hidrogênio α.

reação de Suzuki: acopla um halogeneto de arila, de benzila ou de vinila com um organoborano na presença de $Pd(PPh_3)_4$.

reação de transesterificação: reação de um éster com um álcool para formar um éster diferente.

reação de transferência de fosforila: transferência de um grupo fosforila de uma substância para outra.

reação de transferência de próton: reação em que um próton é transferido de um ácido para uma base.

reação de Wittig: reação de um aldeído ou uma cetona com ilida de fósforo, resultando na formação de um alceno.

reação E1: reação de eliminação de primeira ordem.

reação E2: reação de eliminação de segunda ordem.

reação eletrocíclica: reação em que uma ligação π do reagente é perdida de modo que uma substância cíclica com uma nova σ ligação o possa ser formada.
reação enantiosseletiva: reação que forma um enantiômero em excesso.
reação endergônica: reação com um $\Delta G°$ positivo.
reação endotérmica: reação com um $\Delta H°$ positivo.
reação estereoespecífica: reação em que o reagente pode existir como um estereoisômero e cada reagente estereoisomérico leva a um produto esteroisomérico diferente ou a um conjunto de produtos.
reação estereosseletiva: reação que leva à formação preferencial de um estereoisômero sobre um outro.
reação exergônica: reação com um $\Delta G°$ negativo.
reação exotérmica: reação com $\Delta H°$ negativo.
reação fotoquímica: reação que ocorre quando um reagente absorve luz.
reação intermolecular: reação que ocorre entre duas moléculas.
reação intramolecular: reação que ocorre dentro da molécula.
reação nucleofílica de adição–eliminação: reação nucleofílica de adição que é seguida de uma reação de eliminação. A formação de imina é um exemplo: uma amina é adicionada ao carbono carbonílico, e água é eliminada.
reação pericíclica: reação combinada que ocorre como resultado de um rearranjo cíclico de elétrons.
reação polar: reação entre um nucleófilo e um eletrófilo.
reação radicalar em cadeia: reação em que radicais são formados e reagem repetindo etapas de propagação.
reação radicalar: reação em que uma nova ligação é formada pelo uso de um elétron de um reagente e um elétron de outro reagente.
reação redox (reação de oxidação–redução): reação que envolve a transferência de elétrons de uma espécie para outra.
reação regiosseletiva: reação que leva à formação preferencial de um isômero constitucional sobre outro.
reação S_N1: reação de substituição nucleofílica unimolecular.
reação S_N2: reação de substituição nucleofílica bimolecular.
reação S_NAr: reação de substituição nucleofílica em aromáticos.
reação térmica: reação que ocorre sem que o reagente tenha de absorver luz.
reação unimolecular (reação de primeira ordem): reação cuja velocidade depende da concentração de um dos reagentes.
reações de Diels–Alder: reação de cicloadição [4 + 2].
reagente de Edman: fenilisotiocianato. Reagente usado para determinar o aminoácido terminal de um polipeptídeo.
reagente de Gilman: organocuprato preparado a partir da reação de um reagente organolítio com iodeto de cobre, usado para substituir um halogênio com um grupo alquila.
reagente de Grignard: substância que resulta quando é inserido magnésio entre o carbono e o halogênio de um haleto de alquila (RMgBr, RMgCl).
rearranjo antarafacial: rearranjo em que o grupo de migração move-se para a face oposta do sistema π.
rearranjo de carbocátion: rearranjo de um carbocátion para outro carbocátion mais estável.
rearranjo de Claisen: rearranjo sigmatrópico [3,3] de um alil-vinil-éter.
rearranjo de Cope: rearranjo sigmatrópico [3,3] do 1,5-dieno.
rearranjo de Curtis: conversão de um cloreto de acila em uma amina primária com o uso de íon azida ($^-N_3$).
rearranjo de expansão de anel: rearranjo de um carbocátion em que o carbono carregado positivamente está ligado a uma substância cíclica e, como resultado do rearranjo, o tamanho do anel cresce em um carbono.
rearranjo de Hofmann: conversão de uma amida em uma amina pelo uso de Br_2/HO.
rearranjo de McLafferty: rearranjo do íon molecular de uma cetona. A ligação entre carbonos α e β quebra, e um hidrogênio γ migra para o oxigênio.
rearranjo de pinacol: rearranjo de um diol vicinal.
rearranjo sigmatrópico: reação em que uma ligação σ é quebrada no substrato, uma nova ligação σ é formada no produto e as ligações π se rearranjam.
rearranjo suprafacial: rearranjo em que o grupo que migra permanece na mesma face do sistema π.
reconhecimento do sítio específico: reconhecimento de um sítio específico no DNA.

reconhecimento molecular: reconhecimento de uma molécula por outra como resultado de interações específicas; por exemplo, a especificidade de uma enzima é dada por seu substrato.
redução de Birch: redução parcial de benzeno a 1,4-ciclo-hexadieno.
redução de Clemmensen: reação que reduz o grupo carbonila de uma cetona a um grupo metileno usando Zn(Hg)/HCl.
redução de Rosenmund: redução de um cloreto de acila a um aldeído com a utilização de H_2 e de um catalisador de paládio desativado.
redução de Wolff–Kishner: reação que reduz o grupo carbonila de uma cetona a um grupo metileno com o uso de NH_2NH_2/HO$^-$.
redução que dissolve metal: redução causada pelo uso de sódio ou lítio dissolvido em amônia líquida.
redução: ganho de elétrons por um átomo ou uma molécula.
região de grupo funcional: dois terços à esquerda do espectro de IV no qual a maioria dos grupos funcionais apresentam bandas de absorção.
região de impressão digital: o terço do lado direito do espectro no IV no qual as bandas de absorção são características da substância toda.
regra de Cram: regra usada para determinar o produto majoritário de uma reação de adição de carbonila em uma substância com um centro quiral adjacente a um grupo carbonila.
regra de Hückel: estabelece que, para uma substância ser aromática, sua nuvem eletrônica deve conter $(4n + 2)$ π elétrons, onde n é um número inteiro. Isso é o mesmo que dizer que a nuvem eletrônica contém um número ímpar de pares de elétrons π.
regra de Hund: estabelece que quando há orbitais degenerados, um elétron ocupará um orbital vazio antes que ele emparelhe com um outro elétron.
regra de Markovnikov: a regra atual é: "Quando um haleto de hidrogênio se adiciona a um alceno assimétrico, a adição ocorre de modo que o halogênio se ligue no átomo de carbono da dupla ligação do alceno que contenha o menor número de hidrogênio". A regra mais universal é: "O eletrófilo se adiciona ao carbono sp^2 que está ligado ao maior número de hidrogênios".
regra de Woodward–Fieser: permite o cálculo do $\lambda_{máx}$ da transição $\pi \rightarrow \pi^*$ para substâncias com até quatro ligações duplas conjugadas.
regra de Woodward–Hoffmann: série de regras selecionadas para reações de pericíclicos.
regra de Zaitsev: alceno mais substituído é obtido pela remoção de um próton do carbono β que está ligado a menor número de hidrogênios.
regra do isopreno: regra que expressa a ligação cabeça–cauda das unidades isoprênicas.
regra do $N + 1$: um sinal de RMN de ^1H para um hidrogênio com N hidrogênios equivalentes ligados a um carbono adjacente é desdobrado em $N + 1$ picos. Um sinal de RMN ^{13}C de um carbono ligado a N hidrogênios é desdobrado em $N + 1$ picos.
regra do octeto: estado em que um átomo cede, aceita ou compartilha elétrons a fim de conseguir uma camada completa. Como uma segunda camada completa contém oito elétrons, essa é conhecida como a regra do octeto.
regras de seleção: regras que determinam o resultado de uma reação pericíclica.
relação estrutura-atividade quantitativa (QSAR): relação entre uma propriedade particular de uma série de substâncias e sua atividade biológica.
remoção de introns: etapa no processamento do RNA na qual bases não interpretadoras (codificadas pelos introns) são cortadas e cujos fragmentos informacionais são unidos.
replicação semiconservativa: modo de replicação que resulta em uma molécula de DNA filha que tem uma das fitas originais de DNA ligada a uma fita recém-sintetizada.
replicação: síntese de cópias idênticas de DNA.
resíduo de aminoácido: unidade anomérica de um peptídeo ou uma proteína.
resina de troca aniônica: resina de troca iônica positivamente carregada usada em cromatografia de troca iônica.
resina de troca catiônica: resina carregada negativamente usada em cromatografia de troca iônica.
resina epóxi: substância formada pela mistura de um pré-polímero de baixa massa molecular com uma substância que forma um polímero de ligação cruzada.
resistência à droga: resistência biológica a uma droga específica.

resolução cinética: separação de enantiômeros em consonância com a diferença das velocidades de reação com uma enzima.
resolução de mistura racêmica: separação de uma mistura racêmica nos enantiômeros individuais.
ressonância: substância tem ressonância quando ela possui elétrons deslocalizados.
ressonâncias: sinais de absorção de RMN.
retirada de elétrons por ressonância: retirada de elétrons através de orbital p sobreposto com ligações π.
retirada indutiva de elétrons: retirada de elétrons através de uma ligação σ.
retrossíntese (análise retrossintética): trabalho em sentido contrário (no papel) da molécula-alvo para avaliar os materiais de partida.
retrovírus: vírus cuja informação genética está arquivada em seu RNA.
ribonucleotídeo: nucleotídeo em que o açúcar é D-ribose.
ribossoma: partícula composta de cerca de 40% de proteína e 60% de RNA na qual ocorre a biossíntese de proteína.
ribozima: molécula de RNA que age como catalisador.
RNA (ácido ribonucleico): polímero de ribonucleotídeos.
rotação específica: valor da rotação que será causado por uma substância com a concentração de 1,0 g/mL em um tubo de amostra de 1,0 dm de comprimento.
rotação observada: valor da rotação observada em um polarímetro.
sabão: sal de sódio ou potássio de um ácido graxo.
sal de amônio quaternário: íon amônio quaternário e um ânion ($R_4N^+X^-$).
sal de diazônio: íon diazônio e um ânion ($ArN\equiv N\ X^-$).
saponificação: hidrólise de éster (assim como uma graxa) sob condições básicas.
screening **cego (***screening* **randômico):** procura por uma substância farmacologicamente ativa sem nenhuma informação sobre qual a estrutura química apresentaria atividade.
screening **randômico (***screening* **cego):** consiste na busca por uma substância farmacologicamente ativa, sem nenhum conhecimento prévio de que estruturas químicas poderiam apresentar atividade.

semicarbazona: $R_2C=NNHCNH_2$ (com O no carbono central)

sequenciamento de Maxam–Gilbert: técnica usada para seqüenciar fragmentos restritos.
série homóloga: família de substâncias em que cada membro difere do próximo por um grupo metileno.
sesquiterpeno: terpeno que contém 15 carbonos.
sinergismo de drogas: quando o efeito de duas drogas usadas em combinação é maior que o somatório dos efeitos obtidos no caso de as drogas serem administradas individualmente.
singlete: sinal de RMN não dividido.
sin-periplanar: substituintes paralelos do mesmo lado da molécula.
síntese automatizada de peptídeos em fase sólida: técnica automatizada que sintetiza um peptídeo enquanto seu aminoácido C-terminal está ligado a um suporte sólido.
síntese convergente: síntese em que pedaços da substância-alvo são preparados individualmente e depois reunidos.
síntese de éster acetoacético: síntese de uma cetona metílica que usa acetoacetato de etila como material de partida.
síntese de éter de Williamson: formação de um éter da reação de um íon alcóxido com um haleto de alquila.
síntese de Gabriel: conversão de um haleto de alquila em uma amina primária, usando ftalimida como ponto de partida.
síntese de Kiliani–Fischer: método usado para aumentar o número de carbonos em uma aldose de um, resultando na formação de um par de epímeros C—2.
síntese de Strecker: método usado para sintetizar um aminoácido: um aldeído reage com NH_3 formando uma imina que é atacada pelo íon cianeto. A hidrólise do produto gera um aminoácido.
síntese do éster malônico: síntese de um ácido carboxílico, usando malonato de dietila como material de partida.
síntese em fase sólida: técnica em que o fim de uma extremidade de uma substância é ligada covalentemente a um suporte sólido enquanto outra extremidade sofre a reação.

síntese em várias etapas: preparação de uma substância por uma rota que requer várias etapas.
síntese interativa: síntese em que a seqüência de reação é executada mais de uma vez.
síntese linear: síntese que constrói uma molécula de materiais de partida etapa a etapa.
síntese orgânica combinatória: síntese de uma biblioteca de substâncias pela ligação covalente de grupos de unidades estruturais diferentes.
síntese orgânica: preparação de substâncias orgânicas a partir de outras substâncias orgânicas.
sínton: fragmento de uma desconexão.
sistema anelar longo: sistema de anéis porfirínicos sem uma das pontes metínicas.
sistema de anel porfirina: consiste em quatro anéis pirrol unidos por pontes de um carbono.
sítio ativo: local em uma enzima onde o substrato é ligado.
sítio de propagação: reagente final de um polímero de crescimento de cadeia.
sítio promotor: pequena seqüência de bases no início de um gene.
sítio receptor: sítio ao qual a droga se liga de modo a exercer seu efeito fisiológico.
solvatação: interação entre um solvente e outra molécula (ou íon).
solvente aprótico: solvente que não tem um hidrogênio ligado a um oxigênio ou a um nitrogênio.
solvente prótico: solvente que tem um hidrogênio ligado a um oxigênio ou a um nitrogênio.
solvólise: reação com o solvente.
soma vetorial: levadas em consideração tanto as magnitudes quanto as direções das ligações dipolo.
substância anfótera: substância que pode comportar-se tanto como ácido quanto como base.
substância bicíclica em formato de ponte: substância bicíclica em que os anéis compartilham dois carbonos não adjacentes.
substância bicíclica fundida: substância bicíclica em que os anéis compartilham dois carbonos adjacentes.
substância bicíclica: substância que contém dois anéis que compartilham pelo menos um carbono.
substância biorgânica: substância orgânica encontrada em sistema biológico.
substância carbonilada: substância que contém um grupo carbonila.
substância de inclusão: substância que se liga especialmente a um íon metálico ou a uma molécula orgânica.
substância de referência: substância adicionada à amostra cujo espectro de RMN será realizado. As posições dos sinais no espectro de RMN são medidas a partir da posição do sinal obtido pela substância de referência.
substância espirocíclica: substância bicíclica em que os anéis compartilham um carbono.
substância guia: protótipo em uma pesquisa para outras substâncias biologicamente ativas.
substância heterocíclica (heterociclo): substância cíclica em que um ou mais átomos do anel são heteroátomos.
substância meso: substância que contém centros quirais e um plano de simetria.
substância orgânica: substância que contém carbono.
substância organometálica: substância que contém uma ligação carbono–metal.
substâncias de cadeia aberta: substância acíclica.
substituição cine: substituição no carbono adjacente ao carbono que foi ligado ao grupo de saída.
substituição direta: substituição no carbono que estava ligado ao grupo de saída.
substituição eletrofílica em aromáticos: reação na qual um eletrófilo substitui um hidrogênio de um anel aromático.
substituição nucleofílica em aromáticos: reação em que um nucleófilo substitui um substituinte de um anel aromático.
substituinte alquila (grupo alquila): formado pela remoção de um hidrogênio de um alcano.
substituinte ativador: substituinte que aumenta a reatividade de um anel aromático. Substituintes doadores de elétrons ativam o anel

aromático para ataque eletrofílico, e substituintes retiradores de elétrons ativam o anel aromático para ataque nucleofílico.
substituinte desativante: substituinte que diminui a reatividade de um anel aromático. Substituintes retiradores de elétrons desativam anel aromático para ataque eletrofílico, e substituintes doadores de elétrons desativam anéis aromáticos para ataque nucleofílico.
substituinte orientador de meta: substituinte que direciona a entrada de outro substituinte na posição meta.
substituinte orientador orto–para: substituinte que direciona a entrada de substituintes nas posições orto e para em relação a ele.
substituinte α: substituinte do lado oposto do sistema de anéis esteroidais daquele dos grupos metila angulares.
substituinte β: substituinte do mesmo lado de um sistema de anéis esteroidais daquele dos grupos metila angulares.
substrato: reagente de uma reação catalisada por enzima.
subunidade: cadeia individual de um oligômero.
sulco principal: o mais largo e mais profundo dos dois sulcos alternantes no DNA.
sulco secundário: o mais estreito e mais raso dos dois sulcos alternantes no DNA.
sulfeto (tioéter): análogo de enxofre de um éter (RSR).
sulfonação: substituição de um hidrogênio de um benzeno por um grupo ácido sulfônico ($-SO_3H$).
tampão: ácido com sua base conjugada.
tautomerismo ceto–enol (interconversão ceto-enólica): interconversão de tautômeros ceto e enol.
tautomerismo: interconversão de tautômeros.
tautômeros ceto–enol: cetona e seu isômero álcool insaturado em α e β.
tautômeros: isômeros rapidamente equilibrados que diferem na localização de seus elétrons ligantes.
tensão angular: tensão introduzida na molécula como resultado da distorção de seus ângulos de ligação dos seus valores ideais.
tensão estérica (tensão de Van der Walls, repulsão de Van der Walls): repulsão entre as nuvens eletrônicas de um átomo ou grupo de átomos e nuvens eletrônicas de outros átomos ou grupo de átomos.
tensão torsional: repulsão sentida pelos elétrons de ligação de um substituinte quando passam perto dos elétrons de ligação de outro substituinte.
teoria da conservação da simetria do orbital: teoria que explica a relação entre a estrutura e a configuração do reagente, as condições sob as quais a reação pericíclica ocorre, e a configuração do produto.
teoria de orbitais de fronteira: teoria que, como a conservação da teoria de orbital simétrico, explica a relação entre reagente, produto e condições de reação em uma reação pericíclica.
teoria de orbital molecular: descreve um modelo em que os elétrons ocupam orbitais como fazem nos átomos, mas com os orbitais estendendo-se sobre toda a molécula.
terapia gênica: técnica terapêutica que insere um gene sintético no DNA de um organismo que está deficiente de tal gene.
termodinâmica: campo da química que descreve as propriedades de um sistema em equilíbrio.
terpeno: lipídio isolado de uma planta que contém átomos de carbono em múltiplos de cinco.
terpenóide: terpeno que contém oxigênio.
teste de Lucas: teste que determina quando um álcool é primário, secundário ou terciário.
teste de Tollens: um aldeído pode ser identificado com a observação da formação de um espelho de prata na presença do reagente de Tollens (Ag_2O/NH_3).
teste do iodofórmio: adição de I_2/HO^- a uma metilcetona forma um precipitado de triiodometano.
tetraeno: hidrocarboneto com quatro ligações duplas.
tetraidrofolato (THF): coenzima requerida por enzimas catalisadoras de reações que doam um grupo que contém um único carbono a seus substratos.
tetraterpeno: terpeno que possui 40 carbonos.
tetrose: monossacarídeo com quatro carbonos.

tiamina pirofosfato (TPP): coenzima requerida por enzimas catalisadora de uma reação que transfere um fragmento de dois carbonos para um substrato.
tiirano: substância com anel de três membros em que um dos átomos do anel é um enxofre.
tioéster: análogo ao enxofre de um éster:

$$R-\overset{\overset{\displaystyle O}{\|}}{C}-SR$$

tioéter (sulfeto): análogo ao enxofre de um éter (RSR).
tiol (mercaptano): análogo ao enxofre de um álcool (RSH).
tosilato de alquila: éster de ácido *para*-toluenossulfônico.
tradução: síntese de uma proteína a partir de um plano do mRNA.
transaminação: reação em que um grupo amino é transferido de uma substância para outra.
transcrição: síntese de mRNA de um plano de DNA.
transferência de cadeia: cadeia de polímero em crescimento reage com uma molécula XY de maneira que permita a terminação da cadeia por X, deixando para trás Y a fim de iniciar uma nova cadeia.
transformada de Fourier: técnica em que todos os núcleos são excitados simultaneamente por um pulso rf, cujos relaxamentos são monitorados e cujos dados são convertidos matematicamente em um espectro.
transição eletrônica: promoção de um elétron de seu HOMO para seu LUMO.
transiminação: reação de uma amina primária com uma imina para formar uma nova imina e uma amina primária derivada da imina original.
transmetalação: troca de metal.
triacilgliceróis misturados: triacilglicerol cujos ácidos graxos que o constituem são diferentes.
triacilglicerol simples: triacilglicerol no qual os componentes ácidos graxos de um triacilglicerol são os mesmos.
triacilglicerol: substância formada quando os três grupos OH do glicerol são esterificados com ácidos graxos.
trieno: hidrocarboneto com três ligações duplas.
triose: monossacarídeo com três carbonos.
tripeptídeo: três aminoácidos ligados por ligações amida.
tripleto: sinal de RMN dividido em três picos.
triterpeno: terpeno que contém 30 carbonos.
troca NIH: rearranjo 1,2 de hidreto de um carbocátion (obtido de um óxido areno) que conduz a uma enona.
troca química: transferência de um próton de uma molécula para outra.
uretano: substância com um grupo carbonila que é tanto uma amida quanto um éster.
velocidade relativa: obtida pela divisão da constante de velocidade atual pela constante de velocidade de reação mais lenta no grupo que está sendo comparado.
via de simetria permitida: via que guia a superposição de orbitais de mesma fase.
via de simetria proibida: via que guia a superposição de orbitais de fase oposta.
vibração angular: vibração que não ocorre ao longo da linha da ligação. Ela resulta na mudança dos ângulos de ligação.
vinilogia: transmissão de reatividade através de ligações duplas.
vitamina KH$_2$: coenzima requerida pela enzima que catalisa a carboxilação das cadeias laterais do glutamato.
vitamina: substância necessária em pequenas quantidades para o funcionamento do corpo normal que o corpo não pode sintetizar em quantidades adequadas.
vulcanização: aumento da flexibilidade da borracha ao aquecê-la com enxofre.
zwitterions: substância com uma carga negativa e uma carga positiva em átomos não adjacentes.
β-cetoéster: éster cujo segundo grupo carbonila está em posição β.
β-dicetona: cetona com um segundo grupo carbonila na posição β.
$\lambda_{máx}$: comprimento de onda em que há absorbância máxima em UV/Vis.

Crédito das fotos

▶ **CAPÍTULO 1** p. 4 (*embaixo*) UPI/Corbis p. 5 (*em cima*) AP/Wide World Photos p. 5 (*embaixo*) Getty Images Inc./Hulton Archive Photos p. 6 (*embaixo*) fotógrafo desconhecido/cortesia de Archives of the Institute for Advanced/Study p. 8 (*embaixo*) Paul Silverman/Fundamental Photographs p. 9 Fotografia da escultura do Albert Einstein Memorial (Copyright Robert Berks, 1978) no National Academy of Sciences. Créditos: National Academy of Sciences p. 12 Cornell University/Cortesia de AIP Emilio Segre Visual Archives p. 13 Cortesia de Biblioteca de Bancroft/Universidade da Califórnia, Berkeley p. 26 (*embaixo*) Joe Mc Nally/Corbis/Sygma p. 51 (*em cima*) Richard Megna/Fundamental Photographs.

▶ **CAPÍTULO 2** p. 81 (*centro*) foto de Gen. Stab. Lit. Anst./AIP Emilio Segre Visual Archive p. 86 (*em cima*) Simon Fraser/Science Photo Library/Photo Researchers, Inc.

▶ **CAPÍTULO 3** p. 111 (*embaixo, à direita*) Hans Reinhard/Okapia/Photo Researchers, Inc. p. 127 (*à direita*) American Institute of Physics/Emilio Segre Visual Archives.

▶ **CAPÍTULO 4** p. 143 Judith Olah p. 149 (*em cima*) Coleção de Edgar Fahs Smith/Universidade da Pensilvânia/Biblioteca Van Pelt p. 169 (*embaixo*) AP/Wide World Photos.

▶ **CAPÍTULO 5** p. 185 (*embaixo*) Brown Brothers p. 191 (*embaixo*) Diane Schiumo/Fundamental Photographs p. 194 Nobelstiftelsen/© The Nobel Foundation p. 210 Getty Images Inc./Hulton Archive Photos.

▶ **CAPÍTULO 6** p. 251 (*em cima, à direita*) Reuters/Getty Images Inc. Hulton Archive Photos p. 255 Getty Images Inc./Hulton Archive Photos.

▶ **CAPÍTULO 7** p. 263 Corbis.

▶ **CAPÍTULO 8** p. 296 Jim Zipp/Photo Researchers, Inc. p. 309 (*centro*) AP/Wide World Photos p. 310 (*em cima*) AP/Wide World Photos p. 320 (*em cima*) Perkin Elmer, Inc. p. 323 (*em cima, à direita*) Jerry Alexander/Getty Images Inc. Stone Allstock.

▶ **CAPÍTULO 9** p. 350 (*centro, à direita*) NASA/Goddard Space Flight Center p. 350 (*centro, à esquerda*) NASA/Goddard Space Flight Center p. 349 (*embaixo*) Philippe Plailly/Science Photo Library/Photo Researchers, Inc.

▶ **CAPÍTULO 10** p. 357 (*em cima, à direita*) Mike Severns/Tom Stack & Associates, Inc. p. 362 (*centro*) Edgar Fahs Smith Collection/Universidade da Pensilvânia Van Pelt Library p. 370 (*em cima, à esquerda*) Science Photo Library/Photo Researchers, Inc. p. 377 (*centro*) AP/Wide World Photos.

▶ **CAPÍTULO 11** p. 400 (*à esquerda*) Butlerov Institute of Chemistry p. 414 (*em cima, à esquerda*) dra. Paula Bruice p. 414 (*em cima, à esquerda*) dra. Paula Bruice p. 414 (*em cima, à esquerda*) dra. Paula Bruice p. 414 (*em cima, à esquerda*) dra. Paula Bruice p. 420 Edgar Fahs Smith Collection/Universidade da Pensilvânia Van Pelt Library.

▶ **CAPÍTULO 12** p. 449 (*centro*) Corbis p. 457 (*centro*) Getty Images Inc./Hulton Archive Photos p. 459 (*em cima, à direita*) Professor Donald J. Cram. p. 465 (*em cima, à direita*) Science Photo Library/Photo Researchers, Inc.

▶ **CAPÍTULO 13** p. 501 dr. Jeremy Burgess/Science Photo Library/Photo Researchers, Inc.

▶ **CAPÍTULO 14** p. 556, Fig. 14.27 Reproduzida com permissão de F. A. Bovey, Nuclear Magnetic-Resonance Spectroscopy. Nova York: Academic Press, 1968. P. 570, Fig. 14.41(a) Scott Camazine/Photo Researchers, Inc. Fig. 14.41(b) Simon Fraser/Science Photo Library/Photo Researchers, Inc. p. 560, fig. 14.31 Reproduzida com permissão de J. Houser. p. 527 (*em cima*) Corbis.

Índice remissivo

1,1,2-tricloro-3-metilbutano, 552
1,1-dicloroetano, 537, 539-541, 549
   espectro de RMN ^{1}H do, 540
1,2-dibromo-3-metilbutano, 157
1,2-dicloro-2-metilpropano, 157, 536-537
1,2-dicloroeteno, 117
1,2-dideutéio-ciclopenteno, 222
1,3,5-hexatrieno, 286-289
   ilustração, 286-287
   níveis de energia do, 287
1,3-butadieno, 283-285, 289, 298, 301-302, 304-305
1,3-ciclo-hexadieno, 425
1,3-ciclopentadieno, 314-315
1,3-dibromopropano
   espectro de RMN ^{1}H do, 544
1,3-pentadieno, 307
1,4-dioxano, 448
1,4-pentadieno, 283-285, 297-298
1,5-hexadieno, 300, 303
1,6-diclorociclo-hexeno, 114
1-bromo-1-metilciclo-hexano, 146
1-bromo-2,2-dimetilpropano
   espectro RMN ^{1}H do, 531, 536
1-bromo-2-buteno, 301-302, 343, 379
1-bromo-2-metilciclo-hexano, 146
1-bromo-2-metilciclopentano, 196
1-bromo-3-metil-2-buteno, 303
1-bromo-3-metilciclobutano, 197
1-bromo-3-metilciclo-hexano, 197
1-bromo-4-metilciclo-hexano, 197
1-bromo-5-metil-3-hexino, 236
1-bromobutano, 166, 339, 463
1-bromo-hexano, 459
1-bromopentano, 252, 418
1-bromopropano, 250, 421-422, 487-488, 521
1-butanamina, 77
1-butanol, 444
1-buteno, 113, 166, 217, 510
1-butino, 235, 236, 237, 240, 250, 251, 253-254
1-ciclobutilpentano, 71
1-cloro-2,4-heptadieno, 297
1-cloro-3-iodopropano
   espectro de RMN ^{1}H, 553-554
1-clorobutano, 180, 336-337
1-fenil-2-butanona, 513
1-fenilbutano, 400
1-hepten-5-ino, 296
1-hexanol
   espectro no IV do, 504

1-hexen-5-ino, 296
1-hexino, 236
1-iodopropano, 434
1-metil-2-propilciclopentano, 71
1-metilciclo-hexeno, 146, 162
1-metoxi-1-metilciclo-hexano, 161
1-nitropropano, 524, 532, 568
   espectro do Cosy, 568
1-penteno, 237, 399, 409, 418
   estado de transição que leva ao, 403
1-pentino, 237, 250
1-propanol, 162, 434
1-propanotiol, 460
1-*terc*-butil-3-metilciclo-hexano, 100
2,2,4-trimetilpentano, 68, 333
2,2-dimetilbutano
   espectro de RMN ^{13}C, 563
2,3-dimetil-2-butanol, 375
2,3-dimetil-2-hepteno, 510
2,3-pentadieno, 297-298, 299-300
2,4-dimetil-hexano, 68, 182
2,4-heptadieno, 297, 406
2,4-hexadieno, 302, 303, 308
2,5-dibromo-3-hexeno, 302
2,6-dimetil-2,4-heptadieno, 422
2-bromo-1,1-dideutéio-1-fenileta-no, 416
2-bromo-2-metilbutano, 153, 399, 401, 422, 436
2-bromo-3-metilbutano, 153
2-bromobutano, 73, 122, 166, 182, 183-185, 187
2-bromopentano, 146, 409
2-bromopropano, 217, 376, 398, 421-422, 521
2-butanol, 75, 188, 203-204, 205
   espectro de RMN ^{13}C desaco-plado do, 561-562
2-butanona, 567
2-buteno, 111, 113, 117, 122, 510
   e brometo de hidrogênio, 134-136
2-butino, 237, 241, 246, 423
2-ciclo-hexenona, 502
   espectro no IV da, 502
2-clorobutano, 180, 336-337, 339
2-cloropropano, 146, 418, 488-489
   espectro de massas do, 488-489
2-etoxipropano, 418
2-fenil-2-buteno, 411
2-fenoxietanol, 707
2-fluoropentano, 402-403

2-hexanol
   espectro de massas do, 491
2-hexen-4-ino, 296
2-hexeno, 113, 148, 402
2-iodo-2-metilbutano, 146
2-iodo-3-metilbutano, 146
2-mercaptoetanol, 460
2-metil-1,3-butadieno (isopreno), 295, 303
2-metil-1,4-hexadieno, 295
2-metil-1,5-hexadieno, 301
2-metil-1-butanol, 192, 208
2-metil-1-buteno, 170, 218, 399, 401, 405
2-metil-1-penteno, 511
2-metil-2-butanol, 375, 422, 434
2-metil-2-buteno, 146, 158, 170, 399, 401, 405, 422
2-metilbutano, 171, 484
2-metilpentano, 62, 67
2-metilpropano, 169
2-metilpropeno (isobutileno), 141, 157, 172, 396, 404, 418
2-metoxipropano, 152, 535
2-pentanol, 362, 498-499
   espectro no IV do, 498
2-pentanona, 492, 502
   espectro no IV da, 502
2-penteno, 181, 344, 399, 402-403, 409-410
   adição de Br$_2$ a, 223
   adição de HBr ao, 146-147
   cis-2-penteno, 223
2-pentino, 237, 241, 246
2-propanol, 150, 162, 376
2-propil-1-hexeno, 113
2-propin-1-ol, 512
2-*sec*-butilfenol, 559
3,3,4,4-tetrametil-heptano, 68
3,3,6-trietil-7-metildecano, 68
3,3-dimetil-1-butanol, 165
3,3-dimetil-1-buteno, 153, 165, 443
3,3-dimetil-2-butanol, 375, 443
3,5-dicloro-2,6-dimetil-heptano, 422
3-bromo-1-buteno, 301-302, 343
3-bromo-1-propeno
   espectro RMN ^{1}H do, 545
3-bromociclopenteno, 346
3-bromopropeno (brometo de alila), 115, 343
3-butil-1-hexen-4-ino, 296
3-ciclo-hexenamina, 296

3-cloro-2-butanol, 194-195
3-cloro-hexano, 188, 363
3-etilciclopenteno, 114
3-etil-hexano, 67
3-heptino, 250
3-hexeno, 148
3-hexino, 236, 241-242, 251, 253
3-isopropil-hexano, 68
3-metil-1-butanol, 165
3-metil-1-butanotiol, 460
3-metil-1-buteno, 153, 157, 165, 167, 170
3-metil-2-butanol, 375, 436
3-metil-3-heptino, 113
3-metil-4-propil-heptano, 71
3-metóxi-2-butanol, 451
3-pentanol, 75, 498-499
   espectro no IV do, 498
4,5-dibromo-2-hexeno, 302
4,5-dimetilciclo-hexeno, 114
4-bromo-2-metil-2-penteno, 307
4-bromo-4-metil-2-penteno, 307
4-hidroxi-4-metil-2-pentanona, 497
   espectro no infravermelho da, 497
4-isopropiloctano, 67, 69
4-metil-1,3-pentadieno, 307
4-metil-4-hexino (*sec*-butilmetila-cetileno), 236
4-metil-2-penteno, 113
4-octanol, 182
4-pentoxi-1-buteno, 113
5-(2-metilpropil)-decano, 69
5-bromo-1,3-ciclo-hexadieno, 295
5-bromo-3-hepteno, 406
5-etil-2-metil-hepta-2,4-dieno, 295
5-hepten-1-ino, 296
5-isobutildecano, 69
5-isopropil-2-metiloctano, 68
5-metil-1,3-hexadieno, 400
5-metil-1,4-hexadieno, 400
6-hepten-2-amina, 296
6-metil-2-ciclo-hexenol, 296

A

Absortividade molar (e), 319, 321
Acetaldeído (etanal), 214
Acetato de etila, 385
Acetato de mercúrio, 160
Acetato de potássio, 459
Acetileno (etino), 2, 24, 30-31, 37, 236, 237, 248, 252, 253-255
Acetilenos substituídos, 236
Acetona, 180, 246, 318, 320, 385, 418, 492

absortividade molar, 319-320
espectro de UV da, 318
Acetonitrila, 385
Acíclicas, substâncias, 112
Acidez, 39, 41, 45-47, 55, 247-248
  relativa, 45-46
Ácido(s), 39-55
  Brønsted–Lowry, 39
  definição de Lewis, 53
  força relativa dos, 247-248
  valores de pK_a, 45
Ácido acético, 39-44, 49, 279, 385
Ácido ascórbico, 348
  ilustração, 348
Ácido barbitúrico, 93
Ácido carbônico, 52
Ácido cítrico, 39, 211, 445
Ácido de Brønsted–Lowry, 39
Ácido desoxirribonucléico (DNA), 347
  cadeias
  composição de nucleotídeos de espectroscopia no UV, 325
  segmento do, 456
  temperatura de fusão do, 325
Ácido fórmico, 41, 385
Ácido fosfórico, 441
Ácido hidroclórico, 39
  adição de
    2-metil-1,5-hexadieno, 301
    2-metilpropeno, 421
Ácido lático, 52, 188, 192-193, 208-209
Ácido metanóico (ácido fórmico), 41, 385
Ácido pentanóico, 505, 508
Ácido racêmico, 210
Ácido ribonucléico (RNA), 347
  biossíntese de, 347
Ácido sulfônico, 439
Ácido sulfúrico, 441
Ácido tartárico, 204, 210, 211
Ácido(s) carboxílicos, 41-42
  base conjugada do, 49
  protonados, 43
  valores de pK_a dos, 46
Ácidos conjugados, 39
  acidez de, 369
Ácidos de Lewis, 53-54, 122
  borano, 162
Ácidos e bases orgânicos, 40-44
Ácidos nucléicos, 2
  estrutura de, 2-3
Ácool terc-butilíco, 65, 86, 371, 385
Acoplamento, 466-469, 470
  a longa distância, 542, 549
  geminal, 545, 549
  spin-spin, 540
Acrilonitrila, 254
Açúcares, 185
Adams, Roger, 169
Adaptação ambiental, 388

Adenosil-homocisteína, 390
Adenosilmetionina, 390
Adição(ões)
  a dieno isolado, 302-303
  a dienos conjugados, 302-303
  anti, 220
  conjugada, 301-302
  de água, 150-151, 243-244
  de álcool, 152-153
    e catálise de um ácido, 152
  de borano, 244-246
  de brometo de hidrogênio
    a 1,3-butadieno, 305
    na presença de peróxido, 242
    reatividade relativa, 277
    reatividade, 277
  de haletos de hidrogênio, 141-142, 240-242
  de halogênios, 156-159, 240-242
  de hidrogênio, 246-247
    estereoquímica de, 220-222
  diagrama de coordenada de reação para, 134-136, 344
  direta, 302-303
  radicalar
    reação de, 167, 344
  sin, 220
    reação, 311
Adição 1,2, 301-302
Adição 1,4, 301-302
Adição anti, 220, 224, 229, 241, 425
Adição de hidrogênio
  estereoquímica de, 220-222
Adição direta, 301-302
Adição sin, 220, 222-223, 311
  reação de, 311
ADP, 570
Advil,, 213
Água, 33, 38, 39, 40, 41-42, 43
  adição de, 150-153, 243-244
  ângulo de ligação, 33, 497
  e ligação de hidrogênio, 83, 86, 460
  em relação a
    a alcoóis, 42, 43, 80, 83, 86
  ilustração, 9
  ligação na, 32-33, 38
  modelo bola e vareta, 33
  momento de dipolo, 38
  ponto de ebulição, 42, 694
  protonada, 43
  solubilidades, 85-87, 190, 195, 209
    de éteres, 86
    do haleto de alquila, 87
  solvatação pela
    ilustração, 129
Alaranjado de metila, 323
Alcano(s), 60, 332-353
  baixa reatividade dos, 333-334
  cíclico
    ilustração, 112

cloração e bromação de, 334-336
de cadeia linear, 60
  nomenclatura e propriedades físicas, 62
definição, 332
haloalcanos, 73
ilustração, 112
nomenclatura de, 67-70
nomenclatura sistemática de, 67
pontos de ebulição, 84
propriedades físicas de, 81-87
reações dos, 332-353
rotação
  conformações, 87-91
Alcanos cíclicos
  ilustração, 112
Alcanos de cadeia linear, 60, 62
  nomenclatura e propriedades físicas de, 62
Alcatrão, 333
Alceno(s), 111-137, 141-176
  acíclicos, 112, 345-346
  alceno cis, 221, 246
  alceno, 221, 246
  cíclico, 221-222, 346
  fórmula molecular geral de, 112
  ilustração, 112
  e brometo de hidrogênio
    etapas de iniciação, 168
    etapas de propagação, 168
    etapas de terminação, 168
  energia relativa de, 171
  estabilidade relativa de, 169-172
  estabilidade relativa
    e substituintes alquila, 170-171
  estabilidade
    calor de hidrogenação, 170
  estabilidades relativas de substituintes dialquila, 172
  estereoquímica de reações de adição eletrofílica de, 217-227
  estrutura dos, 115-116
    hydrogenação catalítica dos, 169-170
  ilustração, 112
  nomenclatura de, 113-115
    com mais de um grupamento funcional, 295-296
  nomenclatura sistemática dos (Iupac), 113
  reações de adição
    de água, 150-151
    de brometo de hidrogênio, 167-168
    de halogênios, 158
    de hidrogênio, 220-222
    estereoquímica, 225
  reações de, 124, 172-173
  síntese de, 172-173

versus alcinos
  reação, 239-240
Alcenos acíclicos, 112, 345-346
Alcenos cíclicos, 221-222, 346
  fórmula molecular geral para, 112
  ilustração, 112
Alcenos terminais, 238
Alcenos trans, 221, 246
Alcino(s), 235-259
  dibrometo geminal, 253
  estrutura dos, 238
  internos, 236
  mecanismo para hidratação catalisada por íon mercúrico, 243-244
  nomenclatura, 236-237
  reação característica, 239-240
  reações, 235-259
  terminal, 236, 240
  versus alcenos
    reação, 239
Alcinos internos, 236, 238, 243, 245, 250, 255
Alcinos terminais, 236, 238, 239, 240, 243-244, 248, 255
Álcool(is), 41-42, 63, 433
  adição de, 152-153
  base conjugada, 49
  classificação de, 74-75
  conversão em ésteres sulfonatos, 439-441
  conversão em haleto de alquila, 437-438
  de madeira, 437
  desidratação E1 de
    resultado estereoquímico, 444
  dos cereais, 437
  espectro de massas, 491-492
  estruturas de, 79-80
  nomenclatura de, 74-76
  protonados, 43, 437
    desidratação de, 442
  reação de eliminação de, 441-447
  reação S_N1
    mecanismo de, 434
  reação S_N2
    mecanismo de, 435
  reações de substtução, 433-436
    características, 433-435
  secundários, 74
  terciários, 74
Alcoóis primários, 74-75, 435, 442, 444, 469
Alcoóis protonados, 43, 437
  desidratação de, 442
Álcool alílico, 236
Álcool butílico, 65, 86, 371, 385
Álcool da madeira, 437
Álcool de cerais, 437
Álcool etílico, 63, 75, 78, 368, 435
Álcool metílico, 63, 75, 78, 358

Álcool propílico, 75
Álcool secundário, 74-75, 103, 434-435, 443-444
Álcool terciário, 74-75, 434-436, 438, 442-444, 480
Alcoximercuração, 160-161, 174
Alcoximercuração–redução, 160-161
Aldeídos, 243
Alder, Kurt, 310
Alenos, 294-295, 299
α-cadineno
 ilustração, 294
α-farneseno
 ilustração, 111
α-tocoferol (vitamina E), 332, 348
 ilustração, 348
Alga vermelha, 357
Alquilborano, 163
Altamente regiosseletivo, 146
Amarelo-manteiga, 323
Amida de sódio, 248
Amidas, 248
Amido, 437
Amina(s), 42-43, 63
 classificação de, 77
 com baixo peso molecular, 87
 e reações de substituição, 436-437
 estruturas de, 79-80
 grupo funcional
  no sistema Iupac, 77
 inversão de, 215
 nomenclatura de, 77-79
 secundária
  ilustração, 77
 terciárias, 77
  ilustração, 77
Amina terciária, 77
 ilustração, 77
Aminas com baixo peso molecular, 87
Aminas secundárias, 77
 ilustração, 77
Aminoácidos, 453
Amônia
 ilustração, 9
 ligação na, 33-34
 mapa de potencial eletrostático para a, 34
 modelo bola e vareta, 34
Amplitude
 de vibração, 496-497
Análise conformacional, 88
Análise retrossintética, 251-254, 425-426
 ilustração, 426
Anéis fundidos, 102
 conformações em, 102
Anel de ciclo-hexano
 fundido em *cis*, 102
 fundido em *trans*, 102
Anestésicos, 213, 449

Angstrom, 12
Ângulo de ligação tetraédrico, 27, 34, 92, 93
Ângulo(s) de ligação, 32, 36-37
 desvio no, 91
 em um ciclobutano planar, 91
 tensão no, 91
 tetraédrico, 27, 34, 92, 93
Anilinas
 protonadas, 280-281
Ânion, 14
 metila, 14, 31-32, 403
 radical, 14, 32, 246-247
Ânion "nu", 366
Ânion alila, 285-287
 ilustração, 285
 níveis de energia do, 286
Ânion metila, 14, 31-32, 403
 ligação no, 31-32
 modelo bola e vareta, 31
Ânion nitroetano, 324
Ânions radical, 246-247
Anisotropia diamagnética, 538-539, 545, 571
Antibiótico ionóforo, 459
Anticorpos, 459
Antígeno, 459
Antiligante
 ilustração, 288
 orbital molecular, 20-21, 282, 284, 290
 ilustração, 21
Antioxidantes, 348, 391
Antiperiplanar, 408, 412
Antocianinas, 323
Aquiral(is), 182
Aromáticos
 hidrocarbonetos, 455
  carcinogênicos, 455
Arrhenius, Svante August, 132
Árvore de desdobramento, 552
Asfalto, 333
Asma, 213
Assimetria molecular, 190
Ataque pela frente
 ilustração, 360
Ataque pelo lado de trás, 359
 ilustração, 360
Ativação, 130, 132, 135-136
 energia livre de, 130, 135-136
Atividade óptica, 190-193
Átomo(s)
 arranjo
  no espaço, 180-234
 distribuição de elétrons, 4–7
 estrutura, 3-4
 volume, 3
Átomos de carbono, 1, 3-4, 14, 15-16, 27-31
 estruturas de Lewis, 14
Átomos de nitrogênio
 nas estruturas de Lewis, 14
Atração eletrostática, 8, 54
Auxocromo, 321

Avanço da reação, 133
Avião supersônico, 350
Azobenzenos, 322-323

B
Baeyer, Johann Friedrich Wilhelm Adolf von, 91-93
Baixa reatividade
 dos alcanos, 333-334
BAL, 461
Banda(s) de absorção, 318, 320, 322, 498-510
 ausência de, 509-510
 deformação axial, 496, 499, 501, 506
 e deformações angulares, 497-499, 507-508
 no infravermelho, 317, 502, 503, 506, 508, 509, 510-514
 formato das, 508-509
 intensidade das, 499-500
 posição das, 500-505
 ressonância e efeitos eletrônicos indutivos, 501-504
Bandas de absorção no infravermelho
 características, 499
Bandas de absorção O—H, 505
Barton, Derek H. R., 413
Base(s), 39-44, 364
 conjugada, 39
  ácidos carboxílicos, 49
 de Lewis, 53-54, 122
  definição, 53
 força de, 248
 nucleofilicidade, 364
 orgânicas, 40-44
Bases de Lewis, 53-54, 122
Basicidade, 39, 364
 de íons haleto, 363
Basicidade relativa de íons haleto, 363
Basicidade relativa, 248
 e nucleofilicidade, 364
Beer, Wilhelm, 319
Benzaldeído, 512
Benzeno, 260, 261-264, 286-289
 estrutura de Kekulé, 262
 ligações do, 264
 níveis de energia do, 287-289
Benzo[a]pireno, 457
Benzoato de etila, 564
Berzelius, Jöns Jakob, 2
β-caroteno, 294, 321,323
β-selineno
 ilustração, 294
Bicarbonato, 52
Biciclo[1.1.0]butano, 92
Bijvoet, J. M., 209
Bimolecular, 358
Biomolecular
 definição, 358
Bioquímica, 228
Biossíntese

de fenóis, 453
Biot, Jean-Baptiste, 190, 210
Blindagem diamagnética, 528
Blindagem, 528, 570
Bloch, Felix, 525
Borano, 162-163
 adição de, 244-246
Boroidreto de sódio, 160
Borracha, 2
Bote
 conformação em, 95-96
 ilustração, 96
Bouguer, Pierre, 319
Bragg, William L., 414
'British antilewisite' (BAL), 461
Bromação
 de alcanos, 334-336
 do etano, 335
Brometo de alila (3-bromopropeno), 115, 343
Brometo de butila, 65-66, 73, 420, 465
Brometo de ciclo-hexilmagnésio, 463
Brometo de etila, 253, 334, 361, 369, 373-374, 421
Brometo de etilmagnésio, 464
Brometo de hidrogênio
 a 1,3-butadieno, 302, 305
 a alcenos, 167-168
 adição de
  na presença de peróxido, 242
 e 2-buteno, 134-135
Brometo de metila, 73, 78, 358-362, 371, 373
 reação $S_N 2$ do, 361-362
Brometo de propargila, 236
Brometo de propila, 63, 361, 417, 420, 553
 diagrama de desdobramento para, 553
 quarteto de tripletes, 553
Brometo de *sec*-butila, 73
Brometo de *terc*-butila, 65, 371-372, 373, 387, 396-397, 404, 421
Brometo de *terc*-pentila, 65
Brometo de vinilmagnésio, 463
Brometos de alquila, 334
 velocidade relativa, 372
Bromo, 7-8, 14, 35, 47, 65-66, 79, 98
Bromociclo-hexano, 346, 434
Bromoidrina, 158
Bromometano, 78, 543
 espectro RMN ^{1}H do, 543
Bromossuccinimida, 342
Brønsted, Johannes Nicolaus, 39
Brown, Herbert Charles, 161
Brucina, 210
Buckminsterfulereno, 30
Buraco de ozônio antártico, 350
Butano, 60
 2-metilbutano, 484
 ângulo de rotação do, 90

C

ciclobutano planar
   ângulo de ligação em um, 91
ciclobutano
   ilustração, 92
   energia potencial do, 90
   gauche, 97-98
   ilustração da estrutura do, 61
   ligações carbono–carbono do, 89
Butano gauche, 97-98
Butanoato de etila, 503
   espectro no IV de, 503
Butanoato de isopropila, 544
Butanona, 535
Buteno
   ilustração de *cis* e *trans*, 117
Butil-3-metilciclo-hexano, 100
Butila, 64-65
Butildimetilamina, 77
Butilítio, 463, 465
Butilmetilacetileno, 236

C

Cadeia
   reação radicalar em, 334-335
Cadeira
   conformação em, 93
   confôrmeros em
     ilustração, 97
     monossubstituídos, 96-97
   ciclo-hexano em, 94
Cádmio, 465-466
Café descafeinado, 347
Cafeína, 347
Cahn, Robert Sidney, 185
Calor de formação, 95
Calor de formação "sem tensão", 95
Calor de hidrogenação, 170
Camada de ozônio, 319, 349, 350
   Concorde e a, 350
   luz ultravioleta e, 319, 349
Campo baixo, 528-529
Campo magnético, 482, 524-529, 532, 538-541, 569-570
   aplicado, 524-525, 528, 532, 538-539, 540
   efetivo, 528, 538-539
   ilustração, 525, 539
Campo magnético aplicado, 524-525, 528, 532, 538, 540, 570
   ilustração, 525
Campo magnético efetivo, 528, 538-539
Campos magnéticos induzidos
   ilustração, 549
Câncer
   de pele, 349
   e limpadores de chaminé, 457
Câncer de pele, 319, 349, 496
Capilina, 235
Carbânions, 14, 402-403
Carbeno, 165
Carbocátion(s), 14, 122
   estabilidade de, 142-144, 403
   estabilidades relativas dos, 240, 275-276, 403, 405
   formação de, 302-303
   intermediário, 134
     reação de adição que forma um, 219-220
   primário, 142, 144
   rearranjo de, 153-156
     e reação S_N1, 374-375
   rearranjo por expansão de ciclos, 154
   secundário, 142, 153
   terciário, 142, 153
Carbocátion primário, 142, 144, 174, 241, 302, 373, 444, 448, 452, 483, 484
Carbocátion secundário, 142, 152, 174, 277, 301, 373, 375, 405, 406, 443-444
Carbocátion terciário, 142, 144-145, 153-154, 174, 301, 373, 375, 405, 414-415, 436, 443
Carboidratos, 2, 246, 445
Carbono
   definição, 3
   localização de dienos, 298
Carbono alílico, 114-115, 275
Carbono alílico primário
   ilustração, 306
Carbono alílico secundário
   ilustração, 306
Carbono benzílico, 275
   definição, 275
Carbono deslocalizado
   dienos, 298
Carbono hibridizado em *sp*, 30, 247-248
Carbono primário, 64, 66, 72, 103, 159, 163, 274, 403
   ilustração, 64
Carbono pró-quiral, 214
Carbono secundário, 64, 103, 159, 163, 272, 274, 336-337, 338, 403
Carbono terciário, 64-66, 72, 103, 274, 337, 338, 340, 361
Carbono tetraédrico, 27
Carbono trigonal planar, 29
Carbono(s) assimétrico(s), 182-184
   ilustração, 182
   isômeros com um, 183-184
   mais de um
     isômeros com, 194-198
   múltiplos
     identificação de estereoisômeros com, 204
   reações de adição
     envolvendo um, 217-219
     envolvendo dois, 219-227
   reações de substâncias com um, 207-208
Carbono–halogênio
   comprimentos e forças das ligações, 79
Carbono–hidrogênio
   bandas de absorção, 505-506
   ligações
     absorção no IV, 506
     vibração angular, 508
Carbonos adjacentes, 422
Carbonos vinílicos, 114-115, 119
Carcinogênicos, 455-456
Carga formal, 13-17, 78
   equação, 13
Cargas separadas, 270, 280
Carvona, 212
Catalisador, 151
   de Lindlar, 246
   de transferência de fase, 459
   e hidrogenação de um alceno, 169-170
   estereoquímica
     de reações catalisadas por enzimas, 228
   heterogêneo, 169
   hidratação catalisada pelo íon mercúrio
     de alcino, 243-244
   metal de transição como, 467
   quiral, 211
Catalisador de Lindlar, 246
Catalisador de transferência de fase, 463
Catalisadores heterogêneos, 169
Catálises ácidas,
   e adição de álcool, 152
   e troca de prótons
     mecanismo de, 577
   reação, 151
Catarata, 349
Cátion, 14
   alila, 285-287
     contribuintes de ressonância, 286
     ilustração, 285
     níveis de energia, 286
   do lítio hidratado, 129
   etila
     hiperconjução em um, 143
     mapa de potencial eletrostático para o, 142
   isobutila primário, 145
   isopropila, 142
   metila
     hiperconjugação em um, 143
     ligação no, 31-32
     mapa de potencial eletrostático para o, 142
     modelo bola e vareta, 31
   radical, 481-482
   terc-butila terciário, 145
   terc-butila, 143, 145
   vinílico, 240
Cátion alila, 285-287
   contribuintes de ressonância do, 286
   ilustração, 285
   níveis de energia do, 286
Cátion alílico, 275
   definição, 275
   estabilidade do, 275
   estruturas dos contribuintes de ressonância de um, 302
Cátion do lítio hidratado, 129
Cátion etila
   e hiperconjugação, 142-143
   mapa de potencial eletrostático para o, 142
Cátion isobutila primário, 145
Cátion isopropila, 142
Cátion metila, 31-32
   hiperconjugação, 142-143
   ligação no, 31-32
   mapa de pontencial eletrostático para o, 142
   modelo bola e vareta, 31
Cátion radical, 481, 484, 492
Cátion *terc*-butil terciário, 145
Cátion *terc*-butila, 142
Cátion vinílico, 240, 241, 255, 380
Cátions benzílicos, 275
   definição, 275
   estabilidade, 275-276
Centro estereogênico, 185
Centros quirais, 180, 182, 208, 215, 229
Cetonas, 243, 244, 492, 492-494
   alquilação, 251
   fragmentação de, 487-488, 492
   reações de
     água, 243, 245, 251
Chuva ácida, 333
Ciclo do ácido cítrico, 445
Cicloalcanos, 70-72, 91-93
   calor de formação de, 95
   definição, 71
   energia de tensão total de, 95
   ilustração, 70-71
   nomenclatura de, 70-72
Ciclobutano
   ilustração, 92
Ciclobutano planar
   ângulo de ligação em, 91
Ciclo-hexano, 93-102
   conformação em cadeira do, 93
   conformações do, 93-96
   confôrmero em cadeira do, 93, 99-100
   espectro de RMN ^1H, 556
   modelo bola e vareta, 93
   monossubstituído
     conformação de, 96-99
     constantes de equilíbrio para, 98
Ciclo-hexanol, 280, 434
Ciclo-hexanos dissubstituídos
   conformações de, 99-102
Ciclo-hexanos monossubstituídos
   conformações de, 96-99
   constantes de equilíbrio para, 98

Índice remissivo   I-5

Ciclo-hexatrieno
   níveis de energia de, 272-273
Ciclo-hexeno
   espectro no IV da, 507
Ciclooctatetraeno, 265
Cicloocteno, 222
Ciclopentano
   ilustração, 92
Ciclopenteno, 113, 222
Ciclopropano, 70, 91-92, 165, 346
   ilustração, 92
   tensão angular no, 91
Cinética, 109-139, 358, 371, 397, 404
   definição, 130
   energia experimental de ativação, 132
   energia livre de ativação, 130-131, 134-135, 136
   velocidade de reação, 371-372, 387-388
Cineticamente instável, substância, 131
cis-1-terc-butil-3-metilciclo-hexano, 100
cis-2-buteno, 117, 156, 171
cis-anti-treo, 225
cis-ciclooctento, 222
cis-sin-eritro, 225
Cisteína, 391
Citocromo P_{450}, 453, 457
Citronelal, 566
   espectros de RMN ^{13}C DEPT, 566-567
Clivagem, 488
   da ligação heterolítica, 166
   da ligação homolítica, 167, 334
   heterolítica, 488
   heterolítica da ligação, 166
   homolítica, 488
   homolítica da ligação, 166, 334
   α, 488
Clivagem heterolítica, 488
Clivagem heterolítica da ligação, 166, 174
Clivagem homolítica, 488
Clivagem homolítica de ligação, 166, 334
Clivagem α, 490
CLOA (combinação linear de orbitais atômicos), 283
Cloração
   de alcanos, 334-336
   monocloração radicalar e, 337-338
Cloreto de benzila, 379
Cloreto de etila, 78, 141, 368-370
Cloreto de etildimetilpropilamônio, 78
Cloreto de isopropila, 64
   ilustração, 64
Cloreto de metanossulfonila, 439
Cloreto de metila, 64, 334, 361, 390

Cloreto de metileno, 347
Cloreto de para-toluenossul fonila, 439
Cloreto de sódio, 8, 10, 386
Cloreto de sódio cristalino
   ilustração, 8
Cloreto de tionila, 438
Cloreto de tosila, 440
Cloreto de trifluorometanossulfonila, 440
Cloreto de vinila, 115, 254
Cloreto polivinílico (PVC), 254
Cloretos de alquila, 84, 334, 402, 464
Cloro, 6, 8, 9, 14, 35, 47, 63-64, 79, 98, 111, 334-338, 339, 340, 346, 349-350, 351, 461, 486, 488
Clorobenzeno, 463
Clorociclo-hexano, 413
Clorociclopentano, 346
Clorocromato de piridínio (PCC), 214
Clorofila, 322-323
Clorofluorocarbonos (CFC), 349
Clorofluorocarbonos sintéticos, 349
Cloroidrina, 158
Clorometano, 38, 73
Código genético, 455
Coeficiente de extinção, 320
Colisões
   e velocidade de reação, 131
Combinação construtiva, 20
Combinação destrutiva, 20
Combinação linear de orbitais atômicos (CLOA), 283
Combustão, 332-333, 334
Combustíveis fósseis, 332, 333
Combustíveis
   fósseis, 332, 333
Completamente regiosseletivo, 146
Complexo coroa–hóspede, 458
Complexo de inclusão, 458, 470
Complexo-pi, 241
Comprimento de ligação, 20, 36-37
   carbono–halogênio, 79
   de dienos, 298
Comprimento de onda, 191-192, 285, 317-318, 320-321, 324-325, 495, 510-514
   de luz absorvida
   e a cor observada, 322
Concentração molar, 40
Concorde, 350
Condições normais, 126
Configuração, 5-7, 185-188, 207-209, 214, 219
Configuração absoluta, 207-209, 229
   gliceraldeído, 208-209
Configuração E, 119

Configuração eletrônica no estado excitado, 5
Configuração eletrônica, 5, 7, 25, 32, 54, 317, 318
   no estado excitado, 5
   no estado fundamental, 5
   de átomos pequenos, 5
Configuração endo, 315
Configuração exo, 315
Configuração R, 185-189, 207, 214, 229
Configuração relativa, 207-208, 229, 374, 376
Configuração S, 187-189
Configuração Z, 119
Conformação eclipsada, 87, 88
   ilustração, 88
Conformação em oposição, 87-90, 103, 408
   ilustração, 88
Conformação s-cis, 314, 315-316, 325
Conformação s-trans, 314
Conformações, 87-91, 94-102
   de alcanos, 87-91
   de ciclo-hexanos, 96-102
      dissubstituídos, 99-102
      monossubstituídos, 96-99
   do dieno, 314-315
   em bote, 96, 200
   em cadeira, 93
Confôrmero, 87
Confôrmero anti, 90, 98-99, 103
Confôrmero bote inclinado, 96
Confôrmero bote torcido, 96
Confôrmero meia cadeira, 96
Confôrmeros eclipsados, 89, 90, 200
   ilustração, 200
Confôrmeros em oposição, 89, 200
Confôrmeros gauche, 97-98
Confôrmeros
   anti, 90, 98-99, 103
   bote inclinado, 96
   bote torcido, 96
   gauche, 90, 103
   meia cadeira, 96
Conjugação
   e $l_{máx}$, 320-322
Conjugado(a)
   ácido carboxílico, 49
   adição a, 302-303
   adição, 301-302
   álcool 49
   base, 39
   dieno, 209
      ilustração, 295
      reações de adição eletrofílica de, 301-304
Conservação da simetria do orbital, 310-311
Conservantes, 348
   alimentares, 348

Constante de dissociação ácida, 40-41, 55, 364
Constante de equilíbrio, 40, 125, 126, 136
Constante de Planck, 139, 317, 496, 522-526
Constante de velocidade, 131, 358
   de pimeira ordem, 131
   para reações
      e constante de equilíbrio, 133
Constante de velocidade de segunda ordem, 132
Constante dielétrica, 384-385, 392
Constantes de acoplamento, 549-552
   valores de, 549
Contraceptivos orais, 235
Contribuintes de ressonância, 49, 55, 264-265
   desenhando, 266-270
      regras, 266
   estabilidades previstas dos, 270-272
   estabilidade de, 273
   ilustração, 49
Controle cinético, 304-308, 325
Controle de equilíbrio, 306
Corantes, 323
Corey, Elias James, 251
Cornforth, Sir John, 228
Cox, Titch, 457
Cram, Donald J., 459
Craqueamento, 333
Cristalografia de raio X, 209
Cromatografia, 211, 414
Cromóforo, 318, 321
Crutzen, Paul, 349
Cubano, 92
Cunha tracejada, 184
Cunhas sólidas, 184

D
DCC, 564
De Broglie, Prince Louis Victor Pierre Raymond, 3
Debye, 11
Debye, Peter, 12
Decano, 61, 91
Deformação axial, 496-497
   e bandas de absorção C—H, 505-508
Deformações angulares, 497
DEPT (intensificação de pequenas deformações por transferêcia de polarização), 566
   conformações de, 99-102
Descrição de orbital molecular, 310
   estabilidade, 282-288
Desidratação(ões), 441-447
   biológicas, 445
   de álcool
      resultado estereoquímico da, 444

de um álcool protonado, 442
definição, 441
mecanismo de, 441, 444
mecanismo E2 de, 444
Desidratações biológicas, 445
Desidroalogenação, 397, 402, 422, 427, 444
de cloretos de alquila, 402
Desidroalogenações E2 consecutivas, 422
Deslocamento (rearranjo) 1,2 de hidreto, 154, 174, 277, 375, 406, 414-415, 436, 443, 454
Deslocamento (rearranjo) 1,2 de metila, 154, 375, 406
Deslocamento para o azul, 322
Deslocamento para o vermelho, 322
Deslocamentos químicos, 530-532, 534-536
escala para, 531
valores característicos de, 534-536
valores para RMN ^{1}H, 534
valores para RMN ^{13}C, 561
Desoxirribonucleotídeos, 347
Desprotonação de fenol, 321-322
Destilação, 209, 332, 437, 442, 480
Deutério
átomos de, 13
efeito isotópico cinético do, 416
na espectroscopia de RMN ^{1}H, 558
Dewar, Sir James, 263
Dextrorrotatória substância, 191
Diagrama de coordenadas de reação, 125
ilustração, 130
para adição de brometo de hidrogênio ao 1,3-butadieno, 305
Diagrama de orbital molecular
orbital molecular ligante, 21
para estabilização, 143
sobreposição lado a lado, 23-24
Diagramas de desdobramento, 552-555, 571
Dialetos, 172, 174, 241, 422-423
Dialetos geminais, 240-241, 422
Dialetos vicinais, 172, 174, 423
Diamante, 30
Diânion carbonato, 274
Diastereoisômeros, 195, 204, 210, 214, 219, 229
Diborano, 163
Dibrometo geminal
de alcinos, 253
Dibrometo vicinal, 157
Diclorometano, 157, 385
Diels, Otto Paul Hermann, 309
Dienófilos, 308-309, 311-312
produto endo, 315
Dienos, 260, 294-295, 297-304, 306-317, 325, 400, 422

acumulado
ilustração, 295
comprimento de ligação, 299
conformação de, 314-317
conjugado, 297-298
adição a, 302-303
reações de adição eletrofílica de, 301-304
ilustração, 295
e deslocalização eletrônica, 298
estabilidades relativas de, 297-300, 297-300
isolado
adição a, 302-303
isômero Z, 297
isômeros configuracionais de, 297
reações de adição de, 300-304
reações, 294-331
características de, 300
substituintes no, 311-312
Dienos conjugados, 297-299
ilustração, 295
Dienos isolados, 297-299, 325
adição a, 302-303
ilustração, 295
reações de adição eletrofílica de, 300-301
Dietilamina, 77
Dietilcádmio, 466
Dímero, 162
Dimetilciclo-hexano, 99-100
confôrmeros em cadeira do, 99-100
Dimetilformamida (DMF), 366, 388
Dimetilpropanamida, 503
espectro no IV da, 503
Dimetilsulfóxido (DMSO), 369, 385, 388, 407
Dióxido de carbono
ilustração, 38
Dipolo, 11-12, 38, 54
interação íon, 366
Dipropilcádmio, 465
Direção
do momento de dipolo da ligação, 38
Dispersão, 142
anômala, 209
Dissiamilborano, 245, 256
Distribuição de carga
estimada, 11
DMF, 366
DMSO, 369, 385, 388
DNA, 325, 347, 349, 455-456, 496
Doação de elétrons por ressonância, 278, 290, 503
ilustração, 503
Doenças, 569-570
Drogas antiinflamatórias, 212
Drogas quirais 213
Duas ligações
notação, 14

Dublete de dubletes, 545, 552-553
diagrama de desdobramento para um, 553
Dublete, 539-540, 544-546, 552-553, 562

E
Eaton, Philip, 92
(E)-2-buteno, 411
Efeito de proximidade, 307
Efeito estufa, 132, 333
Efeito indutivo por retirada de elétrons, 47, 49, 55, 278, 280, 502-503
ilustração, 503
Efeito isotópico cinético, 416
Efeito isotópico cinético de deutério, 416
Efeito nuclear Overhauser (Noesy), 569
Efeito peróxido, 168, 174
Efeitos estéricos, 163-164, 360, 367-368
Einstein, Albert, 5, 9
Elementos
Elementos eletronegativos, 8, 54
Elementos eletropositivos, 7, 54
Eletrofílico(a), 462
reação de adição, 123, 140, 153, 156
de alcenos, 217-227
de dienos conjugados, 301-304
de dienos isolados, 300-301
e regiosseletividade, 146-147
estereoquímica de, 217-227
Eletrófilo, 122, 123, 135, 136, 140, 141, 145-147, 150
Elétron(s), 3
átomos ricos em, 122
características do, 4
compartilhamento de, 8-9
comportamento do, 18
coração, 7
de ionização, 7, 481
de valência, 8-9
deslocalização de, 49-50, 264, 272
carbono de dienos, 298
conseqüências químicas da, 277-278
e ressonância, 260-293
efeito sobre o pK_a, 279-282
estabilidade da, 342
deslocalizados, 49-50, 260
e estrutura, 261-263
distribuição
em um átomo, 4-7
doação de
por ressonância, 278
ilustração, 503
e átomos deficientes, 122
em camadas internas, 7
energia de um, 4
livres, 13-15

localizados, 260
ilustração, 49
não-compartilhados, 13
promoção de um, 25
repulsão de, 28
retirada de, 47
efeito indutivo por, 47, 49, 280, 503
estabilidade de ânion, 279
sinais de RMN, 532
eletronegatividade de, 10
Eletronegatividade relativa, 45
de átomos de carbono, 247-248
Eletronegatividade, 8, 9, 44-45, 46
de átomos de carbono, 247
Elétrons compartilhados, 8-9
Elétrons coração, 7
Elétrons de valência, 7, 13-15, 23, 46, 54, 463
Elétrons deslocalizados, 49-50, 260-266
conseqüências químicas de, 277-278
e estrutura, 261-263
Elétrons localizados, 49, 260, 264, 266, 269, 275, 289, 502-503
ilustração, 49
Elétrons não-compartlhados, 13
Eletropositivos, 7
Eletrostático
mapa de potencial, 32
Eliminação anti, 408, 410, 411, 414, 427
Eliminação sin, 408-409
Eliminação
anti, 408
de substâncias cíclicas, 412-415
reação bimolecular sin, 408
Empacotamento, 85
Enantiômeros, 184
da talidomida, 213
desenho de, 184-185
discriminação
por moléculas biológicas, 211-213
nomenclatura de, 185-189
separação de, 209-211
sítio ligante do receptor, 212
Enantiômeros eritro, 195, 221, 223, 225, 226
ilustração, 194-195
Enantiômeros treo, 194-195, 221, 223-224
ilustração, 195-196
Energia
de ativação, 130-132, 134, 136-137
dos elétrons, 4
e deslocalização, 49, 142, 260
e ressonância, 49–50, 55, 260-293
experimental de ativação, 132
experimental, 17-18, 273, 336

Índice remissivo I-7

Energia de ativação, 130-132, 134, 136-137, 145
Energia de deslocalização (ressonância), 272-274, 279-281, 289
Energia de dissociação da ligação, 20, 129
Energia de ionização, 7
Energia de ressonância, 272-274, 279-281
Energia de ressonância aumentada, 280
Energia experimental de ativação, 132
Energia livre de ativação, 130, 132
Energia livre de Gibbs, 126
Energia livre do estado de transição, 130
Energia livre dos reagentes, 130
Enol, 243–244, 255, 492
Enolato
 contribuintes de ressonância, 271
Entalpia, 127, 130, 132, 136
 do estado de transição, 130
 dos reagentes, 130
Entropia, 127, 128, 130, 132, 136
 do estado de transição, 130
 de reagentes, 130
Enzima(s), 211
 definição, 211
Epinefrina (adrenalina), 390
Epóxidos, 450-453
 ataque nucleofílico ao, 452
 nomenclatura de, 450
Epóxidos protonados
 reativo, 451
Equação de Arrhenius, 132
Equação de Henderson–Hasselbalch, 50, 51
Equação de onda, 4, 18
Equação de Schrödinger, 4
Ernst, Richard R., 527
Ervas, 208
Escala delta (δ), 531
Espectro Cosy, 567-568
Espectro de correlação heteronuclear, 568-569
Espectro de infravermelho, 511-514
Espectro de massas, 483-489, 492, 494, 514
 da 2-pentanona, 492
 de alcoóis, 491-492
 de éteres, 492-494
 de haletos de alquila, 487-489
 definição, 482
 do 1-bromopropano, 487-488
 do 2-cloropropano, 488-489
 do 2-hexanol, 491
 do 2-metilbutano, 484
 do 2-pentanol, 498
 do 3-pentanol, 498
 do éter sec-butilisopropílico, 489
 do pentano, 483

Espectro de RMN ^{13}C acoplado com próton, 562
Espectro de RMN ^{13}C DEPT, 566-567
Espectro de RMN ^{1}H, 524
 deslocamento químico valores, 534
 número de sinais no, 529-530
 resolução dos, 559-560
 sinais
 posições relativas, 532-533
Espectro de RMN com transformada de Fourier (FT-RMN), 527
Espectro eletromagnético, 494-496
 ilustração, 495
Espectro HETCOR, 568-569
Espectro no infravermelho, 497-498, 511-514
 ácido pentanóico, 505-508
 da 1-fenil-2-butanona, 513
 da 2-ciclo-hexenona, 502
 da 2-pentanona, 502
 da 4-hidroxi-4-metil-2-pentanona, 497
 da isopentilamina, 508
 da N,N-dimetilpropanamida, 503
 da N-metilacetamida, 513
 do 1-hexanol, 504, 508
 do 2-metil-1-penteno, 511
 do 2-pentanol, 499
 do 2-propin-1-ol, 512
 do 3-pentanol, 499
 do benzaldeído, 512
 do butanoato de etila, 503
 do éter dietílico, 509
 do etil-benzeno, 506-507
 do metilciclo-hexano, 506
 do pentanal, 507
 identificação do, 511-514
 obtenção de, 497-498
Espectro no visível e a cor, 322, 323
Espectrometria
 definição, 480
Espectrometria de massas, 440-488
 de alta resolução, 487
 definição, 480
 esquemática de, 482
 fragmentação em grupos funcionais, 487-494
 alcoóis, 491-492
 cetonas, 492-494
 éteres, 489-490, 492
 haletos de alquila, 487-489, 492
 fragmentos de íons, 483-484
 isótopos na, 485-486
Espectrômetro de FT-IV, 498
Espectrômetro de infravermelho (IV), 497-498
Espectrômetro de IV por transformada de Fourier (FT-IV), 498

Espectrômetro de IV, 497
espectrômetro de, 525-527, 531, 555, 559, 570
esquemática de um, 527
espectroscopia de, 317, 481, 494, 524-590
 dependência do tempo da, 555-556
IRM, 496, 527, 569-570
números de sinais em, 529-530, 560-561
sinais de
 integração dos, 536-538
Espectrômetros de pulso com transformada de Fourier (FT), 527
Espectroscopia, 317, 494
Espectroscopia na região do ultravioleta, 317-319
Espectroscopia na região do visível, 317-319
Espectroscopia no infravermelho, 480-523
 bandas de absorção, 498-510
 definição, 480-481
Espectroscopia no UV/Vis, 317, 320, 324-325, 480, 494
 utilização de, 324-325
Estabilidade, 26, 44-47, 282-289, 454-456
 cinética, 131, 137
 de alcenos com substituintes alquila, 170-171
 de alcenos dialquilados, 172
 de carbânions, 403
 de carbocátions, 142-144
 de carbocátions, 275-276, 403, 405
 de cargas
 pela interação de solvente, 385-386
 de dienos, 298
 de íons haleto, 46
 de radicais alquila, 167
 de radicais, 166-169, 238, 342
 descrição de
 por orbital molecular, 282-289
 dienos, 109-110
 e calor de hidrogenação do alceno, 170
 termodinâmica, 131, 137, 304-308
 versus energia, 125
 versus equilíbrio, 126
Estabilidade cinética, 131, 137
Estabilidades relativas, 45
 de alcenos com substituintes alquila, 171
 de alcenos com substituintes dialquilados, 172
 de carbânions, 403
 de carbocátions, 276, 403, 405
 de dienos, 297-300
 de radicais, 166-169, 342
Estabilização de ressonância, 272

Estado de spin, 525, 570
Estado de spin α, 525
Estado de spin β, 525
Estado de transição, 125, 136, 215
 estrutura do, 144-145
 versus intermediário, 134
Estado de transição bem desenvolvido, 144
Estado de transição inicial
 e coordenada de reação, 144
Estado de transição intermedário, 144
Estado excitado, 285, 317
Estado fundamental, 5, 317
 configuração eletrônica no, 5, 25
 de átomos pequenos, 5
Estados de transição, 403
 bimolecular, 385
 unimolecular, 385-386, 408
Éster sulfonato, 439, 469
Éster
 conversão em ésteres sulfonatos
 álcoois, 439-441
 sulfonato, 439
Estereocentros, 182-183, 185
 ilustração, 185
Estereoespecíficas, reações, 217, 221
Estereoisômeros, 180
 de ácido tartárico
 propriedades físicas dos, 204
 identificação de
 com múltiplos carbonos assimétricos, 204
Estereoquímica, 180-234
 da reação de Diels–Alder, 311-312
 da rcação E1, 411 412
 de adição de hidrogênio, 220-222
 de hidroboração–oxidação, 222-223
 de reações catalisadas por enzimas, 228
 de reações catalisadas por enzimas, 228
 de reações de adição a alcenos, 225
 de reações de adição eletrofílica, 217-227
 de reações de adição, 180-234
 de reações de eliminação e de substituição, 415
 de reações de substituição radicalar, 344-345
 de reações S_N1, 376-378
 de reações S_N2, 376-378
 de reações, 216-217
 definição, 216
 reação E2, 408-411
Estereosseletividade de reações E2, 409

QUÍMICA ORGÂNICA

Estereosseletivo(a), 216
   grau, 216
   reação E2, 409
Estricnina, 210
Estrutura contribuinte de ressonância, 264-265
Estrutura de ressonância, 264
Estrutura
   representação da, 13-17
   tipos e notação, 13-17
Estruturas condensadas, 15-17
   ilustração, 16
Estruturas de Kekulé, 15, 262-263
Estruturas de Lewis, 13-15, 17, 54
   exemplo, 14-15
   ilustração, 13
Etano, 2, 24-28, 37
   ângulo de rotação, 89
   características do, 37
   e rotação em torno do carbono–carbono, 89
   energia potencial do, 88-89
   fórmula em perspectiva do, 27
   ilustração da estrutura do, 61
   ilustração, 2
   ligação em, 24-28
   mapa de potencial eletrostático do, 27
   mecanismo para monobromação do, 335
   modelo bola e vareta, 27, 29
   modelo de bolas, 27
Etanol, 42-44, 75, 78, 180, 214, 437
   espectro de RMN ^{1}H do, 557
Etanotiol, 460
Etapa de terminação, 168-169, 174, 334-335, 350
   brometo de hidrogênio e alceno, 167-168
Etapa determinante (lmtante) da velocidade, 135 136, 141, 145, 147, 277
Etapas de iniciação, 168, 174, 334, 335
   brometo de hidrogênio a um alceno, 167
Etapas de propagação, 167-168, 334, 344, 347
   brometo de hidrogênio com alceno, 167-168
Éter butilpropílico, 420
Éter ciclo-hexilisopentílico, 74
Éter dietílico, 50-51, 74, 86
   espectro no IV do, 509
Éter etílico, 74
Éter etilvinílico, 567
   espectro de Cosy do, 567
Éter etimetílico, 74, 79, 529
Éter isobutilmetílico, 418
Éter *sec*-butilisopropílico, 74, 489
   espectro de massas, 492
Éter *terc*-butiletílico, 421
Éter *terc*-butílico, 421

Éter *terc*-butilisobutílico, 74
Éteres, 73-74
   características de, 447
   definição, 73
   espectro de massas de, 489-491
   estruturas de, 79-80
   ilustração, 74
   nomenclatura, 73-74
   reações de substituição de, 447-450
Éteres assimétricos, 73
Éteres de coroa, 458-460
Éteres em água
   solubilidades de, 86
Éteres simétricos, 73
Etila, acetato de, 385
Etilacetileno, 236
Etilbenzeno, 506, 507, 545-546
   espectro de RMN ^{1}H do, 546
   espectro no IV do, 507
   prótons quimicamente equivalentes no, 545
Etilciclo-hexano, 71
Etilciclopentano, 332
Etileno (eteno), 2, 28-30, 37, 113, 450, 454, 464
   átomos, 31-32
   características do, 37
   ilustração, 2, 28
   ligação no, 28
   ligação no, 28-30
   mapa de potencial eletrostático do, 29
Etilenoglicol, 451
Etilmetilpropilamina, 77
Etino, 2, 30-31, 37, 236, 237, 238, 248, 252, 253-255
   características do, 37
   ilustração, 2
   ligação tripla, 30-31
   mapa de potencial eletrostático para o, 31
   química do, 255
   uso comercial do, 254
Excesso enantiomérico, 193-194
Exo, 315
Expansão de anel, 154, 174
   rearranjo de, 443
   de carbocátions, 154

F

Farneseno
   ilustração, 111
Fator de proteção solar (FPS), 319
Fatores que determinam a distribuição do produto, 336-338
FDA (U.S. Food and Drug Administration), 213, 391
Felandreno β
   ilustração, 111
Felandreno
   ilustração, 111
Fenil-lítio, 463-464

Fenóis, 280, 389, 454
   biossíntese de, 453
   pK_a,389
Feromôneos, 111
Fischer, Emil, 185
Flúor, 7-8, 35
Fluoreto de etila, 73
Fluoreto de hidrogênio
   modelo bola e vareta, 35
Fluoreto de metila, 73
Fonte de energia, 333
Força de ligação, 20, 36-37
   carbono–halogênio, 79
Forças de Van der Waals, 81, 82, 84, 103
Formação de haloidrina
   mecanismo para, 158
Formação de radicais, 337, 338-340
Formação de radicais alquila, 340
Fórmula de linha de ligação, 70
Fórmula molecular, 112-113, 481, 487
   para um hidrocarboneto, 112
Fórmulas em perspectiva, 88, 184, 194, 204, 220-221, 344
   definição, 25
   do etano, 27
   do metano, 25
   ilustração, 88
Fosfatidiletanolaminas
   conversão, 391
Fosfoenolpiruvato, 445
Fósforo, 438, 445, 469
   centro quiral, 182, 215-216
Fóton, 495
FPS, 319
Fragmentação, 483-485
Fragmentos com carga positiva, 482
Freons®, 349
Freqüência, 495
   e vibração, 497
Freqüência de radiação eletromagnética, 496
Freqüência operacional, 526, 527, 531, 549, 556, 559, 570
Freqüências de deformação axial importantes no infravermelho (IV), 500-501
Freqüências de deformação axial, 499-500
FT-RMN, 527
   espectro de, 527
Fumarase, 228, 445
Fumarato, 228, 445
Funções de onda, 4, 21
Fusão em *cis*, 102
   de anéis de ciclo-hexano, 102
Fusão em *trans*, 103
   anel ciclo-hexano com, 103

G

Gás de guerra
   antídoto para um, 461

Gás mostarda, 461
Gás natural, 2, 332, 460
Gibbs, Josiah Willard, 127
Gilman, Henry, 466
Gliceraldeído, 208-209
Glutationa, 391
Gráficos de estacas, 567
Grafite, 30
Grau de desordem, 127
Grau de insaturação, 112
Grau de substituição alquila, 65
Grignard, Francis August Victor, 465
Grupo alílico, 115
   ilustração, 115
Grupo carbonila, 243
   cromóforo da acetona, 318
Grupo etila
   padrão de desdobramento do, 560
Grupo isopropila, 64
Grupo metileno, 60, 81, 539
Grupo propila, 64
Grupo vinílico, 115
   ilustração, 115
Grupo(s) de saída, 356, 363-364
   alcoóis, 433-435, 438-452
   clorossulfito, 438
   e acidez, 369
   e basicidade, 363-364, 374, 403, 447
   em reações S_N1, 374, 382-383
   em reações S_N2, 382-383
   éteres, 433, 448, 451-452
Grupo(s) funcional(is), 75, 121
   classificação de, 75
   e sufixos, 113
   prioridades, 296
   fragmentação em, 487-494
   identificação de, 508
   região de, 499
Grupo(s) metila, 63, 90, 97-98, 99-101, 170, 360, 367, 409, 508
Grupos alquila, 63
   nomes, 65-66
Grupos amino, 437
Guerra química, 461

H

Habilidade de saída de íons haleto, 363-364
Haleto de alquila primário, 72, 103, 252, 417-418, 419
Haleto de alquila terciário, 72, 360-361, 373, 374, 378, 382, 405-406, 407, 425
Haleto de butila, 420
Haleto(s) de alquila, 63
   conversão em, 437-438
   espectro de massas de, 487-488
   estruturas de, 79-80
   no sistema Iupac, 73
   nomenclatura de, 72-73
   pontos de ebulição dos, 84

primários, 72
  reação S_N1 de, 388
  reação S_N2 de, 388
  reação, 359
  reações características de, 357-358
  reações de eliminação de, 396-432
  reações de substituição de, 356-395
  reatividade de, 382, 407
    em uma reação S_N1, 372, 374
    em uma reação S_N2, 360-361, 364
    na reação E1, 405-406
    na reação E2 de, 397
    relativa de, 417
  secundários, 72
  solubilidades em água, 87
  terciários, 72
Haletos alílicos, 378-381
Haletos benzílicos, 378-381
Haletos de alquila secundários, 72, 360-361, 373-374, 382, 406, 428
Haletos de arila, 378-381
Haletos de hidrogênio, 35, 45-46, 141-142, 147
  acidez relativa de, 45-46
  ligação em, 35
Haletos de vinila, 464
Haletos orgânicos, 397
Haletos vinílicos, 378-381
  intermediários, 423
Haloalcanos, 73
Halogenação, 224, 334, 338, 425
  de alcanos, 334, 338
  de alcenos, 351
Halogênios, 14, 24, 35, 45, 46-47
  adição de, 156-159, 240-242
    a alcenos, 156-158
    a alcinos, 240-242
  definição, 35
Haloidrinas, 158
Halotano, 449
Hammond, George Simms, 144
HBr
  adição de
    a alcinos, 240-242
    a 1-buteno, 217
    a 2-metil-1-buteno, 218
    a 1,3-butadieno, 301, 304-305
    a 2-metil-1,3-butadieno, 303
    a 4-metil-1,3-pentadieno, 307
    a 1,5-hexadieno, 300, 303
Hélice dupla, 455
Hemoglobina, 52
Heptano, 63
Heroína, 213
Heterólise, 166
Hexano, 61
Hibridização, 26

Hibridização de orbital, 26, 36-37, 55, 298
  e sobreposição, 36-37
Híbrido de ressonância, 49, 264-265, 270-271, 273, 283
  estabilidade de um, 273
Hidratação catalisada pelo íon mercúrico
  mecanismo de
    de alcino, 243-244
Hidratação, 150-151, 244, 442
  de alceno, 151
Hidrazina, 14
Hidroboração–oxidação, 162-166, 244-246
Hidrocarbonos, 60, 112
  insaturados, 112, 136
  pontos de ebulição de, 237-238
  saturados, 112, 332, 350
Hidrocarbonetos insaturados, 112, 136, 237-238
  propriedades físicas de, 237-238
Hidrocarbonetos saturados, 112, 332
Hidrogenação, 169-172, 174, 220-221
  calor de, 170, 174
  catalítica, 169-171
Hidrogenação catalítica, 169-171, 220-221, 370
  de alceno, 170
Hidrogênio
  adição de, 246-247
  deslocamentos químicos para, 538
  diastereotópicos, 213-315
  enantiotópicos, 213-215
    ligações de, 36, 62, 83
    e alcenos, 112-115
  mastro, 95
  primário, 65
  pró-R, 214
  pró-S, 214
  secundário, 65
  terciário, 65
Hidrogênio metínico, 535
Hidrogênio primário, 65, 336
Hidrogênio pró-R, 214
Hidrogênio pró-S, 214
Hidrogênio secundário, 65, 336
Hidrogênio terciário, 65, 339, 425
  ilustração, 65
Hidrogênios alílicos
  substituição radicalar de, 342-344
Hidrogênios benzílicos
  substituição radicalar de, 342-344
Hidrogênios diastereotópicos, 213-215
Hidrogênios enantiotópicos, 213-215
Hidrogênios-mastro, 95
Hidroquinona, 348

Hidroxianisolbutilado, 348
Hidróxido de tetrametilamônio, 78
Hidroxilação, 347
Hidroxitolueno butilado, 348
Hiperconjugação, 142-143, 240, 405
  e cátion etila, 143
  e cátion metila, 143
HOMO, 285
Homólises, 166, 168
Homólogos, 60
Hooke, Robert, 501
Hughes, Edward Davies, 358
Hund, Friedrich Hermann, 6

I
Ibuprofeno, 213
Ictiotereol, 235
  ilustração, 16
  ilustração, 344
  ilustração, 96
Imagem especular não superponível, 180, 182
  ilustração, 184
Imagem especular sobreponível
  ilustração, 184
Imagens de ressonância magnética (IRM), 498, 569
  rastreador de, 569
Impedimento estérico, 164, 171-172, 245, 314, 360, 371, 378, 382
Índigo, 93
Ingold, Sir Christopher, 186, 359
Inibidores radicalares, 168, 348, 350
Iniciador radical, 168
Integração, 536
Intensidade
  de absorção no infravermelho, 500
Intensidades relativas
  de absorção no IV, 500
Intensificação de pequenas deformações por transferêcia de polarização (DEPT), 566
  conformações de, 99-102
Interação íon–dipolo, 366
Interações 1,3-diaxiais, 97, 98, 101, 103
Interações de dipolo–dipolo induzido (forças de Van der Waals), 81
Interações de dipolo–dipolo, 82-83, 84, 103
Interações gauche, 90, 97-98
Interconvera cis–trans na visão, 118
Intermediário comum, 305
Intermediários, 134, 305
  carbocátion, 134, 140, 145, 146
  comun, 305
  definição, 134
  e íon bromônio, 140, 160

e ligações, 134-135, 140
  radical, 167, 168
International Union of Pure and Applied Chemistry (Iupac), 62
Inversão, 215, 362, 376, 391, 392
  de amina, 215
  de configuração, 362, 376, 391
  Walden, 362
Iodeto de isopropila, 73
Iodeto de metila, 63, 73, 390, 500
Iodo, 6, 8, 35, 45-46, 79, 341, 363-364, 402, 438, 486, 532
Iodociclo-hexano, 141
Íon(s), 7-8, 10, 13-14, 38, 41, 386, 390, 400-401, 402
Íon acetato, 49, 418, 459
Íon amônio, 14, 33-34, 39
Íon anilínio, 321
Íon bromônio cíclico, 140
Íon bromônio intermediário, 140, 223
Íon etóxido, 49, 367, 410, 413, 418
Íon fenóxido, 321, 325
Íon hidreto, 9
Íon hidrogênio, 9
Íon hidróxido
  reações
    com 2-bromobutano, 211
    com 2-bromopropano, 376, 398
    com brometo de etila, 361
    com brometo de metila, 358-362
    com cloreto de etila, 368
Íon iodeto, 363, 366, 369
Íon mercúrico, 243-244, 460
Íon metóxido, 399
Íon molecular, 481-488, 491-492, 494, 514
Íon propóxida, 420
Íon terc-butóxido, 367, 400-401, 418, 420-421, 425
Íon terc-butóxido, 367, 401, 418, 420-421, 425
Ionóforo, 459
Íons acetilídeo, 248, 249-250
  síntese com, 249-250
Íons carboxilato, 49, 270, 273-274, 279-280
Íons haleto, 46, 48, 356, 363-364
IRM, 496, 527, 569-570
  rastreador de, 569
Iso, 66
Isobutano, 62
Isoflurano, 449
Iso-heptano, 63
Iso-hexano, 62, 67
Isomeria cis–trans, 116-118, 180-181
Isômero cis, 99, 116, 136, 172, 181
  definição, 181
Isômero E, 111, 119-120, 136, 185, 410

QUÍMICA ORGÂNICA

ilustração, 119
Isômero trans, 99, 117, 181, 185, 196, 336
   definição, 181
Isômero Z, 111, 119-120, 136, 185, 297, 410
   de dienos, 297
   ilustração, 119
Isômeros, 180, 181
   cis, 99, 116, 181
   cis–trans, 99, 116-118, 180
   com centros quirais, 180
   com mais de um carbono assimétrico, 194-198
   com um carbono assimétrico, 183-184
   configuracionais, 180, 297
   confôrmeros, 221
   nomenclatura de, 62-63
   trans, 99
Isômeros configuracionais, 180, 297
   com centros quirais, 180
   de dienos, 297
Isômeros constitucionais, 17, 62, 146, 180
Isômeros geométricos, 99, 103, 117, 181
Isopentano, 62, 82, 180
Isopentilamina, 508
   espectro no IV da, 508
Isopreno (2-metil-1,3-butadieno), 295, 303
Isótopos, 3, 54, 120, 485-486
Isótopos de oxigênio, 4

J
Joules, 20

K
Karplus, Martin, 550
Kekulé, Friedrich, 262, 263

L
Lã, 2, 254
Lactato, 192, 324
   redução do piruvato, 324
Lactato de sódio, 192
Lactato desidrogenase, 324
Ladenburg, Albert, 263
Lambert, Johann Heinrich, 319
$l_{máx}$
   efeito de conjugação sobre o, 320-322
   valores de, 321
Le Bel, Joseph Achille, 190
Le Châtelier's, Henri Louis, 370
Lebre do oceano, 357
Lehn, Jean-Marie, 458
Lei de Beer–Lambert, 319-320
Lei de Hooke, 500-501
Leis de velocidade, 358, 371-372, 382, 416
   para a reação, 358
Levorrotatória, substância, 191

Lewis, Gilbert Newton, 7, 13
Lewis, W. Lee, 461
Lewisite, 461
Liberdade de movimentação dos produtos, 127-128
Liberdade de movimentação dos reagentes, 127-128
Licopeno, 321, 323
Ligação(ões), 7-12
   axiais, 94
   banana, 91
   carbono–carbono
      dupla, 30
   carbono–hidrogênio
      absorção no IV, 506
   covalente apolar, 9
   covalente polar, 9-12
   covalente, 8
   definição, 8
   do benzeno, 264
   duplas acumuladas, 294
   duplas conjugadas, 294, 320-321
   duplas isoladas, 294
   duplas, 28-30, 294-295
      ilustração, 14, 15
      isoladas, 294
   e orbital molecular, 20, 282, 284
      diagrama, 21
   em etano, 24-28
   em haletos de hidrogênio, 35
   em metano, 24-28
   equatoriais, 94
   formação
      duplas, 300
      e energia, 20
   iônicas, 8
      ilustração, 8
   momentos de dipolo, 11
   na água, 32-33
   na amônia, 33-34
   nitrogênio–hidrogênio, 33-34
   no ânion metila, 31-32
   no cátion metila, 31-32
   no eteno, 28
   notação, 14
      duas, 14
      quatro, 14
      três, 14
      uma, 14
   oxigênio e nitrogênio
      prótons, 556-558
   no radical metila, 31-32
   p, 22, 116,122-123
   sigma, (s), 19-24, 28, 122
      orbital molecular, 20
   simples, 24-28
   tripla
      definição, 31-32
      etino, 30–31
Ligação covalente apolar, 9
Ligação dupla
   carbono—carbono, 30

Ligação hidrogênio
   acidez, 247-249
Ligação hidrogênio–halogênio, 35
Ligação pi (π), 22, 115-116, 122-123
Ligação tripla
   definição, 30
   em etino, 30-31
Ligação(ões) covalente(s), 8-9, 10, 13-14, 19
   apolar, 9
   definição, 8-9
   ilustração, 8
   polar, 9-12
Ligação(s) dupla conjugada, 294 e $l_{máx}$, 321
Ligações axiais, 94
Ligações banana, 91, 346
Ligações covalentes polares, 9-12
   definição de, 9
   e cargas, 9
   ilustração, 10
Ligações de hidrogênio, 83, 86, 103, 366
Ligações duplas acumuladas, 294, 325
Ligações duplas isoladas, 289, 294, 311, 325, 400
Ligações duplas, 28-30, 294-295
   formação de, 300
   ilustração, 15
Ligações equatoriais, 94
Ligações iônicas, 8, 10
   ilustração, 8
Ligações nitrogênio–hidrogênio, 34
Ligações sigma (σ), 19-24, 28, 122
   orbital molecular, 20-21
   ilustração, 21
Ligações simples, 24-28, 36, 111, 195, 298, 332
Limoneno, 111
   ilustração, 111
Limpadores de chaminé e o câncer, 457
Lindlar, Herbert H. M., 246
Linha divisória de quatro carbonos, 86
Linhas pontilhadas, 125
Lipídeos, 2
Lítio, 6-8, 11, 129, 246, 463, 466
Lobos em sobreposição
   do orbital p, 22
Lowry, Thomas M., 39
Lucas, Howard J., 436
LUMO, 285, 310-311
Luz, 18, 20, 117, 166
   plano-polarizada, 190-191
   visível, 285, 317-319, 321, 322-323, 324-325, 495, 496, 498
Luz branca, 322
Luz polarizada, 190

Luz ultravioleta (UV), 317-319, 326, 349, 496

M
Magnésio, 7, 463, 465
Magnitude
   momentos de dipolo da ligação, 38
Malato, 228, 445
   desidratação do, 445
Maleato, 228
Mapa de potencial eletrostático, 11, 27, 29, 31-35, 80, 142, 238, 264
   comparação de, 310
   da amônia, 35
   do metano, 25
Mapas de potecial, 11, 25, 29, 31-35, 80, 142, 238, 264
   ilustração, 11
Markovnikov, Vladimir Vasilevich, 147
Martin, A. J. P., 414
Massa atômica, 486
Massa molecular nominal, 483
Massas moleculares, 486, 487
McLafferty, Fred Warren, 492
Mecânica quântica, 4
Mecanismo de reação, 122-123, 136, 141, 408
   do 1,3-butadieno
      com brometo de hidrogênio, 302
   do 1,5-hexadieno
      com excesso de brometo de hidrogênio, 300-301
Meia cadeira
Melanina, 319
Membranas, 93, 459
Mestranol, 235
Metabolismo, 52, 371, 570
Metadona, 213
Metal de transição catalisador, 467
Metano, 9, 14, 24-28, 33, 38, 83, 332, 334, 335
   fórmula em perspectiva do, 25
   ilustração da estrutura do, 61
   ilustração, 9
   ligação em, 9, 14, 24-28, 38, 334
   mapa de potencial eletrostático do, 25
   representação por modelos, 25
   modelo de bola e vareta, 25
   modelo de bolas, 25
   monocloração do, 334
Metanol, 41-42, 366, 370
Metilação, 391
Metilacetamida, 513
Metilamina, 42-44, 45, 64, 77, 80
Metilciclo-hexano, 96, 97-98, 99, 341, 425, 506
   espectro no IV do, 506
Metilciclopentano, 71

Índice remissivo I-11

Metilpropilamina, 77, 78
Metil-vinil-cetona, 320
Meyer, Viktor, 360
Micrômeteros, 495
Microondas, 495, 496
Mistura, 50-51, 358, 382, 402
  racêmica, 193, 210, 213,
    217-218, 229, 311, 344
Mistura racêmica, 193, 217-218
  resolução de uma, 210
Mitscherlich, Eilhardt, 210
Modelo da repulsão dos pares de
  elétrons na camada de valência
  (RPECV), 23
Modelo de bola e vareta, 25, 27,
  29, 31-35, 61, 89, 93, 96, 97
Modelo de bolas, 25, 27, 31
  do etano, 27
  do etino, 31
  do metano, 25
Modelo RPECV
  versus modelo OM, 23
Molécula apolar, 25, 27, 86
Molécula aquiral, 184, 199, 299
  ilustração, 184
Molécula bifuncional, 423, 428
Molécula(s), 9-12, 14-15
  alvo, 424-426
  aquirais, 184, 199
  bifuncional, 423
  estado fundamental de, 285
  momento de dipolo de, 11-12,
    38, 82, 117
  quiral, 182, 184, 192, 199,
    211-212, 213-214, 229,
    299-300
  tamanho e formato, 11
Molécula-alvo, 424-426
Molina, Mario, 349
Momentos de dipolo, 11-12, 38,
  54, 82
  direção, 38
  magnitude, 38
  soma vetorial, 38
Momento de dipolo das ligações
  direção, 38
  magnitude, 38
  soma vetorial, 38
Monobromação
  mecanismo para
    do etano, 335
Monocloração radical, 337
Monômeros, 254
Morfina, 210
Motrin,, 213
Mudanças na energia livre, 127
Multifideno
  ilustração, 111
Multiplete, 544-545, 556
Multiplicidade, 540
Muscalure, 111, 467
  ilustração, 111

N

N,N-dimetilformamida, 366

N,N-dimetilpropanamida, 503
  espectro no IV da, 503
NADH, 328
Naftaleno, 454-455
Naproxeno, 212
N-bromossuccinimida (NBS),
  342
n-butil, 65
Neo-hexano, 62
Neopentano, 62
Nêutrons, 3, 13, 54
Newman, Melvin S., 88
NH_3, 246, 253
Nicol, William, 190
Nieuwland, Julius Arthur, 255
Nitrobenzeno, 546
  espectro NMR ^{1}H do, 546
Nitroetano, 266, 324
Nitrogênio, 14-15, 33-34, 77,
  82-83, 366
  centro quiral, 182
  prótons ligados ao, 556-557
N-metilacetamida, 513
Nodo, 18, 21, 22, 282, 285
  definição, 18
Nodo radial, 18
NOESY, 571
Nome comum, 63
  versus nome sistemático, 62-
  63
Nome sistemático de substituintes, 68-69
Nomenclatura, 1, 60, 61, 62-79,
  113-115, 118-121, 185-189
  comum versus sistemática,
    62-63
  de alcanos, 67-70
  de alcenos, 113-115
  de alcinos, 236-237
  de alcoóis, 74-76
  de aminas, 77-79
  de carboidratos, 2
  de cicloalcanos, 70-72
  de enantiômeros, 185-189
  de éteres, 73-74
  de haletos de alquila, 72-73
  de substituintes alquila, 63-66
  Iupac, 62-63, 68-69, 73, 74,
    77, 113
  método de, 62-63
  sistema E,Z, 119, 186
  sistema R,S, 185-189, 202-207
  sistemática, 62-63, 67-69, 78,
    103, 113
Nomenclatura E,Z, 119
Nomenclatura Iupac (sistemática), 62-63, 78, 103
Nomenclatura R,S, 185-189
  para isômeros, 202-207
Nomenclatura sistemática, 62-63
  de um alcano, 67
Nomenclatura sistemática
  (Iupac), 62-63, 78, 103
  de alcenos, 113
Nomes comerciais, 235

Nonactina, 459
Norepinefrina (noradrenalina),
  390
Núcleo, 3, 4, 5, 6, 17-20, 46, 247,
  283-284, 298, 416, 496, 524-526
  estados de spin, 524-526, 570
Nucleofílicidade, 364
  afetada por efeitos estéricos,
    367-368
  efeito de solvente na, 366-367
  forças relativas da base e,
    364-365
Nucleofílico, 462
Nucleófilos, 122, 123, 134, 136,
  357, 364
  em reações S_N1, 374-375, 377-
    379, 382-383, 388
  em reações S_N2, 376, 379,
    382-383, 388
  reatividade crescente dos, 382
Núcleos blindados
  ilustração, 528
Núcleos desblindados
  ilustração, 528
Número atômico, 3, 54, 119-120,
  186
  e prioridade, 120
Número de massa, 3, 54, 120
  prioridade e, 120
Número de onda, 496-498,
  501-509, 511-514
Nuprin,, 213
Nuvens estratosféricas polares,
  349

O

Octanagem, 331
Olah, George, 143
Olefinas, 111
Óleos, 111
Onda(s)
  tipos, 18
Ondas de rádio, 494, 496
Opec, 333
Opsina, 118
Opticamente ativa, substância,
  191
Opticamente inativa, substância,
  191
Orbitais, 4-5, 20-22
  definição, 17-18
  híbridos, 26
  hibridização de, 298
Orbitais atômicos, 4, 17-19
  combinação linear de, 283,
    290
  definição, 17-18
  degenerados, 4, 19, 22
  determinação, 5-6
  H_2, 11, 21
  ilustração, 18, 21
  p, 4-6, 18-19, 22-26, 28-34
  sobreposição, 19, 21-23, 26-37
  versus orbital molecular
    ilustração, 19

Orbitais atômicos p, 19-19
  sobreposição de, 22
Orbitais de onda, 4
Orbitais degenerados, 4, 19
Orbitais híbridos, 26
Orbitais moleculares, 19-24, 55,
  282-289, 317-318
  antiligantes, 20-24, 28, 55,
    282, 317-318
  assimétricos, 284
  desocupado de menor energia,
    285, 290
  H_2, 21
  ilustração, 21
  ligantes, 20-24, 317-318
  não-ligante, 286, 290
  ocupado de maior energia,
    285, 290
  pi (π) 22
  simétrico, 284
  versus orbital atômico
    ilustração, 19
Orbitais moleculares
  assimétricos, 284
  ilustração, 284
Orbitais moleculares simétricos,
  284
  ilustração, 284
Orbitais p, 6, 28-34, 264-266,
  282-283
  ilustração, 23
Orbitais sp^2 degenerados, 29
Orbital atômico d, 6-8
Orbital misto, 26
Orbital molecular desocupado de
  menor energia (LUMO), 285,
  310-311
Orbital molecular ligante, 20-23,
  28, 282, 290
Orbital molecular não-ligante,
  285, 359
Orbital molecular ocupado de
  maior energia (HOMO), 285,
  310-311
Orbital s, 4, 26-35, 246
Ordem de ligação, 501
  efeito da, 501
  posição das bandas de
    absorção, 501, 502, 505
Organização dos Países
  Exportadores de Petróleo
  (Opec), 333
Organocupratos, 466
Oscilação de anel, 95
  ilustração, 95
Overhauser, 569
Overhauser, Albert Warner, 569
Oxicloreto de fósforo, 445
Oxidação, 162-165, 174, 256,
  480
Oxidase, 211
Óxido de benzeno, 453-454
Óxido de etileno, 450, 454, 464
Óxido de naftaleno, 454-455
Óxido de prata, 480

Óxido de propileno, 450, 451
Óxidos de areno, 453-458
  características do, 453
Oxigênio
  ligado a prótons, 556-557
Oximercuração, 160-161, 174
  mecanismo para a, 160
Oximercuração-redução, 160-161
Oxiranos, 454
  reações de, 450-453
Ozônio, 319, 349-350
  redução de, 349, 350
Ozônio estratosférico, 349-350
  e radicais, 349-350
Ozônio, buraco, 349-350

P

Paba, 319
Padimato, 319
Paládio, 169, 171, 246
Par de elétrons livres, 13, 15, 54
  ilustração, 13
Par iônico, 377
Par iônico íntimo, 377
Par iônico separado pelo
  solvente, 377
Parafina, 334
Pargilina, 235
Parsalmida, 235
Pascal, Blaise, 541
Pasteur, Louis, 210
Pauli, Wolfgang, 6
Pauling, Linus Carl, 26, 463
PCC, 214
Pedersen, Charles J., 458
Peerdeman, A. F., 209
Pentanal, 507
  espectro no IV do, 507
Pentano, 62, 82, 180, 237, 483,
  484, 485
  espectro de massas do, 483
Pentotal sódico, 449
Peróxido, 13, 162, 164, 166
  167-169, 174, 351, 425
  iniciador radicalar, 168, 242,
    342-343
Peróxido de hidrogênio, 13, 161,
  164, 222, 244
Peso atômico, 4
Peso molecular, 4
Petróleo, 332
pH, 40-44, 50-53
  vs. pK_a, 50-53
Pico base, 483
Picômetros, 12
Picos cruzados, 567-569
Picos de fragment iônico, 483
Pireno, 457
Piridina, 214, 438, 439, 440, 445
Pirólise, 333
Piruvato, 324
pK_a, 40-53, 281
  da água, 43, 50-51, 55
  da amônia, 42
  da metilamina, 42-43, 45

de ácidos carboxílicos
    protonados, 43, 55
de ácidos carboxílicos, 41, 43,
    46, 49, 55
de alcoóis protonados, 43, 55,
    150-151
de alcoóis, 41-42, 43, 45, 49,
    55
de aminas protonadas, 42-43
de elétrons deslocalizados,
    49-50
de fenóis, 389
de íons anilínio, 389
determinado pela espectrosco-
    pia no UV/Vis, 325
do etano, 248
efeito da estrutura no, 44-48
efeito da estrutura no, 44-49
Planck, Max Karl Ernst Ludwig,
    4, 5
Planejamento de síntese
  abordando o problema, 424-
    427
  introdução à síntese em várias
    etapas, 250-257
Plano de simetria, 199-202, 224,
    284
Plano nodal, 18
Plástico, 2, 498
Platina, 169, 171, 246
Polarímetro, 191, 211
Polarizabilidade, 84, 103, 364
Polarização no sentido
  anti-horário, 191
Polarização no sentido horário,
    191
Poli(acrilonitrila), 254
Poli(cloreto de vinila), 254
Polieno, 294
Polimerização, 254
Polímeros, 255
Ponte
  substâncias bicíclicas em
    formato de, 314-315
  ilustração, 314-315
Ponto de fusão, 85, 190, 195
Ponto isoelétrico (p), 22-29
Pontos de ebulição, 81-85, 117,
    190, 197, 209, 237, 460
  alto, 81
  baixo, 81
  comparativo de, 82-83, 84
  da água, 83
  das aminas, 42-43
  de hidrocarbonos, 237
  dos alcanos e haletos de
    alquila, 81-85
  dos álcoois, 41, 81-85
  dos éteres, 81-85
Postulado de Hammond, 144
Potencial carcinogênico de
  hidrocarbonetos aromáticos, 455
Potential eletrostático, 28
Potts, Percival, 457
Prelog, Vladimir, 186, 228

Princípio aufbau, 6
Princípio da exclusão de Pauli, 6,
    21, 56, 282
Princípio da incerteza de
    Heisenberg, 18
Princípio de Le Châtelier, 369,
    442
Princípio de reatividade–
    seletividade, 338-342
Prisma de Nicol, 190
Prismano, 92
Produto alílico substituído, 342
Produto benzílico substituído,
    342
Produto cinético, 304, 305, 307,
    325
Produto de adição 1,2, 307-308
  ilustração, 307-308
Produto de adição 1,4, 307-308
  ilustração, 307-308
Produtos
  liberdade de movimentação
    dos, 128
Produtos monossubstituídos, 338
Projeção de Fischer, 184-185,
    188, 194-195, 198-199, 203-204
  de estereoisômeros, 220
Projeção de Newman, 88, 89, 93,
    96
  ilustração, 88
Projeção em cavalete, 88
  ilustração, 88
Promoção, 25, 317
Propadieno (aleno), 295, 299
Propagação, 334
Propano, 61, 237, 484
  ilustração da estrutura do, 61
Propanoato de fenila, 564
Propeno (propileno), 113, 162,
    450
Propenonitrila (acrilonitrila), 254
Propofol, 449
Proteína(s), 2, 52, 211, 567
Protetores solares, 319
  e luz ultravioleta, 319
Próton(s), 3, 9, 39, 54, 524,
  527-532, 534-541, 530, 543-
  546, 549-550, 552-557, 559,
  561, 567-568, 571
  acoplados, 539, 549
  blindagem de, 528, 570
  do anel benzênico, 538-539,
    546
  equivalentes, 529, 539, 541,
    543-545
  ligados a oxigênio e
    nitrogênio, 556-558
Protonação
  de anilina, 321-322
  de éteres, 448
  de grupos amino, 437
Prótons acoplados, 539-540, 549,
    567
Prótons equivalentes adjacentes,
    545

Prótons equivalentes, 539
Prótons não equivalentes
    adjacentes, 545
Prótons quimicamente
    equivalentes, 529, 543, 545
Prozac,, 213
Purcell, Edward Mills, 524
Pureza enantiomérica, 193-194
Pureza óptica, 193-194
Pureza
  óptica, 193-194

Q

Quarteto, 539, 562
  versus dublete de dubletes,
    545, 552
Quarteto de tripletes
  diagrama de desdobramento
    para um, 553
Quatro ligações
  notação, 14
Quatro orbitais sp^3
  ilustração, 26
Química orgânica
  definição, 2-3
Química sintética, 250
Quinolina, 246
Quinteto, 543 553-554
Quiral(is), 181-182
  carbono pró-quiral, 214
  catalisador, 211
  centro, 182
    de nitrogênio e fósforo,
      215-216
  drogas, 213
  haleto de alquila
    reação, 359
  molécula, 184
    ilustração, 184
  reagente
    e enantiômeros, 211
  sonda, 211
  substância, 191, 199

R

(R)-3-cloro-1-buteno, 219
Racemato, 193
Racemizações, 377
  completa, 377
  parcial, 377
Radiação eletromagnética, 317,
    494
  freqüência de, 495
Radiação infravermelho, 333,
    496, 497-498
Radiação rf, 525, 527
Radiação ultravioleta, 349
Radiação, 349, 481, 569
  eletromagnética, 317, 481,
    494-496, 499, 514, 525
  infravermelho, 317, 333, 499
  rf, 525, 527
Radicais alila, 285-287
  contribuintes de ressonância
    do, 286

ilustração, 285
níveis de energia do, 286
Radicais alílicos
    estabilidade dos, 276
Radicais benzílicos
    estabilidade de, 276
Radicais cloro, 334, 336-337, 339-340, 349
Radicais intermediários, 167, 218, 219-220, 225, 344, 347
Radical, 14, 166, 334
    adição de, 166-169
    alila, 342
    alquila, 166-167, 174, 242
    benzila, 269, 342
    contribuintes de ressonância, 269, 270-272, 273-274, 276
    estabilidades de, 166, 167
    metila, 276, 483-484, 490-491
    reatividade de, 277-278, 372-375, 382
    vinílico, 240, 246-247
Radical alquila primário, 166
Radical alquila secundário, 166
Radical alquila terciário, 166
Radical iodo, 341
Radical livre, 14, 166, 334
Radical metila, 14, 31-32, 167, 334, 336, 342, 483-484, 490-491
    ilustração, 167
    ligação no, 31-32
    modelo bola e vareta, 32
Radical primário
    ilustração, 167
Radical secundário
    ilustração, 167
Radical terciário
    ilustração, 168
Radical vinílico, 242, 246
Raios cósmicos, 495
Raios X, 494, 496, 569
Raios γ, 496
Razão giromagnética, 526, 561
Reação
    biológica
        de radical intermediário, 347
    catalisada por ácido, 150-153, 160-161
    concertada, 163, 309, 359
        definição, 163
    controle termôdinamico versus controle cinético de, 304-308
    de alcenos, 172-173
    de alquilação, 250
    de amidas, 481
    de cicloadição [4 + 2], 309
    de cicloadição, 309
    de Diels–Alder, 313-321
        estereoquímica, 311-312
    de eliminação, 356
    de enantiômeros, 209-213, 215, 218, 220-227
    de epóxidos, 450-453

de ésteres, 439-441
de haletos de alquila, 60, 65, 72-73, 81-87
de halogenação, 334
de Heck, 467
de óxido de areno, 453-458, 471
de oxiranos, 450-453
de primeira ordem, 131, 137
de segunda ordem, 131-132, 137
de substituição radicalar, 335, 344-345, 350
de Suzuki, 468
endergônica, 126
endotérmica, 127, 136, 168-169, 340
estereoespecíficas, 216-217
estereoquímica
    adição de alcenos, 217-227
    catalisação por enzima, 228
estereosseletivas, 216-217
exergônica, 126
exotérmica, 127, 129, 136, 168-169, 340
intermoleculares versus intermoleculares, 423-424
irreversível, 304
química
    velocidade de, 131
quimiosseletivo, 848
radicalar em cadeia, 168
velocidade de
    versus constante de velocidade, 132
Reação biológica, 347, 351
    para um intermediário radicalar, 347
Reação catalisada por ácido, 151, 175
Reação concertada, 163, 309, 359
    definição de, 163
Reação de adição 1,4, 308-315
Reação de alquilação, 250
Reação de cicloadição [4 + 2], 309
Reação de Diels–Alder, 308-317
    estereoquímica da, 311-312
Reação de eliminação de primeira ordem, 404
Reação de halogenação, 334
Reação de Heck, 467
Reação de primeira ordem, 131, 137, 372
Reação de segunda ordem, 131-132, 358
Reação de Stille, 468
Reação de substituição nucleofílica, 358, 368, 382
Reação de Suzuki, 468
Reação E1, 404-412, 419-420
    competição entre reação E2 e, 407-408
    de substâncias cíclicas, 414-415

desidratação de álcool
    resultado estereoquímico da, 444
diagrama de coordenada de reação para a, 405
estereoquímica da, 412-413
mecanismo de, 404
produto de, 411
Reação E2, 396-404, 407-412
    competição entre reação E1 e, 407-408
    consecutivas, 422
    de éteres, 448
    de substâncias cíclicas, 412-414
    desidroalogenação, 397
        de cloretos de alquila, 402
    efeito das propriedades estéricas em, 401
    estereoquímica da, 408-411
    mecanismo de, 396-397
    produto de, 403
    regiosseletividade de, 398-404
Reação endotérmica, 127, 136
Reação exergônica, 126, 129, 130, 136, 144
    definição, 126
Reação exotérmica, 127, 129, 136
Reação irreversível, 304
Reação química
    velocidade de, 131
Reação radicalar em cadeia, 168, 334-335
Reação regiosseletiva, 146, 174, 216, 229
    ilustração, 216
Reação reversa, 133
Reação reversível, 304
Reação(ões) de adição, 123, 308-315
    anti-Markovnikov, 147, 166, 245
    de água, 150-152
        a alcenos, 150-152
    de alcoóis, 152-153
    de borano, 161-165
    de halogênios
        a alcenos, 157-158
    de hidreto de bromo
        a alcenos, 167-168
    de hidrogênio
        a um alceno, 220-221
        estabilidades relativas, 169-172
    de Markovnikov, 147
    de radicais, 166-169
    eletrofílica, 123, 140, 153, 156
        de alcenos, 217-227
        estereoquímica, 217-227
        estereoquímica de, 180-234
    que formam produtos
        com dois carbonos assimétricos, 219-227
    que formam um carbocátion intermediário, 219-220

que formam um carbono assimétrico, 217-219
que formam um íon bromônio intermediário, 223-227
que formam um radical intermediário, 219-220
Reação(ões) de cicloadição, 309
Reação(ões) de eliminação, 356, 396, 398
    consecutivas, 422-423
    de alcoóis, 441-447
    de haletos de alquila, 396-432
    de primeira ordem, 404
    definição, 396
    e substituição
        competição entre, 416-420
        em síntese, 420-422
        estereoquímica das, 415
        produtos das, 419
    produto de, 403
    reatividade de haletos de alquila em, 407
Reação(ões) de substituição
    de éteres, 420-421
    de haletos alílicos, 378-379, 382
    de haletos benzílicos, 379
    de haletos de alquila, 355-395
    definição, 356, 396
    e grupo de saída, 356, 359, 363-364, 368-369
    e lei de velocidade, 358, 371-372
    e nucleófilo, 357-361, 364-370, 372-379
    e reatividades relativas, 360-361, 364, 373-374
    e síntese, 391
    mecanismos, 356, 371-372, 382
    nucleofílica, 358, 361, 365
    para alcoóis, 347, 433-436, 437-453
    radicalar, 335-3488, 425
Reações ácido–base, 39
Reações catalisadas por enzimas, 228, 229
    hidrogênios enantiotópicos, 213-215
Reações de acoplamento, 466-469
Reações de adição anti-Markovnikov, 147, 166, 245
Reações de adição de Markovnikov, 147
Reações de epóxidos, 450-453
Reações de oxidação, 164
Reações de redução, 160-161
Reações de substituição e eliminação
    competição entre, 416-420
    em síntese, 420-422
    estereoquímica das, 415
    produtos nas, 419
Reações de substituição nucleofílica, 396, 420, 434

Reações de transferência de próton, 39
Reações E, 416-420
Reações endergônicas, 126, 130
  definição, 126
Reações estereosseletivas, 216-217, 219
  ilustração, 216
Reações intermoleculares, 423-424, 428
  ilustração, 423
Reações intramoleculares, 423-424, 428
  ilustração, 423
Reações orgânicas, 2, 11
Reações pericíclicas, 163, 309
  estereoquímica, 311
  reações de cicloadição, 309
  simetria de orbital em, 310-311
Reações radicalares, 168, 347-348, 350
  de adição, 167, 344
  de substituição, 335, 344
    resultado estereoquímico de, 344
  em cadeia, 168, 334
  em sistemas biológicos, 347-348
Reações S_N1, 371-378, 419
  de um haleto de alquila, 388
  definição, 372
  e reações S_N2
    competição entre, 381-384
  estereoquímica de, 376-378
  fatores que afetam, 374-376
  lei de velocidade para, 382
  mecanismo de, 371-374
  solvente em, 384-389
  velocidade relativa de, 372
Reações S_N2, 358-371, 417-418
  de um haleto de alquila, 388
  e reações S_N1
    competição entre, 381-384
  estereoquímica de, 376
  fatores que afetam, 363-368
  lei de velocidade para, 382
  mecanismo de, 358-363
  reversibilidade de, 368-371
  solvente em, 384-389
  velocidade relativa de, 359
Reações termodinamicamente controladas, 304
Reagente(s)
  aquiral
    e enantiômeros, 211
  de Gilman, 466-467, 470
  e metilação, 390
  e previsão do produto, 313-314
  energia livre de, 130
  liberdade de movimentação dos, 128
Reagentes biológicos metilantes, 390-391
Reagentes de Gilman, 466

Reagentes de Grignard, 463, 465, 470
Rearranjo
  de carbocátions, 153-156, 277, 443
  de expansão de anel, 443
  de McLafferty, 492
    ilustração, 492
  definição, 154
Reatividades
  de haletos de alquila
    em uma reação E1, 406
    em uma reação E2, 397-398
    em uma reação S_N1, 372-373, 374
    em uma reação S_N2, 360, 364
Reatividades relativas
  de haletos de alquila
    em uma reação E1, 406
    em uma reação E2, 398
    em uma reação S_N1, 373, 374
    em uma reação S_N2, 360, 364
  mediante a adição de brometo de hidrogênio, 277
Receptores(as), 52, 212-213
  drogas, 213
Reconhecimento molecular, 459, 470
Recristalização fracionada, 480
Recristalização, 480
  fracionada, 480
Redução, 160-161, 174, 248
Região de impresão digital, 499, 514
Região de radiofreqüência, 525
Região rf, 525
Regiosseletividade, 145-149, 174, 216-217
  grau de, 146
  reações de adição eletrofílica, 145-146
Regiosseletividade moderada, 146
Regnault, Henri Victor, 128
Regra de Hund, 6
Regra de Markovnikov, 147, 162, 166, 174, 244, 277, 444
  na deslocalização de elétron, 277
Regra de Zaitsev, 399, 422, 444
Regra do octeto, 7, 13, 156, 269
Regra $N + 1$, 539
Regras de Cahn–Ingold–Prelog, 207
Rendimento percentual, 337-338
Repulsão dos pares de elétrons na camada de valência, 23
Resolução
  de uma mistura racêmica, 210
Ressonância, 49-50, 260-293
Ressonância magnética nuclear (RMN), 317, 481, 494, 524-571

2-D, 567-569
  constantes de acoplamento, 549-554, 559, 569, 571
  de onda contínua (OC), 527
  definição, 481
  desdobramento do sinal de, 541
  deutério na, 558
  e dependência do tempo, 555-556
  e desdobramento de sinais, 539-540
  espectro do, 525, 526-527, 549-550, 555-557
    da 2-metil-3-pentanona, 569
    do 1,1-dicloroetano, 536-537, 539-541, 549
    do 1,3-dibromopropano, 543-544
    do 1-bromo-2,2-dimetilpropano, 531, 536
    do 1-cloro-3-iodopropano, 553-554
    do 1-nitropropano, 532, 568
    do 2-butanol, 562
    do 2-sec-butilfenol, 559
    do 3-bromo-1-propeno, 545, 550
    do 3-hexeno, 148
    do benzoato de etila, 564
    do butanoato de isopropila, 544
    do citronelal, 566
    do etanol, 556-557
    do éter etilvinílico, 567
    do etilbenzeno, 545-546
    do nitrobenzeno, 546
    espectro Cosy, 567-568
    espectro HETCOR, 568-569
Retinol (vitamina A), 294, 321
  ilustração, 294
Ribonucleotídeos, 347
RMN ^{13}C, 524
  espectroscopia de, 560-566
RMN de onda contínua, 527
RMN em duas dimensões, 567-569
Rockne, Knute, 255
Rodopsina, 118
Roesy, 569
Rotação, 424
  de ângulo, 89
  específica, 192-193
  observada, 191-192
  óptica, 190-193
Rotação contínua, 90
Rotação específica observada, 193
Rowland, F. Sherwood, 349
RPECV, 23

S
(S)-3-metil-1-hexanol, 207
Sabatier, Paul, 171, 262, 465
S-adenosil-homocisteína (SAH), 390

S-adenosilmetionina, 390, 391
SAH, 390
Sais de amônio, 78, 81, 103
Sal(is), 78, 103, 210, 460-462
  de amônio quaternário, 78, 103
  diastereoisoméricos, 210
  sulfônio, 433, 460-462, 470, 471
SAM, 390, 391
Sangue
  solução tampão, 52
Schrödinger, Erwin, 4
s-cis
  conformação, 314, 325
  definição, 314
sec-butilmetilacetileno, 236
Secundário isoamila (siamil), 245
Seda, 2
"Semelhante dissolve semelhante", 85
Séries homólogas, 60, 82, 85, 237
Serotonina, 453
Setas curvas, 122-123, 136
  ilustração, 123
Siamil, 245
Silício, 7, 371, 530
Símbolo, 126
Simetria
  plano de, 199-200
Simetria de orbitais, 310
Sinais
  desdobramento dos, 539-543
  e intensidade relativa, 541
Sinal da proporcionalidade, 131
Sinal para TMS, 530
Singlete, 539, 556, 562
Sinperiplanar, 408
Síntese
  de alcenos, 172-173
  ilustração, 426
  planejamento de, 250-254, 424-427
Síntese de éter de Williamson, 420, 428
Síntese de propeno (propileno), 237
Síntese em várias etapas, 235-259
Síntese orgânica
  análise retrossintética, 251-254
  grupo funcional, 75-76
  reações de eliminação de haletos de alquila, 356, 396
  reações de substituição de haletos de alquila, 356-395, 420
  usando íons acetilídios, 249-250
Sintetização, 60
  de éter, 421
Sistema de nomenclatura
  E,Z, 118-121
  R,S, 185-189, 202-207
Sistema E,Z, 186

Índice remissivo   I-15

Sistema Iupac
  éter no, 74
  grupo funcional amina no, 77
  haleto de alquila no, 73
Sistemas biológicos, 228, 347-348
Sítio de ligação quiral, 212, 228
Sobreposição
  de orbitais p, 22
  de orbitais p de mesma fase
    ilustração, 283
  lado a lado *versus* linear, 22
Sobreposição de orbital
  secundário, 315
Sobreposição em fase, 22
Sobreposição fora de fase, 22
Sobreposição lado a lado, 22-23
  ilustração, 23
Sobreposição linear
  ilustração, 22
Sódio, 7- 8, 248
Solubilidade, 85-87, 204
Solução tampão, 52
Solvatação, 85-86, 103, 129-130, 136, 384-386
  da carga negativa pela água
    ilustração, 129
  da carga positiva pela água
    ilustração, 129
  definição, 85-86
  efeito de, 386
  ilustração, 86
Solvente apolar, 366
Solventes, 85-87, 103, 320, 365-366, 384-388, 558
  apróticos, 366-367, 385, 388, 392
    constantes dielétricas, 385
  aumentando a polaridade, 386
  constantes dielétricas de, 385, 392
  efeito
    da polaridade de, 387
    na velocidade de reação, 386
    na velocidade de reação S_N2, 387-388
    na velocidade de reação S_N1, 387
  éteres, 86-87, 458-460
  polares, 85-86, 103, 129, 366, 384-385, 388
  prótico, 365, 385, 388, 392, 460
    constante dielétrica de, 385
    reagentes de Grignard, 463
Solvólise, 375
Soma vetorial
  momento de dipolo da ligação, 38
s-p três, 26
Stille, John K., 469
s-trans
  conformação, 314
  definição, 314

Subcamadas, 4
Substância(s), 39-40, 55, 480-481, 486, 514, 524
  de organolítio, 462-465, 470
  de organomagnésio, 462-464
  de referência, 530
  organometálicas, 462-466, 470
  ramificadas, 62
Substância de referência, 530, 561
Substância di-halogenada
  ilustração, 335
Substância opticamente ativa, 191
Substância protonada, 42
Substância termodinamicamente
  instável, 131
Substâncias acíclicas, 112, 200, 345-346
Substâncias aromáticas, 289
Substâncias bicíclicas, 314-315, 326
  em formato de ponte, 314-315
Substâncias cíclicas
  eliminação de, 412-415
  isômero cis como substância
    meso, 199-200
  isômeros cis e trans de, 181
  reações de, 346
Substâncias de organolítio, 462-465
  preparação de, 463
Substâncias de organomagnésio, 463-464
Substâncias inorgânicas
  definição, 2
Substâncias iônicas, 8, 366
Substâncias meso, 198-202
  definição, 199
Substâncias naturais, 524
Substâncias orgânicas, 2-3, 11-12, 54
  classes de, 481
  definição, 2
  efeito do pH nas, 50-53
  isótopos em, 486
Substâncias organometálicas
  reatividade de, 465
Substâncias organometálicas, 462-466
  nomes, 465
Substâncias sobreviventes, 357
Substituição radicalar, 335, 342-345, 350, 425
  de hidrogênios benzílico e
    alílico, 342-344
  estereoquímica de reações de, 344-345
Substituídos assimetricamente,
  reagentes, 313-314
Substituintes
  alquila, 63-66, 68-69, 71
    nomenclatura, 63
  anéis de ciclo-hexano, 102
  no dieno, 311

  no dienófilo, 311
  nomes sistemáticos, 68-69
Substituinte axial
  ilustração, 97
Substituinte equatorial
  ilustração, 97
Substituintes alquila, 63-66, 74, 142, 170-172, 174, 399-400
  nomenclatura de, 63-66
Succinimida, 342
Sulfetos, 460-462, 470, 471
Supercola, 2

T
Talidomida, 213
Tartarato de amônio e sódio, 209
Tautomerização, 243, 255
Tautômeros, 243, 255
Tautômeros ceto-enol, 243
Temperatura, 81-85, 88, 96, 127, 132
  constante de velocidade, 132
Temperatura de fusão do DNA, 325
Tensão, 88-92, 95, 450-451
Tensão angular, 91, 95, 103, 155
  definição, 91
Tensão de anel, 91-93, 450-451
Tensão estérica, 90-92, 98
  de butano gauche, 98
  definição, 90
  reações E2, 415
Tensão torsional, 88, 90, 91, 92, 95, 103, 450-451
  definição, 88
Teoria do orbital molecular, 1, 19-24, 55, 260-293, 359
Teorias da evolução, 349
terc, 65
Termodinâmico(a), 125-137
  constante de equilíbrio, 125
    126, 128, 131, 133, 136
  controle, 306, 325
  definição, 125
  entalpia, 127, 130, 133, 136
  entropia, 127-128, 133, 136, 139
  estabilidade, 131, 137
  ilustração, 126
  produto, 304, 307, 325
Tesla, Nikola, 527
Teste de Lucas, 435, 480
Tetraciclina, 183
Tetracloreto de carbono, 38
  ilustração, 38
Tetraedro, 27, 32, 64
Tetraenos, 294
Tetraetilchumbo, 465
Tetraidrofolato, 390
Tetraidrofurano, 82, 160, 162, 385, 448, 463
Tetraidropirano, 452
Tetrametilsilano (TMS), 530
Tioéteres (sulfetos), 460-462, 470, 471

Tióis (mercaptans), 460-462, 471
Tiopental sódico (pentotal
  sódico), 449
Tipos de ligação
  seqüência de, 10
Tirosina, 453
TMS, 530
Tosilato de alquila, 440
trans-1,2-dicloroeteno, 117
trans-1,4-dimetilciclo-hexano, 99
  confôrmeros em cadeira do, 99-100
trans-1-*terc*-butil-3-metilciclo-
  hexano, 100
trans-2-buteno, 117, 122, 171-172, 215
trans-2-penteno, 117, 181, 223
TRANS-ANTI-ERITRO, 225
trans-cicloocteno, 222
Transformada de Fourier, 498, 526-527, 560-561, 569
Transição eletrônica, 317-318
Transmetalação, 466
TRANS-SIN-ERITRO, 225
Três ligações
  notação, 14
Trialeto de fósforo, 438
Triângulo de Pascal, 541
Tribrometo de fósforo, 438
Trienos, 294
Triflato de alquila, 440
Trimetilamina, 77, 80
Tripla hélice, 1141
Triplete, 540, 544-546, 552-553, 556, 559, 562
Troca de prótons, 556-557, 571
Troca de prótons catalisada por
  ácido, 557
Troca NIH, 454

U
U.S. Food and Drug
  Administration (FDA), 213, 391
Ue, 11
Uma ligação
  notação, 14
Unidade estrutural, 121
Unidades eletrostáticas (ue), 11
Unimolecular, 372
Uréia, 2
UV-A, 319
UV-B, 319
UV-C, 319

V
Van Bonmel, A. J., 209
Van der Waals, Johannes Diderik, 81
Van't Hoff, Jacobus Hendricus, 190, 192
Vasoconstritor, 453
Velocidade
  de formação de radical
    por radical bromo, 339
Velocidade de reação, 131

Velocidades relativas, 145, 277, 372, 435, 456
Vibrações, 496-499, 505-508
  angulares, 496-497, 508
    ilustração, 497
  axiais, 496-497, 505-508
    ilustração, 497
Vibrações axiais, 496-497, 505-508
Vibrações inativas no infravermelho, 510-511
Vicinal, 156-159, 172, 423, 425
  indicação, 157
Visão, 118
  interconversão cis–trans na, 118
Vitamina A (retinol), 294, 321
  ilustração, 294
Vitamina B_{12}, 458
Vitamina C (ácido ascórbico), 37, 332, 348
  ilustração, 332, 348
Vitamina E (α-tocoferol), 332, 348
  ilustração, 332, 348
Vitamina(s), 2
Von Baeyer, Johann Friedrich Wilhelm Adolf, 91-93

W
Walden, Paul, 362
Westheimer, Frank H., 228
Whitmore, Frank (Rocky) Clifford, 153, 154
Williamson, Alexander William, 420
Winstein, Saul, 377
Wöhler, Friedrich, 2

Z
(Z)-2-buteno, 411
(Z)-2-cloro-2-buteno, 241
(Z)-2-penteno, 409-410
(Z)-2-penteno, 410-411
Zaitsev, Alexander M., 400
Zingibereno, 294
  ilustração, 294